国家科学技术学术著作出版基金资助出版

玉米数字化可视化技术

Digitalization and Visualization Technology in Maize

赵春江　郭新宇　肖伯祥 等　著

U0385195

中国农业出版社

北 京

图书在版编目（CIP）数据

玉米数字化可视化技术 / 赵春江等著 . —北京：
中国农业出版社，2021.3
国家科学技术学术著作出版基金
ISBN 978 - 7 - 109 - 27563 - 8

Ⅰ . ①玉…　Ⅱ . ①赵…　Ⅲ . ①玉米－栽培技术－可视
化仿真　Ⅳ . ①S513 - 39

中国版本图书馆 CIP 数据核字（2020）第 215982 号

中国农业出版社出版
地址：北京市朝阳区麦子店街 18 号楼
邮编：100125
策划编辑：郭银巧
责任编辑：郭银巧　丁瑞华　史佳丽　李　蕊　杨　春　李　莉
版式设计：王　晨　　责任校对：周丽芳
印刷：北京通州皇家印刷厂
版次：2021 年 3 月第 1 版
印次：2021 年 3 月北京第 1 次印刷
发行：新华书店北京发行所
开本：787mm×1092mm　1/16
印张：46　插页：28
字数：1350 千字
定价：518.00 元

内容简介

ABSTACT

本书围绕构建数字植物及作物表型组学大数据技术体系，以玉米为例，较全面系统地介绍了数字植物和作物表型组大数据的最新内涵、数字玉米技术体系和其在玉米表型组学研究、数字化设计、模拟决策和虚拟教学培训等方面的研究成果和应用实践，具体包括玉米显微表型信息高通量获取、玉米籽粒果穗表型信息高通量获取、玉米单株冠层表型信息高通量获取、玉米形态结构3D数字化、结构功能可视化计算、生产管理数字化决策、生物力学仿真和表型组数据库构建等内容。

本书内容翔实、案例具体、系统全面，具有较强的实用性和前瞻性，可作为农业信息技术方向的高年级本科生和研究生的教学辅导用书，也可作为从事本研究方向的科研和工程技术人员参考使用。

前 言
FOREWORD

"数字植物"是在数字农业研究及其应用蓬勃发展背景下提出的研究专题,是指综合运用数字化技术,通过高通量信息获取及智能处理来研究农林植物的生命、生产和生态系统及过程,实现对系统行为的定量化、可视化的感知和认知,为农林植物的生命系统、农业的生产系统和区域生态系统的多源信息感知、信息融合、数字化表达、生长建模、过程仿真、可视化计算、组学分析、预测决策、协同科研实验、成果推广及集成应用等提供理论支撑、关键技术和信息服务平台。数字植物是数字农业的基础。当前,中国农业科学研究和生产方式正向数字化、可视化、精准化和智能化转变,农林植物作为农业科学研究的重要对象和载体,综合运用数字化技术研究农林植物生命、生产和生态系统,构建数字植物技术体系十分必要。

农林植物生长系统的数字化和可视化技术研究已经成为当前国内外农业科技创新研究的重要领域,尤其是随着农业科学研究迈入组学和大数据分析阶段,迫切需要突破作物表型感知机理,创新作物表型信息解析理论,构建作物表型组高通量、多维度、智能化和自动化的测量-解析-利用技术体系。由于这方面研究体现了农业知识和信息技术的高度集成,需要不同专业领域人员通力合作研究。而农业科研机构普遍缺乏计算机图像图形学研究人员,而从事计算机图像图形学的研究人员又缺乏农业知识背景,致使这一领域研究较为分散、缓慢,急需系统化、实用化的研究成果。

本书以我国主要农作物玉米为例,给出了玉米细胞-组织-器官-个体-群体表型信息获取、三维数字化、表型解析与鉴定、玉米数字化管理决策、形态结构数字化设计可视化表达、生物力学仿真、玉米表型组数据库构建、玉米智能化技术等的研究思路、技术体系和实现方法,为玉米表型组大数据的高通量获取、模型构建、结构功能分析、表型组学研究,以及在计算机上逼真地再现环境条件变化对玉米生育过程和生产目标的影响,更加形象和精确地帮助人们进行有预见性的科学分析和决策活动提供了方法和手段,对于玉米育种和多重组学分析、玉米超高产株型设计、提高玉米产量与品质措施的确立以及农民科技培训等都有极其重要的价值。

本书的材料来源主要为过去 10 年,特别是近 5 年来,作者在国家自然科学基金项目、国家"863"计划项目、北京市自然科学基金项目、国家玉米产业技术体系项目以及北京市农林科学院科研创新项目的资助下所取得的研究成果、学术积累和工作思考等。全书内容框架由赵春江院士和郭新宇研究员设计,共分为

15章。第1章大数据时代的数字植物研究，介绍了数字植物概念提出的时代背景及其研究思路、作物表型组学研究概况，提出了基于表型组大数据的玉米数字化可视化技术体系框架；第2章玉米显微表型信息获取与高通量检测技术，介绍了玉米茎节、根系、叶片等维管束和籽粒的显微表型高通量检测与可视化计算技术的实现流程；第3章玉米果穗籽粒表型高通量获取与检测技术装备，介绍了玉米果穗籽粒高通量检测技术和硬件设备；第4章玉米植株冠层表型高通量获取与解析技术，介绍了玉米植株和冠层尺度的表型高通量获取技术及设施设备；第5章玉米无人机遥感表型获取与解析技术，介绍了田间玉米育种无人机遥感表型获取解析技术；第6章玉米形态结构三维数字化技术，介绍了玉米器官、节单位、单株和群体的三维数字化技术；第7章玉米结构功能三维可视化计算技术，介绍了基于三维可视化模型的玉米结构功能可视化计算技术；第8章玉米数字化栽培管理模型构建技术，介绍了玉米数字化栽培管理相关的数字化环境建设和模型构建技术；第9章玉米三维形态结构数字化设计技术，介绍了玉米器官、植株和群体三维形态结构的交互式数字化设计技术；第10章介绍了玉米生物力学仿真技术及其在倒伏表型鉴定中应用；第11章介绍了玉米表观可视化仿真技术；第12章介绍了玉米动画场景生成和虚拟互动体验技术；第13章介绍了玉米表型组大数据库管理和组学分析技术；第14章介绍了玉米三维数字化可视化软件系统设计与实现；第15章探讨了玉米智能化技术。赵春江负责组织并参与第1、2、3、4、5、15章的撰写，郭新宇负责组织并参与第6、7、8、11、13章的撰写，肖伯祥负责组织并参与第9、10、12、14章的撰写；作者科研团队成员温维亮参与第6、7、9、10、11、13章的撰写，张颖参与第1、2、13章的撰写，吴升参与第4、11、12、14、15章的撰写，杜建军参与第2、3、4章撰写，王传宇参与第3、4章的撰写，苗腾参与第11、12章的撰写，卢宪菊参与第8章的撰写，杨浩和杨贵军参与第5章的撰写，王璟璐参与第13章的撰写，顾声浩参与第10章的撰写，宋鹏和李斌参与第3章的撰写，潘晓迪、邵萌和马黎明参与第2章的撰写；最后由赵春江和郭新宇对全书进行了统稿。这期间，作者所指导的多位博士后、博士和硕士研究生直接参与了部分研究工作，所完成的学位论文为本书提供了良好的基础素材。在此，一并表示衷心的感谢。

数字植物及表型组大数据是一个崭新的研究领域，目前还处于不断发展之中，《玉米数字化可视化技术》只是数字植物及表型组大数据研究的阶段性成果，仍有很多科学问题需要系统研究，而且研究数字植物及表型组大数据的许多技术方法也还在不断完善发展之中。鉴于作者知识水平有限，书中内容和观点难免存在不妥之处，恳望广大读者批评指正。

赵春江

2020 年 4 月 15 日

目　录

CONTENTS

前言

第 1 章

大数据时代的数字植物研究

　　进入 21 世纪以来，物联网、移动互联网、大数据、云计算和人工智能等新一代信息技术的发展及其与各行业的深度融合，正加速推进人类社会向大数据、智能化时代迈进。数据，已经渗透到当今每一个行业和业务职能领域，成为重要的生产因素。海量聚集的大数据隐含着巨大的社会、经济和科研价值，吸引着各学科、各行业乃至各国政府的高度关注（李国杰，2012）。目前，以大数据和人工智能技术为核心的计算力正成为智能时代的生产力（邱晨辉，2018），并且已经为商业、金融、制造业和医疗等领域带来了深刻变革，在推动重大科学发现、前沿技术突破和产业模式创新的同时促进传统产业转型升级（赵春江，2019）。

　　大数据时代，农业科学正在从理论科学、实验科学和计算科学步入以数据密集型知识发现为研究范式的学科发展阶段。作物育种技术正在进入以基因组和信息化技术高度融合为主的育种 4.0 阶段（Wallace JG et al.，2018），作物栽培管理也越来越基于表型组-基因组-环境大数据，通过天空地一体化信息感知-基于大数据分析的定量在线决策-种肥水药精准投入作业-个性化及时服务，迈向智慧生产管理阶段。进入大数据时代的农业科学研究和生产管理，迫切需要组织开展农学、生命科学、信息科学和工程科学等多学科交叉合作研究，研发数字化技术和装备，构建数字动植物技术体系，系统获取并解析表型组-基因组-环境大数据，从组学高度系统深入地挖掘"基因型-表型-环境型"内在关联，全面揭示特定生物性状形成的机制，探索并形成基于数据和知识驱动的数字育种和智慧种养殖科研、生产、管理和服务模式。

1.1　数字植物及其研究概况

　　一直以来，人们主要是基于农林植物的基因型-表型知识体系来认知农林植物-环境-栽培措施的关系。在过去，受限于人力、畜力的劳作，人眼观察和人脑的计算认知，人们只能获取农林植物表型的小数据；基于对小数据的观察、比较来总结、提炼和传播农林植物的品种特性、丰产能力、对环境的适应能力和栽培管理措施效应等经验知识。

　　随着数字化技术的发展，特别是 20 世纪 80 年代以来，高通量测序技术的快速发展和基因测序仪的快速更新换代，人们能够更容易获取海量的生物全基因组测序数据，生命科学进入基于生命大数据的高通量分析和"组学"研究（- omics）的阶段。在农林植物表型数据获取方面，随着表型高通量获取技术和设备的不断涌现，传统的农林植物表型研究方法分析规模小（样本和性状类别少）、效率低（手工测量为主）、误差大（主观误差和环境干扰）、适用性弱（难以跨物种泛化、迁移）等缺点得到迅速改变，人们开始拥有越来越多、规模越来越大的表型组大数据。

植物表型组大数据具有传统大数据的典型 3V 特点（宁康和陈挺，2015）：①数据量大（Volume），以智能化装备和人工智能技术为依托，利用先进表型技术设备获取的表型数据量迅速增加，例如，利用温室高通量表型平台监测玉米动态生长发育，1 000 盆植株每天产生的各类图像数据可达 TB 级；利用 micro-CT 获取籽粒显微图像，500 份籽粒的图像信息可达到 20TB（Shao et al.，2019）；②数据的多态性（Variety），植物个体和数据类型的多样性、异质性决定了表型数据的多态性，不仅包括从地下根系和地上植株表型信息，室内到野外条件下从细胞、器官、植株到群体水平的表型数据，也包括近地面到天空的遥感数据（Hawkesford MJ and Lorence A，2017）；③数据的时效性（Velocity），表型大数据往往以数据流的形式动态、快速地产生，如室内植物表型平台、大田植物表型平台、无人机平台等搭载可见光、近红外、远红外、光谱等传感器获取大量流数据和实时数据。正是因为表型组学大数据具有典型的 3V 特点，需要依靠大数据思维和数据分析策略对植物表型组数据进行清洗、控制、挖掘和转化。

同时植物表型组学大数据还具有 3H 特性（潘映红，2015）：①高维度（High dimension），植物表型组学大数据是植物遗传信息与资源环境相互作用后在时空时序三维表达信息的汇集，不仅包括文本数据、试验元数据，还涉及图像和光谱数据、三维点云数据、时序生长数据等，多尺度、多模态、多生境的表型数据决定了其具有高维特点，这些高维度数据为发掘蕴含于植物表型大数据中的深刻规律奠定了基础，同时在大数据整合与分析方面提出了挑战（Cwiek-Kupczynska H et al.，2016）；②高度复杂性（High complexity），植物表型大数据作为植物遗传信息与环境作用下完整生活史的表征，遗传信息的多样性以及地域资源环境的差异性决定了植物表型组学大数据的高度复杂性；③高度不确定性（High uncertainty），由于植物遗传信息被选择性地表征，这种表征受植物生长的地理位置、光温水气热等资源的不同形成差异显著的表型，加之植物表型大数据样本来源广、处理方法多、数据获取标准不统一、存储格式多样，导致表型数据具有低重复性和不确定性的特点（Araus JL and Cairns JE，2014；Chenu K et al.，2013）。

数字化技术的发展，使得人们获取农林植物生命、生产和生态系统的基因型-表型-环境大数据的成本不断降低、效率不断提高；基于大数据的不断丰富，农业科学也正在从理论科学、实验科学和计算科学步入以数据密集型知识发现为研究范式的学科发展阶段，数字植物理论技术体系就是在这一背景下得到蓬勃发展的。

1.1.1 数字植物的含义

"数字植物"是在数字农业研究和应用快速发展的背景下提出的研究专题（赵春江等，2010），是指综合运用数字化技术、通过高通量的信息获取及智能处理来研究农林植物的生命、生产和生态系统，实现对复杂系统行为定量化、可视化的高效感知和认知的理论、方法、技术体系，以及相应的支撑服务平台和应用系统。

"数字植物"聚焦万物智联时代人-机-农林植物互联互通互操作，高效感知认知的理论、技术和方法开展研究，通过多学科的交叉合作，运用现代信息技术，为农业科学研究、生产经营、科技展示和生态休闲提供植物高通量表型组信息获取解析、三维数字化、结构功能计算、可视化仿真、模拟决策、多重组学分析、数字化设计和 VR/AR 互动体验等关键技术、软硬件系统和数字内容；通过对农林植物生命、生产、生态复杂系统进行数字化表达、可视

化展现和功能化设计，实现对农林植物生命、生产、生态过程的科学认知与控制。数字植物研究将深刻改变传统认知方式，促进农业向数字化、可视化、模型化、在线化、智能化和互动化方向转变。当前，数字植物的主要研究方向包括：①作物表型组信息高通量获取与智能解析技术装备研发；②农林植物 3D 数字化可视化技术研究；③作物系统模拟决策、农林植物数字孪生管控系统与云服务系统平台研发；④作物表型组大数据管理与多重组学研究；⑤数字智能植物系统与 VR/AR 数字互动体验技术研发；⑥农业数字互动体验系统和数字媒体内容制作等。

1.1.2　数字植物研究框架及研究进展

1. 数字植物研究总体路径和研究内容　由于农林植物-环境系统的复杂性，构建纯粹意义上的"数字植物"无疑是一项巨大的工程。因此，需要逐步实现，逐层深入构建从外而内、由表及里的数字植物技术体系。"数字植物"是建立在植物表型组大数据基础上的，首先工作要系统获取、分析、利用植物表型组大数据，进而再经历"数字可视植物""数字物理植物""数字生理植物"和"数字智能植物"四个阶段。一般来说，"数字可视植物"是通过 3D 数字化可视化技术重建出植物细胞-组织-器官-个体-群体等不同尺度的 3D 形态结构模型，模型具有较高的真实感，能够与植物的物理属性、生理生化属性和生态环境等信息互联互通互操作，进行融合计算；在此基础上，将植物的受力-应力等生物力学以及其他物理属性数字化、模型化、知识化，并与 3D 形态结构模型融合，进而构建"数字物理植物"；进一步将植物的形态结构与生理功能、生化反应和生命过程等融合，建立能够在计算机上虚拟再现植物的生长发育特性、运动功能、环境响应功能、物质生产和分配功能、细胞进化现象、群体竞争等的数字模型，并建立其对几何模型和物理模型的约束关系和驱动机制，这一阶段升级为"数字生理植物"；最后，基于数字传感、物联网系统、人工智能技术等，实现人-机-植物的互联互通，使植物能够自主感知环境变化，并在内部的生长模型、结构功能模型、生理生化模型基础上结合外部的环境交互模型，进一步利用基于本体、知识图谱、Agent 等智能模型来模拟和表现植物生长过程中对环境和人工交互做出的反馈和响应，从而实现"数字智能植物"。

2. 植物表型组大数据　数字植物依托植物表型组大数据开展研究，植物表型组大数据的获取、解析和管理是数字植物的基础性工作。植物表型是指能够反映植物细胞、组织、器官、植株和群体结构和功能特征的物理、生理和生化性状，其本质实际是植物基因图谱的时序三维表达及其地域分异特征和代际演进规律（Tardieu F et al.，2017；Hickey LT et al.，2019）。碱基序列构成了基因组数据分析的基本单元，通过对植物样本进行测序即可获得包含基因组全部基因排列和间距信息的一维物理图谱，除少量基因突变外，碱基序列可认为是客观存在的。而植物表型是这些基因与环境相互作用后在时空中的三维表达，它是植物基因在与环境的相互作用中其遗传信息被选择性的表征，并完成一个动态的生活史（Mc Couch et al.，2013）。因此，植物表型组所包含的信息量和复杂程度已远远超出人们的预估。针对如此复杂的植物表型特征，只有通过集成自动化平台装备和信息化技术手段，系统、高效地获取植物表型信息才能满足需要。因此，随着植物科学、计算机科学与工程科学等领域科学研究的不断协同，通过环境传感、无损成像、光谱分析、机器人技术、机器视觉、激光雷达和理化分析等手段采集的植物表型数据正逐渐形成一种科学大数据，即植物表型组学大数据，它涵盖植物从细胞到群体的各个尺度、植物性状在多生境下的遗传与变异，以及植物对生物和非生物胁迫的响应等信息。

植物表型组学大数据包含了从基因与环境互作形成的植物表型原始数据、植物表型性状元数据，最终到生物学知识的全集数据，它涵盖基因、生理、生化、生态及生长动态等多维尺度。植物表型组大数据的产生和形成是一项巨大的科学系统工程（Pieruschka et al.，2019），它以作物栽培和植物育种的实际需求为导向，依赖表型平台、传感设备、无线通信、数据库和大数据分析等现代信息技术和机械装备，需要农学、植物学、自动化、机械工程、图形图像和计算机科学等多学科人员在大数据形成的各环节紧密协作，进而对植物表型数据进行获取、解析、管理和挖掘，将植物表型组大数据最终转化为生物学、农学新知识（图1-1）。如德国 LemnaTec 公司研发的 Field Scanalyzer（Virlet N et al.，2017）表型平台，包括龙门吊式行走装置、机械运动自动控制模块、高精度传感阵列、配套的数据采集和分析软件等，具备产生、管理和分析植物表型大数据的能力。LemnaTec 公司的植物表型平台及配套软件和服务已先后被法国农业科学院、中国科学院和杜邦先锋公司等科研机构与企业所采购，应用于植物育种研究工作。

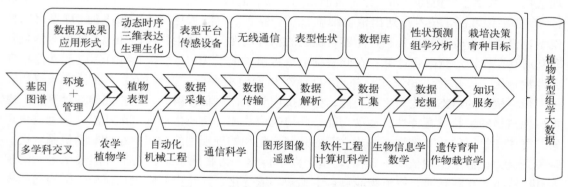

图1-1　植物表型组学大数据形成过程

3. 数字可视植物　数字可视植物是数字植物研究的底层架构，其主要通过获取植物细胞、显微、器官、个体和群体尺度的形态结构与表观颜色纹理等数据，结合计算机图形学和图像处理技术，在计算机上实现植物多尺度三维模型的构建和真实感显示。数字可视植物是实现植物形态结构可计算、可直观展示的载体，其研究主要包括植物形态结构的三维建模与可视化、植物生长过程模拟、植物表观真实感建模等内容。

（1）植物多尺度三维建模与可视化　植物的三维建模与可视化主要是利用基本图形单元如曲线、曲面、网格和体素等，对植物的三维形态结构和空间位置关系进行几何表示和可视化表达。构建植物三维模型可精确描述植物各组成部分的尺寸、拓扑结构和空间位置关系等几何特征，可从三维视角对植物的形态结构特征进行观察和展示。植物三维模型也为基于三维可视化模型的计算和分析提供了载体。然而，植物种类繁多、细节丰富，难以形成统一的方法解决所有植物三维建模与可视化问题，本节主要按显微、器官、单株和群体四个尺度阐述相关方法。

① 显微尺度。随着数字植物研究向微观拓展，为了探索农作物病理组织内部结构、维管束水分运输机制等，借鉴在医学研究上三维可视化技术取得的成就，面向植物内部组织结构的科学可视化研究得到了国内外科研工作者的广泛关注。自 1989 年美国国家医学图书馆提出可视化人体计划（Visible human project，VHP）以来，韩国和中国等国家相继提出了

自己的数字人计划，通过建立人体多层次和多尺度的数字化模型，为研究人体内部组织器官的微观结构和生理特性提供了基础（沈海戈和柯有安，2005）。基于此建立的技术和方法体系也逐渐向着植物研究领域渗透，促进了植物体内部形态特征和结构概貌的三维可视化，以全方位、多尺度地探究植物内部组织的形态、大小和空间分布关系。早期的植物组织三维可视化技术多采用面绘制或体绘制方法，如 2007 年 Tsuta 完成了大豆种子的可视化模型，该模型利用荧光技术来获取大豆种子的序列图像，使用体绘制算法建立发芽期大豆种子体绘制的三维可视化图像，从不同的角度展示了大豆胚发期的内部结构，并观察到在大豆发芽期种子胚乳内已存在维管束。中国农业大学的吴海文等（2011）利用石蜡序列切片构建小麦根系维管束三维模型。荷兰的 Mayeul 和 Milien（2012）分别使用面绘制和体绘制技术建立了葡萄嫁接处组织的表面模型和内部导管的模型，通过对嫁接失败和嫁接成功的植株嫁接处组织重建模型的对比，为评价嫁接质量提供了新途径。数字植物北京市重点实验室采用石蜡切片技术获取黄瓜、玉米维管束序列切片图像，重建出黄瓜、玉米茎节维管束的三维结构形态，并实现维管束面积、体积等属性的定量分析（闫伟平等，2013；Zhang et al.，2017）。植物体内部组织结构的三维重建极大促进了维管束结构与功能关系的相关研究，但上述工作由于植物组织特征不同，分割算法不统一，模型精度有待进一步提高；另外需要逐一处理序列图像，工作量繁琐，效率不高（闫伟平等，2013）。近年来，CT 成像技术的问世，以及相关图像处理及数据分析算法的发展，为植物组织结构表型信息的获取及高通量、原位三维建模提供了可能。利用 CT 与同步加速器的结合，国内外研究学者已对水稻、拟南芥、番茄、蕨类等植物不同器官的组织结构进行了显微 CT 扫描，如拟南芥种子的三维结构与孔隙度分析（Cloetens et al.，2006）、叶片内部 3D 结构及组织结构参数获取（Kaminuma et al.，2008；Dorca-Fornell et al.，2013）、荚果和花的三维扫描（Tracy et al.，2012；Pajor et al.，2013）以及不同蕨类植物木质部的三维重建与功能研究（McElrone et al.，2013）。CT 与高性能同步辐射加速器的结合，为植物维管束组织结构空间构型的研究提供了重要的技术手段。但由于同步辐射加速器的投入成本巨大、技能要求高，这些因素的存在不利于该项技术在作物品种筛选、育种选育中的广泛应用。micro-CT 是近年来开发的显微成像技术，相对于 HRCT，其最大的优势在于试验成本相对较低、操作简单、获取图像的分辨率可达到微米级。数字植物北京市重点实验室率先在普通实验室条件下引入 micro-CT 技术，成功构建了玉米根系、茎秆维管束组织，籽粒组织结构的三维模型，为揭示植物组织的空间分布和结构特征提供了新的技术方法（Du et al.，2017；Pan et al.，2017）。利用三维重建技术建立的植物组织高精度几何模型，能有效地丰富植物组织三维形态结构数据的获取方式，有助于从微观的角度深入理解植物生理生态的特征，为建立植物结构功能模型等提供技术支持。物质的迁移速率和流量极大地依赖于维管束系统的几何结构，特别是导管和筛管空腔的组织结构和解剖特征。Choat 等（2015）证明在干旱胁迫下，红杉木质部的形态结构发生改变，少量的管胞被气体填充形成栓塞，降低水分的传导率以减少干旱造成的生态影响。基于高分辨率的筛管超微图像，Mullendore 等（2010）测量菜豆、南瓜、蓖麻和番茄筛管和筛板的几何信息，利用流体机械学原理计算筛管的相对传导性，探究筛管几何特性与管腔流量的关系。Brodersen 等以两种蕨类植物为试验材料，探究木质部的形态组成对水分传输能力的影响，通过显微性状定量计算及维管束的三维重建阐明不同品种对水分的运输效率及对逆境的响应机理（Brodersen，2012）。

② 器官尺度。器官是植物的基本组成单位，是人们了解植物形态结构最直观的基本单

元，植物器官主要包括根、茎、叶、花、果实等。器官尺度的三维建模与可视化主要强调器官的三维细节特征和真实感。由于多数植物器官结构相对简单，针对植物器官的三维建模方法研究较多，主要包括基于植物参数化的几何建模方法、基于图像的三维重建方法和基于三维点云的三维建模方法等。

基于植物参数化的几何建模的主要思想，是将可以表达植物各器官的几何形态及其变化过程的参数提取出来（通常称为形态特征参数），这些特征参数最终通过多边形或 NURBS 等曲线曲面将器官的三维几何模型表达出来，也就是将植物器官的形态特征参数与表达该器官的几何模型的曲线、曲面几何定义中的控制点或权函数相关联，用户可以通过修改特征参数的方式实现对植物器官三维形态的控制。研究者利用植物参数化几何建模方法构建了大量植物器官几何模型，如叶片（王芸芸等，2011a）、花朵（王芸芸等，2011b）、雄穗（肖伯祥等，2006）、根系（赵春江等，2007）等。基于植物参数化的几何建模方法由于可实现对控制点的交互调整，其已被封装到如 PlantCAD 等的植物几何建模软件中，实现植物器官三维模型的交互式几何建模。

基于植物参数化几何建模方法可构建形态丰富的植物器官几何模型，但多难以反映植物的品种特征，须进一步与实测数据结合提高所重建模型的精度与真实感。基于图像的植物器官三维重建是利用机器视觉原理，从拍摄的图像中恢复物体的三维坐标，进而实现物体表面几何曲面的重构。与三维建模方法和利用三维扫描方法相比，基于图像的植物器官三维重建具有成本低、自动化程度高等特点，且重建植物器官带有颜色信息；但由于图像视角与重建算法的限制，该方法难以重建结构复杂的植物器官，且重建精度比三维扫描精度低。近年来基于多视角图像的植物三维重建发展迅速，典型工作如 VisualSFM（Wu，2011），利用其所重建的植物器官几何模型已可以满足植物表型研究的需要。

基于三维点云的植物器官几何建模方法。三维扫描技术的迅速发展使得点云数据的获取更加简单方便，利用点云数据的空间坐标，通过点云重采样和曲面重构方法即可生成高质量的植物器官几何模型，与基于图像的三维重建方法相比，基于三维点云的几何建模方法可获得植物器官表面更全面的细节信息，具有精度高，真实感强的特点，但数据获取成本相对较高。利用三维扫描数据重建的植物器官三维模型能够反映植物因品种和栽培管理措施等因素产生的形态细节差异（王勇健等，2014；魏学礼等，2010）。

③ 单株尺度。与器官尺度相比，植物单株尺度的几何建模与可视化更强调的是植株上各器官拓扑结构和连接关系的准确性，因此，植物单株的三维建模更关注植株骨架的建模。植物单株骨架结构包含着器官间的连接和空间分布信息，其三维建模的方法主要包括基于实测三维数字化数据的方法、基于图像提取骨架的方法和基于三维点云的骨架提取方法（温维亮，2017）。

基于三维数字化设备测量冠层三维形态结构。使用三维数字化仪将物体点的三维坐标转化为电磁信号，再通过后端的软硬件设备解调信号还原物体点的空间位置，采用该设备能够实现对自然状态下植物空间形态结构精确、连续的测定，并进一步基于实测数据构建植物群体骨架结构三维模型。目前，植物田间三维结构原位数字化测量对环境条件要求高，如晴天、无风等，且需要人工辅助传感器的移动，操作复杂繁琐、费时费力。

基于图像的植株三维测量和骨架结构重建方法。Quan 等（2006）使用基于运动数据的结构恢复方法（Structure from motion），以环绕拍摄的方式获取目标物体的多图像序列，并结合人工编辑主干枝条辅助，重建出花草和树木的三维形态结构；赵春江等（2010）基于图像实现了玉米植株三维骨架的测量和重建。基于图像的单株三维测量和重建方法可对植物生长实现连续、准确、快速的无损测量和建模,具有使用方便、操作简单、对被测作物影响小等特点。但同时由于利用图像相对位置提取像素深度并转化为三维点云的算法精度有限,难以解决结构杂乱及非可视区域的重建问题。

基于三维点云的植物骨架结构重建方法。目前三维扫描技术的发展使更多的三维扫描仪可应用于植物三维数据获取中,来替代相关图像分析的方法。针对植物形态结构的解析研究主要集中于植物骨架提取方法上(Dornbusch et al.,2007;Pasi et al.,2013;Su et al.,2011;赵元棣等,2012),研究者针对植物线形骨架形态特征,利用所获取点云数据的三维空间临近关系计算并重构植物骨架结构,这种方法具有数据获取效率快、精度高的特点,但由于数据量较大,包含了大量噪声,对后期数据重建方法要求较高。

④ 群体尺度。植物群体作为履行光合作用和物质生产职能的组织体系,其形态结构对光截获能力、冠层光合效率以及作物产量均具有重要影响。由于植物群体结构的复杂性,早期植物群体采用符合叶片空间分布统计规律的散乱介质表征植物群体曲面模型(Goel,1988);目前植物群体建模的主要方法是在群体三维骨架模型的基础上(Xiao et al.,2011),或通过随机参数的单株复制(Birch et al.,2003)方式实现植物群体的曲面建模。基于三维骨架的群体曲面建模需开展群体结构三维数字化获取工作,操作复杂繁琐、费时费力;通过单株复制生成的植物群体几何模型机械性较强,难以反映出真实植物群体的形态结构特征,同时群体间存在大量的碰撞检测与响应问题(Zhang and Kim,2007)需要解决,真实感较低,且难以满足进一步群体尺度的可视化计算分析的需求,目前冠层三维模型构建的效率与精度已成为制约其在作物光合生产模拟研究中的瓶颈问题。Guo 等(2006)通过田间试验数据对 GreenLab 进行参数优化,构建了多个密度的玉米群体三维模型,具有较高的真实感,但其器官模型无法反映因品种、生态点、栽培措施改变导致的细节特征。España 等(1999)通过对大量玉米植株进行测量构建玉米株型参数统计模型,结合参数化网格建模方法实现了玉米群体的三维建模并用于玉米群体的光分布模拟研究中;Bradley 等(2013)通过立体视觉转换为点云信息作为全局配准目标,将多个叶片几何模型作为模板,结合一种统计模型加载到群体点云中,实现了高真实感的爬山虎群体曲面三维重建与合成。这些方法在一定程度上提升了植物群体曲面重建的技术手段,但其所构建的群体几何模型虽可从统计意义上反映玉米群体形态结构特征,但无法体现出群体内各植株对于资源竞争和相互作用的关系,也无法实现1:1群体的真实再现。因此,植物群体三维模型构建仍然是数字植物研究的难点问题之一。

(2)植物表观纹理建模与可视化 数字植物模拟过程要达到较高的真实感,不仅取决于高精度、高分辨率的几何模型,还高度依赖于器官的表观材质和纹理,是表现植物生命特征和视觉真实感的重要组成部分。因此数字植物可视化建模的另一个主要任务是表观纹理建模与可视化。植物器官的含水量、叶绿素含量、胡萝卜素含量等指标会影响植物叶片的颜色以及反射率等表观材质特征,这也是数字物理植物必须要考虑的问题。针对上述的各个问题,国内外研究人员提出了相应的技术和方法。自然界中,植物的多样性和复杂性除了体现在其形态结构外,另一个重要因素在于其器官材质表面丰富的颜色和纹理。一方面,不同物种、品种的植物有不同的颜色和纹理,甚至同一株植物同种器官的颜色和纹理也会因其生长位置不同而存在较大差异;另一方面,植物的颜色和纹理随着其年龄的变化而不断变化。同时,土壤、水分和肥料等环境条件对植物的颜色和纹理有着重要影响。可以说,植物器官的颜色和纹理也是其自身遗传特性和环境互作关系的最直接表达通道。因此，对于植物表观材质的建模是数字可视植物不可或缺的研究内容之一。近年来，研究者围绕植物表观材质建模的研究主要包括静态建模和动态建模。

① 静态建模。静态建模是指建立植物器官某个时期的瞬时表观质感模型，重点关注如何在计算机上逼真地展现植物器官表面材质的光学特征（如叶片的半透明现象）和表面细节（如纹理、茸毛等）。通过算法生成逼真的植物器官彩色图像是虚拟现实领域的一种流行方法（Mochizuki et al.，2005）。但更多的研究者则关注如何在计算机上展现部分植物器官特有的光学特性，其中，关于植物叶片的次表面散射模拟是最引人关注的问题，如 Hanrahan 等（1993）构建了多层模型并采用 Monte - Carlo 积分计算出叶片表面的双向反射分布函数（Bidirectional reflectance distribution function，BRDF）以及双向透射分布函数（Bidirectional transmittance distribution function，BTDF）对植物叶片的次表面散射现象进行模拟。但在类似方法中，植物叶片的 BRDF 和 BTDF 的测量和拟合是一件费时费力的工作，使得该方法难以广泛普及。

② 动态建模。植物表观材质动态建模目的主要在于模拟植物器官老化过程或在某些环境胁迫条件下表面颜色纹理的变化过程。同样，叶片作为植物最重要的器官之一，其对植物的形态构造和视觉效果都有十分重要的影响。因此，大部分关于植物表观变化过程的建模和仿真研究都是以叶片为对象。如利用植物的 SPAD、叶绿素、胡萝卜素等植物生理因子引入 BRDF 和 BTDF 的计算中（赵春江等，2014）；基于病斑运动分布及运动扩散假设实现植物叶片感染白粉病过程的逼真可视化模拟（苗腾等，2016），等等。虽然围绕某种特定植物器官表观变化现象提出了一些较好的模拟方法，但目前的方法还有很大局限性，很多环境因素，包括温度、水分、肥料、阳光等都十分重要，只有重复考虑这些环境因素，才能更好地模拟植物在各种环境条件下的表观，包括环境胁迫和病害下的变化过程和结果。

4. 数字物理植物　数字植物不仅是植物表观几何形态特征的三维数字化和可视化，需要在此基础上进一步反映其物理、生理等方面特征特性。现实世界中的植物具有其独特的物理特征，数字物理植物就是在数字可视植物的基础上融合物理属性，建立植物的物理模型，使数字植物模型不仅表现出几何形态特征，还能够承载和表现植物内在的物理属性特征。通常情况下，物理属性特征包括材料物理属性、生物力学属性、温湿度物理场以及植物器官含水量、物质含量等指标。因此，数字物理植物的目标是实现具有材料物理属性和生物力学属性的植物器官建模、器官水分和养分物质含量建模以及在与环境交互过程中的冠层温湿度、风速等物理场建模。要实现数字植物从数字可视植物向数字物理植物的转变，就需要构建数字植物的物理模型，通常需要借助基于物理的建模方法，使构建的植物模型在发生动态变化的过程中符合模型的物理机制约束，使其变形等物理过程或对外部交互的响应等符合自然物理规律（秦洪等，2018）。

基于物理的建模方法（Physical - based modeling）是一种有效模拟目标物体自然运动过程的仿真计算方法（Müller，2007；Du et al.，2005；迟小羽等，2009；郭小虎等，2009；苗腾等，2014；白隽瑄等，2015），以建模目标可划分为刚性物体、柔性物体以及自然现象等。这类方法的特点是建模过程建立在真实世界的物理学规律基础上，基于热力学、动力学、运动学等物理过程建立模型，因此可以实现动态过程的物理正确性模拟，同时也可以获得高度的可视化真实感效果。其中，用于刚性物体和柔性物体的力学物理建模具体方法包括质点弹簧系统、有限元法、位置动力学法、粒子系统等。典型的应用如机械设计、游戏制作、虚拟培训等领域中所涉及的零件、组织器官等。基于物理的动态虚拟仿真在植物建模领域也得到初步应用（迟小羽等，2009；唐勇等，2013；苗腾等，2014；肖伯祥等，2017），主要体现在树木的动画合成、植物与环境的互动反馈以及植物器官的萎蔫变形等过程，结合植物叶片生理特征和物理特征，真实模拟在缺水、高温等条件下植物叶片的萎蔫变形过程，实时模拟了植物叶片萎蔫变形，较好地实现多种具有不同叶脉结构的植物叶片在三维空间中的动态萎蔫变形过程。然而现有的方法基于质点弹簧模型在计算效率、稳定性、鲁棒性等方面仍有较大局限性，研究基于新的物理模型的植物动态虚拟仿真方法仍然具有迫切需求，从而进一步提高植物动态虚拟仿真的准确性和仿真效率。

在动态建模与动态虚拟仿真的角度，基于物理的植物建模首要问题是构建植物主要器官的物理和力学模型，Akagi 等（2006）介绍了一种在风中摇曳的树木动画的制作技术，并考虑到树的形状和叶的大小等因素对气流影响。为了模拟一个形状复杂的树周围的风，有必要考虑一些物体对风的阻碍影响，例如树叶或树枝。一般来说，当在一个物理模拟模型中使用不可压缩的纳维-斯托克斯（Navier - stokes equation，N - S 方程）方程时，就会出现如下的问题：由于考虑到树形的细节，计算复杂性增加，因此很难实时生成动画。因此，该文提出了一种新的方法，通过一个表达树模型空间分布的边界条件图，减少了计算的复杂性，并实现了实时动画。在这种情况下，需要处理的部分有相似的形状，如树叶和树枝作为简单的阻尼因子，降低风速。此外，还利用分层计算方法可以快速计算树与其他树之间的影响。最后，通过大量的试验证明，这些方法可以实现风中摇曳树木的实时动画。Ralf 等（2009）提出了一种将树与风相互作用的方法，达到了实时的高真实感的效果，其主要思想是将统计观测与物理性质相结合生成树的两个主要部分的动画。首先，单个分枝与施加在其上的力的相互作用近似于一种新的两步非线性变形的高效方法，允许任意的连续变形，避免分段模拟变形行为。其次，风与代表树的动态系统的相互作用的统计建模。通过预计算枝条对风在频域空间的响应函数，一个部分的运动可以通过采样二维运动纹理有效地合成。使用分层的顶点位移形式，两者可以结合在一个单一的顶点着色器，充分利用现代 GPU 实现上千分枝和上万叶片逼真动画几乎没有成本。迟小羽等（2006）提出了一种对植物叶片造型的方法，真实展现叶片在干枯、老化过程中几何形态的变化。基于植物学和物理原理，引入了双层结构模型表达叶片的力学结构，很好地模拟了不同种类植物叶片形状的多样性。首先分析叶片形状变化的原因，即在叶片枯萎过程中，叶肉和叶脉由于各自不同的组织结构，导致了收缩比例不同，从而在物理模拟中，通过建立关于叶片基本结构的双层质点-弹簧模型，并对上下两层的不同参数的合理设置，很好地表现了叶肉和叶脉的不同力学特性。双层模型的相互作用，决定了叶片最终变形的方式和效果，由此可以得到非常接近真实树叶的各种叶片形态。陆声链等（2009）也提出了类似的方法，实现双层弹簧模型驱动的植物叶片运动模拟，提出了一种交互式的植物叶片运动（特别是卷曲和萎蔫）模拟方法。该方法用一个三维骨架结构表示叶片的边缘轮廓，并通过细分的方法生成叶片的网格曲面。在此基础上，构建了一个由层次化弹簧构成的双层质点-弹簧系统，该弹簧系统被用来控制叶片的运动，叶片的卷曲通过收缩上层弹簧来实现，而叶片的萎蔫或展开则通过释放弹簧来驱动。通过提供的交互式界面，用户能够交互地控制该弹簧系统的运动，从而生成各种叶片的运动动画。这种方法已被用来交互地模拟番茄叶片的卷曲过程和黄瓜叶片的萎蔫过程，模拟结果较好地重现了与真实情况相似的叶片运动过程。唐勇等（2013）提出一种三维植物叶片萎蔫变化实时模拟方法。为了真实模拟在缺水、高温等条件下植物叶片的萎蔫变形过程，结合植物叶片生理特征和物理特征，采用改进的单层质点-弹簧结构实时模拟了植物叶片萎蔫变形，较好地实现多种具有不同叶脉结构的植物叶片在三维空间中的动态萎蔫变形过程。首先从真实植物叶片的数字图像中提取叶片的边缘轮廓和叶脉，并在此基础上建立叶片的曲面网格模型；其次通过叶片曲面网格建立叶片的质点-弹簧变形模型，考虑到叶肉和叶脉结构在植物叶片萎蔫变形中具有不同的作用，将质点-弹簧模型中的质点分为叶脉质点、叶缘特征点和普通质点3类，同时设置不同的受力约束使不同类型的质点具有不同的运动方式；最后对叶脉位置上的弹簧和其他弹簧设置不同的收缩强度，以突出叶脉对叶片形变的主导作用。试验结果表明，该方法能够较好地模拟不同形态结构的植物叶片的萎蔫变形过程，满足实时交互的需要。苗腾等（2014）实现了一种植物叶片萎蔫过程的物理表示方法，为定量化描述植物叶片萎蔫的动态过程，提出了一种基于物理模型的描述方法。首先基于植物叶片的三维模型构造体素结构用以抽象植物的细胞结构，在此基础上利用质点-弹簧模型表示细胞之间的受力关系，然后根据欧拉-拉格朗日方程描述细胞的运动过程，最后采用隐式纽马克积分法对方程求解进而得到细胞的三维位置变化。以萎蔫状态下叶尖在几何空间的变化轨迹作为参考属性进行数据验证，模拟的叶尖运动方向与实测值相差19°，实测的叶尖三维空间位置与模拟结果的距离差值介于0.68～3.0 cm，数据表明所提算法得到的叶尖变化轨迹与真实叶尖变化轨迹接近。其次，从视觉角度评价，也可逼真地模拟萎蔫状态下叶片三维形态的变化过程。肖伯祥等（2017）提出了一种基于位置动力学的植物动态虚拟仿真方法。基于位置动力学的方法是一种高效模拟物体运动学-动力学过程的新方法，可有效模拟刚体、柔体目标的动态物理过程。通过建立基于位置动力学的植物动态虚拟仿真模型，引入距离约束和角度约束条件，以玉米为例实现了自然条件下主要器官、植株和群体的动态虚拟仿真，获得了玉米三维可视化仿真结果，与传统的基于质点-弹簧模型的模拟方法相比，模拟过程具有较高的执行效率。

数字物理植物的材料物理属性、生物力学属性可以在植物器官的弯曲变形中体现，具有不同材料属性的植物器官在弯曲变形过程中表现出明显的差异。在农业上的重要意义体现在作物茎秆的抗弯曲性能进而表现为作物的倒伏抗性，由于倒伏是农作物产量减少的主要因素之一，因此，数字物理植物通过构建作物茎秆的物理和力学模型实现茎秆和植株的力学性能的定量化解析与计算，进而实现基于物理模型的倒伏过程的模拟仿真具有重要的现实意义。国内外研究人员还围绕植物的材料物理属性建模和生物力学性能分析与建模问题，开展了大量研究工作，也取得了较大的研究进展。

5. **数字生理植物**　植物不仅具有丰富多样的外部形态结构，也有着异常复杂的生理过程和功能表达（赵春江等，2010）。20世纪50～60年代，植物生理生态过程的数量分析和模拟研究诞生。这期间，植物生理生态研究取得显著进展，计算机技术也取得快速进步，基于生理生态过程的作物模拟研究作为理解植物生理过程，解释作物整体功能的一种手段开始兴起，成为实现数字生理植物的主要手段。数字生理植物是数字植物研究的重要阶段，将植物的生理生态过程进行定量化表达，是实现数字物理植物后的重要阶段，是进一步实现智能植物的重要基础。下面从植物的主要生理生态过程包括生长发育、光合生产及干物质分配与产量形成的数字化和模型化方面进行描述和理解数字生理植物。

（1）**生育期模拟**　植物的生育过程包括"生长"和"发育"两种性质不同的变化，生长是指各器官的体积增大和数量增加，发育是指内部生理特性和组织结构发生变化（郑国清等，2000）。

作物发育期控制着作物生长模型在不同发育阶段的生长参数，其精度直接影响着作物生长全过程的模拟（郑国清，1999）。温度是影响植物生长发育最重要的环境因子之一，直接影响植物的生长发育进程。早在 18 世纪，Reaumur 创立了积温学说，即"度日"法，以此来进行作物发育期的模拟。但在随后的发展中，研究者们发现当温度超过最高温度限制时，作物的发育速率并不是线性下降，指数模型（Angus et al.，1981）或者 logistic 模型（Horie and Nakagawa，1990）更适合描述作物的发育速率。除了温度外，光照条件也是作物发育进程的重要影响因子之一。Robertson（1973）提出生物气象时间尺度模型（BMTS），考虑了每日光周期、日最高温度和日最低温度。Ritchie（1985）以积温法为基础，考虑了品种对春化和光周期反应的遗传特性研制了发育期模型。20 世纪 80 年代以来，我国在作物模型研究方面取得了较快发展。我国最早的发育期模型是沈国权等（1980）提出的"非线性温度模式"。随后，高亮之等（1992）综合考虑温、光的共同作用，研制了水稻发育动态的"水稻钟"模型。冯利平等（1997）研究了不同类型小麦品种的发育与温、光等主要环境因子的数量关系，发展了小麦最短累计春化日（AVD）的概念，构建了析因指数形式的小麦发育期动态模拟模型（WDSM）。宗尚波等（1999）和郑国清等（2000）提出玉米发育指数的概念，即玉米发育到某一时刻、某一生育阶段已完成的份额。南京农业大学曹卫星老师提出以作物生理发育时间为尺度预测作物阶段发育（Cao and Moss，1997），后期相继提出小麦（严美春等，2000）、水稻（孟亚利等，2003）、棉花（张立祯等，2003）及油菜（刘铁梅等，2004）的生育期模拟模型。这些研究都为植物生育期认知提供了数字化工具。

（2）光合生产及干物质分配与产量形成模拟　植物的光合生产力是推动和支撑整个生态系统的原初动力（于强等，1999），以生理过程为主的光合作用、呼吸作用，以及以物理过程为主的蒸腾作用是维持整个生态系统正常物质循环与能量流动的重要过程（张弥等，2006）。近几十年，科学家在不同尺度上对植物的光合蒸腾过程进行建模描述，主要可以分为叶片尺度和冠层尺度。在叶片尺度，代表性工作是 Farquhar 等（1980）提出的光合作用生化模型，该模型将光合作用速率表达为叶肉细胞间隙 CO_2 浓度、光量子通量密度和温度的函数。此后 Collatz 等（1991）和 Leuning（1990）对此模型进行了改进，将气孔导度模型和气体传输模型与光合作用生化模型进行结合。冠层尺度的光合作用模型可以分为大叶模型和多层模型。其中大叶模型是将冠层看作是一个伸展的叶片（Caldwell et al.，1986），Amthor（1994）提出一个完整的大叶模型，该模型将冠层看作一个拓展的叶片，将单叶上的各个生理生态过程拓展到整个冠层。但大叶模型没有对冠层内的受光叶片和遮阴叶片进行区分，往往会造成对冠层光合作用速率的高估（于强等，1999）。多层模型关注植物和环境的垂直结构，是将冠层中的叶片与空气划分为水平的若干层次，逐层计算各层的通量，并累加成冠层水平的量（Leuning et al.1995；于强等，1999）。但多层模型也存在不足之处，首先该模型使用梯度扩散方法计算物质扩散和垂直分布规律，但这种方法不适用于冠层内部及其上方；其次多层模型在理论上可行，但实际操作困难，因为要得到每一层的数据非常困难。

随着三维数字化技术、计算机可视化技术的提高，人们可以在三维空间上精确定量地表示出植物的拓扑结构和各器官位置形态（Reffye and Houllier，1997），从而可以模拟光与冠层相互作用机理。如 Chelle 和 Andrieu（1998）将光线跟踪、辐射度技术引用到植物三维空间上的光模拟研究，实现了植物群体三维空间内辐射分布的精确模拟，使得精确建立机理性光合模型成为可能。Zheng 等（2008）构建了水稻冠层内光合有效辐射三维空间分布模型，并对不同株型水稻品种进行了三维重建和冠层内光分布的数值模拟。在三维空间上精确模拟植物群体内的辐射分布，有助于分析玉米冠层内光合生产的空间分布，进而定量化模拟计算植物在不同冠层内的光合生产力。

　　光合产物的分配是指供植物生长的光合产物分配到叶、茎、根和贮藏器官的过程。植株积累的光合产物或生物量一部分及时分配到不同的器官中，供器官生长用，另一部分暂时贮存，用于生长后期同化量不能满足需求时再分配（王仰仁，2004）。同化产物的分配模拟有两种方法，一种是基于分配中心的经验方法，首先是通过田间观测试验确定无环境胁迫条件下植物各器官的分配系数，当发生环境胁迫时，采用环境因子修正方法计算（刘铁梅等，2001）；另一种是机理模型，比如功能平衡模型（Hunt et al.，1998）、运输阻力法模型（Marcelis，1993）、库源理论（Henvelink，1997）、运输及利用（Thornley，1972）等，但机理模型存在参数多难获取的问题，实用性受到限制（孙长青等，2015）。目前国外作物生长模型中一般采用分配系数方法来构建干物质分配模型，其中 CERES 系列模型按照作物的生育进程划分阶段，对各个阶段的器官生长与消亡过程、光合产物的积累与器官间的分配动态及最终的产量形成进行模拟。国内刘铁梅等（2001）建立了冬小麦地上部与地下部分配系数与生理发育期的动态关系，并考虑水分丰缺因子对地上部分配指数的修正，水分丰缺因子和养分丰缺因子对绿叶分配指数的修正。孟亚利（2004）在定量分析水稻干物质分配指数与发育进程及环境因子的动态关系的基础上，构建了以分配指数预测地上部各器官干物质分配动态的模拟模型。郑国清等（2004）基于"物质-能量转化-能量平衡"理论，根据"玉米籽粒的干物质约有 1/3 来自吐丝前茎、鞘、叶等器官中的贮藏物质，其余为吐丝后光合产物的积累"这一原理构建了玉米产量形成模拟模型，很好地解释了玉米产量形成的内在机理。汤亮等（2007）通过量化油菜各器官干物质分配指数与生理发育时间的动态关系及其受播期、水分、氮素因子的影响，构建了解释性和适用性兼备的油菜干物质分配与产量形成模型。

　　综上所述，经过近几十年的发展，研究人员在植物生理生态过程模拟方面建立了大量的模型，能够模拟植物生长发育与环境因素的相互作用，实现植物生理过程的量化表达，基本实现了"数字生理植物"。然而，这些模型大多缺乏整体性或过于简化，从根冠一体化角度及品种遗传特性方面考虑植物的生理功能随生长周期的相互反馈关系仍需深入研究。

　　6. 数字智能植物　　人工智能的概念早在 20 世纪中叶就被提出，经过数十年的发展，人工智能技术在生命体的行为建模与仿真领域得到广泛的应用（Andries et al.，2009；班晓娟等，2007），并且在计算机动画领域发挥重要的作用。以人工鱼为代表的智能生物体建模与仿真，基于人工生命的、生活在三维虚拟环境中的动画鱼，是既有个体行为，又有集体行为的人工鱼社会，既体现出个体-个体之间的交互，又表现出个体-群体的交互。基于物理的、虚拟的海洋世界、具有生命特征的人工鱼，是一个自主的智能体，具有可变形的肌肉驱动的鱼体、眼睛，以及拥有行为感知和运动中心的心脑。人工生命不仅可以构建动物群体的智能行为模型，同样可以扩展到植物群体的智能模型构建，数字智能植物就是在这个基础上提出的，数字智能植物的核心是构建植物对环境信息的感知模型、认知模型、生长过程的结构功能模型，并最终体现在行为控制模型即对环境和人工措施的反馈和响应。

　　进入 21 世纪以来，随着植物基因组学、表型组学的深入研究，高通量、精准和高效的农业传感器、协同计算、虚拟现实以及网络通信等信息技术的发展，为植物的生命过程感知和认知提供技术手段和定量模拟模型，从而促进了人工智能科学的研究成果在农业领域的广泛应用，农业科学研究和生产方式已经向数字化、可视化、精准化和智能化转变（吴升等，2017）。植物的智能化是在物联网传感数据实时驱动下，由知识模型和多源异构数据融合计算提供智能决策，从而实现植物与环境、植物与人、植物与植物之间互联互通、全程感知与实时反馈的智能化过程（苏中滨等，2005；李晓明等，2011；余强毅等，2014；吴升等，2017）。因此，新时期，智能植物的内涵和定义可归结为：是综合利用物联网传感、图像处理、数字植物、云服务技术，在植物内在结构功能模型和专家知识模型的支持下，具有自主学习、自主协助、自主决策能力，能够实时感知外在环境，做出自主响应的多智能体，也是一个开放式的信息服务和共享平台，为农业科研工作者开展科学研究、新品种培育、栽培管理、科普教育、农技培训等提供系统平台支持（肖伯祥等，2014）。智能植物的研究是未来智能农业研究的主要方向和突破口，具有广泛的应用前景，其作用和意义主要体现在：①智能植物将为科研人员改进原有植物生长知识模型提供新的思路和软件工具，以期有机整合生理模型、功能结构模型，面对复杂的环境，实现模拟的精确性和真实感；②智能植物将为育种家提供品种的认知、株型的智能设计以及群体的快速重建智能交互设计服务；③智能植物将为作物栽培管理人员提供智能化的播前方案设计、苗情诊断、水肥运筹以及产量评估等智能服务；④智能植物将为农技及文化创意人员提供具有高度临场感和沉浸感的科普教育、农技培训、虚拟试验以及农事体验的动画智能生成与可视化服务。

在传统农业专家决策系统中引入智能植物思想，能够有效地突破基于模型的决策支持系统在求解问题时难以适应动态环境变化的障碍，使植物具有对外界环境的自适应、运用自身知识对问题进行处理的能力、自学习的能力和与外界协同工作的能力等特性。随着植物智能化技术的不断提升，智能植物服务平台通过云端，能够向用户提供四大类智能代理服务，包括：①面向植物虚拟生长可视计算服务功能，植物的生长模拟是植物基因组学、表型组学研究的重要途径，是进行植物品种遗传特征认知、适应性评价、生产能力分析的重要手段和形式。利用智能植物平台，为科研人员提供植物生长环境的光温模拟、植物形态建模、基于实时数据驱动的植物生长动画生成及真实感绘制的在线计算服务。②面向植物三维形态结构智能交互设计服务功能，为设计者提供具有智能交互行为的植物三维形态结构虚拟仿真、交互式株型设计、群体建模、虚拟场景中的农事操作虚拟交互等应用服务。③面向植物种植管理辅助决策服务功能，植物的种植管理过程主要涉及病虫害防治、密植处理、水肥运筹及产量评估等方面，基于智能植物，构建植物表型信息获取平台，实时感知环境信息，为植物种植技术管理人员提供智能决策服务。④面向虚拟体验应用服务功能，随着虚拟现实技术的成熟、终端应用普及、城郊旅游观光农业的发展，面向农业的科普教育、农技培训、虚拟试验、农事体验等的应用具有较广泛的需求。基于智能植物，为农业科普、文化创意、职业教育技能培训等人员，提供模型资源共享、动画展示、漫游服务及增强现实服务。

Agent 技术是当前人工智能领域研究最为活跃的一个分支，Multi-Agent 是一种结构化的有明确求解目标的 Agent 群体。与此相对应，植物的生命工程及其面向服务的应用是一个巨大的综合性工程，利用它的智能特性，面向多 Agent 的智能植物问题求解可以降低求解难度，优势明显，因此，面向 Multi-Agent 的植物智能体结构研究是智能植物未来发展的主要方向（吴升等，2017）。

1.1.3　数字植物技术前沿及发展趋势

最近几年来，数字植物在植物组织层次可视化、根系三维测量、植物群体三维重建和植物材质建模等方面都取得了新的进展。需要指出的是，从虚拟植物到数字植物，植物建模和仿真的研究已有几十年的历史，最初也曾得到诸多应用预期。但直到今天，这项研究的现实意义刚开始得到体现，其实用价值也得到人们越来越多的关注。当前，数字植物最实际的应用成果是植物形态结构的三维建模，其已被广泛应用于影视和动漫游戏制作、产品展示、广告宣传等领域。在作物株型选育、栽培措施优化等农学应用方面，实际的应用还很少，大部分还停留在研究探索阶段。究其原因，主要还在于已有的关于植物形态结构建成、植物生理生态过程、植物与环境的相互作用关系等的模型还过粗、过于简化，尚无法准确模拟植物在不同真实环境条件下的自然发展过程和结果。另一个客观现实是，当前数字植物研究大部分仅在物种尺度上进行，且缺乏不同地理环境条件的对比试验和验证。而实际生产中，往往是以品种为单位。同一植物物种，不同品种在形态、生理和生产能力等方面均存在较大的差异，同一品种在不同地理环境条件下也可能表现出显著的差异。因此，进一步深入探索品种之间的差异，构建反映品种尺度特征的数字植物模型是未来的发展方向，具体趋势包括以下几个方面（赵春江等，2015）。

1. **基于高通量信息获取的植物表型组学研究**　植物表型是植物基因和环境互作的表象和结果，植物表型技术不仅包含对植物各种特征和性状即表型的信息获取、鉴别与分析，也包含对复杂的植物生长环境的监测与控制，植物表型及相关技术一直是生命科学和农业科学的基础工作。20 世纪 80 年代以来，随着基因组学和高通量测序技术的发展，生命科学进入到高通量分析和"组学"研究（‐omics）的阶段。传统的植物表型研究方法无法满足系统研究植物全部基因功能的需要，已成为制约植物组学研究和分子设计育种等发展的瓶颈。随着科研需求的增长和技术方法的发展，进行高通量、精准和经济的植物多表型数据测定和环境参数监控的必要性和可行性已经具备，植物表型组学（Plant phenomics）应运而生（潘映红，2014）。

植物表型组学集成利用信息化、数字化的技术手段和平台装备，系统、高效地获取植物‐环境信息，利用模型和大数据分析等方法揭示植物的物理、生理和化学等表型性状随突变和环境影响而变化的规律，对基因型在不同环境下的全部表型进行系统研究，从而更加客观真实地反映植物的生长发育、遗传变异及与环境的相互关系。当前，植物表型组学已成为国际上农业科学和生命科学研究的制高点，美国、德国、法国、澳大利亚和日本等发达国家均组建了植物表型组学研究实验室或研究网络，引领着国际上植物表型信息获取、鉴定和组学分析的发展方向。近年来，中国也开始重视表型组学的研究工作，华中农业大学、国家农业信息化工程技术研究中心、中国农业科学院、中国科学院等单位先后组建了作物表型组学研究团队。

当前，植物表型组学已成为国际上农业科学和生命科学研究的制高点，近几年，一些企业和公众科研机构研发出了一系列具有自动化、高通量、高精度、无损伤等特点的高通量表型组学研究平台。虽然这些平台在一定程度上推动了表型组学的发展，但是还存在一些尚待解决的问题：①高通量表型技术如何从室内走向大田。田间复杂光照、温度和湿度等天气条件，以及杂草背景和作物间遮挡，对基于图像的表型检测方法造成很大的困难，尤其是光照不均和群体遮挡会严重影响到图像分割质量和目标理解精度，解决上述问题是将来一段时间内田间植物表型检测研究的热点。②如何突破可控和大田土壤环境条件下植物根系高通量无损观测技术，促进植物根系表型研究。③如何研发便携式、低成本的表型设备，在保证测量精度和效率的前提下，降低表型测量成本。过去的十几年，科学家已明确为什么要进行测序以及怎样测序这个难题，现在表型组学已经成为新的挑战（Houle et al.，2010）。可以预见，结合高性能计算和人工智能等先进技术，探究复杂环境下植物生长时‐空表型信息高分辨率、高通量智能获取技术，构建多生境、多尺度、多维度、高通量的作物全生育期表型数据获取和分析平台，必将成为植物科学研究学者快速解码大量未知基因功能的重要工具手段，对发现并揭示植物重要基因功能，加强和提升我国在植物功能基因组及遗传改良领域的地位有非常重要的意义（段凌凤等，2016）。

2. 根冠一体化建模　由于植物生理过程和形态结构的复杂性，现有的数字植物研究中，往往将植物的地上部和根系作为两个部分分别考虑，以简化建模的难度。然而对玉米而言，根系是植物与外界环境交互的最重要器官之一，脱离地下而仅仅考虑地上部或分而治之的建模思想都可能因考虑不周而导致最终的模型与现实脱节。因此，未来针对玉米的数字植物模型系统研究的重点任务之一，就是进行根-冠一体化的建模。特别是面向株型设计、产量预测、生长过程模拟等应用的场合，需要同时考虑玉米根系和地上部。这样建立的模型才能更好地与真实植物接近，得到更好的模拟结果并能够在现实农业科研和生产中应用。

根是植物最重要的器官之一。根系构型不仅直接影响着植物的水分和养分吸收能力，同时通过与土壤环境间的相互作用影响植物的生产效率，成为影响植物生长的关键通道，也是人类认识、分析和评价作物与土壤适应程度的重要指标。此外，由于根生长在土壤里，观察、测量极不方便，这也为植物根系形态结构研究带来极大的挑战。因此，植物根系的测量和三维建模研究吸引了诸多研究者的关注。植物根系的测量和三维重建是数字植物重要内容。虽然国内外在根系探测和三维建模方面已有较多研究，但这些方法都具有一定的局限性。造成这一问题的根本原因在于植物根系深埋于地下的不可见性及其与生长环境相互作用的复杂性。因此，在植物根系形态数据获取手段无法难以取得显著突破的条件下，采用新的方法解决有限数据条件下根系构型的测量与解析是一个值得深入探索的问题。

3. 大数据驱动的知识发现和建模　随着物联网技术的快速发展，各种传感器广泛普及于农田、温室、果园等生产基地。随之而来的是大量、连续的植物生长过程和环境数据。但目前这些数据尚无得到很好的挖掘和利用。例如，目前很多关于植物形态变化过程建模研究中，还在采用手工测量或三维扫描等需要大量人工参与的操作进行数据采集。而通过网络摄像头拍摄到的植物生长过程视频尚没有得到很好的利用。若能够从这些连续视频中提取解析到植物生长中各种形态指标，将极大减少传统方法的工作量，同时还能够得到粒度更细、更连续的数据。因此，如何从农业物联网的大数据中提取出植物的形态和生理指标，并结合环境监测数据，进行植物形态和生理、功能间的知识规则发现，进而构建用于植物生长、产量模拟的数学模型，将是未来值得深入研究的课题。

4. 品种尺度的建模和仿真　当前数字植物研究中，几乎都是在物种尺度上进行建模。但现实农业生产中，往往是以品种为尺度。相同物种的植物，不同品种不但在外观形态上相异，在生理属性、物理性能和产量等方面也往往存在较大的差异。玉米的品种以及在不同地域所表现出的差异十分显著，在株型上表现出紧凑型、中间型、平展型等差异，在株高、穗位高、穗位株高比、叶长、叶宽等具体参数上表现的特点也不尽相同。然而这些在株型方面表现出的表型差异是体现品种差异、品种适应性、品种抗性以及品种产量性状的重要指标，因此，在进行玉米模型构建时，需要考虑品种的特征。或者说，只有具有品种识别度的模型，才能更好地满足现实生产的应用需要。

5. 功能-结构模型与表观材质模型的结合　在已有的研究中，对于植物功能-结构模型和表观材质模型往往单独考虑。事实上，植物的功能与其形态结构和表观纹理都有着重要的关系。例如，缺水、缺肥、病害等条件下，植物的形态和表观颜色都会随之发生变化。或者说，形态和表观是植物对环境条件响应的显式通道。因此，在植物的功能-结构并行模拟中，需要考虑植物表观的同步响应。在过去的研究中，针对玉米的功能-结构模型研究和生长模拟取得了很大进展，然而在与生长环境监测数据融合、栽培管理措施交互和环境因素导致的表观材质变化等方面仍然有进一步深入研究的空间。

1.2 植物表型组学及其发展趋势

到 2050 年，全球人口将达到 97 亿，预计作物产量翻一番才能满足全球人口的粮食需求（Ray et al.，2013）。为了达到这一目标，作物产量需每年增长 2.4%，但目前作物产量平均增长率仅为 1.3%（Fischer and Edmeades，2010）。作物生产性能的遗传改良仍然是提高作物生产力的关键因素，但当前的改善速度无法满足可持续性和粮食安全的需要。农作物表型精准鉴定是全面解析表型与基因关系、深入认知生命过程的前提，是培育突破性新品种、保障国家粮食安全的迫切需求。与飞速发展的基因组技术相比，表型分析已成为理解复杂性状遗传基础的瓶颈（Jannink et al.，2010；Araus et al.，2014）。目前作物表型性状获取手段主要依靠人工完成，大部分还停留在几百年前"一把尺子一杆秤"的落后水平，存在低效、主观、可重复性差等缺点，并且有些测量需要剪取作物器官进行有损测量，无法实现全生育期无损动态测量。由于缺乏足够的表型技术和科学方法去分析现有遗传资源，极大地制约作物基因功能解码和作物育种的进展（Gaudin et al.，2013；Yang et al.，2014；Feng et al.，2017）。因此，在获得海量作物基因组信息的基础上，如何高分辨、高效地解开基因功能、环境响应及作物表型三者的相互作用机理已成为一个全新的挑战（Lorenz et al.，2011；Araus et al.，2014）。为了打破这一瓶颈并提高分子育种的效率，迫切需要可靠、自动和高通量的表型技术，为育种学家提供新的见解，以选择适应资源短缺和全球气候变化的新品种。

1.2.1 植物表型组学发展概况

在过去的十年中，植物表型组学已经从一门新兴学科发展到一个蓬勃发展的研究领域，它被定义为能够反映植物细胞、组织、器官、植株和群体结构及功能特征的物理、生理和生化性状，其本质实际是植物基因图谱的时序三维表达及其地域分布特征和代际演进规律（Houle et al.，2010；Dhondt et al.，2013；Lobos et al.，2017）。作物表型极其复杂，因为它们是基因型（G）与多种环境型（E）相互作用的结果（Xu，2016）。这种相互作用不仅影响以细胞、组织、器官和植株水平上的结构性状衡量的作物生长发育过程，而且还影响以生理性状衡量的植物功能。这些内部表型反过来又决定了作物的外部表型，如形态、生物量和产量性能（Houle et al.，2010；Dhondt et al.，2013）。植物表型组学是一门跨学科的科学，涵盖生理学、生物学、遗传学、统计学、计算机科学、人工智能等学科，集成自动化平台装备和信息化技术手段，系统、高效地获取植物表型信息，构建作物表型组高通量、多维度、大数据、智能化和自动化的测量-解析-利用技术体系；结合基因组学、生物信息学和大数据分析等最新理论技术，实现多表型-环境型-基因型多维组学大数据整合与分析利用，系统深入地挖掘基因型-表型-环境型内在关联，以揭示植物多尺度结构和功能特征对遗传信息和环境变化的响应机制，为精准育种提出新的智能解决方案。

表 1-1 从表型数据收集、表型分析等方面概述作物表型组学的研究现状，系统介绍细胞、组织、器官、植株、田间群体等不同水平的作物表型分析方法，讨论了表型数据提取、分析和存储研究中的实际问题。随着高通量表型技术的迅速发展，该领域的研究进入具有多

表 1-1 植物表型组学发展概况

发展阶段	主要进展	参考文献
萌芽期：表型和表型组学概念形成期	表型（Phenotype）这一术语最早由 Johannsen 于 1911 年提出	Johannsen W，2014
	1997 年，表型组学这一概念由 Nicholas Schork 在疾病研究中提出	Schork NJ，1997
	2012 年，Tuberosa 提出"表型为王，基因为后"的概念	Tuberosa R，2012
蓬勃发展阶段：20 世纪末开始，相继建立了植物表型研究团队和商业组织，开发了一系列高通量、高精度、自动化或半自动化的表型分析工具，获得高质量、可重复的植物表型数据	1998 年，比利时 CropDesign 公司成功开发世界上首套大型植物高通量表型平台，命名为 TraitMill	http://www.cropdesign.com；Reuzeau C et al.，2005；Reuzeau C et al.，2006；Reuzeau C，2007
	第一个以表型组学命名的表型研究机构——Australian Plant Phenomics Facility 成立于 2007 年	https://www.plantphenomics.org.au
	2016 年，德国 LemnaTec 公司开发了第一个田间高通量植物表型平台——Scanalyzer Field，标志着植物表型获取技术正式走向大田测量	http://www.lemnatec.com；Virlet N et al.，2016
	新型表型解析算法和工具不断涌现，尤其在根、茎和种子显微性状解析方面，如 RootAnalyzer、VesselParser 等	Burton AL et al.，2012；Du J et al.，2016
系统发展阶段：正在进入一个被称为"表型组学"的新时代，为揭示植物的分子机制和基因功能提供大数据和决策支持	2011 年，澳大利亚植物表型研究所 Furbank 和 Tester 提出"challenge-phenotyping bottleneck"，讨论表型研究面临的瓶颈和亟须解决的问题	Furbank RT and Tester M，2011
	欧洲植物表型网络（EPPN）始于 2012 年，2012—2015 年成功完成第一个 EPPN 联合研究项目，并延续了 EPPN2020 和 EMPHASIS 项目	https://eppn2020.plant-phenotyping.eu；https://emphasis.plant-phenotyping.eu
	2013 年，Mccoueh 提出了下一代表型（Next-generation phenotyping）的概念。提出表型组学要与高分辨率连锁作图、全基因组关联研究、基因组选择模型等技术密切相关	Cobb JN et al.，2013
	国际植物表型网络（IPPN）于 2016 年注册，代表世界主要的植物表型中心。近十年来，世界各国和地区组织了多个植物表型网络，如 FPPN、PPA、NAPPN、CPPN 等，各种植物表型网络之间的交流与合作日益密切	https://www.plant-phenotyping.org；Carrolla AA et al.，2019
	2017 年，Tardieu 等提出多尺度表型组学（Multi-scale phenomics）的策略，不仅需要建立多领域、多尺度的表型大数据库，还需要研究多尺度表型性状鉴定技术体系，开发从海量组学数据中提取信息的生物信息学技术	Tardieu F et al.，2017

领域、多层次、多尺度特征的大数据的"表型组学"时代。基于目前表型组学研究的现状，提出未来 5～10 年作物表型组学面临的挑战与发展前景。强调在多模态、多层次、多尺度的大数据表型时代，需要结合人工智能技术进行区域/国际化的协同研究，构建作物表型组高通量、多维度、大数据、智能化和自动化的测量-解析-利用技术体系，实现多表型-环境型-基因型多维组学大数据整合与分析利用，为精准育种提出新的智能解决方案。

1.2.2　植物表型组数据获取与解析

目前，植物表型获取可分为高通量、低分辨率表型和低通量、高分辨率深度表型（Dhondt et al.，2013）。不同规模的表型系统和工具侧重于不同的关键特征，可控环境和田间环境下的自动化表型平台强调高通量，而覆盖器官、组织和细胞水平的表型获取则强调深入的、更高的分辨率的表型信息。本节将系统地介绍从细胞、组织、器官、植株到田间水平的作物表型获取与解析方法，并讨论各技术方法在作物研究中的应用和实际问题。

1. 突破显微表型研究瓶颈　目前，植物表型组学研究主要集中在检测基于群体、植株及器官水平的有限的目标性状（Target traits）方面，而并非进行从细胞-植株的全表型组性状分析。相对于群体、植株及器官水平表型信息获取技术的迅速发展，基于组织、细胞水平的植物显微表型信息获取的研究相对滞后。在作物显微性状检测方面，一方面前期样本制作过程繁琐，效率低，另一方面主要以人工检测为主，缺乏针对性的性状分析工具软件，是限制植物显微表型信息高通量、精准获取的主要原因。近几年，该研究领域持续涌现出大量算法和工具（Chen et al.，2016）：2011 年，吴海文等基于石蜡切片的序列图像，计算机辅助计算实现了小麦根系维管束表型信息的提取（Wu et al.，2011）；2012 年，Burton 等开发半自动 RootScan 软件用于提取玉米、小麦等作物根系的显微表型信息，该软件第一次实现了同时可以输出包括皮层、中柱等 12 个显微表型参数的功能，大大提高了根系显微表型指标检测的效率（Burton et al.，2012）；在此基础上，2015 年，Chopin 等开发出全自动的基于图像的根系显微表型信息提取 RootAnalyzer 软件，进一步提升图像分割效率且保证较高的准确性，软件检测正确率高达 90%（Chopin et al.，2015）；同年，Chimungu 等利用 RootScan software 获得玉米根系的显微表型信息，与根系穿透性、抗拉强度、弯曲性能等生理指标相关联，构建 Bivariate relationships，阐明影响根系渗透性和生物力学特性的主要表型因子（Chimungu et al.，2015）。在拟南芥中，Singh 等将机器学习引入到显微表型检测研究中，基于共聚焦显微图像，实现拟南芥下胚轴细胞的分割、聚类、表型参数的自动提取，对大批量的图像统计分析、表型鉴定具有重要意义（Hall et al.，2016）。玉米茎秆不同于根系结构，具有更复杂的显微结构，表型性状差异明显的中间维管束和周边维管束散生在基本组织中，维管束边缘界限不明显、大小不一、分布不均等问题，导致有关茎秆组织显微表型检测与鉴定技术的挑战性更大。起初，玉米茎秆维管束显微结构定量分析的图像数据主要来自徒手切片成像、石蜡切片显微成像。Legland 等（2014）直接利用简单的手工切片和平板扫描仪获取玉米茎秆横切面图像，然后通过半自动图像分析技术计算出玉米茎中维管束区域，该方法强调表型参数检测的高通量，但缺乏精准的木质部表型信息及周皮维管束的表型信息。Zhang 等（2013）利用 Safranin 和 Alcian blue 对玉米茎秆切片进行染色，然后根据组织颜色差异（木质化程度差异）检测维管束数量与分布特征。该方法显著提高了茎剖面的成像效果并获得较高的检测精度，但需进行较复杂的切片制备和染色工作。Du 等（2017）基于 micro - CT 图像的 VesselParser 维管束表型提取软件，提取的适于茎秆 micro - CT 扫描的技术方法无需进行复杂样本制备和费时费力组织切片，简单处理后整块样本即可直接扫描成像并获得微米级分辨率的显微图像，Vessel Parser 可对 CT 图像进行自动分割、目标识别与特征分析，准确解析和统计出包括玉米茎秆维管束的数量、形状和分布的 20 个表型参数。该规程和软件的研发为植物组织表型检测提供了简单易用工具，为玉米品种间结构和功能鉴定提供了丰富数据来源。随着显微成像技术和计算机图像分析技术的发展，籽粒显微表型的获取方式也逐渐发生转变，从传统的石蜡切片、冷冻切片图像获取，到 CT 图像获取，逐渐缩短制样时间、缩减制样流程，在保证图像获取质量的前提下大大提高获取效率。micro - CT 非侵入性成像并能整体呈现材料内部微妙结构信息的优势，为揭示籽粒组织的空间分布和结构特征提供了新的技术方法。目前，北京数字植物重点实验室已经建立了一种提高玉米组织 X 射线吸收对比度的新方法，适用于 micro - CT 扫描。他们基于 CT 图像，引入了一套玉米根、茎、叶的图像处理流程，有效提取维管束的微观表型（Zhang et al.，2018）。表 1 - 2 对近些年国内外显微表型研究的一些成果进行了总结。

表 1 - 2 作物显微表型性状获取与解析方法

器官类型	图像获取方式	软件	表型参数	适用范围	参考文献
根	激光消融断层扫描（LAT）	RootScan RootScan2	根系横切面、皮层、中柱 3 类表型指标	玉米根系	Burton AL et al.，2012
	激光显微镜	RootAnalyzer	根、组织区（皮层、中柱、内皮层、后生木质部）、中柱表型指标	小麦、玉米根系	Chopin J et al.，2015
	激光消融断层扫描（LAT）	RootSlice	关注根皮层：细胞大小、径向细胞数目、通气组织占比、细胞壁厚度、液泡大小等	玉米根系	https://plantscience.psu.edu/research/labs/roots/projects
	micro - CT	Simpeware (Commercial software)	不仅是二维（2D）表型参数，还包括三维（3D）表型参数的定量分析，如：后生木质部体积、表面积等	玉米根系	Pan X et al.，2017
茎	平板扫描仪获取徒手切割的茎段图像	"Matgeom"，a library for geometric computing with Matlab	茎秆维管束数目、空间分布性状	除去周皮和表皮的茎秆	http://matgeom.sourceforge.net/
	平板扫描仪获取徒手切割的茎段图像	The tool，written in the Matlab computer language	茎秆横切面直径、外皮厚度、维管束密度、维管束大小	玉米、高粱、芒草茎与外皮相对应的解剖特征和维管束的检测精度仍是一个难题	http://phytomorph.wisc.edu/download/HeckwolfPlantMethods2015/
	石蜡切片、FASGA 染色及显微图像	The whole image processing workflow was developed within the ImageJ/Fiji plateform	茎秆横切片面积、纤维素等 19 项表型指标	玉米茎秆	Zhang Y et al.，2013
	micro - CT	VesselParser3.0	茎秆横切面、表皮、周皮、髓表型性状及维管束表型性状，共计 48 项表型指标	首次实现整个玉米茎秆横截面内维管束表型性状的定量分析	Du J et al.，2016；Zhang Y et al.，2018；Zhang Y et al.，2020

基于组织、细胞水平的表型鉴定仍然需要复杂的程序，简化样品制备过程和探索先进的成像技术是加速显微表型研究的关键。此外，图像处理是显微表型研究的另一个主要瓶颈，由于具体作物的器官和细胞表型特征差异巨大，一般需要进行针对性开发或二次开发才能真正满足研究需求。

2. 器官水平的三维表型　大多数植物表型平台集中于植株尺度的表型信息高通量获取（Chaivivatrakul et al.，2014；Cabrera‐Bosquet et al.，2016）。因此，植物器官尺度的表型精准获取相对滞后（Dhondt et al.，2013）。常用的植物器官水平的表型指标，如叶长、叶面积、果实体积等，可以在表型平台上简单获得（Klukas et al.，2014；Zhang et al.，2017）。通过在器官水平拍照和图像分析，开发智能手机 App 平台进行表型分析（Confal-onieri et al.，2017），方便获取叶倾角、叶片长度等指标，并且不需要在室内进行破坏性取样。2D 相机成本较低，通常被整合到大多数表型平台中，为植物分枝结构提供了有效的表型解决方案，特别是跟踪植物器官的动态生长（Brichet et al.，2017）。然而，2D 图像在 3D 空间中会丢失一维的数据，一些估计的形态特征需要校准（Zhang et al.，2017）。多视角立体视觉（MVS）方法（Duan et al.，2016；Vazquez‐Arellano et al.，2016；He et al.，2017；Hui et al.，2018）是另一种流行的低成本器官水平表型获取方法。利用多视图图像通过结构重建三维点云（Wu et al.，2011），然后通过植物个体的分叶器官提取表型特征（Thapa et al.，2018）。这种低成本、便携式的 3D 重建方法可以替代昂贵的激光扫描方法，且具有自动化的潜力（Rose et al.，2015；Yin et al.，2016）。

除了长度、面积、体积等可测量的表型参数外，植物器官的许多明显差异性状，如叶片轮廓、叶片褶皱、叶脉曲线、叶片颜色等，很难获得形态数据或进行定量描述。需要开发一系列数学算法（Li et al.，2018）来定量描述这些差异，利用器官水平的高精度表型数据挖掘更详细的表型性状。研究人员使用高分辨率三维扫描仪获取植物器官的形态结构（Rist et al.，2018）。高分辨率三维扫描仪相对昂贵，但获取的形态数据比 MVS 重建更准确；利用 2D 激光雷达扫描仪（Thapa et al.，2018）和深度相机（Hu et al.，2018），结合 turn table 和转换器，通过点云的 3D 恢复来估计表型性状。大多数二维或三维成像技术可以解决三维器官尺度的表型数据获取问题，而对于高大植物来说，由于视野有限，很难实现。植物器官的高分辨率三维点云提取表型性状比较复杂，因此采用了骨架提取（Huang et al.，2013）、表面重建（Yin et al.，2016；Gibbs et al.，2017）等计算机图形算法和 feat‐preserving remeshing（Wen et al.，2018）用于处理高分辨率的形态学数据进行 3D 表型特征提取。由于详细的器官数据采集和分析的难度和复杂性，Wen（Wen et al.，2017）提出了数据采集标准，利用实测的原位形态数据构建了植物器官资源库，实现了植物器官高质量数据的整合和共享。

3. 可控环境下的自动化表型平台　21 世纪以来，随着传统表型观测手段这一瓶颈日益突显以及自动化智能化、机器人技术、新型传感器和成像技术（硬件和软件）的迅猛发展为高通量植物表型平台（HTPPs）的开发提供了机会（Gennaro et al.，2017）。在过去的 10 年里，HTPPs 的研究和开发取得了很大的进步（Furbank et al.，2011；Fiorani et al.，2013；Virlet et al.，2016）。根据总体设计，可控环境下的 HTPPs 基于植物是否运动一般可以分为传送式（Sensor‐to‐plant）和轨道式（Plant‐to‐sensor）两种方式。总的来说，可控环境下的 HTPPs 使用的成像技术主要包括：①RGB 成像，获取植物形态、颜色和纹理的表型。②叶绿素荧光成像，获得光合表型。③高光谱成像，获得色素成分、生化成分、氮含量、水分含量等表型。④热成像，获得植物表面温度分布、气孔导度和蒸腾表型。⑤激光雷达，获得植物的三维结构表型。此外，其他在医学上广泛应用的先进成像技术，如 MRI、PET、CT 等，也被引入到可控环境下的 HTPPs 中。表 1-3 列出了可控环境下的 HTPPs 使用的主要成像技术。

表 1-3　高通量植物表型平台（HTPPs）的主要成像技术

图像获取技术	传感器	原始数据	表型参数	应用
可见光成像	可见光相机	灰度图像、彩色图像（RGB channels）	植株、器官尺度表型；基于时间序列（Minutes to days）	评估植物生长状况、营养状况、生物量积累等
荧光成像技术	荧光相机	基于像素的红光、远红光区域的荧光图像	叶绿素荧光参数和多光谱荧光参数	光合状况、量子产量、幼苗结构、叶片病害评估等
红外成像	热成像、近红外相机	表面温度图像	叶面积指数、表面温度、冠层水分状态、叶片水分状态、种子成分等；基于时间序列（Minutes to days）	测定叶片、冠层的蒸腾、热耗散、气孔导度差异等
光谱成像	光谱仪、高光谱相机	连续或离散谱	水分含量、种子成分等	病害评估，叶片、冠层生长潜力评价等
三维成像	立体相机、TOF 成像系统	RGB、IR、深度图像	植株或器官的形态、结构、颜色参数等	植株骨架结构、叶倾角、冠层结构等
激光扫描	激光扫描仪	深度图像、3D 点云	植株或器官的形态、结构指标等	植株骨架结构、叶倾角、冠层结构等
核磁共振成像（MRI）	核磁共振成像系统	(^{1}H) 水映射	水分含量、形态指标（分辨率为 200～500 μm）	形态指标、含水量检测等
正电子发射型计算机断层显像（PET）	正电子发射探测器	放射性示踪剂映射	植物体内聚集情况的三维图像，聚集区域、断面、流速等指标	检测放射性元素的代谢、分布与运输情况
X 射线断层扫描成像（CT）	X 射线断层扫描系统	体素、组织断层图片	3D 形态指标	组织密度、分蘖数、种子品种检测、组织三维重建等

　　独立研发规模化的高通量表型平台并非易事，不仅需要一定的基金资助，更需要一支光电、计算机、机械、农学、生物学多学科交叉团队联合研发和维护。表 1-4 列出了世界上具有代表性的可控环境的 HTPPs。温室高通量表型平台具有自动化、高通量、高精度的特点，极大地提高了植物数据采集的效率和准确性，更好地服务于作物改良和育种。然而，大多数 HTPPs 需要很高的建设、运营和维护成本，因此大多数科研机构无法获得这些技术（Kolukisaoglu and Thurow，2010）。如何在同等测量效率和准确性的前提下降低表型平台成本，将显著增加表型研究的范围，促进复杂性状表型-基因型分析的快速扩展（Pereyra-Irujo et al.，2012）。

表1-4　可控环境的高通量植物表型设备、平台应用案例

HTPPs		传感器配置	应用案例	参考文献
WPScan^Conveyor		RGB 相机	玉米形态结构、生物量、株高等表型	http://www.wps.eu/en
Trait Mill		RGB 相机	世界上首套大型植物高通量表型平台；可提取性状包括地上部分生物量、株高、总粒数、结实率、粒重，以及收获指数；应用于水稻基因及其功能的评价和筛选	http://www.cropdesign.com; Reuzeau C et al.，2010; Reuzeau C，2007
Scanalyzer	传送式 (Plant-to-sensor)	RGB 相机；荧光；近红外相机等	应用于玉米和拟南芥等作物成像和分析	Parlati A et al.，2017; van de Velde K et al.，2017; Pandey P et al.，2017; Guo D et al.，2017; Liang Z et al.，2017; Meng R et al.，2017; Kerstin N et al.，2017; Amanda D et al.，2016; Arend D et al.，2016; Cai J et al.，2016; Neilson EH et al.，2015; Chen D et al.，2014; Golzarian MR et al.，2011
	轨道式 (Sensor-to-plant)	可见光相机；叶绿素荧光相机；红外相机；高光谱相机；三维激光扫描仪等	指标包括植被覆盖度、树冠高度、植物生长指标、生物量、叶绿素荧光参数等；应用于玉米、水稻等育种筛选、基因及其功能的评价和筛选	http://www.lemnatec.com
KeyGene digital phenotyping	PhenoFab®	多成像传感器	甜菜种子处理试验；玉米生理指标测定等；PhenoFab 正式运行标志着该表型研究平台正式应用于商业化作物育种	http://www.keygene.com
PlantScreen	PlantScreen Modular System	多成像传感器	拟南芥高通量表型筛选，包括形态及生长指标、营养评估、光合性能评价、非生物胁迫评价、病原体相互作用特征识别、化学筛选等	http://www.psi.cz/; Silsbe GM et al.，2015
PHENOSPEX	PlantEye F500	3D 扫描仪、多光谱相机等	自动计算各种形态参数，如：株高、三维叶面积、投影叶面积、生物量、叶倾角、叶面积指数、光透过率、叶片覆盖度；应用于萌发检测、试验环境控制、药物筛选、表型高通量获取等	http://phenospex.com; Vadea V et al.，2015
	Drought Spotter	自动重量传感器、多个成像传感器		
	MobileDevice	PlantEye F400、PlantEye F500		

（续）

HTPPs		传感器配置	应用案例	参考文献
Rice automatic phenotyping platform（RAP）		RGB 相机、CT 等	自动提取水稻株高、叶面积、分蘖数、生物量、产量相关性状等 15 个参数；应用于水稻、小麦、玉米、油菜等作物表型高通量测量和功能基因组研究	http：//plantphenomics.hzau.edu.cn/；Yang W et al.，2015；Zhang X et al.，2017
SCREEN House	PlantScreen Self - Contained（SC）Systems/PlantScreen Compact System	RGB 相机、Kinetic、叶绿素荧光相机、高光谱相机、远红外相机、3D 扫描仪等	应用于拟南芥、草莓、大豆、烟草、玉米幼苗等表型高通量测量和功能基因组研究；该平台获取指标包括形态及生长指标、营养评估、光合性能评价、非生物胁迫评价、病原体相互作用特征识别、化学筛选等	http：//qubitphenomics.com；Berger S et al.，2007
SCREEN House		RGB 相机	本系统用于温室内不同植物（如油菜、玉米、番茄、谷类）的植株地上部分结构和功能筛选；持续监测工厂的水分状况和环境条件	Nakhforoosh A et al.，2016
PHENOPSIS		RGB 相机、近红外相机	通过图像分析测量拟南芥莲座面积或叶面积；光合作用和气孔导度测量	http：//bioweb.supagro.inra.fr/phenopsis；Granier C et al.，2006

4. 田间环境的作物表型高通量分析方法 田间表型（FBP）是作物遗传改良的重要组成部分，是遗传因素、环境因素及其相互作用对关键性状（如产量潜力和对非生物/生物胁迫的耐受性）相对影响的最终表现（Araus and Cairns，2014；Neilson et al.，2015）。相对于实验室或温室中进行的作物试验研究，大田试验是作物研究中最重要的一环，大多数实验室的发现或结论最终都需要大田试验结果或表型来验证。因此国际上也越来越重视大田植物表型平台的研发工作。目前，常见的田间表型技术主要包括基于航空影像的表型技术、田间移动或固定式表型平台及田间便携式和分布式表型设备（Fritsche - Neto and Borém，2015）。小型便携式表型设备提高了田间表型设备数据采集灵活性，同时大幅降低了采集硬件的成本，比如手持式或便携式田间表型采集设备、分布式全生长季田间表型监测平台等（Zhang and Kovacs，2012；White et al.，2012）。但同时也存在获取效率低、人工和软件成本相对较高的不足，另外田间环境下的图片分析和性状提取较为复杂，比如天气因素、光照不均一性、植株背景复杂性、植株不同品种间的遮挡重叠等问题，如何解决这些问题将会是一个全新的挑战（Montes et al.，2011）。田间移动表型平台通常指在现有农用车辆上加装成像组件后所构建的车载表型采集系统。2013 年，德国奥斯纳布吕克应用技术大学 Busemeyer 等成功研发出大田作物表型高通量采集系统 BreedVision，该系统巧妙地将 3D 深度相机、彩色相机、激光测距传感器、高光谱成像仪、光幕成像装置集成于一个可移动式成像暗室，由拖拉机牵引可在田间快速采集作物图像信息和分析表型性状，提取性状包括株高、分蘖密度、产量、作物水分含量、叶片颜色、生物量，测量效率达 0.5 m/s（Busemeyer et al.，2013）。但使用上述车载表型平台的最大问题是传感器校准和数据预处理。为解决车载

和机器人表型采集系统的技术缺陷，研究人员搭建了大型轨道式田间表型监测平台，并配备价格高昂的近红外三维激光扫描仪、多光谱或高光谱等传感器，其中比较著名的系统有苏黎世联邦理工学院（ETHZürich）的 Field Phenotyping Platform（FIP）、Phenospex 公司的 FieldScanner 和 LimnaTec 公司的 FieldScanner 平台（周济等，2018）。2015 年 7 月，在小麦基因改良网络项目（Wheat genetic improvement network，WGIN）和小麦计划战略项目（Wheat initiative strategic programme，WISP）资助下，由德国 LemnaTec 公司负责研发安装的大型田间扫描分析仪"Field Scanalyzer"在英国洛桑研究所正式投入运行。该田间扫描分析仪是由一个支撑带有多个传感器的机动测量平台的门架构成，可对 10 m×110 m 范围内的作物以高度分辨率和再现性进行全天 24 h 自动化监视。仪器传感器包括可见光成像、远红外成像、高光谱成像、3D 激光扫描成像和测量叶绿素荧光衰变动力学过程的荧光成像（Virlet et al.，2016；Sadeghi‒Tehran et al.，2017）。由于这类系统造价昂贵、需针对指定作物进行定制，同时需要专业团队在系统的运行、保养和后期分析上提供技术支持，因此，这类平台一般难以在多生态点的大型育种和栽培研究中应用。

近年来，载人飞行器和无人机遥感平台（UAV‒RSPs）正成为田间环境中作物表型高通量工具（Berni et al.，2009；Liebisch et al.，2015；Yang et al.，2017）。近年来，研究人员结合全球定位系统和无人机影像信息创建精确的正摄像图，以计算分析植物覆盖率和光合作用；将无人机搭载可见光传感器或激光雷达，通过重建高密度的三维点云获得植物高度和生长相关表型信息；固定翼飞机和载重较大的无人机则可搭载多光谱、高光谱或热成像等传感器，用于对作物冠层性状（如氮素养分情况、冠层温度等）进行检测（Sugiura et al.，2005；Overgaard et al.，2010；Swain et al.，2010；Wallace et al.，2012；Gonzalez‒Dugo et al.，2013，2014；Mathews and Jensen，2013；Diaz‒Varela et al.，2014；Sugiura，2014；Gonzalez‒Dugo et al.，2015；Nigon et al.，2015；Gómez‒Candón et al.，2016；Camino et al.，2018；Roitsch et al.，2019）。航空影像技术具有通量高、规模大、试验成本相对经济等特点，因此，这项技术被大量应用于大规模田间表型数据的采集。然而，这项技术受环境因素影响较大，另外，光谱设备对光照度要求很高，不同时间段获取的图像信息可能会出现较大的偏差（Potgieter et al.，2018；Furbank et al.，2019）。表 1‒5 总结了当前国内外主要的田间表型平台。

表 1‒5　田间表型平台（FBPPs）应用案例

田间表型平台（FBPPs）		传感器类型	功能	参考文献
基于地面的田间表型平台	Field Scanalyzers	可见光成像、远红外成像、高光谱成像、3D 激光扫描成像和测量叶绿素荧光衰变动力学过程的荧光成像	精准地监视作物生长发育、作物生理、作物株型和作物健康指标	Sadeghi‒Tehran P et al.，2017；Virlet N et al.，2016
	FieldScan	PlantEye 传感器	自动采集、计算各种形态参数，如：株高、三维叶面积、投影叶面积、生物量、叶倾角、叶面积指数、光透射率、覆盖度等	http：//phenospex.com；Vadez V et al.，2015

（续）

田间表型平台（FBPPs）		传感器类型	功能	参考文献
基于地面的田间表型平台	PlantScreen Field Systems	高光谱、荧光成像、热成像仪	植株高度评价、叶片重叠检测、光系统Ⅱ活性的快速无创测量、植物对热负荷和缺水的响应分析、植物三维重建	http://qubitphenomics.com
	ETH Field Phenotyping Platform(FIP)	数码相机、激光扫描仪、热成像仪	以冬小麦、玉米和大豆为例，监测冠层覆盖度、冠层高度和与热成像和多光谱成像相关的特征	Kirchgessner N et al.，2016
	Phenomobile Lite	激光雷达、RGB相机、高光谱、热成像仪	以小麦、水稻为例，监测冠层高度、叶面积、植被覆盖度、植物数量、视觉评估等	https://www.plantphenomics.org.au/；Jimenez - Berni JA et al.，2018
UAV表型平台	Airborn	激光雷达、高光谱相机	玉米、小麦、马铃薯的株高、叶片高度、地上部生物量、LAI、叶片含氮量监测	Li Z et al.，2014；Li W et al.，2015；Nigon T et al.，2015；Tattaris M et al.，2016
	Multi - rotor UAV	RGB相机、多光谱、高光谱、热成像仪	生理状态评估、作物生长监测、植被覆盖度与叶面积指数估算、株高与生物量估算	Yang G et al.，2017；etc
	Fixed - wing UAV	RGB相机、多光谱、高光谱、热成像仪	玉米、柑橘、葡萄、桃的倒伏估算、杂草检测、净光合作用估算、产量预测等	Overgaard SI et al.，2010；Li Z et al.，2014；Yang G et al.，2017
	Flying wing	多光谱相机	农业监测和决策支持	Herwitz et al.，2004
	Helicopter	RGB相机、多光谱相机	高粱、大米、玉米、橄榄的覆盖度评估、产量预测、生物量估算、叶面积指数和叶绿素估算	Chapman et al.，2014；Swain et al.，2010；Berni et al.，2009

1.2.3 植物表型组数据挖掘与应用

1. **表型性状预测** 植物表型组学海量聚集的数据规模和愈发繁杂的数据类型有力地促进了表型性状预测技术的发展（Tardieu and Tuberosa，2010）。表型性状预测方法发展历经 3 个阶段（赵春江，2019）：①基于过程机理的模型。虽然土壤数据库、主要农作物品种区域试验数据库和气象数据库为植物表型组数据的形成奠定了良好基础，但人们无法通过观测和控制试验等方法全面获取植物表型信息全球尺度上的地域分异规律，基于机理过程的计算机模拟技术不仅能够分析全球气候变化对主要农作物产量的影响，还可以为区域尺度农作物产量和气候数据提供一种生成技术和融合方法。②基于统计学习理论的机器学习。遥感数据及其反演算法的快速发展极大丰富了植物面元尺度的表型信息（如植被指数），由于部分地区缺乏地面观测数据且植物表型信息和环境因子间存在复杂的非线性关系，机器学习为植被指数驱动下的植物表型性状的预测提供了重要手段，例如机器学习算法可大幅提升主要农作物产量的预测精度。③针对大规模数据的深度学习。高通量的环境信息和植物性状获取设备正在产生越来越多的半结构化和非结构化数据（如图像、点云和光谱），传统的数据分析和表达方法已无法满足解决复杂、抽象问题的需求。2017 年斯坦福大学的可持续性和人工智能实验室以遥感影像为主要数据源,利用深度学习实现了对美国县域尺度大豆产量的准确预测。国外顶级学术刊物 *Nature* 在 2018 年刊文指出深度学习对于分析生物学研究中的复杂数据具有重要意义。这些方法为及时、高效、准确地预测不同区域、不同尺度的时序植物表型信息,揭示植物表型性状的地域分异和演化规律,服务植物育种和栽培决策提供了重要手段。

2. **基于组学的多重组学分析** 植物生命活动是植物在基因和环境共同作用下的动态过程,在某种程度上是表型特征与生理功能的集合。植物的生长发育是一个复杂的网络,基因变异、表观遗传的改变、基因表达水平的异常等诸多因素都会影响生命体特征的改变(Cobb et al.,2013;Bolger et al.,2017)。随着高通量测序技术的不断发展与完善,单组学研究日趋成熟与完善,而整合多组学数据研究植物生长发育的工作方兴未艾。近年来,将基因组数据与表型数据相结合的组学研究在许多植物中开展起来,迅速解码了大量未知基因的功能,提高了对 G - P 图谱的理解(Campbell et al.,2015;Campbell et al.,2017)。2013 年,将小粒型谷物表型性状与基因组信息相关联,剖析籽粒物质积累的遗传结构(Busemeyer et al.,2013)。2014 年,水稻 13 个传统农艺性状与 2 个新定义性状相结合,利用 GWAS 鉴定出 141 个相关位点(Yang et al.,2014)。2015 年,采用高通量叶片表型获取方法(HLS)解析 3 个关键生育期的 29 项叶片表型性状,并进行 GWAS 分析,检测到 73 个调控叶片大小、123 个调控叶片颜色和 177 个调控叶片形状的新位点(Yang et al.,2015)。2017 年,结合玉米从苗期至抽穗期的 106 个农艺性状,进行大规模 QTL 作图,共鉴定出 988 个 QTL 位点(Zhang et al.,2017)。显然,将高通量表型技术与大规模 QTL 或 GWAS 分析相结合,不仅极大地拓展了笔者对植物动态发展过程的认识,而且为植物基因组学、基因表征和育种研究提供了一种新的工具。随着表型组数据的积累与完善,在组学大数据与生物信息学、基因编辑技术与合成生物学、人工智能与机器学习技术等多学科、多领域的共同支撑下,植物基因组-表型组智能设计将应运而生。应用人工智能模拟的方法,人工设计聚合优势基因,建立具有"理想基因型"的虚拟基因组,再用机器学习模型预测虚拟亲本基因组与测试亲本基因组组配产生的杂交后代的"理想表型",最终构建基因型-表型-环境多维大数据驱动的精准育种决策系统,实现颠覆性高效育种新模式。

1.2.4 植物表型组学研究面临的问题及挑战

在植物科学需求牵引和国际各研究组织的共同努力下,植物表型组学研究进展迅速,然而,植物表型组学目前仍处于发展的初级阶段,在构建基因型-表型-环境的颠覆式育种新模式过程中,仍面临诸多问题和挑战亟待解决。下面将从植物表型组学大数据的产生、整合、分析和应用各环节探讨其面临的问题及挑战。

1. **植物表型数据采集缺乏共识统一的标准** 基因组学已建立起完善的数据获取与解析标准,在其约束下,研究者可以有序开展大量物种的基因测序以及数据库构建工作。由于高质量植物表型数据采集环境搭建复杂、采集工作量大,世界各国正耗费大量人力物力,重复采集植物表型数据。目前植物表型研究者主要致力于植物表型获取平台的搭建和解析方法的研究,虽然形成了诸多植物表型采集解决方案,但由于缺乏统一的标注、命名、格式、完整性约束等数据采集标准与规范,所得到的植物表型数据存在诸多问题,如格式和精度差异性大、配套信息不完整、数据冗余、数据利用率低等,亟待加强表型数据获取标准体系的建设。

2. **多样化表型配套设施和低成本表型设备亟待发展** 植物表型数据采集基础设施是解决高通量植物表型数据获取最有效的途径，在植物表型数据采集标准的规范下，通过建设植物表型基础设施可以实现标准化、高通量、高精度、全生育期的植物表型信息采集。然而，已有表型基础设施如田间轨道式或室内传送带式表型平台，多具有造价昂贵、运行和维护成本高、使用区域扩展性低等问题，无法满足大部分科研单位的植物表型研究需求。因此，亟待研发便携式、低成本、高精度的植物表型采集设备，尤其是面向田间的植物表型基础设施，解决植物栽培和育种等对植物表型获取的实际需求。此外，现有表型数据采集设备的传输主要采用传统的硬盘读写的方式，存在速度慢、效率低、难以实时查看与解析等问题，迫切需要整合在线传输与云计算技术，实现表型数据的高速传输和实时解析。例如，应用远距离无线电和空白电视频谱实现低功耗和远距离的统一，达到信号覆盖范围更广的要求，推进表型配套设施的云操控与云管理。

3. **开放共享的植物表型组大数据平台建设需要高度重视** 目前所构建的植物表型数据库主要是在团队已有的表型获取与解析技术方法基础上，针对特定植物构建的小型数据库，这些数据库规模小、数据完整性不高、数据挖掘潜力有限。考虑到植物表型组大数据高维度、高度复杂性和高度不确定性的特点，构建开放共享的植物表型组大数据平台，仍存在诸多技术问题。例如现有植物表型组数据管理解决方案通常使用非结构化文件系统或关系数据库，而针对非结构化植物表型组的数据管理系统虽然可以解决多模态、多尺度、多维度植物表型组数据的管理问题，但一般不提供对用户查询的即时响应，也不支持快速的数据分析和可视化，因此减缓了表型数据广泛共享和重用的速度，阻碍了团队之间的协作。近年来，植物表型组学数据中生物时间序列传感器数据的生成越来越多，当植物表型获取试验项目变得更大时，这类数据的数据量和复杂性会增加，跟踪位置、状态和起源的任务变得困难和繁重，导致数据丢失、数据恢复不完整和数据重用不良的可能性增加。因此，目前迫切需要建立一个类似于美国国立生物技术信息中心（National Center for Biotechnology Information, NCBI）的综合性开放共享植物表型组数据库，并解决植物表型组大数据平台构建过程中的技术难点，给植物学家和育种学家提供一个表型组信息存储、处理和共享的系统，进一步推动各国研究机构和科研实验室的相互合作。

4. **表型大融合与挖掘理论方法亟待创新** 多尺度、多模态、多生境的表型大数据不整合就很难发挥出大数据的巨大价值。由于传感器分辨率限制问题，目前植物表型的获取与解析主要在细胞、组织、器官、单株和群体尺度分别开展，不同尺度之间的表型信息彼此孤立。多尺度表型数据的整合，多尺度、多模态、多生境的表型大数据融合，以及表型-基因型-环境信息的深度融合，涉及数据格式、数据矛盾等一系列问题，彼此之间能否有效地融合是表型大数据面临的一个重要问题。因此，亟待突破植物表型大数据深度融合技术，从时间和空间等多角度建立多尺度、多模态、多生境表型大数据的纽带，进而实现植物的生理生态和结构功能等表型的有效整合与解析。在基因组学技术快速发展的基础上，组学分析技术已趋近成熟，在得到植物表型组数据后，采用常规组学分析技术即可实现基于表型组的多重组学分析。但在植物表型组大数据本身的数据挖掘方面，虽然国内外研究者已利用机器学习、人工智能等前沿技术开展了大量的探索，但目前为止仍为有限的、非系统的尝试，仍缺乏面向植物表型组大数据本身的大数据挖掘分析方法和工具，亟待形成基于植物表型组大数据的表型性状识别、分类、定量化和预测技术体系。加之植物表型组大数据具有高维度、高复杂度等特点，多种形式的表型输入数据使得搜索知识的代价较高。当前的数据挖掘工具能够处理数值型的结构化数据，但对文本等非结构化的数据处理能力有限。此外，植物表型组大数据挖掘所面临的问题中，在知识的表达以及解释机制、知识的维护更新方面也尤为突出，在技术支持的局限和其他系统的集成方面仍面临很大挑战。

5. 缺乏植物表型组学协同共享、互作激励的机制　植物表型组学是一个新兴的研究领域，需要整合农学、生物信息学、计算机图形图像处理、生物传感器、自动化等诸多学科的专业技术力量。目前，围绕植物表型组学已建立了国际植物表型网络（IPPN）、泛欧洲植物表型联盟（EMPHASIS）、英国植物表型网络（PhenomUK）等一批学术组织，我国也建立了中国植物表型网络（CPPN），以推进我国植物表型组学研究的发展。虽然这些表型组学组织定期举办学术研讨会，促进同行学者的交流。然而与植物基因组、农业模型、系统生物学等领域的学术机构相比，目前国际国内植物表型组学协作机制并不完善；受各国、各研究单位科研和保密机制的限制，以及表型大数据获取高昂资金和人力成本的影响，各研究机构间仍存在数据不共享、信息不连通的问题，亟须构建创造性的开放共享、协同创新、激励约束的表型组学协作机制。

1.2.5　展望与建议

1. 展望　随着高通量表型技术的迅速发展，该领域的研究进入多领域、多层次、多尺度特征的大数据的"表型组学"时代。基于目前表型组学研究的现状，提出未来 5～10 年作物表型组学面临的挑战与发展前景。强调在多模态、多层次、多尺度的大数据表型时代，需要结合人工智能技术进行区域/国际化的协同研究，构建作物表型组高通量、多维度、大数据、智能化和自动化的测量-解析-利用技术体系，实现多表型-环境型-基因型多维组学大数据整合与分析利用，为精准育种提出新的智能解决方案。

（1）表型组学正以高通量、多维度、多尺度的方式进入大数据时代。以智能装备和人工智能技术为依托，利用先进表型技术装备获取的表型数据量迅速增加，涵盖作物形态、结构和生理数据的各种表型信息，表型组大数据要具有三个多特征：多领域（表型组学、基因组学等）、多层次（传统的中小规模到大规模组学）和多尺度（作物形态、结构和从细胞到全株的生理数据）。单一和个体表型信息不能满足新时代所谓的"组学"关联分析，而系统完整的表型信息将是未来研究的基础。

（2）目前植物表型的获取与解析主要在细胞、组织、器官、单株和群体尺度分别开展，不同尺度之间的表型信息彼此孤立。多尺度表型数据的整合，多尺度、多模态、多生境的表型大数据融合，以及表型-基因型-环境信息的深度融合，涉及数据格式、数据矛盾等一系列问题，彼此之间能否有效地融合是表型大数据面临的一个重要问题。因此，亟待突破植物表型大数据深度融合技术，从时间和空间等多角度建立多尺度、多模态、多生境表型大数据的纽带，进而实现植物的生理生态和结构功能等表型的有效整合与解析。在基因组学技术快速发展的基础上，组学分析技术已趋近成熟，在得到植物表型组数据后，采用常规组学分析技术即可实现基于表型组的多重组学分析。但在植物表型组大数据本身的数据挖掘方面，虽然国内外研究者已利用机器学习、人工智能等前沿技术开展了大量的探索，但目前为止仍为有限的、非系统的尝试，仍缺乏面向植物表型组大数据本身的大数据挖掘分析方法和工具，亟待形成基于植物表型组大数据的表型性状识别、分类、定量化和预测技术体系。

（3）面对多尺度、多模态、多生境的表型大数据，迫切需要利用人工智能在深度学习、数据融合、混合智能、群体智能等方面的最新成果，建立一个类似 NCBI 的综合性开放共享植物表型组数据库,解决植物表型组大数据平台构建过程中的技术难点,实现数据集成、互操作性、本体性、共享性、全球性,进一步推动各国研究机构和科研实验室的相互合作。

(4) 作物基因型-表型-环境型信息综合分析与利用。总之,正如 Coppens 等所说,植物表型的未来在于国家和国际层面的协同合作,为多元组学数据的重大挑战寻求新的解决方案,如智能数据挖掘分析,提供了一个强大的工具,建立针对植物表型组大数据的数据挖掘技术体系,加强表型性状预测、植物表型设计等应用与商业化育种等相关产业的结合。

2. 建议 为了更好地推进植物表型组学的研究与应用,我国植物表型组学研究必须坚持创新驱动发展,加快推进表型组技术的自主创新和成果转化;必须适应农业现代化发展要求,以农业产业发展需求为导向,加快构建表型组技术体系、装备体系、数据体系、应用体系和服务体系,变革农业传统生产方式,切实推进我国作物育种和栽培的数字化进程;必须立足我国多元化的农业资源禀赋,加快不同生态区多重组学大数据的融合,揭示植物遗传和变异规律,全面提升我国农业的竞争力和自主创新能力。

(1) 加强植物表型组技术体系设计与标准研究 植物表型组学是一个多学科交叉协作的系统工程,由于专业背景的不同,研究人员对植物表型组学的认知存在差异,各学科人员多从本专业角度出发理解并开展相关工作,因此,需要加强植物表型组技术体系设计,使得从业人员对植物表型组学的认知达成共识,明确各专业人员在植物表型组学中的定位,促进基于农业信息学的植物表型组学学科的发展。

植物表型组大数据亟待加强标准研究,提升植物表型组大数据的结构化程度,降低数据噪声、消除数据冗余、降低数据获取与解析成本、减少数据存储与传输成本、提高表型组数据安全性。标准的建立有益于保障大规模数据的采集、筛选和归纳分析,降低海量的数据产生向异性信息的可能性,避免得到与事实完全相反的结论,同时降低数据挖掘和深度学习的难度。由于不同植物在不同尺度下的特征差异显著,因此,建议标准制定需要以植物物种为单位,在细胞-组织-器官-个体-群体等多尺度下细化。随着需求的增多以及研究和应用的不断深入,植物表型数据标准不会一成不变,而是一个不断迭代修正的过程。

(2) 加强植物表型-环境感知机理研究和智能化技术设备研发 目前,组学研究中很多关键植物表型性状无法直接测量,或测量精度不高,尤其是田间原位表型性状的采集,仅从测量数据的角度结合表型解析方法难以满足植物表型组学研究的需求。因此,建议加强植物表型-环境感知机理研究,通过明确植物表型和环境的互作机制,引入新的植物表型测量技术(如太赫兹、电磁探测和生物小分子检测技术等),提升表型性状获取精度,增加可测表型性状数量。

高通量表型设备是获取高通量植物表型数据最为高效的技术手段,表型设备的智能化水平一定程度上决定了植物表型组学大数据发展进程的快慢,因此,建议加强植物表型智能化设备研发,提高植物表型数据获取的效率和精度,在植物表型组学研究过程中早日实现机器代替人力的目标。

(3) 加强植物表型组大数据建设 从表型到表型组,再到表型组大数据,不仅是一个数据积累和堆积的过程,需要加强植物表型组大数据建设,构建良性的表型组大数据的管理、共享、挖掘和利用机制。植物表型组数据获取成本较高,大数据的采集和建设要坚持应用需求导向,不要求大求全,植物表型组大数据分析处理也要关注可适性问题。建立针对植物表型组大数据的数据挖掘技术体系,加强表型性状预测、植物表型设计等应用与商业化育种等相关产业的结合。推进挖掘语言的标准化,利用标准的数据挖掘语言以及各环节的标准化工作积极促进并形成系统化的植物表型组大数据挖掘。发展可视化数据挖掘技术，结合 5G 技术实现植物表型组大数据云端实时可视化挖掘结果的精彩呈现。

（4）加强人才队伍和协作网络建设 植物表型组学是一个协同、多学科交叉合作的新兴领域，需要吸引高端人才开展合作交叉研究，打破单一学科对表型组认知和应用的壁垒。然而，优秀研究人才在业界竞争下逐步流向其他领域是国内外的普遍现象，特别是交叉学科和计算机、数学专业的人才。当前，我国农业科研和生产对植物表型技术手段存在着大量需求，在此契机下，建议加快具有自主知识产权的植物高通量表型获取平台和个性化定制的智能表型解析软件研发，降低我国植物表型技术进口率，推动我国植物表型成果转化和产业化进程，直接提升从业人员社会认可度和待遇，逐步形成具有突破性和吸引力的政策，促进植物表型人才队伍建设良性发展。此外，建议加强植物表型组学协同共享、互作激励的机制建设，推进数据和算法的共享，进而推动植物表型组学的快速发展。

1.3 数字玉米及其技术体系

玉米是我国三大粮食作物之一，在我国农业生产中占有重要地位，对保障国家粮食安全和满足市场供应发挥着举足轻重的作用。因玉米植株高大、形态结构特征明显、不存在分蘖等复杂的结构，群体冠层相对简单，容易开展表型数据获取、解析等工作，越来越多的科研生产服务团队以玉米作为模式作物，开展数字化、可视化、智能化技术和装备的研发和应用。

近些年来，数字化技术装备已经在玉米产业科技中扮演重要角色，卫星遥感、无人机平台高通量表型获取和地面数字传感等技术和装备在玉米育种、栽培管理中得到大量应用；玉米田间表型和环境数据获取的信息化、自动化水平得到显著提升；数据的维度、尺度、精度和时效性等得到极大改善，初步形成了玉米田间表型-环境的大数据，为玉米数字化育种和智能化管理奠定了技术基础。同时，我国的玉米生长、诊断和决策模型技术得到快速发展，通过定量遥感技术、三维可视化技术、结构功能分析技术等与农学知识模型的链接解析，实现了玉米品种生产力的定量化评价、良种良法的数字化设计、栽培管理方案的定量决策、生育诊断指标的优化设计、关键生育进程监测、玉米群体长势遥感监测、肥水调优决策、玉米干旱灾情遥感应急响应、产量品质预测预报等。这些都推动数字玉米技术的发展，为数字玉米技术体系，特别是数字化、可视化技术体系的构建及应用奠定了坚实基础。

1.3.1 数字玉米的概念

对照数字植物的概念，数字玉米就是综合运用数字化技术、通过高通量信息获取及智能处理技术研究玉米的生命、生产和生态系统，实现对其复杂系统行为定量化、可视化高效感知和认知的理论、方法和技术体系，以及相应的支撑服务平台和应用系统。数字玉米研究的主要目标是通过对玉米的形态结构、物理属性、生理生态过程等进行定量化、可视化研究，进而在计算机上建立与真实世界玉米系统等价描述的虚拟数字系统，通过对虚拟数字系统的操作，能够更好地理解和定量化玉米基因型-表型-环境之间的关系，借助三维可视化模型和VR、AR 等互动体验设备能够更加直观生动地感受到这种关系，进而促进玉米数字育种、数字化栽培理论技术和模式的发展，服务于教学、培训等，深刻改变玉米研究及认知的方式，促使玉米研究和生产方式向数字化、可视化和智能化方向转变。

1.3.2 玉米数字化可视化技术体系

按照数字植物总体技术研究路径，开展数字玉米研究的首要工作是获取、解析、管理玉米表型组大数据，进而构建数字可视玉米系统、数字物理玉米系统、数字生理玉米系统，最终构建数字智能玉米系统。目前，对于数字智能植物的技术研究还处于起步阶段，本书涉及的玉米数字化可视化技术体系主要聚焦于玉米表型组大数据获取与解析技术、三维可视化技术、结构-功能分析技术、数字化栽培管理决策技术、生物力学仿真技术，仅对智能化技术进行了探讨，具体玉米数字化可视化技术体系框架见图1-2。

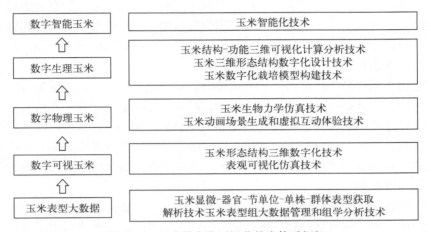

图1-2 玉米数字化可视化技术体系框架

1. 玉米表型组大数据获取-解析-管理技术 玉米表型组大数据获取和利用大致可以分为三大步骤：第一，高通量、无损表型信息获取；第二，海量表型信息及环境数据的管理分析，即表型数据库构建；第三，基于表型数据库信息的组学分析。这其中高通量、无损表型信息获取是基础，表型数据库构建是关键，组学分析是最终目标。

（1）多生境、高通量玉米表型组大数据获取技术与设备 针对玉米表型性状获取手段落后、传统测量方法存在低效、主观、可重复性差等缺点，并且无法实现全生育期无损动态测量等问题，要搭建或研发组织-器官-个体-群体系列化的玉米表型组大数据采集硬件系统，构建玉米室内-温室-田间全链条数据获取技术体系和硬件条件。

（2）多尺度玉米表型信息智能解析技术 针对玉米多元尺度及差异性应用需求，基于玉米多模态表型数据，构建玉米表型解析的机理模型，研发玉米表型智能解析方法，实现显微、器官、单株和群体层次的玉米多尺度表型信息的智能解析。

（3）玉米表型组大数据管理和组学分析技术 对于获取的玉米表型组原始数据和解析出的农学参数信息，要建立表型组大数据管理系统，实现对表型组数据的存储、检索与安全管理，为系统开展多重组学分析研究提供表型数据支撑；进一步结合基因测序数据，联合开展多模态、多尺度、多维度表型-基因大数据整合与分析研究，为重要农艺性状优势基因挖掘、高效育种设计决策提供解决方案。

2. 玉米形态结构 3D 数字化技术 随着信息技术的发展，可用于获取玉米形态结构 3D 数据的设备和技术得到快速发展。同时在进行玉米器官、植株、群体冠层 3D 数字化过程中也存在不同的数据获取要求和不同的数据获取策略。

（1）玉米三维形态结构数字化方法　　不同品种、不同生育时期、不同生态点、不同栽培管理措施下的玉米形态结构特征差异显著，借助现代三维数据获取仪器设备获取玉米器官、个体和群体的三维数据，是玉米数字化可视化技术体系的重要内容之一。由于器官、单株及群体的形态结构特征差异大，无法用单一的三维数据获取设备和统一的数据获取方法完成玉米所有尺度三维数据的采集，需要结合不同尺度器官的形态结构特征，根据数据获取精度的要求，选用不同的仪器设备，采用不同的数据获取方法开展玉米形态 3D 数据的获取。

（2）玉米器官三维数字化技术　　高精度的玉米器官模型对于提高植株几何模型真实感、开展形态特征分析和面元尺度的结构功能计算等研究具有重要意义。利用三维获取设备获取的玉米器官三维数据包含了大量的噪声点，如何从所获取的三维点云数据中提取玉米各器官的形态结构特征，并进一步重建具有高真实感的玉米器官三维模型，是玉米器官三维数字化技术亟待解决的问题，如基于点云的玉米叶片主脉提取、玉米果穗点云分割、基于点云的玉米叶片和果穗三维重建等。

（3）玉米植株三维数字化技术　　玉米植株由器官组成，其形态结构较器官复杂，在植株三维数字化方面，其数据获取效率和精度较低、器官连接处细节丰富，直接利用实测数据进行植株三维重建难度较大。与器官尺度更关注三维细节特征不同，玉米植株的三维数字化主要关注植株的拓扑结构。因此，围绕玉米植株三维数字化的典型研究如基于三维点云的玉米植株骨架提取、利用玉米植株三维骨架准确提取玉米植株株型参数、利用实测数据构建高真实感玉米植株三维模型等。

（4）玉米群体三维数字化技术　　玉米群体间存在大量的交叉、遮挡，采用图像或三维点云难以原位获取高质量的数据进行三维重建。目前玉米群体的三维建模主要通过单株复制或田间原位三维数字化的方法实现：利用单株复制得到的玉米群体机械性太强，真实感低，无法反映玉米群体间器官的相互作用与资源竞争；田间原位三维数字化方法劳动强度大、数据获取效率低，无法应用于利用虚拟试验开展的玉米耐密性鉴定和玉米株型优化等研究。因此，如何利用少量测量数据，快速构建能否反映农学特征，且具有高真实感的玉米群体三维模型，是玉米群体 3D 数字化的难点所在。

（5）玉米三维模板资源库构建　　随着三维数据获取和基于实测数据的玉米三维重建技术的发展，将构建大量高质量的玉米器官和植株三维模型，为了降低重复的数据获取工作量，提高玉米器官和植株三维模型的质量，构建玉米器官三维模板资源库具有重要意义。资源库的构建主要需要解决数据获取标准的一致性、基于实测数据快速重建器官三维模型、玉米器官模板信息完整性等问题。玉米器官三维模板资源库的构建能够为数字玉米技术体系的建立提供信息完整的、具有高真实感的玉米器官三维模型，为相关领域人员提供一个带有完整农学信息和三维形态特征的多品种、多生育时期玉米器官三维模型的管理、共享和传播平台。

3. 玉米结构-功能三维可视化计算分析技术　　玉米对环境资源的高效利用、玉米群体中个体的竞争关系等问题都可以部分或全部转化为结构-功能的计算分析问题，基于三维可视化技术研究结构和功能的关系能更好地反映空间异质性等特征，具有明显的技术优势。

（1）面向可视化计算的玉米器官网格优化技术　　玉米器官网格模型多存在着网格数量大、狭长三角形多、网格杂乱等问题，对进一步的玉米群体结构计算分析的效率和精度都带来一定影响（Cieslak et al.，2008）。同时，为了避免玉米群体结构功能计算产生边际效应，玉米群体三维可视化模型必然包含大量玉米植株和器官三维模型，网格数量的增大将极大地限制可视化计算的效率。因此，面向可视化计算的玉米器官网格简化与优化是玉米群体可视化计算必须要解决的问题。针对玉米叶片形态和网格特征，玉米叶片网格简化与优化主要目标是网格质量好、简化网格数量可控、简化与优化后网格要求保持叶脉和叶缘特征、简化与优化后网格逼近初始网格。

（2）基于三维可视化模型的玉米冠层光分布计算　目前可用于玉米冠层光分布计算的方法主要包括基于一维模型的方法、基于光线投射的方法、基于辐射度的模拟方法和基于光线追踪的方法。这些方法计算玉米冠层内的瞬时光分布已取得了较好的效果，但当计算某一段时间内的光截获时，仍然存在着计算量大的问题，且目前方法对于阴天情况下散射光分布的计算仍有待提高。

（3）基于可视化计算的玉米光合生产模拟与株型优化　目前，基于可视化计算的玉米光合生产模拟和株型优化设计方面的研究较少。综合利用玉米群体三维模型构建、面向可视化计算的玉米器官网格优化，以及基于三维可视化模型的玉米冠层光分布计算等技术手段，进行玉米株型和群体结构的优化设计，具有重要的科学研究意义和实际生产价值。

4.玉米数字化管理决策模型构建技术　模型是实现玉米数字化栽培管理决策的基础和核心。过去，受限于数据的获取成本、数据完整性和实效性等原因，人们更多关注利用历史数据进行模型结构的构建、模型参数的本地化等工作，建立玉米生长模型和栽培方案设计模型。随着作物-环境数字传感技术的发展和农田立体监测网络的构建，构建基于实时数据的玉米田间长势、营养等诊断模型和精准调控模型，实现基于实时的玉米田间表型-环境信息进行快速在线诊断、精准田间管理决策和生产指导服务成为可能。随着农业生产管理方式的数字化转型，对于基于大数据的、通过互联网进行云端的栽培管理个性化服务成为迫切需求。

5.玉米生物力学仿真与计算技术　玉米的数字化、可视化仿真中的一项重要内容是生物力学计算与分析，包括玉米主要的细胞、组织、器官、植株、群体的生物力学属性的计算、分析、建模与动态仿真等问题。在数字玉米的很多应用场合，动态变形与仿真，动态的运动学、动力学计算分析在可视化应用中具有十分重要的作用，在某些特定场合甚至起主要作用，如倒伏过程的计算分析和动态模拟等。倒伏是玉米减产的重要原因之一，减少玉米倒伏率是提高产量的重要举措。传统的玉米倒伏研究大多是采用基于统计的方法和手执式力学设备记录外力作用下玉米植株发生弯折的力的大小，这种方式在统计宏观尺度上的不同玉米品种在各种栽培条件下的倒伏抗性问题上具有一定的可操作性，然而，这种方法在定量化解析玉米茎秆发生倒伏过程的力学机理方面具有明显的局限性，无法在更准确的水平上反映出器官组织结构、材料物理属性的时空差异、倒伏过程的动态变化等特征。在计算模型和方法的进一步推动下，利用生物力学建模方法和技术，并借助与力学计算分析软硬件平台，实现能够反映上述细节特征和力学机理的生物力学建模，并在此基础上实现生物力学计算和分析是非常必要的。在这样的需求背景下，对玉米器官、植株、群体的力学属性以及材料物理属性进行解析和建模的需求就凸现出来。这些问题的研究涉及玉米主要器官生物力学研究，因此生物力学研究在玉米数字化可视化技术体系中具有重要的意义。

玉米生物力学计算与分析面临的问题包括：主要器官的三维形态模型构建，器官材料物理属性和生物力学指标的测量方法，主要器官发生弯曲变形及破坏的力学机理，基于数字玉米模型的生物力学计算与分析，不同条件下主要器官的变形仿真，面向模拟自然条件玉米倒伏过程动态仿真等。最终实现以定量化建模分析的方式揭示品种之间的抗倒伏性能差异的生物力学机理和倒伏主要影响因素，进一步建立玉米抗倒伏表型组与生物学基因组之间的联系，从而为品种选育和栽培管理提供定量化依据，改善不同品种玉米在不同时期、不同自然条件和不同的栽培管理措施下的倒伏抗性。

综上所述，数字玉米及玉米数字化可视化技术体系构建是一项有重要研究意义和现实应用价值的研究工作，同时也是一项十分复杂的科学任务，涉及农学、植物学、数学、物理学等多个学科，需要多学科的协同研究才能使得其研究成果更好地服务于玉米科研和生产实践。笔者也期待更多的研究者关注并持续投入到数字玉米的研究中，共同推动这项研究向深层次和实用化发展。

参考文献

艾冬梅，班晓娟，涂序彦，2004. 人工生命的研究平台综述. 计算机应用，24（5）：137-139.

白隽瑄，潘俊君，赵鑫，等，2015. 基于四面体网格的软组织位置动力学切割仿真方法. 北京航空航天大学学报，41（7）：1342-1352.

班晓娟，艾冬梅，2007. 人工鱼. 北京：科学出版社.

班晓娟，徐卓然，刘浩，2012. 模仿学习：一种新人工生命动画方法. 自动化学报，38（4）：518-524.

曹卫星，朱艳，田永超，等，2006. 数字农作技术研究的若干进展与发展方向. 中国农业科学，39（2）：281-288.

曹永华，1991. 美国 CERES 作物模拟模型及其应用. 世界农业（9）：52-55.

迟小羽，盛斌，陈彦云，等，2009. 基于物理的植物叶子形态变化过程仿真造型. 计算机学报，32（2）：221-230.

杜建军，郭新宇，王传宇，等，2015. 基于分级阈值和多级筛分的玉米果穗穗粒分割方法. 农业工程学报，31（15）：140-146.

杜建军，郭新宇，王传宇，等，2016. 基于穗粒分布图的玉米果穗表型性状参数计算方法. 农业工程学报，32（13）：168-176.

段凌凤，杨万能，2016. 水稻表型组学研究概况和展望. 生命科学，28（10）：1129-1137.

冯利平，高亮之，金之庆，等，1997. 小麦发育期动态模拟模型的研究. 作物学报，23（4）：418-424.

郭庆华，吴芳芳，庞树鑫，等，2016. 基于激光雷达技术的作物高通量三维表型测量平台. 中国科学：生命科学，46（10）：1210.

郭小虎，秦洪，2009. 适用于可变形体物理建模与模拟的无网格方法. 中国科学 F 辑：信息科学，39（1）：47-60.

郭焱，李保国，2001. 虚拟植物的研究进展. 科学通报，46（4）：273-280.

郭银巧，郭新宇，李存东，等，2006. 基于知识模型的玉米栽培管理决策支持系统. 农业工程学报，22（10）：163-166.

郭银巧，郭新宇，赵春江，等，2006. 玉米适宜品种选择和播期确定动态知识模型的设计与实现. 中国农业科学，39（2）：274-280.

郭银巧，李存东，郭新宇，等，2007. 玉米水分管理动态知识模型的设计与实现. 农业工程学报，23（6）：165-169.

郭银巧，赵传德，孙红春，等，2008. 玉米肥料运筹动态知识模型研究. 河北农业大学学报，31（1）：118-122.

胡包钢，赵星，严红平，等，2001. 植物生长建模与可视化——回顾与展望. 自动化学报，27（6）：816-835.

李国杰，2012. 大数据研究的科学价值. 中国计算机学会通讯，8（9）：8-15.

李晓明，赵春江，郑萍，2010. 基于 Agent 的植物生长系统体系结构. 东北农业大学学报，41（8）：127-131.

刘海波，孙彦坤，梁荣欣，等，1997. 黑龙江省玉米生产管理信息咨询系统. 东北农业大学学报，28（3）：243-249.

刘建刚，赵春江，杨贵军，等，2016. 无人机遥感解析田间作物表型信息研究进展. 农业工程学报，32（24）：98-106.

刘铁梅，曹卫星，罗卫红，等，2001. 小麦器官干物质分配动态的定量模拟. 麦类作物学报，21（1）：25-31.

刘铁梅，胡立勇，赵祖红，等，2004. 油菜发育过程及生育期机理模型的研究Ⅰ. 模型的描述. 中国油料作物学报，26（1）：27-31.

孟亚利，2002. 基于过程的水稻生长模拟模型研究. 南京：南京农业大学.

孟亚利，曹卫星，周治国，等，2003. 基于生长过程的水稻阶段发育与物候期模拟模型. 中国农业科学，36（11）：1362-1367.

苗腾，郭新宇，温维亮，等，2014. 植物叶片萎蔫过程的物理表示方法. 农业机械学报，45（5）：253-258.

苗腾，郭新宇，温维亮，等，2016. 基于图像的作物病害状态表观三维模拟方法. 农业工程学报，32（7）：181-186.

宁康，陈挺，2015. 生物医学大数据的现状与展望. 科学通报，60（5-6）：534-546.

潘映红，2015. 论植物表型组和植物表型组学的概念与范畴. 作物学报，41（2）：175-186.

秦洪，肖伯祥，2018. 虚拟现实环境中的物理模型和仿真及其在农业信息技术中的应用. 科技导报，36（11）：82-94.

邱晨辉，2018. 院士专家热议"人工智能计算"—— 人工智能时代，谁将成为"第一生产力". 中国青年报.

尚宗波，杨继武，殷红，等，1999. 玉米生育综合动力模拟模式研究Ⅱ. 玉米发育子模式. 中国农业气象，20（1）：6-10.

尚宗波，杨继武，殷红，等，2000. 玉米生长生理生态学模拟模型. 植物学报，42（2）：184-194.

沈国权，1980. 影响作物发育速度的非线性温度模式. 气象，6（6）：9-11.

沈海戈，柯有安，2005. 医学体数据三维可视化方法的分类与评价. 中国图像图形学报，5（7）：9-14.

沈维祥，2002. 基于知识模型的油菜管理决策支持系统研究. 南京：南京农业大学.

苏中滨，孟繁疆，康丽，等，2005. 基于 Agent 技术虚拟植物模型的研究与探索. 农业工程学报，21（8）：114-117.

汤亮，朱艳，鞠昌华，等，2007. 油菜地上部干物质分配与产量形成模拟模型. 应用生态学报，18（3）：526-530.

唐勇，曹园园，陆声链，等，2013. 三维植物叶片萎蔫变化实时模拟. 计算机辅助设计与图形学学报，25（11）：1643-1650.

王仰仁，2014. 考虑水分和养分胁迫的 SPAC 水热动态与作物生长模拟研究. 杨凌：西北农林科技大学.

王勇健，温维亮，郭新宇，等，2014. 基于点云数据的植物叶片三维重建. 中国农业科技导报，16（5）：83-89.

王芸芸，温维亮，郭新宇，等，2011a. 基于球 B 样条函数的烟草叶片虚拟实现. 农业工程学报，27（1）：230-235.

王芸芸，温维亮，郭新宇，等，2011b. 烟草花几何建模研究. 农业机械学报，42（4）：163-173.

魏军，戴俊英，金忠华，等，1994. 玉米生产管理专家咨询系统的研究. 玉米科学，2（1）：45-47.

魏学礼，肖伯祥，郭新宇，等，2010. 三维激光扫描技术在植物扫描中的应用分析. 中国农学通报，26（20）：373-377.

温维亮，2017. 玉米株型冠层三维数字化与结构解析技术研究. 北京：北京工业大学.

温维亮，孟军，郭新宇，等，2009. 基于辐射照度的作物冠层光分布计算系统设计. 农业机械学报，40

（S1）：190－193．

吴升，郭新宇，苗腾，等，2017. 基于 Multi－Agent 的智能植物系统的构建与应用研究．中国农业科技导报，19（5）：60－69.

肖伯祥，郭新宇，王丹虹，等，2006. 玉米雄穗几何造型研究．玉米科学，14（4）：162－164.

肖伯祥，吴升，郭新宇，2017. 基于位置动力学的植物动态虚拟仿真方法．中国农业科技导报，19（3）：56－62.

闫伟平，杜建军，郭新宇，2013. 黄瓜茎维管束图像分割与三维可视化技术研究．农机化研究（2）9－13.

严定春，2004. 水稻管理知识模型及决策支持系统的研究．南京：南京农业大学．

严定春，曹卫星，罗卫红，等，2000. 小麦发育过程及生育期机理模型的研究Ⅰ．建模的基本设想与模型的描述．应用生态学报，11（3）：355－359.

于强，王天铎，孙菽芬，等，1998. 玉米株型与冠层光合作用的数学模拟研究-Ⅱ．数值分析．作物学报，24（3）：272－279.

于强，谢贤群，孙菽芬，等，1999. 植物光合生产力与冠层蒸散模拟研究进展．生态学报，19（5）：744-752.

余强毅，吴文斌，陈羊阳，等，2014. 农作物空间格局变化模拟模型的 MATLAB 实现及应用．农业工程学报，30（12）：105－114.

张怀志，2003. 基于知识模型的棉花管理决策支持系统的研究．南京：南京农业大学．

张立祯，曹卫星，张思平，等，2003. 基于生理发育时间的棉花生育期模拟模型．棉花学报，15（2）：97－103.

张弥，关德新，吴家兵，等，2006. 植被冠层尺度生理生态模型的研究进展．生态学杂志，25（5）：563-571.

赵春江，2019. 植物表型组学大数据及其研究进展．农业大数据学报，1（2）：5－18.

赵春江，陆声链，郭新宇，等，2009. 数字植物及其技术体系探讨．中国农业科学，43（10）：2023－2030.

赵春江，陆声链，郭新宇，等，2015. 数字植物研究进展：植物形态结构三维数字化．中国农业科学，48（17）：3415－3428.

赵春江，苗腾，郭新宇，等，2014. 融合生理因子的植物叶片表观建模．计算机辅助设计与图形学学报，26（4）：597－608.

赵春江，王功明，郭新宇，等，2007. 基于交互式骨架模型的玉米根系三维可视化研究．农业工程学报，23（9）：1－6.

赵春江，杨亮，郭新宇，等，2010. 基于立体视觉的玉米植株三维骨架重建．农业机械学报，41（4）：157-162.

赵星，de Reffye P，熊范纶，2002. 虚拟植物生长的双尺度自动机模型．软件学报，25（11）：116－124.

赵元棣，温维亮，郭新宇，等，2012. 基于参数化的玉米叶片三维模型主脉提取．农业机械学报，43（4）：183－187.

郑国清，1999. 浅论对水稻发育期模型的认识．中国农业气象，20（2）：31－34.

郑国清，段韶芬，张瑞玲，等，2004b. 基于模拟模型的玉米栽培管理信息系统．中国农业科学，37（4）：619－624.

郑国清，高亮之，2000. 玉米发育期动态模拟模型．江苏农业学报，16（1）：15－21.

郑国清，张曙光，段韶芬，等，2004. 玉米光合生产与产量形成模拟模型．农业系统科学与综合研究，20（3）：193－197.

朱艳，2003. 基于知识模型的小麦管理决策支持系统的研究．南京：南京农业大学．

朱艳，曹卫星，王其猛，等，2004. 基于知识模型和生长模型的小麦管理决策支持系统．中国农业科学，37（6）：814－820.

Akagi Y，Kitajima K，2006. Computer animation of swaying trees based on physical simulation. Computers &

Graphics，30：529－539.

Alheit KV，Busemeyer L，Liu W，et al.，2014. Multiple－line cross QTL mapping for biomass yield and plant height in triticale（Triticosecale Wittmack）. Theoretical and Applied Genetics，127（1）：251－260.

Amanda D，Doblin MS，Galletti R，et al.，2016. DEFECTIVE KERNEL1（DEK1）regulates cell walls in the leaf epidermis. Plant Physiology，172（4）：2204－2218.

Amothor JS，1994. Scaling CO_2－photosynthesis relationship from the leaf to canopy. Photosynthesis Research，39：321－350.

Angus JF，Mackenzie DH，Morton R，et al.，1981. Phasic development in field crops. Ⅱ：Thermal and photoperiodic responses of spring wheat. Field Crops Research，4（3）：269－283.

Araus JL，Cairns JE，2014. Field high－throughput phenotyping：the new crop breeding frontier. Trends in Plant Science，19（1）：52－61.

Araus JL，Cairns JE，2014. Field high－throughput phenotyping：the new crop breeding frontier. Trends in Plant Science，19（1）：52－61.

Arend D，Lange M，Pape JM，et al.，2016. Quantitative monitoring of *Arabidopsis thaliana* growth and development using high－throughput plant phenotyping. Scientific Data，3：160055.

Bailey BN，Stoll R，Pardyjak ER，et al.，2016. A new three－dimensional energy balance model for complex plant canopy geometries：model development and improved validation strategies. Agricultural and Forest Meteorology，218：146－160.

Berger B，Parent B，Tester M，2010. High－throughput shoot imaging to study drought responses. Journal of Experimental Botany，61：3519－3528.

Berger S，Benediktyová Z，Matous K，et al.，2007. Visualization of dynamics of plant－pathogen interaction by novel combination of chlorophyll fluorescence imaging and statistical analysis：differential effects of virulent and avirulent strains of *P. syringae* and of *oxylipins* on *A. thaliana*. Journal of Experimental Botany，58（4）：797－806.

Berni JAJ，Zarco－Tejada PJ，Suarez L，et al.，2009. Thermal and narrowband multispectral remote sensing for vegetation monitoring from an unmanned aerial vehicle. IEEE Trans action on. Geoscience and Remote Sensing，47：722－738.

Birch CJ，Andrieu B，Fournier C，et al.，2003. Modelling kinetics of plant canopy architecture－concepts and applications. European Journal of Agronomy，19（4）：519－533.

Bolger M，Schwacke R，Gundlach H，et al.，2017. From plant genomes to phenotypes. Journal of Biotechnology，261：46－52.

Bradley D，Nowrouzezahrai D，Beardsley P，2013. Image－based reconstruction and synthesis of dense foliage. ACM Transactions on Graphics，32（4）：74.

Brichet N，Fournier C，Turc O，et al.，2017. A robot－assisted imaging pipeline for tracking the growths of maize ear and silks in a high－throughput phenotyping platform. Plant Methods，13：12.

Brodersen CR，Roark LC，Pittermann J，2012. The physiological implications of primary xylem organization in two ferns. Plant，Cell and Environment，35：1898－1911.

Burton AL，Williams M，Lynch JP，et al.，2012. RootScan：software for high－throughput analysis of root anatomical traits. Plant and Soil，357：189－203.

Busemeyer L，Ruckelshausen A，Möller K，et al.，2013. Precision phenotyping of biomass accumulation in triticale reveals temporal genetic patterns of regulation. Scientific Reports，3：2442.

Cabrera－Bosquet L，Fournier C，Brichet N，et al.，2016. High－throughput estimation of incident light, light interception and radiation－use efficiency of thousands of plants in a phenotyping platform. New Phytologist，212（1）：269－281.

Cai J, Okamoto M, Atieno J, et al., 2016. Quantifying the onset and progression of plant senescence by color image analysis for high throughput applications. PLoS ONE, 11 (6).

Caldwell MM, Meister HP, Tenhunen JD, et al., 1986. Canopy structure light microclimate and leaf gas exchanges of *Quercus cocciiera* L. in a Portuguese macchia: measurements in different canopy layers and simulations with a canopy model. Trees, 1: 25 - 41.

Camino C, González - Dugo V, Hernández P, et al., 2018. Improved nitrogen retrievals with airborne - derived fluorescence and plant traits quantified from VNIR - SWIR hyperspectral imagery in the context of precision agriculture. International Journal of Applied Earth Observation and Geoinforation, 70: 105 - 117.

Campbell MT, Du Q, Liub K, et al., 2017. A comprehensive image - based phenomic analysis reveals the complex genetic architecture of shoot growth dynamics in rice (*Oryza sativa*). The Plant Genome, 10 (2).

Campbell MT, Knecht AC, Berger B, et al., 2015. Integrating image - based phenomics and association analysis to dissect the genetic architecture of temporal salinity responses in rice. Plant Physiology, 168 (4): 1476 - 1489.

Cao W, Moss DN, 1997. Modeling phasic development in wheat: a conceptual integration of physiological components. The Journal of Agricultural Science, 129 (2): 163 - 172.

Carrolla AA, Clarke J, Fahlgrenc NA, et al., 2019. NAPPN: who we are, where we are going, and why you should join us! The Plant Phenome Journal, 2, 180006.

Chaivivatrakul S, Tang L, Dailey MN, et al., 2014. Automatic morphological trait characterization for corn plants via 3d holographic reconstruction. Computer and Electronics in Agriculture, 109: 109 - 123.

Chelle M, Andrieu B. 1998. The nested radiosity model for the distribution of light within plant canopies. Ecological Modeling, 111: 75 - 91.

Chen D, Neumann K, Friedel S, et al., 2014. Dissecting the phenotypic components of crop plant growth and drought responses based on high - throughput image analysis. The Plant Cell, 26 (12): 4636 - 4655.

Chen TW, Cabrera - Bosquet L, Prado SA, et al., 2018. Genetic and environmental dissection of biomass accumulation in multi-genotype maize canopies. Journal of Experimental Botany, doi: 10. 1093/jxb/ery309.

Chen TW, Nguyen TMN, Kahlen K, et al., 2014. Quantification of the effects of architectural traits on dry mass production and light interception of tomato canopy under different temperature regimes using a dynamic functional - structural plant model. Journal of Experimental Botany, 65 (22): 6399 - 6410.

Chenu K, Deihimfard R, Chapman SC, 2013. Large - scalecharacterization of drought pattern: a continent - wide modelling approach applied to the Australian wheatbelt—spatial and temporal trends. New Phytologist, 198 (3): 801 - 820.

Chimungu JG, Loades KW, Lynch JP, 2015. Root anatomical phenes predict root penetration ability and biomechanical properties in maize. Journal of Experimental Botany, 66: 3151 - 3162.

Choat B, Brodersen CR, McElrone AJ, 2015. Synchrotron X - ray microtomography of xylem embolism in Sequoia sempervirenssaplings during cycles of drought and recovery. New Phytologist, 205: 1095 - 1105.

Chopin J, Laga H, Huang CY, et al., 2015. RootAnalyzer: a cross - section image analysis tool for automated characterization of root cells and tissues. PLoS ONE, 10, e0137655.

Cloetens P, Mache R, Schlenker M, et al., 2006. Quantitative phase tomography of Arabidopsis seeds reveals intercellular void network. Proceedings of the National Academy of Sciences USA, 103: 14626 -14630.

Cobb JN, DeClerck G, Greenberg A, et al., 2013. Next - generation phenotyping: requirements and strategies for enhancing our understanding of genotype - phenotype relationships and its relevance to crop improvement. Theoretical and Applied Genetics, 126: 867 - 887.

Collatz GT, Ball JT, Grivet C, 1991. Physiological and environmental regulation of stomatal conductance, photosynthesis and transpiration: a model that includes a laminar boundary layer. Agricultural and Forest Meteorology, 54: 107 - 136.

Confalonieri R, Paleari L, Foi M, et al., 2017. Pocketplant3d: Analysing canopy structure using a smartphone. Biosystems Engineering, 164: 1 - 12.

Cwiek - Kupczynska H, Altmann T, Arend D, et al., 2016. Measures for interoperability of phenotypic data: minimum information requirements and formatting. Plant Methods, 12: 44.

De Reffye P, Houllier F, 1997. Modelling plant growth and architecture: some recent advances and applications to agronomy and forestry. Current Science, 73: 983 - 992.

Deery DM, Rebetzke GJ, Jimenez - Berni JA, et al., 2016. Methodology for high - throughput field phenotyping of canopy temperature using airborne thermography. Frontiers in Plant Science, 7, e1808.

Delagrange S, Jauvin C, Rochon P, 2014. PypeTree: A tool for reconstructing tree perennial tissues from point clouds. Sensors, 14: 4271 - 4289.

Deussen O, 2005. Digital Design of Nature - computer generated plants and organics. New York: Bernd Lintermann Springer - Verlag.

Dhondt S, Wuyts N, Inzé D, 2013. Cell to whole - plant phenotyping: The best is yet to come. Trends in Plant Science, 18: 428 - 439.

Diaz - Varela RA, Zarco - Tejada PJ, Angileri V, et al., 2014. Automatic identification of agricultural terraces through object - oriented analysis of very high resolution DSMs and multispectral imagery obtained from an unmanned aerial vehicle. Journal of Environmental Management, 134: 117 - 126.

Dorca - Fornell C, Pajor R, Lehmeier C, et al., 2013. Increased leaf mesophyll porosity following transient retinoblastoma - related protein silencing is revealed by microcomputed tomography imaging and leads to a system - level physiological response to the altered cell division pattern. Plant Journal, 76 (6): 914 - 929.

Dornbusch T, Wernecke P, Diepenbrock W, 2007. A method to extract morphological traits of plant organs from 3D point clouds as a database for an architectural plant model. Ecological Modelling, 200 (1): 119 - 129.

Driessen PM, Konijn NT, 1992. Land - use system analysis. Wageningen, The Netherlands: Wageningen Agricultural University.

Du HX, Qin H, 2005. Dynamic PDE - based surface design using geometric and physical constraints. Graphical Models, 67: 43 - 71.

Du J, Zhang Y, Guo X, et al., 2017. Micron - scale phenotyping quantification and three - dimensional microstructure reconstruction of vascular bundles within maize stalks based on micro - CT scanning. Functional Plant Biology, 44 (1): 10 - 22.

Duan T, Chapman SC, Holland E, et al., 2016. Dynamic quantification of canopy structure to characterize early plant vigour in wheat genotypes. Journal of Experimental Botany, 67: 4523 - 4534.

Engelbrecht A P, 2009. Fundamentals of computational swarm intelligence. Wiley Publishing, Inc.

España ML, Baret F, Aries F, et al., 1999. Modelling maize canopy 3D architecture: Application to reflectance simulation. Ecological Modelling, 122 (1): 25 - 43.

Fabre J, Dauzat M, Nègre V, et al., 2011. PHENOPSIS DB: an information system for Arabidopsis thaliana phenotypic data in an environmental context. BMC Plant Biology, 11: 7.

Farquhar GD, Caemmerer S, Berry JA, 1980. A biochemical model of photosynthetic CO_2 assimilation in leaves of C3 species. Planta, 149: 78 - 90.

Feng H, Guo Z, Yang W, et al., 2017. An integrated hyperspectral imaging and genome - wide association analysis platform provides spectral and genetic insights into the natural variation in rice. Science Report, 7 (1): 4401.

Fiorani F，Schurr U，2013. Future scenarios for plant phenotyping. Annual Review of Plant Biology，64：267 -291.

Fischer RAT，Edmeades GO，2010. Breeding and cereal yield progress. Crop Science，50：85 - 98.

Forell G V，Robertson D，Lee S Y，et al. ，2005. Preventing lodging in bioenergy crops：a biomechanical analysis of maize stalks suggests a new approach. Journal of Experimental Botany，66（14）：4093 - 4095.

Fritsche - Neto R，Borém A，2015. Phenomics how next - generation phenotyping is revolutionizing plant breeding. Switzerland：Springer Press.

Furbank RT，Jimenez - Berni JA，George - Jaeggli B，2019. Field crop phenomics：enabling breeding for radiation use efficiency and biomass in cereal crops. New Phytologist，doi：10. 1111/nph. 15817.

Furbank RT，Tester M，2011. Phenomics - technologies to relieve the phenotyping bottleneck. Trends in Plant Science，16：635 - 644.

Gao LZ，Jin ZQ，Huang Y，et al. ，1992. Rice clock model：A computer model to simulate rice development. Agricultural and Forest Meteorology，60（1 - 2）：1 - 16.

Gennaro SFD，Rizza F，Badeck FW，et al. ，2017. UAV - based high - throughput phenotyping to discriminate barley vigour with visible and near - infrared vegetation indices. International Journal of Remote Sensing，22：5330 - 5344.

Gibbs JA，Pound M，French AP，et al. ，2017. Approaches to three - dimensional reconstruction of plant shoot topology and geometry. Functional Plant Biology，44：62 - 75.

Gibbs JA，Pound M，French AP，et al. ，2018. Plant phenotyping：an active vision cell for three - dimensional plant shoot reconstruction. Plant Physiology，doi：10. 1104/pp. 1800664.

Girshick R，2015. Fast R - CNN. Computer vision and pattern recognition（cs. CV）. doi：10. 1109/IC-CV. 2015. 169.

Goel NS，1988. Models of vegetation canopy reflectance and their use in estimation of biophysical parameters from reflectance data. Remote Sensing Reviews，4（1）：1 - 212.

Golzarian MR，Frick RA，Rajendran K，et al. ，2011. Accurate inference of shoot biomass from high - throughput images of cereal plants. Plant Methods，7：1 - 11.

Gonzalez - Dugo V，Hernandez P，Solis I，et al. ，2015. Using high - resolution hyperspectral and thermal airborne imagery to assess p - physiological condition in the context of wheat phenotyping. Remote Sensing，7（10）：13586 - 13605.

Gonzalez - Dugo V，Zarco - Tejada PJ，Fereres E，2014. Applicability and limitations of using the crop water stress index as an indicator of water deficits in citrus orchards. Agricultural and Forest Meteorology，198：94 - 104.

Granier C，Aguirrezabal L，Chenu K，et al. ，2006. PHENOPSIS，an automated platform for reproducible phenotyping of plant responses to soil water deficit in Arabidopsis thaliana permitted the identification of an accession with low sensitivity to soil water deficit. New Phytologist，169（3）：623 - 635.

Guo D，Juan J，Chang L，et al. ，2017. Discrimination of plant root zone water status in greenhouse production based on phenotyping and machine learning techniques. Scientific Reports，7（1）：8303.

Guo Y，Ma Y，Zhan Z，et al. ，2006. Parameter optimization and field validation of the functional - structural model Green Lab for maize. Annals of Botany，97（2）：217.

Gómez - Candón D，Virlet N，Labbé S，et al. ，2016. Field phenotyping of water stress at tree scale by UAV - sensed imagery：new insights for thermal acquisition and calibration. Precision. Agriculture，17（6）：786 - 800.

Hall HC，Fakhrzadeh A，Luengo Hendriks CL，et al. ，2016. Precision automation of cell type classification and sub - cellular fluorescence quantification from laser scanning confocal images. Frontiers in Plant Science，7：119.

Hartmann A，Czauderna T，Hoffmann R，et al.，2011. HTPheno：an image analysis pipeline for high - throughput plant phenotyping. BMC Bioinformatics，12：148.

Hawkesford MJ，Lorence A，2017. Plant phenotyping：increasing throughput and precision at multiple scales. Functional Plant Biology，44（1）：v - vii.

He JQ，Harrison RJ，Li B，2017. A novel 3d imaging system for strawberry phenotyping. Plant Methods，13：8.

Heckwolf S，Heckwolf M，Kaeppler SM，et al.，2015. Image analysis of anatomical traits in stem transections of maize and other grasses. Plant Methods，11：26.

Henvelink E，1997. Effect of fruit load on dry matter partitioning in tomato. Scientia Horticulturae，69：51 - 59.

Hickey LT，Hafeez A N，Robinson H，et al.，2019. Breeding crops to feed 10 billion. Nature Biotechnology，37（7）：744 - 754.

Horie T，Nakagawa H，1990. Modelling and prediction of development process in rice. Ⅰ：Structure and method of parameter estimation of a model for simulating development process toward heading. Japan Journal of Crop Science，59（4）：687 - 695.

Houle D，Govindaraju DR，Omholt S，2010. Phenomics：the next challenge. Natural Review Genetics，11（12）：855 -866.

Hu Y，Wang L，Xiang L，et al.，2018. Automatic non - destructive growth measurement of leafy vegetables based on kinect. Sensors，18：806.

Huang H，Wu SH，Cohen - Or D，et al.，2013. L1 - medial skeleton of point cloud. ACM Transactions on Graphics，32：8.

Hui F，Zhu J，Hu P，et al.，2018. Image - based dynamic quantification and high - accuracy 3d evaluation of canopy structure of plant populations. Annals of Botany，doi：10. 1093/aob/mcy016.

Hunt HW，Morgan JA，Read JJ，1998. Simulating growth and root：Shoot partitioning in prairie grasses under elevated atmospheric CO_2 and water stress. Annals of Botany，81：489 - 501.

Ilker E，Tonk FA，Tosun M，et al.，2013. Effects of direct selection process for plant height on some yield components in common wheat（*Triticum aestivum*）genotypes. International Journal of Agriculture & Biology，15（4）：795 - 797.

Jannick JL，Lorenz AJ，Iwata H，2010. Genomic selection in plant breeding：from theory to practice. Briefings in Functional Genomics，9（2）：166 - 177.

Jimenez - Berni JA，Deery DM，Rozas - Larraondo P，et al.，2018. High throughput determination of plant height，ground cover，and above - ground biomass in wheat with LiDAR. Frontiers in Plant Science，9：237.

Johannsen W，2014. The genotype conception of heredity. International Journal of Epidemiology，43（4）：989 - 1000.

Jones JW，Hoogenboom G，Porte CH，et al.，2003. The DSSAT cropping system model. European Journal of Agronomy，18：235 - 265.

Kaandorp JA，1994. Fractal modeling growth and form in biology. New York：Springer. Sprin.

Kaminuma E，Yoshizumi T，Wada T，et al.，2008. Quantitative analysis of heterogeneous spatial distribution of Arabidopsis leaf trichomes using micro X - ray computed tomography. The Plant Journal，56：470 - 482.

Keating BA，Carberry PS，Hammer GL，et al.，2003. An overview of APSIM，a model designed for farming system simulation. European Journal of Agronomy，18：267 - 288.

Kirchgessner N，Liebisch F，Yu K，et al.，2016. The ETH field phenotyping platform FIP：a cable - suspended multi – sensor system. Functional Plant Biology，44（1）：154 – 168.

Klukas C，Chen DJ，Pape JM，2014. Integrated analysis platform：An open – source information system for high – throughput plant phenotyping. Plant Physiology，165：506 – 518.

Kolukisaoglu U，Thurow K，2010. Future and frontiers of automated screening in plant sciences. Plant Science，178：476 – 484.

Legland D，Devaux MF，Guillon F，2014. Statistical mapping of maize bundle intensity at the stem scale u- sing spatial normalisation of replicated images. PLoS ONE，9（3），e90673 – e90673.

Legland D，El – Hage F，Méchin V，et al.，2017. Histological quantification of maize stem sections from FASGA – stained images. Plant Methods，13：84.

Leuning R，1995. A critical appraisal of a combined stomatal – photosynthesis model for C3 plant. Plant Cell Environment. 18：339 – 355.

Li M，Frank M，Coneva V，et al.，2018. The persistent homology mathematical framework provides enhanced genotype – to – phenotype associations for plant morphology. Plant Physiology，177（4）：1382 – 1395.

Li Y，Fan X，Mitra NJ，et al.，2013. Analyzing growing plants from 4D point cloud data. ACM Transactions on Graphics，32（6）.

Li YF，Kennedy G，Ngoran F，et al.，2013. An ontology – centric architecture for extensible scientific data management systems. Future Generation Computer Systems，29：641 – 653.

Li Z，Chen Z，Wang L，et al.，2014. Area extraction of maize lodging based on remote sensing by small un- manned aerial vehicle. Transactions of the Chinese Society of Agricultural Engineering，30：207 – 213.

Liang Z，Pandey P，Stoerger V，et al.，2017. Conventional and hyperspectral time – series imaging of maize lines widely used in field trials. Gigascience，7（2）：1 – 11.

Liebisch F，Kirchgessner N，Schneider D，et al.，2015. Remote, aerial phenotyping of maize traits with a mobile multi – sensor approach. Plant Methods，11：9.

Lobiuc A，Vasilache V，Pintilie O，et al.，2017. Blue and red LED illumination improves growth and bioac- tive compounds contents in Acyanic and Cyanic *Ocimum basilicum* L. Microgreens. Molecules，22（12）：2111.

Lobos GA，Camargo AV，Del Pozo A，et al.，2017. Editorial：plant phenotyping and phenomics for plant breeding. Frontiers in Plant Science，8：2181.

Lorenz AJ，Chao S，Asoro FG，et al.，2011. Genomic selection in plant breeding：knowledge and pros- pects. Advances in Agronomy，110：77 – 123.

Lu SL，Zhao CJ，Guo XY，et al.，2009. Journal of System Simulation，21（14）：4383 – 4388.

Majewsky V，Scherr C，Schneider C，et al.，2017. Reproducibility of the effects of homeopathically potenti- sed argentum nitricum on the growth of *Lemna gibba L*. in a randomised and blinded bioassay. Homeopathy，106（3）：145 – 154.

Mao L，Zhang L，Evers JB，et al.，2016. Identification of plant configurations maximizing radiation capture in relay strip cotton using a functional – structural plant model. Field Crops Research，187：1 – 11.

Marcelis LFM，1993. Simulation of biomass allocation in greenhouse crops：A review. Acta Horticulturae，328：49 – 67.

Mathews AJ，Jensen JLR，2013. Visualizing and quantifying vineyard canopy LAI using an unmanned aerial vehicle（UAV）collected high density structure from motion point cloud. Remote Sensing，5：2164 – 2183.

Matthias Müller，Bruno Heidelberger，Marcus Hennix，et al.，2007. Position based dynamics. Journal of Visual Communication and Image Representation，18（2）：109 – 117.

McCouch S，Baute GJ，Bradeen J，et al.，2013. Agriculture：feeding the future. Nature，499（7456）：23 – 24.

McElrone AJ，Choat B，Parkinson DY，et al.，2013. Using high resolution computed tomography to visualize the three dimensional structure and function of plant vasculature. Journal of Visualized Experiments，5：74.

Meepagala KM，Johnson RD，Duke SO，2016. Curvularin and dehydrocurvularin as phytotoxic constituents from curvularia intermedia infecting Pandanus amaryllifolius. Journal of Agricultural Chemistry and Environment，5：12-22.

Meepagala KM，Johnson RD，Techen N，et al.，2015. Phomalactone from a phytopathogenic fungus infecting ZINNIA elegans（ASTERACEAE）leaves. Journal of Chemical Ecology，41（7）：602-612.

Meng R，Saade S，Kurtek S，et al.，2017. Growth curve registration for evaluating salinity tolerance in barley. Plant Methods，13：18.

Mochizuki S，Horie D，Cai D，2005. Stealing autumn colors. ACM Siggraph International Conference on Computer Graphics and Interactive Techniques，39.

Montes JM，Technow F，Dhillon B，et al.，2011. High-throughput non-destructive biomass determination during early plant development in maize under field conditions. Field Crops Research，121：268-273.

Mullendore DL，Windt CW，As HV，et al.，2010. Sieve tube geometry in relation to phloem flow. The Plant Cell，22：579-593.

Muraya MM，Chu J，Zhao Y，et al.，2017. Genetic variation of growth dynamics in maize（*Zea mays* L.）. revealed through automated non-invasive phenotyping. The Plant Journal，89：366-380.

Nakhforoosh A，Bodewein T，Fiorani F，et al.，2016. Identification of water use strategies at early growth stages in durum wheat from shoot phenotyping and physiological measurements. Frontiers in Plant Science，7：1155.

Neilson EH，Edwards AM，Blomstedt CK，et al.，2015. Utilization of a high-throughput shoot imaging system to examine the dynamic phenotypic responses of a C4 cereal crop plant to nitrogen and water deficiency over time. Journal of Experimental Botany，66：1817-1832.

Neumann K，Zhao Y，Chu J，et al.，2017. Genetic architecture and temporal patterns of biomass accumulation in spring barley revealed by image analysis. BMC Plant Biology，17（1）：137.

Nigon TJ，Mulla DJ，Rosen CJ，et al.，2015. Hyperspectral aerial imagery for detecting nitrogen stress in two potatocultivars. Computers and Electronics in Agriculture，112：36-46.

Overgaard SI，Isaksson T，Kvaal K，et al.，2010. Comparisons of two hand-held，multispectral field radiometers and a hyperspectral airborne imager in terms of predicting spring wheat grain yield and quality by means of powered partial least squares regression. Journal of Near Infrared Spectroscopy，18：247-261.

Pajor R，Fleming A，Osborne CP，et al.，2013. Seeing space：visualization and quantification of plant leaf structure using X-ray micro-computed tomography. Journal of Experimental Botany，64（2）：385-390.

Pan X，Ma L，Zhang Y，et al.，2018. Reconstruction of maize roots and quantitative analysis of metaxylem vessels based on X-ray micro-computed tomography. Canadian Journal of Plant Science，98（2）：457-466.

Pandey P，Ge Y，Stoerger V，et al.，2017. High throughput in vivo analysis of plant leaf chemical properties using hyperspectral imaging. Frontiers in Plant Science，8：1348.

Parlati A，Valkov VT，D'Apuzzo E，et al.，2017. Ectopic expression of PII induces stomatal closure in Lotus japonicus. Frontiers in Plant Science，8：1299.

Pasi R，Mikko K，Markku A，et al.，2013. Fast automatic precision tree models from terrestrial laser scanner data. Remote Sensing，2（5）：491-520.

Penning FWT，Jansen DM，1989. Simulation of ecophysiological processes of growth in several annual crops. Wageningen：Netherlands IRRI Los Banos.

Pereyra – Irujo GA, Gasco ED, Peirone LS, et al., 2012. GlyPh: a low – cost platform for phenotyping plant growth and water use. Functional Plant Biology, 39: 905 – 913.

Picado A, Paixão SM, Moita L, et al., 2015. A multi – integrated approach on toxicity effects of engineered TiO_2 nanoparticles. Frontiers of Environmental Science & Engineering, 9 (5): 793 – 803.

Pieruschka R, Schurr U, 2019. Plant phenotyping: past, present, and future. Plant Phenomics: 1 – 6.

Postma JA, Kuppe C, Owen MR, et al., 2017. OpenSimRoot: widening the scope and application of root architectural models. New Phytologist, 215 (3): 1274 – 1286.

Potgieter AB, Watson J, Eldridge M, et al., 2018. Determining crop growth dynamics in sorghum breeding trials through remote and proximal sensing technologies. //IGARSS 2018 – 2018 IEEE International Geoscience and Remote Sensing Symposium. ieeexplore. ieee. org: 8244 – 8247.

Quan L, Tan P, Zeng G, et al., 2006. Image – based plant modeling. ACM Transactions on Graphics, 25 (3): 599 – 604.

Rahnama A, Munns R, Poustini K, et al., 2011. A screening method to identify genetic variation in root growth response to a salinity gradient. Journal of Experimental Botany, 62: 69 – 77.

Rajendran K, Tester M, Roy SJ, 2009. Quantifying the three main components of salinity tolerance in cereals. Plant, Cell and Environment, 32: 237 – 249.

Ralf Habel, Alexander Kusternig, Michael Wimmer, 2009. Physically guided animation of trees. Computer Graphics Forus, 28 (2): 523 – 532.

Ray DK, Mueller ND, West PC, et al., 2013. Yield trends are insufficient to double global crop production by 2050. PLoS ONE, 8, e66428.

Reuzeau C, 2007. TraitMill (TM): A high throughput functional genomics platform for the phenotypic analysis of cereals. In Vitro Cellular & Developmental Biology – Animal, 43: S4.

Reuzeau C, Pen J, Frankard V, et al., 2005. TraitMill: a discovery engine for identifying yield – enhancement genes in cereals. Molecular Plant Breeding, 1 (1): 1 – 6.

Reuzeau C, Pen J, Frankard V, et al., 2006. TraitMill: a discovery engine for identifying yield – enhancement genes in cereals. Plant Genetic Resources, 4 (1): 20 – 24.

Rist F, Herzog K, Mack J, et al., 2018. High – precision phenotyping of grape bunch architecture using fast 3d sensor and automation. Sensors, 18: 763.

Ritchie JT, Otter S, 1985. Description and performance of CERES – Wheat: A user oriented wheat yield model. USDA – ARS, 38: 159 – 175.

Robertson GW, 1973. Development of simplified agroclimatic procedures for assessing temperature effects on crop development//Plant Response to Climate Factors Proceedings of the Uppsala Symposium.

Roitsch T, Cabrera – Bosquet L, Fournier A, et al., 2019. Review: New sensors and data – driven approaches – A path to next generation phenomics. Plant Science, doi: 10.1016/j. plantsci. 01. 011.

Rose JC, Paulus S, Kuhlmann H, 2015. Accuracy analysis of a multi – view stereo approach for phenotyping of tomato plants at the organ level. Sensors, 15: 9651 – 9665.

Rutkoski J, Poland J, Mondal S, et al., 2016. Canopy temperature and vegetation indices from high – through put phenotyping improve accuracy of pedigree and genomic selection for grain yield in wheat. G3: Genes Genomes Genetics, 6: 2799 – 2808.

Sadeghi – Tehran P, Sabermanesh K, Virlet N, et al., 2017. Automated method to determine two critical growth stages of wheat: heading and flowering. Frontiers in Plant Science, 8: 252.

Salvi S, Tuberosa R, 2015. The crop QTL ome comes of age. Current Opinion in Biotechnology, 32: 179 – 185.

Schnurbusch T, Hayes J, Sutton T, 2010. Boron toxicity tolerance in wheat and barley: Australian perspectives. Breeding Science, 60: 297 – 304.

Schork NJ, 1997. Genetics of complex disease: approaches, problem, and solutions. American Journal of Respiratory and Critical Care Medicine, 156: S103 - S109.

Shao M, Zhang Y, Du J, et al., 2019. Fast analysis of maize kernel plumpness characteristics through Micro -CT technology. International Conference on Computer and Computing Technologies in Agriculture: 31 - 39.

Silsbe GM, Oxborough K, Suggett DJ, et al., 2015. Toward autonomous measurements of photosynthetic electron transport rates: An evaluation of active fluorescence - based measurements of photochemistry. Limnology and Oceanography Methods, 13 (3): 138 - 155.

Simko I, Hayes RJ, Furbank RT, 2016. Non - destructive phenotyping of lettuce plants in early stages of development with optical sensors. Frontiers in Plant Science, 7: 1985.

Song QF, Zhang GL, Zhu XG, 2013. Optimal crop canopy architecture to maximise canopy photosynthetic CO_2 uptake under elevated CO_2 a theoretical study using a mechanistic model of canopy photosynthesis. Functional Plant Biology, 40 (2): 109 - 124.

Steduto P, Hsiao TC, Raes D, et al., 2009. AquaCrop - The FAO crop model to simulate yield response to water: I. Concepts and underlying principles. Agronomy Journal, 101: 426 - 437.

Stolte S, Bui H TT, Steudte S, et al., 2015. Preliminary toxicity and ecotoxicity assessment of methyltrioxorhenium and its derivatives. Green Chemistry, 17: 1136 - 1144.

Su Z, Zhao Y, Zhao C, et al., 2011. Skeleton extraction for tree models. Mathematical and Computer Modelling, 54 (3): 1115 - 1120.

Sugiura R, Noguchi N, Ishii K, 2005. Remote - sensing technology for vegetation monitoring using an unmanned helicopter. Biosystems Engineering, 90: 369 - 379.

Swain KC, Thomson SJ, Jayasuriya HPW, 2010. Adoption of an unmanned helicopter for low - altitude remote sensing to estimate yield and total biomass of a rice crop. Transactions of the Asabe, 53: 21 - 27.

Tardieu F, Cabrera - Bosquet L, Pridmore T, et al., 2107. Plant phenomics, from sensors to knowledge. Current Biology, 27 (15): R770 - R783.

Tardieu F, Tuberosa R, 2010. Dissection and modelling of abiotic stress tolerance in plants. Current Opinion in Plant Biology, 13 (2): 206 - 212.

Thapa S, Zhu F, Walia H, et al., 2018. A novel lidar - based instrument for high - throughput, 3 d measurement of morphological traits in maize and sorghum. Sensors, 18: 1187.

Thornley JHM, 1972. A model to describe the partitioning of photosynthate during vegetative plant growth. Annals of Botany, 36: 419 - 430.

Tomé F, Jansseune K, Saey B, et al., 2017. rosettR: protocol and software for seedling area and growth analysis. Plant Methods, 13: 13.

Tracy SR, Black CR, Roberts JA, et al., 2012. Quantifying the impact of soil compaction on root system architecture in tomato (*Solanum lycopersicum*) by X - ray micro - computed tomography. Annals of Botany, 110: 511 - 519.

Tsaftaris S, Noutsos C, 2009. Plant phenotyping with low cost digital cameras and image analytics. Berlin Heidelberg: Springer Press.

Tsuta M, Miyashita K, Suzuki T, et al., 2007. Three dimensional visualization of internal structural changes in soybean seeds during germination by excitation - emission matrix imaging. American society of agricultural and biological engineers, 50 (6): 2127 - 2136.

Tuberosa R, 2012. Phenotyping for drought tolerance of crops in the genomics era. Frontiers in Physiology, 3: 347.

Vadez V, Kholová J, Hummel G, et al., 2015. LeasyScan: a novel concept combining 3D imaging and lysimetry for high - throughput phenotyping of traits controlling plant water budget. Journal of Experimental Botany, 66 (18): 5581 - 5593.

van de Velde K, Chandler PM, van der Straeten D, et al., 2017. Differential coupling of gibberellin responses by Rht - B1c suppressor alleles and Rht - B1b in wheat highlights a unique role for the DELLA N - terminus in dormancy. Journal of Experimental Botany, 68 (3): 443 - 455.

Vazquez - Arellano M, Griepentrog HW, Reiser D, et al., 2016. 3d imaging systems for agricultural applications - a review. Sensors, 16: 24.

Virlet N, Sabermanesh K, Sadeghi - Tehran P, et al., 2016. Field Scanalyzer: an automated robotic field phenotyping platform for detailed crop monitoring. Functional Plant Biology, 44 (1): 143 - 153.

Virlet N, Sabermanesh K, Sadeghi - Tehran P, et al., 2017. Field Scanalyzer: an automated robotic field phenotyping platform for detailed crop monitoring. Functional Plant Biology, 44 (1): 143.

Vos J, Evers JB, Buck - Sorlin GH, et al., 2010. Functional - structural plant modelling: a new versatile tool in crop science. Journal of Experimental Botany, 61 (8): 2101 - 2115.

Wallace JG, Rodgers - Melnick E, Buckler ES, 2018. On the road to breeding 4.0: unraveling the good, the bad, and the boring of crop quantitative genomics. Annual Review of Genetics, 52: 421 - 444.

Wallace L, Lucieer A, Watson C, et al., 2012. Development of a UAV - LiDAR system with application to forest inventory. Remote Sensing, 4: 1519 - 1543.

Wang X, Guo Y, Wang X, et al., 2008. Estimating photosynthetically active radiation distribution in maize canopies by a three - dimensional incident radiation model. Functional Plant Biology, 35 (9/10): 867 - 875.

Wang Y, Song Q, Jaiswal D, et al., 2017. Development of a three - dimensional ray - tracing model of sugarcane canopy photosynthesis and its application in assessing impacts of varied row spacing. BioEnergy Research, 10 (3): 626 - 634.

Wei X, Xu J, Guo H, et al., 2010. DTH8 suppresses flowering in rice, influencing plant height and yield potential simultaneously. Plant Physiology, 153: 1747 - 1758.

Wen W, Guo X, Wang Y, et al., 2017. Constructing a three - dimensional resource database of plants using measured in situ morphological data. Applied Engineering in Agriculture, 33: 747 - 756.

Wen W, Li B, Li BJ, et al., 2018. A leaf modeling and multi - scale remeshing method for visual computation via hierarchical parametric vein and margin representation. Frontiers in Plant Science, 9.

White JW, Andrade - Sanchez P, Gore MA, et al., 2012. Field - based phenomics for plant genetics research. Field Crops Research, 133: 101 - 112.

Wilkinson MD, Dumonter M, Aalbersberg IJ, et al., 2016. The FAIR guiding principles for scientific data management and stewardship. Scientific Data, 3: 160018.

Wu C, 2011. Visualsfm: A visual structure from motion system [Online]. Available: http://ccwu.me/vsfm.

Wu H, Jaeger M, Wang M, et al., 2011. Three - dimensional distribution of vessels, passage cells and lateral roots along the root axis of winter wheat (Triticum aestivum). Annals of Botany, 107: 843 - 853.

Xiao B, Guo X, Du X, et al., 2010. An interactive digital design system for corn modeling. Mathematical and Computer Modelling, 51: 1383 - 1389.

Xiao B, Wen W, Guo X, 2011. Digital plant calony modeling based on 3D digitization. ICIC Express Letters. An International Journal of Research and Surveys: Part B Applications, 2 (6): 1363 - 1367.

Xiao BX, Guo XY, Zhao CJ, 2013. An approach of mocap data - driven animation for virtual plant. IETE Journal of Research, 59 (3): 258 - 263.

Xiao BX, Guo XY, Zhao CJ, et al., 2013. Interactive animation system for virtual maize dynamic simulation. IET Software, 7 (5): 249 - 257.

Xiong L，2014. Combining high – throughput phenotyping and genome – wide association studies to reveal natural genetic variation in rice. Nature Communications，5：5087.

Xu Y，2016. Envirotyping for deciphering environmental impacts on crop plants. Theoretical and Applied Genetics，129（4）：653 – 673.

Yang G，Liu J，Zhao C，et al.，2017. Unmanned aerial vehicle remote sensing for field – based crop phenotyping：current status and perspectives. Frontiers in Plant Science，8：1111.

Yang HS，Dobermann A，Lindquist JL，et al.，2004. Hybrid – maize—a maize simulation model that combines two crop modeling approaches. Field Crops Research，87：131 – 154.

Yang W，Guo Z，Huang C，et al.，2006. Parameter optimization and field validation of the functional – structural model Green Lab for maize. Annals of Botany，97（2）：217 – 230.

Yang W，Guo Z，Huang C，et al.，2015. Genome – wide association study of rice（*Oryza sativa* L.）leaf traits with a high – throughput leaf scorer. Journal of Experimental Botany，66（18）：5605 – 5615.

Yin KX，Huang H，Long PX，et al.，2016. Full 3d plant reconstruction via intrusive acquisition. Computer Graphics Forum，35：272 – 284.

Zarco – Tejada PJ，Diaz – Varela R，Angileri V，et al.，2014. Tree height quantification using very high resolution imagery acquired from an unmanned aerial vehicle（UAV）and automatic 3D photo – reconstruction methods. European Journal of Agronomy，55：89 – 99.

Zhang CH，Kovacs JM，2012. The application of small unmanned aerial systems for precision agriculture：a review. Precision Agriculture，13：693 – 712.

Zhang X，Huang C，Wu D，et al.，2017. High – throughput phenotyping and QTL mapping reveals the genetic architecture of maize plant growth. Plant Physiology，173（3）：1554 – 1564.

Zhang X，Kim YJ，2007. Interactive collision detection for deformable models using streaming AABBs. IEEE Transactions on Visualization and Computer Graphics，13（2）：318 – 329.

Zhang Y，Du J，Guo X，et al.，2017. Three – dimensional visualization of vascular bundles in stem nodes of maize. Fresenius Environmental Bulletin，26（5）：3395 – 3401.

Zhang Y，Legay S，Barrière Y，et al.，2013. Color quantification of stained maize stem section describes lignin spatial distribution within the whole stem. Journal of the Science of Food and Agriculture，61：3186 –3192.

Zhang Y，Ma L，Pan X，et al.，2018. Micron – scale phenotyping techniques of maize vascular bundles based on X – ray microcomputed tomography. Jove – Journal of Visualized Experiments，e58501，doi：10. 3791/58501.

Zheng BY，Shi LJ，Ma YT，et al.，2008. Comparison of architecture among different cultivars of hybrid rice using a spatial light model based on 3D digitizing. Functional Plant Biology，35：900 – 910.

Zhu JQ，van der Werf W，Anten NPR，et al.，2015. The contribution of phenotypic plasticity to complementary light capture in plant mixtures. New Phytologist，207（4）：1213 – 1222.

第 2 章

玉米显微表型信息获取与高通量检测技术

　　显微表型是表型组学研究重要组成部分。目前，农作物表型检测研究及应用大多是基于群体、植株及器官水平的有限的目标性状（Target traits）方面，而并非是进行从细胞-组织-器官-个体-群体的全表型组性状分析。相对于器官、植株和群体水平的表型信息获取与解析技术，显微表型研究相对较少、发展相对滞后（Zhao et al.，2019）。近几年，群体、植株及器官水平表型信息获取技术的迅速发展为快速挖掘控制田间重要性状的关键功能基因提供了坚实的技术支撑，但不可否认的是，许多重要的解剖结构、发育性状、机械性能指标等深层表型无法通过这些宏观方法进行评价（Boutros et al.，2015）。相比宏观表现，显微表型是基因表达、调控的直接表现，是外部形态结构最终形成的直接因素（Hall et al.，2016）。显微性状获取与解析对特异基因精准鉴定、功能预测及精准设计育种发挥重要作用，如玉米叶耳韧带区厚壁组织细胞表型性状决定成熟时叶耳尺寸，最终决定叶夹角的性状，影响产量形成，该表型的精准鉴定为调控厚壁组织关键基因的筛选、克隆提供重要的表型支撑，对加速玉米株型基因功能解码具有重要意义（Tian et al.，2019）；根系解剖结构在作物生长和土壤资源获取中起着重要的作用，作物根系显微表型性状的快速、精准解析，为作物高产优质、抗旱性表型性状和特征值筛选与品种鉴定提供技术支撑，并为实现作物高产优质、抗旱性候选基因的高效、精准筛选提供可能（Burton et al.，2012；Schneider et al.，2020）。因此，挖掘作物组织深层的显微表型性状，可为农艺学家和育种学家提供更为丰富和全面的表型信息，并为作物高产优质表型性状和特征值筛选与品种鉴定提供技术支撑。本章将对玉米显微表型信息获取与高通量检测技术方法进行详细介绍。

2.1　作物显微表型研究现状及发展趋势

　　不同于基于器官、植株、群体水平的可见的、视觉表型，显微表型需要借助显微成像设备获取其性状信息。在数据获取手段与效率方面，作物显微图像获取手段可分为两类：有损方式（徒手切片数码摄像、超薄切片显微成像等）和无损方式（CT、MRI 和 PET 等）。其中，有损方式需大量制作生物切片，采集的作物器官断面的光学图像分辨率可达亚微米级，可深入到细胞尺度开展表型测量，但过程繁琐、费时耗力；无损方式则主要利用 X 射线和 CT 等设备，在成像通量和效率上大大提高，可从作物单株、器官层次无损获取维管束序列断层图像，图像分辨率可达几十微米甚至几微米。近十年来，随着显微成像技术和计算机图像分析技术的发展，作物显微表型的获取方式逐渐从传统的石蜡切片、冷冻切片图像获取，转到以 X 射线和 micro-CT 设备为代表的无损图像采集。不仅有效缩短制样和成像时间、提高数据采集通量，而且非侵入性成像方式可以在空间上直观呈现器官内部细微结构性状甚至生长变化。

国外关于作物显微表型的研究起步较早，早期研究主要是借助显微观测技术获取器官内部组织的局部显微图像，进而分析其结构性状与生理功能之间的关系，通常以低效的人工检测为主，获取的维管束显微表型指标存在系统性差、主观性强等问题。近年来，随着计算机图像分析技术的发展，在该研究领域涌现出大量算法和工具，大大提高了显微表型的获取效率与精准性（Chen et al.，2016）。如在作物根系研究中，Burton 等（2012）开发半自动RootScan 软件用于提取玉米、小麦等作物根系的显微表型信息，该软件第一次实现了同时可以输出包括皮层、中柱等 12 个显微表型参数的功能，大大提高了根系显微表型指标检测的效率；在此基础上，Chopin 等（2015）开发出全自动的基于图像的根系显微表型信息提取 RootAnalyzer 软件，进一步提升图像分割效率且保证较高的准确性，软件检测正确率高达 90%；同年，Chimungu 等（2015）利用 RootScan software 获得玉米根系的显微表型信息，与根系穿透性、抗拉强度、弯曲性能等生理指标相关联，构建 Bivariate relationships，阐明影响根系渗透性和生物力学特性的主要表型因子。茎秆不同于根系结构，具有更复杂的显微结构，表型性状差异明显的中间维管束和周边维管束散生在基本组织中，维管束边缘界限不明显、大小不一、分布不均等问题，导致有关茎秆组织显微表型检测与鉴定技术的挑战性更大。Zhang 等（2013）利用玉米茎秆石蜡切片的显微图像，提出基于组织颜色差异（木质化程度差异）检测维管束数量与分布特征的检测方法，显著提高茎秆组织结构显微性状的检测精度与效率。Legland 等（2014）直接利用简单的手工切片和平板扫描仪获取玉米茎秆横切面图像，通过半自动图像分析技术计算出玉米茎秆中维管束区域，强调表型参数检测的高通量。Heckwolf 等（2015）基于玉米茎秆节间扫描图像，建立茎秆中间维管束主要表型参数高通量、快速提取的方法，平均精确率达到 90%，应用于不同基因型、不同品种间茎秆解剖结构与生理功能（如水分运输效率、生物燃料适应性评价）分析。同时，随着工业CT 成像引入植物研究领域，为高效重建作物组织三维结构并获取多维表型参数提供了可能。Brodersen 等（2012）以两种蕨类植物为试验材料，利用 CT 技术探究木质部的形态组成对水分传输能力的影响，通过显微性状定量计算及维管束的三维重建阐明不同品种对水分的运输效率及对逆境的响应机理。Choat 等（2015）基于 CT 成像和分析显示了干旱胁迫下红杉木质部的形态结构改变，揭示少量管胞被气体填充形成栓塞，降低水分的传导率可以减少干旱造成的生态影响。Gomez 等（2018）利用医用 CT 获取高粱茎秆显微图像，开发一种实用的高通量表型和图像数据处理管道，更快、更有效地提取茎的形态解剖学特征。

国内有关研究相对滞后，部分研究院所和农业院校近几年逐渐开始重视作物显微表型的深层解析研究，并取得了一定的阶段性进展。吴海文等（2011）基于石蜡切片的序列图像，计算机辅助计算实现了小麦根系维管束表型信息的提取。2016 年，北京数字植物重点实验室构建了基于 micro‐CT 的玉米籽粒、茎秆、叶片、根系的显微扫描成像技术体系（Du et al.，2016；Zhang et al.，2018），针对单张 CT 图像成像特点，结合玉米茎秆维管束的植物学特性，开发了玉米茎秆维管束表型分析软件，实现对大批量玉米品种茎秆 CT 图像的自动检测、分割与识别，快速、准确解析出包括玉米茎秆维管束数量、形状和分布等 48 项表型参数（Zhang et al.，2020）；另外，基于 CT 序列显微图像，结合商业化 Simpleware 图像分析软件构建了玉米根系、茎秆维管束及籽粒组织的三维模型，实现了维管束、胚、胚乳、空腔等三维表型性状的精准解析（Pan et al.，2017；Hou et al.，2019）。

目前，作物显微表型研究有待解决的主要问题包括：①传统测量作物器官中维管束性状的方法存在工作量大、测定效率低、主观性强等问题，迫切需要针对不同作物及其组织结构特点，采用适合的无损成像设备和技术提高组织成像质量和图像分辨率；②作物器官组织内包含复杂成分和结构，亟须引入智能分析方法实现如维管束、胚、胚乳、空腔等结构的快速分割和重建，自动获取多维度的组织形态、结构和分布等表型参数。随着表型瓶颈问题和表型技术发展的重要性日益突显，可以预计，未来表型技术发展将呈现地上表型至地下表型、宏观表型至微观表型、物理表型至生理表型、静态表型至动态表型的深层表型技术发展趋势。

2.2 玉米维管组织显微图像获取技术

传统植物学试验中，通常是结合徒手切割和显微镜观察方式了解玉米各器官内维管组织的结构和分布状况，难以得到维管组织结构的定量化信息。随着作物表型组学等研究的不断发展，基于图像的农作物显微表型信息提取的技术方法不断拓展和涌现。针对玉米茎秆维管束、叶片维管束及根系维管组织的形态结构特征及对获取图像分辨率的要求，将介绍两种玉米维管组织显微图像获取技术方法：①基于 micro - CT 技术无损获得玉米根系、茎秆或叶片显微图像，其最大分辨率可以达到 2 μm/像素，用于维管束、根系后生木质部等的表型特征检测与分析；②基于石蜡切片或冰冻切片技术制备玉米茎秆超薄切片（厚度 4～10 μm），利用 SCN400 扫描成像生成超高分辨率显微图像，最高分辨率可达 0.5 μm，可获取维管束内部组织（导管、筛管等）的清晰影像，用于茎秆木质部水平的表型特征检测与分析。

2.2.1 基于 micro - CT 的玉米维管束显微图像获取

1. micro - CT 成像技术背景　X 射线由德国物理学家 W. K. 伦琴于 1895 年发现，故又称伦琴射线。1972 年，X 射线与计算机断层扫描技术相结合后应用于临床医学，当时的分辨率为 300 mm。随着仪器进一步的发展和计算机处理能力的不断提高，组织器官等内部结构的三维图像信息能够更加真实和准确地获取，并能实现完全非破坏性地重建和分析，使得该技术迅速扩展到其他领域。整个成像系统由 X 射线微聚焦管、精密调节样品台、CCD（Charge - coupled device，电荷耦合原件）、数字探测器、计算机、液晶显示器等构件组成（图 2 - 1）。在图像采集过程中，X 射线微聚焦管产生的一束 X 射线横向通过样品后，由 CCD 将光信号转化为数字信号后，被探测器接收。

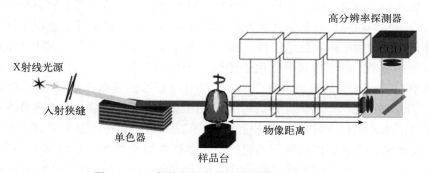

图 2 - 1　X 射线断层扫描成像光路原理示意图

X 射线扫描成像的质量受空间分辨率的影响，常规"宏观"CT 扫描仪的空间分辨率在

1～2.5 mm 的范围内，而 micro – CT 为改善空间分辨率提供了可能性，允许达到微米级空间分辨率，因此 micro – CT 又被称为 μCT。根据 X 射线光源的不同，可将 CT 分为两种类型：传统 CT 和同步辐射 X 射线（Synchrotron radiation X – ray）CT。同步辐射光源具有高相干性、高亮度以及能量连续可调等特点。与传统成像系统对比，现代的同步加速micro – CT 系统在提高图像质量和降低数据收集时间方面更具优势。这主要是与 X 射线束的特点相关，X 光源的单色性、几何特性和空间相干性以及强度等都将影响扫描结果。采用高分辨率的同步辐射加速 X 射线可以更有效地用于揭示软组织的细节，并能进行实时快速分析。另外，空间分辨率还可以通过改变样品在光源和探测器之间的距离而改变。在这个操作中，空间分辨率的变化范围一般在几毫米到 1 μm 之间，相对应的扫描时间范围通常在 20～60 min，分辨率越高，扫描时间越长。

在成像系统中，探测器的配置将影响扫描速度和精度。原始的 CT 成像系统，使用的是线性阵列光电探测器，由于获取的是线性切片，因此扫描过程缓慢。此后，技术改进为 2D 扇形波束配置（Fan beam configuration）获取到扫描光源的投影，加快了扫描时间，但这种配置获取的切片信息与原始光信号之间存在偏差（图 2 – 2A）。现代 micro – CT 系统中采用 3D 锥束配置（Cone beam configuration），将样品的厚度计算进去，当 X 光源通过样品前面部分时，其后面部分的投影将不会同时出现，从而提高了数据获取精度（图 2 – 2B）。随着高分辨率数字探测器和微聚焦管光源的发展，使得断层扫描系统的空间分辨率能达到 0.7 μm。

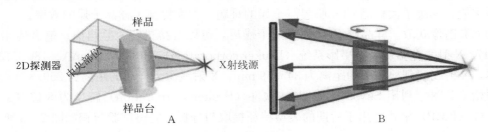

图 2 – 2 CT 成像装置

X 射线显微 CT 系统在扫描获取样品时，样品内物质对 X 射线的吸收和散射会造成射线的衰减，衰减的差异归因于密度和样本内的组成差异。在图像采集期间，X 射线束直接穿过样品后会产生衰减辐射，这种辐射类型具有在变化中穿透样品的能力，探测器检测和测量衰减辐射，并将响应传送到计算机。

2. 玉米茎秆 micro – CT 扫描体系构建 利用 micro – CT 与同步加速器相结合，已成功实现了蕨类植物、红杉木质部的三维重建与水分运输功能等研究。但至今为止，尚未见玉米茎秆、叶片 micro – CT 扫描的相关报道。按照现有技术获得玉米茎秆的 CT 图像需要较高的试验成本，另外玉米茎秆鲜样扫描过程中组织容易失水变形，扫描效果不稳定，无法高质量地获得茎秆组织结构的 CT 图像及三维信息。因此，如何利用现代高性能仪器设备，探索制样步骤相对简单、图像质量高的图像获取方法是实现玉米维管组织显微表型快速、精准解析的关键之一。

前期 CT 扫描试验中，因材料含水量太高，容易出现拖尾、分辨率低等维管束分辨不清晰的问题，但自然干燥后的材料又易发生形变，因此如何解决材料的干燥脱水又保证材料不发生形变是玉米组织 micro – CT 扫描成功的关键技术环节。根据这个目标，笔者尝试了一些传统的干燥方法，如冷冻干燥、化学试剂干燥等，但效果均不佳。后来，分别对玉米茎秆材料的固定、脱水、干燥条件进行优化，通过优化材料样本体积、优化固定和脱水方案、引

入 CO_2 临界点干燥，制备适用于 micro – CT 扫描的玉米样本，最终建立了茎秆、叶片和根系 micro – CT 扫描的样品制备方法体系，具体内容如下。

（1）茎秆样本前处理及 CT 扫描

① 制备体积大小适中的茎秆样本。茎秆新鲜材料获取后，蒸馏水冲洗干净，用手术刀切割成厚度为 1.0 cm 的样本块，切割时用力要均匀，尽量沿一个方向进行切割，保证样本材料的完整性，避免材料出现破裂现象。

② FAA 样本固定。以 70％乙醇：甲醛：冰醋酸＝95：5：5 的比例配置 FAA 固定液，将切割的新鲜样本块用纱布包好，系好标签，放入 FAA 固定液中固定，固定时间 3 d。

③ 样本脱水。样本固定完成后，从固定液中取出，用蒸馏水冲洗干净，经一系列梯度浓度的酒精梯度脱水，具体流程为：30％酒精 20 min→30％酒精 10 min→50％酒精 20 min→50％酒精 10 min→75％酒精 20 min→75％酒精 10 min→85％酒精 20 min→85％酒精 10 min→95％酒精 20 min→95％酒精 10 min→100％酒精 10 min→100％酒精保存。

④ CO_2 临界点干燥。梯度脱水完成后，将 100％酒精中的样品转移至临界点干燥仪（Leica EM CPD300）的样品池中，转移过程中要保证样品始终处于 100％酒精的环境中，避免接触空气。设定临界点干燥仪程序为：CO_2 进入速度为中速，设置双层滤片，CO_2 充入后延迟 120 s 进入循环，交换速率为 6，总共进行 12 个循环，中等速度加热，完成干燥，即可。根据茎秆的实际大小和形态特征，自主设计、制造 CO_2 临界点干燥中放置样品所需要的样本篮，解决了大样品 CO_2 临界点干燥的难题，大大提高了样品干燥的效率。

⑤ CT 图像获取。样品经 CO_2 临界点干燥后，可以直接进行 CT 扫描。笔者使用 Sky-scan 1172 X 射线计算机断层摄影系统（Bruker corporation），40 kV/250 mA、180 ℃旋转扫描样本。X 射线源到检测器的距离为 345.59 mm，X 射线源到样品的距离为 259.85 mm。获得的原始 CT 图像利用 Skyscan NRecon 软件（Bruker Corporation）转换为 8 位（8 – bit）图像文件（BMP）格式，用于后期的表型特征提取与分析。完整试验流程如图 2 – 3 所示。

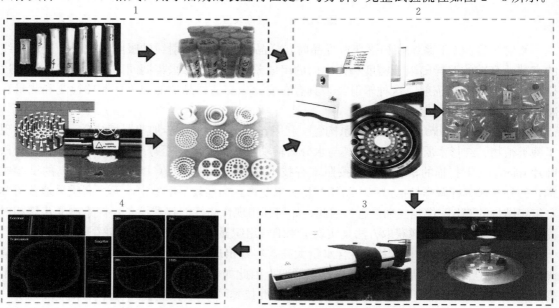

图 2 – 3　茎秆 micro – CT 扫描的样品制备方法体系流程（见彩图）

1. 样品固定；2. 样本梯度脱水与 CO_2 临界点干燥；3. micro – CT 扫描；4. CT 图像重构

生长发育前期幼嫩的茎秆材料（抽雄期之前）适合上述的样本前处理流程，但随着茎秆的发育成熟，后期木质素、纤维素等不断积累，茎秆材料木质化程度显著提高，利用上述样本前处理的方法效果不太理想。针对成熟期茎秆材料的特点，笔者提出超低温冷冻干燥的样本前处理流程，具体步骤如下：

① 制备体积大小适中的茎秆样本。茎秆新鲜材料获取后，蒸馏水冲洗干净，用手术刀切割成厚度为 1.0 cm 的样本块，切割时用力要均匀，尽量沿一个方向进行切割，保证样本材料的完整性，避免材料出现破裂现象。

② FAA 样本固定。以 70% 乙醇：甲醛：冰醋酸＝95：5：5 的比例配置 FAA 固定液，将切割的新鲜样本块用纱布包好，系好标签，放入 FAA 固定液中固定，固定时间最少 7 d。

③ 样本脱水。样本固定完成后，从固定液中取出，用蒸馏水冲洗干净，经一系列梯度浓度的酒精梯度脱水，具体流程为：70%酒精 1 d→95%酒精 1 d→100%酒精 1 d→100%酒精保存。

④ 叔丁醇代替。1/2 无水乙醇＋1/2 叔丁醇 1 d→第一次叔丁醇 1 d→第二次叔丁醇 1 d。

⑤ 样本超低温冷冻。叔丁醇代替完成后，从叔丁醇中取出样本，放入－80 ℃超低温冰箱冷冻 1 d。

⑥ 超低温冷冻干燥。将经超低温冷冻的样品转移至超低温冷冻干燥仪（LGJ－10E，China）的样品仓中，－30 ℃冷冻干燥 3 h。干燥后的样本用于之后的 CT 扫描。

（2）不同前处理方法对茎秆 micro－CT 扫描效果的影响　制备好的干燥茎秆材料放置于 Bruker 1712 micro－CT 样本台，在 2K 模式、电压 40 kV、电流 250 μA 下进行扫描，通过数据重构获得 CT 扫描图像。结果如图 2－4A1～A3 所示。经过茎秆 micro－CT 扫描的样品制备方法体系获得的茎秆样本，材料脱水效果好，组织结构不会发生形变；经 micro－CT 扫描后，图像质量高，茎秆形状完整，外周表皮轮廓、维管束轮廓清晰、明亮，维管束与基本组织区别明显（图 2－4A1～A3）。

笔者同时设立了对照 1、对照 2。对照 1 的具体制备方法为：取茎秆相同节位鲜样材料切割成厚度 1.0 cm 的样本块，未经固定、脱水和干燥步骤，放入 Bruker 1712 micro－CT 中，在 2K 模式、电压 40 kV、电流 250 μA 下进行扫描。对照 2 的具体制备方法为：取茎秆相同节位鲜样材料切割成厚度 1.0 cm 的样本块，平行制备 3 组样本，在室温条件下自然干燥，各组样本分别干燥 10 h、24 h、5 d 后，放入 Bruker 1712 micro－CT 中，在 2K 模式、电压 40 kV、电流 250 μA 下进行扫描。图 2－4 中 B1～B3 为对照 1 的试验结果。由于样本含水量大，样本间的密度差异很小，micro－CT 扫描获得的图像噪点比较高、维管束轮廓与基本组织之间的界线模糊，图像质量低，后续进行维管束表型提取十分困难。另外，由于茎秆组织中含水量大，在 CT 扫描过程中，样本组织失水，导致 CT 图像出现拖尾现象，图像质量低（图 2－5）。图 2－4 中 C1～C3 为对照 2 的试验结果，茎秆经自然干燥后会发生明显变形，自然干燥时间越长，形变程度越严重；由于茎秆组织失水，外周表皮发生明显的皱褶，进而导致外周维管束形态受到严重影响。

最终，经过反复试验研究，确定适于玉米茎秆 micro－CT 扫描的最优技术参数：样本块厚度 0.5～1.0 cm，经过固定 3 d、梯度脱水，利用 CO_2 临界点干燥，获得的 CT 扫描图像效果最佳，维管束轮廓清晰、明亮，图像质量高；材料厚度低于 0.3 cm 或高于 2.0 cm，材料过薄或过厚均会影响后期的 CT 扫描结果。材料过薄，后期 CT 扫描图像显示外围维管

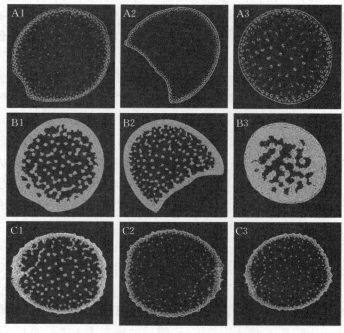

图 2-4　不同前处理方法进行 micro-CT 扫描所获得的图像（见彩图）

A1～A3. "玉米茎秆 micro-CT 扫描技术体系"制备的不同玉米茎秆节位样本 micro-CT 扫描图像，A1. 玉米茎秆第 6 节节间 CT 扫描图，A2. 玉米茎秆穗位节节间 CT 扫描图，A3. 玉米茎秆顶位节节间 CT 扫描图。B1～B3. 玉米茎秆材料直接进行 micro-CT 扫描所获得的图像，B1. 玉米茎秆第 6 节节间 CT 扫描图，B2. 玉米茎秆穗位节节间 CT 扫描图，B3. 玉米茎秆顶位节节间 CT 扫描图。C1～C3. 玉米茎秆材料经过自然干燥不同时间后，进行 micro-CT 扫描所获得的图像，C1. 玉米茎秆顶位节节间取样后自然干燥 10 h，C2. 玉米茎秆顶位节节间取样后自然干燥 24 h，C3. 玉米茎秆顶位节节间取样后自然干燥 5 d

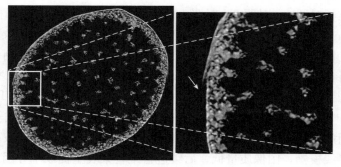

图 2-5　玉米茎秆鲜样未经干燥处理直接 micro-CT 扫描获得的图像

注：由于茎秆组织含有大量水分，在 CT 扫描过程中，水分散失导致 CT 图像出现拖尾现象。

束轮廓清晰，但中间维管束轮廓模糊，分辨率极低；材料过厚，会出现干燥不彻底问题，导致 CT 扫描图像维管束轮廓不清晰、图像噪点高等问题出现。

3. 玉米叶片 micro-CT 扫描体系构建

（1）叶片样本前处理及 CT 扫描

① 切。取新鲜的玉米叶片，选取叶片完整无病斑、破洞的部分，用手术刀片沿着与主脉垂直的方向对叶片进行两次切割，获得 0.5～3 cm 宽度的叶片片段。切割时，应将叶片背

面向上，平铺在操作台上，使主脉向上突起，不容易发生破裂。先切割主脉再切割两侧的叶片，用力要均匀，避免回刀反复切割。

② 洗。将切割好的叶片放入提前设定好参数的超声波清洗机中，振荡清洗 2～3 min。超声波清洗机中提前加入去离子水，温度 25 ℃，频率设定 30 kHz。为保证清洗效果，使用提篮或盖网将叶片压在水面以下，但不能触底以免损伤叶片。

③ 固定。以 70％乙醇：甲醛：冰醋酸＝95：5：5 的比例配置 FAA 固定液，叶片固定时间为 2 d。

④ 脱水。取出固定好的叶片，进行乙醇梯度法脱水。具体为：将叶片整体浸没于 30％的乙醇溶液中 10 min→30％乙醇 10 min→50％乙醇 20 min→75％乙醇 20 min→85％乙醇 20 min→95％乙醇 20 min→100％乙醇 10 min→100％乙醇 10 min。

⑤ 干燥。叶片脱水后，进行 CO_2 临界点干燥。叶片在转移至干燥仪样品池的过程中要尽可能避免和空气接触，以免叶片表面乙醇挥发带来形变。叶片干燥使用自主设计、制造的样品篮。CO_2 临界点干燥步骤设定为：CO_2 进入速度为中速，设置双层滤片，CO_2 充入后延迟 120 s 进入循环，交换速率为 6，总共进行 12 个循环，最后，中等速度加热，完成干燥。

⑥ 染色。使用"碘熏蒸法"对干燥好的叶片进行染色。将叶片和碘固体同时放入离心管中，依靠挥发的碘蒸气将叶片染色。染色时间为 2 d。

⑦ 扫描。染色好的叶片需要尽快进行 CT 扫描，笔者使用高分辨率 X 射线计算机断层摄影系统（Bruker® Skyscan 1172）来获取叶片显微图像。具体扫描步骤为：用可塑石蜡将叶片按照螺旋形固定在样品台上。关闭舱门后，调节球管电压电流为 40 kV/250 mA，不设置滤片，上下移动样品台到检测器视野中央，调节检测器、样品和 X 射线源三者的相对位置，检测器距离 X 射线源 215 mm；样品位于检测器和 X 射线源之间，距离 X 射线源 100 mm。设置检测器为 2K 模式获取数据，曝光时间为 250 ms 左右。样品台旋转步长 0.2°，旋转角度 180°。获得的原始 CT 图像利用 NRecon 软件（Bruker Skyscan NRecon©）转换为 8 位（8 - bit）图像文件（BMP）格式，用于后期的表型特征提取与分析。

以上玉米叶片 micro - CT 扫描方法与样品制备流程如图 2 - 6 所示，图中各步骤与上文所述步骤对应。

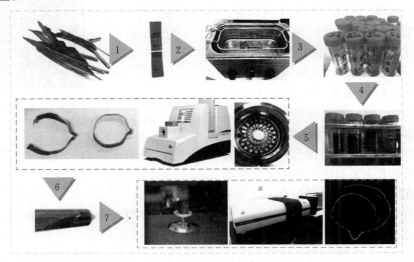

图 2 - 6　micro - CT 扫描的样品制备方法体系流程

(2) 不同前处理方法对叶片 micro - CT 扫描效果的影响 通过 CT 扫描获得图像的质量与样品的状态有密切联系。一般来说，CT 扫描要求样品具有状态稳定、对 X 射线衰减能力强的特点。状态稳定是指样品在扫描过程中不发生形态变化，只有这样才能呈现出清晰、锐度高的像；对 X 射线衰减能力强是指样品中要含有对 X 射线吸收能力比较强的组分，这是为了更好地与背景区分开，提高图像对比度。CT 最成熟的应用是在医学骨科检查领域，正是因为骨头状态稳定，骨头中含有的钙元素对 X 射线有较强的吸收，所以成像质量高。但是对于作物，尤其是含水率高的叶片，这些特点均不具备。叶片表面积与体积的比值高，与周围环境交互密切，在离体后很快就会失水、发生卷曲。这就需要提前对叶片进行干燥，以避免 CT 扫描时发生形变。笔者以郑单 958 玉米叶片为例，介绍经过不同干燥处理后，CT扫描效果的差异。以郑单 958 玉米灌浆期穗位叶中部区段为材料，分别进行了新鲜样品直接扫描、叶片自然干燥后扫描、CO_2 临界点干燥后扫描 3 组试验。扫描参数均设置为：球管电压 40 kV，电流 250 μA，无滤片，旋转步长 0.2°，旋转角度 180°，检测器 2K 模式获取数据，曝光时间 250 ms，采样图像 8 位 BMP 格式。

图 2 - 7 是新鲜的玉米叶段离体后直接固定在 micro - CT 样品台上进行扫描、重构后获得的图像。其中 A 为整体扫描图，可见叶片轮廓线有断裂、不连续。B 为 A 左侧局部放大图，可见叶片信息不完整，"拖尾现象"严重。这是由于叶片含水率高，扫描时组织发生脱水造成的。C 为 A 右侧局部放大图，虽然可见叶片轮廓，但维管束与周围组织混在一起，无法区分。

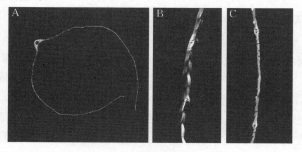

图 2 - 7　新鲜玉米叶段离体后直接进行 micro - CT
扫描获得的图像
A. 整体扫描图；B. A 左侧局部放大图；C. A 右侧局部放大图

干燥叶片是解决 CT 扫描"拖尾现象"的思路之一。将叶片离体后，自然干燥，使用自然干燥后的叶片进行 CT 扫描，将得到图 2 - 8B 所示结果。从图中可以看出，叶片维管束和周围组织有一定的区分。但是，样本自然干燥会产生另一个问题——叶片皱缩。图 2 - 8A 是叶片自然干燥后的形态，叶片皱缩严重，导致 CT扫描后得到的叶片截面图像中的维管束间距偏小。同时，叶片不同区域的干燥速度

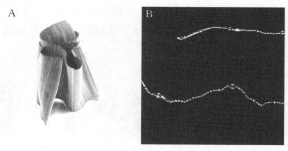

图 2 - 8　叶片自然干燥后（A）进行 micro - CT
扫描获得的图像（B）

是不均一的，所以不同区域的形变程度也是不同的。如何在干燥的同时保持叶片结构的稳定是获得高质量叶片 CT 显微图像的关键要素。

将叶片固定在螺旋形样品篮中，放入 CO_2 临界点干燥仪干燥（Leica® CPD300），干燥后的叶片进行 CT 扫描，得到结果如图 2 - 9A 所示。图中叶片轮廓清晰，平滑无皱缩，从叶片边缘到中央，各级维管束都得到了有效的提取。图 2 - 9B 是图 2 - 9A 的局部放大图，图中维管束边界清晰，排列紧密、无粘连，图像对比度高。这对后期根据图像进行维管束表型信息提取非常有利。

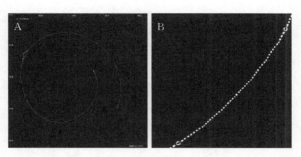

图 2-9 叶片经 CO_2 临界点干燥后进行 micro-CT 扫描获得的图像

4. 玉米根系 micro-CT 扫描体系构建

(1) 根样本前处理

① 制备体积大小适中的根样本。将田间获取的玉米根系材料按轮次进行分解，截取距根基部 2 cm、长度为 0.5 cm 的根段。

② FAA 样本固定。样本清理干净后，迅速利用 FAA 固定液固定，并立即进行抽气约 30 min 来排除材料内的气体，使固定液充分渗入组织和细胞内（图 2-10）。

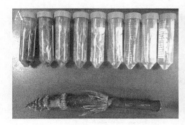

图 2-10 样品制备示意图

A. 单株玉米根按轮次分解后固定于 FAA 固定液中（上）及取根后剩余的茎秆组织（下）；B. 旋片式真空抽气装置

③ 样本脱水。样品在进行显微 CT 扫描前先进行乙醇梯度脱水，75％酒精 1 h→85％酒精 1 h→95％酒精 1 h→100％酒精 1 h→100％酒精保存。

④ CO_2 临界点干燥与碘染色。梯度脱水后的样本进行临界点干燥处理（奥地利 Leica 公司，CPD300 型）。经干燥后的根段样品经单质碘染色后可直接用于 CT 扫描。

(2) micro-CT 扫描与图像获取

染色后的样品利用 X 射线显微 CT 系统（美国 Bruker 公司 SkyScan 1172 型，micro-CT）进行扫描（图 2-11）。扫描电压为 34 kV，电流为 210 μA，扫描像素间隔设置为 3.4 μm，样品距光源和相机距光源的距离分别为 51 mm 和 281 mm，扫描模式为 2 000×1 332 像素。设置系统以 0.4°为间隔对根段样品进行 180°持续扫描，可得到根段样品的三维投影图像（Projection）共计 487 张，需时为 15 min。之后利用 NRecon（美国 Bruker 公司，版本 1.6.9.4）软件经过处理得到一系列根段横截面格式为 8-bit BMP 的重构虚拟图像，图像的分辨率为 820×820 像素（像素间隔为 3.4 μm），用时约 5 min。得到重构图像后可直接利用 CTvol 软件（美国 Bruker 公司，版本 7.0）实现根系内部三维结构的可视化（图 2-12）。

由于新鲜样品的含水量较高（样品本身的原子序数和水的原子序数相似），利用台式 micro-CT 系统无法得到高对比度的清晰图像；而且新鲜样品在扫描过程中也易发生脱水而产生形变，所以在扫描前要采用临界点干燥的方法去除样品中的水分。同时，根内部组织材

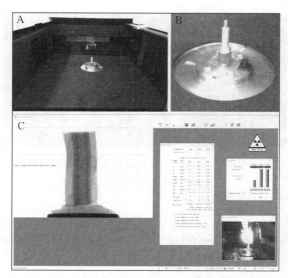

图 2 - 11 micro - CT 扫描系统内部结构

A. micro - CT 扫描系统扫描室内部结构；B. 样品台结构；C. 扫描软件系统界面

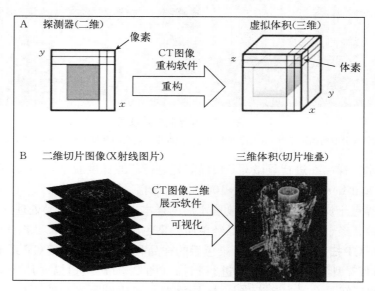

图 2 - 12 三维重构和可视化示意图

A. 利用 NRcon 软件进行三维重构示意图；B. CTvol 软件利用重构得到的序列图像实现根段样品三维结构可视化

质差异不大，不同组织结构对比度很小，经干燥后扫描得到的图像仍不能满足后续进行图像分割的要求。因此，为了增强图像对比度，要用对比度增强剂（碘单质）处理干燥后的样品，一般 1 d 后再进行 micro - CT 扫描。如图 2 - 13A 所示，未使用对比度增强剂处理的根段样品由于不同结构组织对 X 射线吸收能力的差异不大，导致获取的图像在不同组织部位间的对比度很小。例如，后生木质部导管与其周围薄壁组织的边界模糊不清，这就给后期后生木质部导管的三维图像分割造成了困难。而经对比度增强剂（碘单质）处理，可显著提升图像对比度，后生木质部导管与其周围薄壁组织对比明显，对后续分割提取十分有利（图 2 - 13B）。

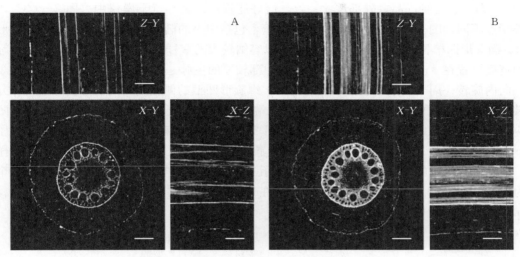

图 2 - 13　使用对比度增强剂使图像对比度显著增强

A. 未使用对比度增强剂处理的样品经 micro - CT 扫描后重构得到的玉米第四轮节根段样品的 Y - X、Y - Z 和 Z - X 3 个截面图像；B. 使用对比度增强剂（碘单质）处理后根段样品经扫描重构后得到的 3 个截面图像。根段样品取自于灌浆期的 Xu - 178 玉米自交系第四轮节根，标尺为 0.2 mm

5. 设计、制造适用于玉米不同器官 CO_2 临界点干燥的样品篮　CT 扫描要求样品状态稳定，而生物样品的含水量一般为 70%～80%（肖媛等，2013），所以玉米叶片、茎秆和根系在扫描时很容易发生脱水形变现象，造成成像模糊，解决办法就是提前对样品进行干燥。但是传统的自然干燥法会造成样品皱缩，内部结构变形，失去了结构参数提取的意义，需要采用临界点干燥法在干燥样品的同时把形变降到最低限度。临界点干燥法是根据物质处在临界点时的特殊物理状态设计的一种干燥方法，因在临界状态下，液体和气体的密度相等，气液界面完全消失，液体的表面张力系数为零（郭素枝，2006）。这种方法能消除液体表面张力的作用，干燥出的样品能最大程度地保持其自然形态（孙京田和谢英渤，1999）。但是市面上的临界点干燥仪通常适于制备电镜扫描的微小样品（图 2 - 14A、B），无法满足完整茎秆横切面、叶片横切面材料的干燥需要。因此打造满足需求的样品篮成为迫切需要。经过考察，笔者以徕卡公司的 Leica® CPD300 临界点干燥仪为对象，自主设计、制造样品篮，用于玉米不同器官的 CO_2 临界点干燥。

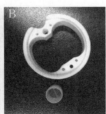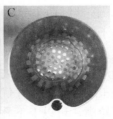

图 2 - 14　不同形状的临界点干燥仪样品篮

A、B. 临界点干燥仪自带的样品篮，这些样品篮的尺寸不适合玉米样品；C. 自主设计制造的样品篮装载叶片后放在临界点干燥仪中的状态

　　根据玉米不同组织器官的特点设计了 3 种样品篮，分别是用于干燥玉米叶片的螺旋形样品篮（图 2-15）；用于干燥茎秆的四孔干燥篮（图 2-16）；用于干燥根系的多孔干燥篮（图 2-17）。这 3 种样品篮外部尺寸一致，恰好能够放入临界点干燥仪中（图 2-14C），但内部特点不同：图 2-15 所示的螺旋形样品篮，包括中央的椭圆形凹槽 1 和周围的螺旋形凹槽 2。椭圆形凹槽长短轴为 25～30 mm，可以容纳较大的茎秆节段与叶片同时干燥。螺旋形凹槽宽度设置在 4 mm 左右，以容纳叶片和中部较厚的主脉。螺旋形凹槽从外周凹陷处 3 开始，向内旋转一周半后不断收窄于 4 处结束。螺旋形凹槽的侧壁均开有方形排水孔 5，方孔上端与样品篮顶部平面距离约 3 mm，方孔下端与样品篮底板上沿平齐。样品篮底部与凹槽对应位置开有均匀分布的圆形排水孔 6。图 2-16 所示的四孔样品篮，包括 4 个直径约 20 mm 的样品槽 1，样品槽底部有呈六边形，排列 7 个排水孔 2。图 2-17 所示的多孔样品篮，包括中心区域的 4 个直径为 10 mm 的圆孔 1，以及靠近样品篮边缘分布的一圈 13 个直径为 8 mm 的圆孔 2。每个孔有对应编号标记在顶部，孔底部有圆形排水孔 3，排水孔直径为 1 mm，保证细小的根组织不会漏出。

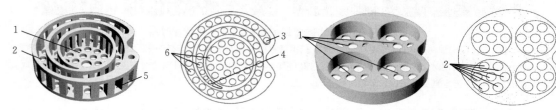

图 2-15　螺旋形样品篮
1. 椭圆形凹槽；2. 螺旋形凹槽；3. 螺旋形凹槽外周开始处；4. 螺旋形凹槽结束处；5. 方形排水孔；6. 圆形排水孔

图 2-16　四孔样品篮
1. 圆形样品槽（直径为 20 mm）；2. 圆形排水孔

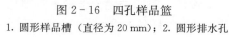

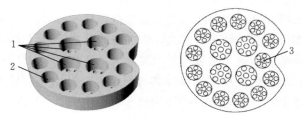

图 2-17　多孔样品篮
1. 大圆形样品槽（直径为 10 mm）；2. 小圆形样品槽（直径为 8 mm）；3. 圆形排水孔

　　笔者使用 3Dmax 软件（Autodesk 3D Studio Max © 2014）和 3D 打印机（MakerBot® Replicator 2），设计制造了上述临界点干燥仪样品篮（图 2-18）。样品篮使用聚乙烯材料，这种材料不与干燥液反应，同时样品篮非凹槽区域均为实心结构，具有较大质量，保证在干燥液中不会漂浮。

　　上述螺旋形样品篮可以容纳更长、更大的叶片并在干燥过程中使叶片不移位；四孔和多孔样品篮根据玉米组织的尺寸优化设计，解决了样品的固定问题和编号问题。3 种样品篮具有同样的外部轮廓，可以上下叠放在临界点干燥仪钢桶中，成批干燥，干燥腔内空间利用率高，能大大提高工作效率。经过这些样品篮干燥的样品形变频率低，干燥程度好，为保证后续试验的质量与效率奠定坚实基础。

　　6. 讨论　随着 CT 技术在生物医学、骨骼、材料学等领域中的成功应用，这一技术在

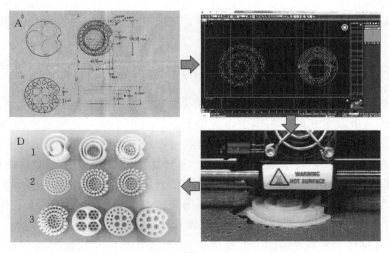

图 2 - 18 临界点干燥仪样品篮的设计和制造流程

A. 干燥篮设计图；B. 使用 Autodesk 3D Studio Max © 2014 软件设计干燥篮模型；C. 通过 MakerBot® Replicator 2 3D 打印机制作干燥篮；D. 不同版本的临界点干燥仪样品篮

植物学领域中也逐渐受到关注，为植物生命科学的研究提供了新的技术方法。CT 技术首次应用于植物领域研究根系的形态结构与发育是在 20 世纪 90 年代末期。近年来，CT 已被广泛应用在植物根际的研究中，重点探究土壤的结构（Mooney，2002；Luo et al.，2010；Kravchenko et al.，2011），土壤与微生物之间的相互作用（Pajor et al.，2010；Crawford et al.，2011），以及根的活体成像、根系的生长发育与构象（Tracy 等，2010；2012）。Mairhofer 等（2012）在运用 X 射线微计算机断层扫描（micro - CT）技术的基础上，开发出能区分根际与土壤其他元素的 RooTrak 软件，探究土壤中根际的性状和分支模式，对土壤作物根际构造的基因研究具有重要意义。然而，有关 micro - CT 对植物地上结构可视化和量化的相关研究较少，主要原因在于：①植物组织的衰减密度值低，导致图像的低对比度和高噪点；②捕捉植物组织的细胞结构需要更高的分辨率导致较高的试验成本（Pajor et al.，2013）。在过去十年，同步加速器 HRCT 为植物生物学家提供了一个强大的、可无损测量的工具，已经成功用于鉴定葡萄维管系统组织结构（McElrone et al.，2013）、拟南芥叶片叶肉组织结构（Cloetens et al.，2006；Dorca - Fornell et al.，2013）和油菜种子结构等（Verboven et al.，2013）。基于同步加速器 HRCT，木本植物维管束结构和功能研究取得了巨大进展（Brodersen et al.，2012；Choat et al，2015；Torres - Ruizetal，2015），但是利用 HRCT 技术对玉米、小麦、水稻等禾本科作物组织结构的研究少之甚少（Staedler et al.，2013）。除了较高的成本，单子叶植物因组织密度差异不明显，组织构成没有次生生长等原因，造成原子吸收序数的对比显著下降，限制了其在玉米、小麦、水稻等组织中的应用。增强 CT 成像对比度的另一种方式是使用造影剂，但是造影剂的选择和它们在农作物组织中的渗透仍然是一个问题（Rousseau et al.，2015）。笔者团队构建的茎秆、叶片和根 micro - CT 扫描的样品制备方法体系，可显著增强样本组织的原子吸收值和对比度，进而获得了高质量的玉米茎秆、叶片、根 micro - CT 扫描图像，其分辨率最大可以达到 2 μm/像素。茎秆、叶片、根 micro - CT 扫描的样品制备方法体系的成功构建，为实现高通量维管组织显微表型信息检测奠定了坚实基础。此外，基于 CT 显微图像，不仅能够实现二维解剖表型信息的高通量提取，而且其序列图像可以实现三维组织结构的可视化与量化分析，将为揭示玉米不同品种间维管组织表型的性状差异、探究其结构的发生和发育过程等提供重要的技术方法。

2.2.2 基于石蜡切片＋SCN400 扫描的玉米维管束显微图像获取

玉米茎秆不同于根系和叶片的结构，其维管束具有更复杂的显微结构。差异明显的中间维管束和周边维管束散生在基本组织中，大小不一、分布不均，且维管束内部结构复杂。因受 CT 成像扫描的玉米茎秆断层图像分辨率的限制，只能获取维管束尺度的表型参数（如维管束数目、总面积、面积占比、维管束密度、茎秆横截面直径、茎秆横截面面积等指标），对于维管束内部的韧皮部、木质部和空腔等表型信息则无能为力。为了进一步实现玉米茎秆维管束内原生木质部、导管、气腔和维管束鞘等显微表型特征的精准提取，本节将介绍基于石蜡切片＋SCN400 扫描的玉米维管束显微图像获取技术方法。

1. **石蜡切片制作** 利用德国 LEICA 公司的全套组织切片制备与成像设备进行样本采集-图像生成的操作，采用设备包括：LEICA－TP1020 全自动脱水机、LEICA－EG1150H 石蜡包埋机、LEICA－EG1150 冷台、LEICA－RM2235 轮转式石蜡切片机、LEICA－HI1210 摊片机、LEICA－HI1220 烘片机及 LEICA－SCN400 玻片扫描仪。采集样本后，将样本放置于固定液中，可长期保存。经过 24 h 固定之后，可进行后续的切片制作。整个切片图像制作过程较复杂，包含了脱水、透明、浸蜡、包埋、切片、脱蜡、染色及成像等环节。

试验中对于组织脱水等处理借助于全自动脱水机，通过人工配制试剂并设置程序，由脱水机自动完成脱水、透明和浸蜡。首先利用不同梯度的酒精（从低浓度到高浓度）及二甲苯对组织进行脱水和透明，然后将组织置于熔化的石蜡中进行浸蜡，试验中选用熔点为 65 ℃ 的石蜡，并设置温箱温度为 68 ℃。

待组织完全浸蜡后，利用石蜡包埋机和包埋盒进行组织固定包埋，待石蜡溶液表层凝固后将其放置于冷台上令其迅速冷却，此时即制作出包含组织的蜡块。

在进行切片之前，需要对包埋好的组织蜡块进行修块，然后固定于石蜡切片机。根据样本及研究需要设置适合的切片厚度（通常为 $10\sim20~\mu m$），切出一片接一片的石蜡条带（包括首尾相连的多个石蜡切片）。然后，用毛笔轻托并放置于摊片机的蒸馏水中，借助水表面张力使切片条展开，在载玻片上滴上蒸馏水，将展平的蜡片附于载玻片上，并用滤纸吸除多余的水分，放置于烘片机上干燥。最后，完成脱蜡、染色和成像。

2. **显微图像获取** 使用 LEICA－SCN400 玻片扫描成像系统来获取高精度的玉米茎秆节间切片显微图像，获取图像的大小为 $0.5~\mu m$/像素（图 2-19）。对所有切片依次通过人工选定扫描范围并在 20×放大模式下进行扫描，使得作物组织在扫描范围内，在扫描过程中尽量保证图像扫描范围的一致性。图像中染成红色的代表死细胞，蓝色的为具有生理功能的活细胞。在维管束中，周围一圈的红色细胞形成维管束鞘；还有 2 个最为明显的后生木质部导管。韧皮部为具有生理

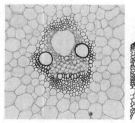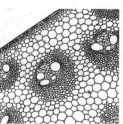

图 2-19 SCN400 扫描获得的玉米茎秆维管束显微图像（见彩图）

功能的活细胞，该部分染成蓝色，与维管束周围的基本组织（也就是薄壁细胞）染色相同。茎秆横切面中维管束形态明显分为两类，即中间维管束和周边维管束。

　　3. 显微图像自动拼接　利用 SCN400 玻片扫描仪来获取玉米茎秆横切面的显微图像，放大倍数为 20 倍，单个茎秆横切面切片通常需要扫描 100 张图像左右，每张图像大小为 300 KB，分辨率 0.5 μm。传统的显微表型检测为人工检测，费时费力，且只能获得局部维管束的表型信息，而非完整的茎秆横切面内的所有维管束的表型信息，严重影响了细胞水平表型信息的分析效率。针对这一问题，基于图像的特征，笔者开发了显微图像自动拼接软件（图 2-20），将放大倍数为 20 倍的茎秆横切面的所有局部显微图片拼接成一张完整图像，图像大小 240 MB 左右。局部显微图像的拼接，为实现完整茎秆横切面木质部、导管、维管束鞘细胞等显微特征的自动提取与统计分析奠定了基础。

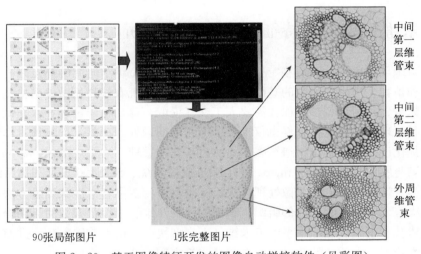

90张局部图片　　　　1张完整图片

图 2-20　基于图像特征开发的图像自动拼接软件（见彩图）

2.2.3　两种玉米维管组织显微图像获取方法的比较

　　针对玉米维管束形态结构特征及对获取图像分辨率的要求，笔者构建了两种玉米维管束显微图像获取的技术方法。其中，基于 micro-CT 技术无损获取玉米茎秆、叶片、根系维管束显微图像，其分辨率最大可以达到 2.0 μm/像素。基于 CT 单张图像可以实现维管组织二维解剖表型信息的快速、精准提取；基于 CT 序列图像，能够实现维管组织结构的三维可视化与量化分析。该方法的成功构建是普通 CT 技术在植物研究领域中应用的又一突破。SCN400 超高分辨率玉米茎秆显微图像的自动拼接，能够将放大倍数为 20 倍的所有局部显微图片快速拼接成为一张完整图像，图像大小 240 MB 左右。该步骤的成功构建，实现了 0.5 μm 高分辨率下完整茎秆显微图像的自动获取，为后续茎秆横切面内的所有导管、筛管等精细表型特征的提取、检测奠定了基础。两种方法的建立，由简入繁、从有损切片到无损扫描，为维管组织表型特征的高通量提取与精准鉴定提供了技术支持；两种方法针对不同的研究目标，适用于不同的研究对象，对系统完整地研究玉米不同品种、不同基因型维管组织结构-功能关系、品种筛选、抗性评价等均具有较好的应用前景（表 2-1）。

表 2 - 1   micro - CT 与石蜡切片＋SCN400 扫描两种技术参数对比

仪器	扫描范围	是否破坏材料	表型指标获取范围	特点
micro - CT	2.0 μm～30 mm	无损扫描	根系、茎秆、叶片直径、周长、面积、维管束数目、总面积、面积占比、维管束密度等组织水平的表型指标	该方法突破了玉米组织样本的CT扫描技术难题。CT获得的图像数据不仅可以实现完整茎秆、叶片等器官横切面中所有维管束的二维表型检测，还可以实现维管束三维表型的定量分析
石蜡切片＋SCN400 扫描	0.5～20 μm	有损制片	维管束内部导管、气腔、维管束鞘细胞、筛管细胞等细胞水平的表型指标	实现了 0.5 μm 高分辨率下完整茎秆显微图像的自动获取，为突破玉米维管束中导管、筛管等精细表型特征的高通量提取、检测奠定了基础

2.3   玉米维管束表型特征自动检测与分析

农作物组织显微表型检测与鉴定技术是近年来作物表型组学研究的热点之一，正逐步成为遗传育种和植物生理生化研究的基础支撑技术之一。传统农作物显微表型检测中，因作物组织细胞的数量、几何表型参数往往需要人工交互提取，存在工作量大、效率低、准确性差等问题；同时，现有的商业化软件也仅提供了通用的图像处理功能，均未针对作物组织细胞的特征进行优化设计，使得作物组织表型检测过程非常繁琐。为了规范化、标准化玉米维管束的表型检测与鉴定工作，基于 micro - CT 扫描成像系统、SCN400 玻片扫描系统，有机整合细胞生物学、计算机分析和图像处理算法，有效克服传统维管束性状测量方法中存在的缺陷，高效解决玉米茎秆、叶片内部组织、细胞的识别及维管束性状参数的自动提取与精准检测问题，构建基于组织、细胞水平的玉米维管束表型快速、精准获取方法，进而系统、定量地解析玉米维管束、木质部的数量、形态和分布等表型特征。

笔者团队针对 micro - CT 显微成像特点，并结合玉米茎秆、叶片维管束的个性化植物学特性，设计了玉米维管束表型检测与分析的自动化图像分析管道线，包括图像预处理、图像分割、维管束表型检测和统计分析等模块，并研发了玉米茎秆维管束表型分析软件和玉米叶片维管束表型分析软件。该软件输出的表型参数包括：茎秆横截面面积（周长）、叶片面积（周长）、维管束数目、维管束面积、维管束分布密度、维管束面积占比等指标。利用该规程和软件来处理玉米不同品种、不同栽培处理的大量样本，将该软件的自动计算结果与人工统计结果相比，表型检测平均精度达到 95％以上，样本表型检测的平均效率为 10 s/样本；而人工检测相同的图像需要 30 min/样本以上，且大部分表型参数很难通过人工检测获得。该软件优于目前为止在文献检索中发现的同类软件工具。该规程和软件的研发为农作物组织表型检测提供了简单易用工具，为玉米品种间结构和功能鉴定提供了可大批量获取的显微表型数据来源。

同时，笔者团队也针对 SCN400 显微成像的特点，并结合玉米茎秆维管束及其木质部的基本构型特征，设计了玉米木质部（导管）表型检测与分析的自动化图像分析管道线，包括图像预处理、图像分割、木质部表型检测和统计分析等模块，并研发了玉米茎秆木质部表型分析软件。该软件可输出韧皮部、木质部和空腔数量、横截面面积（周长）、分布密度、面积占比等指标。

2.3.1 基于 micro - CT 图像的玉米茎秆维管束表型分析

1. **玉米茎秆 CT 扫描与图像重构** 首先使用高分辨率 X 射线计算机断层摄影系统（Bruker® Skyscan 1172）来获取茎秆显微图像。具体设备参数设置和扫描步骤为：球管电压电流为 40 kV/250 mA，不设置滤片，上下移动样品台到检测器视野中央，调节检测器、样品和 X 射线源三者的相对位置，使检测器距离 X 射线源 345.59 mm，样品位于检测器和 X 射线源之间，距离 X 射线源 259.85 mm。设置检测器为 2K 模式获取数据，曝光时间为 250 ms 左右。样品台旋转步长 0.2°，旋转角度 180°。在扫描期间，样品在样品台上旋转，X 射线在多个方向上沿着不同路径穿过物体，进而产生 2D 切片中的多个点处密度变化的图像。随着样品旋转，系统会采集到一系列 2D 投影图像，总旋转角度取决于射线束和样品的几何形状，但通常为 180°。micro - CT 扫描获取的图像不单单是某一断面信息，而是在所有体积上的三维覆盖。体积数据包含了组织在 3D 网格结构中全部的体素集合。体素是体积像素，是 3D 等效像素，它表示在特定点的 X 射线吸收，并包括了样品在各种深度和在各个方向上的内容，每个体素中的灰度值表示特定区域密度的信息属性。由于物体内部密度和成分差异引起 X 射线吸收的变化，获取的图像内部会形成不同程度的对比。来自数个 2D 切片的信息能够进行整合和重建成 3D 图像，以实现 3D 微观结构的分析。重构过程是将灰度级切片转换为由实心（黑色）和空白（白色）组成的二进制数据的过程。在重构操作前，可使用图像初始平滑滤波器（例如高斯或中值）以减少随机噪声。可以发现，重构结果一方面与衰减系数相关，另一方面取决于样品中的密度变化。因此，获得的图像可以被认为是 X 射线的空间分布图，其中较亮区域对应于较高的密度。在重构得到的 3D 图像中，x 和 y 轴表示水平和垂直像素坐标（2D），而 z 轴表示 3D 空间维度。获得的原始 CT 图像利用软件（Bruker Skyscan NRecon©）转换为 8 位（8 - bit）图像文件（BMP）格式，HU 值统一设置为 $-1\,000 \sim 9\,240$，用于后期的表型特征提取与分析（图 2 - 21）。

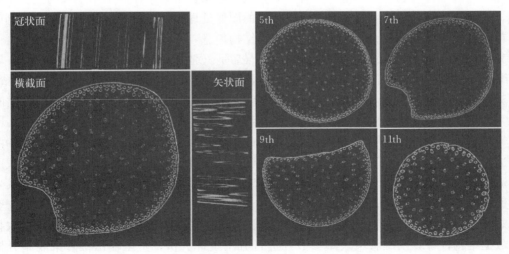

图 2 - 21 基于玉米茎秆 micro - CT 扫描技术体系获得的 CT 图像三视图（左）和不同节位节间的 CT 图像与直方图（右）
注：5 th、7 th、9 th、11 th 分别代表茎秆第 5、7、9、11 节节间。

2. **CT 图像成像特点** 采用 4K 模式扫描玉米茎秆样本，原始 CT 图像重建后得到茎秆的切片图像序列，其图像性质为：分辨率 4 000×4 000 像素，像素尺寸为 6.77 μm。可使用灰度直方图来描述图像上灰度值的统计规律，由于玉米茎中木质化程度不高，大量的背景元素（灰度值为 0）影响直方图的显示效果，因此仅统计 CT 图像中有效灰度值（灰度值大于 0 的像素，包含有大量噪声），即绘制 [1，255] 区间像素的直方图。取整张图像及其 3 个特征区域（中心区域、边界区域和单个维管束区域）进行分析，如图 2-22 所示。其中，图 2-22A 为整张图像及其直方图，4 000×4 000 像素；图 2-22B 取玉米茎中间区域，500×500 像素；图 2-22C 取玉米茎表皮局部区域，100×100 像素；图 2-22D 取玉米茎内独立维管束，50×50 像素。

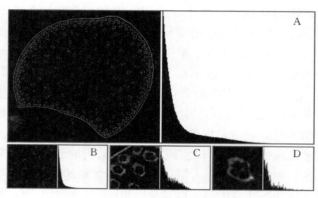

图 2-22 玉米茎切片图像直方图

A. 整个图像的分布；B. 玉米茎中间区域（500×500 像素）；C. 取玉米茎表皮局部区域（100×100 像素）；D. 取玉米茎内独立维管束（50×50 像素）

从图 2-22 可以看出维管束的基本形态和灰度特征：无论全局还是维管束局部，直方图曲线变化趋势均呈现单调递减趋势，因此无法使用简单阈值分割出维管束，即任何单一阈值技术都可导致维管束的"过分割"或者"欠分割"结果。维管束作为玉米茎秆的主要木质化组织，其独特的结构和灰度属性要求开发特有的图像处理方法。因此，在制定图像分割策略时，首先，刚性标准是最大化程度保留维管束结构信息，尤其是要注意保护脆弱的维管束边界；其次，对较薄的维管束区域进行适当修复；最后是识别相邻维管束之间发生粘连现象，需要结合维管束形状特征将粘连的维管束分离。上述要求对维管束的图像分割技术提出了严峻挑战。

3. 玉米茎秆维管束表型分析软件 玉米茎秆维管束表型分析软件用于处理茎秆横断面图像，利用图像分析技术来自动、全面地解析维管束的表型参数。软件包括图像管理、图像处理算法管道、表型参数解析和交互式编辑修改等模块。图像数据管理模块具有对原始图像数据进行格式转换、统一图像分辨率等功能；图像处理算法管道模块用于设置流水线式图像处理流程，包括图像预处理、表皮检测、维管束检测、木质部检测、轮廓分析等一系列功能，通过建立自动化图像处理管道分析图像；表型参数解析模块可以结合玉米茎秆的先验知识，对分割出的表皮、维管束和木质部进行语义理解，构造和填充描述茎秆维管束层次化结构的数据结构，计算出维管束表型参数并进行分层统计分析，直至输出维管束表型分析结构；交互式编辑修改模块通过加载维管束分析结果文件，以图形化样条曲线方式显示维管束轮廓，支持对单个维管束的细节调整，并输出人工校正的计算结果。软件可以高通量地分析玉米茎秆中维管束表型信息，输出维管束数量、形状、面积和分布等几大类重要表型指标，具有操作简单、界面友好等特点。玉米茎秆维管束表型分析软件的界面如图 2-23 所示。

图 2-23 基于 CT 图像的玉米茎秆维管束表型分析软件

（1）VesselParser 软件功能

① 图像数据管理。对 micro‑CT 获取的原始裸图像数据重构，然后输出指定分辨率和格式序列断层图像，一般保存为 BMP、PNG 等常用图像数据结构。在文件夹浏览框中选定图像数据目录，在下侧列表框中列出了重构后的所有断层图像，图像尺寸、像素深度、通道被自动读取，用于判定该组图像类型和尺寸是否一致。如果不一致，将提示是否进行数据转换，将所有图像统一为同样尺寸。

如图 2-23 所示的图像文件列表框中，可以选择单张或者多张图像，分别实现对指定单张图像分析和对批量图像的自动分析。选定后，右侧面板上控件信息将显示出用户选择图像的信息。双击列表中单条记录，将显示对应的图像。

② 图像处理算法管道。各项算法参数功能如下：

【描述】给出了算法参数文件、计算结果文件、器官类型、输出单位、像素尺寸等通用设置。其中，算法参数文件为本次读取的软件配置文件；计算结果文件，为本次计算生成的维管束表型分析结果；器官类型，实行当前分析的玉米茎秆信息，即所属品种、节位等描述；输出单位，指计算结果中几何参数使用的单位，即为像素还是物理尺寸；像素尺寸单位统一为 μm/像素。

【切片轮廓】给出图像中检测整个茎秆所在区域的算法参数。其中，切片初始分割包含两种方法，即利用固定阈值进行分割和利用自适应性阈值进行分割，第一种分割方法简单有效，推荐只有在第一种方法分割不理想情况下才使用第二种方法；切片分割固定阈值，设置第一种分割方法的阈值；外轮廓平滑方法，提供了高斯平滑、中值平滑和双边平滑等选择；外轮廓平滑尺寸，设置上述图像平滑滤波方法中的关键参数；外轮廓形态运算，设置外轮廓性状改进因子，负数表示先腐蚀后膨胀，用于消除玉米茎秆轮廓上局部突起，而正数为先膨胀再腐蚀，用于填充轮廓内侧孔洞。

【分层结构】对玉米茎秆进行分区域统计分析。表皮厚度，为人工指定该玉米茎秆表皮的以像素为单位的厚度，可通过图像进行实测来得到，用于将表皮外轮廓向内缩进得到内侧位置，默认为表皮厚度一致；轮廓分层方法，提供了按照面积和距离进行分层的统计方法，其中按照面积分层是将切片区域划分为同心圆区域，每个区域面积相等，而按照距离分层是保证相邻层之间距离相等；轮廓分层数，指定将切片分成几个统计分析区域。

【维管束】 设置维管束分割的基本参数。维管束分割方法，提供固定阈值和适应性阈值分割方法对维管束进行初步分割；适应分割块尺寸，如果选择适应性分割方法则该参数有效，默认为 11，图像分辨率不同可适当调整，该值对维管束检测精度影响较大；分割后形态改进，对维管束分割后出现的边缘断裂等异常情况进行修补，即综合利用形态学运算来改进维管束分割结果；维管束最小面积，对分割结果中每个独立区域的面积进行统计，如果小于该值则认为无效；维管束最大面积，对分割结果中每个独立区域的面积进行统计，如果大于该值则认为无效；维管束最低灰度，统计单个维管束区域内的平均灰度值，若小于该值则认为无效，该值根据图像明暗程度调整，默认为 25；维管束最大长宽比，如果维管束长宽比大于该值，则认为无效，用于过滤切片边缘上面积较小且粘连的维管束。

【系统】 给出当前计算分析消耗的时间。

【编辑配置文件】 显示如图 2-24 所示软件配置文件。该文件包含了所有上述参数以及未列出的其他一些参数，这些参数支持数据管理、图像分析参数、用户自定义等功能，通过修改这些参数并在软件中重新加载，可将修改后结果更新到软件参数列表框中。

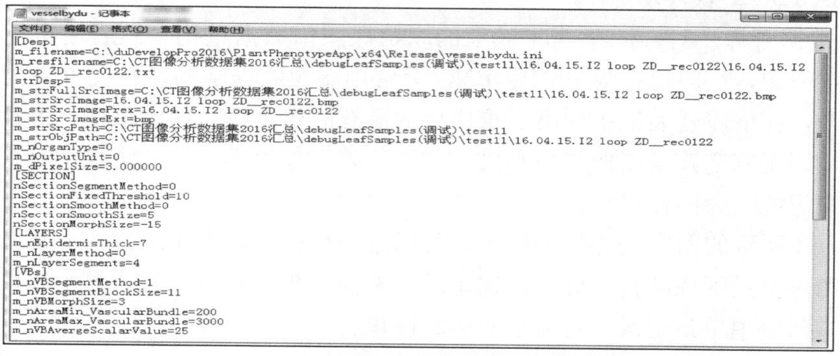
vesselbydu - 记事本
文件(F) 编辑(E) 格式(O) 查看(V) 帮助(H)

```
[Desp]
m_filename=C:\duDevelopPro2016\PlantPhenotypeApp\x64\Release\vesselbydu.ini
m_resfilename=C:\CT图像分析数据集2016汇总\debugLeafSamples(调试)\test11\16.04.15.I2 loop ZD__rec0122\16.04.15.I2
loop ZD__rec0122.txt
strDesp=
m_strFullSrcImage=C:\CT图像分析数据集2016汇总\debugLeafSamples(调试)\test11\16.04.15.I2 loop ZD__rec0122.bmp
m_strSrcImage=16.04.15.I2 loop ZD__rec0122.bmp
m_strSrcImagePrex=16.04.15.I2 loop ZD__rec0122
m_strSrcImageExt=bmp
m_strSrcPath=C:\CT图像分析数据集2016汇总\debugLeafSamples(调试)\test11
m_strObjPath=C:\CT图像分析数据集2016汇总\debugLeafSamples(调试)\test11\16.04.15.I2 loop ZD__rec0122
m_nOrganType=0
m_nOutputUnit=0
m_dPixelSize=3.000000
[SECTION]
nSectionSegmentMethod=0
nSectionFixedThreshold=10
nSectionSmoothMethod=0
nSectionSmoothSize=5
nSectionMorphSize=-15
[LAYERS]
m_nEpidermisThick=7
m_nLayerMethod=0
m_nLayerSegments=4
[VBs]
m_nVBSegmentMethod=1
m_nVBSegmentBlockSize=11
m_nVBMorphSize=3
m_nAreaMin_VascularBundle=200
m_nAreaMax_VascularBundle=3000
m_nVBAvergeScalarValue=25
```

图 2-24 玉米茎秆维管束表型分析软件配置文件

基于 OpenCV 开发专用玉米维管束表型检测管道，通过简单设置先验参数，自动完成玉米茎秆中维管束表型分析，该分割算法管道的流程示意如图 2-25，主要过程描述为：

表皮分割（A～B）：玉米茎秆的表皮厚度较为一致，并且具有很好的连通性，采用固定阈值 1 进行分割（最大程度保留信息），根据得到的二值图像计算出最大的轮廓即玉米茎秆外轮廓（A）。将该轮廓内部区域填充为 255，然后利用形态学运算改进玉米茎秆边缘形状，即相继利用闭运算和开运算（半径 15）得到表皮二值图像（B）。经过试验，该值取为维管束壁厚的 2 倍左右时能够很好修补边界断裂、删除玉米茎区域外所有噪声。

获得有效维管束区域（C）：初始设置玉米茎秆表皮的厚度（预设 8），将表皮进行腐蚀操作得到删除表皮后的二值图像，进而利用图像运算可以从原始图像中提取出表皮内的灰度图像，即为玉米茎秆内部仅包含维管束的灰度图像（C）。

维管束和内部孔洞的轮廓检测和决策（D～G）：利用分块自适应阈值分割方法（试验确定，区域块预设大小 9）进行分割，得到的二值图（D）是包含维管束的“过分割”结果；生成所有目标的轮廓，进行分层轮廓提取和解析，按照“有效维管束”的条件进行维管束筛选，得到维管束图像（F）和"孔洞"图像（G）。利用图像运算后得到初步分割维管束区域的灰度图像（H），其中基本删除了所有的薄壁组织及噪声。利用分块自适应分割方法，对区域内图像进行高斯加权处理、局部阈值处理，强化薄壁组织的边缘，在生成的二值图像上得到大量噪点，这些噪点为独立孤岛或者复杂线段，彼此几乎不能构成封闭的回路。根据这个特征可以删除大量噪点，即为"过分割"的结果。

维管束区域及内部孔洞（H~J）：在"过分割"维管束的基础上采用一个可调节阈值（该阈值可以尽量低）对维管束进一步筛选，主要是对"过分割"的维管束边缘进行维护；在得到的二值图像上再次进行分层轮廓提取和解析，并进行轮廓嵌套分析，建立每个维管束与其内部孔洞的关系。得到维管束图像（I）和维管束内部孔洞图像（J）。

计算维管束的数量形状、维管束含量等指标（K）。

计算维管束的空间分布（L~M）：利用等距离和等面积方法计算出维管束的分布特征。

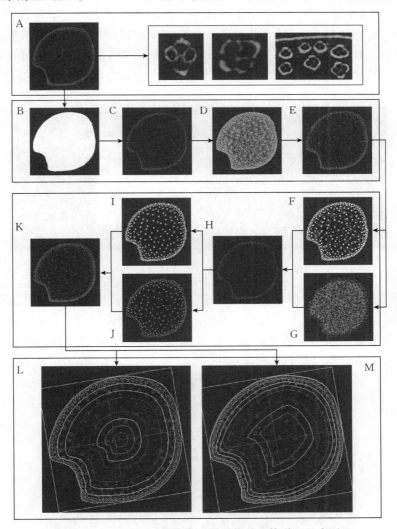

图 2-25　玉米茎秆维管束自动图像处理管道（见彩图）

A. 原始 CT 图像及维管束局部放大图像；B. 表皮包围的二值图；C. 删除表皮及外部噪声；D. 初步阈值结果；E. 提取分层轮廓；F. 维管束初步结果；G. 内部空腔初步结果；H. 图像运算删除玉米茎秆中薄壁组织等噪声后的灰度图像；I. 再次提取的维管束；J. 再次提取后内部空腔；K. 进行轮廓分析后得到的维管束；L. 等距离分析结果；M. 等面积分析结果

③ 表型参数解析。在选定图像文件和配置算法参数后，通过主界面右侧提供的功能进行表型参数解析。

【**维管束表型检测**（所选图像）】实现选定单张图像的分析；【**维管束表型检测（批量图像）**】实现批量图像的自动分析。在下侧列表框中显示当前计算的过程信息，包括算法管道中关键步骤中的计算结果和计算消耗时间，完成计算后，将建立该图像对应的独立维管束结构文件（DVB 类型），并显示在下侧列表框中。该类型文件，为软件定义的表示维管束结构的专用文件，位于图像同级目录下。

④ 交互式编辑修改。

【**改进维管束计算结果**】载入列表框中选定的维管束结构文件，显示如图 2 - 26 所示的维管束形态交互调节界面。在视图区中显示了从该图像中检测到的各个维管束形状，使用不同颜色区分单个维管束，利用简单封闭样条拟合维管束轮廓以提高图形显示的效率。

在对话框中，【**图像平移**（Pixels）】视图中图像和维管束进行上下左右同步平移，方便查看各个区域维管束的形态；【**独立轮廓节点数**】利用封闭样条曲线拟合维管束轮廓所指定的样条节点数量，默认设置为 10，如果节点数量设置太多将影响图形绘制效率；【**列表框**】显示了维管束编号、名称和节点数量。

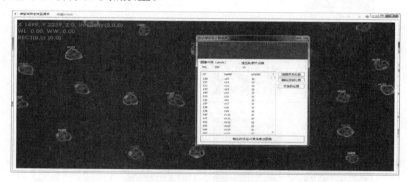

图 2 - 26　玉米茎秆维管束表型分析软件增加交互式编辑修改功能

【**编辑样条轮廓**】对列表框中指定的轮廓进行独立显示和细节调整，如果选择名称为 vb337 的维管束，则显示图 2 - 27 窗口。其中，窗口名称为该维管束名称，该维管束的轮廓利用样条节点及节点之间的连线进行表示，通过拖拽这些节点可以修改维管束外轮廓的形状；关闭该窗口，将自动保存调整后的结果。

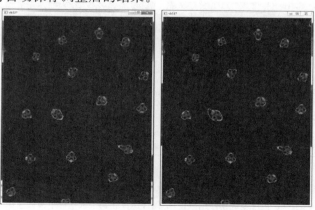

图 2 - 27　对列表框中指定的轮廓进行独立显示和细节调整

【删除选定轮廓】将列表框中指定的单个或者多个维管束从维管束整体结构中删除；【添加新轮廓】为新的轮廓生成一个全局唯一的编号和名字，并显示交互式编辑视图。在该视图中通过鼠标在图像中某个位置连续画图，最后得到的封闭区域即为新生成的轮廓，通过拖拽样条中各个节点位置，可以修改和调整该轮廓的形状，关闭窗口后，新生成的轮廓保存到列表框和维管束结构中（图2-28）。

【输出改进后计算结果及图像】将人工交互修改的维管束结构保存成新的维管束结构文件，并重新统计维管束各项表型参数。

⑤ 维管束表型分析。玉米茎秆维管束分析结果输出成格式化文本文件（图2-29），包含了玉米茎秆横断面图像的统计属性：包括维管束总数、切片分区数、切片面积、维管束总面积、切片主轴长、副轴长、切片外接圆半径和切片中心点，由此可以计算出维管束平均面积、维管束面积占比等指标；切片分层属性：按照定义层次划分关系分别计算各层的维管束数量、维管束面积、维管束平均面积、各层厚度、各层面积、维管束分层面积占比等；维管束属性：对每个单独维管束依次输出其形状、位置信息，包括面积、主轴、副轴、半径、中心点、主轴角度等。

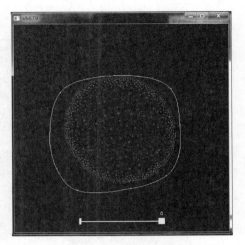

图2-28 添加新轮廓

图2-29 玉米茎秆维管束分析结果输出成格式化文本文件

切片图像内部的各个维管束形状检测结果如图2-30所示，红色线段为维管束凸包轮廓，并标记了维管束平均灰度属性。

软件输出了图像分析算法管道的过程图像，方便用户查看和分析。图2-31依次为玉米茎秆外轮廓包围的区域（作为模板提取出茎秆区域）、删除表皮后的灰度图像（根据模板和表皮厚度删除表皮区域）、初步分割的维管束图像（利用自适应阈值分割得到的维管束）、木质部图像（基于阈值分割）、改进后并进行区域分层后得到维管束图像（切片被分成4层，每层面积相等，分层统计维管束形状及其分布特征）及其局部放大示意图（显示每个维管束轮廓、方位角，用不同颜色显示维管束所在区域）。

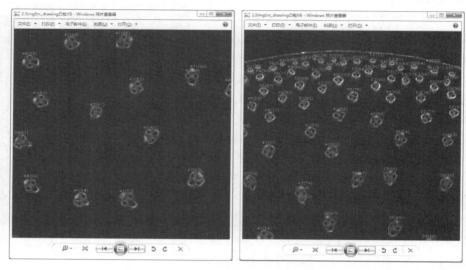

图 2-30　切片图像内部的各个维管束形状检测结果

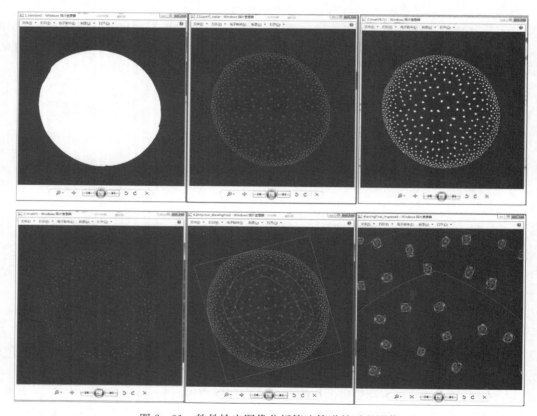

图 2-31　软件输出图像分析算法管道的过程图像

（2）VesselParser 软件精确性验证与应用

① VesselParser 1.0 软件精确性验证。在相同的样品制备和成像条件下，VesselParser 1.0 参数模板的值具有广泛的适应性且软件容易调整，因此计算效率远优于手动测量。使用

具有 Intel Core i7 - 2720QM CPU @ 220GHz 处理器和 8 000MB 字节 RAM 的机器，利用 VesselParser 1.0 算法统计单维管束的平均计算时间约为 0.04 s。例如，对于具有 169 个维管束的顶部节间图像，计算时间约为 3 s。作为比较，相同的图像的手动测量需要约 30 min。为了验证 VesselParser 1.0 软件的计算精度，进一步对人工检测和软件统计维管束的数量结果进行对比，检测样本来自不同玉米品种和茎秆节间的 17 个横截面图像。线性回归方程 $R^2 =$ 0.994 6，显示了软件统计和人工检测结果的高度一致性。另外，利用 VesselParser 1.0 可以准确解析和统计出包括玉米茎秆维管束的数量、形状和分布的 14 项表型参数，其中部分表型参数是人工检测难以完成的，比如所有维管束总面积、维管束面积占比等（图 2-32）。该规程和软件的研发为作物组织表型检测提供了简单易用工具，为玉米品种间结构和功能鉴定提供了丰富数据来源，为进一步探索作物显微表型与基因型、环境型及品种生产力之间关系奠定了基础。

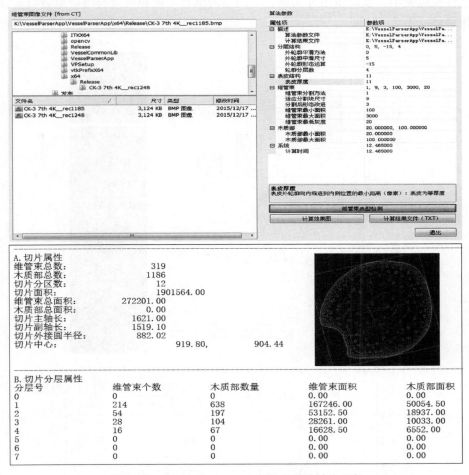

图 2-32　VesselParser 1.0 软件和结果输出文件

②　不同节位茎秆节间维管束的表型特征定量分析。获取玉米成熟期茎秆第 5、7、9、11 节节间样本块经 micro - CT 扫描后，利用 VesselParser 1.0 图像分析软件进行表型检测。沿着玉米植株的生长轴，随着茎秆节位数的增加，基部节间的维管束在茎秆节部不断分支，维管束的数目明显减少。在视觉上，维管束的分布密度与其表皮到中心的距离有关。具有同心

轮廓的图层，将其玉米茎秆横切面区域分成等距离的 6 层，用于阐明维管束的空间分布特征。通过图像的自动分割、特征提取与计算，获得不同单层中维管束的数量比（NR 层）和面积比（AR 层）。这些表型性状的量化反映了茎秆维管束从表皮到髓组织的分布差异：维管束密集地分布在茎秆周皮组织，由周皮向内维管束分布密度逐渐降低，较为分散地分布在髓组织中心。另外，维管束的形态特征在不同区域也存在明显差异。在周皮区域（最外层），维管束较小且更密集，维管束鞘细胞面积大，表明维管束木质化程度高，起到更好的支撑、抗压性能。茎秆中心部位的维管束较大，原生木质部和后生木质部的面积也较大，与水分运输和物质运输的功能更加紧密。因此，周皮区域与完整茎秆截面之间维管束的数量比值最大，即在第 5 节节间为 57.65%，在第 7 节节间为 52.43%，第 9 节节间为 43.84%，第 11 节节间为 43.97%。周皮与髓之间的薄壁组织中也分布较多的维管束，不同节间的比值约为 20%，髓中心的维管束数目与完整茎秆截面维管束数量的比值最低，仅为 4.3%～10%。不同节位茎秆横截面中，从周皮由外向内、不同层内维管束面积占比与维管束数目占比具有相同的变化趋势（图 2 - 33）。

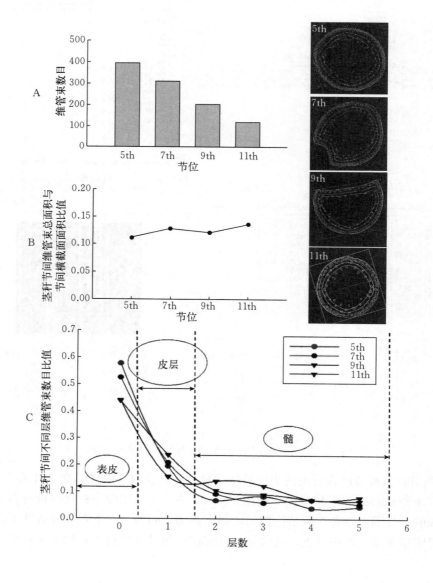

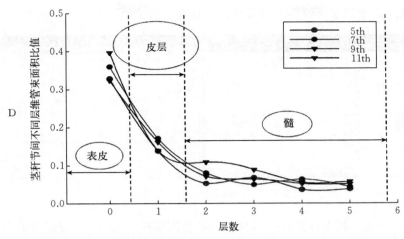

图 2-33 不同玉米节位茎秆维管束空间分布表型特征统计结果

A. 维管束数目统计结果；B. 茎秆节间维管束总面积与节间横切面面积比值；C、D. 等面积分布 EAD 区域内不同层维管束数目与面积比值统计结果。5th、7th、9th、11th 分别表示第 5、7、9、11 节节间

（3）VesselParser 软件升级 VesselParser 软件是基于高分辨率 micro-CT 采集图像开发的高通量玉米茎秆解剖特征检测软件。随着对玉米茎秆维管束表型研究的深入，不同发育时期玉米茎秆形态结构与组织差异，对茎秆维管束表型检测软件的鲁棒性和准确性提出了新的要求。针对实际应用中的需求，笔者不断对软件进行升级与完善，版本已从最初的 1.0 更新到 4.0，以提高软件性能、准确性和计算效率。

VesselParser 1.0 版本更新至 2.0、3.0 版本，其性能改进反映在 4 个方面：一是自动提取、计算更多、可比较的表型参数，从 14 项增加到 20 项；二是通过人机交互进行维管束形状修改，获得更准确的形状描述；三是可以检测到位于边界区域的非常小的维管束，实现茎秆生长发育初期材料的表型精准检测；四是支持批量处理，并将图像数据自动翻译为描述结构，且该描述可以独立导入、编辑和修改。如图 2-34 所示。

① 计算性能的改进。批处理和后处理。VesselParser 2.0 构建了一个更为稳定的工作流程，自动执行感兴趣性状的分析算法，实现大规模样品高分辨率 CT 图像的批量检测与分析。由于每个图像是一个单独的流程，所以总体任务与并行计算可以实现很好地匹配。VesselParser 2.0 实现了对自动运行、分析程序的调度，资源匹配与执行，并且每个工作任务处理的结果可以串行化为本地数据文件（.VBF），存储由当前 CT 图像产生的所有茎秆显微性状数据；最终，收集所有 .VBF 文件用于整个计算任务的统计分析。这种工作方式保证了图像分析管道（IPP）处理的一致性和计算性能，并且增强了基于交互后处理的容错和自适应能力。

② 计算精度的提高。在维管束的分割中，由于维管束和成像质量的多样性，从图像分割产生的轮廓并不真正代表维管束的内容和形状特征。因此，在 VesselParser 1.0 的基础上进一步改进，开发了一个包含 3 个步骤的新方案。第一，每个单独的分割对象必须通过基于验证的形状、面积比、过滤参数，根据每个层中的平均值进行自适应。第二，根据其外轮廓生成每个分割对象的凸包。经过验证后，这个凸包可以作为这个分割对象的外轮廓。第三，将外轮廓适配到具有用户预定义控制点的闭合 SPL 对话框。显然，对话框将有助于帮助用户细微地编辑和调整轮廓形状。在编辑或调整过程中，可以同步更新外部轮廓和其对话框的相关内容，并且将基于修改后的形状进行表型参数的分析、计算。通过人机交互进行形状、

外周轮廓的修改，增加了后续表型参数统计、计算的准确性。

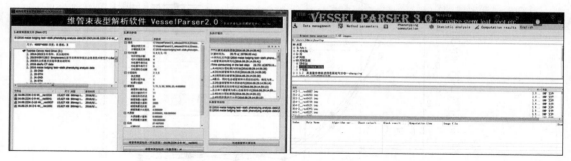

图 2 - 34 VesselParser 2.0、3.0 版本

VesselParser 4.0 版本性能进一步改进，主要体现在三方面：一是基于高分辨率 micro - CT 茎秆横截面显微图像，首次提出基于"区带"的玉米茎秆维管束表型解析方法，首先根据玉米茎秆 CT（HU）值设计了"区带"检测技术，将玉米茎秆按照统一标准分成表皮区、周皮区和内部区。茎秆表皮区可直接用于测量表皮厚度、表面面积等表征茎秆硬度或者抗倒伏性能的参数。针对周皮区和内部区内维管束结构、尺寸和分布差异显著特点，设计了基于"区带"的玉米茎秆维管束检测技术，自适应完成 CT 图像中维管束分割、识别和分类。"区带"检测技术和基于"区带"的维管束检测技术，构成了完整的基于"区带"的玉米茎秆及维管束表型分析方法。基于该方法自主研发的茎秆维管束自动分析软件 VesselParser 4.0，首次实现完整茎秆横切面表皮区、周皮区、髓区精准分割及维管束分类，可以获得表皮区、周皮区、髓区相关表型参数（图 2 - 35）；二是增强维管束表型检测方法对不同生育期成像

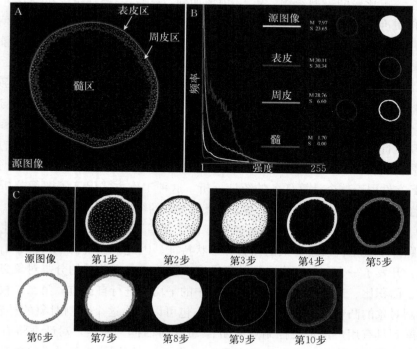

图 2 - 35 基于 micro - CT 图像的玉米茎秆功能区分割示意图（见彩图）
A. 表皮、周皮和髓部区域的边界分割；B. 每个区域的源图像、mask 图像及强度直方图结果；C. 功能区域检测管道

数据的适应性，提高软件的鲁棒性和适用性；三是自动提取、计算更多、可比较的表型参数，从 14 项表型参数增加到 48 项，表型指标详细内容如表 2 - 2 所示。

表 2 - 2　通过 VesselParser 4.0 获得的茎秆 5 大类 48 项表型性状

表型类别	描述	单位
基于图像灰度值的表型指标	平均强度（AI）	—
有向量表型指标（有量纲指标）	茎秆横切面平均宽度（W）	mm
	茎秆横切面平均长度（H）	mm
	茎秆横切面主轴长（MAL）	mm
	茎秆横切面副轴长（MAW）	mm
	外接圆半径（CR）	mm
	内接圆半径（ICR）	mm
	茎秆横切面面积（A）	mm²
	茎秆横切面周长（P）	mm
	凸包面积（CHA）	mm²
无向量表型指标（无量纲指标）	矩形度（RA），$RA=\dfrac{A}{MAL\times MAW}$	—
	长宽比（AR），$AR=\dfrac{MAW}{MAL}$	—
	圆度（CIR），$CIR=\dfrac{4\pi\cdot A}{P^2}$	—
	偏心率（ECC），$ECC=\dfrac{\sqrt{MAL^2-MAW^2}}{MAL}$	—
	球度（SPH），$SPH=\dfrac{ICR}{CR}$	—
	凸度（CV），$CV=\dfrac{A}{CHA}$	—
分布表型指标	维管束距茎秆横切面中心点的距离（DC）	mm
分层表型指标	层面积（AEL）	mm²
	每层维管束数目（NVBEL）	—
	每层维管束面积（AVBEL）	mm²
	每层维管束泰森多边形面积（VAVBEL）	mm²
生长相关表型指标	功能区面积（AEFZ）	mm²
	周皮区维管束数目（NVBPZ）	—
	髓区维管束数目（NVBIZ）	—
	周皮区维管束面积（AVBPZ）	mm²
	髓区维管束面积（AVBIZ）	mm²
	周皮区维管束泰森多边形面积（VAVPZ）	mm²
	髓区维管束泰森多边形面积（VAVIZ）	mm²

2.3.2 基于 micro - CT 图像的玉米叶片维管束表型分析

基于 micro - CT 扫描的玉米叶片横断面图像，结合叶片上主叶脉与维管束的分布规律，研发图像分析技术并开发软件工具来自动、全面解析维管束表型参数。开发的软件包括图像管理、图像处理算法管道、表型参数解析、交互式编辑修改和维管束表型分析等模块。其中，图像处理算法管道模块，包括图像预处理、主叶脉检测、次叶脉检测、维管束检测、内切圆拟合等一系列功能，通过建立自动化图像处理管道分析图像；表型参数解析模块结合玉米叶片先验知识，对分割出的主叶脉、次叶脉和维管束进行语义理解，构造和填充描述玉米叶片维管束层次化结构的数据结构，对大小维管束表型参数进行分区域统计分析，输出叶片维管束表型分析结构；交互式编辑修改模块通过加载维管束结构文件，以图形化样条曲线和拟合圆方式描述维管束轮廓，支持对单个维管束的细节调整和多个维管束间融合分析，并输出人工修正的计算结果。软件适合高通量分析玉米叶片中维管束表型信息，包括叶脉形态、大小维管束数量、形状、面积和分布等重要表型指标，具有操作简单、界面友好等特点。玉米叶片维管束表型分析软件的主界面如图 2 - 36 所示。

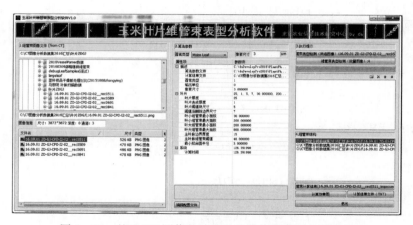

图 2 - 36 基于 CT 图像的玉米叶片维管束表型分析软件

1. 软件功能

(1) 图像数据管理 利用 CT 图像对玉米叶片成像需要较多样本处理步骤，受限于 micro- CT 的扫描成像区域，叶片需要以尽量紧凑、尽量完整且损伤最小的状态固定在扫描区域。在获得原始裸图像数据后进行三维重构，然后输出指定分辨率和格式序列断层图像，一般保存为 BMP、PNG 等常用图像格式。在文件夹浏览框中选中选定的图像数据目录，在下侧列表框中列出了重构后的所有断层图像，图像尺寸、像素深度、通道被自动读取，用于判定该组图像类型和尺寸是否一致。如果不一致，将提示是否进行数据转换，将所有图像统一为同样尺寸。

在图 2 - 36 的图像文件列表框中，可以选择单张或者多张图像，分别实现对指定单张图像分析和对批量图像的自动分析。选定后，右侧面板上控件信息将显示出用户选择图像的信息。双击列表中单条记录，将显示对应的图像。

(2) 图像处理算法管道 各项算法参数功能如下：

【描述】给出了算法参数文件、计算结果文件、器官类型、输出单位、像素尺寸等通用设置。其中，算法参数文件为本次读取的软件配置文件；计算结果文件，为本次计算生成的维管束表型分析结果；器官类型，实行当前分析的玉米叶片信息，即所属品种、节位等描述；输出单位，指计算结果中几何参数使用的单位，即为像素还是物理尺寸；像素尺寸单位统一为 μm/像素。

【叶片】给出图像中检测叶片中叶脉和维管束的主要算法参数。

【叶片厚度】定义叶片的平均厚度，在 $3\ \mu m$ 分辨率下默认为 25 个像素，该值根据扫描分辨率进行人工调整，用于删除主叶脉以外的区域。

【叶片表皮厚度】由于叶片非常薄，只能设置较小值以删除部分表皮，使得大部分表皮与内部维管束相分离，默认设置为 1。

【叶片阈值块尺寸】在叶片除去表皮后应用自适应性阈值方法，该参数设置阈值统计的块尺寸，只能为奇数且大于 3。

【阈值后删除边界尺寸】在应用适应性阈值分割后，会残留部分叶片边缘，通过设置单层边缘厚度将其删除，默认设置为 7。

【叶小维管束最小面积】除主叶脉、次叶脉外的小维管束的最小面积，默认设置为 30。

【叶小维管束最大面积】除主叶脉、次叶脉外的小维管束的最大面积，默认设置为 200。

【叶大维管束最小面积】除主叶脉外的大维管束的最小面积，默认设置为 200。

【叶大维管束最大面积】除主叶脉外的大维管束的最大面积，默认设置为 800。

【主叶脉边界厚度】用于中心主叶脉区域的二值图腐蚀，删除主叶脉的表皮，默认为 15。

【主叶脉维管束阈值】中心主叶脉区域，在删除表皮后进行固定阈值分割（不能使用自适应阈值方法），删除主叶脉内部大量噪声，默认为 40。

【最小拟合圆半径】对主叶脉进行骨架提取，对维管束轮廓图进行内切圆拟合，分离粘连的叶片维管束，默认设置为 3。

【系统】给出当前计算分析消耗的时间。

【编辑配置文件】显示如图 2 - 37 所示软件配置文件。该文件包含了所有上述参数以及未列出的其他一些参数，这些参数支持数据管理、图像分析参数、用户自定义等功能，通过修改这些参数并在软件中重新加载，可将修改后结果更新到软件参数列表框中。

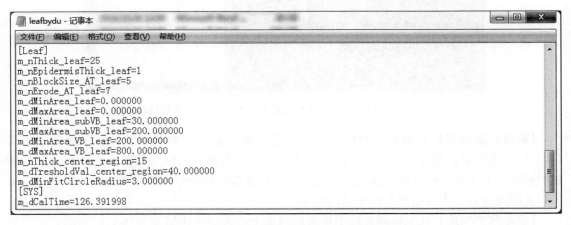

图 2 - 37　玉米叶片维管束表型分析软件配置文件

（3）表型参数解析　在选定图像文件和配置算法参数后，通过主界面右侧提供的功能进行表型参数解析。

【维管束表型检测（所选图像）】 实现选定单张图像的分析；**【维管束表型检测（批量图像）】** 实现批量图像的自动分析。在下侧列表框中显示当前计算的过程信息，包括算法管道中关键步骤中的计算结果和计算消耗时间，完成计算后，将建立该图像对应的独立维管束结构文件（DVB 类型），并显示在下侧列表框中。该类型文件，为软件定义的表示维管束结构的专用文件，位于图像同级目录下。

（4）交互式编辑修改

【改进维管束计算结果】 载入列表框中选定的维管束结构文件，显示如图 2 - 38 所示的维管束形态交互调节界面。视图区显示了从该图像中检测到的各个维管束形状，使用不同颜色区分单个维管束，利用简单封闭样条拟合维管束轮廓以提高图形显示的效率。

在对话框中，**【图像平移（pixels）】** 是视图中图像和维管束进行上下左右同步平移，方便查看各个区域维管束的形态；**【独立轮廓节点数】** 利用封闭样条曲线拟合维管束轮廓所指定的样条节点数量，默认设置为 10，如果节点数量设置太多将影响图形绘制效率；**【图像置于视图中心】** 将修改位置的图像重新调整到视图中心位置；**【叶片分区】** 包含了主叶脉分区、最长侧分区、最短侧分区三部分，左侧的 **【列表框】** 分别显示了对应分区下维管束的编号、类型、名称和节点数量。

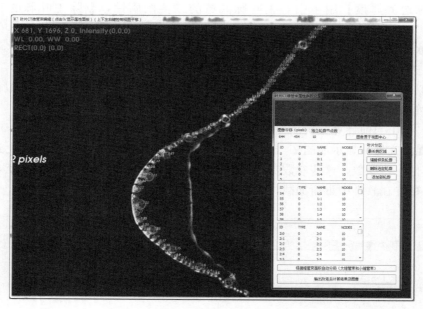

图 2 - 38　玉米叶片维管束表型分析软件增加交互式编辑修改功能

【编辑样条轮廓】 对列表框中指定的轮廓进行独立显示和细节调整，如果选择名称为"1:33"的维管束，则显示图 2 - 39 窗口。其中，窗口名称为该维管束名称，该维管束的轮廓利用样条节点及节点之间的连线进行表示，通过拖拽这些节点可以修改维管束外轮廓的形状；关闭该窗口，将自动保存调整后的结果。

【删除选定轮廓】 从当前列表框中将指定的单个或者多个维管束整体结构删除，并更新列表框；**【添加新轮廓】** 为新的轮廓生成一个全局唯一的编号和名字，并显示交互式编辑视

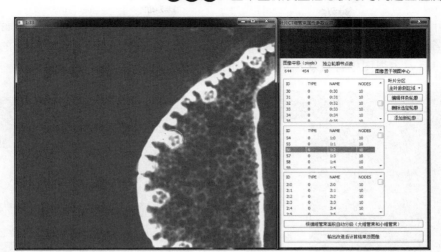

图 2 - 39　编辑样条轮廓

图，在该视图中通过鼠标在图像中某个位置连续画图，最后得到的封闭区域即为新生成的轮廓，通过拖拽样条中各个节点位置，可以修改和调整该轮廓的形状，关闭窗口后，新生成的轮廓保存到列表框和维管束结构中。

在视图中有效区域点击右键，弹出右键菜单，包含功能有：添加、删除、编辑、指定为大维管束、指定为小维管束。前三项功能与对话框一致，后两项功能表示将当前选定或者待生成的新维管束指定为所在区域的两种维管束类型之一，这有利于对叶片分区上维管束性状统计。软件根据右键点击位置，自动判定工作类型：如果右键位置不在玉米叶片区域，将提示所在区域无法添加维管束；如果在某个叶片分区，则利用该区域数据更新对话框；如果所在位置已经存在维管束，则打开该维管束的属性信息；如果不存在维管束，则显示新建维管束属性对话框。

【维管束属性】对话框，指定初始维管束的外包半径、当前位置（X、Y）、名字、所在区域、类型和拟合节点数（图 2 - 40）。修改上述值后，点击【确认】即保存该维管束属性。

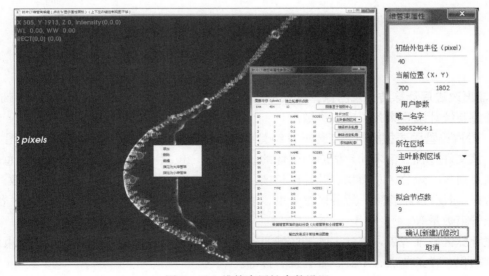

图 2 - 40　维管束属性参数设置

在主叶脉区域，点击【新建】的结果如图 2-41 所示，生成一个圆形结构表示的"0：746"号维管束，然后人工调整节点（可增加节点）将样条轮廓尽量拟合维管束的边界。关闭新建窗口后，主视图中将更新显示新生成的维管束。

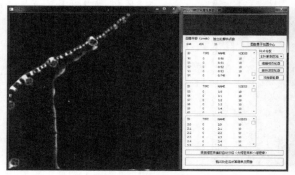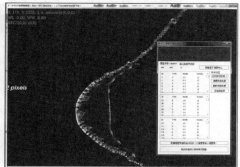

图 2-41 主叶脉区域维管束轮廓编辑

【根据维管束面积自动分析】是在玉米叶片各个分区中根据维管束尺寸进行聚类分析，将所有维管束分成两类：大维管束和小维管束。实际上大维管束就是次叶脉所在位置，聚类分析结果如图 2-42 所示，分别表示各个分区中维管束聚类数量、聚类均值、大小维管束数量、面积分布标准差等。

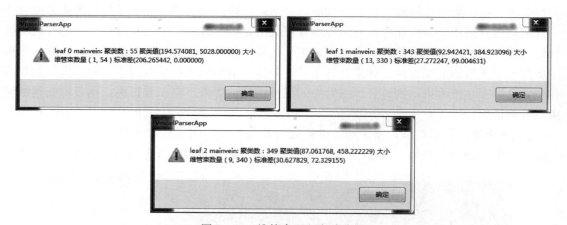

图 2-42 维管束面积自动分析

【输出改进后计算结果及图像】将人工交互修改的维管束结构保存成新的维管束结构文件，并重新统计维管束各项表型参数。

2. **叶片维管束表型解析** 玉米叶片维管束分析结果输出成格式化文本文件，如图 2-43所示。该文件包含了玉米叶片横断面图像的统计属性，包括叶片区总面积、主分区总面积、长分区总面积、短分区总面积、叶片区长度、主分区长度、短分区长度、维管束总数、主分区维管束、长分区维管束、短分区维管束、整体大维管束数量、整体小维管束数量、各分区大小维管束数量等。

主叶脉区域维管束，统计主叶脉区域所包含的维管束属性，包括分区号、维管束编号、类型、面积、样条节点、中心、维管束名称等。

侧叶脉区域维管束，分别从最外侧开始统计相邻维管束之间小维管束数量及其列表、分区号、维管束编号、类型、面积、样条节点、中心、维管束名称等。

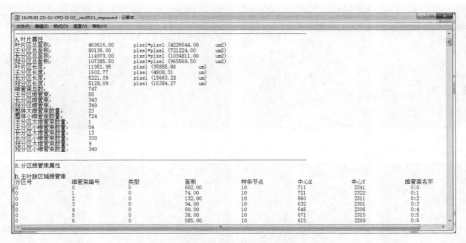

图 2-43 玉米叶片维管束分析结果输出成格式化文本文件

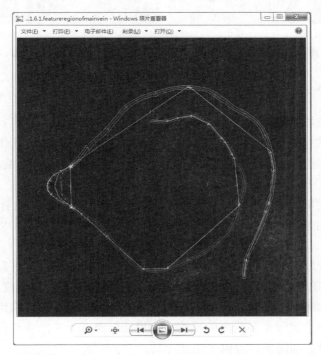

图 2-44 玉米叶片图像内部的各个分区、区域内维管束、区域走向等检测结果图

玉米叶片图像内部的各个分区、区域内维管束、区域走向等检测结果如图 2-44 所示，蓝色轮廓为主叶脉所在分区、绿色轮廓为长侧叶脉分区、红色轮廓为短侧叶脉分区；白色有向箭头为从每侧叶面顶部指向中心叶脉，表示叶脉上维管束的骨架方向；各区域内的维管束使用不同颜色进行标记。

软件输出了图像分析算法管道的过程图像（图 2-45），方便用户查看和分析，其过程图像依次为叶片区域、主叶脉区域、长侧叶脉区域、短侧叶脉区域、删除表皮后灰度图、骨架和内切圆拟合后结果、中心叶脉和侧叶脉示意图。

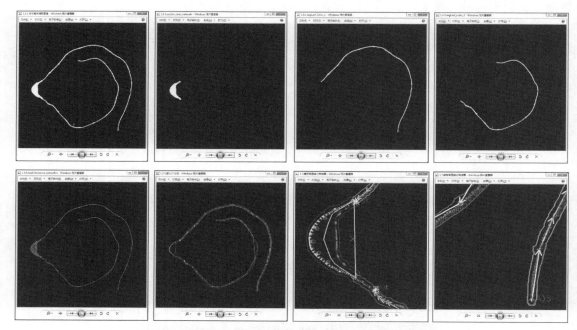

图 2-45　软件输出图像分析算法管道的过程图像（见彩图）

2.3.3　基于 SCN400 显微图像的玉米茎秆木质部表型分析

micro‐CT 成像技术无需繁琐的样本前处理流程，数据获取效率高，但获取的玉米茎秆断层图像分辨率仍然存在一定局限，只能定位到单个维管束水平，而对维管束内部的韧皮部、木质部和空腔等组织结构特征无法清晰表征。采用石蜡切片技术制备超薄切片，利用 SCN400 获取玉米茎秆高精度光学显微图像，虽然存在样本制备周期长、过程复杂等问题，但能够获取接近光学极限的图像解析度，因此不仅有利于对茎秆内维管束进行表型特征检测，而且可以深入到维管束内部，揭示出单个维管束内部组织结构（韧皮部、木质部和空腔等）的表型特征。

基于 SCN400 获取的高分辨率玉米茎秆单张切片图像分辨率可达 8 216×9 266 像素，数据存储大小约 223 MB。然而，对如此大尺寸图像进行自动表型分析不仅面临计算资源瓶颈，也面临图像分析技术瓶颈，需要研发先进的图像分析技术体系，使得在维管束和木质部层次上进行表型检测能够达到效率和精度的平衡，才可能针对整个玉米茎秆横切面内木质部层次的表型-基因型、结构-功能研究提供实用化工具。

实现玉米茎秆木质部表型检测主要分解为 3 个步骤：①大尺寸图像数据读取、存储与处理；②如何快速定位维管束区域；③从各个独立维管束区域中检测和分类出各类感兴趣组织结构，比如木质部、韧皮部和空腔等。下面分别介绍各项主要技术。

1. **图像金字塔分层存储和分析方法**　基于 SCN400 扫描成像设备获取的茎秆切片显微图像，根据不同像素分辨率进行组织和管理，在 40× 放大倍率下可以将图像分成 16 种不同分辨率层次，这种表达和数据存储方式可直接构造成图像金字塔结构，即多尺度图像结构（图 2-46）。

图像金字塔最初主要用于机器视觉和图像压缩领域，通过以金字塔形状排列（分辨率逐

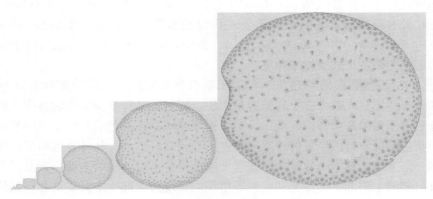

图 2-46 图像金字塔分层存储

步降低）的源于同一张原始图像的图像集合。常用的方式是从原始图像开始，利用梯次向下采样获得，直到达到终止条件即停止采样。在金字塔底部为图像的高分辨率，顶部为低分辨率，图像层次越高，则图像越小、分辨率越低。SCN400 的图像存储，按照 0 到 16 的不同目录层次保存不同分辨率的图像数据集，0 级目标为最低分辨率，近似于单像素；小于和等于 10 级目录中的图像为单张图像存储，分辨率约 1 024×1 024 像素；大于 10 级目录下图像则为多张小图像集合，即该分辨率的大尺寸图像将被裁减为一系列小图像，使得单张图像最大尺寸为 1 024×1 024 像素，方便图像存储和后期利用。

　　玉米茎秆切片显微图像这种金字塔结构对维管束和木质部检测非常有利，将相邻层之间像素建立层级映射关系。初始图像分割是基于金字塔高层的低分辨图像进行，小尺寸图像使得分割操作执行速度较高，然后逐层对分割结果进行优化。这种方式能够在各种分辨率图像中获取各类图像特征。在 OpenCV 中，金字塔分割算法由 cvPrySegmentation 所实现，该函数要求图像尺寸以及金字塔层数需要满足以下条件：图像宽度和高度必须能被 2 整除，可被 2 整除的次数决定金字塔最大层数。

　　根据金字塔采样原理可知，上层金字塔由下层金字塔采样得到，因此上层金字塔的一个点与下层金字塔的四个点建立映射关系，然后对图像上下层间及同一层内进行像素过滤，得到图像分割结果。该函数基本用法如下：

　　void cvPyrSegmentation（IplImage * src，IplImage * dst，CvMemStorage * storage，CvSeq * * comp，int level，double threshold1，double threshold2）；

　　其中，src 为输入图像，dst 为输出图像，storage 为存储连通部件的序列结果，comp 为分割部件的输出序列指针，level 为建立金字塔的最大层数，threshold1 为建立连接的错误阈值，threshold2 为分割簇的错误阈值。在函数执行过程中，金字塔建立到 level 指定的最大层数，当 p（c（a），c（b））＜threshold1，则在层 i 的像素点 a 和它的相邻层的父亲像素 b 之间的连接被建立起来，定义好连接部件后，它们被加入到某些簇中（即所谓的连接部件 A，B 等）。如果 p（c（A），c（B））＜threshold2，则是判断两个连通域是否属于同一簇，即最后的分割结果。

　　玉米茎秆石蜡切片制备过程包含了染色操作，因此得到的图像中木质部具有明确颜色特征，在图像存储时保存为三通道的 RGB 图像，方便后期进行木质部结构的检测和识别。因此，在金字塔函数中输入和输出图像均为 3-通道图像，而且尺寸保持一致。值得注意的是，如果输入图像只有 1 个通道，则 p（c1，c2）＝｜c1－c2｜；如果输入图像有单个通道（R、G、B），则可利用彩色与灰度的心理学公式执行图像转换，即 p（c1，c2）＝0.3×（c1r－c2r)＋0.59×（c1g－c2g)＋0.11×（c1b－c2b)。其中 c1r、c2r、c1g、c2g、c1b 和 c2b 分别表示在相邻两层上图像各个通道像素强度。

2. 基于 SVM 的维管束检测方法　在玉米茎秆显微图像中，维管束具有较为一致的结构、形态和分布特征，人眼视觉上比较容易识别。同时，茎秆显微切片制备中一般包含染色步骤，因此获得图像中的维管束区域（纤维素聚集区域）在染色后，将呈现明显区别于周围薄壁组织的颜色特征，这些区域的像素聚集度明显较高。因此，从计算机角度，通过组合各种阈值分割、形态学运算等图像操作，即可大致确定各个独立维管束的位置及所在区域。然而，维管束内部的木质部、韧皮部和空腔等组织均呈现为内部中空的复杂孔状结构，常规的图像处理和分析方法已经难以完成这些独立组织结构的检测和识别，需要进一步针对各类组织结构特征，制定个性化的目标分割、检测、识别和分类策略才可能实现这些更加细观组织结构的表型定量分析。

因此，将玉米茎秆木质部表型检测过程分成 2 个独立的图像分析管道。首先，从大量高分辨率图像中提取出独立维管束小图像（结合手工提取和算法自动生成），建立玉米茎秆维管束数据集和薄壁细胞数据集，每个数据集均包含成千上万个独立维管束、薄壁细胞小图像。然后，通过分析维管束的形态、结构、分布特征，建立维管束特征集合，包括图像尺寸、像素强度统计值和孔斜率等参数。最后，利用支持向量机方法建立维管束图像分类模型，并将其用于显微图像的维管束自动检测与分析中。

支持向量机（Support vector machine，SVM）是一种基于统计学习理论的机器学习算法，该方法由 Cortes 和 Vapnik 于 1995 年首先提出，有利于解决神经网络算法存在的过学习、欠学习、容易陷入局部最优等问题，因此在小样本、非线性及高维模式识别等方面表现出优良性能。支持向量机方法根据有限的样本信息在模型的复杂性（针对特定训练样本的学习精度）和学习能力（无错误地识别任意样本的能力）之间寻求最佳折中，进而获得最好的推广能力。另外，SVM 方法不要求固定图像和目标类别，也无需明确各类别的先验概率，因此在图像分类和目标检测中得到广泛应用。

值得注意的是，SVM 的小样本特点，并不是指样本绝对数量少，而是与关注问题的复杂度相比，所要求的额样本数量相对较少；SVM 的非线性特点，是指 SVM 通过松弛变量和核函数处理样本数据线性不可分情况；SVM 高维模式识别特点，是指样本维数很高，而通过 SVM 建立的分类器却非常简洁，仅仅包含落在分类边界的支持向量。

在成熟玉米茎秆的显微图像中，绝大多数维管束为独立分布，仅在边缘部分存在少量包含多个维管束的区域，这为搜集独立维管束样本图像提供了方便。因此利用简单图像分割方法可以得到大量维管束独立区域，将这些区域裁减为小图像构造维管束样本图像集合，另外将其他区域的薄壁组织构造出薄壁组织样本图像集合。在构造训练样本和测试样本过程中，也需要借助人工方式对样本进行筛选和标注，目的是使得构造的样本集合具有更好的代表性，并排除无效样本的干扰。

在特征抽取阶段，考虑到不同品种玉米茎秆中维管束可能存在各种形状差异，因此仅利用维管束图像像素统计和分布数据构造支持向量的特征集合，包括像素灰度统计平均值、方差，在 RGB、HSV 颜色空间下各个通道的平均值和方差。将两类样本按照比例设置为训练集和测试集，建立图像区域的分类模型，进而实现大尺寸图像中维管束检测和分割。

通过上述分析，接下来将利用支持向量机方法在玉米茎秆显微图像中定位出维管束所在区域，并对各个检测区域使用一个小圆来标记是否可以代表维管束区域。主要过程可以描述如下：a. 构造训练集，生成模型；b. 将图像分解为小块（块尺寸与薄壁细胞尺寸大致相同），这样可以删除大量薄壁细胞；c. 为分类结果设置两个标签 1（薄壁组织或者背景）和 2（维管束）；d. 根据分类结果，将每块图像分类结果作为像素值，生成大量裁剪后的二值图像，并将 1 类设置为 0，2 类设置为 255；e. 在该二值图像中包含有一些独

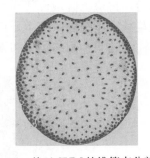

图 2-47　基于 SVM 的维管束分割结果

立点，但切片中间的维管束基本已经分离开，薄壁组织之间的链接关系基本打断，至此仍然存在一些噪点；同时，在切片边缘上，仍然存在很多相互连接的维管束；f. 利用连通像素面积对像素进行分类，设置一系列数字，得到分类后标记图像；g. 至此，将切片上维管束分成了两类：中间独立维管束、边界粘连维管束；h. 基于原始分辨率的图像，对维管束分割精度进一步分析。图 2-47 为维管束分割结果，其他彩色区域为维管束区域，其结果与人工观察基本一致，但在图像边缘部分仍然存在相邻维管束结构的粘连问题。

上述问题主要与图像中设置检测图像区域尺寸大小相关。图 2-48 为将检测区域设置为 10×10 像素时，维管束分割结果，可以看出该方法可以从显微图像中准确定位到维管束所在区域，每个检测区使用一个小圆进行标注；同时，仍然存在一些噪点，即独立分布的小圆（这些区域明显不包含维管束）。

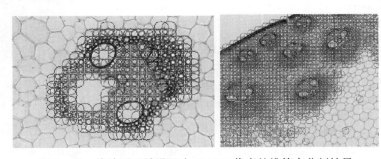

图 2-48　将检测区域设置为 10×10 像素的维管束分割结果

进一步将检测区域设置为 15×15 像素时，可以发现维管束分割结果中标注的小圆数量明显减少，同时相隔较近的维管束也开始逐步分离，独立小圆数量也减少（图 2-49）。

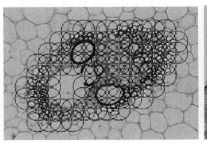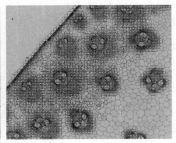

图 2-49　将检测区域设置为 15×15 像素的维管束分割结果

最后，将检测区域设置为 20×20 像素时，维管束分割结果中标注小圆特征进一步改变，比如数量减少、维管束基本分离、独立小圆数量减少，对结果中存在的错分和粘连问题，将利用标注的这些小圆的位置和聚类特征进行修正（图 2-50）。

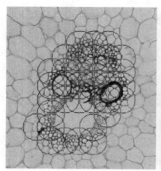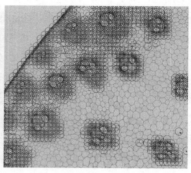

图 2-50　将检测区域设置为 20×20 像素的维管束分割结果

3. 基于维管束区域的木质部检测方法　基于上述玉米茎秆显微图像中维管束分割结果，进一步可以对各个独立维管束图像进行更深层次分析，在最高分辨率层次（金字塔结构）上定位各个维管束所在区域，然后生成该维管束的最高分辨率图像，基于此进行维管束中木质部、韧皮部、空腔等结构的检测和识别。实际上，维管束包含的组织类型非常复杂。就成熟玉米茎秆而言，其维管束中主要包含组织结构如下：后生木质部、原生木质部（环纹导管）、原生木质部空腔、韧皮部包括筛管和伴胞、薄壁组织和维管束鞘等。这些组织结构具体数量不一，如图 2-51 所示。

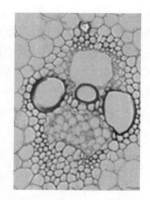

从高分辨显微图像上实现维管束内部组织结构的分割、图 2-51　维管束内部组织结构
拆解和识别，可以转换为一个多个目标的自动分类问题，这
不仅需要仔细、全面分析和定义各类组织结构的个性化特征，也需要借助图形图像知识对各种特征进行更高层次的抽象表达，以期能够较完整构造出区别各类组织结构的特征集合。综合起来，实现该目标的技术难点为：如何表征各个组织结构的特征；如何从图像处理角度对这些特征进行排序，得到最优的各类组织器官分割和识别次序；如何综合利用各类易分割目标结果辅助其他目标分割，从而较完整得到整个维管束内部组织结构表征。观察可知，在显微图像中维管束的木质部和空腔具有数量有限、较大面积、形状单一等特点，可以作为优先分割目标，而韧皮部的结构数量多且分散、大小形状不一等特点，借助其周围结构检测结果才有利于提高分割精度。

分析维管束内部组织结构特征，可以获得以下定性和定量知识：①后生木质部边界为高亮的红色（染色），可以结合颜色特征进行检测和识别；②原生木质部空腔相对面积较大，可以优先根据面积特征确定原生木质部空腔；③纹孔导管之间最大的轮廓为环纹导管，可能存在破裂，但有明确的颜色特征；④与原生木质部对称的区域为韧皮部，可借助木质部分割结果间接得到；⑤在维管束外侧区域（主要是被染色的区域），为维管束鞘，可通过颜色特征检测和识别。

维管束图像主要过程可以描述如下：首先将显微图像转换成灰度图像，然后利用OTSU方法对整张图像进行分割，得到全图基于灰度特征的最佳阈值。从图 2-52 分割结果可以看出，维管束周围薄壁细胞的边界部分已被打断，利用像素连通性检测技术可以提取维管束大致区域和形状；由于整个维管束边缘上仍然存在着若干粘连的组织结构，再结合图像特征确定形态学运算参数，确定有效维管束区域；最后，利用分水岭、独立区域标记、形状轮廓分析等技术得到维管束内部各个组织结构，结合专家对维管束组织结构的识别、分类，将不同组织结构进行分类标记，如图 2-52 所示。

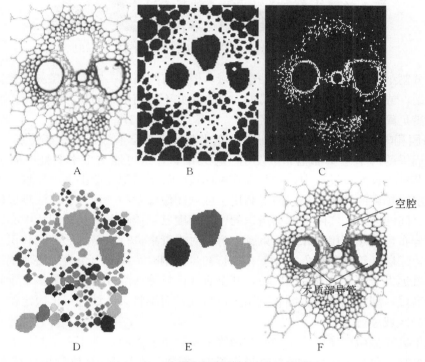

图 2-52　维管束图像分割过程（见彩图）

A. 维管束原始图像；B. 基于 OTSIU 分割结果；C. 基于颜色特征的维管束鞘细胞分割结果；D. 维管束内部组织结构的分类标记；E. 基于面积特征的木质部和空腔区域的检测结果；F. 木质部和空腔的识别结果

4. 利用分级阈值方法改进维管束分割结果　在上文中利用 OTSU 等阈值进行维管束区域检测，得到维管束结果仍然存在一些瑕疵，主要是因为显微切片工艺、成像区域颜色不均、组织结构边界较薄等因素影响。因此本节采用分级阈值技术对维管束分割结果进行改进，使得维管束中各类组织具有更加明确的边界。下面分别利用两种分级阈值策略对显微图像中包含多个维管束的区域进行自动分割和标记，以期利用图像中各类组织结构的灰度及颜色特征实现彼此边界分裂（图 2-53）。

图 2-53 的左图为阈值递增分割结果（阈值从 0 开始），右图为阈值递减分割结果（阈值从 255 开始）。比较图 2-52 可知：阈值递增计算结果更好，能够获得更精细的维管束边缘、无太多残缺形状、对粘连结构拆解效果较好；而阈值递减方法表现相对较差，但其分割结果对其后相邻区域关系判定仍有一定作用。

在阈值递增分割方法中，实际上是利用最大面积控制各个阈值级别下分割结果的筛选，

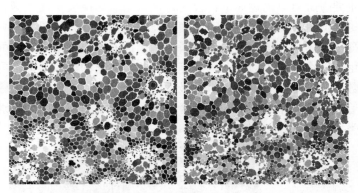

图 2-53 两种分级阈值策略获得的维管束区域分割和标记结果

因此在最后分割结果中不会出现大的粘连区域，但是有些属同一类但存在灰度变化的结构仍然可能被分裂，或者出现局部残缺。另外，该方法并不采用最小面积参数进行控制，目的是尽量检测到满足阈值条件的各种尺寸区域。

  5. 边缘层和中间层维管束的性状分析 玉米茎秆边缘层上维管束数量较多、面积较小，而且维管束周围的薄壁组织细胞非常发达、排列细密，这可能与玉米茎秆横向扩展生长有关：在玉米茎秆生长发育过程中，这些维管束周边的薄壁细胞逐渐扩大，导致玉米茎秆整体增加。边缘层维管束的这些特征，使得利用小区域图像像素的统计分析方法难以确定维管束与周围组织之间的区别，实际上薄壁组织的密集程度已经接近玉米茎秆切片中心区域中维管束鞘细胞的分布，必须利用边缘维管束颜色特征对维管束进行更精细的分割和识别。

  设计的边缘层维管束分析方案如下：执行初步分割时，提取出包含细密薄壁细胞的整个区域，该区域远大于包含维管束的区域，甚至有些区域无法细分而包含了多个维管束；进一步针对每个区域，利用维管束中维管束鞘颜色特征，对维管束区域进行再次定位，并对包含多个维管束的区域进行分裂。

  为了定量区别显微图像中位于中心与边缘上维管束的差异，利用人工测量方式测量边缘层维管束的参数，包括：后生木质部直径小于 16 像素；最小可分离维管束区域大小为 40×52 像素；相邻维管束之间距离（即两个相邻维管束的维管束鞘之间的最近距离）为 40 像素；相邻维管束之间通常会存在至少一个直径大于 15 像素的薄壁细胞；维管束鞘周围薄壁细胞较小，直径一般小于 10 像素，位于玉米茎秆切片的中间层，维管束中空腔直径可达到 50 像素以上。另外，也可以确定一些维管束性状的定性信息，比如：边缘层维管束内，木质部空腔萎缩，直径和面积通常小于导管，而在中间层维管束，木质部空腔远大于木质部导管；原生木质部包含在空腔区域内，在图像中常常表现为破裂状；除原生木质部、后生木质部和空腔外，维管束内部其他区域一般可认为是韧皮部区域，这些区域分散、形状复杂。

  6. 利用颜色编码改进维管束分析结果 在玉米茎秆显微图像上，维管束鞘细胞颜色非常分明，有利于基于颜色特征的图像分割。筛选几个维管束鞘细胞样本图像，建立维管束鞘的颜色模型（包括颜色均值和方差），然后设置不同的方差系统直接执行维管束鞘细胞分割，进而利用形态运算改进这种初步分割结果。图 2-54 分别为采用方差参数 1.0 和 2.0 进行分割和改进的结果。可以看出，在适当参数作用下，离散的染色后的维管束鞘细胞能够形成一个整体，并能够表示维管束的主要边界区域。采用参数 2.0 能够在维管束鞘中引入更多图像像素，但对木质部和空腔影响不大。既然，利用维管束鞘细胞颜色特征的目的是要初步确定维管束边界，尽量明确木质部、空腔所在区域，因此采用方差参数 2.0 的结果较为理想。总之，采用的参数越大，越能够得到密集的维管束结构点，因此形成的空洞越趋完整和封闭，但空洞的数量更少；采用更低的颜色控制参数，可以得到更加离散的结构点、形成的空洞更多、形状更复杂，尤其是在维管束内韧皮部部分，由于其颜色与维管束鞘染色颜色差异最大，形成的空洞形状更加复杂；但在后生木质部和空腔周围的鞘颜色特征集中，因此其形状影响不大。值得注意的是，该参数在实际应用中由用户控制。利用上述规律，可以检测和定位出维管束中后生木质部结构和空腔位置（图 2-54）。

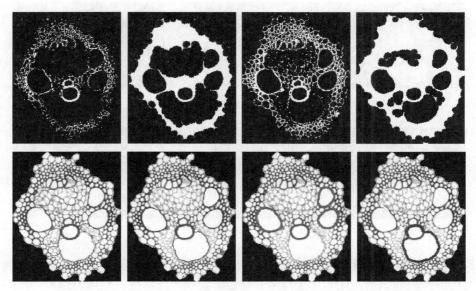

图 2-54　维管束空腔、木质部的独立空洞区域分割结果（见彩图）

另外，在分割结果中维管束鞘基本连通，但不同维管束内部区域大小和连接关系差异较大，尤其是后生木质部的边缘部分，需要纳入更多的像素才能保证连通性和一致性。由于切片工艺、及维管束自身结构多样性，往往难以避免存在相邻组织边缘连通情况。一种可能的解决方法是，利用轮廓分析方法，找到凸包缺陷点，然后将其连接成为独立区域。

结合上节对维管束性状特征的分析，图 2-54 中各个孔洞区域可以进一步分类，为每类区域设置语义标签，即标记出分别为维管束空腔、木质部的独立空洞区域。图 2-54 第二列图像显示了该过程：维管束内部组织结构的边界用红线标记，通过性状和面积过滤，得到第二张图像蓝线标记轮廓，最后对这些轮廓进行分类，分别得到表示木质部和空腔的轮廓区域。

7. 维管束检测区域改进　在维管束区域自动检测定位中，面临非常复杂的情况，尤其是空腔区域及其与周围薄壁组织连成一体，这主要与切片工艺与染色工艺相关。下面选择几个典型的破损维管束作为样例，对其中各类组织结构的检测和计算进行分析和说明。

(1) 边缘残缺维管束表型检测　从图 2-55 可以看出，维管束中空腔与周围组织连成一体，同时维管束边界参差不齐。虽然能够准确定位到木质部所在区域，但是空腔信息缺失、韧皮部检测区域偏小。因此，需要针对边缘残缺的维管束进行特别处理：根据维管束形状特征对维管束边界进行修补，然后计算各项表型参数，如图 2-56 所示。

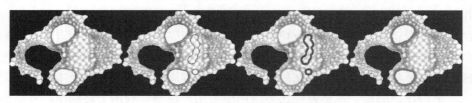

图 2-55　边缘残缺维管束

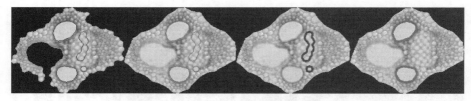

图 2-56　边缘残缺维管束表型检测

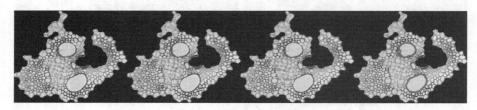

图 2-57　严重边界缺失维管束

（2）严重边界缺失维管束表型检测　图 2-57 中维管束边界缺失非常严重，影响到对内部组织结构的检测和识别，比如无法检测到空腔、漏检木质部等。再进行修补，然后计算各项表型参数（图 2-58），可以看出，为了保证得到维管束内部完整组织结构，实际上放大了维管束边缘，使得周围部分薄壁细胞也纳入到了维管束区域中。

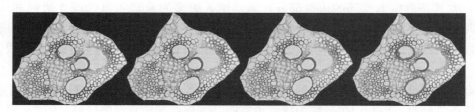

图 2-58　严重边界缺失维管束表型检测

8. **改进维管束和木质部表型计算**　如前所述，从玉米茎秆显微图像中，依次检测出各个独立分布维管束，与基于 micro-CT 获取的维管束表型计算方法类似，可以计算出维管束的数量、几何、分布等表型参数。然后，针对各个维管束，分别计算出维管束内部各个组织结构的表型参数，同样包括木质部、韧皮部、空腔等的数量、几何、分布表型参数，同时也包括当前维管束的结构构型信息。

针对单个维管束内部组织结构表型检测的流程总结如下（从左到右、从上到下）：①OTSU 初步分割；②二次聚类检测；③确定维管束区域；④维管束区域灰度图像；⑤维管束区域二值图像；⑥维管束区域彩色图像；⑦维管束鞘细胞分割；⑧形态学运算；⑨第二次形态学运算；⑩组织结构边缘强化；⑪内部结构边界检测；⑫维管束边界形状改进；⑬维管束内部各类组织结构分类及其标记。如图 2 - 59 所示。

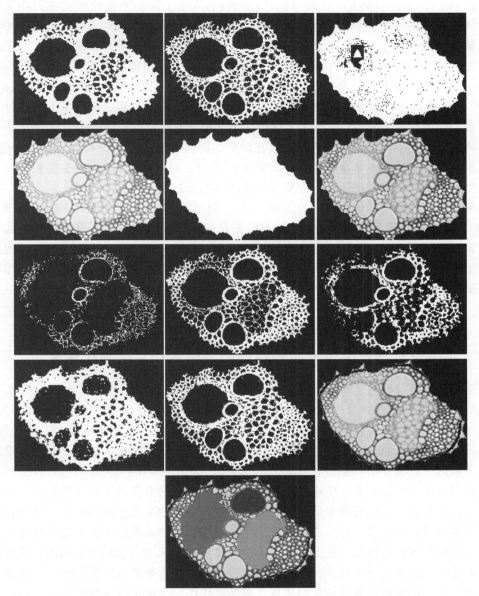

图 2 - 59　针对单个维管束内部组织结构表型检测的流程（见彩图）

2.3.4　小结

植物组织显微表型检测与鉴定技术是近年来植物表型组学研究热点之一，正逐步成为遗传育种和植物生理生化研究的基础支撑技术。传统的植物显微表型性状分析工作需要大量的、复杂的样品制备和人工处理，组织细胞的数量、几何表型参数分析往往需要人工提取，存在工作量大、效率低、准确性差等问题（Feng et al.，2014）。例如，为了量化玉米组织结构的木质化或维管束表型特征，需要对玉米茎秆的横截面进行染色、图像获取及图像分析。对于染色的切片图像，由于细胞边界界定不清晰，需要人工识别及分割，因此对于高通量图像分析存在潜在的困难（Zhang 等，2013）。为了满足茎秆解剖特征的大规模测量的需要，Legland（2014）、Heckwolf 等（2015）相继引入了不同的图像处理软件和特征检测方法，但该方法对茎秆周皮解剖特征提取和维管束表型的检测精度仍然是一个挑战。另外，现有商业软件（Image J、CTAna、Simpleware、Amira 和 Mimics 等）也仅提供了通用的图像处理功能，均未针对植物组织细胞的特征进行优化设计，使得植物组织表型检测过程非常繁琐。为了规范化、精准化玉米茎维管束的表型检测与鉴定工作，结合 micro-CT 成像技术、SCN400 成像技术、计算机图像处理和玉米解剖生理学等知识，笔者研发了玉米茎秆、叶片维管束表型检测规程和软件。针对 CT 图像中维管束普遍存在的边缘断裂、大小不一、分布不均等问题，设计了清晰的图像分割、目标识别、语义分析和机器学习的图像分析管道线，准确解析和统计出包括玉米茎秆、叶片维管束的数量、形状和分布的 40 多项表型参数，首次实现了玉米茎秆、叶片横切面内完整维管束表型特征的自动提取与计算。针对 CT 扫描成像获得的玉米茎秆断层图像分辨率受限制，只能定位到维管束尺度的问题，进一步开发基于 SCN400 超高分辨率显微图像的维管束表型分析软件，首次实现了茎秆维管束木质部等组织结构的表型特征自动提取与精准鉴定。这些规程和软件的研发为作物组织表型检测提供了简单易用工具，为玉米品种间结构和功能鉴定提供了丰富的数据来源，为进一步探索作物显微表型与基因型、环境型及品种生产力之间的关系奠定了基础。

2.4　玉米维管组织结构的三维重构与可视化

2.4.1　基于序列切片的维管组织结构的三维重构与可视化技术

利用数字化技术构建玉米茎秆器官组织的 3D 可视化模型，对于深入认知玉米生长机制、理解作物功能-结构关系、指导作物栽培、育种和生产具有重要的研究意义和应用前景。目前，国内外基于三维可视化技术来研究植物组织的结构和功能关系的相关工作仍然较少。已有的研究大多都是通过观察植物组织切片的二维图像来获得定性的认识。利用体绘制方法实现三维数据的直观显示，能够有效地揭示出植物组织的空间结构关系并获得理想的可视化效果；利用三维重建技术建立植物组织高精度几何模型，能有效地丰富植物组织三维形态结构数据的获取方式，而且有助于从微观的角度深入理解植物生理生态的特征，从而为建立植物结构功能模型提供技术支持。体绘制方法实现三维数据的直观显示的方法主要是利用组织切片技术获取序列切片图像，进而利用计算机三维重建技术逆向重构出植物的三维形态。本节以玉米茎秆、根系为研究对象，从石蜡切片成像、图像预处理、图像配准、三维重建与体绘制 4 个方面，讨论基于序列切片的茎秆、根系维管组织三维可视化技术研究，所述方法主要参考闫伟平（2013）和王炎玲（2013）的学术论文。

1. 基于序列切片的茎秆维管束三维体绘制

（1）样本处理与图像获取　试验材料为北京市农林科学院试验田种植的京科（JK）和先玉（XY）两个玉米品种，分别在玉米拔节期和抽雄期选择长势正常的 5 棵玉米植株，取其茎秆放置于 FAA 固定液中固定。对于植物组织切片制备，可直接使用振动切片机对新鲜组织进行切片，或利用石蜡切片技术经过一系列操作获得。根据玉米茎秆的材料特性，本试验采用石蜡切片技术制作切片，从样本采集到图像生成利用德国 LEICA 公司的全套组织切片制备与成像设备，包括：LEICA-TP1020 全自动脱水机、LEICA-EG1150H 石蜡包埋机、LEICA-EG1150 冷台、LEICA-RM2235 轮转式石蜡切片机、LEICA-HI1210 摊片机、LEICA-HI1220 烘片机及 LEICA-SCN400 玻片扫描仪。采集样本后，将样本放置于固定液中固定，经过 5 d 固定之后，进行后续的切片制作。整个切片制作过程包括：梯度脱水、透明、浸蜡、包埋、切片、脱蜡、染色及成像（图 2-60）。

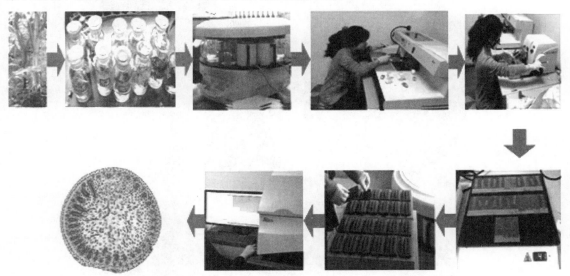

图 2-60 玉米茎秆组织切片制备与图像获取流程

（2）玉米茎秆组织成像 试验中使用 LEICA-SCN400 玻片扫描成像系统，获得高精度的玉米茎秆切片的显微图像，其中对样本组织部位、采集时间、材料长度和获得的对应图像的分辨率、厚度和层间距的说明如表 2-3 所示。对所有切片依次通过人工选定扫描范围并在 20× 放大模式下进行扫描，使得茎秆组织在扫描范围内，在扫描过程中尽量保证图像扫描范围的一致性。获取图像的像素大小为 0.5 μm/像素，满足对玉米茎秆及其内部维管束进行三维建模的需求。

表 2-3 获取茎秆组织切片的图像信息

参数	先玉 335 玉米茎节	京科 968 玉米茎节
分辨率	556×695 像素	790×780 像素
厚度	15 μm	15 μm
层间距	90 μm	90 μm
图像张数	66	60
材料长度	6.1 mm	6.0 mm
部位	第 13 节	穗位节
采样时期	抽雄期	成熟期

图 2-61 分别为京科 968 玉米成熟期和先玉 335 抽雄期的茎节显微图像。可以观察到：茎秆部分主要分为表皮、周皮、维管束、基本组织及髓构成，茎秆含有大量的维管束（由木质部和韧皮部共同组成的束状结构），维管束属于外韧维管束，维管束在茎秆外周紧密排列，由外及内，维管束的分布密度逐渐降低；维管束主要由筛管和伴胞组成的韧皮部及由运输水分和无机盐的木质部构成。茎节部位维管束的排列方式明显不同于节间。图 2-61A 为京科 968 成熟期玉米茎节的显微图像。在图 2-61 的 A 和 B 中可以看到节有很多类似爬虫的横向

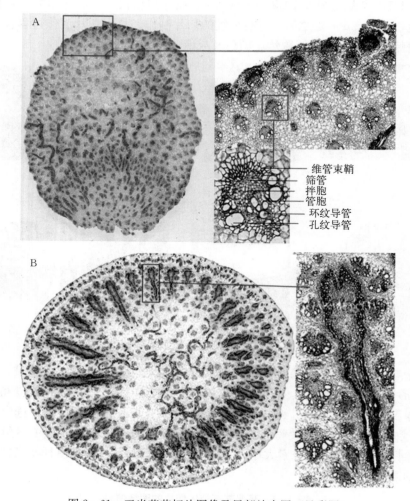

图 2-61　玉米茎节切片图像及局部放大图（见彩图）

A. 京科 968 玉米茎节处维管束分布及其显微结构；B. 先玉 335 玉米茎节处维管束分布及其显微结构

维管束，B 中有向外呈射线状的大型维管束。A 中京科玉米的穗位节节处、茎秆横切图像下部维管束呈射线形状排列，这些维管束向上延伸发育成为玉米穗柄内的维管束。B 为先玉玉米茎秆第 13 茎节的显微结构，可以看出玉米茎秆维管束外围有由发达的纤维构成的鞘。其中射线型的巨型维管束节比普通茎更粗壮、坚硬，因此茎节连接紧密。茎内维管束同时起着作物体内长距离运输和机械支撑的重要作用。由于成熟期玉米茎秆表皮较硬，制作石蜡切片时容易出现切碎和切坏的情况，所以把外表皮剥离后再进行脱水和石蜡切片制作。

（3）玉米茎节体绘制

① 彩色图像灰度值处理。从切片图像中分割出感兴趣的维管束，是进行三维重建和可视化的前提。首先，将获取的 24 位彩色图像转换为 8 位的灰度图，进而使用高斯滤波平滑图像；然后，采用灰度均方差对连续切片图像进行配准；最后，结合几何形态运算和区域生长方法分割出维管束。

彩色图像中，每个像素的颜色由 R、G、B 等 3 个分量组成，像素的颜色变化范围达到 1 600 多万。而灰度图像则是将 3 个颜色分量视为等同的特殊彩色图像，每个像素点强度值的变化范围介于 0~255。在数字图像处理中,一般都是将各种格式的彩色图像转变成灰度图像,从而减少后续的图像的计算量。灰度图像与彩色图像均反映了图像在整体或局部上色度和亮度等级的分布与特征。常用的彩色图像灰度化处理有两种:一是通过求出每个像素点的 3 个颜色分量的平均值,然后将这个平均值赋予该像素的 3 个分量,这种方法不改变图像的存储大小;二是利用 RGB 和 YUV 颜色空间的转换关系,建立图像亮度 Y 与 RGB 等 3 个颜色分量的对应关系进行灰度化处理。本文使用第二种方法进行图像灰度化处理,利用 $Y=0.3R+0.59G+0.11B$ 将图像中每个像素的颜色值转换为其亮度值(灰度值),如图 2-62 所示。灰度化后的图像上仍存在大量噪声点,因此利用高斯平滑滤波方法进一步平滑维管束边缘和去除噪声。

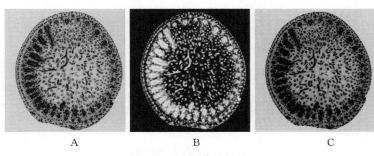

图 2-62　图像预处理
A. RGB 图像;B. 灰度图像;C. 平滑图像

② 序列图像层间配准。在切片制备和成像过程中,人工和机械误差可能导致获取的序列图像之间存在位置偏移与旋转,严重影响到基于切片图像的三维重建和可视化的效果(Wang et al.,2011)。基于序列图像的三维重建过程,需要大量的连续切片图像,在图像获取过程中容易出现以下问题:一是采样过程中,通常是从试验田或温室挖出整株植株,并根据研究对象对其进行分段保存,该过程的操作失误容易造成茎秆节间连接处的组织损伤;二是脱水过程中,脱水时间或者试剂浓度的影响,容易造成脱水不彻底而使组织收缩,产生整体形变;三是切片过程中,摊片等手动操作的影响易导致切片图像之间在平移和旋转等位置畸变,切片力度的差异也可造成组织形变,使得切片图像组织形态与实际形态存在一定的差异性;四是染色过程中,染色时间的不同及组织自身的差异性容易造成染色不均,同时脱蜡还可能导致组织的部分脱落;五是在切片成像过程中,手动确定图像扫描区域也会导致获取的连续切片图像中目标组织存在位置的平移与旋转。

受到上述图像获取各个环节人工操作及环境的影响,获取的序列切片显微图像可能存在气泡、杂质、污点污迹、信息缺失、叠片、组织形变及位置畸变等问题,均会影响到其目标对象的进一步分析与研究,以及基于序列切片图像的三维重建效果。此外,位于不同切片层或层间距离较大的图像,在其形态和组织结构上存在明显差异性。因此,要真实还原植物组织的空间结构形态,基于序列切片的组织三维重建的关键是切片图像特征的配准。

本文采用基于像素灰度的刚性配准方法实现连续切片图像的配准(孙少燕,2007)。该方法首先利用参考图像和待配准图像灰度信息的差异性确定配准函数,通过计算配准函数的最小值确定最佳配准参数,再将配准后的浮动图像 F 通过空间变换(T_a)映射到参考图像 R 上,使得两幅图像空间差异性达到最小。灰度方差配准函数 f 为:

$$f(\alpha)=\frac{1}{2}\sum_{\kappa=1}^{m}(F(P_{\kappa})-R(T_{\alpha}\cdot P_{\kappa}))^{2}$$

式中，α 为空间变换参数；m 为两幅图像重合部分像素个数；κ 为像素索引；P_{κ} 为第 κ 个像素坐标。

将上述方法应用于序列切片图像的连续配准，每个配准过程都以上次配准的结果图像作为参考图像来配准当前图像，选择序列中的第一张图像 A1 作为参考图像，通过变换 T1 将第二张图像 A2 进行配准得到配准后图像 A2′；如此，将序列中图像依次配准，直到序列中的最后一张图像，通过流水线式迭代处理将所有图像在空间上对准，保证序列中的所有图像在空间上都是对齐的，如图 2-63 所示。

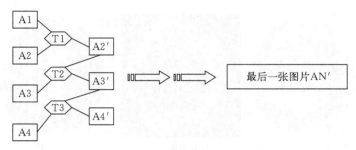

图 2-63 切片图像配准顺序示意图

基于植物组织序列切片图像的三维重建，配准的目标是将序列中的所有切片图像统一在同一个空间坐标下。将序列切片图像按照上述流程及配准顺序，将第一张图像作为初始参考图，依次进行配准后，所有的图像都和第一张图像处在同一个空间坐标内，如图 2-64 所示，为玉米茎秆节序列图像维管束部分进行分割提取并配准后的部分图像，图中序号表示在序列中的顺序。从图中可以看到经过配准之后，序列图像均有一定程度的平移和旋转变换。

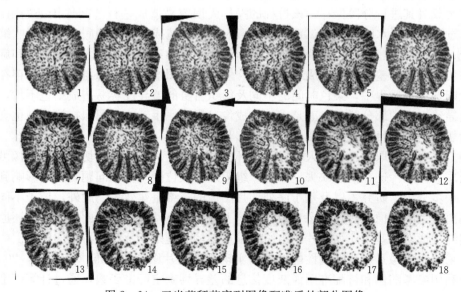

图 2-64 玉米茎秆节序列图像配准后的部分图像

③ 茎节体绘制。玉米茎节包含了丰富的维管束组织，这些维管束具有错综复杂的分布

和连通关系。本节基于原始体数据，利用合成体绘制和最大密度投影算法实现抽雄生长期先玉玉米茎节组织的三维可视化，观察节维管束的分布特征。利用颜色映射函数将先玉玉米茎节图像上的维管束组织和薄壁组织的体素进行分类，设置薄壁组织的不透明度为0.1，维管束组织的不透明度为0.9，可以透过薄壁组织观察到维管束的空间拓扑结构。在合成体绘制算法中，使用的颜色映射参数为：（0，0，0，0），（110，0.1，0.15，0.9），（140，0.1，0.2，0.98），（150，0.97，0.94，0.37），（170，0.96，0.91，0.21），（218，1，0.96，0.33），（255，0.98，0.96，0.62）；透明度参数为：（0，0），（110，0），（150，0.35），（160，0.75），（170，0.91），（115，0.8），（201，0），（255，0）。

分别基于先玉玉米茎节完整体数据和裁剪后体数据，进行合成体绘制的结果如图2-65所示。其中，从图2-65A可以观察到茎节维管束的整体概貌及其在各个横截面上的分布情况；在茎的外围有一圈排列整齐的大小相间的纵向维管束；茎的中间部位分布有很多错综复杂的横向维管束，穿插着小的纵向维管束；越靠近茎边缘，纵向维管束越小越稠密；越靠近茎中心，纵向维管束则越稀少。图2-65B~E为先玉玉米茎节部分体数据的合成体绘制结果，可以观察到在节剖切面上维管束的走向和分布。图2-65E为剖切面局部放大图，可以观察到维管束腔等细节信息。图2-65D为节K部的局部体数据的绘制结果，与上部明显不同的是在茎边缘分布着排列规律的向外呈射线状的大型维管束，而茎的中间部位分布着复杂的爬虫似的横向维管束，其中射线型的巨型维管束使节比普通茎更粗壮、坚硬，从而相邻茎节连接得更加紧密、牢固，起到支撑植株的作用。

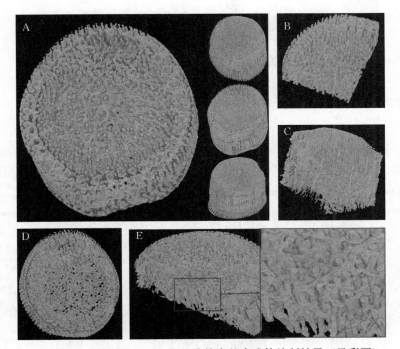

图2-65 抽雄期先玉玉米茎节维管束的合成体绘制结果（见彩图）

A. 完整体数据范围为［0，556，0，695，0，745］；B. 体数据范围为［0，434，0，442，642，720］；C. 体数据范围为［367，556，472，695，90，237］；D. 体数据范围为［0，556，0，695，468，585］；E. 体数据范围为［0，556，0，340，402，527］

图 2-66 显示了最大密度投影算法的体绘制结果。利用最大密度投影算法可以透过茎表面的小维管束观察到内部巨型维管束和爬虫似的横向维管束结构，同时可以观察到它们的空间相对位置、分布情况及空间走向，但难以显示出清晰的维管束边界。相较而言，合成体绘制不仅能清晰显示维管束表面边界，还可以观察到维管束的腔体。

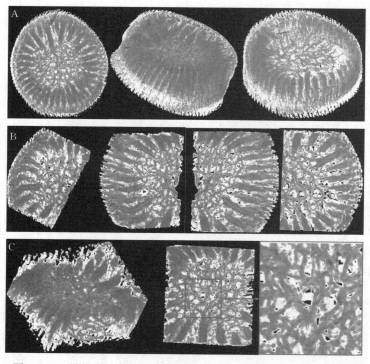

图 2-66　抽雄期先玉玉米茎节维管束 MIP 体绘制结果（见彩图）

A. 完整体数据范围为 [0, 556, 0, 695, 0, 745]；B. 体数据范围为 [0, 167, 148, 526, 92, 264] 的多个视角观察；C. 体数据范围为 [148, 388, 65, 526, 195, 334]

图 2-67 和图 2-68 显示了成熟期京科玉米茎节合成体绘制和最大密度投影体绘制的结果。图 2-67B、C 显示了玉米茎节部分体数据的可视化结果，可以看出在节边缘密集分布着大量横向维管束，而中间分布的横向和纵向维管束较少。

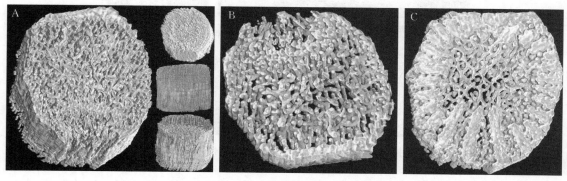

图 2-67　成熟期京科玉米茎节维管束合成体绘制结果（见彩图）

A. 数据范围为 [0, 790, 0, 780, 0, 675]；B. 数据范围为 [0, 790, 0, 780, 66, 140]；C. 数据范围为 [0, 790, 0, 780, 207, 281]

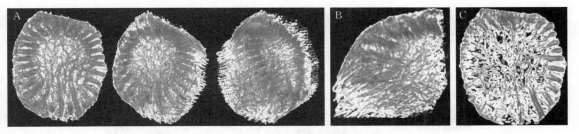

图 2-68　成熟期京科玉米茎节维管束 MIP 体绘制结果（见彩图）

　　A. 体数据范围 [0，790，0，780，0，675]；B. 体数据范围 [0，359，0，439，0，378]；C. 体数据范围 [0，790，0，780，188，258]

　　从两种玉米茎节组织的体绘制效果可以看出，最大密度投影算法清晰显示了玉米茎节的内部维管束的空间层次关系、整体分布和走向，但无法清晰表达维管束间的边界。相较而言，合成体绘制算法可以得到节维管束组织清晰的表面信息及边界，却对所有维管束的空间相对位置、整体分布和走向难以直观显示。

2. 基于序列切片的根系维管组织三维体绘制

　　（1）样本处理与图像获取　选取 2012 年 5 月 25 日种植于北京市农林科学院试验田的郑单玉米，于 2012 年 8 月 6 日采集抽雄期（吐丝期）植株 5 株，分别进行分段标记后常温保存于 FAA 固定液中。选取地下节根一长度约 18 cm 的侧根，进行切段，并隔段取样，共取样 5 段，长度均为 0.5 cm 左右，如图 2-69 中所示的 5 段样本。

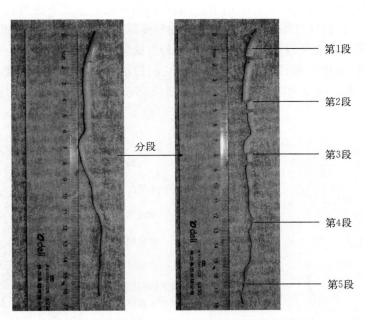

图 2-69　玉米根——试验中所用侧根图（见彩图）

　　本试验采用石蜡切片技术制作切片，从样本采集到图像生成利用德国 LEICA 公司的全套组织切片制备与成像设备，包括：LEICA - TP1020 全自动脱水机、LEICA - EG1150H 石蜡包埋机、LEICA - EG1150 冷台、LEICA - RM2235 轮转式石蜡切片机、LEICA -

HI1210 摊片机、LEICA - HI1220 烘片机及 LEICA - SCN400 玻片扫描仪。

采集样本后，将样本放置于固定液中，可长期保存。经过 24 h 固定后，进行后续的切片制作。整个切片制作过程包含了脱水、透明、浸蜡、包埋、切片、脱蜡、染色及成像等环节（图 2 - 70）。

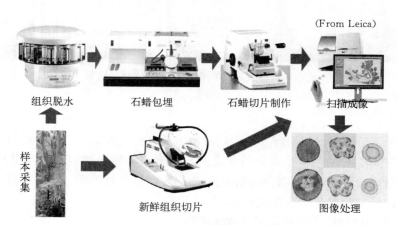

图 2 - 70　植物组织切片制备与图像获取流程

对于玉米根，设定切片厚度为 15 μm，蜡条带上每隔 7 张切片取一张，对于上述的 5 段样品，长度均为 0.5 cm 左右，各段得到切片分别为：22 张、28 张、27 张、28 张和 31 张，共计 136 张。试验使用 LEICA - SCN400 玻片扫描成像系统，获得高精度玉米根切片的显微图像。对所有切片依次通过人工选定扫描范围并在 20×放大模式下进行扫描，使得植物组织在扫描范围内、在扫描过程中尽量保证图像的扫描范围的一致性。获取图像的像素大小为 0.5 μm/像素，满足对玉米根及其内部维管束进行三维建模的需求。

（2）根系组织成像　通过上述切片制作方法和扫描成像得到切片图像，共计得到玉米根序列图像 136 张。图 2 - 71A 列出了玉米侧根部位的第二段的部分序列图和局部放大图。

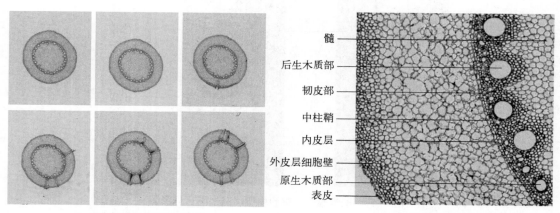

A. 玉米根20×序列切片图像
第一行：从左到右依次是序列图像中的第2、3、4张切片图；
第二行：从左到右依次是序列图像中的第5、6、7张切片图

B. 玉米根切片图像的局部放大部分

髓
后生木质部
韧皮部
中柱鞘
内皮层
外皮层细胞壁
原生木质部
表皮

图 2 - 71　玉米根第二段部分序列图及放大图

从玉米根部的切片图及局部放大图像（图2-71B）可以看到，玉米根部主要分为表皮、外皮层、内皮层、维管束（原生木质部、后生木质部和韧皮部）及髓构成。根的皮层主要由薄壁细胞组成，细胞体积较大且细胞壁较厚，具有细胞间隙，细胞内常积累淀粉，起着贮藏和横向运输水分和无机盐的作用。根部含有大量的维管束（由木质部和韧皮部共同组成的束状结构），维管束彼此交织连接，构成植物体用于疏导水分、无机盐和有机物质的维管系统。

（3）玉米根系体绘制

① 图像配准。基于植物组织序列切片图像的三维重建，配准的目标是将序列中的所有切片图像统一在同一个空间坐标下。将序列切片图像按照上述流程及配准顺序，将第一张图像作为初始参考图，依次进行配准后，所有的图像都和第一张图像处在同一个空间坐标下。如图2-72为玉米根第二段序列图像维管束部分进行分割提取并配准后的部分图像，图中序号1~28表示在序列中的顺序。

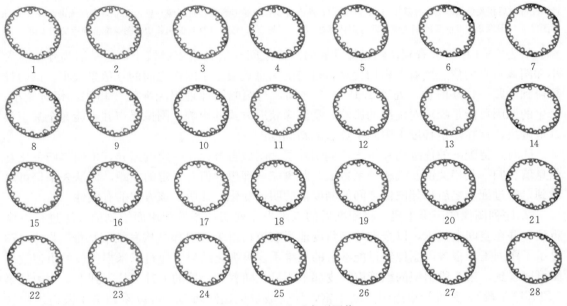

图2-72　配准后序列图像

从图2-72中可以看到，经过配准之后序列图像均有一定程度的平移和旋转变换。为了从客观上对配准结果进行量化，需要采用某种方法对配准结果进行统计和比较。由于图像配准过程是寻找在某种匹配原则下最优的迭代过程，计算量较大，图像特征较为复杂，不便于提取并计算特征点的配准误差；配准最优通常是根据所选择的相似性测度决定的。因此，相似性测度常被用于图像配准的评价领域，借助不同的相似性测度函数值来衡量两幅图像间的相似性程度，评价配准算法的精确性。

在上述算法中选择互信息作为相似性测度函数，通过测量一幅图像中的图像灰度信息含有另一幅图像信息的多少来决定是否达到最优化配准。由于互信息的测度要求图像间灰度信息存在相似的对应关系，因此实验借助熵相关系数、归一化互相关系数及归一化互信息等测度值对配准结果进行量化评价。

对图2-72中的序列图像的前11张，计算配准前后相邻切片图像之间的相关测度值，其相关测度值如表2-4所示。

表 2 - 4　序列切片图像配准前后测度值比较

评价测度		1-(2,2′)	2′-(3,3′)	3′-(4,4′)	4′-(5,5′)	5′-(6,6′)	6′-(7,7′)	7′-(8,8′)	8′-(9,9′)	9′-(10,10′)	10′-(11,11′)
MI	配准前	0.132 8	0.014 7	0.022 5	0.023 2	0.112 9	0.121 8	0.079 1	0.066 4	0.077 6	0.086 3
	配准后	0.214 1	0.227	0.244 7	0.251 3	0.234 8	0.228 5	0.234 9	0.235 5	0.235 1	0.242 6
NMI	配准前	1.132 7	1.009 9	1.014 5	1.015 5	1.079 6	1.086 7	1.055 6	1.044 4	1.053 6	1.059 5
	配准后	1.167 9	1.135 1	1.146 3	1.154 1	1.141 2	1.140 1	1.142 5	1.139 9	1.139 7	1.145 7
NCC	配准前	0.997 4	0.995 1	0.994 9	0.994 8	0.996 8	0.996 8	0.995 9	0.995 8	0.996	0.996 5
	配准后	0.999 1	0.999 3	0.999 4	0.999 5	0.999	0.999 1	0.999 2	0.999 3	0.999 3	0.999 5
ECC	配准前	0.234 2	0.019 7	0.028 6	0.030 5	0.146 9	0.159 5	0.105 6	0.085 1	0.101 8	0.112 4
	配准后	0.287 5	0.238	0.255 3	0.267 3	0.247 4	0.245 5	0.249 5	0.245 4	0.245 1	0.254 3

注：表中序号 1 表示第一张图像，首先将它作为参考图像，对序列中第二张图像 2 进行配准得到其配准后图像 2′，计算配准前后相关值（即分别计算 1 与 2、1 与 2′）；然后将 2′作为参考图像，对图像 3 进行配准得到其配准图像 3′，计算图像 2′与图像 3 配准前后的相关值（即分别计算 2′与 3、2′与 3′）；依次计算其他相邻切片图像配准前后的相关值。

　　从表 2 - 4 中可以看到，经过配准后的图像之间互信息值依然较小，这是因为互信息大小和图像自身的信息熵有着密切关系，自身的信息熵决定了图像之间的互信息大小。试验计算得到的归一化互信息，处于 1.1～1.2 之间，与两幅图像理想配准值 2 相比，相对较小。产生的原因可能是噪声对配准的影响，受图像获取方式的影响，图像噪声并不能完全甚至很好地解决，这在一定程度上限制了算法的精确度。

　　同时，待配准的连续切片位于不同切片层，图像自身存在一定的差异，也使得归一化互信息值、归一化相关值及熵相关系数值，距离完全理想的值有一定的差距，但从表中仍可以看到，经过配准之后相邻图像之间的测度值的明显变化，证明了该方法的有效性。

　　② 序列图像的三维重建。将配准后的玉米根序列切片图像利用面绘制的方法进行三维重建，并在空间上显示，以全方位多角度地观察植物组织的内部结构和细节特征。图 2 - 73 显示了序列玉米根各段图像经过配准后的三维重建可视化结果。通过玉米根各段的重建效果图可以看到，第 5 段组织的维管束韧皮部不明显，随着切片层的上升（从下到上，图中从第 5 段到第 1 段），其维管束组织不断丰富，导管数量也逐渐增多，可以看到第 1 段组织中含有大量发育完整的维管束组织。

2.4.2　基于 CT 图像的维管组织结构的三维重构与可视化技术

1. 基于 CT 图像的茎秆维管束三维重构与可视化

　　（1）茎秆组织结构三维重构与可视化　同第 2.2 节方法步骤所述，以成熟期玉米茎秆不同节间为试验材料，切割成 1.0 cm 的样本块后，按照玉米茎秆 micro - CT 扫描技术体系探究的参数，经过固定、梯度脱水和 CO_2 临界点干燥后，使用 Skyscan 1172 X 射线计算机断层摄影系统（Bruker Corporation），40 kV/250 mA、180 ℃旋转扫描样本。X 射线源到检测器的距离为 345.59 mm，X 射线源到样品的距离为 259.85 mm。经过 micro - CT 扫描，获取的图像不单单是一个切面，而是在所有体积上的三维覆盖，包含了组织在 3D 网格结构中全部的体素集合。由于茎秆内部密度和成分的差异，引起 X 射线吸收的变化，获取的图像会呈现出不同的对比度。来自数个 2D 切片的信息能够进行整合和重建成 3D 图像，可以实现 3D 微观结构的分析。利用 micro - CT 扫描系统得到茎秆样品的序列图片，利用 CT 本身

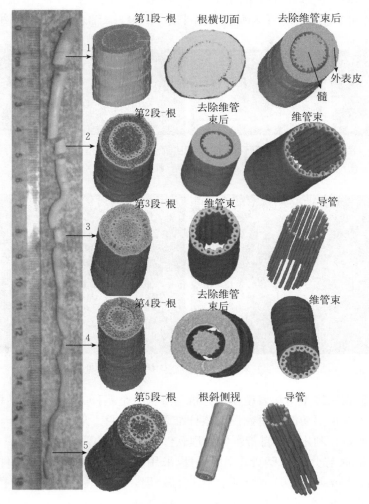

图 2-73　玉米根各段序列图像配准后三维重建结果（见彩图）

自带的图像处理软件 NRecon（美国 Bruker 公司，版本 1.6.9.4）获得一系列的茎秆横截面的重构图像，格式为 8-bit 的 BMP 图像，之后可直接利用 CT-Vol（Bruker Corporation）进行茎秆内部组织结构的三维可视化，建立简单的三维模型（输出格式包括图像、视频；图像如图 2-74 所示）。重构过程是将灰度级切片转换为由实心（黑色）和空白（白色）组成

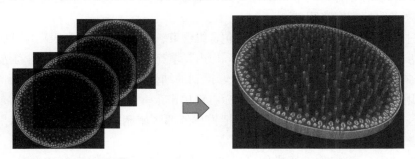

二维切片图像(X射线图片)　　　　　三维体积(切片堆叠)

图 2-74　基于序列切片信息获得玉米茎秆 3D 体信息

的二进制数据。不同节位茎秆维管束的体素信息如图 2 - 75、图 2 - 76 所示，在重构得到的 3D 图像中，X 轴和 Y 轴表示水平和垂直像素坐标（2D），z 轴表示 3D 空间维度。

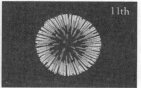

图 2 - 75　玉米茎秆不同节位节间维管束三维体素信息（见彩图）

注：5 th、7 th、9 th、11 th 分别为从茎秆基部起第 5、7、9 和 11 节节间。

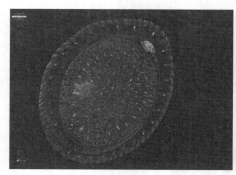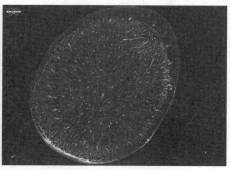

图 2 - 76　玉米茎节维管束三维体素信息（见彩图）

（2）茎秆维管束三维重构与表型参数分析　维管束是茎秆的主要组成结构，负责植株物质运输、力学支撑等重要功能，研究发现茎秆维管束的数目、形态结构与作物抗旱、抗倒伏性密切相关。因此，在利用 CT 自带图像处理软件 NRecon、CT - Vol、CT - an 初步实现茎秆维管束的三维提取与分析的基础上，进一步采用商业化的图像处理软件 ScanIP（英国 Simpleware 公司，Version 7.0）对 CT 图像进行处理，实现茎秆维管束的精细分割与三维建模。

① 维管束统计。将 CT 原始图像通过导入图像序列（Import stack）的方式直接导入 ScanIP 软件系统，该软件可直接识别 BMP 图像数据，在导入过程中根据 CT 扫描的图像质量设置像素间隔（Pixel spacing）。导入后可直接生成三维重构图像和三个方向的任意二维截面。导入后观察 CT 图像可以发现，笔者关心的维管束在图像是属于亮色区域，不过维管束内部分布的细小的导管与基本组织亮度几乎重叠，这对提取维管束造成了一定的影响。测试之后，最终采取的方案流程如下：

首先通过阈值分割优先提取亮色区域（包含维管束、部分薄壁组织和表皮），见图 2 - 77。

对上一步提取得到的 Mask 执行 "Flood fill" 填充操作。使用鼠标右键勾选基本组织中的任意一点（黑色区域，非 Mask 上的点），得到的结果如图 2 - 78 所示。

依然使用 "Flood fill" 填充操作，鼠标右键单击上一步得到的 Mask 上隶属于外部区域的任意一点（Mask 上的点）。该操作将会把模型外部区域删除，最后得到的结果如图 2 - 79 所示。

最后执行 "Close" 操作，该操作可以填补在提取维管束时候内部小部分未被提取的黑色的导管。另外，对于基本组织中某些 "亮点"，也就是通常所说的 "盐" 噪声，有可能会

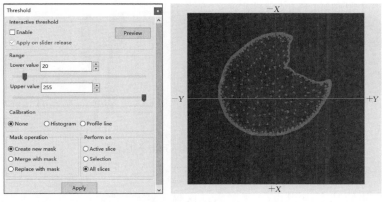

图 2-77 利用阈值分割处理后的图像

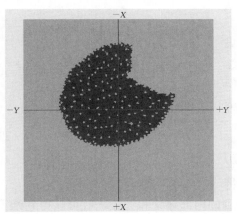

图 2-78 使用 Flood fill 填充操作对维管束区域进行提取

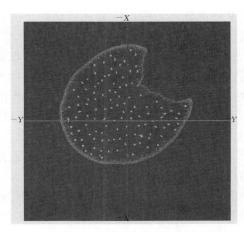

图 2-79 茎秆维管束外部区域删除操作

被认为是维管束组织也包含在最终 Mask 中，观察可以发现这些特征普遍尺寸不大，可以通过软件内置的"Island remove"直接将小于一定体像素的特征删除。

以上操作结束后，可以在 Mask 统计界面查看最终得到的所有维管束的 Mask 信息，Simpleware 本身提供了很多 Mask 统计的模板。这里选择"General statistic of active mask"（图 2-80）。

② 维管束和导管 3D 重构。图像数据序列导入后渲染（图 2-81），同上，依然设置像素间隔为 0.015 mm/像素。

作为举例，仅截取了中间部分区域（200×200×200 像素）用于说明如何提取维管束和内部的导管。如图 2-81 所示，该区域包含 6 个维管束，每个维管束包含筛管、管腔及导管。关键操作步骤如下：

首先通过 Region growing 区域生长算法提取

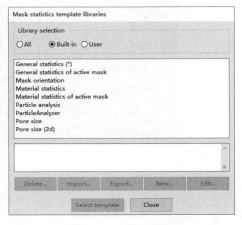

图 2-80 统计模板

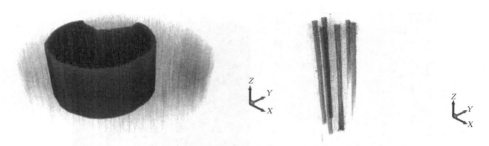

图 2-81　图像数据序列导入后渲染

内部导管和管腔。区域生长算法参数设置过大，会导致将模型外部的基本组织也包含在内；区域生长算法参数设置过小，会导致仅仅提取了导管的某一部分，无法直接得到贯穿整个模型的连续的内部导管。

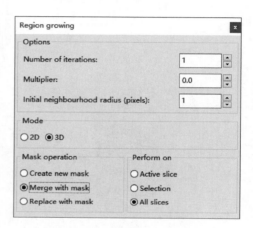

图 2-82　操作界面

　　本研究采用的方案是采用较小的参数，如果提取的导管不连续，则换一个临近的种子点继续执行区域生长算法，只不过下一步操作的时候使用 Merge with mask 将当前步提取得到的 Mask 与上一步合并（图 2-82）。

　　对于维管束提取采用的方案是：先提取基本组织，然后执行"反转"操作得到包含 6 个维管束的 Mask，通过"Flood fill"填充操作，可以将维管束 Mask 分成六部分。每一部分减去此前得到的内部导管和管腔，就可以得到维管束其他组织结构，过程中的截图如图 2-83 所示。

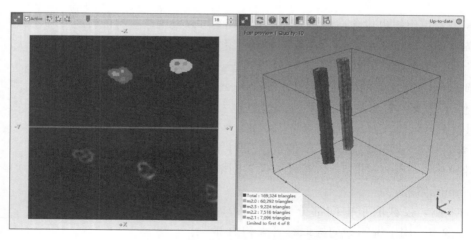

图 2-83　图像处理和分割方法示意图

　　最终提取结果如图 2-84 所示，左侧是透明化显示外部 Mask 后得到的结果，右侧是完整模型的结果。另外，Simpleware 在新版中引入了动画制作功能，可支持用自建的模型直接生成演示动画。

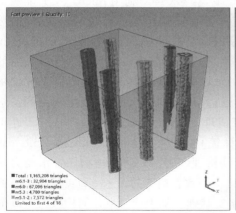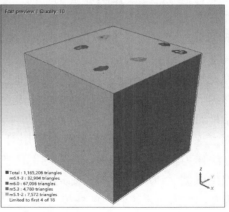

图 2-84　茎秆维管束三维分割图像（见彩图）

③ 维管束三维表型参数分析。利用 ScanIP 软件的 Mask statistics 模块可分别对分割提取到的不同组织结构单元（Mask 模块）的三维表型参数进行提取和统计（图 2-85）。如图所示，在 Mask statistics 模块中，最左侧在 Name 标签下罗列了全部分割提取到的组织结构单元，Name 标签之后的每一列标签分别代表不同的三维统计参数，包括常用的像素数目、体积、表面积和平均灰度值等，同时可根据需要定制专属的统计参数。

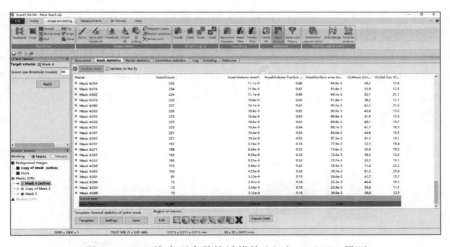

图 2-85　三维表型参数统计模块 Mask statistics 界面

(3) 小结　基于组织序列切片的三维重建，极大地促进了玉米维管束结构与功能关系的相关研究，但其分割算法不统一，制片工作量繁琐，效率较低（闫伟平等，2013）。近年来，随着显微 CT 技术的问世和应用，以及相关图像处理及数据分析算法的发展，为植物组织结构三维重建与可视化提供了新的方法。基于 Simpleware 的玉米茎秆组织的三维重构解决了传统基于组织序列切片三维重建工作量繁琐、分割校准算法不统一等问题，大大提高了作物组织三维建模的精度及效率。以往对玉米维管束的运输能力研究主要集中在植物显微解剖结构观察、生理指标的测定，研究维管束显微结构对运输效率的影响，缺乏严谨、精确的定量计算与分析。基于显微成像技术、CT 技术的不断发展，有关植物维管束几何特性与物质运输效率的研究方兴未艾，物质的迁移速率和流量极大地依赖于维管束系统的几何结构，特别是导管和筛管空腔的组织结构和解剖特征。Choat 等（2015）利用 micro-CT 证明，在干旱胁迫下红杉木质部的形态结构发生改变，少量的管胞被气体填充形成栓塞，水分的传导率下降以降低干旱造成的生态影响。基于高分辨率的筛管超微图像，Mullendore 等（2010）测量菜豆、南瓜、蓖麻和番茄筛管和筛板的几何信息，利用流体机械学原理计算筛管的相对传导性，探究筛管几何特性与管腔流量的关系。Brodersen 等以两种蕨类植物为试验材料，探究木质部的形态组成对水分传输能力的影响，通过显微性状定量计算及维管束的三维重建阐明不同品种对水分的运输效率及对逆境的响应机理（Brodersen et al.，2012）。近年来，一些学者对植物导管进行流体建模，利用计算流体力学（Computational fluid dynamics，CFD）方法作为辅助手段来揭示导管内部的流动机理，为深入研究植物导管水动力学传输特性提供理论依据（Both，1996；陈琦等，2015）。高效、精准的玉米茎秆维管束的三维重构与可视化研究，将为玉米维管束的建模仿真奠定坚实基础。基于维管束几何构象、空间分布等三维表型信息，采用数值模拟的方法获取模型需要的一些重要流场参数，分析不同结构的维管束对水分或物质运输的定量影响，将为深入研究玉米植株的物质运移规律提供一种新的思路。

2. 基于 CT 图像的根维管组织三维重构与可视化

（1）图像处理和后生木质部导管的三维分割　获得高质量的 micro-CT 重构图像后，需要对图像进行处理和分析从而提取所需要的三维表型信息。植物中木质部导管负责根内部纵向水分运输，研究发现后生木质部导管的大小与作物抗旱性密切相关。为了对玉米根的后生木质部导管三维表型信息进行定量化分析，采用商业化的图像分析软件 ScanIP（英国Simpleware 公司，版本 Version：7.0）对 CT 图像进行处理，并对后生木质部导管进行三维分割。通过反复尝试和优化，针对后生木质部导管的三维分割需要如下五步：

第一，将 CT 原始图像通过输入图像序列（Import stack）的方式直接导入 ScanIP 软件系统中，该软件可直接识别 BMP 图像数据，在导入过程中根据图像质量设置像素间隔（Pixel spacing）。导入后可直接生成三维重构图像和 X-Y，Y-Z 和 Z-X 三个方向的任意二维截面图像，如图 2-86 所示。

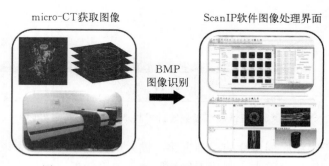

micro-CT获取图像　　　　　ScanIP软件图像处理界面

BMP
图像识别

图 2-86　micro-CT 图像数据导入 ScanIP 软件

第二，图像处理。导入后可利用转换（Transforms）模块对图像的尺寸和像素等参数进行设定，并对图像中无关区域进行裁切得到最感兴趣的图像区域（ROI）。之后，根据图像质量选择对图像进行平滑或滤波操作，整体去除随机噪点（图 2-87A～C）。在ScanIP系统中，可利用平滑（Smoothing）模块下提供的 3 种平滑和滤波方式：递归高斯（Recursive gaussian）、均值滤波（Mean fiter）和中值滤波（Median filter）来完成随机噪点的去除，玉米根段样本图像选取递归高斯（Gaussian sigma；X，Y，Z=0.5 像素）方法。

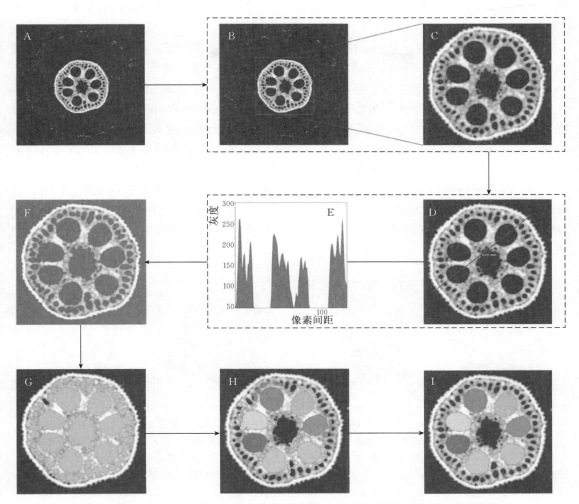

图 2 - 87　玉米根 CT 图像处理和后生木质部导管三维分割流程示意图（见彩图）

A. micro - CT 获取的原始重构图像；B. 使用递归高斯平滑后得到图像；C. B 中根的中柱区域局部放大后的图像；D~E. 针对待分割区域进行灰度值测量和测量结果示意图；F. 利用阈值分割处理后的图像；G. 使用 Flood fill 填充对导管区域进行提取；H. 利用形态学等操作对导管进行一一分割；I. 通过修剪后最终分割得到的后生木质部导管图像。图中分割样品取自 Xu - 178 玉米自交系灌浆期第二轮节根

　　第三，后生木质部导管区域的三维分割。通过对玉米根段样品 3 个截面图像的分析和连通性检测发现，后生木质部导管区域常与周围薄壁组织相互连通，使用区域生长的方式常会得到目的区域外的冗余部分，因而直接选取合适的阈值进行分割。首先，利用测量（Measurement）模块中的灰度值测量工具 Profile line 对图像的灰度值分布进行测量（图 2 - 87D~E），分析导管和周围薄壁组织值的灰度值差异，选取合适阈值对导管部分进行提取（玉米根段样本图像阈值＝0~100）。如图 2 - 87 所示，通过阈值分割得到包括后生木质部导管在内的所有符合阈值范围的区域。之后，利用 Flood fill 填充操作，利用连通性关系将后生木质部导管及与之连通区域从背景中分割出来（图 2 - 87G）。

　　第四，单根后生木质部导管分割。利用形态学（Morpholofical）操作模块中的腐蚀（Erode）、膨胀（Dilate）、开（Open）和闭（Close）等操作交替反复进行，并伴以利用分割（segmentation）模块中的笔刷工具去除导管间的不正确连接，直到将所有导管一一分开（图 2 - 87H）。

　　第五，单根导管修剪。利用腐蚀、膨胀、开、闭等形态学操作并伴以依靠连通性的拓扑学方法等去除某些细小的噪点或以经验判断的非导管部分的杂质点等（图 2 - 87I）。

　　利用三维视窗可在分割过程中随时检查包括后生木质部导管在内的内部组织结构的三维立体图像，ScanIP 操作界面中 3 个截面的二维视窗和三维视窗可同时显示，虽然在操作过程中一般激活二维的某一截面视窗进行分割处理，但在执行每一处理步骤后都可通过激活三维视窗的方法随时检查三维结构单元的分割情况。按照以上五步操作流程，熟练人员仅需 5 min 即可完成一个样品后生木质部导管的三维分割工作。

　　（2）根组织结构和后生木质部导管三维可视化　完成后生木质部导管的三维分割后，在 ScanIP 操作界面三维视窗中可从顶端（图 2 - 88A～B）、侧面（图 2 - 88C）、切割截面（图 2 - 88D）等多方位直观地观察到后生木质部导管在根内部组织中的分布、排列和延展情况。

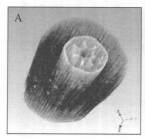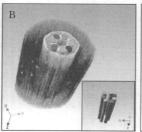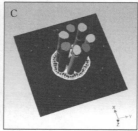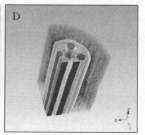

图 2 - 88　后生木质部导管三维分割可视化图像（见彩图）

A. 利用 CT 扫描重构得到的原始图像导入 ScanIP 软件后，利用三维视图窗口展示的一段根的三维立体结构；B. A 中段根后生木质部导管三维分割图像，右下角插图展示的是分离到的后生木质部导管；C. 分离的后生木质部导管贯穿某一横截面上的示意图，示意分离的导管在根内部的相对位置；D. 从两个方向进行切割得到的根中柱内部结构展示图像。图中根段样品取自 Xu - 178 玉米自交系灌浆期第二轮节根

　　利用 3D 展示模块中的切面建立（Slice planes setup）工具，可截取三维图像中的任意二维截面进行观察和处理。如图 2 - 89 所示，利用切面建立工具中的 Y-X、Y-Z 和 X-Z 3 个切面面板，分别选取该方向上的任意截面进行二维视图和三维视图的对照分析，可从 3 个方位和角度观察和分析感兴趣组织结构的位置分布和形态信息。

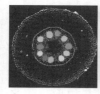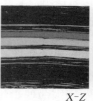

Y-X　　　　　　　　　　Y-Z　　　　　　　　　　X-Z

图 2 - 89　三维分割图像与二维截面对照图（见彩图）

注：左侧三幅图分别为在 Y-X、Y-Z 和 X-Z 3 个方向上截取的二维截面图像，右侧 3 幅图像示意对应二维截面在三维图像中的位置。图中根段样品取自 Xu - 178 玉米自交系成熟期第三轮节根。

　　利用三维剪切（3D clipping）工具可对分割得到的任意结构单元（Mask）或结构单元的组合进行三维切割。如图 2 - 90A 所示，可从 3 个切面和 6 个方向对提取的根后生木质部导管结构单元进行剪切，从而可对 Y-X、Y-Z 和 X-Z 3 个截面的内部图像进行观察与分析（图 2-90B～D）。

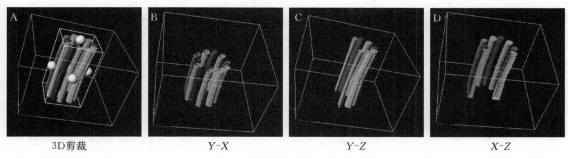

图 2-90 结构单元的三维剪切（见彩图）

A. 利用三维剪切工具对分割提取到的三维结构单元进行剪切操作示意图；B. 从 Y-X 截面上沿 Z 轴进行剪切后的根后生木质部导管结构单元三维图像；C. 从 Y-Z 截面上沿 X 轴进行剪切后的根后生木质部导管结构单元三维图像；D. 从 X-Z 截面上沿 Y 轴进行剪切后的根后生木质部导管结构单元三维图像

注：图中根段样品取自 Xu-178 玉米自交系成熟期第三轮节根。

（3）后生木质部导管三维结构参数的提取和计算 完成后生木质部导管的三维分割后，利用 Mask statistics 模块分别对分割得到的不同结构单元（Mask）的三维表型参数进行提取和计算。如图 2-91 所示，Mask statistics 模块中，最左侧 Name 标签下包括分割得到的全部结构单元，Name 标签之后的每一列标签分别代表不同的三维统计参数，包括常用的像素数目、体积、表面积和平均灰度值等，同时可根据特殊需要增加额外的统计参数。

Name	Voxel count	Volume (mm³)	Surface area (mm²)	Mean greyscale (Original)	St
Mask 1	146,792,461	0.71	57.0	0.58	
Mask 6	883,127	4.26e-3	0.24	0.63	
Mask 15	878,433	4.24e-3	0.25	0.89	
Mask 18	823,134	3.97e-3	0.23	0.61	
Mask 13	808,908	3.90e-3	0.23	0.51	
Mask 10	796,417	3.84e-3	0.24	0.76	
Mask 14	796,167	3.84e-3	0.24	1.22	
Mask 17	760,572	3.67e-3	0.22	0.59	
Mask 7	701,660	3.39e-3	0.21	0.60	
Mask 5	632,143	3.05e-3	0.21	0.65	
Mask 9	575,164	2.78e-3	0.20	1.24	
Mask 16	521,596	2.52e-3	0.19	0.65	
Grand ...					
Sum (1...	154,969,782	0.75	59.5		

图 2-91 三维结构参数提取界面

针对分割得到的玉米根后生木质部导管，利用 Mask statistics 模块通过一次计算可直接得到每根导管的体积、表面积，通过二次计算可得到导管根基部端横截面面积和梢部端横截面面积。图 2-92 为 Xu-178 玉米自交系灌浆期第二轮节根基部根段的后生木质部导管以上 4 个结构参数的计算结果。

（4）三维结构参数提取方法验证 为了验证基于以上图像获取和处理方法提取到的后生木质部导管三维结构参数的准确性，将以传统扫描电镜获取图像结合人工测量的方法得到的结构参数为标准进行验证和评价。首先，利用双面刀片将根段样品一分为二（图 2-93A），

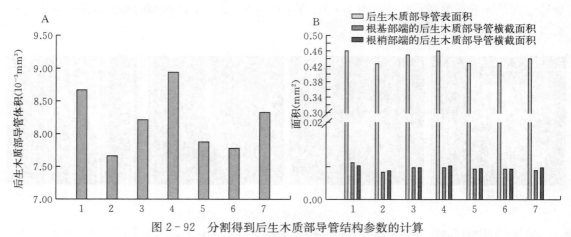

图 2-92　分割得到后生木质部导管结构参数的计算

A. 1 mm 基部根段中分割得到的 7 根后生木质部导管的单根体积；B. 7 根后生木质部导管每根的表面积和根基部端的横截面面积和根梢部端的横截面面积。根段样品取自 Xu-178 玉米自交系灌浆期第二轮节根

分别利用 X 射线显微 CT 和扫描电子显微镜获取两个根段样品切分截面的显微图像（图 2-93B～C）；之后，选取后生木质部导管的横截面面积为验证指标，分别利用 ScanIP 进行三维分割计算和 ImageJ 图像处理软件进行人工测量两种方法提取该截面上全部后生木质部导管的横截面面积参数，将两套数据进行相关性分析，从而对软件提取方法的准确性进行评估。

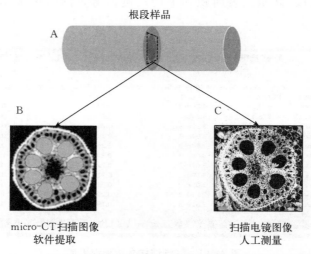

图 2-93　micro-CT 结合图像处理计算方法和扫描电镜结合人工测量方法比对

A. 展示将根段样品从中间切分成两半；B. 示意一段样本进行 micro-CT 扫描后利用 ScanIP 软件对图像进行处理并对切分截面中后生木质部导管的结构参数进行提取计算；C. 示意另一段样本利用扫描电子显微镜获取切分截面图片用于下一步基于 ImageJ 软件进行人工测量方法提取结构参数

　　由于 ScanIP 软件是一款针对体素图像数据进行处理和计算的系统，所以只针对提取结构单元的三维几何参数进行分析和计算，无法直接获取某一虚拟截面上结构单元的二维表型参数。因此，采用先获取体素参数，通过二次计算提取二维截面参数的方法间接获取二维结构数据。计算过程包括如下步骤：一是，选定三维提取图像 Z 轴上单张虚拟图像（图 2-94），

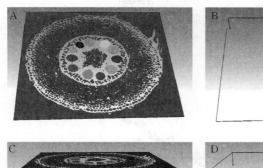
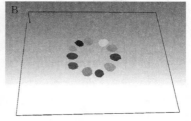

图 2 - 94 单张虚拟截面图像示意图

A、C. 从不同角度示意 Z 轴上的单张虚拟图像；B、D. 显示该单张虚拟图像中分割得到的后生木质部导管结构单元

利用 ScanIP 软件的 Mask statistics 模块获取该图像中所有后生木质部导管的体积参数。二是，由于单张虚拟图像的高度（厚度）为一个像素，因此单张虚拟图像上的每个结构单元其高度也为一个像素，所以，将每个结构单元的高度设置为一个像素间隔值，通过体积和高度数据间接计算二维表面积的参数。

基于扫描电镜获取图像，利用 ImageJ 图像处理软件人工测量方法提取后生木质部导管二维结构参数的具体过程如下：一是，利用快速扫描电子显微镜（Phenom 公司，Phenom Pro 型）获取根段相应横截面的二维图像，扫描参数如表 2 - 5 所示。二是，利用 ImageJ 图像处理软件（版本 1.50i，Http：//rsb. info. nih. gov/ij/）的 Freehand Selections 工具，人工圈定目标结构单元，从而提取后生木质部导管表面积参数（图 2 - 95）。

表 2 - 5 扫描电子显微镜扫描参数

名称	扫描系统	电压（kV）	流束	模式	实时扫描像素	实时图像质量	图像像素	图像质量
参数	Phenom Pro	10	标准	成分形貌	684	高	1 024	好

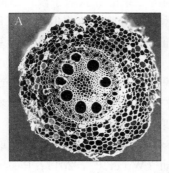

图 2 - 95 利用 ImageJ 图像处理软件人工测量提取结构参数

A. 利用快速扫描电子显微镜获取到的根横截面图像，图中黄色圆圈为利用 ImageJ 图像处理软件人工标识出的后生木质部导管区域；B. ImageJ 图像处理软件的工具栏界面；C. 软件输出的 A 选定的区域二维几何参数

将取自 Xu - 178 玉米自交系灌浆期第一到第四轮节根，按如上两种方法分别提取后生木质部导管横截面面积数据共计 37 组，进行相关性分析显示，相关系数达到 0.981，表明新建立的基于 X 射线显微 CT 重构图像，利用 ScanIP 进行后生木质部导管三维分割和结构

参数计算的方法准确度较高（图 2-96）。

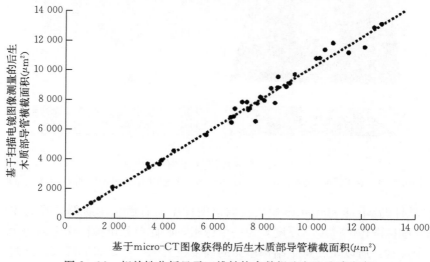

图 2-96　相关性分析显示三维结构参数提取方法准确度高

（5）小结　根的解剖结构与水分和养分在根内的吸收和运输关系密切，并与根系在获取土壤资源时的新陈代谢消耗有一定关联（Lynch et al.，2014）。因而，根的解剖结构对根系的功能发挥会产生重要影响。内外皮层细胞壁的木栓化程度影响径向水分流动（Lynch et al.，2014），木质部导管的数量和直径影响轴向水分运输（Richards and Passioura，1981；Passioura，1983），而皮层组织的结构和性质会影响根系总的新陈代谢消耗（Zhu et al.，2010；Chimungu et al.，2014a，2014b）。关于根系解剖结构的研究，常用的研究方法主要是借助显微成像技术获取根内部组织的二维显微图像，利用人工测量的方法就根内某一截面的表型特征进行简单的测量和分析，无法满足对根系内部组织三维空间分布解析和结构特征提取的要求。传统的基于序列切片的三维重构技术，切片制作过程繁琐、耗时费力（Wu et al.，2011）。本研究建立了以 X 射线显微 CT 扫描为三维图像获取手段，以商业化的 ScanIP 图像分析软件为三维图像处理工具的玉米根后生木质部导管三维提取与可视化表达及定量分析方法，可实现玉米根系维管组织三维表型特征准确、快速的提取和定量计算，较传统方法大大减少了工作量、提高了工作效率。

X 射线显微 CT 扫描技术在图像获取与重构的效率上较传统的基于序列切片的三维重构技术具有明显优势。本研究中，前期制样与样品扫描和重构仅需 140 min，具体包括乙醇梯度脱水 60 min，CO_2 临界点干燥 60 min，图像获取 15 min，图像重构 5 min。而利用传统方法（基于石蜡切片或电镜截面的三维重构技术），将在序列切片前期连续切取、染色（或喷金）和后期图像拍照获取上耗费大量的时间和劳动（Wu et al.，2011；Passot et al.，2016；Chopin et al.，2015）。而且，之后利用软件程序针对获取的序列图像进行三维重构过程同样包括繁复的人工图像配准和校正的步骤，这仍然是一项耗时费力的工作。本研究中，在商业化软件 ScanIP 环境下建立了后生木质部导管三维分割流程，熟练人员对玉米根的后生木质部导管进行三维提取仅需 5 min，之后软件系统可根据分割结果自动对分割得到的导管三维结构参数进行计算，仅需 1 min（计算机为 8 核、2.80GHz 处理器）。如表 2-6所示。

表 2-6 新建方法与传统方法效率对比

方法	前期制样	图像获取	图像重构	图像分割计算
基于序列切片三维重构	乙醇梯度脱水、切片制作 2 周	100/4×5 min＝75 min（3 mm 样本）	人工逐一校正（100 张）	>1 d
基于 X 射线显微 CT	乙醇梯度脱水、临界点干燥 2 h	15 min（3 mm 样本）	5 min	6 min（图像分割 5 min＋计算 1 min）

　　木质部导管三维结构参数的提取对于流体力学三维模型的建立和水分流动阻碍参数的鉴定具有重要意义。目前，团队十分关心木质部导管轴向的扦插和替换及这个过程对水分利用的影响，侧根分支等关键部位的三维表型性状与水流的再分配密切相关。这些研究对深入了解根中水分的轴向运输调控具有重要意义。这些三维模型的建立和结构参数的分析可用于不同作物品种、品系和基因型之间表型的筛选鉴定和根系吸水调控研究。尽管本研究中着重关注玉米的节根，但新建立的方法同样适用于其他直径小于玉米节根的诸如小麦和水稻等单子叶植物的根和诸如胚根和侧根等其他类型的根。由于 X 射线显微 CT 的分辨率可达到微米的级别，因此理论上直径大于微米级别的根导管都可以用此方法进行处理和计算。

2.5　玉米籽粒组织结构的三维重构与可视化

2.5.1　基于序列切片的籽粒组织三维可视化技术

　　1. **样本处理与图像获取**　方法同 2.4.1，整个过程包括：取样、FAA 固定、梯度脱水、透明、浸蜡、包埋、切片、脱蜡、染色及成像。

　　2. **切片制作**　方法同 2.4.1，试验中使用 LEICA-SCN400 玻片扫描成像系统，通过人工选定扫描范围并在 20× 放大模式下进行扫描，获得高精度的玉米籽粒切片的显微图像。图 2-97 为京科玉米籽粒成熟期显微图像。

　　3. **籽粒组织图像**　通过样本固定、石蜡切片制备和图像扫描等流程，获取籽粒组织序列图像，对样本组织部位、采集时期、材料长度和获得的对应图像的分辨率、厚度和层间距的说明如表 2-7 所示。

图 2-97　京科玉米籽粒成熟期显微图像

表 2-7 获取籽粒组织切片的图像信息

名称	分辨率	厚度	层间距	图像张数	材料长度	时期
京科玉米籽粒	642×674 像素	16 μm	48 μm	74	3.6 mm	成熟期

　　4. **籽粒组织图像预处理**

　　（1）**彩色图像灰度化处理**　本文使用 RGB 和 YUV 的转换关系，进行图像灰度化处理。使用 $Y=0.3R+0.59G+0.11B$ 把像素的 RGB 映射成相应的灰度信息，如图 2-98 所示。

（2）序列切片图像的层间配准 植物组织序列图像的配准
是指以某一张图像为基准，对序列图像中的每一张图像寻求一
种或一系列空间变换，使它与上一幅图像上的对应点达到空间
上的一致。即植物组织同一部位在两张匹配图像上有相同的空
间位置。序列图像的配准结果使得上下相邻的两幅图像上所有
组织部位及感兴趣组织达到空间上的匹配。

在切片制备和成像过程中，人工和机械误差可能导致获取
的序列图像之间存在位置偏移和旋转，严重影响到基于切片图
像的三维重建和可视化的效果。本文采用基于像素灰度的刚性
配准方法实现连续切片图像的配准。基于像素灰度的刚性配准
方法不需要太多的预处理，它是利用两幅图像之间的灰度差异

图 2-98 灰度化处理图像

性或相似性，计算出配准函数的最优解来确定最优参数，从而确定空间变换 T_α，使参考图
像 R 和待配准图像 F 的相似性最大。灰度方差配准函数 f 计算同前。

本文利用上述方法对序列切片图像连续配准。每个配准过程均以上次配准的结果图像作
为参考图像来配准当前图像，依次循环迭代，最终将所有图像在空间上对准，如图 2-99
所示。

 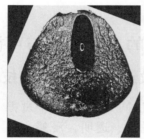 

A.待配准图像　　　　　　　B.参考图像　　　　　　　C.配准后的图像

图 2-99 基于灰度信息的图像配准

5. 玉米籽粒三维可视化 玉米籽粒三维可视化结果如图 2-100 所示。其中，A 为玉米
籽粒的三维重建结果，从图中可以看出玉米籽粒完整、清晰的表面特征。B 为使用合成体绘
制算法对玉米籽粒进行绘制的结果，利用了玉米籽粒图像中胚乳和胚的灰度值差异，通过设
置不同的颜色映射值和透明度值，可以显示出籽粒内部的胚乳和胚，当设置籽粒外层的胚乳
组织的不透明度为 0.24，则玉米籽粒内部组织结构的显示效果具有较强的层次感，可以清
晰观察各个组织之间的空间位置关系。C 为运用 MIP 算法对玉米籽粒及其胚乳进行绘制的
结果，其中，最后一幅图是玉米胚结构的体绘制结果，最大密度投影算法跟合成体绘制一
样，也是通过对不同组织的灰度值来映射不同颜色和透明度。比较两种体绘制方法的结果可
以看出，最大投影密度算法不仅显示了胚乳和胚的空间层次关系，也显示了胚内的胚根、胚
芽和胚轴；而合成体绘制仅能显示出胚乳和胚的层次关系，对胚乳的显示效果较差。因此对
玉米粒的三维可视化结果可以看出，最大密度投影算法对籽粒内部细节和空间位置关系的显
示效果较好。

6. 小结 通过玉米籽粒组织三维重建结果可以看出，使用 MC 算法实现植物组织面绘
制，是以精细的图像分割为前提，可以重建出植物组织清晰的表面模型。MC 算法无法显示

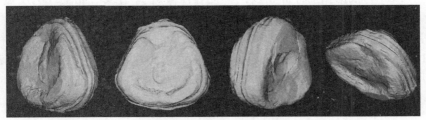

A.玉米籽粒MC算法三维重建结果

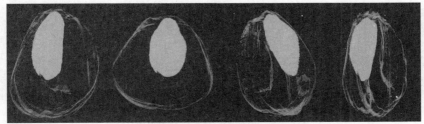

B.玉米籽粒合成体绘制算法可视化结果

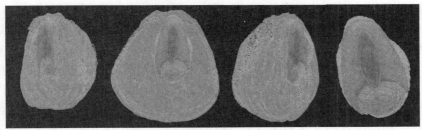

C.玉米籽粒MIP算法可视化结果

图 2-100　玉米籽粒三维可视化结果（见彩图）

包含在表面模型内部的组织结构及其空间关系，而体绘制技术能基于原始体数据，直接显示感兴趣的组织。比较合成体绘制和最大密度投影体绘制算法的绘制结果，可以看出最大密度投影算法对组织内部细节和空间位置关系具有更好的显示效果。

2.5.2　基于 CT 序列图像的籽粒三维重构与可视化技术

玉米籽粒在组织成分上主要包括胚、胚乳、种皮等，胚乳和胚部都是由单个细胞逐渐分化发育而形成的，在其分化发育过程中，需要茎秆维管组织和颖果养分运输组织输送养分，以保证其分化发育进程。研究表明，胚乳和胚部分化发育的最终大小和形态结构往往受到遗传因素和环境因素的影响。因此，通过研究玉米籽粒胚乳和胚部的整体形态结构特征，可以有效地进行玉米品种鉴定以及探究环境影响产生的变异。本节介绍利用 micro-CT 技术，在标准实验室条件下快速获取玉米籽粒内部组织结构的形态解剖信息，以及通过三维图像处理软件进行胚、胚乳、空腔等结构的三维分割，并对各个结构进行形态参数的分析。通过本节介绍，建立精确、快速的籽粒三维表型信息鉴定技术体系。

1. 图像获取

（1）参数设置　在进行样品扫描前，需要进行合适的参数设置，包括分辨率、电流、电压、能量等的设置。分辨率可以根据样品的大小选择合适的相机位置进行调整，籽粒的最适分辨率为 6～12 μm。根据扫描样品密度的不同，需要对 X 射线的能量或电压进行调整。X 射线的能量首先可以通过改变滤片进行调整，没有滤片用于最低能量的 X 射线，0.5 mm 铝（Al）滤片用于较高能量，铜加铝（Cu＋Al）用于最高能量。设置不同铝片对籽粒进行扫描，图 2－101 依次为没有使用滤片、使用 0.5 mm Al 滤片和 Al＋Cu 滤片，三者虽均施加 40 kV 的电压，但成像结果差别明显。试验结果表明，对于籽粒，不使用滤片、40 kV 的电压即可获得理想的扫描效果。

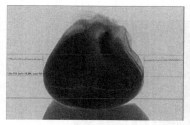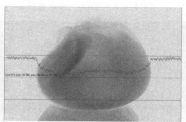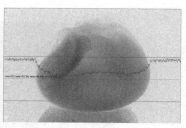

图 2－101　CT 扫描条件不同对成像结果的影响

（2）**扫描与重构**　利用 X 射线显微 CT 系统（美国 Bruker 公司 SkyScan 1172 型）对玉米籽粒进行 CT 扫描。扫描电压为 34 kV，电流为 210 μA，扫描像素间隔设置为 3.4 μm，样品距光源和相机距光源的距离分别为 182.70 mm 和 215.6 mm，扫描模式为 2K 模式（2 000×1 332 像素），设置系统以 0.4°为间隔对样品进行 180°持续扫描。micro－CT 扫描获取的图像不仅仅是某一断层切面的图像，而是在所有体积上的三维覆盖。体积数据包含了组织在 3D 网格结构中全部的体素集合。体素是体积像素，是 3D 等效像素，它表示在特定点的 X 射线吸收，并包括了样品在各种深度和在各个方向上的内容，每个体素中的灰度值表示特定区域密度的信息属性。由于物体内部密度和成分差异引起 X 射线吸收的变化，获取的图像呈现出不同的对比度。来自数个 2D 切片的信息能够进行整合和重建成 3D 图像，可以实现 3D 微观结构的分析。重构过程是将灰度级切片转换为由实心（黑色）和空白（白色）组成的二进制数据。在重构操作前，可使用图像初始平滑滤波器（例如高斯或中值）以减少随机噪声。重构结果一方面与衰减系数相关，另一方面取决于样品中的密度变化。因此，获得的图像可以被认为是 X 射线的空间分布图，其中较亮区域对应于较高的密度。在重构得到的 3D 图像中，X 轴和 Y 轴表示水平和垂直像素坐标（2D），而 Z 轴表示 3D 空间维度（图 2－102）。

2. **图像分析**　图像分析是指对籽粒微观结构的视觉信息和形态参数进行定性和定量的提取，图像分析的目标是实现基于图像的序列信息的描述以及图像信息的提取。micro－CT 的高分辨率以及固有的强对比度，能够实现籽粒内部不同成分不同密度形成对比区域（图 2－103）。

扫描获取的图片中，亨氏（Hounsfield unit，HU）值或 CT 值可以反映样品中相应部位对 X 射线的平均衰减能力。因而，样品内不同部位物理密度的差异可被观察为 CT 值的差异。低密度物体（例如空气）具有低的 HU 值（－1 000），高密度样品（例如固体材料）具有高的 HU 值（3 000）。HU 值的变化与样品不同成分之间密度的差异与偏差高度相关，因此 micro－CT 的灵敏度足以精确定量样品内部密度的偏差。通过此原理可以将 micro－CT 数据用于模拟材料的微观结构，并使用图像分析技术对试验材料的多个属性定量分析。例如材料内的空隙分布、壁厚度、体积分数、孔隙率，空隙尺寸和连通性以及密度信息等都可以

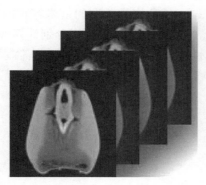

2D序列切片信息 ————————————→ 3D体信息

图 2-102 基于序列切片信息获得玉米籽粒 3D 体信息

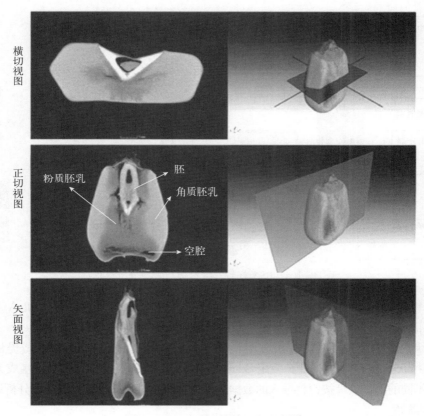

图 2-103 籽粒不同切面 CT 图像

从 3D 数据集中计算获得。

对于作物组织样品来说，获得 3D 图像之后，需要对其内部的解剖结构进行分析。根据密度变化分布规律，可以渲染 3D 图像，对样品的内部结构进行可视化定性研究。这种渲染的前提是，样品内部不同组织结构区域的 X 射线衰减之间有显著不同，才能够通过充分的对比度来实现区域的色彩区分。然而，通常情况下这种色彩区分并不准确，为了对材料内部各组分进行定量的分析，在获取得到材料的三维图像之后，要对图像进行分割处理，分割得到每个感兴趣区域的体素组。这样，将一个整体数据集分成每个单独的部分，从而实现对仅限于数据集内特定区域的分析。例如，对 micro‐CT 扫描获取的玉米籽粒的三维信息进行重构后，可将其内部结构分割为空腔、胚乳、胚等结构，进而可以分别计算得到不同结构的体积、表面积等参数。分割过程使用阈值技术来完成：首先，选择与所有体素相关的全局阈值；然后，计算适应于局部的阈值；通过区域生长技术或聚类迭代技术等分割出感兴趣的区域。如图 2‐104 所示。

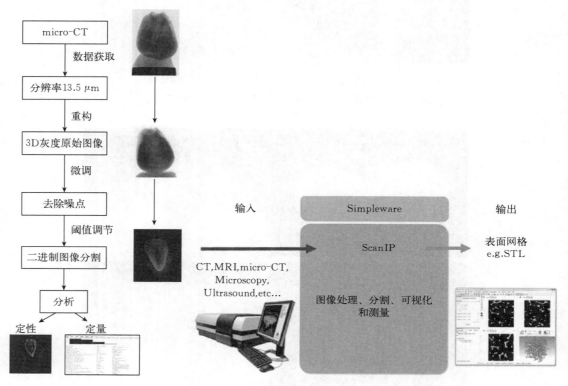

图 2‐104　玉米籽粒三维重构与表型分析流程

目前，针对 2D、3D 图像数据集的定量分析已有许多商业性软件，例如 Avizo‐VSG、ImageJ 和 Simpleware 等，利用这些软件可对图像数据进行分割计算。Simpleware 开发了用于将 3D 图像数据转换为模型的解决方案，基于核心图像的处理平台 ScanIP 提供广泛的图像可视化选择、处理和测量工具。使用 ScanIP 软件可以在几分钟内将 3D 数据生成为网格数据，此后，利用不同的图像处理按钮将导入的数据分割为不同的感兴趣区域，以实现分析计算。

3. **实例解析**

（1）材料与仪器　使用 SkyScan 1172 高分辨率 X 射线显微 CT 系统，取自然成熟、干燥无损的一粒玉米种子固定于样品台上，关闭仪器舱门，用仪器自带软件包中的扫描软件进行样品调试。优化试验条件以允许高质量射线照相投影图像，同时考虑对比度和分辨率以及可管理的扫描时间。在 40 kV 电压条件下扫描整个玉米籽粒，相对低的 X 射线能量常适合扫描软的生物材料。3D 对象的 X 射线阴影投影被数字化为 2 048×2 048 像素图像，并且使用 NRecon1.6.2.0 软件（http：//www.skyscan.be/products/downloads.htm）基于滤光反投影过程的数学算法来处理以获得重建的横截面图像。最终使 1 500 个虚拟部分的三维堆叠，每个部分由 1 500×1 500 个各向同性体素组成，线性 X 射线衰减系数以 0~255 校准的灰度值表现出来。

（2）扫描参数设置 样品放置好后，需要设置扫描模式：①从菜单项选项/滤片中选择正确的滤片模式；②选择适当的分辨率级别，高精度 4K、中等 2K、低等为 1K。设置扫描对象的位置，并根据扫描对象尺寸的大小增加或减小放大倍数，直到扫描对象达到其最大屏幕大小，可通过旋转按钮检查对象是否包含在图像域中并对称旋转，以确保扫描时扫描对象没有任何部分会在图像界面之外。样品正确定位，并具有正确的 Z 值以及放大倍数后，点击开始扫描按钮，仪器开始扫描，并显示扫描的各项参数及扫描时间。扫描结束后，获得扫描对象 0~180°虚拟切片序列。

（3）图像重构 利用重构软件 CT Scan NRecon 将这些虚拟切片序列进行三维重构。将扫描的数据集导入软件中，开始重构之前，必须使用预览功能对几个重建参数进行手动调整以修改不合适的重构设置。选择微调（Fune tuning）功能按钮通过对对准补偿（Post‐alignment）、光束硬化校正（Beam‐hardening correction）、环状伪影减少（Ring‐artifacts reduction）和平滑（Smoothing）等参数的选择，启动一系列预览进行图像重构参数调整。一般情况下，一次调整一个参数，同时保持所有其他参数不变（图 2‐105）。

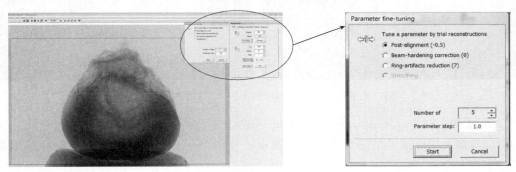

图 2‐105 CT 图像重构参数设置

① 对准补偿（Post‐alignment）。对准补偿是一个重要的参数，能够补偿图像采集过程中可能出现的不对准现象。错误的对准将导致重建图像中尾部被加粗或模糊，即常说的拖尾现象（图 2‐106）。

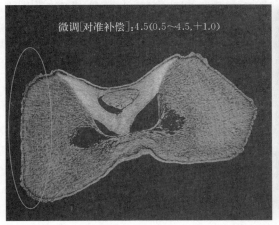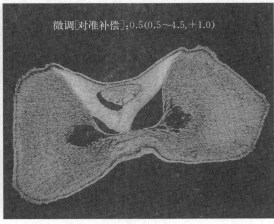

图 2‐106 对准补偿参数设置不同导致图像出现拖尾现象

② 光束硬化校正（Beam - hardening correction）。光束硬化校正通过线性变换补偿束硬化效应实现，可以根据物体密度选择校正的深度（0，1，…，100）（图2 - 107）。

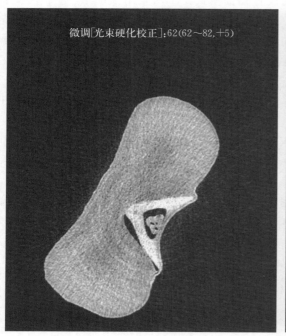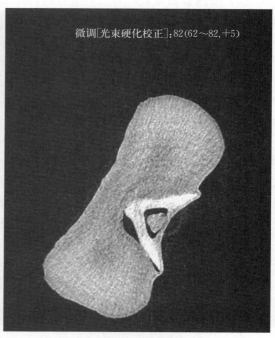

图2 - 107　光束硬化校正参数设置不同对CT图像重构效果的影响

③ 环状伪影减少（Ring - artifacts reduction）。环状伪影用于减少在扫描过程中相机响应时出现极高灵敏度或灵敏度完全失效情况而产生的环状伪影，这些像素被称为缺陷像素（图2 - 108）。

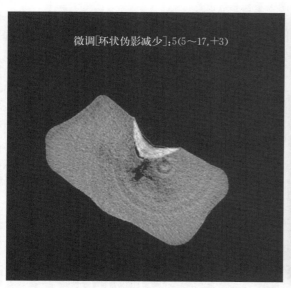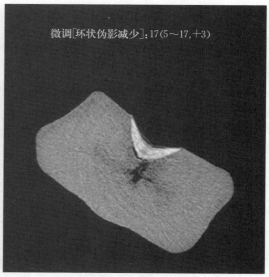

图2 - 108　环状伪影减少参数设置不同对CT图像重构效果的影响

④ 平滑（Smoothing）。平滑采用 M×N 邻域平滑每个像素，其中 M 是水平维度，N 是垂直维度。通过平滑能够减少噪声，但也可能会导致一些精细结构的模糊。平滑的级别由滑动条上显示的数字来代表，范围为 1～10。

⑤ 直方图（Histogram）。选择动态图像范围。此函数确定从实数（使用浮点实数进行重构）转换为由输出文件格式确定的整数时的数据动态范围。直方图仅从预览切片获得。因此，如果对象非常不均匀，重要的是选择穿过对象的密集部分的切片；否则较高的值可能在最终图像中截断。直方图可以以线性或对数刻度显示：用鼠标左键双击直方图将在两种模式之间切换。图像范围可以通过 3 种方式改变：用鼠标移动（按住鼠标左键）拖动直方图上的 2 个暗紫色线之一；按按钮自动获取默认范围；或通过单击范围本身手动更改值（图 2-109）。通过手动修改范围（第三种方式），可以允许超出直方图边界的范围。

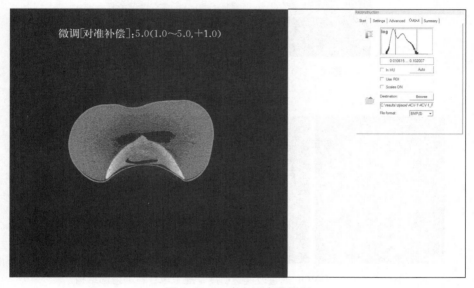

图 2-109　直方图参数设置

⑥ 重构区域的选择（ROI）。为了节省重构时间，提高重构效率，可使用该选项圈出只有样本大小的重构区域，去除掉周围背景区域。参数设置完成后即可开始重构，重构完成后会生成相应文件夹（图 2-110）。

(4) 图像分析

① 定性分析。使用 CT AND 和 CT VOL 对获得的 3D 图像进行渲染，可实现样品内部结构的定性分析，确定其内部不同结构的特征，以及不同品种之间在内部结构上的差异。将扫描的图像序列导入 CT AND 软件，通过对图像的颜色、透明度等进行操作，可以更清晰地观测到籽粒内部不同的结构，如种皮、胚、胚乳、空腔等（图 2-111，图 2-112）。

另外，使用 Data View 软件可查看选择样品结构中任何给定位置的三视图：X-Y 平面（横轴视图）、X-Z 平面（冠状视图）和 Z-Y 平面（旋转矢状视图），如图 2-113 所示。

② 定量分析。进一步研究籽粒内部不同结构的三维立体特征，需要使用 Simpleware 商业处理软件进行图像分割和参数计算。具体步骤如下。

一是数据导入。打开 Simpleware 图像处理模块（ScanIP）后，选择重构后的农大 108

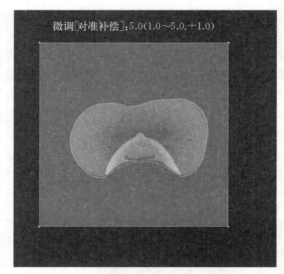

图 2-110　选择重构区域进行图像重构

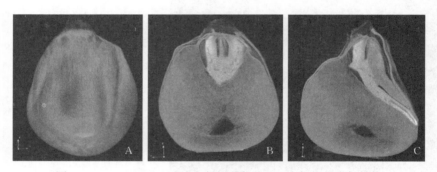

图 2-111　CT VOL 通过改变透明度呈现玉米籽粒的内部结构

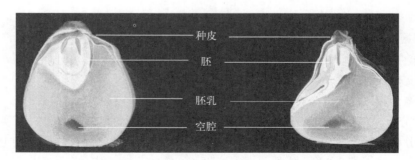

图 2-112　通过颜色的改变呈现玉米籽粒的内部结构

玉米籽粒的 3D 数据集后，ScanIP 软件将会在几分钟内将数据集转化为网格数据，利用 Image processing、Messure 等按钮可实现对数据的处理分割及分析。

　　二是图像处理。Simpleware 图像处理的操作功能如图 2-114 所示：

　　在这里主要介绍利用 Simpleware 的图像分割、形态学、平滑和滤波等功能键实现玉米籽粒三维解剖结构的形态学计算。

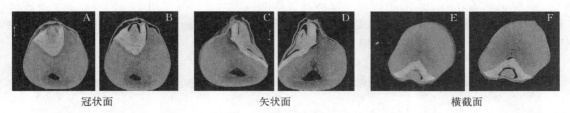

冠状面　　　　　　　　矢状面　　　　　　　横截面

图 2-113　玉米籽粒 CT 三视图

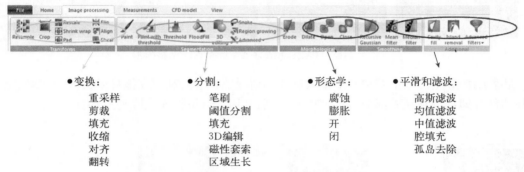

●变换：　　　　　●分割：　　　　　●形态学：　　　●平滑和滤波：
　重采样　　　　　　笔刷　　　　　　腐蚀　　　　　高斯滤波
　剪裁　　　　　　　阈值分割　　　　膨胀　　　　　均值滤波
　填充　　　　　　　填充　　　　　　开　　　　　　中值滤波
　收缩　　　　　　　3D编辑　　　　闭　　　　　　腔填充
　对齐　　　　　　　磁性套索　　　　　　　　　　　孤岛去除
　翻转　　　　　　　区域生长

图 2-114　Simpleware 图像处理界面

胚结构分割：胚部的分割主要根据图像中胚和胚乳部分灰度值的不同进行区分，因此，本文采用区域生长（Region growing）法进行图像分割。区域生长法是以感兴趣的区域中的一个点作为种子点，设定迭代次数 N、乘子 M、初始邻域半径 R 等参数，基于种子点和 R 计算均值（Mean）和标准差（Sigma）等标准，根据指定的生长标准包含与种子像素具有相似特性的像素，按照指定的生长标准连续选择生长点进行合并，直到没有符合生长规则的像素为止，最终得到一个包含种子点的连通区域。由于胚的灰度值与胚乳中的灰度值有重合，因此，在 3D 全序列切片上，胚乳部分会影响到胚的分割。采用单张 2D 序列图，选择性跳跃生长单张的图像可较好地获得胚的轮廓，然后利用 Close 操作实现胚的完整分割（图 2-115）。

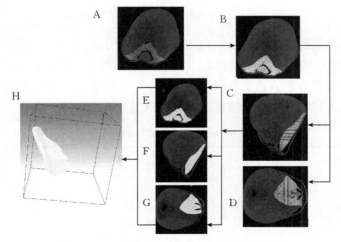

图 2-115　填充法分割胚部结构（见彩图）

区域生长法分割空腔的结构：空腔部分与其他结构一方面灰度值差距明显，另一方面与其他结构独立不连通。根据其结构上独立不连通这一特性，使用 Region growing（区域生长）在当前活动 Mode 上操作，即可分割得到空腔的完整结构（图 2-116）。

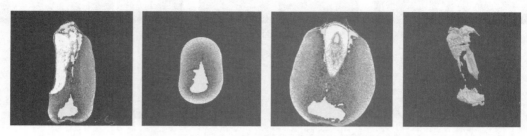

图 2-116　区域生长法分割空腔结构（见彩图）

胚乳结构分割：在空腔和胚的结构都获得情况下，直接利用完整种子的 Mode 减去空腔和胚的部分即可得到胚乳部分（含种皮），之后利用 Erode 操作去除种皮部分。

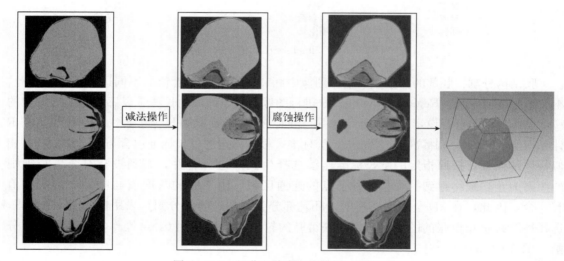

图 2-117　胚乳和种皮三维分割（见彩图）

三是三维表型参数计算。通过以上方法，成功实现了对玉米籽粒内部三维结构的分割，精细分割出胚、胚乳、空腔等不同的组织（图 2-115，图 2-116，图 2-117），进一步对各个成分进行计算即可获得相关表型参数（表 2-8），如胚体积、胚表面积、空腔体积、空腔表面积等，实现玉米籽粒三维表型信息的精准、定量计算。

表 2-8　种子内部各结构的形态参数

结构	体积（mm³）	表面积（mm²）
胚乳	160.00	298
空腔	2.73	19
胚	22.20	129
种子	193.00	882

4. 小结　以 X 射线扫描技术等为代表的新的成像技术极大地促进了植物发育生物学和植物表型组学的发展。基于 X 射线断层扫描技术的作物学组织研究方法，克服了传统制片的复杂过程，实现了无损、三维的组织成像及三维表型的定量分析。Rousseau 等首次采用同步辐射 X 射线同轴成像显微技术研究玉米籽粒的三维解剖结构，并通过调节图像阈值和主动轮廓算法进行籽粒种皮、珠心、胚乳和胚等结构的分割，验证了 X 射线断层扫描技术能够快速获取植物组织的空间结构和分割组织内部不同的结构信息。而 micro‐CT 的发展使得基于 X 射线扫描成像技术更适于标准实验室操作，并因其具有商业化的成像系统和处理软件等优势，使籽粒组织成像、分析过程更加快速、简便。本实验室成功构建了在普通试验条件下的 micro‐CT 扫描技术体系，基于 CT 序列图像，实现了完整籽粒、胚、胚乳及空腔的三维分割与重构；进一步基于不同组织结构的三维模型可以简单、快速地计算其三维表型参数，为玉米籽粒品质鉴定提供了一种新的技术方法。

2.6　总结与展望

本章针对传统植物显微表型检测中植物组织制片程序繁琐，植物组织细胞的数量、几何表型参数检测工作量大、效率低、准确性差等问题，结合 micro‐CT 成像技术、计算机图像处理和玉米解剖生理学等知识，成功构建了玉米显微图像获取的技术体系，研发了基于显微图像的表型检测规程和软件，以期为作物组织表型检测提供简单易用工具，为玉米品种间结构和功能鉴定提供丰富数据来源，从而为探索作物显微表型与基因型、环境型及品种生产力之间关系奠定基础，促进农作物抗性评价及品种快速筛选的发展。目前的阶段性结论主要有：

（1）针对玉米维管束形态结构特征及对获取图像分辨率不同的要求，构建了两种玉米维管束显微图像获取的技术方法：基于 micro‐CT 技术无损获得玉米根系、茎秆、叶片显微图像，其最大分辨率可以达到 $2.0~\mu\mathrm{m}$/像素，实现维管束水平的表型特征提取与解析。基于传统石蜡切片技术，引入 SCN400 超高分辨率显微图像的自动拼接软件，获取 $0.5~\mu\mathrm{m}$ 高分辨率下完整茎秆显微图像，实现导管、筛管等精细表型特征的提取与解析。

（2）基于 CT 显微图像，探究目标形状统计特征的自动检测、匹配和分割方法，开发出基于 CT 单张图像的玉米叶片维管束表型分析软件、玉米茎秆维管束表型分析软件，准确检测包括玉米茎秆、叶片维管束的数量、形状和分布的显微表型参数，首次实现了玉米茎秆、叶片横切面内完整维管束表型特征的自动提取与计算。

（3）基于 SCN400 超高分辨率显微图像，实现玉米茎秆木质部表型自动检测与解析。

（4）基于 CT 序列显微图像，建立以商业化的 Simpleware 图像分析软件为三维图像处理工具的玉米维管组织、玉米籽粒三维提取与可视化方法，较传统方法大大减少了工作量、提高了工作效率。

基于前期的工作基础，根据育种工作者对显微表型信息获取与高通量解析的具体要求分析，今后将对以下工作进一步深入研究：

（1）主要品种或自交系玉米维管束表型信息数据库、籽粒表型数据库构建。开发显微表型智能解析、数据挖掘、数据库构建及表型性状萃取分析工具平台，利用 MySQL 搭建不同基因型或不同品种玉米维管束表型信息数据库、籽粒表型数据库，为农艺学家和育种学家提供更为丰富和全面的表型信息。

（2）表型‐基因型关联分析。开展结合基因测序和作物显微表型信息的表型‐基因型关联分析，以进化、发育、适应植物重要生命活动过程中基因调控网络等科学前沿问题为切入点，建立显微深层表型-基因型关联网络和分析平台，构建高效、精准的作物表型解析和遗传调控鉴定技术体系。

参考文献

白永新，王早荣，陈宝国，等，2000. 玉米杂交种棒三叶特征及其叶面积与单株穗重、粒重的相关性研究. 华北农学报，15（2）：32-35.

陈传永，侯玉虹，孙锐，等，2010. 密度对不同玉米品种产量性能的影响及其耐密性分析. 作物学报，36（7）：1153-1160.

陈健辉，1999. 玉米（Zea mays L.）叶脉发育的研究. 广西植物，19（1）：65-69.

陈琦，胥芳，艾青林，等，2015. 植物导管壁面增厚结构水动力学模型与流动阻力特性. 农业工程学报，31（19）：1-8.

崔海岩，靳立斌，李波，等，2012. 遮阴对夏玉米茎秆形态结构和倒伏的影响. 中国农业科学，45（17）：3497-3505.

段民孝，2005. 从农大108和郑单958中得到的玉米育种启示. 玉米科学，13（4）：49-52.

冯海娟，张善平，马存金，等，2014. 种植密度对夏玉米茎秆维管束结构及茎流特性的影响. 作物学报，40（8）：1435-1442.

高梦祥，郭康权，杨中平，等，2003. 玉米秸秆的力学特性测试研究. 农业机械学报，34（4）：48-51.

龚明，1989. 作物抗旱性鉴定方法与指标及其综合评价. 云南农业大学学报，4（1）：73-81.

郭素枝，2006. 扫描电镜技术及其应用. 厦门：厦门大学出版社.

郭玉明，袁红梅，阴妍，等，2007. 茎秆作物抗倒伏生物力学评价研究及关联分析. 农业工程学报，23（7）：14-18.

何启平，董树亭，高荣岐，2007. 不同类型玉米品种果穗维管束的比较研究. 作物学报，33（7）：1187-1196.

侯彦龙，马丹，2014. 玉米生长发育规律研究现状. 中国农业信息（12S）：14.

李春奇，王庭梁，程相文，等，2011. 种植密度对夏玉米穗位叶片解剖结构的影响. 作物学报，37（11）：2099-2150.

李金才，魏凤珍，丁显萍，1999. 小麦穗轴和小穗轴维管束系统及与穗部生产力关系的研究. 作物学报，25（3）：315-319.

李乐，曾辉，郭大立，2013. 叶脉网络功能性状及其生态学意义. 植物生态学报，37（7）：691-698.

李真真，张莉，李思，等，2014. 玉米叶片气孔及花环和维管束结构对水分胁迫的响应. 应用生态学报，25（10）：2944-2950.

梁莉，郭玉明，2008. 作物茎秆生物力学性质与形态特性相关性研究. 农业工程学报，24（7）：1-6.

廖宜涛，廖庆喜，田波平，等，2007. 收割期芦竹底部茎秆机械物理特性参数的试验研究. 农业工程学报，23（4）：124-129.

潘莹萍，陈亚鹏，2014. 叶片水力性状研究进展. 生态学杂志，33（10）：2834-2841.

沈海戈，柯有安，2005. 医学体数据三维可视化方法的分类与评价. 中国图像图形学报，5（7）：9-14.

孙京田，谢英渤，1999. 生物医学扫描样品制备中几种干燥方法的比较. 实验室研究与探索，18（3）：52-55.

孙少燕，2007. 基于像素灰度的医学图像刚性配准方法研究. 大连：大连理工大学.

孙世贤，戴俊英，顾慰连，1989. 氮磷钾对玉米倒伏及产量的影响. 中国农业科学，22（3）：28-33.

孙守钧，裴忠有，曹秀云，等，1999. 高粱抗倒的形态特征和解剖结构研究. 民族高等教育研究，9（1）：5-11.

唐海涛，张彪，谭君，等，2011. 玉米杂交种产量性状与穗位叶光合性状关联度分析. 中国农学通报，27（1）：69-73.

唐海涛，张彪，田玉秀，等，2009. 玉米杂交种棒三叶光合性状比较研究. 玉米科学，17（2）：86-90.

陶世蓉，初庆刚，东先旺，等，1995. 不同株型玉米叶片形态结构的研究. 玉米科学，3（2）：51-53.

汪黎明，郭庆法，王庆成，2004. 中国玉米栽培学. 上海：上海科学技术出版社.

王立新，郭强，苏青，1990. 玉米抗倒性与茎秆显微结构的关系. 植物学通报，7（8）：34-36.

王娜，李凤海，王志斌，等，2011. 不同耐密型玉米品种茎秆性状对密度的响应及与倒伏的关系. 作物杂志（3）：67-70.

王群瑛，胡昌浩，1991. 玉米茎秆抗倒特性的解剖研究. 作物学报，19（1）：70-74.

闫伟平，杜建军，郭新宇，2013. 黄瓜茎维管束图像分割与三维可视化技术研究. 农机化研究（2）：9-13.

尹田夫，刘丽君，宋英淑，等，1986. 不同抗旱型大豆茸毛适旱变态与茎形态解剖的比较研究. 大豆科学（5）：223-226.

于海秋，王晓磊，蒋春姬，等，2008. 土壤干旱下玉米幼苗解剖结构的伤害进程. 干旱地区农业研究，26（5）：143-147.

袁志华，冯宝萍，赵安庆，等，2002. 作物茎秆抗倒伏的力学分析及综合评价探讨. 农业工程学报，18（6）：30-31.

赵春江，陆声链，郭新宇，等，2010. 数字植物及其技术体系探讨. 中国农业科学，43（10）：2023-2030.

赵可夫，1981. 玉米抽雄后不同叶位叶对籽粒产量的影响及其光合性能. 作物学报，7（4）：259-266.

赵明，李建国，张宾，等，2006. 论作物高产挖潜的补偿机制. 作物学报，32（10）：1566-1573.

Blonder B，Violle C，Bentleyet LP，et al.，2011. Venation networks and the origin of the leaf economics spectrum. Ecology Letters，14（2）：91-100.

Both A，1996. Water transport in xylem conduits with ring thickenings. Plant，Cell and Environment，19：622-629.

Boutros M，Heigwer F，Laufer C. 2015. Microscopy-based high-content screening. Cell，163（6）：1314-1325.

Brodersen CR，Choat B，Chatelet DS，et al.，2013. Xylem vessel relays contribute to radial connectivity in grapevine stems（*Vitis vinifera* and *V. arizonica*；*Vitaceae*）. American Journal of Botany，100：314-321.

Brodersen CR，Roark LC，Pittermann J，2012. The physiological implications of primary xylem organization in two ferns. Plant，Cell and Environment，35：1898-1911.

Chang HS，Loesch PJ，Zuber MS，1976. Effects of recurrent selection for crushing strength on morphological and anatomical stalk traits in corn. Crop Science，16：621-625.

Chen W，Xia X，Huang Y，et al.，2016. Bioimaging for quantitative phenotype analysis. Methods，102：20-25.

Choat B，Brodersen CR，McElrone AJ，2015. Synchrotron X-ray microtomography of xylem embolism in Sequoia sempervirenssaplings during cycles of drought and recovery. New Phytologist，205：1095-1105.

Cloetens P，Mache R，Schlenker M，et al.，2006. Quantitative phase tomography of Arabidopsis seeds reveals intercellular void network. Proceedings of the National Academy of Sciences USA，103：14626-14630.

Covshoff S，Hibberd JM. 2012. Integrating C4 photosynthesis into C3 crops to increase yield potential. Current Opinion in Biotechnology，23（2）：209-214.

Crawford JW，Deacon L，Grinev D，et al.，2011. Microbial diversity affects self-organization of the soil-microbe system with consequences for function. Journal of the Royal Society Interface，9：1302-1310.

Crespo HM，Frean M，Cresswellet CF，et al.，1979. The occurrence of both C3 and C4 photosynthetic characteristics in a single *Zea mays* plant. Planta，147（3）：257-263.

Crook MJ，Ennos AR. 1996. Mechanical differences between free-standing and supported wheat plants，*Triticum aestivum* L. Annals of Botany，77（3）：197-202.

Danuser G，2011. Computer vision in cell biology. Cell，147（5）：973 - 978.

Dogherty'O MJ，1995. A study of the physical and mechanical properties of wheat straw. Journal of Agricultural Engineering Research，62：133 - 142.

Dorca - Fornell C，Pajor R，Lehmeier C，et al.，2013. Increased leaf mesophyll porosity following transient retinoblastoma - related protein silencing is revealed by microcomputed tomography imaging and leads to a system - level physiological response to the altered cell division pattern. Plant Journal，76（6）：914 - 929.

Du J，Zhang Y，Guo X，et al.，2017. Micron - scale phenotyping quantification and three - dimensional microstructure reconstruction of vascular bundles within maize stalks based on micro - CT scanning. Functional Plant Biology，44（1）：10 - 22.

Fritz E，Evert RF，Nasse H. 1989. Loading and transport of assimilates in different maize leaf bundles. Planta，178（1）：1 - 9.

Gomez FE，Carvalho Jr. G，Shi F，et al.，2018. High throughput phenotyping of morpho - anatomical stem properties using X - ray computed tomography in sorghum. Plant Methods，14：59.

Hall HC，Fakhrzadeh A，Luengo Hendriks CL，et al.，2016. Precision automation of cell type classification and sub - cellular fluorescence quantification from laser scanning confocal images. Frontiers in Plant Sciencec，7：119.

Heckwolf S，Heckwolf M，Kaeppler SM，et al.，2015. Image analysis of anatomical traits in stalk transections of maize and other grasses. Plant Methods，11：26.

Hirai Y，Inoue E，Mori K，2004. Application of a quasi - static stalk bending analysis to the dynamic response of rice and wheat stalks gathered by a combine harvester reel. Biosystems Engineering，88（3）：281 - 294.

Hou J，Zhang Y，Jin X，et al.，2019. Structural parameters for X - ray micro - computed tomography（μCT）and their relationship with the breakage rate of maize varieties. Plant Methods，15：161.

Ince A，Ugurluay S，Guzel E，et al.，2005. Bending and shearing characteristics of sunflower stalk residue. Biosystems Engineering，92（2）：175 - 181.

Kamentsky L，Jones TR，Fraser A，et al.，2011. Improved structure，function and compatibility for CellProfiler：modular high - throughput image analysis software. Bioinformatics，27（8）：1179 - 1180.

Kaminuma E，Yoshizumi T，Wada T，et al.，2008. Quantitative analysis of heterogeneous spatial distribution of Arabidopsis leaf trichomes using micro X - ray computed tomography. Plant Journal，56：470 - 482.

Kashiwagi T，Sasaki H，Ishimaru K，2005. Factors responsible for decreasing sturdiness of the lower part in lodging of rice（*Oryza sativa* L.）. Plant Production Science，8（2）：166 - 172.

Kravchenko AN，Wang ANW，Smucker AJM，et al.，2011. Long - term differences in tillage and land use affect intra - aggregate pore heterogeneity. Soil Science Society of America Journal，75：1658 - 1666.

Legland D，Devaux MF，Guillon F，2014. Statistical mapping of maize bundle intensity at the stem scale using spatial normalisation of replicated images. PLoS ONE，9（3）：e90673.

Luo L，Lin H，Li S，2010. Quantification of 3 - D soil macropore networks in different soil types and land uses using computed tomography. Journal of Hydrology，393：53 - 64.

Mairhofer S，Zappala S，Tracy SR，et al.，2012. RooTrak：automated recovery of three - dimensional plant root architecture in soil from X - ray microcomputed tomography images using visual tracking. Plant Physiology，158（2）：561 - 569.

McElrone AJ，Choat B，Parkinson DY，et al.，2013. Using high resolution computed tomography to visualize the three dimensional structure and function of plant vasculature. Journal of Visualized Experiments，74：e50162.

Michael B，Florian H，Christina L，2015. Microscopy - based high - content screening. Cell，163（6）：1314 -1325.

Mooney SJ，2002. Three - dimensional visualization and quantification of soil macroporosity and water flow patterns using computed tomography soil use and management. Soil Use and Management, 18: 142 - 151.

Mullendore DL, Windt CW, As HV, et al., 2010. Sieve tube geometry in relation to phloem flow. Plant Cell, 22: 579 - 593.

Oleksyn BYJ, Karolewski P, Giertychet MJ, et al., 1998. Primary and secondary host plants differ in leaf - level photosynthetic response to herbivory: Evidence from alnus and betula grazed by the alder beetle, agelastica alni. New Phytologist, 140 (2): 239 - 249.

Pajor R, Falconer R, Hapca S, et al., 2010. Modelling and quantifying the effect of heterogeneity in soil physical conditions on fungal growth. Biogeosciences, 7: 3731 - 3740.

Pajor R, Fleming A, Osborne CP, et al., 2013. Seeing space: visualization and quantification of plant leaf structure using X - ray micro - computed tomography. Journal of Experimental Botany, 64 (2): 385 - 390.

Pan XD, Ma LM, Zhang Y, et al., 2017. Three - dimensional reconstruction of maize roots and quantitative analysis of metaxylem vessels based on X - ray micro - computed tomography. Canadian Journal of Plant Science, 98 (2): 457 - 466.

Robertson DJ, Julias M, Gardunia BW, et al., 2015. Corn stalk lodging: a forensic engineering approach provides insights into failure patterns and mechanisms. Crop Science, 55: 2833 - 2841.

Robertson DJ, Lee SY, Julias M, et al., 2016. Maize stalk lodging: flexural stiffness predicts strength. Crop Science, 56: 1711 - 1718.

Roth - Nebelsick A, Uhl D, Mosbrugger V, et al., 2001. Evolution and function of leaf venation architecture: A review. Annals of Botany, 87 (5): 553 - 566.

Rousseau D, Widiez T, Di Tommaso S, et al., 2015. Fast virtual histology using X - ray in - line phase tomography: application to the 3D anatomy of maize developing seeds. Plant Methods, 11: 55.

Russell SH, Evert RF, 1985. Leaf vasculature in *Zea mays* L. Planta, 164 (4): 448 - 458.

Sack L, Holbrook NM, 2006. Leaf hydraulics. Annual Review of Plant Biology, 57: 361 - 381.

Sack L, Scoffoni C, 2012. Measurement of leaf hydraulic conductance and stomatal conductance and their responses to irradiance and dehydration using the Evaporative Flux Method (EFM). Journal of Visualized Experiments, 70: 249 - 249.

Sack L, Scoffoni C, 2013. Leaf venation: structure, function, development, evolution, ecology and applications in the past, present and future. New Phytologist, 198 (4): 983 - 1000.

Sage RF, Khoshravesh R, Sage TL, 2014. From proto - Kranz to C4 Kranz: Building the bridge to C4 photosynthesis. Journal of Experimental Botany, 65 (13): 3341 - 3356.

Sakaguchi J, Fukuda H, 2008. Cell differentiation in the longitudinal veins and formation of commissural veins in rice (*Oryza sativa*) and maize (*Zea mays*). Journal of Plant Research, 121 (6): 593 - 602.

Schneider HM, Klein SP, Hanlon MT, et al., 2020. Genetic control of root anatomical plasticity in maize. Plant Genome, 13 (1): e20003.

Shen J, Xu G, Zheng HQ, 2015. Apoplastic barrier development and water transport in *Zea mays* seedling roots under salt and osmotic stresses. Protoplasma, 252: 173 - 180.

Staedler YM, Masson D, Schönenberger J, 2013. Plant tissues in 3D via X - ray tomography: simple contrasting methods allow high resolution imaging. PLoS ONE, 8: e75295.

Thuljaram JH, 1947. Leaf mid - rib structure of sugar cane as correlated with resistance to the top - borer. Indian Journal of Agriculture Science, 17: 203 - 210.

Tian J, Wang C, Xia J, et al., 2019. Teosinte ligule allele narrows plant architecture and enhances high - density maize yields. Science, 365 (6454): 658 - 664.

Torres - Ruiz JM, Jansen S, Choat B, et al., 2015. Direct X - ray microtomography observation confirms the induction of embolism upon xylem cutting under tension. Plant Physiology, 167: 40 - 43.

Tracy SR, Black CR, Roberts JA, et al., 2012. Quantifying the impact of soil compaction on root system architecture in tomato (*Solanum lycopersicum*) by X - ray micro - computed tomography. Annals of Botany, 110: 511 - 519.

Tracy SR, Roberts JA, Black CR, et al., 2010. The X - factor: Visualizing undisturbed root architecture in soils using X - ray computed tomography. Journal of Experimental Botany, 61: 311 - 313.

Truernit E, Bauby H, Dubreucq B, et al., 2008. High - resolution whole - mount imaging of three - dimensional tissue organization and gene expression enables the study of phloem development and structure in Arabidopsis. Plant Cell, 20: 1494 - 1503.

Tsuta M, Miyashita K, Suzuki T, et al., 2007. Three dimensional visualization of internal structural changes in soybean seeds during germination by excitation - emission matrix imaging. American Society of Agricultural and Biological Engineers, 50 (6): 2127 - 2136.

Tyree MT, Zimmermann MH, 2013. Xylem structure and the ascent of sap. Springer Science & Business Media.

Verboven P, Herremans E, Borisjuk L, et al., 2013. Void space inside the developing seed of *Brassica napus* and the modelling of its function. New Phytologist, 199: 936 - 947.

Wang C, Wu J, Zou P, et al., 2008. Three - dimensional reconstruction from optical microscopic plant slice images. International Conference on Information Technology and Application in Biomedicine, 107 (5): 843 - 853.

Wang J, Long JJ, Hotchkisset T, et al., 1993. C4 photosynthetic gene expression in light - and dark - grown amaranth cotyledons. Plant Physiology, 102 (4): 1085 - 1093.

Wu H, Jaeger M, Wang M, et al., 2011. Three - dimensional distribution of vessels, passage cells and lateral roots along the root axis of winter wheat (*Triticum aestivum*). Annals of Botany, 107: 843 - 853.

Zhang Y, Legay S, Barrière Y, et al., 2013. Color quantification of stained maize stem section describes lignin spatial distribution within the whole stem. Journal of Agricultural & Food Chemistry, 61 (13): 3186 - 3192.

Zhang Y, Ma L, Pan X, et al., 2018. Micron - scale phenotyping techniques of maize vascular bundles based on X - ray microcomputed tomography. Journal of Visualized Experiments, 140: e58501.

Zhang Y, Ma L, Wang J, et al., 2020. Phenotyping analysis of maize stem using micro - computed tomography at the elongation and tasseling stages. Plant Methods, 16: 2.

Zhao C, Zhang Y, Du J, et al., 2019. Crop phenomics: current status and perspectives. Frontiers in Plant Science, 10: 714.

Zuber U, Winzeler H, Messmer MM, et al., 1999. Morphological traits associated with lodging resistance of spring wheat (*Triticum aestivum* L.). Journal of Agronomy and Crop Science, 182: 17 - 24.

Zwieniecki MA, Boyce CK, Holbrook NM, 2004. Functional design space of single - veined leaves: Role of tissue hydraulic properties in constraining leaf size and shape. Annals of Botany, 94 (4): 507 - 513.

第 3 章

玉米果穗籽粒表型高通量获取与检测技术装备

　　玉米果穗籽粒表型检测及考种是玉米栽培育种科学研究与生产管理中的常规测量项目，是玉米种质表型精准检测和鉴定的核心环节，对揭示玉米果穗籽粒品种特征、果穗籽粒表型与基因型关系具有重要价值。长期以来，玉米果穗和籽粒表型性状主要依靠人工测量和统计分析，存在耗时、费力、主观性强、准确性差等问题，难以满足现代玉米育种行业发展的需求。玉米果穗和籽粒考种是标准化的流程作业，包含大量重复、可自动化的操作，随着现代信息技术在农业领域的深入渗透，利用计算机视觉和图像处理技术实现玉米果穗籽粒表型特征快速测定已成为一种趋势。基于计算机强大的计算能力，配以机器视觉、模式识别、深度学习等算法，实现玉米果穗籽粒表型自动化、高效率和高通量测定，快速计算出果穗籽粒各项表型特征参数，已经成为可能。相关工作开展不但能够大大降低人力成本，提高玉米考种效率，推进玉米考种作业流程的自动化、精准化和标准化，而且可计算出诸多依靠人工难以直接测定或者统计耗时的性状特征，比如果穗体积和颜色纹理等参数。

　　本章将概述国内外玉米果穗籽粒考种技术装备发展现状，对玉米果穗籽粒表型特征进行分类；分别介绍基于单张、多张和序列果穗图像的玉米果穗表型检测方法、技术和流水线考种系统设计；针对玉米籽粒考种中的关键问题介绍玉米籽粒表型检测的方法和设备；最后介绍玉米果穗籽粒高通量自动化考种技术及装备。

3.1　玉米果穗籽粒考种产品需求及现状

　　玉米大多数农艺性状的表型鉴定是在田间进行的，但有些品种特征和特性，比如玉米果穗的千粒重、容重、穗粒数、籽粒品质指标等，一般需要通过采集、风干、存储等处理操作，在室内进行鉴定。果穗籽粒考种，就是在室内进行果穗籽粒各项表型指标测量，进一步考察玉米品种的特征特性，以弥补田间表型观察与检测的不足。

　　传统上，玉米果穗籽粒表型检测与鉴定主要依靠人工投入，大多数指标通过人眼测量获得，一些指标为定性描述记录，需要耗费大量的人力物力，而且存在主观性强、指标有限且量化计量不精确等问题。比如，传统人工（专家）一般仅可测量和描述籽粒的长、宽、形状、颜色和重量等定量和定性化指标的大致范围，难以满足作物品种分类分级及表型精准鉴定的需求。图 3-1 为典型的玉米果穗籽粒人工考种流程。

　　近年来，随着计算机性能的大幅提升，以及图像处理、机器学习等数字化、智能化技术的迅猛发展，利用计算机代替人工进行玉米果穗籽粒表型的高通量测量与精准鉴定已经成为今后的发展趋势。采用高通量的计算机自动检测方法可以获取更加广泛和准确量化的表型数

图 3-1　玉米果穗籽粒人工考种流程（见彩图）

据指标，可以对作物籽粒的几何、形状、颜色、纹理进行更加精确的性状分级和统计分析，高效实现玉米果穗籽粒的表型精准检测和鉴定，满足不同类型玉米果穗籽粒考种的需求。

（1）从科研需求角度来看，通过大批量、高通量获取不同作物穗及籽粒的表型性状，将有利于生物学家、农学家、育种学家、育种科研人员更加准确全面地分析作物穗及籽粒的表型特征，进行穗及籽粒表型精准鉴定和高效筛选，为深入研究作物基因型-表型-环境型的内在联系与互作关系提供基础数据。

（2）从市场需求角度来看，全国有数千家科研单位、大学、育种公司都对作物穗及籽粒表型检测（考种）具有强烈需求。调研发现，以玉米为例，普通单位进行果穗籽粒表型检测多是雇佣 8～10 名社会人员进行人工考种，简单培训后工作时间约为 1 个月，用工成本及后期数据录入校对等各种支出近 10 万元。如果采用高通量自动化检测仪器代替人工操作，可将考种用时缩短至原来的 10%，用工人数可减少到原来的 20%，从而切实降低在穗及籽粒表型检测方面对人力物力的需求。

目前，国内外越来越重视研发用于作物穗及籽粒的表型高通量检测和精准鉴定的自动化仪器设备，已经出现专业研发公司和产品投入市场应用。法国 OPTOMACHINES 公司开发的作物籽粒计数仪器，采用了立体式可移动结构，结合数字相机、重量传感器和平板电脑实现玉米籽粒表型测量。该仪器高度达 79 cm，重量精度为 0.01 g，主要特点：工业设计美观，可实现菜籽、小麦、大麦、玉米、豌豆等作物籽粒的表型测量，单次检测数量从几百粒到上千粒不等。该产品正在进行国际市场布局，已在多个国际会议和产品展会上进行了演示和推广，具有了一定市场占有率（图 3-2A）。杭州万深检测科技有限公司研发的自动考种分析与千粒重仪，是利用高拍仪来获取豆类、小麦、菜籽等作物种子图像，进而计算出粒形、数量、粒重等表型参数，在国内南方市场具有较广泛用户（图 3-2B）。

A.法国OPTOMACHINES公司　　　　B.杭州万深检测科技有限公司开发的自动考种分析仪与千粒重仪
开发的作物籽粒计数仪

图 3-2　玉米果穗籽粒考种设备

北京农业信息技术研究中心研发了玉米果穗、籽粒系列化表型检测系统，包括低成本、便携式产品，以及高通量全自动化产品，以满足大学、科研院所、育种公司对于玉米果穗籽粒考种的不同需要。其中，便携式流水线考种设备基于托辊链条传动机构实现玉米果穗的自动推送，实现果穗序列自动分组、管理，可快速计算被测果穗的几何、数量、颜色、纹理等表型性状参数；箱体自动考种设备，基于机器视觉与传感器技术，可快速、无损、非接触地测量玉米果穗长度、宽度、穗行数、行粒数、秃尖率，玉米籽粒长、宽、百粒重等性状指标，分为果穗考种箱、籽粒考种箱；便携式玉米果穗籽粒考种系统，则是利用高清摄像头在开放环境中获取玉米果穗、批量籽粒图像，自动计算果穗和籽粒的各项表型参数，具有简单便捷、经济实惠等优点（图3-3）。

图3-3 北京农业信息技术研究中心研发的玉米果穗籽粒系列考种设备

3.2 玉米果穗籽粒表型特征的系统分析

玉米果穗籽粒的形状、颜色等特征受基因型和环境的影响，在数量、质量、颜色、纹理和空间分布等方面存在显著差异；同时受测量环境、人为观测能力和个体差异等的影响，人工观测和统计的果穗籽粒表型性状数据依靠个人经验和主观判断，不能全面体现和表征果穗和籽粒的遗传差异和环境变异。因此，对玉米果穗籽粒表型特征的系统分析需要利用专家知识对玉米果穗和籽粒特征进行抽象、概括和定义，并利用图像处理操作提取出更容易理解和分析的特征。从图像分析角度，需要利用相对客观的规则和专家知识，明确果穗与籽粒各项表型性状的定义和计算过程。这里将利用机器视觉和图像处理技术直接计算出的玉米果穗籽粒表型分为4类：数量、几何、颜色和纹理，统称为"图像表型"。当然，还有在玉米育种和生产中均十分重要的其他表型特征参数，比如千粒重（百粒重）、容重、含水量、品质指标等，这些表型特征参数需要借助其他传感器，或者需要经过比较复杂的测量工序得到，不在此处赘述。

3.2.1 玉米果穗性状

玉米果穗图像表型中，数量性状包括行粒数、穗行数、总粒数等；几何性状包括穗长、穗粗、周长、投影面积、体积、表面积、秃尖长，以及穗粒厚、宽等；颜色性状包括各种颜色空间下、各个颜色通道下的果穗颜色的统计值；纹理性状主要指利用灰度直方图等方法计算出的纹理特征量。玉米籽粒常用表型特征参数包括几何形状（粒长、粒宽、粒投影面积）、颜色、纹理和百粒重等。

1. **几何性状** 玉米果穗的几何性状描述量可以分为一维表型、二维表型、三维表型及无量纲。其中，一维表型指用像素刻画的感兴趣目标或者其拟合图形的长、宽、边缘长等标量；二维表型指像素刻画的感兴趣目标或者其拟合图形的向量、轮廓和投影面积等；三维表型需要借助三维重建技术或者知识模型推理获取，比如表面积、体积、密度分布等；无量纲值是指上述测量值在同一维度的比值，比如长宽比等。从玉米果穗籽粒图像可以检测到几何信息，其中具有量纲的几何表型，一般需要转换成标准物理尺寸单位，通常为厘米（cm）。计算图像像素尺寸的过程，称为图像像素标定，通常是利用已知尺寸的参照物图像来换算出像素物理尺寸，单位为：cm/像素或者 cm^2/像素。

从玉米果穗籽粒图像中可以检测到多种类型目标，如整体目标、局部目标等，从而满足不同层次的分析需求。①整体目标。它是将图像中检测的整个果穗和单颗籽粒作为一个感兴趣区域。②局部目标。是指整体目标区域内的不同具体区域，比如果穗中籽粒、秃尖、缺粒等各种区域，或者籽粒区域中的胚或胚乳等不同区域。

为了准确对这些不同类型的目标区域进行分类、鉴定和统计分析，需要根据各类区域的几何特征制定具体规则。另外，根据摄像机成像原理，从图像中检测到果穗几何形状存在较严重的畸变，实现果穗精准几何测量首先需要进行畸变校正。结合专家知识和图像处理方法，玉米果穗几何性状的定义如下：①玉米果穗长定义为在轴向畸变校正后图像序列中各图像上果穗的高度平均值；②果穗粗定义为果穗直径的平均值；③秃尖长度定义为果穗顶端到穗粒的最长距离，秃尖面积为果穗顶端不含穗粒区域的表面积。果穗秃尖和缺陷的几何性状是结合校正后和分割后的果穗二值图像计算出来的，果穗秃尖形状、颜色和大小变化差异较大，对图像中秃尖区域直接进行分割将很难保证秃尖性状计算的准确性和稳定性。考虑到秃尖和缺陷区域的几何性状与果穗中穗粒分割结果直接相关，因此，果穗秃尖分割是在玉米穗粒精准分割结果基础上进行的。主要过程描述为：首先，采用形态学运算中"闭"操作使得分割出的穗粒融合为单一连通区域；其次，进行孔洞分析以避免果穗表面局部缺陷区域融入穗粒区域，得到穗粒连通后图像；然后，利用校正后果穗二值图像减去该穗粒连通图，即可得到果穗秃尖和缺陷区域；最后，根据秃尖位置特征计算出秃尖长度。

2. **数量性状**　玉米果穗的数量性状是由果穗表面穗粒分布状况决定的，其中穗粒数代表了果穗产量，一般发育不完全、相对面积太小的穗粒不会被统计。另外，穗行数和行粒数是重要的玉米品种参数，在计算机中通常是模仿人工计数方法进行计算，一般来说穗行数通常为偶数。但有些类型果穗可能在不同位置上具有不同行数，因此在图像分析中，通常将果穗分成上、中、下3段分别进行计算，取距离统计平均值最近的偶数作为穗行数。果穗穗粒分布还是很复杂、差异很大的，不仅有单一果穗存在多个不规则的行数等情况，而且果穗每行的粒数也存在着较大差异，这使得穗行数和行粒数的计算结果具有一定特异性。由于果穗上穗粒排列分布一般具有一定的方向性，这为穗行数和行粒数计算提供了依据，可以仿照人工视觉计数的思想，采用最短路径查找方法来确定果穗的穗行数和行粒数。

3. **颜色纹理特征**　果穗和穗粒的颜色纹理性状对果穗品种鉴定、外观品质检测非常重要，采用图像分析方法可以进行定量化分析。果穗和穗粒的颜色性状，需要首先准确分割出有效的 RGB 图像区域（图像中其他区域设置为背景），这些有效区域内的颜色统计值最能代表果穗和穗粒的颜色特征。在果穗和籽粒图像分割后，需要分别计算出这些图像在 RGB、HSV、YUV、XYZ、L×a×b 和 CMY 等不同颜色空间下各颜色通道的统计均值和方差。果穗和穗粒纹理性状则利用灰度共生矩阵分别从果穗和穗粒对应的灰度图像中提取，可计算出的纹理特征包括角二阶矩、对比度、相关性、逆差矩、熵、最大概率、相异和反差等。

4. **容重**　容重一般定义为单位容积内的质量，以 g/L 表示。玉米果穗容重等于果穗的重量除以果穗体积。利用图像处理技术可计算出玉米果穗外轮廓形状，结合知识模型或者三维重建技术得到果穗三维模型，即可计算出果穗体积；然后结合天平测量的果穗重量，即可以推算出果穗容重。

3.2.2　玉米籽粒性状

玉米籽粒图像表型特征参数同样可分成四类：几何、数量、颜色和纹理。其中，几何性状主要包括粒长、粒宽、长宽比等；数量性状，即统计同一测量批次中玉米籽粒的数量；颜色纹理性状相对复杂，可分别针对籽粒整体或其中局部区域进行颜色和纹理统计分析，可以反映出玉米籽粒的表观差异。玉米籽粒的粒长、粒宽和百粒重等都是玉米籽粒考种中最基础的表型指标，这些特征参数对玉米品种选育具有重要参考价值。在玉米籽粒自动化考种系统设计中，因玉米籽粒颜色、完善度和杂质均对数据的准确性具有影响，需要有针对性的考虑。

玉米籽粒颜色是籽粒图像进行分割的重要依据。从玉米种皮颜色角度，籽粒类型一般可以分成三类：

（1）黄玉米：种皮为黄色，并包括略带红色的黄色玉米；

（2）白玉米：种皮为白色，并包括略带淡黄色或粉红色的白色玉米；

（3）混合玉米：混入本类以外玉米超过 5.0% 的。

玉米籽粒完善度对准确计算籽粒数量至关重要，也直接决定了百粒重指标的准确性。在籽粒批量测量中，存在大量不完善籽粒（不完善粒），需要在图像处理方法中进行针对性分析和处理。其中，不完善粒指受到损伤但尚有使用价值的颗粒，包括下列几种：

（1）虫蚀粒：被虫蛀蚀，伤及胚或胚乳的颗粒；

（2）病斑粒：粒面带有病斑，伤及胚或胚乳的颗粒；

（3）破损粒：籽粒破损达本颗粒体积 1/5（含）以上的颗粒；

（4）生芽粒：芽或幼根突破表皮的颗粒；

（5）生霉粒：粒面生霉的颗粒；

（6）热损伤粒：受热后外表或胚显著变色和损伤的颗粒。

另外，玉米籽粒图像中也可能存在大量杂质，以及通过规定筛层和无使用价值的物质，包括下列几种：

（1）筛下物：通过直径 3.0 mm 圆孔筛的物质；

（2）无机杂质：泥土、沙石、砖瓦块及其他无机杂质；

（3）有机杂质：无使用价值的玉米粒、异种粮粒及其他有机杂质。

3.3 基于图像的玉米果穗表型检测技术

玉米果穗表型检测是玉米商业辅助育种和构建玉米种质资源库等的重要流程，利用图像处理技术准确、快速解析果穗表型参数可极大降低考种人工成本、提高数据的一致性。因此，利用图像处理和机器视觉方法替代传统人工考种已成为一种发展趋势。随着信息技术在农业领域的深度渗透，基于图像处理技术的玉米果穗表型检测方法和技术已有大量研究报道。比如利用简单的背景板比例尺进行玉米果穗图像测量，计算出果穗几何特征（吕永春等，2010）；结合果穗颜色特征和生物学规律建立了穗行数和行粒数估算模型（周金辉等，2015）；对果穗进行破坏性取样采集到玉米果穗横断面图像，然后利用机器视觉方法检测穗行数分布特征（韩仲志和杨锦忠，2010）；利用 HIS 颜色模型计算果穗秃尖等几何形状，实现玉米果穗外观品质分级（王慧慧等，2010）等。上述研究大多是利用单张果穗图像估算果穗性状，通常难以准确反映果穗的全局特征，只能利用统计分析方法给出果穗性状的概况。另外，由于果穗上穗粒相似度高且密集分布，因此针对同一果穗、不同角度的拍摄图像进行计算，其结果难以保持稳定和一致。一些研究采用线阵扫描方法直接获取果穗圆周图像，并针对果穗穗粒分割中存在的粘连现象进行后期处理（柳冠伊等，2014）；基于机器视觉的玉米果穗考种方法与装置，利用序列果穗图像拼接出果穗全景图来计算果穗形态指标，其中图像配准、边缘拼接和融合是影响效率的主要问题（王传宇等，2014）；利用旋转台获取果穗多侧面图像进行计算分析（刘长青和陈兵旗，2014）等。上述研究利用多张图像拼接等方法来获取果穗整个表面的信息，通常是在像素尺度上进行图像融合，可能会造成穗粒形状畸变，从而影响到果穗穗粒表型特征计算的准确性。针对玉米果穗表型检测中特征参数计算指标单一、准确性低的问题，利用果穗表面穗粒分布图来计算玉米果穗表型具有一定优势。该方法利用步进电机驱动果穗转动来获取果穗各侧面图像，在穗粒尺度上进行果穗多侧面图像上穗粒信息融合，进而计算出果穗和穗粒的各项表型性状（杜建军等，2016）。

下面结合具体的玉米果穗考种系统及其原理，对玉米果穗考种技术和方法进行综合分析，介绍基于图像的玉米果穗表型技术流程。

3.3.1　玉米果穗考种方案设计

果穗考种系统效率主要由果穗上下料效率、成像效率和计算效率决定。果穗上下料效率，是提升整个玉米果穗考种效率的关键步骤，大部分简单考种系统仍然需要人工完成单个或者多个果穗在成像区中的上下料。借助自动化机械装置实现批量果穗自动运输、无监督成像和高通量表型检测，是将来玉米果穗全自动考种系统发展趋势。成像效率主要与成像方式相关，常用的包括线阵扫描、平板扫描和数码摄像等成像方式，其中线阵扫描和平板扫描仪虽然可获取高精度图像，但是成像效率比数码摄像低；数码摄像机也因其低成本、高效率、工作稳定和使用方便等而在玉米果穗考种系统中广泛使用。计算效率与计算机配置和图像算法设计密切相关，由于果穗图像采集和图像分析一般可以分解为不同程序或者模块独立执行，因此考种计算效率并不是考虑玉米果穗考种效率的主要限制因素。

果穗考种精度主要由可供利用的果穗图像数量、质量及相应图像分析方法所决定。目前，果穗表型计算方法基于果穗可用图像方式和数量，分为单张、多张和序列图像三种方法：

（1）单张果穗图像的方法仅获取果穗单个侧面图像，由局部信息来计算和预测整个果穗的表型特征参数，虽然具有计算简单、效率高的优点，但一般来说表型测量精度低、稳定性差。

（2）基于多张果穗图像的方法通常是利用多个相机（一般为 3 个或者 4 个）从不同角度获取果穗主要侧面图像，或者利用单个相机和旋转平台来获取果穗不同角度的多幅图像。这些方式能够获取覆盖果穗完整表型信息的图像，不同侧面图像间果穗信息重叠度可达33％～50％。进行图像处理和分析的思路一般是针对各个侧面图像计算出果穗局部信息，然后估算和预测整个果穗信息。这种基于单张图像分析计算出果穗各个侧面信息，然后进行统计分析的方法在精度上基本能满足果穗考种的大部分需求。但由于果穗几何特征并不一致，以及摄像成像等特点，获取的果穗各个侧面图像中果穗存在较复杂的形状畸变问题，使得图像拼接和信息融合是个难点。

（3）获取果穗侧面序列图像方法是利用高帧率的数字摄像机连续获取玉米果穗密集的侧面图像序列，相邻图像间果穗信息重叠度可达到 98％以上，然后利用富余图像信息完成玉米果穗表型信息的融合，理论上可以最大程度克服因成像方式导致的果穗表面形状畸变等问题。

玉米果穗考种指标的种类和精度是由测量工具性能和方法决定的。人工测量往往只能测量简单的一维和二维性状，包括穗行数、行粒数、总粒数等数量性状，以及穗长、穗粗等几何性状；对三维几何（体积/表面积）、颜色和纹理性状等或者不能定量获取，或者需要借助复杂工具经过繁琐处理才能获取；而基于机器视觉和图像处理的玉米果穗考种系统，目标就是能够自动测量上述指标，而且在测量精度和效率方面能够满足大规模玉米果穗考种的需要。

3.3.2 基于单张图像的玉米果穗表型检测方法

利用单张玉米果穗图像来检测果穗表型特征参数是最初应用的方法，然而检测精度却是无法回避的问题。一般来说，基于单张果穗图像来解析穗长和穗粗等二维几何表型特征，基本能满足果穗表型特征测量的精度要求，但用于解析三维形状及果穗上籽粒等特征则存在显著的误差。基于单张图像的玉米果穗表型检测方法最大的优点是获取条件、操作等简易，是基于图像的玉米果穗考种系列方法的基础，但做到准确、高通量地解析出果穗及其籽粒的特征仍面临较大挑战。下面结合具体的玉米果穗考种系统，介绍基于单张图像的玉米果穗表型特征检测方法，包括玉米果穗畸变校正和分级阈值分割方法等内容。

1. **图像采集与预处理** 简单的玉米果穗考种系统如图 3-4 所示，硬件主要包含工业相机和镜头（大恒 MER-125-30UC-L，PENTAX8.5 mm f/1.5）、计算机（Intel i5-3340M 双核 2.7GHz 内存 3.41GB）、光源和载物台，获取果穗图像分辨率为 1 292×1 080 像素。软件采用 Visual C++2010 开发，基于 ITK 4.0 （Insight segmentation and registration toolkit）开源工具包（Ibanez et al.，2005）来实现图像的处理与分析。

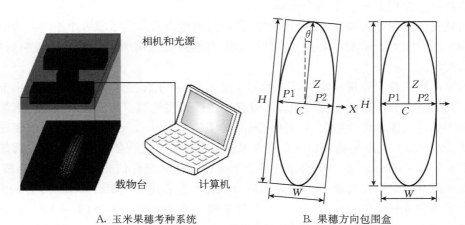

A. 玉米果穗考种系统　　　　　　　　B. 果穗方向包围盒

图 3-4　玉米果穗成像系统示意图

W 为果穗宽度；H 为果穗高度；C 为方向包围盒中心点；$P1$ 和 $P2$ 为果穗边缘点

利用果穗的方向包围盒（Oriented bounding box，OBB）及其偏转角度定义标准果穗图像，其中果穗 OBB 是最贴近玉米果穗边界的长方形，偏转角度是 OBB 长轴与图像高度方向的最小夹角。载物台上果穗摆放在相机正下方，使得相机光轴尽量垂直于果穗中心轴，通过对果穗图像进行预处理获得标准果穗图像。图 3-4B 显示了在果穗成像平面上提取果穗方向包围盒的示意图，并以包围盒形状中心作为 C 点建立果穗局部坐标系。这里将果穗可视为变截面的长圆柱体，进而将包围盒长轴 Z 设为果穗长度方向、短轴 X 设为果穗径向，对应的果穗长、宽分别设为 H 和 W，且果穗径向与果穗轮廓交点分别为 $P1$ 和 $P2$。由于翘曲形状果穗的 OBB 短轴长度往往大于果穗真实宽度，一般利用果穗 OBB 计算出的短轴长度并不一定等于果穗宽度。

获取标准果穗图像的技术流程如下：果穗图像首先转换成灰度图像，利用 OTSU 法确定阈值并将果穗从图像背景中分割出来，进而利用形态学运算（膨胀和腐蚀）操作清理图像，基于连通域分析方法得到分割图像中最大连通区域并将其标记为果穗所在的目标区域；计算出果穗方向包围盒后，将其作为果穗的最佳外包矩形，然后计算出该包围盒长轴与图像高度方向的最小夹角 φ；最后，采用图像旋转和重采样技术将方向包围盒及其包含的图像旋转到与图像坐标系一致，即以包围盒形状中心为中心，将方向包围盒及其包含的像素围绕包围盒中心旋转 $-\varphi$ 即得到标准果穗图像。

2. **径向畸变校正** 根据玉米果穗三维形状特征和投影成像原理，果穗图像实际为玉米果穗在成像平面上的投影，但果穗图像上每个像素与三维果穗表面上点并非单一对应关系，而是一对多关系。图 3-5 是与标准果穗图像对应的果穗横截面。由于相机到果穗的距离要远大于果穗的直径，可以设 $P1P2$ 为三维果穗表面上半部分沿 Y 轴逆向投影成像区域，因此沿线段 $\overline{CP1}$ 和 $\overline{CP2}$ 的每个像素均在不同程度叠加了果穗上表面信息，这种现象称为果穗径向畸变。

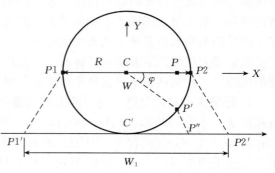

图 3-5　果穗横截面径向畸变校正

果穗径向畸变导致图像上果穗的每个像素所代表的果穗表面真实区域大小不一，若以果穗真实骨架轴上图像像素为基准，果穗上与骨架轴距离越远的像素所表示的果穗表面区域越大，即径向畸变越大。

玉米果穗径向畸变校正流程可以描述为（图 3-6）：从标准果穗图像中计算出玉米果穗外轮廓，利用轮廓分析方法计算果穗真实骨架，然后按照轮廓点对应关系建立标准果穗图像与校正后图像之间像素级映射关系。设标准果穗图像为 $f(x, z)$，对应的径向畸变校正后图像为 $f(x', z)$。利用果穗外轮廓点建立果穗真实骨架的过程如下：将果穗轮廓像素存为轮廓像素点集合 $CP(x, z)$，从轮廓点集合中找到所有 Z 坐标值相同的像素点，按照 X 坐标值排序并取首尾像素作为 $P1$ 和 $P2$，然后分别存入左右轮廓点集合 $LCP(x, z)$ 和 $RCP(x, z)$，进而根据式（3-1）和（3-2）计算果穗的真实骨架点集合 $CCP(x, z)$。得到的 CCP、LCP 和 RCP 点集合均包含同样数量的元素。

$$f(x, z), \quad -\frac{W}{2} < x < \frac{W}{2}, \quad -\frac{H}{2} < z < \frac{H}{2} \tag{3-1}$$

$$CCP(x, z) = \frac{(LCP(x, z) + RCP(x, z))}{2} \tag{3-2}$$

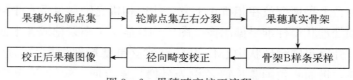

图 3-6　果穗畸变校正流程

果穗真实骨架中像素的 X 轴坐标值是由每个果穗横截面确定，因此对应的 Z 轴坐标值可能存在较大跳跃，导致校正后图像上出现行错位现象。因此采用三次 B 样条曲线对果穗骨架轴上像素进行采样和拟合，过程如下：设果穗骨架轴的像素个数为 M，采样点数为 N（包括骨架首尾像素，按照 Z 轴等距确定各采样点），则骨架像素被近似等分成 $N-1$ 份；然后根据骨架轴上像素到各个采样点的距离最近原则将所有骨架像素分别累计到对应采样点上，分别计算出每个采样点的平均 X 坐标值；将这些采样点作为 B 样条函数中的节点，生成平滑的 B 样条曲线并依次对每个 Z 坐标取值，即得到修正后的果穗骨架轴像素集合 $BCCP\,(x,z)$。

果穗径向畸变校正，就是根据每个 Z 坐标所对应的 2 个边界点（LCP 和 RCP）和一个中心点（BCCP）确定标准果穗图像和校正后图像之间的像素映射关系。从图 3-5 也可以看出，果穗径向畸变校正实际上是建立图像上像素 $\overline{P1P2}$ 与校正后图像像素（$\overline{P1'P2'}$）之间的映射关系，由于 $W_1=\dfrac{\pi}{2}W$（W_1 对应图 3-5 中果穗上表面完全展开的宽度），因而将 $\overline{P1P2}$ 上的像素映射到 $\overline{P1'P2'}$ 上将是一对多关系。以 C' 为基准分别沿着 $\overline{C'P1'}$ 和 $\overline{C'P2'}$ 逐像素填充校正图像，由此建立了从 x' 到 x 的逆映射来填充校正后图像，如式（3-3）所示。

$$\begin{cases} x'=R\left(\dfrac{\pi}{2}-\arccos\left(\dfrac{x}{R}\right)\right) \\[2mm] -R\leqslant x\leqslant R \\[2mm] -\dfrac{\pi R}{2}\leqslant x'\leqslant\dfrac{\pi R}{2} \end{cases} \qquad (3-3)$$

式中，R 为果穗半径。

径向畸变校正实现过程为：遍历 BCCP 点集，以其每个像素点为中心，分别沿着 $BCCP\rightarrow LCP$ 和 $BCCP\rightarrow RCP$ 方向，根据式（3-3）处理果穗图像区域内每个像素，得到畸变校正后果穗图像。从图 3-5 可以看出，径向畸变校正将果穗图像宽度从 W 增加到 W_1，恢复了果穗边缘附近穗粒的几何形状特征，有利于提高穗粒分割和果穗性状指标计算的准确性。

3. 分级阈值分割　玉米果穗图像整体上可以分为前景（果穗）与背景两部分，采用 OTSU 方法可将果穗从背景中有效分离出来，但类似方法不能直接用于穗粒分割。对黄白粒等杂色类型玉米果穗来说，其穗粒最佳分割阈值往往位于差异较大的阈值区间内，因此所有基于预设阈值的分割方法都会面临算法鲁棒性和果穗适应性等问题。若能为果穗中每颗穗粒分别确定其分割阈值，则可以更好地解决穗粒颜色差异性的问题，还可防止分割结果中穗粒粘连问题。基于这种思路，提出了穗粒分级阈值分割方法：首先遍历穗粒所有可能阈值进行分割，并结合穗粒形状、颜色、纹理特征进行穗粒有效性判定，最后将不同阈值分割得到的有效穗粒组合在一起得到最后分割结果，即穗粒分布图。

图 3-7 显示了分级阈值分割方法实现流程，以径向畸变校正后的灰度图像 IO 作为输

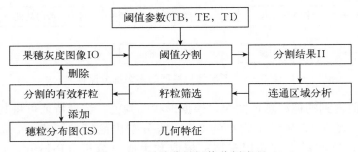

图 3-7　果穗分级阈值分割流程

入，分割后穗粒分布图为 IS，单级阈值分割图像为 II。定义了 3 个阈值参数：初始阈值 TB、终止阈值 TE、阈值增量 TI。

分级阈值分割方法伪代码如下：

```
FOR T＝TB，T＜＝TE；T＋＝TI
    II＝Segmentation（IO，T）；
    II＝Identification（II）；
    Add（IS，II）；
    Subtract（IO，II）；
END FOR
```

式中，Segmentation（IO，T）为简单阈值分割方法，表示将 IO 图像中灰度值在［T，255］之间像素赋值为前景（255）、其他像素置为背景（0），得到分割后图像 II；Identification（II）函数为初次穗粒筛分方法，首先检测 II 图像中每个独立连通区域并将其视为一个对象，统计对象个数。然后计算各对象的几何参数（面积、周长、长宽等），若该对象几何参数满足阈值，则将该对象所在区域的像素置为前景，不符合的置为背景，得到的 II 图像中仅包含筛选后穗粒。最后采用图像代数运算和像素逻辑运算完成本次分割处理：Add（IS，II）表示将 II 图像中对象添加到最后分割结果 IS；Subtract（IO，II）是按照像素坐标对应关系将灰度图像 IO 中 II 图像包含的对象设置为背景色，并将修改后的 IO 图像作为下一级阈值分割的输入图像。

4. 穗粒有效性筛分方法　穗粒的几何、形状、颜色和纹理特征都可以作为穗粒有效性判定的依据。根据玉米果穗籽粒表型特征分析结果，穗粒的几何特征（面积、周长、宽、高）具有明确物理含义并易于定义客观的取值范围，因而在分级阈值分割中这些特征作为"硬约束"来实现穗粒的初步筛分。但同时要看到，其筛分结果仍可能包含无效的穗粒区域，尤其是穗粒败育、残缺、秃尖等部位。因此，有必要将穗粒形状、颜色和纹理特征用作"软约束"，再进行穗粒的二次筛分。基于上述多级筛分机制进行穗粒有效性判定，可以大大减少二次筛分次数，同时提高分级阈值分割效率。图 3-8 显示了果穗穗粒多级筛分的具体流程，其中穗粒灰度图像和彩色图像是利用穗粒二值图像分别与果穗灰度和彩色图像进行图像代数运算和像素逻辑运算得到的，这样穗粒图像（二值图、灰度图和彩色图）中仅包含了感兴趣的穗粒信息（背景已置为黑色），适合用于计算籽粒表型特征参数。

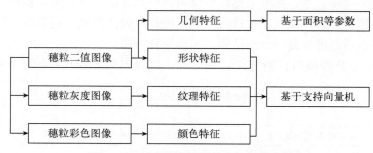

图 3-8　玉米穗粒特征的多级筛分流程

通过分级阈值得到的穗粒彩色图像，根据形状、颜色、纹理特征可将其分成 2 类：有效穗粒和无效穗粒。图 3-9 显示了收集的 2 164 张分割出的穗粒图像（1 690 张有效穗粒和 474 张无效穗粒），这些样本首先用于特征提取和主成分分析（Principal component analy-

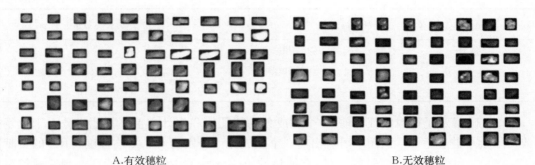

A.有效穗粒   B.无效穗粒

图 3-9 玉米果穗穗粒分级阈值分割结果

sis，PCA），然后采用 LIBSVM（Chang and Lin，2011）建立果穗穗粒的支持向量机（Support vector machine，SVM）分类模型，实现穗粒有效性的二次筛选。

（1）分割区域特征解析 从每个分割区域中提取出的 119 个特征，包含了 4 个几何、12 个形状、36 个颜色和 67 个纹理特征（表 3-1）。其中，4 个几何特征用于分级阈值分割的穗粒初次筛分，剩下的 115 个特征组成一个向量，用于基于 SVM 的穗粒二次筛分。SVM 在解决小样本、非线性及高维模式识别等问题中具有独特的优势，但高维特征可能导致 SVM 模型效率低下，且其分类精度也会随着特征维数波动（Maji et al.，2013）。而 PCA 方法则是将一组可能相关变量转换到一组正交不相关的变量上，实现特征向量降维，得到的主成分数总小于或者等于原始变量个数。因此，利用 PCA 分析法对穗粒特征向量进行降维，在保证数据精度情况下使用较低维数描述，以提高穗粒分类精度和稳定性。

表 3-1 果穗图像中穗粒特征描述

特征描述		数量
几何特征	面积	1
	周长	1
	宽	1
	高	1
形状特征	圆度	1
	高宽比	1
	半径比	1
	Haralick 比	1
	不变矩	4
	傅立叶描述子	4
颜色	RGB	6
	YUV	6
	HSV	6
	XYZ	6
	L×a×b	6
	CMY	6

（续）

特征描述		数量
纹理	灰度频率分布	8
	灰度共生矩阵	9
	傅立叶变换	50

图 3-10 显示了穗粒特征的前 30 个主成分的特征值和累计方差，其他成分由于重复描述或贡献太小被过滤掉。从图中可看出前 3 个主成分（分别为 G、平均强度、R）的贡献率为 17.88%、14.17% 和 8.82%，整体贡献超过 40%，表明 RGB 颜色特征是判定穗粒有效性的主要成分；若将特征值小于 0.5 的成分过滤掉，得到 19 个主成分累计贡献率达 95.15%；若保留前 30 个主成分特征，则仅损失 1.49% 的原始信息。基于 PCA 分析，本书选择前 19 个主成分作为特征向量来建立穗粒分类模型。

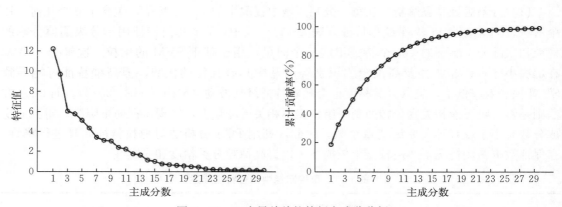

图 3-10　玉米果穗穗粒特征主成分分析

（2）基于 SVM 的穗粒分类　SVM 是基于统计学习理论的模式识别方法，其主要思想是建立一个最优决策超平面，使得该平面两侧距平面最近的两类样本间距离最大化（张学工，2000）。使用图 3-7 所示分级阈值分割结果建立训练集合（样本数 $l=2\,164$），由每张图像 PCA 分析所确定的前 19 个主成分特征组成一个 p（$p=19$）维实数向量 x_i，为向量分配一个标记 y_i（有效区域标记 1，无效区域为 -1）得到（$\boldsymbol{x}_i$，y_i），其中 $\boldsymbol{x}_i \in R^n$，$y \in \{1, -1\}^l$。SVM 转化为计算下面的优化问题：

$$\begin{cases} \min\limits_{w,b,\xi}\left(\dfrac{1}{2}\boldsymbol{w}^{\mathrm{T}}\boldsymbol{w} + C\sum\limits_{i=1}^{l}\boldsymbol{\xi}_i \right) \\ \mathrm{s.\,t.}\ y_i(\boldsymbol{w}\cdot\Phi(\boldsymbol{x}_i)+b) \geqslant 1-\xi_i, \xi_i \geqslant 0 (i=1,\cdots,l) \end{cases} \tag{3-4}$$

式中，s. t. 为"subject to"的缩写，表示约束条件；w 为超平面的法向量，表示超平面方向；b 为位移项，表示超平面到原点距离；T 表示转置；C 是惩罚参数；ξ_i 是松弛变量；$\Phi(\boldsymbol{x}_i)$ 表示将 $\boldsymbol{x}_i$ 映射到高维的特征空间中。相应对偶问题是：

$$\begin{cases} \max\limits_{\alpha}\left(\sum\limits_{i=1}^{l}\alpha_i - \dfrac{1}{2}\sum\limits_{i=1}^{l}\sum\limits_{j=1}^{l}\alpha_i\alpha_j y_i y_j K(\boldsymbol{x}_i,\boldsymbol{x}_j) \right) \\ \mathrm{s.\,t.}\ \sum\limits_{i=1}^{l}\alpha_i y_i = 0, 0 \leqslant \alpha_i \leqslant C(i=1,\cdots,l) \end{cases} \tag{3-5}$$

式中，$K\ (\boldsymbol{x}_i,\ \boldsymbol{x}_j)=\Phi\ (\boldsymbol{x}_i)^{\mathrm{T}}\Phi\ (\boldsymbol{x}_j)$ 为核函数，采用径向基函数（Radical Basis Function，RBF）：

$$K\ (\boldsymbol{x}_i,\ \boldsymbol{x}_j)=\exp\ (-\gamma\parallel\boldsymbol{x}_i-\boldsymbol{x}_j\parallel^2),\ \gamma>0 \qquad (3-6)$$

式中，γ 是 RBF 核的参数。可求解得最终决策函数：

$$f\ (\boldsymbol{x})=\mathrm{sign}\ (\sum_{i=1}^{l}\alpha_iy_iK\ (\boldsymbol{x}_i,\ \boldsymbol{x})\ +b) \qquad (3-7)$$

训练 SVM 需考虑核参数 γ 和惩罚参数 C，目前参数寻优并没有通用的方法。采用交叉验证方法来选择最佳参数（C，γ）：将所有样本随机分成 4 份，每次将一份样本作为验证集，将其余 3 份作为训练集来训练一个 SVM 模型并在验证集上测试，直到每份样本都被用作验证集。对提供的样本，选择参数 $C=512$、$\gamma=0.002$ 时可获得 98.51%预测精度，由此建立 SVM 模型用于穗粒有效性鉴定。

5. 试验结果与分析

（1）玉米果穗穗粒分割精度 玉米果穗中穗粒分割过程和结果如图 3-11 所示，各图分别为输入果穗图像、径向畸变校正后果穗图像、将彩色图像转换为灰度图像、分割过程图像（阈值分别为 100、150 和 200）、分割结果图像及有效穗粒分布图像。其中，果穗径向畸变校正对图像上所有穗粒均进行了不同程度的径向拉伸，显著增加了果穗表面可识别区域，但同时也在果穗边缘附近形成了较长的伪影，如图 3-11B 所示。果穗边界附近信息严重缺失使得从单张果穗图像上无法恢复出整个果穗一半的表面信息。图 3-11B 和图 3-11F 比较可以看出，果穗最外侧的穗粒已经难分辨，从分割结果图 3-11G 也可以看出，果穗外侧的穗粒形状和尺寸已经失真。采用径向畸变校正后图像也具有明显的好处，果穗表面的穗粒几何特征具有较好的保真性，这为分级阈值分割中穗粒筛选方法提供了分类依据。从分割结果也可看出，畸变校正后分割出的穗粒完整性是其他所有基于原始图像直接分割的方法所难以达到的。

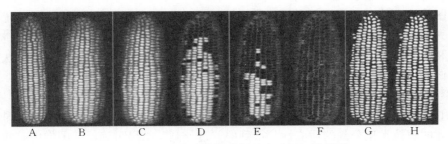

图 3-11 玉米果穗穗粒分割动态过程（见彩图）

A. 果穗图像；B. 径向畸变校正；C. 灰度转换；D. 分割过程图像（阈值为 100）；E. 分割过程图像（阈值为 150）；F. 分割过程图像（阈值为 200）；G. 分级阈值分割结果；H. 有效穗粒的分布图像

在分级阈值分割中，由于采用从低到高次序的递增阈值，因此果穗边缘附近具有较低灰度值的穗粒会首先被检测到，随阈值增加果穗中间部位的穗粒逐渐被识别并提取出，图 3-11D 至图 3-11F 分别显示了采用递增阈值依次提取出的果穗表面穗粒的动态过程。其中，图 3-11D 为低阈值（100）分割的过程图像，在分割结果中灰度值较高的穗粒往往融合在一起构成大的分割区域，因不能满足穗粒几何特征要求而被排除掉；而果穗边缘附近灰度值较低的穗粒因率先满足了穗粒筛选条件，得以作为有效穗粒被保存，并从待分割图像中删除该穗粒所在的图像区域。随着阈值增加，高灰度值的穗粒逐渐可从果穗中分离出来，一旦分割出的区域满足了穗粒筛选的条件，则将其判定为穗粒。当阈值达到 200 左右时，果穗表面上几乎所有穗粒均已被提取出来，如图 3-11F 所示。可以看出，分级阈值分割方法本质上是为果穗图像上单个穗粒寻找到一个最佳分割阈值，该阈值不仅可将穗粒从果穗图像分离出来，同时基于穗粒几何特性约束避免了其他分割方法所常出现的相邻穗粒粘连问题。从图 3-11G可以看出，分割出的区域（尤其是果穗表面边界附近）还存在一些无效穗粒，需进一步利用 SVM 模型进行二次筛选，最后得到图 3-11H 所示的穗粒分布图。

（2）不同类型玉米果穗穗粒分割结果 图 3-12 显示了对不同颜色果穗进行算法测试的结果。图 3-12A 至图 3-12C 中，果穗穗粒颜色可分为黄白两种，图 3-12D 中果穗表面存在穗粒缺失。从分割结果可以看出，上述方法能够有效处理果穗图像分割中的常见问题，包括穗粒粘连（相邻穗粒被视为同一连通域）、欠分割（灰度较低穗粒未识别）和过分割（残缺、败育区域被认为是穗粒），而且在处理下图中穗粒缺失和穗粒颜色差异的玉米果穗时也表现出较高的分割鲁棒性和准确性。

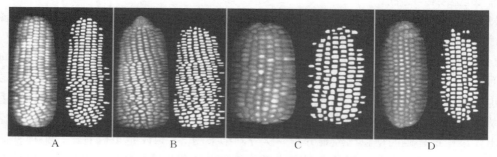

图 3-12　不同类型果穗中穗粒分割结果（见彩图）

（3）玉米果穗穗粒分割效率 在玉米果穗分割流程中，分级阈值分割和穗粒有效性检测是相对耗时的操作，也是约束整体计算效率的限制因素。其中，分级阈值分割包括阈值分割—穗粒筛分—图像填充等过程，每一次阈值分割都基于上次分割结果进行，这在整体上决定了分割效率。另外，算法控制参数也对计算效率具有较大影响：预定义的阈值参数（初始阈值、终止阈值和阈值增量）决定了分割执行次数，一般是通过调节这些参数来平衡算法效率和精度，经测试设置这些参数（40、255 和 3）适合大多数果穗分割场景；穗粒面积、周长和长宽比等参数对克服穗粒粘连、判定复杂区域来说至关重要，默认参数分别设为（150~400、40~200 和 0.5~5）。可以看出，通过定义尽量宽泛的参数区间来提高算法对不同果穗类型和不同尺寸的穗粒类型分割的适应性，得到的"过分割"结果可确保从图像中有效排除明显无效区域，并较完整保留了所有候选的穗粒区域。为提高穗粒二次筛分效率，将果穗表面区域分成中心区和边缘区，将分割出区域按照其位置进行分类，因此 SVM 模型可设置为仅对边缘区的候选穗粒进行穗粒有效性筛选。

实际上，上述方法的计算效率也受到诸如果穗图像尺寸、果穗大小等因素影响。为适应玉米果穗表型特征的多样性，宽泛的算法参数设置也在一定程度上牺牲了计算效率。为提高算法整体计算效率以满足果穗自动化考种要求，该方法可以进一步改进：①在分级阈值分割中引入并行计算，提高计算机资源利用率；②提升采集图像质量，并针对不同类型玉米果穗特征设计相应的算法参数模板，优化阈值分割和穗粒筛选的算法参数。

3.3.3 基于多张图像的玉米果穗表型检测方法

单张图像仅仅包含了玉米果穗的局部信息，要获取果穗更加全面准确的表型特征信息，还需要从全集数据的角度来解决，即至少需要获取能够覆盖果穗整个表面的图像数据。通常，为了使图像采集区域覆盖玉米果穗整个表面，至少需要 2 张以上果穗侧面图像。如前所述，单张图像中果穗边缘存在严重失真，使得果穗的 2 张图像实际上并不能完整、全面表示出果穗整体表面信息。一般来说，拍摄的果穗不同侧面的图像数量越多，后期进行果穗三维重建及果穗表面特征恢复得也越准确，相应的计算复杂度也越高、计算效率也越低。下面介绍一种利用步进电机驱动果穗转动来获取果穗主要侧面图像的方法，至少能获取 3 张果穗不同侧面的图像，并完成下列图像处理流程：采用果穗畸变校正方法生成标准果穗图像序列，在像素尺度进行果穗轮廓分析；建立图像序列中果穗轮廓映射关系并生成果穗三维模型；在穗粒尺度拼接果穗整个表面的穗粒分布图，计算出果穗和穗粒的各项表型性状。

1. **图像采集与计算流程**　玉米果穗表型检测系统采用了箱体式半封闭结构和 LED 光源，为果穗成像提供了一致的光照环境，如图 3 - 13A 所示。果穗置于由步进电机驱动的旋转平台上，相机从侧面拍摄果穗图像。采用的工业 CCD 相机的图像分辨率为 1 292×1 080 像素，像素物理尺寸为 0.031 cm/像素。

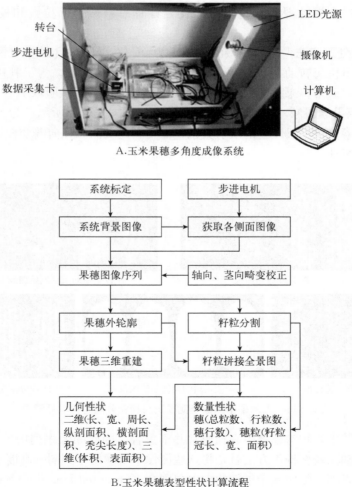

A.玉米果穗多角度成像系统

B.玉米果穗表型性状计算流程

图 3 - 13　图像采集与计算流程

玉米果穗表型性状计算流程如图 3 - 13 所示，系统主要功能模块包含图像采集、畸变校正、轮廓解析、三维重建、穗粒分布图，以及几何、数量和颜色纹理性状计算。具体模块功能如下：

图像采集：果穗通过底部插针方式固定在转动装置上，以步进电机驱动获取果穗各侧面图像，经过简单预处理得到果穗序列图像。

畸变校正：对图像序列中果穗进行轴向/径向畸变校正，得到标准果穗图像序列。

轮廓解析：提取图像中果穗边缘轮廓并进行轮廓解析，在图像像素尺度上建立果穗各个特征轮廓间映射关系。

三维重建：建立果穗三维坐标系，基于果穗轮廓节点映射关系确定果穗三维表面节点，生成果穗三维表面模型。

穗粒分布图：从图像序列中分割出所有穗粒，按照果穗轮廓节点映射关系确定有效穗粒区域，在穗粒尺度上拼接生成穗粒分布图。

几何性状：基于果穗单侧面轮廓和三维模型，计算出果穗二维、三维几何特征，包括穗长、宽、横/纵剖面积、周长、体积、表面积、秃尖长度等。

数量性状：结合果穗图像和穗粒分布图，计算总粒数、行粒数和穗行数，以及穗粒性状。

2. 果穗图像处理方法 假设拍摄图像数量为 N（$N \geqslant 3$），且果穗图像序列为等角度依次获取，即步进电机每转动 $\alpha = 2\pi / N$（$N \geqslant 3$）时拍摄一帧图像。为了利用图像正交关系确定果穗三维坐标，通常将果穗图像采集数量设置为 4 的倍数。试验取 $N = 4$，即步进电机每转动 90°拍摄一幅果穗图像，得到的果穗图像序列如图 3 - 14A 所示。为了对果穗图像序列中的果穗建立像素分辨率尺度上的映射关系，需要利用轴向和径向畸变校正方法恢复果穗和穗粒的表面形态特征。

A.果穗原始图像

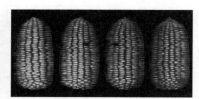

B.校正后的果穗原始图像

C.校正后的果穗灰度图像

D.校正后的果穗二值图像

E.分割后的穗粒二值图像

图 3 - 14 玉米果穗图像畸变校正与穗粒分割过程（见彩图）

由于果穗旋转中心轴与果穗中心轴通常并不重合，因此图像序列中果穗长度并不相同，称为轴向畸变。轴向畸变校正方法就是将这些图像中果穗统一到同一高度上。首先分别从图像序列中分割出果穗，然后基于果穗的方向包围盒（Oriented bounding box，OBB）来建立果穗局部坐标系。其中 OBB 包围盒是指最贴近果穗边界的长方形，果穗局部坐标系是以包围盒长轴方向作为玉米果穗的中心轴方向 Z，以包围盒一个短轴作为 X 轴建立新的坐标系，坐标系原点位于包围盒的形状中心。轴向畸变校正过程：计算果穗包围盒 Z 轴方向与图像高度方向的夹角，依次将图像序列中果穗旋转到垂直方向；将各果穗 OBB 长度的平均值作为果穗基准高度；确定果穗缩放因子，将果穗 OBB 缩放到其高度等于基准高度。其中缩放因子是基准高度与缩放前果穗高度的比值，图像采样采用双线性插值方法。

如上节所述，果穗径向畸变与果穗自身三维形状特征有关，图像中果穗像素的实际分辨率在不同位置上差异较大。果穗三维形状可假定为变截面椭圆柱体，因而投影成像时果穗不同位置上穗粒的大小存在显著的差异，需利用果穗径向畸变将图像中果穗穗粒几何形状畸变进行恢复。径向校正后果穗图像中，每个果穗像素与其代表的果穗三维表面节点具有相同的像素尺寸。

玉米果穗轴向和径向畸变校正的目的是将图像上果穗像素统一为相同的物理尺寸，因此在接下来的果穗表面拼接中可直接计算出像素位置并进行轮廓配准或对齐。假设沿图像宽度方向为 X 轴，高度方向为 Z 轴，果穗原始图像序列在畸变校正后的果穗图像如图 3-14B 所示，对应的果穗灰度和二值图像序列分别如图 3-14C 和图 3-14D。

穗粒数量性状与玉米产量直接相关，果穗中穗粒精准分割是计算果穗数量性状的关键。图像分割通常需要结合先验知识进行，并没有一种普适最优的分割方法。穗粒分割过程实际是对穗粒进行检测和识别的过程，应充分利用果穗穗粒几何、性状、颜色和纹理特征才能对穗粒进行有效分割。在畸变校正后的果穗图像中，玉米穗粒的形状特征已在一定程度上被恢复，因此结合穗粒颜色和形状信息可以从果穗图像中准确提取出穗粒。分割后的穗粒二值图像如图 3-14E 所示，相应地可以计算出穗粒的彩色图像和灰度图像。

3. **果穗轮廓解析**　果穗的三维形态结构特征主要由果穗边缘轮廓决定。采用上节提到的果穗轮廓提取方法提取出图像序列中果穗纵剖面轮廓；进而，依据轮廓相对果穗中心轴的位置，将果穗轮廓上所有像素分解为左右边界像素集合，即 PL 和 PR（分别位于果穗中心轴的两侧）。上述轮廓点分类具体过程为：首先从所有轮廓像素点中找到其在 Z 轴坐标方向上的极值点 Z_{min} 和 Z_{max}；然后依次遍历 $[Z_{min}, Z_{max}]$ 区间，针对区间中每个 z 值（对应一个果穗横剖面）从轮廓像素中找到距离最大的 2 个像素点，分别存入 PL 和 PR；最后计算出对应中心点和半径，将其存入中心点像素集合 PC 和半径集合 RR（图 3-15）。

根据 PL、PR 和 RR，可以利用式（3-8）计算出果穗左右分裂边界点集合，即 PLS 和 PRS。图 3-15A 显示了在果穗横剖面上这些像素集合的位置及计算方法，即根据图像的拍摄角度 α，可为每张图像中果穗生成 5 个像素点集（PL、PLS、PC、PRS 和 PR），而这些像素点集又将图像中果穗划分为不同区域。图 3-15B 使用不同颜色线段显示了果穗的各类特征轮廓，并依据这些线段与果穗图像上穗粒之间的位置关系，将穗粒分成 5 类（KL、KLS、KC、KRS、KR），其中，KL 为位于 PL 和 PLS 之间的穗粒，KLS 为与 PLS 具有相同像素的穗粒，KC 为位于 PLS 和 PRS 之间的穗粒，KRS 为与 PRS 具有相同像素的穗粒，KR 为 PRS 和 PR 之间的穗粒。其中，KC 为目标区域内的穗粒，图 3-15B 也显示了沿着果穗轴向的穗粒连接线（LBK），这些连接线可用于分析穗粒间拓扑连接关系，进而计算出穗行数和行粒数等数量性状。

$$
\begin{cases}
PC\ (x,\ z)=(PL\ (x,\ z)+PR\ (x,\ z))/2 \\
RR\ (z)=(PR\ (x,\ z)-PL\ (x,\ z))/2 \\
PLS\ (x,\ z)=PC\ (x,\ z)-RR\ (z)\cdot\alpha/\pi \\
PRS\ (x,\ z)=PC\ (x,\ z)+RR\ (z)\cdot\alpha/\pi
\end{cases}
\tag{3-8}
$$

式中，*PC* 为果穗轮廓中心点集；*PL* 和 *PR* 为轮廓左右边界点集；*PLS* 和 *PRS* 为轮廓左右分裂点集；α 为果穗图像的拍摄角度。

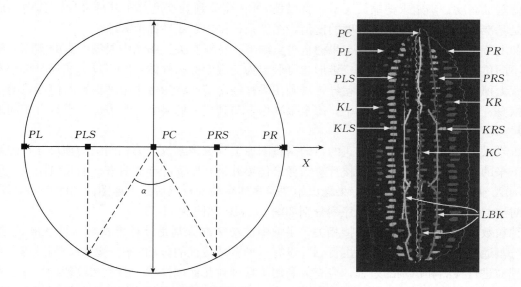

A.果穗各轮廓像素集合与果穗横剖面的对应关系   B.果穗各轮廓像素集合与果穗纵剖面的对应关系

图 3 - 15 玉米果穗轮廓分析（见彩图）

PC 为果穗轮廓中心点集；*PL* 和 *PR* 为轮廓左右边界点集；*PLS* 和 *PRS* 为轮廓左右分裂点集；α 为拍摄角度；*KL* 为 *PL* 和 *PLS* 之间的穗粒；*KLS* 为 *PLS* 所经过的穗粒；*KC* 为 *PLS* 和 *PRS* 之间的穗粒；*KRS* 为 *PRS* 所经过的穗粒；*KR* 为 *PRS* 和 *PR* 之间的穗粒；*LBK* 为穗粒 *KC* 之间的连接线

果穗三维表面模型是通过拟合图像序列中果穗边缘轮廓（*PL* 和 *PR*）来建立的。图像序列包含图像越多，对果穗表面贡献节点就越多，则果穗三维表面表示的细节也越丰富，但建立的模型也会更加复杂。为了建立规模可控、节点分布匀称的果穗三维模型，对横/纵剖面上表面节点数量进行规划：首先确定果穗横剖面和纵剖面上节点数量，对每张图像的轮廓像素点进行采样以减少节点数量，生成新的纵剖面轮廓点集；其次在各个果穗横剖面上利用纵剖面节点拟合出横剖面轮廓（采用闭合 *B* 样条曲线），利用重采样技术得到指定数量的横剖面节点；最后，根据果穗的横剖面轮廓和纵剖面轮廓关系，将相邻轮廓点依次连接为三角形，即得到果穗三维表面模型，进而计算出果穗体积、表面积等性状（Du et al.，2015）。

4. 穗粒分布图 果穗图像序列中包含了大量冗余信息，因此可在穗粒尺度上对果穗表面穗粒信息进行拼接和融合，来提高玉米果穗和穗粒表型性状的计算效率和精度。由果穗分裂边界（*PLS* 和 *PRS*）定义的有效果穗区域，与果穗轮廓边界、半径和图像拍摄角度有关，是果穗图像中穗粒畸变最小的区域。利用分裂边界从图像序列中裁剪出上述果穗有效区域如图 3 - 16A 所示，可以看出果穗相邻图像的边界并非完全重合，这种误差与步进电机控制精度、果穗旋转中心轴与形状中心轴间角度差异等相关。在相邻图像获取时间间隔范围内，步进电机难以精确控制果穗转动了指定拍摄角度，因此图像序列相邻的分裂边界在 *X* 轴方向上总会出现像素级偏差。另外，由于果穗旋转中心轴的角度偏差，使得在畸变校正后分裂轮廓在图像 *Y* 轴方向上也存在一定程度的错位。上述误差在果穗图像采集和处理过程中，难以完全避免，因此对校正后果穗图像直接进行像素尺度的边界拼接和融合，将会出现穗粒像素错位等现象，从而影响穗粒性状指标的计算精度。通常情况下，在果穗拼接边界上 *X* 和

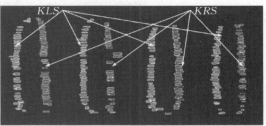

A.果穗图像的有效区域　　　　　　　B.果穗分裂边界上穗粒二值图(伪彩色)

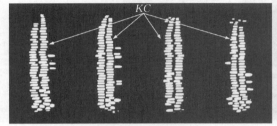
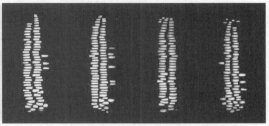

C.果穗分裂边界内部的穗粒二值图　　　D.果穗分裂边界内部的穗粒

图 3-16　基于果穗分裂边界的穗粒分析示意图（见彩图）

注：B图中的每张果穗图像上左侧穗粒为果穗左分裂边界 PLS 所经过的 KLS，右侧穗粒为右分裂边界 PRS 所经过的 KRS。

Y 轴上的误差要远小于穗粒的厚度，如果在穗粒尺度上进行边界拼接、融合和平移，则可以保证果穗表面上穗粒形状的完整性。即使果穗边界上穗粒位置进行了细微调整，也不影响果穗上穗粒的数量性状计算。

利用畸变校正方法恢复果穗表面的穗粒，通过果穗轮廓分析从每张图像中提取出离果穗中心轴最近、畸变最小、信息最完整的穗粒，然后对分裂边界上穗粒进行穗粒尺度的拼接融合，生成玉米果穗表面穗粒分布图。根据穗粒与分裂边界线之间位置关系，可将图 3-14E 中的果穗穗粒分成 5 类，分类结果如图 3-16 所示。进一步，分别以分裂轮廓 PLS 和 PRS 的像素作为种子点，从分割后的穗粒二值图像中提取出与分裂轮廓具有共同像素的穗粒，将其分别存为左边界穗粒图像 BISKL 和右边界穗粒图像 BISKR；提取出完全位于分裂轮廓内部的穗粒，将其存为内部穗粒图像 BISKI。计算出果穗上畸变最小、形状完整的穗粒彩色图像，用于计算穗粒颜色特征。

在穗粒尺度上对果穗表面穗粒进行融合拼接的过程为：按照分裂边界对应关系依次确定果穗图像序列在穗粒分布图中位置，即建立当前图像的右分裂边界与下一张图像的左分裂边界对应关系；然后，创建一张穗粒分布图 BIK，将 BISKI 填充到 BIK 中；最后再填充 BISKL 或 BISKR，如式（3-9）所示。图 3-17 为根据左分裂边界上穗粒与内部穗粒拼接得到的果穗表面穗粒分布图。可以看出图像序列间穗粒拼接的确存在一定错位，但得到的穗粒分布图基本保证了穗粒形状和分布的完整性，可以清晰、准确描述果穗表面上穗粒的分布特征。

$$\begin{cases} BIK = \sum_{i=1}^{N}(BISKI + BISKL) \\ BIK = \sum_{i=1}^{N}(BISKI + BISKR) \end{cases} \quad (3-9)$$

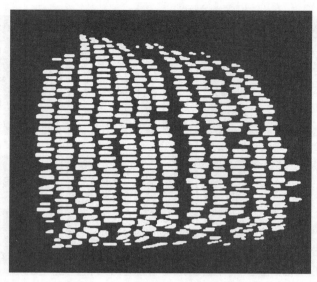

图 3-17　果穗表面的穗粒分布图

5. 试验结果与分析　选用郑单、先玉和京科等品种的 100 个果穗作为测试样本，利用图 3-13A 所示的玉米果穗表型检测系统依次采集果穗侧面序列图像（$N=4$），采集完成后计算出各项性状指标，其中单果穗图像采集平均时间为 6 s，计算平均时间为 12 s。穗粒分割、三维重建和数量性状计算均是相对耗时的操作，为提高系统计算效率，对果穗图像序列的分割、轮廓分析、表型计算均作了并行化处理，在完成果穗轮廓解析后再分别执行三维重建和构造穗粒分布图，计算流程如图 3-13B 所示。

人工测量供试果穗样本的主要几何和数量性状：对果穗依次进行编号，使用游标卡尺测量果穗长、宽、粒厚、秃尖长，然后人工统计果穗行粒数和穗行数，并将行粒数与穗行数乘积作为总粒数，将这些指标作为果穗样本的实测值。使用式（3-10）对该方法的计算精度进行评价，式中 m 为果穗样本个数，x_i 和 $\overline{x}_i$ 分别为果穗各项性状的计算值和实测值。

$$P=\left(1-\frac{1}{m}\sum_{i=1}^{m}\frac{\mid x_i-\overline{x}_i\mid}{\overline{x}_i}\right)\times100\% \qquad (3-10)$$

果穗长、粗和秃尖的计算结果如图 3-18 所示，可以看出在轴向畸变校正后，图像序列中果穗直径的测量值并不一致，分别为 4.26 cm、4.44 cm、4.16 cm 和 4.41 cm，测量偏差达到 6.31%，因此取这些测量值的平均值 4.28 cm 作为果穗粗。

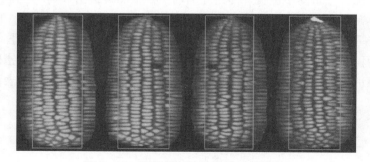

图 3-18　果穗几何性状计算（见彩图）

注：绿色矩形框为轴向畸变校正后果穗包围盒；黄色区域为检测到的果穗秃尖区域。

在穗粒分布图像中，首先计算出每颗穗粒的形状中心构造穗粒分布节点，并在穗粒分布区域外定义一组节点（包含一个起始点和终止点）表示穗粒排列方向；然后利用 Delaunay 网格化方法将这些节点连接成三角网格以表示穗粒之间邻接关系；进而，利用 Bellman - Ford 方法（韩伟一，2012）确定每组起始点和终止点之间的最短路径，得到每条路径所经过的穗粒数量，即可表示穗行数或行粒数。利用上述方法，分别针对穗粒分布图或单张果穗图像计算出行粒数和穗行数，主要差别在于对起始点和终止点的定义不同。基于穗粒分布图可计算出穗行数和行粒数，但考虑到穗粒分布图中果穗各侧面图像的穗粒已经沿 X 轴作了一定程度平移，使得每行穗粒排列方向发生了改变，要优先使用分割后穗粒二值图像计算行粒数。穗行数计算方向为从左往右、行粒数计算为从上往下。因此，在图像中穗粒分布区域外定义出若干组节点，每组节点对应一条穗行数或行粒数的计算路径，最后对计算结果进行统计平均处理。

图 3 - 19 显示了果穗行粒数和穗行数等数量性状的计算结果，其中图 3 - 19A 通过计算各侧面图像上果穗中心区域的行粒数，确定出行粒数的取值范围，然后取最大值作为果穗行粒数。由于仅计算了果穗表面上 4 条路径，该值与果穗的最大行粒数间仍可能存在误差。另外，在行粒数计算过程中，可以得到行粒数路径上相邻穗粒中心之间的距离，取相邻穗粒的平均距离作为穗粒厚度。图 3 - 19B 显示了从穗粒分布图中计算出穗行数的过程：取果穗中间 1/3 区域构造穗粒分布的 Voronoi 图，并构造了 3 条路径确定穗行数的取值范围，然后取平均值作为穗行数。

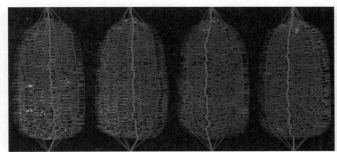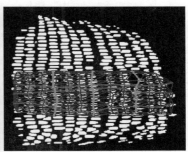

A.基于分割后穗粒图像计算果穗行粒数和穗粒厚度　　　B.基于穗粒分布图计算穗行数

图 3 - 19　果穗数量性状计算方法（见彩图）

注：图中蓝色线段为 Delaunay 方法生成的三角网格的边；红色和绿色线段为 Bellman - Ford 方法生成的最短路径，其中 A 和 B 图中红色线段分别表示行粒数和穗行数的计算策略。

在上述计算过程中，Delaunay 方法用于将散点集合剖分成三角形网格，生成的三角形具有空圆和最大化最小角等诸多优良特征，可有效描述穗粒之间连接关系。Bellman - Ford 方法是一种求解单源最短路径的动态规划算法，计算过程为：构造一个大小等于节点个数的二维矩阵，其中每个元素值初始被赋予极大值，表示该路径不通；提取三角网格中每条边的顶点索引，计算顶点间连接的权重，其中连接权重以两点距离为主，并加入与连线方向相关的权重调节因子；最后计算出起点到终点的最优路径上节点编号，这些节点即对应穗行数和行粒数中的穗粒。其中，权重调节因子，是使路径搜索方式符合用户定义特征，从起点到终点之间生成一条初始直线，对路径查找到的每条线段计算其与该初始直线的夹角以及线段上各点到初始直线的垂直距离，将夹角、垂直距离、边上两点距离作为该边的权重因子，赋值到矩阵对应位置。

基于果穗主要侧面图像序列，结合畸变校正、穗粒分割、轮廓解析、三维重建和穗粒分布图生成等技术来全面、准确解析果穗和穗粒的几何、数量、颜色等表型性状。该方法对穗行数、行粒数、总粒数、果穗长、果穗粗性状的平均计算精度均超过94%。对果穗秃尖和穗粒厚度等小尺寸性状也进行了统计分析，表明图像分辨率是限制这类指标计算精度的主要因素，因此针对玉米育种的实际需求，可以进一步完善玉米果穗成像技术方案。

　　另外，果穗表型特征参数均是从果穗图像分析角度进行定义，如何结合玉米育种专家知识，进一步明确果穗特征参数的定义、计算方法和误差范围，进而建立标准化的玉米果穗自动化考种流程和规范，将是下一步研究需要解决的问题。对玉米果穗表型计算值和实测值进行线性回归分析（实测值为自变量，计算值为因变量），结果如图3-20所示。其中，穗行

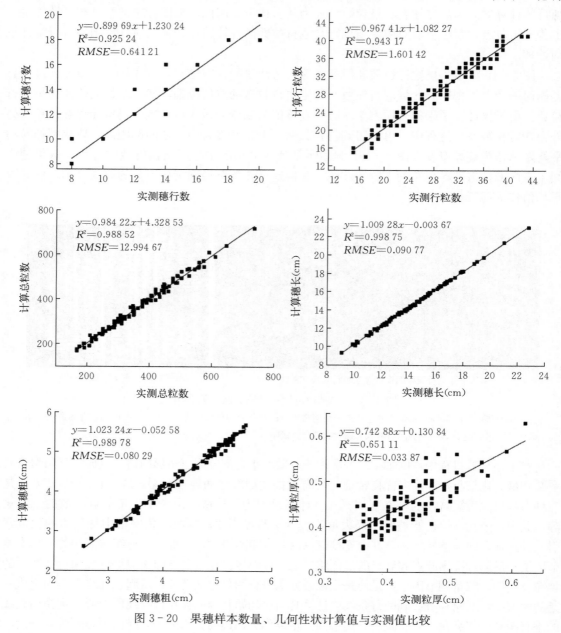

图 3-20　果穗样本数量、几何性状计算值与实测值比较

数、行粒数、总粒数、果穗长和果穗粗的决定系数分别约为 0.925、0.943、0.989、0.999、0.990，*RMSE* 值分别约为 0.641、1.601、12.995、0.091 cm、0.080 cm，表明这些果穗性状计算值对实测值具有较好拟合效果。然而，穗粒厚度的决定系数和 *RMSE* 分别约为 0.651 和 0.034 cm，其中 *RMSE* 值约等于单个像素尺寸（0.031 cm/像素），表明图像分辨率成为限制穗粒厚度计算精度的主要因素。进一步，利用直方图来描述果穗样本计算精度的统计分布，其中横坐标表示计算精度，纵坐标为果穗样本数量，穗行数、行粒数、总粒数、果穗长、果穗粗和穗粒厚性状的平均计算精度分别为 98.231%、94.351%、96.921%、98.956%、98.165%、92.169%。从结果可以看出，大部分样本计算精度集中在可接受范围内，只有少量样本存在计算偏差。

果穗数量性状是利用图 3-19 所示的方法计算得到的，平均计算精度均超过 94%，但与人工实测值相比仍然存在偏差。以上数量性状误差主要来自以下方面：穗粒杂乱排列，果穗基部穗粒无法完整获取，以及人工统计与计算方法间差异，可能造成行粒数和穗行数计算和测量误差；穗粒败育（尤其果穗顶部）使得穗粒性状和大小存在较大差异，人工统计中是否计入行粒数和总粒数往往取决于经验；与穗粒分割方法设计有关，由于分割算法是利用果穗颜色、穗粒形状等特征参数控制穗粒分割和筛选，设定不同控制参数可能导致穗粒分割结果差异。如果从试验所用的 100 个果穗中选择出穗行排列规则、有序的果穗进行分析，方法的检测精度显著提高，其中果穗数量性状计算精度均超过 97%。

果穗长和果穗粗是通过轴向/径向畸变校正后图像计算，平均计算精度超过 98%，如图 3-21 所示。果穗周长、表面积、体积等其他几何性状是通过果穗外轮廓特征计算得到，由于果穗长、宽等计算值具有极高精度，因此可认为由此衍生的这些几何指标也能满足检测

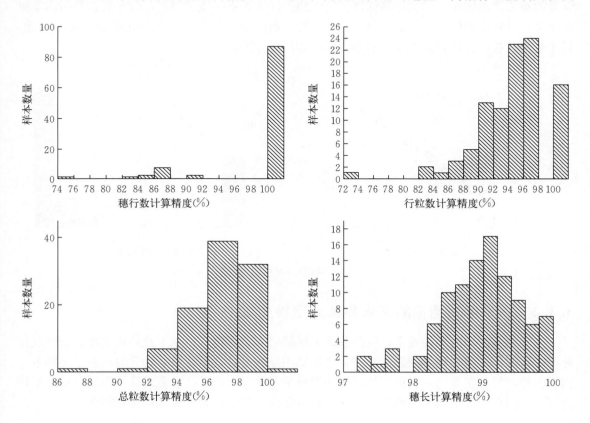

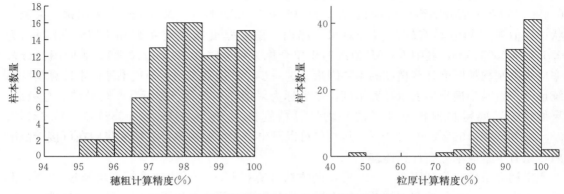

图 3 - 21　果穗样本数量、几何性状计算精度直方图

精度要求。然而，穗粒厚的计算精度下降（仅为 92.169%），很大程度是因为人工测量穗粒厚度的方法具有较大主观性（选择某一穗行上连续 5 颗穗粒测量出总厚度后取平均值），而且穗粒厚度的绝对值较小（平均穗粒厚为 0.43 cm）。

　　值得指出的是，秃尖性状计算结果中有 28 个样本存在检测误判状态，即在人工测量时认为存在秃尖而算法未检测到、或者算法检测到秃尖但测量人员认为可忽略（过度检测）等情况，如图 3 - 22 所示。回归分析显示决定系数约为 0.894，RMSE 值约为 0.293 cm，这说明图像分辨率仍然是限制秃尖计算精度的主要因素。由于对所有检测误判状态均将其计算精度设置为 0，故秃尖平均计算精度下降为 65.547%。除了图像分辨率因素外，导致秃尖计算误差的重要原因还在于秃尖计算标准和人工测量标准的不一致。因此，为了更加准确测量果穗秃尖和穗粒厚等较小尺寸的几何性状，配置更高分辨率的摄像机是首先需要考虑的问题，其次是为这些指标计算定义统一的测量标准和计算方法。

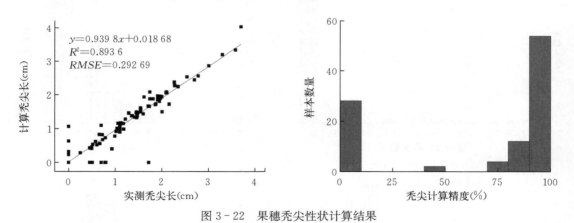

图 3 - 22　果穗秃尖性状计算结果

3.3.4　基于序列图像的玉米果穗表型检测方法

　　基于单张图像的考种技术，仅仅获取了果穗局部表面信息，基于此计算果穗表型性状指标存在精度低、稳定性差问题；基于多张果穗图像的考种技术，虽然较完整获取了果穗各个侧面图像，但各图像之间进行图像拼接和融合是个难点，而且已有系统往往需要对单个果穗进行人工操作，严重限制果穗考种效率，难以适应大规模、大批量果穗考种需求。

玉米果穗考种的精度和效率是当前多数玉米大规模商业育种实体关心的问题之一，进行高精度考种需要获取完整的果穗表观形态，尤其是果穗上穗粒分布信息；进行高效率考种则要求自动处理大批量果穗，尽量减少人工干预。目前，同时满足考种高精度和高效率要求是基于图像的玉米果穗精准考种技术的主要发展趋势。

基于序列图像的玉米果穗表型检测，前提条件是如何获取玉米果穗完整表面数据。综合上述基于单张和多张玉米图像进行表型检测的特征，设计了适合高通量获取玉米果穗表型图像的考种系统，使用果穗传动机构实现了玉米果穗的连续推送和批量处理，相较于基于多张果穗图像的考种技术，这种流水线工作方式使得玉米果穗考种的整个过程无需人工干预，极大提高了果穗考种效率；同时，利用玉米果穗不同侧面的图像拼接出玉米果穗表面全景图，利用穗粒分割和位置分析方法确定出玉米果穗表面全景图中的有效穗粒分布图，由有效穗粒分布图计算玉米果穗表型性状指标，能够保证玉米果穗考种的精度。

1. 玉米果穗考种流水线系统 全自动玉米果穗考种流水线系统的原理图和样机如图3-23所示，包括成像模块、传动模块和上下物料模块。其中成像模块包括光源、数字摄像机和计算机；传动模块是由步进电机、辊筒、托辊、链条等组成的果穗推送机构；上下物料模块包括玉米果穗进料口和出料口，在进料口可整合果穗称重环节，在出料口可整合果穗脱粒机构。系统工作方式是：利用步进电机驱动辊筒转动，辊筒通过齿轮传动机构带动托辊链条机构运动，其中托辊链条机构是使用链条连接固定托辊，辊筒采用耐磨防滑材料包裹，整体黑色喷漆；辊筒直径以最大果穗直径为限，辊筒间隔以最小果穗直径为限，使得果穗可以稳定置于两个固定托辊之间并防止滚动过程中滑移；步进电机转速可调，转速越大则果穗运动速度越快、考种效率越高，但是单位时间内获取图像数量减少。在考种过程中，果穗自进料口进入系统，并置于托辊之间，通过托辊滚动带动托辊间玉米果穗运动，进入摄像机成像区域，最后从出料口退出系统，其中摄像机位于传送带上方，成像区域宽度保证大于最大果穗周长。

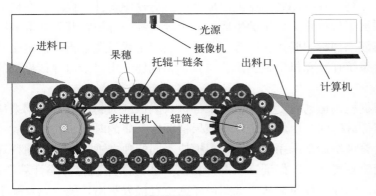

A.系统原理图   B.系统样机

图3-23 玉米果穗流水线考种系统

玉米果穗流水线考种方法包括5个模块：图像检测、图像采集、图像计算、果穗表面全景图、果穗表型计算模块。图像检测模块用于实时检测成像区域内是否存在包含果穗，如果包含果穗则为该果穗分配唯一标识，并停止检测模块，启动图像采集模块；图像采集模块是采用高分辨率摄像机连续拍摄，生成被测果穗图像序列，当果穗退出成像区，将果穗图像序列送入图像计算模块，并重新启动检测模块；图像计算模块是对果穗图像序列进行分析，获得果穗在各图像中区域和中心轴位置；果穗表面全景图模块是建立图像序列中果穗与果穗表面全景图之间的映射关系，依次提取图像序列中果穗成像中心区域拼接成表面全景图；果穗表型计算模块是基于果穗表面全景图，确定果穗完整表面边界，进行穗粒分割并得到果穗表面穗粒分布图，由此计算出果穗表型参数。基于上述模块功能，本方法实现批量果穗考种中自动检测、管理和计算。

2. 计算流程

玉米果穗流水线考种方法主要流程如图 3-24 所示，包括下列步骤：

（1）设备初始化　设置系统参数，包括机构运动速度、摄像机采集帧率、图像分辨率等，启动系统（开启光源），打开图像检测模块。果穗自进料口进入系统，落入托辊之间并随之滚动，进入成像区后将被图像检测模块识别。

（2）图像检测　利用果穗颜色统计分析方法检测图像指定区域是否包含果穗，如果包含果穗则启动图像采集模块。其中，指定检测区域设置在成像区的果穗入口侧，用于检测果穗是否进入到成像区，检测区域大小可设置为一条垂直线段或矩形区域，目的是尽量减少图像分析区域大小并保证检测效率。玉米果穗颜色分析的基本步骤为：①将果穗彩色图像分解为 3 个颜色通道图像，选择果穗与背景分离度最大的单通道图像进行图像分割。②使用 Otsu 方法分割果穗，并利用形态学运算改善分割结果。③计算分割目标面积与检测区域面积是否达到果穗阈值，若是则判定为该检测区域内存在果穗。其中将摄像机获取的果穗 RGB 图像转换 Luv 图像，并使用其第 2 通道图像进行图像分割，因为试验表明 Luv 颜色空间的第 2 通道图像中果穗与背景的颜色分离度较大，易于分割出果穗；果穗阈值与检测区域大小相关，对各类区域均可测试得到一个合理有效的阈值，为了提高检测效率，检测区域可设置为一条垂直线段；为了提高检测鲁棒性，检测区域最好设置为一个包含足够像素的矩形区域。

（3）图像采集　一旦检测到图像中包含果穗，则为果穗生成全局唯一标识，并启动图像采集模块连续获取果穗图像序列，在检测到果穗退出成像区后启动图像计算模块。在启动图像采集模块前，系统自动根据工程设置为该果穗生成了一个全局唯一标识，其后获取的图像序列以及图像分析结果均与该果穗标识联系在一起。其中，系统工程设置是指用户定义的果穗分组和编号规则。因此，系统在计算机中根据果穗位置标识创建专用目录保存该果穗的图像序列以及计算分析结果。

图像采集完成时间是根据机构运动速度计算，以果穗进入成像区为起始点，根据果穗运动速度可计算出果穗退出成像区时间，由此确定停止该果穗图像采集的时间。

（4）图像计算　图像计算模块通常采用与图像采集模块不同的独立进程，将果穗计算与果穗图像检测和采集操作完全分离开，以保证连续图像检测和图像采集获得可靠计算资源，以防止视频采集时出现掉帧。图像计算包括从果穗图像序列中直接分割出果穗，以及基于图像序列分割结果进行果穗表面全景图拼接，最后结合两者共同解析出果穗表型特征，包括果穗所在区域和中心轴位置等。对果穗图像序列的计算，最基本的操作仍然是实现每张图像上果穗分割，该分割过程与图像序列的次序无关，因此可采用并行计算完成。果穗图像直接分割的步骤为：①将果穗彩色图像分解为 3 个颜色通道图像，选择果穗与背景分离度最大的单通道图像进行图像分割。②使用 Otsu 方法分割果穗，并利用形态学运算改善分割结果。③提取分割结果中最大连通区域作为有效果穗区域。④计算该区域的几何属性，主要是提取果穗外包围盒，由此确定果穗所在区域和中心轴位置。

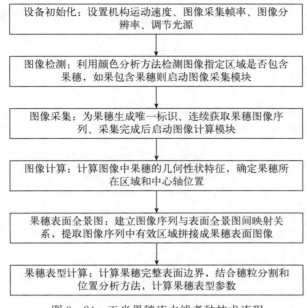

设备初始化：设置机构运动速度、图像采集帧率、图像分辨率、调节光源

图像检测：利用颜色分析方法检测图像指定区域是否包含果穗，如果包含果穗则启动图像采集模块

图像采集：为果穗生成唯一标识、连续获取果穗图像序列、采集完成后启动图像计算模块

图像计算：计算图像中果穗的几何性状特征，确定果穗所在区域和中心轴位置

果穗表面全景图：建立图像序列与表面全景图间映射关系，提取图像序列中有效区域拼接成果穗表面图像

果穗表型计算：计算果穗完整表面边界，结合穗粒分割和位置分析方法，计算果穗表型参数

图 3-24　玉米果穗流水线考种技术流程

3. 基于颜色分量的果穗实时检测　果穗实时检测的精度和效率对采集图像果穗数量以及表型分析至关重要。实时检测算法需要嵌入到系统图像采集模块中，根据检测结果判定果穗状态，因此其执行效率直接影响到图像获取帧率，而单个果穗所能获取的图像数量对果穗表面拼接的精度具有决定性影响。设计实时检测方法需要考虑两点：①选择整幅图像中设置尽量小的感兴趣区域（Region of interest，ROI），同时保证该检测区域的特征能够正确表征果穗状态；②设计简单、有效的果穗特征，该特征可覆盖尽量多的果穗类型且可以快速计算。对于第一个问题，果穗运动方向是固定的，因此在图像中的果穗进入和退出的合适位置设定一个小区域，作为实时监测区域。玉米果穗考种而言，颜色是果穗与成像背景差异最大的特征之一，比较主要颜色空间（包括 RGB、HSV、Lab、Luv 等）中多种颜色指标（包括 ExB、ExR、ExG、H 等）在检测区域内的均值、方差和直方图分布，试验结果表明：基于颜色指标的阈值分析方法具有较高计算效率，并且几种颜色指标（ExR 等）对果穗具有较高的检测精度。

4. 玉米果穗表面拼接　玉米果穗表面全景图可以理解为将果穗三维表面完整展开成一张二维图像的结果，该图像能够最大程度上反映出果穗表面整体特征。从图像处理的角度来看，果穗全景图生成过程实际上是将果穗连续侧面的二维图像序列进行有序拼接的过程。图 3-25 为玉米穗表面拼接的原理图，不仅显示了果穗表面展开的动态过程，也表示了果穗三维表面与果穗侧面图像序列的映射关系。

图 3-25 中，$P1$ 为辊筒中心轴运动平面，$P2$ 为果穗中心轴运动平面，$P3$ 为果穗运动的上切平面；$h1$ 为摄像机到平面 $P1$ 距离，$h2$ 为摄像机到平面 $P2$ 距离，R 为辊筒半径，r 为果穗半径；β 为果穗中心与摄像机中心轴间的夹角，x 为当前果穗中心到摄像机中心轴的距离。当果穗运动到 M 点位置时，果穗距离摄像机中心轴距离为 x，但果穗成像中心位置实际为摄像机与果穗中心的连线（即果穗表面上 C 点），将其定义为在果穗全景图表面上距离摄像机中心轴距离 x'。在玉米果穗图像序列中，果穗位置相对摄像机成像中心轴的距离不断变

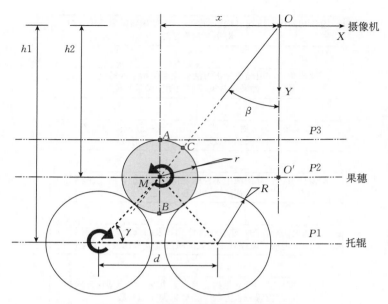

图 3-25　玉米穗表面拼接算法原理图

化，使得果穗表面上实际成像面法线与摄像机中心轴间夹角（β）不断变化，本文称之为果穗位置畸变。果穗位置畸变校正的核心是建立变量 x 与 x' 之间的映射关系，具体方法如下：

① 对任意给定果穗图像，使用式（3-11）计算图像中果穗包围盒，由此确定出果穗半径和中心点位置，将该果穗中心位置表示为 M（x，$h2$），其中 $h2$ 为果穗中心距离摄像机的垂直距离，与果穗半径相关。

$$h2 = h1 - \frac{1}{2}\sqrt{4\ (R+r)^2 - d^2} \qquad (3-11)$$

② 使用式（3-12）计算出果穗中心与摄像机中心轴间的夹角 β

$$\beta = \arctan\left(\frac{x}{h2}\right) \qquad (3-12)$$

③ 使用式（3-13）计算出果穗表面成像中心点与果穗中心点之间的关系：

$$x' = x - r\beta = x - r \cdot \arctan\left(\frac{x}{h2}\right) \qquad (3-13)$$

④ 在图像计算模块已经得到各图像上果穗的区域和果穗中心点位置，因此可以计算出对应的果穗表面成像中心位置 x'，于是建立图像序列与果穗全景图之间位置映射关系。

基于上述方法，对果穗图像序列进行拼接过程如下：

① 从图像序列中依次提取果穗中心轴 I（x）。

② 得到该中心轴对应全景图中位置 I'（x'），最终得到全景图上一系列中心轴位置。

③ 以 I' 为中心，以相邻中心轴间距离的中点作为该中心轴对应的左右边界点，得到每个中心轴 I' 对应果穗全景图上区域 ROI'。

④ 依次从中心轴 I 对应的果穗图像中提取同样大小的区域 ROI，将其写入到全景图中 ROI' 区域。

⑤ 对整个图像序列进行以上处理，得到图像序列对应的果穗表面全景图，如图 3-26A 所示。

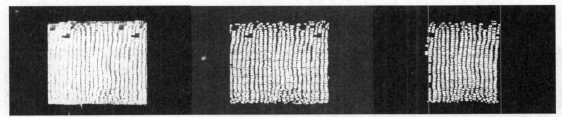

A.果穗表面全景图　　　　　　　B.果穗穗粒分布图像　　　　C.果穗完整表面上有效穗粒分布图

图3-26　果穗表面全景图及图像分析结果（见彩图）

5. 玉米果穗表型计算　果穗表面全景图是将果穗三维表面在整个成像区域内连续展开生成的图像，成像区域宽度必须大于果穗周长才能保证获得果穗完整表面信息。因此，生成的果穗表面全景图总是包含了重复冗余的信息，需要进一步确定果穗完整表面的起始和终止边界。针对果穗表面全景图进行表型计算的前提就是从果穗全景图上提取出表征果穗的单一、完整表面区域。由于果穗完整表面区域由果穗直径决定，其计算过程可以简单描述为：从图像序列中计算出果穗直径，进而计算出果穗周长，然后在果穗表面全景图中设置以成像区中心为中心、宽度为果穗周长的区域为果穗完整表面区域。

玉米果穗穗粒分割方法在基于单张图像的玉米果穗表型检测中已有介绍，一般结合穗粒颜色、形状特征从图像中准确分割穗粒，得到果穗表面的穗粒分布图像，如图3-26B所示。利用果穗完整表面区域作为约束，根据每颗穗粒的位置来确定该穗粒是否被选中为有效穗粒。首先，将穗粒位置分为4类：Ⅰ. 包含在果穗完整表面区域内部；Ⅱ. 位于果穗完整表面区域外部；Ⅲ. 位于果穗完整表面区域左边界上；Ⅳ. 位于果穗完整表面区域右边界上。穗粒位置分类具体过程可以描述为：遍历每个穗粒轮廓上像素坐标，计算该穗粒与果穗完整表面区域的关系，如果穗粒像素均包含在果穗完整表面区域内部，则判定为Ⅰ类，如果有像素位于果穗完整表面区域左/右边界上则分别判定为Ⅲ或者Ⅳ类，其他判定为Ⅱ类。最后，将Ⅰ和Ⅲ类，或者Ⅰ和Ⅳ类穗粒组成了果穗完整表面上有效穗粒分布图，如图3-26C所示。

值得注意的是，果穗完整表面区域边界可能穿过大量穗粒，因此针对穗粒分割不能仅仅针对该区域内的图像，而要针对果穗表面全景图进行穗粒分割，以保证分割结果中穗粒的完整性；果穗完整表面区域则用于对分割结果中边界穗粒的筛选。不难看出，利用果穗表面全景图、果穗完整表面区域、有效穗粒分布图，可以利用前面介绍的图像处理方法计算出果穗表面相关的各项数量、几何、颜色和纹理性状。

6. 玉米果穗全景图生成流程　在玉米果穗表型计算中，假设有效穗粒分布图中每颗穗粒都是有效的，能够对应到果穗表面上每颗真实穗粒。由于穗粒形状和颜色的多样性，很难为图像分割和筛选中使用的穗粒有效性判定指标设置准确的阈值区间，也就是分割结果的部分穗粒可能是败育、残缺或者穗轴区域。因此，这里使用SVM方法对穗粒分割结果进行二次筛选，该方法已经在3.4.2节中介绍。下面以一个实例对基于序列图像的玉米果穗表型检测技术和结果进行总结：利用玉米果穗流水线考种系统获取单个果穗不同侧面图像序列，拼接生成玉米果穗表面全景图（图3-27A）；结合穗粒最有效性判定指标和分级阈值分割方法，分割出全景图中所有穗粒（图3-27B），得到经过分割的穗粒结果；从果穗图像序列中计算出果穗周长，得到果穗完整表面区域（图3-27C）；利用该区域对穗粒进行位置分析，得到果穗完整表面区域的穗粒分布，在全景图中的效果如图 3-27D 所示。

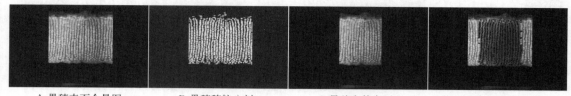

A.果穗表面全景图　　　　B.果穗穗粒分割　　　　C.果穗完整表面　　　　D.全景图中穗粒分布

图 3-27　基于果穗全景图的图像处理（见彩图）

果穗完整表面区域的边界上的穗粒需要特别处理，按照穗粒位置以及 SVM 分类后的结果如图 3-28A 所示，实际上将穗粒分成了 5 类，分别为中间穗粒（绿色）、左边界穗粒（蓝色）、右边界穗粒（红色）、SVM 判定无效穗粒（品红色）和冗余穗粒。穗粒分类后，融合中间穗粒和右侧穗粒即得到果穗完整表面区域的有效穗粒集合，其数量表示为果穗总粒数，如图 3-28B 所示。在果穗完整表面区域上穗粒分布真实反映了果穗三维表面的穗粒分布模式，可以准确计算出穗行数和行粒数等表型指标，如图 3-28C 所示，相关计算方法在 3.4.3 节中介绍。

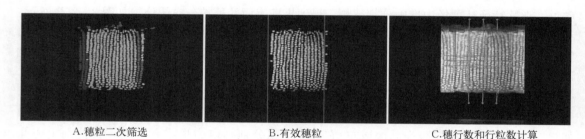

A.穗粒二次筛选　　　　　　B.有效穗粒　　　　　　C.穗行数和行粒数计算

图 3-28　果穗穗粒有效检测与性状计算（见彩图）

3.3.5　玉米果穗流水线考种系统

如前所述，玉米果穗图像采集和表型计算均依赖于计算资源，而且两者往往是异步执行的，也就是在图像采集完成后才开始进行表型计算。因此，玉米果穗流水线考种系统可以分成两个独立运行的软件，即玉米果穗流水线图像采集软件和表型计算软件，两个软件可在统一用户界面下运行，并通过进程间通信来传递消息。

1. 玉米果穗流水线图像采集　玉米果穗流水线图像采集软件包括设备控制、项目管理、图像检测、图像采集和数据管理模块。其中，设备控制模块集成了摄像机、重量传感器、步进电机等设备的参数化控制（图 3-29A）；项目管理模块包括建立考种工程，并实现批量果穗自动分组、编号和管理（图 3-29B）；图像检测模块，提供了定时、批量和指定区域检测模式，利用颜色分析方法对成像区实时检测并判定区域内是否包含果穗（图 3-29C）；图像采集模块，用于连续获取果穗侧面图像序列；数据管理模块，完成果穗考种结果的数据统计分析、打印报表、输出电子表格文件（XLS、CSV 格式）等（图 3-30D）。

其中，设备控制模块包含了软件控制的硬件设备列表及其参数，主要包括 CCD 成像设备、重量传感设备和步进电机设备。CCD 成像设备参数包括成像（曝光、增益）、触发（模

A.设备控制模块 B.项目管理模块 C.图像检测模块 D.数据管理模块

图 3 - 29 玉米果穗图像采集控制软件

式、源、极性）和白平衡（自动、通道、系数）等相关参数。重量传感器采用高精度电子天平，显示电子天平工作状态，打开后实时显示称重数据及重量变化波形图，根据重量趋势判定果穗称重状态及有效重量值（图 3 - 30）。

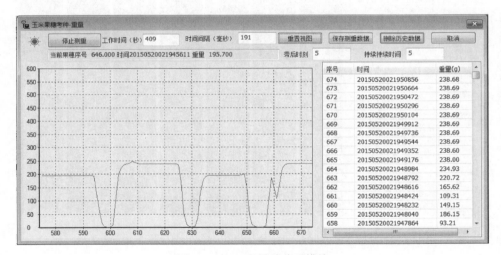

图 3 - 30 玉米果穗称重模块

除了摄像机成像外，果穗称重模块是软件需要整合的另外一项重要功能。在玉米果穗考种中，重量是最重要的表型参数，软件需要自动判定果穗是否已经称重并且自动获取重量值才能保证整个考种系统的稳定运行。称重模块要求实时读取电子天平重量数据，根据重量变化确定称重状态，因此该模块可以作为一个独立软件运行。该模块利用串口编程获取天平连续工作状态及测量数据，生成果穗称重连续波形图，通过波形分析得到果穗有效重量，该称重程序也可以整合到软件设备管理中，如图 3 - 30 所示。通过实时显示重量变化波形，自动判断果穗放入、稳定、取出状态，从而根据状态采集有效果穗重量值，并将该重量值匹配到对应的果穗编号。具体实现过程为：自动、连续获取果穗有效重量，生成重量队列，当在成像检测中为果穗分配唯一编号后，从重量队列中取出对应果穗重量值并将该值从队列中删除。

　　项目管理模块，定义了包含项目、组、果穗和图像等不同级别的树结构来组织项目，用户指定果穗分组规则后，根据自动生成的果穗编号组织和管理采集的批量果穗数据，通过初始化文件（Initialization file，INI）保存所有项目配置。该模块支持用户工程设置的自动序列化，即自动保存用户参数和考种流程，保证在出现断电等异常情况下可以恢复考种数据，另外在分批次考种时也可以实现历史考种项目的快速加载。图像检测模块包括实时采集、检测选项、定时采集、视图项等。在实时检测中，检测值是从指定检测区内计算得到的数值，检测值的阈值一般为特定颜色统计指标，比如 HSV 中各分量的均值，颜色指标及其阈值都是用户定义的控制摄像机采集果穗图像的参数，可以根据实际果穗的颜色和形状特征来选择最合适的颜色指标及其阈值。对黄色、白色、杂色的果穗来说，往往需要采用不同的颜色指标及阈值，最好的方法是将待考种果穗在系统中运行几次后，根据检测成功率来调整颜色指标和阈值，最终得到最适合该类果穗考种的检测参数。当实时检测值满足指定的阈值范围，则表明果穗进入了检测区域，于是启动图像采集模块，开始连续采集果穗图像，当到达指定的时间或者检测到果穗退出检测区，即可完成该果穗的图像采集工作。然后，将该过程中采集的图像序列打包成该果穗唯一标识的基础数据，提交给玉米果穗表型计算软件进行计算分析。图 3 - 31 显示了系统采集到的果穗图像序列。

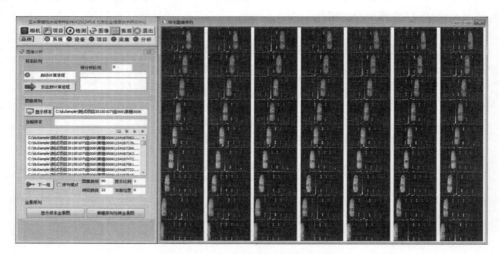

图 3 - 31　玉米果穗图像序列

　　2. 玉米果穗表型计算软件　　玉米果穗表型计算，是利用图像处理和图形学技术从系统采集到的玉米果穗图像（单张、多张、序列）检测出果穗的各项表型性状，以及对检测结果进行统计分析。果穗流水线考种系统的果穗图像序列，包含了果穗表面完整信息，可以分别利用基于单张、多张、序列的果穗表型检测方法进行及计算。针对单张图像的表型计算，首先是从图像序列中选择果穗正好位于摄像机正下方拍摄的图像，然后利用 3.4.2 节所述的基于单张图像的果穗表型分析方法计算，得到果穗表型结果。针对多张果穗图像的表型计算，则需要从图像序列中严格挑选指定图像数量，比如总是选择果穗旋转指定角度后拍摄的图像，然后根据该角度建立多张图像之间的空间映射关系，最后融合各张图像中果穗信息以期尽量完整准确描述果穗表面信息，具体方法已在 3.4.3 节中介绍。当然，基于单张果穗图像的表型计算也可单独计算出每张图像中果穗表型参数，然后进行统计分析得到最终结果，这将在 3.6 节介绍。相对而言，基于批量图像的果穗表型分析在数据、理论和方法上更加完备，通过图像拼接和融合技术从果穗图像序列中完整恢复果穗表面信息，然后基于全景图计算出的果穗表型参数能够更加真实、准确反映出果穗性状。

玉米果穗表型计算软件如图 3-32 所示，包含了数据管理、计算方法、算法参数和数据统计分析等功能。数据管理模块中，提供与果穗图像采集软件同步功能，能够实时获取当前果穗图像序列进行表型计算；也可以载入历史上采集的批量果穗文件，然后依次计算。在计算方法模块中，包含上述的基于单张、多张和序列果穗的检测方法，这为用户开展图像分析与表型检测工作提供了一定程度的灵活性。算法参数模块，为不同类型的算法提供可以修改、调整的个性化算法参数。数据统计分析模块，显示批量计算出的果穗表型性状，并提供数据汇总和统计分析功能，如图 3-33 所示。

图 3-32　玉米果穗表型计算软件

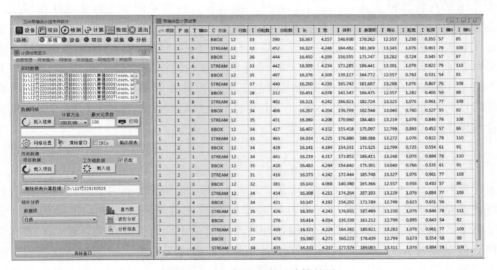

图 3-33　玉米果穗表型计算结果

3.4　玉米籽粒表型检测技术

随着玉米分子育种技术和功能基因组学的发展，新品种的选育和种植需要大批量、高通量获取玉米品种子粒表型性状。基于机器视觉的自动化表型检测系统具有无损性、高通量、高效率、标准化等优势，已经成为玉米籽粒表型测量的主要方式。作物种子检测采用的成像元件主要包括平板扫描仪、数字摄像机等。基于平板扫描的成像方式，是将玉米种子平铺在背景平板上，然后利用线阵扫描成像仪获取较高分辨率图像，该成像过程一般在封闭箱体内进行，因此基本不受到外界光照条件的影响而且成像畸变小，但是存在的主要问题是设备成本高、扫描速度慢、难以满足实时在线检测的要求。基于数字摄像机的成像方式，是相对便宜、快捷的方式，也是目前作物种子表型测量最常用的方式。

3.4.1　玉米籽粒特征

形态特征是玉米籽粒的最基本的特征之一，分为轮廓特征和区域特征。玉米籽粒形状特征已经广泛应用于籽粒分割、检测和识别，一般通过 OSTU 或者统计直方图分析方法自动选择全局阈值，然后利用颜色算子分割出籽粒，对分割出的籽粒进行形状检测，进而基于大样本统计分析来确定籽粒形态特征与玉米品种的相关性（王鑫等，2015）。另外，籽粒胚部的形态特征也可以作为玉米品种识别的依据，这需要结合图像分割、连通区域分析与标记、目标轮廓来提取籽粒胚部图像，然后利用 K-means 对提取到的籽粒胚部特征进行分析，试验表明基于籽粒胚部特征的玉米品种识别率可达到 94％以上（张文静等，2013）。

颜色特征是计算机视觉中应用最广泛的特征，反映了感兴趣目标独特且丰富的信息。玉米籽粒单倍体在胚部具有特有颜色特征，基于这类特征可以实现单倍体籽粒识别和筛选（张俊雄等，2013）。大部分玉米种子精选系统也主要是利用了玉米籽粒颜色特征，而且玉米籽粒颜色特征对识别玉米品种色系也有一定作用（宋鹏等，2010）。另外，纹理特征反映了图像中的局部序列性重复模式和非随机排列规则。玉米籽粒胚部纹理也可以进行机器视觉采用的特征，比如利用梯度图像中褶皱梯度值来反映褶皱的深浅（程洪等，2013）。

由于玉米籽粒品种多样，在玉米籽粒特征提取和分析中采用单一特征往往难以达到理想的分类效果。组合玉米籽粒的多种特征能够有效提高籽粒的品种识别率，这类方法首先是提取出玉米籽粒多种有效特征，然后进行主成分分析，构建 SVM 或者神经网络模型实现玉米籽粒品种识别，设计优良的特征组合能够将玉米籽粒品种识别率提高到 97％以上（王玉亮等，2010）。另外，现有研究仍然主要以黄色玉米籽粒或者单倍体籽粒为主，提出的相关特征检测方法针对性较强但泛化性不足，一个明显的发展趋势是将机器学习技术引入到玉米籽粒特征检测和分类中。

3.4.2　玉米籽粒分割方法

玉米籽粒图像中一般包含了大量籽粒，这些籽粒可能是胚部或者背面图像，而且籽粒间也可能彼此粘连重叠，因此进行玉米籽粒表型检测首先就是将这些籽粒准确识别、分割出来。实际上，目前利用机器视觉和图像处理技术仍很难识别出彼此重叠籽粒，一般需要借助外部机械震动或者人工分拣方式保证籽粒成像前籽粒彼此无重叠，这将在 3.6 节中介绍。对大批量籽粒进行考种，籽粒间紧密粘连是常见情况，依靠人工分拣往往耗时费力且难免遗漏，因此利用图像分析方法解决粘连问题是优先选择。

玉米籽粒分割可以利用籽粒的形状、颜色、纹理等特征，当然也可以组合利用这些进行分割，主要的方法包括阈值分割、多特征分割、机器学习分割等。由于玉米籽粒品种、颜色各异，简单阈值分割方法难以准确、鲁棒性分割出籽粒，比如针对黄色玉米籽粒设定阈值对白色等类型的籽粒无效。根据不同籽粒颜色差异或者灰度变化，利用适应性阈值分割籽粒，然后进行籽粒有效性筛选，可以有效提高籽粒分割和识别精度，这种方法在果穗表面密集粘连籽粒分割中已经取得了较好的效果（杜建军等，2015）。采用玉米籽粒局部和全局特征，比如在局部特征采用多尺度方向梯度直方图特征，在全局特征上采用颜色特征，结合上述特征进行机器学习训练实现玉米籽粒检测和分割，也能够提升籽粒检测准确度（柯逍和杜明智，2016）。如前所述，玉米籽粒粘连是籽粒检测难点，目前主要方法除了分级阈值分割，常用的还有分水岭分割算法和椭圆曲线拟合法等。

分水岭算法是一种经典的基于拓扑理论的数学形态学图像分割算法，在图像处理中有着广泛的应用。分水岭算法的中心思想是把灰度影像看作一个高程影像，图像中每一点像素的灰度值变化和不同梯度值的区域形成了高低不平的地形，其初始位置称为集水盆，在各个集水盆的边缘形成分水岭，将原图像中属于同一集水盆的像素标记为同一个区域，即达到图像分割的目的。对籽粒图像应用分水岭算法的过程：将籽粒图像转换成灰度图像，然后对籽粒灰度图像应用欧式距离变换得到距离图，进而采用阈值分割技术得到玉米籽粒初步分割结果，再利用分水岭变换分离粘连在一起的籽粒（张亚秋等，2011）。采用传统分水岭分割算法容易导致籽粒过分割结果，一些针对籽粒粘连特征的分水岭算法变体也被用来改进籽粒分割精度（Yibo et al.，2013）。另外，针对分水岭过分割情况，更常见的思路是利用形态操作（腐蚀）来重新生成籽粒标记，然后根据这些标记用来融合属于同一籽粒的不同分割区域（Wang and Paliwal，2006）。

基于最小二乘法的椭圆拟合方法可用于分割轻微粘连的作物籽粒，但这种方法计算量大、识别效率较低，一般不适用于大量籽粒粘连情况。该方法首先提取粘连籽粒的轮廓并且根据轮廓上凸点将轮廓分裂成独立线段，进一步利用距离测量和偏移误差测量来对每颗籽粒的轮廓线段进行归类，最后将每颗籽粒归类的线段进行椭圆拟合生成新的籽粒（Yan et al.，2011）。轮廓特征也用于分割严重粘连的作物籽粒，主要步骤还是先对作物籽粒图像进行去噪、分割和轮廓提取操作，然后对轮廓进行平滑、曲率分析来检测籽粒边界接触点并对轮廓进行分裂，定义规则连接轮廓特征点从而将籽粒分裂成独立区域（Lin et al.，2014）。显然，籽粒轮廓是区分粘连在一起籽粒边界的重要特征，对粘连轮廓进行分解、融合的复杂度较高，而且通常对作物籽粒形状具有太强的先验假设，使得这些方法鲁棒性不高，难以推广到形状差异显著的不同类型作物籽粒检测应用中。

3.4.3 玉米籽粒考种系统

基于机器视觉的自动化表型检测系统具有无损性、高通量、高效率和标准化等优势，已经成为玉米籽粒表型测量的主要方式。基于机器视觉的玉米籽粒考种系统就是满足玉米籽粒大批量、精准化考种的需求，目的是快速获取玉米籽粒长、宽、数量和百粒重等重要考种指标。玉米籽粒考种系统一般可分为开放式和封闭式系统两类：开放式系统为便携式设计，对成像环境要求不高（图3-34A）；封闭式系统则为封闭或者半封闭箱体，内置光源照明（图3-34B）。玉米籽粒成像元件主要包括平板扫描仪和数字相机，数字摄像机因其成像分

A.便携式考种设备　　　B.箱体式考种设备　　　　C.玉米籽粒表型测量软件

图3-34　玉米籽粒表型测量系统（见彩图）

辨率高、效率高、成本低等优点是当前作物籽粒考种的主要方式。

系统配套软件包括工程管理、设备管理、数据采集与测量、结果统计分析等功能。其中，工程管理模块按照工程—项目—组—籽粒结构建立玉米籽粒数据组织方式，通过条码枪输入工程、项目和组名，采用籽粒样本自动编码方式组织籽粒图像及其计算结果。设备管理模块实现摄像机和电子天平自动检测与控制功能，完成摄像机标定、天平端口检测及设备控制参数。数据采集与测量模块，获取重量数据并采集籽粒图像，然后综合利用籽粒几何、颜色和纹理特征实现对无粘连（图 3 - 35A）和粘连（图 3 - 35B）籽粒图像分割，准确计算出籽粒几何和数量性状。结果统计分析模块，实现批量籽粒计算结果的导出与汇总分析，导出文本和表格格式等。

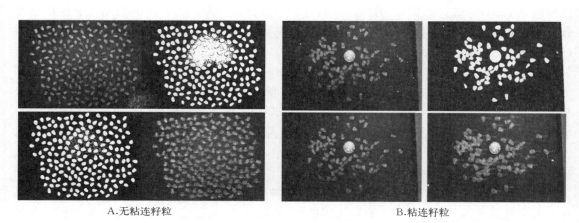

A.无粘连籽粒　　　　　　　　　　　　　　　　B.粘连籽粒

图 3 - 35　玉米籽粒考种结果（见彩图）

3.5　玉米高通量自动化考种技术及装备

玉米高通量自动考种装备旨在实现玉米果穗考种、自动脱粒、籽粒考种、自动封装等全过程的自动化，实现玉米从果穗至籽粒所涉及考种参数的全面、快速、准确获取（宋鹏等，2017）。

3.5.1　玉米高通量自动考种装置设计

玉米高通量自动考种装置需连续自动测量果穗及籽粒的主要考种参数，主要包括穗长、穗粗（穗宽）、秃尖区域、穗行数、行粒数、平均粒厚、果穗重、粒色、粒型、粒长、粒宽、总粒数、籽粒重、百粒重、水分含量等。

为实现上述功能，该自动考种装置分为果穗考种单元、果穗脱粒单元、籽粒考种单元、籽粒后处理单元及系统控制单元五部分。果穗考种单元通过多相机拍摄玉米果穗图像并进行分析，结合称重传感器获取玉米果穗主要考种参数；果穗脱粒单元在果穗考种结束后进行果穗自动脱粒及除杂；籽粒考种单元对脱粒后的玉米籽粒进行振动以避免大面积粘连及堆积，采集籽粒图像后进行分析，获取籽粒考种参数；籽粒后处理单元包括气吸式提升机构、自动封装机构和二维码标签打印系统，用于将考种后的玉米籽粒提升到一定高度后进行封装并打印二维码标签，该二维码标签包含所测得的对应果穗的考种信息；系统控制单元通过多个传感器控制果穗图像采集、果穗卸料、脱粒机运行、籽粒振动、籽粒图像采集、籽粒卸料、籽粒提升、籽粒封装等动作，确保整个考种装置有序、稳定、自动运行。玉米高通量考种装置工作原理如图3-36所示，玉米高通量自动考种装置结构如图3-37所示，玉米高通量考种装置实物如图3-38所示。

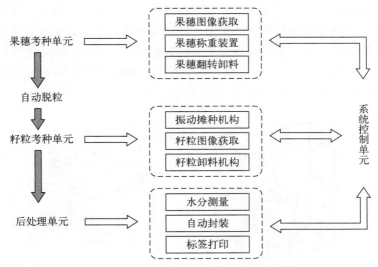

图3-36 玉米高通量考种装置工作原理图

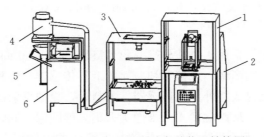

图3-37 玉米高通量自动考种装置结构图

1.果穗考种单元；2.脱粒单元；3.籽粒考种单元；4.籽粒提升；5.标签打印；6.自动封装

图3-38 玉米高通量考种装置实物图（见彩图）

1. 果穗考种单元   玉米果穗考种参数包括果穗重量、穗长、穗宽、穗型、穗行数、行粒数、秃尖长度、平均粒厚、穗颜色等。需设计一种果穗考种单元不但能够适应不同形态玉米果穗检测需求，且可兼顾高通量考种过程果穗考种的速度和精度。

果穗考种单元结构如图 3-39 所示，主要包括称重传感器、摄像头、光源、果穗承载机构等部件。果穗承载机构由承载支架及果穗承载装置组成，完全置于称重传感器上方，其中果穗承载装置采用两根平行安装，间隔距离可调，直径为 1.5 mm 的高硬度钨钢丝，钢丝长度设计为 30 cm，可适用于不同尺寸果穗样本且不会对果穗图像获取造成较大影响。工作时将待测果穗置于两根钢丝上方进行成像和果穗质量测量。

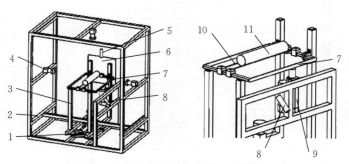

图 3-39   果穗考种单元结构图

1. 称重传感器；2. 光源；3. 承载支架；4. 摄像头；5. 卸料传感器；6. 卸料口；7. 果穗承载装置；8. 上料传感器；9. 卸料电机；10. 承载钢丝；11. 待测果穗

为保证果穗考种效率，采用 4 个高分辨率彩色摄像机，以 90°间隔均匀分布于果穗周围，同时获取玉米果穗 4 个方向图像，果穗考种单元的上料传感器和卸料传感器选用集红外发射与接收功能于一体的漫反射式红外光电传感器，上料后，果穗反射的红外光会使上料传感器的输出信号状态发生改变，从而触发 4 个摄像头采集果穗图像，同时记录果穗质量。随后通过直线推杆电机，推动果穗承载装置绕轴旋转，果穗在重力作用下经卸料口滑至脱粒单元后，卸料电机复位，承载装置随卸料电机复位至初始位置，等待下一果穗上料。

2. 果穗脱粒单元   玉米高通量考种过程需进行果穗自动脱粒，为满足考种脱粒过程脱净率高、破损率低、适应性强、果穗间不混种、除杂自净效果好等诸多要求，本装置的果穗脱粒装置集成加拿大 Agriculex SCS-2 型单穗玉米脱粒机。该型号单穗玉米脱粒机由 3 个包有橡胶的并以相同方向不同速度旋转的辊子组成，在 3 个差速旋转的辊子所产生的摩擦力作用下，使进入该果穗脱粒装置的玉米果穗在转动过程中受到均匀的摩擦作用力，从而使玉米籽粒被脱下。

该款脱粒机不伤胚芽、不断玉米芯，具有破碎率低、脱净率高及适应性强等特点，其主要特性如下：

- 脱粒间距可调，可适应不同大小的玉米棒子；
- 橡胶滚轴棒，不损伤籽粒，籽粒无破损；
- 吸尘种子清理，把灰尘吸入拉链袋中，玉米脱粒清洁无杂质；
- 脱粒效率高（3~5 s/穗）；
- 设有安全保护装置，保护装置盖在开启状态下，机器将自动停机；
- 尺寸：800 mm×700 mm×1 320 mm。

3. **籽粒考种单元** 玉米高通量考种装置作业时，脱粒除杂后的玉米籽粒，在重力作用下随机散落于籽粒考种单元，采用工业相机获取籽粒图像，通过图像分析进而获取籽粒考种参数，包括粒数、粒型、粒长、粒宽、粒色等。脱粒除杂后的玉米籽粒直接散落入籽粒考种单元，易产生严重粘连甚至堆积情况，不利于考种参数获取。因此，籽粒考种单元包括 3 个部分：①图像获取装置，用于采集籽粒的图像信息；②自动摊种机构，降低籽粒粘连及堆积情况，辅助获取高质量籽粒图像；③籽粒卸料机构，考种参数测量结束后，籽粒卸料进入下一作业环节。其结构如图 3-40 所示。

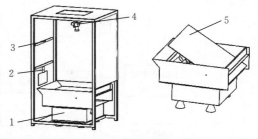

图 3-40　籽粒考种单元结构
1. 振动平台；2. 脱粒卸料传感器；3. 条形光源；
4. 摄像头；5. 籽粒托板

籽粒图像获取装置选用 500 万像素彩色 CMOS 相机，籽粒托板尺寸为 50 cm×40 cm，可满足不同尺寸玉米的测量需求。自动摊种机构选用回旋振动方式在籽粒考种之前辅助进行籽粒平摊，可完全消除籽粒堆积现象，满足高通量在线检测需求（宋鹏等，2017）。

4. **后处理单元** 籽粒考种结束后需进行籽粒提升、自动封装、标签打印等操作。提升装置采用气动真空吸料方式。集成吸料装置通过控制启动电机抽取料斗内空气，使料斗内产生负压，在负压作用下，待提升玉米籽粒被提升到料斗内。料斗下方的平衡块连接阻料板，籽粒提升后在重力作用下打开阻料板，可自动实现卸料；封装机构实现对单穗玉米籽粒的封装操作，采用加热切割的方式实现封装，在封装刀片上安装有温度检测传感器和加热电阻，确保封装刀片保持合适的温度，使用复合 PE/PET 薄膜作为封装材料，封装刀片对封装袋进行热切割，实现封装；标签打印装置在单穗玉米籽粒封装结束后，将该果穗的考种参数写入二维码中，同时自动打印，便于后续信息追溯。

5. **系统控制单元** 采用工控平板与输入输出模块作为系统控制硬件，输入输出模块基于 RS485/RS232 MODBUS RTU 标准通信协议，具有 16 路光电隔离开关量输入 16 路光电隔离继电器输出通道。

为实现玉米果穗上料后，果穗图像采集、分析、卸料、脱粒、籽粒摊种、籽粒图像采集、分析、提升、封装等流程的自动化进行，在果穗考种单元安装有果穗上料及果穗卸料传感器，在脱粒单元出口安装脱粒检测传感器，在籽粒考种单元出口安装籽粒卸料传感器，传感器输出信号均为开关量，将其作为输入信号，按照系统设计的逻辑及时序进行考种装置相应控制，控制系统整体设计如图 3-41 所示。

上电后，系统自动进行初始化并等待果穗上料。检测到果穗上料信息后判断上一果穗的籽粒卸料状态，若已经卸料，读取果穗质量并触发 4 个相机采集果穗图像，若尚未卸料则等待直至卸料完成，以避免相邻果穗间籽粒混合。对采集的果穗图像进行处理获取果穗考种参数的同时进行果穗卸料，卸料结束后果穗称重传感器清零。当果穗卸料传感器检测到果穗即将进入脱粒机时，启动脱粒机，此时开始振动摊种直至脱粒结束，随后触发采集籽粒图像进行处理，同时籽粒完成卸料，并通过气吸式提升装置将卸料后的籽粒提升到指定高度后进行封装。封装结束，系统自动打印二维码，并将所提取的对应果穗及籽粒考种参数写入二维码中。系统控制流程如图 3-42 所示。

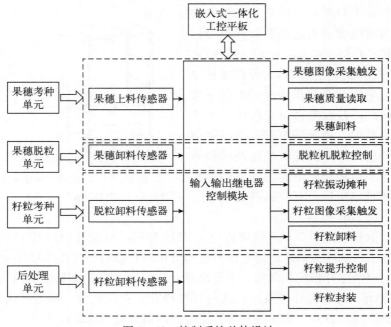

图 3-41 控制系统总体设计

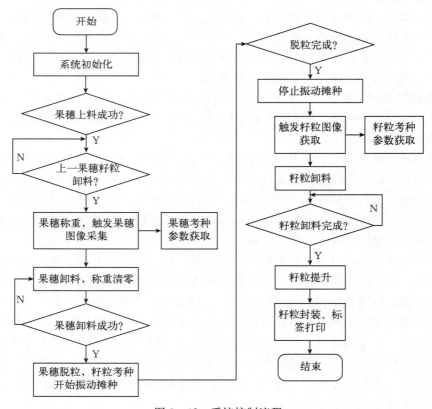

图 3-42 系统控制流程

3.5.2 玉米高通量自动考种参数获取方法

1. 多相机玉米果穗考种参数获取方法 果穗考种过程的表观参数主要包括穗长、穗宽、秃尖、粒厚、穗行数、行粒数、总粒数等（周金辉等，2015）。玉米高通量自动考种技术装置的果穗考种单元采用 4 个彩色摄像机，以 90°间隔均匀分布于果穗周围，获取玉米果穗 4 个方向图像。对所获取的 4 幅原始图像进行处理分析，提取玉米果穗考种参数。

（1）图像预处理 图像预处理是指在图像分析中，对原始图像进行特征提取、分割和匹配前所进行的处理。图像预处理的主要目的是消除图像中无关的信息，恢复有用的真实信息，增强兴趣信息的可检测性并最大限度地简化待处理数据，从而提高识别精度、系统可靠性等，因此，图像预处理的效果将直接影响到后续识别算法的研究。图 3-43 为在果穗考种装置上获取的 4 幅玉米果穗原始图像。

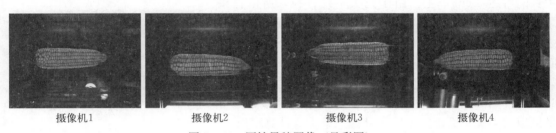

摄像机1　　　　　　摄像机2　　　　　　摄像机3　　　　　　摄像机4

图 3-43　原始果穗图像（见彩图）

果穗考种单元的背景板均采用喷黑处理，以降低背景对果穗有效信息的影响。由于 HSV 颜色空间采用与亮度无关的色调和饱和度来表示颜色类别及深浅程度，符合人类的视觉特性，在图像处理时，可以通过算法直接对色调、饱和度和亮度独立地进行操作，从而减少彩色图像处理的复杂性，提高处理的快速性，为提高果穗区域提取准确性，采用 HSV 空间来分析果穗的颜色信息。为降低无效数据处理量，仅针对每幅图像中间位置进行处理，由于果穗区域与背景区域在 H 通道和 V 通道差异较大，据此构建分割模型进行自适应阈值分割，然后去除图像杂质。原始图像经预处理后，提取的玉米果穗图像如图 3-44 所示。

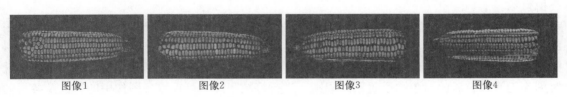

图像1　　　　　　图像2　　　　　　图像3　　　　　　图像4

图 3-44　预处理效果图（见彩图）

（2）尺寸标定 果穗考种参数中涉及的长度、宽度、厚度等均为实际物理尺寸，而图像处理过程则使用像素来表示尺寸大小。在处理分析过程，为确保物理尺寸测量的准确性和一致性，在进行测量之前，为得到果穗实际尺寸，需进行尺寸标定，建立图像像素数与实际物理尺寸的关系，将像素数与实际尺寸进行转换，单位像素对应的实际尺寸 K 为：

$$K = L_m / L_p \qquad (3-14)$$

式中，L_m 为被测量物的实际尺寸；L_p 为被测量物在图像中对应的像素数。

（3）果穗长、宽提取 玉米果穗的长度和宽度分别对应玉米果穗的长轴和短轴，可以通过建立玉米果穗的最小外接矩形获取果穗的长、宽参数。

建立的果穗最小外接矩形如图 3-45 所示，分别以最小外接矩形的长和宽作为果穗的长度和宽度，提取外接矩形的长和宽，根据上述经尺寸标定后计算得出的单位像素对应的实际尺寸 K 值进行换算，计算各图像中玉米果穗实际长度和宽度，最终果穗长度和宽度定义为 4 幅图像中果穗长度及宽度的平均值。

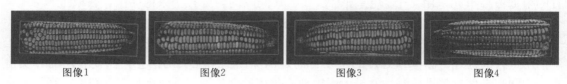

| 图像1 | 图像2 | 图像3 | 图像4 |

图 3-45　玉米果穗最小外接矩形（见彩图）

（4）秃尖区域提取　玉米果穗顶尖不结籽粒称为秃尖。玉米秃尖一般在 2 cm 左右，秃尖长的可达 3 cm 以上。由于秃尖不结籽粒，所以直接影响了玉米的产量，秃尖区域测量是果穗重要考种指标之一。玉米果穗上籽粒区域和秃尖区域在 HSV 颜色空间中的 H 通道和 S 通道灰度呈现差异，据此构建模型进行分割处理，可获得各图像中玉米果穗的秃尖区域（3-46），并计算每幅图像中的秃尖长度、面积等参数，玉米果穗的秃尖参数由 4 幅图像处理结果综合计算得出。

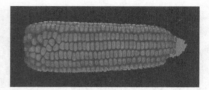

图 3-46　果穗秃尖区域（见彩图）

（5）穗行数提取　由于玉米果穗中间位置的籽粒排列相对较为规则，因此在进行穗行数提取时，选取处于玉米籽粒中心位置的 1/2 区域进行处理。本系统采用 4 个摄像头 90°间隔分别从果穗 4 个方向进行拍摄，为降低算法复杂程度，提高算法处理速度和稳定性，分别对各图像进行处理计算后综合分析获取玉米果穗考种参数。

由于玉米果穗可近似于圆柱体，采用平行投影方式进行穗行数计算（马钦等，2012），即将果穗截面等效于圆形，分布于果穗上同一截面的籽粒等效于分布在圆周上的各点，分别计算每幅图像中的有效行数及其所占弧度，累计综合 4 幅图像，换算得出。由于玉米果穗具有穗行数是偶数的特点，最终计算的穗行数结果需通过四舍五入法校准为偶数，即为果穗最终穗行数。

（6）行粒数提取　要提取果穗的行粒数，首先要准确分割果穗上的玉米籽粒，采用 RGB 颜色空间的 G 通道可以进行大部分穗上籽粒的有效提取，由于玉米果穗近似圆柱体，处于边缘区域的籽粒会影响行粒数提取效果，需根据其区域位置、形状等特征进行剔除。针对剔除无效籽粒后的对象，设置跟踪规则，进行籽粒跟踪，可提取各图像中的行数及各行的粒数。

籽粒跟踪的规则可以根据实际情况自己设定。如，根据所提取的籽粒区域，设置跟踪起始点 P_x 为横坐标值的最小点，表示为 P_x（$P_{x\min}$，P_y），跟踪规则为寻找距点 P_x（$P_{x\min}$，P_y）且两点连线角度不超过 θ 的距离最近点 P_{x0}（P_{x0}，P_{y0}），并以点 P_{x0}（P_{x0}，P_{y0}）作为初始点继续跟踪，已经标记跟踪过的点不重复跟踪计算，跟踪终止条件为两点连线角度大于 θ 或最近点距离超过 d。根据设定的规则可以计算跟踪每行籽粒数量，若跟踪的行粒数量明显偏少，则表明跟踪结果不完整，予以剔除，选取所跟踪行数中行粒数最大值 Nr 作为本幅图像所测得的果穗行粒数参数。将 4 幅图像中 Nr 的均值四舍五入后取整数作为该果穗的行粒数。

(7) 籽粒厚度提取 依据所设计的籽粒跟踪规则，得出所跟踪的行粒数 Nr 及该行跟踪路径之和 D，则平均籽粒厚度 T 为：

$$T = \frac{K \times D}{Nr - 1} \tag{3-15}$$

式中，K 为尺寸标定系数。

2. 玉米籽粒考种参数获取方法 脱粒后进入籽粒考种环节的玉米籽粒经振动摊种装置处理后，籽粒堆积及粘连情况大大降低，但仍不可避免。籽粒考种参数主要包括籽粒数量、籽粒长宽等，进行粘连籽粒的准确分割是进一步提取籽粒考种参数的重要保障。

(1) 粘连籽粒分割 分水岭分割思想是将图像看作地貌拓扑图，各像素的灰度值对应地貌图上各点的海拔高度，每一个极小值区域对应地貌图上的集水盆，而集水盆之间的分界线形成分水岭，分水岭分割方法是实现粘连籽粒分割的重要方法（沈夏炯等，2015），可基于此思想进行粘连籽粒分割。从玉米高通量自动考种装置玉米籽粒考种模块中获取的原始图像，经预处理去除背景后进行分割。由于玉米籽粒形状不规则，分水岭分割过程经距离变换后籽粒内部易形成多个极值点，分割时形成多个集水盆，导致同一籽粒被分割成多个区域，因此传统分水岭分割结果中存在大量过分割现象，难以直接应用。

由于同一籽粒内部的集水盆分割线极值点差值小于不同籽粒间的集水盆分割线极值点差值，据此可通过相邻区域融合操作对分水岭分割方法进行改进，步骤如下：

① 使用分水岭算法对距离变换后的图像进行分割，得到初始分割结果（缪慧司等，2016）；

② 选定融合阈值为 T，扫描分水岭分割后的图像，记录下所有盆地的最低点值 b；

③ 选取分水岭分割线，获取分割线中最低点值 W；

④ 用选取分水岭中最低点值 W 与分水岭两侧盆地区域的最低点值 b 做差值，若差值都小于阈值 T，则合并这两个相邻的分割区域；

⑤ 重复步骤③和④，直到全部分水岭分割线判断完毕。

其中，b 为相邻盆地中的极小点，W 为两个盆地间的筑坝最低点。

在进行分割区域融合时，不同阈值 T 的融合效果存在差异。当 $T=5$ 时，单个籽粒内部基本完成融合，分割效果较为理想。采用改进分水岭分割效果如图 3-47 所示。

A.原始图像　　　　　　B.背景去除后图像　　　　　C.改进分水岭分割结果

图 3-47　籽粒分割效果（见彩图）

(2) 籽粒长、宽获取 针对分割后的图像进行处理，以获取籽粒个数、籽粒平均长宽等参数。分割后的图像每个连通区域对应一个玉米籽粒，统计连通区域的数量即可获得玉米籽粒数量。

玉米籽粒长度和宽度分别对应籽粒的长轴和短轴。为提高籽粒长、宽计算速度，基于 Graham 扫描法提取各籽粒的最小凸多边形（吴文周等，2010），并建立其最小外接矩形，根据提取的所有籽粒外接矩形长宽，并计算平均值。在进行高通量玉米考种过程，用籽粒的平均长宽来表示该穗玉米籽粒的长和宽。

3.5.3 玉米高通量自动考种装置软件

1. **果穗考种软件** 果穗考种软件包括图像显示、测量方式设置、样本编号输入、果穗重量显示、数据储存方式选择以及操作按钮控制等部分组成，其软件界面如图 3-48 所示。由于本系统通过对 4 幅图像分别处理，并综合 4 幅图像结果分析获得玉米果穗考种参数，因此图像显示部分可以独立显示待检测的 4 幅图像；测量方式选择部分可以针对不同图像采集方式进行待检测图像获取；样本编号编辑框，方便操作人员根据标识规则输入样本 ID，也可以外接扫码枪自动输入样本 ID，方便多个样本的连续测量记录；穗重显示编辑框，用于实时显示待检测果穗的重量，果穗重量与后续测量的果穗考种参数同时存储。数据储存区域用于设置储存路径并可根据需求对图像及检测结果数据进行选择性保存；操作按钮控制部分，用于进行软件检测的操作控制。

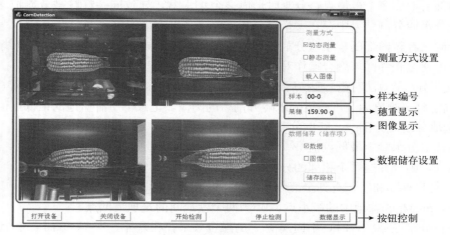

图 3-48 果穗考种软件界面（见彩图）

2. **籽粒考种软件** 籽粒考种软件包括多种方法图像获取，待检测籽粒图像考种参数测量，图片及测量参数存储选择等主要功能，包括图像显示、图像获取模式选择、数据存储选择、样本 ID 输入、按钮控制及参数显示，如图 3-49 所示。其中图像显示部分，用于显示

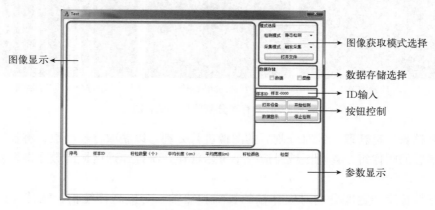

图 3-49 籽粒考种软件

获取的待处理图像及处理效果；图像获取模式选择部分，可针对不同图像采集方式选择对应模式，进行待检测图像获取；数据存储部分，用于对需要存储的内容进行选择；按钮控制部分，用于进行软件操作控制；参数显示部分，用于显示样本处理后的检测结果。

3. **系统控制软件**　考种装置控制系统软件共分为关机重启区、状态显示区和按键区3个区域。状态显示区每个方形区域对应一个数据对象，当关联的数据对象发生改变时，相应的方形区域也会发生相应的颜色变化，从而在用户界面中对系统运行情况进行观测。按键区为考种系统手动模式下的操作按键，按键关联了考种系统执行机构的对应的变量。在系统切换到手动模式的情况下，实现手动运行各机构，以辅助考种或故障维修。考种装置控制软件如图3-50所示。

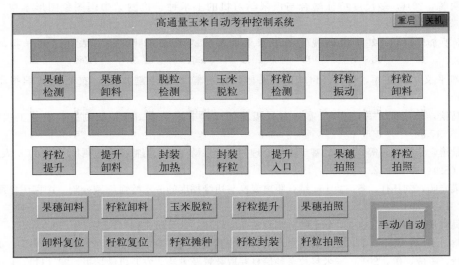

图3-50　考种装置控制软件

3.6　总结与展望

本章首先介绍玉米果穗籽粒考种现状，指出了提升玉米果穗考种效率和精度的实施方案，并介绍了主要的玉米果穗籽粒表型检测方法和系统。在玉米果穗考种方面，分别从果穗表型特征工程角度，详细介绍了基于单张、多张、批量玉米果穗侧面图像的玉米果穗表型计算和分析方法；在玉米籽粒考种方面，给出了在理想和自然光照环境下进行玉米籽粒批量考种的方法和系统。

果穗考种精度主要由可供利用的果穗图像数量、质量及相应图像分析方法决定。按照果穗可用图像数量分为基于单张、多张和序列图像的果穗表型计算方法。基于果穗侧面序列图像解析果穗表型能够提供更加完整和准确的性状描述，将是基于图像进行表型测量的主流方法。果穗考种系统效率主要由果穗上下料效率、成像效率和计算效率决定。果穗上下料效率，是提升整个玉米果穗考种效率的关键步骤，借助自动化机械装置实现批量果穗自动运输、无监督成像和高通量表型检测，是将来玉米果穗全自动考种系统的发展趋势。

参考文献

程洪，史智兴，尹辉娟，等，2013. 基于机器视觉的多个玉米籽粒胚部特征检测. 农业工程学报，29（19）：145-151.

杜建军，郭新宇，王传宇，等，2015. 基于分级阈值和多级筛分的玉米果穗穗粒分割方法. 农业工程学报，31（15）：140-146.

杜建军，郭新宇，王传宇，等，2016. 基于穗粒分布图的玉米果穗表型性状参数计算方法. 农业工程学报，32（13）：168-176.

韩伟一，2012. 经典 Bellman-Ford 算法的改进及其实验评估. 哈尔滨工业大学学报（7）：74-77.

韩仲志，杨锦忠，2010. 计数玉米穗行数的机器视觉研究. 玉米科学，18（2）：146-148.

柯道，杜明智，2016. 多尺度特征融合与极限学习机的玉米种子检测. 中国图象图形学报，21（1）：24-38.

刘长青，陈兵旗，2014. 基于机器视觉的玉米果穗参数的图像测量方法. 农业工程学报，30（6）：131-138.

柳冠伊，刘平义，魏文军，等，2014. 玉米果穗粘连籽粒图像分割方法. 农业机械学报，30（9）：285-290.

吕永春，马钦，李绍明，等，2010. 基于背景板比例尺的玉米果穗图像特征测量. 农业工程学报，26（S2）：43-47.

马钦，江景涛，朱德海，等，2012. 基于图像处理的玉米果穗三维几何特征快速测量（英文）. 农业工程学报，28（S2）：208-212.

缪慧司，梁光明，刘任任，等，2016. 结合距离变换与边缘梯度的分水岭血细胞分割. 中国图象图形学报，21（2）：192-198.

沈夏炯，吴晓洋，韩道军，2015. 分水岭分割算法研究综述. 计算机工程（10）：26-30.

宋鹏，张晗，王成，等，2017. 玉米高通量自动考种装置设计与试验. 农业工程学报，33（16）：41-47.

宋鹏，张晗，王成，等，2017. 玉米籽粒考种信息获取装置及方法. 农业机械学报，33（11）：1-8.

宋鹏，张俊雄，苟一，等，2010. 玉米种子自动精选系统开发. 农业工程学报，26（9）：124-127.

王传宇，郭新宇，吴升，等，2014. 基于计算机视觉的玉米果穗三维重建方法. 农业机械学报，30（9）：274-279.

王慧慧，孙永海，张贵林，等，2010. 基于压力和图像的鲜玉米果穗成熟度分级方法. 农业工程学报，26（7）：369-373.

王鑫，潘贺，赵莹，2015. 玉米籽粒形状特征检测技术研究——基于图像处理. 农机化研究（6）：46-48.

王玉亮，刘贤喜，苏庆堂，等，2010. 多对象特征提取和优化神经网络的玉米种子品种识别. 农业工程学报，26（6）：199-204.

吴文周，李利番，王结臣，2010. 平面点集凸包 Graham 算法的改进. 测绘科学（6）：123-125.

张俊雄，武占元，宋鹏，等，2013. 玉米单倍体种子胚部特征提取及动态识别方法. 农业工程学报，29（4）：199-203.

张文静，程洪，王克俭，2013. 基于胚部特征的玉米品种识别. 湖北农业科学（17）：4232-4234.

张学工，2000. 关于统计学习理论与支持向量机. 自动化学报，26（1）：36-46.

张亚秋，吴文福，王刚，2011. 基于逐步改变阈值方法的玉米种子图像分割. 农业工程学报，27（7）：200-204.

周金辉，马钦，朱德海，等，2015. 基于机器视觉的玉米果穗产量组分性状测量方法. 农业工程学报，31（3）：221-227.

Chang C，Lin C，2011. LIBSVM：A library for support vector machines. ACM Transaction on Intelligent Systems and Technology，2（3）：25-30.

Du J, Guo X, Wang C, Wu S, et al., 2015. Three‐dimensional reconstruction and characteristics computation of corn ears based on machine vision. IFIP Advances in Information and Communication Technology, 420 (4): 290 - 300.

Ibanez L, Schroeder WJ, Ng L, et al., 2005. The ITK software guide: the insight segmentation and registration toolkit. Pattern Recognition, 32: 129 - 149.

Lewis DG, Swindell W, Morton EJ, et al., 1992. A megavoltage CT scanner for radiotherapy verification. Physics in Medicine and Biology, 37: 1985 - 1999.

Lin P, Chen YM, He Y, et al., 2014. A novel matching algorithm for splitting touching rice kernels based on contour curvature analysis. Computers and Electronics in Agriculture, 109: 124 - 133.

Maji S, Berg AC, Malik J, 2013. Efficient classification for additive kernel SVMs. IEEE Transactions on Pattern Analysis and Machine Intelligence, 35 (1): 66 - 77.

Qin YB, Wang W, Wei L, et al., 2013. Extended‐maxima transform watershed segmentation algorithm for touching corn kernels. Advances in Mechanical Engineering, 5: 26 - 32.

Wang W, Paliwal J, 2006. Separation and identification of touching kernels and dockage components in digital images. Canadian Biosystems Engineering, 48: 1 - 7.

Yan L, Park CW, Lee SR, et al., 2011. New separation algorithm for touching grain kernels based on contour segments and ellipse fitting. Journal of Zhejiang University‐Science C (Computers and Electronics), 12 (1): 54 - 61.

第 4 章

玉米植株冠层表型高通量获取与解析技术

随着基因测序技术的快速发展及多种作物全基因组测序工作的完成，作物表型已成为研究作物基因-表型-环境三者关系中亟待突破的瓶颈，各类作物表型高通量检测技术和平台研究日益受到广泛的重视。玉米植株表观形态是玉米内在基因和外界环境共同塑造的直接体现，过去一般通过人工观测方式获取，然而这种获取方式耗时耗力、效率低且准确度差。随着信息技术在农业领域的深度渗透，各类先进的成像传感器和技术逐步应用到作物表型检测中，涌现出一批适合实验室、温室和大田等环境的各类作物表型研究专用设备与设施。玉米植株全生育期形态结构差异大且成熟期植株高大，一般的实验室和温室型表型平台难以开展玉米全生育期的连续表型检测，通常适于典型生育时期或者苗期的玉米表型检测。如何在田间生长环境下开展玉米全生育期表型无损、高通量检测，是当前玉米表型信息获取研究和技术装备研发的重点与热点。

本章介绍了玉米植株冠层表型高通量获取与解析技术，对玉米表型研究现状和表型检测中存在问题进行了分析，重点介绍了基于多视角成像的玉米植株表型解析技术、田间玉米植株长势监测技术和玉米冠层表型参数监测技术，并对玉米表型及表型组学进一步研究进行了展望。

4.1 作物表型高通量获取平台与方法

作物表型特征包含形态结构、生育动态、生理和生化组分等内容。随着植物基因组高通量测序技术和平台的完善，作物育种学家、病理学家以及相关研究者迫切需要快速、准确、无损的作物表型测量手段和工具，从组学高度系统深入地挖掘"基因-环境-表型"内在关联、全面揭示特定生物学性状形成机制，将极大地促进功能基因组学和作物分子育种与高效栽培的进程，对揭示作物生命科学规律、提高作物功能基因组学和分子育种研究水平等具有重大意义。

当前，作物表型高通量获取解析平台已成为作物表型组学、作物功能基因组学、现代遗传育种研究的标配工具。根据表型平台的系统构造、成像功能、适用环境差异，可以分为实验室型、温室型和田间型。

（1）实验室型 可集成可见光成像、近红外成像、红外成像、荧光成像或激光扫描 3D（维）成像等不同成像单元，利用自动控制装置完成二维场景扫描式成像，特别适合对大量小植株进行全自动高通量成像和表型检测。通过自动控制系统提供的定时监测功能也可以获取植株逐时、逐日数据，为研究植株生长动态、揭示植株生长发育规律等提供数据。

（2）**温室型** 可组合利用可见光、近红外、红外、荧光、高光谱、根系 CT（电子计算机断层扫描）等成像单元。这些成像单元部署在植株顶部或者侧面进行同步数据采集，或者结合旋转台装置获取植株侧面形态数据，或者利用自动传送装置将大批量植物依次运输到成像区域完成数据采集。

（3）**田间型** 配置可见光、近红外、红外、高光谱和激光扫描 3D 成像等成像单元，根据数据采集方式可分为固定式和移动式装置。固定式装置是在田间搭建原位检测装置，支持定时、连续获取固定小区域内植物群体生长数据；移动式装置则可以控制成像单元在地块尺度大范围移动，实现较大区域范围内的植物生长数据采集。

实验室型、温室型表型检测平台对植物尺寸有一定要求，对研究小型植物的生长发育规律、表型动态变化较为理想。另外，在环境可控条件下获取的植物生长信息，能够最大程度弱化环境对表型的影响，有利于聚焦分析植物基因与表型关系。对玉米来说，这类平台可用于获取玉米苗期、拔节期等关键生育时期的表型性状，可在玉米基因组学、玉米表型组学、现代遗传育种等研究中应用。相对而言，田间型表型检测技术研发和设备部署面临更大挑战，不仅要求设备能够在复杂环境条件下工作，而且要求能精准获取植株原位生长信息，这就需要稳定的自动化控制系统和鲁棒性的图像分析方法。田间型表型检测平台，对研究玉米品种环境适应性及生产潜力至关重要。实验室型、温室型和田间型表型检测平台各有优劣，需要根据植物类型、试验目标进行选择，同时这些表型检测平台的生产成本和维护成本均较高，通常只适合较大的研究单位和团队使用。因此，研发易于大规模、大范围推广的低成本室内、田间表型检测设备将有利于推进作物表型研究的应用和发展，这也是将来作物表型检测技术的发展方向。

4.1.1 作物表型高通量获取主要成像技术

一般来说，无论是室内还是大田环境，作物表型数据采集所采用的传感成像技术主要包括：

（1）RGB 成像，获取作物形态、颜色、纹理等表型。

（2）叶绿素荧光成像，获取光合作用机理表型。

（3）高光谱成像，获取色素组成、生化成分、氮素含量、水分含量等表型。

（4）热成像，获取表面温度分布、气孔导度与蒸腾等表型。

（5）激光雷达，获取作物三维结构表型。

此外，还有一些在医学上广泛应用的先进成像技术，如 MRI（磁共振成像）、PET（正电子发射型计算机断层显像）和 CT 等，也相继引入作物表型研究中。表 4-1 列出了作物表型检测平台中采用的主要成像技术。

4.1.2 国内外主要作物表型平台

近年来，随着作物表型组学研究的迅猛发展，各类作物表型检测系统和设备不断涌现，德国 LemnaTec 公司、美国唐纳德丹佛植物科学中心、日本理化学研究所，以及杜邦先锋、孟山都等商业育种巨头企业纷纷投入大量资金构建大型作物表型高通量采集解析平台系统。表 4-2 列出了几种典型的作物表型平台和技术，这类高通量表型平台具有自动化、高通量、高精度等特点，可以极大程度提高作物数据采集效率和精度，满足作物表型组学研究、商业化育种等的需要。目前，我国也相继引进和搭建了一些作物表型高通量平台（Yang et al.，2014；Guo et al.，2017），这类平台的目标是实现作物表型参数高通量测量与分析，在表型组学相关领域研究方面与国际接轨，为我国作物育种、表型组学及基因组学研究的重大突破提供基础条件。

表 4-1　作物表型高通量平台中的成像技术

成像技术	传感器	数据	表型参数	应用
可见光	RGB 相机	灰度、彩色图像	植物及其器官（根、茎、叶、种子）的形态、结构、颜色等性状以及这些性状的动态变化	评估植物生长状态、营养状态以及累积生物量等
红外成像	热成像相机、近红外相机	时间序列或某个时刻的热图像	叶面积指数、表面温度、冠层和叶片水分状态、种子成分	评估水分状态、蒸腾作用、胁迫条件下植物的温度响应，检测气孔导度差异等
光谱成像	高光谱相机、多光谱相机	连续或者离散的光谱数据	水分含量、叶片生长及健康状况，种子品质等	测量植物时空生长模式和生长动态差异性，评估病虫害及生长潜力
立体成像	立体相机、TOF（飞行时间）相机	彩色、红外、深度图像	植物或器官的形态、结构、颜色	测量植物三维表型，结构功能分析、三维可视化
荧光成像	荧光相机	激发叶绿素等荧光信号后生成的多色荧光图像	多个叶绿素荧光参数和多光谱荧光参数	评估光合作用性能、非光化学淬灭，评估叶片疾病、叶片健康状态，配合成像模块可实现形态测量
激光扫描	激光扫描仪	深度图、三维点云	植物或器官的形态、结构	测量植物三维表型，结构功能分析、三维可视化
MRI	磁共振成像仪	MRI 图像	水分含量、形态参数等	代谢过程可视化，测量形态参数，监测内部生理状态
PET	正电子发射探测器	基于放射性示踪剂成像	水分运输、流速等	可视化与代谢相关的放射性核素的分布和运输
CT	X 射线断层扫描成像	CT 切片图像/体素	植物器官（种子、根、茎、分蘖）的形态参数、水分含量、流速等	估算组织密度，测量分蘖数量，评价种子质量，组织三维重建

表 4-2　作物表型高通量平台特点及其应用

平台	传感器	功能	应用	参考资源
WPScan^Conveyor	可见光	第一个高通量平台，高通量检测上万盆玉米植株	检测玉米等的形态特征，生物量、株高等	http：//www.wps.eu/en
Trait Mill	可见光	第一个将转基因技术和水稻性状自动化评价系统相结合的多功能平台	主要针对粳稻和玉米，测试基因和基因组合对植物表型的影响，可鉴定成百个不同的"启动子—基因"组合	http：//www.cropdesign.com

（续）

平台		传感器	功能	应用	参考资源
Scanalyzer	Lab Scanalyzer	可见光	适于植物和小生物体的低成本表型平台	检测拟南芥等植物的形态参数，监控浮萍动态生长等	http://www.lemnatec.com
	Greenhouse Scanalyzers	可见光、PS2荧光成像、荧光成像、近红外、叶绿素荧光、红外、高光谱、三维激光扫描仪	分为"Plant - to - Sensor"和"Sensor - to - Plant"两种不同工作方式和设备版本，可获取植株多点位数据，支持处理几株到几百株植株	测量覆盖度、冠层高度、植株几何、生长与生物量、统计数量、生育阶段、植被指数、叶绿素荧光特性等	
	Field Scanalyzers	可见光、PS2荧光、红外、高光谱、激光扫描、环境传感器	适合田间环境工作，获取作物的各类表型数据，以及环境数据		
KeyGene digital phenotyping	Key Box	可见光	便携式数字表型设备	支持对种子萌发托盘和小植株的检测，也用于水果、非破坏性根系表型检测	http://www.keygene.com
	PhenoFab ®	可见光	高通量温室表型平台	甜菜种子处理，先正达利用 PhenoFab 研究玉米的生理状态	
PlantScreen	PlantScreen SC Systems	可见光	适合中小型植物的自动、高精度图像检测	拟南芥等植物的高通量筛选、形态和成长评估、养分管理、光合作用表现、非生物胁迫、病原体相互作用、特质鉴定、化学筛选、营养效果评价	http://www.psi.cz
	PlantScreen Compact System	多成像传感器	基于传送带和机器人实现中小型植物的高精度和高通量检测		
	PlantScreen Modular System	多成像传感器	整合机器人方案，在可控或半可控环境下可实现大批量作物的高精度数据采集和栽培管理		
	PlantScreen Field Systems	多功能传感器平台	包括自动、半自动和人工移动平台，针对田间作物完成快速表型采集与分析		
PHENOSPEX	PlantEye F500	三维激光扫描、多光谱	植物的多光谱三维扫描仪	应用于植物发芽分析、药物筛选、表型检测等领域，计算各种形态参数，如植物高度、三维叶面积、投影叶面积、数字生物量、叶倾角、叶面积指数、光穿透深度、叶片覆盖度等	http://phenospex.com
	DroughtSpotter	自动重量传感器	植物干旱和育种研究		
	MobileDevice	集成 PlantEye F400 或者 F500	实验室和温室自动化数据采集		
	FieldScan	集成 PlantEye	田间条件下高通量植物表型分析，检测通量可达每小时 5 000 株以上		

（续）

平台		传感器	功能	应用	参考资源
Rice automatic phenotyping platform（RAP）		可见光、线性CT成像	水稻高通量和自动表型筛选	测量水稻种质和生长的大量性状	http：//plant-phenomics. hzau. edu. cn
aPPF（Australian Plant Phenomics Facility）	PlantScan	可见光、激光雷达、远红外	适合大小在1.2 m范围内植物	检测植物拓扑、形态和功能参数	https：//www. plantphenomics. org. au
	TrayScan	可见光、热成像、荧光成像	适合拟南芥、草等矮小植物	测量光合性能	
	CabScan	可见光、红外	适合幼苗或小植物	测量光合性能	
	Phenomobile Lite	可见光、激光雷达、高光谱、热成像	轻型框架结构，适于田间高度小于1.5 m的作物	用于小麦和水稻的田间表型分析，计算冠层高度、覆盖度、叶面积，植物数量、冠层密度、绿色度和NDVI（归一化植被指数）等	

下面介绍几种典型的温室和田间高通量作物表型平台及其具体应用（图4-1）：

（1）FieldScan 荷兰 PhenoSpex 公司设计的 FieldScan 表型平台，以 PlantEye 为核心集成了多种传感器，核心是移动式激光 3D 成像系统。PlantEye 通过 3D 顶部成像检测植物

图4-1 大型作物表型平台

注：第1行为荷兰 PhenoSpex 公司在室内和室外部署的 FieldScan 系统；第2行为德国 LemnaTec 公司在室内和田间部署的 ScanalyzerField 系统；第3行为荷兰 PhenoSpex 公司用于干旱模拟与蒸腾测量的 DroughtSpotter 系统。

生长状况，不仅能够获得叶面积、叶倾角、冠层等参数，还可以实现对上万株植物进行测量，为用户提供有价值的数据，方便了解作物在田间的生长情况。

（2）ScanalyzerField 德国 LemnaTec 公司设计的"全自动高通量植物 3D 成像系统"，是一套能在田间独立运行的全自动、高通量植物表型成像系统，可选择配置可见光成像、近红外成像、红外成像、PSII 荧光成像、高光谱成像或激光成像中的一种或多种；还可搭载一系列环境传感器，如温度、光强、CO_2、湿度等传感器获取田间环境参数。该平台可以通过可见光成像测量植物的结构、宽度、密度、叶长、叶面积等多个参数，可以通过近红外成像分析植物的水分分布状态、水力学研究、胁迫生理学研究等；通过红外成像进行蒸腾研究等，可以通过 PSII 荧光成像分析植物光合特性等；通过高光谱可以获取植物体特定成分含量的变化，如花青素等；通过激光 3D 成像，模拟植物的 3D 形态结构。

（3）PlantScreen 捷克斯洛伐克 PSI 公司以 FluorCam 叶绿素荧光成像技术为核心，结合 LED（发光二极管）植物智能培养、自动化控制系统、植物热成像分析、植物近红外成像分析、植物高光谱分析、自动条码识别管理、RGB 真彩 3D 成像、自动称重与浇灌系统等多项先进植物表型技术，开发了 PlantScreen 植物表型成像分析系统的室内版和田间版。该系统可用于拟南芥、小麦、水稻、玉米等植物的生理生态和形态结构的高通量自动成像分析。

4.1.3 作物表型平台获取解析关键技术

作物表型获取解析技术主要有 3 个方面：数据采集、表型解析和知识建模。数据采集，是整合多类图像、光谱、环境和墒情传感器采集的植物和环境数据；表型解析，是利用图像处理、数据分析等算法从多源异构数据中进行植物表型解析及数据融合，将采集数据转换为易于表型分析的图、表和文件等；知识建模，是从复杂的植物表型数据中学习数据中隐藏的特征和结构，输出某种知识模式。

1. 作物表型数据采集 作物表型数据来源于可见光、高光谱、红外、激光等各种成像传感器，以及环境、墒情、生理和生化数据。将这些结构化、半结构化及非结构化的海量数据集成在一起，即构成了作物表型大数据。对这些数据进行智能化识别、定位、跟踪、接入、传输、信号转换、监控、初步处理和管理，是进行作物表型数据采集的主要研究内容。

2. 作物表型数据存储 作物表型数据存储与管理是用存储器把采集到的数据存储起来，建立相应的数据库，并进行管理和调用。作物表型高通量检测中涉及大量传感器数据，通常可达到吉字节甚至拍字节级的数据规模，表型数据的高效存储、管理和检索成为表型平台首先需要考虑的问题。以作物图像采集为例，各类摄像头成年累月工作，虽然如实记录了作物整个生育期数据，但有效数据可能只分布在一个较短时间段内，这就造成了有限的有效数据与海量的数据存储之间的矛盾。在作物生长连续图像集中，大量冗余甚至重复的数据存储造成极大资源浪费。

目前，各类表型数据采集平台仍然是相对独立工作，未建立在区域、国家甚至世界层面统一的作物表型数据采集平台。采集的数据存储架构一般采用独立的硬件存储、服务器存储和云存储结构。基于"云技术"的存储方案是作物表型数据存储的发展趋势，云存储是一个由网络设备、存储设备、服务器、软件、接入网络、用户访问接口以及客户端程序等多个部分构成的复杂系统。云存储一般分为存储层、基础管理层、应用接口层以及访问层，其主要优势在于：管理效率高，并且硬件冗余、节能环保、系统升级不会影响存储服务等，更重要的是云存储系统可针对作物表型检测应用对系统架构、文件结构、高速缓存等方面进行优化设计。

3. 作物表型数据解析　作物表型数据解析是从作物表型大数据集中提取特定的或者隐含的、事先未知却潜在有用的信息和知识的过程。除了利用图像处理技术解析出人工定义的具有农业、生物学意义的表型参数外，还可以利用数据挖掘方法进行信息提取。例如，从玉米各种可见光图像中可以解析出大量玉米表型参数，包括群体尺度的种植密度、叶面积指数、生育时期等表型特征，单株尺度的植株叶片数、茎粗、叶倾角、株高等表型特征，以及玉米根、叶、穗等器官尺度上更为丰富的表型特征。就作物表型数据挖掘任务和挖掘方法而言，需要完善从表型解析到知识发现的整个技术流程，包括数据可视化、数据挖掘算法、预测性分析、语义引擎、数据质量和数据管理等。另外，数据融合也是目前针对多源异构数据进行应用和智能决策的一个瓶颈。

4. 基于机器学习的作物表型知识建模　机器学习是一种含有多领域学科数据分析的方法，涉及概率论、统计学、算法复杂度等多门学科。机器学习方法是一类从数据中自动分析获得规律，并利用规律对未知数据进行预测的方法。作物育种学家、植物病理学家和植物生理学家等使用机器学习的主要优点在于不必明确指定图像特征，而是直接以原始图像作为输入，通过指定学习规则，神经网络利用图像本身蕴含的信息自动抽象和提取特征。机器学习和深度学习的快速发展与广泛应用，已经深入作物生长检测、品种识别、图像分类和分割等应用中，为作物表型知识建模提供了一种新的方法。

4.1.4　玉米植株冠层表型高通量获取解析技术研究现状

用于玉米植株表型检测的常用数据采集单元包括可见光（RGB）成像传感器、光合荧光传感器、红外热成像传感器和近红外成像传感器等。其中，可见光成像传感器具有成本低、效率高、易推广等特点，是玉米植株冠层表型检测中常备且重要的数据采集设备。基于可见光图像的表型检测利用成像传感器，原位、实时和连续获取植株冠层生长图像，进而解析出植株冠层结构、形态、颜色和纹理等多种表型参数，不仅为玉米遗传育种和表型组学研究提供准确数据，也为评估玉米生长状况及病虫害情况提供依据。玉米遗传育种等尤其关注玉米育种材料或品种在田间群体、单株和器官尺度上的表型差异，下面介绍在玉米群体和单株尺度的主要可量化表型指标及其检测方法。

1. 玉米群体冠层表型高通量获取解析技术　玉米群体冠层表型特征反映了玉米特定基因型的遗传特征及其与环境的相互作用关系，及时有效地获取解析玉米群体冠层表型特征对于揭示玉米生长状况、评估产量、优化栽培管理措施，以及制订生产决策等方面均具有重要价值。玉米行距和株距组合是决定玉米群体冠层表型特征的基本参数，它们确定了田间栽培密度，而栽培密度是充分挖掘玉米生产力、提高光能利用率最有效的措施之一。玉米品种株距和行距的优化设计，即确定玉米栽培的最优密度，是提升玉米产量和经济效益的重要手段。目前，玉米播种方式基本上实现了从人工点播到机械化播种的转变，按照设计的行距和株距进行播种可以保证栽培密度的一致性，但出苗后实际株距和行距仍存在局部差异。在群体内部，各种移动式农业机械需要根据真实株距和行距规划行进路线，总是需要正确检测视场范围内的株距和行距。另外，在试验区内的不同玉米群体往往采用不同栽培密度，在进行区域尺度的表型分析中也要求正确区分不同群体，检测不同群体的株距和行距。机器视觉技术是检测这类群体表型常用的方法，通过测量玉米行距和株距有助于更准确描述群体特征，对改进玉米栽培管理措施具有重要作用。通常的方法是从玉米群体图像中分割出植株，利用透视投影和霍夫变换检测行间距（Romeo et al.，2012），或者先利用双阈值分割方法分离杂草和作物，然后采用最小二乘线性回归检测行距（Montalvo et al.，2012）。另外，利用顶部和侧面相机组成三维测量系统，也能提高群体表型测量精度（Nakarmi et al.，2014）。对于玉米种植密度估算，机器视觉技术已经能够在一定程度代替人工测量，准确率可达93.3%以上（贾洪雷等，2015）。

玉米群体覆盖度一般指从群体顶部拍摄图像中玉米冠层所占的面积比值，这是利用图像处理技术可以计算出的最直观的群体表型性状。玉米冠层投影面积与真实叶面积（叶面积指数）之间具有相关性，而且玉米叶面积也与叶长、叶宽具有相关性。要定量化描述这些相关性，还需要通过大量试验数据来拟合从图像中测量参数与感兴趣性状参数之间关系。大量试验结果表明：叶长、叶宽与叶面积呈幂函数关系，长宽乘积与叶面积呈线性关系，玉米叶面积基本处于 $200 \sim 800 \ cm^2$ 之间。利用高分辨率的可见光图像可以计算出群体覆盖度，但不能获得另外一项重要的群体参数：株高。目前，主流的方法是利用激光雷达获取的数据反演作物覆盖度、叶面积指数和株高（Andújar et al.，2013）。

在玉米群体表型特征中，分形维数（Fractal dimension，FD）是一个重要参数（Li et al.，2006）。该参数可用于识别作物与杂草、分析作物根系结构、监测作物产量与耕地时空变化等。利用图像处理方法计算出玉米分形维数也可用于研究种植密度对株型的影响，种植密度的增加使得玉米分形维数呈先升后降的趋势（梁淑敏等，2009）。

以上简单介绍了几种比较典型的玉米群体表型特征参数，包括行距、株距、密度、覆盖度、叶面积指数、株高和分形维数，这些参数均可以通过适当设备，结合机器视觉和图像处理技术直接或间接测量。当然，还有其他能够表征玉米群体特征的参数，包括描述群体植株分布、整齐度、颜色、纹理等参数。

2. 玉米植株表型高通量获取解析技术　　玉米植株表型是玉米表型研究的核心内容，包括植株整体及其器官的形态、结构、生长状况描述参数。玉米植株结构可以分成地上和地下两部分，这里的玉米植株表型主要是指玉米植株地上部器官的表型，未涉及根系等植株地下部器官。对玉米植株来说，株高、体积、冠层面积、投影面积、轮廓等几何参数从整体上描述了植株结构；对植株器官来说，根、茎、叶、穗等器官的数量、形状和分布参数则是对植株结构的进一步细化描述。这些参数共同描述了玉米株型特征，除了采用人工实测方式直接获取外，还可以采用多视角图像（详见4.2）、激光三维扫描仪、数字化仪和机器视觉等方式间接测量。

激光三维扫描仪能够获取植株三维点云，经过点云预处理和网格重构后可以得到植株高精度三维模型，进而提取植株的表型参数；数字化仪是按照用户定义方式获取植株关键点坐标，然后在三维空间中建立关键点的连接关系构成植株形态结构框架；机器视觉是利用数字相机拍摄植株不同角度图像，利用图像处理技术对植株三维结构进行解析和测量。理论上讲，如果能够建立高质量的植株三维模型，那么基于该模型就可以计算出描述植株形态结构特征的准确表型参数。然而，快速、准确构建植株三维模型面临一系列技术挑战，如植株三维点云的规模巨大、从点云处理到网格生成的过程需要人工干预，以及三维模型需要进行器官尺度分割等。尽管存在这些挑战，从三维建模的角度来提取植株表型参数仍然是将来的发展趋势和研究热点。目前，基于机器视觉的植株表型检测仍然是主流技术，主要是因为数字成像设备便宜、便于携带，而且相关图像处理技术也相对成熟、高效。

在基于图像的植株表型检测中，基本过程是利用图像预处理和图像分割技术提取出植株，进而建立植株轮廓和骨架的几何描述，然后结合植株结构先验知识进行植株结构语义解析和表型计算。其中，植株骨架是描述器官的拓扑连接关系，植株轮廓描述了器官的几何形态结构，植株语义解析就是将这些骨架和轮廓进行分解，将分解出的独立骨架线段和轮廓映射为植株的根、茎、叶、穗等器官。利用玉米生长模型也可以准确模拟玉米植株生长形态和运动特征，并以动画的形式展示玉米生长过程（王雪等，2009）。

4.1.5　玉米植株冠层表型高通量获取解析技术存在的主要问题

在现代玉米育种中，面临的主要挑战之一是进行玉米株型改良，即获得具有更大产量、更高效率、更好株型的植株，这就需要借助作物表型高通量平台来获取玉米的各类表型信息。目前，已有大量从可见光图像提取玉米形态结构信息的技术和工具，但这些技术和工具大多依赖于用户繁琐交互，难以融合玉米知识模型进行玉米植株形态结构自动分析。作为玉米表型检测和三维建模基础性的问题，难点是如何结合图像分析技术和植株知识模型，利用尽量少的人工干涉实现作物结构和表型的准确解析。其中，关键技术问题至少包括以下3个方面：

（1）**如何从复杂背景中快速、准确分割出感兴趣植株**　在田间图像拍摄条件下，玉米植株间遮挡以及复杂背景均对成像造成干扰，绝大部分自动化图像分析方法需要借助人工干预，才可能从复杂背景中准确提取出目标，因此最小化人工干预是进行植株初步提取的目标。

（2）**如何基于分割结果进行语义理解**　分割出的植株结构往往复杂多变，如叶片可能损坏或者撕裂及存在叶片间相交、叶片与茎秆接触的复杂情况，如果没有知识模型支撑将难以自动解析出叶片数量，不能准确计算出描述植株器官性状的定量化参数。因此，需要从植株多角度图像（主要是植株冠层图像和正侧面图像）入手，建立植株叶片数量、叶片长度、株高等参数的知识模型，为植株图像解析过程提供语义和决策支持。

（3）**如何设计植株表型和三维重建数据结构**　目前，大部分植株数据结构仅针对图像处理或者三维建模，缺乏能够同时适应两者的专用数据结构，这给二维和三维信息融合带来困难。因此，设计支持植株表型检测和三维重建的底层数据结构，才能实现植株多维信息参数共享和信息融合。

4.2　基于多视角成像的玉米植株表型高通量获取与解析

4.2.1　基于多视角图像三维重建技术概述

基于多视角图像的三维重建主要包含以下两个过程：基于 SFM（运动恢复结构）算法的稀疏重建和基于多视角立体视觉（Muti‐view stereo，MVS）算法的稠密重建（周骏，2018）。与传统的摄影测量方法相比，SFM 算法只要利用相机在不同位置获取的包含完整场景的图像，就能够同时自动解决相机姿态和场景几何，采用基于多重叠、偏移图像匹配特征的高冗余束调整方法来进行重建。

经过 SFM 算法过程之后会生成一个稀疏的三维点云结构模型，这种稀疏的点云模型对细节的描述不够，还要对其进行稠密估计，恢复稠密的三维点云结构模型。随着研究发展，出现了各种稠密匹配的算法，包括保持高计算效率的准稠密方法（Lhuillier et al.，2005）

和基于面片的多视角立体视觉（MVS）算法（Furukawa et al.，2010）。与最先进的 MVS 算法相比，结合 SFM 和 MVS 算法的重建方法具有以下 3 个主要优点：①利用 SFM 算法可以自动估计出图像序列的相机参数；②可以重建准确和密集的点云；③计算效率高（Lou et al.，2014）。

1. 运动恢复结构 SFM 其实是一个多视图重建典型应用的例子，起初 SFM 源于摄影测量学（郭志勇，2017），要求准确描述相机的运动，并已知相机基本参数，在这个前提下使用三角测量方法完成三维场景重构。20 世纪 90 年代，随着非测绘应用的兴起，之前在摄影测量学中的一些如相机的固定运动、已知基本参数等前提条件都被去掉，研究重点慢慢转向无序或者有序的未标定的图像进行三维重建，即现在广泛意义上的场景深度信息技术与摄像机运动恢复。SFM 算法的主要思想在于利用相机的运动轨迹来估算相机参数（Snavely，2011），相机在拍摄时围绕所拍摄物体有规则或无规则旋转，得到所拍摄物体在不同视角下的多幅图像，利用这些图像来计算相机的运动轨迹和位置信息，在空间坐标系下生成所拍物体的三维点云，从而恢复物体的空间结构。而且运动恢复结构对图像质量要求不高，利用视频拍摄抽帧获取的图像也可以实现重建过程，但是在精度上与高分辨率的图片对比存在不足。该方法是一种广泛应用于相机内参数确定以及无标定相机位置估计的技术。

运动恢复结构当前主流方法的主要区别在于相机初始位姿计算模式不同（表 4 - 3）。增量式鲁棒性较好，场景结构准确，但效率不足；全局式仅一次捆绑调整，效率高，但鲁棒性不足，易受到匹配外点的影响；混合式继承了增量式和全局式两种模式的优点，不仅提高了旋转矩阵的求取精度，而且在保持鲁棒性较好的前提下，提高了增量式重建的效率。与传统摄影测量方法不同，SFM 算法重建的点云数据需要将其转变到现实世界的空间坐标系中，才能精确地表达重建物体的结构信息，所以在获取图像或视频的过程中设置少量的标记或记录参照物的真实尺度，然后利用尺度标记将得到的三维点云模型进行缩放、旋转和平移等空间变换，以获得符合现实世界的数字三维模型（魏占玉等，2015）。

表 4 - 3　相机初始位姿计算模式对比

特点	增量式	全局式	混合式
优点	较好的鲁棒性，场景结构准确	仅一次捆绑调整，效率高	继承了增量式和全局式两种模式的优点，不仅提高了旋转矩阵的求取精度，而且在保持鲁棒性较好的前提下，提高了增量式重建的效率
缺点	效率不足，重建过程太慢	鲁棒性不足，易受到匹配外点的影响	—

2. 多视角立体视觉 多视角立体视觉（MVS）是最近几年兴起的计算机视觉技术。由于 SFM 算法得到的特征点往往是一些稀疏的点，稀疏点云存在很多缺失的部分，对植物细节描述存在欠缺，对于重建问题还远远不够，也不能进一步对想要获取的表型等信息进行分析和应用，因此下一步需要 MVS 算法对获得的经过标定的点云目标的稠密表示，将其扩展为稠密点云。MVS 算法利用图像中的信息最大化物体或场景的描述信息，从而得到稠密点云（李俊利等，2015）。该方法的算法主要分为 3 种（表 4 - 4）：基于体素的 MVS、基于点云扩散的 MVS、基于深度图融合的 MVS（Goesele et al.，2006）。

表 4 - 4　三种 MVS 方法的比较

MVS 方法	优点	缺点
基于体素的 MVS	生成规则点云，易于提取 mesh 网格	精度取决于 voxel 体素粒度，难以处理大场景
基于特征点扩散的 MVS	点云精度较高，点云分布均匀	弱纹理区域造成扩散空洞，需要一次读入所有图像
基于深度图融合的 MVS	适于大场景海量图像，得到点云数量多，目前的开源和商用软件基本都采用这类方法	很大程度上依赖于领域图像组的选择

3. 与 SFM 和 MVS 算法有关的三维重建工具　基于运动恢复结构和多视角立体视觉的三维重建，已经出现了较多的可以直接使用的重建软件和重建算法库，以下是几种常用的方式：基于 Bundler＋CMVS＋PMVS＋Meshlab 的方式、基于 VisualSFM＋Meshlab 的方式、基于 AgisoftPhotoScan 的方式。

其中，Bundler 采用尺度不变特征变换（Scaleinvariant - feature transform，SIFT）检测特征点和生成描述子，并采用强力匹配（Brute force matching，BFM）算法进行特征匹配（曹明伟等，2017）。利用它可以得到在同一场景获取的多个角度图片的三维稀疏点云信息，同时估计出每幅图片的相机参数。基于 Bundler，开发了 SFM 工具包（Snavely et al.，2006），以及可以在 Bundler 处理基础上生成稠密三维模型的软件 CMVS 和 PMVS（Furukawa et al.，2010）。

在系统集成开发方面，VisualSFM 使用运动恢复结构进行三维重建的 GUI 应用程序（Wu，2013）。该系统集成了几个项目：GPU 上的 SIFT（SiftGPU），多核束调整以及走向运动的线性时间增量结构。通过利用多核并行机制进行特征检测、特征匹配和捆绑调整，VisualSFM 可以快速运行。在高密度建模过程中，该程序集成了 Furukawa 等的 PMVS/CMVS 工具链的执行。VisualSFM 的 SFM 输出与其他工具一起工作，其中包括 CMPMVS（Heller et al.，2015）、MVE（Fuhrmann et al.，2015）、SURE（Wenzel et al.，2013）。MeshLab 用于处理和编辑 3D 三角网格的开源系统（Cignoni et al.，2008），它提供了一组编辑、清理、修复、检查、渲染、纹理和转换网格的工具，用于处理由 3D 数字化工具/设备生成的原始数据以及用于为 3D 打印准备模型。

Agisoft Photoscan 软件是俄罗斯 Agisoft 公司研发的能够基于影像自动生成高质量三维模型的专业软件。它能够使用高效的图像特征提取与匹配及目标跟踪技术自动解算图像的空间位置，并根据立体摄影测量方法重构 3D 场景（李俊利等，2015）。Photoscan 软件的处理过程可以实现以下几个步骤：①添加图片（.jpg/.png/.tif 等格式均可以）；②对齐照片；③建立密集点云；④生成网格；⑤生成纹理；⑥生成平铺模型；⑦生成数字高程模型（Digital elevation model，DEM）；⑧生成正射影像，并且可以通过批量处理自动完成整个步骤流程。同时，该软件也可以将图像分成堆块来重建，然后进行对齐堆块和合并堆块实现完整重建。

另外，还有其他软件也可以进行植物三维重建，包括 ContextCapture、Pix4Dmapper 等。ContextCapture 是 Bentley 公司的实景建模软件，主要模块包括 Master、Setting、Engine、Viewer 等，在使用过程中要同时打开 Master 交互界面和 Engine 引擎端，Viewer 用来预览生成的三维场景模型。Pix4Dmapper 是瑞士 Pix4D 公司的全自动快速无人机数据处理软件,整个过程完全实现自动化,并且精度更高,主要用于结合无人机测量(汪雅婕,2016)。上述两个软件均可以实现植物的三维重建。值得一提的是,利用 OpenCV/Open-MVG＋OpenMVS 也可以实现 SFM 重建过程。OpenCV 作为一个开源的跨平台计算机视觉库,结合利用扩展库中特征提取算法等已经可以实现 SFM(李健,2008)。OpenMVG(Open multiple view geometry library)是一款开源的 SFM 软件,作为 3D 计算机视觉和运动结构的基础(Moulon et al.,2008),其是 global SFM 的一个实现,它在某些方面要优于 Bundler,可以利用多张任意拍摄的照片重建场景的三维模型。OpenMVG 从一组输入图像中恢复相机姿态和稀疏的三维点云,OpenMVS 是一个计算机视觉库,尤其是针对多视角立体重建的研究,通过提供一套完整的算法完成密集点云重建、网格重建、网格细化、纹理映射,来恢复要重建的场景或物体的全部表面(Apollonio et al.,2014)。

4.2.2 基于多视角三维重建的低成本、便携式玉米单株表型平台 MVS－Pheno

1. 平台研发背景 植物基因型和表型技术的发展加速了作物育种研究进程。然而,与快速发展的基因技术相比,难以准确、高效地获取作物复杂表型性状,已成为限制育种进程的瓶颈(Araus et al.,2018)。因此,亟待围绕作物的表型技术寻求创新(Zhao et al.,2019)。作物株型是一系列重要表型性状的集合,作物株型的快速获取有益于定量评估作物的长相、长势、抗逆性、产量等性状(Gibbs et al.,2017),同时对于功能基因定位和株型改良至关重要。因此,开展精准、高效的作物植株形态数据获取与处理方法研究对于植物表型以及进一步的育种研究具有重要意义。

传统作物表型数据获取存在着工作量大、效率低、通量不足等问题。研究者开发了多种表型平台以提高通量和效率(Virlet et al.,2017;Cabrera-Bosquet et al.,2016)。根据其工作环境,已有作物表型平台可以分为室内和田间两大类。

田间表型平台主要包括无人机平台(Yang et al.,2017)、车载移动式平台(Bao et al.,2019)、悬索式平台(Kirchgessner et al.,2017)、田间轨道式平台(Virlet et al.,2017)等。田间表型平台多是通过传动装置将传感器移至植物不同区域或位置进行数据获取,这种方式可被描述为"传感器到植物"的系统(Fiorani et al.,2013)。田间表型平台主要通过获取表型数据评估植物在自然条件下的长相、长势和适应性。利用这些平台可以快速获取如冠层高度、叶面积指数、覆盖度和地上部生物量等群体尺度的表型性状(Jimenez-Berni et al.,2018)。

精细的表型性状对于全基因组关联分析(GWAS)研究以及作物育种均具有重要的价值(Chen et al.,2018;Yan et al.,2011)。因此,室内表型平台的研发主要是用于解决作物精细表型数据的高通量获取问题。室内表型平台主要包括传送带式的盆栽植物平台(Junker et al.,2015;Yang et al.,2014)、跟踪植物个体生长的机器人辅助成像平台(Brichet et al.,2017)、小型植物的室内监测系统(Goggin et al.,2015)以及植物显微结构表型平台(Zhang et al.,2018)等。这些室内表型平台中,多是固定传感器,将植物运送至传感器有效区域的方式采集表型数据,通常被称为"植物到传感器"(Fiorani et al.,2013)。这种方式可以使得表型平台整合高分辨率传感器获取精细的表型信息,包括叶长、叶面积、叶夹角、生长速率等。

上述表型平台在搭建、运行和维护等环节成本较高,难以大规模推广使用,亟须低成本表型解决方案（Reynolds et al.，2019b）。低成本表型解决方案中常用的传感器包括可见光相机（Jiang et al.，2018）、二维 LiDAR（Thapa et al.，2018）、三维扫描仪（Garrido et al.，2015）等。精度、效率和成本是低成本表型解决方案传感器选型的重要依据。

在玉米株型高通量获取方面，研究人员开展了大量研究，如利用植株侧视图像提取多个株型参数（Brichet et al.，2017）。然而，深度方向信息的缺失使得利用这种方法得到的表型参数精度难以满足部分需求，需进一步地校准（如叶方位角、叶长、叶面积）。利用三维的方法可以解决此类问题。从三维角度进行玉米株型解析的手段包括二维 LiDAR 合成（Thapa et al.，2018）、飞行时间三维成像（Chaivivatrakul et al.，2014；Li et al.，2017）、多视角三维重建（Hui et al.，2018；Rose et al.，2015；Elnashef et al.，2019）、三维数字化（Wang et al.，2019）和三维扫描（Su et al.，2018）等。

研究表明，与三维数字化和三维扫描相比，多视角三维重建具有更高的效率，且一株接一株的数据获取方式以及所需传感器价格使得其非常适合用于面向田间的低成本表型信息采集（Wang et al.，2019）。然而，目前多视角图像主要依靠手动拍照的方式获得，费时费力。采用手动拍照的方式开展包含大量植株样本的试验（如 GWAS 研究）可行性较低（Zhang et al.，2017）；而且手动拍照随意性较强，难以保证相邻图像的重叠度，这种问题只能在三维重建时才能发现，极易产生数据缺失问题。PlantScan Lite 是一款包含双相机的植物多视角图像自动获取装置（Nguyen et al.，2016），然而其获取一株的时间需要 30 min，效率较低。此外，有研究者研发了沿固定轨道获取大豆植株的单株多视角图像获取平台（Cao et al.，2019），由于装置尺寸限制，其只能解决较小植物的数据获取问题。

虽然室内表型平台可以获得精细的植物单株表型性状，但可控环境下生长的植物无法代表在田间环境下的实际生长状况，尤其是评价新品种在不同栽培措施下的抗逆响应和田间适应性。因此，田间植物株型的高通量获取仍是亟待解决的问题。此外，由于株高在作物整个生育期持续发生改变，对于较高的植株，如采用人工拍照的方式获取多视角图像常需借助梯子完成，极大增加了数据获取的工作量。针对这些需求和问题，研发了一种面向田间玉米植株的低成本、便携式基于多视角三维重建的表型平台 MVS-Pheno。利用该平台可以实现自动、高效的玉米植株多视角图像数据采集与表型解析。

2. MVS-Pheno 设计与实现

（1）平台概述 MVS-Pheno 平台主要包括 4 个组成部分（图 4-2）：①用于多视角图像自动采集的硬件装置，包括用于图像采集的相机、用于支撑相机的侧臂、用于带动侧臂和

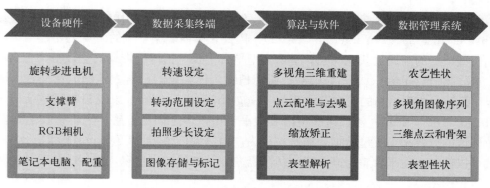

图 4-2 MVS-Pheno 平台组成示意图

相机转动的旋转步进电机、用于数据存储和硬件控制的笔记本电脑、用于装置平稳运转的配重等。②数据采集控制端，是安装在笔记本电脑上用于对硬件进行交互控制的应用程序。用户需要在控制端程序上交互的参数主要包括旋转速度与范围、拍照间隔时长、数据存储路径与标注等。③点云处理与表型解析算法和软件，主要针对玉米的形态结构，包括基于多视角三维重建、点云配准与去噪、缩放矫正和表型解析。④数据管理系统，指管理 MVS-Pheno 平台数据流的数据库，包括各植株的农艺性状、多视角图像序列、三维点云和骨架以及提取的表型性状。

（2）多视角图像序列获取装置设计　装置设计有 3 个出发点：可以在一致的标准下自动获取玉米植株的多视角图像；装置便于组装和拆卸，并方便在田间地头使用；通过架设 2 台以上的相机同步获取图像序列，进而提高数据获取效率。按照这 3 个出发点所设计的装置示意图见图 4-3。

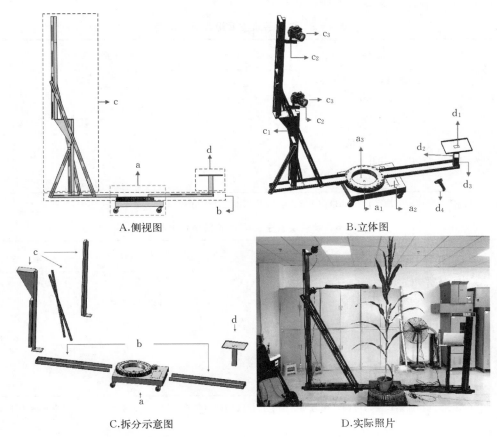

图 4-3　MVS-Pheno 平台硬件装置

① 装置结构。装置由 4 部分组成（图 4-3A、图 4-3B）：a 部分为装置的传动部分，a_1 为齿轮轴承，内置旋转步进电机，匀速驱动支撑臂和相机旋转；a_2 内置控制步进电机旋转角度的控制器；a_3 是支撑台，底部有 4 个轮子，方便设备移动，植物样品放在支撑台的中心。b 部分由连接 a、c 和 d 部分的两个横梁组成。每个横梁的长度可根据目标植株的高度调整。c 部分是垂直臂，由 1 个支撑臂（c_1）、若干云台（c_2）和相机（c_3）组成。为确保所获取不同高度植株图像的重叠度和连续性，支撑臂的长度和相机的数量是可调的。b 部分的

横梁和 c 部分的支撑臂都是通过多个可延伸的组件构成，进而实现长度的调节。d 部分是连接在装置另一个横梁上的配重（d_3），笔记本电脑放置于配重支撑台（d_1）上。为保证笔记本电脑连续工作，配有移动电源（d_2）随装置转动。此外，装置配有无线扫码（d_4）枪，实现目标植株农艺信息的快速采集。

装置由上述基本组成部分构成，便于加工、组装、拆卸和运输。图 4-3C 给出了装置的拆分示意图。表 4-5 给出了装置主要组成部分的价格，以标准配置的装置（包含 2 台相机）为例。与造价昂贵的高通量表型基础设施相比，MVS-Pheno 平台可认为是一种低成本的表型装置。表 4-6 给出了决定运输便捷性的设备主要配件的最小长度和重量。各配件调整至最小尺寸后，最长的配件长度为 120 cm，所有配件的重量约为 140 kg。因此，对于路程较远的试验，设备打包后可通过快递或物流运至试验地；对于路程较近的试验，可通过小货车直接将其运输至试验地开展试验。此外，为保证拍照的光照度和均匀性，设备周边需架设 4 个 LED 白色光源，尤其是在阴暗的试验环境下。

表 4-5　硬件装置主要组成部分价格

名称	价格（美元）
装置主要框架结构	4 975
2 台相机	1 700
笔记本电脑	700
无线扫码枪	70
配件	115
总价	7 560

注：配件包括 1 个移动电源、4 个 LED 白色光源，以及装置配套线材。

表 4-6　硬件装置主要配件的最小长度和重量

组成部分	标识	最小长度（cm）	重量（kg）
中心转台	Part-a	90	65.8
横梁	1/2 Part-b	120	16.7
支撑臂上半部分	1/2 Part-c	120	8.4
支撑臂下半部分	1/2 Part-c	120	9.5
笔记本支撑台	Part-d_1	60	3.0
配重	Part-d_3	12	20.0

注：装置的支撑臂和横梁长度均可调，在运输过程中其长度均调至最短。因此，此处只给出了最小长度而不是伸展开的长度。

② 装置技术参数。在利用该装置进行实际数据采集时，需要根据试验场地和目标植株的高度安装调节装置的尺寸。装置的 3 个主要技术参数为：

N：装置同时安装的相机数量。

R：横梁的长度，包括中心齿轮轴承部分（m）。

H：支撑臂的高度（m）。

当玉米植株高度为 h 时，装置对应的技术参数可表示为 $V_h = \{H, R, N\}$。对于玉米 V6 时期前高度小于 0.6 m 的植株，装置可调节为 $V_{0.6} = \{1.0, 0.8, 1\}$；对于吐丝期高度约为 2.0 m 的植株，为了保证获取多视角图像的重叠度，装置可调节为 $V_{2.0}=\{2.5, 1.5, 3\}$。在一些光热资源丰富的地区，玉米株高会达到 4.0 m 以上。这种情况下，装置需要调整至 5.0 m 以上高度，横梁半径至少需 2.0 m，不仅需要较大的试验场地搭建装置，同时也提高了装置的运输成本。鉴于此，建议将植株截断为两部分，分别进行数据采集并在生成点云后将两部分点云配准，然后拼接为完整植株。

装置采用佳能 77D 相机作为图像传感器。该相机焦距为 24 mm，分辨率可达 2 400 万像素，但不局限于该相机。安装相机时，相机向下倾斜约 45°对准植株的垂直中心线。每个相机负责获取不同高度的图像，相邻相机所获取图像要求至少有 1/3 的重叠度。

（3）数据获取控制端 为连接相机、笔记本电脑、旋转步进电机协同工作实现自动化的多视角图像序列采集，研发了数据获取控制端。

① 数据获取流程。试验开始前，需要为每个目标植株准备带有文字信息的条形码标签。标签主要包含目标植株的品种名、密度、生育时期、种植地和植株 ID（图 4-4A）。为降低数据获取过程中的环境干扰，在试验地附近选取一间屋子或在田边搭建一个简易帐篷，并在其内根据植株高度组装平台。将田间种植的玉米植株移栽至花盆中（图 4-4B），移栽时用铁锹挖出带有 10～30 cm 的根系和土壤。同一批次试验使用的花盆需为同一尺寸。移栽完成后，将预先准备的标签贴在对应植株的花盆上（图 4-4C）。然后将花盆和植株运至 MVS-Pheno 平台装置，运输过程中需尽可能避免植株的形态被破坏。然后通过扫码枪或数据获取控制端操作开始数据采集（图 4-4D 至 F）。整个数据获取过程中，前半部分取样需人工完成，后半部分数据采集为平台自动完成，因此利用 MVS-Pheno 平台的植株多视角图像数据采集可认为是半自动化的。

图 4-4 利用 MVS-Pheno 平台的数据获取流程（见彩图）

A. 准备的玉米植株标签，包括条形码、品种名（AD268）、生育时期（V5）、生态点（北京）、种植密度（6 株/m²）；B. 田间植株移栽；C. 标签贴到对应植株盆上；D. 花盆与植株运至平台；E. 扫描条形码启动装置开始数据采集；F. 利用数据获取控制端进行自动化图像获取

② 信号控制与数据传输。数据获取控制端安装于平台的笔记本电脑，通过无线通信模块与旋转步进电机进行信号传输。数据获取控制端将用户指定的参数发送至旋转控制器，发送的信号包括总的旋转角度（φ）、转速（v）和数据获取开始时刻。采用 Micro USB-B 数据线，即相机配套数据线，连接相机和笔记本电脑。装置中各相机有唯一的 ID，因此控制

端可以向各相机同时发送指令，并接收所获取的图像序列。每个植株对应的图像序列都被存储在一个独立的文件夹中，并以用户在控制端界面上交互设置的名称命名。利用无线扫码枪扫描花盆上的条形码是另外一种启动装置的方法，这种方法可直接将条形码中的名称作为存储当前植株的文件夹名。此外，用户可以在控制端界面调整拍照间隔时长（t）。受相机曝光时间的限制，间隔时长最小值为 1 s。利用间隔时长和总拍照角度即可计算出每个相机获取图像的数量（n）。表 4-7 给出了利用该装置对玉米植株数据获取控制端的经验参数设置。

表 4-7　玉米植株数据获取控制端的参数经验值设置

参数	符号表示	经验值	单位
总旋转角度	φ	400	°
转速	v	6	°/s
拍照间隔时长	t	2	s
每层获取照片数量	n	33	张

（4）点云处理与表型解析

① 点云处理流程概述。将利用 MVS-Pheno 平台装置所获取的数据拷贝至工作站进行点云三维重建和表型解析。首先，利用 MVS 重建可以获得重建的植株三维点云，并对植株点云进行去噪。然后通过计算花盆点云与实际花盆尺寸的比例关系，将植株点云缩放至实际尺寸。对于株高较高植株通过分段获取的点云，使用点云配准方法实现植株拼接。最后通过基于点云的骨架提取和叶片分段采样的方法提取玉米植株表型参数。图 4-5 为玉米植株点云处理流程示意图。

② 多视角三维重建。采用商业化软件 Agisoft Photoscan Professional，以所获取的植株多视角图像数据为输入，重建各玉米植株带有颜色信息的三维点云（图 4-5A、B、C）。Photoscan 可以利用无序的、有重复区域的图像序列自动重建物体的三维点云，且不需要相机的运动轨迹和坐标信息，已在多个基于多视角重建植株表型研究中应用（Zhang et al.，2016；He et al.，2017）。

③ 点云去噪。由于光照不均和相机角度问题，利用上述数据和方法所重建的玉米植株点云多在叶片背面存在大量的噪声点（图 4-5C），这些噪声点严重影响生成网格质量和表型参数提取精度。值得注意的是，叶片背面的点云噪声与叶片有明显的区域性颜色差异。因此，采用颜色差异约束的区域生长算法（Zhan et al.，2009）对玉米植株进行点云去噪。该方法利用低运算量的颜色度量模型（https：//www.compuphase.com/cmetric.htm）提高去噪的效率，其具体方法如下：

$$\bar{r}=\frac{R_i+R_j}{2}$$

$$\Delta R_{ij}=R_i-R_j,\ \Delta G_{ij}=G_i-G_j,\ \Delta B_{ij}=B_i-B_j \tag{4-1}$$

$$\Delta C_{ij}=\sqrt{\left(2+\frac{\bar{r}}{256}\right)\times\Delta R_{ij}^2+4\times\Delta G_{ij}^2+\left(2+\frac{255-\bar{r}}{256}\right)\times\Delta B_{ij}^2}$$

式中，R_i、G_i 和 B_i 分别为第 i 个点的红、绿、蓝颜色值。ΔC_{ij} 为第 i 和 j 个点颜色的差值。

在区域生长去噪方法中，首先构建一个先验噪声点颜色列表 C_L。如前所述，点云中多数噪声点是叶片背面的点，由于光照度不高，所以多呈现灰色。因此，在不同光照条件下通

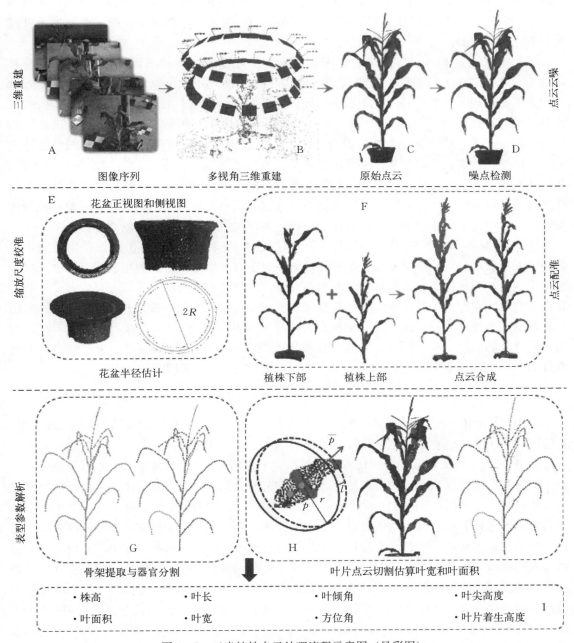

图 4-5 玉米植株点云处理流程示意图（见彩图）

过手动选择不同叶片位置噪声点，实现 C_L 的构建。对于待去噪的点云 P，首先从中选取若干与 C_L 中颜色相近的点，组成点集 P_L。对于 $p \in P_L$，和所有在点 p 的 k 邻域范围内的点 q，计算 ΔC_{pq} 和 θ_{pq} 法向夹角，并利用式（4-2）得到判别阈值 δ_{pq}。

$$\delta_{pq} = \eta_1 \Delta C_{pq} + \eta_2 \theta_{pq} \qquad (4-2)$$

式中，η_1 和 η_2 分别为 ΔC 和 θ 的权重。对于噪声点而言，ΔC 较大，而 θ 较小。根据噪声点采样，本研究设定 $\eta_1 = -1/40$，$\eta_2 = 1/90$。若利用式（4-2）计算得到的 δ_{pq} 小于设定

阈值，则点 q 被认定为噪声点并被加入 P_L 中。当点 p 邻域内的所有点计算完成后，将点 p 从 P_L 中移除。当 P_L 中的所有点计算完成被移除，P_L 为空时，即完成去噪。点云去噪可视化效果见图 4-5D。

④ 比例校准。利用 MVS 算法重建的 3D 点云与目标物体的实际尺寸存在比例差异（Rose et al.，2015），因此利用点云计算表型信息前需将其还原至原尺寸。首先，需在点云中找到形态规则、完整性好、便于识别的标识物进行比例校准。由于用于承载玉米植株的花盆可见性好，其在点云中的完整性较高，且形状便于识别、颜色均一，因此选择花盆作为 MVS-Pheno 平台中比例校准的标识物。图 4-5E 给出了分割后花盆点云示意图。通过人工水平切割花盆点云可以得到一个圆环形点集，然后通过最小二乘法计算得到花盆的半径，利用其与真实花盆半径比例关系即可得到当前点云的缩放比例因子 τ。最后利用其对玉米植株进行等比例缩放即可将植株点云恢复到原尺寸。为减小缩放比例因子的计算误差，分别在花盆的上、中、下 3 个位置对其进行横切计算，并以均值作为最终的缩放因子。

⑤ 点云配准。受装置高度的限制，一些植株的上部叶片可能会超出图像采集范围，导致装置无法获取包含植株所有部分的图像数据。对于这类植株，首先利用装置获取中下部的图像序列，然后利用果枝剪将植株截断为两部分，并要求截断后的上半部分至少有 2 个叶片在已获取的图像序列中是完整的，然后利用装置继续获取植株上半部分的多视角图像。利用所获取的图像序列分别重建两部分植株点云，并采用 ICP 算法（Stewart et al.，2003），利用重复叶片的信息，对两部分点云进行配准并实现拼接。在 ICP 算法中，通过最小化能量方程 $E(\boldsymbol{R}，\boldsymbol{T})$ 求解旋转矩阵 $\boldsymbol{R}$ 和平移矩阵 $\boldsymbol{T}$。上述过程示意图见图 4-5F。

$$E(\boldsymbol{R}，\boldsymbol{T})=\frac{1}{N_p}\sum_{i=1}^{N_p}\|p_i-Rq_i-T\|^2 \qquad (4-3)$$

式中，$\boldsymbol{R}$ 和 $\boldsymbol{T}$ 分别为待求解的旋转和平移矩阵；P 和 Q 为两个待配准拼接的点云数据，$p_i\in P$，$q_i\in Q$；N_p 为点云 P 中点的数量。

⑥ 基于点云骨架提取的玉米植株表型解析。玉米植株的 3D 骨架中蕴含着重要的玉米植株表型参数。笔者提出了一种玉米植株 3D 骨架提取方法，实现了植株骨架和表型信息的提取（Wu et al.，2019）。该方法通过 Laplacian 收缩算法实现植株点云的收缩（图 4-5G），然后对玉米茎秆和叶片点云的偏离点进行位置校准，即得到了效果较好的植株 3D 骨架，在此基础上实现了株高、叶长、叶倾角、叶片最高点高度、叶方位角和叶片生长点高度 6 个表型参数的提取。本节在此基础上，拟提取叶宽和叶面积两个指标。首先，采用对各叶片骨架点进行插值形成样条曲线，并在插值曲线上进行均匀采样。在曲线上选取 5~8 个均匀分布的点，对每个点 p，计算切向 $\overline{p}$（图 4-5H），构建一个虚拟圆柱体，其垂直于切向 $\overline{p}$ 的法平面，中心为 p，圆柱体的半径为 r（设置为人工测量得到平均叶宽的 1.5 倍），圆柱体的高 L 设置为所重建点云中平均近邻点间距的 2 倍。计算该虚拟圆柱体与所重建的植株点云相交部分形成的点集，通过近邻聚类方法（Connor et al.，2010）删除离群点，用点集中其他点拟合一条曲线，该曲线的长度即认为是当前点 p 对应的叶片宽度。如此计算的上述 5~8 个点所对应的最大叶片宽度即为当前叶片的叶宽。利用各段叶片片段的长度和宽度计算对应的面积并累加求和，即得到了当前叶片的叶面积。所得到的 8 个表型参数见图 4-5I。

⑦ 表型解析软件开发。集成上述相关方法，利用 PCL 点云库和 VS2010 平台，研发了 MVS-Pheno 平台的数据处理软件。该软件需要在 Windows 7 以上版本的系统中使用，所需工作站最低配置为内存 8GB 和处理器 3.2 HGz。软件主要包括 4 个模块：① 多视角图像

获取与数据管理模块；② 数据展示与交互的 3D 可视化模块；③ 点云数据处理、骨架提取和表型解析模块；④ 操作与数据处理流程记录模块。

（5）数据管理系统 作物表型平台可获取大量的初始表型数据，然而，这些数据大多无法实时处理并得到感兴趣的农艺性状，因此需要研发配套的表型数据库（Cho et al.，2019）或信息管理系统（Reynolds et al.，2019a）。MVS - Pheno 平台同样可以获取大量的数据（图 4 - 6），包括所设计试验的农艺信息、利用平台装置获取的多视角图像序列、重建的玉米植株三维点云、提取的植株骨架和解析的植株表型信息。因此，需研发配套的数据管理系统，便于数据的存储、处理和管理。实际上，该平台对每组试验建立一个子数据库，需要存储空间较大的数据存放在文件夹中，数据库主要存储农艺信息、表型参数和文件夹路径。

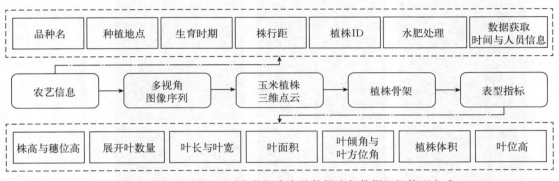

图 4 - 6 MVS - Pheno 平台数据库中的数据流与数据组织管理方式

3. 试验材料 为评价 MVS - Pheno 平台在玉米植株表型高通量获取方面的表现，于 2018 年在北京市农林科学院试验田（39°56′ N、116°16′ E）开展试验。选用玉米品种矮单 268 于 2018 年 6 月 4 日在 3 个重复试验小区播种，密度为 6 株/m²，行距为 60 cm。在玉米 V5、V15 和 R1 三个生育时期，于各小区选取 1 株代表性植株移栽至花盆中（Abendroth et al.，2011）。移栽时，为减少植株形态变化，连带植株 25 cm 深度、30 cm 直径范围内的根系和土壤一同挖出并置于花盆中，并运至室内进行数据采集。表 4 - 8 概括了各生育时期取样植株的平均株高和展开叶数量。首先，采用 MVS - Pheno 平台获取各植株的多视角图像数据，然后用 FARO 三维扫描仪（X120）获取各植株的 3D 点云数据，用于评估利用表型平台所获取图像重建的 3D 点云精度。最后，采用三维数字化仪获取各植株的特征点数据。如 Wang 等（2019）所述，三维数字化仪所获取的玉米植株 3D 表型信息在精度方面具有较高的可信度。因此，采用其对 MVS - Pheno 平台所提取的玉米植株表型参数进行验证。

表 4 - 8 各生育时期取样植株信息

生育时期	播种后天数（d）	平均株高（cm）	展开叶数量
V5	21	40.1	5
V15	51	180.0	15
R1	81	201.1	22

4. 系统设计与算法实现

（1）三维点云精度评价 利用三维扫描仪直接获取的玉米植株 3D 点云与利用 MVS-Pheno 表型平台获取数据所重建的植株 3D 点云进行比对。图 4-7 给出了用两种方法得到点云的对比可视化结果。虽然在某些器官的局部存在一定的偏差，利用 MVS-Pheno 表型平台重建的 3D 点云与 3D 扫描仪得到的点云匹配度较高。对于 V5 时期的点云，最大偏差值为 2.0 cm；而 V15 与 R1 时期的点云最大偏差值为 5.0 cm。此外，采用 3D 扫描仪获取的 V5 时期的植株点云包含了很多离群噪声点，而利用 MVS-Pheno 重建的同生育时期植株点云数据质量更好。对比结果表明，MVS-Pheno 表型平台适于不同生育时期玉米植株的三维形态数据采集，且在植株较小时，可以得到比三维扫描仪更好的数据质量。

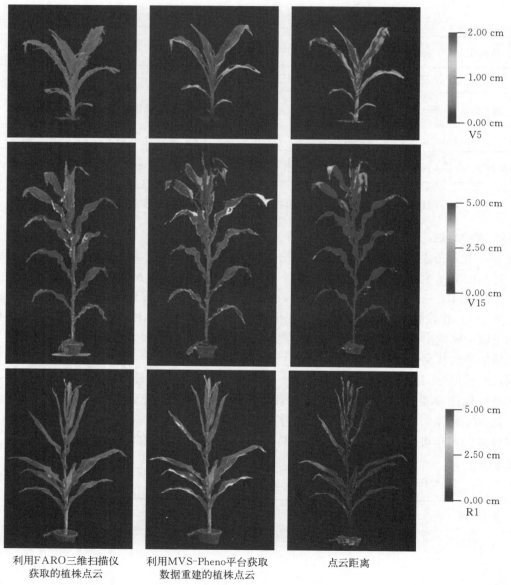

利用FARO三维扫描仪   利用MVS-Pheno平台获取   点云距离
获取的植株点云   数据重建的植株点云

图 4-7 利用三维扫描仪和 MVS-Pheno 平台重建的不同生育时期玉米植株三维点云结果对比（见彩图）

（2）表型性状解析结果 由于在之前的研究中已对基于三维骨架提取的几个表型性状结果进行了验证，包括株高、叶长、叶倾角、叶方位角等（Wu et al.，2019）。因此，此处重点关注叶宽和叶面积的验证。由于重建点云涉及比例缩放，此处还对株高提取结果进行验证确保比例校准的精度。图 4-8 给出了利用表 4-9 中植株提取的上述 3 个表型性状的验证结果。提取和实测株高的相关系数（R^2）为 0.99，表明比例校准方法的结果具有较高的精度。叶宽和叶面积的相关系数分别为 0.87 和 0.93，表明利用该平台算法提取的叶宽结果是可接受的，而叶面积的结果是较为精确的。

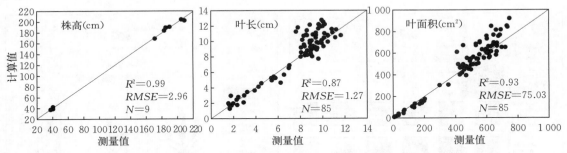

图 4-8 利用 MVS-Pheno 提取的株高、叶宽和叶面积与实测值对比结果

表 4-9 **MVS-Pheno 平台工作效率**（包括数据获取与数据处理耗时，以及获取不同生育时期玉米植株平台装置的参数设置）

样本编号	植株样本描述			装置参数设置			时间（s）				
	GP	PHR（cm）	CO	CN	RoB（cm）	SRH（cm）	IAT	PCRT	SET	PET	TT
1	V6	40～60	否	1	50	60	60	403	140	2	605
2	V9	80～120	否	2	70	150	60	896	180	3	1 139
3	V13	130～160	否	2	60	200	60	1 060	220	3	1 343
4	R1	190～250	否	3	150	300	60	1 644	240	3	1 947
5	R1	250～400	是	2	150	200	120	3 288	300	10	3 718

注：GP 为生育时期，PHR 为株高范围，CO 为是否需要截断；CN 为需要相机数量，RoB 为横梁半径，SRH 为支撑臂高度；IAT 为图像采集时长，PCRT 为点云三维重建时长，SET 为植株骨架提取时长，PET 为表型提取时长，TT 为总时长。

（3）MVS-Pheno 平台效率 MVS-Pheno 平台的数据获取装置已经在国内多个生态点部署并获取了大量玉米植株数据，包括新疆奇台、吉林公主岭、海南三亚和北京通州等。通过大量的数据采集试验，笔者归纳了平台装置在获取不同生育时期玉米植株数据时的设置以及对应的效率（表 4-9）。玉米植株的株高是平台装置参数设置和数据获取时长的决定因素。对于株高大于 250 cm 的植株，需将植株截断为两部分分别进行数据采集，对应的数据采集时间是常规植株的两倍多；而对于株高较小的植株（如 V3 至 V6 生育时期），可以利用装置同时获取 3～4 株，进而提升数据采集效率。利用商业化软件进行植株点云重建是所有数据处理中最为耗时的，占总时长的 66%～88%。若植株形态较为复杂，植株 3D 骨架提取过程中还需要人工交互对骨架点进行校准。表 4-9 中的数据后处理操作是在配置为 i7 处理器、3.2 GHz CPU、64 GB 内存、Windows 10 操作系统的工作站上完成的。

（4）数据管理系统界面 MVS-Pheno 数据管理系统中的数据通过三层结构进行组织和管理，并采用树状结构引导用户索引到感兴趣的数据。第一层结构是试验层，用户可以将一组独立的按照标准格式组织的试验数据拷贝到主目录下（系统中为 DataHome，图 4-9）。拷贝完成后，数据库自动更新并将对应的子数据库添加到主数据库中。第二层是试验小区层，一个整体试验下的数据通过小区的形式组织，即当前小区的所有数据都存储在这个小区的文件夹下，而所有小区文件夹则存储在对应试验的文件夹下。玉米植株是数据管理系统中的基本单元，因此系统中的第三层即为小区内的各单株。右键单击 DataHome 按钮或各试验按钮时，用户可以看到相关的统计信息，如总的小区数量、总植株数量、总存储空间和当前数据处理进度。

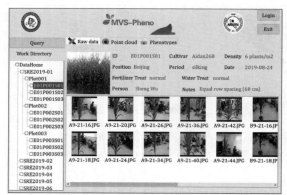

A

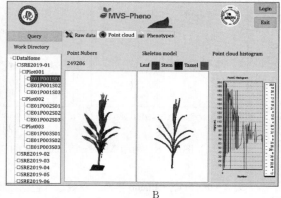

B

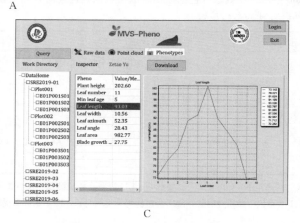

C

图 4-9　MVS-Pheno 平台数据管理系统界面（见彩图）

当用户选择某一具体的植株样本后，该植株的数据即展示在系统的界面中。展示的内容包括 3 部分：初始数据、点云数据和表型数据。界面的第一部分展示平台装置获取的初始数据，包括当前植株的图像序列以及对应的农艺信息（图 4-9A）。农艺信息包括植株编号、品种名称、种植密度、种植地点、生育时期、数据采集时间、水肥处理、数据采集人以及其他备注。初始图像序列是根据装置上的相机编号与数据采集时间命名，例如某图像文件名称为"B9-21-16"，表示利用装置上编号为 B 的相机采集，获取时间为 9:21:16。利用多视角图像重建得到植株的 3D 点云后，界面的第二部分即被激活。该部分又分为 3 个子部分（图 4-9B），分别为重建的植株点云可视化、提取的植株 3D 骨架可视化和点云沿株高分布的直方图。界面的第三部分展示提取的当前植株表型参数信息，其中，株高、总叶数、叶龄直接展示对应数值；对于包括多个数据的表型指标，如叶长，界面中展示当前植株所有叶片的平均值，用户点击该参数后，即可得到当前植株所有叶片的叶长信息（图 4 - 9C）。系统可以将提取的表型参数以及点云在株高方向上的分布直方图输出为文本格式，并用于下一步的研究工作。

5. 小结

（1）田间作物单株表型信息采集方法　植物表型研究的目标是获取植物不同基因型材料在不同环境条件下的形态和生理表现。由于田间环境复杂多变，且作物生产实际需在大田条件下开展，因此田间表型研究尤为重要（White et al.，2012）。虽然无人机遥感技术（Yang et al.，2017）可以高效地获取较大范围作物群体的田间表型性状，但其数据采集分辨率比地面的表型平台低，且仅能获取群体尺度的表型性状；田间表型基础设施（Virlet et al.，2017）可以获取高分辨率、高时序的表型数据，但由于冠层中下部的叶片等器官被遮挡，这些平台也难以获得田间条件下单株尺度的精细表型信息；而且，这些表型基础设施只能在固定区域使用，工作区域有限且价格昂贵。车载表型平台为作物田间表型提供了实用的数据获取手段（Furbank et al.，2019），利用其开展表型数据采集不受工作范围的限制；但车载表型平台也难以实现田间作物单株精细表型的获取。当前，面向育种的作物大群体单株精细表型研究常在室内可控环境下以盆栽的方式开展（Cabrera - Bosquet et al.，2016；Zhang et al.，2017）。然而，室内可控环境下的很多研究结果难以推广到田间实际生产中（Araus et al.，2014）。综上所述，目前亟须面向田间种植作物的单株精细表型获取技术手段。MVS - Pheno 表型平台的便携性使得可以利用其在任何试验点开展田间玉米单株表型数据采集，且其成本低，广大科研院所均有购置和使用能力。然而，由于该平台的数据获取方式为破坏性的、半自动化的（作物植株需要人工移栽至花盆中并运输至该平台），其不适于田间原位的定株连续监测，且数据获取需要一定的人工参与。

（2）基于多视角成像的表型方法对比分析　近年来，基于多视角三维重建成为了一种广泛应用的作物表型低成本解决方案。MVS - Pheno 表型平台提供了一种作物器官或单株多视角图像序列自动获取的手段。与最常用的手动获取多视角图像方式（Hui et al.，2018；Elnashef et al.，2019）相比，MVS - Pheno 平台装置自动化程度高，实现了机器代替人力。尤其是对于高大植株，人工获取需要借助梯子完成数据采集，效率低且工作量大，高大植株的多视角图像数据采集也是多种多视角表型平台的共性问题（Nguyen et al.，2016；Cao et al.，2019）。MVS - Pheno 平台的数据获取效率是与同类平台相比的另一优势：对于低矮植株，MVS - Pheno 平台仅需 1 min 即可实现数据采集，而 PlantScan 则需要 30 min（Nguyen et al.，2016）。数据获取效率的提升对于植物表型研究非常重要，其可以大幅提升数据获取的通量，尤其是对于包含大量样本的如重组自交系群体（Zhang et al.，2017）试验。此外，同类作物表型平台尝试了采用固定传感器旋转植株的方式采集数据（McCormick et al.，2016），因为叶片晃动会产生数据的噪声或缺失。与之相比，MVS - Pheno 平台是旋转相机，其保证了植物的稳定性，进而提升了数据质量，但这种方式相对需要更大的空间。除数据采集装置外，MVS - Pheno 平台还提供了数据获取终端、表型解析软件和数据管理系统，这些装置极大提升了平台的实用性。

（3）数据采集环境对平台的影响　MVS - Pheno 平台装置可以在室内环境下使用，也可以在田间地头临时搭建的简易帐篷部署，或者直接在田间使用。环境因素对装置的使用影响较大。① 3D 重建技术理论上要求目标物体在数据采集过程中是绝对静止的，而微风形成的叶片晃动使得两个相邻图像的像素存在差异，进而引起重建误差。试验表明，当风速大于1.6 m/s时，玉米叶片的尖点很难被精确重建（图4-10A）。因此，利用该装置获取数据最好在无风条件下进行。② 光照是影响多视角三维重建精度的另一重要因素，在均匀光照条件下获取的数据重建结果更好，光照条件较差环境下获取的数据有可能会导致重建失败或大量点缺失（图4-10B）。因此，室外获取应选择阴天开展，而室内获取需通过补光灯保证环境的亮度和光的均一性。③ 数据获取时，地面的纹理信息对重建结果也有重要的影响。由于重建结果中包含地面，所以要求地面包含越多的可辨识纹理越好。试验表明，杂乱的、辨识度高的地面背景重建的结果更好。在实际数据采集时，笔者在地面放置印有黑白格的纸板，其能有效提升点云重建的质量（图4-10C）。

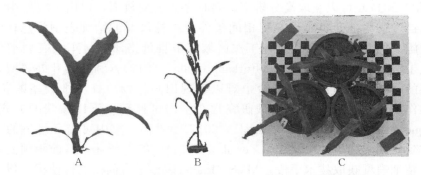

图4-10　环境因素对MVS-Pheno装置的影响效果（见彩图）

A. 风速为2 m/s时获取的数据导致重建的点云叶尖点丢失；B. 利用弱光环境下获取的数据重建的植株三维点云，存在着大量缺失；C. 采用辨识性高的黑白格板作为地面标识物，可得到高质量的重建结果

（4）MVS-Pheno在植物表型研究中的潜在应用　植物生长迅速（如玉米平均每3 d新生一片叶片），如果由于数据获取效率低延长了数据采集时间，导致大量样本是在不同生育时期采集，那么数据就缺乏横向对比的价值。利用MVS-Pheno平台装置可在短时间内完成大群体的数据采集，且数据质量有一定的保证，在数据采集结束后开展数据处理与分析，这种模式尤其适于田间大量植株样本表型数据采集工作。

由于MVS-Pheno平台装置仅要求植物单株自身的遮挡较少，且株高在装置的限定范围内即可，因此该平台数据采集装置也适于其他一些植物单株的高通量数据采集，如小麦、大豆、烟草等。利用获取的多视角图像，即可以重建植物的三维点云。但针对不同作物进行数据采集时，平台数据获取控制端的参数设置不同。例如，为了获取小麦植株中更多的细节信息，每层获取的图像数量需要增加。此外，由于植物形态结构的差异，平台的表型解析软件不适于其他植物。

4.3　田间玉米植株长势表型检测技术

玉米群体的生长与种植密度、叶片受光情况、营养和水分吸收状况、杂草竞争等因素有关。玉米群体的表型检测和分析有利于研究作物之间的空间分布状况，进而间接估计出作物产量。描述玉米群体表型的指标主要有分形维数、行间距、覆盖度、叶面积指数等，另外田间杂草对作物群体表型检测也具有重要影响。

4.3.1 苗期玉米植株缺失数量自动测量

玉米是世界上种植的主要作物之一。玉米栽培学认为，均一的冠层整齐度能够促使水肥光热等生态因素合理分配，从而收获更高的产量。行内玉米植株缺失严重影响冠层整齐度和产量。行内缺失植株时，其两侧的植株在低密度下（45 000 株/hm²）只能补偿其 47% 的产量；而在高密度下（75 000 株/hm²）只能补偿 18%（Nafziger，1996）。玉米缺苗的主要影响因素包括播种农机具的作业精度、玉米种子的发芽质量、极端气候条件的影响等。因此，能够简便、快速、自动化地调查田间玉米缺苗数量可为评价玉米种子质量、作业机具精度、农田墒情环境等提供重要的参考指标，也有利于及时做出补种移栽等措施弥补产量损失。传统的缺苗数量测量均通过田间人工调查方式获取，劳动强度大，耗费时间长，人为误差不可避免。迫切期望实现自动化玉米缺苗数量获取设备和方法。

迄今，国内外众多学者研究了一些自动化的植株分布情况获取方法。Jia 等（1992）研发出基于计算机视觉的玉米植株位置定位系统，使用顶部和侧向两个方向的图像确定植株中心位置。Sanchiz 等（1996）研究了一套通过序列图像跟踪卷心菜植株的计算机视觉系统。Easton 等（1998）开发出悬挂在人力单轮车上的玉米植株计数系统。Tang 等（2008）研究了基于顶视二维行向图像识别玉米植株的方法，图像色彩受到田间剧烈光线变化的影响，计算结果存在一定误差。Nakarmi 使用 TOF 深度相机从植株侧面获取行内植株间的株距，与二维彩色图像相比，深度图像不易受到图像色彩变化的影响；但深度相机分辨率较低，且价格昂贵（Nakarmi et al.，2012）。Jin 采用实时的立体相机定位玉米植株三维位置，其定位精度可达 1 cm。立体相机通过匹配左右两幅图像来恢复场景三维坐标，玉米植株纹理细节并不丰富，叶片之间互相遮挡致使立体匹配效果不理想（Jin et al.，2009）。

玉米植株生长在田间开放环境下，受到变化光照以及杂草、土壤、残留物等复杂背景的影响。前人研究方法在自动化程度上稍显不足，在大范围田块内实施难度较大。从简便易用的角度出发，使用顶视玉米行向图像序列作为输入，通过一系列图像处理算法识别玉米茎秆中心位置，拟合行向直线，计算缺失植株数量。

1. 系统设计与算法实现

（1）试验装置与行向图像获取 系统硬件由工业相机、镜头、存储卡、工控机组成，设备具体型号如下：镜头 Pentax 8.5 mm f/1.5 定焦镜头；工业相机 mvc3000，分辨率 1 600×1 200 像素，速度 24 帧/s；32 GB 数据存储卡；工控机中央处理器（CPU）核心主频 3.4 GHz，内存 4 GB。算法开发环境：Windows 7 操作系统；IDE Visual Studio 2010 软件；OpenCV 1.0 图像处理开源库。

将工业相机安装在作业拖拉机的机身前方，距地面大约 85 cm，镜头垂直朝向地面。拖拉机作业时速约 2 m/s，获取连续视频信息并存储到工控机上，系统采用 12 V、19 200 mAh 的锂电池供电。工控机上安装有图像处理软件，能够将视频按照内容的相关性拆分成关键帧图像序列，具体拆分算法的实现参照相关文献（孙季丰等，2003；罗森林等，2011；高林等，2014）。如图 4-11 所示，记录了大约长 2 m 的玉米行向拆分图像序列（24 幅图片）。

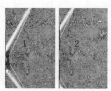

图 4-11 拆分图像序列

（2）图像处理流程 图像处理流程主要包括 7 个步骤，如图 4-12所示。

① 行向图像拼接。连续的图像序列中，相邻两幅图像会出现重复区域。图像拼接的目的就是去除相邻帧图像中信息重复区域，并将序列图像中的多幅图像合成一幅植株行向顶视图，为图像分割和植株定位等后续处理做准备。图像拼接的具体方法参考相关文献（Carceroni et al.，2002；Pizarro et al.，2003；王传宇等，2013），受篇幅所限不再进一步介绍。合成的行向图像如图 4-13 所示。

② 背景分割。背景分割是将植株像素从背景（土壤、岩石、残留物）中提取出来。Woebecke 研究了杂草图像分割的几种颜色指标，在其研究中发现色调值和 $2g-r-b$ 值（超绿算法）能产生最佳分割结果（Woebbecke，1995）。Andreasen 使用中值滤波处理后的绿色坐标系进行阈值图像分割（Andreasen et al.，1997）。Guo 采用 CART 算法建立决策树模型，并使用减噪滤波器对有阴影和高光反射的田间植株图像进行分割（Guo et al.，2013）。

图 4-12　图像处理流程

图 4-13　玉米行向拼接图像

变化的光照条件和复杂背景是植株像素分割效果最主要的影响因素。在众多已被报道的方法中，有些需要动态调整阈值，有些需要大量的训练样本，实用性受到一定限制。采用改进决策曲面方法（Shrestha，2005）提取植株像素，能够应对不同光照条件对图像造成的明暗变化，并且不需要大量的训练样本数据。决策曲面形状由 3 个参数决定，具体形式为截断的椭圆体表面：

$$\frac{R^2}{D^2}+\frac{(1-G)^2}{(EB+F)^2}=1 \tag{4-4}$$

式中，R、G、B 为红、绿、蓝三种颜色强度值（取值范围 0~1）。D、E、F 为描述椭圆体形状的参数，每个参数的物理意义是在颜色空间中所感知的绿色区域；D 为还能够感知到绿色时红色所能取的最大强度值，即 $B=0$、$G=1$ 时 R 的取值；E 为椭圆体边界在红绿平面的倾斜指数；F 为当红蓝通道都为 0 时，能够感知绿色时绿色强度值的最大值与最小值之差。一般情况下，D、E、F 可取常数，本书中取值为 $D=0.90$、$E=-0.57$、$F=0.81$。常数值的确定方法 Shrestha 等（2005）按在室外不同光照条件下普适的植物分割算法进行。对于给定的颜色向量，该像素可由下述决策准则进行分类，决策函数形式如下：

$$Val=\frac{R^2}{D^2}+\frac{(1-G)^2}{(EB+F)^2} \tag{4-5}$$

若 $Val>1$ 则该像素属于背景类，若 $Val<1$ 则该像素属于植株类。由于决策曲面仅由 3 个参数确定，对其调整十分方便，图 4-14 显示了图像分割的结果，其中图 4-14C 为上午阳光变化较剧烈时的行向图像，图 4-14D 为图 4-14C 去除背景后的图像。

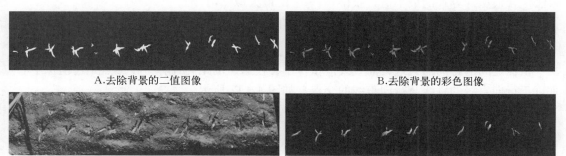

A.去除背景的二值图像　　　　　　　　　　　　　　　　B.去除背景的彩色图像

C.强光照条件下的玉米行向图像　　　　　　　　　　　　D.强光照图像的背景去除图像

图 4-14　玉米行向图像背景分割（见彩图）

③ 茎秆中心区域搜索。要准确测量缺苗数，需要定位植株的中心位置。通过观察发现，苗期玉米植株茎秆中心呈圆筒形，圆筒中心位置附近的颜色灰度值比植株其他区域的灰度值低。植株中心位置可以通过寻找植株区域的像素灰度极小值点实现。然而，受土壤背景的影响，植株叶片边缘的像素灰度值可能比实际的植株中心位置像素灰度值更低，因此灰度值不能作为植株中心位置的唯一评判标准。在这种情况下，沿着植株骨架方向最小灰度值点是对植株中心位置的最佳估计。

具体算法为：首先对玉米植株图像进行骨架化，实现了一个 8 联通的并行骨架化算法（Rosenfeld，1975），算法通过反复丢弃物体边界的像素实现。在植株上搜索像素灰度极小值区域，按面积阈值对灰度极小值区域滤波。去除与植株骨架没有交点的灰度极小值区域，保证了叶片边缘的灰度极小值区域不被认定为植株中心位置。按照距离阈值对灰度极小值区域合并，保证了一穴玉米中超过 2 颗植株时，植株中心位置取多个植株的中心位置的均值，如图 4-15A。

在植株生长早期，受相机分辨率和光照条件的影响，植株茎秆中心并不能完全地出现在图像上。此类植株的中心位置采用骨架像素分支的交点位置代替，图 4-15B 展示了该类型植株的中心位置。经过上述合并和增加处理后的植株中心位置如图 4-15C 所示。

A.合并点　　　　　　B.增加点　　　　　　　　　　C.处理后植株中心位置点

图 4-15　玉米植株中心位置提取

④ 植株行向直线拟合。玉米植株有着显著的种植特点，沿行向大体排列为一条直线，依据这个特点可以通过植株茎秆中心位置确定植株行向。采用线性回归检测玉米植株的行向（Meer et al.，1991），其主要思想为通过最小化代价函数寻找符合目标数据点的最适直线。假设有 N 组数据点 (x_i, y_i)，$i=1, 2, 3, \cdots, N$，一个能够代表函数自变量与因变量之间关系的模型可以被定义为：

$$y(x) = y(x; a_1 \cdots a_m) \tag{4-6}$$

式中，$a_1 \cdots a_m$ 为模型系数。计算模型系数即可获得模型的解析形式，一般通过最小二乘法拟合模型计算式的最小值，获得 $a_1 \cdots a_m$ 的最大似然估计。

$$\sum_{i=1}^{N} \left[y_i - y\left(x; a_1 \cdots a_m\right) \right]^2 \tag{4-7}$$

行向直线拟合结果如图 4-16 所示。

植株之间的距离需通过行向直线上植株中心投影点的距离计算。投影点是过植株中心点垂直于行向直线的垂线与行向直线的交点，如图 4-17 所示。

图 4-16　玉米行向直线拟合结果

图 4-17　植株中心位置行向投影点

注：P_c 为玉米植株中心点；P_p 为中心点在行向直线的投影点

⑤ 平均株距与缺苗数计算。依次计算行向直线上相邻两投影点的距离，得到植株距离集合 $DIST_{stem\_i}$（$i=1 \cdots N$），$DIST_{stem\_max}$ 和 $DIST_{stem\_min}$ 是集合中株距的最大值和最小值，以 10 像素为步长从 $DIST_{stem\_min}$ 遍历到 $DIST_{stem\_max}$ 获得序列 $DIST_{stem\_j}$（$j=1 \cdots M$）。对于每个 $DIST_{stem\_j}$ 计算其与 $DIST_{stem\_i}$ 中逐个植株距离的差值绝对值 $DT=ABS\left(DIST_{stem\_j} - DIST_{stem\_i}\right)$。若 DT 小于预先设定的阈值 THR_m（30 像素），则 CNT_j（$j=1 \cdots M$）累加 1，$DIST_{stem\_j}$ 遍历结束后在 CNT_j 序列中取得最大值时 j 所对应的 $DIST_{stem\_j}$ 序列中的 $DIST_{stem\_t}$ 就是植株平均株距的最佳估计。

相邻两植株间缺苗数的计算方法按式（4-8）进行。

$$DTNUM_i = ROUND\left(\frac{DIST_{stem\_i}}{DIST_{stem\_t}} + 0.5\right) - 1 \tag{4-8}$$

式中，$ROUND$ 为取整函数，$DTNUM_i$ 为相邻两株玉米之间的缺苗数量，$DIST_{stem\_i}$ 为相邻两株玉米之间的距离（单位为像素），$DIST_{stem\_t}$ 为一行内平均植株距离的最佳估计（单位为像素）。

图 4-18 为缺苗数的检测结果，缺苗位置以标志点示出。

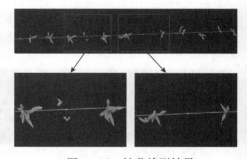

图 4-18　缺苗检测结果

2. 实测结果与精度分析　在 3 个品种 10 个重复各 10 m 长的小区对比本方法与人工测量结果。人工测量方式采用直尺测量出一行的株距，再根据缺苗区域的长度计算出缺苗数，结果如表 4-10 所示。

表 4-10　缺苗数测量结果

试验样本	方法	编号									
		1	2	3	4	5	6	7	8	9	10
郑单 958（37 500 株/hm²）	人工测量	3	1	5	0	3	7	5	6	4	3
	本文方法	3	1	4	0	3	7	4	5	4	3

（续）

试验样本	方法	编　　号									
		1	2	3	4	5	6	7	8	9	10
先玉 335（60 000 株/hm²）	人工测量	12	10	8	9	13	15	9	6	6	3
	本文方法	12	10	8	9	11	13	10	6	7	4
农大 108（82 500 株/hm²）	人工测量	5	7	7	8	2	4	5	6	1	8
	本文方法	5	8	8	8	2	4	5	7	1	8

从结果可以观察到，在低密度区域本方法与人工测量结果有较高的一致性，10 个样本中有 7 个测量结果一致，3 个相差 1 株。随着种植密度的增加，本方法与人工测量结果的一致性有所下降，10 个样本中有 6 个测量结果一致，其余 4 个样本中最多相差 2 株。这种现象产生的原因主要是密度增加后随着植株数量的增多，平均株距变小。播种设备精度造成的两穴玉米植株距离的变异，影响了平均株距的计算。在更高密度的条件下，情况也类似。

3. 小结　在进行实时检测时，算法的执行效率十分关键。计算图像拼接位置步骤中，将原始图像的分辨率向下采样 2 次，分辨率变为 400×300 像素，下采样图像的拼接位置计算耗时是原始分辨率图像的 1/8。将下采样图像的拼接位置扩大 2 倍后插值，即可获得原始分辨率图像的拼接位置，在加快图像拼接步骤的算法执行效率的同时，提供给"背景分割"等后续步骤高分辨率的图像。文中所示图像序列总计算时间为 1 385 ms，可满足实时处理的需求。算法采用分段处理的策略，例如在长 10 m 的行向上，获取 25 幅图像后就进行一次缺苗数计算。这样做的优势在于，误差不会随着行长的增长而累计。

4.3.2　玉米叶片生长状态的双目立体视觉监测技术

随着技术手段的进步，对于生命现象的观察与研究进一步向精细化、定量化方向发展，一些集成了光、机、电等多种技术的方法已经在农业生产、科研等关键环节发挥作用。其中，机器视觉技术以其快速、无损、非接触等优势，在农产品质量检测、作物生长状态监测、农机具自动导航、作物病虫害识别等方面取得了较好的结果。

机器视觉技术能够实时、连续地获取植物生长数字化信息，对于了解植物生长发育过程、制定合理的促控措施有重要的作用。

Sase 等（2004）以 6 株新几内亚凤仙为研究对象，利用机器视觉技术观测植株在缺水条件下叶片面积的变化规律。Ishizuka 等（2010）利用图像处理技术对 24 棵水稻苗的出叶速度和叶片生长率进行了分析研究，发现温度和日照时间对水稻苗的出叶速度和叶片生长率都有很大的影响。

马稚昱等（2010）采用机器视觉及图像处理技术对多株植物生长信息进行了监测研究。在图像处理过程中，采用一种基于亚像素和区域匹配的误差消除估计（Estimation error cancel method，EEC）图像分析的处理方法，有效提高了检测精度。利用该系统对菊花的茎生长进行了监测分析，发现白天菊花的茎生长速率要小于夜间的生长速率。

植物生长在三维世界中，采用二维图像监测作物生长的方法在作物生物量较小、在三维空间中形态变化不大时一般能够发挥较好的作用，但对于形态稍微复杂一些的作物器官如玉米叶片，很难保证被监测叶片的运动都在相机正投影的平面内。

双目立体视觉技术的基本原理是从两个视点观察同一景物以获取立体像对，匹配出相应像点，从而计算出视差并获得三维信息。王传宇利用双目立体视觉系统和多边形法逼近叶片边缘，结合投影矩阵计算出叶片边缘点的三维坐标（王传宇等，2009）。分别投影叶片边缘点到植株平面和植株水平平面，对投影的离散点处理后计算出叶长、叶片着生高度、茎叶夹角、叶片方位角等株形指标。Ran 使用立体视觉技术重建植物冠层，根据重建冠层体积计算植物生物量（Ran et al.，2011）。Andersen 对单株小麦使用双目立体视觉技术进行三维重建，通过重建的三维模型计算植株的高度和叶面积（Andersen et al.，2005）。

　　针对过往研究的不足，为实现监测玉米叶片运动状态的目的，采用轻质荧光小球附着在玉米叶片上作为标志物，能够简化立体匹配算法的复杂度，同时提高目标点三维重建的精度。

　　1. **系统设计与算法实现**　监测系统包括硬件支撑结构以及后端的图像处理算法。硬件支撑结构主要功能是在玉米冠层内创造一个相对稳定的图像获取环境，并能够以较高的帧速捕获立体图像对。后端图像处理算法主要完成图像处理、三维重建、可视化等功能。

　　（1）系统硬件的组成结构与功能
本系统由双目相机、滑动轴、滑杆、支架、图像采集卡、数据线和计算机构成（图 4 - 19）。图像采集使用北京微视 MVC1000SAM - GE30ST 双目相机，镜头为 8.5 mm PENTAX 镜头，有效像素 1280×1024，传感器尺寸为 1/2 英寸，像素尺寸 5.2 μm×5.2 μm。获取图像时通过滑动轴将双目相机移至被监测叶片上方，相机的竖直高度由支撑滑动杆的三脚架调整，相机距离叶片 30～50 cm 效果较好，获取图像时保持相机内外参数不变，尽量选择光照条件较好的晴天，使用较大的光圈，保证获取的图像有较好的景深。

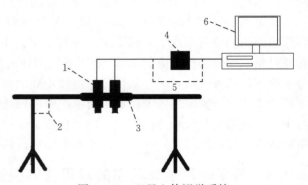

图 4 - 19　双目立体视觉系统
1. 双目相机；2. 支架；3. 滑动轴；4. 视频采集卡；5. 数据线；6. 计算机

　　（2）双目立体视觉的原理　设标志物上一 M 点（X，Y，Z），m_1（x_1，y_1）、m_2（x_2，y_2）分别为点 M 在左右两幅图像上投影点的图像坐标，左右摄像机的投影矩阵为 $\boldsymbol{P}_i$：

$$\boldsymbol{P}_i = \begin{bmatrix} a_{11}^i & a_{12}^i & a_{13}^i & a_{14}^i \\ a_{21}^i & a_{22}^i & a_{23}^i & a_{24}^i \\ a_{31}^i & a_{32}^i & a_{33}^i & a_{34}^i \end{bmatrix} \quad (i=1,\ 2) \tag{4-9}$$

则

$$w_i \begin{bmatrix} x_i \\ y_i \\ 1 \end{bmatrix} = \boldsymbol{P}_i \begin{bmatrix} X \\ Y \\ Z \\ 1 \end{bmatrix} \quad (i=1,\ 2) \tag{4-10}$$

　　式中，（x_1，y_1，1）、（x_2，y_2，1）分别为 m_1、m_2 在各自图像中的齐次坐标；（X，Y，Z，1）为点 M（X，Y，Z）世界坐标下的齐次坐标；w_i 为非零参数；a_{mn}^k（$k=1$，2；$m=1$，2，3；$n=1$，2，3，4）为投影矩阵 $\boldsymbol{P}_i$（$i=1$，2）中的元素，代表相机的内参矩阵（焦距、畸变）和外参矩阵（平移、旋转）。根据被测点 M 在相机像面上的坐标 m_1（x_1，y_1）、

m_2（x_2，y_2）和式（4-11），就可以求出未知点 M 的世界坐标（X，Y，Z）。

$$\begin{bmatrix} (a_{11}^i - a_{31}^i x_i) & (a_{12}^i - a_{32}^i x_i) & (a_{13}^i - a_{33}^i x_i) \\ (a_{21}^i - a_{31}^i y_i) & (a_{22}^i - a_{32}^i y_i) & (a_{23}^i - a_{33}^i y_i) \end{bmatrix} \begin{bmatrix} X \\ Y \\ Z \end{bmatrix} = \begin{bmatrix} x_i a_{14}^i \\ y_i a_{24}^i \end{bmatrix}$$

$$(4-11)$$

相机投影矩阵 $\boldsymbol{P}_i$ 的求取采用 Zhang 平面模板标定法，篇幅所限不再赘述。

2. **图像处理算法** 算法开发所用的计算机采用 Pentium（R）D 处理器，内存 2.0GB，软件由 C++语言编写，计算机视觉库为 OpenCV。利用上述双目立体视觉系统采集数据，以系统支持 30 帧/s 的速度获取图像。试验结束后，对采集得到的数据进行以下处理，获取植物生长的状态信息。叶片运动监测算法的流程如图 4-20 所示。

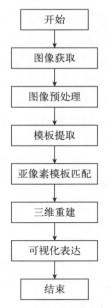

图 4-20　图像处理流程

（1）图像获取与预处理 植物生长动态监测常采用固定形式的模板放置在被测植株表面，以模板位置的改变表示植株该点上坐标的变化。考虑到田间复杂的环境和植株本身，以直径 0.35 cm 的荧光球作为标志点。荧光球附着在一个黑色圆片上，便于放置在玉米叶片不同部位。根据监测目的的不同，可放置一至多个标志点。将双目相机移动至适当位置，使得标记模板在左右两相机的视野内。设置图像采集时间间隔为 60 s，图像自动存储到计算机内以备后续处理。

初始的图像中包含了玉米叶片、标志点、土壤背景等信息，如图 4-21 所示。

土壤背景作为冗余信息会对后续图像处理造成影响。去除绿色植株图像中土壤背景的方法较多，常采用：阈值法，即利用土壤与植株灰度颜色的差异；超绿法，即利用绿色植株像素满足 $2G>(B+R)$ 这一条件。在去除土壤背景的同时还需要保留标志点区域，但传统方法会去除掉一部分标志点，影响结果的计算精度。采用决策曲面方法进行图像分割，能够较完整保留叶片和标志点像素，决策曲面算法计算公式为：

图 4-21　玉米叶片图像

$$C = \frac{R^2}{V^2} + \frac{(1-G)^2}{(Y \times B + U)^2} \tag{4-12}$$

式中，R、G、B 为红、绿、蓝 3 种颜色归一化后的强度值，其取值范围为 0～1，图像的原始颜色强度红色、绿色、蓝色的取值范围为 0～255，对应的归一化后的 $R=r/255$、$G=g/255$、$B=b/255$。V、Y、U 为描述曲面形状的参数，V 为还能够感知到绿色时红色所能取的最大强度值，即 $B=0$、$G=1$ 时 R 的取值；Y 为曲面边界在红绿平面的倾斜指数；U 为当红蓝通道都等于零时能够感知到绿色时的最大绿色强度值与最小值之差。V、Y、U 为常值，其取值分别为 $V=0.85$、$Y=-0.37$、$U=0.74$。将归一化的 R、G、B 值代入决策曲面算法公式计算得到 C 值。若 C 值≥1，则此像素属于叶片区域，应该保留；若 C 值<1，则此像素属于土壤背景区域，应该舍弃。

对分割后的图像进行二值化，土壤背景中仍有零星的孤岛像素保留下来，通过面积阈值滤波进一步去除这些孤岛像素，最终图像中只包含目标区域，如图 4-22 所示。

（2）标志物提取 荧光球标志物的亮度明显高于叶片等周围环境，可通过边缘提取算法获得荧光球标志物的轮廓。如果小球到相机是正投影，那么小球图像的轮廓为圆形，但玉米叶片有一个较大的弯曲，使得部分荧光球的轮廓在图像上呈椭圆形。对上一步中得到的图像利用 Canny 算子进行边缘检测，然后再采用以下判别标准进行椭圆标志物的识别。

图 4-22　去除背景像素的图像

边缘是否闭合。标志点边缘是闭合曲线，通过查找闭合轮廓去除那些由于纹理、阴影等造成的不闭合曲线。

亮度依据。标志物亮度高于背景，通过灰度阈值去除暗区域的闭合曲线。

轮廓面积。标志物在图像上的像素面积大小相对固定，由此可去除背景中轮廓过大的物体和轮廓较小的噪声点。

似圆度判断。圆形标志点由于视觉畸变形成了椭圆，相较于图像中的自然物体的轮廓更接近于圆形，可通过判断闭合曲线区域的似圆度判断该区域是否为标志物。似圆度计算方法为 $D^2/(4\times\pi\times A)$，其中 D 为该区域的周长，A 为该区域的面积，计算值越接近 1 则该区域形状越接近圆形。

图 4-23　标志物二值图像

利用这些条件对上一步中的图像进行约束，得到只包含标志点的二值图像，如图 4-23 所示。

（3）标志物边缘亚像素求精 获得标志物边缘像素后，可通过求取边缘像素的重心点作为左右两幅立体图像对的匹配点，根据事先标定好的相机内外参数即可获得该点的三维坐标。上一步求取的标志物边缘较为粗略，直接用于计算结果会出现较大误差，而叶片的某些运动是细微的，这种误差会影响系统对叶片细微运动的感知。为了进一步提高精度，笔者采用边缘亚像素求精算法，首先对亚像素边缘定位，然后利用梯度幅值法对边缘点进行调整，从而得到亚像素边缘。

梯度幅值法具体过程：

① 在每个像素边缘点上计算 X 和 Y 方向的梯度分量，由这两个分量计算每个边缘点的梯度幅值 $G(x,y)$ 和梯度方向 $\alpha(x,y)$。具体计算方法为：

梯度幅值：

$$G(x,y)=\sqrt{G_x^2+G_y^2} \qquad (4-13)$$

梯度方向：

$$\alpha(x,y)=\arctan(G_y/G_x) \qquad (4-14)$$

计算 G_x 和 G_y 时所使用的卷积模板具体形式为：

−1	0	1
−1	0	1
−1	0	1

1	1	1
0	0	0
−1	−1	−1

② 根据 $G(x, y)$ 和给定的阈值 T，在梯度方向上确定满足 $G(x, y) > T$ 的取值区间。

假设像素边缘点 (x, y)，梯度方向为 $\alpha(x, y)$，当 $\alpha < \alpha(x, y) < \beta$ 时 [$\alpha = -\pi/2 + \arctan(1/3)$，$\beta = -\arctan(1/3)$]，沿梯度方向和反方向判断邻接的两个点 $(x-1, y-1)$ 和 $(x+1, y+1)$ 是否大于阈值 T 并求得距离分量（图 4 - 24）。

③ 利用梯度分量 G_x 和 G_y 作为权值校正像素边缘得到亚像素边缘，校正公式为：

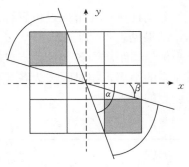

图 4 - 24 梯度方向点

$$\Delta d_x = \sum_{i=1}^{n} G_{x_i} d_{x_i} / \sum_{i=1}^{n} G_{x_i} \qquad \Delta d_y = \sum_{i=1}^{n} G_{y_i} d_{y_i} / \sum_{i=1}^{n} G_{y_i} \qquad (4-15)$$

式中，d_{x_i} 为像素点沿梯度方向与粗定位边缘点的距离 X 分量；d_{y_i} 为像素点沿梯度方向与粗定位边缘点的距离 Y 分量；G_{x_i} 为 X 方向梯度分量；G_{y_i} 为 Y 方向梯度分量；n 为沿梯度方向上 $G(x, y)_i > T$ 的像素点个数。

经过亚像素边缘求精后的标志物模板边缘图像如图 4 - 25 所示。经过处理的边缘更能够描述图像中标志物与背景的位置分界，由该边缘求得的重心匹配点匹配精度进一步提高。图 4 - 25A 是亚像素求精之后的模板边缘，边缘的左下方有一凹陷区域，对应图 4 - 25B 图像上相同位置像素灰度比正常荧光球区域低，这可能是由于荧光球的加工缺陷造成。亚像素求精算法能够识别这种缺陷，并能正确提取边缘。

A.亚像素求精之后的模板边缘   B.亚像素求精之前的模板边缘

图 4 - 25 亚像素边缘求精后的标志物

3. 玉米叶片运动信息的测量及结果分析

（1）测量精度分析 双目立体视觉系统的测量精度受到诸多因素的影响，如相机分辨率、与被测量物体的距离、两相机所成的角度、标定算法的精度等。通过理论推导很难计算出特定立体视觉系统的测量精度，为了测试双目立体视觉系统的精度和可靠性，笔者设计了一个专门的试验环境，如图 4 - 26 所示。带有标志点的黑板垂直放置在水平位移台上，位移台在步进电机驱动下做水平运动，双目相机水平放置，朝向与黑板垂直，位移台下方设置有标尺。开始时双目相机与黑板距离为 p，通过水平位移台移动黑板到下述几个预设位置点：$(p+1)$ cm、$(p+2)$ cm、$(p+3)$ cm、$(p+5)$ cm、$(p+7)$ cm、$(p+9)$ cm。

分别计算在几个预设位置标志点的三维坐标，结果见表 4-11。X、Y、Z 为预设点的三维坐标值，距离为各个预设点到双目相机坐标系原点的距离，相对距离为各预设点到第一个预设点的距离。

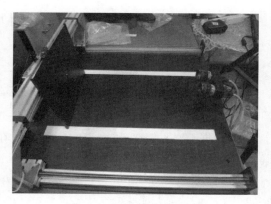

图 4-26　精度测试示意图

表 4-11　仿真计算结果

测试点	X	Y	Z	距离（像素）	相对距离
p	0.621 522	1.020 58	−14.209	14.258 86	0
$p+1$	0.641 343	1.107 05	−14.556	14.612 52	0.353 66
$p+2$	0.728 676	1.136 24	−14.897	14.957 93	0.699 07
$p+3$	0.77 630 5	1.159 87	−15.264	15.327 38	1.068 52
$p+5$	0.800 921	1.213 35	−16.001	16.067 11	1.808 25
$p+7$	0.813 348	1.270 49	−16.748	16.815 3	2.556 45
$p+9$	0.788 134	1.326 17	−17.452	17.520 35	3.261 49

由表 4-11 中数据计算，现实世界中 1 cm 与双目相机坐标系下 0.358 102 相对应。即距离相机 50 cm 系统测量误差达到 0.013 9 cm，能够满足玉米叶片运动监测所要求的测量精度。

（2）玉米叶片生长监测　供试玉米品种为先玉 335，2013 年 6 月 17 日播种，密度为 60 000株/hm²，正常水肥管理。选择 13 叶期的玉米植株进行生长监测试验，此时玉米叶片的生长非常旺盛，植株体积迅速扩大、干重急剧增加。选择一未完全展开的可见叶片作为试验材料，将标志物粘贴在叶片上，使用所述系统连续监测植株生长，以 1 h 为时间间隔计算该时间段内标志物在三维空间的位移量（cm/h），结果如图 4-27 所示。

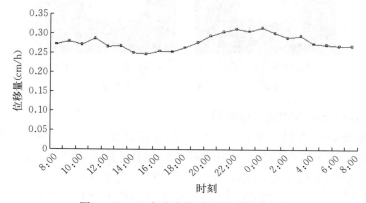

图 4-27　玉米叶片位移量随时间的变化

(3) 玉米叶片一日运动监测 选择吐丝期玉米穗位上一叶作为观测对象，尽量选择无风条件下进行。从叶片中上部到叶尖均匀布置 6 个标志点，以 8:00 时刻的标志点位置为初始状态，分别记录 10:00、14:00、16:00 时的标志点位置，计算与初始状态各标志点三维位置的距离（图 4-28）。

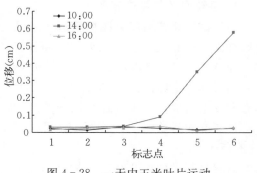

图 4-28　一天内玉米叶片运动

从图 4-28 中可以看出，14:00 的标志点位置与 8:00 的标志点在靠近叶片尖端的 3 个点上有较大的位移，尖端点达到 0.579 cm，而 10:00 和 16:00 的数据没有明显的位置变化。究其原因，可能是正午时叶片蒸腾作用达到最大，细胞失水叶片整体向下披垂；而 10:00 和 16:00 时由于温度不高，蒸腾作用还未使叶片失水下垂。玉米叶片中部的叶脉对叶片起到一定的支撑作用，特别是在叶片中下部，致使这种失水下垂现象在叶片尖端表现得更为明显。

4.3.3　基于时间序列图像的玉米植株干旱胁迫表型检测方法

植物表型（Phenotype）被定义为植物基因型（Genotype）和所处环境决定的形状、结构、大小、颜色等全部可测的生物体外在表现，即表型是一个基因型与环境互作产生的全部或部分可辨识特征和性状。从功能基因组学到作物栽培生理研究，都涉及对植株各种特征和性状即表型的鉴别与分析，以及对复杂植物生长环境的监测与控制。目前，大部分表型鉴定通过人工方式完成，效率低且误差不可控，一些商业化表型检测设备前期投入大、建设周期长，不适合广泛推广应用，已成为表型快速检测技术应用的限制性因素。

随着相关领域科学技术的发展，一些快速、精准、经济的植物多表型数据测定和环境参数监控技术条件已具备，基于图像的植物表型检测能直接反映物体形态特征，具有非侵入式和高通量特点，已经逐渐应用于植物表型分析。按照成像方式，植物表型检测可分为：①基于可见光成像技术，Jackson 等（1982）、Neilson 等（2015）分析了苔藓植株图像灰度共生矩阵，郑力嘉等（2015）发现灰度共生矩阵计算的纹理能量值与作物水分胁迫指数（Crop water stress index，CWSI）有很高相关性；②基于光谱成像技术（Moshou et al.，2014；Wang，2015；Zaman-Allah et al.，2015），Kim 等（2011）研究了高光谱图像监测苹果树干旱胁迫，认为 705～750 nm 波段的 NDVI 值能够特异表达 5 种水分处理的果树水分胁迫状况；③基于红外热成像技术（Gómez-Bellot et al.，2015；Struthers et al.，2015），Jones（1999）应用红外图像建立了植物气孔导度和干旱胁迫的线性关系，使用参考物去除了环境对测量精度的影响；④基于荧光成像技术（Lichtenthaler，2000；Lichtenthaler et al.，2005），Calatayud 等（2006）研究了叶绿素荧光成像技术在水分胁迫下玫瑰植株叶片形态的时空变化。

目前，基于图像的植物表型获取技术存在以下不足：①需要一定人工交互，自动化程度不够；②获取数据的时空分辨率不高，对作物细微变化无法精确感知和监测；③与复杂环境数据的融合度不够，不能准确反映作物与环境之间的互作关系。以转抗旱基因玉米干旱胁迫表型为研究对象，通过一定时间跨度的序列图像，放大玉米叶片细微运动，提取玉米植株干旱胁迫表型指标，结合同步测量的环境数据，明确干旱胁迫表型与环境因子的协同变化关系，以期为阐明玉米植株耐旱表型的形态学机制提供参考。

1. 系统设计与算法实现

（1）试验装置与序列图像获取 本系
统硬件由工业相机（型号 mvc3000，分辨
率 1 600×1 200 像素，24 帧/s、Pentax
8.5 mm f/1.5 定焦镜头）、存储卡（32 G）、
幕布和支架组成；图像处理采用开源图像
处理库 OpenCV2.4.3。装置示意图如图
4－29所示。

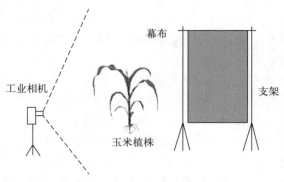

图 4－29 玉米植株序列图像采集装置示意图

　　试验材料种植在北京市农林科学院试
验田旱棚内，被测植株为转抗旱基因玉米
植株和常规对照玉米植株，生育时期为 9
叶期，图像数据获取前 14 d 无灌溉，土壤
体积含水量 18.4%，植株处于土壤干旱胁迫条件。

　　将工业相机安装在一个支架上，被测植株处于相机与幕布之间，尽量使相机图像平面、
玉米植株平面、幕布三者平行。2015 年 7 月 3 日、4 日、5 日 8:00—17:00，间隔 10 min
程序控制自动获取一幅图像，获得的图像序列如图 4－30 所示。

8:00　　　　10:00　　　　14:00　　　　17:00
A.转基因玉米图像序列

8:00　　　　10:00　　　　14:00　　　　17:00
B.常规对照玉米图像序列

图 4－30 玉米植株时间图像序列

　　（2）图像处理算法 图像处理算法主要包括 3 个步骤：变化光照条件下时间序列图像的
目标植株与背景分割；植株上目标叶片与其他器官的图像分割；基于叶片图像的干旱胁迫表
型指标计算。

　　① 时间序列图像背景分割。田间环境下，时间序列图像背景分割的难点在于变化光照
条件影响图像亮度，前人通过寻找优化颜色空间（RGB，HSV，$L×a×b$）试图分割植株与
背景（Philipp et al.，2002；Panneton et al.，2009；Liu et al.，2012），但变化光照条件下
无法确定统一分割阈值。一些研究人员采用增强植株绿色分量比例的分割方法（Meyer et
al.，2008；Burgosartizzu et al.，2011），植株上的阴影和高光反射对这种方法的稳定性产

生很大影响。王传宇等（2016）提出了一种多曝光图像融合亮度校正方法，但形态变化植株获取多曝光图像难度较大。为了使背景分割算法具有更高鲁棒性和准确性，研究人员探索了基于机器学习的背景分割算法（Ruizruiz et al.，2009；Zheng et al.，2012），通过多维分类样本训练分类器能利用图像中包含的丰富信息，将低维度不可分问题映射到高维空间。由于分类器事先需要经过分类样本训练，训练样本分类一般由人工交互操作完成，自动化程度不高，限制了机器学习方法在图像背景分割上的应用。在训练样本生成阶段，采用 K - means 非监督聚类产生训练样本，经筛选后聚类样本作为支持向量机（Support vector machine，SVM）植株-背景分类器训练样本，最后对植株-背景分割图像进行非局部均值（Non - local mean，NLM）滤波，去除边缘错分像素。

K - means 算法采用距离作为相似性评价指标，两个对象距离越近，其相似度就越大。算法认为，类由距离靠近的对象组成，把得到紧凑且独立的类作为最终迭代收敛目标。考虑到场景包含的颜色信息大致分为 3 类（植株类、背景高亮类与背景阴影类），以像素点 RGB 值到类中心像素点 RGB 值的距离平方和最小化作为优化目标函数。图 4 - 31 为图像序列 K - means聚类结果。

8:00　　　　　　　10:00　　　　　　　14:00　　　　　　　17:00

图 4 - 31　时间图像序列植株-背景 K - means 聚类结果

支持向量机是基于统计学习理论的模式识别方法，其主要思想是将低维不可分类向量映射到一个高维空间，在高维空间建立最大间隔超平面使得该平面两侧距平面最近的两个平行超平面距离最大化，在小样本、非线性及高维模式识别中具有一定优势。将 K - means 聚类结果中距离类中心最近的 35% 像素点作为支持向量机训练样本数据，提取训练样本 24 个特征组成分类特征向量，具体如表 4 - 12 所示。

表 4 - 12　植株像素分类特征描述

项目	特征描述	数量	项目	特征描述	数量
颜色	RGB	3	纹理	灰度共生矩阵	1
	YUV	3		9×9 窗口纹理能量	1
	HSV	3		局部傅里叶变换（LFT）	1
	XYZ	3		离散余弦变换（DCT）	1
	$L×a×b$	3	梯度	x 方向 1 阶梯度	1
	CMY	3		y 方向 1 阶梯度	1

经上述两个步骤处理，完成了自动化时间序列图像分割，分割结果如图 4 - 32 所示。受光照和成像质量影响，叶片边缘部位出现错误分割的概率较大，影响进一步形态分析和特征

提取。为了消除叶片边缘误分割，引入了 NLM 滤波算法，对植株分割结果进一步求精。NLM 算子能够保护类似于叶片的狭长结构，通过在一定邻域范围内同一个结构上的不相邻像素互相增强，消除叶片边缘部位像素分割歧义性。具体采用各向异性结构感知滤波器（Anisotropic structural - aware filter）实现 NLM 功能。

8：00　　　　　　　　10：00　　　　　　　　14：00　　　　　　　　17：00

图 4 - 32　时间图像序列植株-背景 SVM 分割结果

$$E\ (C) = \sum_p \sum_{q \in A(p)} K_{pq}\ \left[C\ (p) - C\ (q) \right]^2 \qquad (4-16)$$

式中，C 为分类函数；$A\ (p)$ 表示点 p 附近 9×9 邻域窗口；$q \in A\ (p)$；K_{pq} 为权重系数，具体见式（4-17）、式（4-18）：

$$K_{pq} = \frac{1}{2} (\mathrm{e}^{[-(p-q)^{\mathrm{T}}] \sum_p^{-1}(p-q)} + \mathrm{e}^{[-(p-q)^{\mathrm{T}}] \sum_q^{-1}(p-q)}) \qquad (4-17)$$

$$\sum_p = \frac{1}{|A|} \sum_{p' \in A(p)} \nabla I(p')\ \nabla I(p')^{\mathrm{T}} \qquad (4-18)$$

式中，p' 为点 $pq \times q$ 邻域内的点；$\nabla I\ (p) = \{\nabla_x I\ (p), \nabla_y I\ (p)\}^{\mathrm{T}}$ 表示点 p 的 x 和 y 方向梯度向量，各向异性结构感知滤波器定义了点 p 和 q 在图像中处于相似结构的可能性。如果点 p 和 q 在同一个结构上（如图像中的叶片），那么 K_{pq} 计算值较大，即使点 p 和 q 不是一阶相邻像素，二者也会互相增强。

图 4 - 33 显示了经过 NLM 滤波处理植株图像分割求精结果。从图像中可见，植株叶片边缘与背景的错误分割明显减少。采用人工标注分割法处理"14：00"图像作为对比真值，没有经过 NLM 处理的对应图像，像素错分率为 15.28%，处理后图像错分率为 2.12%。

8：00　　　　　　　　10：00　　　　　　　　14：00　　　　　　　　17：00

图 4 - 33　时间图像序列 NLM 背景分割求精结果

② 植株器官分割。检测叶片形态变化，首先需要分割植株叶片和茎秆等器官，玉米叶片与茎秆的颜色纹理十分相近，图割（Graph cut）和水平集（Level set）等广义图像分割方法很难获得理想分割结果。玉米植株形态有一定规律，叶片围绕茎秆在植株两侧交替分

布，利用这种形态特点作为先验知识，提出基于扫描线的叶片-茎秆分割算法，算法具体步骤如下：

A. 扫描图像第一行像素，将超过 3 个像素的联通区域标记为叶片/茎秆候选区域。

B. 扫描第二行像素，获得新候选区域，计算新候选区域与上一步中候选区域相邻个数。若相邻个数为 1，说明该候选区域与原候选区域属同一个器官，继承原区域标记；若相邻个数为 0，说明新区域是一个独立器官，赋予该区域一个新标记值；若相邻个数为 2，说明该区域为两个器官连接处，采用式（4-19）对该区域像素拆分后分别标记。

$$\begin{cases} CL_1 = CL\left(\dfrac{CL_{p_1}}{CL_{p_1}+CL_{p_2}}\right) \\ CL_2 = CL\left(\dfrac{CL_{p_2}}{CL_{p_1}+CL_{p_2}}\right) \end{cases} \quad (4-19)$$

式中，CL 表示该区域的像素数量，CL_{p_1}、CL_{p_2} 表示与该区域相邻区域像素数量，CL_1、CL_2 为拆分后两个区域的像素数量。

C. 重复上一步，直到扫描完整个图像。判断每个标记集合中像素组成的形状，将其中符合矩形分布一组标记为茎秆区域，并且该集合中像素的 x 方向均值与植株上像素 x 方向均值的距离应在特定阈值内（30 像素）。

D. 对余下的叶片标记集合进行合并。玉米叶片边缘由于不是光顺曲线，常伴有一些突起和褶皱，导致标记集合中一些本应属于一片叶片的集合，被标记为几个不同叶片。按照相邻像素比例对叶片集合合并，重复上述操作直到所有能够合并的标记集合不能再被合并为止。分割结果如图 4-34 所示。

A.合并前植株器官标记　　　　　B.合并后植株器官标记

图 4-34　植株器官扫描线分割结果

③ 抗旱形态指标计算。在干旱胁迫条件下，玉米叶片含水量下降，细胞膨压发生变化，植株产生应激反应，叶片气孔保卫细胞伸长，气孔开度降低，叶片发生卷曲减小蒸散面积、降低干旱散失。叶片形态变化反映了对干旱胁迫应激反应的灵敏程度，从一定程度上可以表征植株抗干旱胁迫能力（Bai et al.，2004；Barker et al.，2005；Kadioglu，2007；Gomes et al.，2010；Jaleel et al.，2013；Maseda et al.，2016）。

有研究人员采用玉米叶片叶向值表征干旱胁迫引发的植株形态变化（张振平等，2009）。开放环境中，叶片形态易受外界因素干扰，获取的形态信息误差较大。因此，从时间序列图像中提取表征植株叶片干旱胁迫应激反应能力的形态指标应具备鲁棒性和可操作性，既能排除干扰因素对叶片形态变化的影响，又要避免复杂算法和苛刻的前提要求。

选择两个角度作为叶片形态变化的衡量标准，计算方法如图 4-35 所示。

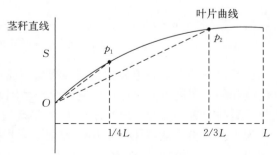

图 4-35　叶片角度计算方法

注：O 为茎秆与叶片交点；S 为茎秆直线上一点；L 为叶尖到茎秆直线距离；p_1 为 L 的 1/4；p_2 为 L 的 2/3。

用茎秆像素确定一条茎秆直线 OS，初始时刻叶片尖端点距离茎秆直线距离记为 L，点 p_1、p_2 分别为 L 的 1/4 和 2/3。S 是茎秆直线上一点，O 是茎秆与叶片交点。计算 SOP_1 和 SOP_2 的角度值，并以 SOP_2 和 SOP_1 的比值作为叶片形态变化的衡量指标。SOP_1/SOP_2 表征了叶片的弯曲程度。该值计算较为简便，对于不同茎叶夹角的叶片具有可比性。为验证本方法的精度，对比在图像上人工标注计算 SOP_1/SOP_2，对 10 组数据进行回归分析，决定系数 R^2 为 0.93。

2. **检测结果与精度分析** 按所述方法计算获得玉米植株时间序列图像干旱胁迫形态指标，同时获取试验样本环境数据（通过 Decagon Em50 G 微型气象监测系统获取）。

SOP_1 随时间的变化曲线如图 4 - 36A 所示，一天内叶片该角度未发生明显变化，该值可用于表征叶片与茎秆的夹角。SOP_2 随时间变化（图 4 - 36B）呈先下降后上升的趋势，究其原因可能是叶片蒸腾作用导致叶片失水后向上卷曲，减小叶片蒸散表面积，保存植株内部水分。SOP_1/SOP_2（图 4 - 36C）表征了叶片一天内弯曲程度的变化，该值可作为植株干旱胁迫表型指标，用来衡量植株应对环境变化的自身调整能力。

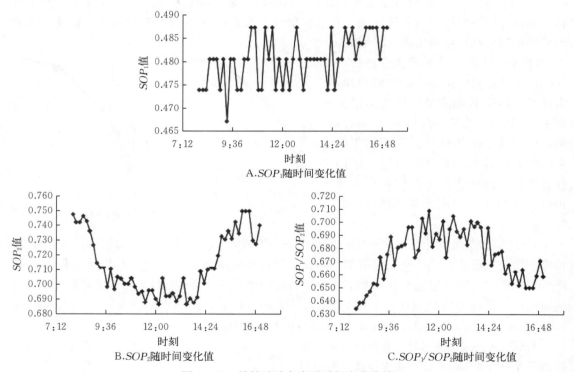

图 4 - 36　植株叶片角度随时间变化曲线

玉米植株的干旱胁迫表型是基因型与环境互作的结果，在土壤含水量一定的条件下，空气温度和相对湿度可能是最主要的两个环境因素。如图 4 - 37 所示，温度曲线与相对湿度曲线与干旱胁迫表型参数（SOP_1/SOP_2）呈现较为一致的协同变化趋势。

为了进一步验证植株干旱胁迫表型检测指标（SOP_1/SOP_2）的特异性与准确性，测量了常规对照玉米植株的 SOP_1/SOP_2 值，常规对照玉米植株所处环境与转抗旱基因玉米一致，结果如图 4 - 38 所示，当日的空气温度与相对湿度变化趋势与上一测量日相似，而该植株的 SOP_1/SOP_2 值随时间变化无明显规律，基本保持在 0.65 附近。

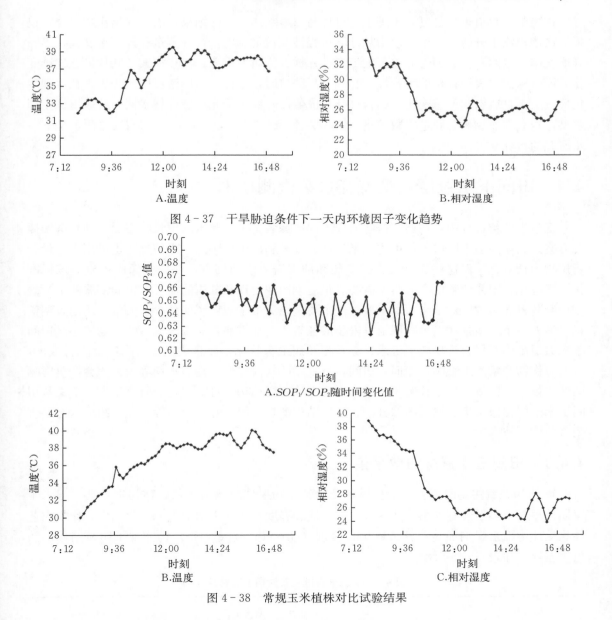

图 4-37　干旱胁迫条件下一天内环境因子变化趋势

图 4-38　常规玉米植株对比试验结果

3. 小结　图像处理技术是大规模自动化作物表型信息检测的核心，对干旱胁迫条件下转抗旱基因玉米植株连续图像序列进行分析处理，从细微形态变化中提取表征玉米植株干旱胁迫应激反应表型参数，获得的结论主要有：NLM 滤波能够降低光线变化条件下图像序列的像素错误分割比率，没有经过非局部均值处理的对应图像像素错分率为 15.28%，处理后图像错分率为 2.12%；基于角度比值（SOP_1/SOP_2）的叶片形态参数计算简便，对风等外界环境的干扰具有一定鲁棒性；SOP_1/SOP_2 与空气温度和相对湿度等环境因子具有协同变化趋势，能够特异性地表征对干旱胁迫不同应激反应植株表型之间的差异，对于转抗旱基因玉米植株，SOP_1/SOP_2 随温度、相对湿度等环境因子从清晨至中午逐渐升高（0.63～0.70），午后呈现下降趋势（0.70～0.65），对于处于同样干旱胁迫条件下的常规玉米植株，SOP_1/SOP_2 随温度、相对湿度、时间等因素变化的趋势不明显，基本保持在 0.65 附近。

作物干旱胁迫表型是复杂生理生化过程与环境共同作用的结果，前人提出作物水分胁迫指数描述作物水分胁迫程度。该指数计算过程涉及冠气温差指标，测量和计算难度大，不易开展实施。以两种基因型差异显著的玉米植株样本为研究对象，初步探索了叶片形态连续变化表征植株抗旱表型指标的可行性。受到干旱胁迫时，植株产生应激反应首先表现在生理生化反应上，之后引起形态变化，结合红外热成像、叶绿素荧光成像等技术同步获取植株生理表型，建立与作物水分胁迫指数等指标的相关性，开展多天连续 SOP_1/SOP_2 监测，是下一步研究的目标和方向。

4.4 田间玉米冠层表型特征参数检测技术

玉米生产与育种中，在田间搭建低成本的成像装置来监测玉米生长状态是一种经济便捷的方案。获取的玉米图像不仅可为玉米生产、管理和决策提供第一手信息，也可用于定量分析植物生长信息。但这些成像装置的安装和部署需要因地制宜，获取图像序列也应该标准化、规范化，图像清晰度和分辨率需要满足后期图像处理和分析的需要。田间部署的玉米表型检测装置大多数针对玉米冠层结构，这主要是因为玉米冠层图像蕴含了大量有用的表型信息，另外一个原因是在玉米冠层上方安装成像系统更加方便且对玉米群体的影响较小。田间玉米冠层结构不仅直观反映了玉米长势长相及病虫害状况，而且决定了玉米叶片光合效率，进而对作物产量产生影响。然而，田间背景复杂、气候多变、光照不均等因素均会严重影响图像质量，直接从玉米生长监测图像中准确提取冠层结构信息仍然是个研究难点。下文从田间玉米冠层图像采集、冠层图像分割、冠层结构解析、冠层叶色分布等方面介绍玉米冠层表型参数检测技术。

4.4.1 田间玉米冠层图像采集

1. **玉米关键生育时期** 玉米从播种开始到作物果穗成熟的天数，称为生育期。玉米生育期长短与很多因素有关系，如品种、播种期和温度等。在玉米的整个生育期中，作物农艺性状受环境因素影响显著，其关键生育时期（Growth stage，GS）仍体现了明显结构、颜色等差异，如表 4 - 13 所示。

表 4 - 13 玉米关键生育时期发育特点

生育时期	观测定义
四叶期	从第三片叶叶鞘中露出第四片叶，长为 2 cm
九叶期	雌穗进入伸长期，雄穗进入小花分化期
十六叶期	吐丝前雄穗的最后一个分枝可见，即玉米的抽雄期
吐丝期	雌穗的花丝开始露出苞叶
透明期	果穗中部籽粒体积基本建成，胚乳呈清浆状
乳熟期	玉米籽粒变黄色，胚乳呈乳状至糊状

玉米生长过程中，有两种基本的生命现象：生长和发育。前者通过细胞的分裂和生长完成，是量变的过程，如玉米根、茎、叶的生长等；后者通过细胞、组织和器官的分化实现，是作物形态、结构和功能发生质的变化。

玉米的生长包括两种：营养生长和生殖生长。前者是指作物的营养器官，如根、茎、叶的生长；后者则指生殖器官，如花、果实、种子的生长。作物的生长过程包括两个阶段，通常以幼穗的分化为界限，分化之前为营养生长阶段，之后为生殖生长阶段。作物从营养生长阶段过渡到生殖生长阶段时，有一段时期既有营养生长也有生殖生长，不仅有根、茎、叶器官的分化和生长，还有生殖器官幼穗的分化和生长，是作物生长最旺盛的时期。以表 4 - 13 中给出的玉米生长的 6 个关键生育时期为例，四叶期、九叶期均属于作物营养生长阶段，抽雄期之后的阶段包括吐丝、开花、乳熟和成熟期则属于作物生殖生长阶段。

2. 数据获取 试验田位于北京市农林科学院内，试验材料为登海 605（DH605）和农大 108（ND108）两个品种，于 2016 年 6 月 12 日分别在 2 个独立小区（5 m×5 m）播种。每个独立小区部署一套冠层图像采集装置，如图 4 - 39 所示，于播种之日开始数据采集，至 9 月 22 日数据采集截止。其中，成像装置采用海康威视高清网络摄像机（DS - 2CD5052F，500 万像素）和镜头（HV1140D - 8MPIR，自动光圈、手动定焦、12 mm 焦距），摄像头光轴垂直向下，距离地面 5 m。在玉米整个生育期内连续拍摄图像，并通过 Wifi 传送到远程服务器上存储。图像拍摄间隔设置为 1 h，存储格式为 JPEG 图像类型，大小为 1 920×1 080 像素。利用气象墒情站实时获取光照、温度、湿度和土壤墒情数据，同步保存到远程服务器。另外，为了研究玉米叶色与其生育期关系，在玉米出苗至吐丝期间每天定时（16∶00）人工测量并记录各小区内玉米植株的表型参数，包括叶龄、株高等。本文以登海 605 品种为例介绍玉米冠层图像数据集及冠层叶色建模方法。

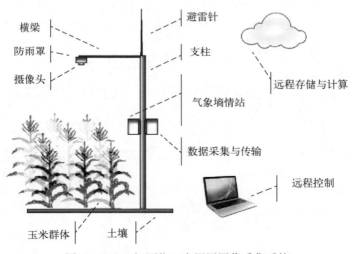

图 4 - 39 田间原位玉米冠层图像采集系统

3. 冠层图像数据集 利用 OpenCV 完成玉米冠层图像处理，并将获取的 RGB 图像转换到 HSV 进行颜色分析。HSV 是根据颜色直观特性创建的一种颜色空间，包括色度（H，[0°，360°]）、饱和度（S，[0，1]）与亮度（V，[0，1]）分量，色度表示颜色类别、饱和度表示颜色纯度、亮度表示颜色明暗。与常用的 RGB 颜色空间相比，HSV 直观表示了颜色的明暗、色调和鲜艳程度，更有利于颜色之间进行定量比较。为方便图像表示和存储，OpenCV 通常将 HSV 的值域转换为 [0，180]、[0，255] 和 [0，255]。图像亮度和色度是指整张图像的 V 和 H 分量均值，分别表示为 IV（Image value）和 IH（Image hue）；冠层亮度和色度是指玉米冠层像素的 V 和 H 分量均值，分别表示为 CV（Canopy value）和

CH（Canopy hue）。玉米冠层像素是人工监督分割出的仅包含玉米冠层的图像像素，所有非玉米冠层像素在图像中均设置为背景像素0。

相机数据采集模式设置自动曝光模式拍摄，以保证相机在不同光照条件也能清晰成像。为了明确相机内参及自然光照条件变化对作物颜色的影响，选取典型的晴天（7月13日）和阴天（7月14日）连续2天的图像序列进行分析，如图4-40所示。由此可见，晴天和阴天条件下玉米冠层叶色差异明显，由于相邻2天内玉米生长导致的叶色自然变化较小，因此可认为玉米冠层颜色主要受天气、光照等环境条件影响。同时，对太阳辐射传感器（SOL-PYR）实时获取的太阳辐射量（Solar radiation，SR）进行分析发现，晴天的辐射峰值为阴天的2.66倍。进一步对晴天和阴天条件下的IV、IH、CV和CH进行定量化计算和分析，为方便显示太阳辐射与图像统计值之间的关系，根据晴天和阴天的太阳辐射值最大值对太阳辐射进行等比例缩放，统一到[0，255]值域区间，如图4-41所示。在晴天条件下，13:00左右太阳辐射量达到最大值[1 948 $\mu mol/(m^2 \cdot s)$，对应图4-41A中最大值]，而在早上和

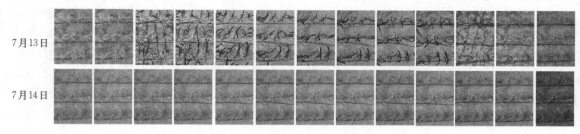

图4-40　不同天气条件下玉米冠层图像序列（见彩图）

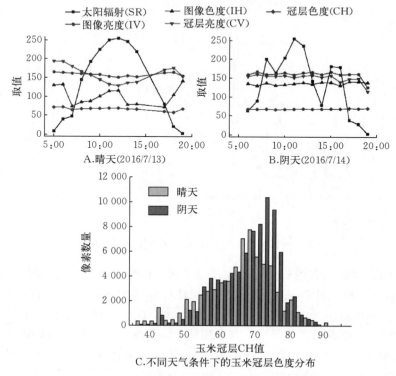

A.晴天（2016/7/13）

B.阴天（2016/7/14）

C.不同天气条件下的玉米冠层色度分布

图4-41　太阳辐射对图像和冠层颜色分量的影响

注：太阳辐射取值经过等比缩小，晴天和阴天最大值分别为1 948、732 $\mu mol/(m^2 \cdot s)$。

晚上太阳辐射量较低，全天呈现正态分布；在阴天条件下，太阳辐射量绝对值 [732 $\mu mol/$ (m² · s)，对应图 4 - 41B 中最大值] 较低，分布无规律。

无论是晴天还是阴天，图像亮度（IV）值和冠层色度（CH）值变化幅度不大，分别保持在 160 和 60 左右；图像色度（IH）值和冠层亮度（CV）值受太阳辐射量影响较大。晴天条件下，太阳辐射量与冠层亮度呈明显负相关（SR 越大时 CV 值越小）。分别对图 4 - 40 中玉米冠层图像序列进行统计分析，得到晴天和阴天条件下的所有冠层像素的 CH 值分布如图 4-41C 所示，发现 CH 值分布范围较广，但基本集中在 [30，99] 区间内，其中晴天 CH 均值为 65.59、标准差为 8.34，阴天 CH 均值为 67.77、标准差为 9.91。太阳辐射差异导致玉米冠层 CH 均值及方差的漂移，且阴天玉米冠层 CH 值略高于晴天。

为了定量化分析玉米不同生育时期的冠层叶色与太阳辐射之间的关系，建立对应生育时期的 6 组玉米冠层图像数据集，每组数据集中选择该生育时期内约 20 张图像，并将这些图像获取时间的均值作为该生育时期对应的玉米生长时间，如表 4 - 14 所示。其中，天气条件分为晴天和阴天 2 种类型；玉米关键生育时期分为四叶期（L4 stage）、九叶期（L9 stage）、十六叶期（L16 stage）、吐丝期（Silk stage）、透明期（Blister stage）和乳熟期（Milk stage）6 个，对应玉米生长时间分别为第 15 d、32 d、52 d、72 d、91 d 和 101 d。上述玉米冠层图像数据集不仅反映了不同天气条件对冠层叶色的影响，也反映了不同生育时期的冠层叶色自然变化，因此可用于其后的玉米冠层叶色建模。

表 4 - 14 玉米冠层叶色分析采用的图像数据集

天气条件	图像数量					
	四叶期	九叶期	十六叶期	吐丝期	透明期	乳熟期
晴天	12	12	10	10	5	17
阴天	10	10	15	13	15	4
合计	22	22	25	23	20	21

4.4.2 田间玉米冠层叶色建模技术

作物表型特征直接反映了作物的生长状态、趋势和发育程度，其中作物颜色是最重要的表型特征之一。受内在基因控制，作物在不同生长阶段呈现出特定颜色，同时太阳辐射（祝振敏等，2013；顾金梅等，2015）、病虫害侵袭（刁智华等，2013；李源等，2016；苗腾等，2016）、土壤中矿质元素（氮、磷、钾、钙等）的缺失（Carmona et al.，2015；张凯兵等，2016）等外界环境因素也会对作物颜色产生显著影响。农业生产中，作物颜色特征是农业专家或农民对田间作物长势长相进行判断的主要依据之一，如作物颜色偏黄可能是缺氮、呈现褐色可能是缺磷、叶片边缘渐褪绿可能是缺钾等。然而，这种传统作物表型观测方式存在较强的主观性和随意性，难以对作物颜色表型特征进行定量化描述和分析。

近年来，基于作物颜色特征的机器视觉、图像处理等技术已在农业科研和生产管理领域中得到广泛应用。利用作物颜色特征来分割或者标记感兴趣植株是作物表型检测常用的方法（Gitelson et al.，2003；Nieuwenhuizen et al.，2007；Meyer et al.，2008；Khojastehnazhand et al.，2009；Montes et al.，2011；Cabrera - Bosquet et al.，2012；Luis et al.，2014；Kazmi et al.，2015）。作物与杂草颜色的差异性也用于去除图像分割中的杂草干扰，以便准确估算出作物冠层覆盖度（Perez - Ortiz et al.，2016）。不同颜色空间下作物颜色定量分析有助于作物分割，如在 HSI 颜色空间中进行作物像素色度统计分析，可在一定程度上克服亮度变化对冠层色度的影响（Yu et al.，2013）。这种方法用来评估自然光照对油菜图像分割的影响，通过比较多种方法分割不同天气下油菜图像，发现高斯 HI 颜色算法对光照条件变化不敏感，且能够取得较好分割效果（翟瑞芳等，2016）。上述方法将不同生育时期作物图像进行统一考虑，但未考虑到作物生长过程中自身颜色变化情况。进一步，通过分析作物颜色分布、变化规律，可以揭示出作物颜色特征与作物生育时期、生理和生化状态的关系。利用图像处理技术进行玉米氮素营养诊断，可为玉米合理施肥提供技术支持（张立周等，2010）；使用颜色直方图反向投影特征可以解释油菜缺素情况（徐胜勇等，2015）；通过计算图像中黄色与绿色比率分析小麦叶片的衰老过程（Cai et al.，2016）；根据冠层色度值下降极值点确定冬小麦的灌浆期（宋振伟等，2010）。然而，上述研究大多未充分考虑作物颜色特征受大田复杂环境因素的影响，这使得构建的各种作物颜色表示和模型缺乏定量描述的依据。视觉观察与定量分析均表明，田间复杂环境对玉米冠层色度具有明显影响，且玉米冠层色度在不同生育时期具有显著差异。迄今为止，田间复杂环境下作物颜色及其变化规律的定量研究仍然是一个难点。

1. **玉米冠层叶色建模**　在田间复杂成像环境下，太阳辐射（SR）对图像色度（IH）、冠层亮度（CV）影响较大，而对图像亮度（IV）和冠层色度（CH）影响较小，体现了在田间环境下自动拍摄成像的特点。为了定量化描述玉米 CV 值和 CH 值之间的关系，将表 4 - 14 所示的 6 组玉米冠层图像数据集的所有冠层像素融合在一起进行统计分析可知，玉米冠层的平均亮度值为 154.45，其分布范围如图 4 - 42A 所示。试验表明，在冠层像素集中的 CV 区

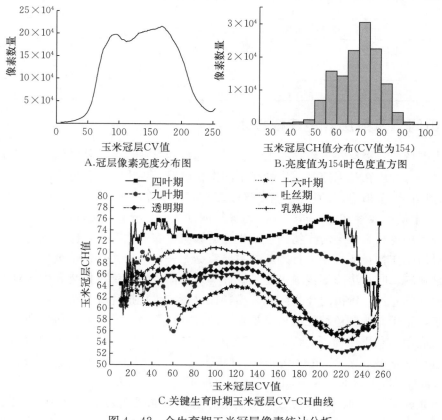

A.冠层像素亮度分布图　　　　　　　B.亮度值为154时色度直方图

C.关键生育时期玉米冠层CV-CH曲线

图 4 - 42　全生育期玉米冠层像素统计分析

间内，各个 CV 值对应的像素 CH 分布均近似符合正态分布，当 CV 值等于 154 时，冠层像素的 CH 值分布如图 4-42B 所示。

因此，在相同 CV 值条件下，将 CH 分布规律表示为概率密度函数形式

$$f_H (CH \mid CV) = \frac{1}{\sqrt{2\pi}\sigma} \exp\left[-\frac{1}{2\sigma^2} (CH-\mu)^2 \right] \tag{4-20}$$

式中，μ 为 CH 期望值，σ^2 为 CH 方差。采用极大似然法计算出各个 CV 条件下 CH 的均值与方差：

$$\hat{\mu} = \frac{\sum\limits_{i=1}^{n} CH_i}{n} \tag{4-21}$$

$$\hat{\sigma}^2 = \frac{\sum\limits_{i=1}^{n} (CH_i - \hat{\mu})^2}{n} \tag{4-22}$$

式中，n 为像素样本数量；CH_i 为第 i 个像素的 CH 值（$i=1, 2, \cdots, n$）。

分别对玉米 6 个关键生育时期内作物像素进行统计分析，并计算出所有亮度条件（亮度为 0 除外）下各生育时期内作物像素 CH 均值，如图 4-42C 所示。可以发现：①在各生育时期，田间环境下太阳辐射量导致 CV 改变，进而影响 CH 均值，这使得 CV 与 CH 之间存在复杂映射关系；②在各生育时期，CV 位于 [80，200] 区间的像素在总像素中占比均超过 77%，且该区间内玉米冠层亮度-色度（CV-CH）曲线变化趋势明确，区分度较高；③当 CV 值在 [1，80) 和 (80，255] 区间时，各生育时期的 CH 变化复杂且严重交叉，使得该区间不适合进行 CH 量化比较与分析。

对不同生育时期而言，CV 值在 [80，200] 区间从四叶期到乳熟期的冠层像素量占比分别为 86.11%、88.02%、77.53%、76.80%、73.80% 和 77.35%。因此，在该亮度区间内对玉米 6 个生育时期 CH 值进行统计分析，利用 CH 均值建立关键生育时期的玉米冠层叶色模型，如图 4-43 所示。

图 4-43 揭示了玉米关键生育时期的冠层叶色变化趋势，可以看出冠层 CH 值从苗期开始逐步减小，在 HSV 的颜色表中体现为从绿色向黄色逐渐靠近。然而，玉米生长到 52 d 左右（十六叶期前后），玉米冠层 CH 值出现拐点并逐渐增加。这可能是因为玉米植株生长发育初期为营养生长阶段，利用光合作用持续积累有机物使得作物颜色逐渐加深，即 CH 值逐步减小；在十六叶期后，玉米开始从营养生长过渡到生殖生长，这个阶段

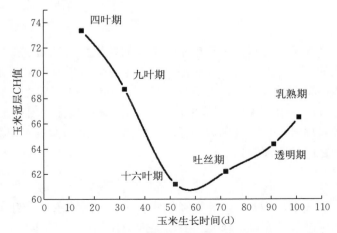

图 4-43 玉米全生育期冠层叶色模型

属于营养生长与生殖生长同时并进时期，不仅包含根茎叶的分化和生长，而且包含了生殖器官幼穗的分化和生长，叶片中养分逐渐消耗导致冠层 CH 值增大。

2. 冠层叶色模型分析与应用 在田间复杂环境下，实现玉米各生育时期的冠层图像自动分割存在 2 个难点，即不同天气条件会对玉米冠层亮度和色度造成影响，同时玉米生长、发育和成熟过程中叶片颜色也会持续改变。目前，大部分基于颜色特征的分割算子未考虑作物自身颜色差异及其在生长发育过程中颜色的自然变化，采用单一颜色算子往往难以处理不同玉米生育时期叶片颜色的变化。因此，玉米冠层叶色模型对实现田间环境下玉米冠层图像自动分割具有指导意义。另外，玉米十六叶期前的冠层色度存在明显下降趋势，这种趋势伴随着玉米叶片的逐步生长发育，因此玉米生长 52 d 前冠层色度模型有助于实现基于图像的玉米生育时期估计、玉米品种颜色表型鉴定。

下文从玉米冠层图像分割和叶龄预测 2 个方面详细讨论玉米冠层叶色模型的应用。

（1）冠层图像分割 图 4-44A 显示了同一监测小区中玉米群体在 6 个关键生育时期的冠层图像序列，可以发现玉米冠层颜色持续发生改变，尤其吐丝期前各个生育阶段冠层颜色变化较明显。针对不同生育时期玉米冠层颜色特征，本书基于玉米冠层叶色模型建立了适合玉米各生育时期的冠层图像分割方法（Maize canopy color model for segmentation，MCCM-S）。

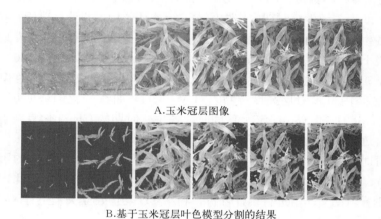

A.玉米冠层图像

B.基于玉米冠层叶色模型分割的结果

图 4-44 玉米 6 个关键生育时期的冠层图像及分割结果

注：从左到右分别为玉米四叶、九叶、十六叶、吐丝期、透明期和乳熟期图像。

在玉米冠层叶色建模中，生成的各生育时期冠层 CV-CH 曲线揭示了玉米关键生育时期的 CH 与 CV 值的统计特征，可为各个生育时期的玉米冠层图像分割确定最佳分割阈值。本书采用的 MCCM-S 方法的核心思想是：玉米每个生育时期中，各个 CV 值定义测度函数 $\psi(i)$，从而为输入图像中像素 $P(i)$ 确定最佳阈值范围，其中 i 为图像按一维数组存储的像素序号。该测度函数表征输入像素 $P(i)$ 在确定 CV 值条件下，其 CH 值与 CV-CH 曲线之间的距离为：

$$\psi(i) = \frac{|CH(i) - \hat{\mu}|}{\hat{\sigma}} \qquad (4-23)$$

式中，$CH(i)$ 为像素 $P(i)$ 对应的 CH 值，$\hat{\mu}$ 和 $\hat{\sigma}$ 分别为对应 CV 值的冠层 CH 均值和标准差。$\psi(i)$ 越大表示该像素为作物的概率越小，因此可通过设置阈值 T 判断像素是否属于作物，即若 $\psi(i) \leqslant T$ 则判定该像素代表作物，否则为背景。适合玉米不同生育时期的阈值具有较大差异，为简化起见，本书通过多次试验确定了 2 个阈值范围：十六叶期前阈值区间为（2.8，3.2），十六叶期后阈值区间为（3.6，3.9）。

分别以 6 种分割方法，即植被颜色指数（Color index of vegetation extraction，CIVE）

（Ponti，2013）、超绿（Excess green，ExG）（Meyer et al.，1995）、超绿减超红（Excess green - excess red，ExGR）（Meyer，2005）、植被算子（Vegetation，VEG）（Hague et al.，2006）、色度（H）和基于玉米冠层叶色模型的分割方法（MCCM - S），对不同生育时期玉米冠层图像进行分割。其中，H 分割方法是仅利用 HSV 颜色空间下的 H 分量进行分割，阈值范围设定为前文样本数据统计出的玉米冠层色度区间（Xiao et al.，2011）。并利用参数 λ 表示冠层图像分割精度。

$$\lambda = \frac{|Bo \cap Bt| + |Fo \cap Ft|}{|Bo| + |Fo|} \times 100\% \qquad (4-24)$$

式中，Bo 和 Fo 分别为采用人工监督方式分割出背景和作物图像，作为参考图像；Bt 和 Ft 分别为利用 6 种分割方法分割出背景和作物图像，作为结果图像；$|Bo \cap Bt|$ 表示背景的参考图像和结果图像的交集图像；$|Fo \cap Ft|$ 为目标的参考图像和结果图像的交集图像；$|Bo| + |Fo|$ 代表了整幅图像。利用玉米冠层图像分割方法得到的结果如图 4 - 44B 所示。颜色分割算法对不同生育时期玉米冠层图像的分割性能如图 4 - 45 所示。H 与 MC-CM - S 分割算法对玉米苗期及九叶期图像的分割精度较差，而对十六叶期、吐丝期、透明期和乳熟期图像的分割精度则高于其他算法。前 4 个颜色算子（CIVE、ExG、ExGR 和 VEG）是基于 RGB 颜色空间像素级别的分割方法，在玉米苗期的分割精度均超过 98%。但是，随着玉米生长到九叶期后，玉米冠层颜色的变化导致这些算法分割精度显著降低，其中 CIVE 算子在玉米透明期的分割精度仅为 21.6%。通常，玉米生长会伴随着 G 分量相对含量的逐步降低，而基于 RGB 的颜色算子通常是设定固定阈值来进行像素有效性判定，这就使得各种依赖 G 分量的颜色算子对玉米生长后期逐步失效。相对而言，玉米九叶期后采用 H 方法可以获得比基于 RGB 颜色算子更高的分割精度，在玉米透明期的分割精度最低为 63.35%，原因是 HSV 颜色空间中 H 分量受天气、生育时期等因素影响相对较小。同时，MCCM - S 方法显示出比 H 方法更高的分割精度，玉米全生育期最低分割精度达 82.6%，这可能是由于 MCCM - S 方法利用统计分析计算出了玉米在各种亮度下色度的变化范围，进而可为图像分割提供更加合理的色度区间，这有利于提升玉米冠层的分割精度。

图 4 - 45 结果为田间玉米冠层图像自动分割提供了依据，在玉米生长至九叶期以前利用基于 RGB 颜色空间的分割算法可以获得较好的分割结果，而在九叶期以后优先采用基于 HSV 颜色空间的分割方法，尤其是本书提出的 MCCM - S 方法。利用田间原位冠层图像采集装置，可以远程实时获取玉米冠层图像序列，结合上文提出的分割策略实现玉米结构和颜色表型特征解析，对田间玉米长势长相监测、病虫害预测预警均具有重要应用价值。

（2）叶龄预测 基于玉米冠

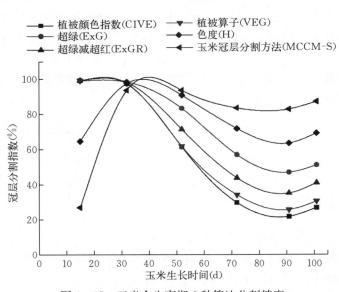

图 4 - 45 玉米全生育期 6 种算法分割精度

层图像原位采集系统获取玉米四叶期、九叶期和十六叶期的图像序列，分别统计和绘制登海 605 和农大 108 在十六叶期前玉米冠层叶色变化趋势，如图 4-46 所示。可以发现，玉米叶片生长发育期的冠层 CH 均值变化趋势明显，且随着新叶不断出现，CH 值逐渐降低；登海 605 和农大 108 的冠层叶色差异明显，农大 108 的冠层 CH 值均高于登海 605，而在叶片生长发育后期，CH 值逐渐趋同。

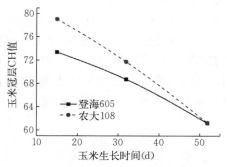

图 4-46　不同品种玉米在叶片生长
发育期的冠层叶色变化

在玉米叶片生长发育阶段（从出苗到吐丝期），每天定时人工统计 2 个监测小区中玉米群体叶龄（Emerged leaf number，ELN），每个群体测量 9株，然后取平均值作为当天玉米实测叶龄。分别对玉米实测叶龄进行拟合，得到叶龄线性回归方程为：

$$\begin{cases} ELN_{DH}=0.32x-1.23 \\ ELN_{ND}=0.33x-1.06 \end{cases} \tag{4-25}$$

式中，x 表示生长天数（d），ELN_{DH} 和 ELN_{ND} 分别表示登海 605 和农大 108 的实际叶龄。2 个玉米品种叶龄拟合的相关系数分别为 0.999 7 和 0.995 6，表明回归直线能够较好地表示玉米叶片生长发育状态，而且玉米叶片在该阶段基本保持约 3 d 出现一片新叶的生长速度，其中农大 108 的叶片发育速度略高于登海 605。

玉米冠层叶色与玉米叶龄指数（已长出叶片数占主茎总叶片数的百分数）均是玉米田间表型重要参数，但是否存在定量关系还有待揭示。根据图 4-46 显示的登海 605 和农大 108的玉米冠层叶色变化规律，可假设玉米冠层叶色近似为二次曲线分布。因此，可结合式（4-25）为玉米品种建立基于玉米冠层叶色的叶龄预测式：

$$\begin{cases} ELN_{DH}=-7.69\times10^{-3}CH^2+2.54\times10^{-2}CH+43.17 \\ ELN_{ND}=-5.68\times10^{-3}CH^2-1.53CH+89.58 \end{cases} \tag{4-26}$$

在登海 605 和农大 108 的玉米冠层图像序列中，按时间次序分别选择 8 张和 7 张图像来测试玉米冠层 CH 值与叶片生长发育时间的关系。首先计算出图像中玉米冠层的 CH 均值，然后利用式（4-26）计算出预测叶龄，预测叶龄与人工实测叶龄的关系如图 4-47 所示。根据 Person 相关系数分析预测叶龄与人工实测叶龄的相关性：

$$r=\frac{\sum_{i=1}^{n}(x_i-\overline{x})(y_i-\overline{y})}{\sqrt{\sum_{i=1}^{n}(x_i-\overline{x})^2}\sqrt{\sum_{i=1}^{n}(y_i-\overline{y})^2}} \quad -1\leqslant r\leqslant 1 \tag{4-27}$$

$$RMSE=\sqrt{\frac{\sum_{i=1}^{n}(x_i-y_i)^2}{n}} \tag{4-28}$$

式中，n 为所用图像数量，(x_i, y_i)（$i=1, 2, \cdots, n$）为图像对应预测叶龄和实测叶龄值对，$\overline{x}$ 和 $\overline{y}$ 分别为预测叶龄和实测叶龄均值。登海 605 和农大 108 的叶龄预测值与人工实测值间进行配对样本 t 检测，在 $\alpha=0.05$ 显著水平下，相关系数分别为 0.985 和 0.951，表明预测方法和人工实测方法的结果具有较高相关性。叶龄预测值均方根误差（Root mean squared error，RMSE）分别为 1.14 和 1.41 叶，表明基于玉米冠层叶色模型预测玉米叶龄的平均误差在 2 叶以内。

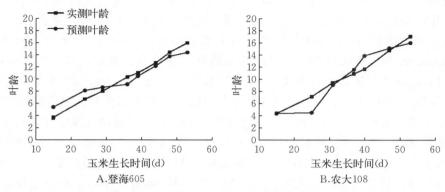

图 4-47 登海 605 和农大 108 玉米品种的预测叶龄与实测叶龄关系

3. **小结** 本节介绍利用田间原位搭建的冠层监测系统，原位、连续获取玉米关键生育时期的冠层图像序列，进而结合气象、生育时期等条件实现玉米关键生育时期的冠层叶色变化的统计分析。在 HSV 颜色空间下，揭示了不同太阳辐射量对玉米冠层叶色的影响，并结合概率统计分析方法建立了玉米全生育期的冠层叶色统计模型。该模型反映了田间环境下玉米冠层叶色连续变化特征，依据此模型设计的玉米冠层图像分割方法将玉米全生育期的冠层图像分割精度提高到 82.6%，为田间玉米长势自动监测及冠层图像分割提供了实用方法。该模型也有助于实现对玉米冠层图像中品种、叶龄等内容的理解，玉米冠层叶色具有一定品种相关性，但其变化趋势基本一致；冠层叶色与玉米叶龄存在较强相关性，利用冠层叶色预测叶龄的误差在 2 叶以内。

玉米冠层叶色模型在长势监测、长相评价、病虫害监控与防治中具有重要应用价值。本书仅对玉米生长发育的关键生育时期进行了冠层叶色定量分析，对玉米叶片衰老过程未涉及。另外，田间作物颜色表型，不仅直接受到植物自身生理生化机制调控，也受到光照、温度、湿度等环境因素影响；冠层叶色模型也受到相机内参、作物生育时期图像数据集的影响，这些问题还需进一步的研究与探索。

4.4.3 基于时间序列红外图像的玉米叶面积指数动态监测

叶面积指数（Leaf area index，LAI）影响作物光合辐射截获量、水分的吸收、潜热和感热通量、地表生态系统与大气的 CO_2 交换。在一些作物生长模型中，LAI 也是重要输入参数和条件变量。LAI 是光子-植被互作冠层辐射传输模型的决定因素，在遥感数据同化中，它已被作为冠层反射与作物生长模型的关键联系（Weiss et al.，2001）。测量作物整个生育期的 LAI 时间变化规律，有助于作物产量、生物量预测模型的校正。

LAI 获取方法主要分为直接法和间接法两类。所谓直接法就是对直接组成部分进行量测，例如通过测量采样区域植株的叶片面积计算 LAI（李云梅，2005），直接法需要大范围的破坏性采样，消耗大量人力物力，测量指标主观依赖性强，因此实践中间接法应用得更为广泛深入（Michael et al.，2013；Leblanc et al.，2014；Woodgate et al.，2015）。冠层内的辐射传播主要取决于 LAI 和叶倾角分布函数，基于此，发展出了由冠层孔隙度（Gap fraction）及孔隙尺寸分布的消光法 LAI 计算方式。冠层孔隙值的获取方法分为 2 种：①测量冠层下方多个角度的太阳直接辐射值；②采用图像（半球图像）同时获得多个角度的植株与天空背景投影。其中，半球图像（Hemispherical photography）在记录冠层孔隙度的同时还能获取作物形态、密度、生育时期等长势长相数据，被众多学者研究和应用。Zarate - Valdez 采用半球图像计算小麦、玉米、向日葵 3 种作物的 LAI，将丛生指数（Clumping index）引入半球图像的泊松模型中，使得 LAI 计算值更接近实际值（Zarate - Valdez et al.，2012）。Gonsamo 基于半球图像的冠层结构参数开发多平台计算软件包 CIMES（Gonsamo et al.，2011），软件采用命令行模式，实现了 Miller、Lang 和 Campbell 等多种 LAI 计算方法（Campbell，1990；Lang，1990）。王传宇等（2016）将多图像曝光融合算法应用于冠层图像，降低了高亮和阴影对冠层图像分割精度的影响，提高了冠层孔隙度计算精度。

半球图像法适于高大植物冠层（如树木），对于处于营养生长前期的禾本科作物玉米，测量误差较大，不能适应整个生育期对玉米冠层 LAI 动态变化监测的需求。有研究表明，可以采用单角度图像获得冠层孔隙度进而计算 LAI（Wilson，1963），在简化数据处理算法的同时，兼顾了整个生育期内数据的连续性。开展一种单角度数字图像 LAI 连续获取方法研究，从冠层顶部垂直向下拍摄数字图像，为了解决田间变化光照条件对植株绿色部分分割的影响，采用红外图像去除植株叶片高光反射和阴影的影响，基于高斯分布模型自动计算图像分割阈值，推导了冠层顶视图像孔隙度计算 LAI 的方法，建立了冠层覆盖度与植株干重和鲜重的模型，在多个图像序列上对算法效果进行分析验证。

1. 系统设计与算法实现

（1）数字图像获取装置与获取方法 成像设备置于玉米冠层顶部，由桁架结构支撑固定。图像采集指令由远程上位机发出，无线通信网络负责指令和图像数据的传输。成像单元采用 JAI 工业相机（型号：AD - 080CL，分辨率：1 024×768 像素，传感器尺寸：8.5mmCCD，FPS：30）、富士能（HV - 8M）12 mm 红外定焦镜头（电子光圈为 F2.4 - F22），工业相机上安装有红外/可见光成像转换装置，可根据外部光照条件或远程指令获取彩色图像及近红外黑白图像。被试植株种植在北京市农林科学院试验田内，2016 年 6 月 23 日播种，种植品种为中单 2 号（20 世纪 60 年代品种）和农大 108（20 世纪 90 年代品种），种植密度为 45 000 株/hm²，正常水肥管理。从玉米播种后开始，每隔 0.5 h 获取被监测玉米小区可见光及红外图像，形成玉米整个生育期内图像序列（图 4 - 48）。

冠层图像处理程序由 Visual Studio 2010 开发，使用了图像处理开源库 OpenCV 2.3，程序运行在台式机（PC 端）上，CPU 核心频率 3.4GHz，内存 4GB。

（2）冠层顶视图像计算 LAI 的机理模型 冠层孔隙度（P_0）与 LAI 的关系遵循 Beer - Lambert 定律（Nilson，1971）：

$$P_0(\theta) = \exp\left(\frac{-G(\theta)\ \Omega(\theta)\ LAI}{\cos(\theta)}\right) \tag{4-29}$$

式中，$P_0(\theta)$ 为天顶角 θ 下测量的冠层孔隙度；$G(\theta)$ 为投影函数，即单位叶片面积在 θ 方向上的投影面积；$\Omega(\theta)$ 为叶片的丛生指数，代表了叶片随机均匀分布变异程度；$1/\cos(\theta)$ 为光线穿过冠层的路径长度。方程是泊松模型的一种改进形式，采用马尔科夫链理论描述叶片空间分布模式。$\Omega(\theta)\ LAI$ 称为有效叶面积指数（LAI_e）（Chen et al.，1991；Chen，1996），从冠层孔隙度计算 LAI_e 需要已知 $G(\theta)$。Miller（1967）提出测量一系列角度的冠层孔隙度，通过最优化方法同时估计 LAI_e 和 $G(\theta)$。根据 Wilson（1960）对倾斜点样方法的分析研究，当叶片的倾角为 56°时，G 函数在不同方向上的测量值收敛于

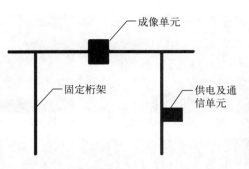

A.图像采集装置示意图　　　　　　　　B.图像采集装置田间安装情况

C.玉米冠层彩色图像序列　　　　　　　D.玉米冠层红外图像序列

图 4-48　玉米冠层红外图像序列获取装置示意图

0.5，即此时 G 函数对天顶角的变化不敏感。这个角度约等于叶倾角分布函数为球状分布时的叶片平均倾斜角度。球形分布叶片模型中，叶片朝向具有同等概率，并且叶片平均投影面积在任意天顶角上都等于总叶片面积的一半，根据 Goudriaan（1988）和 Spitters 等（1986），球形叶片分布模型适合多数作物冠层。这是基于顶视图像测量 LAI_e 的理论基础，LAI_e 的计算见式（4-30）：

$$LAI_e = -2\ln\left[P_0(0)\right] \tag{4-30}$$

式中，$P_0(0)$ 为冠层顶视方向获取的冠层图像的孔隙度。

从玉米播种后开始，每隔 1 h 获取被监测玉米小区可见光及红外图像，形成玉米整个生育期内的动态图像序列。图 4-49 展示了序列图像中不同时间节点的图像样例。

（3）玉米冠层图像分割与孔隙度计算　P_0 的计算精度决定了 LAI_e 的计算精度。冠层孔隙度的计算公式为：

$$P_0 = \frac{P_s}{P_t} \tag{4-31}$$

式中，P_s 为冠层图像上非植株像素数量，P_t 为图像上总像素数量。在田间条件下，冠层图像植株及背景的颜色与亮度极易受到变化光照条件影响。胡凝等（2014）指出，不同光照条件对冠层孔隙度计算精度的影响可达 20%。冠层图像获取时间跨越整个生长季，变化的光照条件导致图像呈现亮度差异。当光线较强时，植株顶部叶片有高光镜面反射；当光线较弱时，植株底部叶片区域由于受光量少，在图像中呈现阴影，植株上的高光和阴影区域容易被错分为背景像素。Hong 等（2011）指出田间光照条件下，植株上的高光镜面反射和阴影对图像分割是极大的挑战。前人通过寻找优化的颜色空间（Philipp et al.，2002；Panneton et al.，2009；Liu et al.，2012）增强植株绿色分量比重（Meyer et al.，2008；Burgosartizzu et al.，2011），以及基于机器学习的图像分割算法（Ruizruiz et al.，2009；

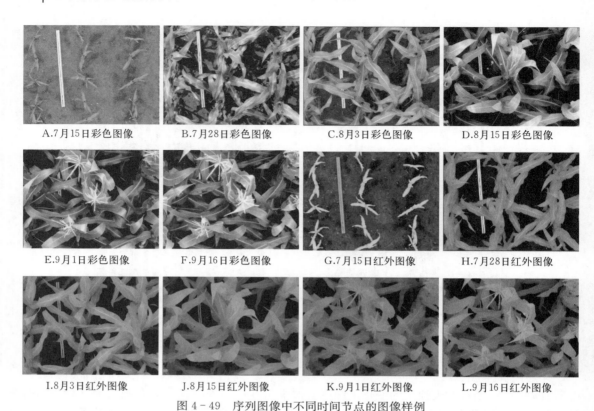

A.7月15日彩色图像　　B.7月28日彩色图像　　C.8月3日彩色图像　　D.8月15日彩色图像

E.9月1日彩色图像　　F.9月16日彩色图像　　G.7月15日红外图像　　H.7月28日红外图像

I.8月3日红外图像　　J.8月15日红外图像　　K.9月1日红外图像　　L.9月16日红外图像

图 4-49　序列图像中不同时间节点的图像样例

Zheng et al.，2012）进行冠层图像分割。

　　支持向量机（SVM）是基于统计学习理论的模式识别方法，其主要思想是将低维不可分类向量映射到一个高维空间，在高维空间建立最大间隔超平面使得该平面两侧距平面最近的两个平行超平面距离最大化，在小样本、非线性及高维模式识别中具有一定优势。被监测小区为 3 个，一个生长季 90 d，每天 5：00—19：00 每隔 0.5 h 获取一组图像。在整体图像集中，每 3 d 随机从当日的图像集中抽取 3 幅，构成 90 幅图像训练样本集，其他图像作为测试集。在 90 幅样本图像上，人工选择植株像素和背景像素，构建了 18 维的分类特征向量（表 4-15），计算两类像素点特征向量各个分量值，作为 SVM 训练样本输入。

表 4-15　植株像素分类特征描述

项目	特征描述	数量
颜色	RGB	3
	YUV	3
	HSV	3
	XYZ	3
纹理	灰度共生矩阵	1
	9×9 窗口纹理能量	1
	局部傅里叶变换（LFT）	1
	离散余弦变换（DCT）	1

（续）

项目	特征描述	数量
梯度	x 方向 1 阶梯度	1
	y 方向 1 阶梯度	1

使用训练后的 SVM 分类器对图 4-49B 进行分割，分割结果如图 4-50 所示。

从分割结果图像看，叶片上的高光和遮挡产生的阴影导致了大量的错误分割结果，对图 4-49A 至图 4-49F 采用人工标注获得植株图像分割的真值，利用式（4-32）计算 SVM 分割方法精度：

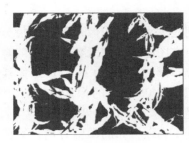

图 4-50　SVM 分割结果

$$Q_{seg} = \frac{\sum_{i=0}^{i=m} \sum_{j=0}^{j=n} [A(p)_{ij} \bigcap B(p)_{ij}]}{\sum_{i=0}^{i=m} \sum_{j=0}^{j=n} [A(p)_{ij} \bigcup B(p)_{ij}]}$$

（4-32）

式中，A 为 SVM 方法分割得到的前景像素集（$p=255$）或背景像素集（$p=0$），B 为人工方法取得的图像前景像素集（$p=255$）或背景像素集（$p=0$），m、n 分别为图像的行数和列数，i、j 分别为对应的坐标。A 和 B 的一致性越高，Q_{seg} 的值就越大，表明分割的精度就越高。图 4-49A 至图 4-49F 的 Q_{seg} 均值为 0.81。从计算结果可以看出，图像中的高光和阴影部分有较多被错分为背景，直接使用可见光彩色图像序列计算冠层孔隙度误差较大。

（4）红外图像的高斯分布阈值分割方法　健康绿色植物在近红外波段的光谱特征是反射率高（45%～50%）、透过率高（45%～50%）、吸收率低（<5%）。在可见光波段与近红外波段之间，即大约 0.76 μm 附近，反射率急剧上升，形成"红边"现象。玉米冠层红外图像中，由于植株和土壤背景的反射率不同，植株像素亮度高于图像背景。存在于可见光彩色图像中的叶片阴影区域由于反射率增高，亮度得到一定程度提升，彩色图像中的高光部分在红外波段光照度削减，抑制了叶片高光反射现象。图 4-51 展示了图 4-49C 和图 4-49I 的灰度图像和红外图像的直方图。

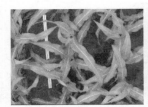
A.灰度图像

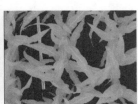
B.红外图像

C.灰度图像直方图

D.红外图像直方图

图 4-51　灰度图像及红外图像的直方图

从图 4-51 中可以看出，可见光图像中土壤背景像素与植株像素的分界并不明显，导致图像分割时植株像素有可能被错误分割。在红外图像中，背景像素与植株像素呈现双峰分布，分界较为明显。

计算冠层图像序列冠层孔隙度问题转化为寻找冠层红外图像分割阈值问题，该类型的图像灰度分布使用 OTSU 等阈值寻找算法结果并不理想，笔者注意到土壤背景像素处于灰度直方图的较暗一侧，形状上符合正态分布（背景像素点灰度值属于大量随机样本）。

$$f(x) = \frac{1}{\sigma\sqrt{2\pi}} e^{-\frac{(x-\mu)^2}{2\sigma^2}} \tag{4-33}$$

若图像分割阈值满足超过 97.5% 的背景像素能够被正确分割，即：

$$P\{|x-\mu|<2\sigma\} \approx 0.9545 \tag{4-34}$$

则能大大增加图像二值化阈值分割的精度。计算直方图中背景像素数量分布的峰值（第一个灰度分布峰值），记为 μ。TL 是像素数量累计为 μ 累积量的 0.05 时的像素值；TR 为 TL 相对于 μ 的镜像值，即 $TR=2\mu-TL$，为图像的分割阈值。基于高斯分布的图像分割计算简便，适于在大量图像序列上自动实施（图 4-52）。

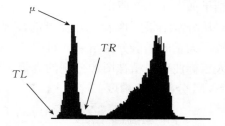

图 4-52 灰度像素高斯分布阈值分割法
注：μ 为背景像素直方图峰值对应的灰度值，直方图累积量在 TL 点为 μ 点累积量的 2.5%，$TR=2\mu-TL$。

使用上述方法对图 4-49G~L 进行阈值分割，效果如图 4-53 所示。图 4-53G~L 为灰度像素直方图；图 4-53A~F 的 Q_{seq} 均值为 0.94，分割精度得到较大提升。

A.7月15日红外图像背景分割

B.7月28日红外图像背景分割

C.8月3日红外图像背景分割

D.8月15日红外图像背景分割

E.9月1日红外图像背景分割

F.9月16日红外图像背景分割

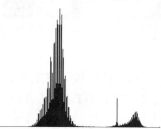

G.7月15日红外图像直方图

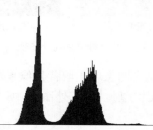

H.7月28日红外图像直方图

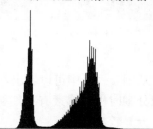

I.8月3日红外图像直方图

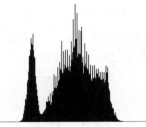

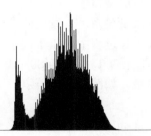

| J.8月15日红外图像直方图 | K.9月1日红外图像直方图 | L.9月16日红外图像直方图 |

图4-53　灰度像素高斯分布阈值分割法效果

2. 田间试验与精度分析　使用上述田间冠层连续监测装置及图像处理算法,对2个不同历史年份栽培品种进行实测,品种1为20世纪60年代的玉米栽培品种,测量的冠层LAI连续变化值如图4-54所示。苗期到拔节期LAI缓慢增大,拔节期后迅速增长,抽雄吐丝期逐渐稳定并达到峰值,吐丝后随着营养生长向生殖生长过渡,叶片枯萎变黄,营养物质向籽粒转移,LAI呈现下降趋势。品种2为20世纪90年代栽培品种,LAI的变化趋势前期与品种1相近,不同之处在于后期(8月18日至9月7日)LAI下降趋势更为缓慢,LAI维持在一定范围内持续时间较长。从2个品种冠层的外观看,品种1冠层后期叶片枯萎变黄趋势更为明显,品种2叶片的"持绿性"较好,在籽粒形成和成熟过程中能够提供更多的光合同化物质,这也是近现代栽培品种产量高于历史年代品种的一个原因。

A.60年代品种冠层图像序列

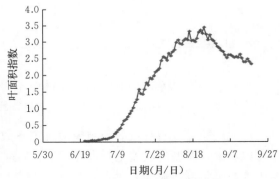

B.60年代品种冠层叶面积指数

C.90年代品种冠层图像序列

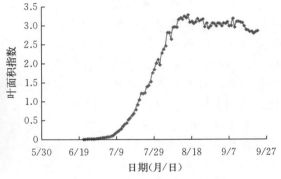

D.90年代品种冠层叶面积指数

图4-54　不同年代玉米品种叶面积指数趋势对比

　　冠层覆盖度（Coverage fraction）定义为1-冠层孔隙度，与冠层植株的干重和鲜重存在一定数量关系。连续监测获得冠层覆盖度指标，可用于冠层植株生物量的无损估计。在玉米植株生长过程中，于不同生育时期破坏性采集植株地上部，分解后称量鲜重，然后放置烘箱110 ℃杀青15 min后80 ℃烘干至恒重称取干重。建立冠层覆盖度与冠层植株鲜重/干重的曲线关系，如图4-55所示。

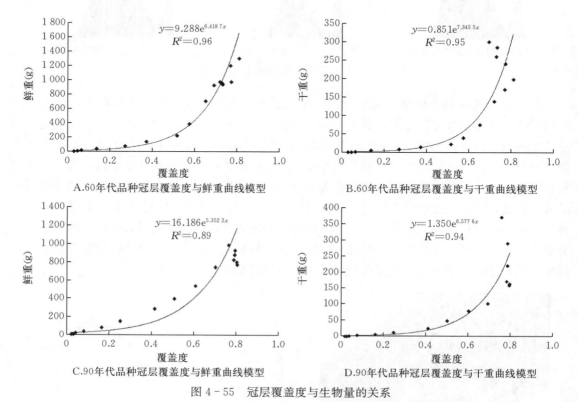

A.60年代品种冠层覆盖度与鲜重曲线模型　　　　B.60年代品种冠层覆盖度与干重曲线模型

C.90年代品种冠层覆盖度与鲜重曲线模型　　　　D.90年代品种冠层覆盖度与干重曲线模型

图4-55　冠层覆盖度与生物量的关系

　　从冠层覆盖度与鲜重的预测模型决定系数看，品种1高于品种2（0.96＞0.89）。从图中可以看出，模型的误差主要来源于生长后期，由于品种1后期叶片枯萎变黄较明显，冠层覆盖度与鲜重同步降低；而品种2由于生长后期叶片持绿性较好，冠层覆盖度下降趋势平缓，叶片的鲜重仍在持续增加。从冠层覆盖度与干重的预测模型决定系数看，误差主要来源于生长后期，冠层覆盖度下降，而植株特别是籽粒干重逐渐增加。冠层覆盖度的变化趋势，基本可反映植株干重、鲜重的变化，可用于植株生物量变化的预测。

　　为了验证所述装置与方法测量LAI的精度，在品种1、2冠层生长过程中，使用Ac-cuPAR设备（Decagon Inc）同步测量了LAI，对二者进行回归分析，回归直线如图4-56所示。

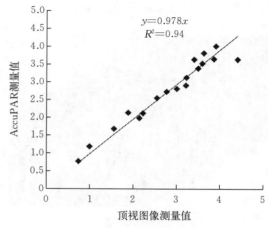

图4-56　两种方法精度对比回归曲线

从图 4-56 中可知，回归模型的决定系数为 0.94，证明所述方法测量 LAI 精度与 Ac-cuPAR 接近，可进行长期在线自动测量。

3. **小结**　图像法获取冠层结构参数的精度和稳定性主要受到成像时光照条件的影响，使用 SVM 分类器对冠层彩色图像分割结果的 Q_{seg} 为 0.81，使用所述红外冠层图像结合背景正态分布分割方法的图像序列分割的 Q_{seg} 均值为 0.94，精度大大提高。在两个不同年代品种的田间实测对比试验中，所述方法计算的 LAI 动态变化趋势能够很好地反映 2 种不同株型玉米植株后期持绿性不同所导致的冠层结构差异。与目前间接测量原理的商业化冠层结构测量设备 AccuPAR 进行精度对比，二者测量数据具有高度相关性，决定系数为 0.94。

所采用的顶视图孔隙度法估算冠层结构参数（有效叶面积指数）具有以下优势：①能够自动化完成整个生育期内的测量，目前间接原理手持设备（如 AccuPAR）对测量的时间和光辐射强度有特定要求，不具备自动化功能；②冠层图像数据量大，包含内容信息丰富，易于系统集成，如利用颜色纹理信息进行作物营养诊断、利用形态信息进行水分供给状况识别等。图像法有利于建立完整丰富的玉米冠层监测系统。

冠层植株的"叶片重叠"造成真实叶面积指数与有效叶面积指数存在一定的偏差，这种偏差可通过计算孔隙度统计分布规律即"丛生指数"描述，结合品种及密度试验的"丛生指数"计算将在下一步研究开展。

4.4.4　田间光照条件下应用半球图像解析玉米冠层结构参数

玉米是世界上种植的主要作物之一，玉米产量对粮食安全的影响重大。玉米产量形成主要来源于冠层的光合同化物积累，同化物积累是冠层通过一系列生理生化反应与外界环境物质和能量的交换过程，冠层这种生理功能的强弱主要受限于冠层内部结构形式（李小文等，1995）。冠层结构是一个群落外观可视化指标，直接反映作物的生长状况、栽培条件、水肥措施，在诸多冠层结构参数中，叶面积指数（Leaf area index，LAI）反映了单位地表上植物叶片面积的多少，平均叶倾角（Mean leaf angle，MLA）则表达了冠层中叶片的空间取向，对冠层结构起决定性作用。

冠层结构参数获取方法也主要分为直接法和间接法两类。所谓直接法就是对结构参数所涉及指标的直接组成部分进行测量，例如通过测量采样区域植株的叶片面积总和计算 LAI（李云梅，2005）。直接法需要大范围的破坏性采样，消耗大量人力物力，测量指标主观依赖性强，因此一些基于生长模型、光辐射模型和冠层孔隙度的间接方法得到了广泛深入的开展（Michael et al.，2013；Leblanc et al.，2014；Woodgate et al.，2015），其中半球图像（Hemispherical photography）在记录冠层孔隙度的同时还能获取作物形态、密度、生育时期等长势长相数据，被众多学者研究和应用。

有研究人员通过对半球图像进行几何纠正并建立参数图层，对分类后的植被冠层图层进行运算提取植被冠幅、冠层面积、冠层周长等冠层结构特征参数（彭焕华等，2011）。还有研究者比较了半球图像叶面积指数计算方法与其他间接方法，指出人为设置图像分割阈值是其产生误差的主要原因。此外，精度还受到采样时间和空间的影响，如果采样时间和空间选择不当都会对 LAI 的计算带来一定误差（吴彤等，2006）。有研究采用半球图像计算小麦、玉米、向日葵 3 种作物的叶面积指数，将丛生指数（Clumping index）引入半球图像的泊松模型中，使得 LAI 计算值更加接近实际值（Zarate-Valdez et al.，2012）。前人基于半球图像的冠层结构参数开发多平台计算软件包 CIMES，软件采用命令行模式，实现了 Miller、Lang 和 Campbell 等多种 LAI 计算方法（Gonsamo et al.，2011）。Baret 采用作物虚拟三维模型，模拟了作物冠层的半球图像，从三维几何尺度证明了半球图像法的可行性（Baret et al.，2012）。Carceroni 基于手持设备的冠层结构参数开发了图像获取设备，通过手持设备的角度传感器获取 57.5°的冠层图像，验证结果与 LAI2000、AccuPAR 等冠层分析设备测量结果一致性较高，其低廉的价格和便携性扩展了设备的应用条件（Carceroni et al.，2002）。

在相关研究中，无论是使用商业化设备（如 Hemiview、LAI - 2000、CI - 110），还是研究人员自行研发的设备，对获取半球图像时的光照条件要求苛刻，一般在日出后 1 h 或者日落前 1 h 内（直射光少、散射光多）。限制图像获取时段的主要原因：一方面成像设备在不同光照条件下采取的曝光策略不同，致使不同时段获取的图像颜色亮度差异较大，在图像分割时阈值很难统一；另一方面作物叶片对阳光有一定透射作用，在直射光较强的条件下，顶部叶片在图像上常显示为过度曝光，底部叶片受上方叶片投射阴影的影响，曝光不足。

综上所述，半球图像方法是一种重要的冠层结构参数间接计算方法，受田间变化光照条件的影响。该方法只能在特定的光照条件下使用，对图像获取时间的限制极大影响该方法的实际应用。采用基于多曝光图像融合映射方法去除田间变化光线对图像明暗、高光、阴影的影响，极大程度增加了半球图像技术的适用范围。

1. 系统设计与算法实现

（1）半球图像获取装置与获取方法 采用适马（SIGMA）8 mm F3.5 EX DG FISHEYE 定焦鱼眼镜头，能够提供水平 360°、垂直 180°视野范围图像，相机采用佳能（Canon）EOS 5D Mark Ⅲ全幅相机，相机放置于冠层底部，垂直地面朝向天空。固定光圈数值，快速切换曝光时间，获取一组多曝光冠层半球图像序列，图像如图 4 - 57 所示。

图像处理程序由 Visual Studio 2010 开发，使用了图像处理开源库 OpenCV 2.3，程序运行在 PC 端，CPU 核心频率 3.4GHZ，内存 4GB。

图 4 - 57　玉米冠层半球图像示例

（2）半球图像处理 本图像处理算法流程主要包括 6 个步骤，如图 4 - 58 所示。

A. 多曝光图像融合。半球图像中植株像素与非植株像素的分割精度对冠层孔隙度和叶面积指数的计算有很大影响。冠层半球图像随获取时间不同亮度呈现差

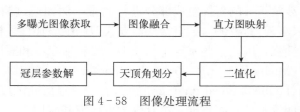

图 4 - 58　图像处理流程

异，冠层顶部像素亮度高，冠层底部像素亮度低，对后期图像处理造成 2 个主要影响：①无法选择固定的图像分割阈值；②处于过明和过暗区域的叶片像素会被错分为背景像素。Hong 等（2011）和 Ran 等（2011）指出田间光照条件下，植物上的高光镜面反射和阴影对图像分割是极大的挑战。Liu 和 Panneton 尝试采用优化的颜色空间（如：RGB HSV Lab）来分割植物图像，但不同植物颜色空间的分割阈值需要人工调整（Liu et al.，2012；Panneton et al.，2009）。Woebbecke 和 Burgosartizzu 利用植物叶片中含有叶绿素这一特性，提出绿色分量强化法（ExG）。该方法假定植物像素和背景像素线性变换后可投影到不同的空间平面上，根据事先计算的阈值对平面进行划分。该方法中阈值的选取受光照度的影响（Woebbecke，1995；Burgosartizzu et al.，2011）。为了解决变化光照的影响，

研究人员以多重颜色特征作为分类向量，采用机器学习分类方法区分植株像素和背景像素。试验表明，该方法自动化程度较高，但图像中的高光和阴影部分仍有较高错分率（Ruizruiz et al.，2009；Zheng et al.，2010）。

多曝光图像融合（宋怀波等，2014）能够在变化光照条件下获得亮度相对均一的图像，通过多幅不同曝光时间的图像计算场景光照辐射强度，对图像亮度进行校正和归一化，可以克服光线变换对图像分割的影响。图像亮度与场景光照辐射强度的数学关系如式（4-35）所示：

$$F(I_{ij}) = \ln E_i + \ln \Delta t_j \qquad (4-35)$$

式中，E 为场景中某点的光照辐射强度值（无量纲）；Δt 为图像的曝光时间，s；i 为图像上某个采样点，取值范围 $[1, n]$；j 为不同曝光度的图像序列中某个图像，取值范围 $[1, m]$；$F(I)$ 为相机对于场景中光照辐射强度的响应函数。公式的含义为：场景中某点的光照辐射强度为 E_i 时，当相机的曝光时间为 Δt 时，图像上该点的亮度值为 $F(I_{ij})$。在数字图像中像素亮度取值范围 0～255，因此式（4-35）可被离散化，变为最小二乘问题，如式（4-36）所示：

$$D = \sum_{i=1}^{n} \sum_{j=1}^{m} F(I_{ij}) - \ln E_i - \ln \Delta t_j \qquad (4-36)$$

当 D 取极小值时，计算得到相机的响应函数，再由像素灰度值和图像曝光时间计算场景中的光照辐射强度值，完成多曝光图像序列的融合。

$$\ln E_i = \left\{ \sum_{j=1}^{m} F(I_{ij}) - \ln \Delta t_j \right\} / m \qquad (4-37)$$

不同曝光时间的图像序列如图 4-59 所示。从图 4-59 可以看出，受到像素取值范围的影响，图像中阴影暗处和高光亮处的层次细节欠缺，阳光直射时冠层顶部叶片亮度高而底部叶片亮度低，通过将多曝光图像像素融合到光照辐射强度空间，增加了图像数值表示范围。图 4-60 为该图像序列融合的光照辐射强度伪色彩图，P_1 与 P_2 在光照辐射强度图像相差 3 个数量级，相较于原始图像，光照辐射强度图像有更宽的取值范围，原始图像中高亮和阴暗区域在光照辐射强度图像中呈现更多的细节。

| A.1/800 s | B.1/400 s | C.1/200 s | C.1/125 s | E.1/30 s | F.1 s |

图 4-59 不同曝光时间的图像序列

B. 光照辐射强度图像映射。光照辐射强度图扩展了原始的 RGB 图像的值域范围，包含了不同曝光图像序列中高光反射和阴影区域的信息。为了使不同时刻的光照辐射强度图亮度分布趋于均一一致，对光照辐射强度图进行压缩映射。采用直方图均衡化思想对光照辐射强度图压缩，压缩的同时矫正一天中不同时刻拍摄图像亮度的差异。具体方法如下：在光照辐射强度图的数值区间上找到一个值 V_0，使得式（4-38）中取值最小。

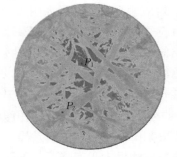

图 4-60 光照辐射强度融合图（见彩图）
注：从蓝色到红色，取值逐渐增大。P_1 和 P_2 的光照辐照度分别为 475 216 和 658。

$$\frac{[V_0 - 0.5(L_{max} + L_{min})]^2}{L^2} + \frac{\alpha\Big[\sum_{x=0}^{V_0} h(x) - 0.5N\Big]^2}{N^2} \qquad (4-38)$$

式中，L 为光照辐射强度图像的数值取值范围；L_{max} 和 L_{min} 为最大值和最小值；α 为条件参数，其影响映射变换的效果，取值范围 $[0, \infty)$，越接近 0 映射效果越接近线性变换，越接近 ∞ 映射效果越接近直方图均衡化，取值为 1.0，2 种效果均能体现；$h(x)$ 为直方图函数；N 为区间内像素数量。

由式（4-38）计算出 V_0 值，将 L 分为 2 个区间，在这 2 个区间上再使用式（4-38）计算获得 V_{10}、V_{11}，整个区间划分为 4 份，重复上述操作直到将整个区间划分为 256 份，建立光照辐射强度图像与 256 色图像的映射关系。划分方法如图 4-61 所示。

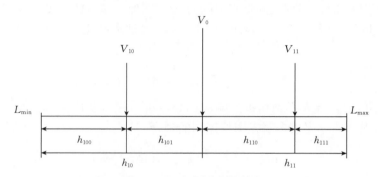

图 4-61　直方图映射方法

注：V_0、V_{10}、V_{11} 为光照辐射强度的直方图分割阈值，h_{10}、h_{11}、h_{100}、h_{101}、h_{110}、h_{111} 为光照辐射强度的直方图分割区间，L_{min} 为光照辐射强度的最小值，L_{max} 为光照辐射强度的最大值。

C. 多曝光图像融合映射效果。对图 4-59 中的图像序列进行融合映射计算，结果如图 4-62 所示。阴影与高亮区域（高光反射和透射）同时存在于原始图像序列中，经过图像融合映射算法处理后，图像亮度分布更为均一合理。

为进一步验证所述方法对不同时刻变化光照条件下图像亮度的校正效果，获取同一冠层 14:00 和 17:00 时半球冠层图像序列（图 4-63A、图 4-63B），对应融合映射结果如图 4-63C、图 4-63D 所示，对应二值化图像如图 4-63E 至图 4-63H，图像分割阈值 180。图像 4-63E 至图 4-63H 中代表植株的黑色像素占整个半球图像像素的 48.1%、63.5%、56.8% 和 59.6%。从结果看，14:00 与 17:00 时曝光

图 4-62　算法处理结果

1/100 s 的图像采用 180 灰度阈值分割后，植株像素差异达到 15.4%，经算法处理后图像采用同样分割阈值，植株像素差异为 2.8%。植株像素关系到后续冠层孔隙度和冠层参数的计算，所述方法极大程度降低了不同时刻光照对图像阈值分割的影响。

D. 半球图像划分。以半球图像中心点为圆心，以 5° 为天顶角度间隔，将半球图像划分为 18 个同心圆。采用半球图像正弦投影函数计算各个同心圆的半径，划分结果如图 4-64 所示。

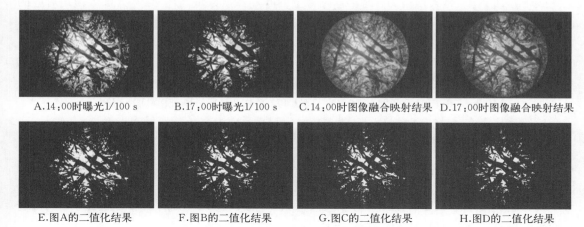

A.14:00时曝光1/100 s　　B.17:00时曝光1/100 s　　C.14:00时图像融合映射结果　　D.17:00时图像融合映射结果

E.图A的二值化结果　　　F.图B的二值化结果　　　G.图C的二值化结果　　　H.图D的二值化结果

图 4-63　算法对变化光照条件下图像分割效果的对比

注：图像分割阈值为180。

E. 基于半球图像的叶面积指数和平均叶倾角计算。Monsi 将光线在均匀介质中传播的 Beer - Lambert 定律引入作物冠层光线传播模型中（Monsi，1953），具体见式（4-39）：

$$I/I_0 = e^{-k \cdot LAI} \qquad (4-39)$$

式中，I 为冠层底部的辐射强度；I_0 为冠层上方的辐射强度；k 为冠层的消光系数，无量纲；LAI 为叶面积指数。只考虑直射光的情况下，I/I_0 可以用冠层孔隙度 T 表示，k 取值与入射光线的角度和冠层本身的叶倾角分布有关（Kucharik et al.，1998），计算方法见式（4-40）：

图 4-64　半球图像天顶角的划分

注：每个圆环代表 5°天顶角区域。

$$k = G(\theta, \alpha)/\cos\theta \qquad (4-40)$$

式中，θ 为光线的入射角，即天顶角；α 为平均叶倾角；$G(\theta, \alpha)$ 为投影函数，即叶倾角 α 的单位叶片面积在 θ 方向上的投影面积。由此可知，消光系数与光线入射角度、叶片的朝向（用叶倾角表示）有关。由式（4-39）、式（4-40）得到半球图像计算作物冠层叶面积指数的一般公式：

$$T(\theta) = e^{-G(\theta,\alpha) \cdot LAI/\cos\theta} \qquad (4-41)$$

式中，$T(\theta)$ 为天顶角 θ 下的冠层孔隙度。叶面积指数计算见式（4-42）：

$$LAI = -\ln T(\theta) \cdot \cos\theta/G(\theta, \alpha) \qquad (4-42)$$

式中，投影函数 $G(\theta, \alpha)$ 有 2 个特性：①在 $\theta=57°$ 时，$G(\theta, \alpha)=0.5$ 为常数值（Campbell，1990）；②在 $25°<\theta<65°$ 时，$G(\theta, \alpha)$ 可以视为 θ 的线性函数，其斜率可由叶倾角计算（Lang，1990），则可简化为：

$$LAI = -\ln T(57°) \cdot \cos(57°)/0.5 \qquad (4-43)$$

式中，$T(57°)$ 为从半球图像中获取的天顶角 θ 为 57°视角的冠层孔隙度。冠层孔隙度的计算公式为：

$$T(\theta) = P_L(\theta)/P_S(\theta) \qquad (4-44)$$

　　式中，$P_L(\theta)$ 是天顶角为 θ 时半球图像上的叶片像素数量，$P_S(\theta)$ 为该天顶角对应的圆环像素数量。

　　计算冠层的叶面积指数，平均叶倾角由 LAI 间接计算获得，从半球图像上提取 $25°\sim$ $65°$ 天顶角的孔隙度 $T(25°)\sim T(65°)$，进一步计算系列 $G(25°)\sim G(65°)$，该数据的 θ 与 $G(\theta)$ 满足线性关系，可拟合出直线斜率 D，平均叶倾角 MLA 采用式（4-45）计算。

$$MLA=56.63+2.521\times10^3D-141.471\times10^{-3}D^2-15.59\times10^{-6}D^3+$$
$$4.18\times10^{-9}D^4+442.83\times10^{-9}D^5 \qquad (4-45)$$

2. 田间试验与精度分析

（1）LAI 与 MLA 计算结果　对试验材料进行 LAI 和 MLA 的计算，试验材料品种为先玉 335，播种时间 2013 年 6 月 5 日，种植密度为 60 000 株/hm²，正常水肥管理。分别对 8 月 6 日、8 月 13 日、8 月 19 日、8 月 22 日、8 月 26 日、9 月 12 日所获取的冠层半球图像进行分析处理，LAI 与 MLA 结果如图 4-65 所示。

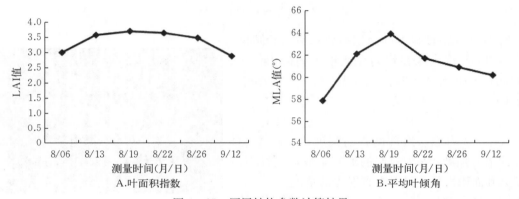

图 4-65　冠层结构参数计算结果

　　8 月 20 日为吐丝后 20 d 左右，此时植株生长量达到最大。测量结果显示，8 月 19 日的 LAI（3.71）为整个测量序列的峰值，与观察结果吻合。MLA 测量值与 LAI 值有相同变化趋势，随着生长量达到最大，植株上部叶片直立程度增加，以增加冠层上部太阳辐射透过率；随着植株叶片的衰老，叶片形态逐渐披散，MLA 后期呈现下降趋势。

（2）方法的精度与准确性　为了进一步验证所述测量方法的精度和准确性，采用直接法获取玉米叶片面积计算 LAI 真实值，叶面积的测量方法如图 4-66 所示。将叶片逐个拆解铺平拍摄图像，图像中绿色叶片像素数换算成叶面积，篇幅所限图像处理算法不再赘述。

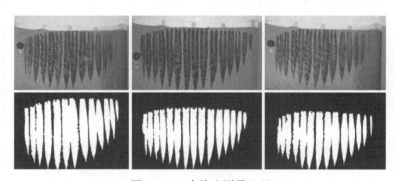

图 4-66　直接法测量 LAI

以所述方法测量值与直接法测量值拟合直线方程，直线方程斜率越接近 1 说明方法准确性越好，R 值越接近 1 说明二者的相关性越大。从结果看，方程斜率为 1.463，表明本方法的测量值普遍低于直接法测量值；R^2 为 0.94，表明二者有较高的相关性。本方法在趋势上与直接法一致性较高，后期可通过增加校正系数提高本方法的准确性（图 4-67）。

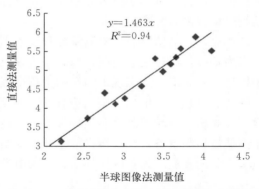

图 4-67　半球图像方法与直接法直线拟合结果

（3）小结　半球图像法获取冠层结构参数的精度和稳定性主要受到成像时光照条件的影响，过往研究中通常采用变化光圈和曝光时间应对光线变化，实际操作中过分依赖经验，难以获得亮度均匀统一的半球图像。相关文献（胡凝等，2014）中指出，不同曝光时间半球图像冠层孔隙度可相差 20%。另一种消除变化光线影响的方法是在接近日落时散射光较多的条件下获取图像，此时光照条件差异相对较小，可以减轻叶片被直射光透射形成光斑和阴影。这种对采集时光照条件的要求限制了半球图像法的适用范围，实际应用中存在很大不便，特别是一些需要定时连续监测的情况下，变化光照是不可避免的。

所述的多曝光图像融合映射方法，在一定程度上消除了变化光线造成的图像亮度差异，便于后期图像处理程序选择同一稳定的图像分割阈值。多曝光图像融合后扩大了图像亮度值的取值范围，增加了不同亮度像素值的数量级差异。映射算法将融合图像向普通图像转化，完成图像亮度范围的压缩，从图像中观察，原始图像中过亮区域被抑制、过暗区域被提升，从而达到缩减光线变换对图像亮度影响的目的。

采用半球图像方法间接获取玉米冠层结构参数，在图像分割和孔隙度计算阶段，针对半球图像法易受光线变化影响这一问题，提出了基于多曝光图像融合映射算法，使得不同时间段获取的图像亮度相对均一稳定，同时消除了叶片图像的高光反射和阴影。对比试验表明，未经算法处理的变化光照冠层半球图像的植株像素二值化分割差异可达 15.4%，经算法处理后的图像采用同样分割阈值，分割差异为 2.8%，极大降低了变化光照对图像阈值分割的影响。在冠层结构参数计算阶段，根据 Beer-Lambert 定律推导出冠层 LAI 和 MLA 的计算方法，应用该方法计算特定生育时期内 LAI 与 MLA 的变化趋势，通过与直接法相关性和准确性对比分析，二者（相关系数为 0.94）具有较高的一致性。

4.5　总结与展望

在本章中，介绍了国内外玉米表型检测平台及其方法，并讨论了玉米植株长势监测、田间玉米冠层表型参数检测等关键技术。玉米表型检测环境主要分为不可控环境（田间）和可控环境（连栋温室、日光温室和旱棚等），其中田间环境下的玉米表型检测面临全新挑战，不仅表型检测技术受到复杂环境条件影响，而且其检测结果也需要与基因型和环境型进行协同分析。目前，世界粮食绝大多数仍然是在田间环境下生产的，研究田间环境下玉米表型检测技术和方法是将来面向育种与作物产量研究的重点。田间复杂光照、温度和湿度等天气条件及杂草背景和作物间遮挡，对基于图像的表型检测方法造成很大的困难，尤其是光照不均和群体遮挡会严重影响图像分割质量和目标理解精度，解决上述问题是将来一段时间内田间植物表型检测研究的热点。

迄今，各类植物表型检测系统和设备不断涌现。在可控环境下，主要以植物自动化培养技术为基础，通过集成一些光源、相机以及自动化装置来完成自动采集；在田间环境下，利用框架式或者滑轨式实现田间作物生长全程表型的自动、连续检测，是将来植物表型组学研究的趋势。总之，植物表型研究作为一个新兴、跨学科的研究领域，亟须吸引植物学、农学、计算机、自动控制等多学科人才，突破植物表型检测关键技术，构建具有特色的作物表型高通量检测设备，针对作物特性开发专用植物表型分析软件，从而推动我国作物表型以及表型组学的发展，为我国生物学、基因组学以及分子育种研究提供扎实的技术支撑。

参考文献

刁智华，王欢，宋寅卯，等，2013. 复杂背景下棉花病叶害螨图像分割方法. 农业工程学报，29（5）：147-152.

高林，王璐，闫磊，等，2014. 基于关键帧提取技术的花开过程视频监测系统开发及试验. 农业工程学报，30（1）：121-128.

顾金梅，吴雪梅，陈永安，等，2015. 光照强度对烟叶颜色特征向量的影响. 安徽农业大学学报，42（2）：322-326.

胡凝，吕川根，姚克敏，等，2014. 利用鱼眼影像技术反演不同株型水稻的冠层结构参数. 作物学报，40（8）：1443-1451.

贾洪雷，王刚，郭明卓，等，2015. 基于机器视觉的玉米植株数量获取方法与试验. 农业工程学报，31（3）：215-220.

李健，史进，2008. 基于 OpenCV 的三维重建研究. 微电子学与计算机，25（12）：29-32.

李小文，王锦地，1995. 植被光学遥感模型与植被结构参数化. 北京：中国科学院遥感与数字地球研究所.

李源，陈江文，黄玉珠，等，2016. 基于 RGB 线性组合模型的柑橘果实为害状识别. 中国农学通报，32（7）：79-84.

李云梅，2005. 植被辐射传输理论与应用. 南京：南京师范大学出版社.

梁淑敏，杨锦忠，李娜娜，等，2009. 基于图像处理的玉米分形维数及其种植密度效应评价. 作物学报，35（4）：745-748.

罗森林，马舒洁，梁静，等，2011. 基于子镜头聚类方法的关键帧提取技术. 北京理工大学学报，31（3）：348-352.

马稚昱，清水浩，辜松，2010. 基于机器视觉的菊花生长自动无损监测技术. 农业工程学报，26（9）：203-209.

苗腾，郭新宇，温维亮，等，2016. 基于图像的作物病害状态表观三维模拟方法. 农业工程学报，32（7）：181-186.

彭焕华，赵传燕，冯兆东，等，2011. 利用半球图像法提取植被冠层结构特征参数. 生态学报，31（12）：3376-3383.

宋怀波，何东健，龚柳明，2014. 不同光照条件下农作物图像 Contourlet 域融合方法. 农业工程学报，30（11）：173-179.

宋振伟，文新亚，张志鹏，等，2010. 基于数字图像技术的冬小麦不同施氮和灌溉处理颜色特征分析. 中国农学通报，26（14）：350-355.

孙季丰，徐兴，2003. 视频检索中关键帧选取的时间自适应算法. 计算机工程，29（7）：150-151.

王传宇，郭新宇，温维亮，等，2016. 田间光照条件下应用半球图像解析玉米冠层结构参数. 农业工程学报，32（4）：157-162.

王传宇，郭新宇，吴升，等，2013. 采用全景技术的机器视觉测量玉米果穗考种指标. 农业工程学报，29（24）：155-162.

王传宇，赵明，阎建河，2009. 基于双目立体视觉的苗期玉米株形测量. 农业机械学报，40（5）：145-148.

王雪，郭新宇，陆声链，等，2009. 基于骨架模型的玉米生长运动仿真与动画生成技术. 农业机械学报，40（S1）：198-201.

吴彤，倪绍祥，李云梅，等，2006. 由冠层孔隙度反演植被叶面积指数的算法比较. 南京师大学报（自然科学版），29（1）：111-115.

徐胜勇，林卫国，伍文兵，等，2015. 基于颜色特征的油菜缺素症图像诊断. 中国油料作物学报，37（4）：576-582.

翟瑞芳，方益杭，林承达，等，2016. 基于高斯HI颜色算法的大田油菜图像分割. 农业工程学报，32（8）：142-147.

张凯兵，章爱群，李春生，2016. 基于HSV空间颜色直方图的油菜叶片缺素诊断. 农业工程学报，32（19）：179-187.

张立周，王殿武，张玉铭，等，2010. 数字图像技术在夏玉米氮素营养诊断中的应用. 中国生态农业学报，18（6）：1340-1344.

张振平，孙世贤，张悦，等，2009. 玉米叶部形态指标与抗旱性的关系研究. 玉米科学，17（3）：68-70.

郑力嘉，孙宇瑞，蔡祥，2015. 基于激光扫描3D图像的植物亏水体态辨识与萎蔫指数比较. 农业工程学报，31（2）：79-86.

祝振敏，张永贤，金小龙，等，2013. 光源光强对颜色对比度的影响研究. 华东交通大学学报（1）：1-4.

Andersen HJ, Reng L, Kirk K, 2005. Geometric plant properties by relaxed stereo vision using simulated annealing. Computers & Electronics in Agriculture, 49（2）：219-232.

Andreasen C, Rudemo M, Sevestre S, 1997. Assessment of weed density at an early stage by use of image processing. Weed Research, 37（1）：5-18.

Andújar D, Ruedaayala V, Moreno H, et al., 2013. Discriminating crop, weeds and soil surface with a terrestrial LIDAR sensor. Sensors, 13（11）：14662.

Bai L, Sui F, Sun Z, et al., 2004. Effects of soil water stress on morphological development and yield of maize. Acta Ecologica Sinica, 24（7）：1556-1560.

Baret F, De SB, Lopezlozano R, et al., 2012. GAI estimates of row crops from downward looking digital photos taken perpendicular to rows at 57.5° zenith angle: Theoretical considerations based on 3D architecture models and application to wheat crops. Agricultural & Forest Meteorology, 150（11）：1393-1401.

Barker T, Campos H, Cooper M, et al., 2005. Improving drought tolerance in maize. Plant Breeding Reviews, 25：173-253.

Burgosartizzu XP, Ribeiro A, Guijarro M, et al., 2011. Real-time image processing for crop/weed discrimination in maize fields. Computers & Electronics in Agriculture, 75（2）：337-346.

Cabrera-Bosquet L, Crossa J, Von Zitzewitz J, et al., 2012. High-throughput phenotyping and genomic selection: the frontiers of crop breeding converge. Journal of Integrative Plant Biology, 54（5）：312-320.

Cai J, Okamoto M, Atieno J, et al., 2016. Quantifying the onset and progression of plant senescence by color image analysis for high throughput applications. PLoS ONE, 11：e01571026.

Calatayud A, Roca D, Martā Nez PF, 2006. Spatial-temporal variations in rose leaves under water stress conditions studied by chlorophyll fluorescence imaging. Plant Physiology & Biochemistry, 44（10）：564-573.

Campbell GS, 1990. Derivation of an angle density function for canopies with ellipsoidal leaf angle distributions. Agricultural & Forest Meteorology, 49 (3): 173 – 176.

Carceroni RL, Kutulakos KN, 2002. Multi – view scene capture by surfel sampling: from video streams to non – rigid 3D motion, shape and reflectance. International Journal of Computer Vision, 49 (2 – 3): 175 – 214.

Carmona VV, Costa LC, Filho ABC, 2015. Symptoms of nutrient deficiencies on cucumbers. International Journal of Plant & Soil Science, 8 (6): 1 – 11.

Chen JM, 1996. Optically – based methods for measuring seasonal variation of leaf area index in boreal conifer stands. Agricultural & Forest Meteorology, 80 (2 – 4): 135 – 163.

Chen JM, Black TA, 1991. Measuring leaf area index of plant canopies with branch architecture. Agricultural & Forest Meteorology, 57 (1 – 3): 1 – 12.

Chen TW, Cabrera – Bosquet L, Alvarez Prado S, et al, 2018. Genetic and environmental dissection of biomass accumulation in multi-genotype maize canopies. Journal of Experimental Botany, 70 (9): 2523 – 2534.

Gitelson AA, Viña A, Arkebauer TJ, et al., 2003. Remote estimation of leaf area index and green leaf biomass in maize canopies. Geophysical Research Letters, 30 (30): 335 – 343.

Gomes FP, Oliva MA, Mielke MS, et al., 2010. Osmotic adjustment, proline accumulation and cell membrane stability in leaves of Cocos nucifera submitted to drought stress. Scientia Horticulturae, 126 (3): 379 –384.

Gonsamo A, Walter JMN, Pellikka P, 2011. CIMES: a package of programs for determining canopy geometry and solar radiation regimes through hemispherical photographs. Computers & Electronics in Agriculture, 79 (2): 207 – 215.

Goudriaan J, 1988. The bare bones of leaf – angle distribution in radiation models for canopy photosynthesis and energy exchange. Agricultural & Forest Meteorology, 43 (2): 155 – 169.

Guo Q, Wu F, Pang S, et al., 2017. Crop 3D – a LiDAR based platform for 3D high – throughput crop phenotyping. Science China Life Sciences, 61: 328 – 339.

Guo W, Rage UK, Ninomiya S, 2013. Illumination invariant segmentation of vegetation for time series wheat images based on decision tree model. Computers & Electronics in Agriculture, 96 (6): 58 – 66.

Gómez – Bellot MJ, Nortes PA, Sánchez – Blanco MJ, et al., 2015. Sensitivy of thermal imaging and infrared thermometry to detect water status changes in Euonymus japonica plants irrigated with saline reclaimed water. Biosystems Engineering, 133: 21 – 32.

Hague T, Tillett ND, Wheeler H, 2006. Automated crop and weed monitoring in widely spaced cereals. Precision Agriculture, 7 (1): 21 – 32.

Hong YJ, Tian LF, Zhu H, 2011. Robust crop and weed segmentation under uncontrolled outdoor illumination. Sensors, 11 (6): 6270 – 6283.

Ishizuka T, Tanabata T, Takano M, et al., 2010. Kinetic measuring method of rice growth in tillering stage using automatic digital imaging system. Environment Control in Biology, 43 (2): 83 – 96.

Jackson RD, Slater PN, Jr PJP, 1982. Discrimination of growth and water stress in wheat by various vegetation indices through clear and turbid atmospheres. Remote Sensing of Environment, 13 (3): 187 – 208.

Jaleel CA, Manivannan P, Wahid A, et al., 2013. Drought stress in plants: a review on morphological characteristics and pigments composition. International Journal of Agriculture & Biology, 11 (1): 100 –105.

Jia J, Krutz GW, 1992. Location of the maize plant with machine vision. Journal of Agricultural Engineering Research, 52 (3): 169 – 181.

Jin J, Tang L, 2009. Corn plant sensing using real – time stereo vision. Journal of Field Robotics, 26 (6 – 7): 591 – 608.

Jones HG，1999. Use of infrared thermometry for estimation of stomatal conductance as a possible aid to irrigation scheduling. Agricultural & Forest Meteorology，95（3）：139 - 149.

João CN，Meyer GE，2005. Crop species identification using machine vision of computer extracted individual leaves. Optical Sensors and Sensing Systems for Natural Resources and Food Safety and Quality，5996：64 - 74.

Jr Ponti MP，2013. Segmentation of low - cost remote sensing images combining vegetation indices and mean shift. Ieee Geoscience and Remote Sensing Letters，10（1）：67 - 70.

Kadioglu A，Terzi R，2007. A dehydration avoidance mechanism：leaf rolling. Botanical Review，73（4）：290 - 302.

Kazmi W，Garcia - Ruiz FJ，Nielsen J，et al. ，2015. Detecting creeping thistle in sugar beet fields using vegetation indices. Computers and Electronics in Agriculture，112（SI）：10 - 19.

Khojastehnazhand M，Omid M，Tabatabaeefar A，2009. Determination of orange volume and surface area using image processing technique. International Agrophysics，23（3）：237 - 242.

Kim Y，Glenn DM，Park J，et al. ，2011. Hyperspectral image analysis for water stress detection of apple trees. Computers & Electronics in Agriculture，77（2）：155 - 160.

Kucharik CJ，Norman JM，Gower ST，1998. Measurements of leaf orientation，light distribution and sunlit leaf area in a boreal aspen forest. Agricultural & Forest Meteorology，91（1 - 2）：127 - 148.

Lang ARG，1990. An instrument for measuring canopy structure. Remote Sensing Reviews，5（1）：61 - 71.

Leblanc SG，Fournier RA，2014. Hemispherical photography simulations with an architectural model to assess retrieval of leaf area index. Agricultural & Forest Meteorology，194：64 - 76.

Li Z，Ji C，2006. Calculation of weed fractal dimension based on image analysis. Transactions of the Chinese Society of Agricultural Engineering，22（11）：175 - 178.

Lichtenthaler HK，Babani F，2000. Detection of photosynthetic activity and water stress by imaging the red chlorophyⅡ fluorescence. Plant Physiology & Biochemistry，38（11）：889 - 895.

Lichtenthaler HK，Langsdorf G，Lenk S，et al. ，2005. ChlorophyⅡ fluorescence imaging of photosynthetic activity with the flash - lamp fluorescence imaging system. Photosynthetica，43（3）：355 - 369.

Liu Y，Mu X，Wang H，et al. ，2012. A novel method for extracting green fractional vegetation cover from digital images. Journal of Vegetation Science，23（3）：406 - 418.

Luis AJ，Cairns JE，2014. Field high - throughput phenotyping：the new crop breeding frontier. Trends in Plant Science，19（1）：52 - 61.

Maseda PH，Fernández RJ，2016. Growth potential limits drought morphological plasticity in seedlings from six Eucalyptus provenances. Tree Physiology，36（2）：243.

Meer P，Mintz D，Rosenfeld A，et al. ，1991. Robust regression methods for computer vision：a review. International Journal of Computer Vision，6（1）：59 - 70.

Meyer GE，Neto JC，2008. Verification of color vegetation indices for automated crop imaging applications. Computers and Electronics in Agriculture，63（2）：282 - 293.

Meyer GE，Von Bargen K，Woebbecke DM，et al. ，1995. Shape features for identifying young weeds using image analysis. Transactions of the ASAE，38（1）：271 - 281.

Michael SG，Doley D，Yates D，et al. ，2013. Improving accuracy of canopy hemispherical photography by a constant threshold value derived from an unobscured overcast sky. Canadian Journal of Forest Research，44（1）：17 - 27.

Miller JB，1967. A formula for average foliage density. Australian Journal of Botany，15（1）：141 - 144.

Monsi MST，1953. The light factor in plant communities and its significance for dry matter production. Japanese Journal of Botany，1（14）：22 - 52.

Montalvo M，Pajares G，Guerrero JM，et al. ，2012. Automatic detection of crop rows in maize fields with high weeds pressure. Expert Systems with Applications, 39 (15): 11889 - 11897.

Montes JM, Technow F, Dhillon BS, et al., 2011. High - throughput non - destructive biomass determination during early plant development in maize under field conditions. Field Crops Research, 121 (2): 268 - 273.

Moshou D, Pantazi XE, Kateris D, et al., 2014. Water stress detection based on optical multisensor fusion with a least squares support vector machine classifier. Biosystems Engineering, 117 (2): 15 - 22.

Nafziger ED, 1996. Effects of missing and two - plant hills on corn grain yield. Journal of Production Agriculture, 9 (2): 238.

Nakarmi AD, Tang L, 2012. Automatic inter - plant spacing sensing at early growth stages using a 3D vision sensor. Computers & Electronics in Agriculture, 82 (1): 23 - 31.

Nakarmi AD, Tang L, 2014. Within - row spacing sensing of maize plants using 3D computer vision. Biosystems Engineering, 125: 54 - 64.

Neilson EH, Edwards AM, Blomstedt CK, et al., 2015. Utilization of a high - throughput shoot imaging system to examine the dynamic phenotypic responses of a C4 cereal crop plant to nitrogen and water deficiency over time. Journal of Experimental Botany, 66 (7): 1817.

Nieuwenhuizen AT, Tang L, Hofstee JW, et al., 2007. Colour based detection of volunteer potatoes as weeds in sugar beet fields using machine vision. Precision Agriculture, 8 (6): 267 - 278.

Nilson T, 1971. A theoretical analysis of the frequency of gaps in plant stands. Agricultural Meteorology, 8 (71): 25 - 38.

Panneton B, Brouillard M, 2009. Colour representation methods for segmentation of vegetation in photographs. Biosystems Engineering, 102 (4): 365 - 378.

Perez - Ortiz M, Manuel PJ, Antonio GP, et al., 2016. Selecting patterns and features for between - and within - crop - row weed mapping using UAV - imagery. Expert Systems with Applications, 47: 85 - 94.

Philipp I, Rath T, 2002. Improving plant discrimination in image processing by use of different colour space transformations. Computers & Electronics in Agriculture, 35 (1): 1 - 15.

Pizarro O, Singh H, 2003. Toward large - area mosaicing for underwater scientific applications. IEEE Journal of Oceanic Engineering, 28 (4): 651 - 672.

Ran NL, Eizenberg H, 2011. Robust methods for measurement of leaf - cover area and biomass from image data. Weed Science, 59 (2): 276 - 284.

Romeo J, Pajares G, Montalvo M, et al., 2012. Crop row detection in maize fields inspired on the human visual perception. The Scientific World Journal (1): 484390.

Rosenfeld A, 1975. A characterization of parallel thinning algorithms 1. Information & Control, 29 (3): 286 -291.

Ruizruiz G, Gómezgil J, Navasgracia L M, 2009. Testing different color spaces based on hue for the environmentally adaptive segmentation algorithm (EASA). Computers & Electronics in Agriculture, 68 (1): 88 -96.

Sanchiz JM, Pla F, Marchant JA, et al., 1996. Structure from motion techniques applied to crop field mapping. Image & Vision Computing, 14 (5): 353 - 363.

Sase S, Okushima L, Kacira M, 2004. Optimization of vent configuration by evaluating greenhouse and plant canopy ventilation rates under wind - induced ventilation. Transactions of the ASAE, 47 (6): 2059 - 2067.

Shrestha DS, Steward BL, 2005. Shape and size analysis of corn plant canopies for plant population and spacing sensing. Applied Engineering in Agriculture, 21 (2): 295 - 306.

Spitters CJT, Toussaint HAJM, Goudriaan J, 1986. Separating the diffuse and direct component of global radiation and its implications for modeling canopy photosynthesis Part I. Components of incoming radiation. Agricultural & Forest Meteorology, 38 (1 - 3): 217 - 229.

Struthers R, Ivanova A, Tits L, et al. , 2015. Thermal infrared imaging of the temporal variability in stomatal conductance for fruit trees. International Journal of Applied Earth Observations & Geoinformation, 39: 9 - 17.

Tang L, Tian LF, 2008. Plant identification in mosaicked crop row images for automatic emerged corn plant spacing measurement. Transactions of the ASAE, 51 (6): 2181 - 2191.

Wang XP, Zhao CY, Guo N, et al. , 2015. Determining the canopy water stress for spring wheat using canopy hyperspectral reflectance data in loess plateau semiarid regions. Spectroscopy Letters, 48 (7): 492 - 498.

Weiss M, Troufleau D, Baret F, et al. , 1963. Coupling canopy functioning and radiative transfer models for remote sensing data assimilation. Agricultural & Forest Meteorology, 2001, 108 (2): 113 - 128.

Wilson JW, 1960. Inclined point quadrats. New Phytologist, 59 (1): 1 - 7.

Wilson JW, 1963. Estimation of foliage denseness and foliage angle by inclined point quadrats. Australian Journal of Botany, 11 (1): 95 - 105.

Woebbecke DM, Mayer GE, Bargen VK, et al. , 1995. Color indices for weed identification under various soil, residue, and lighting conditions. Transactions of the ASAE, 38 (1): 259 - 269.

Woodgate W, Jones SD, Suarez L, et al. , 2015. Understanding the variability in ground - based methods for retrieving canopy openness, gap fraction, and leaf area index in diverse forest systems. Agricultural & Forest Meteorology, 205: 83 - 95.

Xiao Y, Cao Z, Zhuo W, 2011. Type - 2 fuzzy thresholding using GLSC histogram of human visual nonlinearity characteristics. Optics Express, 19 (11): 10656 - 10672.

Yang W, Guo Z, Huang C, et al. , 2014. Combining high - throughput phenotyping and genome - wide association studies to reveal natural genetic variation in rice. Nature Communication, 5: 5087.

Yu Z, Cao Z, Wu X, et al. , 2013. Automatic image - based detection technology for two critical growth stages of maize: emergence and three - leaf stage. Agricultural and Forest Meteorology, 174: 65 - 84.

Zaman - Allah M, Vergara O, Araus JL, et al. , 2015. Unmanned aerial platform - based multi - spectral imaging for field phenotyping of maize. Plant Methods, 11 (1): 35.

Zarate - Valdez JL, Whiting ML, Lampinen BD, et al. , 2012. Prediction of leaf area index in almonds by vegetation indexes. Computers & Electronics in Agriculture, 85 (5): 24 - 32.

Zheng LY, Tian K, 2012. Segmentation of green vegetation from crop canopy images based on fisher linear discriminant. Key Engineering Materials, 500: 487 - 491.

Zheng LY, Shi DM, Zhang JT, 2010. Segmentation of green vegetation of crop canopy images based on mean shift and Fisher linear discriminant. Pattern Recognition Letters, 31 (9): 920 - 925.

第 5 章

玉米无人机遥感表型获取与解析技术

实验室、设施环境和田间作物表型是高通量表型获取研究的 3 个重要方向。对于玉米而言，大田环境更接近实际生产环境，田间表型显得更为重要。玉米的高通量表型技术势必需要从室内、设施环境走向大田。一方面，无人机遥感表型平台机动灵活，能够在短时间完成高通量信息获取，潜力巨大；而另一方面，无人机遥感表型获取技术使得作物表型的研究从分子、细胞、组织、单株尺度走向群体尺度。因此，本章将重点介绍田间玉米无人机遥感表型获取与解析技术。

5.1 玉米无人机遥感表型获取技术研究进展

5.1.1 田间作物高通量表型获取平台

高通量获取作物表型是提高育种效率的重要途径。现代作物科学的发展，迫切需要高效、快速的作物表型信息获取手段，推动基因与其控制的表型性状的结合，加快作物育种的速度。高通量作物表型平台主要包括温室型和田间型，温室型高通量平台主要在可控环境下进行单株作物表型信息的测定（David，2016），如澳大利亚植物表型研究中心的 Plant Accelerator、法国农科院的 PhénoField® 等，配置可见光（VIS）成像、近红外（NIR）成像、红外（IR）成像、荧光成像或激光扫描 3D 成像等传感器，快速获取大量的植物表型信息；但由于机动性差、成本高等限制，该平台难以用于植物种植密度较大、生长环境多变的大田生产条件下表型信息获取（Cobb et al.，2013）。田间型高通量平台主要包括手持式和搭载式：手持式植物表型测定设备可获取植物单株或群体表型信息，但作业效率较低。搭载式平台主要包括田间机械和无人机搭载多传感器，可实现大田条件下植物群体表型信息的快速、无损获取，农业机械设备搭配多传感器平台可以有效减小测量结果的变异；但该方法在进行大面积应用时，受限于作物种植分布及灌溉后土壤条件等，很难迅速实现跨区域应用，作业效率较低，无法在较大范围内实时快速地获取数据（Sankaran et al.，2015）。而基于无人机搭载多传感器平台进行田间作物表型信息快速解析的技术效率高、成本低，适合复杂农田环境（赵春江，2014），在解析作物株高、叶绿素含量、LAI、病害易感性、干旱胁迫敏感性、含氮量和产量等信息方面有着广泛的应用（Wei et al.，2010；Ilker et al.，2013；Alheit et al.，2014；Njogu et al.，2014），使其成为获取作物表型信息的重要手段。

无人机遥感高通量表型平台，是以无人飞行器为平台，搭载多传感器，利用遥测遥控技术、通信技术、差分 GPS 定位技术和多传感器协同控制技术等，快速获取田间作物冠层的高分辨率影像信息，对遥感数据处理及建模后应用于田间作物表型信息的解析。近几年无人机发展迅速，广义的无人机包括降落伞、飞艇、旋翼、直升机和固定翼系统等（Zhang et al.，2012；Araus et al.，2014；Sankaran et al.，2015），需根据实际的应用领域进行无人机种类的选择。利用降落伞进行遥感探测需在无风条件下进行，飞行速度较低，续航飞行时间较短，且不能悬停。飞艇具有悬停能力，但移动速度较慢，且由于其体积较大，在有风的条件下稳定性较差，很难获取理想的信息。应用最为广泛的无人机为多旋翼和固定翼：多旋翼无人机具有悬停能力，可使用 GPS 导航作业，且对起降条件要求较低。固定翼无人机飞行速度最快，且续航时间较长；但无法悬停，且由于高速拍摄会导致图片模糊，需使用高快门速度的成像传感器。目前，在田间作物表型解析应用中，多旋翼无人机的应用较为广泛。基于无人机对育种小区作物表型信息解析优势明显，如及时的田间取样、高分辨率数据、长势信息的快速鉴定、图像同步获取、作业效率高等，使其逐渐成为获取育种小区作物表型信息的重要手段。目前，续航时间短、有效载荷不足和易受天气影响是限制其广泛推广应用的主要瓶颈。

5.1.2 无人机遥感高通量表型平台传感器

无人机遥感平台的传感器受限于其载荷能力，需满足高精度、轻质量和小尺寸的要求，RGB 数码相机、3D 数码相机、红外测温仪、热成像仪、荧光探针、多光谱相机、高光谱相机、激光雷达和声呐设备是搭载于无人机遥感平台的主要传感器，然而遥感设备间性能的差异使遥感手段解析植物表型信息的精度有所不同。精准反演作物在不同生育时期的生物量、LAI、株高、出苗率等长势信息、氮素含量和水分状态及产量等表型信息对无人机遥感平台在作物科学的研究中至关重要。受限于平台载荷，目前在无人机遥感解析植物表型研究中普遍采用的传感器主要为数码相机、多光谱相机、高光谱相机、激光雷达和热成像仪等（表 5-1），而荧光传感器、3D 数码相机和 SAR 等传感器仍未在无人机遥感解析作物表型研究中应用。

表 5-1 无人机遥感解析植物表型常用传感器类型

传感器类型	应用	优势	不足
数码相机	叶色、花期、株高、倒伏、冠层覆盖度	成本低，直观便捷地获取作物表型信息	易受环境光阴影影响，解析表型信息较少，像幅较小、影像数量多
成像光谱	LAI、生物量、产量、出苗率、返青率、氮素含量、叶绿素含量、水分状态、蛋白质含量、净同化速率	可以间接观测多项作物表型信息；不仅有光谱分辨能力，还有图像分辨能力	需要辐射及几何校正；高光谱数据处理较为复杂
热成像仪	净同化速率、作物水分状态、气孔导度、产量	可实现作物生物/非生物胁迫条件下作物生长状态的间接测定	易受环境条件的影响，很难比较不同时间的数据；难以消除土壤的影响；需频繁校准
激光雷达	株高、生物量	丰富的点云信息，可有效获取高精度的水平和垂直植被冠层结构参数	成本高，数据处理量较大，易受天气影响

（1）可见光成像 应用数码相机进行二维或三维成像可用于研究复杂的植物表型。利用无人机搭载可见光成像的数码相机可明显提高数据采集的效率，实现高清图像的快速获取，

在农业生产过程中可用于监测作物出苗率、花期动态、冠层覆盖度和倒伏情况等，但受限于续航时间，在大范围数据采集时需飞行多个架次，且大量数据需进行人工处理，图像上大量植物叶片重叠和土壤背景影响是其普遍存在的问题。无人机遥感获取可见光影像对环境要求相对较低，晴天和阴天条件下均可进行数据采集；但对曝光设定有一定的要求，云的遮挡和环境光线的变化会导致图像曝光不足或过度。

（2）光谱成像　利用光谱遥感数据可实现作物分类与识别、作物生化参数估测、作物长势监测、产量预测和农业精准管理。植物冠层对电磁波谱的吸收和反射率特性可用来评价其生物物理特性，如产量、生物量、LAI 和水分状态等。不同波段的光谱特征取决于植物栅栏组织中叶绿素含量、海绵组织中含水量等因素，而植物细胞结构受基因型和环境共同影响，不同品种的生物量、叶绿素含量、蛋白质含量和细胞含水量等有所差异，从而影响作物群体的反射光谱，这为采用光谱遥感方法进行作物表型信息解析提供了理论依据。光谱成像已被广泛应用于作物种植面积和长势监测、作物生理状态监测、产量预测和土壤墒情监测的研究中。光谱反射特征易受到环境光线的影响，因此需通过辐射校正来保证数据的准确性，通过构建植被指数也可以部分补偿环境光线变化引起的光谱数值波动。

多光谱遥感成像是指利用具有两个以上波谱通道传感器对地物进行同步成像的技术，可接收和记录物体在不同窄光谱带上所辐射或反射的信息。多光谱相机具有价格低、机动灵活、受天气影响小、高位作业、应急性高等特点，因此在无人机遥感辅助植物表型研究中有着广泛的应用，但多光谱成像的光谱分辨率较低、波段较少、波谱不连续等缺点，严重限制了其在作物表型研究中的应用。高光谱分辨率遥感成像是指利用高光谱仪获取大量很窄且连续光谱数据的遥感手段，高光谱较多光谱包含的波段信息更加丰富、分辨率更高，能准确反映田间作物本身的光谱特征以及作物之间的光谱差异，可更加精确地获取部分农学信息，如作物含水量、叶绿素含量、LAI 等理化参数，从而方便预测作物长势和产量。高光谱遥感成像技术是未来无人机遥感解析植物表型研究的趋势。

（3）红外热成像　叶片水势、气孔导度、蒸腾效率和渗透调节等水分相关指标可用于逆境下作物生长的监测，并且与冠层温度有着显著的相关性，因此冠层温度已被普遍应用于抗逆育种中。在高温和干旱条件下，较低的冠层温度与产量有着显著的正相关性。在耐盐性和耐热性的研究中，渗透胁迫使气孔关闭，降低气孔导度，增加了叶片温度，减弱光合作用。光合作用和气孔导度的变化可由可见光至近红外区域的光谱反射率监测，热成像仪可以用来检测高盐和干旱胁迫条件下由于气孔关闭引起的温度升高，以明确作物胁迫条件下的响应。由于作物的冠层温度随时间变化而变化，常规手持红外测温设备受限于其较低的测定效率，很难在规模化的育种小区广泛应用，无人机搭载热成像仪为育种小区获取冠层温度提供了一种新的高效和可靠的方法。无人机搭载热成像传感器获取冠层温度需在天气晴朗、无风或微风的条件下，且由于品种间的抗逆性差异随时间变化呈现不同规律，需结合研究目标科学合理选择最佳测定时间。

（4）其他传感器　激光雷达传感器（Light detection and ranging，LiDAR），是以激光器为发射光源，采用光电探测手段的主动遥感设备，具有分辨率高、抗干扰能力强、低空探测性能好的优势，可以快速获取高精度的水平和垂直植被冠层结构参数；但由于价格较高、数据处理量较大，目前在作物表型研究中鲜有应用，多应用于树木的生物量、株高等信息的解析。叶绿素荧光传感器可以间接实现作物光合状态的探测，不仅能反映光能吸收、激发能传递和光化学反应等光合作用的原初反应过程，而且与电子传递、质子梯度的建立及 ATP 合成和 CO_2 固定等过程有关，在研究逆境（干旱、高温、低温、营养缺失、污染、病害等）对作物光合作用影响时有着广泛的应用；但由于叶绿素荧光传感器多针对单一植株进行测定，而无人机遥感平台获取的是大面积的冠层信息，因此在解析表型信息时很难被采用。

综上所述，无人机以其机动灵活、操作简便、按需获取数据且空间分辨率高的优势，通过搭载多传感器成为作物表型信息快速获取的重要手段。然而，由于各传感器获取的遥感信息有限，要使无人机高通量遥感平台真正应用于作物表型研究中，需要多传感器协同配合使用，通过数据融合的方式实现作物表型信息的高通量获取。

5.1.3 田间作物表型信息遥感解析方法

快速处理高通量表型平台搭载多传感器获取的海量表型数据，定量准确提取作物育种小区不同生育时期的表型性状信息，是实现高通量表型平台辅助作物表型解析的关键。基于无人机遥感进行育种小区作物产量预测的理论基础包括品种间光谱反射率、叶绿素含量、生育期长度、株高、生物量和冠层温度的差异。利用遥感信息进行育种小区作物表型信息解析的方法包括光谱特征分析法、可见光图像特征提取法、冠层温度特征分析法、综合评判法及机器视觉技术等（表 5-2）。

表 5-2　无人机遥感解析田间作物表型信息的常用方法

方法	应　用
光谱特征分析法	LAI、氮吸收量、产量、叶绿素含量、蛋白质含量、净同化速率、产量
可见光图像特征提取法	花期动态、株高、出苗率、鲜生物量、地面覆盖度、叶片氮含量、产量
冠层温度特征分析法	净同化速率、冠层温度、气孔导度、作物水分状态
综合评判法	产量、生物量

（1）光谱特征分析法　基于遥感光谱特征信息进行作物生长参数反演的主要方法包括经验模型法、半经验半机理模型法和机理模型法（Thomas et al.，1972；Yoder et al.，1995；Houle et al.，2010）。作物模型与遥感同化监测作物长势信息的方法需要输入品种、土壤、气象和管理等方面的参数，由于育种小区种植品种数量多，同时获取海量的品种参数难度较大，该方法很难被采用。半经验半机理模型由于缺乏足够先验知识，很难保证反演的精度，因此通过构建经验模型进行作物育种小区表型信息解析是最可行的方法。植物对光谱的吸收和反射特征可用来反演其生理特性，对光谱反射数据进行经验性处理，能够构建大量的植被指数（Bannari et al.，1995），可用来监测作物的农艺性状，如冠层覆盖度、LAI、叶绿素含量、植株养分和水分状态、生物量和产量等（Horler et al.，1983；Boochs et al.，1990；Raun et al.，2001；Gutierrez et al.，2010）。多元线性回归、偏最小二乘、逐步线性回归等建模方法在高通量遥感解析作物表型信息方面有广泛的应用（Ma et al.，2001；Ferrio et al.，2004）。利用主成分分析（PCA）、神经元网络（ANN）、支撑向量机（SVM）及小波分析等高级数据挖掘方法对高光谱全波段信息与作物生理生化参数进行统计建模是提高模型预测精度的重要方法（Gong et al.，1999；Liang，2004；王纪华等，2008），通常无明确的回归方程，且计算过程比较耗时，难以得到具有普适性的分析模型，极大限制了其效率及应

用范围。

（2）可见光图像特征提取法 利用地面高通量搭载数码相机获取的可见光成像照片，通过构建数字高程模型（DEM），可实现作物病虫害的监测、叶色分类和株高监测等。基于机器视觉方法可以实现获取信息的快速高效处理，是一种可扩展模块化的数据处理策略，在研究逆境胁迫条件下植物表型信息领域有着广泛的应用。生物胁迫和非生物胁迫等因素的识别、分类、量化和预测是机器视觉技术应用于遥感解析逆境作物表型的主要步骤（Singh et al.，2016）。遥感影像的分类是图像特征分析的重要内容，根据是否已知训练样本的分类数据，其方法可分为监督分类和非监督分类。常见的监督分类方法包括最大似然判别法、神经元网络分类法、模糊分类法、最小距离分类法和 Fisher 判别分类法，非监督分类方法包括动态聚类法、模糊聚类法、系统聚类法和分裂法等（赵春霞等，2004）。

（3）冠层温度特征分析法 热成像遥感可以探测作物的生长状态，主要用于抗旱性作物品种的筛选（Eynolds et al.，2009）。冠层温度是国际小麦玉米改良中心筛选品种的重要标准（Reynolds et al.，1994），在高温和干旱条件下，冠层温度可解释不同小麦品种60%的产量变异（Trethowan et al.，2007），且与小麦产量呈负相关关系（Olivares‐Villegas et al.，2007；Rashid et al.，1999）。Keep（2013）在研究1920—2010年育成应用的大豆品种时发现，不同品种间的冠层温度存在差异，并且该差异受环境影响较小，且有2组熟性的品种冠层温度与产量呈显著负相关关系。冠气温差（TD）是冠层温度与空气温度的比值，该数值可用来研究不同作物品种的抗旱性（Amani et al.，1996），如黍、大豆、棉花、苜蓿和小麦（Singh et al.，1983；Harris et al.，1984；Hatfield et al.，1987；Hattendorf et al.，1990；Pinter et al.，1990；Rashid et al.，1999）。杂交高粱、马铃薯的冠气温差和产量呈显著的负相关关系（Chaudhuri et al.，1982；Stark et al.，1987），水分胁迫条件下小麦的冠气温差与产量呈正相关关系（Rashid et al.，1999；Bellundagi et al.，2013）。冠层温度易受环境条件影响，风速、太阳辐射和相对湿度对其均有影响（Gardner et al.，1992）。

（4）综合评判法 通过植株的生理表型参数结合植被指数可以很好地估测作物产量，基于遥感手段构建的产量预测模型所用指标包含生育期长度、冠层温度、叶绿素含量、LAI、地上部干生物量、光谱反射率和植被指数等（Filella et al.，1995）。产量预测模型的精度随着建模参数的增加而增加，而多数基于冠层反射率或冠层温度估产的模型多集中在2~3个波段植被指数研究，缺少一定的适应性（Babar et al.，2006）。因此，通过遥感数据与作物表型信息的融合，多方法构建作物育种小区表型信息解析模型，是消除单一方法造成的模型适用性差和应用难的重要手段。

然而，由于基于无人机遥感开展田间作物表型获取工作只是初步探索，国际上也没有成熟的经验供参考，普遍工作都是满足栽培专家和育种专家的需求。当前研究中存在的主要瓶颈是缺乏针对大田条件下快速有效的作物表型信息高通量检测评估技术，从而无法起到整体数据驱动的决策和品种选择。通过遥感定量反演可以实现作物表型信息的快速解析，然而多数近地高通量遥感平台解析作物表型信息和预测作物产量的研究主要集中在种植品种较少或种植面积较小的大田条件，用于大规模作物育种小区表型信息解析和产量预测的研究鲜有报道。目前，无人机遥感解析作物表型信息的研究对象多集中在小麦、玉米、高粱、大麦和水稻等作物；并且研究中包含的作物品种数量较少，缺乏复杂农田环境下基于无人机遥感的作物表型信息解析及辨识。根据文献调研可知，目前利用无人机解析田间作物表型信息时采用的品种或育种材料普遍少于50个，大多数研究涉及的试验小区较少，仍然缺乏基于大群体的作物育种小区表型信息遥感解析应用。

比较大量育种材料间的长势和产量差异是育种小区高通量表型信息解析区别于大田条件长势信息监测和产量预测的最显著特征，由于育种小区面积小，种植品系繁多，且大量品系间长势和产量接近，以往研究多针对各传感器获取的数据独立分析，缺乏多传感器数据的融合，导致构建的模型通用性较差，很难量化大量育种材料间长势的差异，遥感反演精度无法满足育种小区品种筛选的要求。因此，需融合多源遥感信息，多方法构建适于作物育种小区表型信息解析和产量预测的最佳模型，消除单一方法造成的模型适用性差和应用难的问题。此外，针对同一类表型参数，还难以建立通用的解析方法，模型的稳定性和可靠性还需进一步完善。因此，亟须利用无人机遥感这一新技术开展不同作物的表型信息探测工作，为遥感在作物育种上的应用奠定理论和技术基础。

表 5-3　无人机遥感平台解析作物表型信息的应用

传感器		应用		作物类型	样本量		地点	
类型	型号	测量指标	皮尔森相关系数		品种数	小区数	城市	国家
数码相机	Canon EOS Kiss X5	花穗数目	0.80	水稻	2	300	东京	日本
		花序开花比例	0.82					
	Panasonic Lumix GX1 digital camera	株高	0.96	大麦	18	54	科隆	德国
		鲜生物量	0.90					
	Ricoh GR Digital III/IV	地面覆盖	0.88	高粱	50	100	昆士兰	澳大利亚
	Canon A3300 IS	叶片氮素状态	0.82	水稻	1	15	上海	中国
	Photo3S optical camera	倒伏面积	—	小麦	1	62	安大略	加拿大
	Canon Ixus 110 IS RGB	产量	0.86	玉米	—	60	斯图加特	德国
多光谱相机	Tetracam ADC camera	LAI	0.94	玉米	1	3	Albacete	西班牙
	XNiteCanon SX230 NDVI	出苗率	0.87	小麦	106	378	卡洛特斯	美国
		返青率	0.86					
	Tetracam ADC - Lite	产量	0.63	玉米	10	180	哈拉雷	津巴布韦
		作物衰老指数	0.85					
	Tetracam ADC - Lite	LAI	0.91	马铃薯	35	35	济宁	中国
	Airnov patented camera	绿色面积指数	0.98	油菜	1	38	欧兹河	法国
热成像仪	FLIR SC655	净同化速率	0.73	小麦	50	150	塞维利亚	西班牙
		产量	0.73					
	FLIR Thermovision A40M	作物水分状态	0.83	玉米	24	72	科尔多瓦	西班牙
	TIR camera	气孔导度	−0.48	棉花	1	96	阿拉巴马州	美国
高光谱相机	Cubert UHD185	叶绿素含量	0.71	大麦	9	54	波恩	德国
		LAI	0.57					
		鲜生物量	0.54					
	HySpex VNIR - 1600	产量	0.97	春小麦	1	160	奥普沃尔	挪威
		蛋白质含量	0.96					
	Hamamatsu Photonics C10988MA	叶绿素密度	0.82	水稻	2	60	坂田	日本

（续）

传感器		应用		作物类型	样本量		地点	
类型	型号	测量指标	皮尔森相关系数		品种数	小区数	城市	国家
多传感器融合	高光谱：Micro - Hyperspec VNIR；热像仪：FLIR SC655	产量	0.88	小麦	50	150	塞维利亚	西班牙
	数码相机：Panasonic Lumix GX1；地面高光谱：ASD FieldSpec3	生物量	0.92	大麦	18	54	科隆	德国
	卫星多光谱：Eight cloud - free Formosat - 2；高光谱：Specim ImSpector V10	LAI 叶绿素含量	0.91 0.87	马铃薯	1	24	勒瑟尔	荷兰

注："—"表示文中未列出。

　　综上所述，传统的田间取样手段往往费时、费力和具有破坏性，当前田间高通量表型平台成本较高，很大程度上限制了其在规模化作物育种基地的应用，无人机遥感高通量平台应用尚处于研究阶段，在解析田间作物表型时仍存在较多问题，包括平台解析田间作物表型的应用条件及其效果评价、无人机平台配置传感器的选取、遥感获取数据的快速处理方法及表型信息的精准定量反演等。下文将介绍国家农业信息化工程技术研究中心团队的无人机表型平台以及玉米典型表型性状的获取技术。

5.2 无人机遥感高通量表型平台及试验

5.2.1 无人机遥感高通量表型平台硬件组成

　　（1）无人机遥感高通量表型平台　针对作物育种过程中大规模小区育种材料表型信息快速高通量获取问题，国家农业信息化工程技术研究中心团队研发了无人机遥感高通量表型平台。首先，搭建了适合多传感器搭载的多旋翼电动无人机平台：飞行高度 15～1 000 m，续航时间 30 min，载荷重量 5～7 kg，电动全自主飞行控制，可搭载多种微型载荷，并进行了云台及载荷控制集成开发，可实现飞控系统与载荷协同控制。平台整体性能优异，全自主飞行控制系统，操控简便，作业效率高（根据飞行高度不同，覆盖 5～10 hm^2/架次），适合复杂环境条件作业。

　　目前，平台可搭载的传感器有（图 5-1）：高清数码相机（Sony DSC-QX100，分辨率

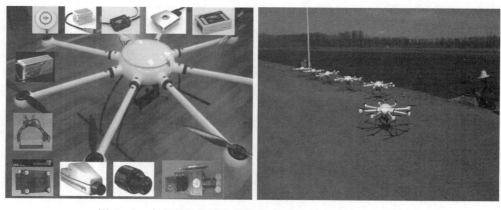

图 5-1　自主研发的无人机作物高通量表型平台（见彩图）

5 472×3 648)、多光谱传感器（Tetracam ADC－Lite，近红外、红、绿三波段，分辨率 2 048×1 536）、热红外成像仪（Optris PI 热像仪，温度分辨率为 0.05 K）、成像高光谱仪（Cubert UHD185，光谱范围 450～950 nm，光谱分辨率 8 nm，125 个光谱通道）和激光雷达（RIEGL VUX－1UAV，精度 10 mm，旋转镜扫描）。针对不同作物的田间表型信息获取，可随时开展无人机遥感数据获取，收集无人机载高清数码影像、多光谱、热成像、高光谱成像、LiDAR 等数据。

（2）微型全反射式成像高光谱仪 针对作物育种表型精确信息缺乏专题传感器问题，自主研发了首款适合无人机搭载的微型 OFFNER 全反射式成像高光谱仪。采用凸面光栅建立 OFFNER 微型成像光谱仪 AgriHawk HIS，经中国科学院通用光学定标与表征技术重点实验室检测，成像高光谱仪光谱分辨率（2 nm）、信噪比（80 dB）及重量（900 g）等相关技术指标优于美国 Headwall、芬兰 Specim 及德国 UHD185 等商用成像高光谱仪（图 5－2），成为我国首款自主研发的适于无人机载的微小型成像高光谱仪，填补了国内该款产品的空白。该系统重量仅为 900 g，光谱范围 400～1 000 nm，光谱分辨率 2 nm，量化位阶数 16 位，线扫描速率 160 帧/s，信噪比越高越好。

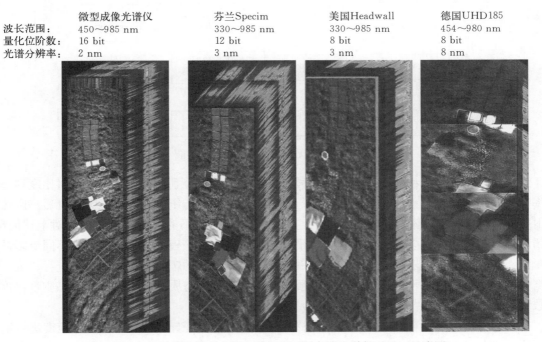

	微型成像光谱仪	芬兰Specim	美国Headwall	德国UHD185
波长范围：	450～985 nm	330～985 nm	330～985 nm	454～980 nm
量化位阶数：	16 bit	12 bit	8 bit	8 bit
光谱分辨率：	2 nm	3 nm	3 nm	8 nm

图 5－2 自主研发的微型成像光谱仪与国际商用光谱仪对比（见彩图）

5.2.2 无人机遥感平台表型信息解析系统

针对国内无人机表型平台遥感解析软件缺乏的现状，团队开发了无人机遥感平台表型信息解析系统，支持全流程多/高光谱、热红外影像几何、辐射及作物育种信息解析。该系统在如下方面取得了突破：

（1）无人机载成像高光谱数据几何精校正模型 受到无人机平台震动、GPS/IMU 传感器误差及无人机载遥感设备自身畸变等影响，无人机载遥感数据常出现位置偏移、图像几何畸变，需要进行几何校正。针对无人机载高清数码影像及线阵成像高光谱数据，分别构建几何精校正模型，实现无人机载遥感影像内外方位元素畸变差纠正、几何校正与影像拼接，几何校正精度优于 1 个像元。尤其是针对线阵成像高光谱数据，创新性地提出了"软 POS（位置与姿态系统）"线阵成像高光谱图像几何校正方法，即无地面控制点条件下的无人机多传感器卡尔曼滤波融合几何精校正方法。主要利用多光谱影像进行高精度摄影测量及方位元素解算，进而再与中低精度 POS 传感器获取的姿态与位置信息进行时空卡尔曼滤波融合，最终得到成像光谱仪逐扫描线精确的姿态与位置信息，从而实现线阵高光谱成像仪的精确几何校正，解决了阻碍无人机成像高光谱实际应用的瓶颈问题，为无人机成像高光谱广泛应用提供了技术支撑（图 5-3）。

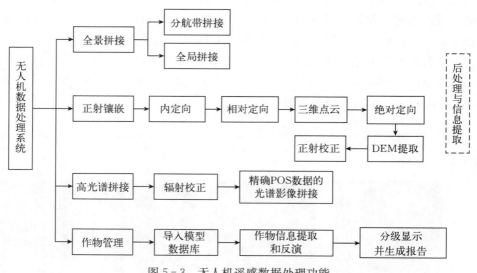

图 5-3 无人机遥感数据处理功能

（2）高精度无人机载遥感数据辐射校正方法及模型 分别对影像清晰度、对比度和分辨率等多个传统影像辐射质量评价方法进行分析对比，发现传统方法应用于无人机遥感影像辐射质量评价中存在自动化处理难度大、与影像内容相关、不够客观等问题。针对上述问题，团队提出一种无人机多光谱影像辐射质量分层评价模型。该模型分别对无人机不同摄影系统影像、相同摄影系统不同架次影像及同一架次不同影像间的辐射质量 3 个层次进行评价。根据 3 个层次的侧重点不同，将影响影像质量的参数分为静态质量评价参数、动态质量评价参数和随机质量评价参数（万鹏等，2015）。

对高光谱传感器存在的光谱波长偏移、像素辐射响应变异以及辐射线性响应度进行定量评价，充分考虑高光谱影像受到仪器以及大气影响造成的辐射畸变，提出了一种半经验的无人机高光谱图像辐射标定方法。首先，针对光谱仪定标的波长随时间变化会发生偏移的问题，利用在某些特定波长位置具有高能量辐射的 HG-1 光谱定标灯对高光谱图像重新进行光谱定标，消除光谱波长的畸变。借助具有标准光谱辐射亮度的光学积分球，对图像光谱线性度、图像暗电流随时间变化等特性进行评价，作为后续选择合适辐射定标方法的重要参考。该方法通过在无人机载高光谱影像获取前及获取后进行多次辐射畸变标定，解决了高光谱图像像素辐射响应变异以及近红外波段定标不准确的问题。标定结果在 450～950 nm 光谱区间定标精度优于 5%，其中在 450～910 nm 区间精度优于 3%，相对于常用的定标方法精度显著提高（Yang et al.，2017）。

(3) 无人机作物育种表型信息解析系统 基于无人机平台搭载自主研发的微型成像光谱仪、多光谱仪等传感器，开展大规模作物育种表型信息高通量获取研究，研发了作物育种表型信息解析系统，成功实现了精细尺度育种材料株高、生物量、LAI、成熟度、氮素营养等关键指标动态监测（图5-4）。

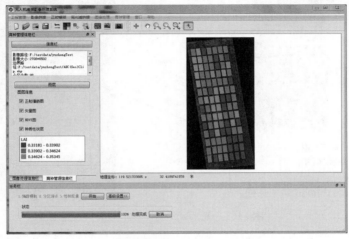

图5-4 无人机作物育种表型信息解析系统

5.2.3 无人机辅助玉米高通量育种试验

2017年5—9月在北京市昌平区小汤山镇国家精准农业研究示范基地的玉米育种材料试验田进行田间试验（图5-5），地处北纬$40°10'48''$—$40°10'54''$、东经$116°26'51''$—$116°26'53''$，海拔约30 m，土壤类型为潮土，一年只种植一季玉米育种材料。试验田属暖温带半湿润大陆性季风气候，春季干旱多风，夏季炎热多雨，秋季凉爽，冬季寒冷干燥，四季分明，平均无霜期180～200 d。年平均气温为10～12 ℃，年降水量644 mm左右，其中降雨主要集中在夏季，降水可达全年的70%～80%，其他月份降雨相对较少。

研究区共种植800份玉米育种材料，播种时间为2017年5月15日。每份育种材料种植3行，株距0.25 m，行距0.6 m，行长2 m，共种植8排，每排之间的距离0.8 m（图5-6）。所选育种材料具有较好的代表性，南边设置4行保护行，北边设置2行保护行。

在玉米整个生长季的关键生育时期（苗期、拔节期、喇叭口期、抽雄吐丝期、灌浆期和收获期）开展了无人机飞行试验，利用八旋翼电动无人机（单臂长386 mm，机身净重4.2 kg，载物重6 kg，续航时间15～20 min）搭载多种传感器作为无人机遥感数据获取平台，

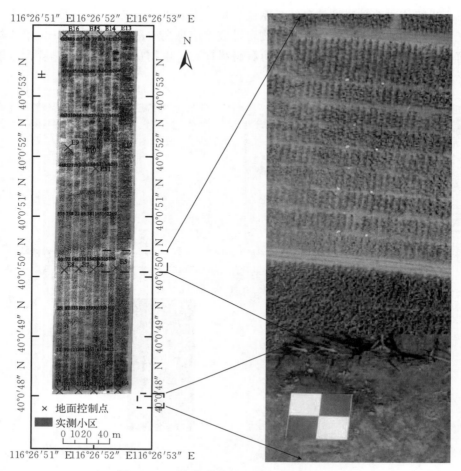

图 5-5 玉米育种材料试验设计（见彩图）

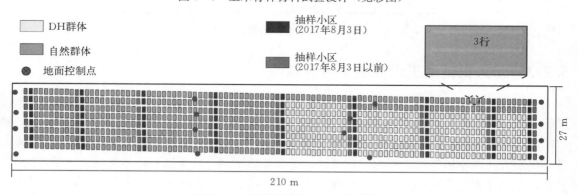

图 5-6 试验取样点分布（见彩图）

配备 POS 实时获取数据采集时刻传感器位置和姿态信息。传感器包括：高清数码相机（索尼 Cyber-shot DSC-QX100，其主要参数为：重量 179 g；尺寸 62.5 mm×62.5 mm×55.5 mm；2 090 万像素，CMOS 传感器；焦距 10 mm，定焦拍摄）；多光谱传感器（Parrot SEQUOIA，近红外、红边、红、绿四波段）；热红外成像仪（Optris PI 热成像仪，温度分辨率为 0.05 K）；成像高光谱仪（Cubert UHD185，光谱范围 450～950 nm，光谱分辨率 8 nm，125 个光谱通道），收集无人机载高清数码影像、多光谱、热成像及成像高光谱数据。影像获取时，太阳辐射强度稳定，天空晴朗无云，无人机飞行高度 60 m。

为了确保无人机获取的数据质量，本试验在研究区内均匀布设了 16 个控制板 GCP。GCP 由 0.3 m×0.3 m 的木板（其上粘贴一张有黑白标志的聚氯乙烯成分的塑料软板，目的是准确确定木板的几何中心位置）和埋于地下的木桩组成，并且用螺丝钉将其固定在一起，防止 GCP 在获取作物不同生育时期的无人机高清数码影像时发生空间位置的移动，其三维空间位置用差分 GPS 进行测量（水平精度 10 mm，垂直精度 20 mm）。同时，飞行时同步进行光谱定标、热红外定标。试验区栽培管理措施与一般大田管理措施相同，地面随机选取了 72 个实测玉米育种材料小区（图 5 - 7）。

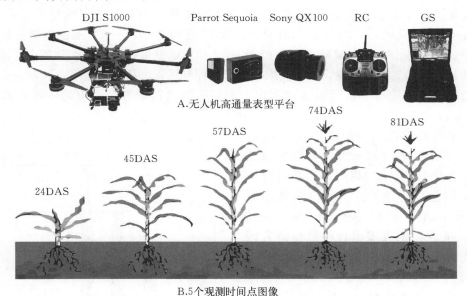

A.无人机高通量表型平台

B.5个观测时间点图像

图 5 - 7　无人机遥感图像获取（见彩图）

注：DAS 指播种后天数。

5.3　无人机遥感表型平台解析作物表型性状

基于无人机搭载多传感器平台解析田间作物表型信息优势明显，如技术效率高、成本低、适合复杂农田环境、田间取样及时、数据获取分辨率高、长势信息鉴定快速、图像同步获取、作业效率高等（Hunt et al.，2008；Berni et al.，2009；Perry et al.，2012；Araus et al.，2014；赵春江，2014），在解析作物株高、叶绿素含量、LAI、病害易感性、干旱胁迫敏感性、含氮量和产量等信息方面有着广泛的应用（Wei et al.，2010；Ilker et al.，2013；Alheit et al.，2014；Njogu et al.，2014），使其已经成为辅助作物科学研究中进行高通量表型信息获取的重要手段。目前，利用无人机遥感解析的主要作物表型信息包括形态指标、光谱纹理、生理生化特性、生物/非生物胁迫响应及产量等。

5.3.1　形态指标

通过构建数字高程模型、遥感图像分类和混合线性模型预测等方法处理无人机遥感高通量表型平台获取可见光成像数据，可快速实现作物株高、叶色、倒伏、花穗数目和冠层覆盖度等形态指标的获取。利用无人机搭载数码相机快速获取大面积作物的可见光成像数据，通过构建数字高程模型，可实现作物株高的精确提取（Bendig et al.，2014），利用该方法提取的大麦株高与实测值的决定系数达到 0.92。作物叶色的分类和花穗数目监测是利用图像特征分析方法（杨贵军等，2015；Guo et al.，2015），根据是否已知训练样本的分类数据，遥感影像的分类方法可分为监督分类和非监督分类（赵春霞等，2004）。冠层覆盖度作为表征作物生长状况的重要指标，在监测作物长势时具有重要的应用。利用无人机遥感搭载数码相机或多光谱相机获取研究区域的成像数据，通过计算机视觉方法（Ballesteros et al.，2014）或植被指数建模反演（李冰等，2012）等方法可快速得到作物的冠层覆盖信息。利用最优线性无偏预测方法获取的高粱冠层绿色覆盖与实际地面观测数据的相关系数为 0.88（Chapman et al.，2014）。出苗率是反映作物品种特性和逆境下生长状态的重要指标，而越冬死亡率是反映冬小麦幼苗顺利过冬的重要指标。传统的获取作物出苗率和冬小麦越冬死亡率的方法是田间人工取样计数，数据获取效率低，而利用无人机高通量平台获取的多光谱成像数据通过特征提取与分析后可快速实现大面积作物出苗率和冬小麦越冬死亡率的监测（Sankaran et al.，2015）。

　　玉米植株高度作为一种典型形态指标，本小节以玉米株高（H）为例介绍提取方法。玉米育种材料 H 的提取，即在研究区内获取不同生育时期的无人机高清数码影像，结合 GCP，利用 Agisoft PhotoScan Professional 软件生成玉米育种材料研究区的数字表面模型（DSM），通过研究区的不同生育时期玉米的 DSM 之间的作差运算，得到相应生育时期玉米育种材料的 H_i，作为玉米育种材料长势信息监测的一种指标。图 5-8 为基于 DSM 提取 H 的原理图，其中在 t_0 时，此时研究区为播种后至出苗前的裸

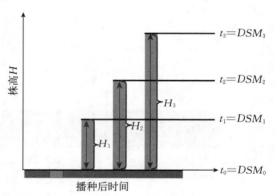

图 5-8　基于数字表面模型的株高提取原理（见彩图）

土或植株较小近似裸土的苗期，获取研究区无人机高清数码影像，结合 GCP 生成研究区的 DSM，即 DSM_0，可以得到研究区高精度的高低起伏变化情况，作为后期 H 数据提取的地表基准面；在 t_1、t_2、t_3、…、t_i（t_i 代表玉米育种材料的关键生育时期）时，进行研究区无人机高清数码影像的获取，使用与 t_0 时生成 DSM_0 相同的 GCP，生成研究区玉米育种材料的 DSM，分别为 DSM_1、DSM_2、DSM_3、…、DSM_i；通过将 DSM_i（$i=1$，2，3，…）与 DSM_0 进行作差，便可得到对应 t_i 生育时期玉米育种材料的 H_i，即式（5-1）：

$$H_i = DSM_i - DSM_0 \quad (i=1，2，3，…) \tag{5-1}$$

而将 DSM_i（$i=2$，3，…）与 DSM_1 进行作差，可得到 t_i（$i=2$，3，…）与 t_1 生育时期之间玉米育种材料 H 的增长量，或采用其他不同生育时期的 DSM 进行作差，可得到相应生育期之间 H 的变化量，即式（5-2）

$$\Delta H_{ij} = DSM_i - DSM_j \quad (i，j=0，1，2，3，…，i \neq j) \tag{5-2}$$

5.3.2　作物生理生化指标

　　作物对光谱的吸收和反射特征可用来反演其生理特性。光谱特征分析法可以有效识别出

作物的不同性状所对应的吸收和反射特征，目前在解析作物表型信息应用中已具有较高的精度。作物叶片在电磁波谱上的吸收和反射率特性可以用来评价许多生物物理特性，对光谱反射数据进行经验性处理，能够构建大量的植被指数，可用来监测作物的 LAI、叶绿素含量、植株养分和水分状态、生物量和产量等表型信息，如归一化植被指数（Normalized different vegetation index，NDVI）、绿波段归一化植被指数（Green‐band normalized difference vegetation index，GNDVI）、复归一化差值植被指数（Renormalized difference vegetation index，RDVI）用于预测作物 LAI，优化土壤调节植被指数（Optimized soil‐adjusted vegetation index，OSAVI）和 BGI2 用于预测作物叶片叶绿素含量，RDVI 和 RGBVI 用于预测作物生物量，PRI 用于预测作物产量等。多元线性回归、偏最小二乘、逐步线性回归等建模方法在无人机遥感解析作物表型信息时具有广泛的应用。波段间反射率有着密切的关系，造成线性模型所需参数重复，因此目前研究者在遥感解析作物表型时转向偏最小二乘法、主成分分析和人工神经网络等方法，结合高光谱遥感信息，构建包含更多波段的模型，以期更好地解释模型预测的变异。

玉米 LAI 作为一种典型生理生化指标，本小节以玉米 LAI 为例介绍提取方法。基于玉米育种材料研究区的数字正射模型（DOM），提取每个实测小区的冠层红（R）、绿（G）和蓝（B）通道的平均 DN（Digital number）值，分别计算 DN 值归一化的红（r）、绿（g）和蓝（b）数码影像变量：

$$r = \frac{R}{R+G+B} \tag{5-3}$$

$$g = \frac{G}{R+G+B} \tag{5-4}$$

$$b = \frac{B}{R+G+B} \tag{5-5}$$

式中，R、G 和 B 分别为 DOM 中红、绿和蓝通道的 DN 值。依据已有研究成果及 LAI 和可见光植被指数之间的关系，选择 12 个可见光植被指数共 15 个数码影像变量进行 LAI 的估测，如表 5-4 所示。

表 5-4 与 LAI 相关的数码影像变量

数码影像变量	公式	变量编码
r	$r = r$	VI1
g	$g = g$	VI2
b	$b = b$	VI3
$MGRVI$	$MGRVI = (g^2 - r^2)/(g^2 + r^2)$	VI4
$RGBVI$	$RGBVI = (g^2 - b \cdot r)/(g^2 + b \cdot r)$	VI5
$GRVI$	$GRVI = (g - r)/(g + r)$	VI6
GLA	$GLA = (2 \cdot g - r - b)/(2 \cdot g + r + b)$	VI7
ExR	$ExR = 1.4 \cdot r - g$	VI8
ExG	$ExG = 2 \cdot g - r - b$	VI9
$ExGR$	$ExGR = ExG - 1.4 \cdot r - g$	VI10
$CIVE$	$CIVE = 0.441 \cdot r - 0.881 \cdot g + 0.3856 \cdot b + 18.78745$	VI11

（续）

数码影像变量	公式	变量编码
$VARI$	$VARI=(g-r)/(g+r-b)$	VI12
g/r	$g/r=g/r$	VI13
g/b	$g/b=g/b$	VI14
r/b	$r/b=r/b$	VI15

注：r、g 和 b 分别表示 R、G 和 B 的 DN 值归一化后的数码影像变量。

玉米育种材料 LAI 的估测：首先，将选取的数码影像变量和实测 H 与 LAI 进行相关性分析，得到数码影像变量和 H 与 LAI 的相关关系；其次，基于逐步回归分析方法，随机选择 70% 样本数据作为估算数据集，构建 LAI 的估算模型，利用未参与估算的 30% 样本数据作为验证数据集，进行 LAI 估算模型预测能力的评价。逐步回归分析在进行估算模型的建立时，模型会一次添加或删除一个变量，在每一步中，变量都会被重新评价，对模型没有贡献的变量将会被删除，预测变量可能会被添加、删除好几次，直到得到最优模型为止。赤池信息量准则（Akaike information criterion，AIC）考虑了模型的统计拟合度以及用来拟合的变量数目，AIC 值较小的模型需优先选择，它表明模型用较少的变量获得了足够的拟合度。

5.3.3 生物/非生物胁迫指标

冠层温度、气孔导度、叶片水势、净同化速率和水分胁迫指数等与作物叶片呼吸速率、蒸腾速率和净光合速率等密切相关，是揭示作物生长状态的重要指标，被普遍用于抗逆性作物品种筛选和抗逆栽培技术的研究。冠气温差（Canopy‐air temperature difference，TD）是冠层温度与空气温度的比值，可用来预测作物产量，如杂交高粱、马铃薯的冠气温差与产量呈显著负相关关系，干旱胁迫条件下小麦的冠气温差与产量呈正相关关系。由于冠层温度与作物蒸腾密切相关，当水分亏缺时，蒸腾减弱，气孔关闭，叶温显著增加，可以利用冠层温度间接研究作物的蒸腾速率和气孔导度等。利用热成像数据得到的水分亏缺指数可以用来指示作物叶片水分状态，同时也可反演作物的气孔导度和净光合速率。

获取上述指标的常规方法为利用田间手持热成像仪、气孔计和便携式光合仪等测定，效率较低，难以在短时间内完成较大面积作物的测定，而利用无人机搭载热成像仪可实现快速、方便获取大面积作物的热成像数据，从而实现作物生长状态的监测。通过将无人机遥感获取数据与地面实测数据比较可知，目前利用无人机搭载热成像仪监测小麦和玉米冠层温度、气孔导度和叶片水分状态等指标的精度较高，而在棉花应用上精度较低。比较无人机搭载热成像仪获取的冠层温度与地面手持红外测温计测定的冠层温度，其决定系数为 0.84，利用干旱植被指数反演的叶片气孔导度与地面实测数据比较的决定系数为 0.53，而利用热成像数据反演的棉花气孔导度与实测数据比较的决定系数仅为 0.23。

5.3.4 作物产量

通过构建产量预测模型，估测不同育种材料与对照品种的产量关系，减少收获工作量，是提高作物育种效率的重要手段。目前常见的产量预测方法包括作物模型模拟、基于作物产量限制因素的统计分析、基于遥感手段的产量预测等。在气候变化条件下，各种作物模型与气候模型的交互在产量预测研究中起着至关重要的作用。作物模型已被广泛用于估计从试验

田到区域尺度的作物产量预测研究，大多数作物模型可以模拟作物生育期在不同光照条件下的变化，不太复杂的作物模型仅使用光照利用率的标准值来模拟作物的光合作用和呼吸作用，较复杂的作物模型可以直接模拟光合作用和呼吸作用。然而，由于作物育种小区涉及育种材料众多，且缺少年际间数据，很难获取对应育种材料的品种参数，从而限制其在育种小区产量预测中的应用。基于作物产量限制因素的数学统计分析是指构建作物产量与气候条件、环境因素、技术水平、经济状况和栽培管理等农业生产条件的统计关系，然而该方法多用于区域分析，很难用于小区研究。基于遥感手段的作物产量预测是指通过构建作物产量与生育期长度、冠层温度、叶绿素含量、叶面积指数、地上部干生物量、光谱反射率和植被指数等指标的回归方程，进行作物产量预测。然而，近年来缺乏针对大豆育种小区多品系的产量预测方法，本小节试图融合农学参数与高光谱遥感信息构建适合大豆育种小区的产量预测模型，辅助大豆育种基地育种材料的分级，优选出比对照品种产量高的育种材料，从而减少收获工作量，提高育种效率。

(1) 基于信息融合的大豆产量预测-光谱指数的选取　对高光谱遥感数据进行线性和非线性组合构成植被指数，可用于指示植被长势、光合物质积累量等信息。通过对多种植被指数分析筛选，并参考前人研究结果及产量和植被指数之间的显著关系，本研究选用了受土壤背景和大气影响稍小的植被指数：NDVI、比值植被指数（Ratio vegetation index，RVI）、差值植被指数（Difference vegetation index，DVI）和 GNDVI、OSAVI、RDVI、增强型植被指数（Enhanced vegetation index，EVI）、垂直植被指数（Perpendicular vegetation index，PVI）等 10 个植被指数。其中，干生物量与 RVI 显著相关；NDVI 与气孔导度有良好的相关关系；EVI 对树冠变化敏感；红边植被指数 VOG1 利用红边的固定波段，对叶绿素、叶冠层水分含量非常敏感；PVI 能较好地滤除土壤背景的影响，且对大气效应的敏感程度也小于其他植被指数（表 5-5）。

表 5-5　光谱指数计算方法及出处

光谱参数	缩写	计算公式	参考文献
归一化植被指数	NDVI	$(R_{NIR}-R_{red})/(R_{NIR}+R_{red})$	Rouse et al.，1974
红边植被指数	VOG1	R_{740}/R_{720}	Vogelmann et al.，1993
比值植被指数	RVI	R_{NIR}/R_{red}	Pearson et al.，1972
绿波段归一化植被指数	GNDVI	$(R_{780}-R_{550})/(R_{780}+R_{550})$	Gitelson et al.，1996
红边归一化植被指数	NDVI$_{705}$	$(R_{750}-R_{705})/(R_{750}+R_{705})$	Gitelson et al.，1994
光化学植被指数	PVI	$(R_{NIR}-aR_{Red}-b)/(1+a^2)$	Richardson et al.，1977
重归一化植被指数	RDVI	$(R_{800}-R_{670})/(R_{800}+R_{670})$	Roujean et al.，1995
优化土壤植被指数	OSAVI	$(R_{800}-R_{670})/(R_{800}+R_{670}+0.16)$	Rondeaux et al.，1996
增强植被指数	EVI	$2.5(R_{NIR}-R_{680})/(1+R_{NIR}+6R_{680}-7.5R_{460})$	Huete et al.，1994
差值植被指数	DVI	$R_{NIR}-R_{red}$	Richardson et al.，1977

(2) 基于信息融合的大豆产量预测-最佳波段选择和反演模型构建　敏感波段选择、光谱指数筛选及估算模型计算均在 MATLAB R2010b 语言环境下编程实现，对 NDVI、RVI、DVI、GNDVI、NLI、NDVI$_{705}$、RDVI、SAVI、EVI 和 TVI 10 种植被指数与小区产量进行敏感性分析。根据所输入波段区域范围，在此范围内筛选最大的 R^2 及其所对应的敏感波段值。

5.4 无人机遥感解析玉米表型精度验证与分析

5.4.1 形态指标（玉米高度增长率）

利用 Agisoft PhotoScan Professional 软件，将获得的苗期无人机高清数码影像及 GCP 进行数据拼接处理，分别生成苗期玉米育种材料的 DSM_0 和 DOM_0，其结果如图 5-9 所示。

从 DSM_0 可以看出，玉米育种材料研究区的地势为南低北高，并且地势变化也不均匀，与通过具有代表性的离散地面高程点内插生成 DSM 相比，结合 GCP 生成的 DSM_0 更符合客观的实际地形高低起伏情况；从 DOM_0 可以看出，研究区的玉米育种材料苗较小，整体上呈现裸土的颜色。综合 DSM_0 和 DOM_0 所呈现的信息，将 DSM_0 作为其他生育时期提取玉米育种材料株高的地表基准面。

分别将拔节期、喇叭口期和抽雄吐丝期获取的无人机高清数码影像结合 GCP 进行拼接处理生成对应的 DSM 和 DOM，即 DSM_1 和 DOM_1、DSM_2 和 DOM_2、DSM_3 和 DOM_3。将 DSM_1、DSM_2 和 DSM_3 分别与 DSM_0 进行作差，得到拔节期、喇叭口期和抽雄吐丝期的 H 分别为 H_1、H_2 和 H_3，结果如图 5-10 所示。

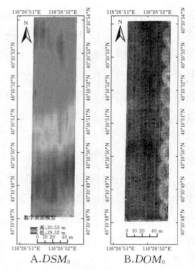

A.DSM_0 B.DOM_0

图 5-9　玉米育种材料苗期的 DSM_0 和 DOM_0（见彩图）

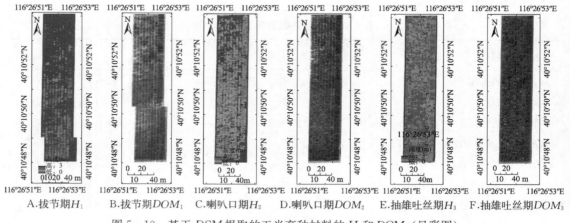

A.拔节期H_1　　B.拔节期DOM_1　　C.喇叭口期H_2　　D.喇叭口期DOM_2　　E.抽雄吐丝期H_3　　F.抽雄吐丝期DOM_3

图 5-10　基于 DSM 提取的玉米育种材料的 H 和 DOM（见彩图）

基于不同 DSM 提取的 H 结果和相对应的高清 DOM 进行综合分析，对提取的玉米育种材料株高进行评价。其中，H_1 的提取结果较差，H_2 的南半部分提取结果较好、北半部分提取结果较差，H_3 的提取结果较好，这主要是由玉米育种材料的冠层空间结构所决定的，即行与行之间的封垄状况。拔节期的 H_1 提取结果较差，是由于此时期南半部分玉米育种材料处于未完全封垄状态，而由于玉米育种材料自身特性的差异，北半部分玉米育种材料多数处于未封垄状态，少数处于未完全封垄状态。在没有提取到株高信息相对应的区域，玉米育种材料长势较弱,行与行之间的空隙较大;而提取到株高信息的部分,玉米育种材料长势较旺。喇叭口期的 H_2 南半部分提取结果较好而北半部分提取结果相对较差,南半部分的玉米育种材料较多处于完全封垄状态,只有极个别玉米育种材料小区处于未完全封垄状态;而北半部分玉米育种材料长势相对较弱,处于未完全封垄状态,有极个别玉米育种材料行与行之间的空隙较大,导致提取的结果不理想。抽雄吐丝期的 H_3 提取结果较好,此时期的玉米育种材料基本全处于封垄状态,长势较为旺盛,除极个别玉米育种材料自身长势较弱外,整体上株高的提取结果较好。

结合玉米育种材料的封垄状态,提取 DSM 上完全封垄或未完全封垄但长势旺盛小区的 H,共得到 145 个。与对应的实测 H 数据进行对比,其结果如图 5-11 所示,基于 DSM 提取的 H 和实测的 H 高度拟合,R^2、$RMSE$ 和 $NRMSE$ 分别为 0.93、28.69 cm 和 17.90%,且基于 DSM 提取的 H 整体上比对应实测的 H 要低。

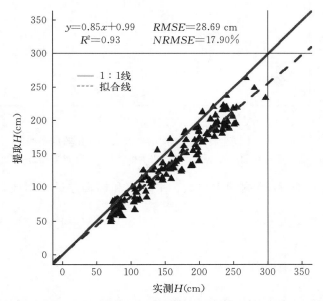

图 5-11 基于 DSM 提取玉米育种材料的 H 和对应实测 H 的对比

以播种后天数(Day after planting,DAP)为时间轴,分析玉米育种材料实测 H 的变化,从而对玉米育种材料的长势信息进行监测。播种日期为 2017 年 5 月 15 日,则 2017 年 6 月 8 日、2017 年 6 月 29 日、2017 年 7 月 11 日、2017 年 7 月 28 日的 DAP 分别为 24、45、57、74。基于 6 月 8 日和 6 月 29 日的实测 H 获取时间,以平均内插的方法计算出 6 月 18 日的 H 数据,DAP 为 34;基于 6 月 29 日和 7 月 11 日的实测 H 获取时间,以平均内插的方法计算出 7 月 5 日的 H 数据,DAP 为 51;基于 7 月 11 日和 7 月 28 日的实测 H 获取时间,以平均内插的方法计算出 7 月 19 日的 H 数据,DAP 为 65。基于 DAP 为 34、45、51、57、65、74 的 H 数据,进行玉米育种材料长势信息的变化监测,其结果如图 5-12 所示。

从 H 长势变化监测箱线图中可以看出,随着 DAP 的不断增加,玉米育种材料的平均 H 也相应增大,H 最小值和最大值的范围在不断增大,表明不同的玉米育种材料 H 的差异不断增大,这与不同的玉米育种材料自身特性有关。

为了更加直观地分析不同生育时期之间的 H 数据以及相邻生育时期之间的 H 数据的变

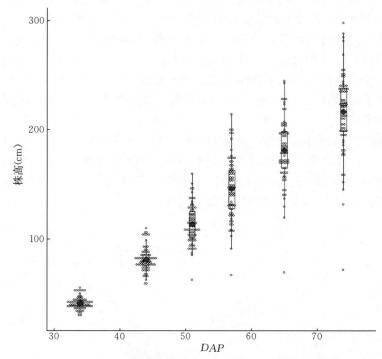

图 5-12　不同生育时期之间的株高长势变化监测箱线图

注："○"代表 H 数据的分布，"◆"表示相应生育时期 H 数据的平均值。

化趋势，将不同生育时期 H 数据的中位数、平均值和标准差进行对比，其结果如图 5-13 所示。

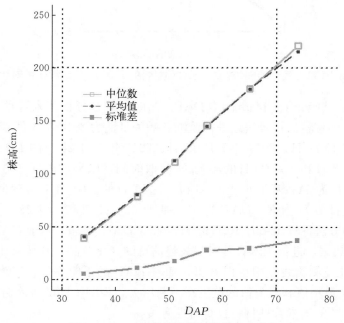

图 5-13　玉米育种材料的长势变化分析

从图 5-13 中可以看出，不同 DAP 时期 H 数据的中位数和平均值基本一致，表明实测的 H 数据近似服从正态分布，而对应的标准差在逐步增大，表明随着生育期的推进，不同的玉米育种材料的 H 差异不断增大。当 $DAP<40$ 时，玉米育种材料 H 数据的中位数和平均值具有较好的一致性，且相应的方差较小，表明此生育时期内不同的玉米育种材料的 H 差异较小；当 $DAP>40$ 时，随着玉米育种材料 H 的不断增加，玉米育种材料的 H 差异也不断增大，可以将此生育时期的 H 作为监测不同玉米育种材料长势差异的指标之一。在 $DAP=57$ 时，H 数据在中位数、平均值和标准差曲线上对应的数据值变大，造成 DAP 在 51~57 之间的直线段斜率大于 DAP 在 57~65 之间的，且标准差曲线更为明显，表明在 DAP 为 51~57 之间的时间段玉米育种材料 H 的增长率要大于 $DAP=57$ 之后的时间段，从而可以判断 $DAP=57$ 是玉米育种材料 H 增长率由快变慢的转折点。基于不同 DAP 时期的 H 数据得到 H 的增长率，其结果如表 5-6 所示。

表 5-6 株高增长率分析

DAP	平均株高（cm）	间隔时间（d）	株高增长量（cm）	平均株高增长率（cm/d）
24	0	—	—	
34	40.36	10	40.36	4.04
45	80.71	11	40.35	3.67
51	112.93	6	32.22	5.37
57	145.15	6	32.22	5.37
65	180.34	8	35.19	4.40
74	215.54	9	35.20	4.39

从表 5-6 可以看出，玉米育种材料在拔节期（$DAP=45$）和喇叭口期（$DAP=57$）之间的时间段内是玉米育种材料 H 平均增长速度最快的时期，达到每天增高 5.37 cm。此时间段可作为监测玉米育种材料 H 增长率的最佳时期，对应的生育时期内 H 的标准差增长也较快，可为田间玉米育种材料 H 的变化监测提供参考。

5.4.2 作物生理生化指标（LAI）

基于高清 DOM，查看相应实测小区中行与行之间的间隙，筛选出未封垄的实测小区，将未完全封垄但长势旺盛或完全封垄的实测小区作为估算 LAI 模型的小区，共 176 个。从高清的 DOM 上提取这些实测小区的 R、G 和 B 通道的平均 DN 值，并构建数码影像变量，以及相对应的实测 H 数据，组成 LAI 模型构建的样本数据集。随机选择 70% 样本数据组成估算数据集（124 个样本），与对应的 LAI 进行相关性分析，其结果如图 5-14 所示。参考相关系数检验临界值表进行变量的显著性检验，当自由度为 124、相关系数的绝对值大于 0.23 时，达到 0.01 显著性水平。从图 5-14 中可以得知，H、r、$MGRVI$、$GRVI$、ExR、$ExGR$、$VARI$ 和 g/r 与 LAI 之间相关系数的绝对值均大于 0.7，远大于 0.23，达到 0.01 显著水平。

将选取的 15 个数码影像变量与玉米育种材料 LAI 进行逐步回归分析，构建 LAI 估算模型，并计算模型的 AIC 值、R^2、$RMSE$ 和 $NRMSE$，结果如表 5-7 所示。综合考虑逐步回归分析模型的评价指标，得到综合精度较好的两个逐步回归分析模型，分别包含 5 个（r、

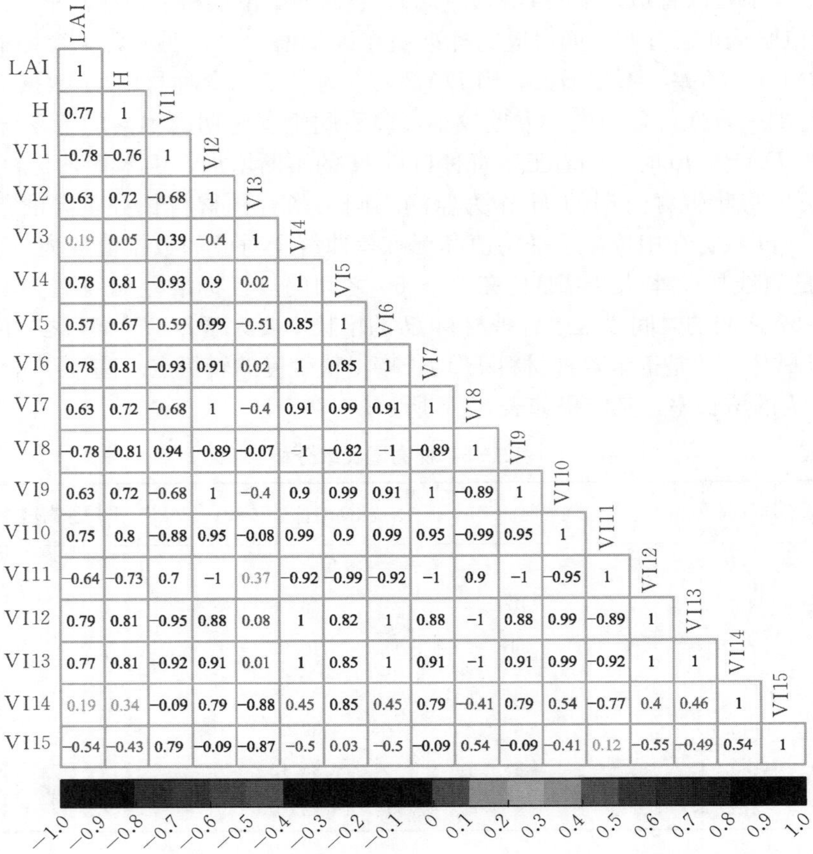

	LAI	H	VI1	VI2	VI3	VI4	VI5	VI6	VI7	VI8	VI9	VI10	VI11	VI12	VI13	VI14	VI15
LAI	1																
H	0.77	1															
VI1	-0.78	-0.76	1														
VI2	0.63	0.72	-0.68	1													
VI3	0.19	0.05	-0.39	-0.4	1												
VI4	0.78	0.81	-0.93	0.9	0.02	1											
VI5	0.57	0.67	-0.59	0.99	-0.51	0.85	1										
VI6	0.78	0.81	-0.93	0.91	0.02	1	0.85	1									
VI7	0.63	0.72	-0.68	1	-0.4	0.91	0.99	0.91	1								
VI8	-0.78	-0.81	0.94	-0.89	-0.07	-1	-0.82	-1	-0.89	1							
VI9	0.63	0.72	-0.68	1	-0.4	0.9	0.99	0.91	1	-0.89	1						
VI10	0.75	0.8	-0.88	0.95	-0.08	0.99	0.9	0.99	0.95	-0.99	0.95	1					
VI11	-0.64	-0.73	0.7	-1	0.37	-0.92	-0.99	-0.92	-1	0.9	-1	-0.95	1				
VI12	0.79	0.81	-0.95	0.88	0.08	1	0.82	1	0.88	-1	0.88	0.99	-0.89	1			
VI13	0.77	0.81	-0.92	0.91	0.01	1	0.85	1	0.91	-1	0.91	0.99	-0.92	1	1		
VI14	0.19	0.34	-0.09	0.79	-0.88	0.45	0.85	0.45	0.79	-0.41	0.79	0.54	-0.77	0.4	0.46	1	
VI15	-0.54	-0.43	0.79	-0.09	-0.87	-0.5	0.03	-0.5	-0.09	0.54	-0.09	-0.41	0.12	-0.55	-0.49	0.54	1

-1.0 -0.9 -0.8 -0.7 -0.6 -0.5 -0.4 -0.3 -0.2 -0.1 0 0.1 0.2 0.3 0.4 0.5 0.6 0.7 0.8 0.9 1.0

图 5-14　数码影像变量（VI1～VI15）及株高（H）与 LAI 的皮尔森相关系数分析结果（见彩图）

表 5-7　数码影像变量与 LAI 的逐步回归分析结果

自变量个数	影像变量	AIC 值	R^2	RMSE	NRMSE（%）
15	r、g、b、MGRVI、RGBVI、GRVI、GLA、ExR、ExG、ExGR、CIVE、VARI、g/r、g/b、r/b	136.79	0.67	0.38	24.96
8	r、g、MGRVI、RGBVI、GRVI、VARI、g/b*、r/b*	132.79	0.67	0.38	24.96
7	r*、g*、MGRVI、RGBVI、GRVI**、g/b**、r/b**	132.92	0.67	0.38	25.17
6	r*、g*、MGRVI、GRVI *、g/b*、r/b*	132.97	0.66	0.39	25.38
5	r*、g*、GRVI*、g/b*、r/b*	131.21	0.66	0.39	25.40
4	r、g、g/b、r/b	135.48	0.64	0.40	26.05
3	r*、g/b、r/b	134.65	0.64	0.40	26.17

（续）

自变量个数	影像变量	AIC 值	R^2	RMSE	NRMSE（％）
2	r^{***}、r/b^*	135.50	0.63	0.40	26.47
1	r^{***}	139.14	0.61	0.41	27.07

注：*** 代表 0.001 显著性水平，** 代表 0.01 显著性水平，* 代表 0.05 显著性水平。

g、GRVI、g/b 和 r/b）和 2 个（r、r/b）数码影像变量，分别利用 30％ 的验证数据集（52 个样本）对估算模型进行验证，其散点图如图 5 - 15 所示。5 个和 2 个数码影像变量估算模型的 AIC 值、R^2、RMSE 和 NRMSE 分别为 131.21、0.66、0.39、25.40％ 和 135.50、0.63、0.40、26.47％，5 个数码影像变量估算模型比 2 个数码影像变量估算模型的 AIC 值小 4.29，R^2 大 0.03，RMSE 小 0.01，NRMSE 小 1.07 个百分点。利用 30％ 的验证数据集分别对这两个模型进行评价，5 个和 2 个数码影像变量验证模型的 R^2、RMSE 和 NRMSE 分别为 0.69、0.37、25.07％ 和 0.68、0.38、25.51％，R^2、RMSE 和 NRMSE 分别相差 0.01、0.01 和 0.44％，表明两个模型的预测能力相当。综合考虑估算模型和验证模型的评价指标及模型的简单易用性，选择包含 2 个数码影像变量（r、r/b）的逐步回归模型为玉米育种材料 LAI 的估算模型，并制作研究区玉米育种材料 LAI 的空间分布图，结果如图 5 - 16A、5 - 16B 和 5 - 16C 所示。

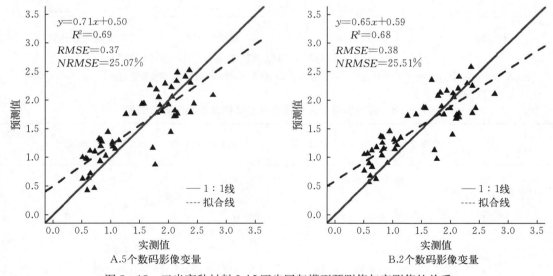

图 5 - 15　玉米育种材料 LAI 逐步回归模型预测值与实测值的关系

将选取的 15 个数码影像变量和相对应的实测 H 共 16 个变量与玉米育种材料 LAI 进行逐步回归分析，构建 LAI 估算模型，并计算模型的 AIC 值、R^2、RMSE 和 NRMSE，结果如表 5 - 8 所示。综合考虑逐步回归分析模型的评价指标，选择了包含 3 个变量（H、g、g/b）的逐步回归模型进行玉米育种材料 LAI 的估测，估算模型的 AIC 值、R^2、RMSE 和 NRMSE 分别为 116.59、0.69、0.37 和 24.34％，利用 30％ 的验证数据集对估算模型进行验证，其散点图如图 5 - 16 所示，其评价指标 R^2、RMSE 和 NRMSE 分别为 0.73、0.35 和 23.49％。

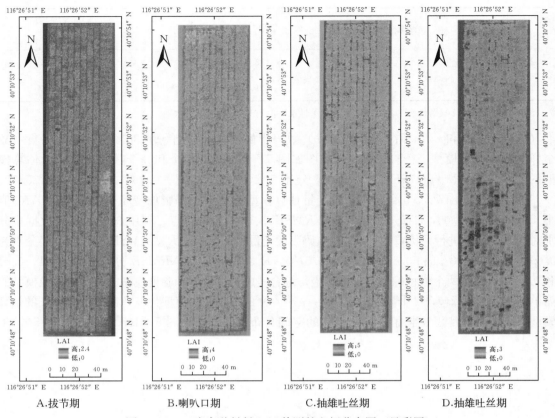

A.拔节期　　　　B.喇叭口期　　　　C.抽雄吐丝期　　　　D.抽雄吐丝期

图 5-16　玉米育种材料 LAI 估测的空间分布图（见彩图）

注：A、B、C 表示仅用数码影像变量进行 LAI 估测的结果；D 表示用株高和数码影像变量进行融合估测 LAI 的结果。

表 5-8　数码影像变量和株高与 LAI 的逐步回归分析结果

自变量个数	影像变量	AIC 值	回归系数的显著性	R^2	RMSE	NRMSE（%）
16	H^{***}、r、g、b、MGRVI、RGB-VI、GRVI、GLA、ExR、ExG、ExGR、CIVE、VARI、g/r、g/b、r/b	120.09	1 个 0.001 水平显著，16 个不显著	0.72	0.35	23.16
6	H^{***}、r^{**}、g^{**}、$GRVI^{**}$、g/b^{**}、r/b^{**}	112.29	1 个 0.001 水平显著，6 个 0.01 水平显著	0.71	0.36	23.36
5	H^{***}、r、g、g/b、r/b	119.22	1 个 0.001 水平显著，5 个不显著	0.69	0.37	24.21
3	H^{***}、g^{***}、g/b^{***}	116.59	4 个 0.001 水平显著	0.69	0.37	24.34
2	g^{***}、g/b^{***}	134.39	3 个 0.001 水平显著	0.63	0.40	26.35

（续）

自变量个数	影像变量	AIC 值	回归系数的显著性	R^2	RMSE	NRMSE（%）
1	g^{***}	195.45	2 个 0.001 水平显著	0.39	0.52	33.91

注：*** 代表 0.001 显著性水平，** 代表 0.01 显著性水平，* 代表 0.05 显著性水平。

　　由于拔节期和喇叭口期的部分玉米育种材料长势较差，行与行之间的空隙较大，即冠层封垄状况较差，导致基于 DSM 提取的 H 结果较差；而抽雄吐丝期的玉米育种材料基本处于完全封垄状态，提取的 H 数据结果较好。因此，基于抽雄吐丝期 DSM 提取的 H 数据结果和相对应的 DOM，采用将 H 和数码影像变量相融合的方法制作研究区玉米育种材料 LAI 的空间分布图，结果如图 5-16D 所示。

　　从图 5-16 可以看出，拔节期的玉米育种材料还处于生长期，整体的 LAI 值相对较小，且不同的玉米育种材料之间的差异较小，只有极个别玉米育种材料长势较为旺盛，其对应的 LAI 值也相对较大；喇叭口期的玉米育种材料处于快速生长的阶段，其长势旺盛，不同的玉米育种材料的品种差异在 LAI 的空

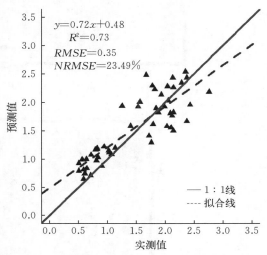

图 5-17　数码影像变量和株高的 LAI 逐步回归模型预测值与实测值的关系

间分布上得到呈现，部分材料的 LAI 较大，部分材料的 LAI 相对较小，在整个研究区内呈现出不均匀的分布情况。仅用数码影像变量估算抽雄吐丝期的 LAI，与喇叭口期相比，LAI 整体上继续增大，且不同的玉米育种材料的 LAI 空间差异明显，且与喇叭口期的 LAI 空间差异不太一致，这可能与玉米育种材料自身的生长特性有关；将 H 和数码影像变量进行融合估算抽雄吐丝期的 LAI，与仅用数码影像变量估算抽雄吐丝期的 LAI 相比，LAI 值整体偏小，但不同的玉米育种材料的 LAI 差异较为明显，且与仅用数码影像变量估测 LAI 结果的空间分布趋势一致，在监测不同的玉米育种材料的长势差异时，结果更好。

5.4.3　生物/非生物胁迫指标

　　冠层温度、气孔导度、叶片水势、净同化速率和水分胁迫指数等与作物叶片呼吸速率、蒸腾速率和净光合速率等密切相关，是揭示作物生长状态的重要指标，被普遍用于抗逆性作物品种筛选和抗逆栽培技术的研究。冠气温差（Canopy - air temperature difference，TD）是冠层温度与空气温度的比值，可用来预测作物产量，如杂交高粱、马铃薯的 TD 与产量呈显著的负相关关系，水分胁迫条件下小麦的冠气温差与产量呈正相关关系。由于冠层温度与作物蒸腾密切相关，当水分亏缺时，蒸腾减弱，气孔关闭，叶温显著增加，可以利用冠层温度间接研究作物的蒸腾速率和气孔导度等。利用热成像数据得到的水分亏缺指数可以用来指示作物叶片水分状态，同时也可反演作物的气孔导度和净光合速率。利用无人机可有效获取育种小区的倒伏状况、温度胁迫、成熟度等具体信息，如图 5-18、图 5-19 所示。

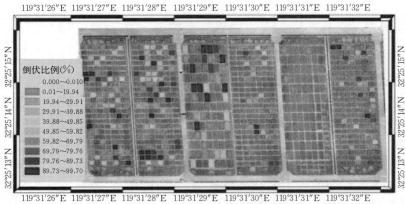

空间分辨率：2 cm 拍摄时间：2014年5月20日 制图单位：北京农业信息技术研究中心

A.倒伏

空间分辨率：2 cm 拍摄时间：2014年5月20日 制图单位：北京农业信息技术研究中心

B.成熟度

图5-18 小麦育种材料倒伏分布与成熟度分布（见彩图）

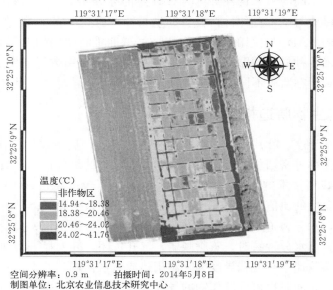

空间分辨率：0.9 m 拍摄时间：2014年5月8日
制图单位：北京农业信息技术研究中心

图5-19 小麦育种材料冠层温度胁迫分布

5.5 小结与展望

5.5.1 小结

（1）高通量获取作物表型信息是加快作物生长发育规律研究、推动作物科学发展的重要手段，以无人机为代表的近地遥感表型平台具有机动灵活、适合复杂农田环境、数据采集及时、效率高和成本低等优势，可以快速、无损和高效地获取田间作物表型信息，成为研究作物表型组学的重要工具。多旋翼、固定翼、直升机和飞艇是当前遥感解析表型研究应用的主要无人机类型，常见的机载传感器包括数码相机、多光谱相机、高光谱相机、热红外相机及激光雷达等。

（2）无人机遥感表型平台已广泛用于获取形态参数、光谱和纹理特征、生理特性等作物性状，以及在不同环境下作物对生物/非生物胁迫的响应。遥感解析作物表型的精度存在明显差异，这主要由于反演模型的精度取决于气候、作物生长阶段和作物类型等因素。图像特征分析法、光谱特征分析法、冠层温度分析法和综合评判法等是无人机遥感解析田间作物表型信息的常用方法。

（3）尽管无人机遥感表型平台是高通量获取作物表型信息的重要手段，然而目前仍存在一些不足，包括研究应用深度及广度不足、光谱和激光雷达数据的快速处理方法缺乏、遥感反演模型存在较大不确定性和传感器价格高等。因此，在未来的无人机遥感解析作物表型信息研究应用中，需不断拓展无人机遥感解析作物表型研究的广度和深度，深入挖掘无人机高光谱和 LiDAR 等遥感信息，融合多源遥感信息构建通用性强、精度高的表型信息解析模型，加快研发低成本无人机载传感器，并推广普及易操作的全套技术解决方案。

5.5.2 展望

（1）研究应用广度和深度的不断拓展　目前，无人机遥感平台在田间作物表型信息获取的应用方面具有明显的优势和广阔的前景，其以机动灵活、数据实时获取和作业效率高的优势成为作物表型信息快速、无损获取的重要手段。然而，目前无人机遥感解析作物表型信息的研究对象多集中在小麦、玉米、大麦和水稻等，针对豆类和薯类的研究较少；并且研究中包含的作物品种数量较少，缺乏复杂农田环境下基于无人机遥感的作物表型信息解析及辨识，因此不断拓展无人机遥感解析作物表型研究的广度和深度，将为推动近地遥感技术在精准农业中的应用奠定理论和技术基础。

（2）高光谱/LiDAR 遥感信息的深入挖掘　通过农用无人机搭载高光谱仪可以获取大量窄波段且连续的作物高光谱影像，使其能够更加全面地呈现出作物特有的光谱特性，精准获取作物生物物理状态和生物化学状态，在农业定量遥感中具有广泛的应用潜力。然而，高光谱数据由于包含丰富的信息，目前在作物精细识别、生长状态监测方面仍未充分发挥作用，需进一步加强高光谱遥感解析作物表型信息的机理研究。同样，机载 LiDAR 传感器发射的激光脉冲能部分穿透作物遮挡，直接获取高精度三维地表地形数据，包含大量的点云信息，数据处理量大，需深入挖掘有效信息，实现作物株高、生物量等指标的高精度解析。

（3）多源遥感信息融合构建表型信息解析模型　基于单一方法构建的田间作物表型信息解析模型存在通用性差、年际间预测稳定性不强的缺点，为增加模型的预测精度，需采用多种方法构建表型解析模型，并进行系统性验证。由于作物表型是品种与环境共同作用的结果，遥感反演表型模型受作物种植区域、作物类型以及作物生育时期等因素的影响，因此融合多源遥感信息、环境和作物生理学知识，有利于构建通用性强、精度高的作物表型信息解析模型。

（4）**多尺度表型平台同步观测**　这些表型参数大部分都是冠层尺度的，能够表达冠层宏观的长势信息，但从农业科学家的角度还需要表达作物个体甚至器官的生理生态性状。这是目前无人机遥感还未能很好解决的，需要后续通过研发新的传感器或模型解析方法，实现对作物的微观与宏观表型关键信息同步监测。

（5）**低成本轻量化传感器的加快研发**　成本高、有效载荷不足是限制无人机遥感表型平台推广应用的瓶颈，加快研发低成本和轻量化的传感器是解决上述问题的重要方法。基于无人机遥感解析作物表型信息优势明显，如及时的田间取样、高分辨率数据、长势信息的快速鉴定、图像同步获取、作业效率高等；但当前无人机遥感平台搭载的高光谱仪、热成像仪等设备价格较高，严重限制了其在作物表型信息解析方面的应用，加快低成本传感器的研发，可有效促进无人机遥感技术在农业中的应用。同时，由于无人机平台续航时间有限，且有效载荷低，单次路线规划无法实现大面积多源遥感信息的同步获取，因此通过搭载轻量化传感器增强无人机遥感平台的搭载能力，有利于增加无人机平台的有效作业面积。

（6）**易操作的全套技术解决方案的推广普及**　农用无人机遥感平台可以获取海量的数码影像、光谱成像和热成像数据，需经过几何校正、辐射校正和数据建模等一系列的处理过程，最终实现遥感手段解析作物表型信息。但目前终端用户缺乏针对上述数据的处理能力，需加快易操作的全流程技术方案的研发和推广，研发集成不同功能软件，使用户能够自主实现作物长势监测和产量预测等。

参考文献

盖钧镒，刘康，赵晋铭，2015. 中国作物种业科学技术发展的评述. 中国农业科学，48（17）：3303-3315.

高林，杨贵军，王宝山，等，2015. 基于无人机遥感影像的大豆叶面积指数反演研究. 中国生态农业学报，23（7）：868-876.

杨贵军，李长春，于海洋，等，2015. 农用无人机多传感器遥感辅助小麦育种信息获取. 农业工程学报，22（21）：184-190.

赵春江，2014. 农业遥感研究与应用进展. 农业机械学报，45（12）：277-293.

赵春霞，钱乐祥，2004. 遥感影像监督分类与非监督分类的比较. 河南大学学报（自然科学版），34（3）：90-93.

Aasen H，Burkart A，Bolten A，et al.，2015. Generating 3D hyperspectral information with lightweight UAV snapshot cameras for vegetation monitoring：from camera calibration to quality assurance. Isprs Journal of Photogrammetry and Remote Sensing，108（5）：251-254.

Alheit KV，Busemeyer L，Liu W，et al.，2014. Multiple-line cross QTL mapping for biomass yield and plant height in triticale（×*Triticosecale* Wittmack）. Theoretical and Applied Genetics，127（1）：251-260.

Araus JL，Cairns JE，2014. Field high-throughput phenotyping：the new crop breeding frontier. Trends in Plant Science，19（1）：52-61.

Babar MA，Reynolds MP，Ginkel MV，et al.，2006. Spectral reflectance to estimate genetic variation for in-season biomass，leaf chlorophyll，and canopy temperature in wheat. Crop Science，46（3）：76-85.

Ballesteros R，Ortega JF，Hernandez D，et al.，2014. Applications of georeferenced high-resolution images obtained with unmanned aerial vehicles. Part II：application to maize and onion crops of a semi-arid region

in Spain. Precision Agriculture, 15 (6): 593 - 614.

Bannari A, Morin D, Bonn F, et al. , 1995. A review of vegetation indices. Remote Sensing Reviews, 13 (1 - 2): 95 - 120.

Barabaschi D, Tondelli A, Desiderio F, et al. , 2016. Next generation breeding. Plant Science, 242: 3 - 13.

Bendig J, Bolten A, Bennertz S, et al. , 2014. Estimating biomass of barley using crop surface models (CSMs) derived from UAV - based RGB imaging. Remote Sensing, 6 (11): 10395 - 10412.

Bendig J, Yu K, Aasen H, et al. , 2015. Combining UAV - based plant height from crop surface models, visible, and near infrared vegetation indices for biomass monitoring in barley. International Journal of Applied Earth Observation and Geoinformation, 39: 79 - 87.

Berni JAJ, Zarco - Tejada PJ, Suarez L, et al. , 2009. Thermal and narrowband multispectral remote sensing for vegetation monitoring from an unmanned aerial vehicle. Ieee Transactions on Geoscience and Remote Sensing, 47 (3): 722 - 738.

Campbell JB, Wynne RH, 2011. Introduction to remote sensing. New York: Guilford Press.

Chapman S, Merz T, Chan A, et al. , 2015. Pheno - copter: a low - altitude, autonomous remote - sensing robotic helicopter for high - throughput field - based phenotyping. Agronomy, 4 (2): 279 -301.

Cobb JN, DeClerck G, Greenberg A, et al. , 2013. Next - generation phenotyping: requirements and strategies for enhancing our understanding of genotype - phenotype relationships and its relevance to crop improvement. Theoretical and Applied Genetics, 126 (4): 867 - 887.

Costa JM, Grant OM, Chaves MM, 2013. Thermography to explore plant - environment interactions. Journal of Experimental Botany, 64 (13): 3937 - 3949.

Curran PJ, Dungan JL, Peterson DL, 2001. Estimating the foliar biochemical concentration of leaves with reflectance spectrometry: testing the kokaly and clark methodologies. Remote Sensing of Environment, 76 (3): 349 - 359.

Deery D, Jimenez - Berni J, Jones H, et al. , 2014. Proximal remote sensing buggies and potential applications for field - based phenotyping. Agronomy, 5 (3): 349 - 379.

Gai JY, Liu K, Zhao JM, 2015. Review of Chinese science and technology industry for species. Chinese Agricultural Sciences, 48 (17): 3303 - 3315.

Gao L, Yang GJ, Wang BS, et al. , 2015. Soybean leaf area index retrieval with UAV (unmanned aerial vehicle) remote sensing imagery. Chinese Journal of Eco - Agriculture, 23 (7): 868 - 876.

Geipel J, Link J, Claupein W, 2014. Combined spectral and spatial modeling of corn yield based on aerial images and crop surface models acquired with an unmanned aircraft system. Remote Sensing, 6 (11): 10335 - 10355.

Gevaert CM, Suomalainen J, Tang J, et al. , 2015. Generation of spectral - temporal response surfaces by combining multispectral satellite and hyperspectral UAV imagery for precision agriculture applications. Ieee Journal of Selected Topics in Applied Earth Observations and Remote Sensing, 1 (8): 3140 - 3146.

Gonzalez - Dugo V, Hernandez P, Solis L, et al. , 2015. Using high - resolution hyperspectral and thermal airborne imagery to assess physiological condition in the context of wheat phenotyping. Remote Sensing, 7 (10): 13586 - 13605.

Guo W, Fukatsu T, Ninomiya S, 2015. Automated characterization of flowering dynamics in rice using field - acquired time - series RGB images. Plant Methods, 11 (1): 1 - 15.

Gutierrez - Rodriguez M, Reynolds MP, Escalante - Estrada JA, et al. , 2004. Association between canopy reflectance indices and yield and physiological traits in bread wheat under drought and well - irrigated conditions. Australian Journal of Agricultural Research, 55 (11): 1139 - 1147.

Heaton E, Voigt T, Long SP, 2004. A quantitative review comparing the yields of two candidate C_4, perennial biomass crops in relation to nitrogen, temperature and water. Biomass & Bioenergy, 27 (1): 21–30.

Hunt JER, Hively WD, Fujikawa SJ, et al., 2010. Acquisition of nir–green–blue digital photographs from unmanned aircraft for crop monitoring. Remote Sensing, 2 (1): 290–305.

Ilker E, Tonk FA, Tosun M, et al., 2013. Effects of direct selection process for plant height on some yield components in common wheat (*Triticum aestivum*) genotypes. International Journal of Agriculture & Biology, 15 (4): 795–797.

Jones HG, Serraj R, Loveys BR, et al., 2009. Thermal infrared imaging of crop canopies for the remote diagnosis and quantification of plant responses to water stress in the field. Functional Plant Biology, 36 (11): 978–989.

Kokaly RF, Clark RN, 1999. Spectroscopic determination of leaf biochemistry using band–depth analysis of absorption features and stepwise multiple linear regression. Remote sensing of environment, 67 (3): 267–287.

Lelong CCD, 2008. Assessment of unmanned aerial vehicles imagery for quantitative monitoring of wheat crop in small plots. Sensors, 8 (5): 3557–3585.

Li J, Zhang F, Qian X, et al., 2015. Quantification of rice canopy nitrogen balance index with digital imagery from unmanned aerial vehicle. Remote Sensing Letters, 6 (3): 183–189.

Ma BL, Dwyer LM, Costa C, et al., 2001. Early prediction of soybean yield from canopy reflectance measurements. Agronomy Journal, 93 (6): 1227–1234.

Olivaresvillegas J, Reynolds P, Mcdonald K, 2007. Drought–adaptive attributes in the Seri/Babax hexaploid wheat population. Functional Plant Biology, 34 (3): 189–203.

Overgaard SI, Isaksson T, Kvaal K, et al., 2010. Comparisons of two hand–held, multispectral field radiometers and a hyperspectral airborne imager in terms of predicting spring wheat grain yield and quality by means of powered partial least squares regression. Journal of near Infrared Spectroscopy, 18: 247–261.

Rahaman MM, Chen DJ, Gillani Z, et al., 2015. Advanced phenotyping and phenotype data analysis for the study of plant growth and development. Frontiers in Plant Science, 6 (15): 619.

Raun WR, Solie JB, Johnson GV, et al., 2001. In–season prediction of potential grain yield in winter wheat using canopy reflectance. Agronomy Journal, 93 (1): 131–138.

Reynolds M, Manes Y, Izanloo A, et al., 2009. Phenotyping approaches for physiological breeding and gene discovery in wheat. Annals of Applied Biology, 155 (3): 309–320.

Sankaran S, Khot LR, Carter AH, 2015. Field–based crop phenotyping: multispectral aerial imaging for evaluation of winter wheat emergence and spring stand. Computers and Electronics in Agriculture, 118: 372–379.

Siebert S, Ewert F, Rezaei EE, et al., 2014. Impact of heat stress on crop yield–on the importance of considering canopy temperature. Environmental Research Letters, 9 (4): 8.

Sullivan DG, Fulton JP, Shaw JN, et al., 2007. Evaluating the sensitivity of an unmanned thermal infrared aerial system to detect water stress in a cotton canopy. International Journal of Sociology & Social Policy, 50 (6): 708–724.

Uto K, Seki H., Saito G, et al., 2013. Characterization of rice paddies by a UAV–mounted miniature hyperspectral sensor system. Ieee Journal of Selected Topics in Applied Earth Observations and Remote Sensing, 6 (2): 851–860.

Verger A, Vigneau N, Chéron C, et al., 2014. Green area index from an unmanned aerial system over wheat and rapeseed crops. Remote Sensing of Environment, 152: 654–664.

Wei X, Xu J, Guo H, et al., 2010. DTH8 suppresses flowering in rice, influencing plant height and yield potential simultaneously. Plant Physiology, 153: 1747–1758.

Yang GJ, Li CC, Yu HY, et al., 2015. UAV based multi‐load remote sensing technologies for wheat breeding information acquirement. Transactions of the Chinese Society of Agricultural Engineering, 31 (21): 184‐190.

Zaman‐Allah M, Vergara O, Araus JL, et al., 2015. Unmanned aerial platform‐based multi‐spectral imaging for field phenotyping of maize. Plant Methods, 11 (1): 1‐10.

Zhang CH, Walters D, Kovacs JM, 2013. Applications of low altitude remote sensing in agriculture upon farmers' requests‐a case study in Northeastern Ontario, Canada. PloS ONE, 9 (11): e112894.

Zhang C, Kovacs JM, 2012. The application of small unmanned aerial systems for precision agriculture: a review. Precision Agriculture, 13 (6): 693‐712.

Zhao CJ, 2014. The development of agricultural remote sensing research and application. Journal of Agricultural Machinery, 45 (12): 277‐293.

Zhao CX, Qian LX, 2004. Comparative study of supervised and unsupervised classification in remote sensing image. Journal of Henan University (Natural Science), 34 (3): 90‐93.

第 6 章

玉米形态结构三维数字化技术

　　玉米的形态结构是玉米基因表达、资源获取和生殖繁衍等生命属性特征表征的载体。越来越多的学者认识到，需要结合玉米的三维形态结构特征来进行玉米品种遗传特征认知、适应性评价、生产能力分析等的科学计算和仿真。玉米个体和群体有着异常复杂的形态结构特征，同时其外在形态结构会随品种、地域和生产条件的不同而发生显著的变化，因此利用数字化技术，从三维角度研究、表征玉米的形态结构特征、遗传规律和环境的互作关系，进行多分辨率、多尺度和多时序的玉米三维数字化技术研究是玉米数字化可视化研究的重要内容。

　　本章首先对用于玉米三维数字化数据获取的主要仪器与方法进行介绍，并综述玉米三维数字化方法研究进展，然后基于节单位进行玉米形态结构分析，并按照器官、单株和群体 3 个尺度分别从特征提取、几何建模方面介绍玉米三维数字化技术，最后说明玉米器官三维模板资源库构建方法。

6.1　玉米形态结构数据获取与三维数字化研究进展

　　所谓三维数字化，就是运用三维形态结构工具（软件或仪器）来实现模型的虚拟创建、修改、完善和分析等一系列的数字化操作，从而满足用户的目的和需求。因此，玉米形态结构三维数字化技术即采用三维数据获取软硬件，在计算机上以数字化、可视化的方式实现多尺度玉米形态结构的三维数据处理、特征提取、三维交互、几何建模、可视化计算分析等研究与应用。

6.1.1　玉米形态结构三维数字化主要仪器与方法

　　玉米植株由茎、叶、雄穗和雌穗等器官组成，又由植株组成群体。各器官、单株及群体的形态结构特征差异大，无法用单一的三维数据获取设备和统一的数据获取方法完成玉米所有类型三维数据的采集。因此，需要结合不同器官的形态结构特征，根据数据获取精度的要求，选用不同的仪器设备，采用不同的数据获取方法开展玉米三维形态数据的获取。

　　1. **玉米形态结构三维数字化主要仪器**　在多视角成像技术出现以前，用于玉米三维形态结构数据获取的仪器主要分为两类：三维扫描仪和三维数字化仪。其中，三维扫描仪主要用于获取目标物体表面三维点云数据，具有数据获取效率快、精度高的特点，每组点云由成千上万个三维空间点组成，一些扫描仪所获取的点云还包含了颜色信息；三维数字化仪主要用于获取目标物体主要的特征点，由人工手动操作完成数据获取，效率较低，但可直接、准确地获取目标物体特征的三维坐标点，数据量往往在几十到几百个点，利用成熟的三维曲面建模方法进行三维重建相对容易。根据数据获取用途与需求的不同，可分别采用三维扫描仪和三维数字化仪开展玉米三维形态数据的采集。

（1）用于玉米籽粒三维点云数据获取的显微三维扫描仪 SmartSCAN³ᴰ－5.0M 彩色三维扫描仪（图 6-1A），光栅式扫描，搭载 S-030 镜头，扫描范围为 25 mm×20 mm，特征精度为±7 μm。该三维扫描仪是工业逆向检测中常用仪器，具有极高的精度，是目前用于植物器官表面三维数据获取精度最高的仪器之一。利用其可获取玉米籽粒（或种子）的三维形态结构细节特征。扫描时需将玉米籽粒不断旋转，并保证每次转动前后有公共面用于拼接。由于扫描方式为拍照，所获取的点云数据带有颜色纹理信息。

A.SmartScan   B.Artec Spider   C.Artec EVA

D.MicroScribe   E. FastScan   F. FARO Focus³ᴰ   G. Leica Nova MS50

图 6-1　可用于玉米形态结构三维数据获取的部分仪器

（2）用于玉米器官三维点云数据获取的手持式三维扫描仪 手持式三维扫描仪主要包括结构光式和激光式两类。Artec Spider 三维扫描仪（3D 分辨率为 0.1 mm、工作范围 0.17～0.35 m，图 6-1B）和 Artec EVA 三维扫描仪（3D 分辨率为 0.5 mm、工作范围 0.4～1 m，图 6-1C），均为手持结构光式扫描仪，扫描范围和精度有所不同。Artec EVA 可用于玉米叶片的三维点云数据获取，Artec Spider 可用于玉米果穗、节间等器官的三维点云数据获取。由于工作范围不同，Artec Spider 在使用时的操作要求高，一旦超出工作范围就会报警，但精度较高；相对而言，Artec EVA 操作难度较小，精度略低，但可以满足大多数玉米叶片点云数据获取的要求。这两款扫描仪所获取的点云数据也带有颜色信息，但纹理效果一般。

FastScan 三维扫描仪（图 6-1D），是基于线状三维激光扫描技术的手持式三维扫描仪，3D 分辨率为 0.5 mm，有效扫描距离 10～20 cm。该扫描仪工作方式与 Artec 系列扫描仪相似，均为手持扫描仪沿目标物体表面进行三维扫描。激光式三维扫描仪获取点云数据一般不带有颜色信息，在获取表面较光滑的目标物体（如玉米叶片）时，效率不如 Artec 系列扫描仪，但当获取表面结构或纹理连续性差、特征明显的目标物体时效果较好。

（3）用于玉米器官、单株或群体三维数字化数据获取的三维数字化仪　MicroScribe G2LX 三维数字化仪（图 6-1E），是机械臂形式的三维数字化仪，最大作用范围为 1.67 m。其通过人工操作机械臂，移动机械臂的探头位置逐个获取目标物体的特征点信息。三维数字化仪尤其适于获取分枝结构的物体数据，如玉米雄穗、玉米叶片骨架等。但受该数字化仪臂长限制，且机械臂在数据获取过程中易接触玉米植株，故不适于玉米植株三维数字化的数据获取。

FastScan（或 FastRak）结合 Polhemus Long Ranger 或 Tx4 定标器的三维数字化系统，是大田条件下常用的植物三维数字化系统。该系统是通过电磁式发射器进行三维定标，通过移动线式数字化探笔实现大田作物的三维数字化数据采集。该系统作用范围最大可达 4 m，且由于软线触碰植株不易造成位置变化，相对来说适合获取玉米单株或群体的三维数据。

（4）用于玉米单株及群体三维点云数据获取的三维扫描仪　FARO Focus^{3D} 三维激光扫描仪（图 6-1F），扫描头可旋转 360°，每秒可获取 976 000 个点，有效距离 0.6～120 m，最小精度误差为±2 mm。该仪器还内置了同轴高分辨率相机，使彩色影像与点云的匹配无偏差。FARO 三维扫描仪适合中远距离三维扫描，尤其适合室内玉米单株和室外玉米小群体的三维点云数据获取。利用该仪器进行玉米数据获取时，需要人工放置 3～5 个标靶球，然后绕目标植株或群体扫描 3～5 站，最后利用配套软件对多站数据利用标靶球进行数据拼接，得到玉米植株三维点云。

Leica Nova MS50 三维激光扫描仪（图 6-1G），是适合大范围场景的全站扫描仪，其点云坐标测量最大获取距离为 2 000 m，单点测量误差精度在 2 mm 以内。该扫描仪适合玉米群体的三维数据获取。

2. 玉米多尺度形态结构数据获取方法　根据上述三维数据获取仪器与设备的特点，开展不同尺度玉米三维数据的获取工作。由于各器官、植株及群体的数据获取方法各不相同（方慧等，2012），本节以玉米器官、单株及群体 3 个尺度形态结构的三维点云数据获取为例介绍玉米多尺度三维点云数据的获取方法。

（1）利用三维激光扫描仪进行玉米器官点云数据获取

① 玉米籽粒三维点云数据获取。玉米籽粒或种子是描述玉米产量性状或播种出苗质量的重要指标，具有重要的生物学意义。采用 SmartSCAN^{3D}-5.0M 彩色三维扫描仪，搭载 S-030 镜头开展其形态结构三维数据获取。数据获取是采集籽粒各个面的点云信息，并以半自动的方式通过各次扫描间的公共部分寻找特征点进行配准，扫描单个籽粒或种子时间为 0.5～1.0 h。图 6-2 为利用所扫描的玉米籽粒和带包衣种子点云初步生成的三维模型。

图 6-2　玉米籽粒和种子三维点云可视化（见彩图）

② 玉米叶片三维点云数据获取。玉米叶片是充分表征玉米形态结构遗传特征的重要器官，包含着丰富的形态细节。玉米叶片几何尺度适中，适合采用手持式扫描仪沿叶面进行数

据采集。利用 Artec EVA 手持式三维扫描仪获取玉米叶片三维点云，在数据采集过程中，每一帧都需连续跟踪待测物体。由于玉米叶片的叶尖部分以及发育前期的玉米叶片相对细长，为了保证数据获取的连续性和数据的完整性，可以在玉米叶片背部放置受光面较大的参照物。单个玉米叶片扫描时长为1～2 min，图 6-3 为 3 个品种的玉米叶片三维点云模型。此外，由于叶片形态易受外界影响而发生变化，在数据获取时需缓慢移动手持式扫描仪，减少因叶片形态发生微小变化而产生区域性噪声点。因玉米叶片表面形态和材质细节丰富，在三维点云获取过程中也存在诸多的问题，如存在叶片边缘锯齿特征难以获取、叶片表面蜡质镜面反射效果导致点云缺失等问题。

图 6-3 玉米叶片三维点云
数据可视化效果

③ 玉米果穗三维点云数据获取。玉米果穗整体可近似为凸多面体，除果穗行与行及籽粒间较深的缝隙不可见外，其他部分均可见。这里采用 Artec Spider 三维扫描仪对玉米果穗进行三维点云数据获取。与叶片等柔性器官不同，玉米果穗在移动和旋转过程中形态结构基本不会发生改变，可以在数据获取过程中保持扫描仪固定，通过调整果穗的位置实现点云数据的获取。由于该扫描仪对有效距离要求较高，一旦目标偏离出有效的扫描范围时，扫描仪会立刻报警。为了保持数据获取的稳定性和连续性，在扫描过程中，利用旋转台与支撑杆，搭建了玉米果穗点云数据快速获取系统。如图 6-4 所示，将玉米果穗通过支撑杆

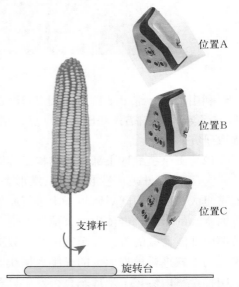

图 6-4 玉米果穗三维点云数据获取系统示意图

放置于旋转台上，并提前设置好扫描仪的 3 个扫描位置，其中位置 A 为俯视果穗视角（30°）；位置 B 为平视果穗视角；位置 C 为仰视果穗视角（-30°）。通过手动操作旋转台，在扫描仪分别处于 3 个扫描位置时，分别将果穗旋转 360°，旋转一周约用时 20 s，整个果穗扫描用时 90 s，果穗在旋转过程中不可停滞，以获取均匀、完整的玉米果穗三维点云。果穗三维数据获取步骤如下：将目标果穗放置于支撑杆上；将扫描仪置于位置 A 开始扫描，旋转果穗一周，然后分别将扫描仪置于位置 B 和位置 C 重复旋转果穗扫描；扫描完成，更换下一个果穗并重置扫描仪位置。采用该方法可实现玉米果穗三维点云数据采集。

除采用 Artec Spider 进行果穗数据获取外，还可采用 SmartScan-C5 与 S125 镜头对玉米果穗进行扫描。该镜头扫描范围为 120 mm×80 mm，扫描精度可达 3 μm。对于玉米果穗而言，由于籽粒之间的缝隙较深，扫描仪无法从各角度获取籽粒间缝隙深处的点云数据，只能获得籽粒表面、果穗顶部及尾部的点云数据。受扫描仪扫描范围的限制，同时为了获取完整的表面信息，一个玉米果穗需扫描 20 站左右，每完成一站扫描将当前数据与之前点云数据进行拼接使之成为一个新的整体，直到果穗中所有包含籽粒的部分都被扫描完成。在扫描

过程中，由于肉眼难以分辨各扫描部分连接处的特征，因此在扫描前用彩色笔对部分籽粒进行标记，以便于点云之间的拼接。果穗的扫描、拼接与可视化均采用该扫描仪的配套软件OPTOCAT完成。同时，拼接完成后的点云，对直径小于一定阈值的孔洞进行修补。在实际修补时，这个孔洞的直径阈值非常小，以避免将籽粒间的缝隙填充上。由于SmartScan属于高精度三维扫描仪，单果穗扫描后的点云包含点的数量较多，一般为300万～700万个点。修补后的可视化结果如图6-5所示，其中红色部分为颜色标记，便于拼接时寻找各点云间的公共区域。

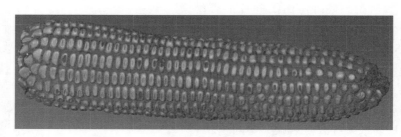

图6-5　玉米果穗点云可视化效果（见彩图）

利用Artec Spider获取果穗点云数据具有效率高的特点，适于果穗三维重建；利用SmartScan三维扫描仪获取的果穗点云精度高，可以用于基于点云的果穗三维形态结构特征提取研究。

（2）玉米植株地上部形态结构三维数字化方法

① 玉米植株破坏性取样后三维形态特征变化分析。玉米植株由茎、叶、雄穗和雌穗等器官组成。当在田间对密植玉米进行原位单株数据获取时，不仅易受外界环境（微风、光照等因素）的干扰，群体中的其他植株也对目标植株形成遮挡。因此，数据获取时既可以通过破坏取样或盆栽的方式移至室内开展数据采集，也可以通过破坏性移除周边植株并搭建防风围栏的方式进行植株原位的三维数据获取。为了评估玉米植株通过带土挖掘的方式放置在花盆中移至室内后，玉米形态是否发生显著变化，设计了试验对玉米各叶片的空间姿态等的变化进行评估。

选择半紧凑型玉米品种郑单958，种植密度为6株/m²，设置了两个氮肥梯度N0和N1进行试验，其中N0表示不施氮肥，N1表示氮肥施用量为300 kg/hm²。于9:00选择长势一致且具代表性的植株进行田间取样，每个处理取3株。10:00开始进行扫描，第一天每隔1 h、2 h、3 h（4个时间点分别用a—d表示）、第二天每隔2 h（4个时间点分别用e—h表示）对植株进行三维点云数据的获取。扫描环境处于无风的室内，保证不同时间点的玉米植株是不动的，采用FARO Focus³ᴰ三维扫描仪获取植株三维点云。通过对目标植株各叶片进行点云去噪和点云分割后，计算各叶片最高点和叶尖点的变化趋势，评价玉米植株移至室内的形态变化。图6-6为从大田取样后

图6-6　玉米植株三维点云中叶片边缘、
　　　　 器官连接处的噪声点（见彩图）

移至盆中并补水放置到室内的玉米植株三维点云。如图 6-6 所示，即使在室内进行数据获取，植株叶片也会因微弱气流产生肉眼不可见的位移，并在植株的叶片边缘和器官连接处等细节部分存在大量噪声点，但植株形态结构数据较为完整。

图 6-7 和图 6-8 是两个氮肥处理下每片绿叶的高度变化，可以看出第一天扫描间隔 3 h 后叶片高度出现较为明显的下降趋势，且第二天叶片变化幅度明显大于第一天。由两天试验结果可以看出，随着扫描时间间隔的推进，叶尖和叶最高点高度差与株高的百分比呈现逐渐增大的趋势，其中第一天扫描间隔 3 h（d—a）>扫描间隔 2 h（c—a）>扫描间隔 1 h（b—a）。第二天选择扫描间隔均为 2 h，随着植株叶片水分丧失逐渐增多，增大趋势要高于第一天。

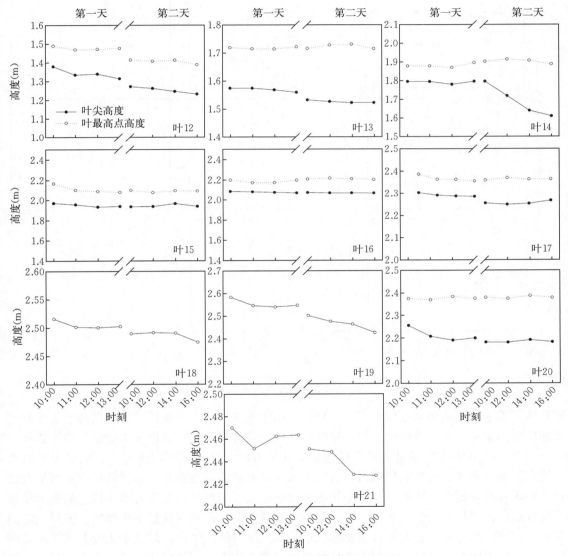

图 6-7　N0 处理每片叶片高度动态变化趋势

综上所述，从田间原位到室内可控环境下，在取样后 2 h 以内，玉米植株的形态变化最小，与田间原位的形态结构较为接近。因此，在取样 2 h 内所获取的形态结构数据，可认为

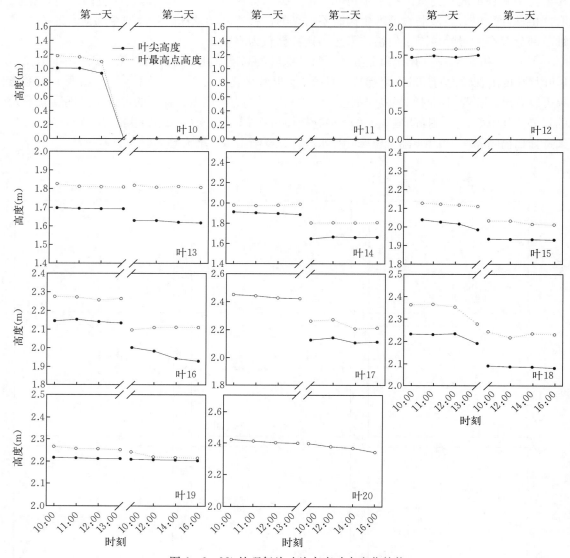

图 6 - 8　N1 处理每片叶片高度动态变化趋势

其保留了玉米植株的田间原位形态结构特征。由于本书后续玉米植株三维数据的采集多通过田间取样至室内完成，该结论为通过植株破坏性取样开展的三维数据采集提供了理论依据。

②　利用三维数字化仪进行玉米植株数据获取方法。通过三维扫描方式获取的玉米植株三维点云噪声点多，直接利用该数据进行玉米株型解析或三维重建，对特征提取和网格重建算法要求较高，具有一定的难度。采用三维数字化仪可以直接获取带有语义信息的玉米植株三维数据，即采用具有空间坐标定位功能的三维数字化仪，利用其数字化探笔，按照一定的规则，在同一坐标系下获取植株主要形态结构的三维空间点集合，以数字化的方式真实重现目标植株的空间拓扑结构。由于玉米植株高大，需采用大范围数字化系统开展数据采集。利用 FastScan（或 FastRak）三维数字化仪结合 Polhemus Long Ranger（或 Tx4）远距离发射器可开展玉米植株或器官的三维数字化数据获取。由于三维数字化系统是基于电磁定位原理，故要求试验区域内无钢结构物体，否则会影响数据精度。

为确保植株三维数字化数据采集的一致性，玉米植株三维数字化数据获取需在统一的标准下完成。玉米植株三维数字化数据的获取以器官为基本单位，且各器官的数据采集需保证在同一坐标系下完成。所需获取的器官包括：茎、叶、雄穗和雌穗，此外还包括植株定向的指北线。在利用探笔进行数据采集过程中，要求探笔尖不可用力过大，避免因发生器官位移导致的测量误差。

记 P_0 为植株生长点坐标，各器官记为一个点集。

茎：记为 $\{S_i\}$，其中 $1 \leq i \leq N_S$，N_S 为茎点集中点的个数。茎点集获取时，由植株生长点开始，至最后一个叶与茎的连接点结束，因此 $S_1 = P_0$。如果茎较长，要求在各节连接点、两个节连接点中间处各获取一个点。

叶（含叶片与叶鞘）：记为 $\{L_i^k\}$，其中 $1 \leq i \leq N_L^k$，k 为叶序，N_L^k 表示叶序为 k 的叶片上点的个数。由叶片着生处（该叶的叶鞘与节连接点）沿叶鞘和叶脉曲线获取三维数字化点数据，至叶尖结束。要求 L_3^k 为叶片着生位置（图 6-9），若玉米生长前期叶鞘不可见，则在叶与茎分离点起重复获取该点坐标 3 次（保证 L_3^k 为叶片着生位置）；若叶为抛物线叶尖下垂形，则该叶的点集需包含最高点；单个叶片上各点间距尽量均匀。此外，为提取叶宽信息，于各叶的叶宽最大处垂直于叶脉方向点取 3 个点，作为该叶点集最后 3 个点。

图 6-9 玉米叶三维数字化数据获取示意图

雄穗：记为 $\{M_i\}$，其中 $1 \leq i \leq N_M$，N_M 为雄穗点集中点的个数。首先获取雄穗主轴，由植株最后一个叶与茎分离处（M_1）开始，沿主穗至主穗顶（M_3）；然后按各分枝的生长位置点取各分枝雄穗三维数字化数据，每个分枝同样包含 3 个点，分别为生长点、中点和分枝雄穗尖点，即 N_M 为 3 的整数倍。

雌穗：记为 $\{F_i\}$，其中 $1 \leq i \leq N_F$，N_F 为雌穗点集中点的个数。由雌穗着生点开始，沿雌穗外轮廓获取三维坐标数据，至雌穗尖结束。

每个玉米器官的三维数字化数据获取完成后，在更改定标系统位置前，利用可视化插件对已获取的植株数据进行可视化查验，确保数据准确性，如某器官数据存在偏差需立刻重新获取。该可视化插件利用 Qt 开发，通过设定当前获取植株的目录，按照获取规则，每完成一个器官的数据获取后，点击刷新按钮可查看当前已采集数据的可视化效果，并以交互可视化的方式检测新获取的器官数据是否准确，若数据点数量有误则弹出提示窗口。图 6-10 为不同时期玉米植株三维数字化数据的可视化效果。

(3) 玉米群体冠层形态结构三维数字化方法 与玉米植株类似，玉米群体冠层三维数据获取主要面临遮挡、外界环境扰动等问题。一种思路是将群体移栽至室内扫描，但移栽会导致其丢失一些群体中各器官间互作产生的形变特征。因此，最理想的方式是在田间开展群体冠层原位三维

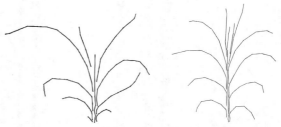

图 6-10 玉米植株三维数字化数据的可视化效果

形态结构数据采集。

① 玉米群体冠层田间原位三维点云数据获取。将目标玉米群体周围 2 m 的玉米植株清除，采用 FARO Focus³ᴰ或 NovaMS50 三维扫描仪直接获取目标群体玉米点云数据；也可通过多视角成像的方法获取群体多视角图像并重建得到玉米群体三维点云。采用三维扫描方法试验场景及去噪后的点云可视化结果如图 6-11 所示。玉米群体三维点云数据存在着因群体内部器官遮挡导致的大量点云缺失、群体内部各器官相互交叉导致的器官与单株难以分割等问题。因此，面向玉米群体点云的采集与处理方法研究主要针对玉米生育前期或密度较低的群体开展。随着无人机技术的发展，研究者利用无人机挂载激光雷达获取地块尺度的植物群体三维点云（Omasa et al.，2007），但其多用于提取株高、覆盖度等统计参数，且数据分辨率较低，难以用于精确的玉米形态结构表型参数解析（Haemmerle et al.，2014）。

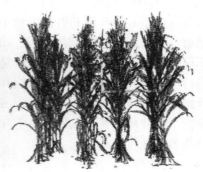

图 6-11　玉米群体三维扫描试验及点云可视化

② 玉米群体原位三维数字化数据获取。利用上述玉米群体三维扫描的方法效率高，但所得到的玉米群体点云数据难以实现玉米株型的准确解析，尤其是生长中后期的密植群体。三维数字化的方法（郑邦友等，2009）是获取玉米群体三维形态结构数据的另一种有效手段。该方法通过在田间放置电磁式发射器作为定标装置，按照一定的数据获取规则（见玉米植株三维数字化数据获取方法），采用人工控制探笔获得群体内每个玉米植株、每个器官的三维特征点，进而得到玉米群体原位的三维数字化数据。图 6-12 是 2017 年 7 月于新疆维吾尔自治区奇台县获取的先玉 335 不同密度玉米群体的三维数字化数据可视化效果，每个群体含 9 个玉米植株。数据包含了群体内各植株的生长位置，以及茎、叶（叶鞘及叶片主脉和边缘）、雄穗及雌穗的三维特征信息。在天气情况较好的条件下，每个群体的数据获取约需 6 h。

A.10.5×10⁴株/hm²　　B.13.5×10⁴株/hm²　　C.16.5×10⁴株/hm²

图 6-12　先玉 335 不同密度玉米群体三维数字化数据可视化效果

6.1.2 玉米三维数字化方法研究进展

玉米植株高大，株型结构相对简单，易于描述和研究。国内外研究者围绕玉米器官、植株和群体的三维数字化方法开展了大量研究，本节将对玉米主要三维数字化方法进行介绍。

1. 玉米器官与单株三维数字化方法研究进展　当前植物器官和植株尺度三维数字化方法主要可分为 4 类（刘刚等，2014）：

(1) 植物参数化几何建模（王芸芸等，2011a）　通过观测植物器官的形态特征参数，结合计算机图形学相关曲面建模方法实现对植物器官的三维建模。肖伯祥等（2007）通过采用参数化建模方法构建了玉米雌穗几何模型，建模过程包括雌穗轴线设计、果穗柄造型、穗轴造型、苞叶造型和籽粒造型 5 个阶段；同样采用参数化几何建模方法构建了玉米叶片（肖伯祥等，2007）和雄穗（肖伯祥等，2006）几何模型，并开发了玉米三维重构与可视化系统（郭新宇等，2007）。基于参数化的玉米三维建模方法效率较高，但所构建的器官模型真实感有较大提升空间。

(2) 基于三维数字化数据的几何建模（Frasson et al.，2010；王芸芸等，2011b）　利用三维数字化仪将目标植物的三维空间信息转化为电磁信号，再通过后端的软硬件设备解调信号还原物体点的空间坐标。基于三维数字化数据的方法适于玉米叶和茎等器官的三维重建。马韫韬等利用三维数字化仪构建玉米植株三维模型，并在此基础上对玉米植株叶片方位角分布开展了研究。基于三维数字化的玉米几何建模方法前期数据采集工作量大、自动化程度低，但后续三维模型构建简单，对算法依赖小。

(3) 基于立体视觉几何建模（Quan et al.，2006）　通过获取多幅植物器官的图像序列，并结合约束关系解算目标物体的三维坐标，可以实现目标物体三维点云的恢复。王传宇等（2014）以一定角度间隔旋转果穗获取各视角下的图像，通过双目立体视觉技术重建各视角下的玉米果穗表面点云，最终实现玉米果穗的三维重建。Frasson 等（2010）通过对玉米冠层叶片进行特征标记，采用相机图像采集和处理对标记进行定位和提取，并根据多幅图像的特征点进行匹配得到玉米叶片及冠层的三维模型。赵春江等（2010）提出利用立体视觉重建玉米植株三维骨架的方法。近年来，多视角成像技术发展迅速，成为一种低成本的植物三维形态结构数据采集解决方案。Wu 等（2020）研发了一种基于多视角成像的玉米植株表型平台 MVS - Pheno，可在 1～2 min 内完成玉米植株的多视角图像序列的数据采集，并重建得到植株的三维点云和表型信息。基于立体视觉的植物三维数字化方法具有成本低、效率高、适用性广的特点，但其稳定性、分辨率和精度仍有待提升。

(4) 基于致密三维点云数据的几何建模（Yin et al.，2015；王勇健等，2014）　三维扫描技术的迅速发展使得点云数据的获取更加简单方便，利用点云数据的空间坐标，通过点云重采样和曲面重构方法即可生成高质量的玉米器官几何模型，与基于立体视觉几何建模相比，基于致密三维点云的几何建模方法可获得植物器官表面更全面的细节信息，具有精度高、真实感强的特点。Loch 等（2005）通过曲面自适应重建技术对叶片三维激光扫描点数据进行精确建模；赵元棣等（2012）通过提取玉米叶片三维点云主脉指导玉米叶片模型的构建，并通过获取叶片三维空间数据的方法进行叶片重建。基于致密三维点云数据所构建的几何模型具有较高的真实感，能反映出玉米叶片品种尺度的细节特征，但存在数据获取工作量大、缺乏鲁棒的叶形特征提取算法等问题。

2. 玉米群体三维数字化方法研究进展　玉米群体形态结构复杂，空间分布规律性差、各器官表面空间结构变异性强，群体间存在大量器官的遮挡、交叉与相互作用，其形态结构不是单株简单复制的物理过程。传统农业对于玉米群体形态结构的研究以经验型人工测量试验或利用光谱及图像反演测量作物群体结构统计指标为主（Cescatti，2007；Potgieter et al.，2017），其难以从三维空间精确刻画玉米群体因品种和栽培管理措施所产生的形态差异。因此，研究者提出利用信息技术研究作物群体形态结构的方法（Gibbs et al.，2016）。作物群体三维重建始终是植物结构功能模型研究（Vos et al.，2010）领域的难点之一，主要方法包括：

(1) 基于三维数字化方法（Xiao et al.，2011）　利用电磁式数字化仪，通过人工获取田间玉米群体内各植株及器官的三维坐标点集，实现玉米群体原位三维重建。由于需获取目标区域内植株所有器官特征点，该方法效率极低，难以实现大规模群体的三维重建；但其重建精度高，且数据包含语义信息，后续应用方便。

(2) 基于多视角成像的方法（Zermas et al.，2019）　利用无人机挂载图像传感器或人工拍照获取玉米群体多视角图像，并基于多视角三维重建得到三维点云，结合骨架提取和网格生成方法重建玉米群体网格模型。基于多视角成像的方法主要适于封垄前无交叉的玉米群体三维重建，当冠层遮挡较严重时，三维重建精度将明显下降（朱冰琳等，2018）；对于封垄后的玉米群体，需清除目标区域外植株后进行数据采集（Zhu et al.，2020），且由于田间环境复杂，数据获取和重建效果不佳。

(3) 基于功能结构模型的方法（Guo et al.，2006）　通过整合玉米生长发育模型和实测数据构建玉米群体三维模型，这种方法可模拟玉米群体三维结构和光合生产的物质分配，实现玉米群体动态生长建模，但该方法难以反映不同株型和群体结构的形态特征差异。

(4) 基于株型统计的玉米群体三维建模方法（温维亮等，2018）　通过选取群体内少量目标植株测量株型参数，构建株型参数的统计模型，结合参数化建模方法实现玉米群体的三维建模。这种方法所构建的几何模型可以从统计角度反映品种株型和栽培管理措施不同产生的形态差异，但仍需加强与田间实测表型数据的结合，实现精度更高的玉米群体三维重建。

6.2　玉米器官三维数字化技术

玉米器官主要包括节间、叶片、叶鞘、雄穗、雌穗、根系等，根据玉米器官的形态结构特征，研究者已采用植物参数化结合人工交互的几何建模方法构建了叶片、雄穗、雌穗和根系等的几何模型（肖伯祥等，2007；肖伯祥等，2006；赵春江等，2007），但所构建的玉米器官几何模型真实感仍有待提高。基于点云的三维重建及特征提取可有效提升植物器官三维模型真实感，并解析出高精度的植物器官形态结构特征参数。由于植物器官三维点云数据获取相对较为简单、数据的独立性与完整性较好，基于三维点云的植物三维重建主要集中于器官尺度。本节针对玉米重要的结构功能器官——叶片和果穗，开展基于三维点云数据的三维重建和形态结构特征提取研究。

6.2.1　玉米叶片三维数字化

叶片是玉米最重要的器官之一，既是玉米形态结构的重要组成部分，也是玉米实现光合作用的重要功能器官，因此叶片三维建模是玉米三维数字化中的重要内容。高精度的玉米叶片网格模型对于提高植株三维模型真实感、开展形态结构特征分析和面元尺度的可视化计算等研究具有重要意义。

1. 基于点云的玉米叶片三维重建 利用三维扫描仪或多视角成像等方法获取的玉米多尺度三维点云数据中，玉米叶片多存在噪声点杂乱、数据缺失、叶面重叠等现象，目前尚未见鲁棒、普适、自动化的算法可以解决所有叶片点云的网格重建问题。因此，针对玉米叶片三维点云特征，结合已有三维点云处理软件工具，提出具有普适性的玉米叶片三维重建方法，具有重要的现实意义。本节利用 Artec 三维扫描仪获取玉米叶片三维点云数据，提出利用商业化软件构建高真实感玉米叶片三维模型的方法流程，主要包括点云获取、点云处理和网格优化 3 个步骤（图 6-13）。其中，点云获取使用 Artec Eva 扫描仪，点云处理过程中点云配准使用数据获取配套软件 Artec Studio 9.1，其余过程均在 Geomagic Studio 10 中完成。

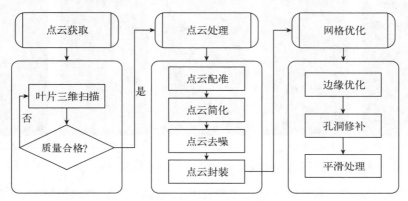

图 6-13 叶片三维建模流程

(1) 点云数据处理与网格生成

① 点云配准。Artec Eva 扫描仪采用面状结构光矩阵式扫描技术，每一帧扫描对应扫描对象的一部分区域，预获取扫描物体的整体形态信息，需将所有扫描帧数据配准。此外，每一帧还对应一个品质参数，品质参数越小表示数据质量越高。在配准前可先将所有帧依据品质参数排序，然后将品质参数较大的帧数据先删除再进行配准。由于数据配准采用最近点迭代（Iterative closest point，ICP）算法，如果两帧之间没有重叠的点云，配准将会出现错误，因此需避免一次删除连续的多帧数据。由于点云密度较高，肉眼难以查验配准结果的准确性，但配准结果的优劣在后期封装（网格生成）阶段会有明显差别。如图 6-14 所示，A是未配准点云进行封装后的模型，存在大量噪声点和孔洞；B是配准后封装的模型，叶面平滑且无孔洞，较好地还原了叶片的空间形态。点云配准完成后在 Artec Studio 9.1 编辑状态下导出 asc 格式，将导出文件在 Geomagic Studio 10 中打开并进行后续处理。

A.未配准后封装　　　　　　　　　　B.配准后封装

图 6-14 叶片点云配准结果对后期网格生成的影响（见彩图）

② 点云简化。利用扫描仪获取的原始点云数据文件占用存储空间较大，单个玉米灌浆

期叶片约包含 20 万个点，直接进行点云处理会占用大量计算机资源，降低运算速度，因此需对点云进行简化处理。常用的点云数据精简算法包含统一采样、曲率采样、等距采样、随机采样 4 种。统一采样以曲面点云密度为依据进行点云精简；曲率采样依据点云中各点的局部曲率实现点云简化，其保留了高曲率区域内的细节特征；等距采样通过设置均匀的间距，不考虑曲率和密度，降低无序点云中点的数量；随机采样是从无序点对象中随机移除一定比例的点。通过对比上述点云数据简化算法，结合玉米叶片点云数据特征，选择统一采样方法进行点云简化，其在保持叶脉特征前提下实现点云简化（图 6-15）。

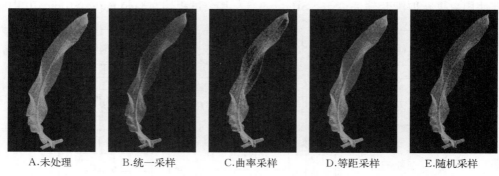

A.未处理　　　　B.统一采样　　　　C.曲率采样　　　　D.等距采样　　　　E.随机采样

图 6-15　采用不同点云简化方法得到的玉米叶片简化结果可视化（见彩图）

③ 点云去噪。由于扫描仪精度的限制和随机误差的存在，获取的叶片点云数据在叶片边缘和叶片狭缝处不可避免地会有噪声点产生。为最大限度地还原真实叶片的三维形态，需对叶片三维点云进行去噪处理。首先应用平滑滤波算法（如高斯滤波）对点云进行去噪处理，高斯滤波可以较好地保留非噪声数据。由于玉米叶片边缘附近噪声点分布不规律，目前针对玉米叶边缘噪声点没有较好的自动去噪解决方法。如图 6-16 所示，在进行滤波处理后叶片边缘仍有噪声点，采用手动交互方法剔除边缘噪声点，最后应用孤立点排异法去除其他噪声点。

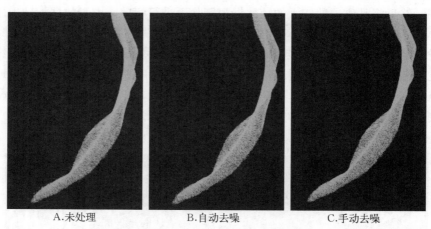

A.未处理　　　　　　B.自动去噪　　　　　　C.手动去噪

图 6-16　采用不同点云去噪方法得到的玉米叶片去噪结果可视化（见彩图）

④ 点云封装。三角网格模型具有明确的三维空间结构连接关系，可更好地用于三维可视化计算和模型展示，此处需将玉米叶片三维点云数据转换为三维网格模型。采用逆向工程（Reverse engineering）中常用的 Delaunay 三角剖分方法，对点云数据进行三角化。在利用点云进行三角化时，构建模型包括：无噪声降低、最小值噪声降低、中值噪声降低、最大值

噪声降低和自动噪声降低 5 种。试验表明，采用无噪声降低的方法可以得到较好的玉米叶片网格模型，因此选用无噪声降低方法对点云进行封装。

⑤ 网格优化。直接将点云封装后的三角网格模型存在着大量的网格锯齿和孔洞缺失，因此需对封装后的网格进行优化。玉米叶片的网格优化主要通过边缘优化、补洞和网格平滑等操作实现。为了尽量保留叶片细节特征，点云去噪采取相对保守的去噪策略，封装后会出现叶缘冗余、不规则锯齿甚至叶面分层现象的网格模型。叶片边缘与错误边缘之间的界限肉眼可辨，因此通过手动交互进行局部边缘平滑优化操作，可以实现较好的叶缘优化结果（图 6-17）。

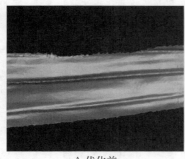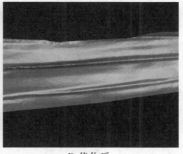

A.优化前　　　　　　　　　　　B.优化后

图 6-17　玉米叶片边缘优化前后模型局部对比（见彩图）

对于封装后出现孔洞的网格模型，根据孔洞的形式进行孔洞修补。如图 6-18 所示，孔洞类型分为内部孔、边界孔、复杂孔 3 种。玉米叶片中常见的孔洞类型为前两种，修补方法相对简单，可根据孔洞实际情况选择匹配周围网格曲率修补或平坦网格修补。对于第三种复杂孔，可利用搭桥的方法将复杂孔分成两个或者多个简单孔洞分别修补。

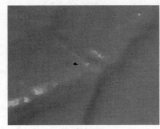

A.内部孔　　　　　　　　B.边界孔　　　　　　　　C.复杂孔

图 6-18　孔洞类型（见彩图）

边缘优化与补洞后，对模型整体进行平滑处理，主要包括删除钉状物、去除自相交和高度折射角等操作，以获取优质的玉米叶片三维模型（图 6-19）。

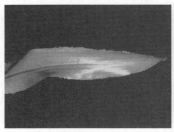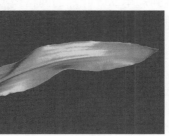

A.优化前　　　　　　　　　　　B.优化后

图 6-19　网格优化前后可视化结果对比（见彩图）

（2）玉米叶片三维重建结果与分析　选取不同品种、不同叶位的玉米叶片，进行三维扫描与重建试验。图 6 - 20 给出了京科 968 上部叶、京科 968 中部叶、郑单 958 上部叶和郑单 958 中部叶（由上至下）原始点云数据、预处理后点云数据、封装后初始网格模型和优化后网格模型（由左至右）的可视化结果。

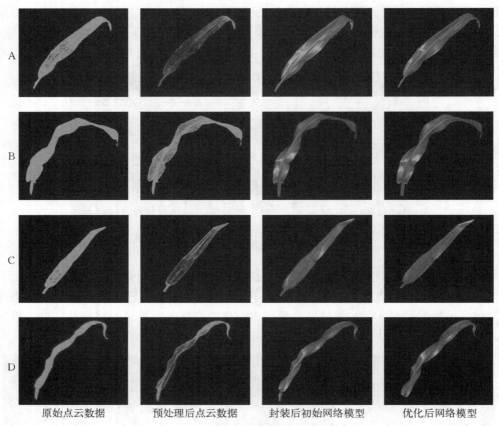

图 6 - 20　4 种玉米叶片三维重建结果（见彩图）

A. 京科 968 上部叶；B. 京科 968 中部叶；C. 郑单 958 上部叶；D. 郑单 958 中部叶

由可视化结果可知，基于三维扫描数据的玉米叶片重建方法适于不同品种和叶位的叶片高精度模型重建。在点云建模过程中，原始点云数据并不能明显分辨点云质量的优劣，但其很大程度上决定了后续处理中模型的质量。如图 6 - 20 和表 6 - 1 所示，京科 968 上部叶及中部叶原始点云的品质参数略大于郑单 958。通过原始点云无法分辨两者的差异，但在后续处理过程中可观察到郑单 958 叶片的网格模型质量明显优于京科 968，这也是在数据获取时提到一定要注意原始点云质量的原因。此外，玉米上部叶片叶面比较平坦，只要注意叶边缘

表 6 - 1　各原始点云品质参数

种类	品质参数
京科 968 上部叶	0.3
京科 968 中部叶	0.4
郑单 958 上部叶	0.2
郑单 958 中部叶	0.2

注：原始点云品质参数参考扫描软件 Artec Studio 9.1，数值越低品质越高。

的优化即能获得高质量的模型；由于植株中部叶位叶片的叶缘形态相对复杂，其建模过程也相对耗时多，如图 6-20 中京科 968 中部叶片叶边缘褶皱使原本平坦的叶面变得复杂。

本节针对玉米叶片形态特征，通过点云预处理与网格优化方法实现了基于点云数据的玉米叶片三维重建。由试验结果可知，采用三维扫描仪进行玉米叶片的三维重建具有重建精度高、保留细节特征、处理流程简单等优点；但该方法存在人工交互较多、所获得三维模型颜色纹理质量差等缺点。这种方法用于叶片三维模型与实际叶片误差小、真实感高的建模需求，同时颜色纹理问题可采用后期图像增强和纹理贴图的方法予以解决。基于三维扫描数据重建的高精度玉米叶片三维模型对于新品种展示、植物表型鉴定、植物可视化计算等研究具有重要作用。

2. 基于网格参数化的玉米叶片主脉提取 叶脉是玉米叶片形态结构的骨架，从叶片三维数据中提取叶脉特征可作为计算、识别和分类叶片的依据。叶片骨架提取是玉米表型解析和三维模型构建的基础工作。本节在综合国内外已有研究成果的基础上，通过整合离散网格平均曲率计算、网格曲面的参数化以及点云数据的骨骼提取等方法，提出一种玉米叶片三维主脉曲线提取算法。

（1）算法结构 本节主要介绍针对点云数据提取玉米叶片三维主脉曲线的算法研究。算法流程如图 6-21 所示：首先计算玉米叶片网格模型中各顶点的曲率，将曲率大的顶点提取出来，并通过滤波操作进行去噪，得到不完整的主脉点集；然后将叶片网格模型参数化到平面，利用其对称性，对映射到二维不完整主脉点集进行最小二乘直线拟合，经过筛选产生完整的二维主脉点集；最后将其映射回原网格模型得到完整的三维主脉点集，利用骨骼提取算法结合一些光滑操作得到最终的主脉曲线。

图 6-21 玉米叶片主脉提取算法流程

① 数据获取与预处理。本研究利用美国 Polhemus 公司的 Fastscan 激光三维扫描仪对不同叶位的玉米叶片进行扫描，得到玉米叶片的三维点云数据，如图 6-22所示。可以看出，在玉米叶片的点云数据中，有关主脉位置与特征的信息量较小，叶尖部位的几何变化并不明显，给提取主脉带来了一定的困难。

对于一个玉米叶片的点云数据，首先需对其进行预处理，以得到质量较好的网格模型。由于玉米植株上不同叶片之间的间隙较大，利用扫描仪对其进行扫描相对容易。采用人工方法将扫描结果中的噪声点删除。随后，利用经典的泊松（Poisson）曲面重建算法（Kazhdan et al.，2006）对其进行三角网格重建。由于泊松曲面重建算法是一种经典的隐式重建方法，可以

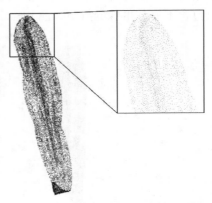

图 6-22 玉米叶片三维点云数据
可视化效果

在已知点云精确法向量的基础上，计算出一个能够刻画待重建曲面的特征函数，进而提取该特征函数的零等值面得到重建的网格。如图 6-23 所示，利用泊松曲面重建算法可以得到质

量较好的玉米叶片网格模型。

　　② 基于曲率的不完整主脉点集提取。网格曲面是一种离散的曲面表示，但是在三角网格上任意一点处得到精确的曲率比较困难，主要原因是离散三角网格曲面并不是用传统微分几何中熟知的参数化方程和隐式方程来定义，而是由离散点云以及点与点之间的拓扑关系定义的。近年来，已有很多估算顶点曲率的方法，如欧拉公式、最小二乘估算方法、曲率张量估计方法、法曲率积分公式方法和离散微分几何方法。

　　玉米叶片的部分主脉在叶片上呈现"突起"的形状，对应到扫描后的点云模型上，表现出主脉的部分点集几何有明显的变化，其曲率相对于叶片其

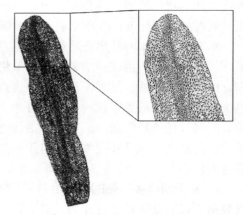

图 6-23　利用泊松曲面重建算法得到的叶片网格模型

他位置点的曲率更大。为此，首先计算网格模型中每个顶点的平均曲率，并通过事先给定的阈值将高曲率的点集提取出来形成不完整的主脉点集，记作 V_{3D}。由于玉米叶片网格采样较为均匀，局部邻域性质较好，这里采用基于离散微分几何中计算网格曲率的方法（Meyer et al.，2002）。已知网格模型 M，对于每个顶点 $x_i \in M$，其平均曲率为式（6-1）。

$$K (x_i) = \frac{1}{2A} \left\| \sum_{j \in N(i)} (\cot\alpha_{ij} + \cot\beta_{ij})(x_i - x_j) \right\| \qquad (6-1)$$

　　式中，$N (i)$ 为顶点 x_i 一环邻域的序号集合，A 为 x_i 点所对应的 Voronoi 面积，α_{ij} 和 β_{ij} 为连接顶点 x_i 和 x_j 的边所对应的两个角，如图 6-24 所示。

　　受噪声点等因素的影响，按照上述方法提取到的点集除了包括不完整的主脉点集外，往往会出现一些离散分布在各处的高曲率点，如图 6-25A 所示。为了自动删除这些点，应用滤波方法对得到的高曲率点集进行自动筛选，从而得到只包含不完整主脉的点集。图 6-25B 为滤波后的主脉点集，

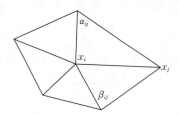

图 6-24　顶点邻域关系

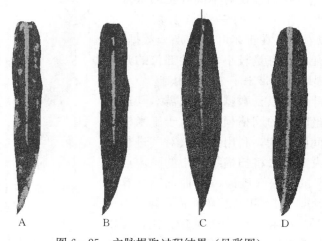

图 6-25　主脉提取过程结果（见彩图）

A. 高曲率点集提取；B. 不完整主脉点集提取；C. 平面最小二乘直线拟合；D. 完整主脉点集提取

可以看到不完整的主脉已经被提取出来，且不包含其他噪声点。

③ 基于参数化的完整主脉点集提取。网格曲面的参数化是指通过分片线性映射得到一个与之同构的平面网格。其中，分片线性映射是指给网格曲面上的每个顶点在平面参数域内分配一个与之对应的参数坐标；而同构是指网格曲面片和平面网格间存在着点、边以及面的一一对应关系，即网格曲面参数化的目的就是在于获得网格曲面与二维平面参数域的一个映射关系。这样一一对应的映射将一些对网格曲面的操作转换成对平面网格的操作，大大减小了操作的复杂度，被广泛应用于纹理映射、重新网格化以及曲面拟合，同样也广泛应用于计算机视觉用来增强三维曲面的视觉效果。网格曲面参数化技术已经成为近年来相关领域的研究热点。

考虑到玉米叶片的整体的曲率变化不大，类似于一个平面结构，所以对其进行平面参数化，将复杂问题转换为简单问题。利用 ABF（Angle based flattening）自由边界参数化算法（Sheffer et al.，2001）对玉米叶片网格模型进行平面参数化，并将由第一步产生的不完整主脉点集对应到参数化后的二维网格上，记作 V_{2D}，结果如图 6-25C 所示。ABF 自由边界参数化算法是通过求解一个约束优化问题得到参数化结果的。

$$\min E\ (\alpha) = \sum_i \left(\frac{a_i}{a_i'} - 1\right)^2 \tag{6-2}$$

$$s.t.\ a_i \geq \epsilon > 0,\ a_i + b_i + c_i = \pi,\ \sum_i a_i = 2\pi,\ \prod \frac{\sin b_i}{\sin c_i} = 1$$

式中，a_i 为待求的参数化后的角度，a_i' 为其目标最优化角度；a_i、b_i、c_i 分别为构成一个三角形的 3 个内角。

由于前文利用曲率计算得到的三维主脉点集 V_{3D} 是不完整的，只是真正主脉的一部分，映射到平面的二维主脉点集 V_{2D} 也是不完整的，所以需要利用已有的部分主脉点集得到完整的主脉点集。考虑到玉米叶片是一个对称性的几何体，其主脉在平面上可以近似看作一条直线，即对称轴，故通过对不完整的二维主脉点集 V_{2D} 进行最小二乘直线拟合，得到的直线可以近似认为是二维叶片网格模型的主脉。图 6-25C 中的直线即为拟合得到的二维主脉直线。

对于平面网格上的每个顶点，计算其与二维主脉直线的欧式距离。若该距离小于事先给定的阈值，则认为此点位于主脉点集中；否则位于叶片其他部位。遍历平面网格上的每个顶点进行此操作，最终得到平面网格上主脉的顶点集合 $\overline{V_{2D}}$。利用参数化得到的映射关系将这些完整的主脉点集映射回原叶片网格三维模型，得到完整的主脉三维顶点集合 $\overline{V_{3D}}$，如图 6-25D 所示。

(2) 玉米叶片主脉三维重建　三维模型的骨架曲线是一种重要的一维表示，它直观地反映了模型的拓扑和主要的几何特征，因此被广泛地应用于形状分析和处理中，如模型分割、目标匹配和检索、曲面重建和动画生成等。

利用本节前述方法可以得到玉米叶片主脉的三维点集，但是它并不具备一维结构，无法指导玉米叶片重建。为此，利用基于 Laplacian 的点云收缩方法提取骨架曲线（Cao et al.，2010），得到一维的主脉曲线。为了将 $\overline{V_{3D}}$ 收缩成为类似具有一维线性结构的点云，最小化二次能量为

$$E\ (P') = \|W_L LP'\|^2 + \sum_i W_{H,i}^2 \|p_i' - p_i\|^2 \tag{6-3}$$

式中，L 为 $\overline{V_{3D}}$ 所对应的 Laplacian 矩阵，P' 为收缩后的三维点云，p_i 和 p_i' 为约束点，

W_L和$W_{H,i}$分别为收缩项与约束项所对应的权系数。然后，利用最远点采样简化点云规模，得到结点集合，进而通过图建立并优化所得到的一维曲线。最后，通过 Laplace 光滑操作提高骨骼曲线的光滑性，最终得到具有一定光滑性的一维主脉曲线，如图 6-26 所示。

本部分提出了玉米主脉曲线三维建模方法，并验证了该算法的准确性和鲁棒性。试验证明，本方法对于万级的三维点云数据在几秒内就可以准确地计算出其主脉曲线，且所提取到的主脉曲线具有一定的光滑性。与已有针对玉米叶片三维点云所设计的算法（Zhu et al.，2008）相比，本方法

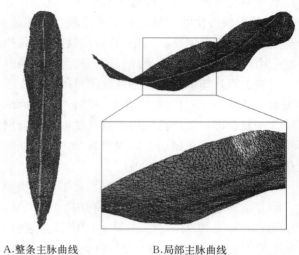

A.整条主脉曲线　　　　B.局部主脉曲线

图 6-26　主脉重建结果

对于输入数据的质量要求较低，可以是含有噪声点或是少量缺失的点云。除此之外，所提出的叶片主脉提取算法具有一定的普适性，可以推广到其他作物上。

此外，玉米叶片骨架提取方法还可以用来指导玉米叶片三维重建。在植物参数化建模领域，一般是利用交互式设计叶脉来实现点云或更进一步网格模板的加载，且叶脉的质量将直接影响到重建叶片的真实感。本方法提供了一种基于实测数据的叶脉提取方法，对于后续的植物建模具有指导意义。

当然，该算法也有一定的局限性。例如，对于叶形弯曲较大的玉米叶片数据，可能会提取出错误的主脉曲线。此外，本方法难以处理含有重度缺失，即破坏了点云对称性的数据。将尝试通过引入点云修补等算法解决以上问题，以提高算法的鲁棒性。

6.2.2　玉米果穗三维数字化

果穗是玉米产量的构成器官，其形态结构能够表征因品种和栽培管理方式差异所产生的产量变化。因此，在三维空间内对玉米果穗进行快速、准确的几何建模与可视化对于记录、再现和观察玉米果穗有重要意义。

1. 基于点云的玉米果穗几何建模

基于点云的玉米果穗三维重建方法（温维亮等，2016）主要包括玉米果穗点云数据获取、点云处理和网格生成及计算三部分，具体流程如图 6-27 所示。

（1）果穗三维重建方法　利用基于三维扫描方法获得的果穗点云数据存在噪声点、离群点、孔洞、重叠等问题，

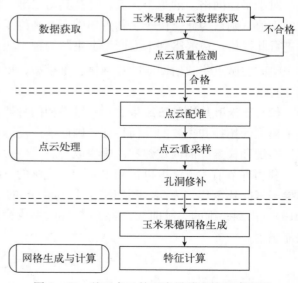

图 6-27　基于点云的玉米果穗三维重建流程

若直接应用其进行网格生成会导致模型误差较大，并引起后续参数提取误差增大或失败等问题。为此，首先进行点云预处理，包括点云配准、去噪及简化，然后基于点云数据生成网格模型。

① 点云配准。利用 Artec Spider 三维扫描仪以 10 帧/s 点面阵方式获取玉米果穗点云数据，通常一个效果较好的玉米果穗模型会有超过 500 帧的点云数据。利用扫描仪配套点云处理软件 Artec Studio 中配准模块对所获取的玉米果穗点云数据进行配准。点云配准过程中，依次进行粗配准、精确配准和全局配准。粗配准采用基于几何形态的方法（区别于基于几何与纹理的方法）解决较多帧出现明显偏移的问题，若无此情况可以跳过此步骤；精确配准主要解决个别帧出现较小偏移的问题；全局配准应用于整体点云数据的配准，精确配准与全局配准均采用基于几何与纹理的方法，整个配准耗时约 120 s。配准后将较为明显的块状离群点云进行手动删除，然后将点云输出。

② 点云去噪。采用 k 邻域内点数量统计的方式对离群点去噪。给定半径阈值 r 和数量阈值 k，对点云中的点 p，记 $N_p^r = \{ \Pi\,(1)，\cdots，\Pi\,(N) \}$ 为以 p 为球心、r 为半径的邻域内点的个数，且满足

$$\| p_{\Pi(i)} - p \| \leqslant \| p_{\Pi(i+1)} - p \|，i \in \{1，\cdots N_r\} \tag{6-4}$$

若 $N_p^r < k$，则认为 p 为离群点。其中，$p_{\Pi(i)}$ 表示点 p 邻域内的第 i 个点。

③ 点云简化。由于 Artec Spider 三维扫描仪精度较高，其所获取玉米果穗会产生大量三维点数据，而过多的数据点会导致后续方法效率降低，因此需对去噪后的点云数据进行简化。采用空间体素化方法实现点云的下采样简化，即在减少点数量的同时保持点云的形状特征。该方法可以有效提高配准、曲面重建、形状识别等算法速度。通过为果穗点云数据创建一个三维体素栅格，然后在每个体素内，用体素中所有点的重心来近似表征体素中其他点，这样该体素内所有点就用一个重心点最终表示。对于所有体素处理得到过滤后的点云，设置体素尺度参数为 d_{leaf}，即每个三维体素栅格的长宽高都为 d_{leaf}。重采样的点云在后续计算过程中会大幅降低计算量，以提高效率。以一个果穗点云为例（图 6-28，其中图 6-28B 为突出果穗籽粒特征可视化效果采用渐变色绘制点云），简化前包含 8 166 415 个点，重采样后包含 119 132 个点，采样率为 1.46%。上述去噪和下采样简化操作分别采用点云库 PCL（Point cloud library；Rusu et al.，2011）中的 RadiusOutlierRemoval 和 Voxel Grid 类实现。

A   B

图 6-28 点云重采样前（A）后（B）可视化对比（见彩图）

④ 孔洞修补。由于玉米果穗的凹凸特征明显，在果穗三维点云数据获取过程中难免会形成点云缺失，尤其是果穗底部和籽粒缺失位置由于扫描死角产生少量点云数据缺失，在利用点云数据生成果穗前需进行点云孔洞修补操作。采用基于径向基函数的点云修复方法（陈飞舟等，2006）进行孔洞修复，首先利用 kDtree 数据结构确定点云孔洞边界，

然后借助二次曲面对边界点集进行参数化，最后通过构造径向基函数插值曲面并在曲面上以 d_{leaf} 为采样步长实现孔洞点云的修补。此处采用 MQ（Multi-quadric）基函数构造插值曲面：

$$\phi_i(u, v) = \sqrt{(u-u_i)^2 + (v-v_i)^2 + r^2} \qquad (6-5)$$

式中，(u, v) 为点列参数值，$(u, v) \in [0, 1] \times [0, 1]$；$r$ 为参数，一般取值为 $[0, 1]$。

⑤ 玉米果穗网格生成。基于点云数据的网格重建是在输入点云数据基础上构造出易于存储、渲染、计算和分析的网格模型，并对模型进行孔洞修补、特征增强或网格光顺等操作。果穗表面细节特征较多，如籽粒间的缝隙特征、籽粒表面的凹陷特征和果穗上部分籽粒缺失特征等。为了保留重建果穗的细节特征，采用对闭合曲面点云效果较好的基于 Voronoi 图的 power crust（Amenta et al.，2004）网格重建方法重构果穗网格模型。果穗的体积能从一定程度上刻画果穗籽粒的数量，从而实现对玉米产量的客观描述，但现实中直接测量果穗体积较为繁琐。本研究在玉米果穗几何模型的基础上，利用其封闭特征，采用相关文献（Cha et al.，2001）的方法对果穗的体积进行计算。

上述算法及操作除点云配准外，其他点云处理及网格生成在 VS2010 和 PCL 算法库环境下实现。

(2) 果穗重建结果及分析

① 果穗三维重建结果。选取 7 个形态差异较为明显的玉米果穗，由小到大分别标记为 A—G。采用上述方法获取各果穗点云数据，并通过点云配准、重采样、孔洞修补，生成各果穗网格模型。果穗模型可视化效果如图 6-29 所示。由重建可视化结果可知，此方法对于籽粒间距较大的果穗重建效果较好，各籽粒较为独立（图 6-29B、图 6-29C）；而对于籽粒间距较小的果穗（图 6-29F、图 6-29G），由于籽粒缝隙较小，扫描仪无法探测到缝隙中的三维数据点，因此重建效果不如籽粒间距大的果穗。各扫描果穗采用量筒排水法进行体积的测量，其作为实测体积。表 6-2 给出了基于所重建的果穗几何模型计算的果穗体积，扫描数据的高精度保证了体积误差可控制在 ±2.2% 内。

A B C D E F G

图 6-29　玉米果穗照片与几何模型可视化（见彩图）

表 6-2 基于果穗几何模型的体积计算

果穗标号	计算体积（cm³）	实测体积（cm³）	误差（%）
A	115.55	113.8	1.54
B	116.52	114.2	2.03
C	125.82	128.1	−1.78
D	172.63	169.5	1.85
E	291.90	288.7	1.11
F	341.40	338.2	0.95
G	416.15	407.2	2.19

② 点云重采样率对重建结果的影响。在三维重建方面，果穗点云数量越多所构建模型的精度越高、细节越丰富，但云点数量的增加会严重降低数据处理效率。因此，点云的重采样率是一个对果穗重建精度和效率均具有重要影响的参数。选取形态规则的果穗其初始点云包含 14 489 574 个点，其实测体积为 292.8 cm³，通过设置不同的采样率进行果穗重建和体积对比分析。表 6-3 给出了 20 组不同采样率下的计算结果，由体积误差可看出，较为理想的果穗采样率为 0.008%～0.085%。

表 6-3 果穗点云采样率与体积计算误差关系

序号	采样点数量	采样率（%）	体积（cm³）	体积误差（%）	序号	采样点数量	采样率（%）	体积（cm³）	体积误差（%）
1	238 550	1.646	292.78	−0.01	11	5 038	0.035	290.35	−0.84
2	163 308	1.127	292.94	0.04	12	3 566	0.025	288.61	−1.43
3	117 338	0.810	293.20	0.13	13	2 652	0.018	288.42	−1.50
4	88 173	0.609	293.23	0.14	14	1 660	0.011	286.30	−2.22
5	68 120	0.470	292.97	0.05	15	1 164	0.008	287.33	−1.87
6	54 568	0.377	293.43	0.21	16	813	0.006	283.28	−3.25
7	36 912	0.255	292.90	0.03	17	490	0.003	273.57	−6.57
8	22 893	0.158	292.29	−0.18	18	390	0.003	232.83	−20.48
9	12 295	0.085	292.19	−0.21	19	321	0.002	185.33	−36.71
10	7 546	0.052	289.93	−0.98	20	264	0.002	152.39	−47.96

针对玉米果穗形态特征，利用手持式高精度三维扫描仪搭建玉米果穗三维点云快速获取系统，通过扫描仪配套软件实现多帧点云数据配准，结合点云重采样、点云修补和基于点云的网格生成相关方法，实现了玉米果穗的三维重建，并基于重建网格模型实现了果穗体积的计算。与基于计算机视觉方法的玉米果穗三维重建（王传宇等，2014）和基于 Xtion 传感器的果穗重建（王可等，2015）结果相比（图 6-30），本方法所重建的果穗可达到籽粒分辨率，甚至籽粒的凹凸特征也能反映；但基于计算机视觉方法仅能达到果穗尺度分辨率，无法区分行与籽粒。基于三

图 6-30 本方法（右）与基于立体视觉（左）和 Xtion 传感器（中）重建果穗可视化结果对比（见彩图）

维点云的玉米果穗三维重建为利用三维扫描技术实现玉米果穗表型信息的计算与分析提供了可能，但仍需进一步与点云分割、特征提取等方法结合实现。与基于计算机视觉方法相比，基于三维点云的玉米果穗表型计算分析在实现玉米考种（王传宇等，2013）的同时，可保留1∶1的高真实感玉米果穗三维模型，为玉米果穗的种质资源保存、基于三维数据的果穗形态参数测量，如穗行数、果穗体积、表面积的计算等提供了可能。同时，本方法对于丰富玉米器官三维模板资源库及进一步的数字植物（赵春江等，2015）研究具有推动作用。

由图6-29及表6-2可知，不同果穗形态差异较大，采用三维扫描仪开展玉米果穗几何建模工作可积累大量高精度玉米果穗三维模型，进一步可开展玉米果穗特征提取及基于果穗形态特征的果穗分类研究，并建立各类果穗的基本几何模型。在此基础上，结合基于立体视觉或精度相对低但更具有普适性的体感传感器实现保细节特征的果穗整体修正建模，有助于实现高效率和高真实感果穗几何模型构建。

基于点云数据的玉米果穗几何建模方法最大的优势在于模型精度高，但由于对三维扫描设备的依赖，其在效率及普适性方面与基于立体视觉的方法仍有一定距离。随着计算机硬件和三维扫描技术的快速发展，三维扫描设备性能在逐步提升的同时其价格必将呈下降的趋势，结合计算机图形学中先进的三维重建、特征提取和点云分割等技术，基于三维重建技术的果穗考种将是玉米数字化考种的一个新趋势。

2. 玉米果穗点云分割方法 玉米种业的核心问题之一是考种，即玉米果穗表型信息的快速获取、计算与分析。由于玉米考种指标的多样性和复杂性，传统的考种方法大多依赖于手工操作，占用大量人力资源，工作效率低下，成为制约玉米种业发展的重要问题之一。

本节针对玉米果穗三维考种的需求，通过三维扫描仪获取玉米果穗三维点云数据，对果穗表面点云进行收缩变换，在此基础上采用欧式聚类方法实现玉米果穗点云的分割，以期为基于三维扫描技术的玉米果穗高精度考种提供技术支撑（温维亮等，2017）。

玉米果穗点云分割方法包含以下流程：① 利用 SmartScan 三维扫描仪进行玉米果穗的三维点云数据获取；② 果穗点云重采样以实现点云简化；③ 计算点云中各点的法向量，实现点云的收缩变换；④ 基于欧氏聚类方法对果穗点云进行分割。

(1) 基于收缩变换聚类的点云分割

① 点云重采样。与上节相同，采用空间体素化方法实现点云的下采样简化，即在减少点数量的同时保持点云的形状特征。简化后点云点数量为原始点云点数量的8%～10%，这样在后续计算过程中会大幅降低计算量，以提高效率。

② 点云收缩变换。针对上述果穗扫描点云中各籽粒点三维空间的相对聚合性质，拟采用欧式聚类的方法对点云进行分割，但各籽粒间仍具有一定的空间连续性，直接采用欧氏聚类进行分割效果不佳。由于玉米籽粒表面在三维空间上与半球具有相似的拓扑结构，可采用空间变换使得单籽粒表面的点云向籽粒中心点收缩，称为收缩变换，以增大籽粒间点的欧氏距离，提高欧式聚类点云分割的准确性。

果穗点云收缩变换的输入为经重采样后的点云，通过局部表面拟合方法（Lange et al.，2005；李宝等，2010）计算输入点云中各点的法向量。对于点云中的每个点 p，获取与其最相近的 k 个相邻点，然后为这些点计算一个最小二乘意义上的局部平面 P，表示为

$$P\ (n,\ d) = \operatorname*{argmin}_{(n,d)} \sum_{i=1}^{k} (n \cdot p_i - d)^2 \qquad (6-6)$$

式中，n 为平面 P 的法向量，d 为 P 到坐标原点的距离。同时，法向量 n 需要满足 $\|n\|_2=1$。这个问题的求解可采用主成分分析方法（PCA），即转化为对式（6-6）中半正定的协方差矩阵 Q 进行特征值分解，对应于 Q 最小特征值的特征向量即作为 P 的法向量。

$$Q=\frac{1}{k}\sum_{i=1}^{k}(p_i-\overline{p})(p_i-\overline{p})^{\mathrm{T}} \qquad (6-7)$$

对点云中所有点沿其各自的法向方向移动一定的距离 $dist$，如式（6-8）。其中，Q 为原始点云集合，Q 为收缩变换后的点云集合，n_i 为第 i 个点的法向量。

$$\Phi(Q)=Q:\varphi(q_i)=q_i+n_i \cdot dist$$
$$q_i\in Q, i=1, 2, \cdots, N \qquad (6-8)$$
$$\varphi(q_i)\in Q, i=1, 2, \cdots, N$$

变换后（图6-31），果穗点云中各籽粒间的距离增大（$d<D$），使得进一步基于欧式聚类的分割效果更为显著。

③ 基于欧氏聚类的点云分割。在收缩变换的基础上，利用变换后籽粒间的缝隙特征，基于欧氏聚类的方法实现点云分割。欧氏聚类的方法即通过判断点云中各点的欧氏距离实现聚类：① 方法的输入是收缩变换后的果穗点云。② 为了实

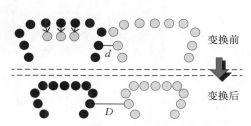

图6-31 收缩变换示意图（见彩图）

现点云中邻近点的快速计算，首先对输入点云进行空间分割，并以树形结构存储。③设置一个合适的聚类搜索半径 d_t，其中 $d_t>d_{\text{leaf}}$。若点云中任意两个点的距离大于搜索半径 d_t，则这两个点被分到不同的点集中。如果搜索半径 d_t 取一个非常小的值，那么一个实际的对象就会被分割为多个聚类；如果将值设置得太高，那么多个对象就会被分割为一个聚类，所以需要进行测试找出最适合的搜索半径 d_t。④用两个参数来限制找到的聚类：用 $N_{\min}$ 来限制一个聚类最少需要的点数目，用 $N_{\max}$ 来限制最多需要的点数目，即通过搜索半径 d_t 判断得到的所有聚类点集中，只保留点集个数在 $[N_{\min}, N_{\max}]$ 范围内点的聚类；同时，通过 $N_{\min}$ 的设置，实现了删除包含少量点云聚类的去噪效果。图6-32为果穗点云分割的可视化结果，以不同颜色的差异表示邻近聚类的分割。分割后的点云包含 T 个聚类，记所有聚类的集合为 $C=\{c_i, i=1, 2, \cdots, T\}$。记 q_i 为点云聚类 c_i 中包含点的数量，则有 $N_{\min}\leqslant q_i \leqslant N_{\max}$。

图6-32 果穗点云分割可视化结果（见彩图）

（2）分割结果 利用本方法分割后的点云可分为三类：①仅包含单个籽粒的聚类；②包含多个籽粒的聚类；③包含单个籽粒的局部、果穗顶或果穗底部部分的点云。由于果穗中行与行之间的距离相对各行上籽粒间的距离更大，因此相对于各行上的籽粒，行与行之间的分割结果较好；各行上的籽粒多被分为单个籽粒，但仍包含多个籽粒为一个聚类的情况。

理想的分割结果是各聚类仅包含一个籽粒，这样便可直接计算果穗籽粒数等主要考种参

数，但由于玉米果穗形态的差异，直接得到单个籽粒的分割结果难以实现。由于除果穗顶、果穗底部及极少量单个籽粒局部的聚类外，各聚类均为包含单个籽粒或多个籽粒的点云聚类（图6-33）。因此，为了评价果穗点云的分割效果，引入了分割率的概念来评价单个籽粒分割程度。

$$分割率 = \frac{分割后的聚类数量}{果穗籽粒数} \qquad (6-9)$$

图6-33 点云分割后包含多个及单个籽粒的聚类（见彩图）

选定3个玉米果穗，分别以A、B、C标记，果穗体积逐渐减小。其中，A与C果穗各行内相邻籽粒间的缝隙较小，籽粒较为平整（图6-34A）；B果穗各行内籽粒间的缝隙相对较大（图6-34B），各果穗采用人工数粒的方式得到果穗的籽粒数量。利用本方法对各果穗进行三维点云数据获取与分割，并计算分割率，结果见表6-4，籽粒分割率均可达到90%以上。由计算结果可知，本方法计算出的籽粒分割率与目标果穗籽粒的平整度有关，籽粒形态越接近球面，所计算的表面法向特征更明显，易于采用本方法进行点云的分割。由于玉米果穗上籽粒特征不明显，直接对点云采用

A

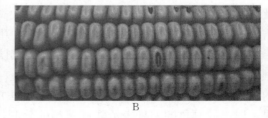

B

图6-34 果穗籽粒平整度差异（见彩图）

聚类方法（宋宇辰等，2007）或常规散乱点云的分割方法只能将行间缝隙较大处分割开，难以实现行上籽粒的分割（图6-35）。

表6-4 玉米果穗扫描与点云分割结果

序号	果穗点数量	简化后点云数量	分割后聚类数	实测籽粒数	分割率（%）
A	7 298 124	640 015	737	782	94.2
B	6 220 533	500 406	628	648	96.9
C	3 964 382	338 564	317	331	95.8

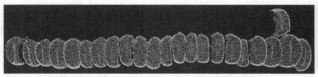

图6-35 直接采用距离聚类方法的分割率（见彩图）

本节针对玉米果穗表型信息快速获取、计算与分析的实际需求，结合高精度三维数据获取手段，提出了一种玉米果穗三维点云分割方法。本方法通过点云重采样以简化点云进而提高分割效率，通过收缩变换和欧式聚类，对玉米果穗三维点云实现籽粒级分割，分割率可达90％以上，为利用三维扫描技术实现玉米考种表型信息的计算与分析提供了关键技术。与基于机器视觉的方法相比，基于三维点云的玉米果穗表型计算分析在实现玉米考种的同时，可保留 1∶1 的高真实感玉米果穗三维模型，为玉米果穗的种质资源保存、基于三维数据的果穗形态参数测量，如穗行数、果穗体积、表面积的计算等提供了可能。本方法得到的分割点云聚类尚无法直接准确计算果穗的籽粒数，然而，由于玉米品种果穗形态的相似性，可针对指定品种果穗上籽粒表面积及分布等特征参数，结合机器学习相关方法实现玉米考种主要参数的快速计算。

玉米果穗点云分割方法的分割结果主要受 3 个因素的影响：①三维数据获取仪器设备的精度：所采用三维扫描仪为目前精度较高的三维数据获取仪器，但数据获取效率不高，难以在实际生产中应用。目前，微软 Kinect 和华硕 Xtion 等产品都具有三维点云数据获取功能，多视角三维重建技术发展迅速。随着计算机软硬件及三维成像技术的发展，三维数据获取仪器必将向高精度、高效率、低成本的方向发展，从三维角度实现玉米的快速高精度考种将会是今后一个发展方向。②目标果穗形态特征：果穗籽粒的平整性及籽粒间的分离程度决定了方法的有效性，因此有待于进一步提高分割的精度，多籽粒聚类的进一步分割问题仍有待解决。③分割参数的选择：方法中点云重采样、收缩变换及欧式聚类中涉及的相关参数对分割结果都有着重要的影响，籽粒形态相似的果穗可采用相同参数达到最佳的分割效果，将不进一步阐述。

6.3　玉米节单位三维数字化技术

节单位又称植物繁殖单位（Phytomer），指高等植物结构与功能的重复单元。节单位概念最早由 Gray（1879）提出，目的是为更好地理解植物个体生长发育及形态结构建成过程。节单位概念将冠层与根系的结构及发育进行简化，认为冠层与根系是通过基本单元（节单位）的添加、生长、衰老、败育等生命活动反复进行而形成（Mcmaster et al.，2009）。节单位是器官与个体之间的尺度，在植物结构与功能研究中具有一定优势。20 世纪 70 年代，群体生态学开始融合节单位概念（White，1979），认为植物个体的进一步细分在研究植物对环境的响应方面更有意义。对于一些难以辨别的个体植物（草类、藤蔓类等），相比个体研究而言，其分枝的群体研究能够更好地代表其生理生态特性。植物形态学在不断发展，节单位是研究植物形态发生和生理功能等研究的新视角之一（Sattler et al.，1997）。

6.3.1　玉米节单位

1. **节单位的概念**　由于植物物种形态结构区别以及认知的不同，节单位定义仍存在争议。考虑到节单位的特殊性，本节首先介绍其概念的研究进展。

由于作物种类不同，节单位的定义多种多样（Wilhelm et al.，1995），最基本的形式是 Rutishauser 和 Sattler 提出的"茎和叶"（1985），但显然这种形式是不全面的。多数学者认为，节单位是由叶片、节、节间和腋芽组成（Mcmaster et al.，1991a）。同时，关于节单位组成部分的位置也存在争议。Stubbendieck 等（1971）认为，节单位是由节间、节间上部的叶及下部的腋芽组成；Mcmaster 等（1991b）认为，节单位是由节、节上部的节间、节上着生的叶鞘和叶及腋芽组成；Moore 等（1995）认为，节单位是禾本科植物的基本单位，认为多年生牧草是一种模块化植物，其由节、节上的叶鞘、叶、腋芽及节上部节间组成；Nemoto 认为，水稻节单位由节、节上的叶鞘和叶、节下面的节间及节间下部的腋芽或节根组成（Nemoto et al.，1995）；Evers 等（2005）则认为，节单位应该是节下部的节间与其他基本部分组成；Rebouillat 等（2009）则认为，水稻的节单位由节上方和下方两层节根及其他部分构成。从作物拓扑结构角度看，Evers 的定义更符合作物，特别是禾本科作物的拓扑结构发育特征。这些定义能较好地反映禾本科作物地上部营养器官的生长发育，但并没有考虑地下部。有学者（Klepper et al.，1984）加入节根芽（Nodal root buds）的概念，实现了禾本科作物地下部的结构表达。Wilhelm 等（1996）发现，小麦和大麦的生殖器官也存在重复单元（Phytomer），并进行了定义。Bohmert 等（1998）认为，繁殖器官应该是节单位中叶的变形。Whipple 等（2010）则认为，节单位若出现花序，会抑制节单位上叶片的生长，并形成花序苞叶。综合考虑节单位结构及功能定义，本书认为，植物生殖器官内的单元已小于器官尺度，不能用节单位（Phytomer）等同的概念解释。

国内节单位概念相关研究始于 20 世纪 90 年代。黎云祥等从植物种群生态学角度，基于构件理论（Module theory）提出"分节单体"的概念，分节单体由节-叶-腋芽-根-节间组成，但对器官相对位置未做陈述。孙书存等（1996）认为，单子叶植物中繁殖单位理论（Phytontheory）一直被沿用，该理论认为植物体是繁殖单位的集合体，繁殖单位由节间及其上端的节和节上的叶构成。曹卫星等（1997）系统命名了小麦器官和花序组成单位，分别以叶片和小穗作为营养生长部分和生殖器官结构单元。展志刚等（2001）在冬小麦拓扑结构模型中认为，小麦除最后一个生长单元由节间和麦穗组成外，其他均由节间和叶片组成。上述研究主要关注节单位对模型的适用性，缺少全面系统的定义。赵星等（2001）在进行植物虚拟生长双尺度自动机模型构建过程中，将植物分生单位（Metamer 或 Phytomer）简称为"叶元"，由节、节间及节上的侧生器官（叶、腋芽、花或果实）组成。宋有洪等（2003）、何俊等（2006）基于此概念分别定义了玉米和水稻的"叶元"。实际上，"叶元"与黎云祥提出的"分节单体"定义相同。上述研究虽对节单位概念进一步补充，但由于概念为模型服务的弊端，仍未全面考虑，且"叶元"的说法主要考虑地上部，未考虑禾本科作物地下部结构特点。

从节单位概念的发展过程（表 6-5）中可以看出，虽然其在逐步补充完善，但适应范围在减小。初始定义适应大多数植物地上营养器官，加入节根芽后适应于禾本科作物地上及地下营养器官，最后加入生殖器官繁殖单位后仅适应于小麦、大麦等复穗状花序作物。由此可见，节单位通用的定义并不适用所有作物，若要对某类作物进行完整适用定义，需考虑该物种的形态结构特征。

表 6-5　主要作物节单位定义内容

作者	组成	作物种类	研究内容
Mcmaster（1991）	节 节上部节间 叶片 叶鞘 腋芽	冬小麦	冬小麦生长发育模型

（续）

作者	组成	作物种类	研究内容
Nemoto（1995）	节 节下部节间 叶片 叶鞘 节间下部腋芽	水稻	水稻形态发育研究
Fournier（2000）	节 节下部节间 叶片 叶鞘 腋芽	玉米	玉米节间生长动力学
Evers（2005）	节 节下部节间 叶片 叶鞘 腋芽	春小麦	禾本科作物通用模型
Rebouillat（2009）	节间 节间上部叶 节间下部腋芽 节间上部节根 节间下部节根	水稻	水稻根系发育

2. **玉米三维节单位组成及定义** 玉米植株由多个节单位组成（图 6-36A），第 i 个节单位命名为 P_i，节单位由叶片（绿色线框）、叶鞘（黄色线框）、叶鞘包裹的节间（红色线框）和叶鞘连接的节及节上附属物（蓝色线框）四部分组成，其中节上附属物分为雄穗、雌穗、节根三种类型。图 6-36A 中 P_i 为带有雌穗的节单位，P_{i-5} 为带有节根的节单位，P_{i+4} 为带有雄穗的节单位。因此，根据节单位节上附属物和位置的差异将节单位进行分类，由下向上依次为根部节单位、穗下部节单位、穗部节单位、穗上部节单位、雄穗节单位五类。不同类别节单位生理功能不同，根部节单位主要功能为苗期干物质生产与后期养分吸收及植株固定；穗下部节单位主要功能为前中期干物质生产及形态建成；穗部节单位主要功能为中后期干物质生产及籽粒灌浆；穗上部节单位主要功能为籽粒灌浆；雄穗节单位主要功能为花粉形成。三维节单位在空间中的形态参数如图 6-36B 至图 6-36E 及表 6-6 所示，其中表 6-6 为全部三维参数定义。三维节单位形态参数按节单位组成包含叶片、叶鞘、节间、节、节上附属物以及节单位整体三维参数五部分。节单位三维参数为两个，包含节单位最小包围盒及根据最小包围盒（图 6-36D）求得的节单位方位角（图 6-36E）；节单位叶片三维参数最多包含 10 个，参数类型主要有长度（L，含三维空间曲线长度）、宽度（W，含三维空间曲线宽度）、高度（H）、角度（θ 或 α）、面积（S，三维面元）等类型；节单位叶鞘和节间均包含 5 个参数，且类型相同，参数类型有长度（L，含三维空间曲线长度）、角度（θ）、高度（H）、直径（D）等类型；节及节上附属物包含 10 个参数，根据节上附属物的不同分为三类，主要类型有长度（L，含三维空间曲线长度）、直径（D）、角度（θ）、

数量（N）。

　　表6-6中列出的三维参数均为植株未受外力影响下的形态参数，人工测量较难获取且费时费力，因此需要更好的三维数据获取手段。同时，数据获取需保证规范，尽量多获取节单位三维信息。

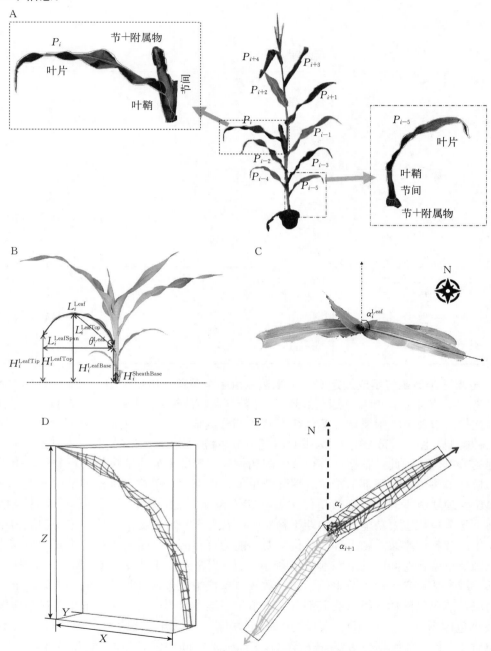

图6-36　三维节单位组成及其参数定义

　　A. 三维节单位组成；B. 三维节单位参数定义（正视图）；C. 三维节单位参数定义（俯视图）；D. 节单位最小包围盒；E. 节单位方位角

表 6-6　三维节单位参数定义

分类	缩写	参数名称	描述
节单位	Box_i^{Phytomer}	节单位最小包围盒	在三维空间中包含三维节单位的最小长方体，其中 z 轴平行
	$\alpha_i^{\text{Phytomer}}$	节单位方位角	三维节单位最小包围盒中心点和原点连线与正北方向夹角
叶片	H_i^{LeafBase}	叶片基部高度	第 i 节单位叶片基点到地面垂直距离
	H_i^{LeafTop}	叶顶高度	第 i 节单位叶片最高点到地面垂直距离
	H_i^{LeafTip}	叶尖高度	第 i 节单位叶片叶尖点到地面垂直距离
	L_i^{Leaf}	三维叶长	第 i 节单位叶片叶脉空间曲线长度
	L_i^{LeafTop}	三维叶顶长	第 i 节单位从叶基部到最高点的空间曲线长度
	W_i^{Leaf}	叶宽度	第 i 节单位叶片最宽的截面长度
	L_i^{LeafSpan}	叶片跨度	第 i 节单位叶脉空间曲线在水平面投影长度
	θ_i^{Leaf}	叶倾角	第 i 节单位叶片与水平面的夹角
	α_i^{Leaf}	叶方位角	第 i 节单位叶片与正北向沿顺时针（顶视图）夹角
	S_i^{Leaf}	叶面积	第 i 节单位叶片三维网格单元面积之和
叶鞘	$H_i^{\text{SheathBase}}$	鞘基部高度	第 i 节单位叶鞘基部到地面垂直距离
	L_i^{Sheath}	叶鞘长度	第 i 节单位叶鞘长
	θ_i^{Sheath}	叶鞘倾角	第 i 节单位叶鞘与水平面的夹角
	$D_i^{\text{SheathMax}}$	节间长直径	第 i 节单位叶鞘最大直径
	$D_i^{\text{SheathMin}}$	节间短直径	第 i 节单位叶鞘最小直径
节间	$H_i^{\text{InternodeBase}}$	节间基部高度	第 i 节单位节间基部到地面垂直距离，因同一节单位叶鞘基部与间接基部相同，因此 $H_i^{\text{InternodeBase}} = H_i^{\text{SheathBase}}$
	$L_i^{\text{Internode}}$	节间长	第 i 节单位节间长
	$\theta_i^{\text{Internode}}$	节间倾角	第 i 节单位节间与水平面的夹角
	$D_i^{\text{InternodeMax}}$	节间长直径	第 i 节单位节间最大直径
	$D_i^{\text{InternodeMin}}$	节间短直径	第 i 节单位节间最小直径
节及其附属物	D_i^{NodeMax}	节长直径	第 i 节单位节最大直径
	D_i^{NodeMin}	节短直径	第 i 节单位节最小直径
	L_i^{Ear}	雌穗长	第 i 节单位节雌穗长度
	D_i^{EarMax}	雌穗最大直径	第 i 节单位节雌穗最大直径
	L_i^{Tassel}	雄穗长	第 i 节单位节雄穗长度
	N_i^{Tassel}	雄穗分支数	第 i 节单位节雄穗分支数量
	θ_i^{Tassel}	雄穗分支倾角	第 i 节单位节雄穗分支与水平夹角最小值
	$N_i^{\text{NodalRoot}}$	节根数量	第 i 节单位节根数量
	$D_i^{\text{NodalRoot}}$	节根直径	第 i 节单位节根基部平均直径
	$\theta_i^{\text{NodalRoot}}$	节根分布角	第 i 节单位节根与水平面夹角

3. 三维节单位的数字化表达　三维节单位在群体模型构建过程中需要存储与调用，在动态模型构建中需要对三维节单位进行数学运算，因此其数学表达形式的构建是必要的。根

据三维节单位的定义，节单位数学表达式如式（6-10）所示。每个节单位由叶、叶鞘、节间、节上附属物四部分构成，每部分由一个三维坐标矩阵和一个特征向量组成。三维坐标矩阵根据目标形态差异，点的数量不同；特征向量为可扩展向量，根据实际需求添加或删减特征参数。

$$Phytomer_i = \begin{cases} Leaf_i \\ Sheath_i \\ Internode_i \\ Attachment_i \end{cases} = \begin{cases} Leaf_i^{\text{3Dcoordinate}} + Leaf_i^{\text{3Dparameter}} \\ Sheath_i^{\text{3Dcoordinate}} + Sheath_i^{\text{3Dparameter}} \\ Internode_i^{\text{3Dcoordinate}} + Internode_i^{\text{3Dparameter}} \\ Attachment_i^{\text{3Dcoordinate}} + Attachment_i^{\text{3Dparameter}} \end{cases}$$

$$= \begin{cases} Leaf \begin{bmatrix} X_1 & Y_1 & Z_1 \\ X_2 & Y_2 & Z_2 \\ \vdots & \vdots & \vdots \\ X_m & Y_m & Z_m \end{bmatrix} + Leaf \begin{bmatrix} H_i^{\text{LeafBase}} \\ L_i^{\text{Leaf}} \\ \theta_i^{\text{Leaf}} \\ \vdots \end{bmatrix} \\ Sheath \begin{bmatrix} X_1 & Y_1 & Z_1 \\ X_2 & Y_2 & Z_2 \\ \vdots & \vdots & \vdots \\ X_n & Y_n & Z_n \end{bmatrix} + Sheath \begin{bmatrix} H_i^{\text{SheathBase}} \\ L_i^{\text{Sheath}} \\ \theta_i^{\text{Sheath}} \\ \vdots \end{bmatrix} \\ Internode \begin{bmatrix} X_1 & Y_1 & Z_1 \\ X_2 & Y_2 & Z_2 \\ \vdots & \vdots & \vdots \\ X_j & Y_j & Z_j \end{bmatrix} + Internode \begin{bmatrix} H_i^{\text{InternodeBase}} \\ L_i^{\text{Internode}} \\ \theta_i^{\text{Internode}} \\ \vdots \end{bmatrix} \\ Attachment \begin{bmatrix} X_1 & Y_1 & Z_1 \\ X_2 & Y_2 & Z_2 \\ \vdots & \vdots & \vdots \\ X_k & Y_k & Z_k \end{bmatrix} + Attachment \begin{bmatrix} D_i^{\text{NodeMax}} \\ L_i^{\text{Ear}} \\ N_i^{\text{Tassel}} \\ \vdots \end{bmatrix} \end{cases} \quad (6-10)$$

式中，$Phytomer_i$ 表示第 i 个节单位；$Leaf_i$ 表示第 i 个节单位中的叶片；$Sheath_i$ 表示第 i 个节单位中的叶鞘；$Internode_i$ 表示第 i 个节单位中的节间；$Attachment_i$ 表示第 i 个节单位的节上附属物；$Leaf_i^{\text{3Dcoordinate}}$ 表示 $Leaf_i$ 的三维坐标矩阵，$Leaf_i^{\text{3Dparameter}}$ 表示 $Leaf_i$ 三维参数向量；$Sheath_i^{\text{3Dcoordinate}}$ 表示 $Sheath_i$ 的三维坐标矩阵，$Sheath_i^{\text{3Dparameter}}$ 表示 $Sheath_i$ 三维参数向量；$Internode_i^{\text{3Dcoordinate}}$ 表示 $Internode_i$ 的三维坐标矩阵，$Internode_i^{\text{3Dparameter}}$ 表示 $Internode_i$ 三维参数向量；$Attachment_i^{\text{3Dcoordinate}}$ 表示 $Attachment_i$ 的三维坐标矩阵，$Attachment_i^{\text{3Dparameter}}$ 表示 $Attachment_i$ 三维参数向量；$Leaf \begin{bmatrix} X_1 & Y_1 & Z_1 \\ X_2 & Y_2 & Z_2 \\ \vdots & \vdots & \vdots \\ X_m & Y_m & Z_m \end{bmatrix}$ 表示叶片三维坐标矩阵，由 m 点组成，$Leaf \begin{bmatrix} H_i^{\text{LeafBase}} \\ L_i^{\text{Leaf}} \\ \theta_i^{\text{Leaf}} \\ \vdots \end{bmatrix}$ 表示叶片三维特征参数组成的特征向量；$Sheath \begin{bmatrix} X_1 & Y_1 & Z_1 \\ X_2 & Y_2 & Z_2 \\ \vdots & \vdots & \vdots \\ X_n & Y_n & Z_n \end{bmatrix}$ 表示叶鞘三维

坐标矩阵，由 n 点组成，$Sheath\begin{bmatrix} H_i^{\text{SheathBase}} \\ L_i^{\text{Sheath}} \\ \theta_i^{\text{Sheath}} \\ \vdots \end{bmatrix}$ 表示叶鞘三维特征参数组成的特征向量；$Inter\text{-}$

$node\begin{bmatrix} X_1 & Y_1 & Z_1 \\ X_2 & Y_2 & Z_2 \\ \vdots & \vdots & \vdots \\ X_j & Y_j & Z_j \end{bmatrix}$ 表示节间三维坐标矩阵，由 j 点组成，$Internode\begin{bmatrix} H_i^{\text{InternodeBase}} \\ L_i^{\text{Internode}} \\ \theta_i^{\text{Internode}} \\ \vdots \end{bmatrix}$ 表示节间三

维特征参数组成的特征向量；$Attachment\begin{bmatrix} X_1 & Y_1 & Z_1 \\ X_2 & Y_2 & Z_2 \\ \vdots & \vdots & \vdots \\ X_k & Y_k & Z_k \end{bmatrix}$ 表示节上附属物三维坐标矩阵，由

k 点组成，$Attachment\begin{bmatrix} D_i^{\text{NodeMax}} \\ L_i^{\text{Ear}} \\ N_i^{\text{Tassel}} \\ \vdots \end{bmatrix}$ 表示节间三维特征参数组成的特征向量。

4. 基于三维节单位的玉米动态生长数字化表达 玉米植株不同展叶时期（叶龄）可见节单位个数不同，并且可见节单位的发育状态也不同。在同一节单位内，节单位内部各组成部分的发育状态不同。参考赵星（2001）提出的虚拟植物生长的双尺度自动机理论，本书将玉米植株发育分为两个状态：以叶龄驱动的节单位发育状态作为宏状态，以节单位发育状态驱动的内部各器官发育状态为微状态。宏状态受植株整体发育进程影响，微状态仅受宏状态影响。

首先，基于节单位宏状态的三维植株数字化表达式如式（6-11）所示，为不同宏状态节单位的并集：

$$Plant_{L=n}^{\text{3D}} = \bigcup_{i=1}^{N} Phytomer_i^s \tag{6-11}$$

式中，$Plant_{L=n}^{\text{3D}}$ 表示展开叶为 n 个的玉米植株三维结构；$Phytomer_i^s$ 表示宏状态为 s 的第 i 个节单位，N 表示可见叶数量。

以玉米播种、6 叶展、13 叶展、吐丝期为例，展示玉米生长过程的数字化表示。如表 6-7 所示，$Plant_{L=0}^{\text{3D}}$ 中，L 为展开叶个数，$Plant^{\text{3D}}$ 表示玉米三维植株。其中，节单位总个数受品种影响。

表 6-7 玉米播种、6 叶展、13 叶展、吐丝期节单位宏状态数学表示（品种为 AD268）

生育时期	宏状态数学表示
播种	$Plant_{L=0}^{\text{3D}} = (0,\ 0,\ 0)$
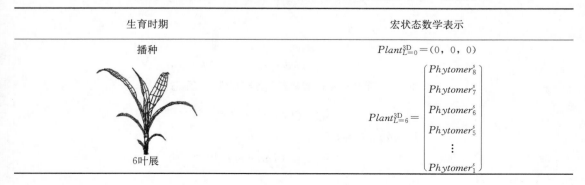 6叶展	$Plant_{L=6}^{\text{3D}} = \begin{bmatrix} Phytomer_8^s \\ Phytomer_7^s \\ Phytomer_6^s \\ Phytomer_5^s \\ \vdots \\ Phytomer_1^s \end{bmatrix}$

（续）

生育时期	宏状态数学表示

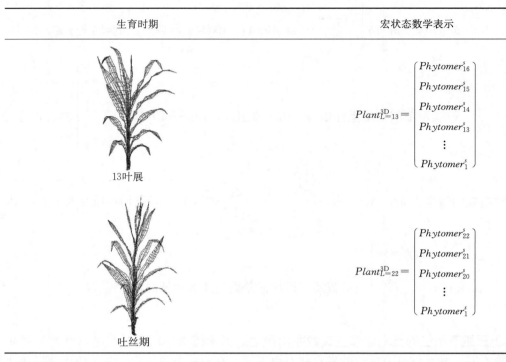

13叶展

$$Plant_{L=13}^{3D} = \begin{bmatrix} Phytomer_{16}^{s} \\ Phytomer_{15}^{s} \\ Phytomer_{14}^{s} \\ Phytomer_{13}^{s} \\ \vdots \\ Phytomer_{1}^{s} \end{bmatrix}$$

吐丝期

$$Plant_{L=22}^{3D} = \begin{bmatrix} Phytomer_{22}^{s} \\ Phytomer_{21}^{s} \\ Phytomer_{20}^{s} \\ \vdots \\ Phytomer_{1}^{s} \end{bmatrix}$$

如图 6-37 所示，本章定义节单位 4 个宏状态，$Phytomer_i^{s=0}$ 表示节间及叶鞘均未明显伸长，叶片开始明显伸长；$Phytomer_i^{s=1}$ 表示叶片基本达到最大长度，叶鞘开始明显伸长，节间未明显伸长；$Phytomer_i^{s=2}$ 表示叶片与叶鞘均基本达到最大长度，节间开始明显伸长；$Phytomer_i^{s=3}$ 表示叶、叶鞘、节间均达到最大长度。达到最大长度后叶片枯萎，认为当前节单位内叶或鞘丢失，但节单位其他器官（节间或节上附属物）仍存在即保留本节单位。本书暂不考虑衰老情况及节上附属物动态生长过程。节单位发育状态 s 之间变化为连续的，因此 s 取值为浮点型数。微状态变化受宏状态 $Phytomer_i^s$ 影响，如式（6-12）所示，节单位宏状态参数 s 对应 3 个器官微状态方程，分别为叶片微状态方程 S_{Leaf}（x）、叶鞘微状态方程 S_{Sheath}（x）和节间微状态方程 $S_{Internode}$（x），其中 x 分别对应形态建成完成后的叶片、叶鞘、节间的三维坐标矩阵。

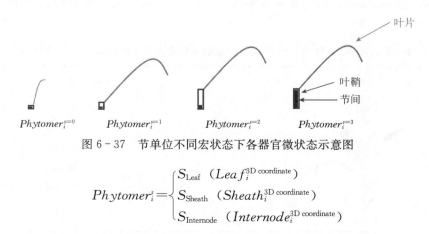

图 6-37 节单位不同宏状态下各器官微状态示意图

$$Phytomer_i^s = \begin{cases} S_{Leaf}\ (Leaf_i^{3D\ coordinate}) \\ S_{Sheath}\ (Sheath_i^{3D\ coordinate}) \\ S_{Internode}\ (Internode_i^{3D\ coordinate}) \end{cases}$$

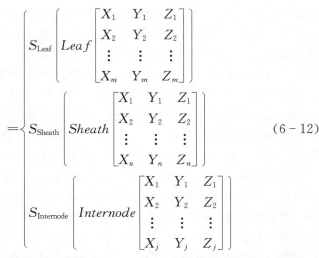

$$=\begin{cases} S_{\text{Leaf}}\left[Leaf\begin{bmatrix} X_1 & Y_1 & Z_1 \\ X_2 & Y_2 & Z_2 \\ \vdots & \vdots & \vdots \\ X_m & Y_m & Z_m \end{bmatrix}\right] \\ S_{\text{Sheath}}\left[Sheath\begin{bmatrix} X_1 & Y_1 & Z_1 \\ X_2 & Y_2 & Z_2 \\ \vdots & \vdots & \vdots \\ X_n & Y_n & Z_n \end{bmatrix}\right] \\ S_{\text{Internode}}\left[Internode\begin{bmatrix} X_1 & Y_1 & Z_1 \\ X_2 & Y_2 & Z_2 \\ \vdots & \vdots & \vdots \\ X_j & Y_j & Z_j \end{bmatrix}\right] \end{cases} \quad (6-12)$$

式中，$Phytomer_i^s$ 表示当前宏状态为 s 的节单位 i；S_{Leaf}（）表示叶片微状态方程，$Leaf\begin{bmatrix} X_1 & Y_1 & Z_1 \\ X_2 & Y_2 & Z_2 \\ \vdots & \vdots & \vdots \\ X_m & Y_m & Z_m \end{bmatrix}$ 表示节单位 i 内叶片形态建成后的三维坐标矩阵；S_{Sheath}（）表示叶鞘微状态

方程，$Sheath\begin{bmatrix} X_1 & Y_1 & Z_1 \\ X_2 & Y_2 & Z_2 \\ \vdots & \vdots & \vdots \\ X_n & Y_n & Z_n \end{bmatrix}$ 表示节单位 i 内叶鞘形态建成后的三维坐标矩阵；$S_{\text{Internode}}$（）

表示节间微状态方程，$Internode\begin{bmatrix} X_1 & Y_1 & Z_1 \\ X_2 & Y_2 & Z_2 \\ \vdots & \vdots & \vdots \\ X_j & Y_j & Z_j \end{bmatrix}$ 表示节单位 i 内节间形态建成后的三维坐标

矩阵。

6.3.2 玉米节单位三维数字化技术及模板库构建

1. **三维节单位数字化及模板数据获取规范** 本节主要采用三维数字化的方法进行三维节单位模板获取，主要考虑三维数字化为交互式三维空间点获取，能够保证节单位关键点信息的获取，如节的位置、鞘叶连接处、叶尖、叶边缘等信息的准确获取。数据获取规范首先要符合三维节单位定义，其次尽可能多地获取到三维节单位相关参数。本书提出一种基于三维数字化方法的三维节单位模板获取规则，能够较准确获取节单位三维结构信息。流程如下：首先取样，取样前要标记植株正北方向；样品取回后按田间正北朝向摆放，并用签字笔标记每个叶片为第几叶；数据获取从最下部未枯萎叶开始，清理枯萎叶片，漏出下部叶鞘与节连接处；围绕鞘节连接处从左向右均匀获取 5 点，其中第 3 点（中间点）落到叶脉延长线（鞘脉）上；按照从左向右的顺序（也可从右向左，但要保持数据获取过程中不能改变顺序）以 5 点为 1 组继续在鞘节连接处上部均匀获取 4 组，其中第 5 组点为鞘叶连接处，此时鞘的信息已获取完成。然后是叶片数据获取，仍按从左向右顺序依次获取，其中第 1 点和第 5 点

分别落在叶边缘，第 3 点落在叶脉处，另外两点均匀落于三点中间，尽量保持 5 点垂直于叶脉，然后以 5 点为一组依次向叶尖方向获取若干组，注意获取过程中叶片边缘起伏剧烈和弯曲角度较大的地方要增加获取密度，以保证信息完整性，叶尖点最后获取 1 点即可。至此完成叶与鞘三维信息获取，节间信息未获取，但需要将叶鞘剥除后才能获取，因此应检查点的数量是否符合 $5n+1$ 原则（即个位数应为 1 或 6），如不符合需重新获取。完成后保持植株不动，用手术刀将鞘节连接处环剥，然后取下换去完成的叶鞘，对露出的节间进行与叶鞘相同的数据获取方式，同样获取 5 组，每组 5 点，最后一组点落到下一叶的鞘节连接处。如此完成常规节单位三维模板获取，检查点数量是否符合 $5n+1$ 的原则（即个位数应为 1 或 6），存储并以节单位编号命名该文件。对于节上附属物，一般单独获取并以附属物缩写与该节单位编号命名文件。其中，雄穗获取规则为中间主穗与分支均获取 3 个点，依次为底部、中部和顶部，数据符合 $3n$ 规则；雌穗按照 5 点 1 组的方法，从底部开始获取，依次向上至顶部，其中直径最大处必须获取，数据符合 $5n$ 规则；节根根据情况制定获取规则，长度较短可用较少点个数，长度较长可用较多点个数，但应保持每条节根点的数量一致，方便后期数据处理。

2. **不同品种、生态点三维节单位模板获取**　对 4 个株型差异较大的玉米杂交品种 AD268、DMY2、JK968 和 ZD958 进行三维节单位模板库构建，数据获取关键生育时期为 6 叶展、9 叶展、12 叶展、抽雄期、吐丝期、吐丝后 10 d，部分三维节单位模板如图 6 - 38 所示。不同生态点三维模板库主要为 ZD958 品种，生态点为北京、新疆奇台和吉林公主岭，其中新疆奇台与吉林公主岭两地获取时期主要为吐丝期，部分三维节单位模板如图 6 - 39 所示。

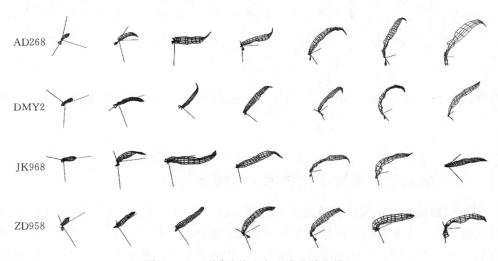

图 6 - 38　不同品种玉米三维节单位模板

3. **三维节单位模板存储形式**　获取的三维节单位模板保存于玉米三维节单位模板数据库中，如图 6 - 40 所示。数据库中每个模板构成 1 条信息，信息需要存储于数据库的表中，每个表为一个品种，表中每条信息即 1 个三维节单位模板。每条信息包含两部分内容，一部分为人工录入内容，另一部分为自动录入内容。人工录入内容包含编号、地点、密度、生育时期、处理、获取时间、录入时间、录入人、备注等内容，可扩展其他内容，其中地点、密度、生育时期、处理为必填项。自动录入内容包含两部分，一部分是基于模板提取的参数，如节单位编号、倾角、叶长、叶宽、鞘长等，可根据需求拓展其他参数；另一部分是原始点

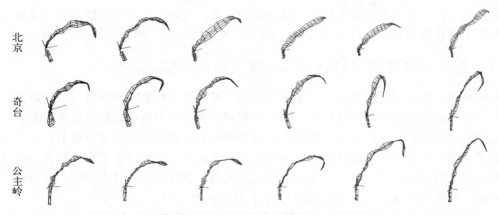

图 6 - 39　不同生态点玉米三维节单位模板（品种为 ZD958）

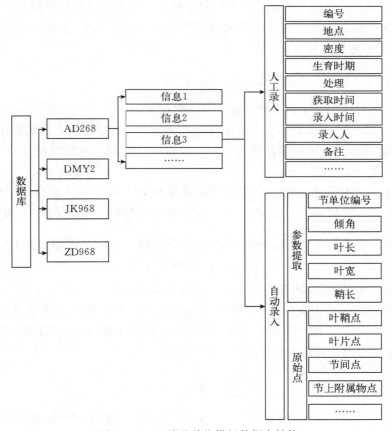

图 6 - 40　三维节单位模板数据库结构

数据，将节单位分为定义中的四部分分别存储，包括叶鞘、叶片、节间、节上附属物。

6.4　玉米植株三维数字化技术

玉米植株由器官组成，其形态结构较器官复杂。在植株三维数字化方面，其数据获取效率和精度较低、器官连接处细节丰富，直接利用实测数据进行植株三维重建难度较大。在实际研究和应用中，研究者更多关注玉米植株株型参数，因此本节主要围绕基于三维数字化数据提取玉米植株株型参数和基于点云的玉米植株骨架提取展开研究。

6.4.1 基于三维数字化数据的玉米株型参数提取

玉米植株三维数字化数据可认为是标准化的、带有语义信息的植株骨架结构数据，是玉米植株三维点云骨架提取的最终目标。因此，利用玉米植株三维数字化数据提取玉米株型参数，是植株三维数据向作物育种和栽培学家感兴趣的农艺性状转化的重要环节。本小节利用前文玉米单株三维数字化数据获取方法获取玉米植株的形态结构三维数字化数据，结合各株型参数的定义以及空间位置关系，主要提取玉米株高、各叶序叶片着生高度、叶倾角、方位角、叶长、叶宽和植株方位平面等株型参数（温维亮等，2018）。

1. 植株三维数字化数据规则化 所获取各植株三维数字化数据的植株方向有可能是任意角度倾斜，甚至是倒置的。因此，首先需将各植株三维数字化数据规则化，即首先将植株平移，保证植株生长点为原点；然后将植株茎秆生长方向旋转至与 Z 轴正方向（记为 V_z）平行。记 V_s 为玉米植株茎秆生长方向，则：

$$V_s = \frac{1}{N_s - 2} \sum_{i=2}^{N_s} S_i - S_1 \qquad (6-13)$$

将 V_s 正则化，计算 V_s 与 V_z 夹角，记为 φ，则有 $\cos\varphi = V_s \cdot V_z$，记 $V_r = V_s \cdot V_z$ 为旋转轴，将植株所有点绕 V_r 旋转 φ 即实现了植株生长于原点并且竖直向上的规则化操作。

2. 株型参数提取 利用规则化后的玉米三维数字化数据计算植株的株型参数，按参数的类型分以下 5 类分别阐述：

(1) 株高 H、叶片着生高度 h_k、叶片最高点高度 h_k^u 由于叶片器官数字化标准中确保了 L_3^k 为叶片与茎秆的分离点，故 $h_k = L_3^k \cdot z$。由叶片最高点高度的定义可知 $h_k^u = \max_{3 \leqslant i \leqslant N_L^k}$ $(L_i^k \cdot z)$，其中 N_L^k 表示第 k 个叶片上三维数字化点的个数，设植株最大叶序为 N，则株高为

$$H = \max\left[\max_{1 \leqslant k \leqslant N}(h_k^u \cdot z), M_3 \cdot z\right] \qquad (6-14)$$

(2) 叶长 l_k、叶宽 w_k、叶展 s_k 叶长为茎叶分离点至叶尖点的长度和，由于叶脉经各点离散后，相邻点间的曲率变化不大，但通过相邻点间的折线段距离累加求和使叶长减小，因此通过对不同品种、不同叶位的叶片进行三维数字化并精确测量叶长得到提取叶长与实测叶长的经验比例系数 η，则最终叶长的计算公式为：

$$l_k = \sum_{i=3}^{N_L^k-4} \| L_{i+1}^k - L_i^k \| / \eta \qquad (6-15)$$

由于各叶片最后 3 个点用来计算叶宽，与叶长计算的经验比例系数原理相同，叶宽的经验比例系数为 μ，故叶宽计算公式为：

$$w_k = \sum_{i=N_L^k-3}^{N_L^k-1} \| L_{i+1}^k - L_i^k \| / \mu \qquad (6-16)$$

根据叶展的定义，认为叶尖距离叶片起始点的水平距离最远（叶片折损情况不考虑），则叶展计算公式为：

$$s_k = \sqrt{(L_{N_L^k-4}^k \cdot x - L_3^k \cdot x)^2 + (L_{N_L^k-4}^k \cdot y - L_3^k \cdot y)^2} \qquad (6-17)$$

(3) 叶倾角 θ_k 根据人工测量中叶倾角的测量方式，定义 L_3^k 与 $L_4^k L_5^k$ 中点形成射线方

向与其在平面投影的夹角为叶倾角，其计算公式为：

$$\theta_k = a\tan\left(\frac{|(L_4^k \cdot z + L_5^k \cdot z)/2 - L_3^k \cdot z|}{\sqrt{(L_4^k \cdot x/2 + L_5^k \cdot x/2 - L_3^k \cdot x)^2 + (L_4^k \cdot y/2 + L_5^k \cdot y/2 - L_3^k \cdot y)^2}}\right)$$

(6-18)

(4) 叶方位角 α_k 由于叶脉上数字化点决定了叶片的方位朝向，但叶尖位置附近的力学稳定性较差，空间姿态易发生变化，故以叶片的第 4 至第 $N_L^k - 5$ 个点方向的均值方向作为计算叶方位角的依据（即除用于计算叶宽的最后 3 个点外，叶尖部分的最后两个点也不参与方位角的计算）。在坐标系中以 Y 轴正方向为正北方向，则叶方位角的计算方法为：

$$V_A = \frac{1}{N_L^k - 8} \sum_{i=4}^{N_L^k - 5} (L_i^k - L_3^k) \cdot Norm\,(\,)$$

(6-19)

$$\hat{\alpha}_k = \frac{\pi}{2} - a\tan\left(\frac{V_A \cdot y}{V_A \cdot x}\right)$$

(6-20)

$$\alpha_k = \begin{cases} 0 & if\ V_A \cdot x = 0,\ V_A \cdot y > 0 \\ \pi & if\ V_A \cdot x = 0,\ V_A \cdot y \leqslant 0 \\ \hat{\alpha}_k & if\ \ \ \ \ \ \ \ \ \ V_A \cdot x > 0 \\ \pi + \hat{\alpha}_k & if\ \ \ \ \ \ \ \ \ \ V_A \cdot x < 0 \end{cases}$$

(6-21)

式中，$(L_i^k - L_3^k) \cdot Norm\,(\,)$ 表示向量 $(L_i^k - L_3^k)$ 正则化，且 $\alpha_k \in [0,\ 2\pi)$。

3. 玉米植株方位平面提取 玉米叶片全部展开时，植株的相邻叶片多相对生长。已有研究表明，玉米的单个叶片分布在一个单一的垂直平面附近（Drouet et al.，1997；马韫韬等，2006），这个平面即为玉米植株方位平面，其与正北方向的夹角记为 α，$\alpha \in [0,\ \pi)$。已有利用叶方位角计算植株平面的方法是利用玉米植株叶片主要呈对侧分布特性，将其中一侧叶片方位向量取负（Drouet et al.，1997），然后对所有叶片的方向向量求平均，所得向量所处平面 P 为植株方位平面，但这种方法只是对植株方位平面的一个近似估计。玉米植株方位平面是玉米群体建模中的一个重要指标，其决定了群体中各植株的方位朝向。为了提高该参数的计算精度，提出一种新的植株方位平面计算方法。由于植株生长过程中最后几片叶多为未展开状态，故植株方位平面的计算不使用最后 t 个叶片参与计算（这里取 $t=3$）。将植株方位平面理解为距离各叶片方位角角度差之和最小的平面所对应的角度，因此植株方位平面角为（图 6-41）：

$$\alpha = \underset{0 \leqslant \alpha < \pi}{\mathrm{argmin}} \sum_{j=1}^{n} |\alpha_j - \alpha|$$

(6-22)

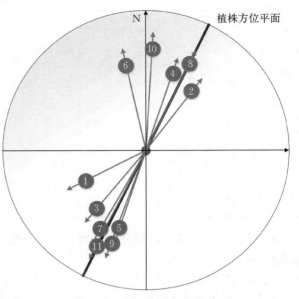

图 6-41 植株方位平面示意图

为求解 α，设

$$\alpha_1 \leqslant \cdots \leqslant \alpha_{k-1} \leqslant \alpha \leqslant \alpha_k \leqslant \cdots \leqslant \alpha_n，令$$

$$M\ (\alpha)=\sum_{j=1}^{n}\mid\alpha_j-\alpha\mid=\sum_{j=1}^{k-1}(\alpha-\alpha_t)+\sum_{j=k}^{n}(\alpha_j-\alpha)=(2k-n-2)\alpha+(\sum_{j=k}^{n}\alpha_j-\sum_{j=1}^{k-1}\alpha_t)$$

$$(6-23)$$

式中，n 为参与植株方位平面计算的叶片数。

采用迭代求解的方式求解使 $M\ (\alpha)$ 达到最小的 α。在迭代过程中，要求确保 $\mid\alpha_j-\alpha\mid\leqslant\pi/2$，因此对于不同的 α，α_j 有可能需要取其反方向角度，且需对新的方位角序列进行重新排序。由式（6-23）可知，当 n 为偶数时，α 的系数（$2k-n-2$）有可能为 0，其所求得的 α 有可能是一个范围［如当只有两个叶片参与计算时，两个叶片中间的任意角度均满足式（6-22）］，记为 ［α_{min}，α_{max}］，此时为给出一个确切的植株方位平面角，取 $\alpha=(\alpha_{min}+\alpha_{max})/2$。

根据 $M\ (\alpha)$ 的定义，其是描述玉米植株各叶片方位角角度差之和。当 α 确定后，记 $dev=M\ (\alpha)/n$。dev 值描述了植株叶片偏离植株平面的平均值，此处称为植株的离散度，可作为评价植株叶片方位角偏离植株方位平面程度的一个指标。dev 越大，植株叶片方位角偏离植株方位平面越多。当 dev 趋近于 0 时，所有叶片趋近于在一个平面内分布。表6-8给出了 4 组不同植株叶方位角计算得到的植株方位平面角计算结果。其中，由于 A 和 B 组参与计算的叶片数量 n 为偶数，故本方法求得植株方位平面范围，并用范围的均值作为植株方位平面角，采用方位能量反向均值法求得的植株方位平面落在本方法求得方位平面范围内，故偏离值相同；B 组各叶片方位角为 A 组对应各叶片方位角旋转 100.0°，由计算的结果可知旋转后的植株方位平面角度范围也增加了 100.0°，证明本方法具有旋转不变性；C 组数据为一个特殊的数据集，其植株方位平面刚好为 0°；D 组中由于 n 为奇数，故不存在 α 的取值范围。由 C 组与 D 组数据可看出，采用方向能量反向均值法求得的植株方位平面与本方法不同，但本方法求得的 dev 值 23.75 和 13.44 小于方向能量反向均值法求得的偏离值 24.38°和 13.58°，证明了本方法与方向能量反向均值法相比可得到对植株方位平面更优的估计。

表 6-8　植株方位平面角计算结果（°）

组	n	叶片方位角	［α_{min}，α_{max}］	α	dev 值	均值法	均值法偏离值
A	10	180.0，　90.0，　210.0，　75.0，　240.0，50.0，260.0，70.0，280.0，50.0	［60.0，70.0］	65.00	22.50	60.50	22.50
B	10	280.0，　190.0，　310.0，　175.0，　340.0，150.0，0.0，170.0，20.0，150.0	［160.0，170.0］	165.00	22.50	160.50	22.50
C	12	205.0，330.0，150.0，340.0，210.0，0.0，200.0，0.0，225.0，355.0，100.0，0.0	［0.0，0.0］	0.00	23.75	176.25	24.38
D	11	242.9，　37.3，　219.5，　18.7，　198.4，347.4，209.5，26.1，200.2，3.6，207.0	—	26.12	13.44	24.60	13.58

4. 株型参数提取方法验证　为对利用三维数字化数据所提取的株型参数进行验证，选取京科 665、京科 968、MC812、农大 108、先玉 335 和郑单 958 共 6 个品种的吐丝期玉米植株对应的形态参数进行人工测量，然后将各植株整株移至室内进行三维数字化（植株三维数字化数据可视化如图 6-42 所示）。由于该方法为针对玉米的普适性方法，不存在品种、生育时期或叶位的差异，故所选取的 6 个品种植株可视为对每个株型参数验证的 6 个重复。利

用上述参数提取方法提取对应的叶长、叶宽、叶倾角和方位角,并利用植株方位平面计算方法计算各植株的植株方位平面。与实测数据进行对比,叶长、叶宽、叶倾角的对比结果见图 6-43。其中,由于植株三维数字化为离体测量,各植株叶方位角与实测植株方位角存在整体误差。为对比模拟方位角和实测方位角,利用各植株模拟和实测的方位角(表 6-9),分别计算植株的模拟方位平面角和实测方位平面角(表 6-10),计算模拟方位平面角与实测方位平面角的角度差,再将各植株的模拟叶方位角统一加上这个角度差,然后再对比分析对应叶的方位角误差。6 个品种叶方位角的 *RMSE* 均值为 8.23°。

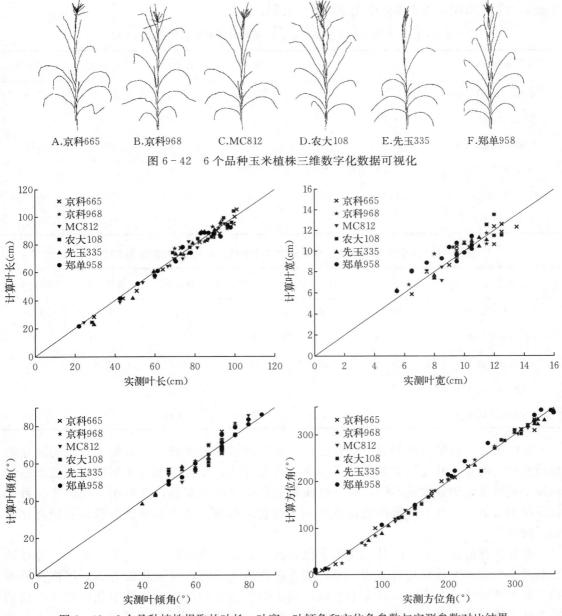

图 6-42　6 个品种玉米植株三维数字化数据可视化

图 6-43　6 个品种植株提取的叶长、叶宽、叶倾角和方位角参数与实测参数对比结果

表 6-9 给出了 6 个品种植株叶长、叶宽和叶倾角的实测均值与均方根误差 RMSE。由对比结果可知，叶宽模拟误差相对较大，主要由于叶片在叶脉垂直平面上的曲线形态不一致；叶倾角实测数据均为整数，且实际上实测叶倾角的精度对人为试验要求很高。由于人工测量受所采用仪器的限制，其测量精度无法达到较高的精度，如在叶倾角测量时，所测量的叶倾角数值均为 5 的倍数，但利用三维数字化提取的方法可在保证提取规则一致的前提下，同时达到较高的精度。表 6-10 给出了 6 个品种植株的模拟方位平面角和实测方位平面角，并利用公式计算了各植株的 dev 值。由 dev 值可知，先玉 335、郑单 958 和京科 665 的植株较京科 968、MC812 和农大 108 植株的各叶片偏离植株方位平面较多，dev 值大的植株占用了较多的立体空间，对于群体中光截获更为有利。

表 6-9 6 个品种植株提取叶长、叶宽和叶倾角参数均值及 RMSE

株型参数	京科 665	京科 968	MC812	农大 108	先玉 335	郑单 958
实测叶长均值（cm）	75.27	81.08	70.61	89.72	73.46	72.8
叶长 RMSE（cm）	3.23	3.97	2.88	3.36	3.66	3.56
实测叶宽均值（cm）	10.35	9.63	9.33	10.92	9.59	8.73
叶宽 RMSE（cm）	0.73	0.93	0.70	0.91	0.53	0.99
实测叶倾角均值（°）	66.00	65.77	63.75	66.50	56.36	68.00
叶倾角 RMSE（°）	4.13	3.34	3.88	3.99	2.31	2.82

表 6-10 6 个品种植株模拟与实测的方位平面、dev 值与叶方位角 RMSE

株型参数	京科 665	京科 968	MC812	农大 108	先玉 335	郑单 958
模拟方位平面角（°）	81.42	100.70	85.64	26.12	154.88	53.57
实测方位平面角（°）	10.00	65.00	135.00	130.00	130.00	0.00
模拟 dev 值（°）	26.65	21.59	16.11	13.44	28.28	28.03
实测 dev 值（°）	27.78	22.50	17.22	16.36	27.78	23.75
叶方位角 RMSE（°）	7.92	6.21	5.51	10.67	7.58	11.49

与传统人工测量株型参数方法相比，获取玉米植株三维数字化数据工作量与测量植株所有叶的叶长、叶宽、叶倾角和方位角工作量相当；但人工测量常因测量值范围估计和每个测量者的测量方式不同，同一植株测量数据常存在偏差，而利用三维数字化数据提取株型参数因其具有一致的数据获取和参数提取标准，所提取株型参数具有较高精度和一致性。

需要注意的是，本方法对三维数字化数据获取操作要求较高，一个误操作可能导致提取的多个株型参数都是有误的，因此需要在数据获取时以可视化的方式，严格保证数据获取的准确性。为实现玉米株型参数精确提取所获取的植株三维数字化数据包含精确的植株三维结构信息，可用于重构玉米植株和冠层三维模型，在此基础上，研究者可进一步开展玉米冠层结构参数的精确计算和基于可视化模型的玉米结构功能计算分析研究。

6.4.2 基于点云的玉米植株骨架提取

株型参数的测量是作物育种与栽培研究的重要决策依据（危扬，2014；张旭等，2010）。快速、精确、高通量地测量作物株型参数一直是作物科学研究的热点。当前，玉米株型参数的采集仍以人工测量为主，存在工作量大、效率低、测量标准不一致等问题，极大制约了理想株型育种等研究的发展进程。利用现代三维数据获取技术可以快速、准确地实现玉米植株三维点云数据的获取，开展玉米植株三维骨架提取方法研究有益于快速获取玉米株型参数，为玉米育种与栽培研究提供重要的信息技术手段。

基于点云的植物骨架提取方法，是在所获取的植物单株表面三维点云基础上，通过对三维点云进行算法处理提取植物的三维骨架的方法。常见的三维骨架提取方法包括：形态变薄法、中轴线法、几何法和基于图的删减法 4 种。形态变薄法（Palágyi et al.，2001）的原理是从点云外层开始移除点云直至骨架形成，这类算法需要定义收缩点云的内部体积，进而产生骨架。中轴线法（Dey et al.，2006）是从点云中提取近似的中轴线，该算法源于从泰森多边形空间提取骨架，中轴一般是点云中的一组平面几何。几何法（Verroust et al.，2000）是使用一个能够代表点云表面的函数来提取骨架，其中高度参数通常从点云的水平集中提取。基于图的删减法（Bucksch et al.，2008）首先通过从空间剖分中提取一个初始的图结构，然后利用一系列的规则对图进行删减，直至形成骨架。基于点云的骨架提取方法基本是在以上方法基础上的发展或改进。在植物三维骨架提取方面，多应用于树木骨架提取（Delagrange et al.，2014；Livny et al.，2010；Wang et al.，2014）。Au 等（2008）首次提出基于 Laplacian 的网格模型骨架提取方法，并取得了较好的效果。在此基础上，Cao 等（2010）和 Su 等（2011）对 Laplacian 算法进行了发展应用，实现了无需网格重构直接基于点云进行骨架提取，并在后续的研究中给出了在玉米植株骨架提取方面的应用。其研究结果表明，求解的骨架能够较好地逼近点云，但从骨架中直接计算株型参数仍存在较大误差。

基于 Laplacian 的点云骨架提取方法具有较好的效率和鲁棒性，能够实现点云模型的骨架提取和逼近。然而，直接使用该方法提取玉米植株骨架存在着茎秆骨架弯曲、叶基部骨架偏差以及叶脉曲线骨架收缩等问题，难以满足进一步的三维建模和表型提取等需求。因此，本节在 Laplacian 算法的基础上，结合玉米植株形态结构特征，提出了一种玉米植株骨架提取方法（Wu et al.，2019）。算法流程如图 6-44 所示。

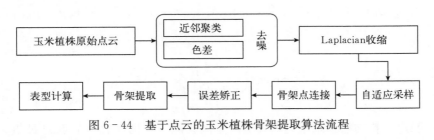

图 6-44 基于点云的玉米植株骨架提取算法流程

1. 植株点云数据采集 数据获取设备选取 FARO Focus³D。在大范围多站扫描时，使用定标球进行多站配准，定标球的位置要求每 4 个球不在一个平面且在视野中全部可见。为了获得高精度的三维点云，水平围绕玉米群体以 90°间隔进行扫描，每组玉米群体共包含 4 站扫描，整个数据获取过程除在 4 个点位布置扫描外，无需人为干预。由扫描仪获得的数据除顶点坐标外还含有顶点颜色信息。一般获取一组玉米群体点云数据用时 20 min，数据获取示意图、场景和所获取的点云数据如图 6-45 所示。

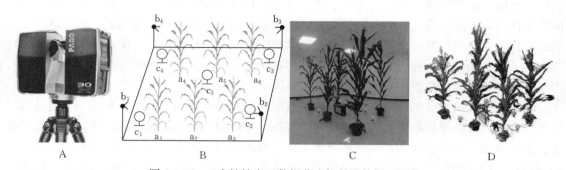

图 6-45　玉米植株点云数据获取场景及数据可视化

注：B 图中，$a_1 \sim a_6$ 表示玉米植株，$b_1 \sim b_4$ 表示 4 个扫描位置，$c_1 \sim c_5$ 表示 5 个定标球位置。

2. 玉米植株骨架提取方法

（1）点云去噪　在玉米植株点云数据获取过程中，微弱气流和光照变化会导致点云的重叠和偏移，产生噪声点数据。因此，使用花盆移栽的方式将玉米植株移植至室内进行数据获取进而减少噪声点。对于玉米植株点云，移植的花盆点云也是一种噪声点数据。因此，将噪声点分为扫描噪声点和花盆噪声点两类。所获取的玉米灌浆期单株点云数据通常包含 6 万个点左右，为提高算法的执行效率，首先对点云通过均匀采样实现点云简化（Li et al.，2017）。经验表明，每株灌浆期玉米点云精简至 10 000 个点后，对骨架提取算法的精度无影响。

① 花盆噪声点。对于由移植花盆所产生的噪声点，采用色差法（顿绍坤等，2011）进行去噪处理。首先，从点云中人工采样花盆的颜色值（通常花盆具有有限个颜色值），形成噪声颜色列表；计算点云 P 内各点 p（r，g，b）（r、g、b 分别是点的颜色 RGB 三分量）和颜色特征点之间的色差 D，两点 p_i（r_i，g_i，b_i）和 p_j（r_j，g_j，b_j）的色差值 D 由式（6-24）求得。逐一判断噪声颜色列表 RGB 数据和点云 RGB 数据的色差，如果色差值小于阈值（此处设置为 0.1），表明当前点是噪声点，从而去除。

$$D\ (p_i,\ p_j) = 2\left|\frac{\max\ (\eta_i,\ \eta_j)}{\min\ (\eta_i,\ \eta_j)} - 1\right|\theta \tag{6-24}$$

式中，η_i、η_j 由式（6-25）求得，θ 由式（6-26）求得，向量 $\vec{p_i}$、$\vec{p_j}$ 由式（6-27）求得。

$$\eta = (r+g+b)/3 \tag{6-25}$$

$$\theta = \arccos\left(\frac{\vec{p_i}\ \vec{p_j}}{|\vec{p_i}|\ |\vec{p_j}|}\right)\frac{255}{\pi/2} \tag{6-26}$$

$$\vec{p} = (r-\mu,\ g-\mu,\ b-\mu) \tag{6-27}$$

② 扫描噪声。扫描噪声采用近邻聚类的方法去除。根据经验，节点的 R 近邻搜索半径的取值为 $R=0.012L$，L 为点云包围盒的最长对角线长度。基于近邻聚类方法的去噪步骤如下：一是在点云中随机选取一点 p，并计算点 p 的近邻点 r，标记点 p 及点 p 的近邻点 r 为已访问状态；二是存储点 p 及其近邻点 r 到聚类链表 T 中，存储点 p 的近邻点 r 到搜索链表 M 中；三是依次访问链表 M 中的点 p，求点 p 的 r 近邻，如近邻点为未访问状态，保存

近邻点到聚类链表 T 中以及搜索链表 M 中，并标记为已访问状态，同时在搜索链表 M 中删除点 p，依次操作直至搜索链表 M 为空，即获得一个点云近邻聚类；四在聚类链表 T 中插入空值标记聚类点分割标记，按照步骤一至三进行点云近邻聚类迭代操作，直到点云中的所有点为已标记状态，迭代终止，从而完成点云聚类；五对聚类点云个数进行排序，点云个数小于阈值 n 的聚类被视为噪声点云，直接删除。大量试验表明，阈值 n 取值为 $n = 0.5 \sum_{i=0}^{num} density(p_i, r)/num$，其中 $density(p, r)$ 为点云的密度，即对点云中任意点 p 和距离 r，以 p 点为中心、r 为边长的正方体包围盒内点的个数（吴升等，2017）。为了降低算法的复杂度，随机在点云中抽取 $num=10$，求解点云密度，利用得到的多个密度值取平均值，作为当前点云密度值。近邻聚类算法流程如图 6-46 所示。

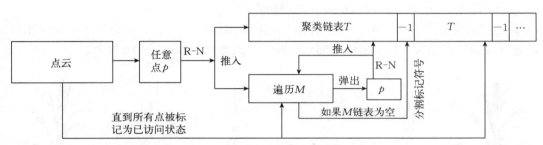

图 6-46　点云近邻聚类算法流程

通过以上算法操作，较好地去除了玉米植株点云扫描噪声和花盆噪声，且压缩了点云中点的数量。去噪过程及结果如图 6-47 所示。

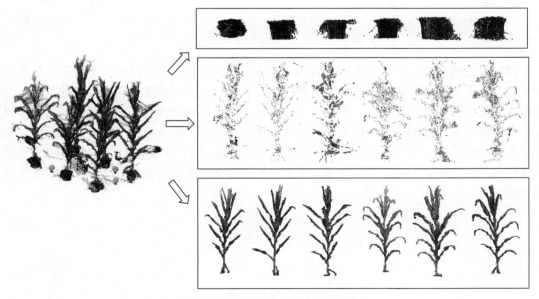

图 6-47　玉米植株点云去噪示意图

（2）基于 Laplacian 的点云收缩　使用经典拉普拉斯算子（Laplacian）对点云迭代收缩，计算每个点的 Delaunay 邻域。根据这些邻域信息构建拉普拉斯加权矩阵 **L**，选取余切权，通过式（6-28）迭代收缩点云 P。其中，W_L 和 W_H 均为对角矩阵，W_L 控制收缩强度，W_H 控制保存原有位置强度，点云中的各点将沿着所估算局部法向移动。

$$\begin{bmatrix} W_L^t L^t \\ W_H \end{bmatrix} P^{t+1} = \begin{bmatrix} 0 \\ W_H^t P^t \end{bmatrix} \tag{6-28}$$

迭代收缩流程如下：

① 通过式（6-28），求解 P^{t+1}。其中，L 是由余切权重构建的一个 $n \times n$ 拉普拉斯矩阵，P 表示被收缩的点云。

② 利用式（6-29）更新 W_L 和 W_H，其中 S_i^t 和 S_i^0 分别是收缩点 p_i 的当前邻域长度以及初始邻域长度；S_L 是迭代 t 次的拉普拉斯余切权重 L 矩阵。

$$W_L^{t+1} = S_L W_L^t \qquad W_{H,i}^{t+1} = W_{H,i}^0 S_i^0 / S_i^t \tag{6-29}$$

③ 使用新的点云 P^{t+1} 构建新的拉普拉斯矩阵 L^{t+1}。

④ 迭代的终止条件为：$W_L^{t+1}/W_L^t < 0.01$ 或迭代次数大于 20。一般情况下，玉米植株点云经过 4 次迭代收缩后，已经能够收缩到较好的骨架形状，如图 6-48 所示。

A.未收缩点云　　B.1次迭代　　C.2次迭代　　D.3次迭代　　E.4次迭代　　F.匹配结果

图 6-48　收缩迭代过程示意图

（3）自适应采样　经过上述拉普拉斯收缩算法收缩后的点云，已初步形成玉米植株骨架形状，但点云中点的个数并未改变，需对收缩后的点云进行自适应采样得到骨架点集。为保持植株骨架分枝处的几何特征，在分枝（叶、茎）交叉处和叶片处分别采用不同的球半径进行采样。在分叉处采用小半径球采样，叶片以及茎秆处采用更大半径的球采样。为确定当前点是否位于分叉处，引入当前点采样点集 V 的特征值 $l(v)$ 来描述当前点位置的线性趋势（Pauly et al.，2002），通过求解点集 V 的 3×3 的协方差矩阵特征值作为 $l(v)$，具体计算公式如下：

$$l(v) = \frac{\lambda_2}{\lambda_0 + \lambda_1 + \lambda_2} \tag{6-30}$$

$$C = \begin{bmatrix} v_1 - \bar{v} \\ \vdots \\ v_k - \bar{v} \end{bmatrix}^T \cdot \begin{bmatrix} v_1 - \bar{v} \\ \vdots \\ v_k - \bar{v} \end{bmatrix} \tag{6-31}$$

大量试验结果表明，非分叉处点的 $l(v)$ 需大于 0.9。经过自适应采样处理后，点云采样为骨架关键点，其关键点由很少的点组成，如图 6-49 所示。

（4）骨架点连接　由上述方法可获得玉米植株骨架点集，但点集间不存在连接关系，需对关键点进行连接得到植株骨架。考虑到玉米器官之间只有一次分枝结构的特征，即所提取

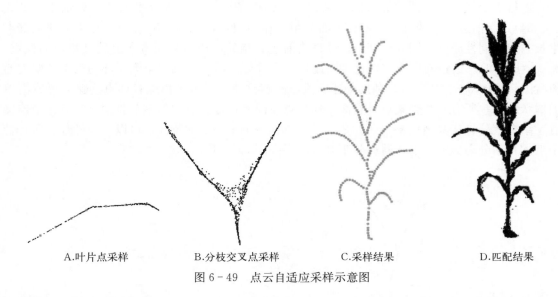

A.叶片点采样　　　B.分枝交叉点采样　　　C.采样结果　　　D.匹配结果

图 6 - 49　点云自适应采样示意图

的各关键点之间的最大邻接点个数为 3 个，因此对每个点采用 3 最近邻连接的方法，得到一个不完全连通的有向图，并形成错误的连接闭环，如图 6 - 50A 所示。在错误连接闭环中存在两种连接闭环，即三角形连接闭环和四边形及以上的连接闭环。由玉米植株形态结构特征可知，在连通骨架中是不存在连接闭环的。因此，需要遍历连接点，逐一去除各类连接闭环。

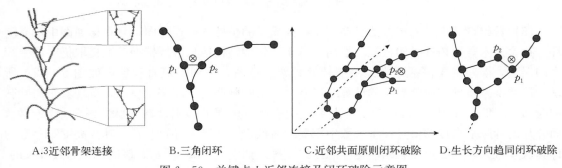

A.3近邻骨架连接　　　B.三角闭环　　　C.近邻共面原则闭环破除　　　D.生长方向趋同闭环破除

图 6 - 50　关键点 k 近邻连接及闭环破除示意图

玉米植株的骨架具有近邻点近似共面和生长方向趋同的特点。因此，构建了一个玉米植株的形态结构约束模型破除错误闭环，该模型的表达式如下：

$$W=[W_s/\max{(W_{si})}]+[W_c/\max{(W_{ci})}] \tag{6-32}$$

$$ax+by+cz+d=0 \tag{6-33}$$

$$e=\sum_{i=1}^{n} d_i^2 \rightarrow \min \tag{6-34}$$

$$W_s=1/d_i+1/d_{i+1} \tag{6-35}$$

$$W_c=\alpha_i+\alpha_{i+1} \tag{6-36}$$

式（6-32）为表达邻接边连接权重计算方法，其中 W_s 为边的近似共面权重，W_c 为边的趋同性权重。此处对两种权重的权值进行了均一化处理，权重最小的边被删除。对于使用近邻共面原则破除闭环方法（图 6 - 50C），通过最小二乘法（Sorkine et al.，2004）对闭环节点进行平面拟合，见式（6-33）。求解方程约束条件为各点到该平面的距离最小，见式（6-34）。当前边对应的节点到拟合平面的距离作为权重，见式（6-35）。对于近邻关键点生长方向趋同性原则（图6-50D），计算当前边和相邻两边在生长方向上的夹角作为权重，见式（6-36）。通过对所有连接边进行闭环搜索并处理后，得到一个无闭环的玉米骨架连通树状图，如图6-51B所示。利用上述算法，能够自动实现玉米植株骨架点连接，形成简单的树状结构。所有叶片骨架点具有2个连接点，而茎秆骨架点中的茎节骨架点具有3个连接点，结合茎秆骨架其余点基本上和茎节骨架点在一个平面上的特征，可以实现叶片、茎秆骨架点的自动分离提取。上述器官分割算法结果如图6-51C所示。

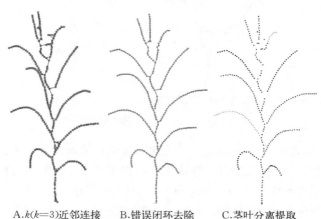

A.$k(k=3)$近邻连接　　　B.错误闭环去除　　　C.茎叶分离提取

图6-51　玉米骨架关键点连通闭环破除结果以及茎叶分离提取结果

（5）骨架点矫正　上述方法已能够获得高质量的植株骨架连通图，且在连通图中没有闭环，符合玉米骨架拓扑结构特征。然而，基于该骨架结构信息进行株型参数提取仍会产生较大的误差，误差主要包括三类：①茎秆处骨架点弯曲，呈现不笔直现象，如图6-52A所示。该类误差将导致茎叶夹角的计算结果有误。②叶脉曲线中间部位呈现下沉现象，与叶脉曲线贴合度低，如图6-52B所示。大量试验表明，该误差多出现在叶脉曲线的最高点处，而叶片的叶脉最高点的值是株型参数中重要的参数之一，其会导致叶长、叶片高度等参数的计算误差过大。③因点云收缩使得叶脉曲线变短，如图6-52C所示。该问题将导致叶长的

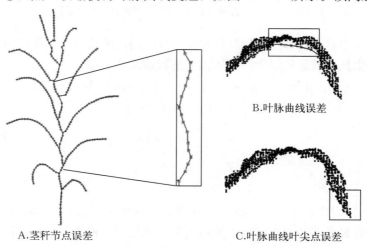

B.叶脉曲线误差

A.茎秆节点误差　　　　　　　　　C.叶脉曲线叶尖点误差

图6-52　收缩骨架关键点的偏移误差示意图

计算有误。因此，为提高后期株型参数计算精度，需对由这三类问题产生的误差进行骨架点矫正。

一是茎秆点误差矫正。玉米茎秆的骨架点通常在同一条直线上，或近似在同一条直线上。利用拉普拉斯收缩算法产生骨架点偏离直线的原因，主要是叶片分枝处附近的茎节骨架点受到叶片点云的吸引，而远离叶片点云的茎节骨架点不受其影响。因此，引入回避式采样法，对茎节骨架点进行重采样。回避式采样法的原则是：从茎秆基部开始，对茎秆关键点按照叶片连接处节点进行分段，仅选取每一分段的中间节点，作为采样点。然后对采样点进行线性拟合，拟合茎秆直线为 L。然后对所有茎秆上的关键点向直线 L 做投影，投影点即为该关键点的矫正点。经过回避式采样法矫正的茎秆关键节点可视化效果如图 6-53A 所示。

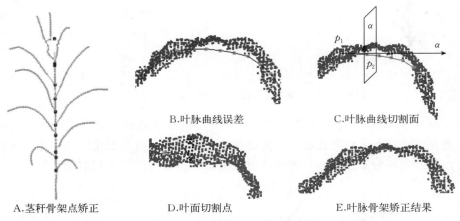

B.叶脉曲线误差   C.叶脉曲线切割面

A.茎秆骨架点矫正   D.叶面切割点   E.叶脉骨架矫正结果

图 6-53 基于回避式采样法矫正后的茎秆关键点效果

二是叶脉曲线点误差矫正。叶脉曲线点误差与茎秆骨架受叶片点云收缩因子导致弯曲的原因相同，特别是穗位以下的叶片受重力影响通常呈现弯曲状态，且弯曲部位为叶片的最高位置。因此，在叶片的最高部位的骨架点受到两侧低位的叶片点云影响，导致收缩骨架点下沉，如图 6-53B 所示，而在水平方向（叶宽方向）没有该类误差。基于以上分析，从叶基部点开始，逐一对叶脉骨架点进行校正。首先，基于相邻叶脉骨架点构建切割法线 $\vec{p} = p_1p_2$，然后由切割法线 $\vec{p}$ 和待校正点 p_2 构建切割平面 α，对叶片点云进行切割，获得切割点云如图 6-53D 所示。然后，在切割点云中找到距离点 p_2 最近的点，作为点 p_2 的校正点，校正后的叶脉骨架点如图 6-53E 所示。

3. 植株骨架提取结果及株型参数提取 基于以上算法，在 VC++2010、OpenGL 图形库、PCL 点云处理库等开发环境下，编写玉米点云骨架提取软件组件进行玉米点云骨架提取。选取不同品种、不同生育时期的玉米植株点云样本进行算法验证试验，并与三维数字化仪获取的株型参数提取结果进行对比。试验结果表明，本算法具有较好的鲁棒性以及计算精度，而且在点云提取过程中无需人工交互。

(1) 骨架提取结果可视化效果 选取不同品种、不同生育时期的玉米植株获取三维点云数据，并基于本算法进行株型骨架提取。图 6-54 为郑单 985 灌浆期的玉米植株点云骨架提取过程及结果。利用三维扫描仪获取的原始植株点云如图 6-54A 所示；图 6-54B 为去除植株和花盆噪声的点云可视化结果；在此基础上，对点云精简采样并进行 Laplacian 骨架点收缩，获得点云骨架点如图 6-54C 所示；对所得到的新骨架点集进行骨架点连接并进行连通破闭环处理，骨架点连通结果如图 6-54D 所示；进一步基于玉米植株分枝特征进行茎叶骨架点识别提取，处理结果使用不同颜色表示，如图 6-54E 所示；最后，结合原始去噪点云信息，对骨架点进行修正处理，如图 6-54F 所示；最终处理结果如图 6-54G 所示，图 6-54H 为骨架提取结果和原始点云的匹配效果。

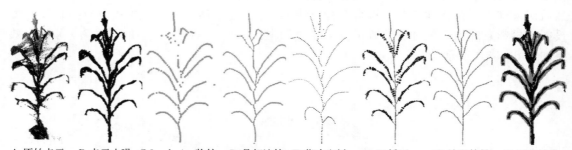

A.原始点云　B.点云去噪　C.Laplacian收缩　D.骨架连接　E.茎叶分割　　F.矫正　　G.处理结果　　H.匹配效果

图 6-54　植株骨架提取方法中间过程及结果可视化

选取郑单 958、京科 968 以及先玉 335 不同株型的玉米品种，获取不同生育时期的玉米植株点云数据，进行点云骨架提取，结果如图 6-55 所示。由可视化结果可知，所提取的植株骨架可以较好地匹配原始点云，表明本方法可以取得较好的骨架提取结果。

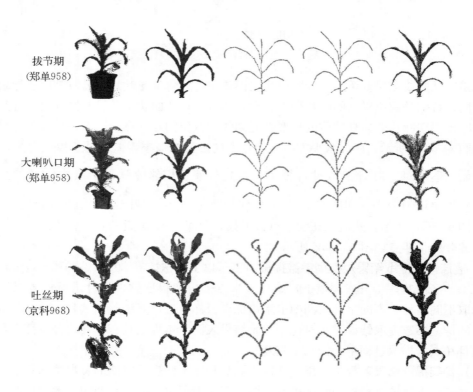

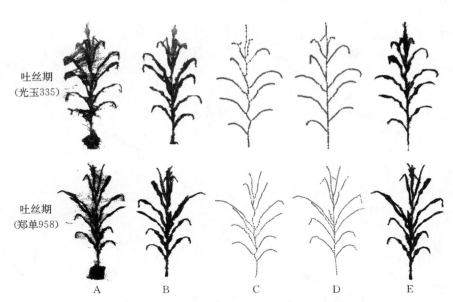

吐丝期
（光玉335）

吐丝期
（郑单958）

A   B   C   D   E

图 6 - 55 不同品种、不同生育时期玉米植株骨架提取结果

A. 原始点云；B. 去噪后的点云；C. 利用 Laplacian 提取的植株骨架；D. 矫正后的最终骨架；E. 提取骨架与原始植株点云匹配结果。

（2）基于骨架的株型参数计算 基于提取的骨架，可快捷地计算出各类株型参数，包括株高、叶长、叶倾角、叶方位角、叶位高和叶最高点高度等。以 6 株吐丝期植株为例，同步获取各植株的点云数据和三维数字化数据，通过提取各植株点云骨架计算株型参数，并基于三维数字化数据提取对应株型参数作为实测数据。图 6 - 56 给出了主要株型参数的验证结果。其中，株高的平均归一化均方根误差（$NRMSE$）最低，为 0.83%；叶倾角的 $NRMSE$ 最大，为 8.37%。6 个株型参数的 R^2 均在 0.93 以上，表明利用植株骨架提取的表型参数与实测数据具有较好的一致性。

此外，对比了本算法与带约束的 Laplacian 平滑（记为 CLS）点云收缩算法（Su et al.，2011）在株型参数提取方面的表现。通过穗位叶将植株分为上部和下部，用两种方法得到的植株骨架分别提取了叶长、叶倾角、叶最高点距叶基部长度、叶方位角和叶位高 5 个株型参

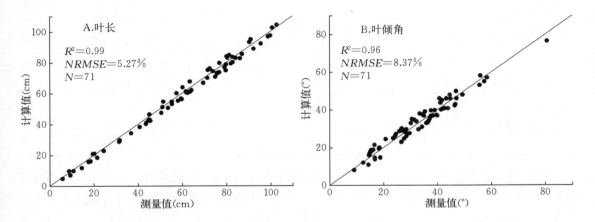

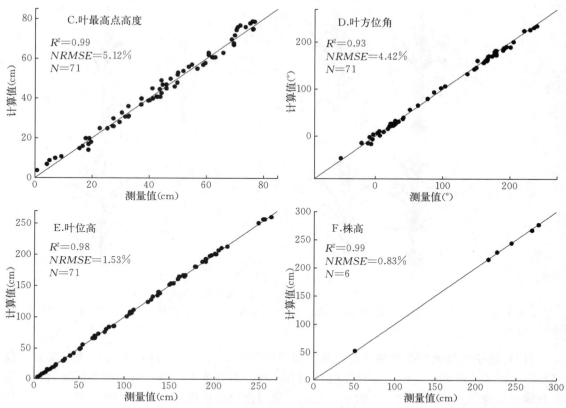

图 6-56 基于所提取植株骨架计算的 6 个株型参数与利用三维数字化仪提取对应参数的对比结果

注：图中包括了 6 个植株共 71 个叶片数据。

数并按植株上下两部分进行对比。表 6-11 给出了 *NRMSE* 的对比结果，数据表明利用本方法提取的株型参数误差约为利用 CLS 方法误差的一半。

表 6-11　利用本方法与 CLS 方法得到植株骨架提取的株型参数的 *NRMSE* 对比结果（％）

品种	植株分层	叶长		叶倾角		叶最高点距叶基部长度		叶方位角		叶位高	
		本方法	CLS	本方法	CLS	本方法	CLS	本方法	CLS	本方法	CLS
京科 968	上部	5.28	11.20	6.70	13.00	6.64	13.64	5.36	8.60	1.03	1.47
	下部	4.14	7.09	8.85	16.94	5.28	8.16	3.27	6.25	2.96	4.95
郑单 958	上部	5.84	10.45	12.19	25.78	5.13	7.26	2.91	4.90	1.79	4.94
	下部	5.28	7.92	7.19	12.78	6.15	12.49	5.44	9.07	4.43	7.73
先玉 335	上部	5.12	10.71	12.64	23.21	5.68	14.22	5.07	7.84	0.85	1.75
	下部	3.12	5.15	8.10	12.72	4.53	6.79	4.69	7.40	1.73	2.94
平均		5.27	9.89	8.37	15.83	5.12	9.60	4.42	6.91	1.53	2.77

（3）计算效率分析　本方法计算最大耗时在于对点云的 k 近邻求解计算，为了提高计算效率，应尽可能地减少点云数量。图 6-57 给出了不同植株点云数量输入的骨架提取可视化结果。试验结果表明，对于吐丝期的玉米植株，当植株点云数量降低到 10 000 个点时，算法可以得到较好的骨架提取结果。图 6-58 给出了算法在 i5 处理器、4GB 内存、Windows 7

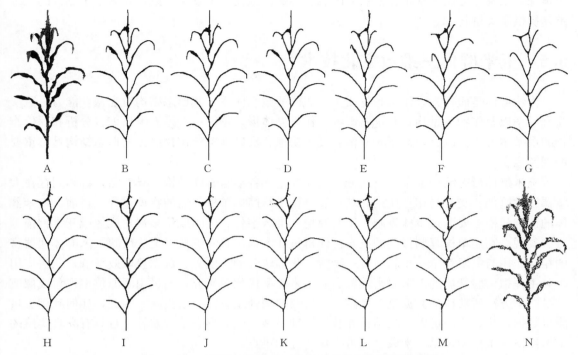

图 6 - 57　不同输入植株点云数量得到的骨架可视化结果

注：图 A、N 分别为点数为 142 579 和 2 615 的植株点云，图 B~M 分别为利用包含 142 579 个、100 213 个、68 789 个、39 857 个、25 110 个、15 820 个、11 047 个、8 725 个、6 805 个、5 044 个、3 826 个和 2 615 个输入点提取得到的植株骨架。

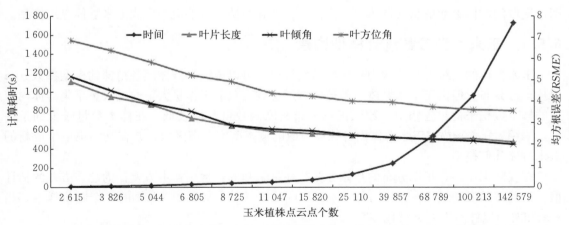

图 6 - 58　算法在不同植株点数量条件下的计算效率和 3 个表型参数 *RMSE* 的对应表现

操作系统的计算机配置下，对不同点云数量植株骨架提取的时间消耗，以及对应提取的表型参数精度的变化情况。研究认为，输入植株的点云数量在 10 000 个点时可以在时间效率和计算精度方面达到较好的平衡，此时单株计算时间约为 60 s。

综上所述，本节提出了一种基于三维点云的玉米植株骨架提取方法。其在 Laplacian 骨架收缩算法的基础上，结合玉米形态结构特征，实现了玉米植株骨架提取质量的提升；并在所提取植株骨架的基础上，实现了玉米典型株型参数的计算，且精度可以满足使用需求。玉米植株骨架提取方法为基于三维点云的表型参数提取提供了解决方案，并为基于点云的三维重建提供了关键技术。

6.5 玉米群体三维数字化技术

作物群体是履行光合作用和物质生产职能的组织体系，其形态结构对光截获能力、冠层光合效率以及作物产量均具有重要影响。作物群体形态特征一直是人类认识、分析和评价作物的最基本方式。因此，运用农业信息技术快速、准确地构建作物群体的形态结构具有重要的现实意义。

玉米群体形态结构复杂，空间分布规律性差、各器官表面结构变异性强，群体间存在大量器官的遮挡、交叉与相互作用，其形态结构不是简单单株复制的物理过程。目前，玉米群体的三维建模主要通过单株复制、田间原位三维数字化、田间原位多视角成像或三维扫描等方法实现。利用单株复制得到的玉米群体机械性太强，真实感低，无法反映玉米群体间器官的相互作用与资源竞争；田间原位三维数字化方法劳动强度大、数据获取效率低，无法应用于利用虚拟试验开展的玉米耐密性鉴定和玉米株型优化等研究；通过田间原位多视角成像或三维扫描方法所获得的数据复杂度高，对后续数据处理算法要求极高。因此，如何利用少量测量数据，快速构建可以反映品种和栽培管理措施产生的形态结构差异，且具有高真实感的玉米群体三维模型，是玉米数字化可视化研究的难点。

为利用少量实测数据实现能够反映品种和栽培管理措施差异的玉米群体三维模型快速构建，提出了一种基于统计模型的玉米群体三维建模方法（温维亮等，2018）。利用基于三维数字化所提取的株型参数构建主要株型参数的 t 分布函数，在此约束下生成玉米群体内各单株株型参数，并通过株型参数相似性调用三维模板生成单株几何模型，结合交互输入或基于图像提取的群体参数信息（群体内各植株生长点和植株方位平面）生成玉米群体三维模型。

6.5.1 玉米株型参数统计模型构建

玉米群体的三维形态结构为自然界发生规律，可以说玉米群体内各植株的株型参数分布服从正态分布。但由于玉米群体内各植株的形态数据获取工作量大，通过大量采集群体内植株的样本数据来构建各株型参数的正态分布密度函数可行性较低。在样本数量较少的条件下，采用 t 分布来描述玉米群体内各株型参数的概率密度分布函数，并在其约束下生成新的玉米群体几何模型。

在实际工作中，正态分布的总体方差往往是未知的，常用样本方差作为总体方差的估计值。设总体随机变量 $X \sim N(\mu, \sigma^2)$，x_1，x_2，$\cdots\cdots$，x_n 为取自该总体的 n 个随机样本，当 σ^2 未知时，以样本方差 s^2 替代，则

$$\frac{\overline{X} - \mu}{\frac{s}{\sqrt{n}}} = t \sim t \ (n-1) \tag{6-37}$$

是自由度为 $n-1$ 的 t 分布，记为 $t\ (n-1)$。$t\ (n-1)$ 的概率密度函数为

$$f\ (t) = \frac{\Gamma\left(\frac{n}{2}\right)}{\sqrt{(n-1)\ \pi}\Gamma\left(\frac{n-1}{2}\right)}\left(1 + \frac{t^2}{n-1}\right)^{-\frac{n}{2}}, \quad -\infty < t < \infty \tag{6-38}$$

式中，Γ（·）为伽玛函数。

$$\Gamma(s) = \int_0^{+\infty} x^{s-1}e^{-x}dx \qquad (6-39)$$

当抽样数目 n 增大时，$t(n-1)$ 的方差越来越接近1，同时 $t(n-1)$ 分布的形状也越来越接近标准正态分布。理论上，当 $n \to \infty$ 时，$t(n-1)$ 与标准正态分布完全一致。一般认为，$n \geq 30$ 就说 $t(n-1)$ 与标准正态分布非常接近。

由于玉米株型参数样本数据的获取工作量大，且不同品种、不同栽培管理措施、不同生育时期的玉米植株形态差异较大，同时利用三维数字化仪获取植株三维数字化数据效率较低，人工测量各植株叶片着生高度、叶长、叶倾角和方位角工作量大，样本植株的数据采集往往少于 30 个，采用正态分布难以描述各株型参数统计特征。t 分布是与样本数量相关的统计量，更适合描述样本数量较少时的统计特征，故采用 t 分布对各株型参数进行估计分布并生成各株型参数值。

通过人工或表型参数测量方法（Tardieu et al.，2017）得到的玉米株型参数作为样本，构建 95% 置信区间内的概率密度分布函数，在其约束下随机生成对应株型参数，可在一定程度上反映当前玉米品种在当前环境和栽培管理措施下的株型特征。

以株高为例，通过若干植株的株高样本构建株高的概率密度分布函数，并根据该分布函数生成新玉米群体内各植株的株高随机数。

设样本群体包含 N 个植株，各植株株高分别记为 X_i，$i=1$，2，…，N，样本均值为

$$\bar{X} = \frac{1}{N}\sum_{i=1}^{N}X_i \qquad (6-40)$$

样本方差为

$$s^2 = \frac{1}{N-1}\sum_{i=1}^{N}(X_i - \bar{X})^2 \qquad (6-41)$$

设株高的总体均值为 μ，则有

$$\frac{\bar{X}-\mu}{\frac{s}{\sqrt{N}}} \sim t(N-1) \qquad (6-42)$$

为估计株高总体均值 μ 在 95% 置信区间内的概率密度分布函数，查询 t 分布分位数表，记在 $N-1$ 自由度下的 95% 双侧分位数为 α，可得：

$$\bar{X} - s\alpha/\sqrt{N} < \mu < \bar{X} + s\alpha/\sqrt{N} \qquad (6-43)$$

在 $(\bar{X}-s\alpha/\sqrt{N}, \bar{X}+s\alpha/\sqrt{N})$ 区间产生随机数，并代入式（6-38）生成服从 $t(N-1)$ 分布的株高随机数。

以 2015 年于北京市农林科学院播种的京科 968 品种，密度为 6×10^4 株/hm² 的吐丝期玉米群体（施肥量氮 260 kg/hm²、磷 90 kg/hm²、钾 90 kg/hm²，采用滴灌保证水分充足，于每日 11：00 前获取数据）为例，获取了 3 行×3 株的株高数据，分别为 2 531.3 mm、2 614.3 mm、2 461.4 mm、2 646.7 mm、2 823.6 mm、2 607.8 mm、2 715.8 mm、2 442.0 mm、2 680.0 mm。利用上述方法，求得样本均值为 2 613.7 mm，样本标准差为 122.2 mm，总体均值的置信区间为（2 519.7，2 707.6），总体均值的概率密度分布函数如图 6-59 所示。

在株高总体值的概率密度分布函数的约束下，生成株高均值随机数，作为预构建群体中各

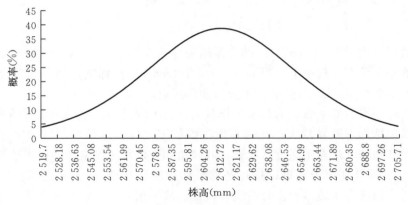

图 6-59　株高总体均值概率密度分布函数

植株的株高。例如，预构建 4 行×8 株共 32 株的玉米群体，生成的随机株高如图 6-60 所示。

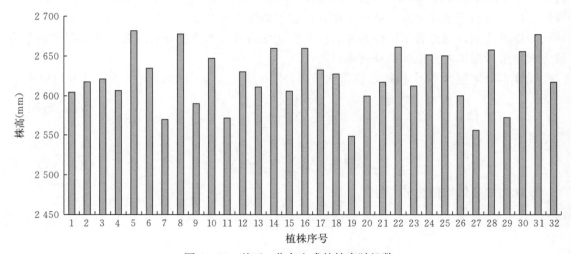

图 6-60　基于 t 分布生成的株高随机数

6.5.2　玉米植株株型参数生成

利用上述基于 t 分布的参数生成方法，通过样本参数构建各玉米植株的株型参数概率密度分布函数，可生成各株型参数的随机数，从而进一步实现玉米群体模型的生成。由于各节单位的株型参数随节的规律不同而不同，故将株型参数分为植株尺度和节单位尺度两类，节单位尺度参数在植株尺度参数确定后进一步生成。

在玉米群体结构解析研究中，只关注对群体结构影响较大的株型参数，植株尺度株型参数包括各植株株高、叶片总数和首叶叶序（下部叶中最小的叶形相对完整叶片的序号）；节单位尺度株型参数包括各叶片的着生高度、叶长、叶宽、叶倾角和叶方位角。

1. 植株尺度参数生成　植株尺度参数包括株高和叶片总数。此外，由于玉米不同生育时期下部叶会衰老至萎蔫死亡，这些叶片不在玉米群体几何模型构建的范围内，故引入首叶叶序参数来描述植株首个形态较为完整的叶片序号。

由于叶片总数及首叶叶序两个参数均为整数，首先将样本参数调整为浮点型数来构建概率密度分布函数，并生成叶片总数和首叶叶序的随机数，所生成随机数也为浮点型数，最后采用四舍五入的取整形式得到各植株的叶片总数和首叶叶序。图 6-61 为利用前文 9 株京科 968 玉米的叶片总数和首叶叶序作为样本构建的概率密度分布函数，生成 32 株的叶片总数和首叶叶序株型参数。

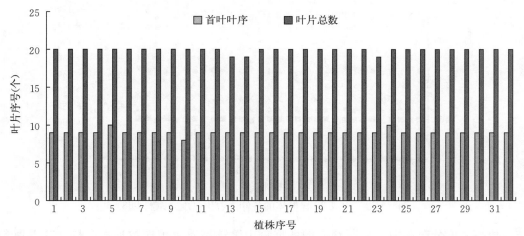

图 6-61 基于 t 分布概率密度函数生成的群体内各植株叶片总数及首叶叶序

2. 节单位尺度参数生成 玉米主茎由节与节间组成，呈连续生长。每个节的上方生长一片叶，故玉米节间数与叶数相同。因此，将每个节及在当前节生长出的节间、叶鞘和叶片定义为一个节单位，且每个节单位在当前植株有着唯一的标识序号。玉米地上部植株（不包含雄穗和雌穗）可表示为多个节单位的组合。节单位尺度参数包括叶片着生高度、叶倾角、叶方位角、叶长、叶宽等。节单位尺度参数是在植株尺度参数约束下生成，设当前植株为 P_i，叶片总数为 N_i，首叶叶序为 F_i，株高为 H_i，以生成第 j（$F_i \leqslant j \leqslant N_i$）个节单位的叶片着生高度为例阐述各参数生成方法。

仍然采用上述利用 9 株植株作为样本构建概率密度分布函数并生成 32 株的群体为例，首先确定样本数据，采用各样本植株中第 j 个叶位的叶片着生高度与该植株株高的比值作为样本数据，由于样本植株中首叶叶序与叶片总数不等，记样本数量为 M_S^j，则 $M_S^j \leqslant 9$。

若 $M_S^j > 1$，则采用自由度为 $M_S^j - 1$ 的 t 分布生成各株型随机数。

若 $M_S^j = 1$，则不生成概率密度分布函数，直接将样本参数作为生成的随机数。

若 $M_S^j = 0$，则查找与 j 最近的叶位样本按照叶位差缩放作为当前叶位的样本，设与 j 最近的叶位为 j_{Near}，则比例系数

$$k = (|j - |j - j_{Near}||)/j \qquad (6-44)$$

利用样本生成的 32 个植株第 j 个叶片着生高度与植株高度的比值随机数，记为 λ_i^j，则当前叶片的叶片着生高度 $h_i^j = \lambda_i^j H_i$。所生成 32 株群体内各叶片着生高度分布如图 6-62 所示。

节单位参数生成时，叶倾角、叶长、叶宽等参数与叶片着生高度生成方法一致，直接将各样本植株对应叶位的参数作为样本参数即可，而叶方位角的生成较为特殊，将在下文介绍。需要说明的是，当 $M_S^j = 0$ 时，叶倾角参数样本的确定无需查找最近叶位并按叶序比例确定，可直接将与 j 最近的叶位样本作为当前叶位的样本即可。

对比京科 968 和先玉 335 两个品种密度为 6×10^4 株/hm² 的吐丝期玉米群体为目标群体

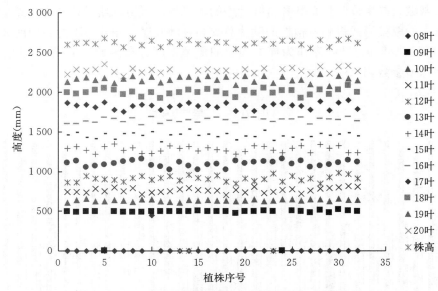

图 6-62　生成 32 株群体的各叶片着生高度（京科 968）

的株高概率密度分布函数。从所获取的数据集中筛选高质量植株数据，京科 968 群体包含 12 株样本数据，先玉 335 群体包含 7 株样本数据，应用上述基于 t 分布的参数生成方法构建了两个群体的株高分布模型。株高分布模型中，先玉 335 玉米群体株高均值为 2 738.11 mm，明显高于京科 968 的均值（2 613.66 mm），但京科 968 的标准差大于先玉 335，故京科 968 玉米群体的株高差异更为显著（图 6-63）。这说明了利用上述方法生成玉米群体可以反映出不同品种玉米群体间的形态差异。

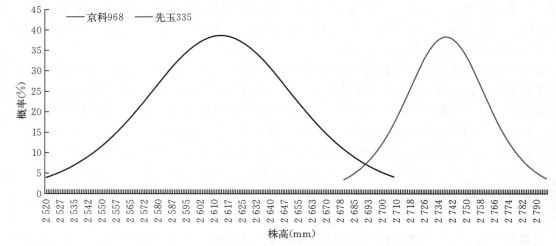

图 6-63　京科 968 与先玉 335 玉米群体的株高分布模型

3. 叶片方位角参数生成　已有研究表明，玉米植株中下部叶片偏离植株方位平面较小，而上部叶片方位角偏离植株方位平面较大，因此不能直接采用叶片方位角作为样本构建方位角的概率密度分布函数。定义各叶片方位角与植株方位平面的夹角为方位角偏差，且方位角偏差≤90°。采用各植株的各叶片方位角偏差作为样本，生成各叶位的方位角偏差概率密度分布函数，并在此基础上生成方位角偏差随机数，最后通过方位角偏差与植株方位平面生成各叶片的方位角。若已知某植株各叶片的方位角为 α_j，$j=1$，2，…，n，$\alpha_j \in [0, 2\pi)$，利用玉米植株方位平面计算方法得到植株的方位平面角为 α。在此基础上，计算各叶片方位角偏差 $\phi_j \in [-\pi/2, \pi/2)$ 的方法如下（$\tilde{\alpha}_j$ 表示将叶方位角大于 $90°$ 的叶片取反向）：

$$\tilde{\alpha}_j = \begin{cases} \alpha_j & \text{if } \alpha_j < \pi \\ \alpha_j - \pi & \text{if } \alpha_j \geqslant \pi \end{cases} \tag{6-45}$$

$$\phi_j = \begin{cases} \tilde{\alpha}_j - \alpha, & |\tilde{\alpha}_j - \alpha| < \pi/2 \\ \tilde{\alpha}_j - \alpha - \pi, & \tilde{\alpha}_j - \alpha \geqslant \pi/2 \\ \tilde{\alpha}_j + \pi - \alpha, & \tilde{\alpha}_j - \alpha \leqslant -\pi/2 \end{cases} \tag{6-46}$$

基于各叶位方位角偏差样本数据构建各叶位的方位角偏差 t 分布函数，并生成植株 P_i 上叶位 j 的方位角偏差，记为 ϕ_i^j，则对应植株叶片的方位角为

$$\alpha_i^j = \alpha_i + \eta_j \phi_i^j + (j \bmod 2)\pi \tag{6-47}$$

式中，α_i 为植株方位平面角；$j \bmod 2$ 为取余数，即由此来反映玉米植株相邻叶片夹角在 $130°\sim180°$ 之间的特征；η_j 为增强系数，其用于描述玉米植株中上部叶片方位角偏离植株方位平面较大的特征：

$$\eta_j = \frac{(j - F_i + 1) \times \eta}{N_i - F_i + 1} \tag{6-48}$$

式中，j 为当前叶序；N_i 为当前植株叶片总数；F_i 为当前植株首个可见叶叶序；η 为增强系数初值，根据目标群体中上部方位角偏离规律取值，一般 $1.0 \leqslant \eta \leqslant 3.0$。当 $\eta_j \leqslant 1$ 时，令 $\eta_j = 1$，以保证中下部叶片方位角不被增强。

6.5.3 玉米群体三维模型构建

1. **单株模型构建** 通过实测若干样本植株株型参数数据，并利用上述 t 分布玉米株型分布方法生成预构建群体三维模型各植株的植株尺度和节单位尺度参数后，利用这些参数构建预生成群体内的各植株几何模型。针对玉米虚拟试验对玉米群体几何模型需求，植株模型主要包括叶鞘和叶片。

在玉米生长三维空间中，定义 XY 平面为地面、Z 轴正方向为茎秆生长方向，基于株型参数的植株生成各植株各节单位的叶鞘与叶片几何模型。叶鞘与叶片模型主要根据生成的器官尺度株型参数，于玉米器官三维模板资源库（温维亮等，2016）中，通过定义的相似性度量函数查找与各叶片相似性最大的器官模板，此处采用利用三维数字化仪获取数据建立的叶鞘与叶片几何模板

图 6-64　采用三维数字化仪获取数据建立的叶鞘与叶片几何模型

（图 6-64）。确定模板后，按叶宽比例对模板在叶宽方向进行等比例缩放，并使缩放变换后的网格模型作为当前叶位的叶片几何模型。所定义的相似性度量函数为：

$$E_m = a_c \|c_m - c\| + a_n \frac{\|n_m - n\|}{2.0} + a_\varphi \frac{\|\varphi_m - \varphi\|}{45.0} + a_l \frac{\|l_m - l\|}{100.0} \tag{6-49}$$

$$a_c + a_n + a_\varphi + a_l = 1$$

式中，c 为品种名，n 为叶序，φ 为叶倾角，l 为叶长。在玉米器官三维模板资源库中选取能够使得 E_m 最小的节单位作为当前节单位的模板。其中，如果待选叶片品种 c 与资源库中第 m 个节单位品种 c_m 相同，则 $\| c_m - c \| = 0$，否则 $\| c_m - c \| = 1$；叶序、叶倾角和叶长项中的分母常数项取值根据大量几何模板调用匹配结果校准确定，可通过调整各常数项或系数 a 调节各参数在度量评价中的重要性。此处各系数取值为 $a_c = a_n = a_\varphi = a_l = 0.25$，待资源库中的基于三维数字化仪生成的节单位几何模板更为丰富后，可利用主成分分析法进一步确定各系数的最佳取值。

设预生成第 i 个植株的某叶片叶序为 j，所对应生成的叶片着生高度为 h_i^j，叶片方位角设置为上述生成的叶片方位角 α_i^j，将从资源库中匹配的叶片模板绕 Z 轴旋转至叶片方位角偏差角 α_i^j 处，然后平移至叶片着生高度 h_i^j，即完成了玉米植株模型的构建。按此方法预生成群体中的所有玉米植株几何模型。

为评估上述方法的可行性，通过获取植株原位株型参数数据，并获取对应品种节单位模板添加到玉米器官三维模板资源库中，通过模板调用构建玉米植株三维模型。图 6-65 给出了分别利用新疆奇台、宁夏银川和吉林公主岭 3 个生态点测量的先玉 335 吐丝期株型数据构建的玉米植株三维模型可视化效果。各植株均按照株高进行了缩放，其中利用新疆奇台、宁夏银川、吉林公主岭数据生成的植株株高分别为 379.9 cm（图 6-65A）、312.3 cm（图 6-65B）和 299.1 cm（图 6-65C）。由于所构造玉米植株及群体几何模型主要用于开展基于可视化计算的虚拟试验，因此植株几何模型中未包含面元数量较多且对计算结果影响较小的雄穗和雌穗几何模型。

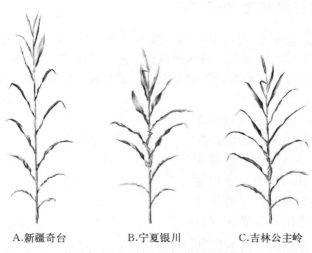

A.新疆奇台　　　　　　B.宁夏银川　　　　　　C.吉林公主岭

图 6-65　利用先玉 335 在 3 个生态点测量数据生成的植株

2. **群体模型生成**　上述方法生成的各单株几何模型，植株生长点都位于原点，且植株方位平面角都为 0。利用这些植株构建玉米群体几何模型需要两种群体参数，即各植株的生长位置和各植株在群体中的植株方位平面角。采用用户交互参数或基于图像提取两种方法得到上述参数。

（1）基于用户交互的玉米群体生成　根据用户于田间实测的群体参数，生成玉米群体内各植株生长位置和方位平面角。群体参数主要包括宽行距、窄行距（如果是等行距则设置宽行距＝窄行距）、株距、各植株方位平面角，利用株行距参数计算得到各植株在 XY 平面上

的生长坐标点 p_i，分别将已生成的各植株几何模型首先按 Z 轴旋转该植株对应的植株方位平面角，然后平移至该植株所对应的植株生长点 p_i 处，即生成了目标群体的三维模型。

（2）基于图像提取的玉米群体生成　随着农业物联网技术的发展，一些大田的配套信息化设施已非常完善，这些设施中包含了大量安装在田间的图像获取装置，但这些装置目前多用于安防和作物长势的人工监测。利用这些田间图像获取装置，通过从图像中提取群体内各植株茎和各叶尖点的像素坐标，结合图像分辨率标记参数，实现玉米群体结构参数的自动获取，以反映田间玉米因群体竞争的实际生长状态。由于玉米群体在 3 叶展至 6 叶展期，其生长位置和植株方位平面角均已确定，且此时植株间相互独立，采用俯视图像获取玉米群体生长数据并采用图像解析的方法提取目标群体内各植株的生长位置与各植株叶片的方位角，进一步利用植株方位平面角计算方法计算各植株的方位平面角，用于指导玉米群体的模型构建。由于玉米上部正在生长的 3 个叶片的方位角处于解旋状态，其叶方位角由于动态生长仍在连续变化，故不参与玉米植株方位平面角的计算。通过计算图像中提取到的叶片长度并设置阈值（所有投影叶长均值的 1/3），剔除处于解旋过程的叶片，筛选参与植株方位平面角计算的叶片。图 6 - 66 为基于图像提取的玉米群体内各植株的生长位置与植株方位平面角，图 6 - 66B 中点表示提取的植株生长位置坐标，线表示各植株方位平面角朝向。

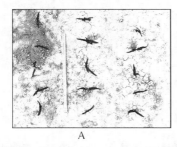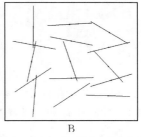

图 6 - 66　基于图像提取的玉米群体内各植株的生长位置与植株方位平面示意图

6.5.4　玉米群体三维建模结果及验证

　　为说明本方法可以反映玉米群体的农学特征，选取了不同生态点、不同品种和种植密度的玉米群体作为数据元，进而以可视化的角度说明方法的有效性。于 2017 年 7 月在新疆奇台玉米高产试验田获取先玉 335 不同密度下的玉米群体 3D 数字化数据，每个群体为 3 行×3 株共 9 株，密度分别为 $10.5×10^4$ 株/hm²、$13.5×10^4$ 株/hm² 和 $16.5×10^4$ 株/hm²，小区种植方法为宽窄行种植，光热资源丰富、全生育期通过水肥一体化技术保证水肥充足，宽窄行距分别为 70 cm 和 40 cm。采用 AccuPAR 冠层分析仪通过同时测量冠层顶部和冠层底部的光合有效辐射获取玉米群体的叶面积指数（LAI），每个小区平行于行向（宽行和窄行）分别测量 3 次，并取 6 次测量的平均值作为各群体的 LAI。采用 FastScan 结合 Tx4 发射器的三维数字化系统获取玉米三维数字化数据，其精度为 0.76 mm，利用该数据构建各群体的三维模型。通过计算各玉米群体三维模型中所有叶片面积的总和除以小区内所有植株所占的土地面积（各植株占土地面积利用密度计算），得到各小区的真实 LAI。此外，为了说明本方法所构建玉米群体可以反映玉米群体的农学特征，于吉林公主岭试验田获取了 4 株先玉 335 吐丝期玉米植株形态数据（行距为 60 cm，株距为 22.222 cm，密度为 $7.5×10^4$ 株/hm²）。

　　利用上述玉米群体三维模型构建方法，可快速生成玉米群体三维模型。图 6 - 67A 为利用 2017 年于新疆奇台获取的 9 株先玉 335 吐丝期玉米植株形态数据作为样本数据，构建的 4 行×6 株共 24 株的玉米群体，其宽行距为 70 cm，窄行距为 40 cm，株距为 13.468 cm，密度为 13.5×10⁴株/hm²。图 6-67B 为利用 2017 年于吉林公主岭获取的 4 株先玉 335 吐丝期玉米植株形态数据作为样本，构建 3 行×6 株共 18 株的玉米群体，其行距为 60 cm，株距为 22.222 cm，密度为 7.5×10⁴株/hm²。在配置为 E5-2603v3 的双 CPU、16G 内存的工作站上，备选节单位模板为 300 组的情况下，生成上述两组群体三维模型均可在 3 s 内完成。对比图 6-67 的 2 组玉米群体三维模型可知，本方法所构建的玉米群体几何模型具有显著的形态差异。

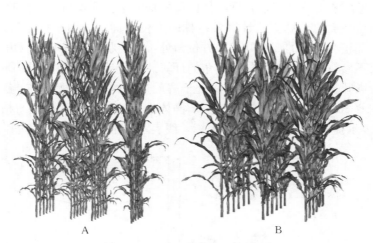

图 6-67   玉米群体可视化结果

A. 新疆奇台宽窄行高密度玉米群体；B. 吉林公主岭等行距中密度玉米群体

采用计算玉米群体 LAI 的方式对玉米群体建模方法进行验证。利用上述玉米群体生成方法和所获取的试验数据，生成 3 行×3 株先玉 335 各密度的玉米群体，所构建群体可视化效果如图 6-12 所示。

利用 AccuPAR 实测 LAI、基于群体 3D 数字化数据计算 LAI 以及利用生成群体计算 LAI 结果见表 6-12。AccuPAR 是用于测量作物冠层光合有效辐射分布和 LAI 等冠层指标的仪器设备，其测量 LAI 是利用冠层内光的透过率反演；利用 3D 数字化仪获取的玉米群体原位 3D 数字化数据是对玉米群体三维结构的真实还原，故认为基于群体原位 3D 数字化数据计算得到的 LAI 是真值。利用 3D 数字化数据计算基于 t 分布方法生成群体 LAI 的误差，三组群体的误差均在±2%以内。由于本方法是统计意义上的 3D 建模，不是 1:1 的三维重建，误差达到 10%以内即认为可以反映不同栽培密度下的玉米群体形态结构差异，可以满足农学形态结构分析的需要。

表 6-12   利用玉米群体三维模型计算 LAI 验证

种植密度（10⁴株/hm²）	AccuPAR 测量 LAI	3D 数字化群体计算 LAI	生成群体计算 LAI	误差（%）
10.5	9.67	8.46	8.54	0.95
13.5	10.27	10.05	9.87	−1.79
16.5	12.42	12.88	13.13	1.94

采用 LAI 计算的思想，对玉米群体进行分层，每 20 cm 一层，计算各层以上的广义

LAI，即当计算高度为 h 对应的广义 LAI 时，通过计算群体中所有高度大于 h 的叶面积总和除以单位土地上的投影面积。利用在新疆奇台获取的先玉 335 吐丝期密度为 13.5×10^4 株/hm² 的玉米群体数据，通过调整随机数种子（用其控制每次生成的随机数是不同的）和式（6 - 48）中的增强系数初值，生成 10 组玉米群体三维模型，分别计算各高度的广义 LAI，并与基于群体原位 3D 数字化数据计算的对应广义 LAI 进行对比，图 6 - 68 给出了各高度实际群体广义 LAI 和生成 10 组群体广义 LAI 均值对比结果，以及各高度的 RMSE。10 组群体各高度总体 $RMSE = 0.023$，平均 $NRMSE = 0.425$。结果表明，生成群体在各高度与目标群体结构具有较好的一致性。

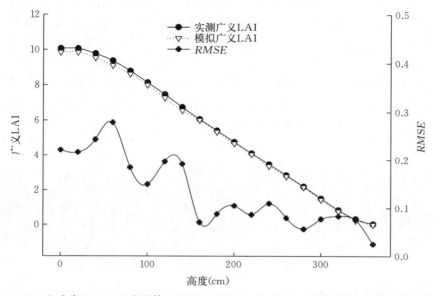

图 6 - 68　生成先玉 335 玉米群体（7.5×10^4 株/hm²）广义 LAI 均值及各高度的 RMSE

　　本节针对作物结构功能计算分析对群体三维模型的需求，提出基于 t 分布的玉米群体几何模型构建方法。本方法以少量实测株型样本参数为输入，结合玉米器官三维模板资源库，可快速生成玉米群体三维模型。通过与田间实测群体计算得到的 LAI 对比，利用本方法生成的群体 LAI 误差在 ±2% 以内，不同高度玉米群体广义 LAI 与实测值具有较好的一致性，可以满足玉米群体结构分析的需求。与已有基于田间三维数字化、田间原位三维扫描等方法相比，本方法具有效率高的特点；与基于模型参数或交互设计的方法相比，本方法所构建玉米群体三维模型真实感较高，同时更能够反映群体的农学特征。基于 t 分布的玉米群体三维模型构建方法对于从三维尺度进行玉米株型优化、玉米耐密性鉴定、玉米品种适应性评价、玉米栽培策略决策等研究与应用具有重要作用。

　　玉米群体形态结构的复杂性使得玉米群体三维模型构建中存在诸多问题，本节只是从统计角度构建了可以用于开展虚拟试验的玉米群体三维模型，仍有很多后续工作需要开展。如所生成玉米群体几何模型，需结合玉米器官网格简化与优化方法（Wen et al.，2015），生成适于可视化计算的玉米群体网格模型，并开展进一步基于冠层光分布计算的虚拟试验。目前基于 t 分布的玉米群体三维模型构建中，所生成的株型参数尚未建立相邻器官间的约束关系，需在今后通过大量获取实测数据建立品种分辨率的玉米器官株型参数约束关系，提高所构建玉米群体三维模型的精度。玉米群体中存在大量器官交叉和碰撞的现象，种植密度越高碰撞越多，主要发生在穗位叶。本方法未考虑群体间的器官碰撞检测和碰撞响应问题，需在今后的工作中加以解决。

6.6 玉米器官三维模板资源库构建

在计算机图形学领域，开放的三维模型资源库是三维建模的基础性工作，研究者可利用公开的 3D 数据库，结合网格插值变形、网格参数化等方法，通过人工交互或数据驱动实现更丰富相似几何模型的构建。例如，Blanz 等（1999）利用人脸 3D 数据库结合网格变形方法实现人脸合成；Allen 等（2003）在人体 3D 数据库基础上，结合参数化方法，实现了点云驱动的人体三维重建（图 6 - 69）。因此，具有高真实感的三维数据库可极大地丰富各领域三维模型构建的研究与应用。目前，研究人员已构造了大量三维数据库，如人体及人脸 3D 数据库（Broggio et al.，2011；Li et al.，2008；Matuszewski et al.，2012；尹宝才等，2009）、3D 零件库（Son et al.，2015）、数字矿山数据库（李许伟等，2009）等。随着 3D 数据库中资源数量的不断丰富，采用人工智能方法结合几何特征的 3D 模型检索和分类（Hu et al.，2017）正成为一个新的研究热点。

图 6 - 69 人脸和人体 3D 数据库在几何建模中的应用

在植物 3D 可视资源库建设与集成应用方面，研究者基于 Xfrog（Linden et al.，1998；Xfrog，2014）植物几何建模软件构建了 XfrogPlant 植物几何模型库。该模型库主要面向游戏、娱乐与其他商用领域（图 6 - 70），所构建的植物几何模型为物种级，依靠建模者对植物形态结构的观察与理解通过调控模型参数生成。由于其无法反映植物真实的生长状态，难以区分所构建模型的品种、生育时期、栽培环境等农业生产要素，XfrogPlant 模型库难以面

图 6 - 70　XFrogPlant 数据库界面

向农业生产及科研进行推广应用。目前，国内外围绕玉米器官几何建模已开展了相关研究（邓旭阳等，2004；肖伯祥等，2006；肖伯祥等，2007；赵春江等，2007），积累了大量玉米三维可视资源，为玉米器官三维模板资源库的构建提供了丰富的素材。然而，由于这些资源并非在一致的标准规范下获取，玉米器官三维模型配套信息不完整，难以整合、管理、共享与传播。本节依托已有的互联网＋应用平台，整合现有植物三维数据获取仪器与三维重建等手段（Wu et al.，2014；Yin et al.，2016；方慧等，2012；王勇健等，2014；张建等，2013），通过制定玉米三维数据获取技术规范，构建玉米器官三维模板资源库。

6.6.1　资源库构建流程

玉米器官三维模板，即高质量玉米器官三维模型，因其在玉米数字化可视化技术体系框架中被用于器官三维展示或植株与群体三维模型组装的基本单元，故被称为三维模板。玉米器官三维模板资源库的构建流程包括以下五部分。

（1）玉米结构单元划分　器官是植株的基本组成单元，为了使玉米植株结构表达成为基本结构单元的组合，需对玉米植株进行基本结构单元的划分。按照玉米形态结构及功能将玉米植株器官划分为三大类：根系类器官结构单元，包括节根、侧根和中胚轴；节单位类器官结构单元，包括节间、叶鞘和叶片；生殖类器官结构单元，包括雄穗和雌穗。

（2）玉米器官三维数据获取规范制定　为确保所构建资源库中三维模板规格的一致性，需制定器官三维数据获取规范，使得资源库中的模板资源均为利用在该数据获取规范约束下所采集的三维数据构建。根据数据获取方式，规范包含三维数字化数据获取规范、三维扫描数据获取规范、表观纹理数据获取规范和辅助信息采集规范四部分。

（3）玉米器官三维数据采集　按照玉米器官三维数据获取规范，分别获取各结构单元的三维数据及表观纹理和辅助信息。其中，采用三维扫描仪获取节间、叶鞘、叶片、雌穗和中胚轴的三维点云数据；采用三维数字化仪获取节根、侧根和雄穗的三维数字化数据；采用高清数码相机获取叶片表观纹理数据。在获取以上数据的同时，记录目标器官所在植株的品种、密度、生育时期、器官序号、经纬度和水肥处理等辅助信息，以保证数据的完整性。

（4）基于实测数据的器官三维模板构建　具体包含两部分：利用所获取的三维数字化数据，结合植物参数化几何建模方法，构建节根、侧根和雄穗的三维模板；基于三维点云的几何建模方法，构建节间、叶鞘、叶片、雄穗和中胚轴的三维模板。

（5）**三维模板资源库构建** 在所构建的各玉米器官几何模板基础上，构建玉米器官三维模板资源库。资源库具体包括资源编码、品种名称、器官名称、生育时期、种植密度、水肥处理、经纬度等索引信息。资源库构建流程如图 6-71 所示。

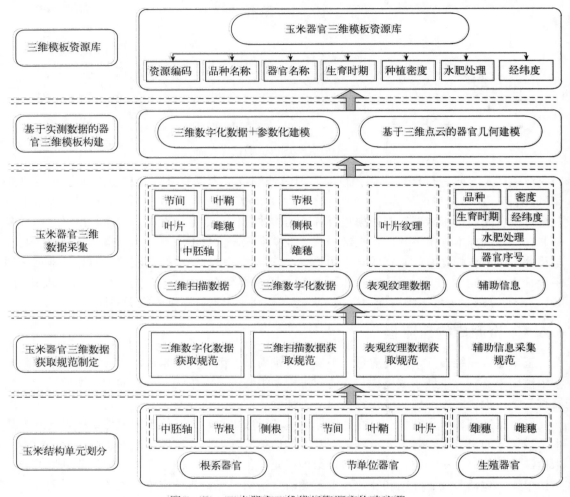

图 6-71 玉米器官三维模板资源库构建流程

6.6.2 玉米三维数据获取规范制定

1. 规范制定的必要性 基于实测形态结构数据所重建的玉米器官三维模型，具有真实感强、可反映玉米品种和因环境胁迫或栽培因素引起的形态差异等特点。因此，开展玉米三维数据获取工作，对于高效构建品种丰富、功能完善的玉米器官三维模板资源库具有重要作用。然而，三维数据采集技术是一种新兴技术（温维亮等，2015），目前缺乏植物形态结构数据的采集标准规范。我国正耗费大量人力物力，重复采集植物器官三维数据，这些数据存在可用率低、完整性差等问题，且需大量存储介质对数据予以存储，难以实现数据的管理、共享与高效利用。因此，亟须构建玉米三维数据获取规范，约束玉米器官三维数据采集方法，提高玉米器官三维数据的质量与可用性，减少重复低质量的玉米器官三维数据采集工作，进而在提高玉米器官三维模板资源库中模型构建的质量与效率的同时，提高资源库的可扩展性。

2. 玉米器官三维形态特征分析 为了制定玉米各器官三维数据获取规范，需对玉米各器官的三维形态特征进行分析。根据玉米器官的形态和功能特征，将玉米植株器官划分为三大类：根系类器官、节单位类器官和生殖类器官。

(1) 根系类器官 包括节根、侧根和中胚轴。中胚轴为近圆锥形结构，是玉米根系与地上部的连接部分。由于中胚轴上包含着丰富的节根细节特征，需采用高精度三维扫描仪获取其三维数据。玉米节根生长于中胚轴上，玉米侧根生长于节根或上级侧根上。节根与侧根为线形结构，其直径较小，无法采用三维扫描仪获取三维数据，其线形结构的空间分布形态信息适宜采用三维数字化仪获取。

(2) 节单位类器官 玉米主茎由节与节间组成，呈连续生长。每个节的上方着生 1 片叶，故玉米节间数与叶数相同。因此，将每个节及在当前节生长出的节间、叶鞘和叶片定义为 1 个节单位，且每个节单位在当前植株有着唯一的标识序号。玉米植株地上部（不包含生殖器官）可表示为多个节单位的组合。由于玉米的节与节间在形态上没有明显的划分界限，故节间包含着其上方生长的节。节间为近圆柱形结构；叶鞘为生长在当前节、包裹着下一级节间、连接着当前节叶片的器官，其形态也为近圆柱形结构；叶片为生长在叶鞘上的器官，为曲面结构。节间与叶鞘较小，需采用高精度三维扫描仪获取三维数据；叶片空间伸展性较大，采用常规三维扫描仪获取三维数据。

(3) 生殖类器官 包括雄穗和雌穗。雄穗为线形分枝结构，表面细节丰富，难以用三维扫描仪获取完整的雄穗细节数据，故采用三维数字化仪获取其骨架的三维空间分布数据；雌穗由苞叶和果穗组成，为近圆柱体结构，可采用三维扫描仪获取其三维数据。

3. 玉米器官三维数据获取规范 根据玉米各器官的形态结构特征，结合数据获取方式，制定以下 4 部分数据获取规范。具有普适性的标准规范需参考行业标准，而目前植物三维数据获取领域尚未见相关标准，此处所提数据获取规范是根据玉米器官三维模板资源库对三维数据的可用性和完整性需求而制定的基本的数据获取规范。

(1) 三维数字化数据获取规范 三维数字化数据用以描述玉米节根、侧根和雄穗等器官的三维空间拓扑结构，可以满足以上玉米器官几何建模的需求。规范要求：确保器官三维数字化数据以分枝结构为基本单位；各基本单位之间具有正确的连接关系；三维数字化数据的完整性，即与实际器官相比不缺少任何分枝结构。

然而，由于玉米根系的特殊性，除幼苗期根系外，目前尚难以获取完整的玉米根系的节根与侧根三维数字化数据。但已有研究表明，采用三维数字化方法获取一定区域内的节根数据是可行的。

(2) 三维扫描数据获取规范 玉米器官三维扫描数据用以精确描述节间、叶鞘、叶片、雌穗和中胚轴等器官的三维形态，可以满足以上玉米器官几何模板建模的需求。规范要求：确保每组三维扫描数据不得存在多于器官表面积 2% 点云区域缺失；无区域性噪声点；应用三维扫描数据构建的玉米器官几何模板具有较高的真实感。

(3) 表观纹理数据获取规范 玉米叶片表观纹理数据用于描述玉米叶片细节图像，主要针对玉米叶片，要求可以满足玉米叶片器官几何模板纹理贴图的需求。规范要求：确保纹理贴图在均匀光环境下采集，纹理图像保证器官完整，贴图后的几何模板具有较高的真实感。

(4) 辅助信息采集规范 获取玉米器官三维数据的同时，要求记录数据采集的相关辅助信息以说明栽培因素及种植环境形成的玉米器官形态结构差异性。辅助信息要求：包含数据对应的品种、密度、生育时期、器官序号、经纬度和水肥处理，同时需要记录数据获取时间、地点、获取仪器名称及获取人员等信息。

6.6.3 器官三维模板资源库构建

1. **几何建模** 基于实测数据的玉米器官三维模板构建主要包含 2 种方法：

（1）基于三维数字化数据的建模 节根、侧根和雄穗的三维数字化数据为分枝形点集数据，结合植物参数化几何建模方法和球 B 样条等曲面表示方法（王芸芸等，2011b），即可构建具有真实感的器官几何模型。由于目前玉米节根与侧根的三维数据获取手段仍有待完善，尚难以开展较为完整的玉米侧根与节根三维数字化数据获取，故未给出玉米节根与侧根的三维模型。

（2）基于三维点云数据的几何建模 基于三维点云数据的玉米器官几何模型构建流程一般为：器官采样→三维扫描→点云去噪与简化→孔洞修补→生成网格→网格修补→网格平滑。利用该流程即可构建节间、叶鞘、叶片、雄穗和中胚轴的三维模型。其中，叶片网格模型因其较为平展，易于纹理贴图，可应用贴图软件对网格模型进行贴图得到带纹理的叶片几何模板。

图 6 - 72、图 6 - 73 和图 6 - 74 分别给出了玉米节间、叶鞘和中胚轴的三维模型可视化结果，模型中的红色记号为数据获取过程中为方便点云拼接进行的标记，纹理为扫描数据自带颜色信息。图 6 - 75 给出了 4 个玉米品种叶片的三维模型可视化结果。图 6 - 76 分别给出了带苞叶和不带苞叶的雌穗三维模型及单籽粒的三维模型可视化结果。

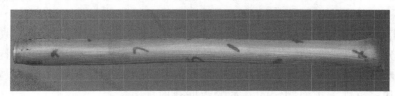

图 6 - 72　玉米节间几何模板（见彩图）

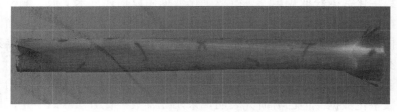

图 6 - 73　玉米叶鞘几何模板（见彩图）

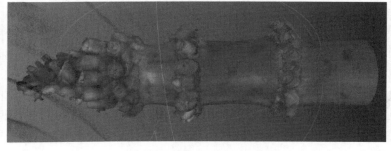

图 6 - 74　玉米中胚轴几何模板

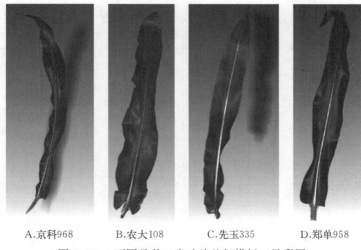

A.京科968   B.农大108   C.先玉335   D.郑单958

图6-75 不同品种玉米叶片几何模板（见彩图）

A.雄穗几何模型   B.带苞叶雌穗模型   C.果穗模型   D.籽粒模型

图6-76 玉米生殖器官几何模板

　　2. 资源库构建　基于所重建的玉米各器官几何模型，构建玉米器官三维模板资源数据库。数据库关键字主要包含器官名称、品种、种植密度、器官序号、生育时期、经纬度、水肥处理、采集时间、获取仪器等。此外，由于数据库中的各资源都是3D模型，故均带有3D属性信息，各资源配有数据类型（网格、点云等）、数据格式（如stl、obj、ply等）、数据规格（即网格数量）、网格精度和是否有纹理等3D属性。数据库中的关键字按照属性分为农学属性和可视化属性。此外，由于种植策略、水肥处理和人工干预措施等关键字不是所有资源都能查询到，所以资源属性又分为必要关键字和描述性关键字，具体见表6-13。利用3D数字化仪获取的叶片几何模板还包含了基于可视化模型提取的叶倾角、叶长以及记录的品种和叶序参数，以便于采用相似性度量方法对几何模板进行调用。

　　玉米器官三维模板资源库是一个开放的、动态的、可视的、交互的平台，用户需严格按照玉米三维数据获取规范进行玉米数据采集，然后基于所获取的实测数据重建三维模型并提交，平台管理员审核后对网格精度进行评定并决定是否准许该资源进入数据库中。与其他领域3D模型库类似，采用基于Web的数据库调用实现三维模型的远程访问与交互浏览。此外，为了提供更为直观的配套数据，资源库还需配有模型对应的真实图片与动画信息，为数据处理者与使用者提供更为直观的模型辅助信息。图6-77为玉米器官三维模板资源库的界面视图。

表6-13 资源库关键字分类

分类	农学属性	可视化属性
必要关键字	品种 尺度（器官、单株） 资源名称 生育时期 种植密度 数据获取时间、地点（经纬度）	数据类型（点云、网格） 数据格式（stl、obj、ply） 模型规格 模型精度
描述性关键字	种植策略 水肥处理 人工管理方案	数据获取仪器 数据获取人员 数据处理人员

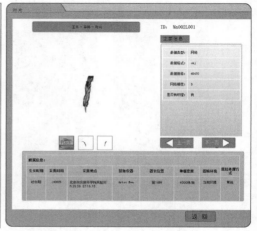

图6-77 玉米器官三维模板资源库界面

3. 资源库应用实例 为阐明玉米器官三维模板资源库构建方法的可行性和有效性，以玉米新品种推广示范应用中的玉米植株模型构建与展示为例进行说明。

以东北玉米主产区新品种华农1107和原玉10为目标品种植株，按玉米三维数据获取规范采集目标植株各叶片、雄穗及雌穗的三维形态数据，并构建各器官三维几何模型添加到玉米器官三维模板资源库中。同时，测量目标植株各叶片的叶片着生高度、叶方位角、雄穗高度和雌穗着生高度等株型参数，结合植株参数化几何建模方法构建植株几何模型。图6-78给出了所构建的华农1107和原玉10玉米品种的植株三维可视化模型。玉米植株几何模型在

A.华农1107　　　　　　B.原玉10

图6-78 基于玉米器官三维模板资源库所构建的玉米植株几何模型

新品种推广示范中可全方位、立体展示新品种的各方面细节特征与株型指标。资源库的构建在上述植株几何模型构建中发挥了规范三维数据获取和提高植株几何模型构建效率的作用，并为用户进一步了解新品种的农学参数特征、资源的分享和重用提供了一个开放的、动态的、可视的、交互的平台。

6.7 总结与展望

随着三维数据获取软硬件以及计算机图形学相关技术的不断发展完善，以数据获取、数据处理、三维建模、特征分析和三维资源库构建为核心内容的玉米形态结构三维数字化技术体系已初步建立。利用不同分辨率的三维扫描仪、三维数字化仪，结合多视角成像等技术手段，可以实现玉米器官、植株和群体三维数据的高精度获取；进一步结合基于植物参数化建模方法、基于点云的三维建模和特征提取方法、基于三维数字化的株型参数提取方法，可实现高真实感的玉米器官、植株与群体的三维建模，且所构建玉米各尺度三维模型已能够反映因品种、种植密度、栽培管理措施因素所产生的形态结构差异。然而，玉米形态结构三维数字化研究仍存在大量技术问题亟待解决，如玉米器官、单株及群体三维数据获取效率有待提高；基于点云的玉米多尺度去噪、特征提取及三维重建方法的自动化程度不足；基于点云的玉米形态结构表型高通量解析技术亟待完善；玉米器官三维模板资源库仍需不断补充和完善等。

参考文献

曹卫星，李存东，1997. 小麦器官发育序列化命名方案. 中国农业科学，30（5）：66-70.

陈飞舟，陈志杨，丁展，等，2006. 基于径向基函数的残缺点云数据修复. 计算机辅助设计与图形学学报，18（9）：1414-1419.

邓旭阳，周淑秋，郭新宇，等，2004. 玉米根系几何造型研究. 工程图学学报，25（4）：62-66.

顿绍坤，魏海平，孙明柱，2011. RGB颜色空间新的色差公式. 科学技术与工程，11（8）：1833-1836.

方慧，胡令潮，何任涛，等，2012. 植物三维信息采集方法研究. 农业工程学报，28（3）：142-147.

郭新宇，赵春江，肖伯祥，等，2007. 玉米三维重构及可视化系统的设计与实现. 农业工程学报，23（4）：144-148.

何俊，2006. 虚拟水稻——基于形态结构和生理生态并行的模拟研究. 福州：福建农林大学.

李宝，程志全，党岗，等，2010. 三维点云法向量估计综述. 计算机工程与应用，46（23）：1-7.

李许伟，匡中文，赵红超，等，2009. 数字矿山数据库、模型及三维可视化平台的开发. 煤矿现代化（4）：79-80.

刘刚，司永胜，冯娟，2014. 农林作物三维重建方法研究进展. 农业机械学报，45（6）：38-46，19.

马韫韬，郭焱，李保国，2006. 应用三维数字化仪对玉米植株叶片方位分布的研究. 作物学报，32（6）：791-798.

宋有洪，2003. 玉米生长的生理生态功能与形态结构并行模拟模型. 北京：中国农业大学.

宋宇辰，张玉英，孟海东，2007. 一种基于加权欧氏距离聚类方法的研究. 计算机工程与应用，26（4）：179-180.

孙书存，陈灵芝，1996. 植物种群的构件理论与实践. 北京：全国生物多样性保护与持续利用研讨会.

王传宇，郭新宇，吴升，等，2013. 采用全景技术的机器视觉测量玉米果穗考种指标. 农业工程学报，29（24）：155-162.

王传宇，郭新宇，吴升，等，2014. 基于计算机视觉的玉米果穗三维重建方法. 农业机械学报，45（9）：274-279.

王勇健，温维亮，郭新宇，等，2014. 基于点云数据的植物叶片三维重建. 中国农业科技导报，16 (5)：83 – 89.

王芸芸，温维亮，郭新宇，等，2011a. 烟草花几何建模研究. 农业机械学报，42 (4)：163 – 173.

王芸芸，温维亮，郭新宇，等，2011b. 基于球B样条函数的烟草叶片虚拟实现. 农业工程学报，27 (1)：230 – 235.

危扬，2014. 基于光模型的高产作物株型定量化设计研究. 杭州：浙江工业大学.

温维亮，郭新宇，赵春江，等，2018. 基于三维数字化的玉米株型参数提取方法研究，中国农业科学，51 (6)：1034 – 1044.

温维亮，郭新宇，卢宪菊，等，2016. 玉米器官三维模板资源库构建. 农业机械学报，47 (8)：266 – 272.

温维亮，郭新宇，王勇健，等，2015. 葡萄树地上部形态结构数据获取方法. 农业工程学报，22 (31)：161 – 168.

温维亮，郭新宇，杨涛，等，2017. 玉米果穗点云分割方法研究. 系统仿真学报，29 (12)：3030 – 3034，3041.

温维亮，王勇健，许童羽，等，2016. 基于三维点云的玉米果穗几何建模. 中国农业科技导报，18 (5)：88 – 93.

温维亮，赵春江，郭新宇，等，2018. 基于t分布函数的玉米群体三维模型构建方法. 农业工程学报，34 (4)：192 – 200.

吴升，赵春江，郭新宇，等，2017. 基于点云的果树冠层叶片重建方法. 农业工程学报，33 (S1)：212 –218.

肖伯祥，郭新宇，王丹虹，等，2006. 玉米雄穗几何造型研究. 玉米科学，14 (4)：162 – 164.

肖伯祥，郭新宇，王纪华，等，2007. 玉米叶片形态建模与网格简化算法研究. 中国农业科学，40 (4)：693 – 697.

肖伯祥，郭新宇，郑文刚，等，2007. 玉米雌穗几何造型研究. 工程图学学报，2 (2)：64 – 67.

尹宝才，孙艳丰，王成章，等，2009.BJUT – 3D 三维人脸数据库及其处理技术. 计算机研究与发展，46 (6)：1009 – 1018.

展志岗，王一鸣，Reffye de P，等，2001. 冬小麦植株生长的形态构造模型研究. 农业工程学报，17 (5)：6 – 10.

张建，李宗南，张楠，等，2013. 基于实测数据的作物三维信息获取与重建方法研究进展. 华中农业大学学报，32 (4)：126 – 134.

张旭，王占森，谢虹，等，2010. 玉米株型育种研究进展. 种子，29 (2)：52 – 55.

赵春江，陆声链，郭新宇，等，2015. 数字植物研究进展：植物形态结构三维数字化. 中国农业科学，48 (17)：3415 – 3428.

赵春江，王功明，郭新宇，等，2007. 基于交互式骨架模型的玉米根系三维可视化研究. 农业工程学报，23 (9)：1 – 6.

赵春江，杨亮，郭新宇，等，2010. 基于立体视觉的玉米植株三维骨架重建. 农业机械学报，41 (4)：157 –162.

赵星，Reffye de P，熊范纶，等，2001. 虚拟植物生长的双尺度自动机模型. 计算机学报 (6)：608 –615.

赵元棣，温维亮，郭新宇，等，2012. 基于参数化的玉米叶片三维模型主脉提取. 农业机械学报，43 (4)：183 – 187.

郑邦友，石利娟，马韫韬，等，2009. 水稻冠层的田间原位三维数字化及虚拟层切法研究. 中国农业科学，42 (4)：1181 – 1189.

朱冰琳，刘扶桑，朱晋宇，等，2018. 基于机器视觉的大田植株生长动态三维定量化研究. 农业机械学报，49 (5)：256 – 262.

Allen B，Curless B，2003. The space of human body shapes：reconstruction and parameterization from range

scans. ACM Transactions on Graphics, 22 (3): 587 - 594.

Amenta N, Choi S, Kolluri R, 2001. The power crust//Proceedings of the Sixth ACM Symposium on Solid Modeling and Applications: 249 - 266.

Au KC, Tai CL, Chu HK, et al., 2008. Skeleton extraction by mesh contraction. ACM Transactions on Graphics, 27 (3): 1 - 10.

Blanz V, Vetter T, 1999. A morphable model for the synthesis of 3D faces. Conference on Computer Graphics and Interactive Techniques: 187 - 194.

Bohmert K, Camus I, Bellini C, et al., 1998. *AGO1* defines a novel locus of *Arabidopsis* controlling leaf development. The EMBO Journal, 17 (1): 170 - 180.

Broggio D, Beurrier J, Bremaud M, et al., 2011. Construction of an extended library of adult male 3D models: rationale and results. Physics in Medicine and Biology, 56 (23): 7659 - 7692.

Bucksch A, Lindenbergh R, 2008. CAMPINO—A skeletonization method for point cloud processing. ISPRS Journal of Photogrammetry & Remote Sensing, 63 (1): 115 - 127.

Cao J, Tagliasacchi A, Olson M, et al., 2010. Point cloud skeletons via laplacian based contraction. Shape Modeling International Conference: 187 - 197.

Cescatti A, 2007. Indirect estimates of canopy gap fraction based on the linear conversion of hemispherical photographs: methodology and comparison with standard thresholding techniques. Agricultural and Forest Meteorology, 143 (1): 1 - 12.

Cha Z, Tsuhan C, 2001. Efficient feature extraction for 2D/3D objects in mesh representation. IEEE International Conference on Image Processing: 935 - 938.

Delagrange S, Jauvin C, Rochon P, 2014. Pype tree: a tool for reconstructing tree perennial tissues from point clouds. Sensors, 14 (3): 4271 - 4289.

Dey TK, Sun J, 2006. Defining and computing curve - skeletons with medial geodesic function. Eurographics Symposium on Geometry Processing: 143 - 152.

Drouet JL, Moulia B, 1997. Spatial re - orientation of maize leaves affected by initial plant orientation and density. Agricultural and Forest Meteorology, 88 (1 - 4): 85 - 100.

Evers JB, Vos J, Fournier C, et al., 2005. Towards a generic architectural model of tillering in Gramineae, as exemplified by spring wheat (*Triticum aestivum*). New Phytologist, 166 (3): 801 - 812.

Frasson RPDM, Krajewski WF, 2010. Three - dimensional digital model of a maize plant. Agricultural and Forest Meteorology, 150 (3): 478 - 488.

Gibbs JA, Pound M, French AP, et al., 2016. Approaches to three - dimensional reconstruction of plant shoot topology and geometry. Functional Plant Biology, 44 (1): 62 - 75.

Gray A, 1879. Structural botany. New York and Chicago: Botanical Gazette.

Guo Y, Ma YT, Zhan ZG, et al., 2006. Parameter optimization and field validation of the functional - structural model GreenLab for maize. Annals of Botany, 97 (2): 217 - 230.

Haemmerle M, Hoefle B, 2014. Effects of reduced terrestrial LiDAR point density on high - resolution grain crop surface models in precision agriculture. Sensors, 14 (12): 24212 - 24230.

Hu R, Li W, Van Kaick O, et al., 2017. Co - locating style - defining elements on 3D shapes. ACM Transactions on Graphics, 36 (3): 33.

Kazhdan M, Bolitho M, Hoppe H, 2006. Poisson surface reconstruction. Eurographics Symposium on Geometry Processing: 61 - 70.

Klepper B, Belford RK, Rickman RW, 1984. Root and Shoot Development in Winter Wheat. Agronomy Journal, 76 (1): 117.

Lange C, Polthier K, 2005. Anisotropic smoothing of point sets. Computer Aided Geometric Design, 22 (7):

680 - 692.

Li A, Liu Q, Zeng S, et al. , 2008. Construction and visualization of high - resolution three - dimensional anatomical structure datasets for Chinese digital human. Chinese Science Bulletin, 53 (12): 1848 - 1854.

Li R, Yang M, Liu Y, et al. , 2017. An uniform simplification algorithm for scattered point cloud. Acta Optica Sinica, 37 (7): 710002.

Linden S, Giessen H, Kuhl J, 1998. XFROG—a new method for amplitude and phase characterization of weak ultrashort pulses. Physica Status Solidi (b), 206 (1): 119 - 124.

Livny Y, Yan F, Olson M, et al. , 2010. Automatic reconstruction of tree skeletal structures from point clouds. ACM Transactions on Graphics, 29 (6): 151.

Loch BI, Belward JA, Hanan JS, 2005. Application of surface fitting techniques for the representation of leaf surfaces Modeling and Simulation: 1272 - 1278.

Matuszewski BJ, Quan W, Shark L, et al. , 2012. Hi4D - ADSIP 3 - D dynamic facial articulation database. Image and Vision Computing, 30 (10): 713 - 727.

Mcmaster GS, Klepper B, Rickman RW, et al. , 1991. Simulation of shoot vegetative development and growth of unstressed winter wheat. Ecological Modelling, 53 (91): 189 - 204.

Mcmaster GS, Hargreaves JNG, Weiss A, et al. , 2009. CANON in D (esign): composing scales of plant canopies from phytomers to whole - plants using the composite design pattern. NJAS - Wageningen Journal of Life Sciences, 57 (1): 39 - 51.

Meyer M, Desbrun M, Schr Der P, et al. , 2003. Discrete differential - geometry operators for triangulated 2 - manifolds. Visualization & Mathematics, 6 (8 - 9): 35 - 57.

Moore KJ, Moser LE, 1995. Quantifying developmental morphology of perennial grasses. Crop Science, 35 (1): 37 - 43.

Nemoto K, Morita S, Baba T, 1995. Shoot and root development in rice related to the phyllochron. Crop Science, 35 (1): 24 - 29.

Omasa K, Hosoi F, Konishi A, 2007. 3D lidar imaging for detecting and understanding plant responses and canopy structure. Journal of Experimental Botany, 58 (4): 881 - 898.

Palágyi K, Balogh E, Kuba A, et al. , 2001. A sequential 3D thinning algorithm and its medical applications. Heidelberg: Springer.

Pauly M, Gross M, Kobbelt LP, 2002. Efficient simplification of point - sampled surfaces. IEEE Visualization, 1: 163 - 170.

Potgieter AB, George - Jaeggli B, Chapman SC, et al. , 2017. Multi - spectral imaging from an unmanned aerial vehicle enables the assessment of seasonal leaf area dynamics of sorghum breeding lines. Frontiers in Plant Science, 8: 1532.

Quan L, Tan P, Zeng G, et al. , 2006. Image - based plant modeling. ACM Transactions on Graphics, 3 (25): 599 - 604.

Rebouillat J, Dievart A, Verdeil JL, et al. , 2009. Molecular genetics of rice root development. Rice, 2 (1): 15 - 34.

Rusu R, Cousins S, 2011. 3D is here: point cloud library (PCL) . IEEE International Conference on Robotics & Automation, 47 (10): 1 - 4.

Sattler R, Rutishauser R, 1997. The fundamental relevance of morphology and morphogenesis to plant research. Annals of Botany, 80 (5): 571 - 582.

Sheffer A, Sturler ED, 2001. Parameterization of faceted surfaces for meshing using angle - based flattening. Engineering with Computers, 17 (3): 326 - 337.

Sheng W, Wei LW, Bo XX, et al. , 2019. An accurate skeleton extraction approach from 3D point clouds of maize plants. Frontiers in Plant Science, 10: 282.

Sheng W, Wei LW, Bo XX, et al. , 2020. MVS - pheno: a portable and low - cost phenotyping platform for maize shoots using multiview stereo 3D reconstruction. Plant Phenomics, 2020: 1848437.

Son H, Kim C, Kim C, 2015. 3D reconstruction of as - built industrial instrumentation models from laser -

scan data and a 3D CAD database based on prior knowledge. Automation in Construction，49：193－200.

Sorkine O，Cohen－Or D，2004. Least－squares meshes. Shape Modeling Applications，2004. Proceedings：191－199.

Stubbendieck J，Burzlaff DF，1971. Nature of phytomer growth in blue grama. Journal of Range Management，24（2）：154.

Su Z，Zhao Y，Zhao C，et al.，2011. Skeleton extraction for tree models. Mathematical and Computer Modelling，54（3）：1115－1120.

Tardieu F，Cabrera－Bosquet L，Pridmore T，et al.，2017. Plant phenomics，from sensors to knowledge. Current Biology，27（15）：770－783.

Verroust A，Lazarus F，2000. Extracting skeletal curves from 3D scattered data//International Conference on Shape Modeling and Applications，1999. Proceedings of Shape Modeling International：194－201.

Vos J，Evers JB，Buck－Sorlin GH，et al.，2010. Functional－structural plant modelling：a new versatile tool in crop science. Journal of Experimental Botany，61（8）：2101－2115.

Wang Z，Zhang L，Fang T，et al.，2014. A Structure－aware global optimization method for reconstructing 3－D tree models from terrestrial laser scanning data. IEEE Transactions on Geoscience & Remote Sensing，52（9）：5653－5669.

Wen W，Li B，Guo X，et al.，2015. Simplified model of plant organ for visual computation. Journal of Information & Computational Science，12（6）：2213－2220.

Whipple CJ，Hall DH，Deblasio SL，et al.，2010. A conserved mechanism of bract suppression in the grass family. The Plant Cell，22（3）：565.

White J，1979. The Plant as a metapopulation. Annual Review of Ecology & Systematics，10（10）：109－145.

Wilhelm WW，Mcmaster GS，1995. Importance of the phyllochron in studying development and growth in grasses. Crop Science，35（1）：1－3.

Wilhelm WW，Mcmaster GS，1996. Spikelet and floret naming scheme for grasses with a spike inflorescence. Cropence，36（4）：1071－1073.

Wu J，Guo Y，2014. An integrated method for quantifying root architecture of field－grown maize. Annals of Botany，114（4）：841－851.

Xiao B，Wen W，Guo X，2011. Digital plant calony modeling based on 3D digitization//ICIC Express Letters. Journal of Research & Surveys（Part B），2（6）：1363－1367.

Yin K，Huang H，Long P，et al.，2015. Full 3D plant reconstruction via intrusive acquisition. Computer Graphics Forum，5（34）：1－13.

Zermas D，Morellas V，Mulla D，et al.，2019. 3D model processing for high throughput phenotype extraction－the case of corn. Computers and Electronics in Agriculture：105047.

Zhu C，Zhang X，Hu B，et al.，2008. Reconstruction of tree crown shape from scanned data//Technologies for E－Learning and Digital Entertainment，Third International Conference：745－756.

Zhu BL，Liu FS，Xie ZW，et al.，2020. Quantification of light interception within image－based 3－D reconstruction of sole and intercropped canopies over the entire growth season. Annals of Botany，4（26）：701－712.

第 7 章

玉米结构功能三维可视化计算技术

科学计算可视化的概念于 1987 年由 McCormick BH 等正式提出，其是指运用计算机图形学和图像处理技术，将科学计算过程中或计算结果的数据转换为图形或图像在屏幕上显示出来，并进行交互处理的理论、方法和技术。科学计算过程中的图形和图像等可视化元素是一种赋予计算中间过程和结果的载体，同时可视化的动态结果对后续算法也起到重要的引导和决策作用，因此，科学计算可视化也被形象地称为科学可视化计算。在三维空间内以体素、点云或网格为载体开展的科学可视化计算称为三维可视化计算。植物的形态结构是植物基因表达、资源获取和生殖繁衍等生命属性特征在三维空间上的表征方式，通过构建植物三维模型并开展植物三维可视化计算研究，已经成为植物形态结构研究的重要技术手段之一。植物的生命活动在某种程度上表征为植物形态结构、生理生态过程和环境之间相互作用的结果，实现对植物结构和功能的并行模拟能够更加客观真实地反应植物和环境的相互关系。因此，开展植物结构功能可视化计算研究、进一步将植物形态结构模型和生理生态模型进行有机整合、建立具有结构和功能负反馈机制的功能-结构模型（Plant functional-structural model，FSPM）（Vos et al.，2010）已成为当前国内外植物科学研究的重要发展方向之一。植物功能结构模型是一类对植物形态结构、生物量的产生和分配以及两者的内在联系进行建模的植物模型的总称，是在单个器官层次对植物这一复杂系统的建模与仿真（康孟珍，2012）。玉米结构功能三维可视化计算技术是玉米数字化可视化研究的重要内容。

本章将以基于三维可视化模型的玉米冠层光分布计算为核心内容，从玉米结构功能可视化计算研究进展、面向可视化计算的玉米器官网格简化、玉米冠层冠隙分数计算、基于冠层光分布计算的玉米株型评价、玉米光合生产模拟与株型优化等方面介绍相关技术方法。

7.1　作物结构功能三维可视化计算研究进展

农作物冠层的三维形态结构决定着其对光的截获能力，作物群体冠层形态结构的改善对于提高其光截获能力有着重要的影响；另一方面，由于光辐射在作物冠层的空间分布直接影响着群体内不同位置生物量的变化，其也会引起作物形态结构在三维空间中的变化。因此，作物冠层内光的分布与作物形态结构相互作用的关系在一定程度上解释着作物功能-结构模型的内涵。

作物结构功能三维可视化计算技术，一方面，通过作物三维数字化技术构建作物冠层三维模型，通过在三维尺度上结合可视化计算方法，模拟作物冠层内不同器官所截获的光能，实现光合生产力等功能的计算；另一方面，通过计算光合产物在各器官中的干物质分配，进一步调控作物形态结构的生长发育与空间位置变化。实际上，作物结构功能可视化计算还包括作物形态结构与水分和养分等功能关系的研究，但目前以作物光合有效辐射方面的进展最为显著。

7.1.1　基于三维可视化模型的作物冠层光分布计算研究进展

作物的结构功能模型目前对计算光合作用同化物的生产及其在器官中的分配关注较多（康孟珍，2012）。在无胁迫的情况下，作物的光合同化量与其截获的光合有效辐射（PAR）成正比（Kasanga et al.，1954），其比例系数称为光辐射利用效率（RUE）。作物冠层光分布模拟是作物功能结构模型研究的重要内容之一。作物冠层内的光分布主要分为太阳直射光、天空散射光及冠层内的多次反射散射 3 种。考虑到与计算机图形学中渲染问题的相似性，一些研究者将辐射度技术与光线追踪技术引入到作物冠层三维光分布模拟研究中。目前，作物冠层光分布模拟方法主要包含基于模型的方法、光线投射方法、基于辐射度的方法和基于光线追踪的方法，本节将主要以玉米冠层光分布研究为例介绍作物结构功能可视化计算的研究进展。

1. **基于模型的方法**　作物冠层光分布研究最早是以植物冠层定量遥感的辐射传输模型为基础，以基于冠层组分随机分布的一维指数递减模型研究为主。典型工作包括 Monsi 于 1953 年根据 Beer – Lambert 定律，即光强度随光线穿过冠层内深度的增加呈指数递减，提出了消光系数的概念（Lai et al.，2000）；Ross 等早在 1964 年就提出了冠层辐射传输方程，并于 1981 年推导出了基于叶面积指数的辐射传输方程（Ross，2011）；Verhoef 等将水平分布较均匀的作物冠层沿垂直方向分层，提出了广泛应用的 SAIL（Scattering by arbitrarily inclined leaves）模型（Verhoef，1985）。以上模型均属于一维模型，即只考虑植物冠层高度的变化，而没有考虑植株高度、叶片大小和叶片非随机性分布等重要的冠层结构参数。研究者们注意到一维尺度辐射传输模型的弊端后，引入了叶角分布函数，将作物冠层辐射传输模型研究推向了二维尺度。G-函数（Myneni et al.，1989）是典型叶角分布函数，可将其理解为单位叶面积在太阳下的投影，G-函数将植物冠层内叶片分布的描述细化，形成了冠层分析方法，研究者将 G-函数与一维尺度的辐射传输模型相结合，发展自己的植物冠层辐射传输模型（Mariscal et al.，2000）。G-函数虽然在一定程度上描述了植物冠层的叶片分布，但仍无法准确表达叶片的三维空间属性，从而也就无法精确模拟三维空间上的冠层内光分布。进入 20 世纪 90 年代，随着三维数字化技术、计算机图形学真实感渲染技术及并行计算技术的出现，作物冠层光分布模拟研究进入到三维空间分布精确模拟阶段。

2. **基于光线投射的方法**　直射光与散射光是作物冠层光分布中的主要部分，尤其在晴天情况下，冠层内的多次反射散射光强所占比例很小。然而，基于光线追踪与辐射度的方法均未将直射光与散射光分开考虑。因此，研究者提出基于冠层内光分布组成成分的方法，即将冠层内的直射光分布、散射光分布、多次反射散射光分布分别进行计算，并在面元尺度累加求和得到作物冠层在三维空间的光分布。

基于光线投射的方法典型工作为王锡平等（Wang et al.，2008）提出的 3DIRM 模型（3D incident radiation model），如图 7 - 1 所示。其中，直射光分布计算采用平行光线投影方法（Wang et al.，2005）；冠层内散射光分布的计算基于 Turtle 模型原理，通过计算冠层中各面元的孔隙度得到各面元的散射光分布（Wang et al.，2006）；其认为作物冠层中叶片

的反射率与透射率非常低，导致多次反射散射的 PAR 也
很低，故未考虑冠层内的多次反射散射光分布。

　　由于 3DIRM 方法对于散射光的计算耗时较多，且该
方法未与相关几何建模软件相结合，因此研究者较少采用
该方法进行作物冠层光分布相关研究。但该方法与冠层外
部光环境实测数据结合较为紧密，可适用于任何天气情
况，易于进行不同波段光分布的计算，因此仍具有深入研
究应用的潜力。

　　3. 基于辐射度的模拟方法　辐射度方法最初用于计算
热辐射问题，Goral 等最早在 1984 年将其引入到计算机图
形学中，并应用于三维复杂场景的渲染。辐射度方法基本
原理是假设场景中所有面元的发射、透射和反射均以各向

图 7-1　基于光线投射方法计算玉米
冠层光分布可视化结果

同性的漫射形式进行，通过建立并迭代求解辐射度方程，使场景中能量达到平衡状态，即可
得到各面元的辐射度。

　　辐射度方法需计算冠层内各面元间的形状因子，计算量大且极为耗时，因此，针对作物
冠层的辐射度计算优化成为基于辐射度的作物冠层光分布模拟研究的关键。Goel 等（1991）
通过判定冠层间的遮挡关系建立了形状因子的稀疏矩阵并进行存储，在此基础上进行作物冠
层光分布的快速计算；Soler 等（2003）提出了一种层次辐射度方法，其针对作物冠层几何
模型进行面元的多层次数据结构整合，在一定程度上提高了基于辐射度的作物冠层光分布计
算效率。作物冠层内部的辐射传输仅在距离较近的范围内发生，距离较远的冠层面元间由于
遮挡与辐射传播能量衰减，辐射传播近于零。基于该理论，Chelle 等（1998）提出了一种嵌
入式辐射度（Nested radiosity，NR）
计算方法，其通过参数 D_s 区分冠层内
的远/近面元，对近面元采用辐射度方
法进行计算，对远面元采用 SAIL 模型
进行估算，通过减少辐射度的计算范
围大幅提高了计算效率。由于机理性
强、计算效率高且有对应软件为其提
供几何模型，所以 NR 方法已成为当前
作物冠层光分布计算较为常用
（Chelle，2007）的方法之一。嵌入式
辐射度模型已被开发成 CARIBU 插件
（Chelle et al.，2004）封装到 OpenA-
lea 软件平台（Pradal et al.，2008）（图 7-2）。

图 7-2　基于辐射度计算冠层光分布的可视化结果

　　以 NR 方法为代表的基于辐射度的作物冠层光分布模拟方法与 OpenAlea 软件中的作物
冠层几何建模功能相结合，具有计算效率相对较高、操作方便等优点。然而，NR 方法的计
算精度对于区分冠层内的远/近面元参数 D_s 的依赖性强，因此，方法的稳定性较差；NR 方
法在考虑冠层外的初始入射光环境时，以太阳直射光的形式进入作物冠层，对散射光的考虑
不足，故该方法对于阴天条件下的光分布计算不理想；此外，由于辐射度方法对镜面反射模
拟效果不佳，因此，对于反射率较大的植物叶片模拟效果有待提升。

4. 基于光线追踪的模拟方法　光线追踪（Ray tracing，RT）方法基本原理为假设光辐射是从光源方向发射而来的多条射线，光线之间互不干扰，当光线进入作物冠层遇到冠层面元的表面时，按照几何光学原理发生光线的反射、透射和吸收，反射与透射后的光线按一定的方向继续在冠层内传播，发生次级或多级反射或透射，直至逃逸出冠层或被完全吸收。

光线追踪模拟的难点在于准确描述光线与冠层面元相交后传播方向与强度的分布，研究者早期采用重要性采样方法生成光线，即根据能量传播最多的方向而不是均匀采样（Měch，2000），并发展成为目前常用的蒙特卡洛光线追踪（Monte carlo ray tracing，MCRT）方法（Disney et al.，2009；Govaerts et al.，1998）（图 7-3）；植物叶片表面的反射透射情况复杂，劳彩莲（2005）通过研发玉米叶片双向反射透射函数测量 BRDF/BTDF（Habel et al.，2007）装置，结合蒙特卡洛光线追踪方法实现了玉米冠层光分布的模拟。该方法与实测数据结合紧密，但 BRDF/BTDF 测量较为复杂，致使其难以推广应用；Soler 等（2003）提出 MCRT 方法，但其在模拟作物冠层光分布时存在两个主要问题：一是收敛速度慢，二是精度难于控制。针对上述问题，Cieslak 等（2008）提出 RQMC（Randomised quasi-monte carlo）方法以提高 MCRT 方法计算的效率与精度。Hoon 等（2016）利用光线追踪方法模拟分析了温室中甜椒冠层的三维空间光分布特征。

图 7-3　基于光线追踪的作物冠层光分布计算可视化结果（见彩图）

基于 MCRT 方法的作物冠层光分布模拟是目前方法中准确率较高的方法之一，因此，该方法常被用于对其他冠层光分布模拟方法进行准确性验证。而实际上，该方法的准确性更多依赖于作物冠层结构及冠层内各器官表面材质双向反射透射函数测定的准确性，但作物冠层结构复杂、各器官表面材质数据测量困难，在一定程度上阻碍了 MCRT 方法的进一步推广应用。此外，MCRT 方法对于晴天条件下的模拟结果较好，但对于阴天条件下直射光线少、冠层内部多为漫射的模拟结果仍有待提高。

5. 基于冠层光分布的作物形态结构评价与生产力分析　基于三维可视化模型的作物冠层光分布计算是植物功能结构模型研究的一个重要内容，作物群体中的光分布计算的研究是将作物的形态结构与功能相关联进行作物形态结构评价和生产力分析的有效途径，国内外在该方面开展了大量研究工作。Wu 等（2016）提出将作物的光合作用模型和作物模型结合支持作物品种改良研究；Wang 等（2017）通过建立数字甘蔗模型分析了 4 种种植模式的光截获能力，从中选取产量最高的种植模式，为农民的甘蔗栽培提供了指导方案；Mao 等（2016）利用基于三维可视化模型的冠层光分布技术，研究了棉花间作的种植方案；Song 等（2013）通过分析不同形态结构的水稻的光截获计算进而分析冠层的光合生产力，初步实现了水稻株型的优化设计。

作物个体和群体三维模型构建是基于冠层光分布的作物形态结构评价与生产力分析研究的重要基础。由于目前缺乏能够快速构建反映品种和栽培管理措施差异的作物多尺度三维模型技术手段，研究人员仅能围绕形态结构差异较大的品种或不同物种间套作开展相关研究，亟待研发具有品种分辨率的软件工具，使作物冠层结构功能可视化技术得到更多的推广应用。

7.1.2 作物三维结构功能分析软件简介

随着作物功能结构模型研究的发展，针对作物多尺度三维建模、生育动态模型、冠层光分布计算分析和光合产物分配等研究的需求，国内外研发了多款模型与软件工具，本节就目前使用较多的模型及软件工具进行介绍。

① GreenLab（Hu et al.，2003）。GreenLab 是一个通用的功能与结构模型，通过参数的设计及优化，实现不同植物形态及生理的模拟。GreenLab 是植物功能结构模型的重要代表（Ma et al.，2008）。作为一个通用模型，它通过在若干数学公式之间建立迭代关系，并进行模拟植株功能与结构的互反馈关系，只需确定少量参数就能模拟植物（如木本植物）的生长。与其他模型相比，GreenLab 在机理性和简洁性方面都具有明显的优势。该模型是通用模型，在实际应用时，需根据具体植物的特点开发专用模型（马韫韬等，2006）。

② OpenAlea（Pradal et al.，2008）。OpenAlea 是一款基于组件的、可进行可视化编程的开源植物模拟软件平台（http：//openalea.gforge.inria.fr）。该平台针对不同的研究团体或个人所提出的多种植物功能结构模拟算法和模型，研发了具有重用性、扩展性、易用性的功能结构模型模拟平台。平台集成了植物可视化和数据分析等模块，例如，平台中的 CAR-IBU 光分布计算模块（Chelle et al.，2004），其核心方法是嵌入式辐射度方法（Chelle et al.，1998），研究者可利用平台实现作物群体模型内光分布的计算与分析。

③ GroIMP（Kniemeyer，2009）。为进一步拓展 L 系统、改进字符串重写语法在图形实现及迭代替换中的限制、实现场景中图形的重写和替换，Kniemeyer 提出了一种相关生长语法（Relational growth grammars，RGG），并与 Java 语言结合实现了在植物仿真领域的应用，形成新的程序语言——XL（eXtended L‐Systems）语言。XL 语言将 L 系统语言、图形规则和 Java 编程语言整合在一起，并应用于交互式植物仿真建模软件平台 GroIMP（Growth grammar‐related interactive modelling platform）。GroIMP 是一个开源的三维建模平台（图 7‐4），具有植物三维模型构建、可视化及模块交互等功能。插件主要包括 XL 编译器、光线追踪器、3D 视窗交互、图形渲染器等。GroIMP 本身并不包含模型的任何元素，用户必须按照 XL 和 Java 语言的语法规范，创建植物形态结构生成规则和生理进程算法，并使之相互影响和关联，从而在器官水平上构成植物功能结构模型。GroIMP 内置的冠层光分布计算模块利用光线追踪方法（Cieslak et al.，2008）建立，正被多个研究组使用、维护和更新（http：//sourceforge.net/projects/groimp/）。目前，研究者已利用该平台构建了一系列的功能结构模型，用于研究植物的结构动态、光合作用及产物分配等。

④ PlantCAD。上述模型与软件工具均是通用性的模型与平台，使用者需根据目标作物和语法规范，通过模块化实现具体植物的三维模型构建和结构功能分析研究。北京农业信息技术研究中心研发了面向特定植物、具有品种分辨率的 PlantCAD 系列软件（Lu et al.，2014），针对具体作物的形态结构特征，基于参数化与交互式设计的方法可构建指定作物的

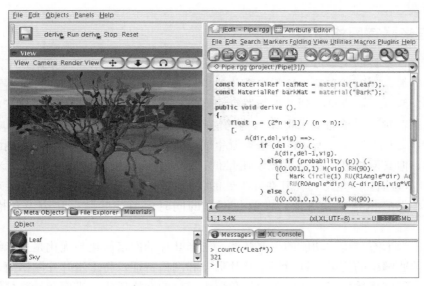

图 7-4　GroIMP 软件界面

高真实感三维模型并进行光分布计算分析。本书后续章节会详细介绍面向玉米作物的软件平台 PlantCAD-Maize。

7.2　面向可视化计算的玉米器官网格简化

网格是植物结构功能可视化计算的重要载体。植物三维模型中网格的数量直接决定了可视化计算的效率；同时，网格质量对可视化计算结果的精度也有重要影响。因此，开展保特征的玉米器官网格简化研究，对于玉米结构功能可视化计算研究及应用具有重要意义。

在一些工程应用中，由于数据获取或模型初始网格化等原因，导致网格质量难以满足可视化计算需求。如何在保证网格质量的前提下，尽可能地减少网格数量，进而在保证计算精度的同时大幅提高计算效率，成为可视化计算领域的重要研究问题。研究人员已在保特征的网格优化方面开展了大量研究并取得显著进展，例如，在高效率渲染中常用的 LOD（Levels of detail）方法（Zhu et al.，2010），在有限元分析中的高质量网格优化方法等（Alauzet，2010）。网格化简方法（Garland et al.，1997）和重新网格化方法（Chen et al.，2013）是图形学领域常用的两大类方法。网格化简的核心是去除"冗余"的几何单元，实现网格数量的降低，其代表算法之一是二次误差测度简化方法（Quadric error metrics，QEM）（Garland et al.，1997），具有高效、简单、低存储等优点。重新网格化（Remeshing）方法是按照一定网格质量要求，在输入网格的基础上，重新计算得到一个新的网格，具体包括基于特征、各向异性、各向同性及结构规则化重新网格化等（胡建平，2009）。然而，目前面向作物几何模型的网格简化研究较少，Hou 等（2016）将网格简化中的边折叠和顶点消除法用于作物叶片网格简化中，并评估了方法的效果，该方法实现了作物器官网格模型的初步简化，但未对简化后的网格质量进行优化；肖伯祥等（2007）在玉米叶片上实现了网格简化，但简化后网格质量较差。本节针对玉米结构功能计算对网格数量和质量的需求，对于相关方法得到的大规模、低质量玉米群体网格模型进行保特征的三角网格简化与优

化 (Wen et al.，2015)。

7.2.1　玉米器官网格模型

　　玉米器官三维数据主要以三维点云和三维数字化数据为主，故主要采用基于点云的三维重建（王勇健等，2014）和基于植物参数化建模方法（袁晓敏等，2012）进行器官的几何建模。但利用这两种方法直接得到的玉米器官网格模型存在着网格数量大、狭长三角形多、网格杂乱等问题，对进一步的玉米群体结构功能计算的效率和精度都存在一定影响（Cieslak et al.，2008）。如图 7 - 5A 所示的基于点云生成的叶片网格，虽然可以较好地刻画玉米叶脉和边缘褶皱，但其网格杂乱、密度高、质量低；利用曲面插值关键点生成的玉米叶片网格（图 7 - 5B）多为细长三角形，尤其在叶尖处的狭长特征无法通过增加网格数量来解决。因此，亟须一种器官网格简化方法，在简化网格的同时保留如叶脉、叶边缘和褶皱等形态特征。

　　叶片是玉米形态结构和功能的主要载体，玉米叶片的网格简化与优化是玉米结构功能可视化计算必须要解决的问题。针对玉米叶片形态和网格特征，将玉米叶片网格简化与优化需求归结如下：①网格质量好，即以等边三角形为目标的网格优化，进而在计算精度上得到保证；②简化网格数量可控，即以输出的网格数量为简化目标，进一步提高可视化计算效率；③特征保持，简化与优化后的网格可以保持叶脉和叶边缘特征；④网格形变小，即简化与优化后的网格逼近初始网格。

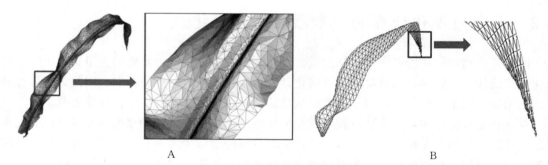

A

B

图 7 - 5　不同方法生成的玉米叶片网格类型（见彩图）

　　A. 基于三维扫描生成的玉米叶片网格（顶点数：4294，面元数：8164）；B. 基于植物参数化建模生成的玉米叶片网格（顶点数：441，面元数：768）

7.2.2　玉米器官网格简化方法

　　针对上述需求，提出基于二次误差测度（QEM）和 Laplacian 平滑的玉米叶片多尺度网格简化与优化方法。考虑到玉米群体边际效应，群体中包含植株个数较多，故该方法可实现极少面元简化的目标。如图 7 - 5A 所示，基于三维扫描生成的玉米叶片包含网格数量较多，因此，模型简化率须小于等于 3％。首先利用 QEM 方法对玉米叶片网格进行多尺度简化，然后利用 Laplacian 光顺算子对简化后的叶片网格进行优化。

　　QEM 方法（Garland et al.，1997）的核心是计算输入网格顶点 $v = [v_x, v_y, v_z, 1]^T$ 到对应三角形 $P(v)$ 集合所在平面距离的平方和，即

$$\Delta(v) = \Delta([v_x, v_y, v_z, 1]^T) = \sum_{p \in P(v)} (p^T v)^2 \qquad (7-1)$$

式（7-1）中，$p=[a, b, c, d]^{\mathrm{T}}$ 为由方程 $ax+by+cz+d=0$ 定义的平面，且 $a^2+b^2+c^2=1$。这里采用基于二次误差测度的边折叠简化方法，其根据给定顶点数实现简化操作，具有保持边界、网格简化质量高、简化速度快、鲁棒性强等优点。

为处理简化后网格质量差的问题，在网格简化的基础上，采用 Laplacian 平滑方法（Botsch et al.，2010）进行网格内部顶点光滑优化。与网格细分方法中的光顺步骤相似，基于 Laplacian 迭代平滑算子在收敛性方面有很强的理论基础。待优化网格中顶点 v_i 的更新公式为

$$\zeta: v_i \tilde{v} = v_i + \frac{1}{\sum\limits_{j=1}^{n} \omega_{ij}} \sum\limits_{j=1}^{n} (\omega_{ij} v_{ij} - \omega_{ij} v_i) = v_i + \frac{1}{\sum\limits_{j=1}^{n} \omega_{ij}} \sum\limits_{j=1}^{n} \omega_{ij} v_{ij} - \frac{1}{\sum\limits_{j=1}^{n} \omega_{ij}} \sum\limits_{j=1}^{n} \omega_{ij} v_i = \frac{1}{\sum\limits_{j=1}^{n} \omega_{ij}} \sum\limits_{j=1}^{n} \omega_{ij} v_{ij}$$

$$(7-2)$$

式（7-2）中，$\tilde{v}$ 表示更新后的顶点；n 表示顶点 v 的入度；v_{ij} 是 v_i 的一环顶点；ω_{ij} 表示松弛权系数。边界顶点和指定叶脉特征点在上述方法优化迭代过程中不进行松弛操作。采用该算子可对玉米叶片的内部顶点进行平滑，该方法无严重塌陷、收敛性高、执行简单。

上述网格简化与优化方法须在玉米器官尺度进行，在对玉米群体进行网格简化时，首先将玉米群体以器官为单位进行模型拆分，拆分后对群体模型中的叶片和地面网格逐个进行简化与优化操作，然后用简化后的网格按照初始对应网格位置进行合并组装，进而实现玉米群体网格模型的简化与优化，方法流程如图 7-6 所示。

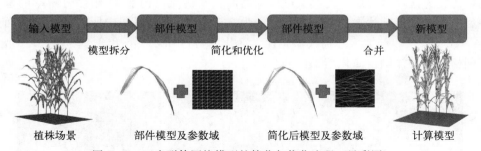

图 7-6　玉米群体网格模型的简化与优化流程（见彩图）

为了评估基于 QEM 和 Laplacian 光顺算子的玉米器官网格简化与优化方法的有效性，以上述两类（图 7-5）玉米叶片三维网格模型为输入，进行玉米叶片的网格简化操作，效果如图 7-7 和图 7-8 所示。分别计算简化并优化后网格的 Hausdorff 矩阵和平均曲率，对网格简化与优化结果评价如图 7-9 所示。

图 7-7　利用三维数字化数据生成叶片简化前后
　　　　网格效果（简化后网格顶点数为 30）

图 7-8　利用三维点云数据生成叶片简化前后
　　　　网格效果（简化后网格顶点数为 30）

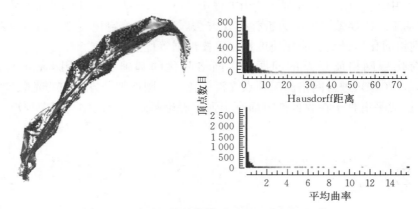

图 7-9 叶片网格简化结果及误差分析（见彩图）

由图 7-7 和图 7-8 可视化结果可知，采用所提出方法对玉米叶片进行网格简化与优化操作，可实现给定顶点数量的简化，在简化的同时保持了叶脉和叶边缘等形态特征，得到了较好的简化效果。通过计算简化前后网格之间的 Hausdorff 距离矩阵和平均曲率误差可知，简化与优化后的网格模型较好地保持了初始网格的形态特征。

以包含 24 株玉米群体为例，群体中单株包含 13～15 片叶片，每个叶片由 3 072 个三角面元构成，整个群体模型的叶片面元共有 995 328 个三角面元。利用面向可视化计算的玉米器官网格优化方法对该冠层几何模型进行网格简化与优化，构造 11 组多分辨率的玉米冠层几何模型所构建的各叶片平均三角面元数量为 7.7～255 个，冠层中所有叶片三角面元数量为 2 494～82 620 个，与输入几何模型相比，简化率可达 0.25%～8.3%。图 7-10 给出了 3 组不同网格数量群体网格简化结果。

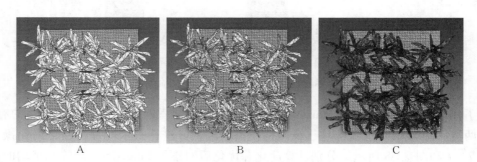

图 7-10 三组不同分辨率的玉米冠层网格模型

A. 单叶平均面元为 7.7 的网格模型；B. 单叶平均面元为 26 的网格模型；C. 单叶平均面元为 255 的网格模型

本节针对玉米群体网格模型在开展可视化计算时存在的效率低、网格质量差等问题，提出了基于 QEM 边折叠和基于 Laplacian 光顺算子的玉米器官网格简化与优化方法，其在网格质量、简化效率以及保持初始特征等方面得到了较好效果，为进一步的玉米群体结构功能可视化计算分析提供了高质量的网格模型。

7.3 基于多分辨率细分半球的玉米冠层冠隙分数计算

植物群体中某个位置未被周边植被遮挡、可看见天空半球面积的比例（Danson et al.，

2007）称为该位置的冠隙分数或孔隙度，其与作物群体的叶面积指数类似，是描述植物群体形态结构统计特征的重要指标。冠隙分数直接决定了冠层内散射光分布的情况，尤其是作物群体中下部。

与采用对大田作物的叶长和叶宽测量来估算叶面积指数方法相比，冠隙分数的测量主要依靠图像解析或三维激光雷达测算的方法实现，其通过统计半球图像中天空的比例（Cescatti，2007）或激光雷达测量得到点的距离（Cifuentes et al.，2014）实现冠隙分数的计算。

对小麦和水稻等大田作物，叶面积指数直接决定着其群体对光截获的能力，但对于玉米而言，其群体高度较小麦和水稻等作物高，受中上部叶片的遮挡，玉米群体下部主要以截获天空散射光为主。玉米群体中下部截获天空散射光的能力主要与群体不同位置的冠隙分数有关，即冠层某位置冠隙分数越大，该位置所截获的天空散射辐射就越多。由于天空散射辐射是玉米冠层中下部叶片主要的光合有效辐射来源，冠隙分数的计算对于定量评价作物群体中下部的形态结构特征尤为重要。本节针对已有作物冠层冠隙分数测算方法精度低的问题，提出一种基于多分辨率细分半球的作物冠层冠隙分数计算方法（Wen et al.，2019），以提高作物冠层冠隙分数计算的准确性，并为在此基础上开展的作物冠层散射光分布计算提供支撑。

7.3.1 利用 Turtle 模型计算作物冠层冠隙分数原理

依靠图像或三维激光雷达仅能实现作物冠层中指定位置冠隙分数的估测，且效率较低。针对该问题，研究者提出利用植物虚拟几何模型来分析植物群体冠层结构特征的方法。Den Dulk 提出了 Turtle 模型（1989），其将天空半球划分为 46 个六边形，如同龟壳覆盖在作物群体几何模型上（图 7 - 11A），通过将各六边形向作物群体冠层中心投影计算未被遮挡的比例，即可实现作物群体冠隙分数的计算，该模型已广泛应用于冠层散射光分布的研究中。受 Turtle 模型思想的启发，研究者针对不同作物冠隙分数和冠层散射光分布的计算与测量提出了新的计算方法。王锡平（2004）在 Turtle 模型基础上，通过将半球以经纬度的方式重新划分（图 7 - 11B），实现了作物群体面元遮挡检测的快速检索，并应用于玉米冠层的散射光分布模拟（Wang et al.，2006）；Karine 等（2008）利用 Turtle 模型的思想构建了 Turtle _ 16 和 Turtle _ 6 测量装置（图 7 - 12），其上面分别分布着 16 个和 6 个传感器用于测量不同方向接收的光合有效辐射，并结合虚拟建模方法实现作物冠层光分布的测算。

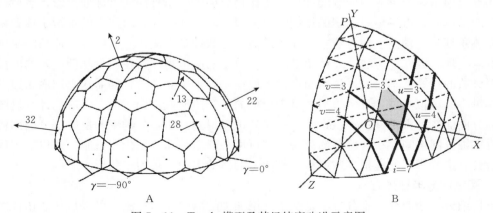

图 7 - 11　Turtle 模型及其经纬度改进示意图
A. Turtle 模型；B. 以经纬度方式改进的 Turtle 模型

图 7-12　Turtle_16 和 Turtle_6 光合有效辐射传感器

　　Turtle 模型是通过在待计算群体上方建立虚拟半球计算植物群体待测位置未被群体几何模型面元遮挡的比例。由于植物群体模型的复杂度极高，该过程计算量庞大，其计算效率和精度对研究者提出了极大的挑战。模型的计算精度主要与半球的建立方式有关，原 Turtle 模型半球由 46 个六边形组成，虽然各六边形面积大小差异不大，但是由于半球数量面元过少，使得遮挡计算的精度难以得到保证；按照经纬度的划分方式会使半球的极点处的面元面积与其他处面元面积比例严重失衡，其划分网格中最大与最小面元面积比达 1.57。因此，在此基础上的计算结果精度有显著的提升空间。在计算效率方面，经纬度划分半球的方法通过直接计算群体几何模型在半球上投影点的经纬度坐标可实现面元遮挡的快速检索，具有较高的效率。

　　从目前的使用情况看，研究者更多地选择了计算效率高、更为实用的模拟方法，在计算精度上有所放弃。而利用 Turtle 模型原理提高冠隙分数计算精度的难点在于如何对天空半球实现均匀网格划分，且这种划分规则便于面元检索和投影遮挡检测。

　　针对基于 Turtle 模型的作物冠层冠隙分数计算精度低的问题，尝试引入计算机图形学的曲面细分方法，构建多分辨率细分半球，并利用细分半球间的树形结构实现作物冠层几何模型面元的快速遮挡检测。

7.3.2　多分辨率细分半球的建立方法

　　作物冠层中某位置冠隙分数的计算是将作物冠层中的所有面元做球面投影，然后计算未被遮挡的半球面积占半球总面积的比例。以该理论基础为指导，所建立的虚拟半球如果能够以等立体角划分，理论上便可建立零误差的冠隙分数计算方法。然而，等立体角的半球划分目前难以实现。因此，可建立立体角之间差值较小的虚拟半球，在尽量降低误差的前提下实现冠隙分数的计算。本研究通过球面多边形面积刻画半球立体角，即需建立球面多边形面积比例尽量小的虚拟半球，且多边形尽量为近似的正三角形或正四边形。考虑到计算机图形学中的细分曲面造型方法（Zorin et al.，1996）可以得到具有多分辨率的良好剖分的网格，且各分辨率细分网格间存在着位置约束关系，可用来建立半球遮挡检测机制。这里采用该方法来构造具有多分辨率的虚拟半球网格，其中，网格的多边形采用三角形。

1. 初始细分半球建立

（1）细分方法简介　细分方法是基于网格加细的离散表示方法，可以从任意拓扑网格构造光滑曲面，已经广泛应用于曲面造型、计算机图形学、计算机动画以及计算机辅助设计等领域（Zorin et al.，1996）。

一个细分格式就是定义在一组嵌套的孤立网格点上的加细规则，即

$$\{M_k : k \in Z_+\},\ M_k \subseteq M_{k+1},\ M_k \in Z^s \tag{7-3}$$

每一个加细规则都将定义在第 k 层网格 M_k 上的实值映射到第 $k+1$ 层网格 M_{k+1} 上的实值。细分就是对定义初始的网格 M_0 进行反复地加细。更一般的细分定义公式是相应于矩阵 $\boldsymbol{M}$ 的，即

$$f_\alpha^{k+1} = \sum_{\beta \in Z^s} a_\alpha^k - M_\beta f_\beta^k,\ \alpha \in Z^s \tag{7-4}$$

式（7-4）中，$\boldsymbol{M}$ 是 $s \times s$ 的整数矩阵，其行列式是大于 1 的，f^* 代表在网格 M_k 上的值，即 $f^* = \{f_\alpha^k : \alpha \in Z^s\}$。如果为简单的二进细分，则 $\boldsymbol{M} = 2I$，I 是 $s \times s$ 的单位矩阵。

（2）初始网格选择　为利用细分方法建立球面多边形面积比例尽量小的虚拟半球，首先需要一个多边形面积尽可能相同的初始网格。根据空间对称性，选取由等边三角形构成的正二十面体作为初始三角网格。

（3）保面积、光顺的细分方法　研究发现，三角网格细分算法中，Butterfly 细分格式以及 $\sqrt{3}$ 分格式（逼近型细分）能够在加细过程中很好地保持面积比例。因此，采用这两种格式构造多分辨率半球。

Butterfly 细分格式是一种插值型细分，给定一个三角形网格，每个三角面片细分一次后，其只在边界上生成新的顶点，由一个三角网格变成 4 个三角网格，细分规则具体为

$$v = \frac{1}{2}(v_1 + v_2) + 2w(v_3 + v_4) - w(v_5 + v_6 + v_7 + v_8) \tag{7-5}$$

式（7-5）中，w 为弹性系数，$0 \leqslant w \leqslant 1$，通常取 $w = 1/16$。

$\sqrt{3}$ 细分格式是一种逼近型细分，给定一个三角形网格，每次细分时在每个三角形内部插入一个新的顶点，并与三角形的三个顶点相连，然后去掉原三角形的内部边，每次细分使三角形个数增加 3 倍。记 v_F 和 v_V 分别为面上的新顶点和重新计算替换原来顶点的新顶点，则

$$v_F = (v_1 + v_2 + v_3)/3 \tag{7-6}$$

$$v_V = (1 - a_n)v + \frac{a_n}{n} \sum_{i=0}^{n-1} v_i \tag{7-7}$$

式（7-7）中，$a_n = [4 - 2\cos(2\pi/n)]/9$。

（4）构造过程　Butterfly 细分法为插值细分方法，研究发现该细分格式能更好地保持三角形面积比例，但插值细分产生较多的"形状变形"，直接细分二十面体，使得半球效果不好。而 $\sqrt{3}$ 细分法具有更好的光滑性，使得半球更为光顺且保持特征。这里采用上述两种细分方法组合的算法，对二十面体进行加细。对初始正二十面网格进行两次 $\sqrt{3}$ 细分，然后Butterfly 细分一次，取其半球，得到初始半球。细分过程见图 7-13。

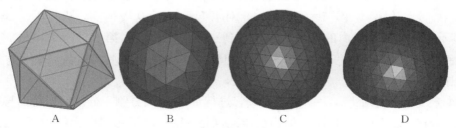

图 7-13　由初始网格经细分得到初始半球（见彩图）

A. 正二十面体；B. 两次 $\sqrt{3}$ 细分加细；C. 一次 Butterfly 加细；D. 初始半球

2. 多分辨率半球建立 在得到初始半球后，对该半球进行多分辨率划分。首先给出相关定义：在网格中，如果一个顶点 P 同时在 n 个面中，称它的价为 n，记为 $\nu(P)=n$。

在多分辨率细分半球构建过程中，共构建了 5 个分辨率的细分半球，记 M_i 为第 i 个分辨率所有面元的集合，$1 \leqslant i \leqslant 5$，并记初始网格为 M_0。记 $\Omega_n = \{P \mid \nu(P)=n\}$，表示当前网格中所有价为 n 的顶点的集合，则初始网格的 196 个顶点由以下三类顶点组成，即

$$\Omega_3 = \{P \mid \nu(P)=3\}, \ N(\Omega_3)=30$$
$$\Omega_5 = \{P \mid \nu(P)=5\}, \ N(\Omega_3)=6 \tag{7-8}$$
$$\Omega_6 = \{P \mid \nu(P)=6\}, \ N(\Omega_3)=160$$

首先构造第 1 分辨率半球 M_1，其又由三部分组成，记为 $M_1=\{M_1^1, M_1^2, M_1^3\}$。若 $P \in \Omega_3$，则 P 为边缘顶点，均匀分布在半球底部的边缘上。图 7-14A 中红色的点即价为 5 的顶点，共 6 个，其中 1 个为半球的极点（半球最高点处），记为 $P_{polar} \in \Omega_5$；其他 5 个价为 5 的顶点记为 $P_i^5 \in \Omega_5$，$i=0, \cdots, 4$，其以 P_{polar} 为中心均匀地分布在半球上。对于每个 P_i^5，分别找出这 5 个顶点与之次近的两个边缘点 P_{6i}^3 与 P_{6i+3}^3，如图 7-14A 中的蓝色顶点，依次连接形成 5 个三角形记为 $F_{i+5}^1=\Delta P_i^5 P_{6i}^3 P_{6i+3}^3$，$i=0, \cdots, 4$，作为第 1 分辨率半球的第 2 部分 M_1^2。$F_i^1 = \Delta P_{polar} P_i^5 P_{i+1}^5$，$i=0, \cdots, 4$，$P_5^5=P_0^5$，作为第 1 分辨率半球的第 1 部分 M_1^1。第 1 分辨率半球的第 3 部分 M_1^3 由余下部分组成，但余下部分连接成为 5 个四边形（图 7-14B 中彩色顶点形成的区域）。为保持一致性，将每个四边形的侧边向下延长形成三角形，记 $P_i^5 P_{6i+3}^3$ 与 $P_{i+1}^5 P_{6(i+1)}^3$ 的延长线交点记为 P_i^0，则 $F_{i+10}^1=\Delta P_i^0 P_i^5 P_{i+1}^5$，作为第 1 分辨率半球的第 3 部分 M_1^3。利用上述方法所构建的第一分辨率半球图形如图 7-14C，其中红色边缘的三角形为 M_1^1 其中之一，蓝色边缘三角形为 M_1^2 其中之一，绿色边缘三角形为 M_1^3 其中之一。则有 $M_1=\{F_i^1\}$，$i=0, \cdots, 14$。

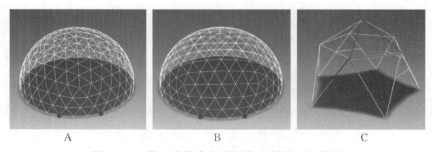

图 7-14 第一分辨率半球划分示意图（见彩图）

得到了 M_1 后，构建第 2 分辨率半球 M_2。对 F_i^1，$i=0, \cdots, 4$，进行 1-4 球面分割。所谓 1-4 球面分割，即在原三角形的边上新增顶点，实现 1-4 分割，然后由原球面最近点替代新增点。F_{i+5}^1 保持不变，$i=0, \cdots, 4$。对于 F_{i+10}^1，$i=0, \cdots, 4$，进行 1-4 球面分割，然后舍弃不属于半球范围内的面元，如此得到三角面元构成了第 2 分辨率半球 M_2，$M_2=\{F_i^2\}$，$i=0, \cdots, 39$，第 2 分辨率半球网格如图 7-15A 所示，其球面面元最大与最小的三角形面积比为 1.2。

由 M_2 构造 M_3 是对 F_i^2，$i=0, \cdots, 39$，进行 1-9 球面分割，分割后即得到与初始网格 M_0 相同的网格 M_3（图 7-15B），但当前半球网格 M_3 中有了相邻面元间的树形数据结构。第 4 分辨率半球网格 M_4 是将第 3 分辨率半球网格 M_3 利用 Butterfly 细分方法得到的，它包含 1 440 个三角形，最大与最小三角形面积比为 1.215，第 4 分辨率半球网格如图 7-15C。

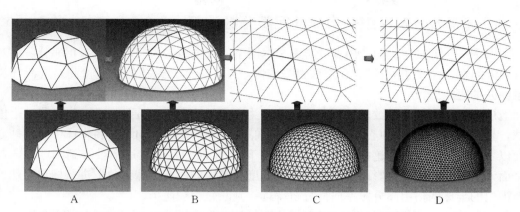

A   B   C   D

图 7-15　第 2 至第 5 分辨率细分半球及划分示意图（见彩图）

第 5 分辨率半球网格是利用 Butterfly 细分第 4 分辨率半球网格得到的，它包含 5 760 个三角形，三角形最大与最小面积比为 1.208；最大最小面积与平均球面面积比分别为 1.103 和 0.906，第 5 分辨率半球网格如图 7-15D。如果想得到精度更高的计算结果，那么运用 Butterfly 细分格式对网格继续细分即可，但第 5 分辨率半球网格已足够满足作物群体冠隙分数计算的需要。表 7-1 给出了各分辨率细分半球的面元数量和最大最小面元面积比，图 7-16 给出了多分辨率细分半球的细分结构机制示意图。

表 7-1　多分辨率半球信息统计

半球分辨率	网格面元数量（个）	最大最小面元面积比	对应图例
M_1	15	—	图 7-14C
M_2	40	1.2	图 7-15A
M_3	360	1.197	图 7-15B
M_4	1 440	1.215	图 7-15C
M_5	5 760	1.208	图 7-15D

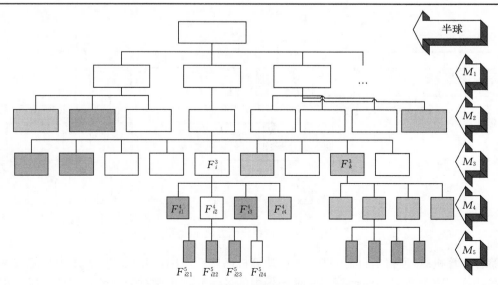

图 7-16　各分辨率细分半球层次结构示意图

7.3.3 基于多分辨率细分半球的冠隙分数计算

由图 7-16 可知，所构造的多分辨率半球网格的数据结构为树形结构，相邻分辨率对应细分面元间存在"父子关系"。利用该数据结构，可进行面元遮挡的快速检测，进而计算各冠层面元的冠隙分数。

冠层中各面元冠隙分数的计算方法可概述为：①认为每个冠层面元 T_i 上都有一个虚拟半球，且半球球心与 T_i 中心点重合，半球朝向 T_i 面元的法向方向；②将半球中位于球心水平面以下的三角形标记为遮挡；③将冠层中位于 T_i 正向的各面元逐个投影到半球上，对于每个面元的投影，通过投影区域的高度角与经度范围内的所有半球三角形进行标记，然后对该范围内的半球网格由高分辨率向低分辨率逐一判断是否被遮挡。

冠隙分数计算中复杂度最高的是遮挡检测算法。对于冠层面元 T_i，判断冠层内面元 T_j 是否对半球网格形成遮挡方法如下：将 T_j 投影到 T_i 的半球上，确定投影球面矩形区域 T_j^{proj}，遍历半球，并对多分辨率半球网格逐级判断下述 2 项内容：① 当前球面三角形是否已被覆盖；② 当前球面三角形是否与 T_j^{proj} 有重叠部分，若已被覆盖或无重叠部分则继续遍历当前级半球，否则向下一级判断。

以图 7-16 中的树形结构为例进行说明，假设遍历至 F_k^3，发现其已被标记为覆盖，则停止向其以下分辨率所有三角面元的判断。若遍历至 F_i^3 且其与 T_j^{proj} 有重叠部分，则继续判断其所有子节点。其子节点中，若 F_{i1}^4、F_{i3}^4、F_{i4}^4 已被标记为覆盖，则不需要继续进行判断，只判断 F_{i2}^4，若其与 T_j^{proj} 有重叠部分，则继续判断其所有子节点，同理只需要判断 F_{i24}^5，若其与 T_j^{proj} 有重叠区域，且通过射线遮挡方法确定其确实被 T_j 遮挡，则将其标记为覆盖，并向上回溯。由于当前 F_{i2}^4 的所有子节点都已被标记为覆盖，那么标记 F_{i2}^4 也为覆盖，继续向上回溯。由于 F_i^3 的所有子节点已被标记为覆盖，则标记 F_i^3 为覆盖，继续向上回溯。由于 F_i^3 的父节点的所有子节点并不是所有都已标记为覆盖，则暂不标记，回溯到此为止。结果如图 7-17 所示，继续遍历直至完成。本方法与逐个最低级半球网格进行判断相比，大幅提高了计算效率。

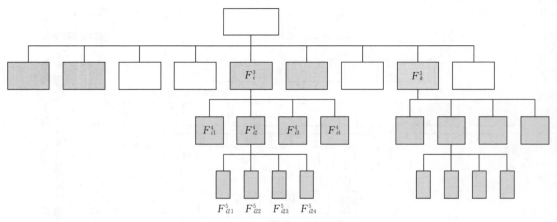

$$F_{i21}^5 \quad F_{i22}^5 \quad F_{i23}^5 \quad F_{i24}^5$$

图 7-17 遮挡检测方法示意图

随着计算机软硬件的不断发展，多核计算机已广泛应用，并行计算技术也日趋成熟。本算法在计算冠隙分数时，作物冠层三维场景中的各面元都是相对独立的，因此可以采用并行计算方法实现计算加速。在计算某一个冠层内面元的冠隙分数时，需用到所有冠层面元做计算，因此，必须采用大量内存进行冠层面元的存储，而导致无法使用 CPU 并行。此处采用 OpenMP 进行并行计算，其根据所利用计算机的 CPU 数量决定线程数量。采用多核计算机进行并行时，对于每个线程，需要构造一个对应的半球，而不能将一个半球给多个线程使用。当在八核计算机上进行计算时，并行计算使得算法效率提高为串行计算速度的 7.36 倍。

7.3.4 作物群体冠隙分数计算方法验证

为验证算法的准确性，首先对单面元冠隙分数的计算准确性进行验证，然后对玉米冠层的冠隙分数分别从半球图像和冠层光分布两方面进行验证。

1. **单面元冠隙分数计算验证** 分别构造如图 7 - 18 所示的两个几何模型，即 3/4 的金字塔与 3/4 的半球，各模型底部中心都有 1 个面元，该面元的冠隙分数是已知的，即 0.25。利用 3 个不同分辨率细分半球计算该面元的冠隙分数，计算结果见表 7 - 2，由计算结果可知，高分辨率误差范围较小，低分辨率误差范围较大，但误差都在允许范围内。

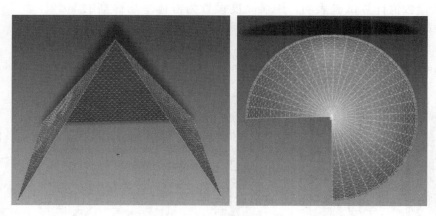

图 7 - 18 两个冠隙分数已知的几何模型（见彩图）

表 7 - 2 单面元冠隙分数计算误差

半球分辨率	3/4 半球	3/4 金字塔	3/4 半球计算误差	3/4 金字塔计算误差
M_3	0.263 889	0.247 222	1.39%	0.28%
M_4	0.250 000	0.258 333	0.0%	0.83%
M_5	0.246 528	0.252 778	0.35%	0.28%

2. **玉米群体冠隙分数验证** 为了对上述方法进行验证，于 2017 年在新疆奇台县 (44°12′N，89°34′E) 玉米高产试验田，选取了先玉 335（XY335）品种 4 个密度（7.5、10.5、13.5 和 16.5 株/m²）小区及密度为 13.5 株/m² 的郑单 958（ZD958）和 M751 两个品种小区，共 6 个小区开展试验（表 7 - 3）。所有试验小区均采用宽窄行的种植方式，其中宽行距为 0.7 m、窄行距为 0.4 m，采用滴灌方式保证不发生水肥胁迫。由于新疆奇台县光热资源充足，各小区较国内其他生态点植株具有更高的株高。

表 7 - 3 不同品种和密度处理的 6 个群体概况

群体 ID	处理	品种	密度（株/m²）
A	密度	XY335	7.5
B	密度	XY335	10.5
C	密度＋品种	XY335	13.5
D	密度	XY335	16.5
E	品种	ZD958	13.5
F	品种	M751	13.5

　　采用本书第 6 章中玉米群体三维建模方法，通过三维数字化数据构建了 6 个小区的玉米群体三维模型（图 7 - 19），各群体均包含 3 行×5 株的 15 个植株。然而，利用仅包含 15 株的群体无法体现群体结构特征。此处采用复制域的方法，以所构建群体为中心，在其周围按照行距和株距关系复制 8 个群体形成复制域（图 7 - 20）。同时，为了模拟高密度玉米群体中下部群体结构特征，在复制域周围建立围墙，实现复制域外更大范围玉米对中心群体的遮挡效果。大量数值计算试验表明，围墙高度设置为群体平均株高的 80％。表 7 - 4 给出了 6 个小区的群体参数信息。

XY335　　　XY335　　　XY335　　　XY335　　　ZD958　　　M751
7.5株/m²　　10.5株/m²　　13.5株/m²　　16.5株/m²　　13.5株/m²　　13.5株/m²

行向

A小区　　　　B小区　　　　C小区　　　　D小区　　　　E小区　　　　F小区

图 7 - 19 所构建的 6 个小区玉米群体三维模型可视化结果

表 7 - 4 6 个玉米群体的群体结构参数信息

群体 ID	中心群体面元数量（个）	复制域面元数量（个）	密度（株/m²）	平均株高（cm）	计算的 LAI	实测 LAI	计算的覆盖度（％）
A	29 480	223 232	7.5	371.65	5.578	4.641	62.39
B	34 412	267 428	10.5	376.61	8.557	7.82	84.45
C	31 028	240 572	13.5	379.94	9.851	9.03	87.24
D	33 516	260 132	16.5	392.07	12.838	11.305	91.22
E	34 072	264 944	13.5	383.77	11.418	9.04	86.96
F	33 796	262 652	13.5	374.06	9.561	8.685	84.83

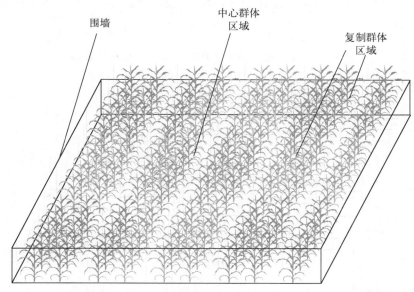

围墙　　　中心群体区域　　　复制群体区域

图 7 - 20　为消除计算边际效应所构建的玉米群体复制域示意图（见彩图）

（1）基于半球图像的玉米群体冠隙分数验证　利用半球图像获取并解析作物冠层冠隙分数是目前广泛应用的一种方法。于玉米生长灌浆期阴天条件下，采用佳能 EOS 77D 全画幅相机、Sigma 8 mm F3.5 EX DG 鱼眼镜头，放置于玉米群体宽行中间高 40 cm 的位置，获取各小区的半球图像，图 7 - 21 分别为 XY335 品种 10.5 株/m²、XY335 品种 16.5 株/m² 和 ZD958 品种 13.5 株/m² 3 个小区的冠层半球图像，由图像可知，各小区冠层结构存在明显差异。通过将半球图像二值化得到各小区的冠隙分数。

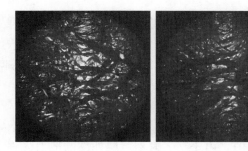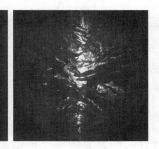

图 7 - 21　3 个小区的半球图像

在各小区获取半球图像相同位置，利用所构建的玉米群体三维模型，采用基于多分辨率的细分半球方法计算各群体的冠隙分数。图 7 - 22 给出了各小区两种方法得到的冠隙分数对比结果。在 13.5 株/m² 密度的 3 个品种小区，两种方法得到的冠隙分数的绝对误差分别为 3.5%（XY335）、2.68%（ZD958）和 9.3%（M751）。在 XY335 品种下不同密度小区，两个中密度小区的冠隙分数绝对误差分别为 1.45%（10.5 株/m²）和 3.5%（13.5 株/m²），验证结果较好。但在低密度和高密度 2 个小区误差较大，分别为 58.7%（7.5 株/m²）和 39.5%（16.5 株/m²）。在低密小区中，由于试验地光热资源丰富，低密度小区各植株普遍有 1～2 个分蘖，这些分蘖没有在群体几何模型中体现，但却影响了实际半球图像测量得到的冠隙分数，故半球图像得到的结果较小。同样，由于高密度群体结构过于复杂，导致两种方法模拟结果形成了一定的误差。总体而言,本方法在多数玉米群体中均能得到较为满意的冠隙分数计算结果。

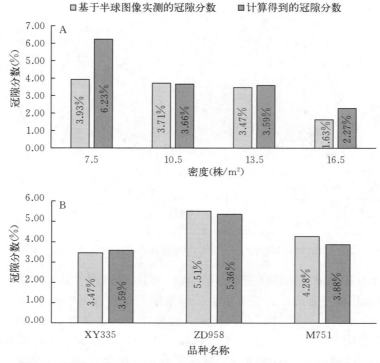

图7-22 利用半球图像和本文方法计算不同密度、不同品种各小区的冠隙分数对比结果

A. XY335品种不同密度小区;B. 密度为13.5株/m² 的不同品种小区

(2) 基于散射光分布的玉米群体冠隙分数验证 作物冠层中的散射光分布主要因天空不同方向的散射光透过冠层中的缝隙入射到作物冠层中的不同位置,研究认为作物冠层中的散射光分布与冠隙分数有关(Wang et al.,2006),认为冠层外的天空散射光是各向同性的。因此,冠层中某位置所截获的散射光强为

$$I_i^{\text{diffuse}} = I^{\text{diffuse}} \times r_i \qquad (7-9)$$

式(7-9)中,I^{diffuse} 为冠层外的散射光强,r_i 为第 i 个冠层面元的冠隙分数,I_i^{diffuse} 为该面元所截获的散射光强度。根据式(7-9),由于某一时刻冠层外部的散射光强 I^{diffuse} 是相同的,通过模拟和测量玉米冠层内指定位置的散射光分布即可实现当前位置冠隙分数的验证,即实现冠隙分数计算的验证。

针对上述 XY335 品种的 3 个密度(10.5、13.5 和 16.5 株/m²)玉米群体(即 B、C 和 D 小区),采用 AccuPAR 冠层分析仪,选取阴天条件下测量群体内的光分布(PAR,光合有效辐射)。测量时间为 2017 年 7 月 21 日 12:17—12:31,测量过程中天气状况稳定。每隔 20 cm 高度在冠层内测量 3 个重复数据,取 3 个重复的平均值作为当前高度的光合有效辐射。在上述所构建的各玉米群体三维模型基础上,在对应光分布测量位置构建虚拟光合有效辐射传感器。传感器在光分布计算过程中不遮挡,只接收光强。利用所测量时冠层外部实测光合有效辐射数据作为输入,计算各群体内不同测量位置的散射光分布。将实测数据与模拟数据对比分析,结果如图 7-23。由图可知,模拟值与实测值具有较好的一致性;B、C 和 D

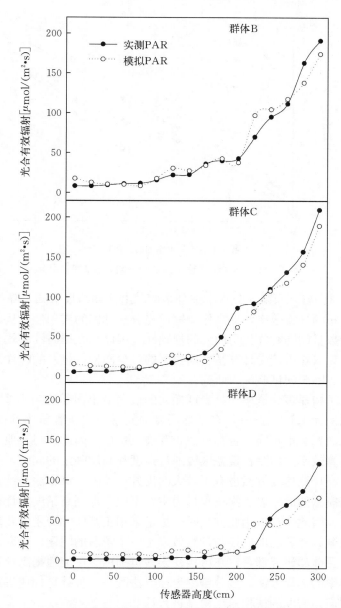

图 7-23　3 个玉米群体内不同高度实测与计算的散射光分布对比结果

3 个群体模拟值与实测值的相关系数（R^2）分别为 0.963 9、0.983 3 和 0.898 8。相对而言，群体 D 的误差较大，主要是由于极高密度种植的玉米群体结构更为复杂，其形态结构模拟的误差高于其他群体。

7.3.5　方法计算效率评价

作物群体冠隙分数和散射光分布的计算效率是方法实用性的重要指标。为评价算法的效率，在 32 核图形工作站（CPU 为 E5-2690@2.90GHz）采用多分辨率细分半球方法，分别对本章网格简化中所构建的 11 组不同尺度网格简化与优化后的玉米冠层几何模型进行作物冠层冠隙分数计算，各计算时间如图 7-24 所示。其中 M_3、M_4 和 M_5 表示在计算过程

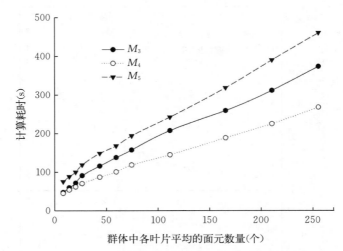

图 7-24　不同面元数量的冠隙分数计算时间差异

中，分别采用的第 3、第 4 和第 5 分辨率细分半球。由计算结果可知，降低作物冠层面元数量可大幅提高光分布的计算效率，提高作物冠层光分布计算的实用性；从计算精度而言，方法在降低三角面元数量的同时优化了面元的规则性。因此，在提高计算效率的同时保证了计算精度，但最适计算（在可接受计算精度前提下的最少网格数量）的叶片网格数量仍需结合光分布算法与开展实际田间试验深入研究。

在精度方面，所构建多分辨率细分半球面元的最大最小面积比为 1. 215，而已有经纬度划分方法中，该比例为 1. 57；此外，在半球所有面元中，除包含价为 5 的顶点面元和边缘面元外，其他面元面积基本相同，且都近似于等边三角形。因此，与其他方法相比，精度有很大的提高。在计算效率方面，在覆盖区域通过经度和高度确定的同时，还采用了层次树状结构来提高效率，在计算速度方面也有了较大的提升；此外，该方法与计算所采用的几何模型也有关，若几何模型的面元以正则三角形为主，不但会得到高精度的计算结果，还会在计算速度上有所提高，因此，在应用此方法时，尽量采用正则面元为主的几何模型。

作物冠层冠隙分数计算的准确性与计算效率是一个矛盾的问题，研究需要在二者之间找到较好的平衡点。目前的研究都是以在可接受误差范围内尽可能地提高计算效率，而本方法提供了一种多分辨率的选择方法。多分辨率半球方法既是一种计算加速机制，又使得多分辨率方法可适应不同面元密度的植物冠层模型进行计算。

7.4　基于作物冠层光分布计算的玉米株型评价

基于三维可视化模型的作物冠层光分布计算（Cabrera - Bosquet et al.，2016）是植物功能结构模型（Henke et al.，2016）研究的核心内容之一。光是绿色植物进行光合作用的重要能量来源，光截获的能力在一定程度上决定了植物体干物质的累积（Monteith，1972）。因此，植物冠层内光分布与植物体形态结构相互作用的关系在一定程度上解释着植物功能-结构模型内涵的同时，也说明了冠层光分布是植物光合生产力模拟研究的重要基础。

不同波段辐射作为一种环境信号对植株形态结构的发育起到重要的调节作用，其中 400～700 nm 波段的光辐射对于植物的光合作用最为有效，称为光合有效辐射（Photosynthetic active radiation，PAR），作物冠层的光分布研究也多为针对 PAR 开展。从三维尺度研究不同玉米群体的光截获能力，对于作物品种生产力差异分析、栽培管理措施优化以及理想株型育种等研究均具有重要作用。

本节首先对作物冠层光分布计算方法进行介绍，包括冠层直射光分布和利用冠隙分数计算的冠层散射光分布，然后利用玉米群体三维建模和冠层光分布计算方法，从数值计算的角度对不同玉米品种的光截获能力进行评价。

7.4.1 作物冠层光分布计算方法

作物冠层光分布模拟主要分为太阳直射辐射分布模拟、天空散射辐射模拟以及冠层内部多次反射和散射辐射模拟三部分。其中，前两部分计算结果的准确性直接关系到第三部分以及最终结果的准确性。有研究已指出，第三部分的多重反射散射辐射相对直射与散射辐射而言可忽略（Sinoquet et al.，1998）。因此，本节主要模拟冠层中指定时刻的直射光分布和散射光分布，在此基础上给出逐日光截获总量的计算方法，并利用冠层光分布模拟方法对不同玉米品种株型进行光截获能力评价。

1. **直射光分布计算方法**　作物冠层中的太阳直射辐射是冠层内辐射变化最重要的部分。晴天情况下冠层中某位置接收到的直射辐射多远高于散射辐射，直射辐射受太阳位置变化导致冠层不同位置形成差异显著的光斑及阴影，尤其是冠层中下部变化更为显著。已有冠层直射辐射分布计算方法认为太阳光是平行入射光，利用光线投射方法计算冠层内的光分布（Wang et al.，2005）。本节也采用基于光线投射的方法计算冠层内的直射光分布，其中太阳入射光线方向采用文献（Song et al.，2013）的方法计算。计算冠层中各三角面元的 3 个顶点在光线入射方向上是否有面元形成遮挡，如果有面元遮挡，该顶点记为未接收到直射辐射，否则记为接收到直射辐射。面元接收到的直射辐射为

$$I_i^{\text{direct}} = I^{\text{direct}} \times \cos\varphi_i \times n_i/3 \qquad (7-10)$$

式（7-10）中，I_i^{direct} 为第 i 个面元的直射辐射；I^{direct} 为冠层外与太阳辐射方向垂直平面上的直射辐射强度，即冠层外总的直射辐射；φ_i 为第 i 个面元法线与太阳入射方向的夹角；n_i 为当前面元 3 个顶点中未被其他面元遮挡的个数。图 7-25 为模拟的玉米冠层内直射光分布可视化效果。

图 7-25　玉米冠层直射辐射分布计算可视化结果

2. 散射光分布计算方法　太阳直射光分布模拟主要是在太阳入射方向上进行面元遮挡的判断，而作物冠层中散射光分布的模拟一直是面元尺度光分布模拟的难点，其在保证高精度的同时却也面临着计算量大、参数难以获取等问题。尽管如此，散射辐射还是能穿入到冠层中一些直接辐射无法到达的位置，且这也是阴天情况下光辐射的主要存在形式。对于种植密度高的作物冠层，穿过遮挡到达冠层内的直射光十分有限，散射光的分布就显得尤为重要（王锡平，2004）。因此，定量计算散射光部分在冠层内部的分布变化对于评价作物冠层光分布十分重要。

作物冠层内的散射光分布模拟方法普遍采用各向同性模式，即假设散射辐射均匀地分布于整个天空，从各个方向入射到作物冠层内某一位置处的散射辐射相同。因此，模拟方法将天空半球均匀划分，即采用 Turtle 模型的思想计算作物冠层的冠隙分数，进而计算冠层内的散射光分布，Chelle（2007）利用均匀分布在天空半球上的 72 个点作为光源来模拟天空的各向同性模式，Wang 等（2006）将天空半球按经纬度划分来模拟玉米群体的散射光分布。此处利用本章上一节中基于多分辨率细分半球的冠隙分数计算方法计算作物冠层内各位置的散射辐射分布，即利用式

图 7 - 26　玉米冠层散射辐射分布计算可视化效果

（7-9）计算得到冠层内各面元的散射辐射强度。图 7-26 为玉米冠层散射光分布模拟的可视化效果，以明暗对比标识不同位置接收到的散射辐射强度，冠层内部的散射辐射强度明显低于冠层边缘的辐射强度，与真实情况一致。

3. 作物冠层光分布计算方法与验证　某一时刻作物冠层内的光合有效辐射分布，以冠层外部光环境作为输入，综合上述直射光分布和散射光分布计算方法，计算得到作物冠层内此时刻的光分布。

设 I 为某时刻冠层外部总的光合有效辐射强度，ρ 为该时刻直射辐射占总的光合有效辐射的百分比，α 为当前太阳高度角，则该时刻垂直于光线入射方向的冠层外直射辐射 I^{direct} 和散射辐射 I^{diffuse} 分别为

$$I^{\text{direct}} = \frac{I \times \rho}{\sin\alpha}$$

$$I^{\text{diffuse}} = I\,(1-\rho)$$

（7-11）

因此，通过输入冠层外部总光强、直射光百分比、冠层经纬度和时间信息，采用 Z-Buffer 投影方法计算直射光分布，基于多分辨率细分半球的散射光分布计算得到散射光分布，即可得到该时刻冠层内的光合有效辐射分布。冠层内某面元 i 的此时刻的光合有效辐射强度为

$$I_i = I_i^{\text{direct}} + I_i^{\text{diffuse}}$$

（7-12）

玉米群体不同截面位置的光合有效辐射可视化效果如图 7 - 27 所示。

图 7 - 27 玉米群体不同截面位置的光合有效辐射可视化效果（见彩图）

为了评估光分布计算方法的精度，除在 7.3.4 节对冠层内散射光分布的计算准确性验证外，需对玉米冠层内某时刻的光分布进行验证。采用散射光分布相同的验证方法，通过冠层分析仪测量群体内的光分布数据，并构建玉米群体三维模型。试验地点为北京市农林科学院试验田（39°94′N，116°29′E），玉米品种为郑单 958，密度为 6 株/m²，数据获取日期为 2014 年 9 月 9 日晴天，群体内光分布测量时间为 13:53—14:05，测量时冠层外部 PAR 为 1 342.0 μmol/(m² • s)，直射光比例为 63.5%。采用玉米群体三维建模方法构建玉米群体三维模型，并用上述方法计算冠层内 14:00 的光分布。模拟与实测结果如图 7 - 28 所示，其中，$RMSE=83.9$ μmol/(m² • s)，说明模拟结果与实测结果具有较好的一致性，表明冠层光分布计算方法在晴天条件下所计算的玉米群体内光分布可以满足玉米结构功能计算分析的需求。

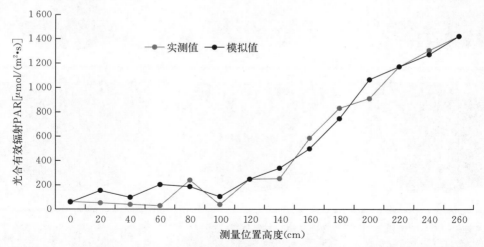

图 7 - 28 玉米群体指定时刻光分布模拟结果与实测值对比

4. 逐日光截获总量计算方法 不同时刻冠层内光分布差异较大，作物冠层某一时刻的光分布情况无法全面、客观地反映作物群体的光截获能力，因此，要分析不同玉米群体的光截获能力需计算其一段时间的光截获总量。因此，在指定时刻光分布计算方法的基础上，本节给出玉米群体逐日的光截获总量计算方法，用于评价不同品种或栽培管理措施的作物冠层光截获能力。

冠层逐日光截获总量模拟的输入为日期（年/月/日）、地理位置（经纬度）、当日的冠层外部总光强变化以及对应不同时刻的直射光占比。将时间划分为等步长，通过计算各时刻的光分布，并在时间、器官、植株和群体尺度做积分，即得到玉米群体当日的光截获总量。以某一叶片 1 d 的光截获总量计算为例，其计算公式为

$$I_{\text{leaf}}^{\text{total}} = 3\,600 \times \sum_i \sum_j \left(\frac{I_{i,j-1}^{\text{direct}} + I_{i,j-1}^{\text{diffuse}} + I_{i,j}^{\text{direct}} + I_{i,j}^{\text{diffuse}}}{2} \right) \times s_i$$

$$= 1\,800 \times \sum_i \sum_j (I_{j-1}^{\text{direct}} \times \cos\varphi_{i,j-1} \times n_{i,j-1}/3 + I_{j-1}^{\text{diffuse}} \times r_i) \times s_i$$

$$+ 1\,800 \times \sum_i \sum_j (I_j^{\text{direct}} \times \cos\varphi_{i,j} \times n_{i,j}/3 + I_j^{\text{diffuse}} \times r_i) \times s_i \quad (7-13)$$

式（7-13）中，i 为当前叶片的三角面元序号变量，j 为当日时间划分步长后的时间点序号变量，I_j^{direct} 和 I_j^{diffuse} 分别为 j 时刻冠层外部的垂直于直射光入射方向的直射辐射强度和天空散射辐射强度，s_i 为第叶片上第 i 个面元的面积，r_i 为该面元的冠隙分数，$n_{i,j}$ 为第 i 个面元在第 j 时刻 3 个顶点中被直射光照亮的顶点数，$0 \leqslant n_{i,j} \leqslant 3$。$I_{\text{leaf}}^{\text{total}}$ 的单位是 μmol。

在玉米群体当日光截获总量的计算中，本研究认为玉米群体结构不发生变化，即输入的几何模型不发生变化，因此，群体的冠隙分数 $\{r_i\}$ 也不发生变化。当计算最为耗时的冠隙分数确定后，玉米群体的逐日光截获总量计算效率非常高，这也是本方法与基于辐射度和光线追踪两类方法在光截获总量计算方面的优势。图 7-29 给出了玉米群体在上

图 7-29　玉米冠层连续光分布模拟可视化效果（见彩图）
A. 10:30；B. 11:00；C. 11:30；D. 12:00；E. 12:30；F. 13:00；G. 13:30；H. 14:00；I. 14:30

午 10:30 至下午 14:30，每 0.5 h 一个步长（实际光截获总量的计算步长为 15 min）的连续光分布模拟可视化效果。

5. **作物冠层光分布计算模块开发**　集成上述作物冠层光分布计算方法，使用 C++ 语言和 OpenGL 图形库，在 Windows 平台下，开发作物冠层光分布模拟模块。在作物群体三维模型基础上，通过用户交互输入参数，可计算出冠层内每个三角面元在不同时刻所截获的光合有效辐射强度。该模块所需参数少，且所输入参数均具有明确的农学意义，便于与传统作物模型相结合。下面给出了模块实现过程中面元的数据结构：

```
class Element3
{
    float area;                  //面元面积
    float cgf;                   //面元冠隙分数
    Vector3 normal;              //法向量
    Vertex3 * pvertex [4];       //顶点坐标数组
    Point3f center;              //面元中心坐标
    float angle;                 //面元法线与光线方向夹角
    bool lighted;                //面元是否被照亮
    float power _ direct;        //面元直接辐射强度
    float power _ diffuse;       //面元散射辐射强度
    float power _ inst;          //面元瞬时光合有效辐射强度
};
```

图 7 - 30 为作物冠层瞬时光分布计算流程。首先，通过用户输入时间、位置及冠层外部的光环境信息，模块自动计算太阳高度角、方位角及冠层外直射和散射辐射强度；进一步地，用户选择设计好的作物群体三维模型，并调整群体三维模型朝向，模块通过内置的光线投射方法计算冠层内直射光分布，并基于细分半球的冠隙分数计算方法，计算作物冠层内散射光分布，最终得到作物冠层指定时刻的光分布。图 7 - 31 给出了作物冠层指定时刻光分布计算模块界面。

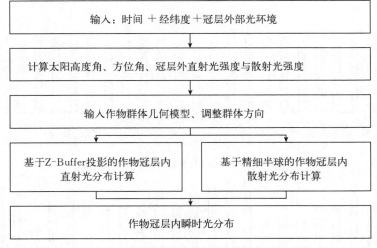

图 7 - 30　作物冠层指定时刻光分布计算流程

图 7-31　作物冠层指定时刻光分布计算模块界面

7.4.2　基于植株 3D 可视化模型的玉米株型分类

为检验玉米结构功能可视化计算技术，项目组于 2015 年在黑龙江省依安县选取种植区新选育的 26 个品种，分别选取各品种中 1 个典型植株进行植株骨架三维数字化数据的获取，利用第 6 章中的株型参数提取技术对 26 个品种的主要株型参数进行定量分析。分别计算株高、叶片数量、各叶片的叶长、叶宽、叶尖点距茎秆水平距离、茎叶夹角、叶方位角，并利用叶长和叶宽计算叶面积、利用叶方位角计算植株方位平面。在此基础上，计算 26 个品种各植株的平均单叶叶面积、叶尖距茎平均水平距离、平均茎叶夹角和植株方位角偏离方位平面的标准差。所获取 26 个品种相关参数的对比如图 7-32 所示：

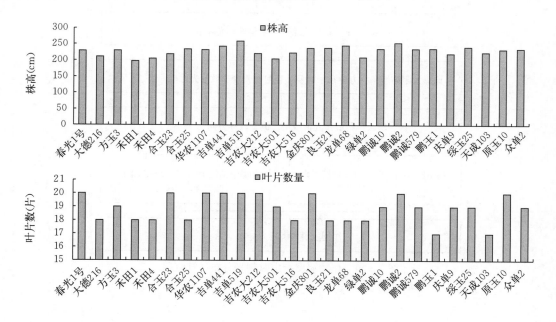

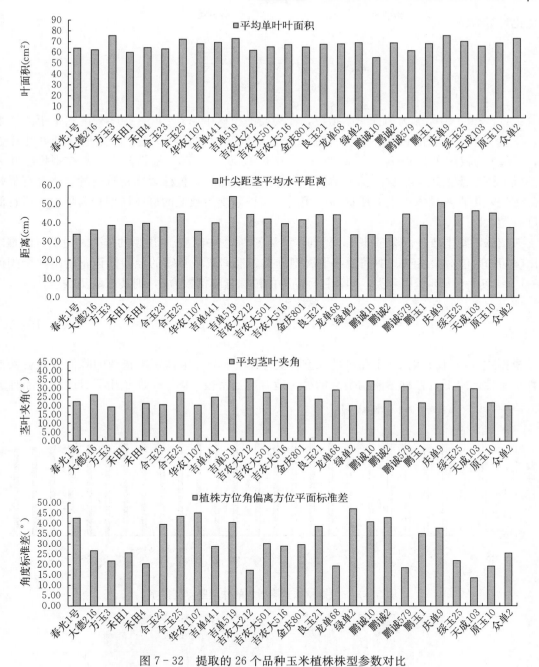

图 7 - 32　提取的 26 个品种玉米植株株型参数对比

　　玉米叶尖距茎平均水平距离描述了植株叶片在植株平面上垂直于茎秆方向上的伸展程度，其对各品种的种植行距具有一定的指导意义。平均茎叶夹角描述了当前品种是平展型、中间型还是紧凑型，平均茎叶夹角对品种的密植程度有一定的参考作用。植株方位角偏离方位平面标准差描述了各品种叶片偏离植株平面的大小，偏离值越小整个植株越趋近于一个平面内，越有益于冠层中下部的透光，其对各新品种的种植密度具有一定的决策参考价值。基于以上参数，对 26 个品种各植株的株型结构进行进一步度量。由于茎叶夹角越大植株越平展、叶尖距茎水平平均距离与平均叶长之比越大，植株也越平展，据此给出植株紧凑指数的

定量化计算方法,即

$$\beta=a \cdot \frac{1}{\sin\left(\dfrac{\sum\limits_{k}\theta_k}{n}\right)}+b \cdot \frac{\sum\limits_{i}L_i}{\sum\limits_{i}r_i} \qquad (7-14)$$

式(7-14)中,β 为植株紧凑指数,r_i 为当前植株中第 i 个叶片距茎秆的水平距离最大值,L_i 为第 i 个叶片的长度,θ_k 为当前植株第 k 个叶片的茎叶夹角,n 为植株可见叶片数量,a 和 b 为权因子,$a+b=1$,此处取 $a=0.624$、$b=0.376$。植株紧凑指数在平均茎叶夹角基础上进一步描述了植株的株型结构。从株型角度出发,植株紧凑指数高的群体具有更好的耐密性,可在种植密度上有所提高;相反,植株紧凑指数低的群体株型较为平展,适宜低密度种植。

按植株紧凑指数进行降序排列,得到株型从紧凑型-中间型-平展型的排列。由于目前难以给出确切的阈值对紧凑型、中间型和平展型分类。根据栽培专家的经验知识,给出两个阈值 $\beta_1=0.944$、$\beta_2=0.895$ 予以分类,即若目标品种的植株紧凑指数为 β,则其株型 T 为

$$T=\begin{cases} 紧凑型, & \beta\geqslant\beta_1 \\ 中间型, & \beta_2\leqslant\beta<\beta_1 \\ 平展型, & \beta<\beta_2 \end{cases} \qquad (7-15)$$

根据式(7-15)对 26 个品种的株型分类见图 7-33,植株紧凑指数的降低意味着株型品种耐密性的降低,植株紧凑指数高的品种适宜适当密植。图 7-34 给出了其中 4 个品种的

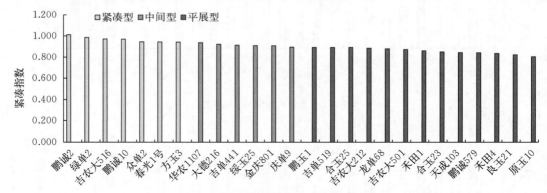

图 7-33 根据植株紧凑指数的株型紧凑度排序

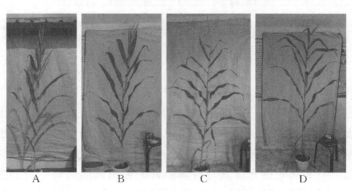

图 7-34 紧凑度典型玉米品种(见彩图)

A. 鹏诚 2;B. 华农 1107;C. 吉农大 212;D. 原玉 10

株型照片，紧凑程度从 A 至 D 逐渐降低。当前 a、b、β_1 与 β_2 的取值为少量样本估计值，实值需大量已知株型品种的数据作为训练样本通过机器学习方法得到。基于三维数字化的玉米株型评价对玉米新品种选育和合理密植具有重要的参考意义。

7.4.3 不同株型玉米群体光截获能力评价

为从株型角度出发，从多品种中筛选出耐密性好、光截获能力好的优质玉米品种，在基于三维数字化的株型分类基础上，采用上述作物冠层光分布计算方法对品种进行筛选。首先利用第 6 章玉米群体三维建模方法构建各品种的玉米群体三维模型，然后结合光分布计算方法对各群体进行逐日的光截获总量计算，进而给出各品种光截获能力评价。

为模拟与分析 26 个品种的光截获能力，根据所构建的玉米植株，将植株几何模型给予随机参数复制生成包括 32 个植株的玉米群体。群体为 4 行，每行 8 株，按黑龙江省依安县的种植密度，垄间距为 135 cm，行距为 45 cm，株距为 18 cm。为提高计算效率，群体几何模型输出忽略了几何面元较多但对光分布计算影响较小的雄穗、雌穗和节间，参与计算的几何模型仅包含叶鞘、叶片与地面的几何面元。由于所构造的几何模型面元

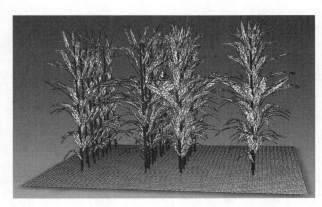

图 7 - 35　天成 103 玉米群体网格可视化结果

过多，故采用 7.2 节中的网格优化方法对玉米叶片网格进行简化和优化，优化的目的是在保证网格质量不降低的条件下减少叶片面元的网格数量，优化后的玉米冠层三维模型包含 100 000～150 000 个面元，与原模型相比，平均简化率为 11.85%。所构造的冠层几何模型经网格优化后如图 7 - 35 所示。

2015 年 8 月 12 日，通过 AccuPar 测定冠层外部的光环境在 8:00—16:00 之间各时刻的变化情况。模型输入包括冠层外总的辐射强度和通过遮挡直射光后的散射辐射，冠层外部光环境变化情况如图 7 - 36 所示。

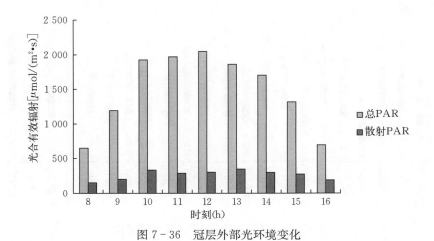

图 7 - 36　冠层外部光环境变化

通过光分布计算方法模拟当日 26 个品种群体的光截获情况，为了避免边际效应的影响，使得模拟更符合田间实际情况，对冠层内部靠北的 6 个植株各叶片进行光截获总量统计分析（μmol）。如图 7-37 所示，选取编号为 10、11、12、18、19 和 20 的植株为目标植株，其他植株在计算过程中起遮挡作用。

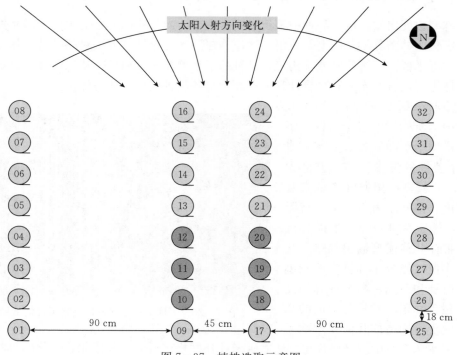

图 7-37　植株选取示意图

模拟结果见图 7-38。计算结果表明，不同品种光截获的能力差异较大，其中，天成 103 的光截获能力最强，禾田 4 的光截获能力最弱，多数品种的光截获能力位于 5 000～8 000 μmol 区间内。

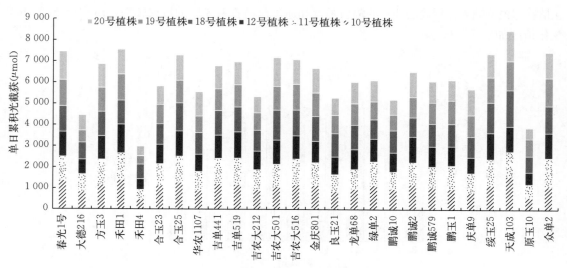

图 7-38　各品种光截获能力差异示意图

利用玉米株型参数构建玉米群体几何模型，并结合作物冠层光分布计算方法实现不同玉米品种光截获能力的计算分析，对于玉米新品种的评价和配套栽培方案的确定具有一定的参考作用。

7.5 基于可视化计算的玉米光合生产模拟与株型优化

7.5.1 基于可视化计算的玉米光合生产力模拟

作物冠层光合生产力分析（Wu et al.，2016）是玉米结构功能分析的重要手段之一，对玉米株型优化、栽培方案制定、新品种生产力预测分析等研究具有重要作用。国内外学者在冠层光分布和光合生产力方面开展了大量研究。关于玉米光合模拟的研究多将冠层看作二维均一结构，并且基于田间实测和模型模拟的手段（Peng et al.，2018），这样能简化计算，提高模拟效率，但难以描述群体结构的空间异质性。近年来，随着植物三维建模技术和三维尺度的作物冠层光分布计算技术迅速发展，研究者注意到从三维尺度进行作物冠层的光合生产力研究，具有更高的分辨率，可以反映不同品种、密度和栽培管理措施产生的空间异质性。本节以不同氮肥处理的玉米为对象，利用玉米群体三维建模和冠层光分布计算方法，结合玉米生产力计算模型，开展面元尺度的玉米光合模拟与验证方法研究。

1. 试验设计与数据获取　在北京市农林科学院试验田（39°94′N，116°29′E），选用 5 月 12 日播种、品种为郑单 958、种植密度为 6 株/m² 的玉米群体开展田间试验。试验共设 5 个氮肥梯度处理，分别为 0 kg/hm²（N0）、75 kg/hm²（N1）、150 kg/hm²（N2）、225 kg/hm²（N3）、300 kg/hm²（N4）。玉米生育期内按需灌溉，确保不发生水分胁迫。氮肥为尿素，分两次施用，50％作为基肥，50％在 8 叶期追施；磷肥为过磷酸钙，施用量为 85 kg/hm²，钾肥为氯化钾，施用量为 67.5 kg/hm²；磷肥和钾肥全部作为基肥在播种前一次性施入。选取 7 月 12 日的玉米拔节期图像用于提取各目标群体内的各植株生长位置和植株方位平面，于 8 月30～31 日获取吐丝期各目标群体内各 3 株玉米的三维数字化数据。于 9 月 7～18 日在玉米灌浆后期，每隔 12 d 对氮肥处理的光合相关指标进行测定，通过 TD‑CIRAS‑2 便携式光合仪获取相关光合参数，包括瞬时光合参数、光合日动态和光响应曲线。

2. 玉米群体三维建模与光分布计算　利用第 6 章的玉米群体三维建模方法和上述作物冠层光分布计算方法，分别构建了 5 个氮肥处理小区吐丝期的玉米群体三维模型，每个群体包含 3 行 4 列共 12 株玉米（图 7‑39），各小区构建 108 株的玉米群体复制域用于光分布计算。以 9 月 7～18 日田间实际测得的每 10 min 的光合有效辐射变化作为光截获计算的输入，得到群体内每个叶片逐日的光截获累积。

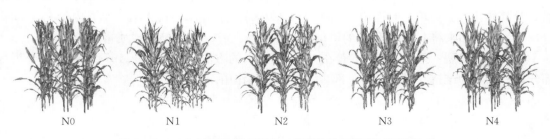

| N0 | N1 | N2 | N3 | N4 |

图 7‑39　5 个氮肥处理小区的玉米群体几何模型可视化效果

3. 玉米群体光合计算方法 在面元尺度光分布计算模型基础上，引入经典的负指数模型进行玉米群体光合生产力的计算。玉米光合模拟首先将面元尺度计算得到的光截获输入到净光合速率负指数模型中，得到单叶净光合速率，然后进行单叶光合生产量的计算，最后计算呼吸消耗。通过光合生产量与呼吸消耗差值转换，最终得到单叶干重。

(1) 叶片光合模型 叶片净光合速率 P_n $[\mu molCO_2/(m^2 \cdot s)]$ 模型采用经典的负指数模型（Negative exponential model，NEM）（Ye et al.，2013），即

$$P_n = P_{n\_max}\left[1 - \exp\left(-\frac{\varepsilon \cdot l_a}{P_{n\_max}}\right)\right] \qquad (7-16)$$

式（7-16）中，光能初始利用效率 ε 和叶片最大光合速率 P_{n_max} 是模型中最重要的两个参数。它们反映了光合作用中的化学过程和生理学特点，受植物种类和环境条件的影响。参数 ε 也称为初始量子效率，表示叶片在弱光下的光合能力，由于其较为稳定，可以认定为常数。l_a 表示叶片吸收的光合有效辐射，通过单叶截获的光合有效辐射 l_i 与叶片吸收效率 α 的乘积得到，这里 α 取 0.85，单叶截获的光合有效辐射 l_i 通过上述面元尺度的光分布计算获得。

P_{n_max} 为叶片最大光合速率，与叶龄和环境温度有关，公式为

$$P_{n\_max} = P_{max} \cdot F_A \cdot F_T \qquad (7-17)$$

式（7-17）中，F_A 是叶龄对净光合速率的影响函数，公式为

$$F_A(d) = m(d) \cdot \exp[1 - m(d)] \qquad (7-18)$$

式（7-18）中，m 为模型系数，d 表示叶龄，m 与 P_{max} 可由上述试验测定数据拟合得到，m 取值为 0.18，P_{max} 在不同叶位的值不同。

F_T 为温度对净光合速率的影响函数，公式为

$$F_T = \begin{cases} 0, & T < T_{min} \text{ 或 } T > T_{max} \\ \sin[(T - T_{min})/(T_0 - T_{min})], & T_{min} \leqslant T < T_0 \\ \sin[(T_{max} - T)/(T_{max} - T_0)], & T_0 \leqslant T < T_{max} \end{cases} \qquad (7-19)$$

式（7-19）中，T 为实测温度，T_{min} 为光合作用最低温度（5 ℃），T_{max} 为光合作用最高温度（45 ℃），T_0 为光合作用最适温度（28 ℃）。

暗呼吸速率一般近似等于植物的光呼吸，对于玉米等 C_4 作物来说光呼吸很微弱，可以忽略掉，因此负指数模型中没有涉及此项。

冠层某一小时内净光合积累量 P_A $[g/(m^2 \cdot h)]$ 的计算公式为：

$$P_A = 3\,600 \times 44 \times 10^{-6} \times \sum_{i=1}^{N} p_n^i \times s_i \qquad (7-20)$$

式（7-20）中，p_n^i 为单叶某一时刻的净光合速率，由面元尺度模型得到的光合有效辐射 l_i 计算得出，s_i 为单叶叶面积，3 600 是将瞬时净光合速率转换为某一小时内的 CO_2 同化量，44×10^{-6} 用来将 CO_2 同化量的单位从摩尔质量（g/μmol）换算成质量（g）。

(2) 呼吸模型 采用 McCree 等在 1974 年提出的方法（McCree，1974）将呼吸分为两部分，一部分为维持呼吸作用，一部分为生长呼吸作用。表达式为

$$R = R_G + R_M$$
$$R_G = k \times P_d \qquad (7-21)$$
$$R_M = m \times Q^{(T-25)/10} \times W$$

式（7-21）中，R_G 表示生长呼吸作用，R_M 表示维持呼吸作用，单位均为 g/$(m^2 \cdot d)$；

k 是生长呼吸系数，单位为 g CO_2/g CO_2，取值 0.25；P_d 为冠层每日实际总同化量，单位为 g/(m^2 · d)，等于 P_A 的逐小时累加值；m 为维持呼吸系数，取值为 0.012 5/d；Q 为呼吸作用温度系数，取值 2.0；W 为地上部绿色器官（即叶片、叶鞘和茎秆）的干重，单位为 g/m^2。

（3）光合生产 每日的实际光合生产量是总光合产物减去呼吸消耗的碳同化量。相关表达式如下：

$$G = \beta \times P_d - R$$
$$D = \gamma \times G$$

$$(7-22)$$

式（7-22）中，G 为每日实际生产量，D 为物质生产，单位均为 g/(m^2 · d)；β 和 γ 分别表示 CO_2 与碳水化合物的转化系数（取值 0.68）和碳水化合物与干物重的转化系数（取值 0.82）。

利用上述方法，即可实现面元尺度的玉米群体光合生产力的计算。

4. 玉米群体光合生产力模拟结果 于上述 9 月 7 日测量 5 个氮肥处理（N0～N4）各玉米群体中，分别选取 3 个形态典型植株的各叶片干重。通过上述方法模拟了 9 月 7～18 日的光合生产，并于 19 日上午测量了各玉米群体中典型植株叶片的干重。将各叶片干重的平均模拟值与实测值进行对比分析，结果如图 7-40 所示。5 个小区各叶片干重的均方根误差 RMSE 分别为 0.25、0.71、0.90、0.82 和 0.95；平均绝对百分误差 MAPE 分别为 9.70%、9.05%、9.22%、8.47% 和 9.58%。

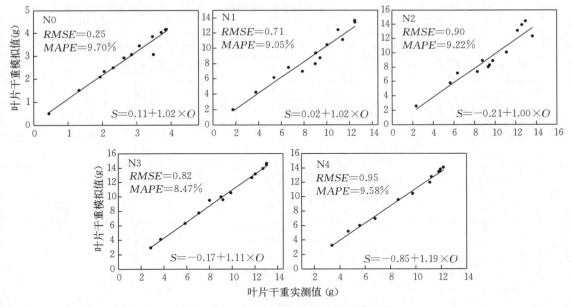

图 7-40　叶片干重模拟值和实测值比较

基于面元尺度的玉米单株各叶片光合模拟，可以反映出叶片由于叶面积不同而产生的光截获差异。通过对净光合速率负指数模型的验证和叶片光合生产量以及叶片干重的模拟计算，能比较不同氮肥处理不同叶位光合生产力的差异。在一定范围内，随着氮肥的增加，叶片干重模拟值会逐渐增加，不同叶位以穗位叶干重最大，模拟结果与实测值具有较好的一致性。利用传统生长模型（Liu et al.，2012）模拟相对误差一般在 20% 左右，只能模拟整株的叶片干重，而本方法的相对误差保持在 10% 以内，能够实现对单个叶片的模拟，分辨率更高，对于开展器官尺度的精确光合生产力计算具有实际应用价值。

7.5.2 冠层光分布驱动的玉米株型优化设计

目前，玉米株型的选择多以定性的形态性状引导的玉米育种试验方式为主，通过对叶型、根型、茎型和穗型等形态性状的选择并结合大量田间育种试验，使玉米在全生育期充分截获和利用太阳能，达到最大限度提高产量的目的。然而，这种方式样本量大、周期长、效率低，极大地限制了玉米理想株型选育的发展进程，亟须信息化技术手段的支持。因此，综合运用农学、数学、计算机图形学的技术和方法来快速、准确地定量化、可视化设计和描述玉米株型与群体的形态结构特征，以三维可视计算的方式评价不同玉米株型和冠层的光截获能力，进行玉米株型优化设计，具有重要的现实意义。

本节针对玉米理想株型育种的现实需求，综合利用玉米器官三维模板资源库构建、玉米器官网格简化与优化、玉米群体三维建模以及玉米冠层光分布计算等技术手段，研发了玉米株型优化设计系统。

1. **玉米株型优化设计系统技术路线** 玉米株型优化设计方法流程如图 7-41 所示。首先，给定优化的初始值，即设置初始玉米株型，然后结合玉米器官三维模板资源库生成初始玉米群体三维模型；在此基础上，根据优化目标参数迭代更新玉米群体三维模型，提供的株型优化目标参数包括株高、叶倾角和离散度，根据选定的优化目标参数以不同的方式实现对

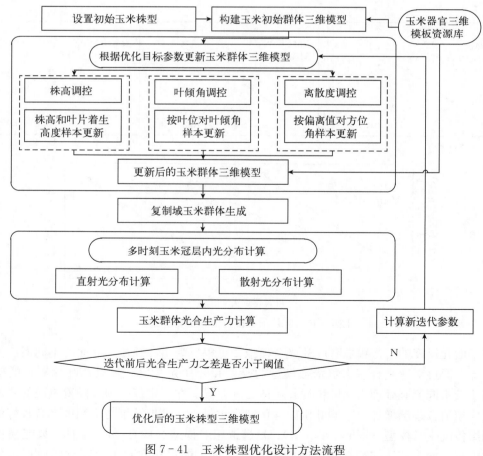

图 7-41 玉米株型优化设计方法流程

玉米群体三维模型的更新；然后利用复制域的方法构建范围更大群体的三维模型以降低后续玉米冠层光分布计算的群体边际效应；分别计算多个时刻玉米群体内的直射光分布和散射光分布，结合玉米光合模型实现当前玉米群体光合生产力的计算；判断迭代前后光合生产力的差是否小于给定的阈值，如果未满足阈值条件，则计算新的迭代参数继续迭代，如果已满足阈值条件，则得到优化结果，即玉米三维模型和对应的优化株型参数。

2. 玉米初始群体三维模型构建　初值的给定对于优化问题的求解至关重要。因此，玉米株型优化设计的初值尽量选择在生产中已经获得高产且具有较好适应性的玉米株型作为初值。采用常规的株型参数作为样本参数对玉米株型进行描述，包括株高、叶片数、各叶片的叶倾角、方位角、叶长、叶宽、叶片着生高度等。这里采用本书第 6 章中的玉米群体三维建模方法构建初始玉米群体三维模型，包括基于实测样本数据结合 t 分布函数生成主要株型参数，通过株型参数相似性函数调节单位几何模板生成单株，最后结合玉米群体中各植株的生长位置和植株方位平面参数生成初始玉米群体几何模型。

3. 株型参数驱动的玉米群体三维模型更新方法　玉米株型优化设计的核心是针对优化目标株型参数，通过对参数的逐步调整得到不同株型形态的玉米群体三维模型。因此，在初始玉米群体三维模型基础上，通过对株型参数的微调实现玉米群体三维模型的更新，是玉米株型优化设计的重点内容。通过调研分析，研究者主要对株高、叶倾角和离散度 3 个株型指标对株型产生的差异最为关注，通过调整这 3 个株型指标进行玉米群体三维模型的更新。由于上述 3 个株型参数对应的形态参数不同，因此，利用初始玉米群体进行更新或重新生成的方法不同，此处对各株型参数的玉米群体更新方法逐一说明。

(1) 株高调节　在叶片数量不变的情况下，玉米植株株高的调节主要影响节间长度和各叶片的着生高度。由于所调整的上述参数不涉及器官模板选取相似性函数 E_m 的参数，故无须重新选择叶片模板，只需计算更新模型后各器官与初始玉米群体三维模型中对应器官的高度差，并将对应器官进行平移，同时对节间按长度进行缩放即可。图 7 - 42 给出了将株高为 379.94 cm 的植株株型调整为株高为 200.0 cm 的植株可视化效果。

(2) 叶倾角调节　玉米植株株型可根据叶倾角分为紧凑型、半紧凑型和平展型。紧凑型玉米品种的冠层中下部可透过更多的光能，提高光能利用率，在实际生产中一般具有更高的产量。根据玉米不同

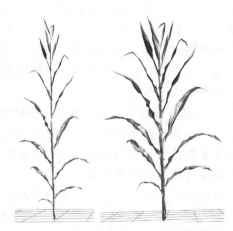

图 7 - 42　株高调整前后植株可视化效果

叶位的形态和功能特征，将整株所有叶片分为下部叶、中部叶和上部叶。其中，中部叶指生长雌穗的叶片及距离生长雌穗最近且叶倾角与穗位叶差异较小的叶片，每个植株的中部叶包含 3 个叶片，中部叶以上的叶为上部叶，中部叶以下的叶为下部叶。由于不同类型叶位叶倾角的大小对于植株生理功能的意义不同，玉米株型三维形态可根据需求，分别调整上部叶、中部叶和下部叶的叶倾角，也可将三类叶片统一调整。

玉米株型叶倾角的调整，是将初始玉米群体中各叶位对应样本的叶倾角增加预调整的角度差，得到一组新的叶倾角样本。由于叶倾角是玉米植株生成时器官模板相似性调用的一个重要指标，故更新的玉米群体需要重新生成，无法用株高调整的方式在已有的初始玉米群体

模型上通过微调得到。因此，针对叶倾角的株型优化计算效率远不及株高和离散度优化两种方式。图7-43给出了叶倾角调整分别为-10°、0°和+5°的可视化结果。

（3）离散度调节　玉米叶全部展开时，植株的相邻叶多相对生长，已有研究表明，玉米的单个叶分布在一个单一垂直平面附近，这个平面即为植株方位平面，其与正北方向夹角称为植株方位平面角。玉米各叶片方位角与植株方位平面角差的绝对值之和的平均值，描述了植株叶偏离植株方位平面的平均值，称为离散度（记为 dev），其可作为评价玉米植株叶方位角偏离植株方位平面程度的一个指标。dev 越大，植株叶方位角偏离植株方位平面越多，当 dev 趋近于 0 时，所有叶趋近于在一个平面内分布。dev 描述了玉米植株占有空间的大小。

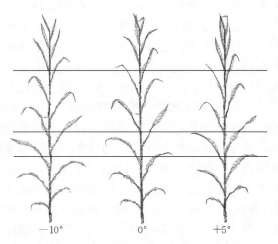

图7-43　不同叶倾角的可视化结果

注：图中的横线标识了几个叶位叶片调整后的位置对比。

调节玉米群体离散度进行玉米群体几何模型更新时，首先计算初始玉米群体的 dev 值，计算每次调整后的 dev 与初始群体的比值，记为 r。然后将初始群体样本各叶方位角与植株方位平面的角度差绝对值按照 r 进行缩放，重新生成并更新玉米群体中各植株叶片的方位角，并计算各叶方位角与初始群体中对应叶片的方位角差值 ϕ_j，最后通过将初始群体的所有叶旋转对应 ϕ_j，即实现了玉米群体三维模型的更新。叶方位角的调整无须重新选择叶片模板，只是在已有玉米群体三维模型的基础上进行的微调，故整体优化计算的效率高于面向叶倾角的株型优化。

4. 基于光合生产力计算的玉米株型迭代优化

（1）玉米群体复制域生成　为去除玉米群体在光分布计算时的边际效应，在利用已构建的玉米群体几何模型基础上，采用复制域的方式构建玉米群体复制域几何模型，包括等行距和宽窄行两种复制域模式，如图7-44所示。玉米群体几何模型复制域的构建采用了玉米群体网格简化与优化技术，即对复制域的中心目标区域的网格简化与优化质量要求较高，单叶片平均包含43个三角网格；而复制域外围玉米植株主要起遮挡光线的作用，网格简化与优化质量要求较低，单叶片平均包含15个三角网格。如此构建的玉米群体复制域几何模型，可在保证计算精度的同时提高计算效率。

A.等行距

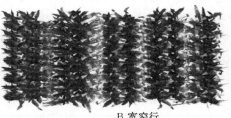

B.宽窄行

图7-44　不同复制域模式的玉米群体生成可视化结果

（2）光合生产力驱动的株型参数寻优迭代 不同生态点具有不同的光热资源，玉米理想株型与其种植区域密切相关。因此，玉米株型优化首先需要确定待优化计算的玉米种植位置，并以经纬度和多年气象（主要是光合有效辐射）数据作为系统的输入。在此基础上，计算玉米吐丝期某日 6：00—18：00 内的光合产物，作为评价当前株型对应群体的光截获能力。如果两次迭代前后玉米群体的光截获能力增加，则向当前迭代方向的正方向继续迭代；如果两次迭代前后玉米群体的光截获能力减少，则向当前迭代方向的负方向，同时减小迭代参数步长继续迭代，直至两次光截获能力的差异小于预先给定的阈值，认为找到了局部最优解。为保证所找到的株型参数是全局最优解，在求解区间内随机生成 N 组（$N>10$）模型判别各组数值是否优于所找到的局部最优解，如果不存在，则认为已找到的解为最优解；否则，在比局部最优解光截获能力更大的区域继续迭代查找，直至满足迭代停止条件。图 7 - 45 为在 Windows 平台下开发的玉米株型优化设计系统界面。

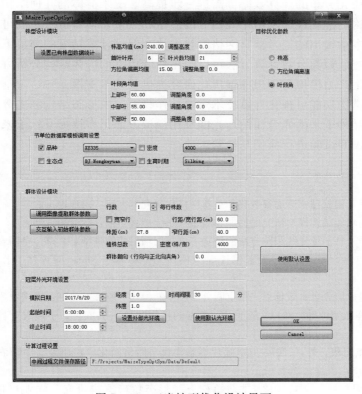

图 7 - 45　玉米株型优化设计界面

玉米株型优化设计涉及大量可视化计算，其中最为耗时的玉米群体冠隙分数计算采用多线程并行计算的方法提高计算效率，在多个 CPU 的工作站上可大幅提高玉米株型寻优的迭代速度。系统对迭代过程中的各玉米群体几何模型、冠隙分数计算结果及迭代参数的变化轨迹均予以保存。当设置阈值较小无法收敛时，可通过查找迭代过程手动找出优化的玉米群体三维模型及对应的株型参数。

玉米株型优化设计方法，为玉米育种研究人员提供辅助株型育种信息化技术手段，为不同地理位置、不同栽培方式下的玉米株型性状寻优策略提供引导，玉米株型优化设计系统研发对于加快玉米新品种选育速度和品种推广速度等具有重要的现实意义。

玉米株型优化设计系统的研发是从结构功能可视化计算角度，推进玉米理想株型研究的一次有益探索。然而，作物生产过程是一个复杂系统，玉米株型优化设计系统的实用性仍需要与作物高通量表型精准鉴定和玉米遗传育种等研究相结合，在生产实战中加以检验。

7.6 总结与展望

玉米结构功能三维可视化计算技术是玉米数字化可视化研究的重要内容之一。目前，玉米结构功能可视化计算主要围绕玉米群体三维结构及冠层内光分布计算展开，通过构建玉米冠层三维模型和在此基础上开展的冠层光分布计算分析，对所研究玉米群体的光合生产力进行定量化评价，并给出进一步的株型优化方案。目前，围绕作物冠层光分布计算的方法已基本可以满足计算分析的需求，但计算效率和计算精度仍有一定的提升空间，尤其从实用性角度出发，作物冠层光分布的计算效率仍需进一步提高。玉米群体的几何结构是冠层光分布计算的基础，其结构的准确性、网格单元划分的质量和数量，均对进一步的可视化计算分析有着重要的影响。本章提出的玉米器官网格简化方法在保证计算精度的前提下，能够大幅简化网格数量；作物冠层冠隙分数计算方法可以给出精度更高的群体结构分析方案，为进一步的株型评价、光合生产力模拟与理想株型优化研究提供了技术支撑。

目前，玉米结构功能可视化计算技术主要从作物冠层的形态结构和光分布计算的角度研究较多，在不同品种玉米的光合作用与光能利用模拟方面仍有待提升；玉米株型优化设计系统仍需大量开展田间试验进行应用与检验。

参考文献

胡建平，2009. 数字几何处理中球面参数化和重新网格化研究. 大连：大连理工大学.

康孟珍，2012. 植物功能结构模型研究的回顾与展望. 系统仿真学报，24（10）：5-14.

劳彩莲，2005. 基于蒙特卡罗光线跟踪方法的植物三维冠层辐射传输模型. 北京：中国农业大学.

马韫韬，郭焱，展志岗，等，2006. 玉米生长虚拟模型 GreenLab - Maize 的评估. 作物学报，32（7）：956-963.

王锡平，2004. 玉米冠层光合有效辐射三维空间分布模型的构建与验证. 北京：中国农业大学.

王勇健，温维亮，郭新宇，等，2014. 基于点云数据的植物叶片三维重建. 中国农业科技导报，16（5）：83-89.

肖伯祥，郭新宇，王纪华，等，2007. 玉米叶片形态建模与网格简化算法研究. 中国农业科学，40（4）：693-697.

袁晓敏，赵春江，温维亮，等，2012. 番茄植株三维形态精确重构研究. 农业机械学报，43（12）：204-210.

Alauzet F，2010. Size gradation control of anisotropic meshes. Finite Elements in Analysis and Design，46（1）：181-202.

Botsch M，Kobbelt L，Pauly M，et al.，2010. Polygon mesh processing. Florida：CRC Press.

Cabrera - Bosquet L，Fournier C，Brichet N，et al.，2016. High - throughput estimation of incident light，light interception and radiation - use efficiency of thousands of plants in a phenotyping platform. New Phytologist，212（1）：269-281.

Cescatti A，2007. Indirect estimates of canopy gap fraction based on the linear conversion of hemispherical photographs：Methodology and comparison with standard thresholding techniques. Agricultural and Forest Meteorology，143（1）：1-12.

Chelle M, 2007. Simulating the effects of localized red: far – red ratio on tillering in spring wheat (Triticum aestivum) using a three – dimensional virtual plant model. New Phytologist, 176 (2): 325 – 336.

Chelle M, Andrieu B, 1998. The nested radiosity model for the distribution of light within plant canopies. Ecological Modelling, 111 (1): 75 – 91.

Chelle M, Evers JB, Vos J, et al., 2007. Simulation of the three – dimensional distribution of the red: far – red ratio within crop canopies. New Phytologist, 176 (1): 223 – 234.

Chelle M, Hanan JS, Autret H, 2004. Lighting virtual crops: the CARIBU solution for open L – systems. 4 th International Workshop on Functional – Structural Plant Models: 194.

Chen Z, Cao J, Wang W, 2013. Isotropic surface remeshing using constrained centroidal delaunay mesh. Computer Graphics Forum, 31 (7): 2077 – 2085.

Chenu K, Rey HE, Dauzat J, et al., 2008. Estimation of light interception in research environments: a joint approach using directional light sensors and 3D virtual plants applied to sunflower (Helianthus annuus) and *Arabidopsis thaliana* in natural and artificial conditions. Functional Plant Biology, 35 (10): 850 – 866.

Cieslak M, Lemieux C, Hanan J, et al., 2008. Quasi – Monte Carlo simulation of the light environment of plants. Functional Plant Biology, 35 (10): 837 – 849.

Cifuentes R, Van der Zande D, Farifteh J, et al., 2014. Effects of voxel size and sampling setup on the estimation of forest canopy gap fraction from terrestrial laser scanning data. Agricultural and Forest Meteorology, 19 (4): 230 – 240.

Danson FM, Hetherington D, Morsdorf F, et al., 2007. Forest canopy gap fraction from terrestrial laser scanning. IEEE Geoscience & Remote Sensing Letters, 4 (1): 157 – 160.

den Dulk JA, 1989. The interpretation of remote sensing, a feasibility study. Wageningen: Wageningen Agricultural University.

Disney MI, Lewis P, North PRJ, 2009. Monte Carlo ray tracing in optical canopy reflectance modelling. Remote Sensing Reviews, 18 (2): 163 – 196.

Garland M, Heckbert PS, 1997. Surface simplification using quadric error metrics. ACM Siggraph Computer Graphics: 209 – 216.

Goel NS, Rozehnal I, Thompson RL, 1991. A computer graphics based model for scattering from objects of arbitrary shapes in the optical region. Remote Sensing of Environment, 36 (2): 73 – 104.

Govaerts YM, Verstraete MM, 1998. Raytran: a Monte Carlo ray – tracing model to compute light scattering in three – dimensional heterogeneous media. IEEE Transactions on Geoscience & Remote Sensing, 36 (2): 493 – 505.

Guo Y, Ma Y, Zhan Z, et al., 2006a. Parameter optimization and field validation of the functional—structural model GreenLab for maize. Annals of Botany, 97 (2): 217 – 230.

Habel R, Kusternig A, Wimmer M, 2007. Physically based real – time translucency for leaves//18th Eurographics Symposium on Rendering.

Henke M, Kurth W, Buck – Sorlin G, 2016. FSPM – P: towards a general functional – structural plant model for robust and comprehensive model development. Frontiers of Computer Science, 10 (6): 1103 –1117.

Hoon KJ, Woo LJ, In AT, et al., 2016. Sweet pepper (*Capsicum annuum* L.) canopy photosynthesis modeling using 3D plant architecture and light ray – tracing. Frontiers in Plant Science, 7: 1321.

Hou T, Zheng B, Xu Z, et al., 2016. Simplification of leaf surfaces from scanned data: Effects of two algorithms on leaf morphology. Computers and Electronics in Agriculture, 121: 393 – 403.

Hu BG, Reffye PD, Zhao X, et al., 2003. GreenLab: a new methodology towards plant functional – structural model – structural aspect//IEEE International Conference on Functional – Structural Plant Growth Modeling, Simulation, Visualization and Applications: 21 – 35.

Kasanga H，Monsi M，1954. On the light transmission of leaves，and its meaning for the production of matter in plant communities. Japanese Journal of Botany，14 (1)：304 – 324.

Kniemeyer O，2009. Design and implementation of a graph grammar based language for functional – structural plant modelling. Indian Economic Review，279 (10)：811 – 813.

Lai CT，Katul G，Ellsworth D，et al.，2000. Modelling vegetation – atmosphere CO_2 exchange by a coupled Eulerian – Langrangian approach. Boundary – Layer Meteorology，95 (1)：91 – 122.

Liu HL，Yang JY，Ping HE，et al.，2012. Optimizing parameters of CSM – CERES – maize model to improve simulation performance of maize growth and nitrogen uptake in Northeast China. Journal of Integrative Agriculture，11 (11)：1898 – 1913.

Lu S，Guo X，Wen W，et al.，2014. Plant CAD：An integrated graphic toolkit for modelling and analyzing plant structure//International Conference on Progress in Informatics and Computing：378 – 384.

Ma Y，Wen M，Guo Y，et al.，2008. Parameter optimization and field validation of the functional – structural model GreenLab for maize at different population densities. Annals of Botany，101 (8)：1185 – 1194.

Mao L，Zhang L，Evers JB，et al.，2016. Identification of plant configurations maximizing radiation capture in relay strip cotton using a functional – structural plant model. Field Crops Research，187：1 – 11.

Mariscal MJ，Orgaz F，Villalobos FJ，2000. Modelling and measurement of radiation interception by olive canopies. Agricultural and Forest Meteorology，100：183 – 197.

McCree KJ，1974. Equations for the rate of dark respiration of white clover and grain sorghum，as functions of dry weight，photosynthetic rate and temperature. Crop Science，14 (4)：509 – 514.

Monteith JL，1972. Solar radiation and productivity in tropical ecosystems. Journal of Applied Ecology，9 (3)：747 – 766.

Myneni RB，Ross J，Asrar G，1989. A review on the theory of photon transport in leaf canopies. Agricultural and Forest Meteorology，45 (1)：1 – 153.

Měch R，2000. Visual models of plants interacting with their environment//Conference on Computer Graphics and Interactive Techniques：397 – 410.

Peng B，Guan K，Chen M，et al.，2018. Improving maize growth processes in the community land model：Implementation and evaluation. Agricultural and Forest Meteorology，250 – 251：64 – 89.

Pradal C，Dufour – Kowalski S，Boudon FEDE，et al.，2008. OpenAlea：a visual programming and component – based software platform for plant modelling. Functional Plant Biology，35 (10)：751 – 760.

Ross J，2011. The radiation regime and architecture of plant stands. Springer.

Sinoquet H，Thanisawanyangkura S，Mabrouk H，et al.，1998. Characterization of the light environment in canopies using 3D digitizing and image processing. Annuals of Botany，82 (2)：203 – 212.

Soler C，Sillion FX，Blaise F，et al.，2003. An efficient instantiation algorithm for simulating radiant energy transfer in plant models. ACM Transactions on Graphics，22 (2)：204 – 233.

Song QF，Zhang GL，Zhu XG，2013. Optimal crop canopy architecture to maximise canopy photosynthetic CO_2 uptake under elevated CO_2 a theoretical study using a mechanistic model of canopy photosynthesis. Functional Plant Biology，40 (2)：109 – 124.

Verhoef W，1985. Earth observation modeling based on layer scattering matrices. Remote Sensing of Environment，17 (2)：165 – 178.

Vos J，Evers JB，Buck – Sorlin GH，et al.，2010. Functional – structural plant modelling：a new versatile tool in crop science. Journal of Experimental Botany，61 (8)：2101 – 2115.

Wang XP，Guo Y，Li BG，et al.，2005. Modelling the three dimensional distribution of direct solar radiation in maize canopy. Acta Ecologica Sinica，25 (1)：247 – 254.

Wang X，Guo Y，Li B，et al.，2006. Evaluating a three dimensional model of diffuse photosynthetically active radiation in maize canopies. International Journal of Biometeorology, 50 (6): 349 - 357.

Wang X, Guo Y, Wang X, et al., 2008. Estimating photosynthetically active radiation distribution in maize canopies by a three - dimensional incident radiation model. Functional Plant Biology, 35 (10): 867 - 875.

Wang Y, Song Q, Jaiswal D, et al., 2017. Development of a three - dimensional ray - tracing model of sugarcane canopy photosynthesis and its application in assessing impacts of varied row spacing. BioEnergy Research, 10 (3): 626 - 634.

Wen WL, Guo XY, Li BJ, et al., 2019, Estimating canopy gap fraction and diffuse light interception in 3D maize canopy using hierarchical hemispheres, Agricultural and Forest Meteorology, 276 - 277: 1075 - 1094.

Wen WL, Li BJ, Guo XY, et al., 2015, Simplified model of plant organ for visual computation, Journal of Information and Computational Science, 12 (6): 2213 - 2220.

Wu A, Song Y, Van OEJ, et al., 2016. Connecting biochemical photosynthesis models with crop models to support crop improvement. Frontiers in Plant Science, 7: 15 - 18.

Xiao B, Wen W, Guo X, 2011. Digital plant calony modeling based on 3D digitization. ICIC Express Letters, 2 (6): 1363 - 1367.

Ye ZP, Suggett DJ, Robakowski P, et al., 2013. A mechanistic model for the photosynthesis - light response based on the photosynthetic electron transport of photosystem II in C3 and C4 species. New Phytologist, 199 (1): 110 - 120.

Zhu Q, Zhao J, Du Z, et al., 2010. Quantitative analysis of discrete 3D geometrical detail levels based on perceptual metric. Computers and Graphics, 34 (1): 55 - 65.

Zorin D, Schroder P, Sweldens W, 1996. Interpolating subdivision for meshes with arbitrary topology// ACM Siggraph: 189 - 192.

第 8 章

玉米数字化栽培管理模型构建技术

作物生产系统是一个复杂的多因子动态系统，受区域资源环境、土壤理化特性、品种丰产能力和农艺性状、栽培管理技术装备水平和市场需求等多种因素的影响，表现出显著的区域性和时空变异性。早期人们对作物栽培管理的认识和技能主要来源于实践经验，主要基于人观察的小数据的认知；近几十年来，随着数字传感技术、物联网系统、农业智能装备与农业生产和知识的深度融合，作物表型组学等的兴起、利用数字化技术系统获取作物表型-环境信息、基于作物生产大数据进行作物栽培管理已经成为发展趋势。作物科学研究由定性描述向定量化可视化发展、宏观认识向微观调控的转化，为作物生产管理由经验性管理向数字化、智能化管理转变提供了重要的数据和知识支撑。在此背景下，作物数字化栽培管理模型及软件系统平台得到迅速发展，并成为定量化、可视化研究作物生产系统的主要方法。本章主要对玉米数字化栽培管理相关的数字化环境建设和模型构建进行论述。

8.1 作物数字化栽培模型研究概述

20 世纪末，"数字农业"的概念形成，预示着 21 世纪的农业将呈现出以数字化为特征的崭新面貌（曹宏鑫等，2005）。作物栽培学是研究作物生长发育、产量与品质形成规律及其与环境条件的关系，探索通过优化决策、生长调控、栽培管理等途径，实现作物高产、优质、高效及其可持续发展的理论与技术学科，是直接促进种植业发展的应用科学，也与农业各部门密切相关（凌启鸿和张洪程，2002）。数字化栽培应是"数字农业"的具体化和重要内容之一，是作物栽培学与现代信息技术相结合的产物。计算机和信息技术装备的快速发展应用为农业生产管理的定量化和信息化提供了全新的方法和手段，特别是作物生长模拟模型、作物栽培管理知识模型、作物三维可视化模型、作物结构功能模拟模型、作物管理决策系统以及大数据分析技术等的研究与应用，促进了玉米栽培管理向数字化、智能化方向的发展。其中模型技术是实现数字农业和数字植物的基础和核心，已经在生产上获得广泛的应用，产生了很好的社会、经济和生态效益。

作物生长模拟模型也被称为作物功能模型或作物机理模型。作物模拟模型是构成各植株及作物生长过程基础的各种物理、化学和生理机制的简化表现（W. 贝尔等，1980），是利用系统科学的观点，从生理学和生态学等入手，以计算机和数量方法为手段，将作物生产中各因子在物质生产和产量形成中的实际作用以能代表其作用机理的函数来表示，即用数学模型来描述作物生长过程与环境条件的关系，通过调控参数建立起模型。20 世纪 60 年代，荷兰和美国首先开始作物生长模型的研究（de Wit，1965；Duncan，1967），随后作物生长模型研究快速发展，进入 20 世纪 90 年代以后，作物生长模型被视为一种启发式的定量化工具，不断完善，应用领域越来越广，比如在作物生产决策、水肥优化管理、环境影响评价等方面。以作物生长模型为核心的农业决策支持系统的研究与应用也越来越多元化，是辅助农业生产管理和决策的重要工具（孙扬越，2019）。然而，由于作物生态系统的复杂性，作物生长模型难以表达作物栽培理论和技术方面的量化关系，难以直接进行生产系统的数字化和智能化管理决策（曹卫星和罗卫红，2003）。

随着计算机技术的发展和作物生产管理人员对生产技术要求的提高，运用人工智能的基本原理，通过总结、汇集有关领域专家的知识、技术、经验所建立的计算机决策支持系统即农业专家系统开始出现。专家系统在实际应用中具有较强的决策能力，可以弥补作物模拟模型应用性差及其在推理决策方面的不足，但是缺少模拟模型的机理性和动态性，无预测功能，难以用于综合的作物生长实时监测与调控、管理决策及产量预测。如果能够运用系统分析方法和数学建模技术研究作物栽培管理的知识表达体系，就可以综合作物模拟模型、专家系统和栽培模式的优点，实现作物生产管理过程的数字化（朱艳等，2005）。在该背景下，作物栽培管理知识模型应运而生。作物管理知识模型是基于作物生产管理的理论与技术及知识和经验，通过试验支持研究和文献资料分析，对作物生育及栽培管理指标与品种类型、生态环境及生产水平之间的关系进行系统化的提炼和综合而建立起来的定量化和动态化设计模型（曹卫星等，2008）。作物管理知识模型兼具作物生长模型、专家系统和栽培模式的优点，具有较高的数字化程度，克服了传统栽培技术体系与模式的区域性、分散性、经验性等缺点，可用于生成不同条件下的作物栽培管理方案，包括产量目标的确定，品种选择、播期确定、水肥运筹及生育调控的动态指标等（曹卫星和朱艳，2005）。南京农业大学曹卫星老师团队经过多年研究与实践，系统建立了小麦、水稻、棉花和油菜栽培管理知识模型，并在栽培管理知识模型的基础上，结合用知识规则表达的专家知识库系统，构建了综合性、模型化和构件化的小麦、水稻、棉花和油菜管理决策支持系统，取得了良好的应用示范效果（朱艳，2003；严定春，2004；张怀志，2003；沈维祥，2002）。

基于知识模型的作物栽培管理决策克服了传统专家系统的地域性强、经验性强、定量化弱等难题以及作物生长模型决策功能弱的缺点，但也存在动态性和预测性差的缺点，因此将作物生长模拟模型与栽培管理知识模型结合进行生产管理决策，则可以实现预测功能和决策功能的有机耦合。作物栽培管理知识模型主要进行栽培方案的优化设计，生长模型可以以优化结果作为输入进行生长过程模拟分析，通过分析评价获得最优的栽培管理方案，可以进一步实现作物栽培管理决策的精确化和数字化。

玉米在我国的种植历史约有 470 年，已经成为我国主要的粮食作物之一，也是重要的饲料和工业原料。2012 年我国玉米总产量达到 208 亿 t，产量首次超过水稻，成为种植面积和总产量最高的粮食作物。玉米生产在我国农业生产中占有越来越重要的地位。据统计，过去几十年，我国玉米产量从 1950 年的 961 kg/hm² 提高到了 2007 年的 5 166 kg/hm²。有研究者认为，玉米产量的提高 50% 源于品种的改良，50% 源于栽培技术的不断提高以及农业机械化的发展（Duvick，2005），其中化肥的使用发挥了巨大的作用。但当前我国农业也面临着增肥不增产、土壤养分过量积累、化肥施用过量、环境污染等重大问题。目前迫切需要面对高产、优质、高效、生态、安全等目标，通过系统分析，开展数字化精准栽培管理技术研究，并集成开发软件工具，应用到玉米生产管理中，从而使玉米生产走上智慧生态、可持续发展之路。

8.2 玉米数字化栽培管理流程分析与支撑环境建设技术规范探讨

玉米生产是一个复杂的多因子动态系统，这里将系统建模、田间传感器和物联网系统、平行管理等适用于复杂系统的控制理论与方法引入到玉米数字化栽培管理中，提出玉米数字化栽培管理系统结构（图8-1），实现玉米栽培管理的"空间上平行管理、时间上超前计

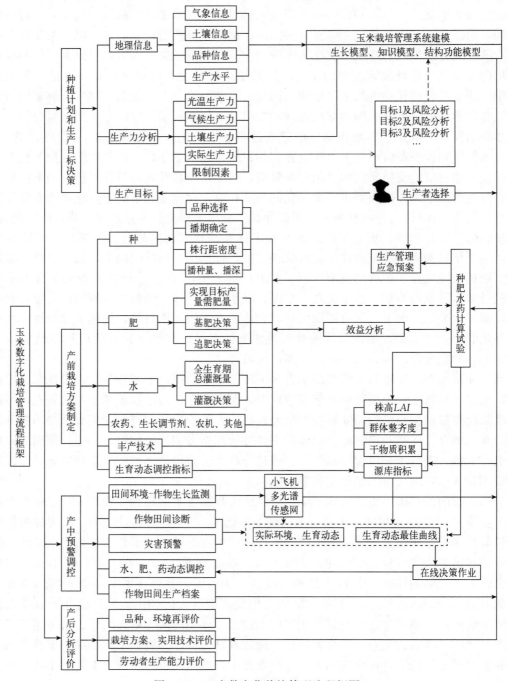

图8-1 玉米数字化栽培管理流程框图

算、措施上对比试验，在线决策，精准作业"，从而提供一种全新的可评估、可控制的数字化管理决策方式。

玉米数字化栽培管理的目标是寻找实现生产目标的最小结构，包括生育结构和投入结构等，其核心是对空间、时间和预测等变化因素进行精确管理。空间因素反映地域变化，时间因素反映年度变化，预测因素反映预测值与实际值之间的差异。玉米数字化栽培管理技术就是利用数字传感和物联网系统对实际生产环境-作物表型的感知、模型系统对玉米生产结构和功能的系统认知，再结合智能农机的精准作业来实现上述目标，通过建设农田数字化基础设施，构建管理方案设计模型、田间诊断模型和种、肥、水、药精准作业决策模型，实现玉米生产目标-调控指标-栽培管理方案的定量化决策，并对生产环境、生产技术、农资产品和人的操作行为等进行分析评价。

玉米数字化栽培管理技术规程主要包括：管理流程、模型系统和数字化支撑环境建设3部分内容。

8.2.1 玉米数字化栽培管理流程分析

玉米数字化栽培管理流程包括种植计划和生产目标确定、播前栽培方案优化设计、产中诊断调控和产后分析评价4部分内容。

（1）种植计划和生产目标确定 根据生产地块的地理信息、生产者的种植计划和投入管理水平等，利用玉米数字化栽培管理方案设计模型计算出该地块的玉米生产潜力，找出限制玉米生产的因素，并确定玉米生产目标。目前主要考虑产量和品质目标。

（2）播前栽培方案制定 根据生产目标，利用玉米数字化栽培管理方案设计模型和种、肥、水计算试验流程算法，计算并推荐该地块的适宜品种、播期、种植密度、播种量和播深，计算出肥料施用方案和灌溉排水方案，并计算出达到目标产量的适宜生长指标动态，形成播前栽培方案和极端气象条件下的应急预案。

（3）产中诊断与调控 按照播前方案进行栽培管理，播种后利用地面传感和无人机平台、物联网技术和手段，如空气温湿度传感器、土壤温湿度传感器、多光谱传感器、视频监测系统等实现玉米生长调控指标和田间玉米表型-环境的实时监测，实时分析作物长势是否偏离适宜生长指标。如发生偏离或有农田灾害发生，利用计算试验算法进行水、肥、药等管理措施的优化计算，并形成调控方案。记录作物栽培管理方案、田间和作物生长监测信息以及产量信息，形成作物生产田间档案，也可作为农产品溯源记录。

（4）产后分析评价 玉米收获后，更新作物生产田间档案数据库。基于当年数据，利用玉米数字化栽培管理方案设计模型进行品种、气象、土壤、生产水平和栽培方案的再评价以及模型参数调试，进行技术装备作业效果的分析评价，在此基础上制定下一年的生产目标和栽培方案。

8.2.2 玉米数字化栽培管理模型系统

玉米数字化栽培管理模型系统由栽培管理知识模型、生长模型、生长诊断与调控模型组成。

栽培管理知识模型主要包括播前栽培方案设计和产中适宜动态调控指标模型。播前栽培方案设计模型包括产量目标、适宜品种、适宜播期、种植密度及播种量、肥料运筹（包括氮磷钾总施用量、有机氮与无机氮的比例、氮肥基追比）和水分管理6个子模型，用于产量目标的计算及播前栽培方案的优化设计；产中适宜动态调控指标模型包括适宜叶龄动态、叶面积指数动态、干物质积累动态、养分指标动态、光谱指标动态 5 个子模型，用于为玉米的生长诊断与调控提供标准"专家曲线"。

玉米生长模拟模型是通过解析气象-土壤-技术措施与作物生理生态过程的机理关系，发展和建立起来的基于生理生态过程的玉米生长系统模拟模型，包括系统发育、形态建成、光合作用和同化物生产、产量形成、土壤-作物水分关系、土壤-作物养分动态与利用子模型。主要以优化设计栽培方案作为输入进行过程模拟分析，实现栽培管理方案的优化评估。

生长诊断与调控模型是以物联网实时监测、无人机遥感无损监测为基础，结合农业基础数据和适宜生长及营养指标动态模型，以作物适宜动态调控指标曲线作为"专家曲线"，实现玉米产中的实时监测诊断和动态调控。

有关模型算法的具体描述和实例分析见 8.3 节。

8.2.3 玉米数字化栽培管理支撑环境建设

玉米数字化栽培管理支撑环境包括田间作物-环境实时数据获取的传感器和物联网系统建设、模型运行的数据库建设，以及信息展示与管控平台建设等内容。数据库建设包括地理信息数据库、气象数据库、土壤数据库、品种数据库、农资数据库、农户生产管理水平数据库和地块生产管理履历/档案数据库等；田间作物-环境实时数据获取的物联网系统包括基于地面传感的田间温湿度传感器、土壤温湿度传感器、多光谱传感器、视频监测系统，以及基于无人机平台的可见光、多光谱和红外传感器等。

1. 农田数字化信息环境（农田物联网）建设　搭建农田物联网系统，在玉米种植农田内进行大田环境信息自动采集、玉米长相长势多光谱和视频图像监测，建设内容包括：

(1) 环境信息和玉米生长信息采集传感器的布设　在农田中布设土壤墒情监测器、小型气象站，采集环境温度、湿度、土壤含水量、土壤温度、光照强度等作物生长所必需的环境因子数据，通过无线网络传输到中心数据库，进行数据的存储，为后期数据分析和决策提供基础数据。

在田间架设视频采集器，定期获取作物的长相长势视频图像，并通过无线网络传输到中心数据库；在关键生育时期，利用无人机搭载多光谱相机、激光雷达等获取群体表型信息，为后期进行玉米营养状况诊断、病虫害防治等应用提供数据支撑。

(2) 物联网数据管控中心建设　开发农田物联网数据管控中心，结合 GIS 地图技术，直观展示田间传感器获取的各种环境信息，以及作物视频图像，为管理者进行田间管理决策提供高效的信息化软件。

(3) 智能农机使用和水肥等农田自动控制作业系统建设　建立与智能农机的数据接口，通过数据链引导农机精准作业。在田间布设自动化灌溉装置、肥水自动浇灌装置等农业智能装备，基于传感器获取的数据，结合模型决策结果，自动调整农业生产装备的作业参数，实现农田生产管理操作的自动化控制和精准作业。

2. 玉米生产管理数据库建设

(1) 空间数据库　记录农田地块面积、地类、质量等级、位置、划定信息、上图数据等信息，具体数据结构见表 8-1。

表8-1　农田空间数据结构

序号	字段名称	字段类型	字段长度	小数位数	备注
1	标识码	Int	10		
2	要素代码	Char	10		
3	地块编号	Char	20		
4	所述行政区名称	Char	100		
5	农田图斑编号①	Char	20		
6	等高线	Float	4	2	(-160, 8850)
7	高程标记点	Float	4	2	(-160, 8850)
8	坡度	Float	4	2	0°~60°
9	地块面积	Float	4	2	单位：m²
10	有效耕地面积	Float	4	2	单位：m²
11	四至范围②	Char	200		
12	农田类型③	Char	20		
13	质量等级代码④	Char	20		
14	有机质含量	Float	4	2	> 0
15	土壤质地	Char	30		
16	耕作层厚度	Int	3		> 0
17	备注	Char	50		

注：① "农田图斑编号"为土地利用数据库中地类图斑层中的图斑编号，不另行编号（参考标准［TD/T 1032—2011］）。

② "四至范围"是指东南西北四个方面的边界。

③ "农田类型"包括水田、水浇地、旱地、林地、草地等。

④ 质量等级从一级到十五级分为15个等级，相应代码从"01"到"15"。

（2）气象数据库　记录田间每天的空气温度、湿度、风速、风向、太阳辐射、降水量等数据，包括历史数据和每天更新的数据，具体数据结构见表8-2。

表8-2　农田气象数据结构

序号	字段名称	数据类型	长度	小数位数	备注
1	空气温度	Float	4	1	℃
2	空气湿度	Float	4	1	%
3	太阳辐射	Float	4	1	MJ/(m²·d)
4	降水量	Float	4	1	mm
5	风速	Float	4	1	m/s
6	风向	Float	4	1	

（3）土壤数据库　根据地块位置获取并记录土壤理化性质等指标，记录每天的农田土壤温湿度，具体数据结构见表8-3。

表 8 - 3 土壤数据结构

序号	数据名称	数据类型	长度	小数位数	备注
1	土壤温度	浮点型	4	1	℃
2	湿度	浮点型	4	1	%
3	全氮含量	浮点型	4	2	g/kg
4	碱解氮含量	浮点型	4	1	mg/kg
5	速效钾含量	浮点型	4	0	mg/kg
6	有效磷含量	浮点型	4	1	mg/kg
7	有机质含量	浮点型	4	1	g/kg
8	pH	浮点型	4	1	
9	CEC	浮点型	4	1	cmol/kg
10	容重	浮点型	4	2	g/cm^3
11	田间持水量	浮点型	4	1	%
12	萎蔫含水量	浮点型	4	1	%
13	饱和含水量	浮点型	4	1	%
14	饱和导水率	浮点型	4	1	%
15	黏粒含量	浮点型	4	1	%
16	粉粒含量	浮点型	4	1	%
17	砂粒含量	浮点型	4	1	%

(4) 生产水平　记录某个地区玉米不同品种在不同栽培条件下（多年）的产量水平，具体数据结构见表 8 - 4。

表 8 - 4 玉米生产水平数据结构

序号	数据名称	数据类型	长度	小数位数	备注
1	地块编号	字符型	20		
2	播种面积	浮点型	4		hm^2
3	品种	字符型	20		
4	年份	字符型	20		YYYY
5	播期	字符型	20		
6	播种方式	字符型	20		
7	播量	浮点型	4		株/hm^2
8	单产	浮点型	4		kg/hm^2
9	备注	字符型	200		

(5) 生产田间档案数据库　记录玉米从播种到采收全过程的玉米生产田间档案，具体数据结构根据各地玉米生产技术规程要求和农产品溯源要求定制。

3. **信息展示与管控平台建设**　为用户提供友好便捷的用户界面，将系统计算、模拟和决策的结果信息通过多渠道反馈给用户，同时接受用户的输入操作，并反馈给系统，以便系统按用户的要求进一步进行相应的计算、模拟和参数调整等。建设内容及步骤包括：

① 网络环境搭建与部署。搭建包括数据库服务器、计算服务器、网站服务器、防火墙等在内的数据存储和处理网络环境。

② 物联网数据接入。实现与田间作物-环境物联网的连接，将物联网获取的数据实时存储到中心数据库中。

③ 信息展示与发布通道建设。利用 GIS 地图功能，可视化显示农田地理位置信息、农田环境信息、作物生长视频图像等信息。支持用户通过手机 App 和网站两种方式进行访问。开发安卓手机 App 程序，实现信息查询、推送和反馈等相关功能，用户在手机安装程序后能够使用，支持 Android4.0 及以上版本，需要兼容主流手机分辨率。网站访问则支持 IE、Safari 等主流浏览器，同时在网站上布设手机访问的决策服务接口，供手机用户使用。

4. 玉米田间表型-环境数据采集规范

(1) 田间气象数据获取方法

① 数据获取方法。数据的获取通过在田间安装小型气象站，小型气象站由三部分构成：传感器采集模块，在传感器采集模块中集成空气温度传感器、空气湿度传感器、降雨量传感器、风速传感器、风向传感器等 5 项传感器；气象站田间供电模块，采用太阳能电池板加蓄电池的结构为小型气象站供电；数据传输模块，集成 GPRS 无线传输数据采集终端，将定时采集的数据发送到服务器。

② 田间小型气象站安装密度。田间小型气象站安装密度为每 66.67 hm^2 1 台。

③ 田间气象数据获取时间及频度。田间气象数据 24 h 获取，获取频度为 1 次/h。

(2) 田间土壤数据获取方法

① 田间土壤环境数据获取方法。通过在田间安装小型土壤墒情监测站来获取田间土壤环境数据。小型土壤墒情监测站由三部分构成：传感器采集模块，在传感器采集模块中集成四层土壤温度传感器和四层土壤湿度传感器；小型土壤墒情监测站田间供电模块，采用太阳能电池板加蓄电池的结构为小型土壤墒情监测站供电；数据传输模块集成 GPRS 无线传输数据采集终端，将定时采集的数据发送到服务器。

② 田间土壤数据获取时间及频度。田间土壤数据每天 24 h 获取，获取频度为每小时 1 次。

③ 田间小型土壤墒情监测站安装密度。田间小型土壤墒情监测站安装密度为每 33.33 hm^2 1 台。

(3) 田间定点视频监测数据获取方法 田间定点视频监测数据采用高清网络摄像头进行采集。高清网络摄像头的主要参数：图像分辨率（建议）：2592×1920，帧率 30 帧/s；安装高度为 5 m；图像采集时间为每天 6:00—18:00，采集频度为 1 次/h。图像数据传输：在视频监测数据采集系统中集成 GPRS 无线传输数据采集终端，将定时采集的数据发送到服务器；田间定点视频监测图像采集系统安装密度。田间定点视频监测图像采集系统安装为每 33.33 hm^2 1 台。

田间多光谱和热红外数据获取方法。田间多光谱、热红外数据获取采用多旋翼无人机载荷多光谱、热红外以及可见光传感器，进行低空定期数据获取。

① 多旋翼无人机挂载传感器类别及参数。搭载的传感器包括：多光谱相机参数：红、绿、蓝、红边、近红外 5 个光谱波段，视场角 47.2°，波段范围 400～900 nm，全局快门，空间像素：120 m 航高时，8 cm/像素。热红外成像仪，温度分辨率为 0.05 K；高清数码相机：分辨率为 3 000×4 000。

② 多旋翼无人机采集高度及频次。多旋翼无人机采集高度为 50 m；采集频次，主要在

玉米关键生育期采集，包括播种期、出苗期、拔节期、大喇叭口期、抽雄期、吐丝期、成熟期等 7 个时期。

③ 采集面积。采用抽样方式进行采集，对管理区中的每 33.33 hm² 选取其中的 6.67 hm² 进行采集。

8.3 模型构建技术

8.3.1 产量目标计算模型

1. **算法描述** 产量目标设计是实现作物定量化栽培管理的前提和基础，其形成是品种生产力、土壤及气象条件、栽培管理措施共同作用的结果。生产上现有的产量目标确定方法主要有以地定产、以前 3 年平均产量定产、将光温生产潜力修订后作为产量目标等 3 种方法。本书首先计算决策点的光温生产潜力，然后经过水分订正计算气候生产潜力，最后用户对栽培目的、土壤肥力条件、施肥水平、水分管理水平和病虫害防治水平等选择，得出最终的产量目标。具体计算流程如下：

首先利用逐日气象资料计算光温生产潜力：

$$YTPP = \sum_{j=1}^{G} [Y(j) \times CL(j) \times CN(j)] \times CH \tag{8-1}$$

式（8-1）中，$YTPP$ 为光温生产潜力，kg/hm²；G 为玉米出苗到成熟的天数；$Y(j)$ 为每日玉米干物质量，kg/hm²；$CL(j)$ 为叶面积订正系数；$CN(j)$ 为净干物质订正系数；CH 为收获指数。

然后，在光温生产潜力的基础上经过水分订正计算气候生产潜力 $YWPP$。

$$YWPP = YTPP \times CPW \tag{8-2}$$

式（8-2）中，CPW 为水分订正系数，由自然供水能力决定，降水过多和过少都会对玉米生产力产生影响，方程如下：

$$CPW = \begin{cases} AP/PET & AP < PET \\ 1-(AP-PET)/(OP_{ym}-PET) & AP > PET \end{cases} \tag{8-3}$$

式（8-3）中，AP 为有效降水量，mm；OP_{ym} 为产量最大时的最适降水量，mm；PET 为潜在蒸散量，mm，采用 FAO 在 1998 年推荐的 Penman-Monteith 公式（Allen et al.，1998）对其进行计算。

除了光、温、水影响生产潜力外，养分供应水平（SF）和栽培管理水平（CM）也影响生产潜力的发挥。养分供应水平由土壤肥力水平（SFL）和施肥管理水平（FL）共同决定，一般情况下，玉米产量大约有 2/3 来自土壤肥力，1/3 来自当季施肥。栽培管理水平包括整地质量（$PLOP$）、病虫害防治水平（PCL）和栽培技术水平（CML）共同决定。因此，产量目标（GYT）可以由下面方程计算得到：

$$GYT = YWPP \times SF \times CM \tag{8-4}$$

$$SF = 0.67 \times SFL + 0.33 \times FL \tag{8-5}$$

$$CM = PLOP \times PCL \times CML$$

其中，土壤肥力水平（SFL）、施肥管理水平（FL）、整地质量、病虫害防治水平（PCL）、栽培技术水平（CML）均由用户根据实际情况而定，分为超高、高、中等、低和差 5 个水平，分别取值为 1、0.8、0.6、0.4 和 0.2。

2. **模型实例分析**　利用黑龙江省齐齐哈尔依安地区不同年份逐日气象资料、不同土壤肥力和施肥管理水平及不同历史产量水平对产量目标设计知识模型进行实例分析。该地区前三年不同平均产量水平及模型计算的 2015 年光温生产潜力见表 8-5。基于 2015 年气候资料，不同土壤肥力及施肥管理水平下的产量目标设计结果见表 8-6。可以看出，在相同土壤肥力水平下，若栽培管理水平相同且为高水平，则不同施肥管理对玉米产量目标的影响较大，随施肥管理水平的提高，适宜产量目标升高。

表 8-5　依安地区前 3 年平均产量及模型计算的 2015 年光温生产潜力

前 3 年不同平均产量水平（kg/hm²）			光温生产潜力（kg/hm²）
高产	中产	低产	
11 779	9 392	7 045	23 430

表 8-6　依安地区 2015 年高栽培管理水平、不同土壤肥力和施肥管理水平下的产量目标设计结果

决策内容	高肥力			中肥力			低肥力		
	H	M	L	H	M	L	H	M	L
GYT（kg/hm²）	10 920	10 019	9 118	9 091	8 190	7 289	7 262	6 361	5 460

注：H 为高管理水平，M 为中管理水平，L 为低管理水平。

8.3.2　播前栽培管理方案设计模型

本文基于玉米数字化栽培管理流程的各个关键环节与生态条件及生产技术水平之间的动态关系，以农业信息技术为指导，结合玉米栽培科学的研究成果和生产特点，运用系统分析原理和数学建模技术来研究玉米栽培中的专家知识表达体系，研究建立了具有时空适用性的玉米播前栽培管理方案设计模型，较好地解决了传统玉米栽培模式和农业专家系统的不足，从而为玉米数字化精准栽培提供了技术手段和方法。玉米播前栽培方案包括选择适宜品种、确定适宜播期、确定适宜种植密度、肥料运筹与水分管理。

1. 品种选择

（1）算法描述　适宜的品种是确保粮食增产增收的关键因素，是播前方案设计中首要考虑的问题。本模型主要是通过量化决策点所能提供的茬口有效积温，农户对品种的产量、品质、抗倒、抗病期望值，计算出品种各特征值的置信度，并用总置信度进行综合评价，为用户推荐适宜栽培品种。

第一步选择品种类型。根据品种数据库中各品种的品种特征与用户品种选择进行匹配，品种类型包括爆裂、笋用、鲜食和粮用。

第二步进行品种熟性评价。根据品种积温需求与茬口安排起止时间之间的积温比较进行品种熟性评价。当品种数据库中的品种积温不大于茬口起止日之间的积温时，则表示品种符合要求，否则品种不符合要求。

第三步产量评价。目标产量的默认值为产量目标计算模型确定的推荐产量值，用户也可以根据实际情况修改。根据推荐产量及品种区域产量计算目标产量置信度：

$$CREDL\_TY = \begin{cases} \dfrac{YZT}{GYT} & YZT < GYT \\ 1 & YZT \geqslant GYT \end{cases} \qquad (8-6)$$

式（8-6）中，$CREDL\_TY$ 为目标产量置信度；YZT 为区试产量（kg/hm²）；GYT 为目标产量（kg/hm²）。

第四步品质评价。玉米的品质指标包括粗蛋白质含量、赖氨酸含量、粗脂肪含量、粗淀粉含量，不同指标的含量等级对应相应的置信度。其中，粗蛋白质含量≥11%、≥10%、≥9%和≤9%的置信度分别为1、0.9、0.8和0.5，赖氨酸含量≥0.35%、≥0.3%、≥0.25%和<0.25%的置信度分别为1、0.9、0.8、0.5，粗脂肪含量≥5%、≥4%、≥3%和<3%的置信度分别为1、0.9、0.8和0.5，粗淀粉含量≥75%、≥72%、≥69%和<69%的置信度分别为1、0.9、0.8和0.5。

抗倒性评价。品种的抗倒性分为抗和不抗，若抗倒伏则置信度为1，不抗倒伏则置信度为0.6。

抗病虫性评价。玉米的抗病虫性包括玉米螟抗性、大斑病抗性、小斑病抗性、茎腐病抗性、丝黑穗病抗性、弯孢菌叶斑病抗性、纹枯病抗性和矮花叶病抗性，对每一种病虫害的抗性等级分为高抗、中抗、不抗、感和高感，分别对应的效应值为1、0.9、0.8、0.5和0.2。

模型设定各评价指标置信度不小于0.8时品种入选，最后计算总置信度综合评价，将排在前5位的品种选出推荐给用户。总置信度计算公式如下：

$$CREDL = 1/2(CREDL\_TY) + 1/2\ (aver（其他）) \tag{8-7}$$

其中 $aver$（其他）为品质评价指标置信度的平均值。

(2) 模型实例分析 通过搜集玉米品种方玉3号、吉农大212、吉农大501、良玉21、绿单2号、鹏诚10号和哲单37等12个品种的品种特征参数，建立品种数据库（表8-7），着重对品种选择模型中的品质特征及抗病虫性进行实例分析，设定用户选择标准，应用品种选择知识模型计算的推荐品种如表8-8所示，用户可以根据实际情况从多个推荐品种中选择目标品种。

表8-7　品种特征数据库

品种名称	有效积温（℃）	区试产量（kg/hm²）	品质评价（%）			抗病虫性				抗倒性
			赖氨酸	粗蛋白质	粗淀粉	玉米螟	大斑病	丝黑穗病	弯孢菌叶斑病	
方玉3号	850	7 500	0.32	10.16	69.90	0.5	0.9	0.9	0.9	无
吉农大212	1 280	10 117	0.28	10.03	72.47	0.9	1	0.5	0.9	无
吉农大501	1 250	9 900	0.28	10.61	71.99	0.5	0.5	0.5	0.5	无
吉农大516	1 300	9 600	0.28	11.09	72.56	0.9	0.5	0.9	0.5	无
良玉21	1 230	10 432	0.27	9.01	75.24	0.5	0.9	1	1	无
绿单2号	1 050	7 920	0.23	10.30	74.80	无	0.9	0.5	无	无
鹏诚10号	1 180	12 375	0.27	9.55	74.92	0.5	0.9	0.9	0.9	无
哲单37	1 300	8 670	无	12.38	71.00	0.9	1	1	无	无
罕玉5号	1 290	9 951	0.29	10.06	74.43	0.5	0.9	1	0.5	无
丰单3号	1 090	8 514	0.31	9.22	75.01	0.5	0.9	1	无	无
先正达408	1 440	10 243	0.26	8.75	75.14	1	0.9	0.9	0.9	无
德美亚3号	1 170	10 620	0.31	9.58	72.12	1	1	0.9	0.9	1

表 8-8　满足用户目标需求的品种选择结果实例

品质目标	抗病虫选择				适宜品种
	玉米螟抗性	大斑病抗性	丝黑穗病抗性	弯孢菌叶斑病	
粗淀粉含量	抗	抗			德美亚 3 号、先正达 408、吉农大 212
粗淀粉含量		抗	抗		哲单 37、先正达 408、丰单 3 号、罕玉 5 号、鹏诚 10 号
粗淀粉含量			抗	抗	良玉 21、先正达 408、鹏诚 10 号、德美亚 3 号、方玉 3 号
粗蛋白质含量	抗	抗			罕玉 5 号、德美亚 3 号、吉农大 212
粗蛋白质含量		抗	抗		哲单 37、方玉 3 号、良玉 21、丰单 3 号、德美亚 3 号
粗蛋白质含量			抗	抗	良玉 21、方玉 3 号、鹏诚 10 号、德美亚 3 号
赖氨酸含量	抗	抗			德美亚 3 号、吉农大 212、先正达 408
赖氨酸含量		抗	抗		丰单 3 号、方玉 3 号、良玉 21、罕玉 5 号、先正达 408
赖氨酸含量			抗	抗	良玉 21、方玉 3 号、德美亚 3 号、先正达 408、鹏诚 10 号

2. 播种期

（1）算法描述　根据选出的品种特性确定适宜的播期，可以保证玉米生育进程与最佳的光温资源同步，从而保证植株在主要生育时期达到最优的生长发育指标。播种日期主要受到品种特性、土壤含水量、大气温度、茬口安排和栽培措施的影响。对于春播玉米来说，播种下限温度为 6~7 ℃，适播温度为 10~12 ℃。

首先，根据茬口安排确定播期范围，然后，根据品种遗传特性及气象条件确定生育期和生育时期。模型中将玉米生育期划分为播种—出苗、出苗—吐丝和吐丝—成熟期，不同阶段的积温需求如表 8-9 所示。

表 8-9　玉米不同生育阶段积温需求

生育阶段		所需积温
播种—出苗	SUMT_YPP_1（≥8 ℃）	a+b * depth
出苗—吐丝	SUMT_YPP_2（≥10 ℃）	TLN×PHYLL
吐丝—成熟	SUMT_YPP_3（≥10 ℃）	VAR_GDD-SUM_YPP_2-SUM_YPP_1

最后，确定最优播期。这里主要选择两个关键生育阶段进行适宜性评价，两个阶段分别为吐丝前后 10 d 期间和吐丝后 10 d 至成熟期间。对于这两个阶段，分别计算 3 个指标：

$$SUMT1 = \text{sum}\left[\text{abs}\left(T_{mean} - 26\right)\right] \tag{8-8}$$

$$SUMT2 = \text{sum}\left[\text{abs}\left(T_{mean} - 22\right)\right] \tag{8-9}$$

$$SUMS1 = \text{sum}\left(SSH\right) \tag{8-10}$$

$$SUMS2 = \text{sum}\left(SSH\right) \tag{8-11}$$

$$SUMP1 = \text{sum}\left(Rainfall\right) \tag{8-12}$$

$$SUMP2 = \text{sum}\left(Rainfall\right) \tag{8-13}$$

其中，1 和 2 分别代表两个阶段；T_{mean} 为日平均温度，℃；SSH 为逐日日照时数，h；$Rainfall$ 为逐日降水量，mm。

计算播期范围 begin_date1 至 begin_date2 内所有播期情景下的 $SUMT1$、$SUMS1$、

$SUMP1$、$SUMT2$、$SUMS2$ 和 $SUMP2$ 值，通过如下数学式计算 K 值，K 值最大的播种日为最优播期：

$$K=0.5\times\{0.35\times[1-SUMT1/\max(SUMT1)]+0.35\times[SUMS1/\max(SUMS1)]+0.3$$
$$\times[SUMP1/\max(SUMP1)]\}+0.5\times(0.45\times[1-SUMT2/\max(SUMT2)]+0.45$$
$$\times[SUMS2/\max(SUMS2)]+0.1\times[SUMP2/\max(SUMP2)]\} \qquad (8-14)$$

(2) 模型实例分析 利用黑龙江省齐齐哈尔依安地区不同年份逐日气象资料，对玉米适宜播期进行实例分析。结果如表 8-10 所示。可以看出，不同年份适宜播期范围和适宜播期不同，2015 年属低温年，相应的适播期偏晚，为 5 月 18 日；2014 年气温正常，属多雨年，播期相应提前，为 4 月 25 日；2013 年、2012 年和 2011 年均为正常年份，适播期分别为 5 月 6 日、5 月 5 日和 5 月 6 日。结果表明，播期设计模型具有较好的适用性和决策性，模型设计值与决策点的玉米栽培管理模式具有较好的一致性和符合度。

表 8-10　玉米适宜播期设计结果

2015 年		2014 年		2013 年		2012 年		2011 年	
播期范围	适宜播期	播期范围	适宜播期	播期范围	适宜播期	播期范围	适宜播期	播期范围	适宜播期
5/18～5/24	5/18	4/22～6/3	4/25	5/3～5/26	5/6	5/2～5/31	5/5	5/3～6/8	5/6

3. 播种密度与播种量确定

(1) 算法描述 玉米是单株生产力较高的作物，合理的种植密度是协调单株和群体生产力矛盾的关键，是作物高产的重要保证。种植密度偏低则不能充分利用光能，很难达到最大光利用效率，种植密度偏高则植株之间互相隐蔽，影响光合速率，降低群体生产力水平。确定适宜种植密度则需考虑产量水平、品种特性、栽培管理水平及生产管理条件等因素。本书中首先根据决策地块的地力水平高低分别按照不同的原则来确定理论种植密度，然后再通过水肥条件进行修订。

土壤肥力不同，确定密度的原则不同，如果地块属于中等肥力之上，则按照"以光定穗，以穗定株"的原则确定理论种植密度，计算方程如下：

$$DENSITY0=SPIN\_LAIS\times10\ 000/SPINLA \qquad (8-15)$$

式（8-15）中，$DENSITY0$ 为理论种植密度，株/hm^2；$SPIN\_LAIS$ 为吐丝期最适宜叶面积指数；$SPINLA$ 为吐丝期单株叶面积，m^2，为各个叶片叶面积（LA）的总和。

如果地块属于中等以下肥力水平，则按照"以产定穗，以穗定株"的原则确定理论种植密度，计算方程如下：

$$DENSITY0=GYT\times10^5\times PLANTTYPE\_C/(HGW\times EARGN\times(1+DOU\_ER))$$
$$\qquad (8-16)$$

式（8-16）中，GYT 为目标产量，kg/hm^2；HGW 为百粒重，g；$EARGN$ 为穗粒数；DOU_ER 为双穗率；$PLANTTYPE\_C$ 为株型校正系数，紧凑型、平展型和中间型分别取值 1.1、1 和 1.05。

根据地力条件及品种特性确定理论种植密度后，计算经验密度：

$$DENSITY1=DEN\_MIN\times(1+DENI\times DEN\_SFL) \qquad (8-17)$$

式（8-17）中，DEN_MIN 为最小种植密度；$DENI$ 为密度变化指数；DEN_SFL 为土壤肥力修订系数，其中高肥力、中上肥力、中等肥力、中下肥力和低肥力土壤的肥力修订系数分别为 1、0.8、0.5、0.3 和 0。

玉米不同株型适宜的密度波动范围不同，根据不同株型的密度波动基本范围（DEN_PR）计算最小密度（DEN_MIN）和最大密度（DEN_MAX），方程如下

$$DEN\_MIN = DEN\_INI - DEN\_PR \qquad (8-18)$$

$$DEN\_MAX = DEN\_INI + DEN\_PR \qquad (8-19)$$

其中，紧凑型、平展型和中间型玉米的 DEN_PR 值分别为 750、250 和 500。

密度变化指数的计算公式：

$$DENI = (DEN\_MAX - DEN\_MIN)/DEN\_MIN \qquad (8-20)$$

最后，根据理论密度和经验密度判断决策最优种植密度，方程如下：

$$DENSITY = \begin{cases} DENSITY0 & |DENSITY0 - DENSITY1| \leqslant DEN\_PR \\ (DENSITY0 + DENSITY1)/2 & DEN\_PR < |DENSITY0 - DENSITY1| \leqslant 2DEN\_PR \\ DENSITY1 & |DENSITY0 - DENSITY1| > 2DEN\_PR \end{cases}$$

$$(8-21)$$

适宜种植密度确定后，根据每穴的播种粒数（$SEEDN$）及百粒重（HGW, g）即可获得播种量（$SOWWEI$, kg/hm²）。

$$SOWWEI = DENSITY * SEEDN * HGW/100000 \qquad (8-22)$$

（2）模型实例分析　利用黑龙江省齐齐哈尔依安地区常年逐日气象资料及品种资料对所建密度设计模型进行实例分析。不同品种类型和土壤肥力条件下的密度设计结果见表 8-11。模型设计结果与现阶段决策点的玉米高产栽培模式之间具有较好的符合度。

表 8-11　不同品种类型和土壤肥力条件下的密度设计结果

品种类型	土壤肥力水平	决策密度（株/hm²）
紧凑型	高肥力	80 625
	中上肥力	78 375
	中等肥力	75 000
	中下肥力	72 750
	低肥力	69 375
中间型	高肥力	71 250
	中上肥力	69 750
	中等肥力	67 500
	中下肥力	66 000
	低肥力	63 750
平展型	高肥力	64 020
	中上肥力	63 270
	中等肥力	62 145
	中下肥力	61 395
	低肥力	60 270

4. 肥水运筹管理数字化设计模型

（1）施肥运筹管理

① 算法描述。

A. 氮、磷、钾总施用量的确定。关于作物氮、磷、钾总施用量的确定，前人已进行了大量研究，主要方法有养分平衡法、地力差减法、肥料效应函数法、养分丰缺指标法和模拟寻优法等。其中养分平衡法是目前较常用、机理性较强的方法之一。这里借鉴养分平衡原理，基于产量目标，根据玉米一生养分需求、土壤基础供肥量、肥料当季利用率计算实现产量目标所需的氮、磷、钾总施用量。计算过程如下：

$$TNR\_N=(NUR\_N-NUS\_N)/FNUE \qquad (8-23)$$

$$TNR\_P=(NUR\_P-NUS\_P)/FPUE \qquad (8-24)$$

$$TNR\_K=(NUR\_K-NUS\_K)/FKUE \qquad (8-25)$$

其中，TNR_N、TNR_P 和 TNR_K 分别为实现目标产量所需的总氮、磷、钾量，kg/hm^2；NUR_N、NUR_P 和 NUR_K 分别为实现目标产量植株吸收的总氮、磷、钾量，kg/hm^2；NUS_N、NUS_P 和 NUS_K 分别为当季土壤氮、磷和钾供应量，kg/hm^2；$FNUE$、$FPUE$ 和 $FKUE$ 分别为氮、磷、钾肥利用效率。

实现目标产量植株吸收的总氮、磷、钾量根据百公斤籽粒植株总需氮、磷、钾量计算，方程如下：

$$NUR\_N=GYT/100*GY\_N \qquad (8-26)$$

$$NUR\_P=GYT/100*GY\_P \qquad (8-27)$$

$$NUR\_K=GYT/100*GY\_K \qquad (8-28)$$

其中，GY_N、GY_P 和 GY_K 分别为生产百公斤籽粒需要的氮、磷、钾量，kg/hm^2；GYT 为产量目标，kg/hm^2。

土壤基础供肥量的计算根据不施肥条件下的玉米产量计算：

$$NUS\_N=Y0/100*GY\_N \qquad (8-29)$$

$$NUS\_P=Y0/100*GY\_P \qquad (8-30)$$

$$NUS\_K=Y0/100*GY\_K \qquad (8-31)$$

其中，$Y0$ 为不施肥条件下的玉米产量，kg/hm^2。$Y0$ 的计算主要参考 QUEFTS 模型（Janssen et al.，1990），该模型的优势是在计算不施肥情况下玉米产量时考虑了氮磷钾养分之间的相互影响。计算过程包括四步，第一步建立土壤属性与潜在供肥量之间的关系；第二步，建立土壤潜在供肥量与作物实际吸收量之间的关系，此处考虑了养分间的相互影响；第三步，建立作物养分实际吸收量与产量范围之间的关系；第四步，建立养分两两对应的产量范围和最终的产量之间的关系。最终产量决定于三种养分对应的产量范围。根据任意两种养分的产量上下限可以确定与两种养分有关的产量，这样氮、磷和钾两两元素考虑，可以计算得到 6 个产量，最终 6 个产量的平均值即为最终的产量。

B. 有机氮与无机氮配施比例。有机肥与无机肥配合使用，不仅能提高土壤肥力，协调作物对养分的需求，保持作物高产，而且有助于培肥土壤，维持农田生态环境的可持续发展。玉米有机氮和无机氮的配合比例大概在 5∶5 和 3∶7 之间。在此范围内，土壤有机质含量越低，目标产量越高，所要求的有机氮的比例越高。根据土壤有机质含量水平和目标产量水平计算有机氮与无机氮配比，方程如下：

$$FOINR=\begin{cases}\left(3-\dfrac{Y3AVER-GYT}{Y3AVER}\right):\left(7+\dfrac{Y3AVER-GYT}{Y3AVER}\right) & OM>20 \\[2mm] \left(4-\dfrac{Y3AVER-GYT}{Y3AVER}\right):\left(6+\dfrac{Y3AVER-GYT}{Y3AVER}\right) & 5\leqslant OM\leqslant20 \\[2mm] \left(5-\dfrac{Y3AVER-GYT}{Y3AVER}\right):\left(5+\dfrac{Y3AVER-GYT}{Y3AVER}\right) & OM<5 \end{cases}$$

$$(8-32)$$

式（8-32）中，$FOINR$ 为有机氮与无机氮的比例；OM 为土壤有机质含量，g/kg；$Y3AVER$ 为前三年平均产量，kg/hm²；GYT 为目标产量，kg/hm²。

C. 基肥与追肥比例。玉米高产栽培中，在施足基肥的基础上，根据玉米各生育时期的需求规律进行追肥，是保证玉米高产稳产的关键。磷、钾在土壤中移动性差，肥效长，一般情况下，全部作为基肥施用。而氮肥肥效快，易流失，根据玉米需肥规律分次施入土壤效果更好。氮肥的基追比（BTR_N）根据土壤肥力和目标产量水平确定，产量越高，追肥比例越高。计算方程如下：

$$BTR\_N=\begin{cases}\left(4-\dfrac{Y3AVER-GYT}{Y3AVER}\right):\left(6+\dfrac{Y3AVER-GYT}{Y3AVER}\right) & OM<20 \\[2mm] \left(5-\dfrac{Y3AVER-GYT}{Y3AVER}\right):\left(5+\dfrac{Y3AVER-GYT}{Y3AVER}\right) & 20<OM<40 \\[2mm] \left(6-\dfrac{Y3AVER-GYT}{Y3AVER}\right):\left(4+\dfrac{Y3AVER-GYT}{Y3AVER}\right) & OM>40 \end{cases}$$

$$(8-33)$$

根据玉米的需肥规律，追肥可以在小喇叭口期一次性施入，也可以分两次在拔节期和大喇叭口期施入，也可以分 3 次在拔节期、大喇叭口期和开花期施入，但由于玉米后期株高较高，施肥机械进地不便，大部分种植者选择在小喇叭口期一次性施入追肥。施肥次数与分配比例见 8-12。

表 8-12　春/夏玉米追肥次数及相应的分配比例

	施肥次数	分配比例
	一次	小喇叭口期 100%
春玉米	二次	拔节期：大喇叭口期　4:6
	三次	拔节期：大喇叭口期：开花期　3:6:1
	一次	拔节期 100%
夏玉米	二次	拔节期：大喇叭口期　6:4
	三次	拔节期：大喇叭口期：开花期　6:3:1

② 模型实例分析。利用黑龙江省齐齐哈尔依安地区不同土壤肥力、产量目标水平和常年气象资料，对所建玉米氮肥运筹知识模型进行实例验证。表 8-13 所示为不同肥力土壤的基本理化性质。表 8-14 和表 8-15 所示为氮磷钾总施用量、有机氮与无机氮比例和氮肥基追比的知识模型设计结果，不同肥力条件下，因其产量目标和土壤养分供应能力不同，施肥运筹不同。不同土壤肥力及产量目标下的总施氮量随土壤肥力水平的上升而减少；有机氮与无机氮的比例随土壤肥力的升高而降低；氮肥基追比随土壤肥力的升高而升高。

表 8 - 13　不同肥力土壤耕层理化性质

项目	高肥力	中肥力	低肥力
耕层厚度（cm）	30	30	25
全氮含量（%）	0.255	0.214	0.173
碱解氮含量（mg/kg）	150.7	209.1	114.6
有机质含量（g/kg）	48.2	35.4	24.9
有效磷含量（mg/kg）	15.7	20.8	9.2
速效钾含量（mg/kg）	278	202	388
pH	8.23	6.17	6.62
黏粒含量（%）	19.63	18.17	23.37
饱和含水量（cm³/cm³）	0.351 0	0.344 4	0.367 3
田间持水量（cm³/cm³）	0.292 4	0.288 4	0.306 5
萎蔫含水量（cm³/cm³）	0.120 4	0.115 6	0.134 7

表 8 - 14　不同肥力土壤总施氮、磷、钾量设计结果

土壤肥力水平	总施氮量（kg/hm²）	总施磷量（kg/hm²）	总施钾量（kg/hm²）
高肥力	177.0	122.7	85.5
中肥力	262.4	87.6	97.5
低肥力	324.6	157.5	63.0

表 8 - 15　不同肥力土壤有机氮与无机氮比例及氮肥基追比设计结果

土壤肥力水平	有机氮与无机氮比例	氮肥基追比
高肥力	3.07 : 6.93	6.07 : 3.93
中肥力	3.40 : 6.60	5.40 : 4.60
低肥力	3.75 : 6.25	5.75 : 4.25

（2）水分管理　合理的水分管理是保证玉米生长发育和高产稳产的重要因素。根据土壤水分及降水情况，定量精准灌溉，不仅可以提高水分利用效率，增加产量，也能避免水资源浪费、养分随水分的流失以及地下水污染，保护生态环境。

玉米生育期内所需的适宜灌溉量根据水分平衡原理，通过下面方程定量计算：

$$Irri = ETc - [(SWb - SWe) \times ID \times 100 + Rainfall] \qquad (8 - 34)$$

式（8 - 34）中，$Irri$ 为玉米生育期内所需灌溉量，mm；ETc 为玉米生育期内实际蒸散量，mm；SWb 和 SWe 分别为玉米生育初期和生育末期的土壤含水量，cm³/cm³；ID 为灌溉管理深度，cm；$Rainfall$ 为玉米生育期内有效降水量，mm，为实际降水量减去冠层截留和地表径流后的降水量。研究资料表明，玉米播种至出苗期，适宜的土壤含水量应为田间持水量的 60%～80%，低于 60% 需灌，高于 80% 需排，灌溉土层深度为 20 cm；出苗—吐丝期，适宜的土壤含水量应为田间持水量的 60%～80%，低于 60% 需灌，高于 80% 需排，灌溉土层深度为 40 cm；吐丝到灌浆期，适宜的土壤含水量应为田间持水量的 65%～80%，低于 65% 需灌，高于 85% 需排，灌溉土层深度为 60 cm。

玉米实际需水量 ETc 通过参考作物蒸散量（$ET0$）和作物系数（Kc）计算得到：

$$ETc = ET0 \times Kc \tag{8-35}$$

$ET0$ 根据 Penman - Monteith 公式（Allen，1998）计算。

5. **适宜指标动态模型**　定量分析玉米生产过程中生育指标适宜动态与品种类型、生态环境和生产技术水平之间的关系，对于推动作物栽培模式向智能化和数字化方向发展具有重要的现实意义和应用前景。本书基于玉米栽培理论和技术，运用知识工程和系统建模方法，以累积生长度日（GDD）为主线，建立了玉米叶龄、叶面积指数、干物质积累等生长指标适宜动态模型，适宜养分指标动态模型，临界氮浓度稀释模型，适宜光谱指标动态模型，旨在为玉米的生长诊断与调控提供标准"专家曲线"，从而为定量化的动态苗情诊断和管理调控提供参考标准。

（1）适宜生长指标动态

① 算法描述。

A. 叶龄动态模型。叶龄的发育进程与≥10 ℃积温密切相关，在叶龄动态模拟中引入遗传参数——展叶叶热间距（$PHYLL$）和总叶数（TLN）来描述叶龄动态变化。算法方程如下：

$$FELA = GDD10 / PHYLL \tag{8-36}$$
$$LAIN = FELA / TLN \times 100 \tag{8-37}$$

式中，$FELA$ 为展叶叶龄；$GDD10$ 为从出苗日开始累积≥10 ℃积温；$LAIN$ 为叶龄指数。

B. 叶面积指数动态模型。叶面积指数是衡量玉米群体结构的重要指标，而品种和密度又是叶面积变化的重要影响因素。整个玉米生育期，叶面积指数呈苗期增长较慢、拔节后直线上升、吐丝期达到最大并稳定到乳熟期后逐渐下降的趋势。根据文献资料查阅结果（麻雪艳和周广胜，2013），东北地区春玉米从播种至叶面积指数达到最大时的≥10 ℃有效积温约为 1 085.3 ℃，出苗至叶面积指数达到最大时的≥10 ℃有效积温为 1 010.4 ℃。

叶面积指数动态采用修正的 Logistic 方程模拟（王信理，1986）：

$$y = \frac{a}{1 + \exp\ (b + c \times t + d \times t^2)} \tag{8-38}$$

式（8-38）中，y 为叶面积指数，t 为出苗天数，a、b、c、d 均为参数。

由于玉米品种、播期和栽培管理措施的不同，不同年份的叶面积指数有较大差异（Pocock et al.，2010），为了更好地了解叶面积指数的变化规律，采用相对叶面积指数来描述叶面积指数动态（张旭东等，2006；平晓燕等，2010）：

$$RLAI_i = \frac{LAI_i}{LAI_{max}} \tag{8-39}$$

式（8-39）中，$RLAI_i$ 为出苗后第 i 天的相对叶面积指数，LAI_i 为出苗后第 i 天的叶面积指数，LAI_{max} 为玉米当季最大叶面积指数。

以叶面积指数达到最大为转折点将春玉米出苗至成熟的整个生育期划分为两个阶段，分别将各阶段内≥10 ℃的有效积温进行归一化处理，得到标准化的生育期值（DS）：

出苗—叶面积指数达到最大时：$DS = SGDD3 / SGDD1 \tag{8-40}$

叶面积指数最大时至成熟期：$DS = 1 + SGDD4 / SGDD2 \tag{8-41}$

其中，$SGDD1$ 为出苗至叶面积指数达到最大时≥10 ℃积温，$SGDD2$ 为叶面积指数达到最大时至成熟期≥10 ℃积温，$SGDD3$ 为自出苗日≥10 ℃积温，$SGDD4$ 为自叶面积指数最大日≥10 ℃积温。第一阶段的 DS 范围为 0～1，第二阶段的 DS 范围为 1～2。

通过相对叶面积指数及吐丝期适宜最大叶面积指数可得到整个生育期的适宜叶面积指数变化动态：

$$LAI_{opt} = RLAI \times LAI_{omax} \tag{8-42}$$

吐丝期适宜最大叶面积指数 LAI_{max} 的计算要保证玉米在灌浆期前后 40 d 内实现最大的光合产物积累。

$$LAI_{omax} = -\frac{1}{k} \ln \frac{I_S}{I_O} \tag{8-43}$$

式（8-43）中，I_S 为全日补偿光强；I_O 为玉米群体上方的自然光强；k 为消光系数。

特定产量目标下的玉米适宜叶面积指数动态通过产量目标对 LAI_{opt} 进行修订，方程如下：

当 $GYT \geqslant GY_{max}$，

$$LAI_{yopt} = LAI_{opt} \tag{8-44}$$

当 $GYT < GY_{max}$，两个阶段分别计算。

出苗期至叶面积指数达到最大时，

$$LAI_{yopt} = LAI_{opt} - 0.5 \times LAI_{opt} \times \left(1 - \frac{GYT}{GY_{max}}\right) \times \frac{SGDD3}{SGDD1} \tag{8-45}$$

叶面积指数达到最大至成熟期，

$$LAI_{yopt} = LAI_{opt} - 0.5 \times LAI_{opt} \times \left(1 - \frac{GYT}{GY_{max}}\right) \times \frac{GDDm - GDD}{GDDm - SGDD1} \tag{8-46}$$

C. 干物质积累动态模型。玉米干物质积累动态是衡量农艺措施适宜与否的重要依据。研究表明，玉米干物质积累过程呈 Logistic 曲线增长。可用下面方程定量描述：

$$DMO\ (DS) = \frac{DMA_{max}}{1 + a \times \exp(-b \times DS)} \tag{8-47}$$

式（8-49）中，$DMO\ (DS)$ 为某生育阶段（DS）的干物质积累量，kg/hm²；DMA_{max} 为干物质的最大积累量，kg/hm²；可近似地用玉米收获时的最终产量来表示；b 为干物质瞬时增长率；a 为由增值开始时的干物质量来决定的常数。

$$DMA_{max} = [GYT \times (1 - GWR)/HI \times 1.02] \tag{8-48}$$

式（8-48）中，GWR 为玉米籽粒含水量，取值 0.145；HI 为收获指数。

当 $DS = 0$ 时，$DMO = DMA_{max}/(1+a)$。玉米种皮重量占籽粒重量的 6%～8%，所以 a 可以通过下列方程表示：

$$a = \frac{DMA_{max}}{DENSITY \times HGW \times 10^{-5} \times 0.93} - 1 \tag{8-49}$$

以吐丝期为界，玉米籽粒在授粉后灌浆最终形成产量，其灌浆物质来源于两个方面，一是吐丝期以前叶片茎鞘等器官的贮藏物质，二是来自吐丝期以后直接的光合产物。综合分析文献资料，籽粒干物质 88%～95%来自吐丝期后积累的光合产物。吐丝期干物质积累量过少，群体产量形成的总叶源量和总库容量太小，不具备提高吐丝至成熟期总光合生产量的基础，但当吐丝期群体的干物质积累过多，群体过大及群体结构变劣，也会失去提高吐丝期至成熟期总光合量的基础。只有吐丝期干物质积累量最适宜的群体，可获得最高产量。吐丝前干物质积累量对产量的贡献率 CF_DMAF 由下式计算：

$$CF\_DMAF = \begin{cases} 0.12 & TARGET < 0.5 \times GY_{max} \\ 0.19 - 0.14 \times \dfrac{TARGETY}{GY_{max}} & 0.5 \times GY_{max} \leqslant TARGET \leqslant GY_{max} \\ 0.05 & TARGETY > GY_{max} \end{cases}$$

$$(8-50)$$

吐丝后干物质积累量 DM_AS 由下式计算得到。其中，$GCWR$ 为出苗率，其他符号意义同上。

$$DM\_AS = GYT \times (1 - GWR)/GEWR \times (1 - 0.055 - CF\_DMAF) \quad (8-51)$$

$$GEWR = GCWR/(2.2 - 1.2 \times GCWR) \quad (8-52)$$

吐丝期干物质积累量 DM_SP 通过下式计算：

$$DM\_SP = GYT \times (1 - GWR/100)/HI - DM\_AS \quad (8-53)$$

最后，根据已确定的 DMO_{max}、a 和（DM_SP，$DS=1$），即可求得 b 值。

② 模型评价与实例分析。利用 2012 年在吉林省梨树县开展的玉米大田试验资料验证所建模型的符合度和可靠性。图 8-2 所示为利用无生物和非生物胁迫条件下实测叶面积指数与地上部生物量数据验证模型的效果。叶面积指数和地上部生物量实测值与模拟值的方均根误差 $RMSE$ 分别为 0.33 和 960 kg/hm²，R^2 分别为 0.87 和 0.99，模拟效果较好，能够较准确地模拟适宜叶面积指数及地上部生物量生长动态。

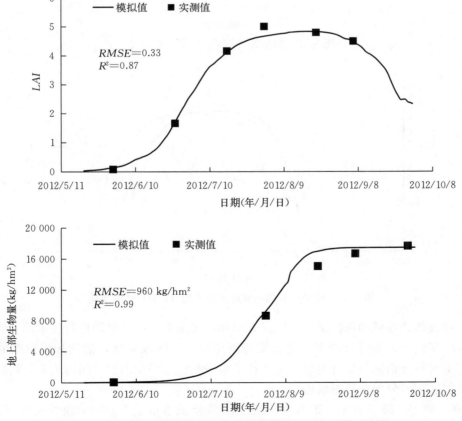

图 8-2　叶面积指数与地上部生物量模拟值与实测值对比图

利用黑龙江省齐齐哈尔地区不同年份的气象资料及产量目标水平对叶龄动态、叶面积指数和干物质积累动态模型进行了实例分析。玉米叶龄从出苗开始不断增加，直到抽雄吐丝期达到最大（图8-3）。叶面积指数从出苗开始不断增加，苗期增长较慢，拔节之后直线上升，吐丝期达到最大并稳定，到乳熟期之后开始下降（图8-4）。玉米干物质积累过程呈Logistic曲线增长，苗期增长缓慢，拔节后速度加快，吐丝到灌浆期物质积累强度最大（图8-5）。不同年份的叶龄动态、适宜叶面积指数和干物质积累动态因气候条件和产量目标的差异有所不同，2014年整体长势优于2013年和2015年。实例分析结果表明，玉米叶龄动态、叶面积指数和干物质积累动态均具有较好的适用性和决策性。

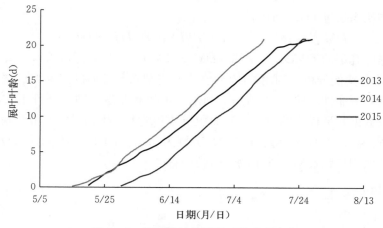

图8-3　模型设计的适宜叶龄动态变化

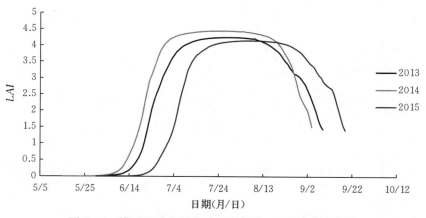

图8-4　模型设计的适宜叶面积指数（LAI）动态变化

（2）适宜养分指标动态模型　在广泛查阅和搜集玉米高产栽培理论与技术的文献资料和田间试验的基础上，通过分析玉米生长发育理论与养分吸收规律，借助知识模型的构建原理，确定玉米养分指标与品种类型、生产技术水平和生态环境因子之间的关系，建立了玉米群体地上部适宜养分指标动态模型。

①算法描述。研究表明，玉米群体地上部养分积累量呈Logistic曲线变化（何萍等，1999），可以用下面方程来定量描述：

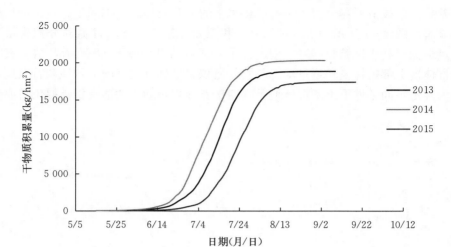

图 8-5 模型设计的适宜干物质积累动态变化

$$NA（DS）=\frac{NA_{max}}{1+a\times e^{-b\times DS}} \qquad (8-54)$$

式（8-54）中，$NA（DS）$为某生育阶段（DS）的地上部养分积累量，kg/hm^2；NA_{max}为养分最大积累量，kg/hm^2，可近似地用玉米成熟时地上部养分积累量来表示；b为养分的瞬时增长率；a为由增值开始时的养分来决定的常数；DS为标准化的玉米生长阶段值，计算方法同叶面积指数动态模型中的计算方法。

当 $DS=0$ 时，$NA（DS）=NA_{max}/（1+a）$，玉米最初的养分积累量为籽粒中的养分含量，所以 a 可以通过下列方程计算：

$$a=\frac{NA_{max}}{GNC\times HGW\times 10^\wedge（-5）\ DENSITY}-1 \qquad (8-55)$$

b 值的求解则根据 NA_{max}、a 和任一 DS 阶段的实测氮积累量数据求得。

② 模型实例分析。通过文献查阅，利用吉林省公主岭市逐日气象资料和黑龙江省双城市逐日气象资料以及实测数据（高伟，2008），对玉米群体地上部植株养分积累动态的知识模型进行了实例分析和测试。图 8-6 可以看出，玉米群体在各生育期的适宜氮积累量受产量目标和品种的影响。拔节前，同一品种在同一生态点的适宜氮积累量在不同产量水平之间

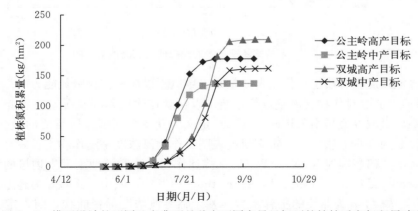

图 8-6 模型设计的不同地点典型品种在不同产量目标下的植株适宜氮积累动态

没有显著差异。但拔节后养分积累量随产量水平的上升而提高。不同生态点之间植株养分积累量差异显著。图8-7所示为玉米植株养分积累量动态，玉米植株氮养分积累量最高，磷养分积累量最低。利用试验数据对模型进行了验证，结果如图8-8所示，结果表明，拔节期后玉米群体地上部植株氮积累量动态与实际氮积累量具有较好的一致性和符合度，表明本模型可以为确定不同条件下玉米群体地上部植株养分积累动态的适宜指标提供可靠的定量化工具。

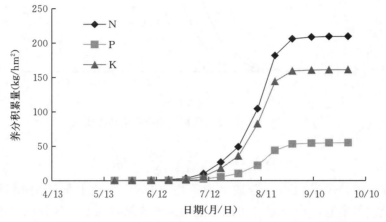

图8-7 应用模型计算的双城高产条件下适宜养分积累量动态

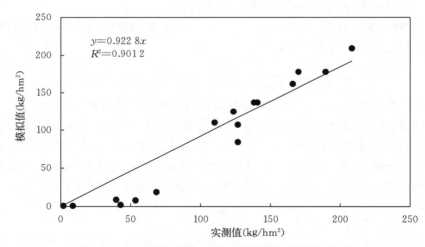

图8-8 玉米植株氮积累量的模拟值与实测值对比图

(3) 临界氮浓度稀释模型 作物含氮量是土壤氮素供应和作物吸氮能力的综合反应（陈新平等，1999）。通过对作物含氮量进行诊断可以反映作物的营养状况，并以此来进行施肥决策。作物临界氮浓度最早由Ulrich（1952）定义为获得最大增长所需的最少氮素营养，是作物氮素诊断的基本方法之一。很多研究表明，作物氮浓度呈随作物生长发育而下降的趋势，国外学者用"稀释曲线"（$N=aW^{-b}$）来描述作物氮浓度随地上部生物量的增加而降低的过程（Greenwood et al.，1990；Lemaire et al.，1990），其中，系数a为地上部生物量为1 t/hm^{2}时的氮浓度，b为曲线的稀释系数。基于临界氮浓度稀释曲线，前人定义了氮营养指数（NNI）的概念为地上部实测氮浓度与临界氮浓度的比值，该值能够诊断作物的氮素丰缺情况（李正鹏等，2015）。$NNI=1$ 时，表明作物体内氮素营养合适，$NNI>1$ 时表明氮营养过剩，$NNI<1$ 时表明氮营养不足。以基于临界氮浓度稀释模型设计的玉米适宜养分指标为标准"专家曲线"可以为玉米生长诊断与动态调控提供依据。本文基于已有研究进展，整理分析了吉林省春玉米氮肥试验数据（李文娟等，2010；叶东靖，2009；刘占军等，2011），用于临界氮浓度稀释曲线的建立和验证（卢宪菊等，2019）。

① 模型的建立。建立临界氮浓度稀释曲线的关键是确定临界数据点，也就是既不限制作物生长又不存在奢侈吸收的植株临界氮浓度。本研究依据 Justes 等提出的方法构建玉米临界氮浓度稀释曲线：A. 对比分析不同氮水平下每次取样的地上部生物量及其对应的氮浓度值，通过方差分析按作物生长是否受氮素营养限制分为氮制约组和不受氮制约组。B. 当施氮量不能满足作物生长时，其地上部生物量和氮浓度之间通过线性拟合；当作物生长不受氮营养限制时，用地上部生物量的平均值代表生物量的最大值。C. 每次取样的理论临界氮浓度为上述线性曲线的最大生物量对应氮浓度。

针对吉林省的春玉米试验，以地上部生物量大于 1 t/hm² 为有效数据，选择拔节期、抽雄期和吐丝期，筛选出 15 组临界生物量及其氮浓度数据点，基于这 15 组数据，建立了东北春玉米临界氮浓度稀释曲线（图 8 - 9）：$N_{cnc}=35.48\,W^{-0.422}$（$W>1$ t/hm²，$R^2=0.752\,2$，$P<0.01$）。

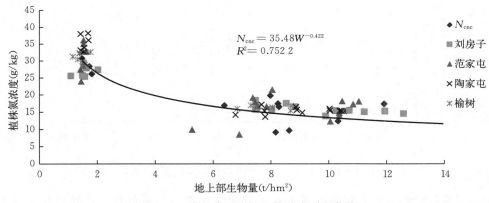

图 8 - 9　东北春玉米临界氮浓度稀释曲线

基于临界氮浓度稀释曲线，氮营养指数（Nitrogen nutrient index，NNI）可以用来表征作物体内氮营养水平。$NNI=1$ 时，表明作物体内氮营养适宜；$NNI>1$ 时，表明作物体内氮营养过剩；$NNI<1$ 时，表明作物体内氮营养不足。NNI 的计算公式如下：

$$NNI=\frac{N_{nc}}{N_{cnc}}\qquad\qquad(8-56)$$

式（8 - 56）中，N_{nc} 为地上部实测氮浓度，g/kg；N_{cnc} 为临界氮浓度，g/kg。

② 模型的验证。基于 4 个生态点的试验数据建立的东北春玉米临界氮浓度稀释曲线，通过计算另外两个试验点各氮肥处理的 NNI 值对曲线进行验证。图 8 - 10A、B 为同一生态点的两个不同氮效率品种结果，先玉 335 为氮高效品种，具有较高的耐低氮能力，吉单 535 为氮低效品种。结果表明，在不施氮的条件下先玉 335 的 NNI 高于吉单 535，能够证明先玉 335 耐低氮能力高于吉单 535。施氮量 180 kg/hm² 基本能够满足先玉 335 玉米生育期内的氮素需求，但对于吉单 535，该施氮量偏低。图 8 - 10C 结果表明，152 kg/hm² 和

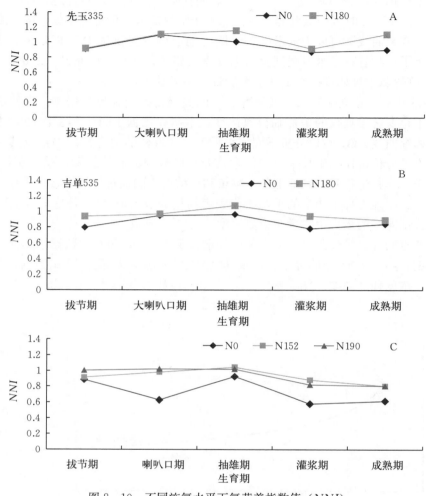

图 8-10　不同施氮水平下氮营养指数值（NNI）

$190\ kg/hm^2$ 施氮量的玉米生育期内氮营养条件明显优于不施氮处理，能够满足玉米抽雄期之前的生长需求，但抽雄之后表现出明显的缺氮现象，说明 $190\ kg/hm^2$ 施氮量还不能满足玉米整个生育期需求，需要增加施氮量。以上结果表明，本研究建立的东北春玉米临界氮浓度稀释曲线可以应用于玉米植株氮营养状况的诊断。

（4）适宜光谱指标动态模型　近几十年，遥感技术广泛应用于农业生产。NDVI 是反映作物长势和营养状态的重要参数之一，可以快速、实时、无损准确地监测作物生长指标。建立基于光谱指数的适宜动态模型，对实现作物生长实时监测与诊断具有重要意义。

① 基于冠层光谱的生长指标估算模型。作物在不同的生长发育阶段，由于冠层结构、叶片形态以及生理生态特征的变化，使得作物冠层在图像中表现出不同的光谱特征。植被指数是两个或多个波段的反射率经过线性或非线性组合运算来增强植被信息，以削弱环境背景对植被光谱特征的干扰，如归一化植被指数（NDVI），增强植被指数（EVI）和差值植被指数（DVI）等。本研究团队利用无人机搭载多光谱相机获取冠层光谱影像，选取 7 种常用的植被指数（表 8-16）与玉米叶面积指数和地上部干物质进行相关性分析，构建了郑单958 和先玉 335 两个品种在吐丝期和灌浆期的叶面积指数和地上部干物质估算模型，为玉米

实时监测诊断提供依据和技术方法。

表 8 - 16　不同植被指数计算公式

植被指数	公式
NDVI	$NDVI=(R_{NIR}-R_{RED})/(R_{NIR}+R_{RED})$
GNDVI	$GNDVI=(R_{NIR}-R_{GREEN})/(R_{NIR}+R_{GREEN})$
RVI	$RVI=NIR/RED$
GOSAVI	$GOSAVI=(1+0.16)(NIR-GREEN)/(NIR+GREEN+0.16)$
VI_{opt}	$VI_{opt}=1.45\times(NIR^2+1)/(RED+0.45)$

　　表 8 - 17 为叶面积指数与地上部干物质和植被指数间的相关性分析结果，吐丝期，各植被指数与两个品种的 LAI 和地上部干物质均呈极显著相关（$P<0.01$）；在灌浆期，DVI 与 ZD958 的 LAI 和地上部干物质无显著相关性（$P>0.05$），与 XY335 的 LAI 和地上部干物显著相关（$P<0.05$），VI_{opt} 与 ZD958 的 LAI 和地上部干物质显著相关（$P<0.05$），与 XY335 的 LAI 和地上部生物量极显著相关，其余植被指数与两品种的 LAI 和地上部干物质均呈极显著相关（$P<0.01$）。表 8 - 18 所示为叶面积指数和地上部干物质的光谱指数估算模型及其验证结果，结果表明通过冠层植被指数可以实现玉米生长指标的实时监测，为玉米长势诊断与动态调控提供技术手段。

表 8 - 17　叶面积指数与地上部干物质和植被指数间的相关性分析结果

植被指数	ZD958LAI		XY335LAI		ZD958 干物质		XY335 干物质	
	吐丝期	灌浆期	吐丝期	灌浆期	吐丝期	灌浆期	吐丝期	灌浆期
NDVI	0.908**	0.912**	0.872**	0.891**	0.844**	0.847**	0.843**	0.843**
GNDVI	0.965**	0.911**	0.878**	0.932**	0.927**	0.842**	0.862**	0.878**
RVI	0.957**	0.903**	0.939**	0.927**	0.890**	0.846**	0.891**	0.858**
GOSAVI	0.967**	0.850**	0.902**	0.916**	0.912**	0.800**	0.868**	0.892**
EVI	0.964**	0.917**	0.897**	0.903**	0.913**	0.850**	0.833**	0.854**
DVI	0.956**	0.565	0.927**	0.622*	0.860**	0.573	0.843**	0.652*
VI_{opt}	0.953**	0.618*	0.754**	0.734**	0.852**	0.612*	0.769**	0.749**

表 8 - 18　叶面积指数与地上部干物质的光谱指标估算模型及验证结果

生长指标	品种	生育期	拟合模型	RMSE	NRMSE（%）
LAI	ZD958	吐丝期	$LAI=11.447GOSAVI^{2.431}$	1.103	17.91
		灌浆期	$LAI=11.626NDVI^{0.843}$	0.620	12.22
	XY335	吐丝期	$LAI=1.262e^{0.051RVI}$	1.369	25.08
		灌浆期	$LAI=10.273GNDVI^{4.437}$	1.108	25.74
DM	ZD958	吐丝期	$DM=13.346GNDVI^{2.932}$	1.485	16.04
		灌浆期	$DM=0.249e^{4.792EVI}$	2.482	15.22
	XY335	吐丝期	$DM=14.958GOSAVI^{2.483}$	1.730	20.11
		灌浆期	$DM=0.046e^{7.323GNDVI}$	2.119	12.26

　　② 玉米生育期内冠层 NDVI 的动态变化。图 8 - 11 为郑单 958 和先玉 335 两个玉米品

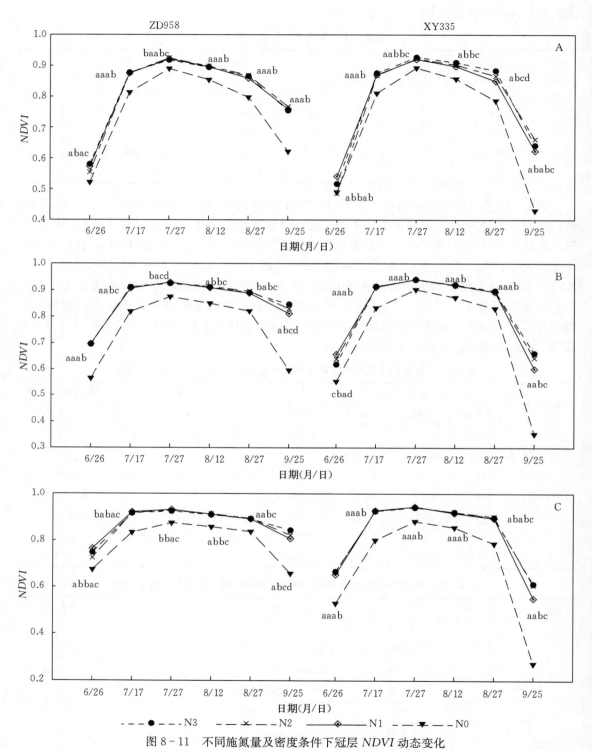

图 8-11　不同施氮量及密度条件下冠层 NDVI 动态变化

注：图中 A、B、C 分别表示种植密度为 D1（37 500 株/hm²）、D2（67 500 株/hm²）、D3（97 500 株/hm²）；左侧为 ZD958，右侧为 XY335；相同字母表示 N3、N2、N1、N0 处理未达到显著性水平 P>0.05，不同字母表示差异达到显著性水 P<0.05。

种在不同种植密度及施氮量条件下生育期内冠层 $NDVI$ 的动态变化，结果表明，玉米冠层 $NDVI$ 值受品种、施氮量和密度的影响，但动态变化趋势相同。玉米生长前期，$NDVI$ 快速上升，接近峰值后上升速度变慢，到达峰值后保持稳定直到生育后期开始迅速下降。

③ 适宜光谱指标动态模型的构建和验证。

A. 模型构建。根据前面所述玉米冠层 $NDVI$ 动态变化趋势及已有研究结果（Liu et al.，2017），表明作物冠层 $NDVI$ 动态符合双 Logistic 曲线，本研究基于吉林公主岭不同品种氮肥梯度试验数据，划分不同产量目标水平，构建了适宜光谱指标动态模型，为玉米生长的氮营养诊断与调控提供技术支撑。

首先将 $NDVI$ 和累积生长积温 $AGDD$ 归一化为相对 $NDVI$ 值（$RNDVI$）和相对累积生长度日（$RAGDD$）：

$$RNDVI_i = NDVI_i / NDVI_{max} \tag{8-57}$$

$$RAGDD_i = AGDD_i / AGDD_h \tag{8-58}$$

其中，$RNDVI$ 为某生育时期相对 $NDVI$ 值；$RAGDD$ 为与 $NDVI$ 测定时间相对应的相对累积生长度日；$NDVI_{max}$ 为某产量水平下全生育期最大 $NDVI$ 值；$AGDD_h$ 为玉米从播种到成熟的累积生长度日。

$RNDVI$ 动态可用下面双 Logistic 曲线方程表示：

$$RNDVI_i = \frac{1}{1+e^{-a(RAGDD_i-b)}} - \frac{1}{1+e^{-c(RAGDD_i-d)}} \tag{8-59}$$

$$NDVI_i = RNDVI_i \times NDVI_{max} \tag{8-60}$$

B. 模型参数校准和验证。利用 2018 年公主岭试验郑单 958 和先玉 335 不同氮梯度试验数据拟合模型参数如表 8-19 所示。根据当地玉米试验产量数据，将产量划分为 3 个水平：高产（产量≥10 500 kg/hm²），中产（7 500 kg/hm²＜产量＜10 500 kg/hm²）和低产（产量≤7 500 kg/hm²）。利用模型设计的不同产量目标水平下适宜 $NDVI$ 动态如图 8-12 所示。不同产量水平下 $NDVI$ 变化趋势相同，产量水平越高，$NDVI$ 维持峰值的时间越长，峰值过后下降速率越慢。郑单 958 和先玉 335 比较，在到达峰值之前，郑单 958$NDVI$ 的增长速率低于先玉 335 的增长速率，峰值过后下降速率也较先玉 335 慢，郑单 958 维持峰值的时间更长。利用 2019 年实测数据对不同产量目标水平下的适宜光谱指标动态模型进行了验证，结果见图 8-12，结果表明，不同产量目标水平下不同品种玉米冠层适宜 $NDVI$ 模拟值与实测值有较好的一致性和符合度，表明本模型可以为确定不同产量目标下玉米冠层 $NDVI$ 的适宜动态提供可靠的定量化工具。

表 8-19　郑单 958 与先玉 335 的适宜光谱指标动态模型参数化

品种	产量水平	a	b	c	d
郑单 958	高产	11.869	0.229	24.733	1.066
	中产	13.851	0.275	28.706	1.045
	低产	17.9	0.354	27.844	1.008
先玉 335	高产	15.762	0.341	46.292	1.008
	中产	18.407	0.357	38.91	1.004
	低产	21.375	0.394	29.407	0.977

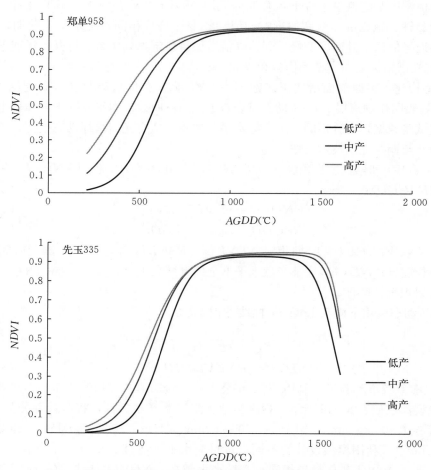

图 8-12　适宜光谱指标动态模型设计的不同品种适宜 $NDVI$ 动态

8.3.3　产中诊断与调控模型

由于玉米生长受光、温、水、气、热等多因子影响，其生长发育是所有环境条件及栽培措施综合作用的结果，即使按照播前设计的栽培管理方案进行管理，其生长也往往会偏离适宜状态。因此在生产过程中还需要对玉米的生长状况进行监测分析，并在此基础上对水肥运筹进行实时调控，使玉米的生长发育尽量接近适宜状态。本节仅介绍氮营养的诊断与调控。

近年来，氮营养指数（NNI）被认为是诊断植株氮营养状况的最好指标，能够较准确地反映作物氮营养状态。最初氮营养指数的概念是基于临界氮浓度稀释曲线提出的，$NNI=1$ 时，表明作物体内氮素营养适宜；$NNI>1$ 时表明氮营养过剩；$NNI<1$ 时，表明氮营养不足。随着遥感监测技术的发展，基于冠层反射率的遥感测量能够实时反映作物群体的生长状况，结合前面介绍的适宜生长指标、养分指标及光谱指标动态模型，结合生长指标的光谱监测，即可实现无损、实时诊断。

基于田间试验数据，本节构建了多路径诊断与追氮调控模型，包括氮肥优化算法（NFOA）（Lukina et al.，2001）、NNI 法（Denuit et al.，2002）、氮浓度稀释法（卢宪菊等，2019）。

1. 模型描述

（1）NFOA 法　首先计算作物的当季估产系数（$INSEY$）：

$$INSEY = NDVI/DAT \qquad (8-61)$$

式（8-61）中，DAT 为播种后天数，$NDVI$ 为归一化植被指数。

确定当季估产系数后，通过下面方程估算产量潜力（PGY）：

$$PGY = a \times \exp(b \times INSEY) \qquad (8-62)$$

式（8-62）中，a 和 b 为产量与估产系数相关关系的拟合参数。

根据百公斤籽粒吸氮量计算实现目标产量的氮素需求量（GNU）。根据我国玉米生产平均水平，玉米百公斤籽粒吸氮量为 2.2 kg。因此 GNU 的计算公式如下：

$$GNU = 2.2 \times PGY/100 \qquad (8-63)$$

追氮调控量通过下式计算：

$$Nr = (GNU - N_{soi})/NUE - N_{base} \qquad (8-64)$$

式（8-64）中，Nr 为追氮调控量，kg/hm^2；N_{soi} 为土壤基础供氮量，kg/hm^2；N_{base} 为基施氮量，kg/hm^2；NUE 为氮肥利用效率。

（2）NNI 法　玉米生育期内施氮量与氮营养指数有关。此处，NNI 的计算通过实测 $NDVI$ 值与适宜 $NDVI$ 值的比值计算得到：

$$NNI = NDVI/NDVI_{opt} \qquad (8-65)$$

如果 $NNI < 1$，说明氮不足，需要增施氮量；如果 $NNI > 1$，说明氮过量，需要降低施氮量；如果 $NNI = 1$，说明氮营养适宜，不需要调控。建立 NNI 与相对产量的关系，通过相对产量估算目标产量：

$$RY = a \times NNI + b \qquad (8-66)$$

相对产量为某施氮水平产量与氮充足区产量的比值，目标产量即通过相对产量与氮充足区产量计算得到：

$$YP = YP_{SI} \times RY \qquad (8-67)$$

与 NFOA 法相同，根据 100 kg 籽粒吸氮量计算实现目标产量的氮素需求量（GNU）：

$$GNU = 2.2 \times YP/100 \qquad (8-68)$$

$$Nr = (GNU - N_{soi})/NUE - N_{base} \qquad (8-69)$$

（3）氮浓度稀释法　该方法基于氮浓度稀释理论，结合氮浓度稀释曲线，计算氮营养指数实现氮营养状态的实时诊断，然后通过适宜氮积累量与实际氮积累量的差值进行需氮量计算，最后通过氮营养指数与需氮量的关系分析，实现基于 NNI 值的氮营养丰缺诊断与氮素调控。具体计算过程如下：

$$N_{cnc} = a \times DM^{-b} \qquad (8-70)$$

$$NNI = N_{cnc}/N_{cnc} \qquad (8-71)$$

$$Ncna = a \times DM^{-b} \qquad (8-72)$$

$$Nna = DM \times N_{anc} \qquad (8-73)$$

$$N_{and} = (N_{cna} - N_{na})/NUE \qquad (8-74)$$

$$N_{and} = mNNI + n \qquad (8-75)$$

其中，N_{and} 为氮肥需求量，kg/hm^2；N_{cnc} 为适宜氮浓度，g/kg；N_{anc} 为实际氮浓度，g/kg；N_{na} 为实际氮积累量，kg/hm^2；N_{cna} 为适宜氮积累量，kg/hm^2；NUE 为氮肥利用效率，%；DM 为地上部生物量，t/hm^2。

2. 模型实例分析

(1) 参数提取 利用在吉林省公主岭开展的氮肥梯度试验数据提取氮肥调控模型参数，结果如表 8-20 所示。

表 8-20　不同调控模型参数提取结果

调控方法	参数			
	a	b	m	n
NFOA 法	94.07	152.95		
NNI 法	1.182 8	-0.360 6		
氮浓度稀释法	35.48	0.422	93.14	91.72

(2) 模型实例分析 利用 2019 年通辽试验区玉米拔节期 6 月 25 日玉米生长指标及 $NDVI$ 的实测数据，利用多路径追氮调控模型，设计追氮调控方案，如表 8-21 所示。基于实时长势的多路径追氮调控模型计算的追氮量均低于农户常规方案，其中 NFOA 法计算的追氮量最低，总施氮量低于农户常规方案 13%，氮浓度稀释法和 NNI 法分别低于农户常规施氮量 4% 和 7%。实例结果表明，模型设计的动态调控方案与氮肥运筹专家方案之间具有较好的一致性。可以认为本研究构建的多路径追氮调控模型具有较好的适用性和指导性。在实际应用中，可进一步将模型输出方案与常规方案做大田对比试验并分析其产量和经济效益来检验模型的应用价值，从而增强模型的可靠性和广适性。

表 8-21　基于多路径追氮调控模型设计的追氮调控方案

施肥方案	拔节期长势监测			基肥（kg/hm²）			追氮量（kg/hm²）
	LAI	生物量（kg/hm²）	$NDVI$	N	P_2O_5	K_2O	
农户常规	0.78	12 750	0.64	121.5	63	63	138.0
NFOA 法	0.78	12 750	0.64	121.5	63	63	104.25
氮浓度稀释法	0.78	12 750	0.64	121.5	63	63	127.2
NNI 法	0.78	12 750	0.64	121.5	63	63	119.4

8.3.4　玉米生长模拟模型

1. 模型描述

本研究团队在吸收借鉴国内外玉米生长模型理论方法的基础上，对环境-技术措施-玉米生理生态过程的机理关系进行解析，集成开发出适合中国气候环境条件及农业管理特点的玉米生长模型 MaizeGrow，其结构如图 8-13 所示，主要由阶段发育、器官建成、光合作用与干物质生产、产量形成、土壤-作物水分平衡、土壤-作物氮素平衡 6 个子模型组成。

玉米生育期划分、器官建成、光合同化产物积累分配等的模拟算法主要参考 Hybrid-Maize（Yang et al.，2004）和 CERES-Maize（Jones et al.，2003）模型。

(1) 生育期模拟 玉米生育期的模拟分为 5 个阶段，分别为从出苗到开始拔节、拔节到抽雄、抽雄到吐丝、吐丝到开始灌浆、有效灌浆到成熟。玉米从出苗到开始拔节的持续时间由参数 P1 决定，为该生育期的积温需求；吐丝期到有效灌浆期间积温需求为 170 ℃；吐丝到成熟期间的持续时间由参数 P5 决定，为该生育期的积温需求。P1 和 P5 为品种参数。

(2) 光合同化模拟 玉米光合产物计算借鉴 CERES-Maize 模型，假设光合有效辐射

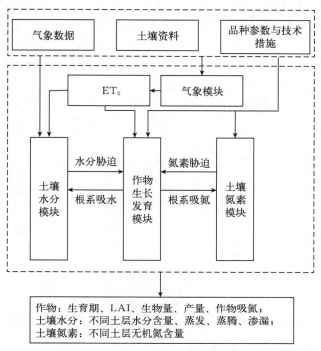

图 8 - 13 MaizeGrow 模型结构框图

[PAR，MJ/(m² · h)] 是总太阳辐射的 50%。采用高斯积分法对单叶光合作用进行积分来计算玉米冠层每日的总光合量。根据 Beer - Lamber 定律预测玉米冠层光能的吸收。冠层每日同化量减去每日生长呼吸和维持呼吸消耗量即可计算出玉米冠层日净同化量和干物质积累量。

（3）器官建成模拟　参考 Hybrid - Maize 模型，模型中对于玉米植株器官水平的生长过程模拟包括叶片生长模拟、茎及穗轴生长模拟、根系生长模拟和籽粒灌浆过程模拟。叶片的生长包括叶片数目的增加和叶面积的增大，生长过程一直持续到开花期。茎的生长从拔节期开始，此刻节间开始伸长生长，直到第三阶段结束，这时有效灌浆开始。根系的生长速率通过净同化量分配到根的分配系数（ACroot）来计算。出苗时，分配系数最高，在作物生育期内降低直到生长停止。玉米的籽粒灌浆速率由气温决定，当每天的净同化量不足以满足潜在灌浆速率时，如果茎和/或叶中有储存的碳水化合物，则会发生转移。

（4）产量形成模拟　玉米的产量形成由灌浆速率、穗粒数和种植密度决定。当籽粒进入快速灌浆期后，每日净同化产物全部分配给籽粒，同时计算营养器官向籽粒的转移量。由成熟时的单位面积成穗率和穗粒重可得到玉米籽粒产量。

（5）土壤水分平衡模拟　土壤剖面每日水分动态变化采用土壤水分平衡理论计算，水分的输入项包括降水、灌溉和毛细管上升水，输出项包括径流、蒸发、作物蒸腾、渗漏。模型可以模拟玉米田间土壤含水量变化并输出水分胁迫指数。水分胁迫主要考虑水分供应不足对光合作用、干物质生产分配和产量形成的影响。

（6）土壤氮素平衡模拟　土壤氮素动态模型模拟的主要过程包括植物残茬和有机质的矿化作用、固定、硝化和反硝化、氮素运移等过程，还包括硝态氮的淋溶、根系吸收等过程。通过对植株临界氮浓度、植株氮素吸收与分配过程的计算，可以模拟土壤供氮、根系吸氮情况，并可输出氮素胁迫因子。

2. **模型校验** 通过利用吉林省梨树县、吉林省公主岭市、北京市 3 个生态点的田间试验资料对玉米生长模型进行校验（图 8 - 14），结果表明，MaizeGrow 模型具有较好的预测性和准确性。

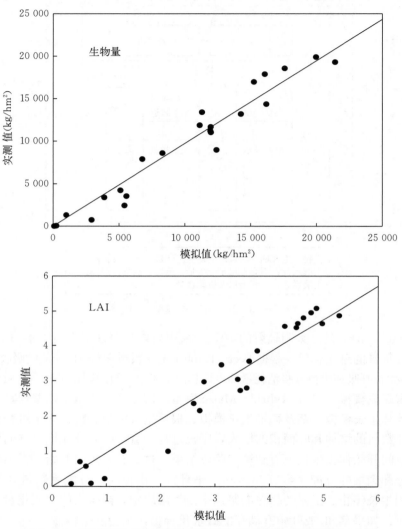

图 8 - 14　不同试验点地上部生物量和 LAI 模拟值与实测值 1∶1 图

8.4　玉米数字化栽培管理系统设计与开发

目前，物联网、云计算、移动互联网以及基于位置服务的新型信息发布方式等技术快速发展。在目前人工及资源投入成本不断升高的形势下，设计开发作物数字化栽培管理平台，实现玉米栽培管理的数字化、精准化、智能化是改善目前农业生产现状，实现农业现代化的重要途径。基于关键技术研究，本节以移动互联网云服务为核心，以作物物联网监测、无人机监测为基础，结合农业基础数据及玉米栽培管理知识模型、适宜生长及营养指标动态模型、生长监测与诊断调控模型，设计开发了玉米数字化栽培管理系统平台，以 Web 端、手机 App 形式提供相关服务，具有数据管理、栽培方案设计、农情监测、诊断与调控等功能。

8.4.1 系统设计

基于前面小节介绍的玉米数字化栽培模型，结合数据库、方法库、人机接口及其他关键技术，按照一定的原理进行有机耦合与集成，即可形成基于模型的玉米数字化栽培管理系统。该系统由数据库、模型库、关键技术库、方法库、推理机和人机接口等部分组成。

1. **数据库** 系统数据库由基础数据以及创建、存取和维护数据的数据库管理系统组成，主要包括以下内容：

气象数据：存储不同年份全年主要气象数据，包括地区名称、关联字段、Sm ID、日期、日最高气温、日最低气温、空气湿度、日照时数、辐射量、降雨量、风速等。

土壤数据：存储反映土壤性质的数据，包括土壤类型、耕层厚度、容重、机械组成、田间持水量、萎蔫含水量、饱和含水量等物理性质，有机质含量、全氮含量、碱解氮含量、有效磷含量、速效钾含量、pH 等化学性质。

品种数据：主要为不同玉米品种的遗传特征参数。包括品种名称、品种类型、百粒重、出籽率、积温需求、生育期天数、总叶数、株型、玉米螟抗性、大小斑病抗性、茎腐病抗性、丝黑穗病抗性、弯孢菌叶斑病抗性、黑粉病抗性、矮花叶病抗性、抗倒伏性、粗蛋白含量、赖氨酸含量、粗淀粉含量、区试产量、适播密度及适种区域等指标。

栽培管理数据：主要存储当地玉米栽培管理措施数据，包括茬口安排、播种深度、整地质量、水分管理水平、肥料运筹水平、病虫草害的防治水平、栽培技术水平等。

2. **模型库** 模型库是存储模型和表示模型的计算机系统。模型库包括产量目标计算模型、栽培管理知识模型、适宜指标动态模型和诊断调控模型。

3. **方法库** 方法库包括对各个模型耦合与集成的方法

4. **人机接口** 系统以 Windows 为界面，通过下拉菜单、图标和表格等与用户进行交互。

8.4.2 主要功能及技术原理

玉米数字化栽培管理平台主要功能包括数据管理、栽培方案设计、农情监测、诊断与调控、信息服务等功能，具体功能框架见图 8 - 15。

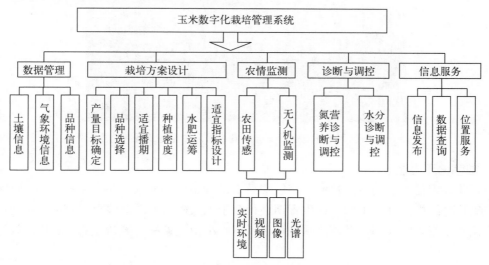

图 8 - 15 玉米数字化栽培管理系统功能框架

(1) 数据管理 对玉米生产过程有关的气象数据、土壤信息以及品种信息进行管理，可供用户查询及下载。

(2) 栽培方案设计 首先根据决策点的气象年型、土壤属性及品种遗传参数确定产量目标，然后基于玉米播前栽培方案设计模型数字化设计播前栽培管理方案，提供辅助决策功能，包括适宜品种、播期、密度、肥料运筹和水分管理等。

(3) 农情监测 基于农田传感网络及无人机监测平台，实时获取作物生长环境信息、长势信息、营养及水分状况，为下一步的诊断与调控提供实时农情信息。

(4) 诊断与调控 播种后，利用物联网技术和手段，如田间温湿度传感器、土壤温湿度、多光谱传感器、视频监测系统等实现农田玉米生长调控指标和田间环境的实时监测，以适宜指标动态模型设计的适宜曲线为标准"专家曲线"，实时诊断分析作物长势及养分状况，当实际生长偏离适宜曲线时，基于动态调控模型生成调控方案，然后针对调控方案进行经济效益分析，最终确定是否执行调控方案。

(5) 信息服务 物联网数据实时发布，通过手机登录移动终端向种植管理人员、农民实时发布田间气象数据、土壤温湿度数据，并提供田间生长状况实时视频查看服务；提供玉米品种的信息查询和分析评价服务；提供基于位置的服务和专题图，提供农资商店热点图，用户可以查询距离最近的农资商店和导航路线。

8.4.3 玉米数字化栽培管理系统应用实例分析

利用黑龙江省齐齐哈尔地区常年气象资料、土壤特性、品种参数及常年栽培管理数据资料构建数据库，通过设置对比试验对所开发系统进行了示范试验，验证了数字化栽培模型的有效性和实用性（图 8 - 16）。

图 8 - 16 数字化环境建设——环境数据采集设备及视频监测设备

1. **数字化环境建设**

(1) 物联网信息监测系统建设 在依安县玉米种植园区安装田间作物-环境实时物联网数据采集系统终端，并在玉米关键生育期进行基于无人机的地面遥感数据获取，构建园区玉米数字化栽培管理物联网信息监测系统，包括田间小型气象站、墒情监测站、田间视频监测相机。

(2) 数据库建设 玉米数字化栽培管理系统数据库建设包括气象数据库、土壤数据库、品种数据库和生产管理数据库。

气象数据库。数据源为中国气象数据网，系统收集最近50年的逐日最高气温、最低气温、平均气温、降水量、日照时数和光辐射量等气象数据。根据日照、降水及气温对玉米生长发育的影响，对50年气象数据进行了气象年型划分，生成不同气象年型案例的逐日数据库，为以后不同年型的应急方案决策提供参考数据。

土壤数据库。依据全国第二次土壤普查数据和依安县近5年的测土配方施肥数据，建立了依安县耕地的土壤类型和土壤肥力数据库。土壤类型包括黑钙土、黑土、草甸土、沼泽土、碱土、盐土6类，土壤肥力指标包括土壤碱解氮、有效磷、速效钾和有机质含量。

品种数据库。系统收集整理了依安县近5年主推和主栽的玉米品种，包括富单2、禾田1号、禾田2号、禾田4号、吉单519、罕玉5号、绿单2号、垦单13号、德美亚3号、龙单29号、兴单15、哲37、龙单71等49个品种，建立品种数据库，品种属性指标包括品种名称、品种类型、百粒重、出籽率、积温需求、春播生育期天数、总叶数、株型、玉米螟抗性、大小斑病抗性、茎腐病抗性、丝黑穗病抗性、弯孢菌叶斑病抗性、黑粉病抗性、矮花叶病抗性、抗倒伏性、粗蛋白质含量、赖氨酸含量、粗淀粉含量、春播区试产量、适播密度及适种区域。另外，对29个品种获取了关键生育时期的典型3D图像数据。

生产管理数据库。系统收集了依安县玉米种植习惯、生产技术规程、农户投入成本（种植规模、人员数量时间、农资投入种类及数量、农机使用情况），以及农机、水利、劳力、肥料、农药和种子等的投入量及其相应的价格等。

2. 示范试验

(1) 试验设置 于2015年在黑龙江省齐齐哈尔依安地区设置栽培方案对比试验，分别按照玉米数字化栽培管理方案和当地农民传统习惯栽培方案进行栽培管理。春播前挖取剖面获取土壤分层情况及各层物理属性，并测定耕层土壤化学性质。试验地土壤基本理化性质分别见表8-22和表8-23。

表8-22 地块土壤物理性质

土层	田间持水量（cm³/cm³）	萎蔫含水量（cm³/cm³）	饱和含水量（cm³/cm³）	饱和导水率（cm/d）	砂粒含量（%）	粉粒含量（%）	黏粒含量（%）
0~30 cm	0.301	0.125	0.361	1.1082	13.16	66.08	20.76
30~60 cm	0.295	0.127	0.356	0.9685	22.20	56.49	21.31
60~90 cm	0.361	0.182	0.414	0.5628	3.16	63.89	32.95

表8-23 地块耕层土壤化学性质

土层	全氮（g/kg）	碱解氮（mg/kg）	有效磷（mg/kg）	速效钾（mg/kg）	有机质（g/kg）	CEC（cmol/kg）	pH
0~30 cm	1.94	141.6	36.0	239.2	29.7	28.1	5.8

调用气象数据及示范地块的土壤信息，利用玉米数字化栽培管理服务云平台生成玉米栽培管理方案，考虑到追肥的实际操作问题及当地农民的可接受程度，设定在小喇叭口期进行一次追肥，因东北地区的玉米生产以雨养为主，示范地无灌溉条件，因此示范方案没有涉及灌溉决策。表8-24为系统方案与常规方案情况，可见，系统方案相比常规方案氮投入减少19.5 kg/hm²，磷投入减少10.5 kg/hm²，钾投入增加10.5 kg/hm²。

表 8 - 24　系统方案与常规方案

方案	品种	播期	密度（株/hm²）	基肥（kg/hm²）			追肥（kg/hm²）		
				N	P₂O₅	K₂O	N	P₂O₅	K₂O
系统方案	吉农大 501	5 月 3 日	75 000	120	85.5	85.5	100.5	0	0
常规方案	吉农大 501	4 月 28 日	82 500	169.5	94.5	75	70.5	0	0

（2）试验效果　对比系统方案和常规方案的田间生长档案，可以发现系统方案的产量高于常规方案 8%，而化肥投入降低 5%，说明系统方案在玉米生产化肥减施增效方面效果明显。图 8‑17 为玉米田间生长状况，表 8‑25 为两种栽培方案下的玉米产量及产量结构结果。

图 8‑17　系统方案与常规方案对比

表 8 - 25　不同栽培方案下玉米产量及产量结构

方案	穗长（cm）	穗粗（cm）	穗粒数	每公顷穗数	秃尖（Cm）	百粒重（g）	收获指数	产量（kg/hm²）
系统方案	20.22	51.81	584	77 160	3.01	23.50	0.47	10 590
常规方案	18.87	49.21	531	80 520	3.54	23.36	0.45	9 840

8.5　总结与展望

　　模型是实现作物数字化栽培的基础和核心，本章面向玉米数字化栽培管理过程的实际需求，研究建立了玉米数字化栽培管理相关模型，包括产量目标计算模型，播前栽培方案的优化设计模型，适宜生长、营养及光谱指标动态模型，产中诊断与调控模型，玉米生长模拟模型，提出了基于玉米生长模型和玉米栽培管理知识模型的玉米管理决策数字化模拟技术，并基于模型开发设计了玉米数字化栽培管理服务平台，初步在东北玉米主产区进行了小范围的应用示范，取得了较好的效果，为农作系统的数字化模拟与管理奠定了基础，对于玉米生产管理的数字化和信息化具有重要的理论和实践意义，在数字农业和信息农业的发展中具有广阔的应用前景。

　　目前，随着作物科学、信息科学和工程科学等领域科学研究的协同发展和融合，通过环境传感、无损成像、光谱分析、机器视觉、激光雷达等手段能够采集海量的环境与作物表型数据，将来可通过深度学习技术实现表型信息的实时在线化解析，辅助实现模型参数的自动匹配和校准，通过提高模型的准确性和普适性来提高系统的自学能力和推理决策能力。进一步结合结构功能分析和三维可视化技术，构建综合性的数字化可视农业，实现农业系统监测、预测、设计、管理、控制的数字化、精确化、可视化、网络化，从而提升农业生产系统的综合管理水平和核心生产力，实现以农业生产系统的数字化和自动化带动农业产业的信息化和现代化，达到合理、高效利用农业资源、降低生产成本、改善生态环境、提高农作物产量和品质的目的。

参考文献

曹宏鑫，张春雷，金之庆，等，2005.数字化栽培的框架与技术体系探讨.中国数字农业与农村信息化学术研究研讨会.

曹卫星，2008.数字农作技术.北京：科学出版社.

曹卫星，罗卫红，2003.作物系统模拟及智能管理.北京：高等教育出版社.

曹卫星，朱艳，2003.数字农作的基本内涵与关键技术.中国数字农业与农村信息化发展战略研讨会.

曹卫星，朱艳，2005.作物管理知识模型.北京：中国农业出版社.

陈新平，李志宏，王兴仁，等，1999.土壤、植物快速测试推荐施肥技术体系的建立和应用.土壤肥料（2）：6-10.

高伟，2008.我国北方不同地区玉米（*Zea mays* L.）养分吸收与利用研究.北京：中国农业科学院.

何萍，金继运，1999.氮钾互作对春玉米养分吸收动态及模式的影响.玉米科学，7（3）：68-72.

李文娟，何萍，高强，等，2010.不同氮效率玉米干物质形成及氮素营养特性差异研究.植物营养与肥料学报，16（1）：51-57.

李正鹏，宋明丹，冯浩，2015.关中地区玉米临界氮浓度稀释曲线的建立和验证.农业工程学报，31（13）：135-141.

凌启鸿，张洪程，2002.作物栽培学的创新与发展.扬州大学学报（农业与生命科学版），23（4）：66-69.

刘占军，谢佳贵，张宽，等，2011.不同氮肥管理对吉林春玉米生长发育和养分吸收的影响.植物营养与肥料学报，17（1）：38-47.

卢宪菊，郭新宇，温维亮，等，2019.东北地区春玉米临界氮浓度稀释曲线的建立和验证.中国农业科技导报（11）.

麻雪艳，周广胜，2013.春玉米最大叶面积指数的确定方法及其应用.生态学报，33（8）：2596-2603.

毛振强，2003.基于田间试验和作物生长模型的冬小麦持续管理研究.北京：中国农业大学.

平晓燕，周广胜，孙敬松，等，2010.基于功能平衡假说的玉米光合产物分配动态模拟.应用生态学报，21（1）：129-135.

沈维祥，2002.基于知识模型的油菜管理决策支持系统研究.南京：南京农业大学.

孙扬越，申双和，2019.作物生长模型的应用研究进展.中国农业气象，40（7）：444-459.

W.贝尔，1980.作物天气模式及其在产量预测中的应用.王馥棠，译.北京：科学出版社.

王信理，1986.在作物干物质积累的动态模拟中如何合理运用 Logistic 方程.农业气象（1）：14-19.

严定春，2004.水稻管理知识模型及决策支持系统的研究.南京：南京农业大学.

叶东靖，2009.春玉米对土壤供氮的反应及氮肥推荐指标研究.北京：中国农业科学院.

张怀志，2003.基于知识模型的棉花管理决策支持系统的研究.南京：南京农业大学.

张旭东，蔡焕杰，付玉娟，等，2006.黄土区夏玉米叶面积指数变化规律的研究.干旱地区农业研究，24（2）：25-29.

朱艳，2003.基于知识模型的小麦管理决策支持系统的研究.南京：南京农业大学.

朱艳，曹卫星，姚霞，等，2005.小麦栽培管理动态知识模型的构建与验证.中国农业科学，38（2）：

283 -289.

Allen RG, Pereira LS, Raes D, et al., 1998. Crop evapotranspiration: Guidelines for computing crop water requirements. Irrigation and Drainage.

De Wit GT, 1965. Photosynthesis of leaf canopies. Agriculture Research.

Denuit JP, Olivier M, Goffaux MJ, et al., 2002. Management of N fertilization of winter wheat and potato crops using the chlorophyll meter for crop N status assessment. Agronomie, 22: 847 - 853.

Duncan WG, Loomis RS, Williams WA, et al., 1967. A model for simulating photosynthesis in plant communities. Hilgardia, 38: 181 - 205.

Duvick DN, 2005. The contribution of breeding to yield advances in maize (*Zea mays* L.). Advance in Agronomy, 86 (1): 83 - 145.

Greenwood DJ, Lemaire G, Gosse G, et al., 1990. Decline in percentage N of C3 and C4 crops with increasing plant mass. Annals of Botany, 66 (4): 425 - 436.

Janssen BH, Guiking FCT, van der Eijk D, et al., 1990. A system for quantitative evaluation of the fertility of tropical soils (QUEFTS) . Geoderma, 46: 299 - 318.

Jones JW, Hoogenboom G, Porter CH, et al., 2003. The DSSAT cropping system model. European Journal of Agronomy, 18: 235 - 265.

Lemaire G, Gasta F, 1990. Relationships between plant - N, plant mass and relative growth rate for C3 and C4 crops. Proceedings of the Proceedings first ESA Congress, Paris, France, 1.

Liu XJ, Richard BF, Zheng HB, et al., 2017. Using an active - optical sensor to develop an optimal NDVI dynamic model for high - yield rice production (Yangtze, China) . Sensors, 17: 672.

Lukina EV, Freeman KW, Wynn KJ, et al., 2001. Nitrogen fertilization optimization algorithm based on in - season estimates of yield and plant nitrogen uptake. Journal of Plant Nutrition, 24 (6): 885 - 898.

Pocock MJO, Darren M Evans, Jane Memmott, 2010. The impact of farm management on species - specific leaf area index (LAI): Farm - scale data and predictive models. Agriculture, Ecosystems and Environment, 135: 279 - 287.

Ulrich A, 1952. Physiological bases for assessing the nutritional requirements of plants. Annual Review Plant of Biology, 3: 207 - 228.

Yang HS, Dobermann A, Lindquist JL, et al., 2004. Hybrid - maize—a maize simulation model that combines two crop modeling approaches. Field Crops Research, 87: 131 - 154.

第 9 章

玉米三维形态结构数字化设计技术

近 20 年来，随着我国农业信息化的快速发展，虚拟现实技术在现代农业领域的作用日益凸显，并在农业生产管理、科学计算、专业培训、技术推广、景观设计、虚拟互动、科普教育、休闲娱乐等领域发挥着越来越重要的作用（Prusinkiewicz，1998，1999；郭焱等，2001；赵春江等，2010）。当前，农业领域对农作物三维建模，计算机辅助设计、智能人机交互、虚拟场景整合、仿真与数字体验等技术都有巨大的现实需求，极大地促进了虚拟植物、数字植物等技术体系的发展和应用。农林植物三维建模和可视化是数字植物技术体系的重要组成部分（肖伯祥等，2011，2012；赵春江等，2011），由于通用化建模工具不能有效地将植物生命特征与三维虚拟模型进行有效整合，导致使用通用化建模工具进行植物三维模型构建效率低下，不能满足需求，特别是针对具有复杂特征的植物对象三维形态建模，以及植物生长过程等动态模拟的需求。

玉米是我国最重要的粮食作物之一，受限于信息技术手段和工具的匮乏，传统的玉米科研生产只能关注育种材料、品种等生长发育和群体结构等的一维或二维特征，在资源高效利用分析、合理密植和理想株型设计等方面不能真实反映出物理世界三维空间特征，很难实现最优化设计和精准计算分析决策。本章面向玉米品种株型、群体冠层结构等的精确定量化交互设计、三维建模等关键技术问题，综合利用计算机图形、计算机辅助设计、虚拟现实、数据库等专业技术和软件工程方法，引入智能 CAD 的概念和工程方法体系（路全胜等，1996；孙林夫等，1999；蔡良朋等，2008），集成研发玉米三维形态结构数字化设计技术方法体系，开发玉米三维形态结构数字化设计软件工具平台，为玉米株型育种、品种和栽培技术资源高效利用等提供技术支撑和实用软件工具。

9.1 玉米三维形态结构数字化设计技术框架

为解决农作物三维形态结构的快速交互设计与建模等问题，提出了农作物三维形态结构交互式计算机辅助设计的技术解决方案，并设计开发了软件系统，命名为 PlantCAD。PlantCAD 是以农作物物种为单位，进行技术体系和交互设计软件工具的研发，系统的整体架构如图 9-1 所示。针对给定的设计目标，首先，通过三维激光扫描、三维数字化等数据获取手段获取实测数据，并进行数据的语义解析，包括叶长、叶宽等一系列具有植物学或农学意义的参数，并构建形态数据库；另一方面，根据典型植物的生命周期和经验性的植物学或农学知识，包括不同物种、品种、生长环境等因素，建立生长过程时间-空间约束，并以此构建生长数据库。接着以形态数据库和生长数据库为支撑，结合设计目标，确定目标作物三维形态结构参数的智能化选取，进而生成作物三维模型；最后，利用已生成的植株和群体冠层模型进行优化计算，实现群体光截获、冠层结构、器官分布等计算。同时，判定是否符合作物的生长规律和设计目标，以计算结果反馈实现参数的优化，直至生成的作物三维模型满足要求。

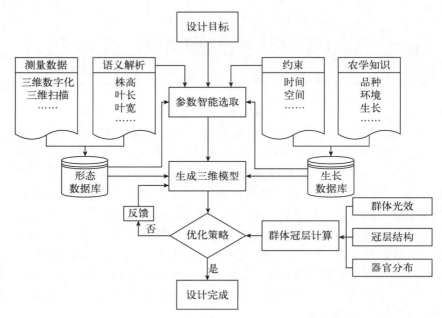

图 9-1　作物三维形态结构数字化设计技术流程

9.2　多尺度玉米三维形态结构数据获取与处理

为实现玉米器官-植株-群体不同尺度的精确三维建模，首先需要采集各个尺度形态结构的真实测量数据，并对数据进行处理形成模式化的玉米形态结构参数。传统的测量方法包括使用直尺和量角器等到田间直接手工测量，这类方法简便，不易受到田间环境的限制，但测量参数有限且精度较低，易受人为因素的影响，需要的人力成本较高。三维数字化获取设备的普及为这项工作提供了新的支持，使数据采集工作向更精确、更高效的方向转变。然而，要获取高质量的数据，仍然需要克服数据采集设备选择、设备适应性、采集过程的科学合理性以及数据获取的规格尺度等方面的困难。本节将从不同的获取尺度（按器官、株型、群体分布）来阐述玉米数据采集过程以及数据处理的方法。

9.2.1　玉米器官三维形态结构数据的精细获取

玉米主要器官包括茎秆、叶片、雌穗、雄穗和根系等，玉米器官姿态各异、具有丰富的细节特征，难以用简单的一维指标如节间长、节间直径、叶长、叶宽等参数来全面表达复杂的器官形态，需要利用三维数字化仪或三维扫描仪等设备来采集玉米器官的三维形态数据。

研究报道中常见用于作物三维数据获取的数字化仪有机械臂式三维数字化仪和电磁式数字化仪两种。机械臂式数字化仪通过其内在的角度传感器来计算探头顶点的三维位置，这种方式不受电磁环境的干扰，精度取决于其设备内部传感器的精度。操作过程中探头和机械臂

的位置移动受到采集目标的限制，采集范围受到机械臂长的限制。例如在试验中使用的
Immersion Microscribe G2LX - Manual 3D Digitizers 数字化仪（图 9 - 2），有效范围为半径
0.75 m 的半球形区域，工作过程的操作方式为点击"采集"按钮记录探头当前的三维空间
位置。这种桌面式数字化仪可用于玉米叶片的形态特征点采集，采集过程中按照叶片的叶脉
延伸方向采集 13～20 排点，数目取决于叶片的褶皱的多少及空间分布特征。原则上褶皱的
突起特征点位置需要设置一排，每排横向包括 5 个点或 9 个点，按照从左向右的方式分别采
集叶边缘、叶中脉和叶边缘处。通常情况下，由于设备采集范围所限，一次定位下可采集
1～5 片叶片，叶片较大的每次采集一片，顶部叶片分布较集中的区域可一次可采集 5 片。
图 9 - 2 右侧图所示为采集的玉米叶片特征点。

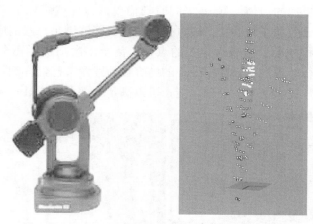

图 9 - 2　Immersion Microscribe G2LX 三维数字化仪

　　另一类常见的数字化仪设备是电磁式数字化仪，工作原理是通过电磁发射器发射信号，
通过位置接收器接收信号并定位发射器的位置。这类设备的优点是不受机械臂的限制，采集
方式相对更加灵活；缺点是易受到电磁干扰从而影响精度。其采集范围受到电磁定位精度的
影响，数据采集探头距离定位器越远，精度越低。例如使用 Polhemus FastRak 数字化仪
（图 9 - 3），通常情况下，在电磁干扰较小的良好采集条件下，使用中距离定位器，有效范
围为半径 1.5 m 的球形区域；在室外大田条件下，使用远距离定位器，采集范围可达半径
4 m 的球形区域。试验中使用这类设备采集玉米叶片的特征点，特征点的定义和布局方式与
上述的机械臂式数字化仪一致。

图 9 - 3　Polhemus FastRak 数字化仪

　　使用数字化仪采集玉米器官形态结构特征点数据时，可根据使用者对形态结构特征点的观察和理解来定义数据采集规则，一般采集的数据为具有语义特征和分布规则的特征点组。然而从几何意义上来说，利用有限的点来准确表达玉米器官的几何特征细节是很难实现的，或者说使用 20×9 的特征点仍然不足以描述玉米叶片的细节特征。因此，我们采用三维激光扫描仪来获取器官的 3D 点云数据，进而提取或表征器官表面形态细节特征。三维扫描技术经过数十年的发展，已经日趋完善，扫描原理有激光反射、白光干涉、图像匹配以及多种方式相融合的模式，数据精度也普遍提高到亚毫米级，针对不同的扫描物体和大小，可以选择不同规格的扫描仪。试验中为扫描玉米叶片和茎秆等器官，分别采用了 Atec、FastScan 等扫描设备，设备实物、扫描过程和扫描的三维模型如图 9-4 所示。此外，笔者还采用了规格更大的、扫描范围更远的扫描仪 Faro 来同时扫描单株植株或多株玉米，在扫描模型中分割提取单个器官的点云数据作为器官扫描数据，精度也能够满足一般的应用。由于三维扫描的工作原理，扫描过程中会产生规模很大的点云，甚至多次扫描后还会出现层叠现象。因此，需要先对数据进行处理，点云数据处理的内容在前述章节已经详细阐述，一般的扫描仪配套软件也可以为用户提供基本的处理功能，可以满足大部分需求。

图 9-4　Atec、FastScan 扫描仪和其对应的扫描数据

　　通过三维数字化和三维扫描仪获取的玉米器官三维数据，需要进一步处理加工后才能转化为模式数据，作为软件可用的模板资源加入数据库中。在系统实现过程中，定义了两类器官模板：模式模板和扫描模板。①玉米器官模式模板给定了固定的特征点和网格的拓扑关系，一般情况下，对于茎秆选取 4~10 排闭环的特征点，每排闭环包含 12 个特征点；叶片选取 13~20 排开环特征点，每排 9 个点。图 9-5 为玉米叶片模式模板；②扫描模板从扫描

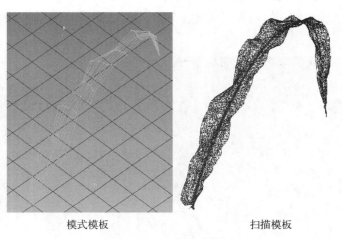

　　　　模式模板　　　　　　　　　　　扫描模板

图 9-5　玉米叶片模板

数据生成网格。从扫描点云根据模板规格生成网格顶点，采用顶点索引的方式生成网格，不具备统一的拓扑结构，需要使用额外的变形算法实现变形和编辑，图9-5B为扫描模板（Xiao et al.，2010）。

9.2.2　玉米株型骨架和植株形态结构三维数据的采集

与器官三维形态采集类似，玉米植株骨架和植株形态结构也可以通过数字化仪和扫描仪来获取，此外还可以采用基于图像的二维株型提取方法。三维数字化仪仍然可选用FastSCAN的电磁式设备，数据获取试验过程步骤与叶片采集基本相同。按照给定的顺序，通常是按自下而上的顺序采集茎秆的节间特征点，然后自下而上地依次采集叶片的三维形态结构特征点。每一个叶片上的特征点分布与器官模板数据采集一致，仍然为横向9排，沿叶片生长方向采集13～20排，具体取决于叶片褶皱的分布情况。一般来说，较平展的叶片特征点数较少，褶皱较多的叶片需要更多的特征点数目。图9-6为采用数字化仪采集的一株玉米植株的特征点。

同样地，也可以用三维扫描仪获取更为精细的，细节特征保持更加完整的三维数据。试验中，笔者使用Faro三维激光扫描仪，对取样的玉米植株进行扫描，通常要进行4个不同方位的扫描，最后将各站扫描数据用软件合成为一组数据。图9-7为笔者获取的一株玉米的扫描点云数据，扫描点云数据需要进一步处理和特征提取才能够进行下一步的应用，点云特征提取和处理的工作已经在本书的前述章节中详细阐述，在此不进一步展开。

图9-6　玉米植株3D数字化数据

图9-7　玉米植株扫描数据

基于图像的方法为玉米植株和株型二维特征的提取提供了较为便捷的技术手段（刘彦宏等，2002；Quan et al.，2006）。与器官不同，玉米的植株通常具有更明显的平面特征，到抽雄期前后的玉米植株其叶片一般呈现成对的特征，按一定规律分布在茎秆的两侧，对于某些品种玉米可以认为叶片基本上会着生在近似的一个平面内。因此，可以利用图像的方法采集株型特征。试验过程中，首先将玉米的方位平面朝向镜头的方向，采集图像后再辅以特征检测和分割算法提取骨架特征点，如图9-8和图9-9所示。

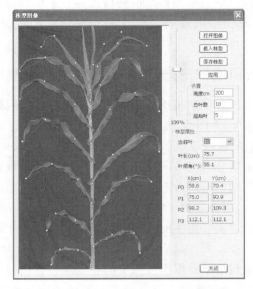

图9-8 玉米植株图像所对应的叶片特征点

图9-9 基于图像的方法提取玉米植株特征（见彩图）

9.2.3 玉米群体冠层三维数据的获取

生产中，玉米一般为密植，因个体的相互作用等因素呈现出明显的冠层形态结构特征。不同品种、不同密度种植等因素形成的群体，其冠层形态结构特征会有差异，从而直接造成对光截获等自然资源利用的差异。为了定量化分析不同玉米群体中的植株、器官分布情况，利用三维数字化仪和三维激光扫描仪获取不同品种、不同栽培密度形成的群体冠层的三维数据，主要采集了冠层中各植株的节间长度分布情况和叶片角度分布情况。为开展数据采集试验，于2010—2017年度在北京市农林科学院试验农场种植京科968、先玉335、郑单958、农大108、京单38、浚单20等10余个玉米品种，分别按照播种密度37 500株/hm²、60 000

株/hm² 和 90 000 株/hm² 设置小区密度。使用 FastSCAN 数字化仪进行田间原位三维数据采集，如图 9 - 10 所示。采集过程为将探笔依次沿茎秆节、节间位置移动，同时按下"采集"按钮记录探笔获取点的三维坐标，然后依次沿叶片中脉自底向上点击记录叶脉空间曲线特征数据；最后两个点点击叶片最宽处的两侧叶边缘用以记录叶宽信息。采集的数据记录了群体冠层中各个植株、器官的三维位置信息和分布信息（图 9 - 10）。

图 9 - 10　玉米群体的田间数字化及相应的数据（见彩图）

此外，针对更高要求、更精细的数据获取，可使用数字化仪点击叶片的三条曲线：叶中脉和两侧叶边缘曲线，点击的密度取决于玉米叶片的褶皱情况，这样获取的数据不仅包含了器官参数和分布情况，还包含了每一片叶的三维形态结构信息。图 9 - 11 为使用数字化仪沿着 3 条曲线自底向上采集的冠层数据。这样的采集方式存在 3 条曲线的点数不匹配的问题，难以建立相邻的分别处于叶脉和叶边缘的 3 个点之间的对应联系，容易导致获取的叶片三维几何形态数据出现较大误差。为克服这个问题，在采集的过程中按横向在同一截面上一次采集 3～5 个点为一排、然后再采集下一排的方式进行，保证了数据之间的邻接关系，从而提高精度（图 9 - 12）。

三维激光扫描仪是获取大规模三维场景的理想工具（邹万红，2007）。但它只能获取到目标物体的表面信息，如存在遮挡，则会导致大量内部信息的缺失。此外，大田环境下，气流的扰动也为三维扫描数据质量带来较大的影响。尽管如此，仍然可以在无风的天气条件下对玉米群体冠层进行三维扫描。对苗期玉米冠层进行扫描，遮挡问题并不是很突出；但封垄后的玉米冠层，则需要采取一定的辅助措施，如多站扫描拼接、逐层多次扫描等。图 9 - 13 为使用 Faro 扫描仪获取的场景和玉米苗期群体冠层三维数据，可以看出叶片的分布细节特征比较全面（图 9 - 14）。

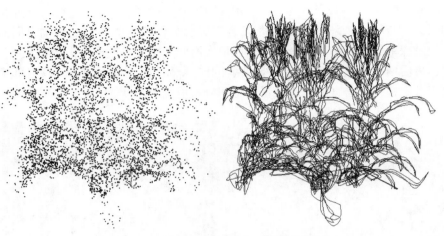

图 9 - 11　数字化仪采集的玉米群体数据

图 9 - 12　数字化仪采集的群体数据

图 9 - 13　利用三维激光扫描仪采集的玉米苗期群体冠层三维数据

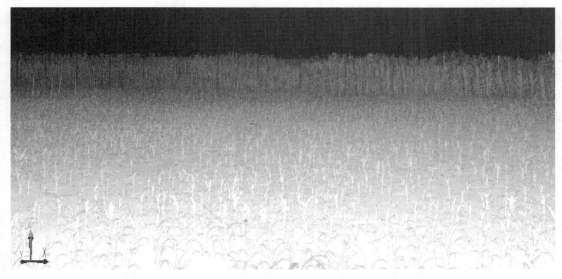

图9-14　利用三维激光扫描仪采集的玉米苗期群体冠层三维数据

　　对于吐丝灌浆期的玉米群体冠层三维数据获取的需求，可采用移栽的方式：在田间选取小区内相邻区域的植株，集体移栽到小区外空旷区域，并设置好对应的株行距，再进行扫描。这样仍然保持了群体中各个植株的自身细节特征，同时又保留了器官分布特征，如图9-15所示。尽管这种方式也存在一定的弊端，在移栽的过程中会造成植株的状态与自然田间环境下群体中的状态存在些差异，这种获得数据的方法仍然可以作为田间真实群体的替代解决方案。对获取的群体冠层点云进行去噪、特征提取等操作，最后进行参数化模型构建。

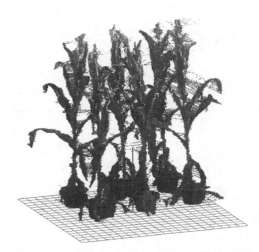

图9-15　利用三维激光扫描仪采集移栽出小区后重新设置株行距的玉米群体特征

　　立体视觉技术的快速发展为玉米田间三维数据采集提供了便捷的手段，具有采集速度快、受到环境干扰小等优点。为此，笔者搭建了玉米田间生长状态立体视觉监测系统，如图9-16和图9-17所示，用于构造田间环境的三维空间，进一步利用基于立体视觉的三维重建方法，来生成玉米群体冠层顶部三维形态结构点云数据。基于点云数据实现群体冠层三维形态结构特征的提取和冠层几何特征参数的计算。如图 9-18 所示，具体的处理方法和过程包括：首先对生成的点云进行滤波处理，剔除明显的噪声数据；然后基于层次密度方法，定位地平面所生成的点云区域；进而利用平面拟合算法计算地平面所在的平面参数，生成地平面；剔除地平面以下的点，利用聚类算法实现不同器官的点云分割，计算植株、器官点云中各点与地面的距离，进而计算平均株高和群体内的最大株高，从而实现基于感知图像的玉米形态结构计算分析和生长过程状态监测（Xiao et al.，2014）。

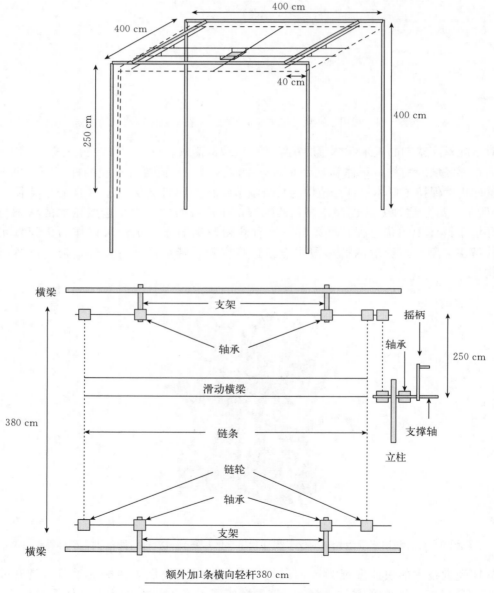

图 9-16　玉米田间生长状态立体视觉监测系统结构

图 9-17 玉米田间生长状态立体视觉监测系统

图 9-18 立体视觉系统采集的玉米田间冠层生长状态点云数据（见彩图）

9.2.4 玉米群体冠层三维形态结构数据的统计分析

上述采集的玉米群体冠层三维形态结构数据包含了玉米群体冠层的形态结构特征、器官分布特征，要对这些特征进行参数化解析和分布函数的提取，需要先对数据进行处理。使用三维数字化仪采集的数据为模式数据，即每个点均已经存在顺序和拓扑语义信息，特征点之间按照一定的顺序排列，可以直接进行分布特征的解析；而扫描的点云数据仍然需要进一步处理，提取点云中的目标物体，进行分割、语义理解和三维重构。

三维激光扫描仪获取的点云或由立体视觉系统生成的点云，一般都需要进行如下的数据处理环节。首先，进行基于点云数据的地面拟合。软件整合了双目立体视觉的点云生成模块，可以在三维场景中载入生成的农田场景三维点云，添加点云数据处理功能，包括计算点云 Z 坐标，根据 Z 坐标的分布密度，定位水平方向的数据密集平面域，如图 9-19 所示，以高亮形式显示。在系统右侧添加数据处理按钮。可以用鼠标交互操作选择数据对象。将识别出的点云区域作为数据源，使用平面拟合算法，拟合地表平面。具体算法为：

要用点 (x_i, y_i, z_i)，$i = 0, 1, \cdots, n-1$ 拟合计算上述平面方程，则使

$$S = \sum_{i=0}^{n-1} (a_0 x + a_1 y + a_2 - z)^2 \tag{9-1}$$

最小。要使 S 最小，应满足：

$$\frac{\partial S}{\partial a_k} = 0, \qquad k = 0, 1, 2 \tag{9-2}$$

$$\begin{cases} \sum 2(a_0 x_i + a_1 y_i + a_2 - z_i)x_i = 0 \\ \sum 2(a_0 x_i + a_1 y_i + a_2 - z_i)y_i = 0 \\ \sum 2(a_0 x_i + a_1 y_i + a_2 - z_i) = 0 \end{cases} \qquad (9-3)$$

$$\begin{bmatrix} \sum x_i^2 & \sum x_i y_i & \sum x_i \\ \sum x_i y_i & \sum y_i^2 & \sum y_i \\ \sum x_i & \sum y_i & n \end{bmatrix} \begin{bmatrix} a_0 \\ a_1 \\ a_2 \end{bmatrix} = \begin{bmatrix} \sum x_i z_i \\ \sum y_i z_i \\ \sum z_i \end{bmatrix} \qquad (9-4)$$

求解可得地面平面方程，如图9-18所示，为拟合的地平面。

获取地面点云后，继续对地上的部分进行分割提取，采用基于密度的包围和分割方法，提取到玉米植株点云所在的位置空间单元，进而通过聚类的方式搜索出相邻的空间单元，构建单元之间的拓扑连接关系，可以大致获得植株的三维形态特征网格，图9-19和图9-20为点云的聚类结果。

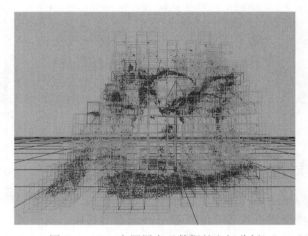

图9-19 玉米冠层点云数据的空间分析

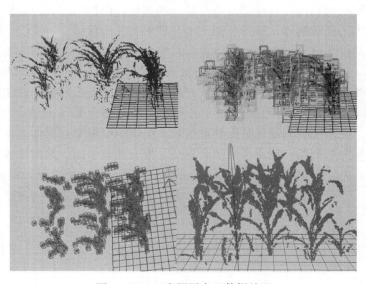

图9-20 玉米冠层点云数据处理

对获取的玉米群体冠层三维数字化数据进行解析的主要目的是统计器官的分布特征参数。对田间原位采集的玉米株型数据进行统计分析，主要针对数字化仪采集的玉米茎秆和叶片的三维数字化特征点进行归一化处理，在统一的坐标系下，分析器官的三维空间分布情况。本项目组开发的玉米冠层田间三维数字化数据管理系统软件，实现了基于三维数字化仪数据的玉米冠层三维数据的查看、管理、编辑等操作功能。玉米冠层三维数字化仪数据以文本文件的形式按照严格的冠层-植株-器官的组织方式存储，系统提供载入文件、输出文件等接口实现数据的读入和存储。软件中菜单、工具条、控制面板提供交互控件，可实现数据和视口的交互操作，包括对数据对象的选取、坐标变换、数值计算等操作。此外，软件可将处理后的数据按照设定的组织方式以文本文件的形式输出，数据可支撑玉米冠层结构三维特征分析、模型重建等典型应用。软件界面如图 9-21 所示。

图 9-21　数据处理软件界面

9.3　玉米株型和主要器官三维形态结构特征的交互设计

玉米种质资源、品种的遗传特征及其与环境的互作关系在玉米器官-个体-群体的三维形态结构上均有明显体现。玉米数字化可视化研究的基础性工作就是找到玉米三维形态结构快速三维重建方法，特别是利用有明确农学意义的特征参数，进行交互设计的建模方法，实现具有品种分辨能力、能体现基因型-环境-栽培措施关系的三维建模。依据玉米形态结构组成的生物学特征或规律，笔者借鉴工业零件组装的思路，将玉米器官看作基础零件，引入计算机辅助设计的方法来实现玉米器官-个体-群体三维形态结构的交互设计。本节先讨论玉米不同器官三维形态结构及器官的拓扑结构（用玉米株型或株型骨架特征表述）的交互设计方法。

9.3.1　基于品种 DUS 的玉米株型特征参数指标体系

玉米新品种特异性、一致性和稳定性测试（DUS）对于新品种的易于区分的形态结构特征进行了明确定义，它以植株和器官的形态结构特征为主，传统方法主要依靠目测分级及手工测量采集数据。基于玉米新品种特异性、一致性和稳定性测试（DUS）的相关规定，表 9-1 列出了常见的表述玉米株型形态结构特征的指标体系，包括数值和描述两类参数。这组指标及参数反映了玉米的主要形态结构特征，本文后续的建模和设计过程均以此指标体系为基础和依据。

表 9-1 玉米株型特征指标体系

序号	属性	数据类型	序号	属性	数据类型
1	株高	数值	24	果穗长	数值
2	总叶数	数值	25	果穗形状	描述
3	穗位株高比	数值	26	果穗直径	数值
4	茎倾斜程度	描述	27	穗柄长度	数值
5	始伸节间	数值	28	果穗柄节数	数值
6	气生根层数	数值	29	果穗着生姿态	描述
7	基部茎粗	数值	30	果穗苞叶覆盖	描述
8	最长叶叶序	数值	31	苞叶剑叶情况	描述
9	最长叶叶长	数值	32	穗粒行数	数值
10	最宽叶叶序	数值	33	籽粒排列形式	描述
11	最宽叶叶宽	数值	34	每行粒数	数值
12	第一叶尖端形状	描述	35	秃尖率	数值
13	叶缘波状程度	描述	36	粒型	描述
14	雄穗长	数值	37	籽粒大小	数值
15	雄穗低位主轴长	数值	38	籽粒顶端颜色	描述
16	雄穗高位主轴长	数值	39	籽粒背面颜色	描述
17	雄穗一级枝数目	数值	40	节间长	数值
18	雄穗中部枝长度	数值	41	节间粗	数值
19	雄穗侧枝姿态	描述	42	叶鞘长	数值
20	雄穗分枝角度	数值	43	叶长	数值
21	雄穗小穗密度	数值	44	叶宽	数值
22	双穗率	数值	45	叶倾角	数值
23	穗位节	数值	46	叶方位角	数值

9.3.2 玉米株型交互设计

在玉米株型特征指标体系的基础上，本项目组提出了玉米株型交互设计流程并设计开发了软件功能模块。这里不仅考虑到了通过交互的方式输入各特征指标，也能够支持用户导入玉米植株的图像，通过交互方式获取图像表征的各主要特征点，如叶脉曲线相关的叶鞘基部生长点、叶片与叶鞘的连接部、叶长 1/3 点、叶片最高点、叶片尖点等（图 9-22）。交互后生成的特征参数也按照一定的格式组织进入到数据库中。

本项目组提出了一个向导式的交互界面实现玉米株型的交互设计过程，如图 9-23 所示。先后分别进行品种选择（创建）、品种主控参数编辑、节间长编辑、叶鞘长编辑、叶长编辑、叶宽编辑、叶倾角编辑、叶方位角编辑、叶脉曲线编辑、数据保存入库等步骤；其中一维参数编辑使用交互式拖动控件的方式实现，最后的叶脉曲线编辑使用一个控制点控制的Bezier 曲线编辑，编辑过程中株型的三维状态实时显示，为用户提供参考（Xiao，2010）。

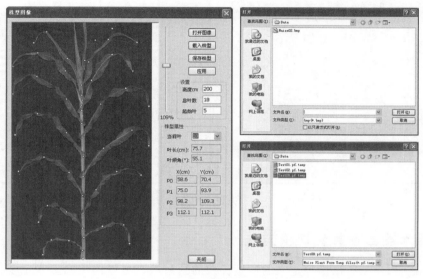

图 9-22　基于图像的株型参数和特征点交互提取

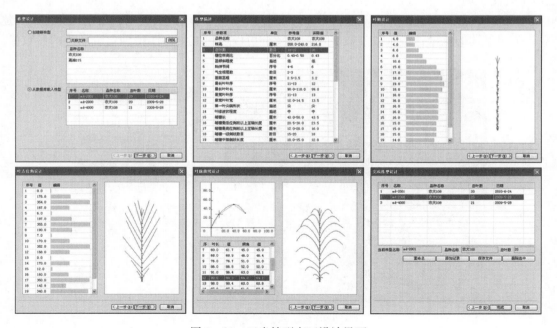

图 9-23　玉米株型交互设计界面

上述步骤编辑的玉米株型是玉米吐丝后株高不再增加，形态结构特征值达到最大的状态。而在这之前，玉米生长发育和形态建成（或拓扑结构）是呈现严格规律性变化的。为了实现这一动态过程的拓扑结构设计和生成，笔者定义了每一个器官的生命周期，使用一个交互式调整的控件实现不同生长周期拓扑结构的设定，这样就可以进行玉米生长过程中的任意时期的株型三维拓扑结构的建模。图 9-24 为生命周期设定界面（Xiao，2013）。

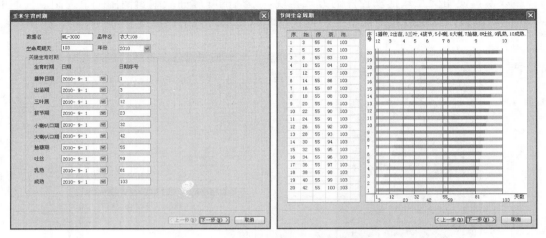

图 9-24　玉米生育时期和生命周期设计

9.3.3　玉米器官参数化建模方法

在上述品种 DUS 特征指标定义的株型参数的约束下，可以构建出玉米主要器官的参数化三维形态结构模型，包括茎秆、叶片（叶鞘）、雌穗、雄穗和根系。交互式参数化建模方法由于其便于调整等优势被广泛应用到虚拟建模领域，对于大多数玉米器官的三维形态结构重建问题，可以采用此类方法（由于叶片具有复杂的三维形态结构，将采用单独的方法建模）。按照上述的玉米株型特征参数表，一些特征可以通过实测方法得到对应品种的参数值。

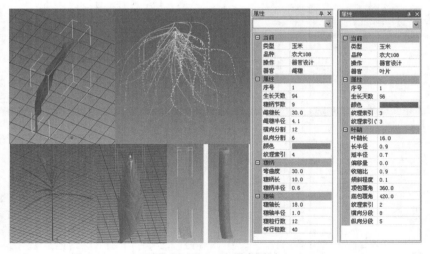

图 9-25　玉米器官设计

对于玉米茎秆建模，采用椭圆柱体进行模拟，并且以长度、长短半径、弯曲、凹槽等为特定的结构特征进行参数化建模；叶片采用宏观参数控制的模板变形方法；雄穗采用分级层次结构解决，分别定义主轴、分枝、小穗，主轴和分枝的轴线，采用椭圆柱体表示，分别以

主轴长度和半径、分枝长度、小穗数目等特征进行参数化建模；雌穗以苞叶组和果穗的组合进行参数化建模，苞叶采用柱面进行参数化建模；根系采用层次分级的方式组织分枝结构。图 9 - 25 为玉米器官参数化建模的效果和主控参数编辑交互的界面，分别为株型特征参数化表示界面和建模模拟效果，建模的控制参数均可实现动态交互调整，以改变模拟图形的形状结构。

9.4 基于多源数据的叶片模板设计与建模

玉米叶片形态结构和空间姿态较为复杂，仅仅利用参数化建模方法不能很好地刻画叶片丰富的细节特征，为此，本项目组提出了一种基于模板的玉米叶片三维形态建模方法，能够解决具有复杂特征的植物器官真实感建模问题。基于模板的建模方法（Template - based）在计算机图形学、图像处理、工业设计、模式识别等领域应用较为广泛，近年来又扩展到语音信号处理、人机协同等新的应用领域。到目前为止，基于模板的建模方法在植物建模领域尚未得到普遍的应用，针对植物的结构特征，可以利用来自三维激光扫描仪，三维数字化仪的数据构建模板，或使用通用建模工具建立植物三维模型模板，然后提供模板参数化设计交互机制，实现基于模板的植物三维形态建模。

基于模板的建模方法实现流程如图 9 - 26 所示，主要包括模板生成、模板编辑、特征参

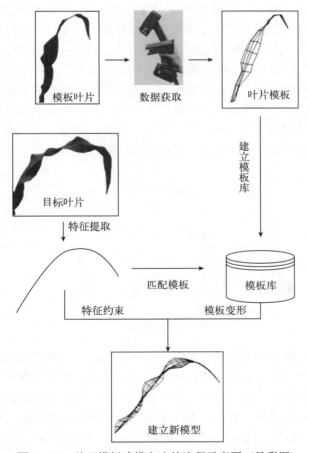

图 9 - 26 基于模板建模方法的流程示意图（见彩图）

数提取、目标模型构建等主要步骤。总体上包含两个大的技术步骤，一是获取模板模型的构建；二是对构建的模型进行利用，具体包含检索匹配和变形两个步骤。模板数量和质量是后续的步骤中构建高质量玉米三维群体冠层的基本保证（Xiao et al.，2012）。

以玉米品种为单位，通过利用三维数字化仪采集不同品种叶片三维数据来生成模板：如利用 Immersion Microscribe G2LX - Manual 3D Digitizers 威力手持数字化仪测量的叶片三维形态数据，使用犀牛软件提取特征点保存；使用 PlantCAD - Maize 软件生成玉米叶片模板。对于不同品种、密度处理的玉米群体，采集的植株样本应满足一定的数量要求，以保证样本数据的代表性。例如总叶数为 21 的品种，一般每个植株依次获取拔节期 1～6 叶、吐丝灌浆期 7～21 叶的数据，将叶片模板输出到品种数据库中，作为建模依据。

9.4.1 玉米叶片模板生成

基于模板的建模方法需要大量的模板数据，要获取建模对象的原始数据，并对数据进行加工处理，从而建立可用的模板文件。模板生成的过程主要可以分解为数据获取、数据处理和模板生成 3 个步骤。

（1）数据获取 一般要生成两种不同类型的模板：网格形式的模板和参数曲面形式的模板，要分别采集点云形式的模板数据和特征点形式的模板数据。试验中，使用 FastSCAN 手持式三维激光扫描仪获取点云形式的模板数据，使用 FastSCAN 扫描仪配置的探笔采集模板特征点数据。为验证方法有效性，采集了玉米叶片 20 组，分别包含点云形式的扫描数据和特征点数据。其中，点云模型数据包括散乱点 200 000～400 000 个；特征点数据有两种规格，3×12 排特征点和 5×12 排特征点（Xiao et al.，2013）。

（2）数据处理与模板生成 数据获取步骤中采集的原始数据并不能直接使用，需要进行数据处理和模板生成操作。为实现由点云数据来生成网格模板和用特征点数据生成参数曲面模板，采取了不同的数据处理和计算方法。通过采用顶点删除法，并施以必要的前期、后期辅助操作，生成了建模所需的网格模板，如图 9-27A 所示。

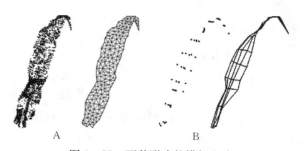

$$A \qquad\qquad\qquad B$$

图 9-27 两种形式的模板生成

利用特征点形式的数据生成的模板主要用于解决参数曲面建模问题。由于特征点数据在采集过程中已经遵循特定的采集顺序和拓扑结构，并不存在缺失和噪声，因此无须进行预处理。以选取的 5×12 规格特征点建立的玉米叶片 NURBS 参数曲面模板为例，由于采集的特征点处于叶片表面，因此模板生成过程实质是 NURBS 曲面插值问题，实现过程为首先根据采集的特征点计算出 NURBS 曲面的控制点组；进而，根据控制点组计算 NURBS 曲面模型，即叶片模板。NURBS 曲面计算方法如公式（9-5）所示，其中，其中 u、w 分别表示曲面 u 向和 w 向参数，B 为 B 样条基函数，V 为曲面控制点，W 为权重系数，$P(u, w)$

为对应于参数 u、w 的曲面点。生成的参数曲面模板如图 9-27B 所示。

$$P(u,w) = \frac{\sum_{i=0}^{n} \sum_{j=0}^{m} B_{i,k}(u) \cdot B_{j,h}(w) \cdot W_{i,j} \cdot V_{i,j}}{\sum_{i=0}^{n} \sum_{j=0}^{m} B_{i,k}(u) \cdot B_{j,h}(w) \cdot W_{i,j}} \tag{9-5}$$

9.4.2 玉米叶片模板变形与编辑

模板编辑操作是指模板建成后，为适应更为广泛的应用对模板进行的编辑操作。针对两种类型的模板，分别采取两种不同的模板编辑方式。网格形式的模板采用基于形状包围四面体网格的变形方法，参数曲面形式的模板采用调整特征控制点的方法。具体操作流程如下：

(1) 植物对象特征提取 将要建模的植物对象称为目标叶片。首先要确定对象的主要特征描述参数。以玉米叶片为例，主要特征体现在叶长、叶宽、叶脉曲线形状、叶倾角、叶方位角、褶皱程度等。其中，叶倾角、叶方位角主要描述叶片在植株上的空间位置姿态，与单个叶片的形态建模无相关性，在此不予考虑；剩余的参数描述叶片的三维形态结构特征，其中褶皱程度是难以量化表示的参数，也是基于模板建模的目的，因此将剩余的可量化提取的特征参数作为建模目标，包括叶长、叶宽和叶脉曲线。

(2) 模板特征匹配 在基于模板的建模过程中，选取的模板叶片要与目标叶片相类似，衡量其相似性的因素取决于上一步中提取的特征参数。以玉米叶片为例，主要特征参数选取便于量化对比的叶长（$Length$）和叶宽（$Width$）。

设目标叶片和模板叶片对应的特征参数分别为 $Length_{object}$、$Width_{object}$，$Length_{Template}$、$Width_{Template}$，定义目标叶片和模板叶片偏差为 $Diff_{Leaf}$：

$$Diff_{Leaf} = \sqrt{(Length_{object} - Length_{template})^2 + \omega(Width_{object} - Width_{template})^2}$$

$$\tag{9-6}$$

其中，ω 是根据叶片长宽比确定的加权系数，选取与目标叶片偏差 $Diff_{Leaf}$ 最小的叶片为模板，进行下一步的建模。

(3) 模板变形与植物对象建模 模板的变形即目标植物对象基于模板的建模是通过一系列的仿射变换实现的，包括平移、旋转、缩放。与模板编辑操作类似，网格形式的模板变形是通过对包围四面体的操作来控制的；而参数曲面形式的模板是通过对控制点进行变换实现的。模板变形过程可以描述为模板叶片向给定叶脉曲线的仿射变换，如图 9-28 所示，通过以下步骤实现：

步骤 1：给定一个叶片模板 T 和目标叶片的叶脉曲线 C，以 5×12 规格参数曲面形式的模板建模为例，分别计算模板叶脉上的 12 个控制点 $Vt[12]$ 和对应的目标叶脉曲线上的 12 个点 $Vc[12]$。

步骤 2：将模板上所有控制点进行旋转变换，以使其具备与目标叶片相同的叶倾角和叶方位角，实现方法如公式（9-7）和（9-8）所示，其中，φ 和 θ 分别为目标叶片与模板叶片之间的叶倾角和叶方位角偏差量。

$$\boldsymbol{Temp} = \begin{bmatrix} Temp_x \\ Temp_y \\ Temp_z \\ 1 \end{bmatrix} = \boldsymbol{Rot}_{obliquity} \cdot \boldsymbol{T} = \begin{bmatrix} 1 & 0 & 0 & 0 \\ 0 & \cos(\varphi) & -\sin(\varphi) & 0 \\ 0 & \sin(\varphi) & \cos(\varphi) & 0 \\ 0 & 0 & 0 & 1 \end{bmatrix} \cdot \begin{bmatrix} T_x \\ T_y \\ T_z \\ 1 \end{bmatrix}$$

$$\tag{9-7}$$

$$T' = \begin{bmatrix} T'_x \\ T'_y \\ T'_z \\ 1 \end{bmatrix} = \boldsymbol{Rot}_{\text{direction}} \cdot \boldsymbol{Temp} = \begin{bmatrix} \cos(\theta) & -\sin(\theta) & 0 & 0 \\ \sin(\theta) & \cos(\theta) & 0 & 0 \\ 0 & 0 & 1 & 0 \\ 0 & 0 & 0 & 1 \end{bmatrix} \cdot \begin{bmatrix} Temp_x \\ Temp_y \\ Temp_z \\ 1 \end{bmatrix}$$

$$(9-8)$$

步骤 3：将模板上所有控制点参照 Vt ［12］和 Vc ［12］进行平移变换，如式（9-9）和（9-10）所示。

$$\begin{cases} Trans_i = Vc\ [i] - Vt\ [i] \\ N_i = Trans_i \cdot T'_i \end{cases} \quad i = 1,\ 2,\ \cdots,\ 12 \quad (9-9)$$

$$N = \begin{bmatrix} N_x \\ N_y \\ N_z \\ 1 \end{bmatrix} = \boldsymbol{Trans} \cdot \boldsymbol{T} = \begin{bmatrix} 1 & 0 & 0 & Trans_x \\ 0 & 1 & 0 & Trans_y \\ 0 & 0 & 1 & Trans_z \\ 0 & 0 & 0 & 1 \end{bmatrix} \cdot \begin{bmatrix} T_x \\ T_y \\ T_z \\ 1 \end{bmatrix} \quad (9-10)$$

步骤 4：重新生成新叶片，即以公式（9-5）重新计算新叶片模型上的点。对于网格形式的模板而言，只需根据各节点的体坐标重新计算各结点在四面体中的位置即可生成新的叶片模型。

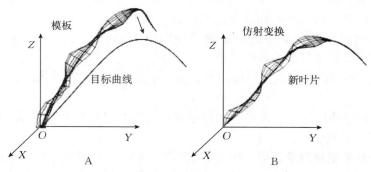

图 9-28　模板变形建模示意图（见彩图）

9.4.3　玉米叶片解旋过程的建模

玉米叶片生长过程中的三维形态是不断动态变化的，表现的特征是叶片生长的早期阶段是卷曲在一起的，随着叶片的可见，从叶尖逐渐开始展开，同时叶片的展开部分逐渐绕主茎中心旋转，这一过程称之为"解旋"。通过观察和测量，笔者提出了定量化模拟玉米叶片解旋过程的方法。如图 9-29 所示，以参数化的方式设定叶片解旋过程，定义解旋参数，并设定解旋过程参数范围。结合叶片解旋过程重新设定叶片生成过程，即认为每一排特征点是从内旋状态开始展开，定义展开度参数，随着展开度增加，确定选取模板的范围。

真实的玉米生长过程中叶片存在解旋运动。笔者根据定点采集的玉米生长过程中的顶部图像，如图 9-30、图 9-31 所示，分解叶片生长过程的旋转变化特征。以实际测量数据为基础，添加旋转的模拟与参数。使用螺旋函数模拟玉米叶片卷曲-展开过程。模拟过程为：通过玉米生命周期和生长阶段计算叶片宽度 w，以及节单位半径 r，叶片处于卷曲状态时叶宽即螺线的曲线长，通过螺线函数计算卷曲的角度。

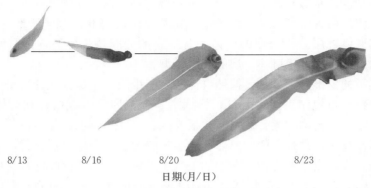

8/13   8/16   8/20   8/23

日期(月/日)

图 9 - 29　玉米叶片解旋过程（见彩图）

螺旋函数：

$$r = e^{r\theta} \tag{9-11}$$

图 9 - 30　玉米植株的叶片角度分布（见彩图）

图 9 - 31　玉米叶片形态特征细节建模（见彩图）

9.5　玉米植株和群体冠层三维形态结构交互设计

利用多种数据获取手段采集的茎秆、叶片、雌穗、雄穗、根系等三维形态结构数据经处理后，可以得到标准化的玉米器官三维形态结构模板，并按照一定的结构组织构建模板库。

然后在上述的株型设计步骤基础上，生成目标株型；再根据交互操作设置，进行模板的匹配和检索，载入对应的模板模型，就完成了基于株型和模板的玉米植株三维形态结构的设计。接下来，基于对群体冠层分析获取的群体中各器官的分布特征参数，按照设定的株距、行距、行向等参数即可生成玉米群体冠层的三维模型。

利用基于模板的三维建模方法，按照群体冠层三维数字化数据统计得出的群体冠层器官分布特征，以参数分布规律为约束条件，根据指定参数即可生成植株和群体冠层的三维模型。利用大田生产环境监测的逐日数据，包括光照、温度、降水量等参数，结合作物生长模型，可以计算出作物生长过程中的主要器官的生长状态，及各主要器官的形态结构参数，如节长、叶长、株高等；以玉米为例，典型的玉米生长模型包括展开叶叶片长度（MLDL）与叶序（N）的关系模型、展开叶叶片宽度（MLDW）与叶序（N）的关系模型、展开叶叶形关系模型、展开叶叶鞘长度（MLSL）与叶序（N）的关系模型、已伸长节间长度（MINL）与叶序（N）的关系模型，以及其他器官同伸关系模型。根据环境因素、品种参数以及栽培管理措施计算出可见叶片之展开叶片的叶序、叶长、节间长及各器官之间的相互关系，从而计算出株高、长势等宏观指标。

9.5.1　基于株型特征的植株三维形态结构交互设计

在株型特征参数的约束下，载入设计好的各主要器官三维模型，即可生成植株的三维模型。可以看出，株型设计限定了植株的整体三维形态结构，包括器官（茎秆、节间、叶片）的数量和参数等。图 9 - 32 所示为植株交互设计的可视化结果。

9.5.2　玉米群体冠层三维形态结构交互设计与三维模型生成

群体由一系列按一定规则排列的个体植株组成，根据品种特征和田间种植的经验，设定行距和株距，根据田间实测植株着生位置确定生长点的随机范围。根据试验中种植的 5 个品种，15 个密度处理的实测数据统计规律，方位平面呈均匀分布状态，叶片偏角成正态分布状态。因此在群体生成过程中，按照实测数据的规律生成群体模型中的器官分布数据。图 9 - 33 所示为生成的 2 行×2 株的群体状态。图 9 - 34 为动态生长过程。

图 9 - 32　玉米植株三维形态结构设计（见彩图）

9.5.3　基于群体冠层骨架的玉米三维群体冠层模型生成

上述是根据单株复制生成群体的思想构造群体冠层三维模型的步骤。在另一种情况下，如已知群体的三维株型骨架，无论是利用数字化仪获取的群体冠层原位三维骨架数据，还是根据作物模型或功能结构模型生成的群体骨架数据，可以直接将群体冠层三维骨架数据进行模式化处理：按定义的节间特征点计算植株各节间长度；按定义的叶鞘基点与节中心点之间的距离定义节间半径，计算生成节间模型；以叶片 4 个特征点——叶片基部点、叶长 1/3 点、最高点和叶尖点，进行曲线插值计算叶脉曲线，将叶片模板以叶脉曲线为约束进行变

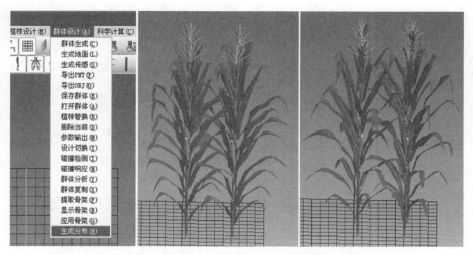

图 9-33 生成的玉米群体冠层三维模型（见彩图）

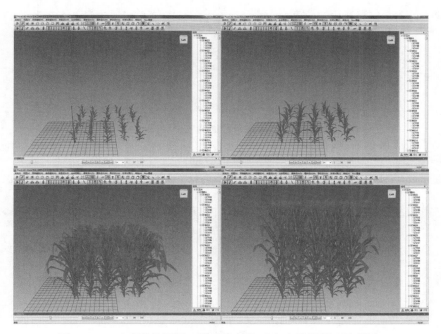

图 9-34 玉米群体冠层三维形态结构动态生长模拟（见彩图）

形，从而生成玉米群体三维模型，实现基于 Frame 骨架驱动的玉米群体三维重建（图 9-35，图 9-36）。

在这个基于 Frame 骨架的玉米植株及群体模型生成方法中，其本质仍然是基于模板的叶片变形算法。为实现这个过程，还需要定义统一的株型骨架表示方式，即群体 Frame 数据结构，这种数据结构不但用于生成群体模型，还用于数据的交换和存储，株型数据可以以文本文件的形式存取。软件实现了基于 Frame 骨架的玉米植株及群体模型生成功能，定义 .Frm 文件，基于 .Frm 文件生成模型，Frame 数据中定义植株数量、每株的节间数目、节

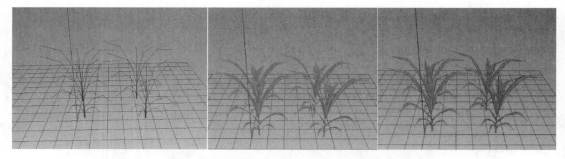

图 9-35　基于苗期群体测量数据的玉米群体三维建模（见彩图）

图 9-36　基于灌浆期群体测量数据的玉米群体三维建模（见彩图）

单位数目，每个节单位使用 7 个点描述，包括节间点、叶鞘点及叶片点。图 9-37 为玉米 Frame 骨架定义结构。

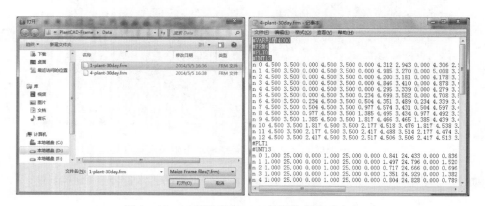

图 9-37　玉米株型 Frame 骨架数据格式定义

图 9-38 为根据京科 968 在 60 000 株/hm² 密度处理下的田间数字化数据构建的玉米群体三维模型。

将玉米群体建模模块整合到三维建模软件平台 PlantCAD-Maize 中，使用 PlantCAD-Maize 进行单株和群体建模。图 9-39 为以品种模板特征点为依据建立的群体模型，包含

图 9-38 根据导入的 Frame 生成的玉米植株三维模型（见彩图）

4 行，每行 8 株，共 32 株，并且利用商业渲染引擎对模型进行了真实感渲染处理，生成了光照和阴影效果。

图 9-39 生成群体三维模型和真实感渲染效果（见彩图）

9.6 基于三维可视化模型的玉米群体结构计算

重构出玉米三维冠层后，利用科学可视化技术，可以对冠层形态结构的空间分布特征、对光辐射在冠层中的空间分布等特征进行精确计算及可视化处理，从而为玉米株型设计评价、群体冠层结构设计与优化、生产力计算分析、品种适应性评价等提供关键技术和方法手段。

在玉米三维冠层中，其基本计算单元是"面元"。"面元"是构成三维模型的基本单元，这里使用三角形单元。通常情况下，玉米三维冠层模型包含数百万个基本"面元"，它是构成器官-植株-群体冠层三维模型的最小单元。面元在几何上是一个微小的三角形，通过离散化的方式将玉米三维模型中参数化的曲面转化为三角形单元的组合，单元划分得越细密，越能够逼近和模拟冠层的形态结构特征，计算精度也越高。可见，三角形的数量取决于冠层中要表达的玉米植株元素的数量和单元划分规格。同时，三维冠层计算和光分布计算过程要占据大量的计算资源，而计算效率与单元数目紧密相关。因此，需要在计算精度和计算效率之间寻求一个平衡，来动态调整计算效率和计算精度。这就需要建立一种动态的、可控的网格划分机制。

9.6.1 虚拟面元可控划分方法

该方法是一种基于多直线段分裂算法的网格简化与面元划分方法，主要包括如下步骤：首先建立基于空间曲面的玉米叶片三维模型；结合农业知识及玉米生理、生长特征，确定玉米叶片形态特征关键点；通过一种多直线段分裂算法实现多层次的虚拟玉米叶片模型的网格简化。算法流程如图 9-40 所示。

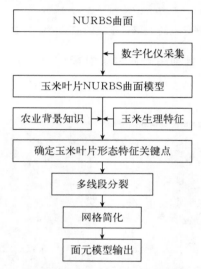

图 9-40　虚拟玉米可控面元划分算法流程

9.6.2 玉米三维冠层形态结构参数的计算

基于以上研究，本项目组开发了玉米三维冠层形态结构特征参数计算模块及软件系统。调用冠层光分布计算模块，并与玉米三维形态数字化设计系统整合，即可进行玉米三维冠层形态结构特征参数的计算分析，包括群体参数计算、群体光分布计算等。

基于生成的玉米群体冠层三维模型，本项目组提出了基于面元的三维冠层结构特征参数计算分析方法。通过冠层参数的交互设计进行赋值，包括行数、株数、株距、行距、给定计算范围等，即可计算出群体冠层的投影面积、叶片面积、叶方位角、叶倾角统计参数等几何特征信息。图 9-41 为玉米群体冠层形态结构特征参数的几何计算模块软件界面，可计算指定冠层区域的某一高度间隔的叶片水平投影面积、某一高度间隔叶片投影面积、叶面积密度函数、叶面积指数（LAI）、垂直投影面积、消光系数、叶方位角分布函数（G 函数）及透光率等。界面上直接显示的计算结果（指标数据）也可以直接输出到结果文件中。

在玉米器官、植株和群体三维数字化模型基础上建立的三维冠层模型，能尽可能地逼近真实田间条件下的冠层三维形态结构，计算出来的特征参数也能尽可能地体现群体冠层的特征。基于冠层模型的计算不仅可以计算出冠层整体的叶片面积、投影面积和叶面积指数，还可以精确地计算出每一个器官，每一个叶片的面积等参数。与传统的估算方式相比，提供了更为准确的计算结果，显著提升了对当前玉米群体冠层形态结构的定量化认知水平，进而提

图 9-41　群体参数计算界面

高了辅助决策的科学性。

9.6.3　玉米群体根系的三维可视化计算

玉米植株分为地上部和根系，群体也分为地上群体冠层和地下群体根系。玉米根系是玉米植株吸收水分和养分的关键器官，不同品种之间根系的差异也较大，特别是种植密度会显著影响根系的数量和分布特征。一般来说，种植密度增加会导致植株个体之间的竞争加剧，这不仅表现在地上部冠层，同样表现在地下根系的竞争。另一方面，根系的构型和大小也是影响玉米抗倒伏能力的重要指标，因此定量化地重建、计算并分析玉米根系的形态结构特征是十分有必要的。

基于玉米根系构型的交互设计与参数化建模机制（赵春江等，2010），可以重构出玉米根系的三维模型，在此基础上可以进行根系构型特征的定量化计算分析，可计算的指标包括：根系总长度、根系总表面积、根系总体积、主根长度、主根半径、侧根数目、侧根长度、侧根半径、根毛数目和根毛总长度等。在计算的过程中还可以设定有效的计算范围，从而允许对某指定范围内的根系形态机构特征进行计算。图 9-42 为根系计算的图形化界面，图 9-43 为根系计算的用户交互界面，允许指定计算范围、群体参数，计算结果可以直接显示也可以存储到文件中。

9.6.4　玉米三维冠层的光分布计算与光截获可视化模拟

作物冠层光分布的模拟是光合作用定量化模拟计算的关键。在前面章节已经介绍了玉米冠层光分布计算与模拟的方法，这里进行集成和调用光分布计算模型和辐射度计算算法：使用 C++语言和 OpenGL 图形函数库，在 Windows 平台下，开发基于辐射度-图形学结合模型（RGM）的作物冠层光分布计算系统。

以相对成熟的 RGM 方法提取模型参数，并针对作物冠层形态结构的特点对方法做适当

图 9-42　群体参数计算界面（图形化界面）（见彩图）

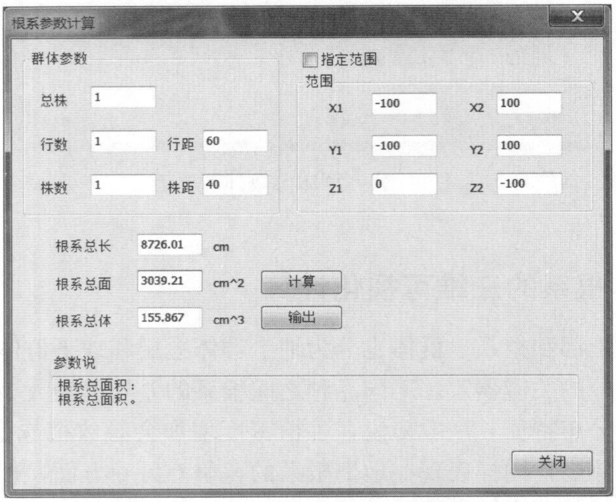

图 9-43　群体参数计算界面（用户交互界面）

改进。在冠层三维模型基础上，通过用户交互设计确定参数，可计算出冠层内每个面元的光截获量。该系统所需模型参数少，且参数均具有较为明确的植物学和农学意义，便于与传统作物模型相结合，操作界面友好、使用方便。图 9-44 为光分布计算系统界面，首先需要根据用户地块的位置和当前时间计算太阳位置，进而计算辐射度，最后分别以直射光、散射光、反射光和透射光进行冠层光分布的计算，图 9-45 为光分布的计算结果。

9.7　小结

本章主要介绍了玉米三维形态结构数字化交互设计技术，包括玉米三维形态结构数据的获取与处理、基于品种 DUS 的玉米株型特征指标体系定义、玉米器官参数化建模与交互设计、基于模板的玉米叶片建模与交互设计、玉米植株和群体的交互设计及三维模型重建、基于玉米三维冠层模型的农学参数计算和光分布计算技术等。通过本章的技术和方法，可以实现玉米器官—植株—群体形态结构特征不同尺度的交互设计和三维重建，基于三维冠层模型的三维可视化计算和评估，从而为玉米株型和合理密植等的优化计算提供数字化可视化的关

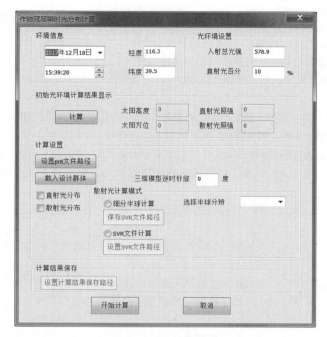

图 9-44 群体参数计算界面

图 9-45 群体光分布计算结果的可视化

键技术。

与传统的研究方法相比，数字化交互设计技术系统可以提供一种全新的研究手段和平台。同时也要看到，尽管这方面的研究取得了较大的进展和成果，但在玉米器官的建模方法、建模精度、可视化真实感、交互方式、约束条件、优化目标等方面，特别是群体尺度上的冠层结构参数化建模与优化方面，仍然存在较大的局限性。此外，建立真正实现玉米生理功能-形态结构并行模拟机制的结构，功能模型能更好地体现玉米品种遗传特征-环境和栽培措施之间的定量化关系，是玉米数字化可视化技术研究的重要内容，在未来的工作中，笔者将着力解决上述各项问题。

参考文献

蔡良朋，席平，毛雨辉，2008. 智能 CAD 系统的分析与设计. 工程图学学报，29（3）：1－5.

郭焱，李保国，2001. 虚拟植物的研究进展. 科学通报，46（4）：273－280.

胡包钢，赵星，严红平，等，2001. 植物生长建模与可视化——回顾与展望. 自动化学报，27（6）：816－835.

刘彦宏，王洪斌，杜威，等，2002. 基于图像的树类物体的三维重建. 计算机学报，25（9）：930－935.

路全胜，郭东明，冯辛安，1996. 智能 CAD 技术研究方法新进展. 中国机械工程，7（4）：56－58.

孙林夫，1999. 基于知识的智能 CAD 系统设计. 西南交通大学学报，34（6）：611－616.

温维亮，孟军，郭新宇，等，2009. 基于辐射照度的作物冠层光分布计算系统设计. 农业机械学报，40（S1）：190－193.

肖伯祥，郭新宇，陆声链，等，2012. 植物三维形态虚拟仿真技术体系研究. 应用基础与工程科学学报，20（4）：539－551.

肖伯祥，郭新宇，吴升，等，2011. 植物三维形态交互式设计软件需求分析探讨. 中国农业科技导报，13（1）：50－54.

赵春江，郭新宇，陆生链，2010. 农林植物生长系统虚拟设计与仿真. 北京：科学出版社.

赵春江，陆声链，郭新宇，等，2015. 数字植物研究进展：植物形态结构三维数字化. 中国农业科学，48（17）：3415－3428.

赵春江，陆声链，郭新宇，等，2009. 数字植物及其技术体系探讨. 中国农业科学，43（10）：2023－2030.

赵春江，肖伯祥，郭新宇，等，2011. 植物三维形态数字化设计评价指标体系探讨. 中国农业科学，44（3）：461－468.

邹万红，2007. 大规模点云模型几何造型技术研究. 杭州：浙江大学.

Prusinkiewicz P，1998. Modeling of spatial structure and development of plants：a review. Scientia Horticulturae，74（1－2）：113－149.

Prusinkiewicz P，1999. A look at the visual modeling of plants using L－systems. Agronomie，19（3－4）：211－224.

Quan L，Tan P，Zeng G，et al.，2006. Image－based plant modelling. ACM Transactions on Graphics，25（3）：599－604.

Shreiner D，Woo M，Neider J，et al.，2014. OpenGL programming guide：the official guide to learning OpenGL，Addison－Wesly.

Xiao B，Guo X，Du X，et al.，2010. An interactive digital design system for corn modeling. Mathematical and Computer Modelling，51：1383－1389.

Xiao BX，Guo XY，Lu SL，et al.，2011. Example matching and retrieval based on biomimetic pattern recognition for virtual plant modeling. ICIC Express Letters，5（9A）：3151－3156.

Xiao BX，Guo XY，Wen WL，et al.，2014. Scanning data－based modeling of virtual plant by radial basis Function. Sensor Letters，12（3/4/5）：557－562.

Xiao BX，Wang CY，Guo XY，et al.，2014. Image acquisition system for agricultural context－aware computing. International Journal of Agricultural and Biological Engineering，7（4）：75－80.

第 10 章

玉米生物力学仿真技术及其在倒伏表型鉴定中的应用

玉米的数字化、可视化仿真中的一项重要内容是力学属性建模与仿真，包括玉米主要的细胞、组织、器官、植株和群体的生物力学属性的计算、分析、建模与动态仿真。在前面的部分章节中，重点介绍了玉米多尺度数据采集与数字化模型构建方法，揭示了从细胞到组织、器官、植株、群体等不同尺度下的形态结构、颜色纹理、分布特征等多种类型的属性，也提出了对应的方法和技术。然而，之前的建模技术多仅涉及构建静态模型，即实现了数据的某种程度的再现和还原，并没有涉及变形等动态属性。而实际上，在很多应用场合，动态变形与仿真，动态的运动学、动力学计算分析在可视化应用中具有十分重要的作用，在某些特定场合甚至起主要作用，如倒伏过程的计算分析和动态模拟等（Forell et al.，2015；Robertson et al.，2014）。在这样的需求背景下，对玉米器官、植株、群体的力学属性以及材料物理属性进行解析和建模的需求就凸现出来。这些问题的研究涉及植物体生物力学研究，因此生物力学研究在玉米数字化可视化中具有重要的意义。

10.1 生物力学及其在玉米力学属性建模与仿真中的应用

生物力学（Biomechanics）是应用力学原理和方法对生物体中的力学问题进行定量研究的生物物理学的分支。其研究范围从生物整体到系统、器官（包括血液、体液、脏器、骨骼等），从鸟飞、鱼游、鞭毛和纤毛运动到植物体液的输运等。生物力学的基础是能量守恒、动量定律、质量守恒三定律并加上描写物性的本构方程。

10.1.1 农业生物力学研究与应用

最初生物力学研究的重点是与生理学、医学有关的力学问题。依研究对象的不同可分为生物流体力学、生物固体力学和运动生物力学等（冯元桢，1983）。生物力学的发展起源于用于人类行为、器官相关的力学性质研究探索，进一步扩充为动物的行为、仿生、材料等的应用研究（姜宗来，2017）。由于应用需求等多种因素限制，植物体的生物力学研究起步较晚，作为生物力学一个很重要的发展方向，植物生物力学关注物理环境对植物生长、繁衍及进化等重要进程的影响和作用（孙一源，1986，1996；段传人，1999；李小昱，1994；梁莉等，2008）。生长在自然环境中的植物不可避免地要受到各种外界环境包括机械应力的刺激，因此，应力与应变关系一直是物理学家和生物学家关心的课题。与农业相关的生物力学研究起步较晚，且发展缓慢。1980年，美国宾州大学的 Nuri Mohsenin 教授编著的《生物材料的物理性质——结构、物理特征和力学性质》，涉及了农业物料的物理、力学、光学、热学、电学和流变等性质，此外还讨论了接触应力、撞击载荷、机械损伤及流体动力特性等（Mohsenin，1970）。随着工程技术在农业生产中的广泛应用和不断深入，在农作物新品种选育和农业物料加工等领域中许多基础性的问题需要运用生物力学理论和试验方法进行分析研究，因此近年来农业生物力学有了长足的进展。

同时，生物力学的方法在植物力学属性建模和运动仿真等方面，也体现了显著的技术优势。根据对以往的研究进行总结的结果，实现动态建模与虚拟仿真的方法有很多种，如关键帧动画方法、基于参数化方法、交互式建模方法等。这些方法在不同程度上也能够实现植物的动态虚拟仿真应用（Xiao et al.，2010，2013；蒋艳娜等，2015；魏学礼等，2010）。这些常规方法通常需要用户进行交互式调整，或者需要提前设置过于复杂的运动变形参数条件，且结果仅限于单项的动态过程的呈现，动态过程并不能用于具有物理意义和现实应用价值的计算分析。而基于生物力学建模的方法具有这些方法所不具有的独特优势，不仅可以提供高精度、高真实感的动态虚拟仿真过程模拟，而且因其建立在严密的力学模型基础上，计算过程和结果可以作为力学分析的定量化依据。如对于玉米茎秆的弯曲、折断过程的生物力学建模和过程模拟可以为玉米倒伏提供准确的、可信赖的数据基础。不仅可以提升玉米数字化可视化建模的真实感效果，还提供了定量化模型的支持。针对农作物器官、植株、群体本身的生物力学研究也完善、拓展了生物力学研究的理论范畴，为现代力学学科和现代农业的发展提供技术参考。

本章中，笔者的切入点也在于探讨不同学科之间交叉形成的理论技术方法体系如何能够在玉米数字化可视化建模中扮演重要的作用，探索新的建模方法手段；主要研究玉米器官、植株的生物力学属性解析和生物力学模型构建问题和方法；主要面向玉米倒伏这一实践问题，围绕倒伏相关的生物力学数据采集、生物力学分析与计算、生物力学模型构建以及作物抗倒伏测定分析系统的设计与实践等方面来展开。

10.1.2 玉米倒伏表型鉴定研究进展

玉米是我国主要的粮食作物之一，无论从产量还是种植面积方面来看，均占首要地位。倒伏是玉米减产的重要原因之一，减少倒伏率是提高玉米产量的重要举措。玉米倒伏除给产量造成损失外，还给收割带来不便。玉米倒伏分为根倒、茎倒、茎折，其中根倒是从玉米根部发生整个植株的倒伏，通常情况下会在雨后发生；茎倒主要发生在基部3-5节的节间部位，由于外力作用使节间发生弯曲从而造成倒伏；茎折主要是指在茎秆的节部位发生的折断，通常难以恢复，图10-1为玉米倒伏情况。玉米倒伏的形成因素有很多，主要包括品种因素、环境因素、栽培管理措施因素等。国内外学者从植株材料特性、解剖学特性、化学成分、品种遗传差异、库容量、肥料和病虫害等不同角度（Baker et al.，2012；北条良夫，1983；丰光等，2008；王恒亮等，2011；Xue et al.，2016，2017），对玉米倒伏作了大量研究，并取得了一系列研究成果。

准确进行玉米品种抗倒伏能力的表型鉴定，并深刻理解玉米倒伏的生物力学、表型组和农艺学机制有助于通过栽培调优和遗传改良来降低倒伏发生的风险。目前进行玉米茎秆抗倒伏能力直接定量评价的指标主要包括倒伏率、茎秆力学属性和倒伏临界风速。倒伏率是指单位土地面积上倒伏植株数量与植株总数的比，是评价玉米抗倒伏能力最直观的指标，但该

指标的调查结果在年际间存在较大变异且费时耗力（Flint-Garcia et al.，2003），虽然无人机和卫星遥感大幅提升了倒伏监测的效率（Chu et al.，2017），但其准确度和对风致倒伏的辨识度仍有待提升。通过测定茎秆的破碎硬度、穿刺强度和断裂强度等力学属性来表征茎秆抗倒伏能力已成为一种方便、高效、可控的研究手段，但该方法需要对田间玉米破坏性取样后运回实验室进行测定，无法表征田间玉米茎秆应对极端天气状况的抗倒伏能力。通过风洞模拟不同风力等级状况下的玉米群体运动状况可重现极端天气下的茎秆倒伏过程，某一品种倒伏临界风速较大说明该品种玉米具有较强的茎秆抗倒伏能力，目前风洞已成为玉米抗倒伏能力田间原位鉴定的重要手段。

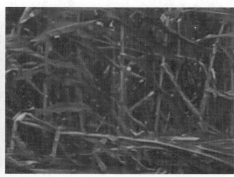

图 10-1　玉米倒伏的现场

目前，越来越多的研究者从材料和力学属性来研究倒伏，主要包括主要器官的材料、物理、力学属性的研究，植株受力分析研究，群体受力分析以及倒伏率影响因素的相关性分析研究等方面。随着技术手段的进步和研究人员的不断深入，针对玉米及其他作物倒伏问题的生物力学机理研究也取得了很大的进展。研究玉米倒伏和茎秆生物力学的工作较多（陈艳军，2011；勾玲等，2008；Xue et al.，2016，2017）。为了研究应力刺激对植物的宏观生物学效应，设计出合理、准确的力学试验至关重要。针对不同的农业物料或生物组织，研究者们提出了一些行而有效的力学性能指标的宏观测定或计算方法。沈繁宜等（1994）基于植物叶组织的水分含量变化与膨压变化之间的关系，推导出两种准确度较高的植物叶组织弹性模量的计算方法。刘旺玉等（2007）为探讨植物叶片拓扑结构对叶片的力学增强机理，在铜质叶脉上不同受力点施加不同量值的荷载，利用数码相机拍照结合比例运算的测量方法对叶脉形变进行了试验研究和数值模拟。该方法简单易行，成本较低，但精度有待提高，且铜质叶脉不足以反映真实叶脉的生物力学特性。勾玲等（2008）过对玉米秸秆进行悬臂梁弯曲试验，认为玉米茎秆基部节间的弹性模量和最大抗弯应力能较好地反映玉米茎秆抗倒伏能力。郭玉明等（2007）通过弯折试验得出玉米茎秆的弹性模量和抗弯折强度对玉米抗倒伏能力影响最大。Xue 等（2016，2017）在研究玉米倒伏过程中使用了一种建议的力学测量装置，如图 10-2 所示，测量玉米茎秆压碎力、穿刺力峰值。

早期开展生物力学试验的仪器设备大多为通用

图 10-2　Xue 等试验中采用的力学分析测定装置

的力学试验机、推拉力计等，随着传感器、计算机软硬件技术的进步和研究的深入，研究人员逐渐集成研发专用的农作物生物力学仪器。为实现玉米器官的力学属性的测量与定量化分析，中国农业大学陈艳军、李建生等开展了玉米秸秆力学参数与抗倒伏性能关系研究，由于玉米秸秆强度和弹性模量是影响玉米抗倒伏性能的重要因素（陈艳军，2011）。试验中，对5个玉米品种的秸秆进行了力学性能测试，结果表明不同品种的玉米秸秆强度及弹性模量存在明显的差异。笔者进一步探讨了玉米秸秆的弯曲强度和弹性模量的测定方法，并且设计了基于简支梁模型的玉米秸秆弯曲强度测定仪和基于悬臂梁模型的弹性模量测定仪，如图 10 - 3 所示，采用拉压力传感器、MCK - Y 液晶显示控制仪等作为主要的电子元器件，辅以手动施力机构，实现了玉米秸秆弯曲强度和弹性模量的数字显示。利用设计的仪器对不同品种的玉米秸秆的弯曲强度和弹性模量进行了测定。他们的研究结果表明：不同玉米品种的抗倒伏能力与其强度和弹性模量均呈正相关关系。

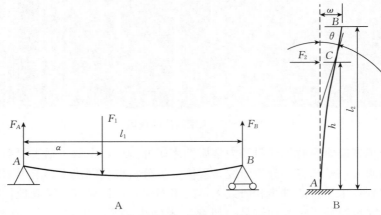

图 10 - 3   弹性杆件受力模型

山东登海种业股份有限公司杨今胜等（2014，2017）设计了一种便携式玉米抗倒伏力测试仪，并进行了实际的应用和测试。图 10 - 4 为该仪器的使用现场图。实现的原理为利用杠杆原理，将玉米植株拉至不同角度，来模拟不同级别风力的作用，同时使用角度仪实时测量玉米植株弯曲的角度；实施测定不同角度下的拉力，即为玉米抗倒伏力的实时体现。此外，中国农业大学、北京市农林科学院北京智能农业装备技术研究中心也研发了类似的产品。

在设备研发的同时，生物力学模型、算法、软件方面的研究也得到了长足的发展。近年来，针对玉米等作物茎秆的生物力学分析与建模研究正在朝着更加精细的模型和更加系统的计算的方

图 10 - 4   便携式玉米抗倒伏力测试仪

向发展。Robertson 等（2014）针对玉米茎秆强度表型测定的问题，开展了试验研究，认为茎秆力学测量中常用三点弯曲试验来表征茎秆强度。然而，假设在三点弯曲实验中使用的加

载装置可以显著改变测试结果。为了研究这一假设，采用两种不同的加载方式进行玉米茎的三点弯曲试验。在第一种结构中，茎在节上被装载和支撑。在第二配置，秸秆被装载在节间段支持。在节点加载的配置比在节间加载的配置表现出较高的弯矩和破坏所需要的最小力，图 10-5 为在玉米节间和节之间加载的试验配置。此外，在三点弯曲试验中不能消除横截面的横向变形，但将荷载置于节点位置，其效果比节间区域硬得多。最大限度的弯曲试验的跨度也同样减少了横截面的横向变形。这些结果将会为培育抗倒伏作物杂交种的选择性育种提供参考。

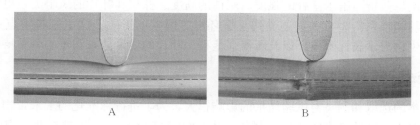

图 10-5 开展的节-节间力学性能差异研究
A. 节间受力；B. 节受力

　　Forell 等（2015）利用有限元方法开展了玉米茎秆的生物力学分析研究，提出了一项新的研究模式，使玉米茎秆生物力学模型研究提升到新的更高的精细化程度，并认为玉米（*Zea mays*）作为生物能源生产的理想原料，很容易转化为生物燃料。然而，这样的需求通常要求相对较弱的茎秆组织结构，容易诱发倒伏。解决这一难题的关键在于使用结构工程工具优化玉米形态的能力。因此，他们研究材料（组织）和几何（形态）因素，利用有限元软件建立了玉米茎秆的强度模型，建立了玉米茎秆的详细结构模型，如图 10-6 所示。模型的几何形态是从高分辨率 X 射线计算机断层扫描（CT）的强度信息获得的。假定推断玉米茎秆不均匀的材料特性，进行敏感性分析，并且在比较宽范围内系统地改变材料性质，并通过改变杆的几何形状，计算模型表现出真实的应力和变形模式。结果显示，与自然破坏模式一

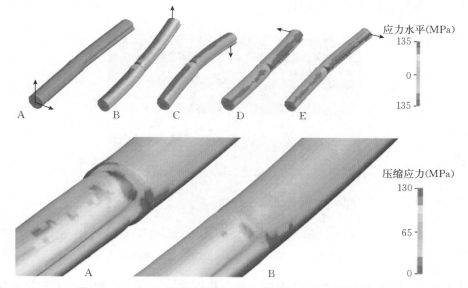

图 10-6 Forell 等对玉米茎秆进行有限元建模和分析的结果

致，预测最大应力为节附近。观察到的最大应力的受尺寸变化的茎秆截面比秸秆成分的材料性质变化更敏感，几何结构的平均敏感性比材料性能的平均灵敏度高出 10 倍以上。这些结果提出一种培育和发展生物能源玉米品种的新策略。

10.2　玉米主要器官的力学属性测量

玉米的主要器官包括茎秆、叶片、雄穗、雌穗和根系，与玉米倒伏成因紧密关联。通常情况下，茎倒、茎折与玉米茎秆的强度、雌穗的高度、株型和叶片的风阻关系更大；而根倒与株型、叶片和根系构型有关，还受到土壤环境等因素的影响。这里笔者重点关注玉米茎秆、叶片的生物力学属性测量，以及雌穗、茎秆、叶片的质量分布和重心分布特征。

10.2.1　试验样本采集与制备

试验样本的选取和制备对试验结果的影响很大，为了进行标准化的玉米生物力学试验研究，首先需要进行试验样本的选择与制备。从 2009—2017 年，每年都在北京市农林科学院试验农场内分别选择种植不同品种的玉米，此外还分别在黑龙江、吉林、内蒙古、新疆、宁夏、河南、海南等多个地区的试验基地或试验站点采集样本和数据，种植和采集的玉米品种包括：京科 968、先玉 335、郑单 958、京单 38、农大 108、浚单 20、登海 618、中单 909 等 20 余个。根据试验目的的不同，试验基地和品种的选择在不同年份会有所差异，试验样本的选取时期从拔节期至成熟期，不同试验也存在差异。

如 2016—2017 年期间设计开展的玉米茎秆生物力学试验和抗倒伏性研究，是在北京市农林科学院试验农场种植京科 968、先玉 335、郑单 958、中单 909、京单 38、浚单 20 等品种。其中中单 909、京单 38 为抗倒伏较强的品种，浚单 20 为抗倒伏性较弱的品种，京科 968、先玉 335 和郑单 958 等为中间表现的品种。试验中观测到倒伏发生的部位多为基部 3～5 节，因此在试验中取样时，笔者选取不同密度处理的各品种具有代表性的生长一致的样本；取样时选取第 3～5 节作为样本，每个测定项目选取 10～20 个重复，进行力学试验。图 10-7 为采集的茎秆样本照片。

图 10-7　玉米茎秆力学试验取样（茎秆）

设计了玉米叶片和植株受风力影响的力学分析试验，分别于大喇叭口期和灌浆期选取叶尖直立展开期和定型期的叶片作为试验材料，每个时期选取 10 片叶片。将从灌浆期试验田中采回的玉米植株移植于栽培槽中。考虑到叶片易失水，容易枯萎或损伤，因此试验中移栽的玉米根系尽可能多带土，在叶片发生失水萎蔫前进行试验；并采集同一时期的多片叶片，确保足够的试验样本。试验过程中叶片不离体，并保证叶环与茎秆连接处为正常状态。图 10 - 8 为采集的植株样本照片。

10.2.2　试验设备及环境搭建

测量玉米茎秆力学属性的设备和仪器较多，但主要以测力设备为主，典型的便携式仪器如小型的手执式测力计、角度尺以及集成的专用茎秆倒伏测量仪（杨今胜等，2014）。实验室中能够精确测量力学指标 图 10 - 8　玉米茎秆力学试验取样（植株）
的仪器设备常用的是万能材料力学试验机，其测定模

式包括拉伸试验、压缩试验、穿刺试验、三点弯曲、四点弯曲试验以及扭转试验等。图 10 - 9 为 Instron3343 万能材料力学试验机。玉米叶片的叶脉结构与中轴形态特征相似，为叶片的主要承力单元（刘旺玉，2002）。玉米叶片脉序属纵向条纹类型，叶片正中一条一级脉由叶基向叶尖方向延伸，至叶片上部渐与叶缘贴生，称为主脉。主脉对叶片起主要支撑作用，同时承担大部分的外界主应力与内部主应力。主脉的力学性能和机械承载作用是本研究的主要考察对象，因此试验中忽略了对叶片机械承载作用较小的侧脉和细脉，仅考察主脉上关键点处的变形与应变。

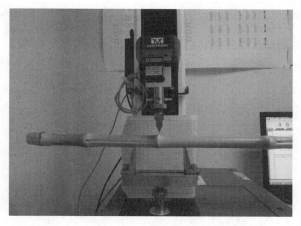

图 10 - 9　Instron3343 万能材料力学试验机

在实验室内，利用万能材料力学试验机等设备搭建了玉米茎秆生物力学属性测量试验环境，试验机可进行拉伸、压缩操作，压缩试验可进一步扩展为压碎、穿刺、三点弯曲、四点弯曲试验，图 10 - 10 和图 10 - 11 展示了使用试验机进行相关试验的过程。此外，笔者还集成了扭矩测量仪可编程转动位移台等装置，搭建扭矩测试装置（图 10 - 12）。扭矩测量仪主要实现扭力和茎秆的扭转角度之间的曲线关系的测定，可用于计算茎秆的剪切模量等参数。

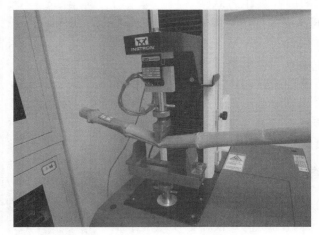

图 10 - 10　力学试验机三点弯曲试验

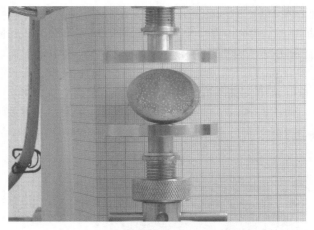

图 10 - 11　利用万能材料力学试验机获取茎秆的压缩数据

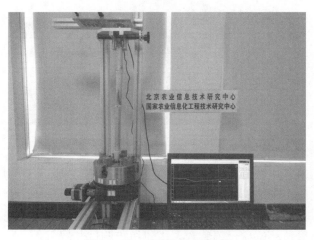

图 10 - 12　茎秆扭矩测量仪

在实验室内进行力学试验需要提前完成对玉米茎秆样本的采集和处理，采集和处理过程中会对茎秆的生物物理属性造成一定的影响。为了消除可能的影响，设计开发了一种能够在田间条件下使用的试验机系统：利用可编程移动位移台控制测力传感器沿水平方向移动，编程控制移动速率和范围，同步采集测力传感器的力值，获取并绘制载荷-位移曲线（图 10 - 13）。同理，田间条件下的茎秆扭矩试验装置如图 10 - 14 所示。

图 10 - 13　田间茎秆弯曲载荷测量仪

图 10 - 14　田间茎秆扭矩测量仪

玉米器官的生物力学性质中包含质量属性，力学模型中也均包含质量属性，因此笔者需要对建模目标的质量进行测量，包括质量的数值和分布情况。例如，在玉米茎秆的动态模拟仿真过程中，力学模型需要构造茎秆的质量模型，通常是离散化的质点矩阵。以玉米茎秆和叶片为例，不仅需要以节、节间、叶鞘和叶片为单位测量整个器官的质量，还需要测量不同位置（边缘—中间、内部—外部、上部—下部、基部—尖部）的质量差异。为此采用离散分块的方式进行目标物体的单元质量测量，为构造质量分布函数提供拟合数据源。图 10 - 15 为玉米植株分解图，是一种较为粗略的分割方式，每个单位长度为 100 mm，分别计量单元质量。对于更加精细的力学模型，如有限元模型的节点质量矩阵，需要进行更进一步的分割，分割方式越接近于力学模型的单元构成方式，获取的质量数值和分布越准确。否则将采用一

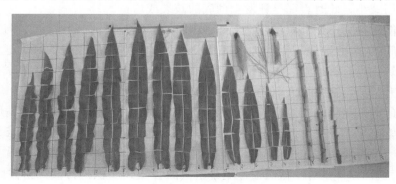

图 10 - 15　玉米植株分解图

种基于拟合的质量分布函数的方式进行分配。图 10-16 为一片玉米叶片的质量分布曲线。

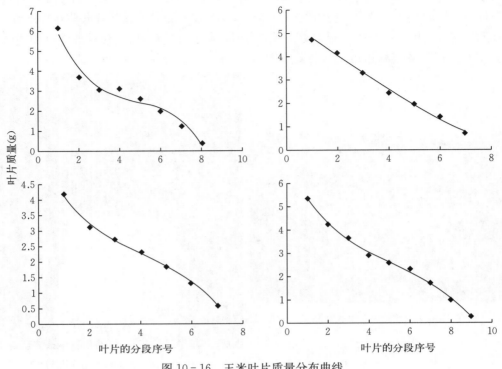

图 10-16　玉米叶片质量分布曲线
注：叶片基部序号为 1。

10.2.3　玉米生物力学属性指标的计算分析

在试验数据的基础上，基于力学基本方程和玉米茎秆的结构特点，构建出了玉米茎秆的生物力学模型，进而进行生物力学属性指标的计算与分析。上一节中笔者提到可以使用力学试验机获取茎秆的载荷-变形曲线，图 10-17 即为一组玉米茎秆的三点弯曲变形的位移-载荷曲线，水平坐标轴为位移，单位 mm；垂直坐标轴为载荷。从图中的趋势可以看出，随着弯曲位移的增加，载荷也不断增大，达到某种条件时，载荷会出现突然的下降，这表示茎秆会发生轻微破裂，之后载荷继续上升；达到一定的峰值之后，尽管位移再继续增大，载荷却不再增大，转而减小，此时表征茎秆发生彻底的破裂或弯折。

与使用万能材料力学试验机的室内试验类似，笔者使用自制的拉伸仪器进行田间试验时，获取的时间-载荷曲线展现出类似的趋势。因为试验过程中设定的移动速度是固定值，所以曲线也以转化为具有相同趋势的位移-载荷曲线。如图 10-18 所示，随着位移的增加，载荷呈不断上升趋势，达到最大值后，逐渐下降。

玉米茎秆的内部组织具有复杂的结构和力学特性，研究时先将其简化为满足力学条件的力学材料。通常玉米茎秆呈椭圆柱形，横截面是一个椭圆。因此，这里将玉米茎秆作为椭圆柱材料考虑其力学性质，假定内部材质均匀一致，椭圆柱形的物体其力学性质主要考虑弹性（杨氏）模量、截面惯性矩等。截面惯性矩是指截面各微元面积与各微元至截面上某一指定轴线距离的二次方乘积的积分。截面惯性矩是衡量截面抗弯能力的一个几何参数。任意截面

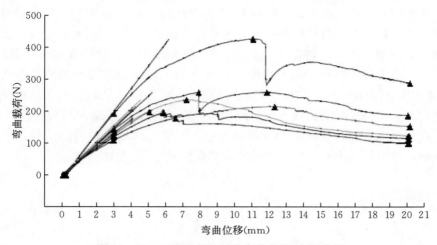

图 10-17 玉米茎秆的三点弯曲载荷-变形曲线

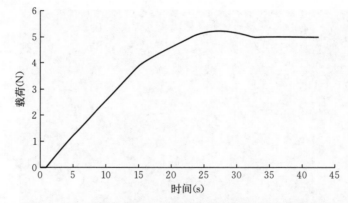

图 10-18 田间条件下玉米茎秆拉伸变形的时间-载荷曲线

图形内取微面积 dA 与其搭配 x 轴的距离 y 的平方的乘积 $y^2 dA$ 定义为微面积对 x 轴的惯性矩，在整个图形范围内的积分则称为此截面对 x 轴的惯性矩 Ix。截面各微元面积与各微元至截面上某一指定轴线距离的二次方乘积的积分。图 10-19 为玉米茎秆的结构和截面示意图，式（10-1）和式（10-2）表示弹性模量的计算依据。

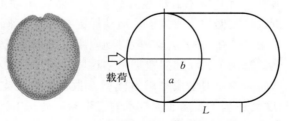

图 10-19 玉米茎秆的结构和截面示意图

$$E = \frac{PL^3}{48\delta I_b} \qquad (10-1)$$

$$I_b = \frac{\pi}{4} a^3 b \qquad (10-2)$$

其中，P 为载荷，L 为跨距，8 为位移，I 为惯性矩，a、b 分别为长短半轴半径，在动态的变化过程中，均匀线性材料的弹性模量为常量，而玉米茎秆的弹性模量为变量。

在构建力学模型过程中，如有限元模型中需要剪切模量 G，剪切模量的测量通常通过扭转试验来计算。这里使用茎秆扭距测量仪（图 10-12）测量扭转变形的角度与扭矩值，获得扭矩-转角曲线（图 10-20）。在扭曲试验过程中，可以将茎秆简化成圆轴模型，圆轴承受扭转时，材料处于纯剪切应力状态。因此常用扭转试验来研究不同材料在纯剪切状态下的力学性能。在材料的剪切比例极限内，扭转角为 φ，M 为作用在轴上的力偶矩。采用增量法，逐级加载，就可以用下式计算出材料的剪切弹性模量 G。扭转角度为：

$$\varphi = M_n l_0 / (GI_P) \qquad (10-3)$$

计算剪切模量：

$$G_i = \frac{\Delta M_n l_0 b}{I_P \Delta \delta_i} \qquad (10-4)$$

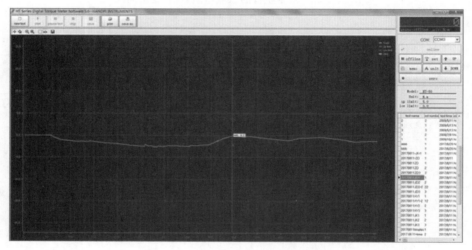

图 10-20　玉米茎秆的扭转试验扭矩-转角曲线

10.3　基于运动捕捉技术的玉米植株动态生物力学分析

为了准确记录玉米茎秆、叶片等器官的变形过程，笔者将运动捕捉（Motion capture）技术和设备引入力学分析试验数据的获取过程。运动捕捉技术是用来记录目标物体在三维空间中的运动轨迹的技术，最早是在动画制作领域得到应用，后来在医学康复、运动分析等领域也得到广泛的应用。笔者搭建了运动捕捉数据采集环境，同步获取对植物器官作用的力和器官的运动变形情况，从而为构建力学模型求解模型参数提供数据支撑和结果验证（Xiao，2013）。本节将从这个角度阐述基于运动捕捉技术的玉米器官动态生物力学数据采集和分析，此外，运动捕捉技术的应用还将在下一章植物动画合成与动态仿真环节进一步阐述。

10.3.1　运动捕捉技术简介

运动捕捉技术最早起源于动画角色的真实感动作合成等相关应用。用于动画制作的运动捕捉的出现可以追溯到 20 世纪 70 年代，迪斯尼公司曾试图通过捕捉演员的动作以改进动画制作效果。当计算机技术刚开始应用于动画制作时，纽约计算机图形技术实验室的 Rebecca Allen 就设计了一种光学装置，将演员的表演姿势投射在计算机屏幕上，作为动画制作的参考。之后从 20 世纪 80 年代开始，美国 Biomechanics 实验室、Simon Fraser 大学、麻省理工学院等开展了计算机人体运动捕捉的研究。此后，运动捕捉吸引了越来越多的研究人员和开发商的目光，并从试用性研究逐步走向了实用化。1988 年，SGI 公司开发了可捕捉人的头部运动和表情的系统。目前，运动捕捉已被广泛用于三维动画制作。运动捕捉可以定义为：利用照相机、摄像机或其他运动捕获系统将人或动物的关节运动状态序列，真实地记录、保留下来，以便分析、处理和利用。从技术的角度来说，运动捕捉的实质就是要测量、跟踪、记录物体在三维空间中的运动轨迹。典型的运动捕捉设备一般由以下几个部分组成：传感器、信号捕捉设备、数据传输设备、数据处理设备等。按照获取数据的原理和方式的不同，运动捕捉可分为主动式和被动式两大类，其中主动式设备通常带有主动发射信号的传感器，由信号探测器探测传感器位置来解算目标点的位置，而被动式的设备通常利用感知设备获取的数据和数据处理算法来解算三维位置。运动捕捉技术具体类型又包括：机械式、电磁式、惯性式和光学式，其中机械式设备需要让表演者穿戴辅助装置，通过计算固定位置的角度值等参数来计算关节特征点的位置；电磁式设备通过穿戴电磁发射信号，信号探测器计算发射器的位置；惯性式通过穿戴惯性传感器，记录运动轨迹，其精度取决于惯性传感器精度；光学式也分为主动式和被动式，主动式设备原理是穿戴可发射特定的信号的光学传感器，摄像头通过感知信号计算发射器位置。而被动式是通过穿戴特征标记点，特征标记点反射近红外射线，摄像头拍摄到特征标记点，进而通过算法计算特征标记点位置，这种方式中的特征标记点可以为很小很轻的反射标记贴片，相对于其他方式，被动光学系统更适合植物对象的运动数据采集。此外，随着技术的进步，计算机对于实时处理大规模图像信息和点云数据的能力大幅提升，一种基于图像的（Image - based）无标记点（Markerless）运动捕捉方式也取得了巨大的进步，在众多姿态检测和识别等精度要求较低的应用领域发挥作用，基于机器视觉的实时点云重建与解析的方式也在迅速发展过程中，这两类方式也在植物对象的运动数据采集中具有广阔的应用前景，但在本书中只介绍被动光学式运动捕捉系统的应用。

10.3.2 玉米植株运动数据获取

在人体和表情应用方面，运动捕捉数据既可简单到记录身体某个部位的三维空间位置，也可复杂到记录面部表情的细致运动。光学式运动捕获通过对目标上特定光点的监视和跟踪来完成运动数据采集的任务。通常表演者穿上单色的紧身衣，在身体的关键部位，如关节、髋部、肘、腕等位置贴上特制的发光点，视觉系统可以识别和分析这些标记点，并计算其在每一瞬间的空间位置，进而得到其运动轨迹。利用光学式运动捕获技术的实时性好和精度高等优点，将其应用到玉米叶片的应力—应变试验中。即将标记点贴附于叶片的叶脉上，便可用来测量和分析在一定应力作用下叶脉某处的应变情况。

利用美国魔神运动分析技术公司（Motion Analysis）的 Eagle - 4 数字动作捕捉及分析系统搭建本试验的软硬件环境。具体搭建环境如下，由 8 个 Eagle - 4 数字动作捕捉镜头和 4 个 Eagle 数字动作捕捉镜头环绕排列在拍摄场地周围，使能够覆盖长、宽各为 4 m，高为 3 m 的采集区域。将移栽到盆中的玉米植株置于场地中央，并在当前试验叶片的主脉和边缘上贴标记点，设置 7 - 13 排标记点，根据叶片的大小和形态特征决定（图 10 - 21）。

根据光学被动式运动捕获技术的原理，需要在叶片上的关键部位贴上标记用的发光点，

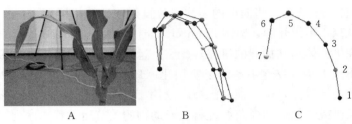

图 10 - 21　主叶脉上的标记点

A. 在真实叶片上贴标记点；B. 经过运动捕捉获取的叶片完整形态；

C. 经过运动捕捉获取的主脉形态，其上共有 7 个标记点

为保证标记点的牢固性，必须保持叶片表面的清洁干燥。考虑到发光球的重量对叶片姿态及运动可能产生影响，因此采用质量很小的反光贴纸作为标记点（图 10 - 22）。为了分析主叶脉在不同荷载下的性能，本文设置了静态和动态两种荷载应变试验。其中，静态荷载采取人为加载的方式，利用山度 SH - 50 数显式推拉力计，精度 0.5 级，最小读数达 0.001 N，具有峰值保持功能，保证在力源施加过程中维持稳定。动态荷载则利用立式风扇模拟风载，对主脉进行动态测试。

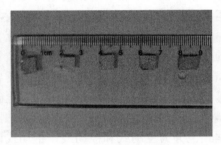

图 10 - 22　玉米运动捕捉贴在叶片上的反光贴片

Motion Analysis 魔神使用 Cortex 分析处理软件，将捕获到标记点的变化数据保存输出为 TRC 格式，可以获取叶脉上标记点在加载应力前后的不同位置。由于叶脉发生弯曲变形，为分析叶脉不同位置处的应变情况，引入转角变化率 ω。在图 10 - 23 所示的坐标系（同运动捕获时的标定坐标系）中，叶脉简化成一端为固定端另一端为自由端的"梁"。在叶脉顶端 7 号位置处施加一竖直向下的负载 F，叶脉发生弯曲变形。对最高处 5 号标记点来说，它的转角由 θ 变为 θ'，于是，转角变化率 ω 的计算公式可以写成：

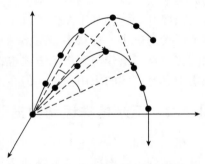

图 10 - 23　叶脉发生弯曲变形

$$\Delta\theta = \theta' - \theta, \quad \omega = \frac{\Delta\theta}{\theta} = \frac{\theta' - \theta}{\theta} \qquad (10 - 5)$$

利用式（10 - 5）只能求得 3 号标记点开始之后各标记点的转角变化率，由于 1 号标记点为固定端，所以不予考虑。另外，在红外线摄像头能够区分识别的前提下，2 号标记点选择尽可能靠近 1 号标记点。这样，通过计算不同应力下中脉上各个标记点位置处的转角变化率，基本可以反映出整条主叶脉的生物力学性质随着距叶脉基部距离的变化情况。

10.3.3　玉米静力应变试验

玉米叶片的叶脉可看作一个可弯曲、不可伸长的弹性杆件。因此，为叶脉引入弹性杆件的受力模型（图 10 - 24）。一个长为 l 的弹性杆一端固定，与垂直方向夹角是 θ，在自由端受

到垂直向下的外力 F 的作用。在力 F 的作用下弹性杆将弯曲变形，其自由端产生一个相对于初始角度的偏转角度 ω。当叶片主脉因材料强度被超过而破坏（包括疲劳破坏），或因过度的塑性变形而不适于继续承载时，试验数据不能真实反映生物材料的力学属性。因此试验过程中必须保证试验材料发生弹性形变，并处于极限状态以内。当叶脉超出极限状态时，需更换试验材料。

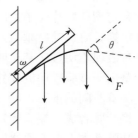

图 10 - 24　弹性杆件受力模型

　叶片基部固定于茎秆上，在自由端施加竖直向下的静态荷载。选取主脉上近基部的 3 号标记点、最高处的 5 号标记点和叶尖端的 7 号标记点作为受力点（图 10 - 21C）。试验中为 7 号和 5 号标记点均设置了 6 个力源，分别为 0.01N、0.05N、0.1N、0.2N、0.3N 和 0.5N，为 3 号标记点设置了 5 个力源，分别为 0.1N、0.2N、0.5N、0.8N 和 1.0N。根据受力点不同将试验分为 3 组，每组内分为完整叶片和单独叶脉两种叶片情况。设计只保留主叶脉的破坏性测量试验，是为了排除侧脉和细脉及叶肉等组织对试验的影响。

　分别对叶尖直立展开期和定型期叶片进行静态应变试验。考虑到叶片的持水状态及试验中由于变形过大出现的叶脉断裂等失效现象，仅保证叶尖直立展开期和定型期叶片的有效数据各三组。具体到一组试验数据中，又分为完整叶片和单独叶脉两种叶片情况，每种情况下再分别于叶脉的自由端、最高处和近基部三个受力点施加力源。对运动捕获的数据经过计算和处理后，统计叶脉上标记点在各种力源下的转角变化率 ω，部分统计结果如图 10 - 25 所示。

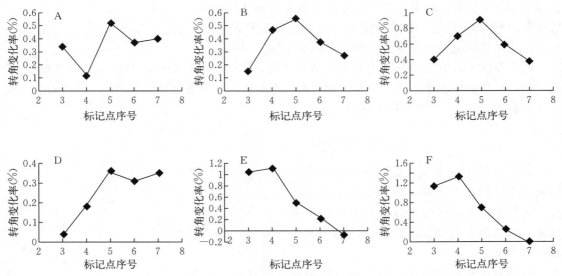

图 10 - 25　静态荷载变化对叶脉变形的影响

　A. 叶尖直立展开期叶片 1，完整叶片，7 号标记点为受力点，$F=0.1N$；B. 定型期叶片 1，叶脉，7 号标记点为受力点，$F=0.1N$；C. 叶尖直立展开期叶片 2，完整叶片，5 号标记点为受力点，$F=0.3N$；D. 定型期叶片 2，叶脉，5 号标记点为受力点，$F=0.01N$；E. 叶尖直立展开期叶片 1，完整叶片，3 号标记点为受力点，$F=0.8N$；F. 定型期叶片 3，叶脉，3 号标记点为受力点 $F=0.5N$

　从叶脉上不同位置处标记点的转角变化率统计结果可看出：叶片形态基本稳定的玉米叶

片，其叶脉上各点随着距叶脉基部距离不同表现出不同的生物力学性质。其中，叶尖直立展开期和定型期叶片，不论完整或是仅单独叶脉的状态下，当受力点分布于叶脉的自由端或是垂直最高处时，叶脉垂直最高处的转角变化率均为最大。这一特性仅当受力点位于叶脉近基部处时表现不明显，甚至叶脉的转角变化率曲线呈现完全不同的走向（图 10-25E、F）。这可能是由于试验顺序的安排，受力点在近基部位置处的静态应变试验在时间顺序上放在最后，随着时间的推移，叶片失水严重，从而影响试验的结果。此外，从材料力学的角度考虑，将叶脉看成一端为固定端另一端为自由端的"梁"，在近基部位置施加负载，弯曲应力小，叶脉基本上可看作绕固定端旋转，发生弯曲变形不显著，故对试验结果也产生影响。

10.3.4　玉米叶片动态应变试验

为了模拟风载下的主脉变形情况，在静力应变试验基础上增加了动态应变试验。采用立式风扇模拟风载，对定型期的玉米叶片进行了动态测试。测试风速分为低档、中档和高档。如图 10-26 所示，粗实线叶片表示试验对象的空间位置，具体风载分为 8 个方位对叶片作用。

叶片基部固定于茎秆上，在自由端施加竖直向下的静态荷载。选取主脉上近基部的 3 号标记点、最高处的 5 号标记点和叶尖端的 7 号标记点作为受力点（图 10-25C）。试验中为 7 号和 5 号标记点均设置了 6 个力源，分别为 0.01N、0.05N、0.1N、0.2N、0.3N 和 0.5N，为 3 号标记点设置了 5 个力源，分别为 0.1N、0.2N、0.5N、0.8N 和 1.0N。根据受力点不同将试验分为 3 组，每组内分为完整叶片和单独叶脉两种叶片情况。考虑只保留主叶脉的破坏性测量试验，是为了排除侧脉和细脉及叶肉等组织对试验的影响。

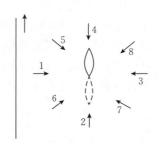

图 10-26　动态应变测试的风载

对定型期玉米叶片进行家用立式风扇模拟风载的动态应变试验。测试风速分为低、中、高三档，从空间中 8 个不同方位对叶片加载动态负载。较静态应变试验不同，为将微小应变累加，将式（10-5）改为如下形式：

$$\Delta\theta = \sum (\theta'_i - \theta), \quad \omega = \frac{\Delta\theta}{\theta} = \frac{\sum (\theta'_i - \theta)}{\theta} \tag{10-6}$$

其中，$\Delta\theta$ 为动态负载加载期间标记点的转角变化量的累积加和。对运动捕获数据经过计算和处理后，统计叶脉上标记点在各种力源下的转角变化率 ω，部分统计结果如图 10-27 所示。

与静力加载试验相比，动态应变试验也有相似的结论：叶片形态基本稳定的玉米叶片，其叶脉上各点随着距叶脉基部距离不同表现出不同的生物力学性质。在加载不同的动态荷载下，叶脉垂直最高处的转角变化率均为最大。叶脉垂直最高处作为一个特殊位

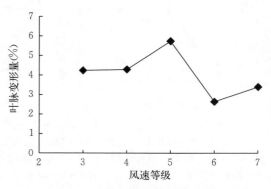

图 10-27　动态荷载变化对叶脉变形的
影响（3 号方位，风速中档）

置，加载应力时其变形程度最大，动态应变试验更加验证了这一结论。

本节通过静、动态应变试验，利用运动捕捉数据，针对叶尖直立展开期和展开定型期玉米叶片的生物力学性质进行了相关的应力应变理论分析，为试验指标的测定和计算提供了依据。通过对主叶脉上各点随距叶脉基部距离的变化规律进行分析，得出叶片形态基本稳定的玉米叶片，其叶脉上各点随着距叶脉基部距离不同表现出不同的生物力学性质，且加载应力时叶脉垂直最高处的转角变化率最大，该位置处的变形程度最大。

该部分工作是对于玉米叶片生物力学性质的一个初步探索，目的是为了研究主叶脉在一定应力下的变形情况，探究其上不同位置处具有的不同力学性质。通过一系列静态、动态的应变试验，可以发现垂直最高处不仅在形态结构特征方面是个关键点，而且在不同负载下，在变形过程中也担任重要角色。

在开展动态捕捉技术在植物力学性能试验方面的应用实验中发现，尽管研究中尽可能地避免了人为引起的误差，但由于生物材料所具有的生理活性容易受外界因素影响、影响结果较为复杂等特点，使得对于特殊的外界条件影响要进行针对性的探讨，如动态捕捉时标记点对叶片的应力作用，考虑生物材料的弹性形变时应用弹性力学模型进行分析等。

光学式运动捕捉技术是记录人体运动信息以供分析和回放的技术，具有实时性好和精度高等优点，是目前计算机动画领域内的热点技术和主流工具。这里将运动捕获技术引入生物力学试验中，旨在试图拓宽农学试验数据获取的途径，为基于物理和力学的机理研究奠定基础。虽然运动捕捉系统比较昂贵，本文所提方法的普及推广有困难，但随着学科的进步，低成本的运动捕捉技术是一个重要发展方向，所以本文研究工作还是具有一定前瞻性和学术价值的。

本节利用运动捕捉技术和设备作为数据来源，进行多学科交叉研究和探索，主要收获表现为：为降低宏观尺度上生物力学试验中随机误差的影响，以及拓宽农学试验数据获取的途径，提出了一种基于高精度的运动捕捉数据的应力-应变测定评价方法。利用本文提出的应力-应变测定评价方法对叶尖直立展开期和展开定型期玉米叶片进行静、动态应变试验，通过对主叶脉上各点随距叶脉基部距离的变化规律进行分析，得出结论为：处于叶尖直立展开期和定型期的玉米叶片，其主脉上各点随着距叶脉基部距离不同表现出不同的生物力学性质，且加载应力时叶脉垂直最高处的转角变化率最大，该位置处的变形程度最大。鉴于该交叉学科的复杂性，对于上述结论的验证，有待于从细胞和分子水平上对机理做进一步的研究分析。

10.4 玉米器官有限元建模与力学分析

有限元法（Finite element method，FEM）又称有限单元法或有限元分析（Finite element analysis，FEA），是力学建模和分析领域常用的有效方法，在建筑、机械、工程、医学等众多领域得到广泛的应用，有限元法具备完善的理论基础，是一种高效能、常用的数值计算方法（王勖成，2003），能够实现目标物体的静态和动态过程的力学属性的定量化建模与分析计算。针对玉米茎秆的生物力学建模问题，有限单元法已经得到初步应用，并且展现出定量化程度较高的计算结果（Forell et al.，2015）。本节将结合玉米茎秆的几何形态特征，介绍玉米茎秆的有限元建模与计算分析。

10.4.1 有限元法

有限元法具备完善的理论基础，是一种高效能、常用的数值计算方法。科学计算领域，常常需要求解各类微分方程，而许多微分方程的解析解一般很难得到，使用有限元法将微分方程离散化后，可以编制程序，使用计算机辅助求解。将连续的求解域离散为一组单元的组合体，用在每个单元内假设的近似函数来分片地表示求解域上待求的未知场函数，近似函数通常由未知场函数及其导数在单元各节点的数值插值函数来表达。从而使一个连续的无限自由度问题变成离散的有限自由度问题（王勖成，2003）。有限元法已被用于求解线性和非线性问题，并建立了各种有限元模型，如协调、不协调、混合、杂交、拟协调元等。有限元法十分有效、通用性强、应用广泛，已有许多大型或专用程序系统供工程设计使用。有限元法常应用于流体力学、电磁力学、结构力学计算，使用有限元软件 ANSYS、COMSOL 等进行有限元模拟，在预研设计阶段代替试验测试，为设计过程提供计算依据和设计参考。由于有限元法能够进行精确的计算和动态过程仿真，因此已经被广泛应用于机械、建筑、医疗等众多领域，在机械零件的力学分析、建筑结构的力学稳定性分析、医学仿生生物力学分析等典型应用中发挥重要的作用，如图 10-28 所示。

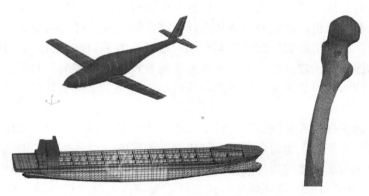

图 10-28　有限元法的典型应用领域

有限元建模过程一般包括：剖分、单元分析和方程求解三个步骤。首先需要对目标物体进行网格剖分，将待解区域进行分割，离散成有限个元素的集合。二维问题一般采用三角形单元或矩形单元，三维空间可采用四面体（TET）或六面体（王勖成，2003）等。每个单元的顶点称为节点。第二步进行单元分析，进行单元内部的插值，即将分割单元中任意点的未知函数用该分割单元中形状函数及离散网格节点上的函数值展开，即建立一个插值函数。最后，根据构造的单元刚度矩阵和总刚度矩阵进行方程求解，求解近似变分方程，用有限个单元将连续体离散化，通过对有限个单元作分片插值求解各种力学、物理问题的一种数值方法。每个单元的场函数是只包含有限个待定节点参量的简单场函数，这些单元场函数的集合就能近似代表整个连续体的场函数。根据能量方程或加权残量方程可建立有限个待定参量的代数方程组，求解此离散方程组就得到有限元法的数值解。

随着计算机软硬件技术的快速发展，有限元法作为工程分析的有效实用方法，在理论、方法的研究，计算机程序的开发与应用方面都取得了根本性的发展。主要体现在：①单元的类型和形式。为了扩大有限元的应用领域，新的单元类型和形式不断涌现。如等参元采用和位移插值相同的表示方法，将形状规则的单元变换为边界为曲线或曲面的单元，从而可以更精确地对形状复杂的求解域进行有限元离散。②有限元法的理论基础和离散格式。在提出新的单元类型的同时，需要给新单元和新应用提供可靠的理论基础，如基于变分原理的混合型有限元分析等。③有限元方程的新解法。如适用于独立与时间的平衡问题和稳态问题的稀疏矩阵解法，适用于瞬态问题的大时间步长的 Newmark 法等。④有限元计算机软件的发展。在专用软件、大型通用商业软件均得到了长足的发展。经过数十年的发展，有限元理论和方法已经比较成熟，已成为当今工程技术领域中应用最广泛的数值分析方法，传统产业的进一步发展和新型高技术产业的发展需要更新的更有效的设计理论和制造方法，为以有限元法为代表的计算力学提供广阔的空间，并提出了一系列新的课题。

应用有限元法进行力学分析的过程包括几个基本问题：单元划分、材质参数、刚度矩阵、方程求解。其中单元划分主要是将目标物体分割成若干相互连接的微小单元，常用的单元有一阶连续和二阶连续单元，形式有四面体单元、六面体单元以及其他特殊形状的单元。图 10-29A 为四面体单元，包括 4 个定点和 4 个面，是最常用的单元形式之一，优点适宜于分割和计算，计算量小效率高，便于进行内部的插值计算。图 10-29（B）为八节点六面体单元，也是用途较为广泛的单元形式之一。材料物理属性主要包括弹性模量、泊松比、剪切模量等参数，需要根据试验获得不同材料的物理属性值，根据材料物理属性和单元构造方式构造应力矩阵，应变矩阵和刚度矩阵。求解由矩阵构成的方程组，通常是基于载荷-位移来计算。进而根据节点位移来计算节点应力应变的值。

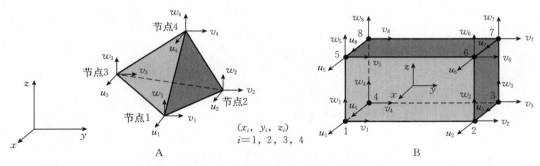

图 10-29　四节点四面体单元和八节点六面体单元

假设单元为弹性体，弹性体在载荷作用下，体内任意一点的应力状态可由 6 个应力分量来表示，σ_{xx}、σ_{yy}、σ_{zz}、τ_{xy}、τ_{yz}、τ_{zx} 分别表示 x 方向的正应力、y 方向的正应力、z 方向的正应力、xy 方向的剪切应力、yz 方向的剪切应力和 zx 方向的剪切应力，如图 10-30 所示。应力分量的矩阵表示形式称为应力矩阵：

$$\boldsymbol{\sigma}=\begin{bmatrix}\sigma_{xx}\\\sigma_{yy}\\\sigma_{zz}\\\tau_{xy}\\\tau_{yz}\\\tau_{zx}\end{bmatrix} \tag{10-7}$$

弹性体内任一点的位移用向量 (u, v, w) 表示，如表示一个四面体单元，节点编号设为 (i, j, m, p)，每个节点有 3 个位移分量，则每个单元有 12 个自由度（位移分量），假设单元内部的任一点位移可表示为坐标的线性插值函数，则有：

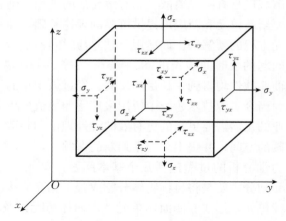

图 10 - 30 单元应力示意图

$$
\begin{cases}
u = a_1 + a_2 x + a_3 y + a_4 z \\
v = a_5 + a_6 x + a_7 y + a_8 z \\
w = a_9 + a_{10} x + a_{11} y + a_{12} z
\end{cases} \quad (10-8)
$$

将节点坐标和位移分量代入上式可得：

$$
\begin{cases}
u_i = a_1 + a_2 x_i + a_3 y_i + a_4 z_i \\
u_j = a_1 + a_2 x_j + a_3 y_j + a_4 z_j \\
u_m = a_1 + a_2 x_m + a_3 y_m + a_4 z_m \\
u_p = a_1 + a_2 x_p + a_3 y_p + a_4 z_p
\end{cases} \quad (10-9)
$$

上述线性方程组，求出系数（a_1，a_2，a_3，a_4）代入上式可得：

$$
\begin{cases}
u = N_i u_i + N_j u_j + N_m u_m + N_p u_p \\
v = N_i v_i + N_j v_j + N_m v_m + N_p v_p \\
w = N_i w_i + N_j w_j + N_m w_m + N_p w_p
\end{cases} \quad (10-10)
$$

N（i，j，m，p）为三维四面体单元的形函数。具体表达式如下：

$$
\begin{cases}
N_i = \dfrac{1}{6V}\ (a_i + b_i x + c_i y + d_i z) \\[2mm]
N_j = \dfrac{1}{6V}\ (a_j + b_j x + c_j y + d_j z) \\[2mm]
N_m = \dfrac{1}{6V}\ (a_m + b_m x + c_m y + d_m z) \\[2mm]
N_p = \dfrac{1}{6V}\ (a_p + b_p x + c_p y + d_p z)
\end{cases} \quad (10-11)
$$

V 为四面体（i，j，m，p）的体积，由下面的行列式确定：

$$
V = \frac{1}{6}
\begin{vmatrix}
1 & x_i & y_i & z_i \\
1 & x_j & y_j & z_j \\
1 & x_m & y_m & z_m \\
1 & x_p & y_p & z_p
\end{vmatrix} \quad (10-12)
$$

三维四面体单元节点位移分量可表示为：

$$f = \begin{Bmatrix} u \\ v \\ w \end{Bmatrix} = N \{\Delta\}^e = \begin{bmatrix} IN_i & IN_j & IN_m & IN_p \end{bmatrix} \{\Delta\}^e \qquad (10-13)$$

式中，$\{\Delta\}^e = [ui, vi, wi, uj, vj, wj, um, vm, wm, up, vp, wp]^T$，为单元节点位移列阵，$I$ 为三阶单位矩阵。由于位移模式是线性函数，因此在相邻单元边界上满足位移连续条件。

由弹性力学可知，在三维空间问题中，每个节点有 6 个应变与应力分量。根据几何方程应变列阵可表示为：

$$\varepsilon = \begin{bmatrix} \varepsilon_{xx} & \varepsilon_{yy} & \varepsilon_{zz} & \tau_{xy} & \tau_{yz} & \tau_{zx} \end{bmatrix}^T$$

$$= \begin{bmatrix} \dfrac{\partial u}{\partial x} & \dfrac{\partial v}{\partial y} & \dfrac{\partial w}{\partial z} & \dfrac{\partial u}{\partial y} + \dfrac{\partial v}{\partial x} & \dfrac{\partial v}{\partial z} + \dfrac{\partial w}{\partial y} & \dfrac{\partial w}{\partial x} + \dfrac{\partial u}{\partial z} \end{bmatrix}^T \qquad (10-14)$$

将形函数代入上式，可得：

$$\boldsymbol{\varepsilon} = \boldsymbol{B}\{\boldsymbol{\Delta}\}^e = \begin{bmatrix} \boldsymbol{B}_i & -\boldsymbol{B}_j & \boldsymbol{B}_m & -\boldsymbol{B}_p \end{bmatrix} \{\boldsymbol{\Delta}\}^e \qquad (10-15)$$

于是应变矩阵为 $\boldsymbol{B}$，其中子矩阵 $\boldsymbol{B}_i$ 为 6×3 的矩阵：

$$\boldsymbol{B}_i = \frac{1}{6V} \begin{bmatrix} b_i & 0 & 0 \\ 0 & c_i & 0 \\ 0 & 0 & d_i \\ c_i & b_i & 0 \\ 0 & d_i & c_i \\ d_i & 0 & b_i \end{bmatrix}, \quad (i, j, m, p) \qquad (10-16)$$

可以看出，矩阵 $\boldsymbol{B}$ 中的元素均为常量，所以单元的应变分量都是常应变。

利用物理方程（应力-应变关系），单元应力可用节点位移表示为：

$$\boldsymbol{\sigma} = \begin{bmatrix} \sigma_{xx} & \sigma_{yy} & \sigma_{zz} & \tau_{xy} & \tau_{yz} & \tau_{zx} \end{bmatrix}^T$$

$$= \boldsymbol{D}\{\varepsilon\} = \boldsymbol{D}\boldsymbol{B}\{\Delta\}^e \qquad (10-17)$$

其中，弹性矩阵 $\boldsymbol{D}$ 具有如下形式：

$$\boldsymbol{D} = \frac{E(1-v)}{(1+v)(1-2v)} \begin{bmatrix} 1 & \dfrac{v}{1-v} & \dfrac{v}{1-v} & 0 & 0 & 0 \\ & 1 & \dfrac{v}{1-v} & 0 & 0 & 0 \\ & & 1 & 0 & 0 & 0 \\ & & & \dfrac{1-2v}{2(1-v)} & 0 & 0 \\ & & & & \dfrac{1-2v}{2(1-v)} & 0 \\ & & & & & \dfrac{1-2v}{2(1-v)} \end{bmatrix}$$

$$(10-18)$$

三维条件下单元刚度矩阵普遍公式为：

$$k = \iiint \boldsymbol{B}^T \boldsymbol{D} \boldsymbol{B} \mathrm{d}x \mathrm{d}y \mathrm{d}z \qquad (10-19)$$

按上述方式构造刚度矩阵，根据载荷和约束条件确定方程组，求解可得到各节点的位移、进而求解应力应变。图 10 - 31 为使用四面体单元模拟的横梁弯曲变形位移和应力分布示意图。

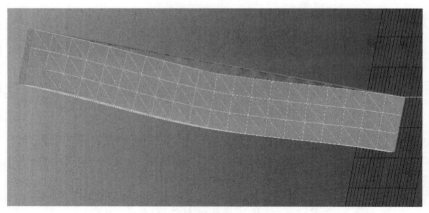

图 10 - 31   单元应力示意图

10.4.2   玉米茎秆的有限元建模与力学分析

笔者将有限元法引入玉米茎秆的生物力学建模与分析应用中来。首先测量玉米茎秆的三维几何形态，构建玉米茎秆三维模型，并测量节间半径、节间长等特征参数。然后利用力学试验机等设备开展试验测量玉米茎秆的弯曲过程中的杨氏模量、泊松比、剪切模量等材料物理属性参数，方法如前节所述。采用六面体单元离散化茎秆模型，构造刚度矩阵，分别按照不同的载荷和约束条件进行力学分析和动态过程仿真。

八节点六面体单元如图 10 - 29 所示，单元的构造方法为：

$$\begin{cases} u\ (x,\ y,\ z) = a_0 + a_1 x + a_2 y + a_3 z + a_4 xy + a_5 yz + a_6 zx + a_7 xyz \\ v\ (x,\ y,\ z) = b_0 + b_1 x + b_2 y + b_3 z + b_4 xy + b_5 yz + b_6 zx + b_7 xyz \\ w\ (x,\ y,\ z) = c_0 + c_1 x + c_2 y + c_3 z + c_4 xy + c_5 yz + c_6 zx + c_7 xyz \end{cases} \tag{10-20}$$

$$\underset{(3\times1)}{\boldsymbol{u}} = \begin{bmatrix} u \\ v \\ \omega \end{bmatrix} = \begin{bmatrix} N_1 & 0 & 0 & \vdots & N_2 & 0 & 0 & \vdots & \cdots & \vdots & N_8 & 0 & 0 \\ 0 & N_1 & 0 & \vdots & 0 & N_2 & 0 & \vdots & \cdots & \vdots & 0 & N_8 & 0 \\ 0 & 0 & N_1 & \vdots & 0 & 0 & N_2 & \vdots & \cdots & \vdots & 0 & 0 & N_8 \end{bmatrix} \cdot \boldsymbol{q}^e$$

$$= \underset{(3\times24)}{\boldsymbol{N}} \cdot \underset{(24\times1)}{\boldsymbol{q}^e} \tag{10-21}$$

形函数为：

$$N_1^{(e)} = \frac{1}{8}\ (1+\xi\xi_i)\ (1+\eta\eta_i)\ (1+\mu\mu_i) \tag{10-22}$$

构造雅克比矩阵及其逆矩阵：

$$\begin{bmatrix} \dfrac{\partial N_i^{(e)}}{\partial x} \\[2mm] \dfrac{\partial N_i^{(e)}}{\partial y} \\[2mm] \dfrac{\partial N_i^{(e)}}{\partial z} \end{bmatrix} = \begin{bmatrix} \dfrac{\partial\xi}{\partial x} & \dfrac{\partial\eta}{\partial x} & \dfrac{\partial\mu}{\partial x} \\[2mm] \dfrac{\partial\xi}{\partial y} & \dfrac{\partial\eta}{\partial y} & \dfrac{\partial\mu}{\partial y} \\[2mm] \dfrac{\partial\xi}{\partial z} & \dfrac{\partial\eta}{\partial z} & \dfrac{\partial\mu}{\partial z} \end{bmatrix} \begin{bmatrix} \dfrac{\partial N_i^{(e)}}{\partial\xi} \\[2mm] \dfrac{\partial N_i^{(e)}}{\partial\eta} \\[2mm] \dfrac{\partial N_i^{(e)}}{\partial\mu} \end{bmatrix} \tag{10-23}$$

以玉米茎秆为例，结合典型茎秆的材料力学属性，构建玉米茎秆的有限元模型，研究试验在不同载荷条件下茎秆的弯曲位移，并基于位移计算应力应变分布和动态变化曲线，进一步引入有限元模型的非线性属性特征和各向异性材料属性特征，从而构建融合生命生理属性及生物力学性能的典型植物动态模拟模型。通过构建玉米茎秆的有限元模型，并添加对应的载荷与支撑，实现应力应变的计算与变形过程的数值模拟和可视化仿真，为玉米倒伏的定量化建模提供基础（图 10 - 32）。

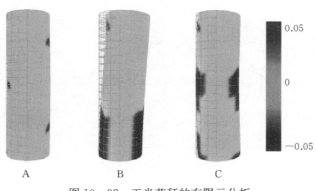

图 10 - 32　玉米茎秆的有限元分析

10.5　玉米田间倒伏测定分析系统的设计与应用

倒伏已经成为影响农业高产、稳产的重要因素。大田生产过程中，环境变化不可预知，在大田中开展农作物抗倒伏研究计算和分析具有较大难度。当前针对力学性能的研究主要包括茎秆弯折力、茎秆压碎力、硬皮穿刺力等间接参数的测量与评价。针对田间自然状态下的作物抗倒伏研究，难以构建系统化、定量化和标准化的外部环境，不能获取与倒伏直接相关的弯曲、弯折瞬时局部的应力、应变数据，从而影响大田农业生产以及作物品种评价的质量和效果。综合利用传感器、材料力学、计算机以及机械自动化等方法和技术，设计了一种农作物抗倒伏测试环境模拟装置，并建成了系统化、定量化、标准化的倒伏外部模拟环境实现装置，可在田间环境下，真实模拟自然风场，并实时、准确、快速、高效地获取农作物在弯折、倒伏过程中与倒伏直接相关的瞬时局部应力、应变等传感数据。上述工作为作物品种的抗倒伏能力定量化、标准化评价提供新的技术装置，通过模拟真实环境构建大田自然风场环境并进行农作物抗倒伏测试分析，为农业生产品种选育、品种鉴定提供实时准确的数据支持。

10.5.1　系统设计

设计的作物抗倒伏能力测定分析系统可实现田间环境下自然风场模拟，从而进行农作物抗倒伏测试分析。2014 年在北京市农林科学院院内试验农场安装该装置，该装置占地 15 m×12 m，高 3 m，需对安装场地进行技术处理。如图 10 - 33 为该装置的设计截面示意图，图 10 - 34 为三维效果图。

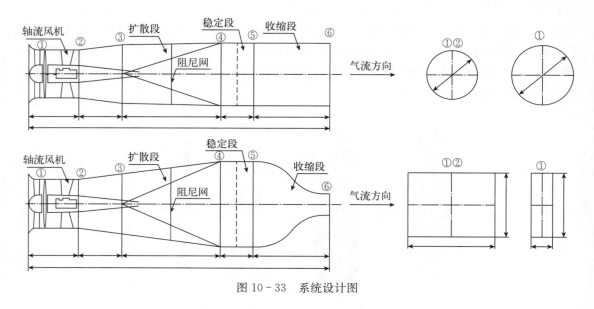

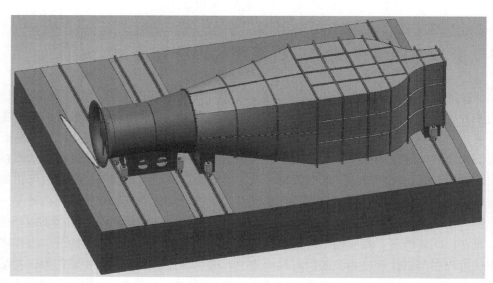

图 10 - 33　系统设计图

图 10 - 34　系统设计效果图

10.5.2　系统湍流度测量

　　根据《高速风洞和低速风洞流场品质规范》（GJB 1179—1991）中规定的标准用湍流球测量湍流度一节中指用湍流球测量湍流度。用湍流球测量湍流度时，规定在雷诺数 Re 达到临界区时，为了实用方便，规定当压力系数 $C_P = 1.22$ 时，对应的 Re 定义为临界雷诺数 $Recr$。试验时，当风洞启动后，由于低速到高速改变风速，其测点最好在临界区前后均不少于5点，在临界区不少于 10 点，总计 20 点。测湍流度的湍流球及压力系数 C_P 随 Re 数的变化曲线分别表示在图 10 - 35 和图 10 - 36 中。

　　用压差法测湍流度是常用的，将测压湍流球安装在模型区中心位置上。用一个精密的压

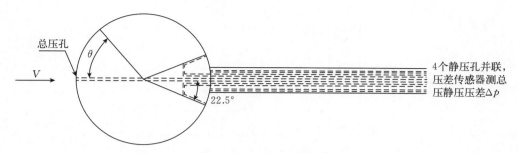

图 10 - 35　测压湍流球

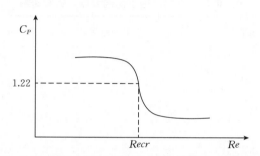

图 10 - 36　湍流球压力系数 C_P 随雷诺数 Re 的变化曲线

差传感器来测量其压力差，求出压力系数，精密传感器一端与湍流球的前孔相连，另一端与球后的四孔相连。

其雷诺数 Re 及压力系数的计算公式分别用式（10 - 24）和式（10 - 25）来表示

$$Re = \frac{V \cdot d}{\nu} \qquad (10 - 24)$$

式中，V 为试验风速，m/s；d 为湍流球直径，m；ν 为空气的运动黏性系数，m^2/s。

$$C_P = \frac{P_0 - P_s}{q} \qquad (10 - 25)$$

式中，P_0 为湍流球前驻点压力，Pa；P_s 为湍流球后 4 孔的平均静压，Pa；q 为试验动压，Pa。

根据上述要求，先求出 $Recr$ 时对应的风速 V_{cr}，然后确定 20 个速度分布点的值。

已知 30 ℃温度下的空气运动黏度 $\nu_{30} = 16 \times 10^{-6}$ m^2/s，由《风洞试验手册》查得，ϕ120 mm 湍流球的实测出的临界雷诺数 $Recr$ 为 3.75×10^5 左右，若换成 100 mm 湍流球的临界雷诺数约为 3.125×10^5（表 10 - 1）。

则由式（10 - 24）可求出对应临界雷诺数时的试验速度 V 为：

$$V = \frac{Re \cdot \nu}{d} = \frac{3.125 \times 10^5 \times 16 \times 10^{-6}}{0.1} = 50 \text{ m/s} \qquad (10 - 26)$$

这样在其临界点前后确定其风速为：

$V = 15、20、25、30、35、40、42、44、46、48、50、52、54、56、58、60、62、64、66、68 m/s，而本设计风洞最大风速为 30 m/s，根本达不到 50 m/s 的值，因此只能测得 $V = 15、20、25、30 m/s 的 4 个风速对应的 C_P 值，其曲线如图 10 - 37 所示。

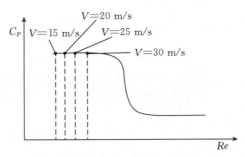

图 10-37　用本风洞可测出的 4 个 Re

表 10-1　不同风速下的湍流球计算雷诺数

风速 V（m/s）	湍流球直径 d（m）	运动黏性系数 υ（30 ℃，m²/s）	对应风速雷诺数
5	0.1	16×10^{-6}	0.31×10^5
10	0.1	16×10^{-6}	0.62×10^5
15	0.1	16×10^{-6}	0.94×10^5
20	0.1	16×10^{-6}	1.25×10^5
25	0.1	16×10^{-6}	1.56×10^5
30	0.1	16×10^{-6}	1.88×10^5

10.5.3　动压稳定性测量

根据 GJB 1179—1991，通过测量流场的动压稳定性指标可以反映出流场的湍流特性。动压稳定性是指，在常用动压下，给出模型区中心的动压随时间变化的曲线，要求动压稳定性系数 η 达到 $\eta \leqslant 5\%$，即达到合同对湍流度指标的要求。动压稳定性测量，在模型区中心处装标准风速管，在常用动压下，在 1 min 内连续测量动压值，测量次数不少于 120 次，按式（10-27）计算动压稳定性系数 η。

$$\eta = \frac{q_{max} - q_{min}}{q_{max} + q_{min}} \tag{10-27}$$

式（10-27）中，q_{max} 为 1 min 内最大动压，Pa；q_{min} 为 1 min 内最小动压，Pa。

根据作物抗倒伏能力测定分析系统的室内出厂验收流场校测和现场安装后流场校测的两次校测数据，经过计算处理得到结果见表 10-2。

表 10-2　两次流场校测动压稳定性系数 η 对比

不同风速工况（m/s）	室内出厂验收流场校测动压稳定性系数 η	现场安装后流场校测动压稳定性系数 η
5	0.036 6	0.139 8
15	0.032 2	0.076 6
30	0.019 5	0.025 3

由以上对比可以看出，作物抗倒伏能力测定分析系统的室内出厂验收流场校测结果在 5、15、30 m/s 三种不同风速下，动压稳定性系数 η 均满足 $\eta \leqslant 5\%$，即达到玉米倒伏试验对湍流度指标的要求（图 10-38）。

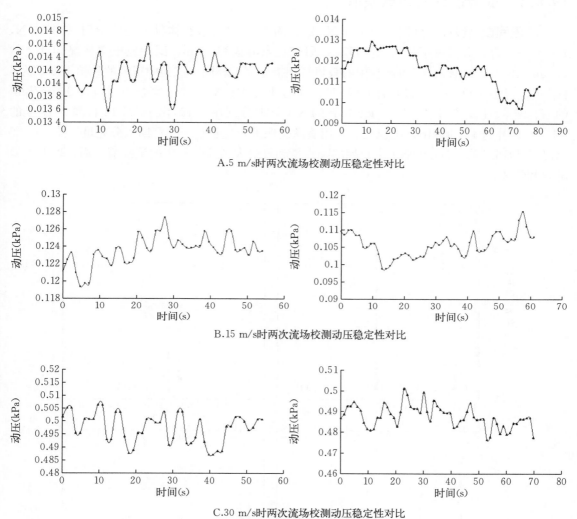

A.5 m/s时两次流场校测动压稳定性对比

B.15 m/s时两次流场校测动压稳定性对比

C.30 m/s时两次流场校测动压稳定性对比

图 10 - 38　室内和大田环境下流场校测动压稳定性

10.6　玉米品种茎秆抗倒伏能力田间原位鉴定研究

茎秆倒伏是玉米的主要倒伏形式，占比高达 60%。茎秆倒伏导致玉米减产和品质下降的同时直接降低了玉米的机械化收获效率。准确评价玉米品种的抗倒伏能力，并深刻理解玉米倒伏的生物力学、表型组学和农艺学机制有助于通过调优栽培和遗传改良促进玉米稳产。当前针对玉米茎秆抗倒伏性的定量评价指标主要包括倒伏率、茎秆力学属性和倒伏临界风速。然而，倒伏率的调查结果的年际间变异较大且费时耗力，茎秆硬度、穿刺强度和断裂强度等在实验室内测定的力学属性无法有效表征田间玉米茎秆的抗倒伏能力，本节将利用上一节所述玉米抗倒伏测定分析系统来确定倒伏临界风速，以实现不同玉米品种的茎秆抗倒伏能力的田间原位鉴定。

10.6.1　试验设计与数据获取

1. **田间试验设计**　分别于 2016 年和 2017 年，在北京市农林科学院试验田（39°56′N，116°16′E）设计并开展了三组田间试验，研究地点海拔高 70 m，试验地土壤状况详见文献（Zhang et al.，2018）。三组试验中的栽培管理措施完全相同。试验中玉米的种植密度均为 6 株/m^2，行距为 60 cm，行向为南北种植。所有小区均在播种前施复合肥，包含 90 kg/hm^2 的 N、90 kg/hm^2 的 P_2O_5 和 90 kg/hm^2 的 K_2O，并分别在 2016 年的 7 月 12 日和 2017 年的 7 月 20 日补施 135 kg/hm^2 的氮肥。采用滴灌确保玉米生长整个生育期水分充足。图 10 - 39 给出了 2016 年和 2017 年整个生育期的降水量和日最大风速。每年的试验前 1 周，均无大幅降雨和强风。

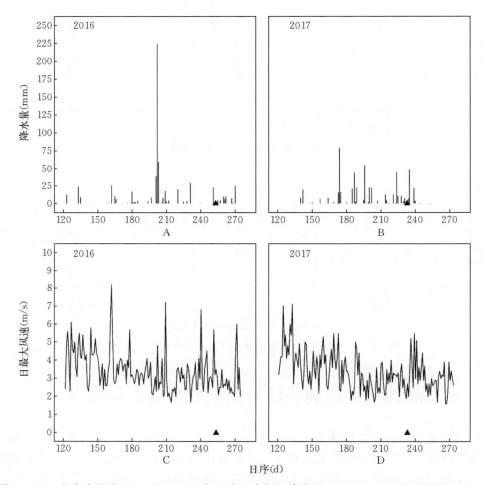

图 10 - 39　北京市海淀区 2016 和 2017 年玉米生育期的降水量（A、B）和日最大风速（C、D）

注：图中三角形表示进行玉米田间抗倒伏试验的日期。

2. **试验 1：玉米抗倒伏测定分析系统有效范围评估**　2016 年试验播种前，为了解玉米抗倒伏测定分析系统在未种植玉米（空场）条件下的风速衰减情况，开展了玉米抗倒伏测定分析系统有效范围评估试验。试验根据出风口中部的风速传感器所测实时风速数据，以 45 s 为时间步长对装置风速进行调控。另将 9 个风速计（HPT1000，Shiyutiancheng Co.，

Ltd.）以 3 个为一组分别固定于支架 0.2、1.2 和 2.2 m 高度处形成末端风速测量装置，并将该装置先后置于距离出风口 2、4、6 和 7 m 远的位置开展 4 次试验，以不同高度处风速的平均值作为衰减后的参考数据。已有研究估计的倒伏临界风速为 19 m/s（刘哲等，2010；Mi et al.，2011），因此，将衰减后的风速不低于 19 m/s 作为评估风场有效范围的标准。

3. **试验 2：不同玉米品种的茎秆抗倒伏能力鉴定试验** 该试验可以分为 2 A 和 2B 两个试验。试验 2 A 是 2016 年开展的不同玉米品种抗倒伏能力鉴定试验，选取了 6 个具有不同茎秆抗倒伏能力的品种，包括郑单 958（ZD958）、京单 38（JD38）、浚单 20（XD20）、先玉 335（XY335）、京科 665（JK665）和京科 968（JK968），于 2016 年 6 月 12 日播种，每个品种 3 行，行向与装置产生气流方向一致（图 10-40）。基于 2016 年试验数据建立数学模型以定量评估玉米茎秆抗倒伏能力，并于 2017 年开展试验 2B 对该模型进行评估。根据 2016 年试验结果，试验 2B 选取包括 ZD958、JD38 和 XD20 在内的 3 个品种，于 2017 年 5 月 12 日播种。鉴于玉米生育后期易发生茎秆倒伏（Al-Zube et al.，2018），分别于 2016 年 9 月 9 日和 2017 年 8 月 21 日，即当所有玉米品种进入灌浆期后，开展田间抗倒伏鉴定试验。

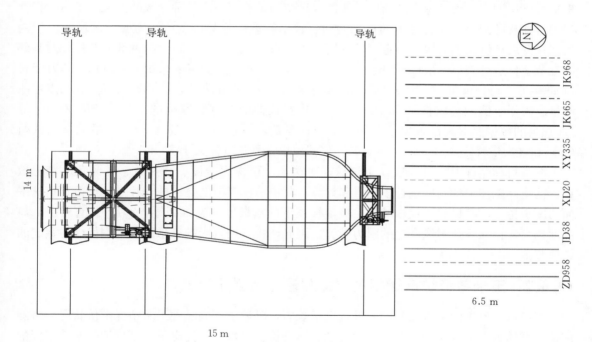

图 10-40 2016 年玉米田间试验设置示意图

在每个品种的抗倒伏鉴定试验时，利用装置对靠东部的 2 行开展倒伏鉴定试验（图 10-40 中实线）。试验开始前，将装置出风口对准目标群体两行的中间位置。通过控制风扇的转速可以实现出风口不同风速的设定（图 10-41）。当风速到达 10 m/s 前，风速每 5 m/s 增加一次；当风速到达 10 m/s 后，以 2 m/s 为一个梯度向上增加，直到风速达到 30 m/s 或所有待测植株被吹倒；最后风机速度被逐渐下调至 0 m/s。当风速达到 10 m/s 前，风速从开始加速至下次提速的时间间隔约为 30 s；当风速在 10～30 m/s 区间内时，每个加速时间间隔约为 19 s。通过所采集的视频和现场观测，统计每个风速区间内发生茎折倒伏的植株数量。当一次试验完成后，装置和玉米群体末端的风速计均被移动至下一个待测品种区域，图10-41

为 2016 年的试验场景图。

图 10-41　于 2016 年 9 月 9 日开展的抗倒伏试验侧视图

4. **试验 3：不同玉米品种力学特性和表型性状的测定**　在 2016 年和 2017 年试验中，于玉米抗倒伏测定分析系统区域范围的西侧，种植与试验区域内品种一致的玉米用于力学特性和表型性状的测定。所有植株的播种时间、栽培管理措施与抗倒伏能力鉴定区域内保持一致。在开展抗倒伏能力原位鉴定试验的同一天，在破坏性区域，每个品种选取 3 株，对基部第三节茎秆进行破坏性取样（Zhang et al.，2018），并在实验室内采用 Instron 3343 万能材料试验机（Instron 2519-104 Series，Norwood，Massachusetts，USA）进行茎秆三点弯曲测量。采用仪器配套软件（Bluehill 2.35）进行仪器的控制和数据的采集。按照 Zhang 等（2018）的数据获取规范采集了茎秆力学属性参数，包括杨氏模量（MPa）、最大弯曲载荷（N）和最大横移距离（mm）。测量时，仪器要求茎秆长度需大于 70 mm。

在各目标品种中随机选取 5 个植株，对株高、植株离散度、叶片数、叶倾角、雌穗数量、穗位高度和果穗长度进行了测量和计算。其中植株离散度是植株叶片方位角偏离植株平面的度量指标，其描述了植株叶片在极坐标系下的松散度（温维亮等，2018）。直观上，离散度越大，植株叶片对风产生的阻力越大。因此，将其纳入影响玉米品种抗倒伏能力鉴定的考虑范围。

10.6.2　玉米茎秆抗倒伏相关指标测量与定量化计算

为定量评价不同玉米品种的茎秆抗倒伏能力，测量了不同品种玉米植株倒伏状况、待测试植株群体首末两端风速、茎秆力学属性和典型株型参数，并提出了三个抗倒伏鉴定指标的定量化方法。

1. **风速衰减指标**　风速衰减指标用于定量化分析风速受物体（如玉米群体和气流因素）影响产生的衰减。采用试验中固定于不同高度（底部 0.2 m、中部 1.2 m 和上部 2.2 m）风速计所测量得到的风速值，进行指标的定量化。在初始风速为 s（m/s）时的风速衰减指数（RI_s）定义如下：

$$RI_s = 1 - \frac{\overline{u}_{1,s}}{\overline{u}_{0,s}} \qquad (10-28)$$

式（10-28）中，$\overline{u}_{1,s}$（m/s）为冠层末端利用多个测量位置风速计所测量得到的平均风速，$\overline{u}_{0,s}$（m/s）为对应的装置出风口处的平均风速。RI_s 刻画了风受玉米冠层阻力影响产生的风速衰减，指标值越大说明风速衰减幅度越大，玉米群体的抗倒伏能力越强。

2. **临界风速定量化**　某一品种所在小区中大部分玉米发生茎秆倒伏时的风速被认为是该品种的倒伏临界风速。在本试验所获取数据基础上，结合 L_1 中值方法，认为临界风速是当前品种倒伏率随风速变化分布的全局中心，据此提出不同品种倒伏临界风速的数学表达式如下：

$$FWS_c = \underset{0 < s \leqslant S_m}{\mathrm{argmin}} \sum_{v=0}^{S_{\max}} p(v) |v - s| \tag{10-29}$$

式（10-29）中，$S_{\max}$ 表示试验中的最大风速值，$p(v)$ 是风速 v 条件下的倒伏率。

3. **抗倒伏能力定量化**　实际上，目标区域内的植株并不是在某一风速下被全部吹倒，即使是同一品种的玉米倒伏也是在不同风速下发生的，仅依靠临界风速难以刻画玉米品种在不同风速下的抗倒伏能力差异。因此，提出了采用累计抗倒伏能力（Cumulative lodging index，CLI）这一新指标来定量化玉米品种抗倒伏能力与风速的关系。

由于低风速下如果出现植株倒伏比例较大，则当前品种的抗倒伏能力就较差，反之亦然。因此，定义风速 s 条件下的抗倒伏能力 $LR_c(s)$ 为：

$$LR_c(s) = \frac{1}{1 + \int_0^s p(v)\mathrm{d}v} \tag{10-30}$$

式（10-30）中，$p(v)$ 是风速 v 条件下的倒伏比例，下标 c 表示品种名称。根据上述定义可知，$LR_c(s)$ 可从统计角度定量化描述风速 s 条件下的玉米品种抗倒伏能力。在此基础上，通过计算 $LR_c(s)$ 的归一化面积，可得到品种 c 的累计抗倒伏能力 CLI_c：

$$CLI_c = \int_0^{S_m} LR_c(s)\mathrm{d}s / S_m \tag{10-31}$$

10.6.3　不同品种玉米茎秆抗倒伏能力鉴定结果

1. **玉米抗倒伏测定分析系统在自然条件下的风速衰减**　玉米抗倒伏测定分析系统产生的气流速度随着距离的增加逐渐减小（图 10-42）。受地面阻力的影响，靠近地面的风速衰减大于中部和上部测量位置的衰减。底部、中部和上部在 2 m 位置整体的衰减指数分别为 0.22、0.02 和 0.02，在 7 m 位置整体的衰减系数分别为 0.59、0.65 和 0.66，随着距离的增加风速衰减明显。由于在 7 m 位置，出风口风速达到 30 m/s 的风速上限时，大部分风速已衰减至 19 m/s 以下，故将 7 m 设置为系统的有效范围。

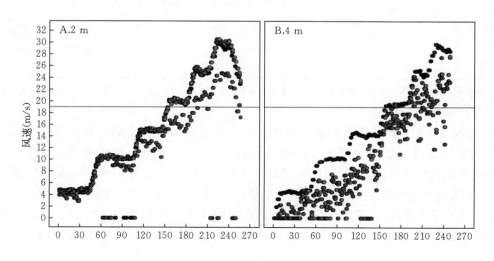

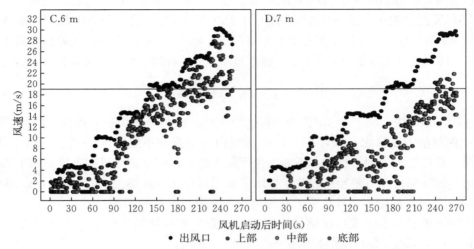

图 10-42 利用置于上部、中部和下部三层高度的风速计测量得到的距离出风口

A、B、C、D 分别为 2 m、4 m、6 m 和 7 m 的风速衰减结果

注：图中横线表示文献给出的有效风速判定阈值 19 m/s。

2. 不同品种玉米茎秆力学属性和株型特征　表 10-3 给出了 2016 年试验中 6 个品种的茎秆力学属性和株型特征。各品种间茎秆的杨氏模量、最大弯曲载荷和最大横移距离无显著差异。JK665、XY335 和 XD20 的株高明显高于 ZD958。在植株平均叶片数方面，JK665 最多而 XY335 最少。XD20 的叶夹角和穗位高明显高于其他品种。ZD958 每株的果穗数量显著高于其他品种。各品种的植株离散度和果穗长度差异不显著。

表 10-3　2016 年试验中 6 个品种的茎秆力学属性和株型特征

品种名称	杨氏模量 (10^3 MPa)	最大弯曲载荷 (N)	最大横移距离 (mm)	株高 (mm)	植株离散度 (°)	叶片数量 (个)	叶夹角 (°)	果穗数量 (个)	穗位高 (mm)	果穗长 (mm)
ZD958	64.1a	365.7a	9.0a	221.4b	28.3a	12.8a	62.2b	2.5a	85.2b	28.4a
JD38	90.0a	406.6a	9.3a	239.6ab	29.0a	11.4ab	63.5ab	1.4b	88.7b	27.6a
XD20	67.0a	366.6a	8.1a	256.0a	22.5a	11.6ab	69.8a	1.6ab	120.1a	26a
XY335	98.2a	421.6a	8.1a	259.0a	20.2a	10.2b	63.9ab	1.4b	91b	27.8a
JK665	83.6a	422.7a	8.3a	260.7a	20.6a	13.0a	61.7b	2.0ab	90.2b	32.2a
JK968	85.3a	432.0a	8.1a	236.8ab	19.0a	12.0a	65.6ab	1.6ab	103.2ab	30.6a
P	ns	ns	ns	**	ns	**	*	*	**	ns

注：**表示极显著差异，*表示显著差异，ns 表示差异不显著。小写字母表示品种间性状差异的显著性，两品种指标参数没有相同字母表示二者间差异显著，反之不显著。

3. 临界风速和累计抗倒伏指数　两年试验中各品种倒伏发生形式均为茎倒。不同品种和年份试验的植株倒伏率随风速的变化不同（图 10-43）。在 2016 年试验中，XD20 与 ZD958 的倒伏比例呈双峰分布，其中，XD20 可在 12 和 24 m/s 达到峰值，ZD958 分别在 20 和 30 m/s 风速下达到峰值；但在 2017 年呈单峰分布。在 2016 年，JK665 和 JK968 均为单峰分布，JK665 在风速为 20 m/s 的风速下倒伏比例可达 46%；JK968 在 24~28 m/s 的风速范围内倒伏比例可达 62%。而当风速达到试验上限，即 30 m/s 时，XY335 和 JD38 的植株仅有少量或未见倒伏。

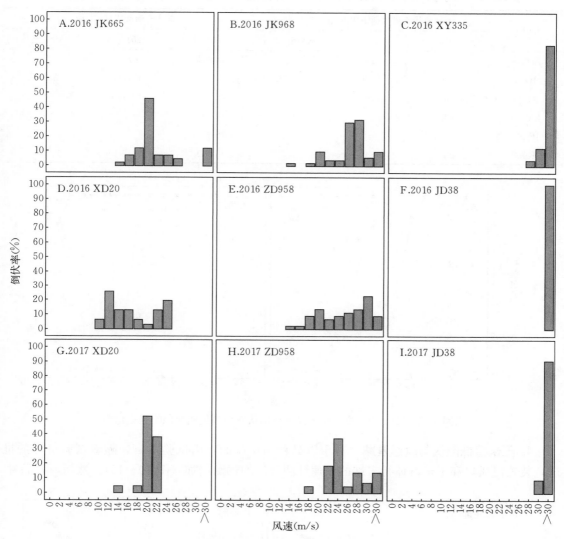

图 10-43　不同风速下的植株倒伏率

利用试验数据结合上述定量化方法计算了每个品种的倒伏临界风速。在 2016 年各试验品种中，XD20 的倒伏临界风速最低，为 16 m/s；JD38 和 XY335 的临界风速均大于 30 m/s；ZD958 临界风速为 24 m/s。虽然 XD20 在 2017 年的倒伏临界风速为 20 m/s，但其与 2016 年结果差异不大，显示了较好的可靠性（nRMSE 为 10.76%，表 10-4）。利用上述抗倒伏能力评价定量化计算方法得到各品种在不同风速下的抗倒伏能力值。由于 2016 年 JD38 在风速上限前未发生倒伏，因此，除了 2016 年的 JD38 外，其他所有品种的抗倒伏能力值呈现随风速增加的下降趋势（图 10-44）。根据累计抗倒伏能力定量化计算方法可得，各品种 2016 年的抗倒伏评级由高到低排序为 JD38、XY335、JK968、ZD958、JK665、XD20（表 10-4）。2017 年试验结果中，JD38 抗倒伏能力评级最高，XD20 评级最低，与 2016 年结果一致。所有试验结果表明累计抗倒伏能力在品种抗倒伏评级方面具有较好的稳定性

（nRMSE 为 5.38%，表 10 - 4）。

表 10 - 4　不同品种累计抗倒伏指标（CLI）和倒伏临界风速（FWS），以及结果可靠性评价

品种	倒伏临界风速 $FWSs$（m/s）			累计抗倒伏指标 $CLIs$		
	2016	2017	$NRMSE$（%）	2016	2017	$NRMSE$（%）
ZD958	26	24		0.854	0.87	
JD38	>30	>30	10.76	1	0.994	5.38
XD20	16	20		0.718	0.796	
XY335	>30	—		0.988	—	
JK665	20	—		0.801	—	
JK968	26	—		0.880	—	

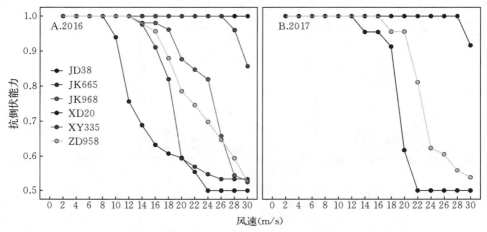

图 10 - 44　2016 和 2017 年各品种抗倒伏能力随风速变化的变化趋势

4. 玉米植株倒伏与风速衰减　对于以品种为单位的每组试验而言，随着试验进程的推进，装置出风口和玉米群体行末端的风速计测量值均逐渐增加（图 10 - 45）。然而，各品种

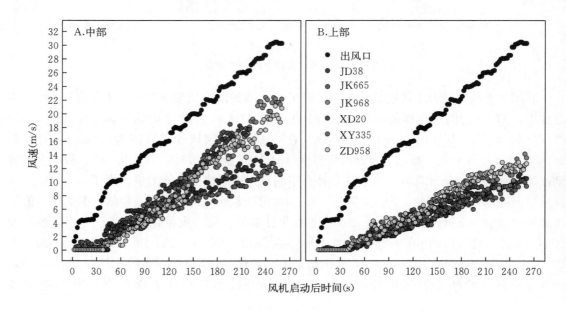

风机启动后时间(s)

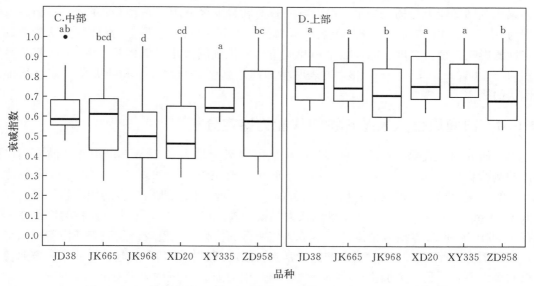

图 10-45　装置出风口和行末端的风速计测量的各品种风速变化情况

在行末端风速计测量的趋势有一定的差异。在 150 s 前，即风速在 20 m/s 前，各品种行末端的风速测量结果较为相似。随后，对于 JD38 和 XY335 这两个品种，行末端与出风口的风速测量值差异逐渐增大，主要是由于当风速达到上限时，这两个品种的大部分植株仍未发生倒伏，极大地阻碍了气流，导致风速变小更快。行末端上部和中部的风速测量结果表明，不同品种的风速衰减指数差异显著，中部的风速衰减指数范围为 0.53～0.69，而上部的衰减指数范围为 0.72～0.79，由于上部的部分气流直接向上涌动致使上部的风速衰减更快。ZD958 和 JK968 上部的风速衰减指数显著低于其他品种，而 XY335 和 JD38 的衰减指数最高。

5. 玉米抗倒伏能力与茎秆力学属性和表型指标相关分析　由分析结果（图 10-46）可看

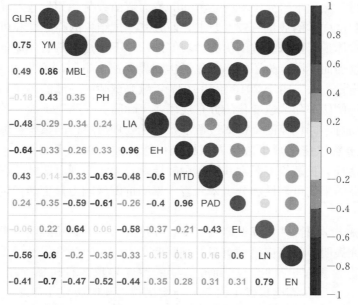

图 10-46　累计抗倒伏能力与力学属性和株型参数的相关性分析结果

出，累积抗倒伏能力与杨氏模量、最大弯曲载荷和最大横移距离正相关，Pearson 相关系数分别为 0.75、0.49 和 0.43，表明茎秆力学属性，尤其是杨氏模量对于累计抗倒伏能力具有决定性的影响。穗位高度、叶片数量和叶夹角与累积抗倒伏能力负相关，Pearson 相关系数分别为 −0.64、−0.56 和 −0.48，这表明增加穗位高度、叶片数量和叶夹角可能会增加玉米倒伏的概率。

10.6.4   田间原位玉米茎秆抗倒伏能力鉴定分析

本节研究内容表明，不同品种多年的倒伏临界风速均大于 22 m/s，印证了前人用模型估计的倒伏临界风速（19 m/s）。Zhang 等研究发现先玉 335 和郑单 958 的在极大风速为 21 m/s 的极端天气下茎秆倒伏率仅为 20% 和 5%，由此可以推断出二者的倒伏临界风速应当不低于 21 m/s。Baker 利用植株茎秆倒伏力学模型模拟研究得出，禾本科作物的倒伏临界风速在 11.6 m/s 和 22.8 m/s 范围内。本节研究所得倒伏临界风速较田间调查和模型模拟结果低，其原因一方面在于自然状况下的倒伏常由持续的间歇性强劲风引起的而非某一方向持续平稳的风力所致，另一方面由于为将空气阻力产生的高达 50% 的风速衰减考虑在内。

抗倒伏测定分析系统所模拟产生的风场与极端大风天气下的风场在对作物倒伏的作用力上存在明显不同，前者以持续稳定风力为主，而后者以突发性强风为主，直接导致两种情况下的玉米冠层内的湍流结构存在巨大差异。极端大风天气通常会引发玉米田成片倒伏，而本节研究中的玉米多为单株逐次倒伏，造成这种差异的主要原因在于前者产生的冠层湍流，而后者气流主要向植株两侧的空旷区域扩散。玉米叶片的拉拽力取决于叶型、叶方位角、叶片厚度等表型指标，本节研究中发生茎秆倒伏的玉米植株叶片大部分呈破损状态，而自然状况下的倒伏植株叶片完整，因此本研究中玉米叶片被持续稳定风力破坏，大幅降低了玉米的受风面积，进而提高了玉米风致倒伏的所需的临界风速。

本节研究分别采用机械力学属性、倒伏临界风速、累积抗倒伏能力和风速衰减指数对不同玉米品种的茎秆抗倒伏能力进行了评估。机械力学属性中的最大弯曲载荷常被用于鉴定玉米茎秆抗倒伏能力，然而本研究中不同品种间的最大弯曲载荷并无显著差异，前人的研究已经表明该方法对测试样本的数量有较大要求，而且其测试结果的稳定性和可靠性不足。倒伏临界风速虽然直观体现了植株的抗倒伏能力，但植株并不都是在某一风速下发生倒伏，而是倒伏率随风速的增加而不同，为了精确量化倒伏临界风速，本节研究提出了基于 L_1 中值法的倒伏临界风速定量方法。由于 2016 年和 2017 年风洞试验前一周的风速和降水条件存在巨大差异，同一品种倒伏率随风速变化的分布规律在年际间存在明显不同，倒伏临界风速的也存在较大变异，而对不同风速的倒伏率进行了归一化处理后所得的累积抗倒伏能力稳定性更好（表 10-4）。虽然风速衰减指数与累积抗倒伏能力的结果趋于一致，但前者过于泛化，是空气、叶片、茎秆、扩散等多因素共同作用的结果，无法实现对茎秆抗倒伏能力的有效鉴别。因此，从研究结果的可靠性和分辨率而言，累积抗倒伏能力是更加稳定的茎秆抗倒伏性鉴定指标。

提高茎秆机械力学属性并且降低穗位高度、叶片数目和叶夹角有助于提高玉米茎秆抗倒伏能力。已有研究表明节间表皮机械组织的细胞壁是影响玉米茎秆强度最重要的指标，而随着茎秆碳水化合物累积含量从吐丝期到成熟期的改变导致茎秆机械力学属性的不断下降（Xue et al.，2017）。穗位高度提供了力矩，与倒伏拉力一起决定了玉米茎秆倒伏的临界时刻（Zhang et al.，2018）。叶片数目和叶夹角越大导致玉米植株受风面积越大和所受风力越

大，从而增加了倒伏的概率（Sangoi et al.，2002；Zhang et al.，2018）。累积抗倒伏能力和机械力学属性及植株表型指标间的并无显著相关关系，原因可能在于三点弯曲载荷测量方法中节间两端支点距离过近导致该方法下的茎折与真实茎折受力方式差异过大。因此，有必要在下一步研究中选择合适的弯曲载荷测定方法并且增加测试集样本量，从而提高关联分析质量，为玉米抗倒伏品种的改良提供参考。

10.7　小结

　　本章围绕玉米器官-植株-群体尺度的生物力学建模与分析方法问题，结合农业生产中的玉米倒伏相关的生物学机理问题，重点阐述了茎秆-叶片等器官的生物力学性能指标测量方法和系统构建、器官静态和动态生物力学模型、基于运动数据的力学建模和分析、基于有限元法的玉米茎秆变形与弯折过程的力学建模和分析以及面向群体尺度的倒伏模拟和测定的风洞系统等内容。应力-生长关系是生物力学的活的灵魂，生长在自然环境中的植物不可避免地要受到各种外界环境包括机械应力的刺激，因此，应力与应变关系一直是物理学家和生物学家关心的课题。为了研究应力刺激对作物的宏观生物学效应，设计出合理、准确的力学试验至关重要。进而在试验基础上，获取植物器官本质的生物力学指标和材料物理指标参数，并构建能够表征生物力学性质的生物力学模型。最后，过于复杂的生物力学模型依赖于复杂的环境变量，也限制面向生产科研实践的应用，因此还需要研究满足一定目标条件的模型简化。

　　作物抗倒伏测定分析系统通过对田间环境下自然风场的真实模拟和作物抗倒伏能力鉴定测试，结合统计学和数学模型，在比较分析不同指标对于评价玉米茎秆抗倒伏能力的稳定性和精确度的基础上，提出了一种新的抗倒伏能力鉴定指标——累积抗倒伏能力，该指标比茎秆力学属性、倒伏临界风速和风速衰减指数更加稳定且具有更高的精度。虽然该系统难以模拟极端大风天气下强劲阵风及其湍流产生的力对植株冠层的作用方式，但仍然是当前作物茎秆抗倒伏能力的田间原位鉴定的准确高效、切实可行的方法。

　　通过系统的研究发现，生命科学与包括力学在内的基础工程科学的交叉、融合已越来越成为当今生命科学的研究热点，同时也是力学学科新的生长点。尽管将生物力学应用于农业方面的研究开始得很早，早在1985年农业生物力学的概念就被明确提出，30多年来，国内外的研究学者在生物力学模型机理、力学指标的测量方法、力学模型的构建以及面向倒伏等具体问题的系统化解决方案和配套软硬件工具集成研发等方面，都开展了大量工作，但由于理论、技术、工程、软硬件条件等各方面的局限，仍然有很多的问题没有很好地解决，特别是近年来随着传感器、计算机软硬件技术的发展，使传统的力学、位移、角度等测量仪器向自动化、便捷化、数字化的方向发生转变，为开发新的具有更高数字化、自动化、智能化水平的生物力学测量分析系统提供了基础，为农业生物力学研究发展提供了新的契机和动力，与此同时，在品种选育、生产技术方面也对生物力学提出了更高层次、更精细化的需求，因此，植物生物力学仍然是一个具有深远的科学意义、而又具有广阔前景的新领域。农业生物力学对农业工程、农机系统的发展与创新都会产生深远的影响，在农业现代化中将发挥巨大作用。

参考文献

北条良夫，星川清亲，1983. 作物的形态与机能. 郑丕尧，译. 北京：农业出版社.

陈艳军，吴科斌，张俊雄，等，2011. 玉米秸秆力学参数与抗倒伏性能关系研究. 农业机械学报，42（6）：89-92.

段传人，1999. 水稻茎秆细观结构及其力学性质的关系论研究. 重庆：重庆大学.

丰光，黄长玲，邢锦丰，2008. 玉米抗倒伏的研究进展. 作物杂志（4）：12-14.

冯元桢，1983. 生物力学. 北京：科学出版社.

勾玲，黄建军，张宾，等，2007. 群体密度对玉米茎秆抗倒力学和农艺性状的影响. 作物学报，33（10）：1688-1695.

勾玲，赵明，黄建军，等，2008. 玉米茎秆弯曲性能与抗倒能力的研究. 作物学报，34（4）：653-661.

郭玉明，袁红梅，阴妍，等，2007. 茎秆作物抗倒伏生物力学评价研究及关联分析. 农业工程学报，23（7）：14-18.

黄海，2013. 群体密度对玉米茎秆及根系抗倒伏特性的影响. 长春：吉林农业大学.

姜宗来，2017. 从生物力学到力学生物学的进展. 力学进展，47（9）：309-332.

蒋艳娜，肖伯祥，郭新宇，等，2015. 植物建模与动画合成研究综述. 系统仿真学报，27（4）：881-892.

李小昱，1994. 农业生物力学在农业工程中的应用. 西北农业大学学报，22（1）：105-109.

梁莉，郭玉明，2008. 作物茎秆生物力学性质与形态特性相关性研究. 农业工程学报，24（7）：1-6.

刘旺玉，魏勤学，欧元贤，2002. 中轴生成算法和自适应有限元模糊控制（Ⅰ）——中轴生成算法与应用. 华南理工大学学报（自然科学版），30（9）：14-18.

刘旺玉，侯文峰，欧元贤，2007. 植物叶片中轴图式与力学自适应性的关系（Ⅰ）——试验研究和数值模拟. 华南理工大学学报（自然科学版），35（3）：42-46，52.

刘鑫，2012. 不同品种玉米早不同密度下抗倒伏性能的研究. 保定：河北农业大学.

刘哲，李绍明，杨建宇，等，2010. 玉米抗倒性检测环境的选取方法. 农业工程学报，26（10）：167-171.

刘仲发，2011. 群体光分布对玉米茎秆强度及抗倒伏能力的影响. 杨凌：西北农林科技大学.

沈繁宜，李吉跃，1994. 植物叶组织弹性模量新的计算方法. 北京林业大学学报（1）：35-40.

孙一源，1996. 农业生物力学. 北京：中国农业出版社.

孙一源，1986. 农业生物力学与农业工程. 农业机械学报（3）：82-85.

王恒亮，吴仁海，朱昆，等，2011. 玉米倒伏成因与控制措施研究进展. 河南农业科学，40（10）：1-5.

王勖成，2003. 有限单元法. 北京：清华大学出版社.

魏学礼，肖伯祥，郭新宇，等，2010. 三维激光扫描技术在植物扫描中的应用分析. 中国农学通报，26（20）：373-377.

温维亮，郭新宇，赵春江，等，2018. 基于三维数字化的玉米株型参数提取方法研究. 中国农业科学，51（6）：1034-1044.

杨今胜，李旭华，孙志强，等，2014. 一种玉米茎秆抗倒伏力测试仪. 专利201410446255.0.

杨今胜，李旭华，孙志强，等，2014. 一种玉米茎秆抗倒伏力测试仪. 专利201420505670.4.

杨今胜，李旭华，李广群，等，2017. 一种玉米茎秆抗倒伏力测试仪. 专利201720355116.6.

Al-Zube L，Sun W，Robertson D，et al.，2018. The elastic modulus for maize stems. Plant Methods，14：11.

Baker CJ，Sterling M，Berry P，2014. A generalised model of crop lodging. Journal of Theoretical Biology，363（1）：1-12.

Chu T，Starek M，Brewer M，et al.，2017. Assessing lodging severity over an experimental maize (Zea mays L.) field using UAS images. Remote Sensing，9（9）：923.

Flint-Garcia SA，Jampatong C，Darrah LL，et al.，2003. Quantitative trait locus analysis of stalk strength in four maize populations. Crop Science，43：13-22.

Mi CQ，Zhang XD，Li SM，et al.，2011. Assessment of environment lodging stress for maize using fuzzy synthetic evaluation. Math ematical and Compuer Modelling，54：1053-1060.

Nuri Mohsenin, 1970. Physical properties of plant and animal materials: structure, physical characteristics and mechanical properties. New York: Gordon and Breach Science Publishers.

Robertson D, Smith S, Gardunia B, et al., 2014. An improved method for accurate phenotyping of corn stalk strength. Crop Science, 54: 2038 – 2044.

Von Forell G, Robertson D, Lee SY, et al., 2015. Preventing lodging in bioenergy crops: a biomechanical analysis of maize stalks suggests a new approach. Journal of Experimental Botany, 66 (14): 4093 – 4095.

Xiao BX, Guo XY, Du XH, et al., 2010. An interactive digital design system for corn modeling. Mathematical and Computer Modelling, 51 (11 – 12): 1383 – 1389.

Xiao BX, Guo XY, Zhao CJ, 2013. An approach of mocap data – driven animation for virtual plant. IETE Journal of Research, 59 (3): 258 – 263.

Xiao BX, Guo XY, Zhao CJ, et al., 2013. Interactive animation system for virtual maize dynamic simulation. IET Software, 7 (5): 249 – 257.

Xue J, Gou L, Shi ZG, et al., 2017. Effect of leaf removal on photosynthetically active radiation distribution in maize canopy and stalk strength. Journal of Integrative Agriculture, 16 (1): 85 – 96.

Xue J, Gou L, Zhao YS, et al., 2016. Effects of light intensity within the canopy on maize lodging. Field Crops Research, 188: 133 – 141.

Xue J, Xie RZ, Zhang WF, et al., 2017. Research progress on reduced lodging of high – yield and – density maize. Journal of Integrative Agriculture, 16 (12): 2717 – 2725.

Zhang Q, Zhang L, Chai M, et al., 2018. Use of EDAH improves maize morphological and mechanical traits related to lodging. Agronomy Journal, 111 (2).

Zhang Y, Du J, Wang J, et al., 2018. High – throughput micro – phenotyping measurements applied to assess stalk lodging in maize (*Zea mays* L.). Biological Research, 51: 40.

第 11 章

玉米表观可视化仿真技术

随着农业产业链的不断扩展和对农业价值的深入挖掘，人们对农业的关注已不再仅仅局限于传统的生产领域，农业的营养健康、科普教育和休闲娱乐等功能受到越来越多的重视。近年来，创意、文化、传播等新兴要素与农业深度融合，人们利用互联网等新型传播方式，通过动画、游戏、直播等数字互动体验方式，聚焦农业生命、生态、生产和生活主题的数字媒体内容大量涌现，在农产品品牌推广、休闲旅游、科普教育、技术培训、展示宣传等方面得到成功应用。

农林植物是农业题材可视化数字媒体内容的最重要的要素之一，农林植物表观的设计和重现是影响植物可视化素材真实感的基础工作。农业主题的可视化数字媒体内容往往是针对特定农林植物物种或品种的特征和生产中的问题进行表达，这种鲜明的行业背景特点使得对于植物表观设计的评价标准不只局限于视觉效果是否逼真，同时对农业专业背景知识表达的准确性也有着非常高的要求，如"画面中的植物表观是否与植物当前生命状态和外部生长环境影响情况相符""什么情况下才会出现当前的表观特征"等，这些隐含知识性的问题对农林植物题材的可视化数字媒体内容的科学性具有重要影响。

叶片是农林植物最重要的功能器官之一，为生长发育提供同化产物。叶片本身的状态也表征着植物的生命状态，其生长发育过程中出现的形和色的变化，是植物长相长势诊断的重要依据。因此，叶片对农林植物的形态构成、表观材质建成也具有重要意义，在植物表观的设计工作中，叶片表观的可视化仿真占据着重要的地位。本章以玉米叶片为例，介绍作物表观建模可视化仿真技术，为农业主题可视化数字媒体内容的制作和农林植物表观可视化相关研究等提供关键技术支撑。

11.1 植物表观可视化仿真技术研究进展

叶片表观是植物重要的表观特征之一，其主要包括植物的颜色和表观纹理。不同表观的植物叶片具有不同的质感，因此，植物叶片的表观成为辨别植物的最重要特征之一。从某种意义上讲，植物绘制的真实感很大程度上取决于植物叶片表观的可视化效果。同时，叶片表观也是反映植物内在生理和生长状态的重要外在表象，其颜色、纹理以及表面材质都会随着生理年龄、营养状况、周边环境等因素的改变而发生变化。因此，开展植物表观可视化仿真研究具有重要意义。

植物叶片的表观效果主要由环境的光照条件、叶片的空间位置以及叶片的材质属性所决定。理论上，植物叶片的材质反映着叶片的本质特征，它是由叶片表面以及内部组织和细胞等的分布特性及特征决定的，并最终影响着光线与叶片的交互方式及反射特性。植物叶片由上下表皮、海绵组织、栅栏组织等构成。当光线投射到叶片上，一部分光线在叶片表面发生反射，另一部分折射到叶片内部。进入叶片内部的光与叶片内的组织和细胞发生多次折射之后，部分光线会折射出叶片表面，部分光线会从叶片的另一面透射出，而剩余的光线则被叶片的细胞吸收。被叶片表面反射的光多称之为高光反射，而在叶片内部发生交互发射的光多称为次表面散射，而从叶面另一侧折射出的光线，称之为透射。由于叶片内部结构相对稳定，同一叶片表观的变化主要由光线入射位置、叶片空间位置以及与其他物体间的遮挡情况所决定。而叶片的内部结构会随着生理时期、外部环境的改变而发生变化，因此，植物叶片表观还受叶片材质变化的影响。在计算机图形学中，上述问题可归结为老化过程。本书将固定时刻的叶片表观模型称为静态表观模型，将叶片老化过程称之为动态表观模型。

目前，静态表观模型的研究多以基于物理的材质模型为基础。双向表面扩散函数（Bidirectional surface scattering reflectance distribution function，简称 BSSRDF）是描述物体物理材质的基础方法，尤其适用于准确描述类似叶片等的半透明物体材质属性，其充分考虑了次表面散射的作用。理论上，应用 BSSRDF 作为叶片材质模型进行渲染能够获得较为真实的效果。2001 年，Jensen 等根据偶极子漫射近似理论给出了 BSSRDF 的解析形式（Jensen et al.，2001），通过散射系数、吸收系数等参数更加快速地进行半透明物体次表面散射效果的模拟。Jensen 提出的 BSSRDF 模型假设物体是半无限厚度的板状物体介质，更加适合渲染如牛奶、玉石等物体。Franzke 等（2003）对 Jensen 提出的模型做了一定的简化，并根据采集到的表观纹理，通过光线追踪算法对植物叶片的表观进行渲染，得到了较为真实的可视化效果。之后，Donner 等（2005；2008）利用多偶极子的方法将其扩展为多层的薄板状物体，并利用光线跟踪技术对叶片的表观进行了渲染，结果如图 11-1 所示。可见，利用 BSSRDF 可以得到较真实的叶片表观效果。虽然上述 BSSRDF 形式降低了计算的难度，并大大提高了绘制的速度，但是由于其仍然需要通过光线追踪技术对周边点进行采样，所以仍不能满足实时性的需求。为此，很多学者提出了加速次表面散射的方法，如纹理空间的次表面散射（D, Eon et al.，2007）以及屏幕空间的次表面散射（Jimenez et al.，2009；2010），但这些方法多用于皮肤等的真实感渲染。为了达到实时的效果，Ralf Habel 等（2007）在 Donner 多层模型的基础上，引入了 Half Life 2 基函数，通过对图像卷积实现了计算加速。利用该方法，可以模拟叶片透射时表面的自阴影等效果。BSSRDF 模型比较复杂，计算速度慢，并不适合植物叶片的实时渲染，因此很多工作采用 BRDF（双向反射分布函数，Bidirectional reflectance distribution function）和 BTDF（双向透射分布函数，Bidirectional transmittance distribution function）的方式来代替 BSSRDF 模型，其中最具代表性的工作为 Wang 等于 2006 年提出的叶片表观模型（Wang et al.，2006），见图 11-2。

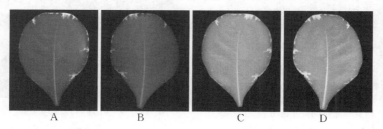

图 11-1　利用多层半透明材质渲染方法得到的叶片可视化效果（见彩图）
A. 叶片正面反射可视化；B. 叶片背面反射可视化；C. 叶片正面透射可视化；D. 叶片背面透射可视化

图 11-2 基于 BRDF 和 BTDF 的叶片表观模型渲染效果（Wang et al.，2006）（见彩图）

叶片的局部细节特征对叶片的表观也具有重大的影响，如叶脉以及茸毛等。Meinhardt 等（1976）最早提出了一种反应—扩散数学模型，根据生长素扩散的规则，可以获得网状的叶脉结构。该方法侧重于结构的数学描述，未着眼于高真实感的叶片生成。Rolland - Lagan 等基于运河网假设（Rolland et al.，2005），提出了基于模拟生长素运输的叶脉构建方法。Rodkaew 等提出了一种叶脉图像的生成方法（Rodkaew et al.，2002），其首先在叶片内撒下粒子点，之后通过一个粒子运动方程，来控制每个粒子的移动，并最终形成叶脉的图像，该方法可以通过调节参数获得比较自然的可视化结果。Runions 等（2005）提出了叶脉建模中最具代表性的方法，其首先在叶片中均匀地布下荷尔蒙源，然后根据与初始叶脉的相对位置修改荷尔蒙源的分布，最后再结合叶片的生长从而改变叶脉的结构形态以及荷尔蒙源的分布。该方法不仅可以生成开状叶脉，也可以获得闭合叶脉的结构，通过修改参数，可以生成多样的叶脉真实感图像（图 11-3）。美中不足的是，这种方法计算所花费的时间较长。除叶脉外，有些植物叶片还生长着较短的茸毛，这是植物叶片另一种较常见的表观特征。Fuhrer 等通过将线段映射至植物曲面上获得茸毛的效果（Fuhrer et al.，2006），其方法可以根据位置信息进行茸毛属性的指定及修改，具有较好的真实感效果（图 11-4）。陆声链等（2008）基于同样的思想进行植物叶片茸毛的渲染，只是在茸毛分布的计算方法上略有不同。

图 11-3 高真实感叶脉构建可视化效果
（Runions，2005）（见彩图）

图 11-4 叶片茸毛真实感建模效果
（Fuhrer，2006）（见彩图）
注：上半部分为真实叶片茸毛，下半部分为模拟结果。

叶片的颜色变化主要是由其内部色素含量的变化引起的，研究人员基于这个原理进行叶色老化的模拟。Braitmaie 等（2004）通过改变叶片内部叶绿素、胡萝卜素的含量实现光谱的控制，从而绘制出四季不同的叶色变化，但对于各种色素对光谱的影响采用简单的指数形式模拟精度较低。Zhou 等（2006）不仅考虑了色素的影响，还将温度、光照、降水量等环境因素进行整合，构建了基于生物学驱动的系统，可以模拟枫叶由绿到红的颜色老化过程。Desbenoit 等（2006）应用马尔可夫链描述叶片老化的过程，设置一个初始状态以及一些老化状态，通过环境函数（由温度、湿度决定）以及时间决定不同状态下的转化概率，从而实现叶片老化过程的模拟。Wang 等（2006）提出了一种基于表观流形的老化模拟方法，首先利用线性光源反射计获取物体的表观材质数据，其要求被采样物体样本中需包含老化过程中出现的所有表观特征，得到材质数据之后，构建表观的流形，并通过人工交互指定老化度及时间轴，这样表观上的每个点会根据时间以流行为依据进行老化模拟。如图 11-5 所示，该方法可以通过修改老化分布图来得到不同的质感变化序列。迟小羽等（2009）通过从多叶片样本上获取表观材质，利用样条曲线进行老化插值，可以反演、外推得到不同老化程度下的表观。Gu 等（2006）提出了一种时间-空间变化的双向反射分布函数，在一段时间内采集物体老化的 BRDF 数据，并通过参数化控制物体的老化过程。

图 11-5　基于表观流形的叶片老化模拟（见彩图）

综上所述，叶片具有复杂的反射和透射特性，因此，当叶片成簇累积形成层次结构时（如树木），光照的计算将非常复杂。Reeves 等（1985）提出了基于环境遮挡的光学模型，其中，光的削弱取决于叶片与树木外轮廓边界的距离，离边界越远的叶片会被遮挡的更多，接收到的光照就会更弱。同样的思想，Hegeman 等（2006）构建了一个更加复杂的模型，其将树木抽象为球体，对于环境遮挡的衰减因子考虑到了叶片尺度，虽然该方法相比于 Reeves 所提出的方法在精细程度上取得了很大的进步，但对于很多外轮廓无法用球体表达的树种，该方法仍然较为粗糙。Luft 等（2007）将树木的外轮廓利用隐式曲面进行抽象表达，树木上的每个叶片被考虑为一个球体，叶片的遮挡因子通过该叶片与树轮廓的距离进行估算，而叶片的法向量近似为隐式曲面上点的法向，即可以将整个叶片的光照计算转化为隐式曲面的光照计算。Peterson 等（2006）提出了类似的方法，其将树枝离散成为一系列稀疏的点集，叶片的法向利用缩放函数进行替代。Boulanger 等（2008）以概率法则判断树叶的分布及朝向，并通过离散方向函数将叶片包含在一个包围层中，并以此为基础简化光照衰减以及叶片之间间接光照的计算量，同时采用 GPU 进行加速，获得了非常真实的渲染效果。

11.2 植物表观可视化仿真技术体系

开展植物表观可视化仿真研究可以采用面向多目标的技术方法，其根据不同目的存在多套技术解决方案，但从技术流程上看，均可归纳为以下三个步骤。

① 表观材质素材制作。表观材质素材制作是通过人工交互、半自动或全自动的方法得到物体表观材质属性的描述素材集合。集合内每个素材分别代表表观材质中的一种属性特性，如描述反射特征的漫反射率、高光反射率和粗糙度等；表现透射特征的透射率、物体局部厚度；抽象作物表面微小凹凸几何变化的法向量分布。通常情况下，集合内的素材多以二维数字图像数据的形式存在，称之为贴图或纹理。一个作物表观素材集合至少应包含一个描述作物漫反射颜色的贴图。

② 表观材质模型计算。表观材质模型计算主要是通过一个数学模型描述作物表面与光的作用情况，以模拟物体的反射和透射等光学特性，数学模型中的参数数值均可从表观材质素材数据中选取。表观材质模型是对作物表面光传播物理过程的抽象和简化，因此其是不精确的，但是一个合适的模型能够尽可能地从视觉上对光物理过程进行还原，尽量"迷惑"观察者的眼睛和大脑，以期达到"以假乱真"的真实感视觉体验。

③ 可视化仿真。可视化仿真通过光照计算和特效处理构造具有特定要求的虚拟画面。在大多数应用中，可视化仿真均以真实感为主要目标，目的是能够模拟真实世界中不同物质之间的光学作用以及人眼对外部世界光的感应方式，形成具有照片级真实感的细腻画质。除此之外，一些应用以"非真实"为目标，将重要信息较突出地展现出来，辅助观察者进行学习和决策是其主要任务。

面向不同的需求，作物表观可视化仿真技术在各个步骤采取的技术方案以及整个技术的评价体系会存在差异，本节后续将对表观可视化仿真技术的类别和评价方式进行归纳，同时也概要地介绍数字植物北京市重点实验室所构建的作物表观可视化仿真研究技术体系结构。

11.2.1 植物表观可视化仿真技术类别

根据任务目标将作物可视化仿真技术分为两类：面向休闲娱乐的数字媒体内容制作的表观仿真技术、面向农业科普教育培训类数字媒体内容制作的表观仿真技术。本节主要对两类技术的特点、应用领域和技术方法进行阐述。

1. 面向休闲娱乐的数字媒体内容制作的表观仿真技术　面向休闲娱乐的数字媒体内容制作的作物表观仿真技术（简称"娱乐表观仿真技术"），主要针对影视、游戏、广告和虚拟现实等领域，其目的是制作出的数字媒体内容能给予观察者真实世界的虚拟沉浸感官体验。娱乐表观仿真技术发展多年，在当前工业领域已较为成熟，形成了模式化的开发流程。

娱乐表观仿真的表观材质素材制作，主要由美术设计师根据画面需要和真实照片，通过在 Adobe PhotoShop 等图像处理软件中绘制出不同类型的表观材质贴图，素材中充分反映了设计师的艺术思想和操作水平，其追求的是每一帧画面的整体质感。美术设计师有时也会使用如 CrazyBump 类型的软件来辅助表观材质贴图的制作，这些软件可以根据一张基础的数字图像来生成法向量和各类反射特征纹理贴图，进而提高材质素材的制作效率。

娱乐表观仿真技术的表观模型相对成熟。随着计算机图形学几十年的发展，很多经验或物理表观材质模型被成功应用于仿真领域，如 PHONG 模型、Blin‐Phong 模型和 ward 模型等。因此，娱乐表观仿真技术在表观模型建立时，大多会为每种作物器官选择一种表观模型，而模型参数则从制作的材质素材中获得，当然美术设计师也可以人为地设定模型中的参数。模型的调参工作主要以美术设计师对整体画面质感的主观评价作为最主要的依据。

娱乐表观仿真技术的可视化方法根据媒体资源的应用领域不同而存在差异。在面向虚拟动画制作时，通常采用光线跟踪、辐射度等离线渲染方式进行渲染可视化计算；而面向游戏类注重交互的应用时，系统的实时性异常重要，因此在渲染时多采用实时的渲染可视化计算方法。

2. 面向农业科普教育培训类数字媒体内容制作的表观仿真技术 面向农业科普教育培训类数字媒体内容制作的表观仿真技术（简称"农业科教表观仿真技术"），是针对特定农林植物生命、生产和生态问题的可视化仿真，这种鲜明的行业背景使得对于植物表观可视化的评价标准不再单单局限于视觉效果是否逼真，同时对农业科学中专业背景知识表达的准确性也有极高的要求。实际上，应用娱乐表观仿真技术制作农业科教类可视媒体内容时效率很低，主要原因如下。

① 以娱乐表观仿真技术为基础的软件工具提供给设计人员的材质编辑接口主要为"漫反射、光泽度、纹理"等计算机或物理类别参数，动画设计者利用它们往往可以编辑出漂亮的表观，但由于动画设计者对农业等生命科学知识了解不足，导致可视化结果与实际差异较大；农学、植物学等生命科学类专业人员虽然了解农业知识，能够明确告知设计者画面是否符合实际，但是并不清楚表观设计参数与知识之间的具体关系，对设计者帮助有限，经常会出现动画设计者与生命科学类专业人员交流不畅、作品反复修改的现象。

② 植物表观受外部环境及自身生命状态影响会形成纷繁复杂的动态变化特征，气候、时间、土壤环境、病虫害等均会使植物器官形成特殊的表观特征，因此，以动态可视化场景表现农业知识的数字媒体内容制作存在诸多困难。以制作玉米缺氮素症状为例，玉米不同缺氮程度叶片表面的黄化程度具有一定差异，所形成的表观纹理样式会发生显著变化。然而，设计者能够参照的多为网上的缺氮图片素材，这些素材由于图像拍摄环境以及相机参数等原因，图像中的表观往往会出现较大的偏色及过饱和等问题，使得设计者很难估测实际的表观参数；同时单张图像仅能代表一个时间点的参考状态，整个变化过程中表观的其余状态只能通过与农业专业人员的交流进行猜测和反复调试，整个过程尤为耗时费力。

从上述问题可知，娱乐表观技术在农业知识整合和农业标准表观素材两个方面比较薄弱，这也是农业科教表观仿真技术需要增强之处。农业科教表观仿真技术在表观素材制作时需要考虑数据的准确性，因此，主要采用表观材质测量方法直接获得作物的表观数据，之后在实测数据的基础上通过人工交互编辑或图像智能融合等方式形成标准素材资源，为美术设计者提供设计标准或直接应用于后续表观仿真中。

农业科教表观仿真技术中的表观模型除了需要能够描述作物表面与光的作用方式外，还应提供明确的农业知识接口，这些接口应是农学或者植物学领域常用的概念或指标，并以定量化的数值形式作为模型变量存在。因此，农业科教表观仿真技术的表观模型多需要通过农学试验进行构建和验证。

农业科教表观仿真技术在可视化计算方面与娱乐表观仿真技术基本相似，这里不再赘述。

11.2.2　植物表观可视化仿真应用评价指标

为了对当前作物表观可视化仿真技术或系统在一致的标准下进行量化评价，本节分别列出三类共 11 个具体指标来描述每种技术的特点，用户可以通过这些指标判断每种技术或系统在不同应用领域的适用性。面向作物表观可视化仿真技术的三个步骤，分别是素材类指标、表观模型类指标和可视化类三类评价指标，每类指标下分列若干二级指标，下面分别对各指标解释说明。

1. 素材类指标

（1）材质素材个数　该指标为大于 0 的整数值，用以说明描述一类材质所包含的素材个数。原则上，该指标数值越大，说明对作物器官材质的描述越全面。假如素材包括颜色贴图、高光贴图以及法向量贴图，则该指标值为 3。

（2）素材来源　该指标为分类指标，可选指标值为测量和手绘。测量表示通过材质测量设备或试验得到的数据加工获得的素材；手绘表示通过美工手绘得到的素材。

（3）表观数据分辨率　该指标为大于 0 的整数值，用以说明表观数据形成的材质图像分辨率。原则上，该值越大，说明表观数据对器官表面材质的空间差异性描述得越精细。如果该值为 1，表示得到的表观数据为单点数据。如果表观素材来源为测量，则说明通过仪器获得的材质数据为单点数据（很多仪器设备获得的光学参数均为单点数值）；如果素材来源为手绘，说明美工为整个表面所有点均赋予了同样的材质属性。

（4）光源或相机角度个数　该指标值为数值指标，取值为大于 0 的整数，仅当素材来源为测量时赋予大于 0 的整数。该值越大，说明对物体表观材质方向差异性的描述越精细，同时，数据对于高光、各项异性等表观特性的反应越精细。

2. 表观模型类指标

（1）表面质感模型类型　该指标为分类指标，表示整个模型在光学材质表达方面的本质为何种函数类型，可选类别有：双向散射分布函数、双向反射分布函数＋双向透射分布函数、各项同性的双向反射分布函数、双向表面散射反射分布函数、空间变化双向反射分布函数、双向纹理函数、面光场函数以及表面反射场函数。利用该指标，计算机专业人员可以明确表观模拟时物体表面的光学特性。

（2）农学参数个数　该指标为数值指标，取值为大于 0 的整数，表示表观模型中与农学、植物学、生物学等相关的模型参数个数。该指标在一定程度上能够说明表观模型与农业知识的可整合能力。

（3）模型精度　该指标为数值指标，例如表观模型模拟反射率与实测反射率之间的平均绝对误差。

3. 可视化类指标

（1）光照类型　该指标为分类指标，明确三维光照计算时采取的技术方法，可选指标值包括全局光照和局部光照。通常全局光照会带来更加真实的可视化效果。

（2）可视化分辨率　该指标为数值指标，表示最终可视化结果的图像分辨率，分辨率越大表示画面越清晰越细腻。

（3）帧率　该指标为数值指标，表示最终可视化结果运行的速度。实时交互系统的帧率应保持在 60 帧/秒以上。

（4）作物表观视觉正确率　该指标为数值指标，表示可视化结果在作物表观方面的知识表达正确程度。该指标通过下述方式计算获得，邀请具有农业相关领域知识经验的评判者 N 名，每名评判者均对表观可视化结果进行评价，如果评判者认为结果与真实一致，则表示该结果正确，若 N 名评判者中有 M 个人选择结果正确，则该指标的值为 M/N。

11.2.3　作物表观可视化仿真技术的研究框架

作物表观可视化仿真技术体系，是面向典型农业应用的植物表观可视化仿真技术方法的研究和集成开发，侧重对作物表观材质表达的准确性和知识性。数字植物北京市重点实验室发挥其在农业领域基础理论和农业信息化技术方面的优势，以农业科学研究和试验为基础，研究作物表观材质数据的获取技术，构建基于农业因子的表观作物模型，研发农业知识驱动的表观可视化仿真方法，力求将农学、植物学的知识与作物表观可视化表达进行有机融合，同时借助现代表观仿真技术在可视化真实感方面的优势，在现有表观仿真技术的基础上进行农业专业性拓展，形成符合农业科学研究、农业科普教育、技能培训应用需求的技术方法和软硬件平台。同时，实验室将研究成果应用于实际的农业题材数字媒体内容研发，通过实践反馈对表观仿真技术方法进行循环迭代改进，使其能够在实际应用中发挥作用。图 11-6 所示为作物表观可视化仿真技术研究框架示意图。

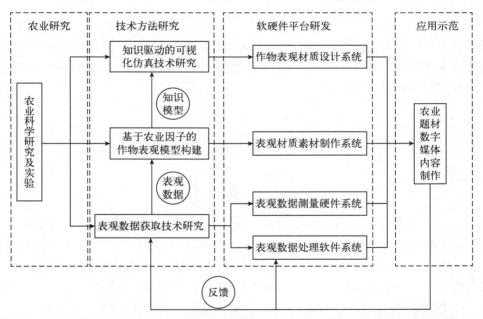

图 11-6　数字植物北京市重点实验室围绕作物表观可视化仿真技术构建的研究框架示意图

11.3　作物表观数据的获取与处理技术

作物形态结构的三维特征可以利用三维扫描仪进行精确的获取，目前三维扫描技术已经相当成熟。而高质量的作物表观数据采集仍然是作物表观可视化仿真研究中的难点问题，目前并没有成熟的解决方案，更多的是一些研究机构在实验室内搭建出特定的采集环境进行表观数据采集。为了获得作物叶片的表观特征数据，采用 Gardner 的方法（Gardner et al.，2003），搭建了一套简化的线性光源光度仪系统用于叶片表观数据的采集（图 11-7）。该系

图 11 - 7 植物叶片表观图像数据采集系统

统包括反射表观数据采集系统和透射表观数据采集系统两个模块，分别对叶片反射表观图像数据和透射表观图像数据进行采集，同时对表观特征进行解析。本节采用 BRDF＋BTDF 的数学形式表示叶片表观材质模型：

$$\begin{cases} f_r = \dfrac{D}{\pi} + J\ (\rho_s,\ \alpha) = \dfrac{\rho_d}{\pi} + J\ (\rho_s,\ \alpha) \\ f_t = \dfrac{T}{\pi} \end{cases} \tag{11-1}$$

$$J\ (\rho_s,\ \alpha) = \frac{\rho_s}{\sqrt{\cos\theta_i \cdot \cos\theta_r}} \cdot \frac{e^{\frac{-\tan^2\delta}{\alpha^2}}}{4\pi\alpha^2}$$

其中 f_r、f_t 分别表示 BRDF 和 BTDF；$D = \rho_d$ 为漫反射强度；T 为透射强度。上述符号均为三通道向量，无量纲。$J\ (\rho_s,\ \alpha)$ 为 Ward BRDF 经验模型，其描述叶片表面任意点 P 将 $(\theta_i,\ \phi_i)$ 方向的入射光线反射至 $(\theta_r,\ \phi_r)$ 方向的高光反射特征，式中 δ 为 P 点法向量 n 与向量 h $(0.5\times\theta_i+0.5\times\theta_r,\ 0.5\times\phi_i+0.5\times\phi_r)$ 之间的夹角，δ、θ_i、θ_r、ϕ_i、ϕ_r 的单位为度。ρ_s 为高光反射强度（RGB 三通道），无量纲；α 为粗糙度参数，无量纲。

11.3.1 作物叶片反射表观数据的获取与处理技术

作物叶片反射数据采集系统结构如图 11 - 8 所示，其主要由驱动系统、光源、相机和载物台构成，各器件均需准确安置在指定位置，因此各器件间的三维位置关系可计算获得。驱动系统主要由步进电机和若干支撑部件组成，并利用运动控制程序进行自动控制，其用来驱动光源移动。系统中的光源包含一根白光灯管（长 30 cm，直径为 1 cm）和一个一字线形的激光器，两者按 3 cm 的间隔固定于驱动系统上，白光灯高度距离载物台 30 cm。相机选用佳能 A640 数字相机，该相机以 5 s 为时间间隔进行自动图像获取，相机镜头方向与垂直方向约呈 55°，放置于 X 方向 100 cm，Y 方向 30 cm，Z 方向 60 cm 的位置。载物台在 X 轴方向长 80 cm，Y 轴方向长 60 cm，其用来承载被测植物叶片，同时载物台上还放置标准反射物体。在获取数据时，光源随着步进电机从原点 O 出发，沿着 X 轴方向自动匀速运动 80 cm，相机每隔 5 s 自动拍摄图片。对每个样本进行数据获取时，样本和相机的位置保持恒定，仅光源的位置发生变化，激光定位器固定在光源后部，使红色的激光线与光源形成的白光带保持固定间隔 3 cm。对于每一个叶片样本，最终会获得 400 张不同光环境下的图像数据。

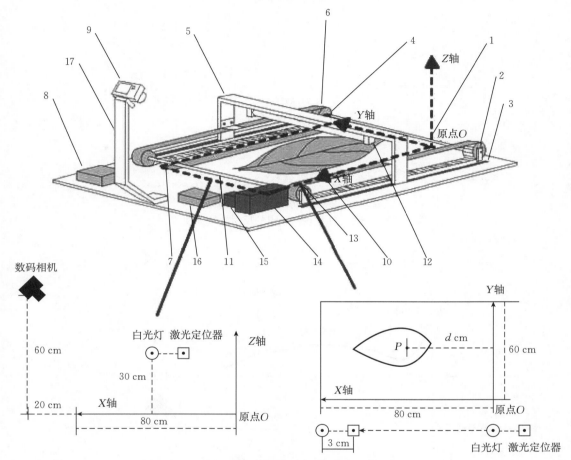

图 11 - 8 作物叶片表观图像采集系统结构示意图

1. 底板；2. 轴承支架；3. 滑动导轨；4. 激光定位器；5. 移动支架；

6. 同步带；7. 标准比对板；8. 电源；9. 数码相机；10. 植物器官；11. 连接轴；

12. 白光灯；13. 传动轮；14. 减速机；15. 电机；16. 运动控制器；17. 数码相机支架

注：驱动系统包括：2、3、5、6、11、13、14、15、16；载物台包括 1 和 7。

基于系统所采集的 400 张图像，可以对叶片表面上任意 P 点的表观参数进行估算，400 张图像中 P 点的像素值表示 400 个不同光源方向下 P 点的反射值，将这 400 个反射值形成的集合称为反射轨迹。图 11 - 9A 为反射轨迹形成的曲线，其中横轴表示图像序号，纵轴表示像素值（红、绿、蓝曲线分别表示像素 R、G、B 通道的亮度值），点虚线标识高光峰值出现时的图像序号，虚线用于标识漫反射峰值出现时的图像序号。依据下述物理现象对表观反射参数进行提取（图 11 - 10）：假设叶片是平展的，则叶片任意点处的法向量均为（0，0，1），针对叶片表面任意 P，当光源方向处于 P 点正上方时，P 点主要呈现漫反射；当光源

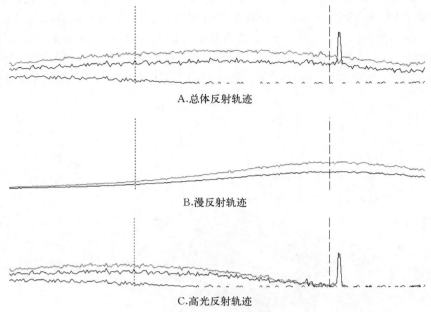

图 11 - 9　叶片表面某点的反射轨迹曲线

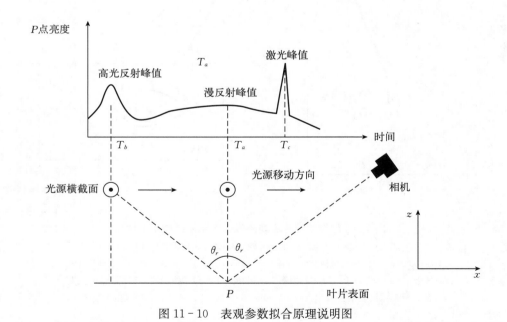

图 11 - 10　表观参数拟合原理说明图

方向与 P 点法向量之间的夹角等于相机视点方向与法向量之间的夹角（即 θ_r）时，P 点出现高光反射峰值。利用表观采集系统获取图像数据时，将连续的时间离散成 400 个时间点（也可以看成是 400 个离散的光源方向），与 400 张图像一一对应，将第一张图像对应的序号设为 T_1，第 i 张图像对应的序号为 T_i，假设 T_a 序号图像中 P 点为漫反射，T_b 图像中 P 点为高光反射峰值，T_c 为出现激光反射峰值的图像序号，三个图像出现的先后顺序为 $T_b < T_a < T_c$，P 点在 400 张图像中的亮度会呈现如图 11 - 9 样式的变化。系统中相机在 X 方向位

置为 100 cm, Z 方向位置为 60 cm, 光源高度为 30 cm, 载物台在 X 轴方向以及光源运动位移均为 80 cm, 假设将叶片样本放置于 X 轴 d cm 处, 即可以计算出 T_a 和 T_b 的值分别为:

$$\begin{cases} T_a = 400 \cdot \dfrac{d}{80} = 5d \\ T_b = d - \dfrac{30}{60 \cdot (100-d)} = 1.5d - 50 \quad (d > 33) \end{cases} \tag{11-2}$$

但实际上, 植物叶片并非是完全平展的, 其表面的凹凸会影响 T_a 和 T_b 的计算。因此, 为了尽可能地减少计算误差, 未直接选取 T_a 和 T_b 时刻的图像作为漫反射和高光反射峰值点。对于漫反射, 首先根据公式 (11-2) 计算 T_a, 之后在 T_a 前后 30 张图像中寻找激光峰值图像 T_c, 即 $R/(R+G+B)$ 值最大的图像, 由于激光器与白光灯间距为 3 cm, 所以取第 $T_c - 15$ 张图像中 P 点的值作为漫反射亮度峰值, 并令 $T_a = T_c - 15$, 采用 D_p 表示漫反射亮度峰值。针对高光反射峰值, 根据公式 (11-2) 计算 T_b, 然后在 T_b 前后 30 张图像中寻找 P 点最大亮度值的图像 T_B, 并将该图像中 P 点的值作为高光亮度峰值, 采用 S_p 表示, 并令 $T_b = T_B$。得到 D_p 和 S_p 后, 可对公式 (11-1) 中的 ρ_d、ρ_s 和 α 进行估算。D_p 值是光强与 ρ_d 共同作用的结果, 为了将光强的干扰去除, 利用 T_a 图像中标准漫反射体的亮度值对 D_s 进行矫正, 假设标准漫反射体的漫反射强度为 ρ'_d, 则 ρ_d 可通过下式计算:

$$\rho_d = \rho'_d \cdot \frac{D_p}{D_s} \tag{11-3}$$

漫反射是叶片表观的低频特征, 在任何半球光源方向下, 漫反射的影响均不能忽略。因此, 为估算高光反射参数, 需将 P 点 400 个反射值中的漫反射贡献去除。根据系统实际的构建方式, 在计算机中对线性光源的漫反射特征进行仿真计算, 利用一个 30 cm×1 cm 的长方形表示线性光源, 计算其在 X 轴 d cm、Z 轴 30 cm 的位置, 对 XY 平面上 80 cm×60 cm 区域内任意点的漫反射作用 (假设所有点的漫反射强度为 1), 计算方法采用蒙特卡洛积分进行离散, 最终获得一个不同光源方向 (即 400 张图像数据中的不同图像) 下漫反射强度的参考集合。计算结果采用 400×1 大小的一维图像进行存储, 横坐标表示光源方向 (或图像序号), 像素值表示漫反射强度比值, 为了更好地说明该图像样式, 将其表示为一个二维图像, 其中纵坐标上亮度恒定 (图 11-11A)。用 D_p 乘以漫反射参考表中的数值可以计算出 P 点反射轨迹中的漫反射贡献, 其形成的曲线如图 11-9B, 本文称为漫反射轨迹; 用 P 点反射轨迹减去漫反射贡献之后的值为高光反射的贡献, 本文称其为高光反射轨迹 (图 11-9C)。

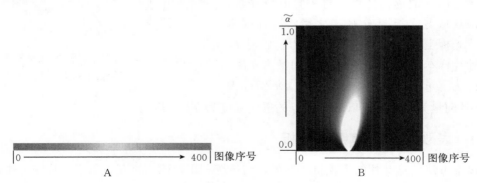

图 11-11 反射强度参考集合的图像表示

A. 漫反射强度参考集合的一维图像表示; B. 高光反射强度参考集合的二维图像表示

根据式（11-1）的数学形式可知，高光贡献实际上是一种类似正态分布的数学分布，自变量为 ρ_s 和 α，其中 ρ_s 和 α 值影响高光分布的强度，而 α 影响整个分布的幅度。具体到本文获取的反射轨迹，S_p 由光强、ρ_s 和 α 决定，而 T_a 与 T_b 之间反射轨迹的曲线形态由 α 确定。与漫反射拟合过程类似，同样采用蒙特卡洛积分对线性光源的高光反射特性进行数值仿真，为了区分仿真和实际样本中的符号，采用 $\tilde{\alpha}$、$\tilde{\rho_s}$、$\tilde{\rho_a}$ 表示仿真计算中的参数，而 α 和 ρ_s 表示样本的待拟合表观参数。设光源强度为 1.0，利用 30 cm×1 cm 的长方形表示线性光源，计算其在 X 轴 $1.5\,d-50$ 处（即 T_b 时刻）、Z 轴 30 cm 处对 P 点的高光反射贡献（设 P 点处 $\tilde{\rho_a}=0$，$\tilde{\rho_s}=1$）。以 0.01 为步长，计算 $\tilde{\alpha}$ 从 0.01 到 1.0 递增过程中 100 个不同 $\tilde{\alpha}$ 值下高光反射参考值集合，将计算结果以 400×100 大小的二维图像形式表示，其中横坐标为光源方向（或图像序列）值，纵坐标为 $\tilde{\alpha}$ 值，像素值为高光反射强度。由图可知，$\tilde{\alpha}$ 值越小，高光反射幅度越窄；相反，$\tilde{\alpha}$ 值越大，高光反射幅度越广。得到仿真的高光参数参考集后，计算其在不同 $\tilde{\alpha}$ 值下的标准差 δ、高光轨迹强度的总和 $\tilde{S}$，用于对实际样本的高光反射参数值进行拟合。对于实际样本的高光反射轨迹，同样计算其标准差 δ 以及高光轨迹总和 S。计算时，并不利用所有实际高光反射轨迹的强度，而是只统计 T_a 至 T_b 区间的轨迹，计算得到 δ 和 $2S$，由于 S 只计算了 T_a 至 T_b 区间轨迹的总和，且整个分布为对称形，所以估算整个高光轨迹强度总和时需乘以 2。在高光反射参考集合中遍历不同 $\tilde{\alpha}$ 下的 δ，从中找到与实测 δ 最接近的值，选择该 δ 值对应的 $\tilde{\alpha}$ 为实测样本的 α，并利用 $\tilde{\alpha}$ 值对应的 $\tilde{S}$ 计算 ρ_s，公式如下：

$$\rho_s = \frac{2S * D_p}{S \times D_s} \tag{11-4}$$

其中，D_p 和 D_s 与公式（11-3）相同。

11.3.2 作物叶片透射表观数据的获取与处理技术

透射数据采集模块结构如图 11-12，该模块由相机和背光板组成，其中背光板从叶片底部打光，相机获取背光环境下的叶片表观图像。选用樱木 LED 动漫 A4 拷贝台作为背光光源，该设备能够发出均匀的漫反射白光，且可调整光源亮度。在暗室内获取透射图像，首先打开背光板，利用相机获取背光板图像 B_1，之后将叶片样本摆放在背光板上，并拍照获得图像 B_2。假设 B_2 图像中叶片样本表面某像素的 RGB 向量为 TB_2，图像坐标为 (m, n)；B_1 图像 (m, n) 坐标像素的 RGB 向量为 TB_1，则叶片上该点的透射强度为 TB_2/TB_1。

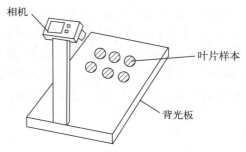

图 11-12 作物叶片透射表观采集
系统结构示意图

11.3.3 表观数据采集系统分析

通过本方法估算叶片的表观材质参数，与传统利用数码相机获取单张图片作为作物叶片表观数据相比，优点在于其可以自动地去除外部环境的干扰信息，拟合出叶片自身的表观材质属性，这样进行的颜色特征分析以及可视化模拟更加准确；而在农业虚拟动画制作等应用中，相比于人为调整表观材质属性的方法，本节方法可以直接获得接近真实的材质属性参

数,同时也可以更为精确地获得整个叶片表面的纹理结构信息。然而,这种方法包含了较复杂的数据采集过程以及参数拟合算法,整个参数提取过程的时间消耗很长。为了能够尽可能地加快拟合速度,提出如下两个策略。

(1) 降低图像分辨率 如果叶片在整个屏幕中的占比较大,试验表明,采用 50 万分辨率的表观图像即可获得较好的模拟结果,此时拟合时间在 15 min 左右;如果叶片在整个屏幕中的占比较小,采用 5 万~10 万的图像分辨率即可。当图像分辨率降低至 5 万时,整个拟合过程需要的时间仅为 2 min。

(2) 通过少量样本点拟合整个叶片的高光参数 整个拟合算法 95% 的时间耗费在高光反射参数的计算中,因此通过减少高光参数的拟合时间来提高运行效率是最为有效的途径。对叶片的表观特征做如下假设:具有相同漫反射特征的叶片位置同样具有相同的高光反射特征。基于上述假设,可以首先拟合出叶片表面所有点的漫反射参数,然后交互地选择 N 个样本点进行高光反射参数拟合(这里 N 的数值取决于叶片表面的纹理样式,需尽可能全面地将叶片表面所有具有显著漫反射特征的表面部位选择为样本点),再依次计算叶片表面剩余位置与该 N 个样本点漫反射强度的欧式距离,选择最小距离样本点的高光反射参数作为待测点的高光参数,如此可将几十万次高光反射计算减少至 N 次计算,大大降低拟合时间。试验结果表明,虽然通过这种策略得到的高光参数与完整计算的结果在整个叶片表面上高光参数的分布有差别,但如果不以真实样本数据进行对比,两者差别带来的视觉感受并不明显,所以仅从可视化的角度,该策略在提高方法计算效率方面具有较为理想的效果。

11.3.4 玉米叶片颜色标准图谱构建

在作物表观材质素材的制作过程中,美术人员对作物表观颜色的调节很大程度上取决于自身的认知,但这种认识往往并不全面,特别是对叶色动态变化过程的认知更加模糊。为了提高美术人员在表观颜色设计时的准确性,可构建植物表观的标准图谱来指导美工进行设计。本节介绍在玉米叶色标准图谱构建方面开展的工作,以期为其他类型作物标准图谱的构建提供参考。

利用本节介绍的植物叶片表观材质测量仪器和数据分析方法处理玉米叶片的表观数据,并计算叶片的漫反射颜色和透射颜色,这里未考虑高光参数,是因为漫反射和透射对于美工把握整体颜色最为重要。在全国多个生态点采集玉米叶片样本数据,以扩大标准图谱的中数据的代表性,采样点包括北京、黑龙江、新疆等地。所构建的标准图谱分为纹理图谱和颜色图谱两类:纹理图谱为美工提供玉米叶片局部颜色差异导致的纹理样式标准案例,而颜色图谱则为美工提供不同生育时期玉米叶片的整体颜色值。两类图谱在数据获取方式上存在一定的差异。

(1) 标准颜色图谱 制作该类图谱时,为了降低叶片凸凹不平带来的测量误差,通过打孔器在叶片表面获得圆片状样本,这种局部的叶片样本可以较平展地在试验台上进行表观数据测量。在表观参数拟合时,为每个圆片样本的漫反射和透射颜色都计算一个平均值作为该样本的标准表观颜色,并以图块形式展现给用户。标准颜色图谱的样本采集贯穿玉米生长的各关键生育期,包括苗期、三叶展、拔节期、大喇叭口期、抽雄期、灌浆期、成熟期以及衰老期,每个时期选择三个长势均匀的玉米植株,再分别在上、中、下叶位各选择一个叶片,每个叶片在叶尖、叶中、叶后部三个位置打孔作为测量样本。图 11-13A 为构建的标准颜色图谱样例。

(2) 标准纹理图谱 该类图谱的样本均为包括有清晰颜色纹理结构的一段玉米叶片。标准纹理图谱的样本更关注纹理的结构,因此,对不同地区玉米生长过程中出现的各类纹理样式（包括正常情况下的玉米叶片纹理和衰老、病害等胁迫下出现的老化纹理）的叶片进行数据采集，之后截取纹理结构突出的位置进行表观测量和参数拟合。图 11-13B 为构建的标准纹理图谱样例。

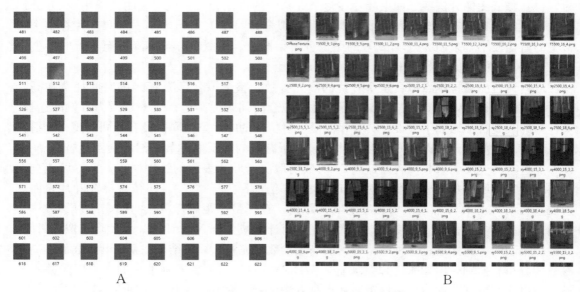

A   B

图 11-13　玉米叶色标准图谱样例（见彩图）

11.4　基于农学参数的玉米叶片表观材质模型构建

针对面向农业科教的作物表观仿真技术对表观模型的要求，本节以玉米叶片为例，提出基于农学参数的作物表观建模与可视化方法，搭建农业知识与植物表观可视化仿真间的桥梁，实现作物表观快速、准确地设计与制作，为农业科教类三维虚拟动画等数字媒体内容研发提供实用的技术工具。大量研究表明，作物叶片表观主要随色素含量以及时间发生较显著变化，因此，以 SPAD 和生育期为参数，构建玉米叶片的表观模型。

11.4.1　数据采集与预处理

玉米叶片表观数据获取试验于 2015 年 5—10 月在北京市农林科学院试验田进行。试验品种为郑单 958，种植密度为 6 株/m²，施氮量按 200 kg/hm² 设置，其中 60% 用于基肥，40% 在拔节期追肥施入。分别在拔节期、大喇叭口期、开花期、灌浆期、成熟期以及衰老期开展数据采集工作。每个时期选择长势均匀的植株 5 株，自上部第一片完全展开叶至底部最后一片完全展开叶进行数据获取。为了使被测叶片区域尽量平展，通过打孔器在叶片上打出 10 个圆片作为样本，利用线状光源图像采集系统采集不同光照条件下的叶片颜色图像，利用线形光源反射系统获取不同光源方向下玉米叶片的表观图像，并采用 11.3 节的方法拟合玉米叶片的漫反射强度、高光反射强度、粗糙度参数和透射强度参数。利用美国 SPEC-TRUM 公司生产的 SPAD-502 型手持式叶绿素仪测量每个圆片的 SPAD 值。

将生育期转换成数值参数用于建模，拔节期、大喇叭口期、开花期、灌浆期、成熟期以及衰老期 6 个生育期分别用实数 1.0、2.0、3.0、4.0、5.0、6.0 表示，其他生育期参数根据这些值进行估算，生育期参数用符号 G 表示。将玉米叶片 SPAD 值除以 70，将其转化为 [0.0，1.0] 区间的实数（在实际 SPAD 测量中，发现玉米叶片 SPAD 均在 70 以下），SPAD 参数用符号 S 表示。

11.4.2　玉米叶片表观材质模型

玉米叶片的表观反映了其与光的作用方式。如图 11-14 所示，本节将叶片看作半透明物质，入射光 L 射到表面 P 点后，部分光线会直接在 P 点处反射形成光泽反射（未进入叶片内部，在叶片表面即被反射出的光线）；剩余部分则折射进入叶片内部，在组织之间形成多次散射和吸收，其中一部分在 P 点周围区域以漫反射离开叶片，其余部分则在叶片另一侧以透射形式射出。

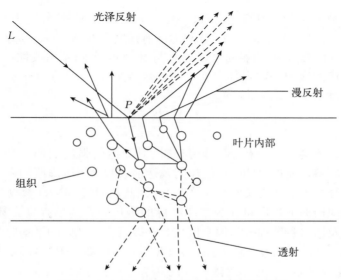

图 11-14　光与植物叶片的作用方式示意图
L 为入射光线；P 为叶片上一点

利用 BRDF 及 BTDF 表示植物叶片对光的反射及透射作用。研究表明，叶片的回射现象可忽略不计，透射以漫反射特征为主，因此，叶片表观材质可利用式（11-1）表示。

植物叶片主要由叶肉和各级叶脉构成，它们的 BRDF/BTDF 参数不同，导致表观特征具有明显差异，因此，叶片表观可视化需对各种结构均进行建模。本文主要考虑玉米叶片的叶肉、主叶脉、二级叶脉三类结构，后文中出现的叶片表观参数均为三种结构表观参数的总称。

采用 Matlab 工具箱中的曲面拟合（Surface fitting）模块对叶肉表观进行数学建模。以 SPAD 参数 S、生育期参数 G 作为自变量，以叶肉漫反射强度为因变量将数据导入至 Matlab 中对数据进行拟合，拟合方法采用基于双平方权（Bisquare weights）的鲁棒最小二乘算法，以减少异常值对回归结果带来的影响。叶肉漫反射模型公式拟合如下：

$$\begin{cases} D_r=0.363-0.348S-0.050G+0.070S^2+0.030S\cdot G+0.006G^2 \\ D_g=0.331-0.076S-0.043G-0.121S^2+0.021S\cdot G+0.005G^2 \quad (11-5) \\ D_b=0.193-0.196S-0.025G-0.048S^2+0.024S\cdot G+0.003G^2 \end{cases}$$

拟合决定系数分别为 0.913 7、0.851 1、0.614 6，RMSE 分别为 0.015 4 9、0.012 8、0.015 3 3。式中，D_r、D_g、D_b 分别为漫反射强度 D 的 R、G、B 分量，S 为 SPAD 参数，G 为生育期参数。

与漫反射数据相比，叶肉透射数据中存在少量与总体数据存在巨大差异的数据，为彻底排除这些数据对拟合的影响，采用基于最小绝对残差（Least absolute residuals）的鲁棒最小二乘算法对曲面进行拟合，根据次表面散射传输物理过程可知，叶肉透射强度与厚度和组织结构的传输系数呈负指数关系，因此，为了使模型更符合物理特性，选择幂指数形式作为透射模型：

$$\begin{cases} T_r = \mathrm{e}^{-(0.795\,5S+0.000\,6G)} - 0.438\,3 \\ T_g = \mathrm{e}^{-(0.647\,6S+0.038\,7G)} - 0.328\,8 \\ T_b = \mathrm{e}^{-(0.092\,9S+0.003\,6G)} - 0.873\,7 \end{cases} \quad (11-6)$$

模型的决定系数分别为 0.997 5、0.991 3、0.990 7，RMSE 分别为 0.006 4、0.009 6、0.020 7。式（11-6）中，T_r、T_g、T_b 分别为透射强度 T 的 R、G、B 分量。

数据显示高光强度参数 ρ_s 和粗糙度参数 α 与 S 及 G 之间无相关性，且变化幅度不大，因此，采用平均值作为模型参数，其中 $\rho_s = (0.04，0.04，0.04)$，$\alpha = 0.29$，得到高光反射项 $J(\rho_s，\alpha)$ 三个分量 J_r、J_g、J_b 为：

$$J_r = J_g = J_b = \frac{0.378\,5\mathrm{e}^{-11.890\,6\tan^2\delta}}{\sqrt{\cos\theta_i \cdot \cos\theta_r}} \quad (11-7)$$

对于二级叶脉，曾尝试拟合出 SPAD 与漫反射和透射强度的回归公式作为表观模型，但实际可视化效果较差，模拟出的叶脉漫反射及透射表观会出现虚假的视觉效果（回归模型得到的一些颜色特征并不能在真实叶片中产生）。因此，通过 SPAD 参数对漫反射及透射进行分段，并采用区间内的平均向量作为二级叶脉的漫反射及透射强度参数。以 SPAD 参数为基准可将漫反射及透射参数划分为四个区域，并以每个区域内的平均向量作为表观参数：

$$\begin{cases} D = (0.306\,6，0.343\,3，0.176\,7) & 0.00 \leqslant \mathrm{SPAD} \leqslant 0.38 \\ D = (0.150\,0，0.246\,7，0.086\,7) & 0.38 < \mathrm{SPAD} \leqslant 0.57 \\ D = (0.148\,3，0.230\,0，0.110\,0) & 0.57 < \mathrm{SPAD} \leqslant 0.80 \\ D = (0.190\,0，0.223\,3，0.130\,0) & 0.80 < \mathrm{SPAD} \leqslant 0.10 \\ T = (0.380\,0，0.496\,7，0.077\,5) & 0.00 \leqslant \mathrm{SPAD} \leqslant 0.38 \\ T = (0.313\,3，0.460\,0，0.116\,7) & 0.38 < \mathrm{SPAD} \leqslant 0.57 \\ T = (0.210\,0，0.313\,3，0.106\,7) & 0.57 < \mathrm{SPAD} \leqslant 0.80 \\ T = (0.150\,0，0.203\,3，0.096\,7) & 0.80 < \mathrm{SPAD} \leqslant 0.10 \end{cases} \quad (11-8)$$

试验结果表明，ρ_s、α 与 S 和 G 无相关性。同样采用平均值作为模型参数，$\rho_s = (0.11，0.11，0.11)$，$\alpha = 0.24$，得到二级叶脉高光反射项 $J(\rho_s，\alpha)$ 三个分量 J_r、J_g 和 J_b 为：

$$J_r = J_g = J_b = \frac{0.152\,0\mathrm{e}^{-17.361\,1\tan^2\delta}}{\sqrt{\cos\theta_i \cdot \cos\theta_r}} \quad (11-9)$$

从所测数据发现，玉米主叶脉的表观参数变化幅度小，可采用各参数平均值作为表观模型参数。主叶脉的漫反射强度 $D = (0.44，0.44，0.41)$，透射强度 $T = (0.21，0.31，0.06)$，高光反射强度 $\rho_s = (0.12，0.12，0.12)$，粗糙度 $\alpha = 0.24$。

11.4.3　玉米叶片表观纹理建模

叶片表面表观具有空间差异性，从而形成纹理特征。本节采用二维图像表示玉米叶片纹理几何结构，并整合上述表观模型构造玉米叶片表观纹理。

1. 玉米叶片纹理结构　将玉米叶片纹理划分为叶肉、主叶脉（一级叶脉）和二级叶脉三种结构（图 11-15A），各结构的划分及排列方式是对实际玉米叶片纹理图案的几何抽象及简化。各结构单元将二维图像划分为多个区域，其中主叶脉形成单个连通区域，二级叶脉以及叶肉均形成多个区域，且这两部分区域彼此相邻。为生成表观纹理，需计算各结构区域在图像中所包含的像素信息（即连通区域）。

首先计算主叶脉在图像中所占区域。设二维图像宽为 W，高为 H，坐标原点 $(0, 0)$ 为图像左上角点。将一级叶脉抽象为五边形，顶点用符号 $B_1 \sim B_5$ 表示，该五边形可拆分为一个等腰梯形和一个等腰三角形，详细几何结构信息如图 11-15B 所示，顶点 $B_1 \sim B_5$ 的坐标可由如下公式计算得到：

$$\begin{cases} B_1 = (0.5W, \ 0.2H) \\ B_2 = (0.475W, \ 0.85H) \\ B_3 = (0.625W, \ 0.85H) \\ B_4 = (0.4W, \ H) \\ B_5 = (0.6W, \ H) \end{cases} \tag{11-10}$$

获得多边形顶点后，遍历图像中所有像素，判断每个点是否在多边形内部，在内部的像素即属于一级叶脉的区域。判断点是否在多边形内部是非常经典的图形学问题，此处采用交叉点数判别法进行判断。

之后计算二级叶脉在图像中所占区域。由于二级叶脉以图像中心线左右对称，因此，仅以右侧二级叶脉为例进行介绍。二级叶脉被抽象为四边形结构，其包含一条中心线用以表示二级叶脉维管束突起的部分，中心线两边的区域表示维管束与叶肉细胞相邻的部分，二级叶脉的几何结构图如图 11-15C（注意，图中 C_i 和 C_{i+1} 之间的实际距离为 d_i，但是在图中比 C_0、C_1 间的距离大，这是为了更加清晰地标注出各结构的几何信息，在图中并没有严格按照实际比例进行构图）。图 11-15C 中 B_1 为一级叶脉多边形顶点 B_1，B_6 坐标为 $(0.5W, H)$，B_7 坐标为 (W, H)，在线段 B_2B_6 上以 d_i 为间隔选取 n 个点，用 C_i 表示（$0 \leqslant i \leqslant n-1$），$C_i$ 坐标为 $(0.5W, H-(i+1)d_i)$，$Z_1 \sim Z_5$ 5 个点的坐标分别为：

$$\begin{cases} Z_1 = (0.5W, \ H-(i+1)d_i+d/\cos\alpha_3) \\ Z_2 = (0.5W, \ H-(i+1)d_i-d/\cos\alpha_3) \\ Z_3 = (W, \ H-(i+1)d_i-d/\cos\alpha_3-0.5W\tan\alpha_3) \\ Z_4 = (W, \ H-(i+1)d_i+d/\cos\alpha_3-0.5W\tan\alpha_3) \\ Z_5 = (W, \ H-(i+1)d_i-0.5W\tan\alpha_3) \end{cases}$$

获得 $Z_1 \sim Z_5$ 顶点后，遍历图像中所有像素，判断每个点是否在多边形 $Z_1Z_2Z_3Z_4$ 之中，在内部的像素即属于二级叶脉的区域。除此之外，还需对二级叶脉区域进一步分类，线段 C_iZ_5 上的像素属于二级叶脉区域维管束突起部分，其余像素属于维管束与叶肉细胞相邻的部分。

上述二级叶脉由 B_1B_6 线段的采样点构造而成，此外，有部分二级叶脉区域需在 B_6B_7 线段上采样生成。在 B_6B_7 上以 d_k 为间隔选取 m 个点，用 C_k 表示（$0 \leqslant k \leqslant m-1$），$C_k$ 坐标为 $(0.5W+(i+1)d_k, H)$，则 $Z_6 \sim Z_{10}$ 五个点的坐标为：

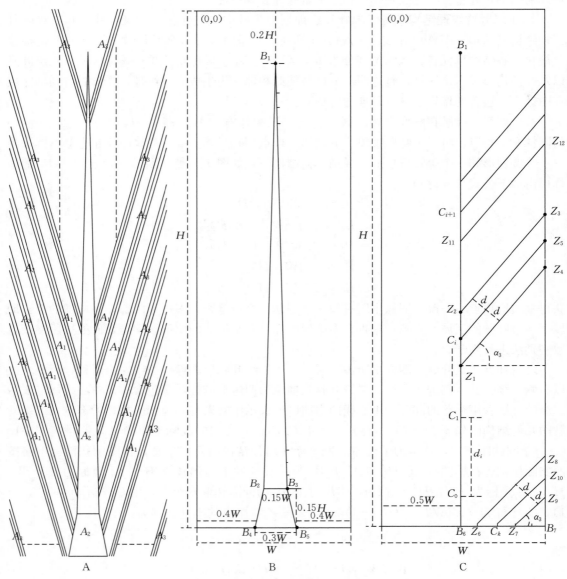

图 11 - 15　玉米纹理几何结构

A. 总体几何结构；B. 主叶脉结构；C. 叶肉及二级叶脉结构

$$\begin{cases} Z_6 = (0.5W + (i+1)\ d_k - d/\sin\alpha_3,\ H) \\ Z_7 = (0.5W + (i+1)\ d_k + d/\sin\alpha_3,\ H) \\ Z_8 = (W,\ H - \tan\alpha_3\ (0.5W - (i+1)\ d_k + d/\sin\alpha_3)) \\ Z_9 = (W,\ H - \tan\alpha_3\ (0.5W - (i+1)\ d_k - d/\sin\alpha_3)) \\ Z_{10} = (W,\ H - \tan\alpha_3\ (0.5W - (i+1)\ d_k)) \end{cases}$$

在多边形 $Z_6Z_7Z_9Z_8$ 内部的图像像素为二级叶脉的区域，其中在线段 C_iZ_{10} 的点为维管束突起区域。

由于每个叶肉区域均在两个二级叶脉区域之间，因此可直接采用二级叶脉结构的顶点计

算叶肉区域。以 C_i 二级叶脉和 C_{i+1} 二级叶脉之间的叶肉区域为例，该叶肉区域的四边形顶点即为 Z_2、Z_3（输入 C_i 二级叶脉）和 Z_{11}、Z_{12}（属于 C_{i+1} 二级叶脉）。获得顶点之后，对于区域像素的计算同一级叶脉的方法。

按照如上方法计算得到的结构区域会出现重叠现象，即有部分像素分属于不同的结构。这种现象会发生在一级叶脉与二级叶脉、一级叶脉与叶肉的邻近区域，本文将这类像素全部归至一级叶脉区域。

2. **玉米叶片表观纹理生成算法**　生成玉米叶片纹理结构之后，基于表观模型计算特定 SPAD 以及生育期参数（由用户给出）下叶肉、一级叶脉、二级叶脉的表观参数，再按照结构类别为每个区域赋予对应的表观参数。上述方式会使同一结构类型的区域具有相同的表观结果，为了增加随机性，本文将所有测量得到的玉米表观数据分成 12 个表观数据集合（叶肉、二级叶脉、一级叶脉各四个表观参数集合，包括漫反射强度集合、透射强度集合、高光强度集合、粗糙度集合），当通过模型计算得到表观参数之后，基于最近邻方法在对应集合中找到 10 个与计算结果最相近的表观参数，每个结构区域的任一表观参数从 11 个参数中随机选择，最终得到的表观纹理在相同结构区域内像素的表观参数一致，不同区域像素的表观参数具有轻微差别。

上述方法可以获得表观较均匀（即整个玉米叶片表面所有点的参数 S 和 G 都为相同值）的叶片纹理，但叶片纹理在特定状态会存在较大的表观空间差异性，如在成熟期之前一段时间会出现黄绿和深绿相间装填的表观，在衰老期的一段时间内也会出现黄绿相间的状态，为了模拟这些复杂的纹理样式，本文采用在均匀表观纹理基础上辅助人工交互的方式对这类现象进行编辑。由于已经明确了纹理图像上每个像素所属的结构区域，因此当用户想对某些区域进行表观编辑时，只需用鼠标选择待编辑区域中的任意像素，即可索引到该结构区域的所有像素，最后为该区域像素设定不同的 S 参数，即可为该结构区域赋予与其他区域不同的表观颜色。通过多次操作即可得到样式复杂的玉米表观纹理图像。

本文生成的纹理可映射至由 B 样条曲面生成的玉米叶片模型上。设三维模型的 B 样条曲面参数轴分别为 u（[0, 1]）、v（[0, 1]），二维纹理图像参数轴表示为 w（[0, 1]）、h（[0, 1]），纹理映射计算只需将 w 与 u，h 与 v 分别等值一一对应即可。因此，对于叶片模型上一点 P，若其曲面参数为 $u=u'$、$v=v'$，则该点的纹理坐标为 $w=u'$、$h=v'$。

11.4.4　玉米叶片表观材质生成结果与分析

算法在配置为 3.0GHZ CPU、DDR8G 内存的 PC 机上进行了测试，表观模拟方法在渲染 3 000 个顶点的模型时，速度达到 140 帧/s，可进行流畅的三维实时交互浏览。本方法可根据用户输入的 SPAD 以及生育期参数获得符合实际的表观纹理，图 11-16 为不同 SPAD 和生育期参数下的表观纹理（从左至右分别为漫反射纹理、透射纹理、高光强度纹理、粗糙度纹理），由于本方法构建的各结构高光反射模型在不同生育期保持恒定，因此图 11-16 中不同参数下的高光纹理和粗糙度纹理是相同的，但漫反射和投射纹理具有差异。图 11-17 为不同参数下的玉米叶片表观可视化模拟结果，从图中可以看出，随着 SPAD 的增大，叶片表观颜色的色调会逐渐从黄色向深绿色变化，这是由于叶片中叶绿素含量下降导致的；而随着生育期参数的变大，叶片透射总体亮度变暗，这主要是叶片厚度逐步增大的结果。图 11-18 为采用交互编辑生成的较复杂的表观纹理，由于高光和粗糙度纹理不会随着参数 S 改变，因此通过交互编辑得到的上述两张纹理与图 11-17 相同，图 11-18A 和图 11-18B

为编辑得到的具有空间差异性的表观纹理，两张图中偏黄色的区域即为人工编辑区域，其内部像素被赋予了更小的参数 S。图 11-19 为利用图 11-18A 和图 11-18B 纹理生成的可视化效果，图 11-19A 模拟了衰老期出现的黄绿相间的表观状态，图 11-19B 模拟了成熟期之前一段时间出现的黄绿和深绿相间的表观状态，结果显示，在不同视角下，本文方法可以呈现出玉米漫反射和透射表观不同质感的空间差异性。

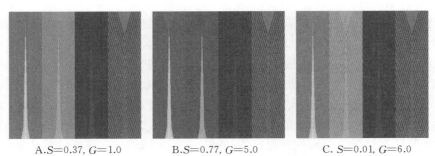

A. $S=0.37$, $G=1.0$ B. $S=0.77$, $G=5.0$ C. $S=0.01$, $G=6.0$

图 11-16　不同 S 及 G 参数下生成的玉米表观纹理（见彩图）

注：图中每组纹理从左至右分别为漫反射、透射、高光强度及粗糙度纹理。

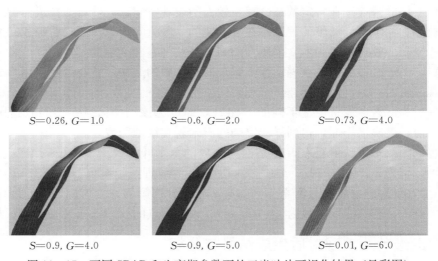

$S=0.26$, $G=1.0$ $S=0.6$, $G=2.0$ $S=0.73$, $G=4.0$

$S=0.9$, $G=4.0$ $S=0.9$, $G=5.0$ $S=0.01$, $G=6.0$

图 11-17　不同 SPAD 和生育期参数下的玉米叶片可视化结果（见彩图）

　　对比叶肉、一级叶脉、二级叶脉三类结构的漫反射、透射、高光反射和粗糙度四个表观材质模型，发现以下两个现象。

　　① 漫反射、透射表观受 SPAD 和生育期参数影响最大，而高光反射和粗糙度参数一直较稳定。笔者认为这是由于漫反射和透射是一种由光在叶片内部传输过程的次表面散射造成的光学特性，因此叶片内部生理组分和结构的变化（如色素含量的增减、细胞组织的增大）对两者影响巨大，而生育期参数和 SPAD 参数均与生理组分结构密切相关，因此会更大程度上影响漫反射和透射，这同时也是三种结构中 SPAD 参数和生育期参数对叶肉表观影响相比于叶脉结构更大的原因。高光反射和粗糙度是光与表皮区域及茸毛结构作用的结果，与叶片内部生理组分不发生直接接触，因此受 SPAD 参数影响小。但理论上，随着玉米生育期的变化，表皮细胞均会增大，这样一定程度上会影响光的折射和反射特性，从而带来高光

A.黄绿相间表观纹理　　　　　　B.黄绿与深绿相间表观纹理

图 11 - 18　通过交互编辑生成的复杂纹理表观（见彩图）

注：每组表观纹理从左至右分别为漫反射纹理和透射纹理。

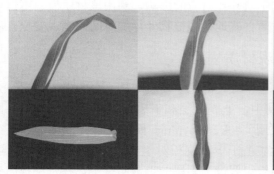

A.图11-18A纹理的可视化效果　　　　　　B.图11-18B纹理的可视化效果

图 11 - 19　不同视角下的复杂纹理玉米叶片可视化结果（见彩图）

注：A，B均给出 4 个视角下的玉米表观可视化结果。

和粗糙度的改变，但是本文数据并未在时间尺度上检测到变化，导致该现象的原因可能是本文采用的表观测量设备和方法对高光反射强度拟合的精度不够；或者由于试验时的离体、打孔操作一定程度上破坏了表皮、茸毛在活体状态下的特性，从而导致在进行表观参数测量时高光反射和粗糙度参数结果的不准确。

② 叶肉的漫反射模型和透射模型在不同通道上的拟合结果存在差异，从 R^2、RMSE 两项指标对比，红色通道的拟合结果最优，绿色通道相比红色通道稍差，蓝色通道的拟合结果最差，且与前两者差距明显。之所以出现这种情况，笔者认为是由于 SPAD 参数 S 和生育期参数 G 与叶绿素、类胡萝卜素的含量关系密切，而两种色素对光的吸收主要集中在绿、

红波段，而对偏蓝波段的吸收较小，从而导致以 S 和 G 作为参数构建的模型对漫反射和透射的蓝色通道解释能力相对较弱，但由于两个模型在蓝色通道的数值都不大，对最终可视化效果的影响不大，因此可以接受。

11.5　基于生理因子的叶片动态表观模型

叶片表观是玉米重要的特征，不同品种的叶片给人以不同的质感。对玉米叶片表观进行真实感绘制的主要难点在于：① 叶片呈现在人眼中的表观效果是由周围环境的光照条件、叶片的空间位置以及叶片的材质所决定的。理论上，叶片的材质反映着叶片的本质特征，它是由表面以及内部的细胞组织等的分布特性决定的，并最终影响着光线与叶片的交互方式及反射特性。② 叶片表观也是反映植物内在生理结构和当前生长（健康）状态的重要外在表象，其颜色、纹理以及表面质感都会随着生理年龄、营养状况、病害影响等因素的改变而发生变化，其颜色的变化有着复杂的内部生理机制。以上两方面因素为对玉米叶片表观进行真实感绘制提出了挑战，前者的困难在于需要建立与玉米叶片真实结构材料属性相吻合的光学模型（物理模型），后者的困难则在于需要考虑玉米叶片颜色变化的生理和环境因素。

本质上，玉米叶片的表观是由其内部的机理所决定的，同时受到外部环境的影响。但目前现有的关于植物叶片的真实感渲染算法，往往只单纯地注重叶片材质与光的物理作用，并没有考虑叶片结构以及叶片内在生理机能对叶片材质的影响，而这些却是决定叶片表观的内在因素，这也造成了目前叶色渲染方法在模拟叶片一些生理现象变化（如老化等）时会遇到问题。为此，本节介绍一种基于生理因子的植物叶片表观材质模型，该模型充分考虑了叶片的内部结构及其色素等影响叶片表观的生理因子对叶片材质的影响，利用该材质模型不仅可以模拟固定时刻的植物叶片表观，同时可以方便自然地模拟植物叶片随时间的表观变化。

11.5.1　基于生理因子的玉米叶片表观材质模型

根据对叶片结构及光学特性的观察，构建玉米叶片的材质模型结构，分为上表皮层、光合组织层以及下表皮层三层，如图 11-20。其中，上表皮层和下表皮层产生高光反射，而光合组织层产生漫反射。对表皮的高光反射采用 Cook-Torrance 模型进行建模，部分研究已证明该模型能够很好地描述叶片的反射特性。由于下表皮相对于上表皮多了一层膜结构，所以认为下表皮的高光反射强度更大。将光合组织假设为多层的半透明平板，在每层板内分布着光合色素对光进行吸收，从而形成漫反射。本文以 BRDF+BTDF 的形式对玉米叶片的材质模型进行数学表示，其中，$BRDF = P_d/\pi + P_s$，P_d 表示漫反射，P_s 表示高光反射；$BTDF = P_t/\pi$，P_t 表示透射。

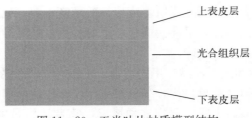

图 11-20　玉米叶片材质模型结构

玉米叶片的内部组织可抽象成由一层平行透明板组成的物体，假设光通量在叶片体内是各向同性的，根据 Allen 等的研究（Allen et al.，1969），可以利用如下公式计算玉米叶片的漫反射比和透射比：

$$\begin{cases} \rho_a = [1 - t_{av}(\theta_i, n)] + \dfrac{t_{av}(90, n) \, t_{av}(\theta_i, n) \, \theta^2 \, [n^2 - t_{av}(90, n)]}{n^4 - \theta^2 \, [n^2 - t_{av}(90, n)]^2} \\ \tau_a = \dfrac{t_{av}(90, n) \, t_{av}(\theta_i, n) \, \theta n^2}{n^4 - \theta^2 \, [n^2 - t_{av}(90, n)]^2} \end{cases} \qquad (11-11)$$

其中，θ_i 表示最大的入射立方角，n 表示折射系数，θ 为透射系数，$t_{av}(\theta_i, n)$ 是绝缘面的透射率。上式反映了单一致密叶片的光学特性，适用于以玉米为代表的单子叶植物。传输系数 θ 的取值可以通过吸收系数 k 进行计算：

$$\theta = (1-k)e^{-k} + k^2 \int_k^\infty x^{-1} e^{-x} dx \qquad (11-12)$$

吸收系数 k 可以用下式计算：

$$k = \frac{\sum K_i C_i}{N}$$

其中，K_i 为所对应叶片生理成分 i（如叶绿素、胡萝卜素等）的吸收系数，C_i 为生理成分 i 的单位面积含量。从公式（11-12）可发现，传输系数 θ 是一个较复杂的积分计算过程，并不能满足实时计算和模拟的需要，因此，需要对其进行简化。在计算过程中发现，θ 的计算取值在（0，1）范围内，并且具有较明显的指数函数特征，因此，将该式用一个指数函数进行简化，这样不仅可以提高运算速率，同时对后续的参数拟合也具有简化的作用。为了进行函数拟合，将自变量 k 的最小值设为 0.000 01（当 $k=0$ 时，θ 为无穷大），最大值设为 10，在其中均匀选取 10 000 个点，分别计算 θ 值，在 Matlab 软件中得到的拟合曲线如图 11-21 所示，其拟合结果的 R^2 为 0.998 8。拟合得到的公式如下：

$$\theta = 0.950 \, 4 e^{-1.463k} \qquad (11-13)$$

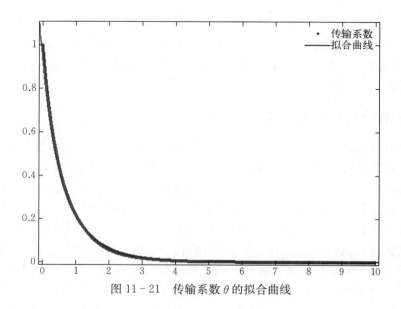

图 11-21 传输系数 θ 的拟合曲线

实际执行时，玉米叶片的结构参数 N 设为 1.4、入射角 θ_i 设为 0。因为叶片是非金属，在入射光角度为 0°时，Fresnel 反射在 2％～5％，其主要表现为漫反射分量，可以认为此时主要为漫反射，高光部分从视觉感官上可忽略不计，所以可以将 N 和 θ_i 代入公式（11-11）推导出叶片材质模型的漫反射 P_d 计算公式：

$$\begin{cases} P_d = 0.03 + \dfrac{0.93\theta^2}{3.84 - 0.96\theta^2} \\ \theta = 0.950\,4\mathrm{e}^{-1.463 \times \frac{K_0 C_0 + K_1 C_1}{1.4}} \end{cases} \tag{11-14}$$

采用 Cook-Torrance 公式对玉米叶片的高光反射 P_s 进行建模，公式如下：

$$P_s = \frac{F\,(n,\ q_h)}{\pi} \frac{DBeckmann\,(\theta_h,\ \alpha)\ G\,(\theta_i,\ \theta_v,\ \theta_h,\ \gamma)}{\cos\theta_i \cos\theta_v} \tag{11-15}$$

其中，

$$\begin{cases} F\,(n,\ \theta_h) = 0.5\left(\dfrac{g - \cos\theta_h}{g + \cos\theta_h}\right)^2 \left[1 + \left(\dfrac{\cos\theta_h\,(g + \cos\theta_h) - 1}{\cos\theta_h\,(g - \cos\theta_h) + 1}\right)^2\right] \\ g = \sqrt{n^2 + \cos^2\theta_h - 1} \\ G\,(\theta_i,\ \theta_v,\ \theta_h,\ \alpha) = \min\left(1,\ \dfrac{2\cos\theta_h\cos\theta_v}{\theta_h},\ \dfrac{2\cos\theta_h\cos\theta_i}{\theta_h}\right) \\ DBeckmann\,(\theta_h,\ \alpha) = \dfrac{1}{\gamma^2\cos^4\theta_h}\mathrm{e}^{-(\tan\theta_h/\gamma)^2} \end{cases}$$

其中，n 为折射系数，θ_i 为入射光角度，θ_v 为出射光角度，$\theta_h = \theta_i + \theta_v$，为半角。$F$ 为菲涅尔项，γ 为表面粗糙度。

同样将 N 设为 1.4、入射角 θ_i 设为 0，根据公式（11-11）得到透射强度

$$P_t = \frac{1.75\theta}{3.84 - 0.96\theta^2}$$

此外，叶片的透射会随着叶片的厚度增加而降低，降低的比率与叶片厚度 H 之间大体呈指数关系，即 e^{-H}，则最终公式如下：

$$P_t = \mathrm{e}^{-H} \times \frac{1.75\theta}{3.84 - 0.96\theta^2} \tag{11-16}$$

整个模型可进行漫反射、高光反射和透射的计算，模型中通过叶绿素含量 C_0、胡萝卜素含量 C_1、叶绿素吸收参数、胡萝卜素吸收参数、叶片厚度计算漫反射和透射，利用折射系数 n，粗糙度 γ 计算高光反射。

11.5.2 玉米叶片表观材质变化模型

上述玉米叶片表观材质模型参数较多，不易控制，并且其中一些参数理论上是稳定不变的，如色素的吸收系数，因此，在研究中以玉米叶片表观材质模型为基础，利用实测的玉米数据，对模型中的一些参数进行拟合，这样可以使模型更加符合玉米的实际光学属性。

首先，对漫反射和透射模型中的吸收系数进行拟合。由于单位吸收系数 K_i 是由光合色素决定的，所以其对于玉米叶片来说是确定的数值，因此，需利用实测数据对叶绿素、胡萝卜素的吸收系数进行拟合。选取 100 个玉米叶片作为数据样本，样本覆盖了年幼期、成熟期和老化期三个时期。利用打孔器在叶片上的相似部位打出直径为 1.5 cm 的圆片形叶片。利用玉米叶片表观材质参数获取系统进行叶圆片漫反射〔用 $r_d\,(R,\ G,\ B)$ 表示〕及透射的测量〔用 $r_t\,(R,\ G,\ B)$ 表示〕，并测量每个叶圆片的重量，最后利用叶绿素荧光仪测量叶

圆片的叶绿素含量及胡萝卜素含量。完成上述数据采集后，即可对叶绿素以及胡萝卜素在 RGB 空间上的吸收系数进行拟合。拟合的计算过程非常直观，首先根据公式（11-13）得到

$$\theta=\sqrt{\frac{3.84r_d\ (R,\ G,\ B)-0.12}{0.9+0.98r_d\ (R,\ G,\ B)}}$$

之后，将上式代入到公式（11-14），得到

$$\theta=0.950\ 4e^{-1.463k}=\sqrt{\frac{3.84r_d\ (R,\ G,\ B)-0.12}{0.9+0.98r_d\ (R,\ G,\ B)}}$$

设叶绿素吸收系数为 $K_1\ (R,\ G,\ B)$，胡萝卜素吸收系数为 $K_2\ (R,\ G,\ B)$，叶绿素的含量为 C_0，胡萝卜素的含量为 C_1，则根据 $k=\sum K_iC_i$，可得：

$$\theta=0.950\ 4e^{-1.463((K_0C_0+K_1C_1)/1.8)}=\sqrt{\frac{3.84r_d\ (R,\ G,\ B)-0.12}{0.9+0.98r_d\ (R,\ G,\ B)}}$$

$$\Rightarrow K_0C_0+K_1C_1=\frac{1.8}{-1.463}\ln\sqrt{\frac{3.84r_d\ (R,\ G,\ B)-0.12}{0.9+0.98r_d\ (R,\ G,\ B)}}/0.950\ 4 \qquad (11-17)$$

式中，K_0 和 K_1 为未知量，C_0 和 C_1 以及 $r_d\ (R,\ G,\ B)$ 为实测已知量，这样，就可以通过较多的数据去解一个超定方程组，从而得到叶片的叶绿素及胡萝卜素吸收系数的参数。利用 100 个叶圆片数据进行拟合，得到的参数分别为 $K_0=(0.024\ 1,\ 0.013\ 22,\ 0.016\ 47)$，$K_1=(0,\ 0.004\ 6,\ 0.129\ 8)$。

同样，利用实测数据对高光反射的参数进行拟合，将高光反射公式中的 F 与 G 的乘积合并为一项，用 P_{fg} 表示，称之为高光强度。这样，高光反射的参数为 P_{fg} 和 γ。利用叶圆片的高光反射数据进行拟合，由于每个叶圆片有 400 个不同光源位置的图像，利用最小二乘方法即可获得每个叶圆片的 P_{fg} 和 γ 参数。研究中发现，不同叶片的 P_{fg} 和 γ 值均不同，但目前尚未找到较好的方法实现 P_{fg} 和 γ 的定量计算。

现实世界中，叶片颜色随叶片表面空间不断变化，其原因是叶片内部色素分布不均，以及次表面散射时产生的自阴影所导致。本研究没有考虑后者，只通过调控叶片色素的分布达到颜色空间变化的真实感效果。精确的色素分布调控是非常困难的，因此，提出一种不精确的方法进行空间变化的分布。从实际的观察以及材质模型的分析中可以发现，当叶绿素含量较高时，叶片整体反射率较低；而叶绿素含量较低时，叶片整体反射率较高。反映在纹理图像中时，可以简单地认为像素灰度值越高的地方，叶绿素含量越低；而灰度值较低的地方，叶绿素含量越高。而对于胡萝卜素，虽然其不会有如此明显的特征，但是仍可以用这种方法进行调控。基于以上分析，提出叶片色素的分布模型：

$$\Phi=\Phi_{\max}\times(1-g_r)^{\lambda_1}$$
$$\Psi=\Psi_{\max}\times(1-g_r)^{\lambda_2} \qquad (11-18)$$

其中，$\Phi_{\max}$ 和 $\psi_{\max}$ 分别为叶片的最大叶绿素含量以及最大胡萝卜素含量，g_r 为灰度纹理的像素值，λ_1、λ_2 为空间差异调控参数，当这两个值越大时，色素含量的局部差异越大。

在衰老过程中，叶片各个位置的颜色变化速率是不同的，为了模拟这种现象，利用一张色素变化速率纹理进行调控，该纹理的像素表示叶片在各个点色素变化速率的比例值，值越大的点表示色素的变化越快。该纹理可以通过美工绘制得到，也可以简单地利用灰度纹理代替（认为灰度大的部位其色素变化快）。提出如下公式对色素的变化速率进行调控：

$$\Delta\Phi=\Phi_{\text{start}}-v_{\text{max}_1}v_{\text{ratio}}{}^{s_1}t$$

$$\Delta\Psi=\Psi_{\text{start}}-v_{\text{max}_2}v_{\text{ratio}}{}^{s_2}t$$

$$(11-19)$$

其中，$\Delta\Phi$ 及 $\Delta\psi$ 为叶绿素及胡萝卜素的含量变化量，Φ_{start} 及 ψ_{start} 为叶绿素及胡萝卜素的初始含量，v_{max_1} 及 v_{max_2} 分别为叶绿素及胡萝卜素含量变化的最大速率，v_{ratio} 为色素变化速率比率，该值从色素变化速率纹理中获得，s_1 及 s_2 分别为速率差异调控参数，当值越大时，局部色素变化速率越大，t 为变化的时间。将式（11-18）与式（11-19）进行整合，可得最终的色素调控函数为：

$$\Phi=\Phi_{\text{max}}\times(1-g_r)^{\lambda_1}-v_{\text{max}_1}v_{\text{ratio}}{}^{s_1}t$$

$$\Psi=\Psi_{\text{max}}\times(1-g_r)^{\lambda_2}-v_{\text{max}_2}v_{\text{ratio}}{}^{s_2}t$$

$$(11-20)$$

11.5.3 基于生理因子的叶片表观建模结果与分析

利用上述公式得到不同玉米叶片表观纹理建模结果。图 11-22 为模拟得到的玉米叶片反射和透射的可视化效果。图 11-23 为叶绿素含量和胡萝卜素含量为 0 时（白化病状）叶片的反射特征，得到的结果与实际白化病的结果一致。图 11-24 为重建的玉米表观结果与实际玉米叶片的对比。图 11-25 为模拟的玉米叶片老化可视化效果。

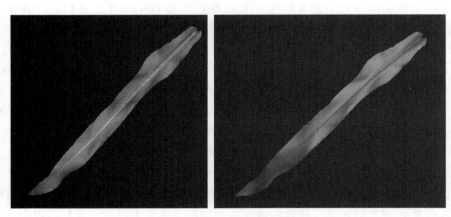

图 11-22　模拟得到的玉米叶片反射和透射可视化效果（见彩图）

图 11-23　玉米白化病模拟效果与实际对比图（见彩图）

图 11-24 玉米叶片表观真实感模拟效果（见彩图）

A. 真实图像；B、C. 模拟结果

图 11-25 玉米叶片老化模拟可视化效果（见彩图）

A. 色素变化速率纹理；B. 不同色素参数下的玉米表观变化结果；C. 实际的玉米颜色变化图片

　　本节方法十分容易与现有的渲染流程整合，即使对于延迟渲染，该方法仍然适用，且不会占用额外的内存。与其他渲染方法相比，这些方法多需要颜色纹理，并且多为 3 个通道，但本方法并不需要颜色纹理，而是采用单通道的空间分布纹理进行漫反射计算。为模拟生理病变的效果，通常情况下，方法会存储两个不同分布的色素速率变化纹理（两张纹理分别占用一个通道），这样实际上可以将三张纹理整合成一张三通道的 RGB 纹理图像进行使用。最终的表观重建全都可以放到后处理阶段进行计算。与传统方法相比，本算法需要额外进行反射率及透射率的计算，这样带来的开销较其他算法稍大，但仍能保证实时的速度，对于包含63万个顶点数据量目标渲染模型，利用本文方法仍可以达到 26 帧/s。

本节以物理光学、植物学为理论基础，结合实测的玉米叶片表观材质数据，构建了参数化的玉米叶片表观材质模型，该模型以光合色素含量为主要模型参数，从生理角度更加本质地对玉米表观特征的形成过程进行揭示，并且为后续的玉米叶片表观真实感重建提供理论基础。

11.6　作物表观三维可视化算法

前面介绍了作物表观模型构建方面的技术方法，得到模型后，需要将模型载入到三维可视化渲染通道中，得到最终的可视化结果。本节主要介绍玉米表观可视化仿真技术中的三维可视化计算方法。因此处重点关注玉米在大田光环境下的表观特征，因此，可视化光照计算主要考虑太阳直射光、天空散射光以及植株遮挡导致的阴影等特性。可视化算法包括太阳直射光计算和天空散射光计算两部分。

11.6.1　太阳直射光计算方法

将太阳直射光看成是一种平行光源，其方向为 L_i，辐照度为 E_s，其对作物反射和透射外观可采用如下公式进行计算：

$$E_o(p) = E_s \cos \theta_i f_r(\theta_i, \varphi_i; \theta_r, \varphi_r; p) \, M(L_i, p) \, S(p)$$

$$E_t(p) = E_s \cos (\pi - \theta_i) \, f_t(p) \, M(L_i, p) \, S(p)$$

其中，$f_r(\theta_i, \varphi_i; \theta_r, \varphi_r; p)$ 和 $f_t(p)$ 为作物表观的 BRDF 及 BTDF，p 为三维空间坐标；$M(L_i, p)$ 为遮挡项，当 $M(L_i, p) = 1$ 表示 p 点相对于光源没有被遮挡；而遮挡项为 0 时表示遮挡，被遮挡的位置将会形成阴影。为了快速计算遮挡阳光形成的阴影，测试了当前常用的 shadow map 方法，包括传统 shadow map 方法；差分 shadow map 方法、指数 shadow map 方法以及层次 shadow map 方法。从测试结果发现，传统 shadow map 方法和指数 shadow map 方法获得阴影质量不高，锯齿较明显；差分 shadow map 方法在小场景可以获得柔和的阴影，但是当场景较大时，阴影会出现严重的锯齿；而层次 shadow map 方法则在各种场景下均可以获得相对较好的结果。因此最终选择层次 shadow map 方法进行遮挡阴影项的计算。

11.6.2　天空散射光计算方法

根据辐射度传输公式进行天空散射光的计算。假设天空光主要带来漫反射的特征，因此，辐射度公式可以表示成如下形式：

$$E(N_r) = \int_{\Omega(N_r)} L(\omega)(N_r \cdot \omega) \mathrm{d}\omega \qquad (11-21)$$

$$E_e(p, N_r) = (f_r^d(p) \, E(N_r) + f_t(p) \, E(-N_r)) \, M(p) \, S(p) \qquad (11-22)$$

其中，$\Omega(N_r)$ 是以 N_r 为基准的半球空间；$E(N_r)$ 为天空散射光；$M(p)$ 表示 p 点物体是否被 ω 方向的天空光遮挡，这种遮挡同样会形成阴影；$f_r^d(p)$ 是 p 点 BRDF 的漫反射部分。计算天空光散射相对直射光更加困难，主要包括三个计算步骤：① 计算外部的大气散射，该散射即为 $E(N_r)$。② 将上式表示成离散形式，并进行快速计算。③ 实时计算

所有方向的遮挡项 $M(p)$。为了模拟大气散射，基于瑞利散射和米散射的物理公式并对其进行实时的化简计算，本研究采用了 sean O'Neil 在 2008 年发表的方法，进行物理公式的实时化简。实际计算中，将天空表示为六个面的 Cubemap，并将计算的结果存储于 Cubemap 中。为了提高计算速度，Cubemap 的分辨率只设到了 512×512，因此，$E(N_r)$ 从无限个光线离散化为 $6 \times 512 \times 512$ 个方向光的集合，同时在每次计算时对天空 Cubemap 进行下采样，将其采到 $6 \times 16 \times 16$ 大小，之后再借助 GPU 的并行特性进行快速的积分计算。该方法可以实时模拟不同大气参数、不同太阳位置下的天空，图 11-26 为天空模拟效果。

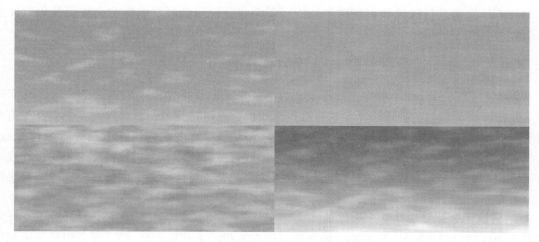

图 11-26 大气散射的模拟效果（见彩图）

天空光的遮挡项 $M(p)$ 可以利用环境屏蔽参数替代，精确的方法是利用光线追踪策略对环境的遮挡进行计算，但是无法实现实时模拟。为此，测试了两种实时的环境屏蔽计算方法：SSAO（屏幕空间的环境遮蔽）以及 AOV（环境遮挡体）。从测试结果发现，SSAO 的计算速度比 AOV 快，但是 SSAO 从图像空间上采样会出现阴影随视点变化、出现悬空阴影的问题，而 AOV 是从几何空间上采样，所以更加准确，同时 AOV 的速度也能满足实时的需求，因此，最终选择了 AOV 方法用以计算遮挡项。在 AOV 的基础上，笔者考虑了光线在植株群体行进中会产生折射、反射，从而导致冠层内部的光线相对于外部出现衰减。研究中，将冠层看作是均一分布，利用一个光线传输距离相关的指数衰减函数实现了这种模拟。

最终的光照可视化效果为上述三项加和：$E_e(p, N_r) + E_o(p) + E_t(p)$。图 11-27 为利用该方法得到的玉米表观可视化结果。

图 11-27 玉米表观可视化结果（见彩图）

11.7 作物表观可视化仿真设计软件平台

为了更加系统地进行玉米叶片表观可视化仿真工作，对提出的模型算法进行了集成开发，形成了一系列面向作物表观数据采集、表观参数拟合以及表观纹理建模的软件工具，标准化玉米叶片表观建模流程，也为面向农业题材的数字媒体内容制作提供实用的辅助工具。本节介绍的所有软件工具和模块均采用 Visual C++开发，并集成开源库 OpenCV 和 OpenGL 分别进行图像和三维图形算法。下面将分别对已研发的作物表观可视化软件进行简介。

11.7.1 作物表观数据获取与处理软件平台

本章第 11.3 节介绍了对作物叶片表观数据采集的硬件平台以及数据处理算法。在实际的工作中，对于数据的处理仍需要进行数据标定、数据可视化分析等多种交互操作及浏览的需求。因此，以 11.3 节数据分析算法为基础，开发了一套表观数据获取与处理软件平台，专门对作物器官表观数据采集系统所获取的图像数据进行处理和分析，使整个工作过程规范化、流程化。软件包括数据预处理和表观数据拟合两个主要模块，下面分别对这两个模块进行简要介绍。

1. **数据预处理模块** 整个软件的预处理主要包括以下步骤：图像几何形态矫正（计算图像点的物理空间坐标）、感兴趣区域裁剪（用户选择需要分析的区域）、漫反射标准体和镜子区域选择、物理空间原点选择。软件采用向导式说明和智能纠错两种方式实现标准化的数据预处理（图 11-28）。通过向导式的提醒指导用户按照标准化流程进行每一步的操作，保证用户操作的规范性和正确性。软件中也设计了智能纠错功能，判断用户的操作是否符合实际，如果出现问题则提示用户重新操作。这种设计可以辅助用户对初始的数据进行预处理，进而得到可以进行表观分析和提取的高质量数据集。

图 11-28 向导式说明方式引领用户进行正确的数据处理

2. **表观数据拟合模块** 表观数据拟合模块为用户提供了一个图像与反射率轨迹实时对应的交互接口，可以在图像浏览区选择图像上任意像素点，并实时地在反射率轨迹区域绘制出该像素反射率轨迹的变化情况；相应地，用户也能够在反射率轨迹区域内选择感兴趣的位置，并实时地在图像浏览区中查看到该位置上的表观图像。这种交互模式可以为用户展示被测场景内数据与物体反射率的整体动态变化趋势，对物体光学性质以及最后的拟合结果给予初步的认知反馈，便于用户进行更加全面的数据拟合分析。图 11 - 29 为上述交互模式的软件操作界面，图 11 - 29A 为选择玉米叶片样本点像素的软件界面，默认情况下反射率轨迹位置指定为第一张图像；图 11 - 29B 为选择其他反射率轨迹位置下的软件界面，系统在后台自动从图像序列中选择对应位置的图像，并在图像区域内进行显示。

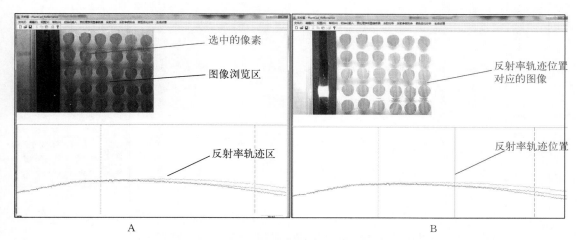

图 11 - 29　数据拟合模块交互软件界面

3. **作物表观数据获取与处理软件性能分析** 整个软件在表观参数拟合方面的功能非常简单，便于用户使用。软件提供了对单点的表观反射参数的拟合以及图像局部区域的拟合功能（包括用户选择的感兴趣区域以及整个场景）。软件除了在选择感兴趣区域需要进行少量交互操作外，在拟合功能方面不需要其他交互辅助，可由软件系统自动计算。系统对于单个场景的表观参数拟合时间约为 20～30 min。图 11 - 30 为数据图像集合及对该数据分析得到的表观参数拟合结果。

11.7.2　玉米叶片表观纹理生成软件平台

本章 11.4 介绍了一种基于农学参数的玉米叶片表观模型及纹理生成方法，基于该方法开发了玉米叶片纹理交互式编辑软件，为玉米表观素材的制作提供便捷的软件工具。该软件包括基于农学参数的玉米纹理生成模块和老化纹理交互式编辑模块两部分。

1. **基于农学参数的玉米纹理生成模块** 该模块操作界面简洁（图 11 - 31），用户仅需为生育期和 SPAD 两个参数赋值，即可获得一系列纹理均匀的玉米叶片材质图像。针对 SPAD 参数，系统内置了一个智能计算模型，用户可以输入叶位参数获得系统推荐的 SPAD 参数作为系统输入，便于对农业知识不熟悉的用户使用软件。同时，该模块还提供给用户一系列标准颜色图谱用于增加纹理随机性，用户可交互地从图谱中选择一些颜色块进行替换，增加素材的多样性。

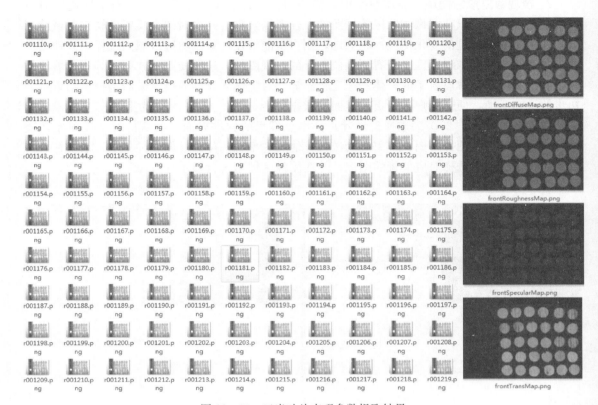

图 11 - 30　玉米叶片表观参数提取结果

注：右图由上至下分别为漫反射强度、粗糙度、高光反射强度和透射强度

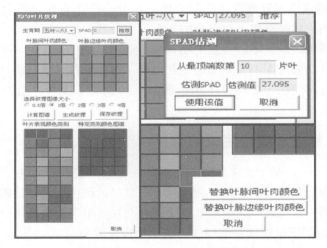

图 11 - 31　基于农学参数的玉米表观纹理生成模块交互界面（见彩图）

2. 老化纹理交互式编辑模块　交互编辑模块主要面向老化颜色不均匀的玉米纹理编辑，用户可通过软件提供的交互方式选择玉米叶片各类结构以及各种表面形状区域，再对其进行区域表观编辑（图 11 - 32）。软件主要提供了以下四种交互功能。

（1）**玉米纹理结构的交互式选择功能**　用户可以通过鼠标交互地在界面中画线来选择叶肉、二级叶脉、二级叶脉两侧区域和主叶脉结构，并且可以通过画线来分割选择各种结构的上、下两个部分。通过这种交互操作，用户可以实现对玉米结构的交互式编辑。

（2）**玉米叶片区域二分交互选择功能**　用户可以通过鼠标在玉米叶片图像上绘制一条曲线，系统将根据该线自动地将整个叶片分成两个区域，以便于用户对区域进行表观纹理的编辑。

（3）**玉米叶片区域封闭交互选择功能**　用户可以通过鼠标绘制出任意封闭的形状，系统将根据形态自动地将叶片分为两个区域，用于对区域的编辑。

（4）**玉米纹理老化颜色编辑功能**（单一赋值、渐变、整体老化调整三类）　用户可以直接对所选区域进行老化颜色赋值，也可以对所选区域进行自动的渐变计算。同时，系统提供了老化率、渐变距离、渐变噪声三个参数用于丰富老化结果的编辑。

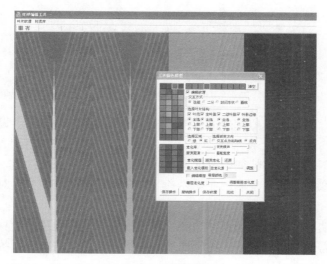

图 11-32　老化玉米纹理交互编辑模块交互界面（见彩图）

3. **玉米叶片表观纹理生成软件性能分析**　总体上看，玉米叶片表观纹理生成软件可通过简单的交互操作获得玉米叶片的漫反射纹理、透射纹理、法向贴图以及高光强度纹理四种常用表观材质素材。对于纹理均匀的玉米叶片，软件只需输入两个参数即可自动地生成不同分辨率下的材质素材；对于具有老化特征的玉米叶片，用户需要进行一定的交互操作，虽然增加了工作量，但是带来了更加灵活的纹理编辑能力，目前交互时可以达到实时的所见即所得编辑效果。该软件在配置为 i7 处理器、8G 内存的工作站上处理单张 2 048×2 048 分辨率的纹理需要 15 s 的时间。图 11-33 为利用软件生成的表观材质素材得到的可视化效果。

11.7.3　作物病害表观交互式设计软件设计与实现

本软件面向植物病斑三维模拟的实际需求，其目的是为植物病理专家或三维动画设计师提供集病斑表观设计、交互浏览、动画制作于一体的解决方案。整个软件包括两大功能模块，分别为病害设计和三维展示，下面分别对这两个模块进行介绍。

1. **病害设计模块**　模块主要对三维病害模拟时所需的相关数据进行编辑设计，通过

图 11-33　利用玉米叶片表观纹理生成软件所生成的叶片纹理可视化效果（见彩图）

病害设计功能最终生成病害模拟文件组，用于后续的三维模拟中。病害设计模块提供了手绘病斑、基于图像的病斑信息生成、器官尺度分布式设计、植株及群体尺度分布设计四个功能。用户可以针对不同的病害特征，设计出相应样式的病害模拟文件组，以获得高真实感的病害模拟结果。图像病斑信息生成已在前述章节中介绍，因此，本节仅对其他三个功能进行介绍。

（1）**手绘病斑功能**　手绘病斑设计功能为用户提供了一套通过手绘获得病斑表观图像的解决方案，用户只需绘制出任意封闭的轮廓线，并指定初始发病点，系统即自动生成病斑形态灰度图（图 11-34）。

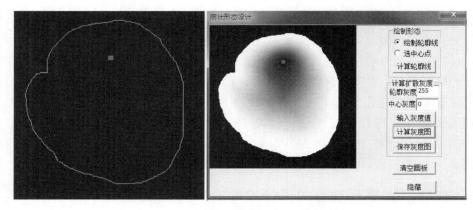

图 11-34　手绘病斑功能示意和操作界面

（2）**器官尺度病斑分布设计**　该功能可以细致、方便地进行老化空间位置的编辑。用户可以设定位置编辑属性，包括老化区域 X、Y 方向上的缩放、老化区域老化度增量。用户将老化区域放置在背景纹理上时，可以通过鼠标中间滑轮所见即所得地调整病斑角度，也可以同时通过键盘中上下左右四个方向键调整老化区域在 X、Y 方向上的缩放。该功能可以生成老化度图和老化纹理，用以进行空间尺度的老化表观的模拟。结果如图 11-35。

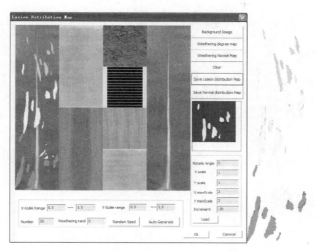

图 11-35　器官尺度病斑分布设计功能示意图和操作界面（见彩图）

（3）植株和群体尺度病害设计功能　该模块主要包括编辑材质、编辑病情两个功能。其中，编辑材质可将生成的各类纹理图像以及外部渲染所用纹理绑定至三维模型中，使三维模型可进行器官尺度的三维渲染。编辑病情可对植株或群体尺度上模型的扩散方式（即从植株群体中的一个或多个位置开始出现病害以及之后如何向其他位置扩散）进行编辑（图 11-36）。

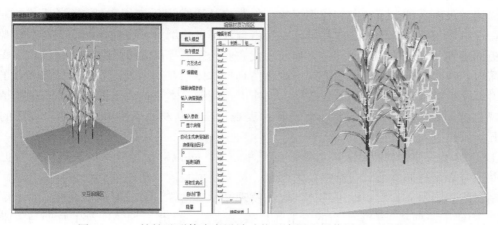

图 11-36　植株及群体病害设计功能示意图和操作界面（见彩图）

2. 三维展示模块　该模块进行作物病害发生过程的三维模拟，其仅能识别病害模拟文件组数据，根据数据对病害的发生过程进行真实感渲染；软件为用户提供了一些可以交互式调整的参数（如光照度、光源位置、表观参数、阴影参数、病害发生参数等），这些参数可以丰富病害三维模拟的样式。同时，该模块也可以进行病害动画以及图像的设计与生成。该模块界面如图 11-37。

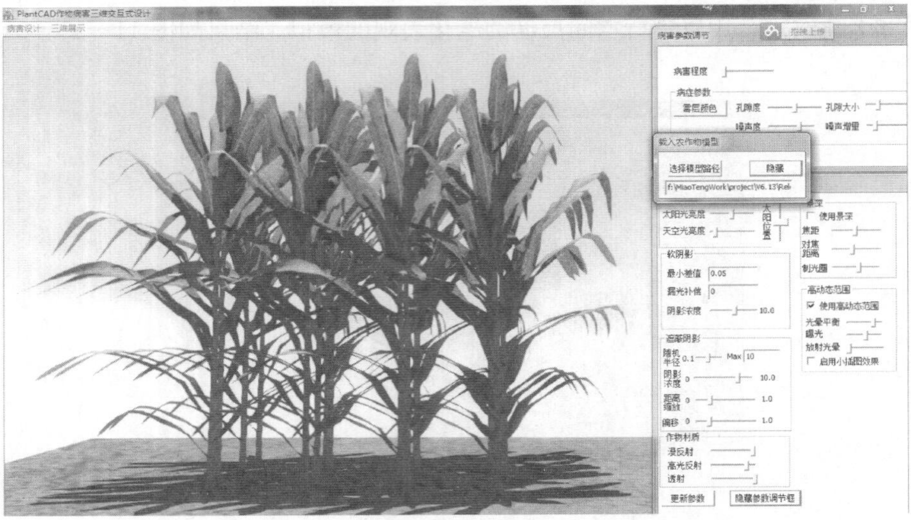

图 11-37 三维展示模块界面（见彩图）

11.8　总结与展望

11.8.1　总结

在许多影视、动画、游戏等数字媒体内容中，植物都是重要的环境要素，因此，关于植物叶片表观材质的建模与可视化仿真在数字娱乐、广告宣传等领域具有广泛的应用前景，这些应用需求支撑着面向娱乐的植物表观可视化仿真技术的发展。近年来，在农业领域的应用中，描述对象由多种类植物向农作物聚焦。作物也从面向娱乐应用中的"配角"向"主角"转变，这种变化使每个作物个体在屏幕中所占分辨率迅速增大，因此，作物表面的表观材质需要更加精细、准确的描述。同时，当前现代农业的发展提高了市场对农业题材数字媒体资源的需求，现有面向娱乐的植物表观可视化仿真技术体系在知识表达方面的劣势降低了整个农业科教题材数字媒体产品的开发效率。面对上述问题，本章构建了面向农业应用的植物表观可视化仿真技术体系，重点关注植物叶片表观材质的素材真实性和农业知识表达的准确性，开展了以下四个方面的研究。

① 介绍了一种植物叶片表观材质数据采集技术，可以对植物叶片的表观图像数据进行测量并拟合表观材质参数，包括漫反射强度、高光反射强度、粗糙度和透射强度参数。利用技术制作的表观材质素材更贴近物体实际的物理光学特性，具有较好的准确性。

② 构建了一种基于农学参数的玉米叶片表观模型，给出了 SPAD 及生育期与玉米叶片表观参数的定量关系，并采用几何方法对玉米叶片的纹理样式进行了数学抽象描述。构建的模型显示叶肉漫反射与 SPAD 和生育期呈二元二次函数关系，叶肉透射与 SPAD 和生育期呈负指数关系，且红色通道的拟合结果最优，绿色通道相比红色通道稍差，蓝色通道的拟合结果最差；二级叶脉漫反射和透射可利用 SPAD 进行分类；主叶脉漫反射和透射在整个生育期内变化不大；叶肉、主叶脉和二级叶脉的高光反射参数和粗糙度参数在整个生育期内变化不大。

③ 提出一种基于生理因子的玉米叶片材质表观动态模型，充分考虑了叶片的生理结构，

并将植物学、农学中常用的叶绿素、胡萝卜素等色素参数对表观的作用引入到模型中。同时，构建了空间表观变化及时间变化的叶片材质动态模型。

④ 开发了一种大田环境下作物表观实时可视化算法，该算法能够模拟太阳直射光、天空散射光以及植物遮挡形成的阴影特征，该算法便于与表观材质模型整合，可实时、动态地展现作物表观材质变化的结果。

本章提出的主要技术方法将农学知识与植物叶片表观仿真进行融合，为玉米数字化、可视化研究提供定量化计算依据，也为植物表观素材的制作提供了农业知识接口。这些结果可为艺术工作者在植物表观可视化设计工作中提供定性乃至定量的指导和参考，同时也便于农业领域专家直接将自身的知识转化为可视化仿真结果，搭建农业知识与可视化仿真效果间的桥梁，实现玉米表观快速、准确地设计与制作，为农业科教题材的数字媒体内容研发提供实用技术和软件工具。

11.8.2　展望

当前，在玉米叶片表观材质的数据获取和知识模型构建方面的工作仍然较少，研究水平还相对较低，预期未来将在以下四方面加强相关研究工作。

① 玉米表观材质数据获取的通用性。目前，在物体表观材质数据获取研究方面，多数成熟方法都局限于暗室试验环境下，且数据采集过程较烦琐，数据获取时间较长。而玉米等作物在自然环境下生长，很难在田间搭建出符合要求的采集环境；而将玉米移栽到实验室中，则破坏了玉米的自然生长状态，因此，如何动态、连续、无损地获得玉米活体状态下的表观材质数据将是未来研究的一个重要方向。

② 玉米表观材质模型的精细度。玉米叶片的表观材质与内部结构和生理组分密切相关，现有研究虽然开始对其间的关系进行探索，但是目前仍没有特别精细化的作物表观模型，如目前尚未见能够阐明叶片表面茸毛、内部维管束、细胞结构、细胞内部溶质等因素对光作用方式机理的模型。只有得到更加贴近生物组织本质的玉米表观材质模型，才会更自然地实现玉米表观可视化仿真，并有益于计算机可视化仿真技术与植物学、农学等生命科学知识的有机融合。

③ 环境因素驱动下的玉米表观材质模型。玉米叶片表观受外部环境影响极大，如水肥等营养状况、病虫害、温度、光照环境等均会对玉米器官表观的形成产生重要作用。在农业领域，环境因素对植物生长的影响是传统的研究课题，也产生了很多影响深远的成果（如作物模型）。然而，如何将这些结果与植物表观材质建模整合推动植物表观可视化仿真技术的发展，仍是待解决的问题。具体地，在环境因素中，水肥耦合对玉米影响的研究对国家粮食安全、环境保护等方面均具有深远影响，因此，水肥耦合的玉米表观模型研究将是今后一个重要的研究点，并可以点带面，为其他类型环境因素驱动的表观模型研究提供技术积累和参考。

④ 玉米表观材质研究在育种方面的应用。玉米叶片表观材质是一类重要的玉米遗传特征，探讨玉米表观材质参数在不同育种材料间的差异，研究表观材质与遗传参数之间的定量化关系，对玉米育种研究具有重要意义，该方向预计也将成为未来的玉米基因型—表型研究的一个重要内容。

参考文献

迟小羽，盛斌，杨猛，等，2009. 秋季植物叶子表观的模拟. 软件学报，20（3）：702-712.

陆声链，赵春江，郭新宇，等，2008. 真实感植物绒毛建模和实时绘制. 计算机科学 35 (11)：225-228.

Aellen WA, Gausman HW, Richardson AJ, et al., 1969. Interaction of isotropic light with a compact plant leaf. Journal of the Optical Society of America, 59 (10)：1376-1379.

Boulanger K, Bouatouch K, Pattanaik S, 2008. Rendering trees with indirect lighting in real time. Computer Graphics Forum, 27 (4)：1189-1198.

Braitmaier M, Diepstraten J, Ertl T, 2004. Real-time rendering of seasonal influenced trees//Theory and Practice of Computer Graphics, IEEE2004.

Desbenoit B, Grosjean EGSA, 2006. Modeling autumn sceneries//Eurographics, 2006, Vienna, Austria.

Donner C, Jensen HW, 2005. Light diffusion in multi-layered translucent materials. ACM Transactions on Graphics, 24 (3)：1032-1039.

Donner C, Weyrich T, D' Eon E, et al., 2008. A layered, heterogeneous reflectance model for acquiring and rendering human skin. ACM Transaction on Graphics, 27 (5)：140.

D' Eon E, Luebke D, Enderton E, 2007. A system for efficient rendering of human skin//Acm Siggraph 2007 sketches, San Diego, California.

Franzke O, Deussen O, 2003. Rendering plant leaves faithfully// Proceedings of SIGGRAPH 2003, New York, USA.

Fuhrer M, Jensen HW, Prusinkiewicz P, 2006. Modeling hairy plants. Graphical Models. July 2006, 68 (4)：333-342.

Gardner A, Tchou C, Hawkins T, et al., 2003. Linear light source reflectometry. ACM Transaction on Graphics July, 22 (3)：749-758.

Gu J, Tu C, Ramamoorthi R, et al., 2006. Time-varying surface appearance：acquisition, modeling and rendering. ACM Transaction on Graphics July, 25 (3)：762-771.

Habel R, Kusternig A, Wimmer M, 2007. Physically based real-time translucency for leaves. Eurographics Association：253-263.

Hegeman K, Premo VZES, Ashikhmin M, et al., 2006. Approximate ambient occlusion for trees：I3D' 06, New York, NY, USA. ACM.

Jensen HW, Marschner SR, Levoy M, et al., 2001. A practical model for subsurface light transport//Proceedings of the 28th annual Conference on Computer Graphics and Interactive Techniques, ACM：511-518.

Jimenez J, Sundstedt V, Gutierrez D, 2009. Screen-space perceptual rendering of human skin. ACM Transaction on Applied Perception, 6 (4)：1-15.

Jimenez J, Whelan D, Sundstedt V, et al., 2010. Real-time realistic skin translucency. IEEE. Computre Graphic & Applications, 30 (4)：32-41.

Luft T, Balzer M, Deussen O, 2007. Expressive illumination of foliage based on implicit surfaces. Universität Konstanz.

Mc Guire, Morgan, 2010. Ambient occlusion volumes//Proceedings of high performance graphics.

Meinhardt H, 1976. Morphogenesis of lines and nets. Differentiation, 6 (2)：117-123.

Peterson S, Lee L. Simplified tree lighting using aggregate normals：SIGGRAPH' 06, New York, NY, USA, 2006. ACM.

Reeves WT, Blau R, 1985. Approximate and probabilistic algorithms for shading and rendering structured particle systems. Acm Siggraph Compllter Graphics, 19 (3)：313-322.

Rodkaew Y, Chongstitvatana P, 2002. An algorithm for generating vein images for realistic modeling of a leaf：International Conference on Computational Mathematics and Modeling.

Rolland-Lagan AG, Prusinkiewicz P, 2005. Reviewing models of auxin canalization in the context of leaf vein pattern formation in Arabidopsis. The Plant Journal, 44 (5)：854-865.

Runions A，Fuhrer M，Lane B，et al.，2005. Modeling and visualization of leaf venation patterns：SIG GRAPH'05，New York，NY，USA.

Sean O，2005. Accurate atmospheric scattering. GPU Gems 2. Addison – Wesley Professional Press.

Wang J，Tong X，Lin S，et al.，2006. Appearance manifolds for modeling time – variant appearance of materials. ACM Transactions on Graphics，25（3）：754 – 761.

Wang L，Wang W，Dorsey J，et al.，2006. Real – time rendering of plant leaves：SIGGRAPH'06，New York，NY，USA ACM.

Zhou N，Dong W，Mei X，2006. Realistic simulation of seasonal variant maples：PMA'06，Washington，DC，USA.

第 12 章

玉米动画场景生成和虚拟互动体验技术

进入 21 世纪以来，面向植物对象的三维形态动态虚拟仿真和真实感动画合成技术在科普教育、农产品品牌推广、游戏娱乐等许多领域得到广泛的应用，植物三维动态模拟和动画合成技术已经发展成为一个热点问题（蒋艳娜等，2015；Habel et al.，2009；Akagi et al.，2006；Xiao et al.，2013；Prusinkiewicz et al.，1998，1999）。随着数字新媒体技术与现代文化创意产业的快速融合，植物虚拟动画合成等开始扮演越来越重要的角色，成为游戏娱乐、虚拟展示、园艺景观设计等应用中不可或缺的重要组成部分，对植物虚拟建模方法、生长过程动态可视化模拟以及动画合成方法等产生了巨大需求；此外，在数字农业和农业信息化领域，新兴的虚拟现实技术也越来越多地得到应用，虚拟农业中面临着农林植物的虚拟建模和生长过程动态模拟等问题，实现准确有效的植物对象的虚拟建模、动画合成与动态仿真方法不仅可以拓展计算机图形学领域植物建模的研究内容，还能为农业领域提供直观的交互性操作与观察平台，对于推动农业信息化发展有着巨大的作用（何鹏，2017；陆建雯，2016）。

玉米动态仿真与动画合成技术是玉米数字化可视化技术体系的重要组成部分，对于突破玉米三维静态模型展示的局限性，在面向生产和育种的品种宣传、技术推广、技能培训以及科普教育等方面有重要的应用前景（Jiang et al.，2015；陆建雯，2016；范国华等，2017）。本章主要涉及玉米植株、群体几何模型的变形和表观纹理动态变化两方面的内容，从计算机图形学的角度来看主要包括动态参数化建模、变形、物理约束、数据驱动、纹理合成、碰撞检测等方面的关键技术，并探讨在农业领域的应用场景。

12.1 植物三维形态动态虚拟仿真和真实感动画合成研究进展

近年来，面向植物对象虚拟建模的研究引起了研究者越来越大的兴趣。关于植物对象静态真实感建模的研究已取得了较大成果，随着信息技术的快速发展和应用，现实应用领域对高精度、高真实感植物动画提出了进一步的要求。由于植物本身所具有的复杂形态结构，特别针对难以参数化表示的复杂结构，真实感植物动画合成问题仍然没有有效的解决方法，这在很大程度上限制了植物对象参数化、可视化的发展。因此，针对复杂的植物对象，基于真实测量数据，设计实现精确、有效的参数化动画合成方法，并开发实用工具具有重要的现实意义和广阔的应用前景。

植物建模与动画合成是一个非常活跃的研究方向，其在虚拟农业、数字植物、三维动画、网络游戏等领域有着广泛的应用前景，而且在实时交互技术及虚拟现实等领域也具有重要的前景（Prusinkiewicz et al.，1998，1999；Wang et al.，2015；Cai et al.，2016）。植物具有复杂的形态结构和生命特性，在计算机上以三维可视交互方式分析、研究和设计植物的形态结构、生育过程和对环境的反应，具有独特的技术优势。近些年，植物生长建模与虚拟植物研究已经成为国内外农业科技领域的研究热点。本节主要对植物建模与动画合成的研究现状、研究方法和国内外最新进展进行分析，并对相关问题进行讨论。

图 12-1　植物动画合成场景（Wang et al.，2015）

　　植物建模与动画合成是虚拟现实、计算机游戏、园林设计等工作中不可缺少的组成部分，从 20 世纪 60 年代起，人们开始对植物的建模方法进行了持续深入的研究。由于植物本身结构的复杂性以及自然形态的多样性，对其进行真实感重建是一项极具挑战性的工作。近年来，越来越多的植物学家和计算机学者致力于该领域（图 12-1）。植物动画从大的方向上可以分为两种，一种是在计算机上合成植物在外力作用下（如风吹）产生的动态行为（Pirk et al.，2014），另一种是模拟植物生长过程的形态结构变化的植物动画。植物动画合成方法按照所依赖的关键技术方式的不同、动画生成方式的不同，可以分成五类：参数化方法、基于物理的方法、基于过程的方法、基于视频的方法和基于数据驱动的方法（蒋艳娜等，2015）。

　　① 参数化植物动画方法的原理是建立植物对象的主要器官的几何模型的参数化表达方式（图 12-2），如使用长度、半径、夹角等参数表示植物的器官，在动态变化过程中，通过特定的函数控制参数的变化从而合成动画过程（Xiao et al.，2013）。通常情况下，参数化动画合成方法与关键帧动画合成方法具有较大相似性，动画制作者通常不会制作每一帧的几何模型，而仅仅通过设定某些关键时间点的参数，即可以被认为是关键帧，参数化动画合成的方法优点是不需要复杂的模型运算，便于调整中间过程。但也具有明显的局限，真实感效果取决于参数的设定，通常需要经验或使用其他的数据获取方式来解析合理的参数，这是一项很困难的工作。尽管如此，在绝大多数的植物动画应用场景中，关键帧动画和参数化合成方法仍然发挥重要的作用（Prusinkiewicz et al.，1998，1999；Guo et al.，2006）。

　　② 基于物理的方法一般是指从物理动力学原理方面考虑植物的变形，通过求解力学方程得到植物的形变，能比较真实地模拟植物的运动。国内外学者使用基于物理的方法在植物的动态模拟方面做了很多重要的研究工作（Akagi et al.，2006；Habel，et al.，2009；肖伯祥等，2017；李建方，2017）。一般的做法是寻求构建植物器官的物理模型，使之在运动过程中遵循牛顿定律等运动学和动力学方程，并构建简化的数学模型如质点-弹簧系统来实

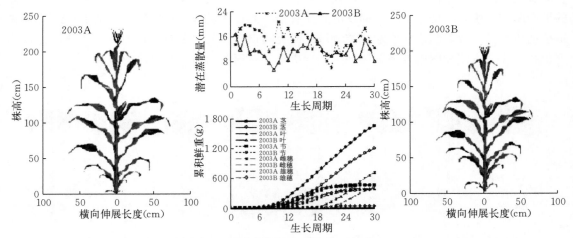

图 12-2　基于功能-结构模型的玉米形态结构参数化模拟（Ma et al.，2007）

A. A 试验；B. B 试验

现系统的仿真（唐勇等，2013）。

③ 基于过程的方法是采用递归结构针对植物的生长过程对植物进行建模。基于一定的数学模型或物理规律计算植物变形，不考虑植物的物理特性，采用经验公式计算植物的位移，效率较高（Anastacio et al.，2009；Cici，2009）。刘欣等（2010）从基于过程的方法入手，结合改进函数 L-系统与时控 L-系统，通过对系统中枝条生长函数的分析和选择，使用多项式函数和指数函数作为生长函数，宏观把握树木生长过程中变形的特点。结合不同枝条的曲率函数和生长函数，得到形态多样的弯曲枝条，进而选择合理的枝条长度，确定枝条的生长速度，直观、连续地实现枝条生长的控制。结合计算机动画实现方法，实现了植物的连续生长动画。

④ 运动视频是记录运动的主要载体，它们容易获得并且其记录过程不会对植物的运动造成影响。根据视频内容合成出植物动画，能够大大降低动画制作成本（Quan et al.，2006）。同时这种方法将提高动画生成的实时性，使即时交互成为可能，具有广阔的应用前景。然而这类方法面临的首要问题是视频或图像序列中植物对象特征点的检测与提取问题，以及建立二维坐标系与三维真实场景的坐标系之间的映射关系来实现三维重构等问题（Pan et al.，2007；Pirk et al.，2014；Palubicki，2009；蒋艳娜等，2015）。

⑤ 基于数据驱动方法利用一组预计算的运动数据合成运动，该方法合成的运动保留了运动数据库中的视觉逼真性，并且运动合成过程是可控的。其中的运动捕捉方法提供了一种快速和简便的方式来收集随着时间推移放置在物体上的反光标记的位置。运动捕捉数据包含使用仿真难以模拟的效果，比如可变的枝条刚性，尺寸上的非均匀变化和由于叶片变形产生的自然效果。使用运动捕捉系统记录植物运动，保留了植物的自然运动，避免了构建复杂的物理和数学模型，数据逼真度高、细节丰富（Long et al.，2009，2013；Xiao et al.，2013）。

由于植物本身复杂的结构和难以确定的运动自由度，使得计算植物形变较为困难。对于植物运动的计算机动画，不仅要求具有形态上的真实感，同时还要求具有运动上的真实感，二者缺一不可。如果过于追求形态上的真实感，建立了较为逼真的植物模型，但模型几何较为复杂，导致了形变计算瓶颈，动画生成效率低下，无法达到实时；反之，如果为快速计算形变，简化植物的几何，以减少计算量，最终得到运动逼真但模型走样的结果。因此，需要协调好模型复杂度与形变计算复杂度之间的关系，在真实感和绘制效率之间取得好的平衡，从而实现真实感植物运动的实时模拟。

将农业知识和植物三维形态动态虚拟仿真和真实感动画合成技术有机结合，在计算机上模拟出自然界中的植物生长发育状况及过程，能够精确地反映现实植物的形态结构，极具真实感，它可以帮助研究者以一个全新的视角来研究植物，应用面非常广泛。如在计算机上建立植物三维动态可视模型，研究高效、逼真的植物动画合成方法能进一步揭示植物生长发育规律，深化传统的农学、植物学研究（Xiao et al.，2013）。这对发现应用传统方法难以观察到的规律、及时指导农业生产管理，具有重要意义。

如本书前面的章节所述，玉米是我国乃至世界上最重要的粮食作物，在前面的章节也系统阐述了不同尺度的玉米三维数据的获取与处理，然而都是针对静态数据的采集和处理以及应用，针对玉米的动态仿真与动画合成技术研究能够突破静态模型展示的局限性，在动态的变化过程中发现和展现深层次的信息和规律，更好地揭示植物的生长规律和特性（图 12 - 3）。此外，静态模型在展现生命特性和生命张力以及真实感方面仍然不具备动态过程所特有的优势，特别是在面向生产和育种的品种宣传、技术推广、技术培训以及科普教育等领域的典型应用中，有广阔的前景。

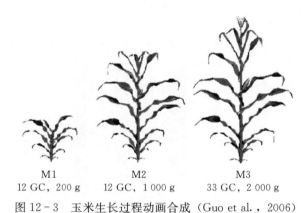

M1   M2   M3
12 GC，200 g   12 GC，1 000 g   33 GC，2 000 g

图 12 - 3　玉米生长过程动画合成（Guo et al.，2006）

12.2　玉米主要器官、植株和群体的动态参数化建模与仿真方法

在前述章节中的玉米可视化模型构建中，可以使用器官为单位构造植株模型，在构造动态模型的时候，也可以先构造器官单位的动态模型，在进行植株模型的合成。本节主要介绍玉米茎秆、叶片、雄穗、雌穗和根系等器官的参数化建模和动态建模的方法。这里的动态参数化模型是建立在静态参数化模型基础上的，区别在于静态模型不考虑时间维度的变化，而动态模型则考虑到了各控制参数在时间轴上的动态变化情况。

12.2.1　玉米器官参数化建模方法

为实现玉米主要器官的动态模拟和动画合成，首先构建了玉米主要器官三维模型的参数化表达方式，使用有限的参数来控制几何形状。如玉米茎秆，整体上呈椭圆柱的形态结构特征，这里使用一组参数来描述，如表 12 - 1 所示。构建的玉米茎秆三维图形如图 12 - 4 所示。针对特殊的节和节间，如穗位节位置，会呈现出一个弯曲的形态，通过定义一个偏移量来实现（Xiao et al.，2010）。模型的参数类型包括两类，一类是用于标识该模型的品种、密度等信息的描述型参数，这类参数并不是固定不变的，可以被修改，并不表现在模型几何形态的变化；另一类是数值型参数，修改这类参数时，模型的几何形态会随之发生变化。

表 12 - 1   玉米茎秆参数表

序号	属性	类型
1	品种	描述
2	密度	数值
3	株号	数值
4	节序号	数值
5	生长天数	数值
6	节间长	数值
7	节间长半径	数值
8	节间短半径	数值
9	收缩比	数值
10	凹槽比	数值
11	偏移量	数值
12	横向网格数	数值
13	纵向网格数	数值
14	颜色值	数值
15	纹理索引	数值

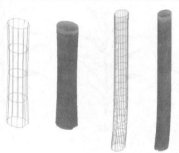

图 12 - 4   玉米茎秆的三维图形

对于玉米雌穗，包括果穗柄、穗轴、苞叶、籽粒和花丝。笔者定义了一种苞叶结构，一层一层包裹着玉米果穗，穗轴使用圆柱体构建，籽粒使用特定的几何体预置。图 12 - 5 为玉米雌穗的建模可视化效果，表 12 - 2 给出了玉米雌穗的参数列表。同样的，它也包括两类参数：描述型和数值型。玉米雌穗的结构比较复杂，不仅组成元素比较多，且还存在弯曲的形态，因此需要将这些几何形态特征细节全面考虑，通过构造的分层次模型支持动态显示每一层的几何模型，从而实现参数驱动的交互建模过程。

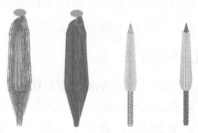

图 12 - 5   玉米雌穗参数化建模可视化

表 12 - 2 玉米雌穗参数表

序号	属性	类型	序号	属性	类型
1	品种	描述	16	穗轴半径	数值
2	密度	描述	17	穗轴收缩比	数值
3	株号	数值	18	穗轴尖比	数值
4	穗位节	数值	19	穗轴颜色值	数值
5	穗序号	数值	20	籽粒行数	数值
6	穗柄长	数值	21	籽粒行粒数	数值
7	穗柄半径	数值	22	籽粒大小	数值
8	穗柄节数	数值	23	籽粒粒型	数值
9	穗柄弯度	数值	24	籽粒深度	数值
10	雌穗半径	数值	25	籽粒颜色值	数值
11	苞叶覆盖比	数值	26	花丝长度	数值
12	苞叶收缩比	数值	27	花丝密度	数值
13	苞叶颜色值	数值	28	花丝分散	数值
14	苞叶旋转角	数值	29	花丝颜色值	数值
15	穗轴长度	数值	30	纹理索引	数值

玉米雄穗的结构是一个树型分枝结构，包括雄穗主轴、分枝、小穗构成，按品种特点的不同，体现在长度、粗度、分枝数目、分枝分布、分枝弯曲程度、小穗密度、小穗形状等几何形态特征的差异。为实现玉米雄穗的参数化建模，构建了一个树型数据结构，来构建和约束雄穗的可视化建模。模型参数包括描述型和数值型两类，如表 12 - 3 所示为雄穗参数表，图 12 - 6 为玉米雄穗的可视化建模效果。

表 12 - 3 玉米雄穗参数表

序号	属性	类型	序号	属性	类型
1	品种	描述	15	分枝弯度	数值
2	密度	描述	16	分枝倾角	数值
3	株号	数值	17	分枝方位角	数值
4	穗位节	数值	18	起始分枝高度	数值
5	雄穗长	数值	19	末端分枝高度	数值
6	主轴长	数值	20	分枝颜色值	数值
7	主轴半径	数值	21	小穗形状	数值
8	主轴收缩比	数值	22	小穗密度	数值
9	主轴颜色值	数值	23	小穗规格	数值
10	主轴纹理索引	数值	24	小穗收缩比	数值
11	分枝数目	数值	25	小穗角度	数值
12	分枝长度	数值	26	小穗着生方式	数值
13	分枝收缩比	数值	27	小穗颜色值	数值
14	分枝半径	数值			

图 12-6   玉米雄穗建模可视化效果

玉米根系十分发达，品种间差异明显，通常玉米根系包括一条主根和多层侧根，侧根着生地中茎周围，还有一部分侧根生长在地上节间周围，对玉米植株起支撑作用，侧根层数取决于地中茎数据和气生根层数，根系在土壤中以多层分支的树型结构存在，而已经生长定型的根系部分一般不会发生较大的位移，仅是在根系末端产生新的生长点。根据根系的特点提出了一种参数化交互建模方法，一方面使用一系列参数定义根系的几何和拓扑结构，另一方面通过交互式特征点的方式控制根系中的关键节点的位置，并支持交互调整，参数表如表12-4所示，根系的几何模型如图12-7所示。

表 12-4   玉米根系参数表

序号	属性	类型	序号	属性	类型
1	品种	描述	16	分枝倾角	数值
2	密度	描述	17	分枝方位角	数值
3	株号	数值	18	起始分枝高度	数值
4	地中茎层数	数值	19	末端分枝高度	数值
5	气生根层数	数值	20	分枝颜色值	数值
6	主轴长	数值	21	分枝级数	数值
7	主轴半径	数值	22	级收缩比	数值
8	主轴收缩比	数值	23	子分枝数	数值
9	主轴颜色值	数值	24	分枝递归角度	数值
10	主轴纹理索引	数值	25	分枝特征点	数值
11	分枝层数目	数值	26	根毛密度	数值
12	分枝长度	数值	27	根毛长度	数值
13	分枝收缩比	数值	28	根毛收缩比	数值
14	分枝半径	数值	29	根毛环绕角度	数值
15	每层分枝数目	数值			

综上所述，这里介绍的茎秆、雌穗、雄穗、根系的参数化建模流程和主控参数，其共同特点是可以使用有限的参数来交互生成和控制模型的几何形状，而玉米叶片则较为复杂，由于叶片的形状具有褶皱，是复杂曲面形状，而且在生长过程中，玉米叶片的形态和位置均发生变化，所以使用单纯的参数化建模方法来构建难以表述细节特征，需要引入新的方法。

图 12 - 7　玉米根系建模与可视化效果

12.2.2　玉米叶片生长体空间建模方法

玉米叶片具有显著的形态特征，呈窄长条形，中部有一条叶脉，叶片两侧边缘具有波浪形的褶皱，不同的品种表现出的褶皱特征不尽相同，有的品种褶皱数量少，有的品种褶皱数量多。褶皱曲线并没有明显的规律，通常，在玉米叶片的建模中，多使用基于 3D 数字化数据、基于复杂曲面或基于模板的交互方式来生成叶片模型。这里介绍一种基于生长体空间的建模方法，首先构造静态玉米叶片模型的参数化曲面，进而构建不同时间点的曲面模型，这些曲面模型具有相同的拓扑结构，因此对应的特征点在时间轴上构成一个生长曲线，将所有的曲面点在时间轴上对应起来，就构造了一个玉米叶片生长的 4D 空间，笔者将其定义为生长体空间。叶片在动态生长过程中，完成在生长体空间中的一次完整的"运动"，构造一个玉米叶片生长过程的四维体空间。因为实际上构建的玉米叶片是一个曲面形态，虽然具有 x、y、z 三个坐标参量，但曲面可以被转化为等参形式，用参数坐标 uv 来表示，所以构造的四维体空间也可以降维表示成三维体空间。图 12 - 8 为构造的玉米叶片生长体空间示意图，各关键阶段可以认为是关键帧动画合成中的关键帧，中间阶段的数据是由关键帧数据插值生成的（肖伯祥等，2013）。

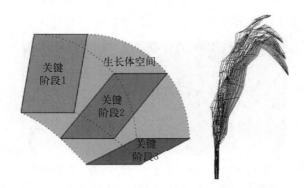

图 12 - 8　生长体空间示意图和玉米叶片生长过程体空间

12.2.3　时间轴控制

静态模型可以被认为是在时间轴上某一时刻的器官的三维形态模型，如果要实现动态过程的仿真建模和动画合成，就需要在静态模型的基础上，实现各主控参数在时间轴上的动态变化；进而计算出在任一时刻参数的值，根据在任一时刻的值计算生成新的器官模型。这里主要面临两个问题：一是作出参数在时间轴上的生长速率曲线的数学表达式，二是确定在时间轴上的哪一个时间段才是该器官有效的生长过程。

这里利用植物生长中常用的 Logistic 生长曲线来描述参数变化过程。通过测量各器官在特定时期的参数值，根据参数值拟合曲线方程的系数，进而确定该曲线的形态。针对待建模的玉米各个茎秆、雌穗、雄穗、根系的生长过程实测数据，分别建立起各自的 Logistic 生长曲线，再以曲线为基准，插值生成中间状态。而叶片则使用生长体空间来插值（Xiao et al.，2013）。图 12-9 所示为玉米茎秆长度关于生长天数的 Logistic 曲线。

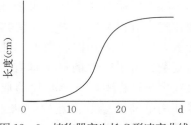

图 12-9　植物器官生长 S 形速率曲线

$$v(t) = \frac{v_f}{[1 + e^{-k(t-t_0)}]^{1/n}} \tag{12-1}$$

12.2.4　玉米主要器官、植株和群体的参数化动态仿真和动画合成

利用上述的动态建模方法，可以集成开发基于参数化建模方法的玉米动态仿真与动画合成原型系统。实现这一过程的主要步骤包括：针对选定的玉米对象，首先使用三维数字化设备对不同关键时期的玉米对象器官进行特征点提取，建立植物对象各器官的不同时期的三维形态模板；在玉米生命周期内，记录各器官的生长发育过程的时间节点，包括开始生长、停止生长、开始衰老和终止等的日期序号；器官从开始生长到停止生长阶段分为前期缓慢生长、快速生长、后期慢速生长三个阶段，生长速率符合 S 形生长曲线；基于各器官的三维形态模板和生长阶段日期序号建立各器官的 B 样条生长体空间；在体空间范围内，计算器官在连续时间轴上的三维形态，从而连续实施器官模型的变形过程。基于玉米茎秆、雌穗、雄穗和根系等器官的参数化动画合成方法，实现了模型的动态变形；再结合基于生长体空间的植物动画合成方法，从而有效地实现了玉米对象的高精度、高真实感动态过程的模拟和动画合成。图 12-10 至图 12-12 分别为玉米叶片、雄穗、根系的动态生长过程模拟，图 12-13、图 12-14 分别为玉米植株和群体的动态生长过程建模与模拟。

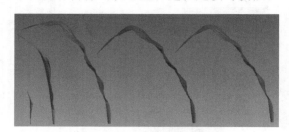

图 12-10　玉米叶片生长过程动画（见彩图）

图 12-11　玉米雄穗生长过程动画（见彩图）

图 12-12　玉米根系生长过程动画（见彩图）

图 12-13　整株玉米的生长过程动画（见彩图）

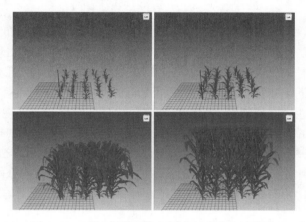

图 12-14　玉米群体的生长过程动画（见彩图）

12.3　玉米植株受外力运动的运动捕捉和运动学分析

上一章中，笔者介绍了利用运动捕捉设备获取玉米器官、植株的运动轨迹并进行力学分析与建模的工作。运动捕捉技术主要用于目标物体的运动跟踪，这里将运动捕捉技术和设备应用到植物动画合成中来，提出了一种基于运动捕捉数据的运动学分析方法和基于数据驱动的植物动画合成方法。为此，设计并搭建了运动捕捉数据采集环境，同步获取不同外力对玉米器官、植株的作用和相应的运动变形情况，主要包括风吹的摆动和施加的拉伸牵引效果等。本节将从运动学分析和数据驱动的动画合成角度进行阐述。

12.3.1　主要器官、植株的运动捕捉数据采集

这里仍然使用美国魔神运动分析技术公司（Motion Analysis）的 Eagle-4 数字动作捕捉及分析系统搭建本试验的软硬件环境。具体搭建环境如下，由 8 个 Eagle-4 数字动作捕捉镜头和 4 个 Eagle 数字动作捕捉镜头环绕排列在拍摄场地周围，使能够覆盖长、宽各为 4 m，高为 3 m 的采集区域。将移栽到盆中的玉米植株置于场地中央，并在当前试验叶片的主脉和边缘上贴标记点，设置 7～13 排标记点，根据叶片的大小和形态结构特征决定。图 12-15 展示了对玉米进行运动捕捉试验的主要环节。针对典型植物的运动捕捉问题，提出了适用于植物对象的轻微型特征标记点的制作方法，成功实现了如玉米类的植物对象的特征

标记，运动过程中该特征标记点对叶片的形态和运动不构成实质性的影响。探索实现了植物对象的运动捕捉方式，明确其与人类运动捕捉之间的差异。

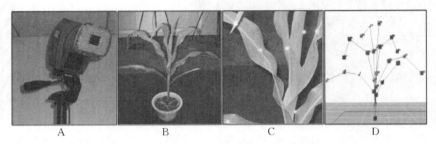

图 12-15　玉米运动捕捉试验场景 I

　　数据采集过程中，会根据不同的数据获取目的设置不同的摄像机布置方式。当需要采集整株玉米较大范围的摆动时，需要的采集区域较大，12 台摄像机采用环绕式布局，玉米植株置于中央；而有些时候仅需要对局部器官进行更为精细的运动和变形的跟踪，如需要获取叶片在外力拉伸作用下，叶脉曲线、叶边缘曲线的变形过程，或叶片褶皱的动态变化以及一些微观的生物力学属性。这种情况下可以根据需要将目标叶片放置到理想位置，然后将摄像机采用一种更为紧凑的布局方式进行排列。如图 12-16 所示，这样的模式能够以更好的效果采集局部数据，这种方式类似于人体运动捕捉与面部表情运动捕捉之间的联系和差异。试验中，不仅可以对单叶片、单植株玉米进行捕捉，还可以对器官之间的交互作用、植株之间的交互作用进行研究，如需要获取两个叶片或多个叶片在相互作用下的运动轨迹情况。

图 12-16　玉米运动捕捉试验场景 II

12.3.2　玉米运动捕捉数据处理与运动学分析

　　数据采集过程可以利用 Motion Analysis 系统软件 Cortex 来实现，采集到运动过程的数据可以按 trc、trb 等标准进行运动数据格式存储。通常情况下，运动捕捉原始数据存在噪声和缺失，在使用数据之前，需要对数据进行处理。试验中首先用系统软件进行基本的处理，进而提出基于运动学分析的方法，分析数据中的潜在运动学、动力学规律。图 12-17 为 Cortex 系统软件界面和数据处理情况。

12.4　基于数据驱动的玉米动画合成方法

　　数据驱动是计算机动画合成领域常用而且有效的一种技术手段，在获取的玉米运动捕捉数据基础上，笔者提出一种基于数据驱动的玉米动画合成方法。在已经完成玉米植株运动捕捉数据处理的基础上，将使用激光扫描仪或数字化仪获取数据构建的参数化的玉米三维几何

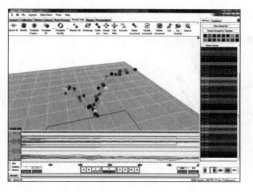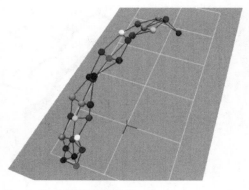

图 12-17　Motion Analysis Cortex 运动捕捉系统软件

模型进行进一步的变形处理。建立运动捕捉数据与参数化植物虚拟模型之间的映射关系、动态变化的生长特征参数对模型的约束机制以及连续的真实感植物动画序列生成算法等。建立的模型映射和约束机制，能够明确植物对象运动捕捉数据特征与参数化植物虚拟模型之间的对应关系，建立起了二者之间有效的模型映射和约束机制，就可以实现数据对模型的驱动。由运动捕捉数据序列帧提取的关键点，重新计算生成的植株骨架曲线，从而实现驱动几何模型的变形。几何模型的变形在运动捕捉数据驱动下，就合成了动画中的序列帧。本节将展开阐述基于数据驱动的方法细节。

12.4.1　玉米叶片的曲面建模

与前述章节介绍的玉米叶片曲面建模方法类似，本节中的玉米叶片建模是基于 NURBS 曲面方法实现的（图 12-18）。其中，P 为曲面上的对应于参数 uw 的点，uw 为模型参数域，B 为样条基函数，W 为权重因子，V 为曲面控制点。典型的 NURBS 曲面数学表达方程为：

$$P(u,w) = \frac{\sum\limits_{i=0}^{n} \sum\limits_{j=0}^{m} B_{i,k}(u) \cdot B_{j,l}(w) \cdot W_{i,j} \cdot V_{i,j}}{\sum\limits_{i=0}^{n} \sum\limits_{j=0}^{m} B_{i,k}(u) \cdot B_{j,l}(w) \cdot W_{i,j}} \tag{12-2}$$

$$P'_{i,j} = \boldsymbol{M}_i^{\text{Rot}} \cdot \boldsymbol{M}_i^{\text{Trans}} \cdot \boldsymbol{P}_{i,j} = \begin{bmatrix} x_{Cx} & y_{Cx} & z_{Cx} \\ x_{Cy} & y_{Cy} & z_{Cy} \\ x_{Cz} & y_{Cz} & z_{Cz} \end{bmatrix} \begin{bmatrix} 1+\lambda_x & 0 & 0 \\ 0 & 1+\lambda_y & 0 \\ 0 & 0 & 1+\lambda_z \end{bmatrix} \begin{bmatrix} x_{i,j} \\ y_{i,j} \\ z_{i,j} \end{bmatrix}$$

$$i \in [1, 12], \ j \in [1, 5] \tag{12-3}$$

12.4.2　玉米叶片局部坐标系和运动数据映射关系的建立

在这里，对叶片模型的变形是建立在玉米叶片局部坐标系的基础上的。如前所述，玉米叶片是一个窄长条形的结构，中部有一条贯通的主叶脉，两侧叶边缘曲线呈褶皱形态，对叶片构成支撑作用。其中，叶片基部、叶长 1/3 处、叶片最高点和叶尖点等四个点具有明显的几何形态特征，同时也具有较为重要的农学意义。因此，我们选取叶片上的这四个点作为构建局部坐标系的关键点，再进一步利用 NURBS 样条曲线插值算法，来计算中间的 9 个点，从而生成一个包含 13 个点的叶脉曲线特征点组，如图 12-19 所示。然后，进一步在每一个

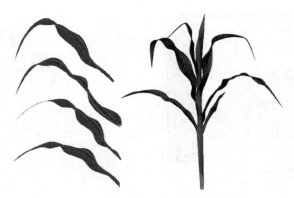

图 12 - 18　玉米叶片和植株的曲面建模

点上构建一个局部坐标系，取该点与前后两个点的向量为参考，计算平均向量作为 y 轴，取两个向量的正交向量作为 x 轴，然后计算 z 轴并将坐标系单位规范化。在叶片的运动变形过程中，不断刷新计算每个点上的局部坐标系，每一点上的坐标系将决定与该点关联的型值点组的三维空间变换。

　　然后进一步将开始的四个点：叶片基部、叶长 1/3 处、叶片最高点、叶尖点，与运动捕捉 Marker 点布置统一起来。在植株上布置 Marker 点的时候，分别布置在叶片的对应部位。这样每一帧获取的 Marker 点的位置即可被认为是该帧叶脉曲线的关键点，从而实现运动捕捉数据对模型的变形驱动。

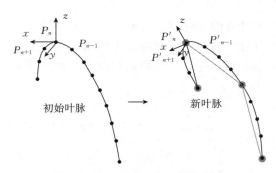

图 12 - 19　玉米叶片局部坐标系

12.4.3　基于径向基函数的植物建模与变形技术

　　植物器官三维形态结构异常复杂，植物器官细节特征难以使用有效的参数化方法和数学表达式来描述，这使传统的建模方法和技术不足以准确表现植物器官形态的细节特征。三维激光扫描技术可有效捕捉植物器官的细节特征和表面三维形态结构特征，因此基于三维激光扫描仪构建植物三维虚拟模型是有效的解决方案。由于激光扫描操作较为复杂，数据量也较大，基于激光扫描数据的植物建模要面临扫描数据变形等问题，如何根据典型的植物扫描数据模型构建多样化的植物三维形态模型呢？这里，基于植物器官的扫描数据，提出一种高效的基于径向基函数的变形技术，实现了基于扫描数据的植物三维形态虚拟建模方法：利用三维激光扫描数据，数据以三维网格的形式存储，以特定植物的骨架和器官拓扑结构为变形约束，使用径向基插值函数（RBF），实现扫描数据的变形，从而实现目标植物模型的构建，提高植物三维虚拟模型构建的细节特征（图 12 - 20）。

使用径向基函数建立网格特征点向目标特征点的映射关系，并计算网格上所有点的变形偏移量，实现网格模型的变形。变形过程以目标特征点为约束，变形后的扫描网格模型与目标植物模型结构吻合。定义目标特征点总数计为 N，对应的网格特征点总数同为 N，定义目标特征点计为 P_i^A（$i=1, 2, \cdots, N$），网格特征点为 P_i^M（$i=1, 2, \cdots, N$），$\overline{P_i}$（$i=1, 2, \cdots, N$）为变形的特征顶点偏移量，其表达式为：

$$\overline{P_i}=P_i^A-P_i^M \quad (i=1, 2, \cdots, N) \tag{12-4}$$

其中 $\overline{P_i}$（$i=1, 2, \cdots, N$）为已知量，使用径向基函数插值方法计算所有网格顶点的偏移量，插值基函数选用多二次函数（Multi - Quadric），则径向基函数插值表达式为：

$$\begin{cases} F(P) = \sum_{i=1}^{N} \omega_i \cdot \varphi(r_i) \\ \varphi(r_i) = (r_k^2 + C^2)^{1/2} \end{cases} \quad i = 1, 2, \cdots, N; C = 1 \tag{12-5}$$

$$r_i = R(P, P_i^M) = R(x, y, z; x_i^M, y_i^M, z_i^M) = \sqrt{(x-x_i^M)^2 + (y-y_i^M)^2 + (z-z_i^M)^2} \tag{12-6}$$

其中，$F(P)$ 为网格顶点 $P(x, y, z)$ 上变形所产生的偏移量；ω_i 为网格特征点为 P_i^M（$i=1, 2, \cdots, N$）的权重因子，为一个三维向量 $\boldsymbol{\omega_i} = [\omega_i^x, \omega_i^y, \omega_i^z]$，通过求解系数方程组得到。

以玉米叶片为例，选取叶脉曲线特征点，$N=4$，定义的目标特征点计为 $[P_1^A, P_2^A, P_3^A, P_4^A]$，网格特征点为 $[P_1^M, P_2^M, P_3^M, P_4^M]$，$[\overline{P_1}, \overline{P_2}, \overline{P_3}, \overline{P_4}]$ 为变形的特征顶点偏移量；径向基函数插值基函数还可以为线性插值函数或薄板样条函数。

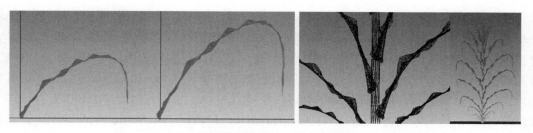

图 12 - 20　基于扫描数据构建的玉米真实感模型（见彩图）

12.4.4　基于数据驱动的动画合成

笔者团队实现上述的算法过程，集成关键技术模块并开发了植物动态虚拟仿真和动画合成原型系统，利用风扇对玉米植株吹风，从而产生玉米植株在风吹作用下的摇摆的运动数据，采用拉伸拖拽等使叶片和植株发生变形，采集了对应的弯曲变形运动数据。基于这些数据的驱动，合成相应的玉米植株动画和动态虚拟仿真过程，如图 12 - 21 所示为玉米植株动画合成的序列帧。

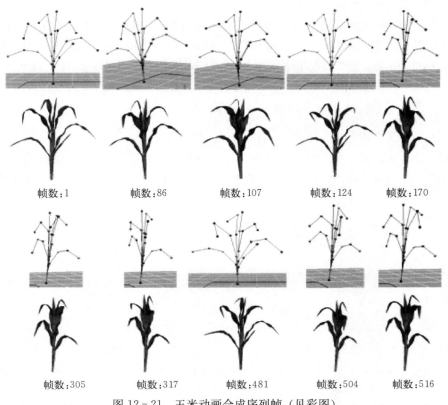

| 帧数:1 | 帧数:86 | 帧数:107 | 帧数:124 | 帧数:170 |

| 帧数:305 | 帧数:317 | 帧数:481 | 帧数:504 | 帧数:516 |

图 12 - 21   玉米动画合成序列帧（见彩图）

12.5   基于物理的玉米建模与动画合成

基于物理的方法是计算机动画合成中常用的方法，计算机动画过程建立在目标物体的物理学模型基础上，目标物体的变形运动遵循运动学和动力学物理规律，从而保证了模型的物理正确性和真实感。物理模型和基于物理的方法广泛应用在刚性物体、柔性物体以及自然现象的模拟方面，典型的基于物理方法包括质点-弹簧模型（Mass - Spring system）（唐勇等，2013；苗腾等，2014）、位置动力学（Position - based dynamics，PBD）（Muller，2007；白隽瑄等，2015）、有限元法（Finite element method，FEM）等（Wang et al. ，2015；Cai et al. ，2016），上一章笔者介绍了基于有限元的玉米茎秆生物力学分析，实际上，类似的方法同样也能用在动态仿真和动画合成，基于物理的方法关键在于目标物体所依赖的物理模型的构建。本节主要介绍基于物理的玉米建模和动画合成方法，方法流程如图 12 - 22 所示。

12.5.1   基于物理的建模方法概述

基于物理的建模方法（Physical - based modeling）是一种有效模拟目标物体自然运动过程的仿真计算方法（Du et al. ，2005），以建模目标划分主要包括刚性物体、柔性物体以及自然现象等。这类方法的特点是建模过程建立在真实世界的物理学规律基础上，基于热力学、动力学、运动学等物理过程建立模型，因此可以实现动态过程的物理正确性模拟，同时也可以获得高度的可视化真实感效果。其中，用于刚性物体和柔性物体的力学物理建模具体

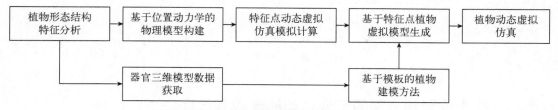

图 12 - 22　基于物理的建模与动画合成方法流程

方法包括质点弹簧系统、有限元法、位置动力学法、粒子系统等。典型的应用如机械设计、游戏制作、虚拟培训等领域中所涉及的零件、织物、组织器官等。基于物理的动态虚拟仿真技术在植物建模领域也得到了重视和应用（Akagi et al.，2006；Prik et al.，2014），主要体现在树木的动画合成、植物与环境的互动反馈以及植物器官的萎蔫变形等过程。如结合植物叶片生理特征和物理特征，真实模拟在缺水、高温等条件下植物叶片的萎蔫变形过程，实时模拟了植物叶片萎蔫变形，较好地实现多种具有不同叶脉结构的植物叶片在三维空间中的动态萎蔫变形过程等。然而，现有的方法大多基于质点弹簧模型，在计算效率、稳定性和鲁棒性等方面仍有较大的局限性。因此，对于研究基于新的物理模型的植物动态虚拟仿真方法具有迫切需求，来进一步提高植物动态虚拟仿真的准确性和仿真效率。

通常情况下，这里构建的玉米物理模型建立在基本的弹性力学假设基础上。假设玉米器官符合弹性力学规则，构建玉米器官三维模型之后，对模型进行离散化处理，离散化为一系列有质量的质点构成；而质点之间假定使用弹簧连接，弹簧符合广义胡克定律，这样就可以建立质点的力平衡方程。图 12 - 23 为质点受力分析示意图，公式（12 - 7）给出了力平衡方程。后续的仿真过程和动画过程都是建立在力平衡方程基础上的，这里力学模型因提供了物理模型的支持，从而保证模型在运动过程中遵循物理规律。

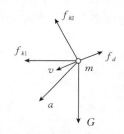

图 12 - 23　质点受力分析

$$\sum_{i=1}^{N} \vec{f_{ki}} + \vec{f_d} + \vec{f_g} + \vec{f_{ext}} = m\vec{a} \qquad (12 - 7)$$

12.5.2　基于位置动力学的物理方法和模型

基于位置动力学（Position based dynamics，PBD）的方法是一种高效模拟物体运动学—动力学过程的新方法，可有效模拟刚性物体、柔性物体目标的动态物理过程。该类方法建立在动量守恒原理基础上，在迭代过程中保持线性动量和角动量守恒，使这一方法具备现实物理意义。图 12 - 24 为本方法距离约束和角度约束单元作用示意图。单元约束计算方法如式（12 - 8）和式（12 - 9）。

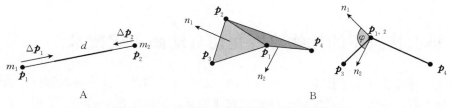

图 12 - 24　位置动力学约束单元作用示意图

距离约束和角度约束分别表示为：

$$C_{dis}(\boldsymbol{p}_1, \boldsymbol{p}_2) = |\boldsymbol{p}_1 - \boldsymbol{p}_2| - d_0 \qquad (12-8)$$

$$C_{ang}(\boldsymbol{p}_1, \boldsymbol{p}_2, \boldsymbol{p}_3, \boldsymbol{p}_4) = \arccos\left(\frac{(\boldsymbol{p}_2 - \boldsymbol{p}_1) \times (\boldsymbol{p}_3 - \boldsymbol{p}_1)}{|(\boldsymbol{p}_2 - \boldsymbol{p}_1) \times (\boldsymbol{p}_3 - \boldsymbol{p}_1)|} \cdot \frac{(\boldsymbol{p}_2 - \boldsymbol{p}_1) \times (\boldsymbol{p}_4 - \boldsymbol{p}_1)}{|(\boldsymbol{p}_2 - \boldsymbol{p}_1) \times (\boldsymbol{p}_4 - \boldsymbol{p}_1)|}\right) - \varphi_0$$
$$(12-9)$$

12.5.3   基于位置动力学的玉米运动的建模与仿真

基于位置动力学的方法是一种有效的、高效的物理模型方法，这里提出了一种基于位置动力学的植物动态虚拟仿真方法，可以有效解决运动数据特征定义与参数化模型特征的匹配与融合以及运动数据与植物虚拟模型之间的映射关系、约束机制及驱动算法等问题。

在对位置动力学算法模型进行分析的基础上，可构建典型植物的动态物理模型。不同类型的植物个体器官物理属性存在较大差异，但在单个器官内部，如单个植物的茎秆、叶片等，假设具有单一的物理属性。构建植物动态物理模型的首要任务就是根据植物形态结构的拓扑结构和器官的物理属性定义满足位置动力学的物理模型数据结构，即针对特定植物，定义顶点集合 V 和约束条件集合 C。不同类型的植物形态结构具有较大差异，在这里以玉米为例，构造玉米器官、植株和群体的位置动力学物理模型。图 12-25 为构建的物理模型框架，图 12-26 为物理模型对几何模型的映射和驱动模式。驱动方式仍然采用前述章节的局部坐标系方法，在此不再赘述。图 12-27 为使用位置动力学方法构建的 9 株群体模型。

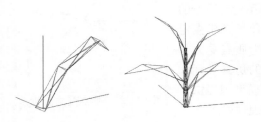 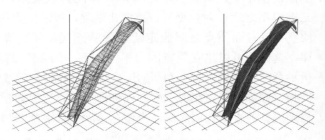

图 12-25   玉米叶片和植株的物理模型框架   图 12-26   物理模型驱动变形的玉米叶片

图 12-27   自然条件下玉米群体动态过程模拟中的一帧

12.6   胁迫状态下的作物可视化仿真动画生成技术

近年来，随着农业信息技术的发展与应用，农业知识普及、技术培训等也开始借助三维虚拟动画等手段，通过构建真实的三维虚拟农业场景，展示生产中的基础知识、常见问题以及专业技术方法等。作物在生长过程中会随着环境的变化，如生理缺素、水肥胁迫或病虫害

等而发生外观改变，这些变化使作物逐步动态地偏离其正常状态下的外观特征，而对这种过程的刻画和展现也是农业科教题材三维动画的重要组成部分。本节以缺水萎蔫和病虫害为例，介绍胁迫状态下的作物可视化仿真及动画生成技术。

12.6.1 作物叶片失水萎蔫动画生成技术

叶片萎蔫是一种常见的植物行为特性。当植物体内水势减小，为了降低自身的蒸腾作用，植物叶片会发生一定程度的萎蔫形变（如下垂和卷曲），从而使受光面积和气孔开度减小。有观点认为，这是一种植物的适应性抗旱机制。因此，植物叶片的萎蔫形变过程仿真可以作为研究植物环境中水分情况缺失及响应机制的有效工具。为了对植物叶片的萎蔫形变进行定量分析，萎蔫形变的测量、数学建模和辨别是需要解决的三个关键问题。

这里对植物萎蔫形变进行三维建模与可视化仿真，尝试寻找一种通用的物理描述方法，可以对叶片整个面元尺度的动态形变过程进行定量化的物理解析和实时的动画生成，为三维动画制作、萎蔫过程的分析、数字化植物设计等提供理论工具。

（1）植物叶片的细胞体素建模 植物的萎蔫形变与植物细胞壁内的膨压（即植物活细胞吸水膨胀对细胞壁所产生的压力）有关。在植物水供给充足时，细胞膨胀、叶片挺立，反之则叶片萎蔫下垂（部分植物叶片会发生卷曲）。

由于细胞的变形导致了叶片萎蔫，可将叶片抽象为细胞个体的组合，这些细胞紧密排列，并相互连接，通过收缩、膨胀等对细胞进行控制，进而带动叶片整体在萎蔫时的形变。从三维图形的角度，可利用正六面体体素单元表示细胞，使其按叶片三维空间形态均匀分布并相互连接。为了生成该类结构，可以先计算叶片模型的最小包围盒，然后按照一定的分辨率对包围盒进行分割，得到一系列的六面体，最后将六面体与叶片模型进行相交测试，与叶片模型相交的六面体进行保留，其余的全部删除。

（2）叶片萎蔫的物理模型 为了对上述体素结构的运动进行描述，需构建其物理模型。本节选择质点弹簧模型作为基本物理模型，并在生成的体素网格基础上，构造了整个叶片的质点弹簧模型。图 12 - 28 为质点弹簧结构，利用六面体单元的八个顶点作为质点，任意两个顶点相连形成弹簧。对于与六面体边重合的 12 条弹簧本文称为结构弹簧（图 12 - 28 中的实线），而对角线相连的 16 条弹簧称为剪切弹簧（图 12 - 28 中的虚线）。通过对这些弹簧进行拉伸等外力作用，可以模拟单个细胞（六面体单元）来自纵向以及横向的变形。质点弹簧的主要参数有 3 个：质点质量、弹簧劲度系数

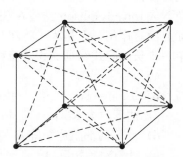

图 12 - 28 体素单元的质点
弹簧链接方式

及阻尼系数，根据叶片的生理属性特征设置物理参数，譬如在叶脉、叶柄的部位设置较大的弹簧劲度系数以及质点质量，而其他位置设置相对较小的劲度系数，这样能够很好地表现叶片叶脉、叶柄相对于叶肉较强的支撑能力。值得注意的是，目前本文还是采用人为经验性地对这些参数进行赋值。质点弹簧模型可采用线性弹性应力，作用于质点 i，由连接质点 i、j 的弹簧所产生的能量公式为

$$E_i = k_s \left(|\boldsymbol{x}_j - \boldsymbol{x}_i| - L \right)^2 \qquad (12 - 10)$$

式中，L 为弹簧 i、j 的初始长度，E_i 为在 i 质点上产生的势能，$\boldsymbol{x}_i$ 与 $\boldsymbol{x}_j$ 表示质点 i、j 的空间坐标。从式（12 - 10）中可以看出，形变产生的势能由两个质点之间的位移所决定，

并且对于一根弹簧上的两个质点，其受到的势能相同。

$$Ma + D(u, v) + R(u) = f \qquad (12-11)$$

式中，$u \in \mathbf{R}^{3n}$ 为质点的位移向量；R 表示实数空间；n 为质点个数；3 为位移向量的维数（在三维空间上）；v 为位移 u 的一阶导数，表示质点的速度向量；a 为位移 u 的二阶导数，表示质点的加速度向量；$M \in \mathbf{R}^{3n \times 3n}$ 是质点的质量矩阵。本文采用质量塌陷的方法将每个质点的质量全部设置在对角线上，所以 M 构成一个对角矩阵，除了对角线上的位置外，其余位置全部为 0。$D(u, v) \in \mathbf{R}^{3n}$ 为阻尼力，由质点的位移以及速度所决定；$f \in \mathbf{R}^{3n}$ 为质点的外力，是一个随时间变化的向量。$R(u) \in \mathbf{R}^{3n}$ 为质点的内力，是能量 E 对位移 u 的导函数，并由位移 u 所决定，其计算公式如下：

$$R(u) = \frac{\partial E}{\partial x_i} = k_s(|x_{ij}| - L)\frac{x_j - x_i}{|x_j - x_i|} = k_s u \frac{x_j - x_i}{|x_j - x_i|} \qquad (12-12)$$

本节利用一个局部瑞利阻尼模型来计算阻尼力的大小：

$$D(u, v) = (\alpha M + \beta K(u)) v \qquad (12-13)$$

式中，α、β 为两个正实数，具有降低变形中高频信息的作用。$K(u)$ 称为切劲度矩阵，通过对 $R(u)$ 求偏导即可得到，即内力 $R(u)$ 的雅可比矩阵：

$$K(u) = \frac{\partial R(u)}{\partial x_j} = k_s \frac{(x_{ji})(x_{ji})^{\mathrm{T}}}{(x_{ji})^{\mathrm{T}}(x_{ji})} + k_s\left(1 - \frac{L}{|x_{ij}|}\right)\left(I - \frac{(x_{ji})(x_{ji})^{\mathrm{T}}}{(x_{ji})^{\mathrm{T}}(x_{ji})}\right)$$

$$(12-14)$$

为了在大时间步长下保持植物叶片萎蔫形变过程中数值计算的稳定性，可采用隐式纽马克积分法对公式（12-11）进行数值求解。下面给出隐式纽马克积分过程，在这里只对单一时间步长的流程给予介绍。对于每一时刻，需要给出如下输入参数：在时间步长 i 时刻的位移 u_i、速度 v_i、步长 $i+1$ 时刻的外力以及时间步长大小 t，通过以上输入，可计算出 $i+1$ 时刻的位移 u_{i+1} 及速度 v_{i+1}。设牛顿迭代最大次数为 $j_{\max}$（本文取 1），迭代误差上限 T_{OL}（避免 Newton-Raphson 迭代在获得精确值下仍旧进行计算，虽然当 $j_{\max} = 1$ 时，该误差上限实际上没有作用，但是为了将纽马克积分流程介绍得更加完整，仍然按 $j_{\max} > 1$ 进行叙述），则单一步长的隐式纽马克积分流程如下：

a）$u_{i+1} = u_i$；

b）for $j = 1$; $j < j_{\max}$ //执行 Newton-Raphson 迭代；

c）估算内力 $R(u_{i+1})$，估算正切劲度矩阵 $K(u_{i+1})$；

d）计算局部阻尼矩阵 $C = [\alpha M + \omega K(u)]$ $\qquad (12-15)$

e）计算对称矩阵 $A = \alpha_1 M + \alpha_4 C + K(u_{i+1})$ $\qquad (12-16)$

f）计算余项

$$r = [\alpha_1(u_{i+1} - u_i) - \alpha_2 v_i - \alpha_3 a_i]M +$$
$$C[\alpha_4(u_{i+1} - u_i) + \alpha_5 v_i + \alpha_6 a_i] +$$
$$R(u_{i+1}) - f_{i+1} \qquad (12-17)$$

如果余项的平方小于 T_{OL}，则跳出 Newton-Raphson 迭代，否则

g）解方程 $A(\Delta u_{i+1}) = r$； $\qquad (12-18)$

h）更新位移、速度、加速度：

$$\begin{cases} u_{i+1} = u_i + \Delta u_{i+1} \\ v_{i+1} = \alpha_4(u_{i+1} - u_i) + \alpha_5 v_i + \alpha_6 a_i \\ a_{i+1} = \alpha_1(u_{i+1} - u_i) - \alpha_2 v_i + \alpha_3 a_i \end{cases} \qquad (12-19)$$

其中，β 与 γ 在本文算法中分别取 0.25 与 0.5，参数 $\alpha_1 \sim \alpha_6$ 的计算公式如下：

$$\alpha_1 = \frac{1}{\beta t^2}, \quad \alpha_2 = \frac{1}{\beta t}, \quad \alpha_3 = \frac{1-2\beta}{2\beta}, \quad \alpha_4 = \frac{\gamma}{\beta t}, \quad \alpha_5 = 1 - \frac{\gamma}{\beta}, \quad \alpha_6 = 1 - \frac{\gamma}{2\beta} t \quad (12-20)$$

通过上述积分运算，可以得到质点弹簧中每个质点的空间位移，只需将位移累加到初始的质点位置，即可获得变形之后的质点空间坐标。由于每个质点的位置即是体素网格顶点的位置，这样质点弹簧模型的变形过程实际上驱动着整个体素网格的形态变化（图 12-29）。可以通过体素网格顶点的空间坐标插值计算出叶子模型各个顶点的三维坐标。本文采用三次插值处理，得到了较好的效果。

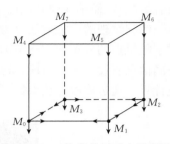

图 12-29　体素单元受力示意图

对菱蔫过程的物理表示方法通过图形化的方式进行编程验证，上述算法在 VC++2005 和 OpenGL 图形引擎编程环境下实现，并在配置为 1.96G Hz 的 CPU，DDR 2G 内存以及 ATI RHD2400 显卡的 PC 机上进行试验。

12. 6. 2　作物病虫害危害过程动画生成技术

病虫害是农业生产中常见的一种生物危害现象，可视化描述病虫害条件下植物叶片表观变化具有应用价值。过去，关于叶片表观模拟的研究大部分集中在正常状态下的表观质感建模领域，很少涉及病害对植物叶片表观的影响研究。在病虫害危害下的叶片表观会产生显著的变化，如出现色斑、孔洞等现象。为此，本节介绍一种病虫害危害下的叶片表观模拟方法，可以实时地对病斑在叶片上的发生、扩散进行真实感模拟。

1. **病斑的空间信息**　将病斑的空间信息分为三个方面：病斑的分布、病斑的运动方式、病斑最终形成的形态。对于以上三点分别做出如下假设：①病斑的分布。病菌在叶片表面进行生长繁衍是存在竞争的，所以为了寻求更多的叶片资源，病菌会均匀地散布在叶片的表面。②病斑的运动方式。病菌浸染叶片，是由初始的附着位置向四周逐步扩散（即不会出现位置的跳跃现象）。③病斑最终形成的形态。对于同种叶片上的同类病菌，其在叶片留下的病斑形态会呈现一定的相似性（如黄瓜上白粉病大致成椭圆形）。在以上假设条件下，研究人员提出了基于细胞纹理的白粉病空间信息表达方法，通过纹理，可以对病害在叶片表面的空间动态过程进行模拟。Worly（1996）提出了细胞纹理基函数的概念，这种函数的思想是将一系列特征点分散到 R^3 空间中，并且根据特征点与其局部点之间的距离关系构建标量函数，利用这种函数，可以构建类似 Voronoi 形态的纹理特征，当然，通过改变标量函数的构建方法，可以获得丰富的纹理样式。

细胞纹理基函数从一定程度上可以简单地理解为特征点与其第 n 最近点的距离关系。由于本文希望构建二维空间的细胞纹理，所以只从 R^2 空间上对于细胞基函数的性质进行简要的介绍。如果在 R^2 空间上随机分布一定数量的特征点，对于任意一点 x，定义 $F_1(x)$ 为 x 到其最近特征点的距离，当 x 发生空间变化时，函数 $F_1(x)$ 的变化是连续平滑的，这种性质并不会由于 x 会出现与多个特征点距离相等的情况而发生改变。同理，$F_2(x)$ 表示 x 与其第 2 近的特征点之间的距离，$F_n(x)$ 为 x 与第 n 近的特征点之间的距离。

根据 F_n 可以制作类似图 12-30 样式的细胞纹理，在图 12-30A 中，可以清晰地看到整个纹理具有多个明显的细胞样的区域，将每个区域看成一个单元，在单元中会有一个颜色最

暗的点 X，而距离 X 越远的位置颜色越亮，两者的亮度之差与它们之间的距离成一定的线性关系。当然，通过改变细胞基函数可以构建不同样式的纹理图案，但是特点与图 12-30B 类似，都是具有明显的细胞样的单元区域，且区域中会有一个具有极端颜色的中心点（最暗或者最亮），而单元中其他位置的像素颜色值与中心点的距离具有一定的函数关系。

细胞纹理的生成方法分为 2 个阶段，第 1 阶段是在二维图像内生成一定数目的随机点，对于随机点的分布本文选取泊松分布，这样做的目的是为了使其符合上文对病斑均匀分布的空间信息假设。第 2 阶段，通过遍历每一个像素值，计算其与特征点之间的距离，并进行颜色计算。通过修改算法参数可得到不同类别的纹理特征，如图 12-30 所示。

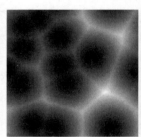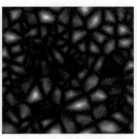

A.蜂窝形状细胞纹理　　　　　B.多边形细胞纹理

图 12-30　不同类别的细胞纹理样式

从图 12-30 中可以看到，细胞纹理的样式与上文介绍的空间运动假设具有很多类似的特征：首先，细胞纹理的特征点是利用泊松分布在平面上进行撒点，对于这些特征点可以看作是生长在叶片的初始病菌体位置（均匀地散布在叶片表面）；其次，细胞单元区域内由特征点位置向边缘位置的颜色变化是连续的，所以可以将每个细胞单元的颜色分布看作是病菌向四周扩散的运动过程（由特征点所在的位置向单元边缘扩散）；最后，细胞单元区域都会形成类似的图案，可以进行病斑等形态的描述。

2. 病斑空间运动模拟算法　这里利用细胞纹理对病斑空间运动进行模拟。因为细胞纹理自身的性质，所以可以非常简单地利用纹理的颜色值进行运动模拟。将纹理的颜色值看作是病斑的运动次序表示，假设特征点的颜色值为 1.0，则在其细胞单元内的其他部分的颜色值都会小于 1.0，并且随距离逐步递减。所以，可以根据颜色值构建病害发生强度函数 D，该函数表示病情发生强度，值越大病斑扩散的范围越广，其公式如下：

$$D=1-b^{a-x} \tag{12-21}$$

式中，b 表示扩散速度（可控，无量纲），a 表示病情程度，x 为细胞纹理的像素值。为了增加病斑空间属性的随机性，在实际中对细胞纹理的值进行一定的扰动。这里采用的病斑纹理映射方式较简单，首先计算叶片模型的有向包围盒，然后将纹理映射到有向包围盒中最大面积的平面，同时为了调控病斑的大小，通过缩放因子对纹理坐标进行调控。

3. 病斑表观模型　真菌性病斑会在叶片表面形成霉层，并且厚度不一，通常情况下，初始发病的位置会随着病情的加重逐渐加厚，而边缘的霉层则相对较薄。本文采用 Shell 渲染算法对霉层的层次结构进行建模。Shell 渲染常被用来进行毛发的渲染，其思路比较简单。如图 12-31 所示，Shell 是一层层的水平切片的堆积体，每一层都根据细胞纹理进行病斑的绘制，当层数逐渐积累就可以出现具有厚度的层次感了。这里以白粉病为例，对病斑表观模型进行介绍。

本节绘制 15 个层（后续用 pass 表示层）用于病斑的渲染，使最终的病斑结果能够更加精细。在绘制病斑前，通过第一层来绘制出叶片的表观，并根据 Alpha 值进行混合。对于病斑的 Shell 渲染，需要考虑的问题有以下几点。

图 12-31　病斑霉层的 Shell 模型表示

（1）病斑像素的透明度问题　病斑所在位置的信息是在细胞纹理上表达的，然而，在病斑扩散的过程中，不是所有细胞纹理中的像素都属于病斑，这些像素是不可见的，为此，需要将这些像素设置为透明。然而，不能采用传统 Shell 渲染的方法，在固定纹理的 Alpha 通道设置每个像素的 Alpha 值，这样只适合那些位置不变的物体（如毛发等），不能描述病斑扩散这样的过程（透明的像素是一直在变化的）。为此，利用公式（12-21）中计算的病害发生强度函数 D 去控制像素的透明情况，当小于 D 时，认为是透明的像素，本节方法在处理完全透明像素时，直接在片元着色器中利用 Discard 函数将该像素删除。

（2）霉层的厚度控制问题　Shell 渲染方法将切片按不同高度罗列在一起，为了生成任意模型表面的病斑，本文将切片沿多边形的法向量方向进行递增。在实际中，霉层的厚度是均匀不一的，假设其厚度是随着积累的时间逐渐增加的，所以会呈现中心位置偏厚、而边缘偏薄的特点。可以采用病害发生强度函数 D 去控制病斑的厚度。当绘制霉层时，采用的 Pass 数越大，则霉层高度越高，所以在渲染到较大 Pass 时，将边缘位置（D 较小的部位）删除即可获得中间高边缘薄的效果。实际中通过伪代码的算法进行控制，病斑厚度控制的伪代码：

$$\text{if }(P_T * (\text{pass\_index}/\text{pass\_num}) < D)$$
$$\text{Position} += \text{shell\_distance} * \text{pass\_index} * \text{Normal}$$

其中，pass_index 为当前的 Pass 数；pass_num 为总的 Pass 数量；P_T 为用户的控制参数，当 P_T 越大时，表示厚度差距越大，当 $P_T = 0$ 时，表示病斑区域的厚度是相等的；Position 为顶点的三维坐标；shell_distance 为用户调控参数，表示单层霉层的厚度；Normal 为顶点的法向量。图 12-32 为 P_T 在 0.2、0.3、0.5 时，病斑厚度的表观变化。

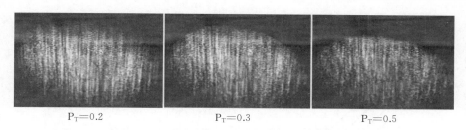

| $P_T=0.2$ | $P_T=0.3$ | $P_T=0.5$ |

图 12-32　不同用户控制参数 P_T 下的白粉病斑厚度变化（见彩图）

注：P_T 为用户控制参数，P_T 越大表示病斑区域的厚度差距越大，当 $P_T=0$ 时，病斑区域的厚度相等，下同。

（3）病斑的颗粒感特性　霉层很多时候具有明显的颗粒感，并且并未将整个叶片全部盖住，尤其是在病斑厚度较薄的部位具有缝隙，为此，本节应用 perlin 噪声对病害发生强度函数 D 进行扰动，按一定的规则将病斑位置的像素删除，这样便可得到相应的缝隙，伪代码如下：

$$\text{if }(D^{0.3}n < D_N)\text{ discard}$$

　　其中：D_N 为用户的控制参量，值越大表示缝隙越大；当 $D_N = 1.0$ 时，所有的病斑像素全部删除；当 $D_N = 0.0$ 时，所有病斑像素全部保留，表示不存在缝隙；n 表示由 Perlin 产生的噪声数值；Discard 表示删除像素的操作。图 12 - 33 为 D_N 在 0.2，0.5，0.7 下的病斑表观。

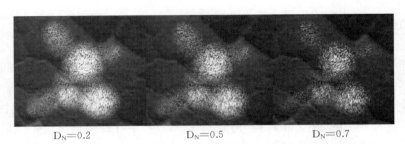

$D_N = 0.2$　　　　　　$D_N = 0.5$　　　　　　$D_N = 0.7$

图 12 - 33　不同用户控制参量 D_N 下的白粉病斑表观变化（见彩图）

注：D_N 为用户控制参量，值越大表示缝隙越大；当 $D_N = 1.0$ 时，所有的病斑像素全部删除；
当 $D_N = 0$ 时，所有病斑像素全部保留，表示不存在缝隙，下同。

　　（4）病斑的表观特性　对霉层散射特性进行简单的抽象，如图 12 - 34，将病菌看作是球体颗粒（圆点），白粉病的病斑是由病菌逐层积累产生的，在病菌的初始着落区域较厚，而在边缘部分较薄。对较厚位置及较薄位置的光学特性分别进行分析。对于较厚位置，假设不会有光穿过霉层射入叶片表面，入射光接触到霉层之后，有一部分光发生了镜面反射；剩余部分传入霉层表面，与病菌的颗粒发生接触之后，经过多次反射之后形成次表面散射。而对于较薄的部位，入射光接触到霉层之后，除了与菌体接触造成的散射及次表面散射之外，还有一部分光与叶片发生接触，发生镜面反射以及次表面散射。本文假设与叶片发生的镜面发射光和与菌体发生的镜面反射部分的方向及性质相同，可以将两者合二为一，这样对于较薄部分的霉层所包含的反射光为：镜面反射、菌体的次表面散射以及叶片的次表面散射。在实际中，渲染的像素点面积与光的次表面散射路径相比较大，所以次表面散射可以用漫反射来替代。白粉病的材质模型（M）采用如下公式：

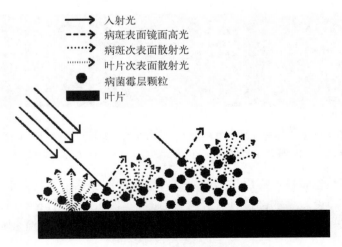

图 12 - 34　白粉病斑散射特性

$$M = \frac{\rho_d}{\pi} + \frac{\dfrac{\sigma_s d}{4\pi}}{\cos\theta_i \cos\theta_r} \qquad (12-22)$$

式中，ρ_d 为漫反射颜色；σ_s 为散射系数，mm^{-1}；d 为病斑厚度，mm；θ_i 为入射光线方向；θ_r 为出射光线方向。而对于叶片的漫反射，由于病斑较薄的区域存在空隙，并且在进行 Shell 渲染时，叶片的表观与病斑的表观进行了混合，所以在绘制病斑时，不再单独对叶片的漫反射进行加合。

4. 模拟结果与分析　上述算法在 VC++2005 和 OpenGL 图形引擎编程环境下实现，并在配置为 1.96G Hz 的 CPU，DDR 2GB 内存以及 NV Geforce 9500 显卡的 PC 机上进行试验。本文算法可通过病情调节参数 a，进而控制病情指数，进行定量化的病情模拟，图 12-35 为不同病情下玉米大斑病和叶锈病同时发病的模拟结果。本文的空间分布及运动算法不仅可以对病害进行模拟，对虫洞模拟同样适用，仍然可得到非常逼真的效果。不再通过 Shell 模型进行绘制，而是直接根据 D 值对叶片的像素进行取舍，从而得到动态的虫洞扩散效果。

图 12-35　玉米叶锈病与大斑病同时感染的模拟（见彩图）

12.7　玉米群体冠层三维场景碰撞检测技术

近些年来，玉米三维可视化研究已经在单株或多株尺度上取得了一些研究成果，并逐步从单株（多株）玉米过渡到玉米群体的研究。玉米虚拟场景绘制也从简单的稀疏化向逼近自然生长的复杂群落方向迈进。随着场景复杂度的不断提高，玉米冠层的群体建模面临着诸多问题。在冠层重构过程中，不同植株和不同器官之间的交叉穿透问题尚未得到很好的解决，成为制约玉米群体模型精确表达的重要因素。虚拟冠层中的碰撞交叉现象不符合玉米的真实生长状态，不仅削弱了玉米模型的真实感和准确性，也降低了场景沉浸感体验效果。由于不同程度的穿透使得虚拟模型难为可视化计算所用，因此对重构的玉米冠层实现快速碰撞检测，已成为玉米可视化建模研究中不容忽视的一环。在此基础上，施加适当的响应措施，尽量逼近真实状态，也将是玉米冠层重构中重要的研究内容。与植物三维重建研究趋势一致，群体模型绘制也已成为玉米可视化研究的热点。如何重建大田玉米群体形态结构，动态模拟大田场景，实现有效的可视化计算等问题尚未得到较好的解决。与传统的单株尺度相比，虚拟场景中玉米群落往往会发生叶叶穿透、株株交叉等不合物理规律的现象（图 12-36）。在玉米虚拟场景中，突兀的穿透现象将大大降低沉浸感。同时，在可视化计算的要求下，从保证群体模型的真实感出发，适当处理这些穿透交叉现象将变得尤为重要，有待进行深入研究。

图 12-36　玉米模型间出现碰撞交叉

12.7.1　主要碰撞检测方法介绍

碰撞检测（Collision detection）是针对虚拟场景中可能出现或已经发生的碰撞交叉情况进行快速准确判定的过程，碰撞检测问题可以直接描述为对两个（或多个）物体是否相交状态的判定，一般的碰撞检测只需给出布尔量检测结果即可，为了提供有效的碰撞检测反馈，还需要进一步确定在何时于何处交叉，甚至包括穿透深度等信息。碰撞检测具体实施方法有多种，总体上划分为时域上和空域上两大类，常见的有效方法大多是基于包围盒的方法以及以三角面元为主的图元测试算法。

从时域的角度来分，碰撞检测算法包括静态碰撞检测算法、离散碰撞检测算法和连续碰撞检测算法三类（Hadap et al.，2004；高博，2008），如图 12-36 所示。其中，静态碰撞检测算法主要应用于不发生变化的静态场景；离散碰撞检测算法在离散序列时间点上做碰撞检测，不断地检测场景中是否发生碰撞；连续碰撞检测算法一般针对连续的时间段，判断动态场景下是否有碰撞。

在大场景绘制中，连续碰撞检测面临的实时性问题，因此，连续检测往往简化分为若干离散碰撞检测过程的叠加（高玉琴，2007）。当已知运动轨迹时，可预计算出拟交叉的时刻，则连续检测过程可延至该时刻开始，而无须对整个时间轴做检测，此过程也称为时间预测法。在任一离散时刻，离散检测实质仍是采用类似于静态碰撞检测的方法来实现。对于离散碰撞检测算法，时间间隔在一定程度上影响算法的鲁棒性，过短增加了检测频次，过长则可能出现穿透或漏检现象（高博，2008）。

从空域的角度来讲，碰撞检测算法又可分为两类：基于物体空间的碰撞检测算法和基于图像空间的碰撞检测算法，如图 12-37 所示。基于图像空间的方法主要依靠二维图像进行深度信息提取，从而实现检测。George 和 Wingo（2004）就曾提出了基于图像空间的检测方法，加快了织物自碰撞检测。随着 GPU 性能大幅提高，该类算法具有较大可挖掘性。

基于物体空间的碰撞检测算法指从三维空间上对测试对象做交叉检测，分一般模型表示和空间结构两个子类（高博，2008）。现在模型多用三角形或多面体表示，基于多边形结构的凸体测试受到广泛重视，代表性成果包括 GJK 算法、Lin-Canny 算法等。面向空间结构的碰撞检测方法最为常用，一般分为空间分割法和层次包围盒树法。这两类方法都旨在通过快速相交测试，及早剔除不可能相交测试对象，尽可能减少精确求交的测试数量。两者的区别在于空间分割对象不同：空间分割法对整个场景进行层次分割；层次包围盒树法以场景内每一对象为分割对象，按一定划分策略构建层次树（秦铨，2012）。

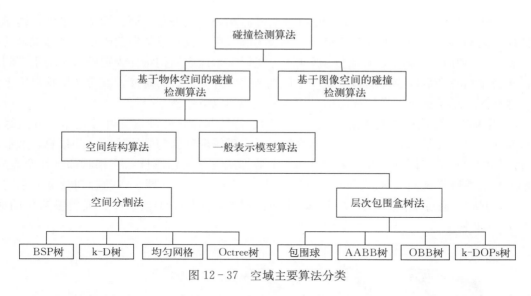

图 12-37 空域主要算法分类

层次包围盒树法的基本思路是采用几何特性简单且体积略大的包围盒将复杂的对象包围（王晓荣，2007）。在实际应用中，常按既定的包围盒形态将对象空间动态分割成若干层次，并组织成树结构。层次树的根节点对应着整个对象的包围盒体，且随着层次越深，各子节点越来越逼近对象空间。判断两个模型是否相交时，首先测试两个层次树的根节点是否重叠，重叠则为潜在交叉对，否则不相交。针对重叠情况，可采取动态层次划分方式，对其下的子节点进行遍历测试。在遍历到一定深度或阈值时，若未出现交叉对，说明该测试对实际处于分离态。遍历中若有明确的交叉对，可判定该组测试对象相交；除此之外的交叉仍暂定义为潜在交叉对，需要进一步测试，应用层次包围体的性能评价函数作为碰撞检测算法的评判依据。

目前，应用较多的包围盒体类型有包围球（Spheres）、轴向包围盒（Axis aligned bounding box，AABB）、方向包围盒（Oriented bounding box，OBB）和离散有向多面体（k - discrete orientation polytopes，k - DOP）。层次包围盒树法主要应用于复杂环境中的碰撞检测，针对不同的对象采用合适的盒体。

另一类碰撞检测方法是图元测试法，其基本思想是检测两个物体的基本图元之间的位置关系，精确求交的过程即是执行图元测试的过程，一般在前期剔除操作后执行。基本图元一般指点、线和面，其中面主要为三角形。因此，基本图元测试主要涉及点与面（三角形）、边（线段）与边（线段）、边（线段）与面（三角形）、面（三角形）与面（三角形）几种位置关系的判定。此外，广义上的基本图元还包括部分简单几何体，如 AABB、球体、四面体、圆柱体等，故实际相交测试情况较多。如图 12 - 38 所示为三角形图元相交测试过程的示意图。

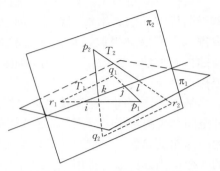

图 12 - 38　三角形之间交叉

12. 7. 2　基于玉米形态结构特征的碰撞检测方法

在大田环境中，玉米植株间时常出现叶与叶碰触等自然现象。而在虚拟场景中，构建的虚拟模型之间往往呈现出不合理的穿透，这成为降低场景真实感的重要因素。作为玉米的主要器官，玉米叶片是碰撞交叉的主要源头，这里以玉米形态结构特征为突破口，基于实测数据构建玉米植株和群体冠层的虚拟模型：首先考察叶片间的交叉碰撞，其后在植株尺度上实现快速检测。基于玉米形态特征的碰撞检测方法包括以下步骤。

1. **玉米叶片和植株数据采集**　玉米叶片形态特征明显，叶脉贯穿叶片始末，叶边缘多褶皱起伏，且叶片长且宽。在实际采集过程时，主要提取叶脉与叶边缘的空间信息，选取部分叶面均匀分布的特征点。鉴于采集后的离散数据缺乏几何连续性，在剔除部分冗余点后，采用非均匀有理样条曲线（NURBS）对特征点做光滑连续性处理。将叶脉和叶宽分别定义为 u，w 方向，通过反向求解出 NURBS 曲面控制点，然后依据公式获得光滑参数化曲面，如图 12 - 39 所示。

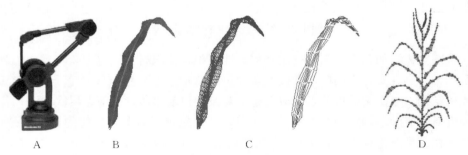

图 12 - 39　玉米叶片和植株数据采集

A. 三维数字化仪 G2LX；B. 叶片纹理效果；C. 叶片参数化网格和；D. 特征点网格

玉米节间模型同样由 G2LX 采集得到，经处理后单个节间保留 39 个特征点。吐丝期的玉米植株大多含有 20 个叶片和 20 个节间。各个器官通过空间匹配后,完成整株三维几何模型的重建。排除雌穗与雄穗,整株模型包含 3 120 个特征点,约合 5 120 个三角面片(图 12-39)。本文涉及的方法研究与试验主要基于此类特征点网格展开。

2. 基于 OBB 的玉米叶片检测 由于玉米叶片往往长且宽,偏离世界坐标系坐标轴较大,采用 OBB 能更加紧密地包裹叶片模型(图 12-40)。构建紧凑 OBB 的常见方式是计算协方差矩阵,但其需要考察所有面元,算法复杂度一般。鉴于叶片特征网格呈薄膜状,且在 3D 空间中从叶片与叶鞘的连接处(以下简称为叶根)指向叶尖往往最长的特点,这里简化了 OBB 构造方式,由叶片叶脉点序列、叶根对应点、叶尖对应点分别生成包围盒,如图 12-40 所示为叶片层次 OBB 划分结果。对任意两片待测叶片,首先执行 AABB 对重叠测试。若两 AABB 未重叠,则无须构建 OBB;否则,按上述过程生成各自 OBB,并执行 OBB 对测试。一旦 OBB 对测试结果为交叉,则对各叶片层次分割。鉴于玉米叶片宽大且特征点相对离散的情况,我们采用自上而下的分割方式对叶片构建 OBB 二叉树。分割 OBB 盒的关键在于确定分割轴和分割点。其中,分割轴有多种选择,以具有对齐性质的轴作分离轴最为常见。

图 12-40 玉米叶片层次 OBB 二叉树划分

3. 基于边缘三角的精细检测 经上述重叠测试后,笔者对潜在交叉序列所含图元执行精细检测,以确定最终的状态。在此环节,一旦发现有图元交叉,即可表明对应的叶片在空间上处于交叉状态。此时,一般仍将对其余面元实施相交测试,以掌握全部交叉信息。当遍历完全部待测图元仍未检测到交叉面元,则判定该叶片对实际并未交叉。

现有叶片模型均采用三角面片绘制,本文采用 Devillers 算法来实现三角形对测试。该算法简化了交叉区间计算,具有较好的健壮性和快速性。考虑到叶片几何模型实质是面模型,且叶片间的交叉几何涉及叶边缘的碰撞交叉,笔者给出了一种基于边缘图元的快速交叉判定方法。该方法首先需对三维数据做预处理,获得边缘三角面片。该方法以叶片模型交叉总涉及叶边缘的特点为切入点,优化了区域边缘图元的遍历查询过程。经过前两步骤的遍历测试,可以快速确定交叉状态。

4. 玉米叶片碰撞检测模拟 笔者从现有叶片数据库中随机抽取若干玉米叶,仿照真实环境设置虚拟场景,分别采用 AABB 和 OBB 两种包围盒进行重叠测试,应用基于边缘图元的图元检测方法来获得精确交叉信息。其中,玉米叶片分别选 2、8、16 和 32 片,在给定空间内各自重复 60 组试验,统计检测信息,结果如表 12-5 所示。图 12-41 展示了两组单对叶片交叉的检测过程。

表 12 - 5   玉米叶片碰撞检测统计表

叶片数量	面元数量	平均交叉面元（对）	AABB		OBB	
			盒体交叉（对）	平均耗时（ms）	盒体交叉（对）	平均耗时（ms）
2	368	30	10	2.2	5	4.4
8	1 452	120	21	3.2	15	7.2
16	2 904	352	25	5.4	22	18.5
32	5 808	512	42	8.2	25	25.4

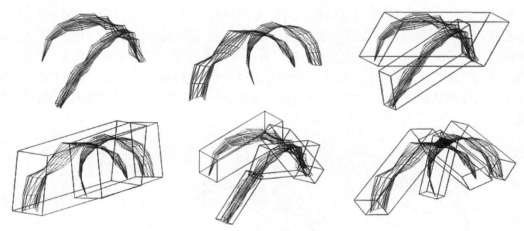

图 12 - 41   单对叶片 OBB 碰撞检测

　　模拟结果表明，在虚拟场景下，OBB 紧密性好，AABB 测试结果更佳。随着叶片数量的增加，AABB 检测效率明显。其中，OBB 树预先构造，耗时主要在于 OBB 重叠测试。在静态绘制时，两方法均可准确检测出叶片空间的交叉情况。由包围盒性能公式可知，采用边缘面元测试的查询策略在保证较高准确率的同时，加快了图元检测，提高了整体检测效率。

　　5. 基于 AABB - OBB 的植株碰撞检测   在玉米叶片碰撞检测的基础上，笔者考察植株水平上的碰撞检测问题。玉米植株模型占用空间大，各叶片空间分布较离散，株间距越小，植株之间发生碰撞穿插的情况越多。在群体场景中，解决快速检测交叉问题的关键在于尽量剔除不可能相交植株和器官。为此，在玉米虚拟冠层中综合应用 AABB 与 OBB，加快剔除操作。

　　对于任意玉米植株模型，首先获得其最大 AABB，然后与其他植株执行水平面上的重叠测试。若沿 x、y 轴向有重叠，则纳入待检测序列；否则认为不可能交叉。

　　玉米属于禾本科植物，由单叶互生而成，且吐丝期的玉米植株表现为：尖端叶片往往峭立，中部叶片叶面积较大且叶倾角较小，底部叶片常常叶小甚至萎蔫。依此特点，本文采用 AABB 对植株进行区域分割，即从上往下划分为三段，分别对应植株三部分特征，如图 12 - 42A 所示。各区域的 AABB 只需比较该区域内各叶片的 AABB 即可得到。

　　玉米叶片形态往往有较大差异，单纯采用 AABB 将会导致对同株近邻叶片做冗余相交测试，不利于提高效率。本文针对的玉米群体重建工作主要模拟静态场景，较少动态变化，因此，采用 OBB 方法实现对潜在叶片对的检测。依照叶片 OBB 构建方法，在预计算中先获得各根节点 OBB，如图 12 - 42 所示。通过执行根节点 OBB 对相交测试，即可获得可能交叉

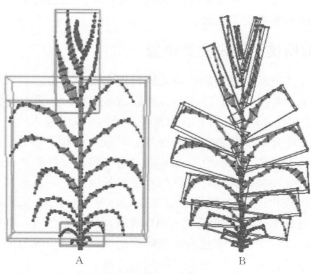

图 12-42 玉米植株 AABB 区域分割和叶片 OBB 包裹

叶片序列。其后将执行基于 OBB 的玉米叶片相交测试和图元测试，获得最终的交叉状态。

6. **群体植株碰撞检测模拟** 首先，对三维群落重构后的虚拟场景执行检测。图 12-43A、C 分别为 2 株和 4 株玉米的真实空间分布，采用本方法检测出各有 48 对和 112 对三角交叉，结果如图 12-43B、D 所示。

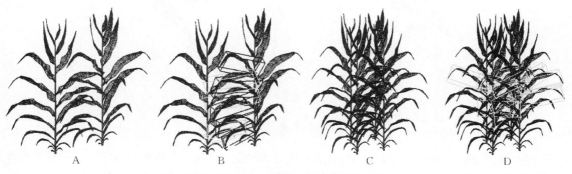

图 12-43 玉米植株静态碰撞检测

除了对真实三维重建群落检测外，笔者从数据库中随机选取植株模型，分别构造 1×2、2×2 和 3×3 的小群体，模拟自然场景中的植株空间分布，并执行植株间的检测。累计重复50 组静态模拟，统计检测结果如表 12-6 所示。

表 12-6 玉米植株碰撞检测统计

植株数量	面元数量	平均交叉叶（对）	平均交叉面元（对）	平均检测耗时（ms）
2	10 240	5	62	20.8
4	20 480	25	154	45.5
9	46 080	48	422	85.8

由结果可得，随着虚拟玉米冠层扩大，交叉情况越多，检测耗时越长。总体来讲，采用

AABB-OBB 的冠层检测方法，在较短时间内可实现对不同冠层交叉情况的快速检测，为实施有效的交叉响应提供了准确交叉信息。

12.7.3 基于几何网格的玉米交叉响应

在检测到冠层交叉情况后，适当的响应处理可提高模型真实感效果和几何准确性。在已知特征点网格的基础上，实现较为合理的响应面临诸多问题。这里主要研究基于几何网格上的碰撞响应，并结合玉米叶片动态特性，提出简便有效的交叉响应方法，尽量解决交叉问题。

为了简化响应，将叶片沿叶脉方向分为 3 块：叶前、叶中和叶根。对于中部弯曲叶片，笔者将各点沿叶宽方向上投影，逐一计算相邻段之间夹角以获得曲率变化最大处。若以最高曲率处为分界，划分出叶前块；再以叶尖点到叶根点长度的 1/5 从底部划分出叶根块。3 块划分均沿着叶宽方向切分叶片，划分结果如图 12-44A 所示。对于顶部峭立的叶片，以顶尖到叶根部的 1/5 长划分出 3 块，如图 12-44B 所示。叶块划分后，各特征顶点归属于唯一叶块中。如此划分后，叶片交叉可细化为对应叶块的交叉，且一般为单对叶块交叉，少数为两对叶块交叉。下面重点讨论一般叶块交叉的响应方法。

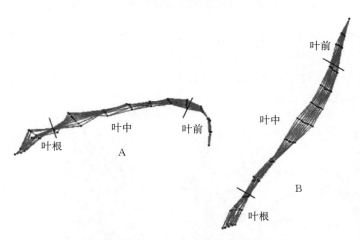

图 12-44　玉米叶片叶块划分

经叶块划分后，两叶片的交叉可细化为相应叶块的交叉。这里，只需查询交叉面元是否在各叶块顶点序列中即可，若某叶块内含有交叉顶点，认定该叶块处于交叉态。在符合叶片运动一般规律的前提下，以有利于快速响应为原则，选取适当对象执行相关响应运动，对应叶块为活动叶块，对应叶片为活动对象。叶片之间的响应将通过叶块交叉，确定活动对象（图 12-45）。

图 12-45　主要叶块交叉情况

在交叉响应中，应避免因大幅度变形而导致网格扭曲。为此，笔者限定了叶块最大绕动空间。将各叶块的起始叶片段固定，以叶块大致方向为轴，设定最大绕动角度分别为 15°、20° 和 30°，如图 12-46 所示。经过迭代计算后，各叶块均应在限度内，一旦超出绕动角度，将按最大绕动角处理。

为了尽量保持网格细节，避免较大幅度拉伸变形，本文设定了简化的网格约束。对于叶脉特征点，笔者记录初始时相邻间距，允许有相对初始间距 1/10 的可变范围，若超出则以临界值作为最新顶点。在现有数据结构上，对于任意非叶脉特征点，均与内层最近 3 顶点关联，将该坐标表示为关于 3 顶点的线性插值，如图 12-46 所示。从而，在迭代过程中，将以叶脉为骨架，从里往外逐层更新出其余特征点坐标。

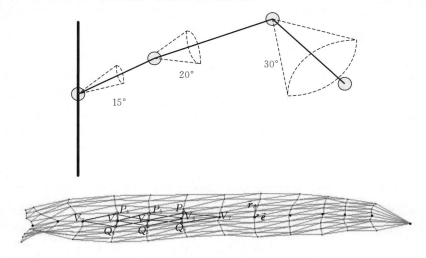

图 12-46 叶片模型约束与更新

综合上述相关内容，笔者给出任意两叶的一般交叉响应过程，如图 12-47 所示，首先，

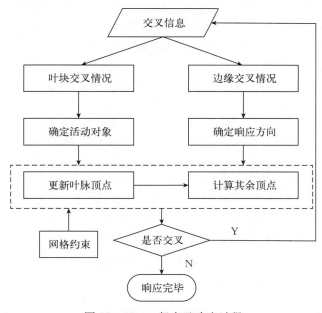

图 12-47 一般交叉响应过程

对已知交叉信息进行分析，分别获取当前状态下的叶块交叉情况和边缘交叉情况。根据叶块交叉情况，给出执行迭代计算的活动对象；根据边缘交叉情况，计算当前活动对象的响应方向。然后，实施以叶脉为骨架的迭代计算，逐一更新特征点信息（表12-7）。如图12-48所示为模拟两叶片常见交叉状态下的响应结果。

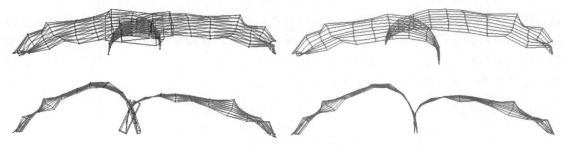

图 12-48　玉米叶片交叉响应

表 12-7　玉米交叉响应统计表

植株数量/面元	平均交叉面元/叶片数	响应后交叉面元（%）	叶面积变化率（%）	平均响应时间（s）
2/10 240	120/4	1	3.2	1.2
4/20 480	350/13	40	3.5	5

统计结果表明，基于几何网格的响应方法能够较方便地实现较小冠层的交叉响应，尤其可有效解决两株间的交叉问题。对于四株场景涉及了更多复杂交叉情况，本方法采用响应空间与消耗排序的策略，将其交叉情况减去大半，较大程度上提高了模型的真实感。可以预见，随着虚拟玉米冠层的不断扩大，本方法将在一定程度上减少交叉情况，但迭代计算耗时将急剧增加，实施更好的交叉响应将成为难点。

图12-49展示了交叉响应前后的两株模型，初始存在两部分交叉共计134对三角面元。其中，两株上部涉及5对叶片交叉，即多叶交叉情况，如图12-49所示。采用本章响应策略，获得最后的分离状态，对应图12-50C为两株下部的单对叶交叉，且为叶中块交叉，采用一般响应方式处理，效果如图12-50D所示。经过迭代响应后，整体的去响应结果如图12-50所示。考察响应后的叶面积，均在可容忍叶面积变换率内。

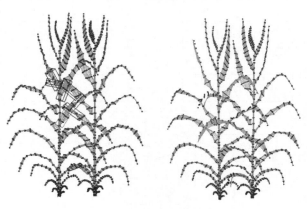

图 12-49　交叉响应前后的两株玉米模型

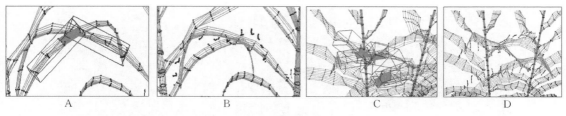

图 12-50　两株植株交叉响应

12.8　玉米数字化、可视化技术在农业职业教育和农民培训中的应用

农业数字化、可视化技术在一定程度上可以认为是虚拟农业的核心技术。虚拟农业是虚拟现实技术面向农业领域的延伸和应用，它借助于相关计算机软硬件设备，将土壤中物质吸附、排放、迁移过程，动植物生长过程，遗传物质表达、同化、异化过程等变为计算机虚拟的现实，借此研究各种胁迫条件、人工干预条件对这些过程的影响，具有真实感、可交互操作等特点。可见，虚拟农业是将农业生产对象与过程数字化和可视化，从而把极为复杂而又周期很长的生命科学的研究放在定量的时空坐标系统中进行分析，既可以极大地缩短研究周期，又可以直接得到定量的试验结果和虚拟体验的感性认识，因此被称为"把农业带入信息时代的主要工具"。由此，农业数字化、可视化技术及其与虚拟农业技术和理念的结合，在虚拟教学、农业科普、农民培训、会展农业等领域展示了明显的技术优势，已经取得成功的应用效果。本章结合笔者研究团队近年来在农技推广以及农业虚拟教学的应用案例，详细阐述玉米数字化、可视化技术如何在农业职业教育和农民培训中应用。

12.8.1　在虚拟教学中的应用

虚拟仿真实验教学是高等教育信息化的重要组成部分。目前已建成的国家级虚拟仿真实验教学中心多集中于理工科，基于农业环境的虚拟仿真并不多见。利用计算机虚拟技术生成的植物无论个体或群体极具真实感，其不仅可以反映现实，而且可以摆脱空间与时间的限制。教学虚拟植物使学生足不出户便可以认识各地的植物，完成各种各样的试验，获得与真实世界一样的体会，从而丰富感性认识，加深对教学内容的理解（图 12-51）。主要体现在以下几个方面。

（1）打破时间和空间的限制　一些需要很长时间才能观察到的植物生长过程，通过使用虚拟植物，可以在很短的时间内将植物的动态生长过程呈现给学生观察，使学生了解植物生长的整个过程，这是电视录像媒体和实物媒体无法比拟的。虚拟技术可以在几秒钟之内模拟整株甚至整群植物的整个生命周期，不必用很长的时间实地种植作物，节省了时间、人力、费用，如进行作物虚拟施肥、作物虚拟育种的株型分析与选择等。虚拟植物还可以打破空间的限制，学生不必去户外寻找和观察课堂上所介绍的植物，用鼠标和按键控制屏幕上观察的角度，可多次重复且自如地在其中漫游。例如，要考查当富钾肥料增加、气温偏高时玉米的果实结果率，实际试种的周期至少要半年，而且需要人工构造这样的温室环境。而通过仿真方法构造作物生成特性的模型，将各种可控条件作为参变量，通过计算机模拟方法实现生长

图 12-51 玉米三维可视化技术在虚拟教学中的应用（见彩图）

过程再现，并观测可控条件对生长的影响，将大大缩短试种周期。

（2）弥补传统教学的不足 在传统的农业教学中，常用的挂图、图片或二维的 flash 动画，缺乏真实性、连续性、交互性，达不到生动、直观的效果，而使用虚拟植物的技术，可以改善课堂沉浸感不强等状况。例如，学生借助于键盘可以修改虚拟植物的生长参数，从而可以方便地掌握该植物的生理生态结构，学生可以用鼠标拖拽植物的三维模型，从而方便于细微地观察该植物的形态结构。同时，可以将虚拟植物的可视化模型作为网络学习资源，通过网络共享的模式，丰富教学资源，提高资源的利用效率和应用推广。

（3）创新研究手段 与传统植物生长模拟模型相比，虚拟植物具有更大优势，能发现传统研究方法和技术手段下难以观察到的规律。利用虚拟仿真技术构建可视化作物三维结构，能判别哪些光线被叶片截获，可以为研究作物结构与生理生态的关系以及为作物株型设计和基因型等提供方法和手段，培养和激发学生的创新能力和意识。

（4）提高社会效益和经济效益 在计算机上实现作物的动态生长过程，可以获得其各参数的动态数据，改变传统农业难于定量化研究的现状，为智能化农作和精细农作等提供了依据。通过改变光照、温度、水分、肥料及种植方式，能预测某种植物的收获产量；通过设定某地区目标产量，可以生成最优的栽培管理措施，减少资源的投入和不必要的浪费。另外，对农业推广和农业教学而言，开发虚拟农场可以实现网上种田，使广大农民和学生更快地掌握先进的农田管理技术和农业知识。

总之，通过虚拟现实技术建立展现虚拟植物结构与功能的教学虚拟学习系统，将解决教学中无法实现的环节，缩短教学试验周期，节约教学成本，使理论知识教学从枯乏的二维空间转向绚丽的三维世界，试验空间从物理空间向虚拟空间扩展，为农类课程教学提供先进的教学手段。

1. 玉米虚拟仿真实验系统设计 面向农业院校虚拟教学实验应用需求，以数字植物关键技术为核心，整合虚拟现实、网络通信、数据库等计算机技术及智能终端，构建数字玉米虚拟仿真实验平台。平台结合教学实际需求，根据教学大纲进行虚拟教学课程，针对作物栽培、生产管理、肥水资源管理、病虫害等不同教学目的和专业领域进行有针对性的功能设计。突出 3D 虚拟实验交互的多样性、科学性、逼真性，不仅仅局限于选择交互，可利用仪器设备等进行虚拟实验，使教学有较强的互动体验的效果。建立具有可行性实施的 3D 实训技能训练及考试系统，作为学生虚拟实验教学评价的一部分，满足主要有过程的真实性、互动体验性、题库的多样性、试题的随机性、考试的过程监管等考试的可操作性。建立虚拟实验报告管理系统,与教学的实验报告考核进行有效整合,教师根据不同课程目标可利用平台进行网络任务布置,学生在自己的客户端进行试验,形成每个学生的实验报告,教师可管理评价所有学生完成情况,并打分。实现集虚拟仿真互动教学、互动交互操作体验、基于 3D 实训考试以及网上虚拟实验报告管理于一体的玉米虚拟仿真实验教学管理系统。

系统的主要功能模块如图 12-52 所示,包括虚拟教学 3D 动画教程、玉米典型株型 3D 数据资源库、3D 互动实训教学系统、3D 互动考试系统以及虚拟教学实验报告管理系统五部分组成,形成"看动画学知识,玩游戏长技能,在线交互体验式考试"的虚拟教学新模式。

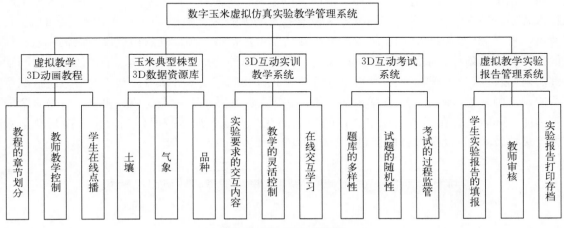

图 12-52 功能结构图

系统采用 B/S 网络架构模式,系统发布于学校网络中心服务器,面向学校虚拟仿真实验室网络中心和校内网使用。在学校虚拟仿真实验室网络中心,为教师教学提供教学 3D 课件,通过多媒体实验室 1:N 的网络部署架构,由教师机控制学生机,开展现场虚拟化教学活动。在校内网,通过互联网,学生可以通过访问 3D 网页,进行虚拟教学互动实验学习、练习以及虚拟教学作业实践。系统的网络物理结构图如图 12-53 所示。

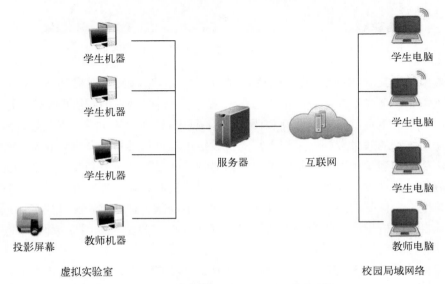

图 12-53 虚拟仿真实验系统网络物理结构

2. 系统的主要功能模块

（1）虚拟教学 3D 动画教程模块 针对农学专业大学生的夏玉米生产技术教学，以辅助教学为目的，通过三维可视化技术、影视特效可视化表达，改变呆板的书本教学模式，将知识形象化、具体化准确传达给大学生。便捷式课后温习系统，调动大学生学习的积极性，加深学生印象。根据教学科目的教学大纲进行实验课程设计，构建玉米不同生育时期的三维模型及生长动画，制作玉米栽培教学 3D 动画教程，教程突出 3D 动画教程的章节性，使系统应用于教师的实际实验课程教学。教程内容的章节包括：玉米种植，以原理介绍为主，让学生深刻认识作物生长发育特点、环境条件与技术规程的关系，使大学生不仅掌握夏玉米生产技术要领，还要掌握技术的目的及意义，增强大学生的探索精神以及解决实际问题的能力。然后，根据教学大纲，详细讲解玉米高产栽培技术，包括：高标准农田建设、农机农艺、气候条件、土壤条件、限制因素、生产策略；播种的品种选择、前茬处理、播种技术；田间管理的苗期管理、拔节期管理、穗期管理等；收获以及贮存技术等章节。动画教学系统按照章节制作动画教程，满足教师教学灵活使用，实现视频播放的关键点定位、快进、后退、全屏等功能，同时适合在虚拟实验室、校园局域网在线点播，加速技术传播效率，提高教学效果。虚拟教学 3D 动画教程的视频效果如图 12-54 和图 12-55 所示。

图 12-54　玉米种植技术 3D 动画教学视频片头截图

（2）虚拟教学实验 3D 互动实训模块 利用 3D 实例库以及虚拟交互技术，开发玉米虚拟 3D 教学实训系统。在系统中，用户通过设置不同条件，驱动作物机理模型进行过程模拟，并实现场景的重建、漫游、交互和评价该系统具有较强的科学性、逼真性以及虚拟交互多样性，互动体验的效果较好。系统支持随机设定虚拟种植环境及条件，自动构建玉米生长种植环境，从而达到学生玉米种植实训综合素质训练的目的。主要包括：①实验交互内容按照教学章节关键技术重点训练。②为实现教学的灵活控制，在虚拟交互系统中实现回放、系统的交互关键点定位等功能。③交互操作的形式，不局限于选择题，交互路径不局限于固定格式，系统自动随机生成。④交互实训系统实现在虚拟实验室、校园局域网在线互动学习。系统的交互界面如图 12-56 所示。

（3）虚拟教学实验 3D 互动考试模块 利用 3D 实例库以及虚拟交互技术，开发具有可行性实施的 3D 实训考试系统，作为学生虚拟实验教学评价的一部分，3D 互动考试系统具

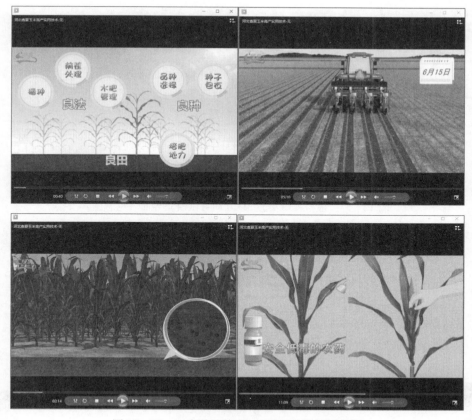

图 12-55 玉米种植技术 3D 动画教学视频截图

图 12-56 玉米生产管理 3D 互动实训系统人机交互界面（见彩图）

有题库的多样性、试题的随机性、考试的过程可监管性特征。具体表现为：①构建考试试题题库，使题库多样化。②考试试卷试题的随机性，按照不同类型试题进行随机抽取试题构成试卷。③考试过程监管，利用用户权限、摄像头采集、试题随机生成、试卷在线上传等方式实现考试过程的过程监管。虚拟教学实验 3D 互动考试系统的界面如图 12-57 所示。

（4）虚拟实验教学系统　整合以上模块，并利用网络开发技术，开发虚拟实验教学系统，建立教师和学生教学实验平台，系统的架构流程如图 12-58 所示。

其中，实验报告管理模块，具有如下功能：①教师实验报告内容的网上下发。②学生实验报告的网上填报（在虚拟实验室进行）。③教师实验报告的审核打分。④实验报告结果的

雄穗

雌穗

生长锥伸长期　小穗分化期　小花分化期　性器官发育成熟期
叶龄指数47%　叶龄指数55%　叶龄指数60%　叶龄指数80%

图 12-57　虚拟教学实验 3D 互动考试模块界面（见彩图）

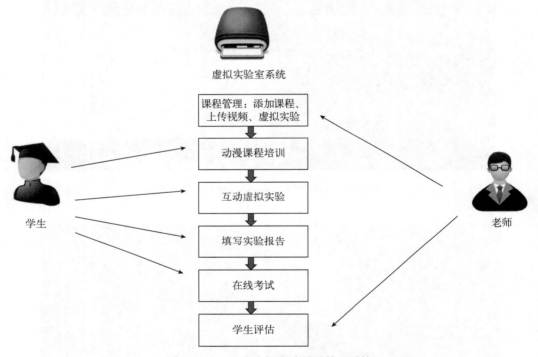

图 12-58　玉米虚拟实验教学管理系统

存档及打印。教师根据不同课程目标可利用平台进行网络任务布置，学生在自己的客户端进行实验，形成每个学生的实验报告，教师可管理评价所有学生完成情况，并打分。玉米实验报告管理模块的交互流程如图 12-59 所示。

12.8.2　在农民技术培训中的应用

1. **在病虫害防治方面的培训应用**　面向现代农业生产、服务等领域对数字资源的现实需求，综合利用计算机图形图像、计算机辅助设计、人工智能等理论技术方法，玉米三维建模及可视化计算方法技术应用到农业技术人员专业技术培训领域。以玉米病虫害防治为例，以病害和玉米群体为仿真模型，用来虚拟病害在玉米器官表面的动态侵染过程，实现以下功

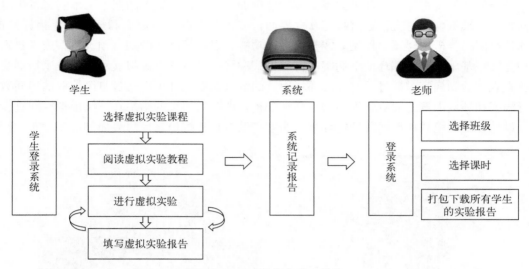

图 12-59　实验报告管理模块

能：①构建虚拟玉米器官、植株及群体结构，通过相应界面实现不同生育期、品种和种植密度的群体三维结构计算和虚拟模拟。②构建虚拟病害表观结构，通过相应软件模块进行病害图像分析，提取病害表观特征，实现病害特征的三维虚拟展示。③通过相应界面对病害在叶片表面空间分布进行交互指定。④通过软件模块和界面对病害在植株和群体空间分布进行交互指定。⑤结合以上四个软件界面和内部功能整合，虚拟典型病害在玉米器官、植株和群体的动态侵染过程，观察病害在形态、颜色、空间分布和时间动态侵染等方面的特征，并对比不同病害在玉米植株上侵染过程的差异。交互式的病虫害培训系统实例界面如图 12-60所示。

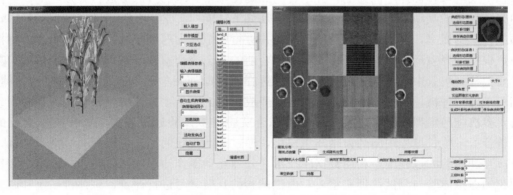

图 12-60　病害在器官表面分布的交互设计软件界面（见彩图）

为培训受众提供了通过专业知识对典型病害的形态、颜色、分布方式以及动态扩散过程特征进行交互设计的手段，并可以对自主设计的结果进行虚拟观察，从而加深对病害特性的认知，克服真实试验过程中难以观察各类病害在大群体和连续时间下侵染过程的弊端，利用交互式和可视化的方式检验培训人员对专业知识的掌握程度。

大田环境下玉米病害侵染特征的虚拟仿真实验，对典型玉米病害与环境因素之间的复杂关系进行分析、评价和展示，包括如下几个功能：①通过特定软件界面制定玉米外部环境，如水肥条件、种植密度、外部风向等。②软件中加入一些效果较好的典型玉米病害发生过程的预警数学模型，同时支持通过特定软件界面，载入获取的环境数据和病害发生指标数据，自动进行回归分析构建预警模型。③整合上述功能，以系统默认的病害预警模型或者自定义模型为知识基础，对外部环境下病害的扩散方式和特征进行三维虚拟展示。使技术培训受众能够直观体验到病害扩散过程与外围环境因素的复杂关系，并可以通过自己获取的田间数据进行病害和环境因素之间数学模型的建立和分析，即时对模型的结果在三维虚拟空间进行观察。设计外部环境软件界面及特定环境下病害扩散过程三维仿真模块界面如图 12-61 所示。

图 12-61　外部环境设计软件界面及特定环境下病害扩散过程三维仿真（见彩图）

农药安全使用综合虚拟培训实验以典型作物玉米病虫害防治为对象，对农药的安全使用用量配比、施药方案、施药过程注意事项等过程进行虚拟仿真，并通过虚拟交互技术、在线测试系统，通过虚拟互动的形式，在虚拟环境中，完成农药安全使用虚拟交互试验，结合在线测试系统，对虚拟试验的开展学习进行评价，该评价系统和试验报告一起形成学生试验测评依据，该综合虚拟培训实验，通过构建玉米生长过程病虫害用药防治虚拟场景，对于不同场景、不同时域，选择不同药品，并结合药品的使用量、施药方法等进行虚拟施药以及体验不同施药设备的互动施药操作体验，主要实现如下功能：①学生在玉米种植虚拟场景中，根据病虫害发病概率，互动选择正确的药品，并进行虚拟互动药剂配制。②在玉米虚拟种植场景中，根据选择喷药设备，对工作人员与喷药前的安全施药着装等进行互动模拟体验。③在玉米虚拟种植场景中，根据随机喷药设备的选择，互动使用喷药设备进行虚拟喷药的体验。④在玉米虚拟种植场景中，虚拟体验安全施药成功后，玉米生长作物生长变化，在不同条件下需要多次施药虚拟体验。以上安全施药综合实验虚拟试验通过虚拟场景中虚拟交互的形式，整合玉米生长过程中施药策略知识模型，通过互动游戏的形式，实现高级虚拟仿真，并在虚拟互动体验的过程中，利用数据库技术，开展互动操作知识测试，结合初级试验实现安全用药的虚拟体验与测试培训实验，对虚拟试验的开展学习进行评价，该评价系统和试验报告一起形成学生试验测评依据，该综合虚拟培训实验利用软件系统进行封装成农药安全使用过程虚拟展示实验系统，为学生开展农药安全使用过程虚拟试验提供支撑。玉米生产过程农药安全使用综合虚拟培训模块界面如图 12-62 所示。

为培训受众提供了对农药药理作用、毒性、起效方式、施用条件等特征进行直观展现和细微观察的手段，将农药知识用定量化的概念和可视化的三维虚拟感知方式进行综合展示和描述，并进行虚拟实训，从而使学生加深对农药特性的认知，突破传统文字、图片、视频等形式对农药知识观察的局限。克服了真实实验过程中无法在有限时间内完成大量不同种类农

图 12 - 62 玉米生产过程农药安全使用综合虚拟培训模块界面（见彩图）

药识别、认知以及互动训练的弊端。

2. **在种植栽培管理方面的培训应用** 基于玉米种植生产时序特征，构建了一套基于时序驱动的玉米虚拟种植教育培训系统，从而在虚拟系统中以技术时序为时间轴线，开展玉米种植培训虚拟实验，系统构成如图 12 - 63 所示，其中，3D 模型库为实现玉米种植虚拟系统所需的模型 3D 建模模型，用于 3D 可视化表达与展示，并以组件的形式供系统调用；互动仿真层为玉米虚拟种植涉及互动体验各技术环节、知识环节；3D 教学课件层为按照玉米种植技术环节，利用 3D 动画技术生成的玉米种植动画教程；知识驱动层根据玉米种植技术规程，建立玉米种植知识约束关联库，辅助玉米虚拟种植体验的知识驱动。

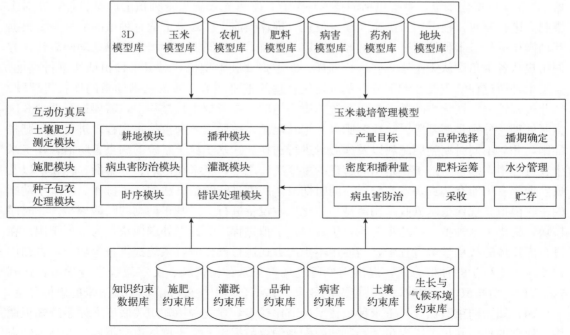

图 12 - 63 玉米虚拟种植教育培训系统结构图

（1）玉米种植 3D 模型库 根据玉米种植技术，为满足玉米种植 3D 虚拟教学系统三维可视化的需要，对玉米种植过程所需的模型进行三维建模，构建模型库：①玉米模型库，包括不同品种的玉米幼苗期、分蘖期、伸长期、成熟期、种茎等模型。②农机模型库，包括犁地机、平地机、施肥机、施药机以及收割机等模型，并适合于设备操作编程控制。③肥料模型库，包括有机肥、磷钾、钾肥、氮肥以及土壤改良剂等模型。④病害模型库，玉米各生命时期感染病害通过叶片纹理贴图、枝干截面凸凹贴图表达。⑤药剂模型库，根据玉米生长常见的病害所需药剂建立药剂模型库，包括有多菌灵、苯莱特、甲氧乙氯汞、苯菌灵可湿性粉剂、波尔多液、杀螟丹、乙酰甲胺磷、呋喃丹颗粒剂、杀螟松等。⑥玉米种植地块模型库，为适应不同种植区域不同茬口的种植环境模拟，建模种植地块包括黄壤土、冲积土、水稻土和紫色土块等地块模型。

（2）玉米栽培管理模型　基于国内外在玉米栽培管理方面积累的生产决策知识模型，并对模型进行编程实现，构建玉米栽培管理决策支持模型，主要决策支持模型包括：①基于产量目标的推荐种植方案模型，设置玉米种植的产量目标，并对土壤肥力进行测定，从而根据用户的交互输入信息，推荐当前土壤环境下适宜种植的品种；并根据种植地理位置以及当年气候情况，给出种植播期的安排推荐；根据选定的品种 DUS 特征，系统推荐种植的密度和播种量方案；基于定量和定性相结合的方法，给出播种方案。②肥料运筹模型，系统根据地块肥力分布，给出施肥方案，施肥方案主要包括不同时期的施肥配比和施肥量。③水分管理模型，该模型为水分饱和模型，通过定期对田间土壤含水量的测定数据以及降雨数据分析，构建基于数据驱动的灌溉策略，实现玉米田间的灌溉管理。④病虫害防治模型，基于玉米病虫害数据，模型给出最有效的病虫害防治方案。⑤采收和贮存模型，该模型基于品种特征，给出该品种不同种植区域和种植密度下，最佳的采收时间以及贮存方式。

（3）互动仿真层　根据玉米种植规程，结合二三维动画以及场景渲染技术，建立玉米种植 3D 互动可视化系统，系统包括的技术环节有：①首先设置玉米种植的产量目标，并对土壤肥力进行测定，根据用户的交互输入信息，推荐当前土壤环境下适宜种植的品种。②根据互动操作进行玉米种植适宜土壤选择，采用动画技术对不同玉米种植土壤驱动动画旋转，方便用户从各个角度认识土壤，并进行选择。③虚拟驾驶整地机，对玉米种植地块进行整地，是玉米种植过程的重要互动部分以及可视化表达的重要环节，涉及三维场景的拖拉机驾驶、作业过程地表可视化。④基于粒子系统的田间施肥，在玉米生长过程中，需要进行至少 3 次施肥处理，分别是施基肥、施攻茎肥以及施壮尾肥，按照玉米种植技术规程，进行施肥肥料配制，并对不同时期施肥肥料以及施肥量进行选择。⑤基于粒子系统的病虫害防治，在玉米生长过程中，病害防治工作是田间管理的重要工作之一，玉米在苗期、分蘖期、伸长期以及成熟期都有可能有病虫害发生，对不同时期发生病害进行防治方法的选择操作。⑥基于动画的采收模拟，现代玉米砍收采用器械一体化砍收设备进行。⑦基于动画的贮藏模拟。⑧时序模块，提供玉米种植时序约束关系，仿真种植虚拟过程。⑨错误处理模块，为了便于用户在进行虚拟体验教程学习过程中，当使用不当的方式进行操作时，系统提供报警功能，告知用户使用了不科学的种植方式，提供用户通过观看玉米种植视频、文字教程进行学习，达到"看动画，学知识，玩游戏，长技能"的效果。并结合以上主要环节，实现玉米的虚拟种植。

（4）知识约束数据库　玉米种植技术环节比较多，建立种植知识关联库方便系统知识调用。建立的种植知识关联库包括：①施肥配制约束数据库。②土壤约束数据库。③品种约束数据库。④病害约束数据库。⑤生长与气候环境约束数据库。⑥灌溉约束数据库。

（5）基于时序驱动的玉米虚拟种植模拟　根据玉米种植生长规律，玉米种植分为秋植玉米和春植玉米，一般生长时期为5～7个月。基于时序驱动的玉米种植模拟，是按照玉米的种植生长技术规程设定，按时序模拟玉米的整个种植生长过程，保证种植模拟科学性，增强体验效果，主要步骤有：①依据玉米种植生长技术规程，建立玉米生长时间表，用于描述玉米种植生长时序关系。②设定玉米实际种植生长时序与模拟生长时序之间的比率关系，例如，玉米生长实际需要150 d，那么在计算机系统中，每天用2 s代替。③建立动态日历以及玉米种植生长触发器，动态日历根据前两步骤给出的条件，在系统中定时给出日历更换，定时触发种植互动交互事件。基于时序驱动的玉米虚拟种植模拟系统运行如图12-64所示。在3D虚拟互动系统中，系统根据时间配置虚拟种植场景以及交互事件。图12-64左上为在进行播种之前依据土壤及墒情情况进行种植环境的选择与设置。图12-64右上为播种期进行的种子的选择及播种量的选择。图12-64左下为施肥期，对施肥数量的交互选择。图12-64右下为其他关键时期的描述以及交互过程。

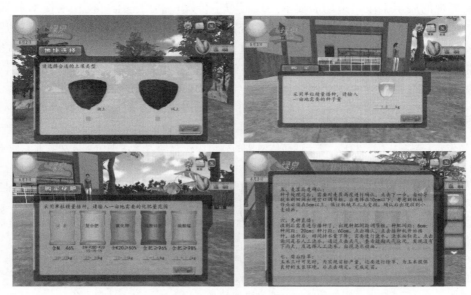

图12-64 基于时序驱动的玉米虚拟种植模拟系统运行效果图（见彩图）

12.9 小结

本章以玉米为建模对象，系统介绍笔者构建的玉米动画场景生成和虚拟互动体验技术体系，主要包括植物动画合成方法概述、玉米运动数据的采集与分析、参数化建模与动画合成方法、基于数据驱动的植物动画合成方法、基于物理的植物动画合成、非正常状态下作物可视化仿真动画生成技术、玉米三维场景碰撞检测以及在玉米科普教育和农民技能培训等方面的应用案例。植物动态虚拟仿真与动画合成技术与植物三维建模技术的发展密不可分，建模关注高精度、高真实感、高效率的几何可视模型，多以静态为主，当需要考虑动态生长过程以及与环境因素的交互作用时，就需要引入动态模型的约束来达到动态过程的高真实感和物理正确性。因此，三维可视化的技术优势和实际应用需求促进了在三维数字化和三维扫描基础上进一步发展基于参数化的、基于过程的、基于数据的以及基于物理的动态建模方法，包括采集植物运动视频并从中提取表征植物形态结构和运动信息的特征点数据、基于运动捕捉数据分析得到的植物运动规律、提取材料物理参数构建物理模型、对特征点数据进行三维重构等技术手段。

从国内外植物建模的研究现状来看，针对不同的建模目标，分别实现了不同层次、不同效果的植物建模方法，取得了较有成效的研究成果。多数研究者不再单纯追求所模拟植物的逼真视觉效果，而是逐步将植物生长机理考虑到植物模型的构建过程中，从而通过模型仿真进一步揭示植物生长的形态结构与生理生态功能的变化规律或探究不同环境条件下的植物生长发育及其变化趋势等。对植物运动进行动画合成，不仅要有形态上的真实感，而且还要具备运动变化上的真实感。与此同时，为满足场景的实时虚拟交互要求，又需要提升动画合成和场景互动的效率，还需要协调好模型复杂度与形变计算复杂度之间的关系。当前，我国农业科学研究和生产方式已经向数字化、可视化和智能化方向转变，而传统的技术在表达动植物的生命过程、生理现象、生态系统、生产过程和技术成果的作用和原理中，缺乏通俗易懂、现象直观的展示手段，迫切需要借助现代数字传媒，利用三维可视互动技术来革新农业技术推广、科普教育以及教学实验等应用系统，对提升农技推广科技传播能力以及提升农职高等院校的农业教学实验水平，具有巨大促进作用。本章结合本研究团队近年来在农技推广以及农业虚拟教学的应用案例，阐述了玉米三维数字化可视化技术在农业中的具体应用场景，实践表明三维可视化的技术优势和效果也得到越来越多的认可和关注。

参考文献

白隽瑄，潘俊君，赵鑫，等，2015. 基于四面体网格的软组织位置动力学切割仿真方法. 北京航空航天大学学报，41（7）：1342－1352.

迟小羽，盛斌，陈彦云，等，2009. 基于物理的植物叶子形态变化过程仿真造型. 计算机学报，32（2）：221－230.

范国华，吴国栋，周琼，等，2017. 教学型虚拟植物生长仿真建模方法的研究. 河北农业大学学报（农林教育版），19（5）：68－72.

高博，2008. 基于特征点的碰撞检测算法的研究. 北京：中国石油大学.

高玉琴，2007. 三维空间中碰撞检测算法的研究. 武汉：华中科技大学.

郭小虎，秦洪，2009. 适用于可变形体物理建模与模拟的无网格方法. 中国科学 F 辑：信息科学，39（1）：47－60.

何鹏，2017. 树木三维动态数据获取与动画生成技术研究. 杨凌：西北农林科技大学.

蒋艳娜，肖伯祥，郭新宇，等，2015. 基于视频的植物动画合成方法. 中国农业科技导报，17（1）：115－121.

蒋艳娜，肖伯祥，郭新宇，等，2015. 植物建模与动画合成研究综述. 系统仿真学报，27（4）：881－892.

李建方，2017. 基于物理的动态物体建模仿真研究. 合肥：中国科学技术大学.

刘欣，袁修久，2010. 基于改进 L-系统的树木生长动画实现. 电子科技，23（7）：1－3.

陆建雯，2016. 水稻机插精确定量栽培三维动画系统研究与开发. 扬州：扬州大学.

苗腾，郭新宇，温维亮，等，2014. 植物叶片萎蔫过程的物理表示方法. 农业机械学报，45（5）：253－258.

秦铨，2012. 玉米冠层重构中碰撞检测与响应方法研究. 杨凌：西北农林科技大学.

王晓荣，2007. 基于 AABB 包围盒的碰撞检测算法的研究. 武汉：华中师范大学.

肖伯祥，郭新宇，吴升，2017. 基于位置动力学的植物动态虚拟仿真方法. 中国农业科技导报，19（3）：56－62.

肖伯祥，郭新宇，赵春江，等，2012. 一种基于生长体空间的植物生长动画合成方法. 专利：201210093495. 8.

Akagi Y, Kitajima K, 2006. Computer animation of swaying trees based on physical simulation. Computers & Graphics, 30: 529 - 539.

Anastacio F, Prusinkiwicz P, Souza MC, 2009. Sketch - based parameterization of L - systems using illustration - inspired construction lines and depth modulation. Computers&Graphics, 33 (4): 440 - 451.

Cai J, Lin F, Lee YT, et al., 2016. Modeling and dynamics simulation for deformable objects of orthotropic materials. The Visual Computer, 32: 1 - 12.

Cici S, Adkins S, Hanan J, 2009. Modelling the morphogenesis of annual sowthistle, a common weed in crops. Computers and Electronics in Agriculture, 69 (1): 40 - 45.

Du H, Qin H, 2005. Dynamic PDE - based surface design using geometric and physical constraints. Graphical Models, 67: 43 - 71.

Guo Y, Ma Y, Zhan Z, et al., 2006. Parameter optimization and field validation of the functional - structural model Green Lab for maize. Annals of Botany, 97 (2): 217 - 230.

Jiang Y, Xiao B, Yang B, et al., 2014. Study of plant animation synthesis by unity3D. Proceeding. of 8th international conference on computer and computing technologies in agriculture (CCTA 2014), IFIP Advances in Information and Communication Technology, 452: 344 - 350.

Li J, Li M, Xu W, et al., 2015. Boundary - domainant flower blooming simulation. Computer Animation and Virtual Worlds, 26 (3 - 4): 433 - 443.

Long J, Cory Reimschussel, Ontario Britton, et al., 2009. Motion capture for natural tree animation. SIGGRAPH '09.

Long J, Jones MD, 2013. Reconstructing 3D tree models using motion capture and particle flow. International Journal of Computer Games Technology: 1 - 11.

Ma YT, Li BG, Zhan ZG, et al, 2007. Parameter stability of the functional - structural plant model GreenLab as affected by variation within populations, among seasons and among growth stages. Annals of Botany, 99: 61 - 73.

Matthias Müller, Bruno Heidelberger, Marcus Hennix, et al., 2007. Position based dynamics. Journal of Visual Communication and Image Representation, 18 (2): (109 - 117).

Prusinkiewicz P, 1998. Modeling of spatial structure and development of plants: a review. Scientia Horticulturae, 74 (1 - 2): 113 - 149.

Quan L, Tan P, Zeng G, et al., 2006. Image - based plant modeling. ACM Transactions on Graphics, 25 (3): 599 - 604.

Ralf Habel, Alexander Kusternig, Michael Wimmer, 2010. Physically guided animation of trees. Computer Graphics Forum, 28 (2): 523 - 532.

Sunil Hadap, Dave Eberle, Pascal Volino, et al., 2004. Collision detection and proximity queries// In GRAPH '04: Proceedings of the conference on SIGGRAPH 2004, New York, NY, USA.

Sören Pirk, Till Niese, Torsten Hädrich, et al., 2014. Windy trees: computing stress response for developmental tree models. ACM Transactions on Graphics (TOG) - Proceedings of ACM Siggraph Asia, 33 (6).

Tan P, Zeng G, Wang JD, et al., 2007. Image - based tree modeling. ACM TransGraph (S0730 - 0301), 26 (3): 1 - 7.

Tang Y, Cao Y, Lu S, et al., 2013. The simulation of 3D plant leaves wilting. Journal of Computer - Aided Design & Computer Graphics, 11: 1643 - 1650.

Wang B, Wu L, Yin KK, et al., 2015. Deformation capture and modeling of soft objects. ACM Transaction of Graphics - Proceeding of ACM Siggraph, 34 (4): 94.

Wang X, Guo Y, Wang X, et al., 2008. Estimating photosynthetically active radiation distribution in maize canopies by a three-dimensional incident radiation model. Functional Plant Biology, 35 (9/10): 867-875.

Wojciech Palubicki, Kipp Horel, Steven Longay, et al., 2009. Self-organizing tree models for image synthesis. ACM Transactions on Graphics (TOG)-Proceedings of ACM Siggraph 2009, 28 (3).

Worley S, 1996. A cellular texture basis function//New York, USA, Proceedings of SIGGRAPH' 96. http://www. blackpawn. com/.

Xiao B, Guo X, Du X, et al., 2010. An interactive digital design system for corn modeling. Mathematical and Computer Modelling, 51 (11-12): 1383-1389.

Xiao B, Guo X, Zhao C, 2013. An approach of mocap data-driven animation for virtual plant. IETE Journal of Research, 59 (3): 258-263.

Xiao B, Guo X, Zhao C, et al., 2013. Interactive animation system for virtual maize dynamic simulation. IET Software, 7 (5): 249-257.

第 13 章

玉米表型组大数据管理和组学分析技术

　　植物表型组学是集成自动化平台装备和信息化技术手段，系统、高效地获取植物表型信息，并结合基因组学、生物信息学和大数据分析等最新理论技术，从组学高度系统研究某一生物或细胞在各种不同环境条件下所有表型的学科（Ninomiya et al.，2019；赵春江等，2019）。表型组学研究可以大致分为三大步骤：第一，高通量、无损表型信息获取与智能解析；第二，海量表型信息及环境数据的存储、管理、更新等，即表型数据管理及数据库构建；第三，基于表型大数据的组学分析，即从组学高度系统、深入挖掘"基因型-表型-环境型"内在关联，揭示植物多尺度结构和功能特征对遗传信息和环境变化的响应机制。其中，高通量、无损表型信息获取与智能解析是基础，表型数据库构建和管理服务是关键，组学分析是最终目标。基于前几章的内容介绍，多种传感器和数字化技术手段都已经成功应用于不同目标的表型数据获取，基本实现了从细胞、组织、器官、节单位、单株到群体的多尺度、多维度、多生境的植物表型信息获取。基于上述技术的高通量表型获取平台每天可产生大量的图像、点云、光谱和环境等非结构化数据，也就是说在特定生长周期或全生育期对作物表型信息进行连续观测可产生海量的数据。如何对这些海量数据进行存储、管理和分析是表型组学研究的重要内容和亟须解决的关键技术问题。

　　本章在前面章节成果的基础上，以获得的基于细胞、组织、器官、节单位、单株，甚至群体的多年、多点、不同栽培措施、不同基因型的玉米表型信息为基础，构建玉米表型组大数据管理系统，将近年来收集的大量不同玉米品种或自交系表型信息按照统一的标准进行存储，实现对数据的检索和调用以及基本统计计算等功能；进一步基于玉米表型组大数据开展玉米表型精准鉴定与组学分析研究，初步实现表型组大数据的挖掘与利用。以上研究结果不仅可以解决现有玉米表型信息纷繁杂乱的问题，方便研究人员检索利用；还将推进玉米特定表型关键基因的高效、精准鉴定及遗传调控机制的深入解析，为今后玉米多组学研究奠定基础。

13.1　作物表型组数据库研究进展

　　利用高通量作物表型信息获取平台获取的图像、点云、光谱和环境等非结构化表型数据的大量出现，为作物表型组数据的管理带来了挑战。计算机技术的快速发展，特别是互联网的普及和数据库技术的进步，为有效管理飞速增长的表型组数据提供了可能。数据库的研究始于 20 世纪 60 年代中期，历经半个世纪的发展，形成了坚实的理论基础、成熟的商业产品和广泛的应用领域。数据库所涉及的领域众多，就生命科学领域而言，如蛋白质数据库（邵晨和孙伟，2013)、基因组数据库（方刚等，2003)、遗传突变数据库（庄永龙等，2004)、转录因子数据库（陈鸿飞和王进科，2010）以及 RefSeq 数据库等都在生命科学的基础研究中起到了十分重要的作用；在医学上，数据库技术的应用不仅解决了海量医学临床数据的存储问题（唐秋民等，2009；Robinson PN，2012)，更是为数据分析与临床研究提供了多种高效分析途径。不同于基因组学已有许多大型的、公认的、成熟的公共数据库，如人类基因组图谱数据库（The genome database，GDB)、Ensembl 基因组注释数据库和 GenBank DNA 序列数据库等，有关作物表型组的数据库虽已有一些，但综合性较强、普适性较广的通用标准数据库却不是很多。在本节检索到的近 300 篇有关作物表型组学的研究中，其中关于表型组数据库的研究仅有 20 余篇（王璟璐等，2018)。这些作物表型组数据库大多以物种进行分类，其数据形式也是丰富多样，具体内容和访问网址详见表 13-1。

表 13-1　主要作物表型数据库信息列表

数据库名称	简介	发布年份	PMID	URL
Planteome	植物基因组和表型组数据共享平台	2018	29186578	http://www.planteome.org
PGP repository	植物表型和基因组学数据发布基础平台	2016	27087305	http://edal.ipk-gatersleben.de/repos/pgp/
PhenoFront	LemnaTec 表型平台的网页服务器前端，包含试验数据和相关植物快照	2013	—	https://github.com/danforthcenter/PhenoFront
OPTIMAS-DW	玉米的转录组学、代谢组学、离子组学、蛋白质组学和表型组学综合数据资源库	2012	23272737	https://apex.ipk-gatersleben.de/apex/f? p=270；1：：：：：：
BreeDB	包含育种所需数量农艺性状	2012		https://www.wur.nl/en/show/BreeDB.htm
Gramene	植物基因组比较基因组学数据库	2011	20931385	http://www.gramene.org
BIOGEN BASE-CASSAVA	木薯表型组和基因组信息资源库	2011	21904428	http://www.tnaugenomics.com/biogenbase/cassava.php
TRIM	台湾水稻插入突变体数据库	2007	28854617	http://www.trim.sinica.edu.tw
MaizeGDB	玉米遗传学和基因组数据库	2004	14681441	https://www.maizegdb.org

传统的作物表型数据多为结构化的数值型和字符串型数据，可利用常见的关系数据库技术完成有效的数据存储、检索和维护。但由于非结构化表型数据格式不一，长度各异，无法用简单的二维表结构来逻辑表达和实现，因此出现了与之匹配的非结构化作物表型组数据管理系统。目前，常用于作物表型组数据的非结构化数据管理系统有基于传统关系数据库系统扩展的非结构化数据管理系统以及基于 NoSQL 的非结构化数据管理系统等。本节将对 Planteome 数据库、PGP 知识库和 OPTIMAS-DW 玉米资源库等主要作物表型相关数据库进行介绍，便于相关研究人员更好地使用，也为建立自己的作物表型组数据库提供借鉴。

13.1.1　Planteome 数据库：植物基因组和表型组数据共享平台

Planteome 数据库（Cooper 等，2018）（http://www.planteome.org）为特定物种的植物本体以及基因和表型注释提供了一套参考。本体用作大量且不断增长的植物基因组学、表型组学和遗传学数据语料库的语义整合的通用标准。参考本体包括植物本体论（Plant Ontology），植物性状本体论（Plant trait ontology），由 Planteome 开发的植物实验条件本体论（Plant experimental conditions ontology）、基因本体论（Gene ontology），生物学兴趣的化学实体（Chemical entities of biological interest），表型和属性本体论（Phenotype and attribute ontology）等。该项目还提供了来自世界各地的各种植物育种和研究团体开发的特定物种作物本体的途径。Planteome 数据库中提供了来自 95 种植物分类群的植物性状、表型、基因功能和表达的综合数据，并以参考本体术语注释。Planteome 项目还开发了一个植物基因注释平台——Planteome Noctua，方便研究人员参与交流。所有 Planteome 本体都是公开可用的，并存放于 Planteome GitHub 站点（https://github.com/Planteome），便于共享、跟踪修订和新请求。Planteome 数据库中所存储的数据均可免费访问。

Planteome 数据库拥有 8 种特定种类的作物本体（Crop ontologies）（Cooper et al.，2018），其中对性状和表型评分标准的描述已被国际育种项目玉米（Onmaize）、甘薯（Sweet potato）、大豆（Soybean），木豆（Pigeon pea），水稻（Rice），木薯（Cassava），小扁豆（Lentil）和小麦（Wheat）采用。此外，该数据库还提供了 Planteome Noctua 基因注释工具，用于将研究社区与植物基因的功能注释相结合。

Planteome 数据库具有本体浏览器和分面搜索选项，可访问各种生物实体的本体和基于本体的注释。所有数据和本体都存储在一个索引系统（http://lucene.apache.org/solr）中，该索引系统允许通过本体浏览器进行全文搜索。GitHub 存储库（https://github.com/Planteome/amigo）提供了数据存储设计的模式和索引文件。在目前的 Planteome 2.0 Release 中，Planteome 数据库囊括了大约 200 万生物或数据对象的访问，包括蛋白质、基因、RNA 转录、基因模型、种质（Germplasm）和数量性状基因座（QTL）。通常，生物实体注释通常使用来自同一或多个引用本体类的多个本体术语。目前，这 200 万个实体大约有 2 100 万个注释。此外，该数据库还提供了转至多个参考本体的链接（表 13-2）。

表 13-2　Planteome 参考本体和词汇表

本体名称	核心内容	URL
Ontology name plant ontology（PO）	植物结构和发育阶段	http://browser.planteome.org/amigohttps://github.com/Planteome/plant - ontology
Plant trait ontology（TO）	植物性状	http://browser.planteome.org/amigohttps://github.com/Planteome/plant - trait - ontology
Plant experimental conditions ontology（PECO）	植物科学试验中使用的处理和生长条件	http://browser.planteome.org/amigohttps://github.com/Planteome/plant - experimental - conditions - ontology
Gene ontology（GO）	分子功能，生物过程，细胞成分	http://www.geneontology.org/
Phenotypic qualities ontology（PATO）chemical entities of biological interest（ChEBI）	品质和属性	https://github.com/pato - ontology/pato https://www.ebi.ac.uk/chebi/
Evidence and conclusion ontology（ECO）	侧重于小化合物的分子实体，用于支持科学研究结论	http://www.evidenceontology.org/
Planteome NCBI taxonomy	生物分类层次	https://github.com/Planteome/planteome - ncbi - taxonomy

13.1.2 PGP 知识库：植物表型和基因组学数据发布基础平台

PGP 知识库（Arend et al.，2016）（Plant Genomics and Phenomics Research Data Repository，http://edal. ipk - gatersleben. de/repos/pgp/）是由莱布尼茨植物遗传与作物植物研究所（Leibniz Institute of Plant Genetics and Crop Plant Research，IPK）和德国植物表型分析网络（International Plant Phenotyping Network，IPPN）联合发起的植物基因组学和表型组学研究数据库，目的在于分享源自植物基因组学和表型组学研究的研究数据。PGP中涵盖了因数量或数据范围不被支持而未在中央存储库中发布的跨域数据集，如来自植物表型和显微镜的图像集、未完成的基因组、基因型数据、形态植物模型的可视化、来自质谱以及软件和文档的数据等。该存储库由莱布尼茨植物遗传与作物植物研究所托管，使用e!DAL作为软件基础平台，并使用分层存储管理系统作为数据存档后端。PGP 知识库具有一种成熟的数据提交工具，该工具高度自动化，可降低数据发布的障碍。经过内部审核流程之后，数据将作为可引用的数字对象标识符发布，并在 DataCite 中注册一组核心技术元数据。e!DAL 嵌入式网页前端为每个数据集生成登录页面并支持交互式探索。PGP 作为有效的 EU Horizon 2020 开放数据存档，在 BioSharing. org、re3data. org 和 OpenAIRE 已注册为研究数据存储库。在上述功能中，编程接口和标准元数据格式的支持使 PGP 能够实现 FAIR 数据原则——可查找、可访问、可互操作和可重用。

PGP 主要着眼于发布和共享涵盖各种数据领域的主要试验数据，如高通量植物表型分类的图像收集、序列组装、基因分型数据、形态植物模型的可视化和质谱数据，甚至软件。PGP 存储库中的数据集被分配给在 DataCite 上注册的可用 DOI，其中包含一组标准化的技术元数据。截至 2015 年 12 月，PGP 中已有 54 个数据集作为 DOI 发布，并在 DataCite 研究数据目录中注册。其中，每个数据集中都包括与特定试验或科学论文相关的所有记录。PGP 存储库目前拥有 21 157 个数据实体，总体容量为 65.4GB。

13.1.3 OPTIMAS - DW：玉米的转录组学、代谢组学、离子组学、蛋白质组学和表型组学综合数据资源库

OPTIMAS - DW（OPTIMAS Data Warehouse）数据库（Colmsee et al.，2012）是一个有关玉米研究的综合数据集（http://www. optimas - bioenergy. org/optimas _ dw）。该数据库整合了来自不同数据域的数据，如转录组学、代谢组学、离子组学、蛋白质组学和表型组学。OPTIMAS 项目中设计并注释了 44K 寡核苷酸芯片，以描述所选 unigenes 的功能。该项目进行了几个处理和植物生长阶段试验，并将测量数据填充到数据模板中。数据模板中的数据通过基于 Java 的导入工具导入数据库中。Web 界面允许用户浏览 OPTIMAS - DW 中所有数据域的存储试验数据。此外，用户可以过滤数据以提取自己感兴趣的信息。数据库中的所有数据可以导出为不同的文件格式，以进行深度数据分析和可视化。数据分析集成了来自不同领域的数据，使用户能够找到不同系统生物学问题的答案。此外，OPTIMAS - DW 数据库中还给出了玉米特异性通路信息。该数据库的特点是能够处理不同的数据领域，还包含了几项数据分析结果，这些都对相关研究人员的工作给予支持，特别是系统生物学研究。

13.1.4 BIOGEN BASE - CASSAVA：木薯表型组和基因组信息资源库

BIOGEN BASE - CASSAVA （http://www. tnaugenomics. com/biogenbase/casava. php）是

一个用于研究木薯表型组学和基因组学信息的网络可访问资源库（Javakodiet al.，2011），该数据库中展示了农作物木薯（Cassava）的研究成果。其中，木薯表型检索板块中，每种种质都有包括定量和定性性状在内的约 28 个表型特征。CASSAVA 数据库使用 PHP 和 MySQL 设计，并配备了广泛的搜索选项。它通过开放、通用和全球性的论坛为所有对该领域感兴趣的个人提供丰富的遗传学和基因组学数据。该数据库界面友好，所有数据均公开发布，有助于相关研究者对木薯的研究和开发。BIOGEN BASE 资源库（http://www. tnaugenomics. com/biogenbase/index. php）由泰米尔纳德邦农业大学的两个研究站（Tapioca 和 Castor）维护。除木薯外，BIOGEN BASE 资源库还拥有水稻和玉米资源库以及其他数据库资源。

13.1.5　其他作物表型相关数据库

除以上作物组学数据库外，还有一些数据库中也包含了特有的作物表型信息。TRIM 数据库（Wu et al.，2017），即台湾水稻插入突变体数据库，包含了有关突变体系的整合位点和表型信息，为水稻表型组学研究提供了良好资源。Gramene（Jaiswal，2011）是一个植物基因组比较基因组学数据库，提供了多种作物（如水稻、高粱和玉米等大田作物）的公开数据来源，除作物基因组学数据（如遗传标记、基因、蛋白、信号通路等）外，还包含了部分作物表型信息。Grain Genes（https：//wheat. pw. usda. gov/GG3/）作为一个小麦家族作物信息的专门数据库，包含了小麦等麦类的分子和表型信息数据。

13.1.6　小结

作物表型组数据库构建是对表型数据进行管理、存储和共享的过程，利用计算机硬件和软件技术增强数据管理能力；使用充足的数据注释和标准化的文件格式提高数据存储质量；打破信息孤岛实现表型组大数据的整合与共享。在作物表型组数据库构建中，常用的表型信息标准化原则包括三点：①利用最小信息法（Minimum information，MI）来定义表型组数据集的内容，确保表型数据可验证、可分析和可解释。②采用本体术语（Ontology terms）作为表型数据的唯一和可重复性注释，如株高、叶倾角、叶面积指数等。③选择适当的数据格式（Data format）来构建表型数据集，如 Micro‑CT 图像格式为 BMP，RGB 图像格式为 PNG 或 JPG，点云数据获取格式为 XYZ。如今，基于"云技术"的数据标准化和存储方案正在成为植物表型组数据存储的发展趋势。云存储系统可以优化植物表型平台系统架构、文件结构和高速缓存等设计，基于 web 的、最先进的云存储技术可以有效地收集和分析可视化作物表型组数据。同时，5G 技术快速发展，将有助于实现任意环境下作物表型数据获取‑传输‑解析‑存储‑应用整个环节的实时性、在线化和可视化，提升海量表型数据传输速率。此外，人工智能等先进技术，将为公开可用的可扩展型作物表型组数据管理系统的构建提供支持，实现数据传输、校准、标注和聚合等过程的有效集成，并加强表型组数据的重复利用和安全共享。

13.2　玉米表型组数据库构建

通过系统地开展多年、多生态点的田间试验，获得了玉米细胞、组织、器官到整株的多年、多点、不同品种、不同基因型的表型数据，构建了玉米表型组数据库。该数据库的主要作用是对历年来获取的玉米表型组数据进行分类、有序存储，使研究人员可以依据需求对特定的数据进行查询和检索。为方便用户使用所获得的多尺度、多维度、多生境的玉米表型数据，笔者提供了方便快捷的搜索引擎，便于用户查询、访问自己所感兴趣的数据。

玉米表型组数据库从内容上共分为三大部分：组织、细胞水平的玉米显微表型数据库，器官水平的玉米表型数据库和植株、群体水平的表型数据库。这三个子数据库在结构和形式上统一，均包含两大模块：一是信息检索模块，二是结果展示模块。

（1）信息检索模块 玉米表型组数据库中提供了多种查询和浏览数据的功能模块。

首先，用户可以通过快速检索，输入研究对象名称（玉米品种或自交系名称）查询某一特定品种或自交系的全部表型信息，或是在检索框中输入多个关键词用于限定检索范围，以精确检索结果。

其次，用户可以进入子数据库，在信息检索模块进行所需内容的查询。检索页面数据框中列出了数据库中所有的玉米品种或自交系名称、数据采集年份和表型信息等内容，用户可以选择或组合选择自己想要查询的内容。子数据库中主要包含两个检索板块，依据数据类型分为图像数据检索和数值型数据检索。在图像数据检索板块中查询的结果为相应图片，而在数值型数据检索板块中查询所得的是对应的实录数值数据或是统计值等数值型结果。与快速检索中所不同的是，在子数据库的检索模块下所查询的结果，只展示存在该数据库中的内容。如，在组织、细胞水平的玉米显微表型数据库中查询玉米自交系 B73 的相关内容，则结果只展示切片、显微 CT 等技术手段获得的表型信息，而株高、茎叶夹角等信息则不会出现。

为了方便用户系统了解某一玉米品种或自交系，或是某一表型在具体研究中的研究现状，笔者还将在信息检索模块中添加关键词（研究对象名称或表型类型）和文献的交叉查询，用户不仅可以通过"已有研究"字段了解到所查询内容的已有研究数量，还可以进一步打开链接调至具体研究页面。通过以上这些搜索功能，可以基本实现根据用户需求为其定制所需要的数据的要求。

（2）结果展示模块 玉米表型组数据库针对不同的检索方式提供了不同的结果展示页面。

快速检索的结果展示为综合型展示方式，即结果页面中既包含相应检索对象的图像数据，又包含其所有的数值型数据及已有统计结果。

此外，三个子数据库中结果展示方式基本相同，均是依据检索类型（图像数据检索或是数值型数据检索）的不同而分为两个结果报表。

一是图像数据检索结果展示。在图像数据检索框中选定要查询的对象后，会跳转至其结果展示页面。页面上首先对检索对象进行简单介绍，如玉米品种或自交系中英文名称、数据采集年份、表型信息等。其余部分即为具体图像结果的展示，每幅图像都对应注释其生育期等信息。具体形式见下文中各小节中的结果展示。

二是数值型数据检索结果展示。在数值型数据检索框中选定要查询的对象后，结果展示页面与图像数据检索结果页面结构基本相同。同样，首先是对检索对象基本信息的简单介绍，之后是以表格形式对选定生育期或是特定表型的数据结果展示。需要指出的是，如果用户选择查询的是单一表型在某一生长期的结果，则只展示一个数值结果；如果用户选择查询的是某一表型在整个生长期的结果，除了以表格形式对相应结果进行展示外，还将会对这一系列结果进行简单统计分析并展示，如绘制折线图等。具体形式见下文中各小节中的结果展示。

最后，关键词和文献的交叉查询结果板块中，结果页面展示相较之前会有所不同。首先，显示用户输入的关键词（如玉米品种或自交系名称），之后以列表形式展示与关键词相关的文献研究结果。如尚无相关报道，则显示无。若已有相关研究发表，则依次列出现有全部文献资源，列表中的字段主要有文献 PMID、文献题目、发表年份和发表期刊等。

下面将依次介绍从内容上分类的三个子数据库：组织、细胞水平的玉米显微表型数据库，器官水平的玉米表型数据库和植株、群体水平的表型数据库。

13.2.1 组织、细胞水平的玉米显微表型数据库

组织、细胞水平的玉米显微表型数据库主要收录了使用不同技术手段获取的玉米显微表型数据。在组织、细胞水平的玉米显微表型数据库的检索页面中，检索框中主要包含以下字段：玉米品种或自交系名称，器官或组织名称（如玉米茎秆、叶片、根系和籽粒），数据采集年份。选定以上全部或某一字段内容后，选择图像数据查询，即可跳转至有关选定对象的所有图像数据结果；选择数值型数据查询，即会反馈有关选定对象的相关数值型数据列表及简单统计结果（图或表）。

在此根据所研究玉米组织部位或器官的不同，分别介绍本数据库中的主要内容。

1. **玉米茎秆显微结构数据** 基于茎秆显微结构的表型数据库即利用第二章所构建的玉米茎秆显微表型获取技术体系，获取了包括先玉 335、郑单 958、京科 968 等 20 个品种的不同基因型（如对照系 Xu178 和转基因系 RGP）、不同生态点（北京、新疆、吉林等）、不同种植密度的茎秆不同节位吐丝期和灌浆期的维管束显微表型数据。数据库关键词主要包括品种、数据名称、生育时期、种植密度、茎秆节位、地点、数据类型。

(1) 图像数据 以转基因（RGP）为例，如检索基因型名称、茎秆节位可获取其茎秆相关图像数据，如图 13 - 1、图 13 - 2 所示。

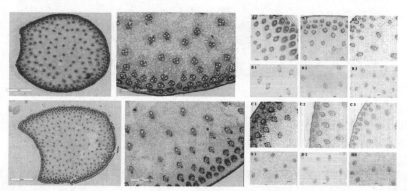

图 13 - 1 转基因（RGP）和对照（CK）株系穗位节节间石蜡切片显微图像（见彩图）

CK茎秆5~11节间CT扫描图像　　　　转基因(RGP)茎秆5~11节间CT扫描图像

图 13 - 2 转基因（RGP）和对照（CK）茎秆 5～11 节节间 CT 扫描图像

除对单一研究对象的检索外，用户还可以同时检索两个玉米品种或自交系的图像数据，对比查看结果的不同。以玉米品种京科和京单为例，如检索两者茎秆相关图像数据，则可得到以下结果，如图 13-3 所示。

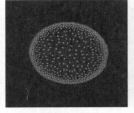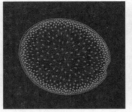

京单基部第3节节间　　　京单基部第2节节间　　　京科基部第3节节间　　　京科基部第2节节间

图 13-3　不同品种茎秆基部节间 CT 扫描图像

如将种植密度作为检索关键词，可得到各玉米品种在不同种植密度下的 CT 扫描图像。图 13-4 为 1.5 万株/hm² ～18.0 万株/hm² 不同种植密度下郑单 958、先玉 335、M751 茎秆顶位节节间 CT 扫描图像。

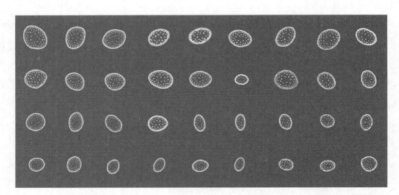

图 13-4　不同种植密度下郑单 958、先玉 335、M751 茎秆顶位节节间 CT 扫描图像

此外，如用户在检索框中不对具体的玉米品种或自交系名称做限定，则结果页面中会展示所有已收录玉米品种或自交系的茎秆图像数据。展示结果如图 13-5 所示。

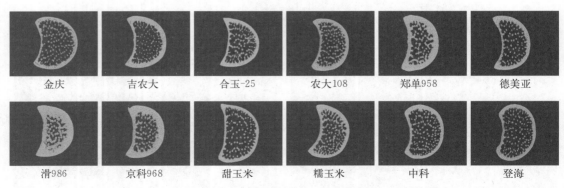

金庆　　　吉农大　　　合玉-25　　　农大108　　　郑单958　　　德美亚

滑986　　　京科968　　　甜玉米　　　糯玉米　　　中科　　　登海

图 13-5　不同品种玉米茎秆节间 CT 扫描图像（见彩图）

（2）茎秆显微表型信息分类与管理　基于图像信息，按照组织结构特性，表型数据库对茎秆显微表型参数进行分类，包括茎秆形态表型参数、维管束表型参数、茎秆材料属性表型

参数、木质部表型参数 4 大类，每一大类包括数项表型指标，既系统归类了目前可以获取到的茎秆显微表型信息，又精细划分各项表型参数；既可以检索单一品种或样本集的茎秆完整表型参数，又可以定制化检索某一特定的表型数据，满足不同研究需要（表 13 - 3）。

表 13 - 3　玉米茎秆显微表型参数分类

表型分类	表型指标	表型分类	表型指标
茎秆横切面	茎秆横切面主轴长	木质部表型	导管数目
	茎秆横切面副轴长		导管面积
	茎秆横切面外接圆半径		导管面积占比
	茎秆横切面面积		导管周长
维管束表型	维管束数目		导管直径
	外周维管束数目		原生木质部面积
	中央第一层维管束数目		维管束鞘细胞面积
	中央第二层维管束数目		维管束鞘细胞面积占比
	中央第三层维管束数目	茎秆材料属性表型	茎秆体积
	外周维管束总面积		茎秆表面积
	中央第一层维管束总面积		茎秆表面密度
	中央第二层维管束总面积		闭合孔数目
	中央第三层维管束总面积		闭合孔体积
	外周维管束面积占比		开放孔数目
	中央第一层维管束面积占比		开放孔体积
	中央第二层维管束面积占比		茎秆孔隙度
	中央第三层维管束面积占比		Euler 值
	维管束平均面积		茎秆组织连接度
	维管束总面积		

以对照株系（CK）和转基因（RGP）株系为例，如检索茎秆材料属性表型数据，则可得到以下结果（图 13 - 6）：

15.09.05 w24-3 chengshuqi stem 7th _rec_...	2015/9/5 14:55	Microsoft Excel 逗...	3 KB
15.09.05 w24-3 chengshuqi stem 8th _rec_...	2015/9/5 15:28	Microsoft Excel 逗...	3 KB
15.09.08 w24-3 chengshuqi stem 2th _rec_...	2015/9/8 16:13	Microsoft Excel 逗...	3 KB
15.09.08 w24-3 chengshuqi stem 9th _rec_...	2015/9/8 15:59	Microsoft Excel 逗...	3 KB
15.09.09 w24-3 chengshuqi stem 1th _rec_...	2015/9/10 13:15	Microsoft Excel 逗...	3 KB
15.09.09 w24-3 chengshuqi stem 3th _rec_...	2015/9/8 15:46	Microsoft Excel 逗...	3 KB
15.09.09 w24-3 chengshuqi stem 5th _rec_...	2015/9/10 14:19	Microsoft Excel 逗...	3 KB
15.09.09 w24-3 chengshuqi stem 6th _rec_...	2015/9/10 14:55	Microsoft Excel 逗...	3 KB

对照(CK)株系茎秆材料属性表型数据结果

15.09.09 ck-1 chengshuqi stem 7th _rec_voi...	2015/9/10 15:05	Microsoft Excel 逗...	3 KB
15.09.09 ck-1 chengshuqi stem 8th _rec_voi...	2015/9/10 15:16	Microsoft Excel 逗...	3 KB
15.09.10 ck-1 chengshuqi stem 3th _rec_voi...	2015/9/11 17:47	Microsoft Excel 逗...	3 KB
15.09.10 ck-1 chengshuqi stem 5th _rec_voi...	2015/9/10 15:25	Microsoft Excel 逗...	3 KB
15.09.10 ck-1 chengshuqi stem 6th _rec_voi...	2015/9/10 15:33	Microsoft Excel 逗...	3 KB
15.09.10 ck-1 chengshuqi stem 9th _rec_3d	2015/10/14 16:32	Microsoft Excel 逗...	3 KB
15.09.10 ck-1 chengshuqi stem 11th _rec_v...	2015/9/10 15:44	Microsoft Excel 逗...	3 KB
15.09.11 ck-1 chengshuqi stem 4th _rec_voi...	2015/9/11 17:29	Microsoft Excel 逗...	3 KB
15.09.11 ck-1 chengshuqi stem 8th _rec_voi...	2015/9/11 17:07	Microsoft Excel 逗...	3 KB
15.09.11 ck-1 chengshuqi stem 10th _rec_v...	2015/9/11 17:39	Microsoft Excel 逗...	3 KB
15.10.14 ck-1 chengshuqi stem 1st _rec_voi...	2015/10/14 17:40	Microsoft Excel 逗...	3 KB
15.10.14 ck-1 chengshuqi stem 2th _rec_voi...	2015/10/15 8:35	Microsoft Excel 逗...	3 KB

转基因(RGP)株系茎秆材料属性表型数据结果

图 13 - 6　不同基因型玉米茎秆材料属性表型数据列表

单击打开某一表格，则为用户展示其中的具体内容，如图 13-7 所示。

Description	Abbreviation	Value	Unit
Number of layers		100	
Lower vertical position		4944.391	μm
Upper vertical position		6165.0761	μm
Pixel size		12.33015	μm
Lower grey threshold		0	
Upper grey threshold		52	
Total VOI volume	TV	3.36598E+11	μm^3
Object volume	Obj.V	2.69145E+11	μm^3
Percent object volume	Obj.V/TV	79.96038	%
Total VOI surface	TS	626973881.2	μm^2
Object surface	Obj.S	1755751984	μm^2
Intersection surface	i.S	504337347.3	μm^2
Object surface / volume ratio	Obj.S/Obj.V	0.00652	1/μm
Object surface density	Obj.S/TV	0.00522	1/μm
Surface convexity index	SCv.I	0.00929	1/μm
Centroid (x)	Crd.X	205.82384	μm
Centroid (y)	Crd.Y	-188.76178	μm
Centroid (z)	Crd.Z	5554.76298	μm
Structure separation	St.Sp	128.30669	μm
Number of objects	Obj.N	37194	
Number of closed pores	Po.N(cl)	62077	
Volume of closed pores	Po.V(cl)	542299477	μm^3
Surface of closed pores	Po.S(cl)	130027565.9	μm^2
Closed porosity (percent)	Po(cl)	0.20108	%
Volume of open pore space	Po.V(op)	66910674105	μm^3
Open porosity (percent)	Po(op)	19.87851	%
Total volume of pore space	Po.V(tot)	67452973582	μm^3
Total porosity (percent)	Po(tot)	20.03962	%
Euler number	Eu.N	82062	
Connectivity	Conn	17209	
Connectivity density	Conn.Dn	0	1/μm^3
Structure separation distribution	St.Sp		
Range	Mid-range	Volume	Percent volume in range
um	μm	μm^3	%
12.33 - <36.99	24.66	1544982948	2.2938
36.99 - <61.65	49.32	3624022248	5.3806
61.65 - <86.31	73.98	6837699555	10.1519
86.31 - <110.97	98.64	11376530888	16.8907
110.97 - <135.63	123.3	14373507958	21.3403
135.63 - <160.29	147.96	12406724475	18.4202
160.29 - <184.95	172.62	10357950361	15.3784
184.95 - <209.61	197.28	5048253756	7.4951
209.61 - <234.27	221.94	1475283975	2.1903
234.27 - <258.93	246.6	262378266.7	0.3896
258.93 - <283.59	271.26	32047917.7	0.0476
283.59 - <308.25	295.92	14526164.85	0.0216
Standard deviation	SD	45.03116	μm

图 13-7　表型数据输出列表

2. 玉米叶片显微结构数据

（1）图像数据　品种限定：以玉米品种郑单 958 为例，检索叶片相关图像数据，则可得到图 13-8 所示结果。

除对单一研究对象的检索外，用户还可以同时检索两个及以上玉米品种的图像数据，对比结果。如检索玉米京科甜 183、郑单 958、京单 38、京科 968 的叶片相关图像数据，则可得到图 13-9 所示结果。

特征限定：用户还可以对关心的表型特征进行限定，如检索叶片维管束横截面面积，可得到图 13-10 所示结果。

图 13-8 郑单 958 叶片中部完整断面的 CT 扫描图像、细节图和三维效果图（见彩图）

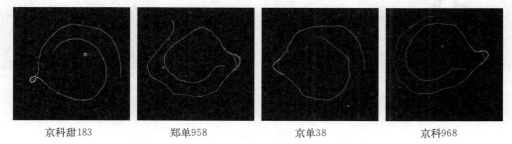

| 京科甜183 | 郑单958 | 京单38 | 京科968 |

图 13-9 灌浆期不同品种穗位叶中部 CT 扫描图像

图 13-10 叶片维管束横截面面积结果统计分析图像（见彩图）

类似地，用户还可以检测检索叶片维管束间距、叶片厚度等指标（图 13-11）。

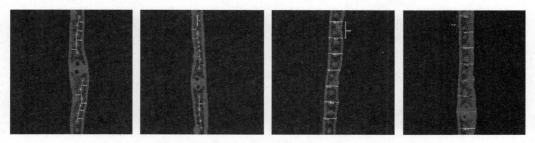

图 13-11 叶片维管束间距、叶片厚度结果统计分析图像（见彩图）

如将种植密度作为检索关键词，可得到各玉米品种在不同种植密度下的 CT 扫描图像。图 13-12 为郑单 958 叶鞘在 1.5 万株/hm² 至 18 万株/hm² 的截面图。

（2）叶片显微表型信息分类与管理 基于图像信息，按照组织结构特性，表型数据库对叶片显微表型参数进行分类，包括叶片横截面表型参数、叶片表面表型参数、叶片维管束表型参数、叶片导管表型参数、叶鞘表型参数五大类 50 项表型参数，既系统归类了目前可以获取到的叶片显微表型信息，又精细划分各项表型参数；既可以检索单一品种或样本集的叶片完整表型参数，又可以定制化检索某一特定的表型数据，满足不同研究需要（表 13-4）。

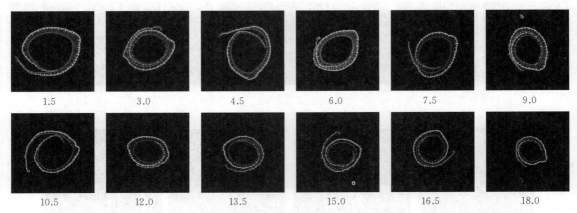

图 13-12 郑单 958 在不同种植密度（万株/hm²）下的叶鞘 CT 扫描图像

表 13-4 玉米叶片显微表型参数分类列表

表型分类	表型指标	表型分类	表型指标
叶片横截面	横截面总面积	叶片维管束	维管束总面积
	横截面主脉区面积		大维管束总面积
	横截面长分区面积		小维管束总面积
	横截面短分区面积		平均大维管束面积
	横截面总长度		平均小维管束面积
	横截面主脉区长度		大小维管束面积之比
	横截面长分区长度		维管束总面积/叶片截面面积
	横截面短分区长度	叶片导管	大维管束导管平均直径
	叶片平均厚度		小维管束导管平均直径
	主脉最大厚度		大维管束导管平均面积
	维管束数目		小维管束导管平均面积
叶片维管束	主脉区维管束数目	叶片表面	单位面积气孔数目
	长分区维管束数目		平均气孔长度
	短分区维管束数目		平均气孔开度
	叶片大维管束数目		叶绿素荧光值
	主脉区大维管束数目		单位面积表皮毛数目
	长分区大维管束数目		蜡质层厚度
	短分区大维管束数目	叶鞘	叶鞘截面长度
	叶片小维管束数目		叶鞘截面最大厚度
	主脉区小维管束数目		截面平均厚度
	长分区小维管束数目		截面面积
	短分区小维管束数目		叶鞘维管束数目
	大小维管束数目之比		维管束平均间距
	相邻大维管束间的平均小维管束数目		维管束总面积
	平均大维管束间距		维管束总面积/叶鞘截面面积
	平均小维管束间距		

以郑单 958、京科甜 183 为例，如检索叶片显微表型，则可得到以下结果（图 13-13）：

T-GJ-Leaf 5	大维管束 (pixel)		小维管束 (pixel)												
	1	2	1	2	3	4	5	6	7	8	9	10	11	12	13
base-1	10903.83		3901.92	3038.13	1097.75	3538.6	4422.03	4142.49	2174.35	3824.05	2944.3	3447	4204.35	2337.99	2315.7
base-2	20705.5		4208.94	3059.2	3353.32	3716.33	4536.38	2760.9	1975.02	1533.63	2359.13	3285.58	2392.02	3577.35	2301.95
base-3			1909.89	2327.86	1761.93	1688.62	2126.24	2548.34	2000.84	2724.24	2272.57	1606.13	2632.59	1942.94	
base-4	43684.07		5335.21	7755.72	5535.73	5230.83	5563.04	3533.03	2779.33						
base-5	45554.25		3356.61	3557.65	7330.13	4000.37	2605.41	4769.71	2870.88						
base-6	39197.09														
base-7			6339.54	1913.15	2270.35	5156.03	2591.5	3540.72	3439.1	1493.56	1897.12	3578.85	2351.55	5547.51	
base-8	44137.73														
base-9	37371.3														
base-10	38737.35		3673.02	4503.03	1629.95	2577.75	5373.31	5540.05	2135.24	4142.49					
base-11			3157.28	4006.67	5107.59										
base-12			3055.57	5187.7											
	平均	35036.39	平均	3445.275											
	标准差	12492.61	标准差	1406.765											
middle-1	15734.83		3604.63	5474.26	5915.35	5350.07	4335.53	3808.37	3069.97	4511.52					
middle-2	43235.35		4357.35	5567.57	3455.44	5432.49	3035.53								
middle-3	32065.82		5065.85												
middle-4			4383.78	4551.14	3878.35	3040.43	4337.2	3277.06	4060.53	5292.05	3982.11	2573.02			
middle-5			3055.53	4309.32	5081.89	4204.36	5327.05	3596.09	2717.37						
middle-6	53063.07		5426.71	5785.29	4413.43	5350.53	7533.03	7412.04	4963.6						
middle-7	39701.95		5553.48	4795.49											
middle-8	38050.51			5263.53	3242.55	4335.25	6373.31	4245.6							
middle-9	11208.53														
middle-10			5265.18	3723.2	3935.69	5538.67	5156.74	4456.27	5159.79						
middle-11			5056.63	4724.49	3998.79	4733.62	4066.58	3775.9							
middle-12	26488.59														
	平均	32443.58	平均	4567.183											
	标准差	14098.94	标准差	1038.223											
top-1	8522.13		2003.55	3050.15	4110.42	3227.73	3638.63	4538.24	2718.51	3955.53	3563.36	2535.03			
top-2	9730.9		3018.66	3565.68	1942.37	5274.7	4163.04	3385.25	4205.43	2276.63	2871.45				
top-3	11307.55		3355.61	2431.3	3093.23	4138.03	2433.53	4547.46	3342.03	3554.72					
top-4	11432.53		3272.41	3512.03	4050.14	4438.01	3036.11	3263.78	3054.43	2336.79	3544.54	3553.97			
top-5	9678.04		3142.33												
top-6			2809.01	3535.51	4445.05	3207.08	3538.34	3352.3							
top-7	8742.55		3881.45	3823.44	3533.54	3356.01	2413.21	2651.49							
top-8	11632.44		1401.64	2737.45	3525.14	3306.4	1862.46	3154.72	4051.42	2965.39	2041.19	3013.93			
top-9			3870.99	3592.03	2390.87	3661.34	3361.32	3313.65	2310.58	3549.23	4564.45	3575.57	3762.58	4109.27	2655.15
top-10	8805.09		2541.52	3841.77	3550.05	2435.81	2033.57	3752.99	2868.52	3135.56	3565.68	4051.53	2268.85	3500.16	4535.01
top-11			2355.26	1955.47	3073.94										
top-12	12247.05		3235.7	3351.23	3457.15	2893.35	2617.13	3771.59	4515.53						
	平均	10233.14	平均	3278.909											
	标准差	1429.855	标准差	729.2545											

图 13-13 叶片维管束表型数据输出列表

进一步输入"维管束面积"关键字，可以检索到不同玉米品种叶片各级维管束面积的数据列表（图 13-14）。

维管束面积	编号	维管束面积	编号	维管束面积	编号	维管束面积	编号	维管束面积	编号	维管束面积
4864.65	34	3380.74	67	5148.22	100	5805.28	133	8464.73	166	3846.58
4319.47	35	6147.32	68	4480.57	101	4112.37	134	6726.31	167	2184.83
7601.74	36	5246.82	69	5617.25	102	4534.17	135	2538.97	168	4339.59
2848.84	37	4284.03	70	6092.25	103	3956.79	136	3634.86	169	5083.29
7609.64	38	5041.66	71	3557	104	4574.71	137	6798.13	170	5242.15
4368.18	39	5747.48	72	4257.05	105	5227.95	138	3305.63	171	6015.55
5807.05	40	3656.19	73	5081.89	106	7557.9	139	6174.88	172	8179.59
5119.12	41	3330.26	74	5544.14	107	5186.14	140	6750.46	173	6601.53
5772.11	42	5876.93	75	4165.98	108	2789.54	141	3096.56	174	6891.36
6842.68	43	6122.67	76	6734.99	109	4316.05	142	6531.65	175	4434.05
6882.2	44	5306.43	77	6924.01	110	3837.19	143	4414.57	176	5639.22
7288.32	45	8703.13	78	5833.4	111	2848.54	144	4647.7	177	5867.2
6933.18	46	4495.91	79	4493.05	112	5552.73	145	6793.99	178	4802.93
2361.08	47	4271.95	80	6332.88	113	5005.13	146	3137.23	179	3320.53
5300.12	48	3272.98	81	3912.8	114	6357.51	147	8487.76	180	2402.33
4486.75	49	2705.91	82	3716.9	115	2146.28	148	1629.62	181	3085.68
5198.17	50	6970.41	83	4992.53	116	6941.77	149	3118.33	182	4577.25
2786.68	51	1617.57	84	2116.5	117	3744.97	150	3201.96	183	3278.14
2827.34	52	4110.99	85	3228.3	118	2065.52	151	4002.16	184	2908.9
3676.23	53	3400.14	86	3130.93	119	3746.12	152	4373.91	185	3549.65
4104.12	54	3046.73	87	4220.4	120	3922.54	153	2104.47	186	3275.27
3542.77	55	2105.04	88	2423.52	121	4073.76	154	4938.11	187	3514.13
3939.15	56	2820.47	89	3665.92	122	2926.44	155	3024.96	188	3771.89
2702.47	57	3784.49	90	5074.44	123	3478.05	156	2460.75	189	3335.42
4467.84	58	3081.67	91	1772.82	124	3585.73	157	4512.52	190	3122.34
2409.2	59	2408.05	92	2862.28	125	2637.75	158	2846.82	191	2554.69
4529.13	60	3459.14	93	2971.12	126	2241.37	159	3448.83	192	3117.75
2472.78	61	3371.5	94	1939.5	127	2968.83	160	4534.86	193	3356.61
5009.71	62	3506.69	95	3610.94	128	3035.84	161	6071.11	194	2362.23

JK-GJ-leaf 5	1	2	3	4	5
Base	8806.82	7165.31	4864.65	3380.74	5148.22
Middle	4106.98	2849.68	2361.08	4271.95	6332.88
Top	5225.09	3951.75	2702.47	3784.49	5074.44
XY-GJ-leaf 5	1	2	3	4	5
Base	3069.64	2676.7	5009.71	3506.69	3610.94
Middle	3827.45	3437.38	3028.4	4050.85	3380.1
Top	3047.3	2156.02	3128.06	3193.36	2908.68
T-GJ-leaf 5	1	2	3	4	5
Base	3901.92	3038.13	1697.78	3828.6	4422.02
Middle	4282.26	4651.14	3826.31	3040.43	4557.2
Top	2003.66	3050.16	4110.42	3227.73	3628.69

图 13-14 叶片维管束表型输出结果

3. 玉米根系显微结构数据

（1）图像数据 以转基因 RGP 为例，如检索根系相关图像数据，则可得到以下结果。

① 石蜡切片显微图像（图 13 - 15）。

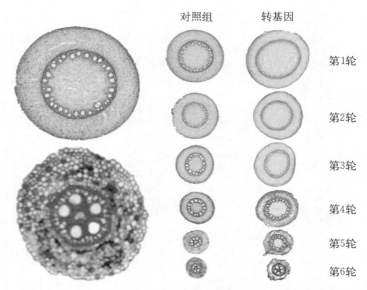

图 13 - 15 转基因（RGP）和对照（CK）株系成熟期第 1～6 轮节根显微图像（图彩图）

② CT 扫描图像（图 13 - 16）。

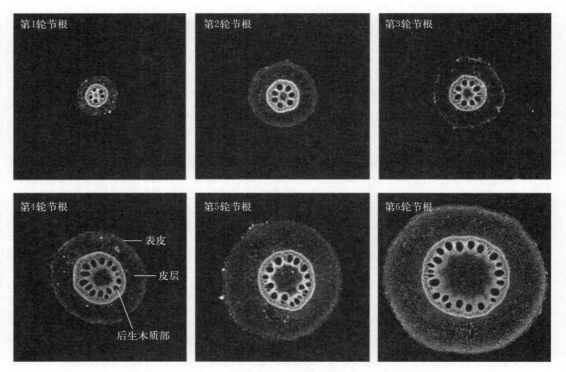

图 13 - 16 转基因（RGP）和对照（CK）株系成熟期第 1～6 轮节根 CT 扫描图像

此外，本数据库中还包含个别品种在不同种植密度下的节根图像数据。如用户在检索框中选定某一玉米品种，则结果页面中会展示该玉米品种在不同种植密度下的节根图像。展示结果如图 13-17 所示。

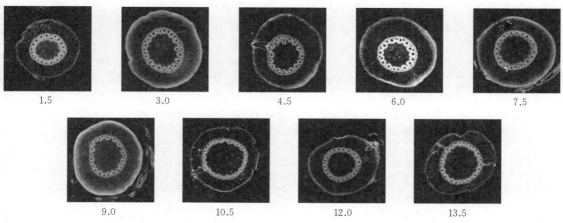

图 13-17　不同种植密度下（万株/hm²）的玉米节根 CT 扫描图像

（2）根系显微表型信息分类与管理　基于图像信息，按照组织结构特性，表型数据库对根系显微表型参数进行分类，包括根系横截面表型参数、皮层表型参数、中柱表型参数、木质部导管二维表型指标和木质部导管三维表型指标 5 大类 30 项表型参数，既系统归类了目前可以获取到的根系显微表型信息，又精细划分各项表型参数；既可以检索单一品种或样本集的根系完整表型参数，又可以定制化检索某一特定的表型数据，满足不同研究需要（表 13-5）。

表 13-5　玉米根系显微表型参数分类

表型分类	表型指标	表型分类	表型指标
根横截面	根横截面面积	木质部导管（二维指标）	木质部导管总面积
	根周长		原生木质部导管面积
	根直径		原生木质部导管数目
皮层	皮层总面积		原生木质部导管平均直径
	皮层细胞面积		后生木质部导管面积
	皮层细胞面积占比		后生木质部导管数目
	通气组织面积		后生木质部导管平均直径
	通气组织与皮层面积比	木质部导管（三维指标）	后生木质部导管总体积
	皮层细胞层数		后生木质部导管总表面积
	皮层细胞数目		后生木质部导管总横截面面积（基部）
	每层皮层细胞数目		后生木质部导管总横截面面积（梢部）
中柱	中柱面积		单根后生木质部导管体积
	中柱周长		单根后生木质部导管表面积
	中柱面积占比		单根后生木质部导管横截面面积（基部）
	中柱皮层面积比		单根后生木质部导管横截面面积（梢部）

以先玉 335 为例，如检索某一种植密度的根系材料属性表型数据，则可得到以下结果（图 13 - 18）。

先玉335(密度为12.0万株/hm²)根系材料属性表型数据结果			
20171025 XY-8K-4-L2	2017/10/25 16:47	Microsoft Excel ...	1 KB
20171025 XY-8K-5-L3	2017/10/25 16:57	Microsoft Excel ...	1 KB
20171025 XY-8K-6-M1	2017/10/25 17:04	Microsoft Excel ...	1 KB
20171025 XY-8K-7-M2	2017/10/25 17:12	Microsoft Excel ...	1 KB
20171025 XY-8K-8-M3	2017/10/25 13:28	Microsoft Excel ...	1 KB
20171026 XY-8K-9-S2	2017/10/26 13:33	Microsoft Excel ...	1 KB
20171026 XY-8K-10-S3	2017/10/26 13:39	Microsoft Excel ...	1 KB
先玉335(密度为13.5万株/hm²)根系材料属性表型数据结果			
20171026 XY-9K-2-L2	2017/10/26 13:53	Microsoft Excel ...	1 KB
20171026 XY-9K-3-L3	2017/10/26 14:03	Microsoft Excel ...	1 KB
20171026 XY-9K-4-M1	2017/11/2 13:39	Microsoft Excel ...	1 KB
20171030 XY-9K-5-M2	2017/11/2 14:35	Microsoft Excel ...	1 KB
20171030 XY-9K-6-M3	2017/11/2 14:52	Microsoft Excel ...	1 KB
20171031 XY-9K-7-S1	2017/11/2 15:01	Microsoft Excel ...	1 KB
20171031 XY-9K-8-S2	2017/11/2 15:08	Microsoft Excel ...	1 KB
20171031 XY-9K-9-S3	2017/11/2 15:18	Microsoft Excel ...	1 KB

图 13 - 18　根系材料属性表型数据结果

单击打开某一表格，则将为用户展示其中的具体内容，如图 13 - 19 所示。

	像素(μm)	根横截面像素	根横截面积(mm²)	根周长像素	根周长(mm)	表皮和皮层面积(mm²)	中柱面积像素	中柱面积(mm²)	中柱周长像素	中柱周长(mm)	后生木质导管数目	后生木质导管平均直径像素	后生木质导管平均直径(μm)	后生木质导管总面积像素	后生木质导管总面积像素(mm²)
8K-S-1	3.39	472501	5.430028742	2504.235	8.48936652	3.893282146	133722	1.536746596	1326.662	4.49738418	24	26.13718153	88.60504538	12168	0.139835871
8K-S-2	3.39	325633	3.742206999	2053.563	6.96157857	3.143755892	52075	0.598451108	827.188	2.80416732	15	29.36708301	99.55746242	9619	0.11054251
8K-S-3	3.39	319001	3.654499292	2044.088	6.92945832	3.047371649	52830	0.607127643	830.135	2.81415765	15	30.81978769	104.4790803	10613	0.121065657
8K-M-1	3.39	717935	8.250580814	3095.425	10.49349075	5.614672313	229367	2.635008501	1751.119	5.93629341	25	30.60438217	103.7488555	17083	0.196319544
8K-M-2	3.39	792544	9.107994902	3245.556	11.00243454	6.295418345	244740	2.812576554	1787.365	6.05916735	25	31.1211465	105.5006866	17315	0.199020188
8K-M-3	3.39	775895	8.91666293	3249.635	11.01626265	6.677381276	194854	2.239281653	1605.537	5.44616043	19	35.1036708	119.001444	16949	0.194779603
8K-L-1	3.39	1684313	19.35629343	4769.908	16.16998812	12.97023699	555691	6.386056541	2728.469	9.24950991	33	36.14758734	122.5403211	30617	0.351853626
8K-L-2	3.39	1855086	21.31883382	4977.463	16.87359957	13.91963374	643851	7.309200077	2900.776	9.83363064	34	38.76958599	131.4288965	30641	0.352129436
8K-L-3	3.39	1470306	16.89690358	4390.339	14.88324921	11.31500674	485716	5.581896844	2521.726	8.54865114	31	35.04488319	118.8021565	27825	0.319767683
9K-S-1	3.39	609634	7.005974991	2822.799	9.56928561	4.842897353	188223	2.163077538	1564.669	5.30422791	27	28.87258411	97.20097543	12584	0.144616586
9K-S-2	3.39	622092	7.149143473	2831.098	9.59742222	5.373901326	154475	1.775242148	1415.515	4.79850585	25	25.87854447	87.72826575	13484	0.154959476
9K-S-3	3.39	656816	7.548195154	2917.043	9.88877577	5.592366147	170189	1.955829007	1494.54	5.0664906	27	26.90250059	91.199477	14373	0.165175953
9K-M-1	3.39	1019878	11.72053996	3678.837	12.47125743	6.919106108	417803	4.801433856	2345.645	7.95512994	36	31.10697095	105.4526316	25294	0.290681177
9K-M-2	3.39	1082319	12.43811818	3778.386	12.80872854	9.539281923	252246	2.898836257	1821.646	6.17537994	27	27.05407643	91.81501911	14170	0.162843057
9K-M-3	3.39	859430	9.876655503	3388.119	11.48572341	5.759162486	358289	4.117493017	2152.408	7.29666312	24	26.95746703	91.4918125	18366	0.211063909
9K-L-1	3.39	1926211	22.13620943	5063.364	17.16480396	15.2475459	599426	6.888663535	2821.824	9.56598336	34	41.24	139.8091759	41957	0.48217404
9K-L-2	3.39	1852414	21.28812693	5009.134	16.98096426	13.3576011	690085	7.930525829	3013.865	10.2170125	36	32.79951423	111.1913702	27521	0.316274084
9K-L-3	3.39	1749791	20.10877315	4741.838	16.07483662	13.9755543	533690	6.133218849	2650.319	8.98458141	38	37.89028113	128.448053	28696	0.329662381

图 13 - 19　根系材料属性表型数据输出结果

4. 玉米籽粒显微结构数据

(1) 图像数据　以农大 108 为例，如检索籽粒相关图像数据，则可得到以下结果（图 13 - 20，图 13 - 21）。

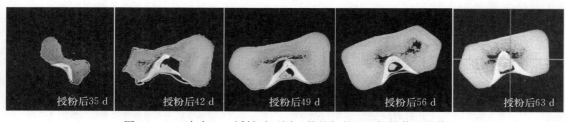

授粉后35 d　　授粉后42 d　　授粉后49 d　　授粉后56 d　　授粉后63 d

图 13 - 20　农大 108 授粉后不同天数的籽粒 CT 扫描截面图像

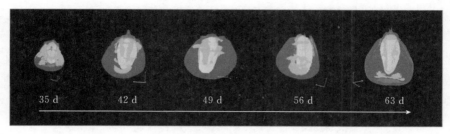

图13-21　农大108授粉后不同天数的籽粒三维效果图（见彩图）

（2）籽粒显微表型信息分类与管理　基于图像信息，按照组织结构特性，表型数据库对籽粒显微表型参数进行分类，包括籽粒二维表型参数、籽粒三维表型参数、籽粒材料属性表型参数3大类29项表型参数，各表型指标信息如表13-6所示。

表13-6　玉米籽粒显微表型参数分类

表型分类	表型指标	表型分类	表型指标
二维表型信息	籽粒长轴长	三维表型信息	种子体积
	籽粒短轴长		空腔体积
	籽粒外切圆半径		空腔体积占比
	籽粒拟合圆面积		胚体积
	籽粒拟合矩形面积		胚体积占比
籽粒材料属性表型	籽粒相对密度		胚乳体积
	籽粒绝对密度		胚乳体积占比
	籽粒表面密度		胚表面积
	闭合孔数目		胚体积分
	闭合孔体积		胚乳表面积
	开放孔数目		胚乳体积分数
	开放孔体积		空腔表面积
	籽粒孔隙度		空腔体积分数
	Euler值		籽粒表面积
			籽粒体积分数

如输入"籽粒表型"关键字，则可检索得到表型数据库中存储的所有品种籽粒显微表型信息的图像数据和 excel 数据，excel 数据包括上述分类表中的所有表型参数（图13-22）。

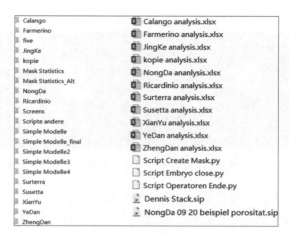

图 13 - 22　Excel 输出结果

5. 玉米显微表型数据库

（1）玉米群体维管束表型数据库——MaizeSPD　研究团队系统获取玉米关联分析群体 527 份自交系茎秆基部第 3 节维管束表型信息，包括茎秆横切面面积、茎秆横切面短轴长、茎秆横切面长轴长、维管束总数目、维管束总面积、维管束平均面积、维管束密度、表皮区面积、周皮区面积、髓区面积等 48 项表型参数。基于表型数据，构建该群体维管束表型数据库——MaizeSPD。目前，该数据库存储玉米自交系基本信息 554条、试验信息 523 条、CT 扫描图像及处理后图像 1 008 张、玉米茎秆显微表型数据24 192条，包含茎秆显微表型指标 48 项。MaizeSPD 实现了显微表型数据的标准化、表型数据的存储与检索、数据的安全管理与运行。

（2）玉米籽粒表型组数据库——MaizeKPD　研究团队系统获取玉米关联分析群体籽粒表观和显微等多尺度表型信息，包括形态、颜色、纹理、百粒重、籽粒体积、空腔体积、籽粒表面积等近百项表型参数。基于表型数据，构建玉米关联分析群体籽粒表型组数据库——MaizeKPD，数据库中存储玉米自交系基本信息 554 条、试验信息 500余条、平板扫描图像 500 余张、CT 扫描图像及处理后图像 1 000 余张、玉米籽粒表型数据上万条，涵盖籽粒表型指标近百个。MaizeKPD 对玉米籽粒多尺度表型数据进行标准化存储与输出，实现了玉米籽粒表型组数据的安全存储、快速检索以及科学管理（图 13 - 23）。

13.2.2　器官水平的玉米表型数据库

器官水平的玉米表型数据库即第六章所构建的玉米器官三维模板资源库，主要收录了包括先玉 335、郑单 958、京科 968 等 20 个品种的叶片、雌穗、籽粒、吐丝期和灌浆期的玉米表型数据，器官水平的玉米表型数据库均以玉米器官三维模型为载体。数据库关键词主要包括品种、数据名称、生育时期、种植密度、数据获取时间、地点、数据类型、数据格式、数据规格和数据精度（图 13 - 24，图 13 - 25，图 13 - 26）。每个数据根据数据品种和数据类型分配索引号（图 13 - 27，表 13 - 7）。

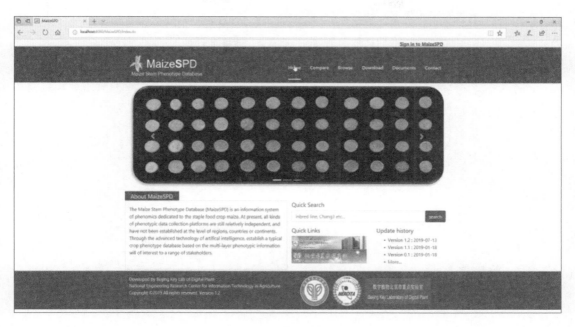

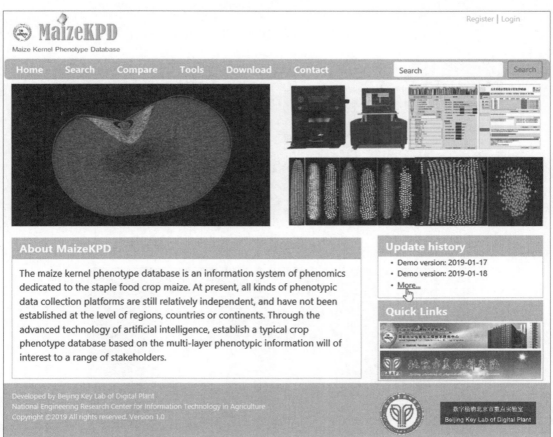

图 13 - 23　玉米群体维管束表型数据库 MaizeSPD、玉米籽粒表型组数据库 MaizeKPD 界面展示图（见彩图）

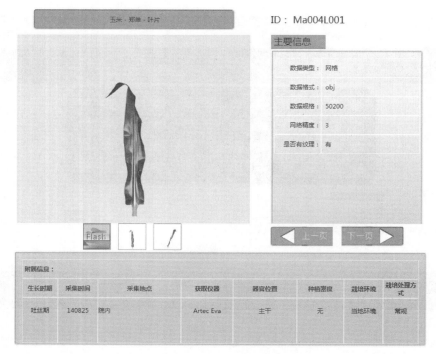

图 13-24　器官水平玉米表型数据库数据界面（见彩图）

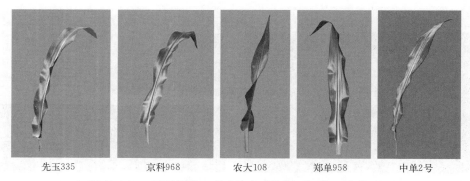

| 先玉335 | 京科968 | 农大108 | 郑单958 | 中单2号 |

图 13-25　不同品种玉米叶片表型数据可视化（见彩图）

图 13-26　带苞叶的玉米雌穗、不带苞叶的玉米雌穗、玉米籽粒表型数据可视化（见彩图）

ID	ResourceC	Specie	Variet	DataScal	DataType	DataForm	Size	Precis	IsVein	GatherDat	GatherPlac	Gather	GrowthPerio	Device
447	Ma001L001	玉米	先玉	器官	网格	obj	215676	3	无	130823	院内	WYJ/WYJ	果实成熟期	Artec Ev
448	Ma001L002	玉米	先玉	器官	网格	obj	11144	3	无	140814	院内	WYJ/WYJ	果实成熟期	Artec Ev
486	Ma001L003	玉米	先玉	器官	网格	obj	40865	3	有	140825	院内	WYJ/WYJ	吐丝期	Artec Ev
487	Ma001L004	玉米	先玉	器官	网格	obj	38210	3	有	140825	院内	WYJ/WYJ	吐丝期	Artec Ev
490	Ma002L001	玉米	京科	器官	网格	obj	45470	3	有	140825	院内	WYJ/WYJ	吐丝期	Artec Ev
491	Ma002L002	玉米	京科	器官	网格	obj	45226	3	有	140825	院内	WYJ/WYJ	吐丝期	Artec Ev
492	Ma003L001	玉米	农大	器官	网格	obj	50046	3	有	140825	院内	WYJ/WYJ	吐丝期	Artec Ev
493	Ma003L002	玉米	农大	器官	网格	obj	78164	3	有	140825	院内	WYJ/WYJ	吐丝期	Artec Ev
494	Ma004L001	玉米	郑单	器官	网格	obj	50200	3	有	140825	院内	WYJ/WYJ	吐丝期	Artec Ev
495	Ma005L001	玉米	中单	器官	网格	obj	29650	3	有	140825	院内	WYJ/WYJ	吐丝期	Artec Ev
496	Ma005L002	玉米	中单	器官	网格	obj	48303	3	有	140825	院内	WYJ/WYJ	吐丝期	Artec Ev
497	Ma002L003	玉米	京科	器官	网格	obj	44248	3	有	140922	院内	WYJ/WYJ	灌浆期	Artec Ev
498	Ma003L003	玉米	农大	器官	网格	obj	60438	3	有	140922	院内	WYJ/WYJ	灌浆期	Artec Ev
499	Ma001L005	玉米	先玉	器官	网格	obj	195247	3	有	140922	院内	WYJ/WYJ	灌浆期	Artec Ev
500	Ma001L006	玉米	先玉	器官	网格	obj	90808	3	有	140922	院内	WYJ/WYJ	灌浆期	Artec Ev
501	Ma004L002	玉米	郑单	器官	网格	obj	55364	3	有	140922	院内	WYJ/WYJ	灌浆期	Artec Ev
502	Ma004L003	玉米	郑单	器官	网格	obj	95958	3	有	140922	院内	WYJ/WYJ	灌浆期	Artec Ev
503	Ma005L003	玉米	中单	器官	网格	obj	62785	3	有	140922	院内	WYJ/WYJ	灌浆期	Artec Ev
504	Ma005L004	玉米	中单	器官	网格	obj	88877	3	有	140922	院内	WYJ/WYJ	灌浆期	Artec Ev
505	Ma004L004	玉米	郑单	器官	网格	obj	111195	3	有	140930	院内	WYJ/WYJ	成熟期	Artec Ev
506	Ma001L007	玉米	先玉	器官	网格	obj	40502	3	有	140930	院内	WYJ/WYJ	成熟期	Artec Ev

图 13 - 27　玉米器官水平表型数据库

表 13 - 7　玉米器官水平表型参数分类列表

表型分类	表型指标	表型分类	表型指标
	叶长		叶基与叶尖连线方位角
	叶宽		叶片截面夹角
	叶倾角		叶尖高度
	叶片方位角		叶顶高度
	叶面积		叶基高度
	叶鞘长		鞘基高度
	叶鞘直径		叶片弯折角
	节间长		叶片褶皱曲线
	节间直径		叶片褶皱曲线长度
器官	叶片投影面积	器官	叶片褶皱面积
	叶顶到叶基长度		叶片褶皱投影面积
	叶顶到叶尖长度		雄穗分支数
	叶顶到叶尖投影长度		雄穗分支角度
	叶顶到叶基投影长度		雄穗分支方位角
	叶顶到叶尖投影面积		雄穗分支投影面积
	叶顶到叶基投影面积		雌穗长
	叶基倾角		雌穗直径
	叶基与叶尖连线倾角		雌穗体积
	叶基方位角		穗位高
	叶尖方位角		果穗柄长

13.2.3 植株、群体水平的表型数据库

植株、群体水平的表型数据库主要收录了利用三维扫描和三维数字化技术所获取和构建的不同品种、不同密度、不同生育时期、不同生态点的玉米单株和群体表型数据（图 13-28，图 13-29，图 13-30，表 13-8）。

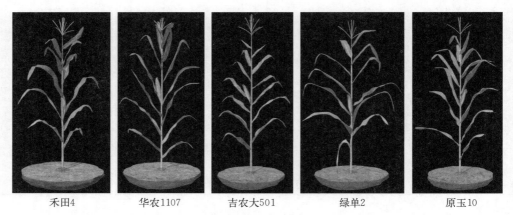

禾田4　　　华农1107　　　吉农大501　　　绿单2　　　原玉10

图 13-28　黑龙江省依安县吐丝期玉米植株表型数据可视化（见彩图）

图 13-29　北京市农林科学院试验田郑单 958 不同生育时期玉米植株表型数据可视化

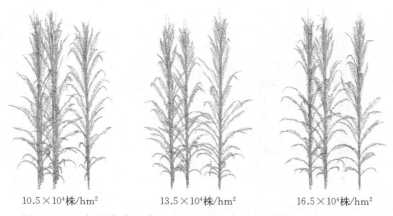

10.5×10^4株/hm²　　　13.5×10^4株/hm²　　　16.5×10^4株/hm²

图 13-30　新疆奇台县先玉 335 不同密度玉米群体表型数据可视化

表 13 - 8　玉米个体、群体水平表型参数分类列表

表型分类	表型指标
个体	节单位数量
	植株方位平面
	叶片数量
	株高
	单株叶面积
	植株体积
	叶向值
群体	叶面积指数
	覆盖度
	冠隙分数
	群体截面叶面积指数

13.2.4　小结

本研究搭建的细胞、组织、器官、植株及群体水平的玉米表型数据库，可实现对数据的检索、筛选以及基本统计计算等功能；为相关试验的开展提供完善的数据资料管理系统，也为业内同行在数据管理方法上提供了重要的借鉴。

表型数据集的整理以及表型数据库的搭建可实现对表型数据的规范化存储和应用。现阶段，众多研究领域都涉及海量表型数据的存储和管理，如种系遗传学和药物基因组学这些表型数据不仅能够反映机体特征，更是很多临床数据和疾病症状等真实现象的直接统计，对分析种内和种间差异、疾病诊断治疗等都具有重要价值（吕文文，2016）。作物育种过程中也涉及种类繁多的表型数据，不仅包括各个不同生长发育阶段的株高、叶龄、叶面积等生长指标，还涉及果穗产量、穗粒数、百粒重等产量信息。随着分子育种和基因组学在方法、技术上的发展和成熟，也产生了高通量的分子遗传标记信息以及相关候选基因的功能研究等信息。表型数据库的构建，可以系统管理重要目标性状记录，对其生理生化和遗传机理研究将会有重要帮助。另外，随着基因组测序技术的发展和功能基因组学研究的深入，表型数据库可用于整合和系统分析基因组测序和功能基因组学数据，扩大和丰富数据库的功能范围，在将数据库系统与育种实践相结合的基础上，更好地服务玉米功能基因组相关研究工作及现代育种工作（李敏等，2017）。

13.3　基于表型组大数据的玉米表型精准鉴定与组学分析

13.3.1　玉米抗旱显微表型指标的提取和鉴定研究

干旱严重影响植物生长和农作物产量。全球干旱、半干旱地区面积约占土地总面积的36%（田野，2018），我国更是一个干旱缺水的国家，干旱半干旱地区面积约占国土面积的52.5%（韩金龙等，2010）。随着全球变暖、气候恶化，干旱发生的周期越来越短，危害程度也越来越大。现今，玉米是我国种植面积最大、总产量最高的粮食作物，也是我国粮食增产的主力。而干旱已成为限制我国玉米生产的主要因素，严重影响玉米的生长发育、生理代

谢，最终导致玉米产量降低，严重威胁我国的粮食安全（降云峰等，2013）。因而，在环境日益恶化、耕地面积日趋减少、水资源严重不足的严峻形势下，如何提高玉米的抗旱能力并选育抗旱节水新品种成为人们关注的焦点和研究的热点。

转 RGP 基因玉米为在根中特异表达拟南芥 RGP 基因的玉米株系，期望通过促进玉米根系的生长，增强植株对水分的吸收，从而提高玉米的抗旱能力。为了系统、完整地评价转基因株系对干旱胁迫的适应性，将转 RGP 基因玉米株系与对照组株系种植于温室的旱池中，使其在模拟田间干旱胁迫条件下生长，对成熟期玉米根系、茎秆的解剖结构、表型特征进行提取与鉴定，构建转 RGP 基因玉米株系与对照组株系维管组织表型数据库，探究影响植株水分吸收与运输的关键表型，为农作物抗性评价及品种快速筛选提供理论依据。

1. 转 RGP 基因玉米株系与对照组株系根系、茎秆显微表型数据库构建

（1）材料处理　经过前期 T_0 - T_2 代除草剂抗性筛选，得到数个转基因纯合株系，将 T_2 代纯合株系进行初步田间抗旱筛选，得到抗旱能力较强的 3 个转基因株系，在苗期对它们的根系表型进行鉴定。如图 13 - 31 所示，当玉米幼苗生长到五叶期时，转基因三个株系 18、24、103 总根长均不同程度地长于对照组，表明 RGP 基因能够促进苗期玉米根系生长。其中株系 24 总根长较对照组差异最为显著，因此选择该株系作为下一步进行成熟期二维抗旱表型特征提取和鉴定的试验材料。

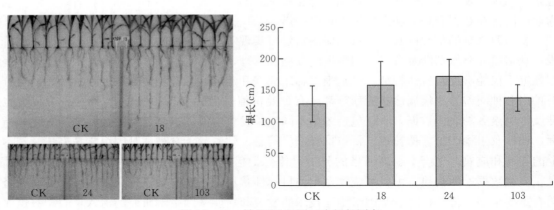

图 13 - 31　转 RGP 基因玉米根长测定

将转 RGP 基因玉米株系 24 与对照组株系种植于温室的旱池中，使其在模拟田间干旱胁迫条件下生长，对成熟期玉米根系、茎秆解剖结构特征进行提取与鉴定。

（2）茎秆、根系石蜡切片显微图像获取与表型获取　成熟期茎秆每一节节间用于制作石蜡切片，利用玻片扫描仪通过人工选定扫描范围在 $20\times$ 放大模式下进行扫描，获取像素大小为 $0.5\ \mu m$ 的茎秆节间横切面的完整图像。基于茎秆节间显微图像，利用图像分析软件 Image J 进行转基因（RGP）和对照（CK）株系每节节间维管束面积、数量、管腔直径、导管数目等显微表型参数的提取与定量分析；对转基因和对照组玉米成熟期第 1～6 轮节根制作显微切片，基于根系显微图像，利用图像分析软件 Image J 进行转基因（RGP）和对照（CK）株系根直径、中柱直径、皮层厚度、后生木质部导管数目等表型参数进行提取与定量分析（表 13 - 9）。

表13-9 基于石蜡切片显微图像的根系、茎秆显微表型获取列表

表型分类	表型指标
根系表型	根直径
	中柱直径
	皮层厚度
	后生木质部导管数目
	后生木质部导管平均直径
	后生木质部导管总横截面面积
茎秆表型	节间维管束总面积
	节间维管束数量
	维管束平均面积
	导管数目
	导管直径
	导管面积
	茎秆横切面长轴长
	茎秆横切面短轴长

(3) 茎秆、根系CT显微图像获取与显微表型获取 取成熟期茎秆每一节节间样本块，样本块高约1 cm，按照第二章"茎秆、叶片、根系micro-CT扫描的样品制备方法体系"经固定、乙醇梯度脱水、临界点干燥预处理和对比度增强剂染色后，利用X射线显微CT系统对茎秆节间样本进行扫描，获得茎秆CT扫描图像。基于CT图像计算茎秆组织连接度、茎秆表面积、茎秆表面密度、茎秆开放孔隙度、茎秆闭合孔隙度、茎秆总孔隙度、Euler值、Surface/Volume值、Structure separation 9项表型参数。取第1~6轮节根距根基部2 cm的长度为0.5 cm的根段，同样按照上述方法获得根系CT扫描图像，基于CT图像计算根横截面面积、中柱横截面面积、后生木质部导管数目、后生木质部导管总横截面面积等表型参数（表13-10）。

表13-10 基于CT显微图像的根系、茎秆显微表型获取列表

表型分类	表型指标
根系表型	根横截面面积
	中柱横截面面积
	后生木质部导管数目
	后生木质部导管总横截面面积
茎秆表型	茎秆组织连接度
	茎秆表面积
	茎秆表面密度
	茎秆开放孔隙度
	茎秆闭合孔隙度
	茎秆总孔隙度
	Euler值
	Surface/Volume值
	Structure separation值

（4）生理表型信息获取——茎流监测　采用美国产 Flow32 包裹式植物茎流计，从灌浆至成熟期连续、实时检测茎秆基部第 3 节的茎流速率和每小时茎流量、每天茎流量等指标。每周 2 次进行数据收集，试验结束后统计连续 34 d 的茎流数据，获得不同基因型植株的水分吸收与运输情况。每个自交系测定 10 株。

（5）表型信息数据库构建　基于以上方法获得的根系、茎秆多尺度、多维度表型数据，建立转基因抗旱玉米根系、茎秆显微表型信息数据库。利用 MySQL 搭建表型数据库后台：首先创建一个数据库，在新建的数据库中创建数据库表，并依据实际数据存储需求建立多个字段，并向数据库表中添加新纪录。各个数据表与主表之间通过"外键"进行关联。数据内容填充完毕后，使用 SELECT 语句从数据库中选取数据，查看特定信息。

2. 基于表型数据库信息的玉米抗旱表型精准鉴定

基于石蜡切片显微图像的抗旱表型指标的提取与鉴定：①RGP 和 CK 植株根系解剖特征解析。采用石蜡切片结合番红固绿染色的方法制作了转基因和对照组玉米成熟期第 1～6 轮节根的二维显微切片，对不同基因型根系的二维解剖结构进行了观察和分析。依据显微图像初步观察，无论是对照组还是转基因组玉米节根直径会随着轮次的增加而增大，其中导管数目与节根直径的变化趋势一致，表明随着新生节根的出现，因其根直径和导管数目的优势将在根系导水过程中发挥更大的作用（图 13-32）。

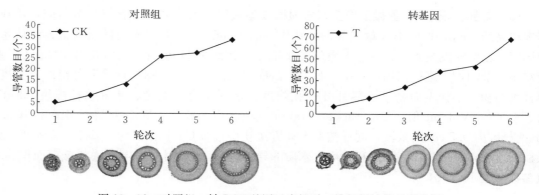

图 13-32　对照组、转 RGP 基因玉米根系二维解剖结构观察分析

利用 ImageScope 图像分析软件对基于组织和细胞水平的节根显微表型指标进行了提取和分析（图 13-33），获取的指标包括：根直径、中柱直径、皮层厚度、后生木质部导管数目、后生木质部导管平均直径、后生木质部导管总横截面面积。

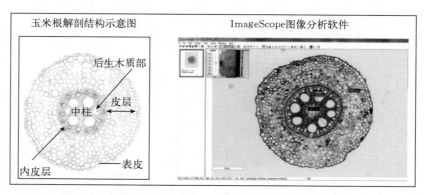

图 13-33　玉米根的解剖结构及 ImageScope 图像分析软件界面（见彩图）

如图 13-34 所示，整体来看无论是根直径还是中柱直径，转基因玉米株系均具有明显的优势。从图中可以看出，玉米根导管数目随节根轮次增加而逐步增多，表明随着植株生长，根系通过增加导管数目来增强对水分的运输能力以满足植株生长发育的需要。皮层厚度第1~3轮不同基因型相差不大，第4~6轮转基因株系均较对照组具有明显优势。结合根直径和中柱直径的统计结果来看，第4~6轮转基因根直径的优势分别来自中柱直径和皮层厚度的贡献。转基因玉米节根除第1轮外，2~6轮导管数目均高于对照组，表明转基因株系通过较多的导管数目在轴向水分运输上获得优势。

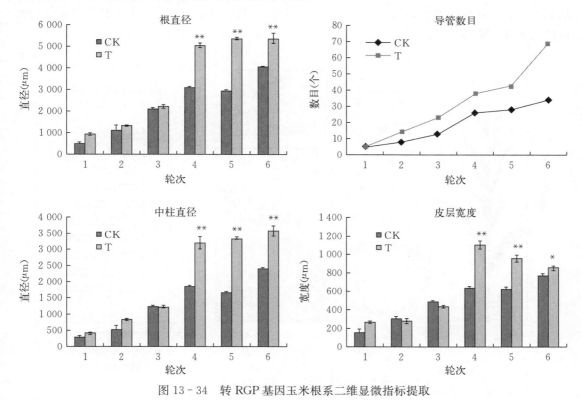

图 13-34 转 RGP 基因玉米根系二维显微指标提取

如图 13-35 所示，不同基因型玉米节根后生木质部导管直径变化无明显规律，不过从导管的总横截面面积来看，转基因株系具有明显优势，表明虽然在导管平均直径上转基因株系未呈现明显优势，但由于导管数目较对照组多，所以整体总横截面面积较对照组大。与育

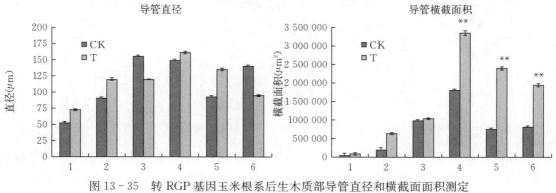

图 13-35 转 RGP 基因玉米根系后生木质部导管直径和横截面面积测定

种上常关注的后生木质部导管直径不同，不同基因型玉米株系导管数目也可能存在差异，因而在讨论根系导水相关指标时后生木质部导管总横截面面积更有意义。

② RGP 和 CK 植株茎秆解剖特征解析。笔者采用石蜡切片结合番红固绿染色的方法制作了转基因和对照组玉米成熟期茎秆每一节节间的二维显微切片，对不同基因型茎秆的二维解剖结构进行观察和分析。依据显微图像初步观察，无论是对照组还是转基因组玉米茎秆横截面直径会随着节位的增加而减小，维管束数目随着节位的增加而减少。转基因（RGP）和对照（CK）株系茎秆每节维管束的数目差异显著，尤其基部节间，转基因（RGP）株系基部第 3 节茎秆维管束平均数目约为 570，而对照（CK）株系基部第 3 节茎秆维管束平均数目仅为 425（图 13 - 36）。

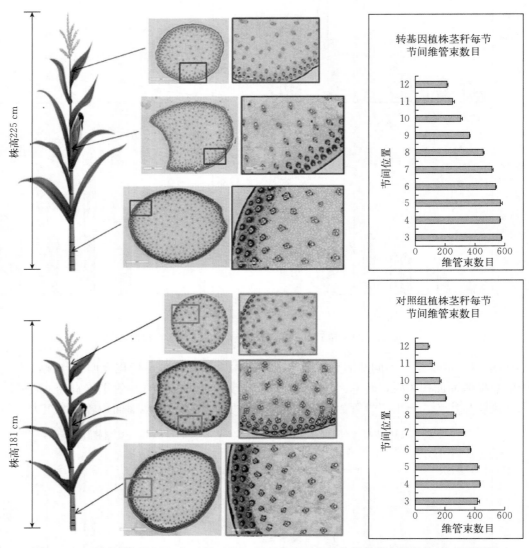

图 13 - 36　转基因（RGP）和对照（CK）株系茎秆显微结构及维管束数目统计（见彩图）

利用 ImageScope 图像分析软件对基于组织和细胞水平的茎秆显微表型指标进行提取和分析（图 13 - 37），获取的指标包括：维管束数目、中间维管束面积、周边维管束面积、中间维管束后生木质部面积、中间维管束原生木质部面积、中间维管束韧皮部面积、中间维管束总面积/节间横截面面积比值、周边维管束总面积/节间横截面面积比值。试验结果显示，除了维管束总数目二者存在明显差异外，茎秆中间维管束面积在转基因（RGP）和对照（CK）株系中也存在显著差异。

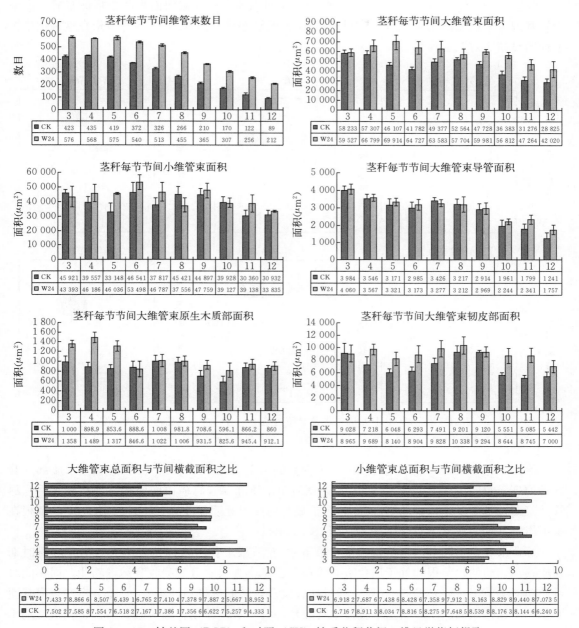

图 13 - 37 转基因（RGP）和对照（CK）株系茎秆节间二维显微指标提取

3. 基于 CT 显微图像的抗旱表型指标的提取与鉴定

（1）RGP 和 CK 植株根系解剖特征解析 将在旱池中获取的灌浆期转基因和对照组玉米根系材料按轮次进行分解，截取第 1～6 轮节根距根基部 2 cm 的长度为 0.5 cm 的根段置于固定液中固定保存。固定材料经乙醇梯度脱水、临界点干燥预处理和对比度增强剂染色后利用 micro - CT 对根段样品进行扫描。基于 CT 图像，利用 Image J 图像分析软件 Freehand Selections 工具圈定目标结构，提取不同基因型根解剖结构指标参数，获取的指标包括：根横截面面积、中柱横截面面积、后生木质部导管数目、后生木质部导管总横截面面积。

如图 13 - 38、图 13 - 39 所示，从根横截面面积和中柱横截面面积两个指标来看，灌浆期转基因玉米株系的第 1~2 轮节根与对照组无明显差异，但其第 4~6 轮节根在这两项指标上均明显高于对照组株系。

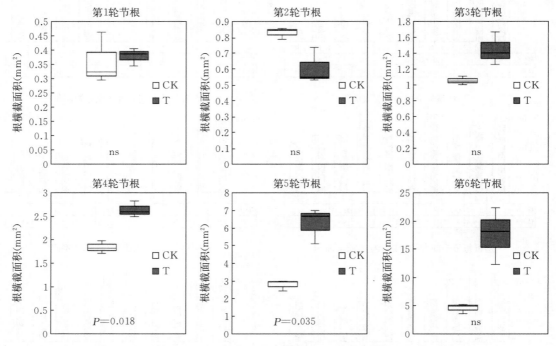

图 13 - 38　转 RGP 基因玉米及对照组第 1~6 轮节根横截面面积统计图

注：图中每个矩形框包含中值、25% 和 75% 的数值，平箭头代表最大值和最小值，P 值计算方法为 t 检验。

除第 2 轮节根外，灌浆期转基因玉米株系的第 1 轮和第 3~6 轮根节根后生木质部导管数目均高于对照组株系（图 13 - 40 A）。从后生木质部导管总横截面面积这项指标来看，尽管灌浆期转基因玉米株系的第 1~3 轮根节根与对照组无明显差异，不过其第 4~6 轮节根在这项指标上均明显高于对照组株系（图 13 - 40B）。

综合来看，不同基因型玉米株系在第 1~2 轮节根上各项指标差异不大。由于取材时期为成熟期，前两轮节根均处于退化衰老阶段，已基本失去水分的吸收和运输功能。而在此时行使功能的节根主要是第 3~6 轮。通过比较发现，转基因株系的第 3~6 轮节根在根横截面面积、中柱横截面面积、后生木质部导管数目、后生木质部导管总横截面面积 4 项指标均不同程度的高于对照组株系，表明在干旱条件下，其水分和养分的运输能力较对照组具有优势。

（2）RGP 和 CK 植株茎秆解剖特征解析　利用 micro - CT 扫描茎秆节间样本段，获得包括茎秆组织连接度、茎秆表面积、茎秆表面密度、茎秆开放孔隙度、茎秆闭合孔隙度、茎秆总孔隙度、Euler 值、Surface/Volume 值、Structure separation 9 项表型参数。这里，笔者重点分析了茎秆总孔隙度、茎秆闭合孔隙度和茎秆表面密度。

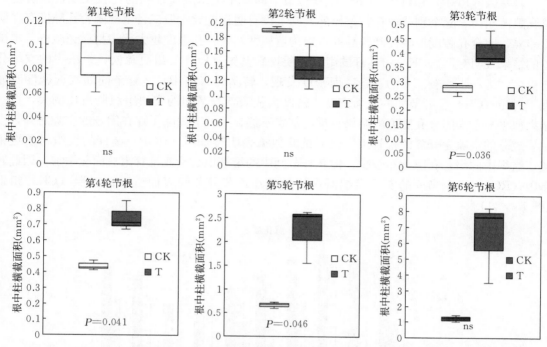

图 13-39 转 RGP 基因玉米及对照组第 1～6 轮节根中柱横截面面积统计图

注：图中每个矩形框包含中值、25% 和 75% 的数值，平箭头代表最大值和最小值，P 值计算方法 t 检验。

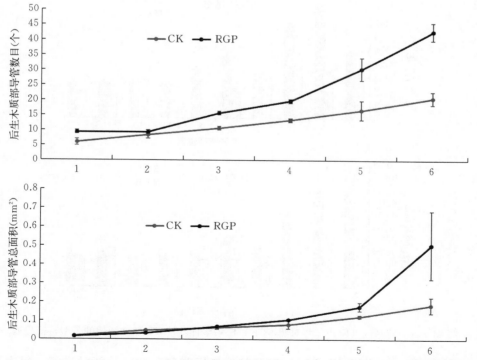

图 13-40 转 RGP 基因玉米及对照组第 1～6 轮节根后生木质部导管数目和总横截面面积统计

转基因（RGP）和对照（CK）茎秆每节节间基于组织表型性状的比较发现，二者茎秆总孔隙度相当，除个别节位存在差异外，基本没有明显差异；但二者茎秆闭合孔隙度存在明显差异，闭合孔隙度反映待测样品的组织构造属性，闭合孔隙度越大代表材质越疏松。本试验的结果表明对照（CK）组茎秆的组织材质比转基因（RGP）组更疏松，组织中的空隙分布更多。进一步比较二者的茎秆表面密度发现，转基因（RGP）茎秆节间的表面密度明显低于对照（CK）茎秆节间的表面密度，密度大代表茎秆节间的实质组织所占比例大，这一结果似乎与上面闭合孔隙度的结果相反，其实不然，茎秆节间除了存在闭合的空隙之外，占主要成分的空隙是开放的维管束，以上试验数据表明转基因（RGP）茎秆的组织材质更密实，组织中的闭合孔隙分布较少，但茎秆节间中的维管束数量或维管束总面积增加，因此转基因（RGP）茎秆节间的实质组织所占比例较小，茎秆节间表面密度比对照（CK）组低（图 13 - 41）。

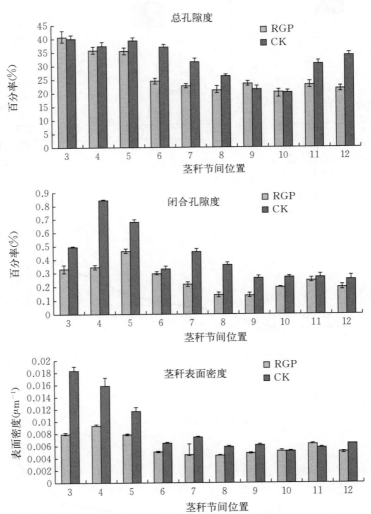

图 13 - 41　转基因（RGP）和对照（CK）株系茎秆基于 CT 显微图像的表型特征提取

3. 转基因（RGP）和对照（CK）株系茎流指标监测　试验分两批进行，每次测定 10 株。从灌浆期开始连续检测并统计连续 34 d 的茎流数据，每周 2 次进行数据收集。

图 13 - 42 旱棚内转基因（RGP）和对照（CK）株系茎流连续监测图像

待第 1、第 2 批茎流试验全部监测完成后，对原始数据进行整理、统计，计算出植株茎流和植株的水分消耗：

试验结果表明对照与转基因株系的茎流性能存在明显差异，转基因（RGP）植株的平均茎流速率约为 6.5 g/h，对照（CK）株系玉米茎秆的平均茎流速率约为 2 g/h，表明不同基因型之间茎秆维管束的运输能力明显不同（图 13 - 43）。

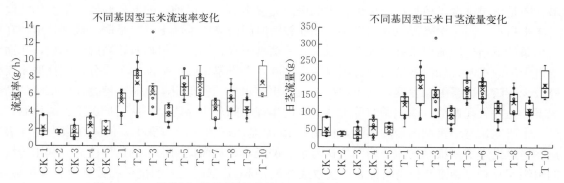

图 13 - 43 转基因（RGP）和对照（CK）株系平均茎流速率、日茎流量

CK：代表对照株系；T：代表转基因株系。

根据维管束表型信息和茎流数据，计算出转基因（RGP）与对照（CK）株系茎秆的平均日茎流量与平均维管束运输效率，转基因（RGP）株系茎秆平均日茎流量为 136.7 g，对照（CK）株系为 47.7 g；转基因（RGP）株系茎秆维管束平均运输效率为 0.196 g/(h·mm²)，对照（CK）株系为 0.093 g/(h·mm²)。

4. 小结　玉米抗旱性是一个复杂的综合特性，通过对植株的生理生化过程和新陈代谢的明显作用，抑制玉米的生长发育。学者们对在干旱胁迫下的形态结构和生理生化过程研究较多，以期找出抗旱鉴定指标，指导品种选育工作（周树峰，2003）。形态结构主要分地上部分和地下部分，地上部分如株高、茎粗、叶面积、叶片形态、蜡质层厚度、气孔密度、表皮细胞形状、输导组织、雌雄穗形态、籽粒发育及干物质积累动态等；地下部分的根系是直接感受水分信号的结构，根冠比、根系发育、根层分布、根长、根粗及根导管组织，这些指

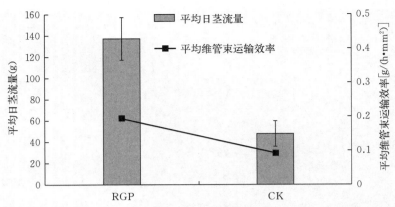

图 13-44　转基因（RGP）与对照（CK）株系茎秆的平均日茎流量与平均维管束运输效率

标与方法可以从不同角度和程度上反映玉米品种的抗旱性能（李运朝等，2004）。从生理生化过程上看，水分不足严重阻碍了作物生化过程中的吸收过程，影响玉米的光合作用、呼吸作用、水分和营养的吸收运输等各种生理过程。比较一致的研究结果表明，干旱条件下叶片水势、叶片相对含水量、气孔扩散阻力、蒸腾速率、离体叶片抗脱水能力、外渗电导率、ABA（脱落酸）含量、SOD（超氧化物歧化酶）活性、MDA（丙二醛）含量、还原性酶活性、渗透调节能力等可作为玉米抗旱性鉴定评价指标。玉米抗旱性是在水分胁迫下，体内细胞在结构上及生理生化过程发生一系列适应性改变后综合表现出来的结果，可归纳为三种类型：一是干旱逃逸，植物在干旱来临之前提前完成生活史，以种子的形式迎接干旱，如沙漠一年生植物，因一次降雨就立即发芽，而在较短时间内完成生活史；二是避旱机制，植物在干旱条件下通过增加根系有效吸水、减少叶片蒸腾失水，维持组织相对较高的含水量，从而躲避干旱的机制，如沙漠植物通过肥厚的肉质叶片在干旱来临前提前蓄存水分，气孔昼闭夜开减少蒸腾，根系纵深发展，从土壤深处获取更多水分；三是耐旱机制，植物在低水势的情况下，通过气孔调节、渗透调节等维持一定的生理功能和生存能力，从而抵御干旱的机制。

本研究从避旱机制的角度出发，拟南芥 RGP 基因转入玉米植株中，使其在根中特异表达，通过促进玉米根系的生长增强植株对水分的吸收，从而提高玉米的抗旱能力。利用传统的组织切片和显微 CT 扫描两种方法获取成熟期转 RGP 基因玉米的抗旱相关显微表型指标，并基于以上方法提取的根系、茎秆维管束多尺度、多维度表型特征数据，搭建不同基因型玉米茎秆维管束表型信息数据库，揭示茎秆维管束表型特征与玉米水分运输效率之间的关系，为玉米水分运输效率评价、抗旱性筛选提供新方法。综合来看，转 RGP 基因玉米植株功能根系区域在成熟期各项抗旱表型指标均较对照组植株具有优势，尤其是与轴向水分运输相关的后生木质部导管数目和横截面面积（直径）等指标；伴随根系维管组织的变化，茎秆维管束数量和维管束总面积的变化显著，从而提高植株的水分运输效率与能力，体现了对干旱环境的适应性。

作物对干旱胁迫的响应是一个综合复杂的过程，从细胞、组织、器官、个体到群体都会出现相应变化，其适应性表型也体现在形态结构、生理功能、代谢过程以及基因和蛋白表达等多方面，因此，建立系统完整的表型信息数据库，包括全部（或部分）发育、生理、生化、形态、结构、品质等特征和性状，以及对应的环境参数，可为植物功能基因组分析和环境影响研究提供完整的基础数据。

13.3.2 基于茎秆显微表型的玉米抗倒伏研究

大量研究表明茎秆机械强度与茎秆抗倒伏性能正相关（Zuber et al.，1961；Colbert et al.，1984；Jia et al.，1992；Gou et al.，2007；Hu et al.，2013）。研究作物茎秆的生物力学性质，并以此作为参考指标对作物品种特性评价已引起农业工程领域和农学家的广泛关注，并在相关方面进行了较为深入全面的研究。研究成果主要集中在作物茎秆材料生物力学性质试验测定（Crook and Ennos，1996；高梦祥等，2003；Hirai et al.，2004；廖宜涛等，2007；Robertson et al.，2015；Robertson et al.，2016），生物力学抗倒伏评价以及作物形态特性指标与倒伏性的相关性研究（Dogherty'O，1995；孙守钧等，1999；Zuber et al.，1999；Kashiwagi et al.，2005），生物力学评价指标、评价方法（袁志华等，2002；郭玉明等，2006；郭玉明等，2007）等方面。应用生物力学指标对茎秆属性特征进行评价，在作物品种评价和育种筛选中起指导作用，必须研究作物茎秆生物力学性质与作物形态特性的相互关系，了解相互影响机理，在此基础上确定较全面的评价指标和评价体系架构，才能使生物力学评价指标体系更加科学合理，评价方法切实可行，与农艺结合得更加紧密（梁莉等，2008）。因此本节研究了京单 38 和京科 968 茎秆的生物力学指标与茎秆表型特征指标的相互关系，借助维管束表型高通量检测系统 Vessal Parser 高通量获取不同品种茎秆的表型参数，并对大量的试验测试数据进行相关性和回归分析，筛选影响茎秆生物力学的关键表型指标。

1. 试验材料及方法

（1）材料处理 2016 年 5 月 11 日在北京农林科学院试验田种植京单 38（JD38）和京科 968（JK968）两个品种玉米。种植行间距 60 cm，密度为 60 000 株/hm²。播种前，土壤翻耕 15 cm 深度。土壤质地为壤质沙土，耕层土壤田间持水量为 32%。其他物质含量分别为：土壤有机质 27.2 g/kg，总氮量 1.34 g/kg，有效磷含量 37.6 mg/kg，速效钾含量 91 mg/kg；土壤 pH 7.6。7 月 21 日（玉米的生长时期为 13 叶期）北京出现特大暴风雨，导致田间玉米发生倒伏，以此时的玉米植株为试验材料进行玉米茎秆表型特征与力学性能的关联分析研究。

（2）茎秆力学性能评价 2016 年 7 月 20—21 日强风伴随的特大暴雨导致试验田中出现玉米倒伏现象。不同品种间存在明显差异，JD38 玉米植株经暴风雨后仍然直立于田间，而 JK968 植株几乎全部倒伏。以 JD38 和 JK968 两个品种茎秆为材料，每个品种随机选取 40 株，取茎秆地上部第 2、第 3 节节间进行茎秆三点弯试验。万能材料试验机（Instron 3340），压力传感器最大载重 500 N，加载速度 20 mm/min。测试前用游标卡尺测量茎秆中部长轴、短轴的直径，记录最大值和最小值然后取平均值作为茎秆直径。试验时将茎秆左右对称的置于支梁架上，压头以 20 mm/min 的速度恒速下降从而挤压玉米茎秆，记录茎秆发生断裂时的最大弯曲载荷。

（3）茎秆显微表型高通量获取 在三点弯试验完成后，收集茎秆未发生断裂的部位，切割成约 1.0 cm 的样本块用于 micro-CT 扫描。按照第二章"茎秆、叶片、根系 micro-CT 扫描的样品制备方法体系"进行样本材料的预处理。使用 Skyscan 1172 X 射线计算机断层扫描系统进行图像获取，电压 40 kV，电流 250 mA；射线源到 X 射线检测器的距离为 345.591 mm，射线源到物体的距离为 259.850 mm。4K 模式下扫描获得的原始 CT 数据利用 Skyscan NRecon 软件转换成为 8-bit 的图像文件（BMP 格式）。使用 Vessel Parser 图像分析软件处理 CT 图像获取茎秆显微表型指标，软件分析的具体方法流程见第二章内容。

（4）表型组数据分析 R 语言包（R development core team，2014）用于数据的统计分

析。对 14 项表型性状的原始数据进行主成分分析（PCA），以描述表型之间的相关性。Pearson 相关分析用于检测茎秆弯曲强度与茎秆显微表型之间的关系。t 检验后，所有与弯曲强度显著相关的性状（$P<0.05$）纳入多元线性回归方程，作为自变量，探究其对弯曲强度的贡献度。然后，使用逐步多元线性回归方法来确定茎秆表型性状对茎秆弯曲强度的贡献。此外，用模型诊断进行茎秆样品的质量控制。最后，选择具有最低 Akaike 信息标准（AIC）的模型作为最佳模型（图 13-45）。

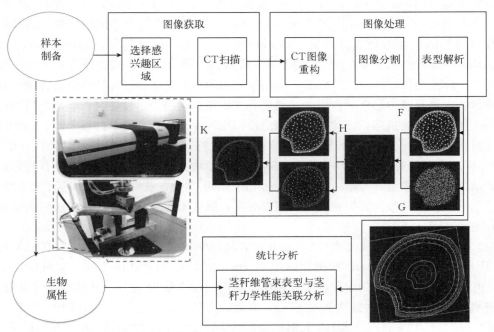

图 13-45　样品 CT 扫描、表型信息高通量获取、茎秆三点弯试验
及表型信息与生理功能的关联分析（见彩图）

2. 试验结果与分析

（1）**不同品种的三点弯试验**　安装在田间试验田的气象站记录下每天的气象指数，气象数据显示 7 月 20—21 日，总降雨量达到 287.8 mm，最大风速达 11.2 m/s。7 月 21 日，土壤饱和含水量达到 44%，田间出现水涝。强风暴雨导致田间出现玉米倒伏现象，有趣的是京单 38（JD38）和京科 968（JK968）两个品种之间存在明显差异。暴风雨过后，JK968 几乎所有植株被吹倒，而 JD38 受影响比较小，大多数植株仍然直立于田间（图 13-46），不同品种表现出截然不同的抗倒伏能力。研究表明茎秆弯曲强度与田间茎秆倒伏密切相关（Yuan et al.，2002；Robertson et al.，2015），弯曲性能通常可用于表征茎秆倒伏的过程，茎秆断裂时最大载荷（F_{max}）、断裂力矩（M_{max}）和临界应力（r_{max}）是表征弯曲强度的三个重要参数（Gere 和 Timoshenko，1984）。基于此，笔者对 JD38 和 JK968 两个品种茎秆地上部第 2 节、第 3 节节间进行三点弯试验，测试样本断裂时的最大载荷（F_{max}）。试验结果显示，不同品种茎秆断裂时的最大载荷明显不同，F_{max} 范围从最小值 115 N 到最大值 300 N。JD38 茎秆断裂时的最大载荷明显高于 JK968，JD38 茎秆第 2 节节间断裂时平均最大载荷为 303 N，而 JK968 同样节位茎秆断裂时的平均最大载荷仅为 232 N（图 13-47）。

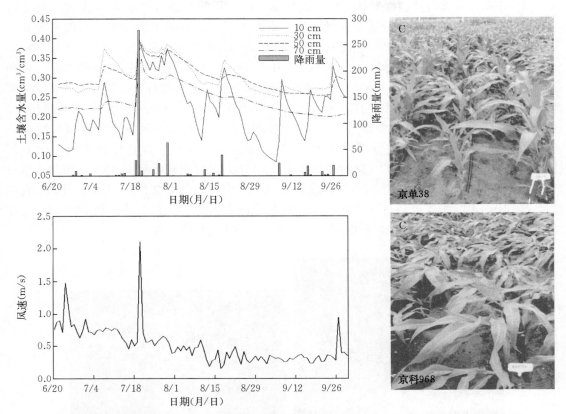

图 13-46 安装在试验田中气象站的气象数据及暴雨过后京单38、京科968玉米植株倒伏情况

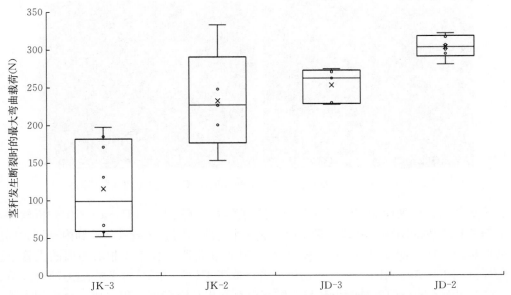

图 13-47 两个玉米品种不同节间三点弯试验时茎秆发生断裂的最大弯曲载荷

JK-3：表示京科968茎秆地上部第3节；JK-2：表示京科968茎秆地上部第2节；

JD-3：表示京单38茎秆地上部第3节；JD-2：表示京单38茎秆地上部第2节。

（2）不同品种茎秆的显微表型性状　通过 micro‐CT 扫描获得京单 38（JD38）和京科 968（JK968）茎秆节间的高分辨率显微图像，根据茎秆节间显微图像发现：周皮区域维管束分布更加密集，维管束面积相对较小；由外向内，分布密度逐渐降低；髓组织区域维管束分布较分散，维管束面积相对较大。JK968 和 JD38 茎秆节间解剖特征存在显著差异，特别是在周皮区域（图 13‐48）。对于 JD38，较大和较多的维管束密集分布在周皮区域，维管束面积、周长等形态指标明显高于 JK968；JK 968 茎秆节间维管束较小，且维管束数量较少。在视觉上，JD38 的外皮区域中维管束的分布密度比 JK968 的密集区域密集得多（图 13‐48）。利用 Vessl Passer 图像分析软件处理 CT 单张图像，可以一次性输出茎秆长轴直径（PAD），茎秆短轴直径（AAD），茎秆外切圆半径（CCR），茎秆横截面面积（SA），维管束数目（VB），维管束总面积（TA）、中间维管束总面积（CA）、外周维管束总面积（PA）、外周维管束数目（PVB）、中间维管束数目（CVB）、外周维管束面积占比（PAR）、中心维管束面积占比（CAR）、维管束平均面积（MA）和皮层厚度（CT）14 项表型参数（图 13‐49）。

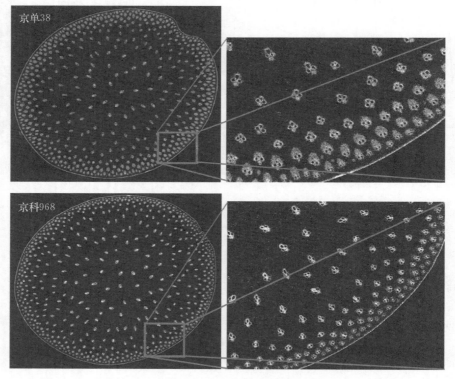

图 13‐48　京单 38、京科 968 茎秆节间 Micro‐CT 扫描图像（见彩图）

为了更全面、详细地探究维管束表型性状的差异，利用 Vessl Passer 图像分析软件，以中心点至茎秆表皮的距离，将茎秆横切面分成 4 个等距离同心区域（从外到内分别为周皮区域、薄壁组织 1 区、薄壁组织 2 区、髓区域），从而获得距茎秆表皮相对距离的维管束密度分布特征（图 13‐50、图 13‐51）。这里笔者获取了 JK968 和 JD38 茎秆地上部第 2 节、第 3 节节间横切面不同分层的维管束数目、维管束总面积及维管束面积占比 3 个表型参数。结果显示 JK968 和 JD38 茎秆维管束数目在不同层区域内差异不大，但维管束面积变化显著。通过等距离分层发现周皮区域内维管束面积差异是导致茎秆维管束总面积差异的主要因素。

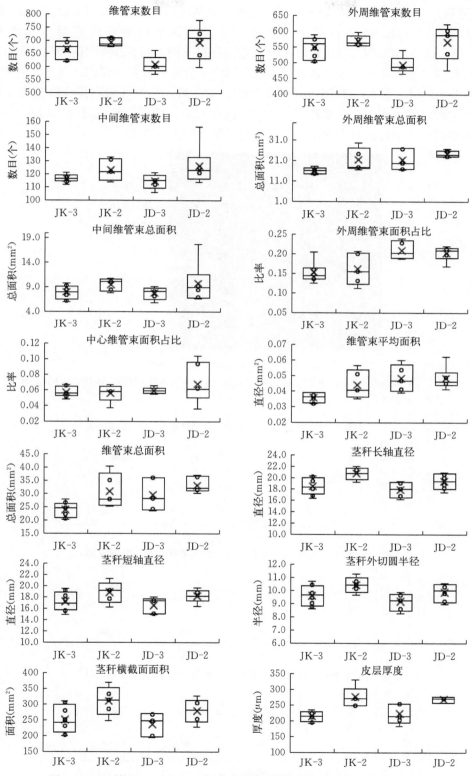

图 13-49　利用 Vessl Passer 图像分析软件处理京单 38、京科 968 茎秆
micro-CT 显微图像，获得的 14 项表型信息

JD38 茎秆第 2 节、第 3 节节间周皮区域内的维管束总面积分别为 22.51 mm² 和 21.81 mm²，显著高于 JK968（JK968 茎秆第 2 节、第 3 节节间周皮区域内的维管束总面积分别 16.16 mm²、17.88 mm²）。其他三层维管束总面积在不同品种间差异不显著。Vessl Passer 图像处理软件通过表征每个茎秆横截面不同区域内维管束的数目、面积比例来评估完整茎秆的维管束分布特征。另外，利用该软件获得的表型参数，其中大多数指标难以人工检测完成，该软件的研发实现了茎秆维管束表型信息的高通量、精准检测，对深入研究不同品种、不同基因型茎秆表型特征与生理功能的关系提供重要的技术方法。

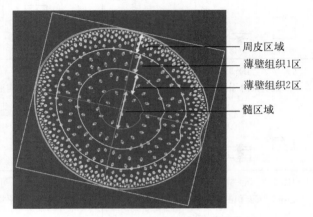

图 13-50 玉米茎秆横截面图像

注：茎秆横切面分成的 4 个等距离同心区域，从外到内依次为周皮区域、薄壁组织 1 区、薄壁组织 2 区、髓区域。

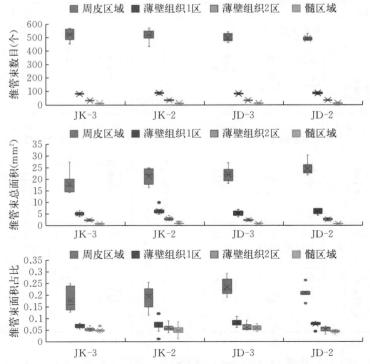

图 13-51 京单 38、京科 968 茎秆节间 4 个区域内维管束数目、维管束总面积、维管束面积占比表型特征的变化

（3）不同品种茎秆弯曲性能与显微表型性状的关系　　显微表型信息的高通量提取对探索茎秆倒伏和解剖结构之间的关系具有重要意义。本节基于前面获取的茎秆表型信息，利用 R 语言包对茎秆表型信息—弯曲性能进行关联分析。本研究以 36 个样本的 21 个表型参数构成 36×21 的矩阵，利用 R 软件进行主成分分析，相关矩阵的主要特征值如表 13-9 和图 13-52所示。由表 13-11 可知前 6 个主成分所构成的信息量占总信息量的 90.15%，基本保留了原来变量的信息，故取前 6 个成分作为研究问题的主成分进行表型参数的区分是可行的、可靠的。第一主成分解释了 21 种表型参数中 33.26% 的变异，并且主要与 PAD、SA、CCR 和 AAD 相关（图 13-53）。第二主成分解释了 23.94% 的变化，并与 PAR、CAR-3、CAR-2 和 MA 相关。为了进一步研究玉米茎秆弯曲强度与解剖表型的关系，采用 Pearson 相关分析和逐步多元线性回归方法进行分析。首先，利用皮尔森相关矩阵来判断所有变量（宏观和微观）与弯曲载荷（BL）是否呈线性相关。经 t 检验（t-test），与 BL 呈显著（P<0.05）线性相关的变量有 PA、CAR-3、TA、PAD、AAD、CCR 和 SA。将以上 7 个显著变量纳入多元共线性模型中进行分析，计算对 BL 具有显著影响的变量。——full model：BL~PA+CAR-3+TA+PAD+AAD+CCR+SA。在对 full model 进行逐步回归后，最优模型中包含 3 个宏观变量（AAD、PAD 和 CCR）和 3 个微观变量（PA、CAR-3、TA），但其中统计结果显著的变量有 PA、CAR-3、AAD 和 TA。逐步回归后所得模型对 BL 变异的解释度为 79.26%。

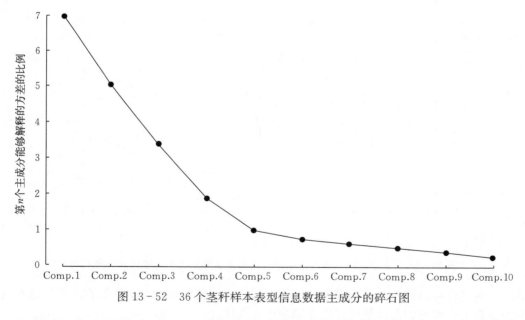

图 13-52　36 个茎秆样本表型信息数据主成分的碎石图

　　由于宏观变量对 BL 的影响极显著，可能造成对微观变量贡献度的掩盖，为对所得结果进行验证，笔者又进行了多种变量组合的建模分析。首先，选取最显著的宏观变量 AAL 和其他与 BL 呈线性相关的微观变量（PA、CAR-3、TA）建立模型做回归分析。经逐步回归计算后，结果显示该模型即为最优模型，且模型中的变量均与 BL 呈显著相关（P<0.05）。其中，该模型可以解释 78.52% 的 BL 变异。而仅分析 AAL 与 BL 的相关性时，模型（Y~AAL）可以解释 48.33% 的 BL 变异。综上可得，与 BL 的相关性最高的变量为：茎秆外周维管束总面积、茎秆短轴长、薄壁组织区域维管束面积占比和茎秆维管束总面积，表明这些

表 13 - 11 各主要主成分的方差贡献率及累积方差贡献率

主成分	特征值	主成分的方差贡献率（系数）	主成分的累积方差贡献率
C1	6.98511190989334	0.332624376661588	
C2	5.02744418787599	0.239402104184571	0.572026480846159
C3	3.37751588748306	0.160834089880146	0.732860570726305
C4	1.85735004219211	0.0884452401043864	0.821305810830691
C5	0.965660986283647	0.0459838564896975	0.867289667320388
C6	0.71855817681274	0.0342170560387019	0.90150672335909

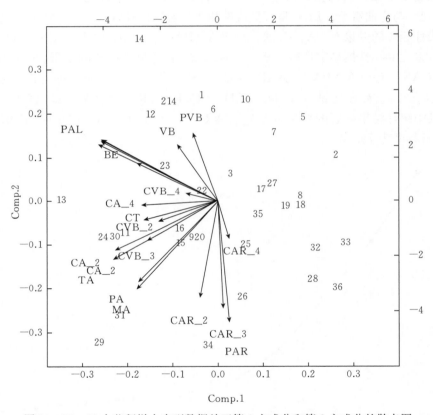

图 13 - 53 36 个茎秆样本表型数据关于第 1 主成分和第 2 主成分的散点图

变量是影响茎秆弯曲载荷的重要因素。另外，该结果还表明细胞水平和器官水平的表型特征比单独器官水平的形态指标能更好地预测茎秆弯曲性能。

（4）讨论 传统的作物显微图像获取工作需要大量的、复杂的样品制备和人工处理，组织细胞的数量、形态几何表型参数分析往往需要人工交互提取，存在工作量大、效率低、准确性差等问题，严重限制了品种间、基因型间大样本显微表型信息获取的效率与精度（Feng et al.，2014）。为了满足对茎秆解剖特征的大规模测量，近年来研究人员逐渐引入了图像处理软件和特征检测方法，如 Legland 等（2014）、Heckwolf 等（2015）提出的方法、工具显著提高了茎秆维管束的检测效率，为植物组织表型检测提供了简单易用工具，但以上方法缺乏对外皮区域维管束表型参数的检测，并且由于图像分辨率的限制，表型参数的精准性有待提高。2016 年，杜建军等人建立适于玉米茎秆 Micro－CT 扫描的技术体系，研发出基于 CT 显微图像的 Vessel Parser 1.0 软件，实现了玉米茎秆完整横切面内维管束表型性状的自动提取与精准计算。该方法的提取是第一次定量分析茎秆完整横截面中维管束的表型性状（Du et al.，2017）。基于 Vessel Parser 1.0，笔者针对实际检测中遇到的问题，对 Vessel Parser 软件进行更新改进。升级后的软件提高了用户交互界面，提高检测精度；改进了数据输出格式，通过批处理改进工作组织流程、提高工作效率，为大批量茎秆表型信息检测提供更高效简单的工具及更全面的数据基础。

植物茎秆的三点弯试验已被普遍用于生物力学研究中，包括茎秆失效模式（Qingting et al.，2004），作物弯曲（Robertson et al.，2015；Robertson et al.，2016）以及栽培措施、栽培环境对茎秆弯曲性能影响的研究（Gou et al.，2008）。基于这些研究，研究人员认为任何结构（包括玉米茎秆）的弯曲强度均由两个因素决定，即样本的材料属性和结构形态（即解剖学结构）（Robertson et al.，2016）。Von Forell（2015）利用植物科学与生物力学工程之间的学科交叉，发现玉米茎秆形态变化对茎秆机械应力的影响比材料性质的变化对其的影响更大，平均超过 18 倍。因此，笔者认为研究玉米茎秆的表型性质和弯曲性能之间的相关性能够更加系统地了解影响玉米抗倒伏性的关键因素。本研究中，在模型逐步回归之后，最佳模型包含器官水平表型变量 AAD 和细胞水平表型变量 PA、CAR－3、TA。众所周知，玉米茎秆的形状是不规则的椭圆形，在本研究中，利用 Vessel Parser 图像分析软件对 CT 图像进行处理，分别得到茎秆长轴直径（PAD）和短轴直径（AAD）。通过 R 语言统计分析之后，笔者发现茎秆短轴直径与弯曲强度相关性更密切。前期的研究主要关注茎秆平均直径与弯曲强度的关系，将茎秆直径进一步细分为长轴直径和短轴直径，分别研究其与茎秆弯曲强度的关系，其结果更精确，能更好地预测茎秆大小对弯曲性能的影响。通过对茎秆完整横切面内维管束的形态结构、空间分布等特征的提取，发现维管束的属性对茎秆弯曲性能有重要影响。维管束可以充当机械支架，增加茎秆的弯曲强度。基于 CT 图像能够清楚地观察到节间横截面内维管束的异质分布性，外周区域的分布特征与中心区域的分布特征存在明显差异，外周区域维管束分布更密集，为茎秆提供了重要的机械支撑，能够抵抗更强的外力作用。在 JD38 中，茎秆横截面外周区域维管束面积明显高于 JK968，后续的统计分析显示外周维管束总面积与茎秆弯曲载荷高度相关。由于木质素组织密度与茎秆其他组织密度明显不同，CT 图像中，维管束木质化高低决定了维管束的面积大小，因此茎秆周边维管束面积大，茎秆弯曲载荷高，田间抗倒伏能力强。笔者的研究结果表明茎秆微观表型特征是茎秆生物力学性能的重要预测因子，为了充分了解茎秆生物力学性能，有必要同时考虑器官、组织、细胞多尺度的表型参数，并解开它们之间的因果关系。

总之，获得茎秆完整横截面维管束表型的方法已经成功建立，其允许更大数量的基因型或品种进行显微表型的高通量获取。基于这种方法，笔者探索了茎秆表型特征和弯曲性质之间的关系。CT 图像显示，不同品种茎秆微观结构存在显著差异，特别是维管束解剖特征，为品种倒伏性能的评价及筛选提供了新的方法。在未来，笔者将继续研究茎秆维管束更精细表型的自动分割与提取，如导管、筛管和维管束鞘细胞，为深入探究作物茎秆力学性能机理提供技术方法。

13.3.3　不同年代玉米自交系籽粒表型组学分析研究

玉米是我国主要的粮食作物之一，随着玉米分子育种技术和功能基因组学的发展，新品种的选育和种植需要大批量、高通量获取玉米品种籽粒表型性状。传统的测量方式主要分为人工测量和仪器测量，其中人工测量耗时费力，且在测量任务较大的情况下容易引起人为主观误差。近年来，基于机器视觉的自动化表型检测系统具有无损性、高通量、高效率、标准化等优势，已经成为玉米籽粒表型测量的主要方式，但该方法无法实现籽粒内部组织结构表型信息的获取。随着 X 射线扫描成像技术的逐渐成熟，为揭示籽粒组织的三维表型提供了新的技术方法。本节利用实验室自主构建的基于 CT 图像的玉米籽粒显微表型获取技术方法，对不同年代具有代表性的 28 个玉米自交系籽粒进行表型信息获取，基于 28 个玉米自交系籽粒表型组数据进行组学分析，揭示籽粒表型性状的遗传基础。

1. 试验材料　选取从 20 世纪 60 年代至 90 年代具有代表性的玉米自交系 28 个，自交系名称、来源如表 13 - 12 所示。

表 13 - 12　不同年代玉米自交系信息

编号	自交系名称	来源	编号	自交系名称	来源
1	4CV	中国农业科学院	15	中 903	中国农业科学院
2	218	中国农业科学院	16	中 7490	中国农业科学院
3	获白	中国农业科学院	17	中 9064	中国农业科学院
4	B73	中国农业科学院	18	中黄 64	中国农业科学院
5	E28	中国农业科学院	19	330	中国农业科学院
6	K12	中国农业科学院	20	吉 842	中国农业科学院
7	U8112	中国农业科学院	21	吉 63	中国农业科学院
8	阿西 10	中国农业科学院	22	齐 319	河南农业大学
9	多黄 25	中国农业科学院	23	许 178	河南农业大学
10	黄早 4	中国农业科学院	24	6 WC	河南农业大学
11	新白 503	中国农业科学院	25	478	河南农业大学
12	中 128	中国农业科学院	26	丹 340	河南农业大学
13	中 451	中国农业科学院	27	昌 7 - 2	河南农业大学
14	中 741	中国农业科学院	28	郑 58	河南农业大学

2. 籽粒表型信息获取　采用 Micro - CT 技术，构建黄早 4、B73、中 128、许 178、获白、齐 319 等 28 个自交系玉米籽粒内部结构的精细三维模型（图 13 - 54，图 13 - 55），基于三维模型，获取自交系籽粒孔隙度、密度、种胚体积、胚乳体积、空腔体积等 17 项三维表型参数，每一个自交系随机选取 5 粒籽粒进行 CT 扫描。

3. 籽粒表型组数据分析　基于 Micro - CT 技术获得的 17 项籽粒三维表型参数，进行表型组数据分析，筛选关键表型参数，揭示籽粒不同表型性状的遗传基础。

采用 R 语言及其程序包对籽粒表型组数据进行分析，具体流程如下所述。

（1）异常值检验　利用格鲁布斯检验（Grubbs' test）对样本数据中的表型参数进行筛选，可获得在样本数据中重复性较好的指标。

安装 R 包 "outliers"，使用函数 "grubbs. test"，编写 R 程序计算并输出每一个自交系与每一个表型参数所得的格鲁布斯检验的 P 值（P - value）。其中，$P < 0.01$ 的结果被认为是异常值。若某一表型参数在样本数据中所得异常值超过阈值，则被视为重复性较差的指标

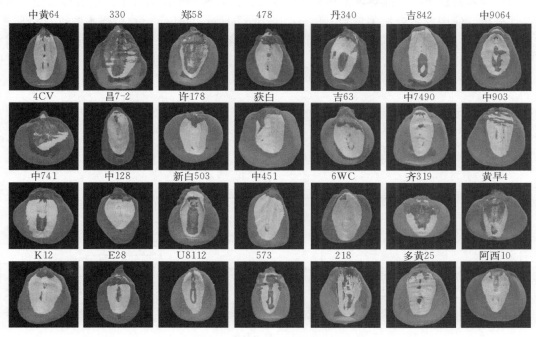

图 13-54 28 个玉米自交系籽粒三维表面模型（胚面）（见彩图）

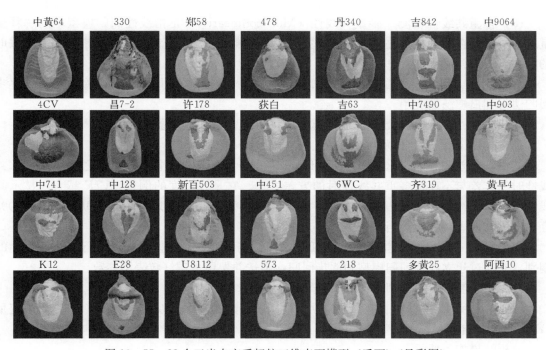

图 13-55 28 个玉米自交系籽粒三维表面模型（反面）（见彩图）

而剔除。

　　对样本数据进行格鲁布斯检验后未发现重复性差的表型参数，则保留原有 17 项籽粒表型参数进行后续分析。

（2）样本数据质控　除对表型参数进行重复性检验外，还需对样本数据进行质控。通过相关性分析，使用皮尔森相关系数（Pearson correlation coefficient）对样本数据进行质控，当 $r > 0.8$ 时，即认为数据质量较好。为使质控分析结果更直观，基于分析所得皮尔森相关系数矩阵绘制样本聚类图（图 13-56），便于异常值的判断和查找。

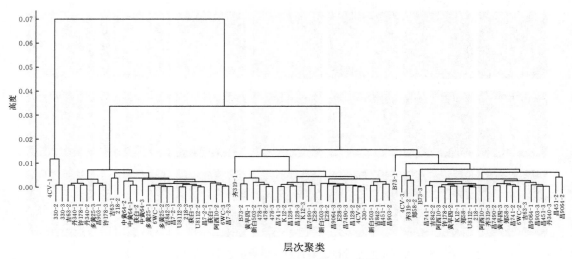

图 13-56　玉米自交系籽粒样本聚类图

（3）多重共线性检测　多重共线性（Multicollinearity）是指线性回归模型中的解释变量之间由于存在精确相关关系或高度相关关系而使模型估计失真或难以估计准确。一般采取的解决方法为：

① 排除引起共线性的变量：找出引起多重共线性的解释变量，将它排除出去，以逐步回归法得到最广泛的应用。

② 差分法：时间序列数据、线性模型，将原模型变换为差分模型。

③ 减小参数估计量的方差：岭回归法（Ridge regression）。

其中，方差膨胀因子（Variance inflation factor，VIF）是指解释变量之间存在多重共线性时的方差与不存在多重共线性时的方差之比。它是容忍度的倒数，VIF 越大，显示共线性越严重。经验判断方法表明：当 $0 < VIF < 10$，不存在多重共线性；当 $10 \leqslant VIF < 100$，存在较强的多重共线性；当 $VIF \geqslant 100$，存在严重多重共线性。

安装 R 包"fmsb"，使用函数"VIF"对籽粒表型参数，即样本变量进行多重共线性的判别，并通过建立线性回归模型和逐步回归，筛选并保留关键籽粒表型参数。

首先，绘制散点图（图 13-57）查看变量间共线性情况：

然后，利用 17 项籽粒表型参数建立线性回归模型。其中，以种子体积（SV）为因变量（Y），其余为自变量（X）。

分析结果如下所示：

lm（formula = ct $ SV ~. , data = ct）

　　　　　　　Estimate　Std. Error　t value　Pr（> | t |）

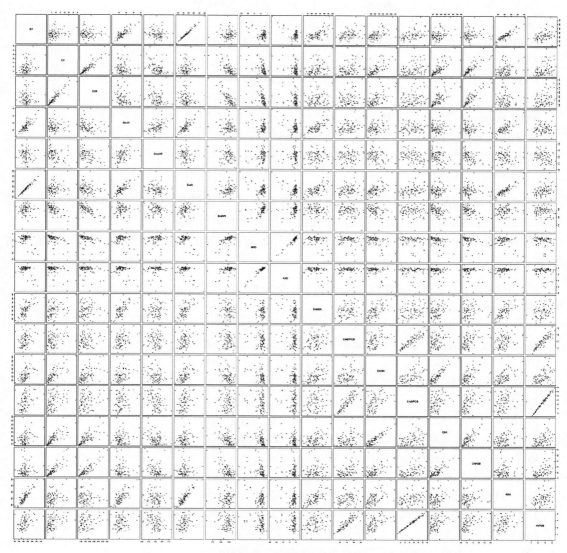

图 13-57 玉米自交系籽粒样本变量间共线性检测结果

(Intercept)	2.636e+02	8.451e+00	31.185	< 2e−16***
CV	9.564e−01	1.074e−01	8.904	5.69e−13***
CVR	−2.894e+02	5.367e+01	−5.392	9.76e−07***
EmbV	7.361e−01	1.675e−01	4.394	4.06e−05***
EmbVR	−1.871e+02	3.970e+01	−4.712	1.28e−05***
EndV	1.036e+00	2.549e−02	40.646	< 2e−16***
EndVR	−2.739e+02	9.560e+00	−28.649	< 2e−16***
KRD	−2.060e+01	2.856e+01	−0.721	0.473 31
KAD	1.909e+01	2.721e+01	0.702	0.485 42
EmbSA	1.499e−02	5.616e−03	2.668	0.009 55**
EmbVFOB	−1.598e+00	1.045e+00	−1.528	0.131 13
EndSA	−5.497e−03	2.964e−03	−1.855	0.068 06·

EndVFOB	3.034e−01	1.653e−01	1.836	0.070 81·
CSA	5.163e−03	3.137e−03	1.646	0.104 52
CVFOB	2.355e−01	5.028e−01	0.468	0.641 07
KSA	6.093e−03	5.771e−03	1.056	0.294 89
KVFOB	−4.655e−02	6.794e−02	−0.685	0.495 58

Signif. codes： 0 '***' 0.001 '**' 0.01 '*' 0.05 '.' 0.1 ' ' 1

Residual standard error：0.801 on 67 degrees of freedom

Multiple R‑squared： 0.9998, Adjusted R‑squared： 0.9997

F‑statistic：2.006e+04 on 16 and 67 DF, P‑value：< 2.2e−16

接下来，使用函数"VIF"对样本变量进行多重共线性的判别。分析所得 VIF 值为 4 791.628，说明存在严重的共线性，需要进一步对模型进行精简。

本研究使用逐步回归法寻找引起多重共线性的解释变量，并将它排除。逐步回归后的结果如下所示：

lm（formula = ct \$ SV ∼ CV+CVR+EmbV+EmbVR+EndV+EndVR+EmbSA+EmbVFOB+End‑SA+EndVFOB+CSA，data = ct)

	Estimate	Std. Error	t value	Pr（>|t|）
(Intercept)	2.623e+02	7.858e+00	33.382	< 2e−16***
CV	9.179e−01	8.037e−02	11.421	< 2e−16***
CVR	−2.516e+02	2.010e+01	−12.517	< 2e−16***
EmbV	7.634e−01	1.574e−01	4.851	6.88e−06***
EmbVR	−1.923e+02	3.688e+01	−5.214	1.70e−06***
EndV	1.040e+00	2.414e−02	43.094	< 2e−16***
EndVR	−2.739e+02	9.096e+00	−30.116	< 2e−16***
EmbSA	1.547e−02	5.293e−03	2.922	0.004 64**
EmbVFOB	−1.614e+00	9.866e−01	−1.636	0.106 20
EndSA	−5.145e−03	2.610e−03	−1.971	0.052 55·
EndVFOB	2.699e−01	1.409e−01	1.915	0.059 43·
CSA	4.820e−03	2.774e−03	1.738	0.086 50·

Signif. codes： 0 '***' 0.001 '**' 0.01 '*' 0.05 '.' 0.1 ' ' 1

Residual standard error：0.788 2 on 72 degrees of freedom

Multiple R‑squared： 0.999 8, Adjusted R‑squared： 0.999 7

F‑statistic：3.013e+04 on 11 and 72 DF, P‑value：< 2.2e−16

由逐步回归分析结果可知，与 SV 呈显著相关的变量有 CV、CVR、EmbV、EmbVR、EndV、EndVR 和 EmbSA。

通过上述分析，完成对 17 项籽粒表型参数的筛选，保留回归模型中的 8 个显著变量，即 SV、CV、CVR、EmbV、EmbVR、EndV、EndVR 和 EmbSA。

（4）与籽粒质量相关表型参数的分析 为探索自交系籽粒三维表型性状与籽粒质量的相关性，建立线性相关模型，对保留的 8 项表型参数进行与籽粒质量的相关性分析。

① 全变量模型。首先，不考虑变量之间的相关性，将全部变量纳入线性回归模型中。

其中，质量（Weight）为因变量（Y），其余为自变量（X）。具体分析结果如下：

lm（formula ＝ lm＄Weight ～.，data ＝ lm）

	Estimate	Std. Error	t value	Pr（＞$|t|$）
(Intercept)	0.134 255 1	1.259 088 4	0.107	0.915 4
SV	−0.001 786 4	0.004 613 3	−0.387	0.699 7
CV	−0.008 068 2	0.005 406 7	−1.492	0.139 8
CVR	1.543 580 2	1.444 943 6	1.068	0.288 8
EmbV	−0.006 641 1	0.007 406 3	−0.897	0.372 8
EmbVR	1.340 506 9	1.757 985 1	0.763	0.448 1
EndV	0.004 117 9	0.004 875 5	0.845	0.401 0
EndVR	−0.319 848 2	1.314 129 5	−0.243	0.808 4
EmbSA	0.000 386 6	0.000 193 5	1.998	0.049 3*

Signif. codes： 0 '***' 0.001 '**' 0.01 '*' 0.05 '.' 0.1 ' ' 1

Residual standard error：0.032 64 on 75 degrees of freedom

Multiple R-squared： 0.607 6， Adjusted R-squared： 0.565 7

F-statistic：14.51 on 8 and 75 DF， P-value：1.414e−12

在上述模型的基础上进行逐步回归，所得结果如下：

lm（formula ＝ lm＄Weight ～ CV＋CVR＋EmbV＋EmbVR＋EndV＋EmbSA，data ＝ lm）

	Estimate	Std. Error	t value	Pr（＞$|t|$）
(Intercept)	−0.220 973 3	0.175 389 9	−1.260	0.211 51
CV	−0.009 696 8	0.003 172 4	−3.057	0.003 08**
CVR	1.876 976 7	0.761 658 7	2.464	0.015 96*
EmbV	−0.009 627 0	0.005 359 1	−1.796	0.076 35.
EmbVR	1.973 309 2	1.324 434 9	1.490	0.140 33
EndV	0.002 499 9	0.000 833 9	2.998	0.003 66**
EmbSA	0.000 360 0	0.000 184 6	1.950	0.054 78.

Signif. codes： 0 '***' 0.001 '**' 0.01 '*' 0.05 '.' 0.1 ' ' 1

Residual standard error：0.032 29 on 77 degrees of freedom

Multiple R-squared： 0.605 7， Adjusted R-squared： 0.575

F-statistic：19.72 on 6 and 77 DF， P-value：8.317e−14

以上分析结果可知，与籽粒质量（Weight）显著相关的变量有 CV、CVR 和 EndV。

② 考虑变量相关性。考虑变量间的相关性，使用 t 检验对相关系数进行检验，选择与籽粒质量呈显著相关（大于 0.32）的变量纳入线性回归模型中。其中，质量（Weight）为因变量（Y），其余为自变量（X）。具体分析结果如下：

lm（formula ＝ lm＄Weight ～ lm＄SV＋lm＄CVR＋lm＄EmbV＋lm＄EndV＋lm＄EndVR＋lm＄Em-bSA，data ＝ lm）

	Estimate	Std. Error	t value	Pr（＞$|t|$）
(Intercept)	1.655 016 4	0.693 907 2	2.385	0.019 54*
lm＄SV	−0.007 302 3	0.002 630 4	−2.776	0.006 90**

lm \$ CVR	−0.549 286 1	0.335 546 4	−1.637	0.105 71
lm \$ EmbV	−0.001 819 4	0.001 721 7	−1.057	0.293 91
lm \$ EndV	0.009 597 8	0.003 212 0	2.988	0.003 77**
lm \$ EndVR	−1.843 482 6	0.823 882 3	−2.238	0.028 14*
lm \$ EmbSA	0.000 431 5	0.000 186 9	2.309	0.023 62*

Signif. codes： 0 '***' 0.001 '**' 0.01 '*' 0.05 '.' 0.1 ' ' 1

Residual standard error：0.032 69 on 77 degrees of freedom

Multiple R - squared： 0.595 9, Adjusted R - squared： 0.564 4

F - statistic：18.93 on 6 and 77 DF, P - value：2.078e−13

在上述模型的基础上进行逐步回归，所得结果如下：

lm (formula = lm \$ Weight ~ lm \$ SV+lm \$ EndV+lm \$ EndVR+lm \$ EmbSA, data = lm)

	Estimate	Std. Error	t value	Pr $(>\lvert t \rvert)$
(Intercept)	0.979 031 7	0.549 377 4	1.782	0.078 6.
lm \$ SV	−0.006 245 5	0.002 556 4	−2.443	0.016 8*
lm \$ EndV	0.008 092 6	0.003 068 4	2.637	0.010 1*
lm \$ EndVR	−1.062 269 0	0.661 673 9	−1.605	0.112 4
lm \$ EmbSA	0.000 401 5	0.000 181 9	2.207	0.030 2*

Signif. codes： 0 '***' 0.001 '**' 0.01 '*' 0.05 '.' 0.1 ' ' 1

Residual standard error：0.032 86 on 79 degrees of freedom

Multiple R - squared： 0.581 2, Adjusted R - squared： 0.56

F - statistic：27.41 on 4 and 79 DF, P - value：2.804e−14

以上分析结果可知，与籽粒质量（Weight）显著相关的变量有 SV、EndV 和 EmbSA。

（5）系统（层次）聚类分析 使用 R 包"gplots"中的函数"heatmap. 2"对含有 84 个样本行和 8 个变量列的样本数据进行系统（层次）聚类分析（Hierarchical clustering analysis，HCA）。聚类结果如图 13 - 58 所示。

（6）主成分分析 本研究以 28 个样本的 17 项表型参数构成 17×21 的矩阵，利用 R 软件进行主成分分析（Principal component analysis，PCA），相关矩阵的主要特征值如表 13 - 13 所示。由表 13 - 13 可知前 4 个主成分所构成的信息量占总信息量的 98.42%，基本保留了原来变量的信息，故取前 4 个成分作为研究问题的主成分进行表型参数的区分是可行、可靠的。第一主成分解释了 17 种表型参数中 43.55%的变异，第二主成分解释了 33.32%的变化。

（7）表型相似性聚类树 表型相似性聚类树（Phenotypic similarity tree）可清晰地展示出 8 项由 Micro - CT 技术获得的籽粒三维表型参数计算所得的 28 个自交系的相似性结果，起到分类的作用。基于 8 项 CT 显微特征的相似性，相同成分聚类到同一闭合分支。

安装 R 包"ape"，使用函数"plot. phylo"进行聚类分析。首先，计算出各基因型的表型均值，然后进行聚类分析，最后查看各自交系间相关性。聚类结果如图 13 - 59 所示。

试验结果表明籽粒显微表型特征与籽粒质量属性密切相关，基于这 8 项显微表型指标能够较好地分类籽粒的重量属性，将不同重量区间的籽粒聚类到同一类别，为籽粒的精细分类

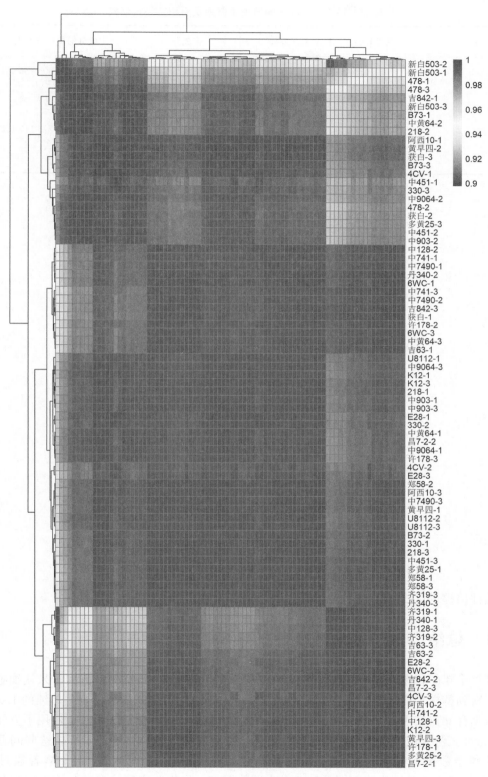

图 13-58　玉米自交系籽粒样本聚类结果图

表 13-13　各主成分的方差贡献率及累积方差贡献率

主成分	主成分的方差贡献率（系数）	主成分	主成分的累积方差贡献率
C1	0.435 456 629 433 833	C1C2	0.768 650 805 486 561
C2	0.333 194 176 052 728	C1C2C3	0.937 980 671 091 8
C3	0.169 329 865 605 239	C1C2C3C4	0.984 186 276 115 142
C4	0.046 205 605 023 342 1		

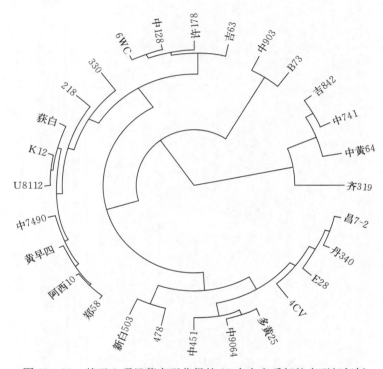

图 13-59　基于 8 项显著表型获得的 28 个自交系籽粒表型相似树

与品质评估提供重要的理论依据。

13.4　总结与展望

经过多年的积累，课题组获得了多年、多点、不同品种、不同转基因型玉米从细胞、组织、器官到整株水平的表型信息。但由于数据量大、数据类型复杂等特点，单纯的 Excel 形式的数据存储仅实现了记录的电子化保存，却无法避免数据存储格式单一、使用不方便等问题。Excel 无法完成对数据的系统处理，更无法实现对数据的严格规范管理。这些问题的存在都不利于数据的长久保存和安全存储，更不利于对数据的分析利用。笔者通过利用 MySQL 搭建不同基因型或不同品种玉米表型数据库，为相关表型数据的存储管理和分析搭建了新的平台。

　　另外，基于玉米表型组数据，笔者分别进行了抗旱显微指标的精准鉴定、茎秆显微表型组学分析及倒伏性状筛选以及籽粒表型信息的组学分析，实现了特定表型性状的组学分析，为更好地服务于高产、高效、优质的玉米育种工作提供理论依据。今后，笔者还将进一步推进玉米特定表型相关基因的鉴定、表型-基因型关联分析等研究，以期构建高效、精准的作物表型解析和鉴定技术体系。

参考文献

陈鸿飞，王进科．2010. 转录因子相关数据库．遗传，32（10）：1009-1017.

方刚，陈蕴瘦，高歌，等，2003. 基因组数据库简介．遗传，25（4）：440-444.

高梦祥，郭康权，杨中平，等，2003. 玉米秸秆的力学特性测试研究．农业机械学报，34（4）：47-52.

郭玉明，袁红梅，李红波，2006. 小麦抗倒伏特性的生物力学评价分析//杜庆华．力学与工程应用（第11卷）：北京：中国林业出版社．84-87.

郭玉明，袁红梅，阴妍，等，2007. 茎秆作物抗倒伏生物力学评价研究及关联分析．农业工程学报，23（7）：14-18.

韩金龙，王同燕，徐子利，等，2010. 玉米抗旱机理及抗旱性鉴定指标研究进展．中国农学通报，26（21）：142-146.

降云峰，马宏斌，刘永忠，等，2012. 玉米抗旱性鉴定指标研究现状与进展．山西农业科学，40（7）：800-803.

李敏，董翔宇，梁浩，等，2017. 肉鸡腹脂率双向选择系群体表型数据库（NEAUHLFPD）的设计及其功能实现．遗传，39（5）：430-437.

李运朝，王元东，崔彦宏，等，2004. 玉米抗旱性鉴定研究进展．玉米科学，12（1）：63-68.

廖宜涛，廖庆喜，田波平，等，2007. 收割期芦竹底部茎秆机械物理特性参数的试验研究．农业工程学报，23（4）：124-129.

吕文文，2016. 转录组学和药物基因组学在人类复杂疾病研究中的应用．合肥：安徽大学．

邵晨，孙伟，2013. 蛋白质数据库对蛋白质组鉴定的影响．中国生物医学工程学报，32（2）：129-134.

孙守钧，裴忠有，曹秀云，等，1999. 高粱抗倒的形态特征和解剖结构研究．哲里木畜牧学院学报（1）：5-11.

唐秋民，周燕，何保仁，等，2009. Rh 血型表型库的建立及临床输血中的应用．临床输血与检验，11（4）：328-330.

田野，2018. 小麦脱水素 WZY1-2 基因的遗传转化及在小麦不同生育期的时空表达．杨凌：西北农林科技大学．

王璟璐，张颖，潘晓迪，等，2018. 作物表型组数据库研究进展及展望．中国农业信息，30（5）：13-23.

袁志华，冯宝萍，赵安庆，等，2002. 作物茎秆抗倒伏的力学分析及综合评价探讨．农业工程学报，18（6）：30-31.

赵春江，2019. 植物表型组学大数据及其研究进展．农业大数据学报，1（2）：5-14.

周树峰，2003. 玉米耐旱性鉴定及其数量遗传学研究．雅安：四川农业大学．

庄永龙，周敏，李衍达，等，2004. 人类遗传突变数据库及其应用．遗传，26（4）：514-518.

Arend D，Junker A，Scholz U，et al.，2016. PGP repository：a plant phenomics and genomics data publication infrastructure. Database（Oxford）：1-10.

Colbert TR，Darrah LL，Zuber MS，1984. Effect of recurrent selection for stalk crushing strength of agronomic characteristics and soluble stalk solids in maize. Crop Science，24：473-478.

Colmsee C，Mascher M，Czauderna T，et al.，2012. OPTIMAS-DW：a comprehensive transcriptomics，metabolomics，ionomics，proteomics and phenomics data resource for maize. BMC Plant Biology，12：245.

Cooper L, Meier A, Laporte MA, et al., 2018. The Planteome database: an integrated resource for reference ontologies, plant genomics and phenomics. Nucleic Acids Research, 46 (D1): D1168 - D1180.

Crook MJ, Ennos AR, 1996. Mechanical differences between free - standing and supported wheat plants, *Triticum aestivum* L. Annals of Botany, 77 (3): 197 - 202.

Du J, Zhang Y, Guo X, et al., 2017. Micron - scale phenotyping quantification and three - dimensional microstructure reconstruction of vascular bundles within maize stalks based on micro - CT scanning. Functional Plant Biology, 44 (1): 10 - 22.

Gou L, Huang J, Zhang B, et al., 2007. Effect of population density on stalk lodging resistant mechanism and agronomic characteristics of maize. Acta Agronomica Sinica, 33: 1688 - 1695.

Heckwolf S, Heckwolf M, Kaeppler SM, et al., 2015. Image analysis of anatomical traits in stalk transections of maize and other grasses. Plant Methods, 11: 26.

Hu H, Liu W, Fu Z, et al., 2013. QTL mapping of stalk bending strength in a recombinant inbred line maize population. Theoretical and Applied Genetics, 126: 2257 - 2266.

Jaiswal P, 2011. Gramene database: a hub for comparative plant genomics. Plant Reverse Genetics, 678: 247 - 275.

Jayakodi M, Selvan SG, Natesan S, et al., 2011. A web accessible resource for investigating cassava phenomics and genomics information: Biogen Base Bioinformation, 6 (10): 391 - 392.

Jia Z, Bai Y, 1992. Study on identification of lodging in maize inbred line. China Seeds, 3: 30 - 32.

Legland D, Devaux MF, Guillon F, 2014. Statistical mapping of maize bundle intensity at the stem scale using spatial normalisation of replicated images. PloS ONE, 9 (3): e90673.

Ninomiya S, Baret F, Cheng Z M, 2019. Plant phenomics, an emerging transdisciplinary science. Plant Phenomics, 2019.

Robinson PN, 2012. Deep phenotyping for precision medicine. Human Mutation, 33 (5): 777 - 780.

Wu HP, Wei FJ, Wu CC, et al., 2017. Large - scale phenomics analysis of a T - DNA tagged mutant population. Gigascience, 6 (8): 1 - 7.

Zuber MS, Grogan CO, 1961. A new technique for measuring stalk strength in corn. Crop Science, 1: 378 - 380.

Zuber U, Winzeler H, Messmer MM, 1999. Morphological traits associated with lodging resistance of spring wheat (*Triticum aestivum* L.) Journal of Agronomy and Crop Science, 182 (1): 17 - 24.

第 14 章

玉米三维数字化可视化软件系统设计与实现

　　当前，计算机辅助设计技术和软件工具在建筑业、制造业和医学等领域发挥着越来越大的作用，包括 Xfrog 等通用性植物三维结构设计和交互式建模软件也在植物学、农业领域得到应用。但通用化建模工具难以与表型数据和农业知识高效结合，因此，借助计算机辅助设计思想，将植物学、农学知识与交互设计建模方法有机、高效地结合，设计研发基于知识和数据驱动的，易于理解和使用操作的玉米三维形态结构交互式设计建模软件工具是玉米数字化、可视化或数字玉米技术体系的重要工作内容。

14.1　计算机辅助设计（CAD）技术发展概况

14.1.1　CAD 技术简述

　　计算机辅助设计（Computer aided design，CAD）技术通常是指利用计算机软硬件辅助相关领域人员开展设计工作，并支持设计过程中的辅助计算、分析、比较、评价和优化等扩展功能（路全胜等，1996；Bento et al.，1997；孙林夫，1999；Zhang et al.，2017；Zhong et al.，2017）。通常情况下，以一种交互式图形界面的方式辅助使用者进行设计工作，整合数字、文字或图形数据和信息，由计算机快速、自动地生成设计者的设计方案，并以图形的方式呈现，使设计人员可以对设计及时修改、编辑和图形变换。计算机辅助设计是一项集计算机图形学、数据库、网络通信等计算机及其他特定应用领域知识于一体的综合性技术，是工程技术人员以计算机为工具，对产品和工程进行设计、绘图、分析和编写技术文档等设计活动的总称（路全胜等，1996；Bento et al.，1997；孙林夫，1999）。

　　计算机辅助设计技术早期被用于机械设计和建筑设计领域，用于绘制机械加工和建筑设计的图纸和方案。1972 年，国际信息处理联合会（IFIP）在"关于 CAD 原理的工作会议"上，对 CAD 技术给出如下诠释：其中人与计算机结合为一个问题求解组，紧密配合，发挥各自所长，从而使其工作优于每一方，并为应用多学科方法的综合性协作提供可能（田丽，2007）。经过数十年的发展，计算机辅助设计技术和相应的产品设计水平不断提升，产品开发周期不断缩短，面向新时代的设计需求，迅速向新的应用领域扩展。计算机辅助设计技术的特点是应用领域广、涉及技术复杂、技术发展迅速、竞争激烈。现有影响力较大的 CAD 软件都具有规模大、功能多、系统复杂的特点，因此，这些软件开发所需投资大、开发周期长、难以及时适应计算机硬件和开发平台的快速发展以及用户需求的变化（田丽，2007）。近年来，计算机软硬件和互联网的快速发展为 CAD 技术提供了强有力的支持。处理器、存储器、并行计算、云计算技术以及图形算法的发展使得传统的计算机辅助设计技术能够以更快的速度处理更复杂的设计方案和产品结构图形，特别是最近互联网、大数据、人工智能技术的兴起为计算机辅助设计技术向网络化、智能化的方向发展起到巨大的推动作用。

CAD 系统和技术研究所涉及的两个重要内容分别是基础造型技术（参数化设计、变量化设计及特征造型技术）和 CAD 的数据交换格式及标准化（DXF 格式、IGES 格式及 STEP 标准）。其中，基础造型技术是 CAD 系统的基本和核心功能，在 CAD 技术发展的初期，CAD 仅限于计算机辅助绘图，随着计算机软硬件技术的飞速发展，CAD 技术从二维平面绘图发展到三维模型构建，随之产生了三维线框、曲面以及实体造型技术。当前，参数化及变量化设计的思想和特征造型已成为 CAD 技术发展的主流趋势。CAD 系统和技术研究的另外一个重要内容，数据交换格式和标准化，是为了满足不同的 CAD 设计平台之间的协同和通信问题，通过标准化拓展 CAD 设计产品的适应性和通用性。

CAD 技术和系统按照不同的应用目的和领域可分为通用 CAD 和专业 CAD（田丽，2007）。典型的通用 CAD 系统如 AutoCAD，其面向通用的机械设计和建筑设计提供广泛的建模操作接口，并提供通用的数据交换接口和格式（唐世润，2006；叶南海等，2009）。专业 CAD 一般针对某特殊的应用领域和行业用途，开发具有特殊功能和设计模式的定制化辅助设计软件工具，从而使设计与专业领域的应用流程相结合，大幅提高了 CAD 系统的设计能力和效率。然而，这类 CAD 系统针对具体的专业进行开发，在专业设计方面不具备通用性，如服装行业 CAD 针对不同类型的服装进行优化（胡建鹏，2007），难以应用或扩展至其他领域。专业 CAD 的应用领域范围一般比通用 CAD 窄，但其功能对于该领域需求而言更加合理、集成水平更高，融合的行业特有知识更加全面，在行业自身的应用中比通用 CAD 更有优势。本章将要阐述的植物和农作物行业的 CAD 也是一种典型的专业 CAD。

14.1.2 CAD 技术向智能化方向发展

智能 CAD（Intelligent computer aided design，ICAD）技术起源于机械设计领域，是人工智能（Artificial intelligence，AI）与 CAD 技术结合的产物，指通过运用人工智能技术使计算机在设计过程中具有某种程度人工智能的 CAD 系统（路全胜等，1996；Bento et al.，1997；孙林夫，1999；张瑞东等，2009；Lee，2010；Zhang et al.，2017；Zhong et al.，2017）。随着 CAD 技术的进步，设计人员对 CAD 应用的需求日益增长，人们希望计算机不仅仅是辅助图形绘制和重复性的设计工作，而且可以像人类那样具备创造性的思维活动，使计算机能够提供更多的辅助。在此背景下，人工智能技术自然而然地与 CAD 技术相结合。智能 CAD 研究主要围绕创造型设计开展。智能算法和知识的整合使 CAD 系统的设计功能和自动化水平大幅提高，同时大幅加强了对产品设计全过程的支持，进而促进了产品和工程的创新开发。传统人工智能方法主要包括专家系统（Expert system，ES）、人工神经网络（Artificial neutral networks，ANN）、遗传算法（Genetic algorithm，GA）等经典方法。近年来，人工智能的研究掀起新的热潮，伴随着卷积神经网络（Convolutional neutral networks，CNN）、深度学习（Deep learning，DL）算法的普及应用，为智能 CAD 技术的发展提供了新的契机。

早期的智能 CAD 发展与航天飞船、飞机、舰船等大型项目的设计过程紧密相关。此时智能 CAD 的主要目的，是满足对行业知识的深度挖掘集成以及加强行业专家之间协作的需求，这类项目通常涉及众多设计人员，每个人独立负责相对独立的模块的设计，而 CAD 系统主要任务是管理协调不同设计者之间的协同设计，这一阶段的 CAD 系统被认为是"协作 CAD"（Collaborative CAD）。这类需求催生了专家系统智能 CAD（Lee，2010），大型商业 CAD 厂商针对这些需求，分别推出了生产数据管理系统（Product data management，PDM），典型产品如 PTC 公司的 Windchill（支持 ProEngineer），UGS 公司的 Teamcenter 系列（支持 Ideas and Unigraphics）和 IBM 公司的 Enovia（支持 CATIA）。专家系统智能 CAD 是一类能在某个特定领域内，用人类专家的知识、经验和能力去解决该领域中复杂困难的设计问题的计算机辅助设计系统。它不同于通常的问题求解系统，其基本思想是使计算机的工作过程能尽量模拟领域专家解决实际问题的过程，在 CAD 作业中适时给出智能化提示，告诉设计人员下一步该做什么、当前设计存在的问题、解决问题的途径。专家系统智能 CAD 通过模拟人的智慧，根据出现的问题提出合理的解决方案。专家系统通常由知识库、推理机、知识获取系统、解释机构和一些界面组成。20 世纪 90 年代，基于实例推理（Case-based reasoning）的智能 CAD 技术是一种将人工智能技术应用于 CAD 系统中的有效方法，其基本思想是在进行同类或稍有变化的问题求解时，应用先前求解问题的经验和知识来进行推理决策，而不必一切都从头开始。因此，在智能 CAD 中，基于实例推理是应用存储于计算机中的实例形成解决相似或稍有变化设计问题的一种有效的方法。

随着民用制造业和市场的发展，CAD 行业的设计需求转向产品的快速和敏捷设计，设计过程越发灵活，缩短设计到市场的周期。因此，这一阶段的智能 CAD 强化了设计者之间的联系和协同机制。当前，人工神经网络已在模式识别、语义理解、聚类分析、自动控制等领域取得了比较成功的应用，在工程设计中的应用正在不断地研究发展，并成为智能 CAD 研究领域一类具有较大影响力的智能方法。人工神经网络包含大量的人工神经元，提供了大量可供调节的变量，提供了联想与全息记忆的能力，具有高度的自适应和容错能力，同时具有极强的计算及自组织能力。近年来，智能 CAD 技术在机械设计、建筑设计、服装设计等领域得到广泛应用，智能模型和算法不断深化升级。基于联想记忆的直觉产生的模拟方法（赵婷婷等，2004），采用 Hopfield 神经网络对直觉、经验、联想和可视激励间的相互关系进行定量描述，形成了模拟直觉的认知和计算模型。

基于本体论和多智能体（Agent）CAD 系统是解决分布式设计模式下不同设计者之间协同管理的有效方法（Bento，1997）。Colombo 等（2007）提出一种基于本体论的智能 CAD 系统，通过再现复杂零件装配步骤的相互关系，使最终的产品满足初期的设计要求。上述技术和成果为相关领域的设计提供了智能化的设计手段和工具，有效提升了智能 CAD 系统的综合信息处理能力和执行能力。多智能体系统具有分布性、协调性、自组织能力、学习和推理能力强等优点，其有助于克服智能 CAD 系统中决策空间大、多目标、多任务、设计推理的不确定性、丰富的知识类型和数据类型、经验性和启发性等方面存在的问题，实现 CAD 产品的分布式协调设计。按产品设计要求，可从功能上划分成多个设计智能体，各设计智能体相互通信、彼此协调，共同完成复杂产品的设计任务；采用分布式设计可提高系统的运行速度，增强可靠性、灵活性及问题求解能力，降低系统设计的成本；利用自组织能力，多个设计智能体由于共同利益的激发可形成一个具有特定功能的系统，在系统内部可以通过协调解决冲突，达到一个协同设计的目的；各设计智能体可通过通信相互学习和推理获得新的知识。

14.2 玉米三维形态结构计算机辅助设计软件（PlantCAD - Maize）需求分析

14.2.1 农作物三维形态结构研究和应用的需要

面向植物三维形态结构的研究吸引了植物学、农学和计算机科学等诸多领域的研究人员，以虚拟植物为代表的植物三维建模仿真方法和技术体系已在诸多领域得到广泛的应用。虚拟植物的研究可以追溯到 20 世纪 60 年代，代表性工作是 Lindenmayer 提出 L-系统（L-System）描述植物的形态结构（郭焱等，2001；Prusinkiewicz，1998，1999）。此后，植物生长模拟吸引了多学科研究人员，他们分别从不同角度研究和发展了虚拟植物。计算机图形学角度的虚拟植物研究主要关注植物的三维可视化、真实感渲染、大规模景观以及面向虚拟现实、景观设计、游戏娱乐等领域的应用研究。在植物学和农业领域，虚拟植物研究主要集中于植物生长规律定量化、可视化的计算和分析，所建立的模型通过对植物生理生态过程的模拟，能够预测不同环境条件下生长植物的某些综合指标，包括作物群体的器官数量、生物量、叶面积指数、冠层光截获、雨水截获、光合生产潜力、物质利用效率等，为作物产量评估、品种选育、栽培管理提供辅助的计算分析工具，为农业技术培训、品种推广、农业园区虚拟展示、农业景观设计提供虚拟展示和交互的平台。数字植物（Digital plant）的概念（赵春江等，2010，2015）极大地扩展了"虚拟植物"的内涵和外延，不仅从形态学的角度定量化描述植物的三维结构和几何形状，构建植物三维虚拟模型，还将植物体本身可以数字化表示的物理、生理属性与三维虚拟模型进行融合。数字植物是数字农业的基础，是利用数字化方法研究植物，并为植物生命系统和农业生产过程的数字化表达、生长建模、过程模拟、可视化计算分析、协同科研试验、成果共享及集成应用提供信息服务和技术支撑平台（赵春江等，2010）。

植物三维形态结构计算机辅助设计软件主要面向植物学、农学等相关领域的科学研究、大中专院校教学，农作物新品种推广，农业生产技术虚拟培训以及都市休闲的互动体验与虚拟展示等方面的潜在需求（郭焱，2001；胡包钢，2001），为用户提供一个平台式的植物三维形态设计环境。不同的用户群体，对植物三维建模技术和软件系统存在着不同程度的应用需求。由于通用化建模工具不能有效地将植物生命特征与三维虚拟模型进行整合，导致应用通用化建模工具进行植物三维模型构建时存在许多限制因素，特别是针对具有复杂特征的植物对象三维形态建模以及植物生长过程等动态模拟的情况，对背景知识的依赖更加突出（肖伯祥等，2011）。此外，不同物种的农作物具有完全不同的生长状态、形态结构、生命特征和生产技术规程。因此，整合特定的农作物物种，面向辅助计算、科学研究、品种推广、虚拟展示等应用需求，针对性地开发特定作物的三维形态结构计算机辅助设计软件平台工具，具有广阔的应用前景。

14.2.2 玉米三维形态结构设计软件的设计目标

通用化的三维建模软件工具无法整合植物的形态结构特征，难以满足特定植物个性化的应用需求。因此，以植物学、农学背景知识为基础，整合现有的植物虚拟建模技术和计算机图形学领域相关方法，设计开发特定植物的三维形态交互式设计软件具有重要的现实意义。特别是针对玉米三维结构的重建与交互设计工作，需针对玉米器官-个体-群体的形态结构和生理生态特点，着重从玉米的株型结构、生命周期、生长特性、栽培管理知识等方面着手，提出符合玉米形态结构和生理生态特点的数据获取、三维建模与交互设计模式，构建玉米交互设计步骤、主控参数数据库和三维模板库。由此针对玉米所特有的生产栽培、品种选育、技术推广、科普教育等需求，提出玉米三维形态交互设计系统的应用领域、应用目标和用户群体，如图 14-1 所示。

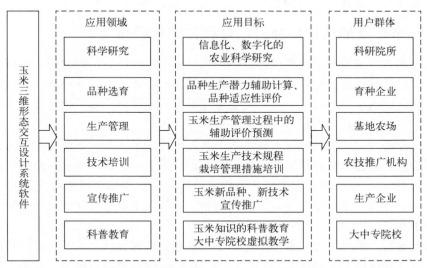

图 14-1　玉米三维形态交互设计系统应用领域、应用目标和用户群体示意图

玉米三维形态结构交互设计系统软件，预期作为一款专用的玉米三维形态辅助设计工具，以品种为基本单位，支持用户增添品种信息，并可对应添加品种的拓扑结构和器官几何构型等部件。软件提供玉米三维形态结构模板，以可视化界面交互方式实现对模板的修改编辑，进而可以构造出基于形态结构参数的玉米器官、植株以及群体的三维形态，满足不同应用目的的需求。软件所设计生成的玉米三维模型具备较强的真实感，可以满足可视化展示的要求；此外，软件还应具备科学计算的功能，支持基于几何元素的可视化计算，且计算结果可作为玉米株型优化和栽培管理决策等研究的依据。具体来说，软件研发的应用目标主要包括以下几方面。

（1）农业科学虚拟化研究　面向植物学、农业科学研究人员，提供虚拟化科研技术手段和平台工具，支持基于玉米三维模型的器官、个体和群体尺度的可视化科学计算，且具备较高的计算精度。

（2）农业生产技术培训　面向我国农业科技推广和培训的主体，包括各级农业技术推广站、科技特派员、科技协调员等，提供玉米三维形态交互设计真实感显示、计算分析、动画生成和互动展示的设计工具和技术手段。

（3）农业产品新品种推广　面向我国农业新品种推广的应用需求，提供玉米三维形态交互设计和真实感显示的工具，要求所设计的玉米三维模型能够反映品种特征，具备较强的真实感。

（4）农业技术科普教育　面向农业技术科普教育应用需求，提供玉米建模平台工具，要求所构建模型具备较强的真实感，可以反映植物学背景知识，此外，还要求模型能够支持科普教育生动化的需求，支持动态过程的模拟和动画生成。

（5）**影视制作植物场景生成**　现代影视制作对虚拟植物的要求越来越高，面向影视制作植物场景生成以及植物景观设计场景生成应用需求，提供交互式设计工具，保证模型真实感效果。

（6）**体验式游戏娱乐**　都市型现代农业的重要发展目标之一是休闲娱乐，随着互联网的快速发展，体验式、沉浸式休闲游戏对植物对象的真实感和可交互性提出越来越高的要求，玉米三维形态交互式设计系统提供交互式的玉米三维建模软件工具。

14.2.3　玉米三维形态结构交互设计软件功能分析

根据上述的玉米三维形态交互设计软件的用户需求以及任务目标分析，可以提取植物三维形态交互式设计软件的共性需求，结合软件工程需求分析的概念和内容，参照功能需求、数据要求、性能需求、外部接口、软件质量属性等方面的综合因素，确定玉米三维形态交互式设计软件的主要功能技术指标。

玉米三维形态交互式设计软件主要用于交互式设计玉米三维形态结构，以品种为基本单位，具有添加用户信息、植物信息（包括植物品种特征、生命特征信息、拓扑结构信息、器官几何构型信息等）、编辑植物对象特征参数、植物对象三维形态建模等主要功能，并包括信息管理、科学计算、结果输出等其他辅助功能。玉米三维形态交互式设计系统主要功能结构需包括以下几个方面。

（1）**系统设置**　系统设置功能主要包括用户管理、数据管理、系统管理等功能，为用户提供相关信息的管理途径，具体包括用户信息、品种数据和模型数据等。其中，用户管理主要包括用户名称、地理位置、气候和环境等信息，通过建立用户信息数据库实现用户信息的管理；品种数据主要包括不同玉米对象的品种的生命生理特征数据和农学知识信息等，通过品种数据对玉米建模过程进行约束，并作为玉米模型的基础；模型数据包括基于多种途径获取的玉米器官和植株的模型数据，例如利用三维数字化仪获取的植物对象特征点数据、利用激光扫描仪获取的植物器官三维点云数据等。系统设置功能要求实现对于模型数据的管理功能，建立植物对象模型类库，提供数据库管理功能。模型数据主要来源于两方面：一是数据来源于实际观测的数据，可以将实测的玉米形态信息数据输入到数据库中，作为植物的基础模板，以便在设计同类器官时可以将模板数据调出，在模板基础上修改，从而节省设计时间，提高模型真实感和精度；二是通过数学模型构造玉米的形态，包括拓扑结构模型和器官形态模型。这一过程是基于大量的科学事实，即通过大量的实测数据，从中提取出玉米三维形态的三维模型，使用接近真实形态的数学关系描述表示玉米的形态，这种情况下，系统的设计精度取决于数学模型的科学性，即模型与真实情况的逼近程度。此外，由于此环节为数学模型驱动，为避免在设计过程中发生参数冲突，设计过程约束的数量不宜过多，即用尽量少但却有足够的参数来描述数学模型。通过系统的操作，可将生成的数学模型作为对应玉米的模板输入玉米信息数据库。

（2）**形态设计**　形态设计功能主要指在用户所设定信息基础上进行的株型设计、器官设计、植株设计和群体设计等内容。

株型设计主要指植物拓扑结构的设计，包括品种和主要生育时期的拓扑结构规则和数据表用于拓扑结构设计。先通过大量的实测数据提取出不同品种在各生育时期的拓扑结构信息，然后构建相应类型的拓扑结构规则或数据表，并将拓扑结构信息输入数据库，以实现设计同类植物对象可调用各种拓扑结构信息。通过拓扑结构信息，提供示例拓扑结构图形向导,用户通过向导交互修改,生成满足设计要求的拓扑结构。

器官设计主要对玉米器官的三维形态进行分析,确定描述或控制三维形态的指标,构建基于形态参数的精确三维形态数学模型,也可从数据库中调入已有的参数模型,提供器官几何构型标准示例。系统须提供工具栏、交互窗口等方式,可实现器官的旋转、平移、缩放、拖曳、添加以及删除控制点等操作,通过交互式的修改示例参数或控制点生成满足设计目标的几何构型。所设计的器官几何构型可以存储为数据文件,以便重复操作时调用。

植株和群体设计主要基于已生成的拓扑结构和几何造型,捕捉相应的关键点,并通过交互的方式可以实现各器官的三维几何变换(如旋转、平移、缩放等),按照一定的空间位置关系,组装生成玉米植株个体,然后可以根据植株个体按照一定的群体分布规则阵列生成群体三维模型。

(3) 可视化展示 玉米三维形态设计过程中实时交互的基础和依据由可视化展示功能实现,用户在设计过程中可以以可视化的方式,根据植物对象的实时状态,决定下一步的设计进程。可视化展示的实现途径主要是基于计算机图形学基础理论,应用三维图形渲染技术,设计开发 3D 图形渲染引擎,对三维场景中的植物模型以及环境进行光照(Lighting)、材质(Material)、纹理(Texture)等进行真实感渲染,以保证三维虚拟模型的真实感视觉效果。此外,可视化展示还提供玉米对象、群体场景可视化漫游展示功能,支持基于视点的沉浸式真实感漫游。最后,为满足静态或动态的数据输出要求,系统还要支持图像和视频输出功能。

(4) 可视化计算 为满足科学研究需要,生成玉米群体模型后,系统可进行基于三维模型的科学可视化计算,主要包括玉米冠层光分布计算和群体结构特征属性计算等,要求模型具有较高的精度,计算结果可作为进一步分析和决策。其中,玉米冠层光分布计算支持基于基本图形单元(如三角面元)的光照模拟计算,包括太阳直射光和天空散射光。群体结构特征属性计算支持进行基于线框、曲面和实体的几何计算,主要包括计算玉米群体的投影面积、叶片面积、叶面积指数和叶倾角统计等属性信息的计算和分析。

14.3 PlantCAD 软件系统设计开发

14.3.1 植物三维形态交互式设计软件 PlantCAD 整体架构设计

计算机辅助设计技术(CAD)被引入植物虚拟建模过程中,典型的方法包括基于草图的设计方法,交互式植物建模方法和系统等。CAD 技术在植物虚拟仿真领域的应用(Xiao et al.,2010),不仅为植物建模提供了新的技术手段,还拓展深化了 CAD 技术的应用模式。

本节将 CAD 技术引入植物形态结构数字化设计系统,设计了植物三维形态结构交互式设计软件 PlantCAD。软件在大量试验数据基础上,定量描述植物的形态结构特征和动态生长发育过程,建立植物学知识库,以知识模型对植物建模过程进行约束,以群体计算指标对建模过程进行优化和反馈,实现建模过程的智能化控制,从而促进植物数字化设计过程向准确化、精确化、智能化的方向发展。

为解决典型植物三维形态的快速交互设计与建模问题,PlantCAD 面向典型植物的三维形态结构模拟与计算分析,以植物物种为软件单位,提供交互设计平台软件工具,系统的整体架构如图 14-2 所示。针对给定的设计目标,一方面,通过三维激光扫描、三维数字化等数据获取手段获取实测数据，并进行数据的语义解析，包括叶长、叶宽等一系列具有植物学或农学意义的参数，并构建形态数据库；另一方面，根据典型植物的生命周期和经验性的植物学或农学知识，包括不同物种、品种、生长环境等因素，建立生长过程时间-空间约束，并以此构建生长数据库。以形态数据库和生长数据库为支撑，结合设计目标，确定目标植物形态结构参数的智能化选取，进而生成植物三维模型。最后，利用已生成的植物植株和群体冠层模型进行优化计算，包括群体光效、冠层结构、器官分布等因素，判定是否符合植物的生长规律和设计目标，通过计算结果反馈实现参数的优化，直至生成满足需求的植物模型。

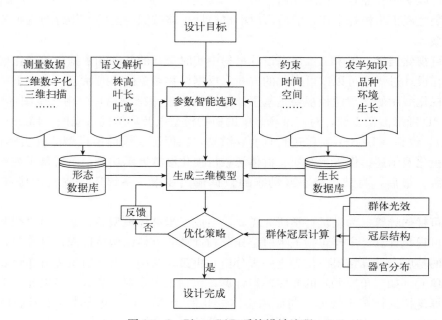

图 14 - 2　Plant CAD 系统设计流程

14.3.2　玉米三维形态交互式设计软件 PlantCAD - Maize 研发

为给出植物三维形态交互式设计软件 PlantCAD 的具体案例，本节以玉米为例，基于面向植物建模与设计的 CAD 方法，集成本书玉米三维数字化和结构功能可视化计算等关键技术，介绍玉米三维形态交互式设计软件 PlantCAD - Maize。软件包括常规图形操作等 11 个主要功能模块，如图 14 - 3 所示，主要实现玉米株型、器官、个体、群体、动态 5 个层次数据对象的处理与管理。PlantCAD - Maize 支持所设计的虚拟模型与通用三维建模软件平台之间的数据交互。如图 14 - 4 所示为 PlantCAD - Maize 运行主界面以及生成的玉米群体模型。系统的开发使用 C++程序设计语言和 OpenGL 图形库（Shreiner et al.，2004）。

PlantCAD - Maize 平台的整个设计与实现过程如图 14 - 5 所示。在大量前期研究基础上，包括玉米器官三维模型建模方法、玉米生长模型、三维数字化方法、真实感玉米三维模型的绘制方法、冠层光分布计算方法以及软件工程等方面，通过对用户需求分析的总结提炼，经过软件开发、测试等过程，完成了玉米三维形态数字化设计系统软件平台的研发。

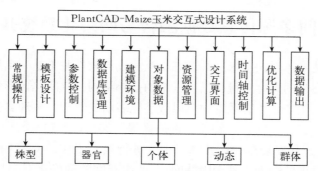

图 14 - 3　PlantCAD - Maize 玉米交互式设计系统组成结构

图 14 - 4　PlantCAD - Maize 系统主界面

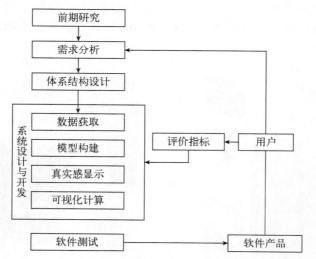

图 14 - 5　PlantCAD - Maize 平台的整个设计与实现过程

14.4　玉米田间多源传感数据融合与网络化系统开发

基于数字玉米技术体系的玉米三维形态交互式设计软件并不是一个简单的计算机辅助设计系统，不仅在形态学的角度定量化描述玉米的拓扑结构、空间几何形状，构建三维虚拟模型，还将玉米生命、生产、生态系统中可以数字化表示的物理、生理属性与三维虚拟模型进行融合（赵春江等，2010，2011，2015；肖伯祥等，2013，2014）。从计算机软件的角度来看，单机版 CAD 系统是安装在一台计算机中，进行独立工作的 CAD 系统。在经济全球化和互联网技术高速发展的今天，基于因特网/企业内部网的网络化 CAD 系统得到高速发展。网络化 CAD 系统可以在网络环境下由多人、异地进行产品的定义与建模、产品的分析与设计、产品的数据管理和交换等。网络化 CAD 系统是实现协同设计的重要手段，可为企业利用全球资源进行产品的快速开发提供支持。因此，为支撑面向农业生产、科研、流通、服务等不同环节的需求，围绕农林植物生命、生产和生态系统的多维信息高效感知、认知和信息传递，需要进一步开展植物多尺度仿真、实时虚拟互动体验、VR/AR/MR 人机交互、网络环境下异构模型方法共享、虚拟化科研环境构建、专用仿真平台工具等研发工作。

随着物联网传感器和计算机软硬件性能以及网络传输能力的提升，农业物联网情景感知计算正在朝着感知与认知协同一体化的方向发展。传统的信息采集与处理模式大多针对感知环节，解决物联网传感器节点的数据采集和数据处理问题，能够实现包括遥感影像、视频图像、气候环境、土壤墒情、冠层分布以及三维形态测量等多源异构信息的感知。但是，针对感知信息的解析与认知相对滞后。农业物联网技术的发展在作物和环境的认知环节存在巨大的需求，直接促进了针对感知信息认知环节关键技术的发展，包括特征提取、科学计算、语义理解、信息融合、数据分析、知识模型以及辅助决策等，进而实现数据-信息-知识的转化（Kolukisaoglu，2010；王传宇等，2011）。物联网数据的快速采集与实时传输，以及信息处理智能化等技术的发展，使实现感知与认知的协同一体化成为可能，从而建立起面向农业生产管理等典型目标基于实时感知数据的精准、高效的信息反馈与响应机制。农业物联网的应用和普及在促进现代农业产业升级的同时，也对农业物联网海量信息的有效整合和利用以及服务模式提出了更高的要求。因此，以感知数据为基础，以三维数字化、可视化的作物和环境模型为载体，实现作物生产过程感知与认知的协同一体化，是农业物联网情景感知计算的发展趋势（图 14-6）。

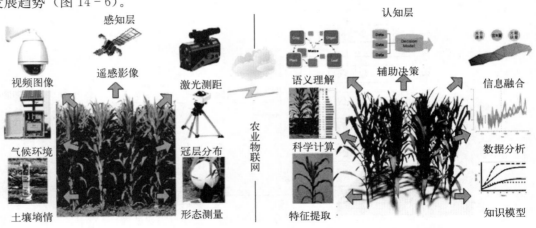

图 14-6　农业物联网环境下作物生产感知-认知过程示意图（见彩图）

14.4.1 基于数据驱动的玉米数字化、可视化网络云平台系统架构

为实现基于多源感知数据驱动的玉米株型交互设计与冠层辅助计算分析，集成开发了玉米数字化可视化网络云平台。在网络环境下，架设（或租用）云服务器，由多源感知数据获取、数据存储与管理服务以及玉米数字化设计分析，共三个子平台分别与网络互联构成总平台，实现总平台的架构和功能，如图 14 - 7 所示。其中多源感知数据获取平台主要实现各类传感器物联网设备的连接、控制、数据采集、终端存储、数据远程传输以及设备的远程控制等功能。这一类平台作为数据采集的终端模块，部署在田间环境下，通常包括田间气象监测、土壤墒情监测、作物长相长势监测等物联网设备终端，主要的传感器类型涵盖温度、湿度、二氧化碳浓度、视频图像、多光谱和红外图像等。各类物联网传感设备，通过集成的感知数据获取平台与总的数据管理平台相连接，上传各类型的感知数据。数据存储与管理服务平台一方面提供面向感知设备的数据存储与管理功能，另一方面提供面向用户的各项数据管理与服务职能。此外，数据存储与管理服务平台还直接为玉米数字化设计分析平台提供数据的支撑和交互。数据存储与管理服务平台提供在服务器端的数据库，涵盖环境传感数据库、作物长势数据库、三维器官模板数据库、株型数据库、品种数据库、用户数据库、设计数据库等。玉米数字化设计分析平台集成上述的玉米三维株型数字化设计以及器官、植株、群体三维模型的交互设计和辅助计算分析功能，面向用户提供株型设计、群体设计、冠层分析、品种评价、辅助决策等功能。

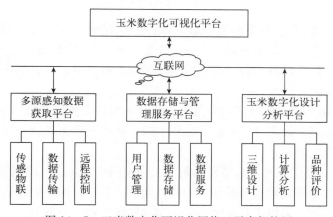

图 14 - 7　玉米数字化可视化网络云平台架构图

14.4.2 田间信息感知环境与物联网系统架构

为了利用玉米数字化、可视化网络云平台实现玉米田间生产的情景感知，笔者于 2014—2017 年，在北京市农林科学院试验农场，开展玉米田间试验，包括不同品种和密度处理，搭建玉米表型及田间环境信息的数据采集物联网系统，连续监测获取玉米生长数据。采集的玉米表型数据包括：双目立体图像数据、RGB 图像数据、田间气象及土壤墒情数据。此外，还同步获取了玉米株型三维数字化数据、玉米群体冠层半球图像数据、无人机低空影像数据、冠层光辐射以及冠层叶面积指数数据等。田间玉米品种和密度试验如图 14 - 8 所示，选择郑单 958、先玉 335 和京科 968，分别设置高密度（8.25 株/m²）、中密度（6 株/ m²）和低密度（3.75 株/ m²）三个密度处

理，采用高产田肥水控制模式进行管理。在玉米生育期间，利用系统测定了不同处理玉米的生育进程、器官三维形态、器官空间分布规律以及冠层光分布数据，同时获取土壤温度和含水量等环境信息，还拍摄了主要生育时期器官、植株和群体的图像。

图 14 - 8　玉米试验田及播种工作照片

（1）玉米田间环境–表型数据获取物联网系统　系统采用网络通信技术，利用传感器、网络相机、无线通信组件以及服务器等设备，建立玉米田间环境–表型定时监测数据物联网获取系统，系统包括传感器基础物理层、网络通信层、服务器定时数据获取与管理层三层架构，系统架构如图 14 - 9 所示。

① 传感器物理层。由海康高清网络摄像机组建的双目立体摄像机、空气温湿度传感器、土壤温湿度传感器、风速风向及降水量传感器组成，其中网络摄像机采用 220 V 供电，环境传感器由太阳能电池板供电。

② 网络通信层。根据不同的基础设施条件，采用网络直连、无线网桥接入或 4G 传输三种模式，进行传感器采集端数据和服务器的网络通信。其中，网络摄像机由于获取的图像较大，占用较多网络资源，采用成对无线网桥，实现摄像头和服务器节点的无线桥接；环境传感器采用 4G 模块，使用流量卡实现环境传感器和服务器节点的网络连接，在服务器节点上部署数据定时采集系统，实现数据的定时采集；各个数据采集站点，通过宽带网络，将所采集的数据汇总到数据存储处理中心服务器，由数据存储处理中心服务器管理各监测站点的数据及物联网设备。

③ 数据定时采集及存储层。在服务器站点安装部署数据定时采集及管理系统，定时采集并接收传感器数据（图 14 - 9）。对于图像数据，以每 0.5 h 一次的频率采集；对于环境传感数据，以每 10 min 一次的频率采集，环境传感器存储到数据库（SQL SERVER）。

根据田间条件和数据获取任务，确定数据获取设备在田间的布置方式；根据田间无线传感网络的整体布局，设计具体走线、埋管位置以及无线交换机位置；最后，安装远程控制云台，设置调试配对无线网桥，如图 14 - 10 所示。系统按照用户设定的参数，定时采集玉米

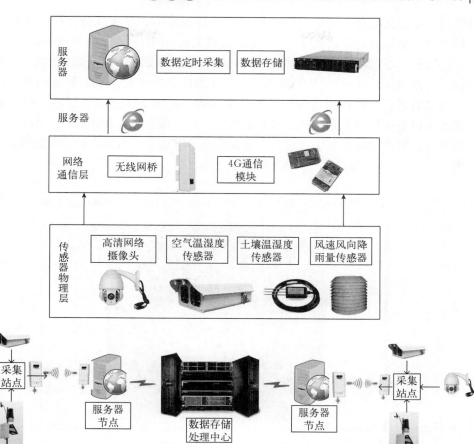

图 14 - 9　作物表型数据获取物联网系统结构及拓扑图

图 14 - 10　田间作物表型数据获取物联网系统安装过程示意图

长势图像，通过无线传感网络传输到云服务器数据库中，实现试验目标小区的连续自动监控。同时，安装田间墒情监测站，自动定时连续采集田间环境数据，包括土壤含水量、土壤温度、大气湿度、大气温度、风速、风向、降水量等数据，同样上传到云服务器的气象数据库中。

（2）玉米田间环境−表型数据采集　所构建的作物表型数据获取物联网系统包含了环境数据、土壤数据、作物长相长势数据的获取设备，系统支持田间数据的定时自动获取。其中，图像类设备包括可见光相机、多光谱相机、红外相机等，图 14 - 11 为可见光相机的图像采集界面，图像定时采集模块安装部署在服务器节点上，通过远程控制能够实现数据的定时采集。

图 14 - 11　作物表型数据获取物联网系统图像定时采集模块主界面

另一类设备是环境和土壤传感器，作物表型数据获取物联网系统支持用户设定传感器的信息采集工作模式，根据不同的传感器通信形式，开发基于 Windows Service 的传感器端口，定时采集模块和基于 DTU 的传感器端口定时采集模块（图 14 - 12，图 14 - 13）。系统利用 Windows Service 数据轮询功能，每 10 min 定时获取服务器网络端口数据，根据墒情监测站及 ASE 控制器协议，在服务端控制并接收传感器各节点数据，建立数据表存储数据。通过开发传感器 DTU 数据接收软件，轮询接收传感器发送的数据，并保存到服务器中。

图 14 - 12　基于 Windows Service 的传感器端口定时采集模块

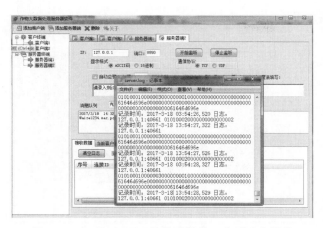

图14-13 基于DTU的传感器端口定时采集模块

14.4.3 数据存储与管理服务平台

数据存储与管理服务平台，一方面提供面向感知设备的数据存储与管理功能，将物联网终端设备的数据分别存入环境数据库、作物长势数据库等；另一方面，面向用户的各项数据管理与服务职能，注册用户可以利用该平台管理对应的生产地块、试验小区、作物品种、种植密度、栽培措施、传感器配置等相应的数据。同时，用户也可以利用该平台，管理基于田间数据构建或其他交互设计生成的玉米数字化模板、株型、器官、植株、群体、冠层等三维设计和模型数据。具体包括如下功能模块。

(1) 用户权限管理 系统设置用户登录验证和注册功能，成功登录后，系统根据用户的管理权限和使用权限配置用户数据空间。用户登录界面如图14-14所示。通过配置连接服务器IP和端口，建立数据通信通道。

图14-14 用户注册与登录界面

(2) 传感器配置 通过配置网络摄像机、环境传感器的设备编号、服务端口号及数据源，建立传感器数据与服务器的网络接入，界面如图14-15所示。通过调用Web Service传感器测试组件，实现环境传感器接入测试，进而确定系统正常运转，同时可以检测终端故障并及时检修。

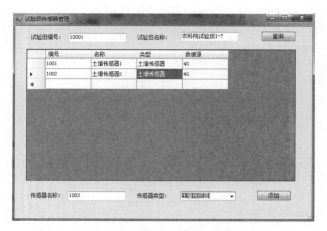

图 14 - 15　传感器配置界面

完成传感器配置后，利用传感器数据管理模块实现数据的获取与管理，该模块按照数据传感器数据导入结构，提供在线传感数据上传功能。传感器数据管理界面如图 14 - 16 所示。

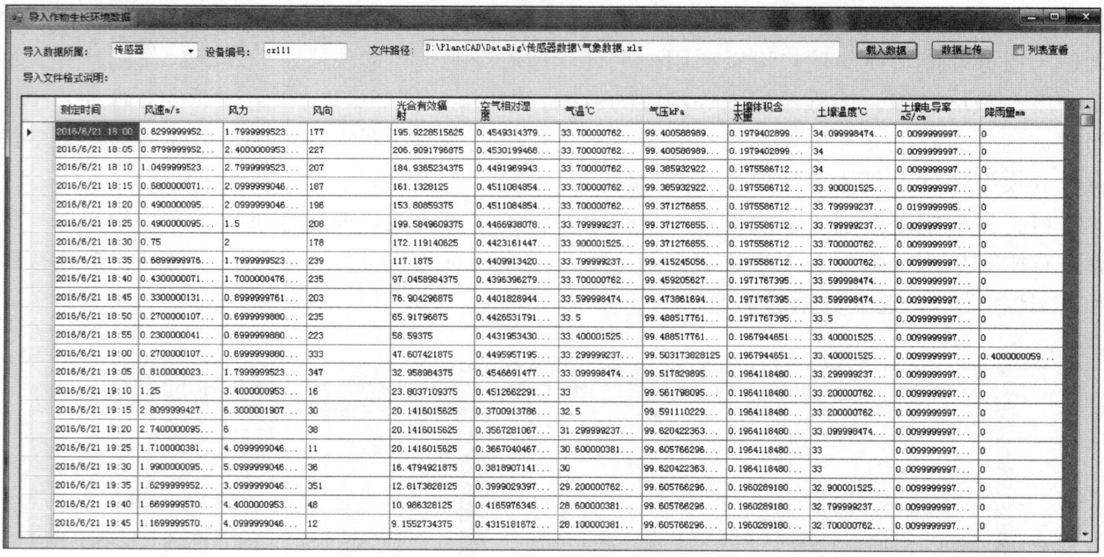

图 14 - 16　传感器数据管理界面

（3）**试验小区管理**　使用地图功能，以试验小区为单位，建立用户试验地块的管理。用户可以在地块上点选创建地块的位置（经纬度信息），填写试验地块的基本信息，创建成功后，用户能够在地图上预览所有自己管理的地块及种植的作物信息。录入的试验田基本信息包括：地块名称、经纬度信息、作物名称及品种信息、地块大小、地块编号、种植品种及播种时间。该模块提供用户在地图上交互式查询地块、拾取地块经纬度、图层显示地块标签等功能，便于大数据项目客户端的数据组织管理。用户通过客户端的创建和管理，提交数据到服务器存储。

（4）**数据管理与服务**　平台的另一项核心功能是数据管理与服务，包括各类传感数据、用户设计数据、用户模型数据以及由各方公开发布的共享数据等。数据共享模块可以将用户地块所采集的和计算的数据发布到服务器，实现在线共享。用户可以发布的数据类型包括：图像数据、传感器数据、点云数据、模型数据、三维数字化仪数据等，并可以在服务器端建立数据管理数据库。用户可以通过获取权限，实现服务器中数据的下载、浏览等。数据共享界面如图 14-17 所示。

图 14-17　数据共享界面

14.4.4　玉米数字化、可视化网络平台服务

集成上述的各项建模方法、关键技术和物联网信息获取与管理平台，可以得到多源、多通道、多尺度、多类型的玉米生产管理数据，数据处理后添加到玉米形态结构数据库。在此基础上，开发基于客户端-服务器模式（CS 模式）的网络化玉米数字化可视化平台，实现基于感知数据的玉米株型交互设计、玉米冠层参数计算分析、生长状态监测、综合生产潜力评估、品种适应性评价等功能。

(1) 大数据委托计算服务　利用 WCF 框架面向服务的图像处理计算服务组件，以在服务器中挂载图像处理组件模拟客户端图像处理请求，并监控计算线程，完成多用户的计算服务调用。对于耗时的可视化计算服务，用户在客户端通过提交作物表型多源数据委托服务器进行计算，并将计算结果返回到客户端。集成的计算服务组件主要包括：图像处理组件、光分布计算组件和半球图像处理组件。图像处理组件（图 14-18）根据用户采集的作物冠层图像数据（由固定相机），计算作物缺苗率、叶片分布、株高等作物关键信息。半球图像计算组件（图 14-19）根据用户提供的半球图像数据，自动计算作物冠层郁密度、冠层覆盖度等参数。

(2) 株型设计与冠层计算服务　该模块主要集成玉米三维数字化设计系统 PlantCAD-Maize 的交互设计功能模块和冠层光分布计算模块提供服务，用户可基于自身的实际应用需求，利用系统重建或设计玉米株型、群体以及冠层模型，冠层光分布计算组件根据用户提供

的作物三维冠层信息，利用三维虚拟技术，实现冠层光分布模拟及冠层光合有效辐射 PAR
截获量、冠层叶面积、叶面积指数等指标的计算（温维亮等，2009），如图 14 - 20 所示。

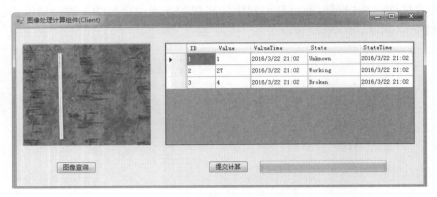

图 14 - 18　图像处理组件

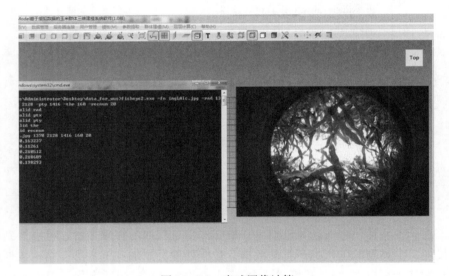

图 14 - 19　半球图像计算

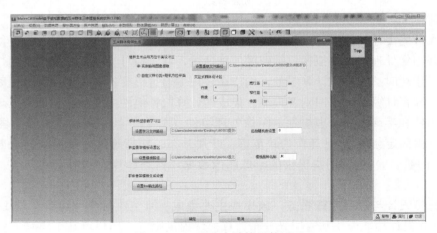

图 14 - 20　光分布计算组件界面

（3）基于大数据的作物群体生成模块 多源感知数据获取系统为用户提供了海量的环境监测数据和作物长势监测数据，对于专门针对三维数据获取目标所设计和优化的数据获取技术和环境所采集的作物三维形态数据，利用点云特征提取等算法，可以在多源数据基础上计算处理提取的作物群体冠层结构参数，进一步通过自学习算法，生成群体内各植株的骨架数据，然后结合作物品种信息和器官模板，构建作物群体三维重建模型，如图 14-21、图 14-22 所示。

图 14-21　基于自学习算法的群体骨架生成界面和所生成的群体骨架可视化效果

图 14-22　基于模板的群体三维模型生成

14.5　小结

植物三维形态交互式设计系统软件作为一个农林植物三维形态辅助设计工具，是一个平台式的设计环境。本章以玉米为例，在计算机辅助设计技术的基础上，整合本书玉米三维数字化和结构功能可视化等关键技术，介绍了玉米三维数字化可视化软件 PlantCAD - Maize 的设计与实现工作。玉米三维数字化可视化软件具有株型、器官、个体和群体设计的功能，可以借助可视化界面以交互的方式对所设计的模型进行参数化和特征点的修改和编辑，构建高真实感的玉米多尺度三维模型；在所设计模型的基础上，软件可以实现玉米群体结构和冠层光分布的计算，为玉米株型优化、栽培管理措施决策提供依据。在玉米三维数字化可视化软件基础上，结合田间情景感知系统实时获取的玉米田间生长监测和环境数据，研发了玉米数字化可视化网络云平台。该平台基于客户端-服务器模式，可以实现基于感知数据的玉米株型交互设计、玉米冠层参数计算分析、生长状态监测、综合生产潜力评估、品种适应性评价等功能。玉米三维数字化可视化软件和玉米数字化可视化网络云平台是玉米数字化可视化技术的重要组成部分，不仅可以支撑科学计算可视化、虚拟农业、数字农业等典型应用，更为其他农业信息技术的推广传播提供全新的技术手段和平台工具，成为加快农业信息技术转化和传播的重要推手（赵春江等，2010，2015）。

参考文献

郭焱，李保国，2001. 虚拟植物的研究进展. 科学通报，46（4）：273-280.

胡包钢，赵星，严红平，等，2001. 植物生长建模与可视化：回顾与展望. 自动化学报，27（6）：816-835.

路全胜，郭东明，冯辛安，1996. 智能 CAD 技术研究方法新进展. 中国机械工程，7（4）：56-58.

潘映红，2015. 论植物表型组和植物表型组学的概念与范畴. 作物学报，41（2）：175-186.

孙林夫，1999. 基于知识的智能 CAD 系统设计. 西南交通大学学报，34（6）：611-616.

田丽，2007. 基于三维建模原理的装载加固辅助设计系统的研究. 大连：大连交通大学.

王传宇，赵春江，郭新宇，等，2011. 基于数码相机的农田景物三维重建. 中国农学通报，27（33）：266-272.

温维亮，孟军，郭新宇，等，2009. 基于辐射照度的作物冠层光分布计算系统设计. 农业机械学报，40（S1）：190-193.

肖伯祥，郭新宇，吴升，等，2011. 植物三维形态交互式设计软件需求分析探讨. 中国农业科技导报，13（1）：50-54.

肖伯祥，郭新宇，陆声链，等，2012. 植物三维形态虚拟仿真技术体系研究. 应用基础与工程科学学报，20（4）：539-551.

肖伯祥，郭新宇，王传宇，等，2014. 农业物联网情景感知计算技术应用探讨. 中国农业科技导报，16（5）：21-31.

张瑞瑞，2015. 精准农业传感器网络中的节能技术研究. 北京：中国农业大学.

赵春江，陆声链，郭新宇，等，2010. 数字植物及其技术体系探讨. 中国农业科学，43（10）：2023-2030.

赵春江，陆声链，郭新宇，等，2015. 数字植物研究进展：植物形态结构三维数字化. 中国农业科学，48（17）：3415-3428.

赵春江，肖伯祥，郭新宇，等，2011. 植物三维形态数字化设计评价指标体系探讨. 中国农业科学，44（3）：461-468.

周薇，马晓丹，张丽娇，等，2014. 基于多源信息融合的果树冠层三维点云拼接方法研究. 光学学报，32（12）：1215003-1-8.

Benes B，Cordoba JA，2003. Modeling virtual gardens by autonomous procedural agents. Theory and Practice of Computer Graphics，15（2）：58-65.

Bento J，Feijó B，1997. An agent-based paradigm for building intelligent CAD systems. Artificial Intelligence in Engineering，11（3）：231-244.

Kolukisaoglu U，Thurow K，2010. Future and frontiers of automated screening in plant sciences. Plant Science，178（6）：476-484.

Prusinkiewicz P，1998. Modeling of spatial structure and development of plants：a review. Scientia Horticulturae，74（1-2）：113-149.

Prusinkiewicz P，1999. A look at the visual modeling of plants using L-systems. Agronomie，19（3-4）：

211－224.

Ray Y，Zhong XX，Eberhard Klotz，et al.，2017. Intelligent manufacturing in the context of industry 4.0：A review. Engineering，3：616－630.

Shanmuganathan S，Narayanan A，Robinson N，2011. A multi－agent cellular automata framework for grapevine growth and crop simulation. International Journal of Machine Learning and Computing，1（3）：291－296.

Shreiner D，Woo M，Neider J，et al.，2004. OpenGL programming guide：the official guide to learning OpenGL. Addison－Wesly.

Xiao B，Guo X，Du X，et al.，2010. An interactive digital design system for corn modeling. Mathematical and Computer Modelling，51：1383－1389.

Yuan Q，Cheng X，He P，2010. Modeling of virtual crop development based on multi－agent. International Conference on Computer Application and System Modeling，12：329－332.

Zhang S，Xu J，Gou H，et al.，2017. A research review on the key technologies of intelligent design for customized products. Engineering，3：631－640.

Zhu YP，Liu SP，2011. Technology of agent－based crop collaborative simulation and management decision. International Conference on Data Mining and Intelligent：158－162.

第 15 章

玉米智能化技术探讨

植物的智能化是在物联网传感数据实时驱动下，由知识模型和多源异构数据融合计算提供智能决策，从而实现植物与环境、植物与人、植物与植物之间互联互通、全程感知与实时反馈的智能化过程（吴升等，2017；苏中滨等，2005；李晓明等，2010；余强毅等，2014；Alain et al.，2018）。本章探讨智能植物的概念、内涵及技术体系，并针对植物智能行为复杂异构性，将 Multi - Agent 技术应用于植物的生长计算和行为模拟，研究基于多智能体（Multi - Agent）的智能植物系统构建方法（吴升等，2017）。多智能体（Multi - Agent）智能植物系统的内核由感知器 Agent、数据处理 Agent、知识模型 Agent、智能计算 Agent 以及虚拟交互 Agent 构成（刘大有等，2000），本章详细描述了系统结构及其关键模型组件，以玉米作物为应用实例，设计了玉米 Agent 应用系统（吴升等，2017）。并在本章的最后展望了面向农业应用服务的智能植物发展方向。

15.1　智能植物与植物 Agent 建模技术

15.1.1　智能植物的研究进展

进入 21 世纪以来，随着植物基因组学、表型组学的深入研究（潘映红，2015），高通量、精准和高效的农业传感器（张瑞瑞，2015）、协同计算、虚拟现实以及网络通信等信息技术的发展，为植物的生命过程感知和认知提供技术手段和定量模拟模型，从而促进了人工智能科学的研究成果在农业领域的广泛应用，农业科学研究和生产方式已经向数字化、可视化、精准化和智能化转变（赵春江，2010）。在农业专家决策系统中引入 Agent 的思想和技术，有效地突破了基于模型的决策支持系统在求解问题时难以适应动态环境变化的障碍，使植物具有对外界环境的自适应、运用自身知识对问题进行处理的能力、自学习的能力和与外界协同工作的能力等特性。国内外许多研究者在植物的智能化建模及系统平台的整合方面进行了大量的研究并取得了阶段性成果。Shanmuganathan 等（2011）开发了一个基于 Multi - Agent 的细胞自动机模型框架，用于仿真葡萄的生长和产量估算。Zhu 等（2011）把 Agent 技术思想应用到作物生产管理协同决策系统的设计与系统开发实现中，构建的系统有效地提高了作物生长预测和栽培决策的精确性。Yuan 等（2010）通过建立 Multi - Agent System 合作机制，使植物的虚拟生长模型具有交互智能性和自治性。Benes 等（2003）将自治 Agent 技术应用于生态系统的动态模拟，建立了一个虚拟植物生态系统，在这个生态系统中，植物会感知环境、自主生长、竞争、死亡，植物和植物、植物和 Agent 之间能够进行通信与协助。梁茹冰等（2009）基于多智能体角色协作机制，提出一种在开放式环境下虚拟植物的建模方法，抽象了角色、职责等群体特性及协作关系，并将其应用于虚拟植物在动态环境的建模问题中。苏中滨等（2005）提出了利用 Agent 技术构建虚拟植物模型的观点，给出了 Agent 植物体的结构模型，并阐述了 Agent 技术在虚拟植物模型构建中的应用方法及技术路线。屈洪春（2009）采用基于智能 Agent 的建模技术，构建了叶元虚拟器官的功能结构模型，开发了虚拟植物智能生理引擎，能够有效、真实地模拟植物的生长和发育规律及形态变化，初步实现了对植物智能特征和行为的模拟。于长立等（2007）提出基于 Multi - Agent 的数字农业管理平台框架，将传统的集中式管理转变为分布式管理。

但是，当前关于智能植物的研究还处于虚拟仿真阶段，有关面向服务，融合实时感知、智能决策、高度自治、协同计算、虚拟仿真的智能植物系统平台或者软件工具还很少有。

Agent 概念最早由美国的 Minsky 教授在 *Society of Mind* 一书中提出，被用来描述一个具有自适应、自治能力的硬件、软件或者其他实体。近年来广大国内外学者（刘大有，2000；何炎祥，2001；毛新军，2006，2011）多认为智能 Agent 具有自治性（自主性）、交互性（社会性）、反应性和主动性（能动性）4 种属性。其中，自治性，Agent 能自行控制其状态和行为；交互性，建立通信机制，能够有效地与其他 Agent 协同工作；反应性，Agent 能够感知所处的环境，并对相关事件作出反应；主动性，能主动表现出目标驱动的行为，能自行选择合适时机采取适宜动作。一般而言，Agent 包含推理机、知识库、控制器及通信等子结构，图 15 - 1A 为简化的 Agent 结构模型图。近几十年来，关于复杂性科学的研究一直方兴未艾，复杂系统通常具有子系统数量大、相互关联、相互制约、相互作用、关系复杂（高度非线性、动态性、不确定性）并且有复杂的层次结构等特点，多 Agent 系统（Multi - Agent system，MAS）就是研究复杂性科学的具体方法之一，MAS 是一个松散耦合的 Agent 网络（毛新军，2006），在逻辑上或物理上分离的多个 Agent，通过交互、协作，自主协调其智能行为，进行问题求解。一般 MAS 系统的工作机制如图 15 - 1B 所示。

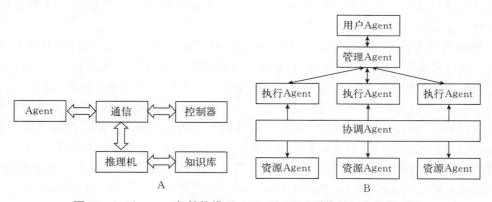

图 15 - 1 Agent 一般结构模型（A）及 MAS 系统的工作机制（B）

随着人们在 Agent 的意图理论、认知模型、自主决策算法、通信语言及其语义和语用等方面取得了一系列重要进展，Shoham（1993）首先提出了面向 Agent 程序设计（Agent oriented programming，AOP）的思想，在此背景下，面向 Agent 软件工程（Agent oriented software engineering，AOSE）应运而生（Jennings，2000），当前 AOSE 已在程序设计抽象与模型、程序设计机制与理论、程序设计语言与设施以及程序的开发与运行等方面取得了重要进展，并涌现出包括 Jason（Bordini，2005）、JACK（Winikoff，2005）和 Agent factory（Collier，2001）等 Agent 开发平台 IDE，中国科学院计算技术研究所研发的多Agent 建模环境工具 MAGE（季强，2002）提供一系列工具来支撑面向主体软件工程的开发设计。目前，基于 MAS 的复杂应用系统，已经应用于工业、航空、医疗、娱乐等领域，并展现了较好的优势和潜力（Jennings，2001；Luck，2005；Luo，2012；Garcia，2012）。

15.1.2 智能植物的 Agent 属性及内涵

1. 智能植物的 Agent 属性 相对于 Agent 的一般属性特征，植物生命过程所表现的与外界环境的交互、内在生理的作用等生命特性所具有的 Agent 特征主要表现在以下几个方面。

(1) 植物的自治性 客观世界中植物的生命过程都是处于其本身的调节控制之下，植物的自治性由复杂的生理功能实现，如光合作用、呼吸作用、代谢、体内运输等功能。

(2) 植物的反应性 当植物感受到外部的影响之后，会出现一定的表征变化，以适应当前的环境，这一过程体现了植物对外部刺激的反应性，如缺水之后植物叶片的萎蔫、去除顶端之后侧枝发育变快等。

(3) 植物的社会性 植物的社会性可以简单地理解为在群体中体现的竞争性，体现在对空间（地上枝的空间、地下根的空间）、养分（水、矿物质、空气）、能源（阳光）的竞争，当多个植物所要求的资源发生重叠时，竞争性将会明显地得到体现。

(4) 植物的主动性 植物的主动性体现在其可以在一定程度上调整自身形态，主动地寻找利于自身生长的资源环境，如植物的趋光性、攀缘植物的攀爬特性等。

植物的自治性、反应性、社会性、主动性的产生、实现和相互间关系可概括为：植物的基因决定了植物的自治性，自治性是其他 3 种特性的基础；植物所在的环境会影响植物的反应性、社会性和主动性；植物在 Agent 概念下体现的 4 种特性是其自组织性的表达。由于植物生命特征与 Agent 的本质属性在一定程度上具有高度的耦合，所以 Agent 框架适合于描述植物的智能行为特性。

2. 智能植物的内涵 随着 Agent 技术理论框架不断发展完善以及智能物联网传感、图像处理、数字植物、云服务技术的飞速发展，构建植物 Agent 及系统平台，赋予植物智能特性，实现植物在功能结构模型和专家知识模型的支持下以及实时物联网数据驱动下，具有对外界环境（自然环境、人工环境）的自适应、运用自身知识对问题进行处理的能力、自学习的能力和与外界协同工作的能力。因此，智能植物的研究是未来智能农业研究的主要方向和突破口，具有广泛的应用前景，其作用和意义主要体现在：①智能植物将为科研人员改进原有植物生长知识模型提供新的思路和软件工具，以期有机整合生理模型、功能结构模型，面对复杂的环境，实现模拟的精确性和真实感。②智能植物将为育种家提供品种的认知、株型的智能设计以及群体的快速重建智能交互设计服务。③智能植物将为作物栽培管理人员提供智能的播前方案设计、苗情诊断、水肥运筹以及产量评估等智能服务。④智能植物将为农技及文化创意人员提供具有高度临场感和沉浸感的科普教育、农技培训、虚拟试验以及农事体验的动画智能生成与可视化服务。

15.1.3 植物 Agent 建模

根据 Agent 的一般模型结构，植物 Agent 模型由情景感知器、处理机、消息适配器、学习机及知识库 5 个核心组件组成，如图 15-2 所示。

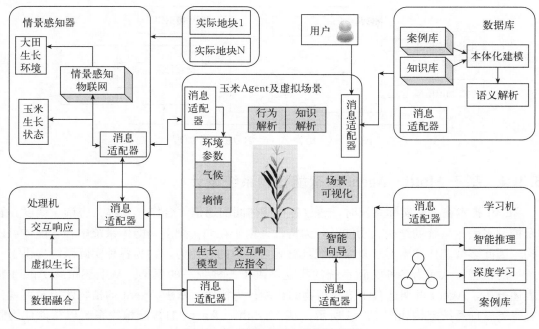

图 15 - 2　植物 Agent 建模结构图

（1）情景感知器　情景感知器为植物生长提供真实生长环境数据，形成数据驱动器。按照传感器类别分，情景感知器包括：土壤墒情传感器（多层土壤温湿度等）、气象传感器（空气温湿度、风速风向、降雨量、太阳辐射等）、图像传感器（RGB 图像、光谱图像、热红外图像等）以及激光雷达传感器。按照数据的时效性分，一部分数据是从物联网系统中实时获取的数据，例如从传感器中获取的植物生长环境空气温湿度、土壤墒情等数据；一部分数据是历史统计数据。植物 Agent 能够基于情景感知器，构建虚拟生长三维场景，并根据用户交互操作语义，获取相关数据交付给处理机模块。

（2）处理机　处理机模块是植物 Agent 的核心，承载基于感知数据的植物虚拟生长和面向用户交互行为的自响应两大决策处理功能。处理机的运行机理将在下一节详细描述。

（3）消息适配器　消息适配器是植物 Agent 对外通信的信息交换中心。在单 Agent 系统中，消息适配器为植物 Agent 连接情景感知器、处理机、学习机、本体数据库以及用户交互等建立消息通道和消息适配。例如，通过消息适配器从情景感知器中获取植物生长环境信息，交由处理器进行场景重建计算处理；通过消息适配器从用户虚拟交互操作中提取交互操作语义，交由处理器进行交互行为的响应处理。

（4）学习机　植物 Agent 自动记录用户的交互行为以及对应的交互结果，形成虚拟交互元语案例，记录虚拟生长数据，形成生长知识案例。当面临复杂求解问题时，植物 Agent 能够从虚拟交互元语案例以及生长知识案例中，采用机器学习算法对植物的生长以及面向交互的响应进行优化。从而给出决策结果。植物 Agent 学习机的工作原理如图 15 - 3 所示。

（5）知识库和案例库　知识模型库 Agent 组件通过本体建模工具（邓寒冰，2014），依据专家知识，进行植物生长知识模型的本体化描述与建模，为植物 Agent 处理复杂问题，进行自学习、自决策、自协助提供科学依据。案例库按照 XML 格式进行数据存储，为植物 Agent 学习机组件，提供决策学习案例数据。

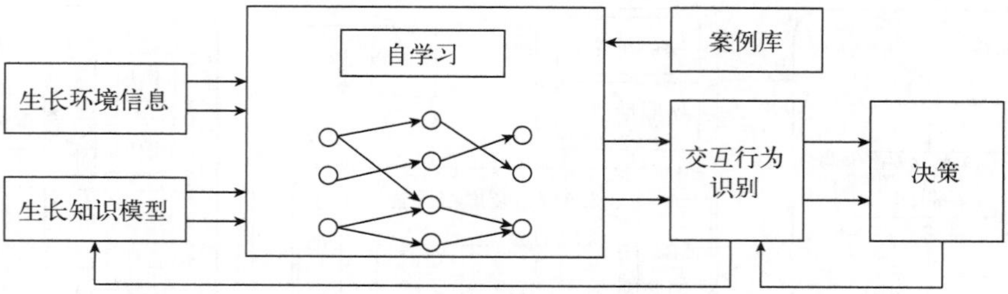

图 15 - 3　植物 Agent 学习机工作原理

15.1.4　基于 Multi - Agent 的智能植物系统设计

　　Agent 技术在表达实际系统时，通过各智能体间的通信、合作、互解、协调、调度、管理及控制来表达系统的结构、功能及行为特性。由于在同一个多智能体系统中各智能体可以异构，因此多智能体技术对于复杂系统具有无可比拟的表达力，它为各种实际系统提供了一种统一的模型，从而为各种实际系统的研究提供了一种统一的框架。从上述植物 Agent 特征表述分析，Agent 框架适合于描述植物的智能行为特性，基于 Agent 的植物建模及可视化计算服务软件系统架构如图 15 - 4 所示。基于 Multi - Agent 的智能植物系统以智能体为管理单元，通过智能体之间的协调与合作达到计算服务的目的，根据业务需求设置了多角色服务代理，代理可以根据用户信息、服务需求、感知数据计算分析和领域知识完成决策推理，根据任务和自身状态动态建立协作。系统由数据感知层、知识层、多 Agent 服务层和业务请求层四层结构组成。数据感知层由物联网传感器 Agent、通信 Agent、智能报警 Agent 组成，分布式接入互联网中，并统一由环境 Agent 和上层交互；知识层通过本体建模工具对植物生长模型、功能结构模型、种肥水药农学专家知识模型以及植物基因、生理、生物力学模型和规则进行知识本体模型构建，形成能够被上层植物 Agent 知识查询的本体关键词、本体概念、本体实例以及本体方法集数据库；多 Agent 服务层由植物 Agent、虚拟仿真 Agent、融合计算 Agent 以及服务代理 Agent 组成，由服务代理 Agent 获取计算服务任务，根据需求委派植物 Agent 进行实时数据的感知计算分析，并利用本体知识实现智能任务的智能求解，最后通过虚拟仿真 Agent 对求解计算的结果进行可视化表达，实现任务的反馈；业务请求层获取业务人员的请求任务，并对任务进行流程化建模及语义建模，形成工作流 Agent，并通过语义查询找到相关代理 Agent，实现任务的委托托管。

　　1. **系统的关键 Agent 模型组件**　在多 Agent 系统中，每个行为实体被认为是一个软件 Agent，它能够感知其所处的环境上下文，根据其自身状态和环境状态变化自主地决策其行为，Agent 还可以通过协作的方式，与其他 Agent 实现系统的全局性目标。基于 Multi-Agent的智能植物系统关键 Agent 模型组件由感知及数据处理 Agent 模型、知识本体 Agent 模型、多 Agent 服务代理模型、植物 Agent 智能决策服务模型四部分组成。涵盖了植物生长环境多源数据的实时感知（采集、存储、管理），信息的融合（计算、分析），领域知识本体库及自学习机制的构建（智能算法建模），植物生命特征行为仿真（行为表征），及面向植物表型组学科学研究、新品种培育、栽培管理、科普教育、农技培训、农事体验服务的应用过程。

　　（1）感知及数据处理 Agent 模型　感知及数据处理 Agent 模型通过物联网传感器实时获

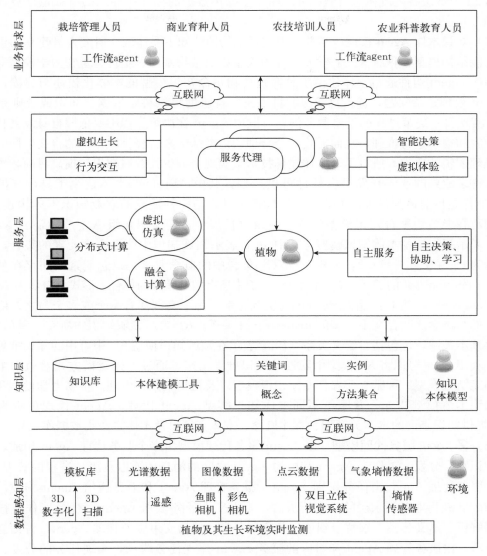

图 15-4 基于 Agent 的智能植物软件系统架构

取植物生长数据，并利用图像处理、点云计算、光谱分析等技术进行数据融合计算，实现植物生长的深度感知。农业物联网传感器（徐杨，2014；Xu，2007）主要包括：生长环境气象传感器、土壤墒情传感器、高分辨率图像采集传感器、基于双目立体视觉的点云采集传感器以及光谱传感器等。植物生长环境感知器 Agent 组件通常具有定时采集、实时获取、数据上传、智能报警及智能休眠等功能。根据植物生长环境感知器获取数据的分类及数据特征，数据处理机 Agent 组件主要负责传感数据的特征提取及多源数据的融合计算。对于气象墒情数据，主要采用阈值设定报警法实现自然环境的特征提取；对于高分辨图像数据主要采用图像处理技术，获取植物表观纹理特征、植物器官生长时期及分布特征；对于点云数据主要采用点云及图形处理技术（周薇，2014），获取植物器官、个体及群体不同级别的三维几何特征数据，进行查询匹配数字化模板库，实现植物器官、个体及群体的三维重建；对于光谱数据主要采用统计分析技术，实现植物生物量的估计。多源数据的融合计算（He，

2015），主要解决各处理机进行数据处理时由于噪声数据的存在所导致的特征量计算误差修正问题。

（2）知识本体 Agent 模型　当前，人类对植物的认知主要体现在研究人员建立的生长模型、功能结构模型、种肥水药农学专家知识模型以及植物基因、生理、生物力学模型等。知识模型库 Agent 组件通过本体建模工具实现植物生命知识模型的本体化描述与建模，为植物 Agent 处理复杂问题，进行自学习、自决策、自协助提供科学依据。知识或规则是植物 Agent 实现自主决策过程的重要参考信息，植物 Agent 在决策过程中要依照自身及其相关知识的内容和规则进行推理，从而需要一个合理的语义结构来解释领域知识的含义，同时满足决策推理逻辑的要求，所以以引入本体建模技术来实现植物生长领域知识建模。目前，国内外已经有许多成熟的本体开发平台软件可供选择，其中，Protégé 本体建模工具，其扩展的 OWL 插件是目前最为强大的 OWL 本体构建工具，是一种适宜的农业知识本体构建工具。为了规范智能植物平台知识模型的统一性及可扩展性，定义四元组 $K_{no}=<C_K$，I_K，R_K，$Rule>$ 表示智能植物本体知识模型。其中，C_K 表示领域知识中所有概念元素的集合，形式上表示为 $C_K=\{c_i \mid i=1, 2, \cdots\}$，$c_i$ 是 C_K 集合中的概念元素，概念元素之间存在单向的 part-of 和 kind-of 的关系；I_K 表示领域知识中所有实例元素的集合，形式上表示为 $I_K=\{i_n \mid n=1, 2, \cdots\}$，其中 i_n 是 I_K 集合中的实例元素，每个实例都有一个或多个与之对应的概念，实例与概念之间存在多对多的 instance-of 关系；R_K 表示领域知识中所有关系的集合，既包含基本关系，也包括自定义关系。$Rule$ 表示在领域知识模型 K_{no} 中可用的知识推理规则集合，利用 $Rule$ 可以将 K_{no} 模型中隐性的知识推导出来。通过上述建模方式对植物生长模型、功能结构模型、种肥水药农学专家知识模型以及植物基因、生理、生物力学模型和规则进行知识本体模型构建，并赋予不同本体知识模型 Agent 代理，Agent 代理负责为植物 Agent 提供知识查询的本体关键词、本体概念、本体实例以及本体方法集数据库。

（3）多 Agent 服务代理模型　多 Agent 服务代理模型由多个服务代理 Agent 组成，负责服务的识别、分发、工作流 Agent 和植物 Agent 之间的消息传递以及服务进程的管理工作。因此，服务代理 Agent 由任务识别 Agent、服务管理 Agent 和消息通信 Agent 构成，服务代理 Agent 获得业务请求层的任务请求后，首先交由任务识别 Agent 对任务工作流描述进行应用解析、语义建模，求解得到该任务所属分类；然后交由服务管理 Agent，告知当前服务的类型，由服务管理 Agent 和对应的服务 Agent 建立任务联系，实现任务的分发。通常情况下，应用的需求是动态多样的，为了向应用提供满足其需求的服务资源和能力，并能够合理有效地使用服务资源的计算能力，单一的服务 Agent 往往是无法满足应用需求的，从而根据任务的类型和要求，服务 Agent 可以由一个或多个服务 Agent 进行协同完成；服务代理 Agent 选择好服务 Agent 或服务 Agent 组后，把维护工作流 Agent 和植物 Agent 之间以及服务 Agent 组之间工作的消息传递交由消息通信 Agent，从而服务管理 Agent 能够专心进行服务进程的管理工作。为了提高系统的服务能力、系统的使用效率、服务的稳定性以及服务的自主性，服务管理 Agent 对服务环境和服务状态进行实时监控，动态建立服务优先级，并根据服务的状态优化服务 Agent 组的动态组合。服务代理 Agent 工作原理交互图如图 15-5 所示。

（4）植物 Agent 智能决策服务模型　植物 Agent 是处理任务的终端和载体，根据需求委派植物 Agent 进行实时数据的感知计算分析，并利用本体知识实现智能任务的智能求解，最后通过虚拟仿真 Agent 对求解计算的结果进行可视化表达，实现任务的反馈，因此可以

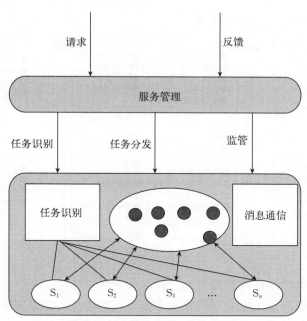

图 15-5　多 Agent 服务代理模型

注：图中 S 代表备选服务 Agent，点代表选择的服务 Agent。

通过一个四元组 P 定义植物 Agent 系统：P<E，S，Q，O>，其中，E 为植物 Agent 的环境感知器和通信机，负责从环境 Agent 获取数据，并和服务 Agent、其他植物 Agent 之间建立通信机制；S 为植物的结构表示，在智能植物系统中，植物的承载和表达形式是通过三维形态结构及行为动画完成，从而 S 代表植物的三维形态关系，典型的植物结构由根、茎、叶、花、果实及种子构成，植物的各器官、同种植物的不同个体、不同种植物的个体之间以及植物体和环境之间存在复杂的竞争、协同行为；Q 代表植物 Agent 的知识获取及查询功能，通过和知识本体模型 Agent 建立查询请求，通过本体关键字进行查询，同时，植物 A-gent 也可以向融合计算 Agent 发起计算请求，实现问题的求解；O 代表植物 Agent 的自学习功能，因为植物所处环境复杂多变，采集数据异构、多维、离散，并时常受到人工干预，通常求解问题为非线性问题，从而面对难以求解问题时，植物 Agent 交由智能算法 Agent 进行自学习问题求解，智能算法 Agent 由成熟人工智能算法蚁群、蜂群、人工神经网络、粒子群、模拟退火等构成的求解组件组成（Gupta，2015；赵春江，2011），根据不同植物特征，构建智能算法 Agent 求解组件，提升智能植物的自学习、自协助、自决策等自主响应能力。

2. 系统内核与功能　基于 Multi-Agent 的智能植物系统在多智能体的架构设计下，通过感知器获取植物生长数据，对知识进行本体化建模描述，构建自主行为决策模型，从而为商业化育种、栽培管理、仿真实验等农业科学研究以及科普教育、农技培训、农事体验等应用提供服务（吴升等，2014），如图 15-6 所示。系统的主要功能如下。

（1）面向植物虚拟生长可视计算服务功能　植物的生长模拟是植物基因组学、表型组学研究的重要途径，是进行植物品种遗传特征认知、适应性评价、生产能力分析的重要手段和形式。利用智能植物内核，为科研人员提供植物生长环境的光温模拟、植物形态建模及基于实时数据驱动的植物生长动画生成及真实感绘制的在线计算服务。

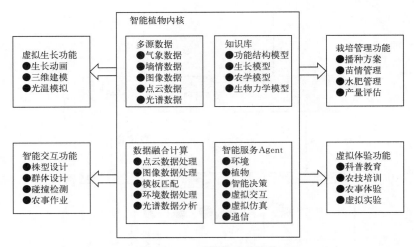

图 15 - 6　系统的功能结构

（2）面向植物三维形态结构智能交互设计服务功能　植物三维形态结构虚拟仿真、交互式株型设计、群体建模、虚拟场景中的农事操作行为交互及其物理碰撞实时响应等技术在农学研究、技术培训、科普教育、数字娱乐等诸多领域展示了良好的应用前景。但当前在进行交互设计的过程中，交互过程烦琐、真实感差，利用智能植物内核，为设计者提供具有智能响应的植物智能体，智能响应设计者的交互行为。

（3）面向植物种植管理辅助决策服务功能　植物的种植管理根据目标不同具有不同的服务需求，植物的种植管理过程主要涉及病虫害防治、密植处理、水肥控制以及产量评估等方面。利用智能植物内核，为植物种植技术管理人员提供智能决策服务，区别于专家系统，该服务功能结合表型信息，实时感知环境信息，自主决策，在线服务。

（4）面向虚拟体验应用服务功能　随着虚拟现实技术的成熟、终端应用普及、城郊旅游观光农业的发展，面向农业的科普教育、农技培训、虚拟实验、农事体验等的应用具有较广泛的需求。利用智能植物内核，为农业科普、文化创意、职业教育技能培训等人员，提供模型资源共享、动画展示、漫游服务及增强现实感服务。

15.2　应用实例

以玉米株型优化设计教学实验为应用实例展示基于 Agent 的智能玉米平台的可用性及效果。玉米株型优化设计教学是株型育种和栽培管理的主要研究内容，也是国内外农业类高职院校教学以及农民职业教育培训的重要课程。而当前，国内外在这方面的教学仿真实验还停留在田间观察、教学板书以及图文图片等传统的实验教学模式，在人力、物力、受众的兴趣点、参与度、动手能力以及体验的沉浸感方面都限制了玉米株型优化设计实验教学的开展，以及学员对株型育种与种植管理知识的学习。因此，利用智能玉米平台及物联网架构，构建虚实结合的玉米株型调优虚拟实验智能交互系统。系统为虚拟实验人员提供虚拟交互端口，并由虚拟交互可视化 Agent 负责交互指令的解析，解析结果交由服务代理 Agent 统一进行任务分发，根据不同用户的交互指令类别，分配给对应的玉米 Agent 株型调优决策处理器进行决策处理。玉米 Agent 株型调优决策处理器基于物联网采集的多源数据以及玉米模型本体知识模型两方面，进行决策权衡，对用户交互可行性进行自学习评判，并将评判结果通过虚拟交互可视化 Agent 组件进行结果的反馈和可视化，如此反复，从而实现了平台对用户调优过程的约束优化。系统的交互流程如图 15-7 所示。

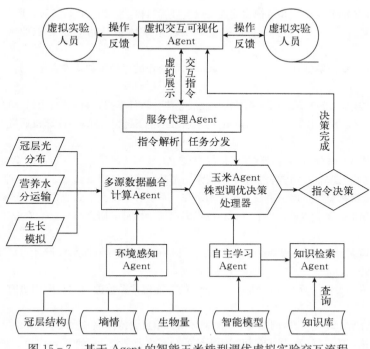

图 15-7 基于 Agent 的智能玉米株型调优虚拟实验交互流程

15.3 小结

本章探讨了智能植物的概念、内涵及技术体系，概述了智能植物研究进展，提出了基于多智能体（Multi-Agent）的智能植物系统构建方法，以玉米作物为实例，详细描述了智能植物系统结构及其关键模型组件功能和运行机制。从面向服务的角度，设计了玉米 Agent 株型优化虚拟实验应用系统，展示其在玉米建模、株型优化、可视化计算等智能服务的应用效果。和传统专家决策系统比较，基于 Multi-Agent 的智能植物系统，能够实现植物与环境、植物与人智能互作，具有较好的交互性和智能性。该平台的进一步发展和应用，将为商业化育种、栽培管理、仿真实验等农业科学研究，以及科普教育、农技培训、农事体验等文化创意提供实用系统工具。

植物生命工程及其面向服务的应用是一个综合性复杂工程，与此相对应，Agent 及 Multi-Agent 是当前人工智能领域用于解决复杂问题的重要技术方法之一，也是当前用于应用系统平台研发最为活跃的智能平台之一。因此，面向 Agent 的植物智能体研究是智能植物未来发展的主要方向。在应用方面，随着万物互联、深度学习技术的发展以及农业数据资源中心的建设，未来会呈现一批以智能植物为技术驱动的农业智能管理平台及相关应用服务系统，形成无人农场、智能温室、智能果园等生产业态。

参考文献

邓寒冰，2014. 面向新型网络化应用的自主服务机制研究. 哈尔滨：东北大学.

何炎祥，陈莘萌，2001. Agent 和多 Agent 系统的设计与应用. 武汉：武汉大学出版社.

季强，2002. 面向主体的开发方法和可视化建模工具. 计算机科学，29（11）：150－153，160.

李晓明，赵春江，郑萍，2010. 基于 Agent 的植物生长系统体系结构. 东北农业大学学报，41（8）：127－131.

梁茹冰，李吉桂，2009. 开放式环境下基于多 Agent 角色协作的虚拟植物建模方法. 计算机科学，36（1）：227－230.

刘大有，杨鲲，陈建中，2000. Agent 研究现状与发展趋势. 软件学报，11（3）：315－321.

毛新军，常志明，王戟，等，2006. 面向 Agent 的软件工程：现状与挑战. 计算机研究与发展，43（10）：1782－1789.

毛新军，2011. 面向 Agent 软件工程：现状、挑战与展望. 计算机科学，38（1）：1－7.

潘映红，2015. 论植物表型组和植物表型组学的概念与范畴. 作物学报，41（2）：175－186.

屈洪春，2009. 虚拟植物智能生理引擎及关键技术研究. 重庆：重庆大学.

苏中滨，孟繁疆，康丽，等，2005. 基于 Agent 技术虚拟植物模型的研究与探索. 农业工程学报，21（8）：114－117.

吴升，郭新宇，贺谊，等，2014. 基于 Unity3D 的甘蔗种植虚拟教育培训系统设计与实现. 中国农业科技导报，16（6）：96－102.

吴升，郭新宇，苗腾，等，2017. 基于 Multi－Agent 的智能植物系统的构建与应用研究. 中国农业科技导报，19（5）：60－69.

徐杨，王晓峰，何清漪，2014. 物联网环境下多智能体决策信息支持技术. 软件学报，25（10）：2325－2345.

于长立，鲁迪，鲁铭，等，2007. 基于多智能体系统的分布式数字农业管理平台构建. 华中师范大学学报，41（4）：617－620.

余强毅，吴文斌，陈羊阳，等，2014. 农作物空间格局变化模拟模型的 MATLAB 实现及应用. 农业工程学报，30（12）：105－114.

张瑞瑞，2015. 精准农业传感器网络中的节能技术研究. 北京：中国农业大学.

赵春江，陆声链，郭新宇，等，2010. 数字植物及其技术体系探讨. 中国农业科学，43（10）：2023－2030.

周薇，马晓丹，张丽娇，等，2014. 基于多源信息融合的果树冠层三维点云拼接方法研究. 光学学报，32（12）：1215003－1－8.

Alain－Jérôme Fougères，Egon Ostrosi，2018. Intelligent agents for feature modelling in computer aided design. Journal of Computational Design and Engineering，5：19－40.

Benes B，Cordoba JA，2003. Modeling virtual gardens by autonomous procedural agents. Theory and Practice of Computer Graphics，15（2）：58－65.

Bento J，Feijó B，1997. An agent－based paradigm for building intelligent CAD systems. Artificial Intelligence in Engineering，11（3）：231－244.

Bordini RH，Hubner JF，2005. BDI agent programming in AgentSpeak using Jason//Toni F，Torroni P，eds. Proceeding of the Computational Logic in Multi－Agent Systems. Heidelberg：Springer－Verlag：143－164.

Garcia E，Tyson G，Miles S，et al.，2012. An analysis of agent－oriented engineering of e－health systems//Proceeding of the AOSE 2012. Valencia.

Gupta DK，Kumar P，Mishra VN，et al.，2015. Bistatic measurements for the estimation of rice crop variables using artificial neural network. Advances in Space Research，55（6）：1613－1623.

He XX，Chen HN，Niu B，et al.，2015. Root growth optimizer with self－similar propagation. Mathematical

Problems in Engineering, 1: 1-12.

Jennings NR, 2000. On agent-Based software engineering. Artificial Intelligence, 17 (2): 277-296.

Jennings NR, 2001. An agent-based approach for building complex software systems. Communications of the ACM, 44 (4): 35-41.

Luck M, McBurney P, Shehory O, et al., 2005. Agent technology roadmap. Agent Link III.

Luo X, Miao C, Jennings NR, et al., 2012. Kemnad: A knowledge engineering methodology for negotiating agent development. Computational Intelligence, 28 (1): 51-105.

Shanmuganathan S, Narayanan A, Robinson N, 2011. A multi-agent cellular automata framework for grapevine growth and crop simulation. ICMLC: 93-97.

Shoham Y, 1993. Agent-Oriented programming. Artificial Intelligence, 60 (1): 51-92.

Xu H, Gossett N, Chen B, 2007. Knowledge and heuristic-based modeling of laser-scanned tree. ACM Transaction on Graphics, 26 (4): 1-19.

Yuan Q, Cheng X, He P, 2010. Modeling of virtual crop development based on multi-agent. International Conference on Computer Application & System Modeling, 12: 329-332.

Zhu YP, Liu SP, 2011. Technology of agent-based crop collaborative simulation and management decision. ICMIA: 158-162.

附录：玉米部分表型指标标准数据元

    数据元又称数据类型，是指用一组属性来描述其定义、标识、表示以及允许值等的数据单元。在特定的语义环境中数据元被认为是不可再分的最小数据单元，是数据交换的基本单位。随着信息化的普及，数据元的研究和应用得到较快发展，相关国家标准和行业标准不断出台，采用统一、标准的数据元形式来规范数据表示方法已经成为各行业信息标准化建设的基础内容。

    数据元表示规范是通过确定描述数据元的一系列属性来实现的。数据元的属性一般包括标识类、定义类、关系类、表示类、管理类和附加类属性。为了加强玉米表型科学研究、产业开发和技术服务的标准化程度，规范玉米表型指标的存储、交换和共享，对部分玉米表型指标以标准数据元的形式进行表示。参照其在表型组及多重组学数据库设计和应用情况确定数据元的名称、定义、标识、表示、值和值域、关联、管理等内容，从而探索玉米表型指标在意义上、标准上和内容上的统一。

（一）玉米组织、细胞水平表型标准数据元

内部标识符：
中文名称： 茎秆横切面主轴长
英文名称： Stem principal axis diameter
定义： 茎秆横切面两个点所能获得的最长线段
分类模式： 器官生长与形态建成
表示形式： 数值
数据元值的数据类型： 实数
表示格式：
数据元允许值： 0～10
单位： cm
获取方法： 测量方法参见玉米显微表型信息获取与高通量检测技术

内部标识符：
中文名称： 茎秆横切面副轴长
英文名称： Stem auxiliary axis diameter
定义： 茎秆横切面两个点所能获得的最短线段
分类模式： 器官生长与形态建成
表示形式： 数值
数据元值的数据类型： 实数
表示格式：
数据元允许值： 0～10

单位： cm
获取方法： 测量方法参见玉米显微表型信息获取与高通量检测技术

内部标识符：
中文名称： 茎秆横切面外接圆半径
英文名称： Stem circumcircle radius
定义： 茎秆横切面各顶点都相交的圆的半径
分类模式： 器官生长与形态建成
表示形式： 数值
数据元值的数据类型： 实数
表示格式：
数据元允许值： 0～10
单位： cm
获取方法： 测量方法参见玉米显微表型信息获取与高通量检测技术

内部标识符：
中文名称： 茎秆横切面面积
英文名称： Stem section area
定义： 茎秆横切后的面的面积
分类模式： 器官生长与形态建成
表示形式： 数值

数据元值的数据类型：实数

表示格式：

数据元允许值：0～20

单位：cm²

获取方法：测量方法参见玉米显微表型信息获取与高通量检测技术

内部标识符：

中文名称：茎秆维管束数目

英文名称：Stem vascular bundles number

定义：茎秆横切后所得横截面内所有维管束的总数目

分类模式：器官生长与形态建成

表示形式：数值

数据元值的数据类型：实数

表示格式：

数据元允许值：0～1 500

获取方法：计数

内部标识符：

中文名称：茎秆表皮区面积

英文名称：Stem epidermis zone area

定义：茎秆横切面表皮区的面积

分类模式：器官生长与形态建成

表示形式：数值

数据元值的数据类型：实数

表示格式：

数据元允许值：0～10

单位：cm²

获取方法：测量方法参见玉米显微表型信息获取与高通量检测技术

内部标识符：

中文名称：茎秆周皮区面积

英文名称：Stem periphery zone area

定义：茎秆横切面周皮区的面积

分类模式：器官生长与形态建成

表示形式：数值

数据元值的数据类型：实数

表示格式：

数据元允许值：0～10

单位：cm²

获取方法：测量方法参见玉米显微表型信息获取与高通量检测技术

内部标识符：

中文名称：茎秆髓区面积

英文名称：Stem inner zone area

定义：茎秆横切面髓区的面积

分类模式：器官生长与形态建成

表示形式：数值

数据元值的数据类型：实数

表示格式：

数据元允许值：0～20

单位：cm²

获取方法：测量方法参见玉米显微表型信息获取与高通量检测技术

内部标识符：

中文名称：茎秆周皮区维管束数目

英文名称：Vascular bundles number of stem periphery zone

定义：茎秆横切面周皮区维管束总数目

分类模式：器官生长与形态建成

表示形式：数值

数据元值的数据类型：实数

表示格式：

数据元允许值：0～1 000

获取方法：计数

内部标识符：

中文名称：茎秆周皮区维管束密度

英文名称：Vascular bundles density of stem periphery zone

定义：茎秆横切面周皮区维管束总数目与周皮区面积的比值

分类模式：器官生长与形态建成

表示形式：数值

数据元值的数据类型：实数

表示格式：

数据元允许值：0～1 000

单位：个/cm²

获取方法：计数

获取方法：测量计算，茎秆周皮区维管束密度＝周皮区维管束总数目÷周皮区面积

内部标识符：

中文名称：茎秆周皮区维管束总面积

英文名称：Vascular bundles total area in stem periphery zone

定义：茎秆横切面周皮区维管束面积的总和

分类模式：器官生长与形态建成

表示形式：数值

数据元值的数据类型：实数

表示格式：

数据元允许值：0～300

单位：mm^2

获取方法：测量方法参见玉米显微表型信息获取与高通量检测技术

内部标识符：

中文名称：茎秆周皮区维管束面积占比

英文名称：Vascular bundles area ratio of stem periphery zone

定义：茎秆横切面周皮区维管束总面积与茎秆横切面面积的比值

分类模式：器官生长与形态建成

表示形式：数值

数据元值的数据类型：实数

表示格式：

数据元允许值：0～1

获取方法：测量计算，茎秆周皮区管束面积占比＝周皮区维管束总面积÷茎秆横切面面积

内部标识符：

中文名称：茎秆髓区维管束数目

英文名称：Vascular bundles number of stem inner zone

定义：茎秆横切面髓区维管束总数目

分类模式：器官生长与形态建成

表示形式：数值

数据元值的数据类型：实数

表示格式：

数据元允许值：0～1 000

获取方法：计数

内部标识符：

中文名称：茎秆髓区维管束密度

英文名称：Vascular bundles density of stem inner zone

定义：茎秆横切面髓区维管束总数目与髓区面积的比值

分类模式：器官生长与形态建成

表示形式：数值

数据元值的数据类型：实数

表示格式：

单位：个/cm^2

获取方法：计数

获取方法：测量计算，茎秆髓区维管束密度＝髓区维管束总数目÷髓区面积

内部标识符：

中文名称：茎秆髓区维管束总面积

英文名称：Vascular bundles total area in stem inner zone

定义：茎秆横切面髓区维管束面积的总和

分类模式：器官生长与形态建成

表示形式：数值

数据元值的数据类型：实数

表示格式：

数据元允许值：0～500

单位：mm^2

获取方法：测量方法参见玉米显微表型信息获取与高通量检测技术

内部标识符：

中文名称：茎秆髓区维管束面积占比

英文名称：Vascular bundles area ratio of stem inner zone

定义：茎秆横切面髓区维管束总面积与茎秆横切面面积的比值

分类模式：器官生长与形态建成

表示形式：数值

数据元值的数据类型：实数

表示格式：

数据元允许值：0～1

获取方法：测量计算，茎秆髓区维管束面积占比＝髓区维管束总面积÷茎秆横切面面积

内部标识符：

中文名称：茎秆维管束平均面积

英文名称：Stem vascular bundles average area

定义：茎秆横切面内维管束总面积与维管束总数目的比值

分类模式：器官生长与形态建成

表示形式：数值

数据元值的数据类型：实数

表示格式：

数据元允许值：0～1

单位：mm^2

获取方法：测量方法参见玉米显微表型信息获取与高通量检测技术

内部标识符：
中文名称：茎秆导管数目
英文名称：Stem vessel number
定义：茎秆横切面内导管总数目
分类模式：器官生长与形态建成
表示形式：数值
数据元值的数据类型：实数
表示格式：
数据元允许值：0～3 000
获取方法：计数

内部标识符：
中文名称：茎秆导管面积
英文名称：Stem vessel area
定义：茎秆横切面内导管总面积
分类模式：器官生长与形态建成
表示形式：数值
数据元值的数据类型：实数
表示格式：
数据元允许值：0～500
单位：mm²
获取方法：测量方法参见玉米显微表型信息获取与高通量检测技术

内部标识符：
中文名称：茎秆导管面积占比
英文名称：Stem vessel area ratio
定义：茎秆横切面内导管总面积与茎秆横切面面积的比值
分类模式：器官生长与形态建成
表示形式：数值
数据元值的数据类型：实数
表示格式：
数据元允许值：0～1
获取方法：测量计算，茎秆导管面积占比＝导管总面积÷茎秆横切面面积

内部标识符：
中文名称：茎秆导管周长
英文名称：Stem vessel perimeter

定义：茎秆横切面内导管周长总和
分类模式：器官生长与形态建成
表示形式：数值
数据元值的数据类型：实数
表示格式：
数据元允许值：0～1 000
单位：mm
获取方法：测量方法参见玉米显微表型信息获取与高通量检测技术

内部标识符：
中文名称：茎秆导管直径
英文名称：Stem vessel diameter
定义：导管中心到边上两点间的距离
分类模式：器官生长与形态建成
表示形式：数值
数据元值的数据类型：实数
表示格式：
数据元允许值：0～10
单位：mm
获取方法：测量方法参见玉米显微表型信息获取与高通量检测技术

内部标识符：
中文名称：茎秆维管束鞘细胞面积
英文名称：Bundle sheath cells area of stem
定义：茎秆横切面内维管束鞘细胞面积总和
分类模式：器官生长与形态建成
表示形式：数值
数据元值的数据类型：实数
表示格式：
数据元允许值：0～1 000
单位：mm²
获取方法：测量方法参见玉米显微表型信息获取与高通量检测技术

内部标识符：
中文名称：茎秆维管束鞘细胞面积占比
英文名称：Bundle sheath cells area ratio of stem
定义：茎秆横切面内维管束鞘细胞总面积与茎秆横切面面积的比值
分类模式：器官生长与形态建成
表示形式：数值

数据元值的数据类型：实数

表示格式：

数据元允许值：0～1

获取方法：测量计算，茎秆维管束鞘细胞面积占比＝维管束鞘细胞总面积÷茎秆横切面面积

内部标识符：

中文名称：茎秆体积

英文名称：Stem volume

定义：茎秆样本块占有空间的量

分类模式：器官生长与形态建成

表示形式：数值

数据元值的数据类型：实数

表示格式：

数据元允许值：0～1 000

单位：cm^3

获取方法：测量方法参见玉米显微表型信息获取与高通量检测技术

内部标识符：

中文名称：茎秆表面积

英文名称：Stem surface area

定义：茎秆样本块外表面的面积之和

分类模式：器官生长与形态建成

表示形式：数值

数据元值的数据类型：实数

表示格式：

数据元允许值：0～10

单位：cm^2

获取方法：测量方法参见玉米显微表型信息获取与高通量检测技术

内部标识符：

中文名称：茎秆表面密度

英文名称：Stem surface density

定义：单位体积的茎秆物质的质量

分类模式：器官生长与形态建成

表示形式：数值

数据元值的数据类型：实数

表示格式：

数据元允许值：0～1

单位：1/μm

获取方法：测量方法参见玉米显微表型信息获取与高通量检测技术

内部标识符：

中文名称：茎秆孔隙度

英文名称：Stem porosity

定义：指茎秆中所有孔隙空间体积之和与该茎秆体积的比值

分类模式：器官生长与形态建成

表示形式：数值

数据元值的数据类型：百分数

表示格式：

数据元允许值：0～100

单位：%

获取方法：测量计算，茎秆孔隙度＝茎秆中所有孔隙空间体积之和÷该茎秆体积×100%

内部标识符：

中文名称：籽粒相对密度

英文名称：Kernel relative density

定义：籽粒质量与籽粒体积的比值

分类模式：器官生长与形态建成

表示形式：数值

数据元值的数据类型：实数

表示格式：

数据元允许值：0～2

单位：g/mm^3

获取方法：测量计算，籽粒相对密度＝籽粒质量÷籽粒总体积

内部标识符：

中文名称：籽粒绝对密度

英文名称：Kernel absolute density

定义：籽粒质量与籽粒有效体积的比值

分类模式：器官生长与形态建成

表示形式：数值

数据元值的数据类型：实数

表示格式：

数据元允许值：0～2

单位：g/mm^3

获取方法：测量计算，籽粒绝对密度＝籽粒质量÷籽粒有效体积

内部标识符：

中文名称：籽粒表面密度

英文名称：Kernel surface density

定义：单位体积的籽粒物质的质量

分类模式：器官生长与形态建成

表示形式：数值

数据元值的数据类型：实数

表示格式：

数据元允许值：0～1

单位：1/μm

获取方法：测量方法参见玉米显微表型信息获取与高通量检测技术

内部标识符：

中文名称：籽粒闭合孔数目

英文名称：Closed pores number of kernel

定义：籽粒中与外界不联通的封闭空腔的数目

分类模式：器官生长与形态建成

表示形式：数值

数据元值的数据类型：实数

表示格式：

数据元允许值：0～∞

获取方法：测量方法参见玉米显微表型信息获取与高通量检测技术

内部标识符：

中文名称：籽粒孔隙度

英文名称：Total porosity of kernel

定义：指籽粒中所有孔隙空间体积之和与该籽粒体积的比值

分类模式：器官生长与形态建成

表示形式：数值

数据元值的数据类型：百分数

表示格式：

数据元允许值：0～100

单位:%

获取方法：测量计算，籽粒孔隙度＝籽粒中所有孔隙空间体积之和÷籽粒体积×100%

内部标识符：

中文名称：籽粒体积

英文名称：Kernel volume

定义：籽粒占有空间的量

分类模式：器官生长与形态建成

表示形式：数值

数据元值的数据类型：实数

表示格式：

数据元允许值：0～1 000

单位：mm³

获取方法：测量方法参见玉米显微表型信息获取与高通量检测技术

内部标识符：

中文名称：空腔体积

英文名称：Cavity volume

定义：籽粒空腔占有空间的量

分类模式：器官生长与形态建成

表示形式：数值

数据元值的数据类型：实数

表示格式：

数据元允许值：0～100

单位：mm³

获取方法：测量方法参见玉米显微表型信息获取与高通量检测技术

内部标识符：

中文名称：空腔体积占比

英文名称：Cavity volume ratio

定义：籽粒空腔占有空间的量与籽粒占有空间的量的比值

分类模式：器官生长与形态建成

表示形式：数值

数据元值的数据类型：百分数

表示格式：

数据元允许值：0～100

单位:%

获取方法：测量计算，籽粒空腔体积占比＝空腔占有空间的量÷籽粒占有空间的量×100%

内部标识符：

中文名称：胚体积

英文名称：Embryo volume

定义：籽粒胚占有空间的量

分类模式：器官生长与形态建成

表示形式：数值

数据元值的数据类型：实数

表示格式：

数据元允许值：0～200

单位：mm³

获取方法：测量方法参见玉米显微表型信息获取与高通量检测技术

内部标识符：

中文名称：胚体积占比

英文名称：Embryo volume ratio

定义：籽粒胚占有空间的量与籽粒占有空间的量的比值

分类模式：器官生长与形态建成

表示形式：数值

数据元值的数据类型：百分数

表示格式：

数据元允许值：0～100

单位：%

获取方法：测量计算，胚体积占比＝胚占有空间的量÷籽粒占有空间的量×100%

内部标识符：

中文名称：胚乳体积

英文名称：Endosperm volume

定义：籽粒胚乳占有空间的量

分类模式：器官生长与形态建成

表示形式：数值

数据元值的数据类型：实数

表示格式：

数据元允许值：0～500

单位：mm³

获取方法：测量方法参见玉米显微表型信息获取与高通量检测技术

内部标识符：

中文名称：胚乳体积占比

英文名称：Endosperm volume ratio

定义：籽粒胚乳占有空间的量与籽粒占有空间的量的比值

分类模式：器官生长与形态建成

表示形式：数值

数据元值的数据类型：百分数

表示格式：

数据元允许值：0～100

单位：%

获取方法：测量计算，胚乳体积占比＝胚乳占有空间的量÷籽粒占有空间的量×100%

内部标识符：

中文名称：胚表面积

内部标识符：

英文名称：Embryo surface area

定义：胚外表面的面积之和

分类模式：器官生长与形态建成

表示形式：数值

数据元值的数据类型：实数

表示格式：

数据元允许值：0～1 000

单位：mm²

获取方法：测量方法参见玉米显微表型信息获取与高通量检测技术

内部标识符：

中文名称：胚乳表面积

英文名称：Endosperm surface area

定义：胚乳外表面的面积之和

分类模式：器官生长与形态建成

表示形式：数值

数据元值的数据类型：实数

表示格式：

数据元允许值：0～2 000

单位：mm²

获取方法：测量方法参见玉米显微表型信息获取与高通量检测技术

内部标识符：

中文名称：空腔表面积

英文名称：Cavity surface area

定义：籽粒空腔外表面的面积之和

分类模式：器官生长与形态建成

表示形式：数值

数据元值的数据类型：实数

表示格式：

数据元允许值：0～2 000

单位：mm²

获取方法：测量方法参见玉米显微表型信息获取与高通量检测技术

内部标识符：

中文名称：籽粒表面积

英文名称：Kernel surface area

定义：籽粒外表面的面积之和

分类模式：器官生长与形态建成

表示形式：数值

数据元值的数据类型：实数

表示格式：

数据元允许值：0～1 000

单位：mm²

获取方法：测量方法参见玉米显微表型信息获取与高通量检测技术

内部标识符：

中文名称：叶片横切面面积

英文名称：Cross - section area of leaves

定义：垂直于叶片主脉的断面面积

分类模式：器官生长与形态建成

表示形式：数值

数据元值的数据类型：实数

表示格式：

数据元允许值：0～180

单位：mm²

获取方法：测量方法参见玉米显微表型信息获取与高通量检测叶片提取技术

内部标识符：

中文名称：叶片横切面主脉区面积

英文名称：Cross - section area of leaf midrib

定义：叶片横切面上，主脉区域的面积

分类模式：器官生长与形态建成

表示形式：数值

数据元值的数据类型：实数

表示格式：

数据元允许值：0～80

单位：mm²

获取方法：测量方法参见玉米显微表型信息获取与高通量检测技术

内部标识符：

中文名称：叶片横切面长分区面积

英文名称：Cross - section area of leaf wide wing

定义：主脉将叶片分成两部分，在叶片横切面上，较长的一部分所占面积称为横截面长分区面积

分类模式：器官生长与形态建成

表示形式：数值

数据元值的数据类型：实数

表示格式：

数据元允许值：0～50

单位：mm²

获取方法：测量方法参见玉米显微表型信息获取与

高通量检测技术

内部标识符：

中文名称：叶片横切面短分区面积

英文名称：Cross - section area of leaf narrow wing

定义：主脉将叶片分成两部分，在叶片横切面上，较短的一部分所占面积称为横切面短分区面积

分类模式：器官生长与形态建成

表示形式：数值

数据元值的数据类型：实数

表示格式：

数据元允许值：0～50

单位：mm²

获取方法：测量方法参见玉米显微表型信息获取与高通量检测技术

内部标识符：

中文名称：叶片横切面总长度

英文名称：Total cross - section length of leaf

定义：叶片横切面上，以表皮所围区域的所有内切圆中心点组成的连线的长度

分类模式：器官生长与形态建成

表示形式：数值

数据元值的数据类型：实数

表示格式：

数据元允许值：0～200

单位：mm

获取方法：测量方法参见玉米显微表型信息获取与高通量检测技术

内部标识符：

中文名称：叶片横切面主脉区长度

英文名称：Midrib length of leaf cross - section

定义：叶片横切面上，主脉区内切圆中心点组成的连线的长度

分类模式：器官生长与形态建成

表示形式：数值

数据元值的数据类型：实数

表示格式：

数据元允许值：0～40

单位：mm

获取方法：测量方法参见玉米显微表型信息获取与高通量检测技术

内部标识符：

中文名称：叶片横切面长分区长度

英文名称：Wide wing length of leaf cross‑section

定义：叶片横切面上，长分区内切圆中心点组成的连线的长度

分类模式：器官生长与形态建成

表示形式：数值

数据元值的数据类型：实数

表示格式：

数据元允许值：0～80

单位：mm

获取方法：测量方法参见玉米显微表型信息获取与高通量检测技术

内部标识符：

中文名称：叶片横切面短分区长度

英文名称：Narrow wing length of leaf cross‑section

定义：叶片横切面上，短分区内切圆中心点组成的连线的长度

分类模式：器官生长与形态建成

表示形式：数值

数据元值的数据类型：实数

表示格式：

数据元允许值：0～80

单位：mm

获取方法：测量方法参见玉米显微表型信息获取与高通量检测技术

内部标识符：

中文名称：叶片平均厚度

英文名称：Average leaf thickness

定义：叶片横切面上，除主脉以外的区域，上表皮到下表皮距离的平均值

分类模式：器官生长与形态建成

表示形式：数值

数据元值的数据类型：实数

表示格式：

数据元允许值：0～5

单位：mm

获取方法：测量方法参见玉米显微表型信息获取与高通量检测技术

内部标识符：

中文名称：主脉最大厚度

英文名称：Maximum thickness in midrib

定义：叶片横切面上，上下表皮最大曲率点连线的长度

分类模式：器官生长与形态建成

表示形式：数值

数据元值的数据类型：实数

表示格式：

数据元允许值：0～20

单位：mm

获取方法：测量方法参见玉米显微表型信息获取与高通量检测技术

内部标识符：

中文名称：叶片横切面维管束数目

英文名称：Vascular bundle number of leaf cross‑section

定义：叶片横切面上，大小维管束数目之和

分类模式：器官生长与形态建成

表示形式：数值

数据元值的数据类型：实数

表示格式：

数据元允许值：0～3 000

获取方法：计数

内部标识符：

中文名称：叶片横切面主脉区维管束数目

英文名称：Vascular bundle number in midrib area of leaf cross‑section

定义：叶片横切面上，主脉区域内的大小维管束数目之和

分类模式：器官生长与形态建成

表示形式：数值

数据元值的数据类型：实数

表示格式：

数据元允许值：0～500

获取方法：计数

内部标识符：

中文名称：叶片横切面长分区维管束数目

英文名称：Vascular bundle number in wide wing of leaf cross‑section

定义：叶片横切面上，长分区内的大小维管束数目之和

分类模式：器官生长与形态建成

表示形式：数值

数据元值的数据类型：实数

表示格式：

数据元允许值：0～1 000

获取方法：计数

内部标识符：

中文名称： 叶片横切面短分区维管束数目

英文名称： Vascular bundle number in narrow wing of leaf cross‐section

定义：叶片横切面上，短分区内的大小维管束个数之和

分类模式：器官生长与形态建成

表示形式：数值

数据元值的数据类型：实数

表示格式：

数据元允许值：0～1 000

获取方法：计数

内部标识符：

中文名称： 叶片横切面大维管束数目

英文名称： Big vascular bundle number of leaf cross‐section

定义：叶片横切面上，大维管束数目之和

分类模式：器官生长与形态建成

表示形式：数值

数据元值的数据类型：实数

表示格式：

数据元允许值：0～500

获取方法：计数

内部标识符：

中文名称： 叶片横切面主脉区大维管束数目

英文名称： Big vascular bundle number in midrib area of leaf cross‐section

定义：叶片横切面上，主脉区域内的大维管束数目之和

分类模式：器官生长与形态建成

表示形式：数值

数据元值的数据类型：实数

表示格式：

数据元允许值：0～100

获取方法：计数

内部标识符：

中文名称： 叶片横切面长分区大维管束数目

英文名称： Big vascular bundle number in wide wing of leaf cross‐section

定义：叶片横切面上，长分区内的大维管束数目之和

分类模式：器官生长与形态建成

表示形式：数值

数据元值的数据类型：实数

表示格式：

数据元允许值：0～250

获取方法：计数

内部标识符：

中文名称： 叶片横切面短分区大维管束数目

英文名称： Big vascular bundle number in narrow wing of leaf cross‐section

定义：叶片横切面上，短分区内的大维管束数目之和

分类模式：器官生长与形态建成

表示形式：数值

数据元值的数据类型：实数

表示格式：

数据元允许值：0～250

获取方法：计数

内部标识符：

中文名称： 叶片横切面小维管束数目

英文名称： Small vascular bundle number of leaf cross‐section

定义：叶片横切面上，小维管束数目之和

分类模式：器官生长与形态建成

表示形式：数值

数据元值的数据类型：实数

表示格式：

数据元允许值：0～2 500

获取方法：计数

内部标识符：

中文名称： 叶片横切面主脉区小维管束数目

英文名称： Small vascular bundle number in midrib area of leaf cross‐section

定义：叶片横切面上，主脉区域内的小维管束数目之和

分类模式：器官生长与形态建成

表示形式：数值

数据元值的数据类型：实数

表示格式：

数据元允许值：0～500

获取方法：计数

内部标识符：

中文名称：叶片横切面长分区小维管束数目

英文名称：Small vascular bundle number in wide wing of leaf cross-section

定义：叶片横切面上，长分区内的小维管束数目之和

分类模式：器官生长与形态建成

表示形式：数值

数据元值的数据类型：实数

表示格式：

数据元允许值：0～1 000

获取方法：计数

内部标识符：

中文名称：叶片横切面短分区小维管束数目

英文名称：Small vascular bundle number in narrow wing of leaf cross-section

定义：叶片横切面上，短分区内的小维管束数目之和

分类模式：器官生长与形态建成

表示形式：数值

数据元值的数据类型：实数

表示格式：

数据元允许值：0～1 000

获取方法：计数

内部标识符：

中文名称：叶片横切面大小维管束数目比

英文名称：Number ratio of big vascular bundles and small vascular bundles

定义：叶片横切面上，大维管束总数目与小维管束总数目的比值

分类模式：器官生长与形态建成

表示形式：数值

数据元值的数据类型：实数

表示格式：

数据元允许值：0～1

获取方法：测量计算，叶片横切面大小维管束数目比＝叶片横切面大维管束总数目÷叶片横切面小维管束总数目

内部标识符：

中文名称：相邻大维管束间的平均小维管束数目

英文名称：Average number of small vascular bundles between adjacent big vascular bundles

定义：叶片横切面上，除主脉以外的区域，两个相邻大维管束之间的小维管束数目的平均值

分类模式：器官生长与形态建成

表示形式：数值

数据元值的数据类型：实数

表示格式：

数据元允许值：0～100

获取方法：计数

内部标识符：

中文名称：平均大维管束间距

英文名称：Average distance between adjacent big vascular bundles

定义：叶片横切面上，除主脉以外的区域，两个相邻大维管束内切圆圆心连线长度的平均值

分类模式：器官生长与形态建成

表示形式：数值

数据元值的数据类型：实数

表示格式：

数据元允许值：0～20

单位：mm

获取方法：测量方法参见玉米显微表型信息获取与高通量检测技术

内部标识符：

中文名称：平均小维管束间距

英文名称：Average distance between adjacent small vascular bundles

定义：叶片横切面上，除主脉以外的区域，两个相邻小维管束内切圆圆心连线长度的平均值

分类模式：器官生长与形态建成

表示形式：数值

数据元值的数据类型：实数

表示格式：

数据元允许值：0～5

单位：mm

获取方法：测量方法参见玉米显微表型信息获取与高通量检测技术

内部标识符：

中文名称：叶片横切面维管束总面积

英文名称：Total vascular bundle area of leaf cross - section

定义：叶片横切面上，所有大、小维管束面积之和

分类模式：器官生长与形态建成

表示形式：数值

数据元值的数据类型：实数

表示格式：

数据元允许值：0～200

单位：mm²

获取方法：测量方法参见玉米显微表型信息获取与高通量检测技术

内部标识符：

中文名称：叶片横切面大维管束总面积

英文名称：Big vascular bundle area of leaf cross - section

定义：叶片横切面上，大维管束面积之和

分类模式：器官生长与形态建成

表示形式：数值

数据元值的数据类型：实数

表示格式：

数据元允许值：0～100

单位：mm²

获取方法：测量方法参见玉米显微表型信息获取与高通量检测技术

内部标识符：

中文名称：叶片横切面小维管束总面积

英文名称：Small vascular bundle area of leaf cross - section

定义：叶片横切面上，小维管束面积之和

分类模式：器官生长与形态建成

表示形式：数值

数据元值的数据类型：实数

表示格式：

数据元允许值：0～100

单位：mm²

获取方法：测量方法参见玉米显微表型信息获取与高通量检测技术

内部标识符：

中文名称：叶片横切面平均大维管束面积

英文名称：Average big vascular bundle area of leaf cross - section

定义：叶片横切面上，大维管束面积的平均值

分类模式：器官生长与形态建成

表示形式：数值

数据元值的数据类型：实数

表示格式：

数据元允许值：0～20

单位：mm²

获取方法：测量方法参见玉米显微表型信息获取与高通量检测技术

内部标识符：

中文名称：叶片横切面平均小维管束面积

英文名称：Average small vascular bundle area of leaf cross - section

定义：叶片横切面上，小维管束面积的平均值

分类模式：器官生长与形态建成

表示形式：数值

数据元值的数据类型：实数

表示格式：

数据元允许值：0～10

单位：mm²

获取方法：测量方法参见玉米显微表型信息获取与高通量检测技术

内部标识符：

中文名称：叶片横切面大小维管束面积比

英文名称：Area ratio of big and small vascular bundle

定义：叶片横切面上，大维管束总面积与小维管束总面积之比

分类模式：器官生长与形态建成

表示形式：数值

数据元值的数据类型：实数

表示格式：

数据元允许值：0～10 000

获取方法：测量计算，叶片横切面大小维管束面积比＝叶片横切面大维管束总面积÷叶片横切面小维管束总面积

内部标识符：

中文名称：单位叶片横切面维管束总面积

英文名称：Ratio of area of vascular bundle and leaf cross - section area

定义：叶片横切面上，维管束总面积与叶片横切面面积之比

分类模式：器官生长与形态建成

表示形式：数值

数据元值的数据类型：实数

表示格式：

数据元允许值：0~1

获取方法：测量计算，单位叶片横切面维管束总面积＝叶片横切面维管束总面积÷叶片横切面面积

内部标识符：

中文名称：叶片大维管束导管平均直径

英文名称：Average diameter of big vascular bundles of leaf

定义：叶片横切面上，大维管束导管直径的平均值

分类模式：器官生长与形态建成

表示形式：数值

数据元值的数据类型：实数

表示格式：

数据元允许值：0~5

单位：mm

获取方法：测量计算，叶片大维管束导管平均直径＝叶片大维管束导管直径总和÷大维管束导管数目

内部标识符：

中文名称：叶片小维管束导管平均直径

英文名称：Average diameter of small vascular bundles of leaf

定义：叶片横切面上，小维管束导管直径的平均值

分类模式：器官生长与形态建成

表示形式：数值

数据元值的数据类型：实数

表示格式：

数据元允许值：0~2

单位：mm

获取方法：测量计算，叶片小维管束导管平均直径＝叶片小维管束导管直径总和÷小维管束导管数目

内部标识符：

中文名称：叶片大维管束导管平均面积

英文名称：Average area of big vascular bundles of leaf

定义：叶片横切面上，大维管束导管面积的平均值

分类模式：器官生长与形态建成

表示形式：数值

数据元值的数据类型：实数

表示格式：

数据元允许值：0~20

单位：mm^2

获取方法：测量计算，叶片大维管束导管平均面积＝叶片大维管束导管总面积÷大维管束导管数目

内部标识符：

中文名称：叶片小维管束导管平均面积

英文名称：Average area of small vascular bundles of leaf

定义：叶片横切面上，小维管束导管面积的平均值

分类模式：器官生长与形态建成

表示形式：数值

数据元值的数据类型：实数

表示格式：

数据元允许值：0~10

单位：mm^2

获取方法：测量计算，叶片小维管束导管平均面积＝叶片小维管束导管总面积÷小维管束导管数目

内部标识符：

中文名称：单位叶面积气孔数目

英文名称：Stomata number per unit leaf area

定义：叶片下表皮单位面积气孔数目

分类模式：器官生长与形态建成

表示形式：数值

数据元值的数据类型：实数

表示格式：

数据元允许值：0~100 000

获取方法：测量方法参见玉米显微表型信息获取与高通量检测技术

内部标识符：

中文名称：平均气孔长度

英文名称：Average stomata length

定义：叶片下表皮气孔长轴的平均值

分类模式：器官生长与形态建成

表示形式：数值

数据元值的数据类型：实数

表示格式：

数据元允许值：0~5

单位：mm

获取方法：测量计算，平均气孔长度＝下表皮气孔

总和÷气孔数目

内部标识符：

中文名称： 平均气孔开度

英文名称： Average stomata aperture

定义：气孔平均张开的程度

分类模式：器官生长与形态建成

表示形式：数值

数据元值的数据类型：实数

表示格式：

数据元允许值：0～2

单位：mm

获取方法：测量方法参见玉米显微表型信息获取与高通量检测技术

内部标识符：

中文名称： 根横截面面积

英文名称： Root cross - sectional area

定义：垂直于根轴向生长方向的截面面积

分类模式：器官生长与形态建成

表示形式：数值

数据元值的数据类型：实数

表示格式：

数据元允许值：0～100

单位：mm²

获取方法：利用图像分析软件在截面图像上圈定相应区域测量

内部标识符：

中文名称： 根周长

英文名称： Root perimeter

定义：垂直于根轴向生长方向的截面周长

分类模式：器官生长与形态建成

表示形式：数值

数据元值的数据类型：实数

表示格式：

数据元允许值：0～100

单位：mm

获取方法：利用图像分析软件在截面图像上圈定相应区域测量

内部标识符：

中文名称： 根直径

英文名称： Root diameter

定义：通过根横截面中心到截面边上两点间的距离

分类模式：器官生长与形态建成

表示形式：数值

数据元值的数据类型：实数

表示格式：

数据元允许值：0～30

单位：mm

获取方法：利用图像分析软件在截面图像上圈定相应区域测量

内部标识符：

中文名称： 皮层总面积

英文名称： Total cortical area

定义：根表皮与中柱之间部分的总面积

分类模式：器官生长与形态建成

表示形式：数值

数据元值的数据类型：实数

表示格式：

数据元允许值：0～100

单位：mm²

获取方法：利用图像分析软件在截面图像上圈定相应区域测量

内部标识符：

中文名称： 皮层细胞面积

英文名称： Cortical cell area

定义：皮层总面积中除去通气组织后的薄壁细胞的总面积

分类模式：器官生长与形态建成

表示形式：数值

数据元值的数据类型：实数

表示格式：

数据元允许值：0～100

单位：mm²

获取方法：利用图像分析软件在截面图像上圈定相应区域测量

内部标识符：

中文名称： 皮层细胞面积占比

英文名称： Cortical cell area ratio

定义：皮层细胞面积占根横截面面积的百分比

分类模式：器官生长与形态建成

表示形式：数值

数据元值的数据类型：百分数

表示格式：

数据元允许值：0～1

单位：%

获取方法：测量计算，皮层细胞面积占比＝皮层细胞面积÷根横截面面积×100%

内部标识符：

中文名称：通气组织面积

英文名称：Aerenchyma area

定义：根皮层薄壁组织内一些气室或空腔集合的总面积

表示形式：数值

数据元值的数据类型：实数

表示格式：

数据元允许值：0～100

单位：mm^2

获取方法：利用图像分析软件在截面图像上圈定相应区域测量

内部标识符：

中文名称：通气组织与皮层面积比

英文名称：Area ratio of aerenchyma and cortex

定义：皮层通气组织面积与皮层总面积的比值

表示形式：数值

数据元值的数据类型：实数

表示格式：

数据元允许值：0～1

获取方法：测量计算，通气组织与皮层面积比＝通气组织面积÷皮层面积

内部标识符：

中文名称：中柱面积

英文名称：Stele area

定义：根内皮层以内的中轴部分的面积

分类模式：器官生长与形态建成

表示形式：数值

数据元值的数据类型：实数

表示格式：

数据元允许值：0～100

单位：mm^2

获取方法：利用图像分析软件在截面图像上圈定相应区域测量

内部标识符：

中文名称：中柱周长

英文名称：Stele perimeter

定义：根内皮层以内的中轴部分的周长

分类模式：器官生长与形态建成

表示形式：数值

数据元值的数据类型：实数

表示格式：

数据元允许值：0～100

单位：mm

获取方法：利用图像分析软件在截面图像上圈定相应区域测量

内部标识符：

中文名称：中柱面积占比

英文名称：Proportion of cross - section occupied by stele

定义：中柱面积占根横截面面积的百分比

分类模式：器官生长与形态建成

表示形式：数值

数据元值的数据类型：百分数

表示格式：

数据元允许值：0～1

单位：%

获取方法：测量计算，中柱面积占比＝中柱面积÷根横截面面积×100%

内部标识符：

中文名称：中柱皮层面积比

英文名称：Area ratio of stele and cortex

定义：中柱面积与皮层面积的比值

分类模式：器官生长与形态建成

表示形式：数值

数据元值的数据类型：实数

表示格式：

数据元允许值：0～1

获取方法：测量计算，中柱皮层面积比＝中柱面积÷皮层面积

内部标识符：

中文名称：木质部导管总面积

英文名称：Total area of xylem vessel

定义：根内木质部中主要输导水分和无机盐的管状

结构的横截面面积总和

表示形式：数值

数据元值的数据类型：实数

表示格式：

数据元允许值：0～100

单位：mm²

获取方法：利用图像分析软件在截面图像上圈定相应区域测量

内部标识符：

中文名称：原生木质部导管面积

英文名称：Protoxylem vessel area

定义：位于初生木质部外侧靠近中柱鞘部分的最初成熟的木质部导管的总横截面面积

表示形式：数值

数据元值的数据类型：实数

表示格式：

数据元允许值：0～10

单位：mm²

获取方法：利用图像分析软件在截面图像上圈定相应区域测量

内部标识符：

中文名称：原生木质部导管数目

英文名称：Protoxylem vessel number

定义：位于初生木质部外侧靠近中柱鞘部分的最初成熟的木质部导管的总数目

表示形式：数值

数据元值的数据类型：实数

表示格式：

数据元允许值：0～10 000

获取方法：利用图像分析软件在截面图像上圈定相应区域并计数

内部标识符：

中文名称：原生木质部导管平均直径

英文名称：Average diameter of protoxylem vessel

定义：原生木质部导管直径的平均值

分类模式：器官生长与形态建成

表示形式：数值

数据元值的数据类型：实数

表示格式：

数据元允许值：0～10 000

单位：μm

获取方法：测量计算，原生木质部导管平均直径＝原生木质部导管直径总和/原生木质部导管数目

内部标识符：

中文名称：后生木质部导管面积

英文名称：Metaxylem vessel area

定义：位于初生木质部内侧远离中柱鞘部分的管径较大的木质部导管的总横截面面积

表示形式：数值

数据元值的数据类型：实数

表示格式：

数据元允许值：0～10

单位：mm²

获取方法：利用图像分析软件在截面图像上圈定相应区域测量

内部标识符：

中文名称：后生木质部导管数目

英文名称：Metaxylem vessel number

定义：位于初生木质部内侧远离中柱鞘部分的管径较大的木质部导管的总数目

表示形式：数值

数据元值的数据类型：实数

表示格式：

数据元允许值：0～10 000

获取方法：利用图像分析软件在截面图像上圈定相应区域并计数

内部标识符：

中文名称：后生木质部导管平均直径

英文名称：Average diameter of metaxylem vessel

定义：后生木质部导管直径的平均值

分类模式：器官生长与形态建成

表示形式：数值

数据元值的数据类型：实数

表示格式：

数据元允许值：0～10 000

单位：μm

获取方法：测量计算，后生木质部导管平均直径＝后生木质部导管直径总和/后生木质部导管数目

内部标识符：

中文名称：后生木质部导管总体积

英文名称：Total volume of metaxylem vessels

定义：单位长度根组织样品后生木质部导管体积的总和

分类模式：器官生长与形态建成

表示形式：数值

数据元值的数据类型：实数

表示格式：

数据元允许值：0～10

单位：mm³

获取方法：利用图像分析软件在三维图像上分割提取计算

内部标识符：

中文名称：后生木质部导管总表面积

英文名称：Total surface area of metaxylem vessels

定义：单位长度根组织样品后生木质部导管表面积的总和

分类模式：器官生长与形态建成

表示形式：数值

数据元值的数据类型：实数

表示格式：

数据元允许值：0～1 000

单位：mm²

获取方法：利用图像分析软件在三维图像上分割提取计算

内部标识符：

中文名称：后生木质部导管总横截面面积（基部）

英文名称：Total cross - sectional area of metaxylem vessels（basal）

定义：根段样品后生木质部导管基部端横截面面积的总和

分类模式：器官生长与形态建成

表示形式：数值

数据元值的数据类型：实数

表示格式：

数据元允许值：0～10

单位：mm²

获取方法：利用图像分析软件在三维图像上分割提取计算

内部标识符：

中文名称：后生木质部导管总横截面面积（梢部）

英文名称：Total cross - sectional area of metaxylem vessels（distal）

定义：根段样品后生木质部导管梢部端横截面面积的总和

分类模式：器官生长与形态建成

表示形式：数值

数据元值的数据类型：实数

表示格式：

数据元允许值：0～10

单位：mm²

获取方法：利用图像分析软件在三维图像上分割提取计算

内部标识符：

中文名称：单根后生木质部导管体积

英文名称：Volume of each metaxylem vessel

定义：单位长度根组织样品单根后生木质部导管体积

分类模式：器官生长与形态建成

表示形式：数值

数据元值的数据类型：实数

表示格式：

数据元允许值：0～10

单位：mm³

获取方法：利用图像分析软件在三维图像上分割提取计算

内部标识符：

中文名称：单根后生木质部导管表面积

英文名称：Surface area of each metaxylem vessel

定义：单位长度根组织样品单根后生木质部导管的表面积

分类模式：器官生长与形态建成

表示形式：数值

数据元值的数据类型：实数

表示格式：

数据元允许值：0～1 000

单位：mm²

获取方法：利用图像分析软件在三维图像上分割提取计算

内部标识符：

中文名称：单根后生木质部导管横截面面积（基部）

英文名称：Cross - sectional area of each metaxylem vessel（basal）

定义：根段样品单根后生木质部导管基部端的横截

面面积

分类模式：器官生长与形态建成

表示形式：数值

数据元值的数据类型：实数

表示格式：

数据元允许值：0～10

单位：mm²

获取方法：利用图像分析软件在三维图像上分割提取计算

内部标识符：

中文名称： 单根后生木质部导管横截面面积（梢部）

英文名称：Cross - sectional area of each metaxylem vessel（distal）

定义：根段样品单根后生木质部导管梢部端的横截面面积

分类模式：器官生长与形态建成

表示形式：数值

数据元值的数据类型：实数

表示格式：

数据元允许值：0～10

单位：mm²

获取方法：利用图像分析软件在三维图像上分割提取计算

（二）玉米器官常见表型指标标准数据元

内部标识符：

中文名称： 穗行数

英文名称： Ear rows

定义：玉米果穗表面上籽粒成行的行数

分类模式：玉米器官常见表型指标

表示形式：数值

数据元值的数据类型：正实数

表示格式：

数据元允许值：0～+40

单位：行

获取方法：见第三章

内部标识符：

中文名称： 行粒数

英文名称： Kernels per row

定义：玉米果穗表面上各行的平均粒数

分类模式：玉米器官常见表型指标

表示形式：数值

数据元值的数据类型：正整数

表示格式：

数据元允许值：0～+50

单位：粒

获取方法：见第三章

内部标识符：

中文名称： 总粒数

英文名称： Kernels per ear

定义：玉米果穗表面上所有结实籽粒的数量

分类模式：玉米器官常见表型指标

表示形式：数值

数据元值的数据类型：正整数

表示格式：

数据元允许值：0～+1 000

单位：粒

获取方法：见第三章

内部标识符：

中文名称： 穗长

英文名称： Ear length

定义：玉米果穗图像上果穗的最小外包矩形定义的长轴长度

分类模式：玉米器官常见表型指标

表示形式：数值

数据元值的数据类型：正实数

表示格式：

数据元允许值：1～+50

单位：cm

获取方法：见第三章

内部标识符：

中文名称： 穗粗

英文名称： Ear thick

定义：玉米果穗图像上果穗的最小外包矩形定义的短轴长度

分类模式：玉米器官常见表型指标

表示形式：数值

数据元值的数据类型：正实数

表示格式：

数据元允许值：1～+10

单位：cm

获取方法：见第三章

内部标识符：

中文名称：穗投影面积

英文名称：Ear projected area

定义：玉米果穗图像上果穗外轮廓线所包围面积

分类模式：玉米器官常见表型指标

表示形式：数值

数据元值的数据类型：正实数

表示格式：

数据元允许值：1～＋500

单位：cm×cm

获取方法：见第三章

内部标识符：

中文名称：穗体积

英文名称：Ear volume

定义：玉米果穗的多个侧视图像上轮廓形成的封闭体的体积

分类模式：玉米器官常见表型指标

表示形式：数值

数据元值的数据类型：正实数

表示格式：

数据元允许值：1～＋5 000

单位：cm×cm×cm

获取方法：见第三章

内部标识符：

中文名称：穗矩形填充率

英文名称：Ear filling rate of rectangle

定义：玉米果穗图像上果穗的投影面积与最小外包矩形面积之比

分类模式：玉米器官常见表型指标

表示形式：数值

数据元值的数据类型：正实数

表示格式：

数据元允许值：0～＋1

单位：

获取方法：见第三章

内部标识符：

中文名称：穗长宽比

英文名称：Ear length‐width ratio

定义：玉米果穗图像上果穗的穗粗与穗长之比

分类模式：玉米器官常见表型指标

表示形式：数值

数据元值的数据类型：正实数

表示格式：

数据元允许值：0～＋1

单位：

获取方法：见第三章

内部标识符：

中文名称：穗秃尖长

英文名称：Ear bald tip length

定义：玉米果穗图像上果穗顶部未结实区域的长度

分类模式：玉米器官常见表型指标

表示形式：数值

数据元值的数据类型：正实数

表示格式：

数据元允许值：0～＋50

单位：cm

获取方法：见第三章

内部标识符：

中文名称：穗秃尖投影面积

英文名称：Ear bald tip projected area ratio

定义：玉米果穗图像上果穗顶部未结实区域的面积

分类模式：玉米器官常见表型指标

表示形式：数值

数据元值的数据类型：正实数

表示格式：

数据元允许值：0～＋500

单位：cm×cm

获取方法：见第三章

内部标识符：

中文名称：粒厚

英文名称：Ear kernel thick

定义：玉米果穗图像上基于一行穗粒长度计算出的穗粒平均厚度

分类模式：玉米器官常见表型指标

表示形式：数值

数据元值的数据类型：正实数

表示格式：

数据元允许值：0～＋1

单位：cm

获取方法：见第三章

内部标识符:

中文名称: 穗均色 R

英文名称: Ear average R

定义: 玉米果穗 RGB 图像中果穗区域 R 通道平均值

分类模式: 玉米器官常见表型指标

表示形式: 数值

数据元值的数据类型: 正实数

表示格式:

数据元允许值: 0～＋255

获取方法: 见第三章

内部标识符:

中文名称: 穗均色 G

英文名称: Ear average G

定义: 玉米果穗 RGB 图像中果穗区域 G 通道平均值

分类模式: 玉米器官常见表型指标

表示形式: 数值

数据元值的数据类型: 正实数

表示格式:

数据元允许值: 0～＋255

获取方法: 见第三章

内部标识符:

中文名称: 穗均色 B

英文名称: Ear average B

定义: 玉米果穗 RGB 图像中果穗区域 B 通道平均值

分类模式: 玉米器官常见表型指标

表示形式: 数值

数据元值的数据类型: 正实数

表示格式:

数据元允许值: 0～＋255

获取方法: 见第三章

内部标识符:

中文名称: 穗均色 H

英文名称: Ear average H

定义: 玉米果穗 HSV 图像中果穗区域 H 通道平均值

分类模式: 玉米器官常见表型指标

表示形式: 数值

数据元值的数据类型: 正实数

表示格式:

数据元允许值: 0～＋180

获取方法: 见第三章

内部标识符:

中文名称: 穗均色 S

英文名称: Ear average S

定义: 玉米果穗 HSV 图像中果穗区域 S 通道平均值

分类模式: 玉米器官常见表型指标

表示形式: 数值

数据元值的数据类型: 正实数

表示格式:

数据元允许值: 0～＋255

获取方法: 见第三章

内部标识符:

中文名称: 穗均色 V

英文名称: Ear average V

定义: 玉米果穗 HSV 图像中果穗区域 V 通道平均值

分类模式: 玉米器官常见表型指标

表示形式: 数值

数据元值的数据类型: 正实数

表示格式:

数据元允许值: 0～＋255

获取方法: 见第三章

内部标识符:

中文名称: 均值

英文名称: Mean

定义: 玉米果穗图像的灰度共生矩阵（GLCM）计算出的纹理均值

分类模式: 玉米器官常见表型指标

表示形式: 数值

数据元值的数据类型: 正实数

表示格式:

数据元允许值: 0～＋∞

获取方法: 见第三章

内部标识符:

中文名称: 方差

英文名称: Variance

定义: 玉米果穗图像的灰度共生矩阵（GLCM）计算出的纹理方差

分类模式: 玉米器官常见表型指标

表示形式: 数值

数据元值的数据类型: 正实数

表示格式：

数据元允许值：0～+∞

获取方法：见第三章

内部标识符：

中文名称：主对角线惯性矩

英文名称：Inertia moment

定义：玉米果穗图像的灰度共生矩阵（GLCM）计算出的主对角线惯性矩

分类模式：玉米器官常见表型指标

表示形式：数值

数据元值的数据类型：正实数

表示格式：

数据元允许值：0～+∞

获取方法：见第三章

内部标识符：

中文名称：角二阶矩

英文名称：Angular second moment

定义：玉米果穗图像的灰度共生矩阵（GLCM）计算出的角二阶矩

分类模式：玉米器官常见表型指标

表示形式：数值

数据元值的数据类型：正实数

表示格式：

数据元允许值：0～+∞

获取方法：见第三章

内部标识符：

中文名称：同质性

英文名称：Homogeneity

定义：玉米果穗图像的灰度共生矩阵（GLCM）计算出的同质性

分类模式：玉米器官常见表型指标

表示形式：数值

数据元值的数据类型：正实数

表示格式：

数据元允许值：0～+∞

获取方法：见第三章

内部标识符：

中文名称：熵

英文名称：Entropy

定义：玉米果穗图像的灰度共生矩阵（GLCM）计

算出的熵

分类模式：玉米器官常见表型指标

表示形式：数值

数据元值的数据类型：正实数

表示格式：

数据元允许值：0～+∞

获取方法：见第三章

内部标识符：

中文名称：相关性

英文名称：Correlation

定义：玉米果穗图像的灰度共生矩阵（GLCM）计算出的相关性

分类模式：玉米器官常见表型指标

表示形式：数值

数据元值的数据类型：正实数

表示格式：

数据元允许值：0～+∞

获取方法：见第三章

内部标识符：

中文名称：粗糙度

英文名称：Coarseness

定义：玉米果穗图像的 Tamura 纹理特征中的粗糙度属性

分类模式：玉米器官常见表型指标

表示形式：数值

数据元值的数据类型：正实数

表示格式：

数据元允许值：0～+∞

获取方法：见第三章

内部标识符：

中文名称：对比度

英文名称：Contrast

定义：玉米果穗图像的 Tamura 纹理特征中的对比度属性

分类模式：玉米器官常见表型指标

表示形式：数值

数据元值的数据类型：正实数

表示格式：

数据元允许值：0～+∞

获取方法：见第三章

内部标识符：

中文名称：方向度

英文名称：Directionality

定义：玉米果穗图像的 Tamura 纹理特征中的方向度属性

分类模式：玉米器官常见表型指标

表示形式：数值

数据元值的数据类型：正实数

表示格式：

数据元允许值：0～+∞

获取方法：见第三章

内部标识符：

中文名称：线性度

英文名称：Linearity

定义：玉米果穗图像的 Tamura 纹理特征中的线性度属性

分类模式：玉米器官常见表型指标

表示形式：数值

数据元值的数据类型：正实数

表示格式：

数据元允许值：0～+∞

获取方法：见第三章

内部标识符：

中文名称：规则度

英文名称：Regularity

定义：玉米果穗图像的 Tamura 纹理特征中的规则度属性

分类模式：玉米器官常见表型指标

表示形式：数值

数据元值的数据类型：正实数

表示格式：

数据元允许值：0～+∞

获取方法：见第三章

内部标识符：

中文名称：粗略度

英文名称：Roughness

定义：玉米果穗图像的 Tamura 纹理特征中的粗略度属性

分类模式：玉米器官常见表型指标

表示形式：数值

数据元值的数据类型：正实数

表示格式：

数据元允许值：0～+∞

获取方法：见第三章

内部标识符：

中文名称：百粒重

英文名称：Hundred - kernel weight

定义：天平计数籽粒重量与图像计数玉米籽粒数量之比×100

分类模式：玉米器官常见表型指标

表示形式：数值

数据元值的数据类型：正实数

表示格式：

数据元允许值：0～+100

单位：g

获取方法：见第三章

内部标识符：

中文名称：粒长

英文名称：Kernel length

定义：玉米籽粒顶视图像上籽粒基部到顶部的长度

分类模式：玉米器官常见表型指标

表示形式：数值

数据元值的数据类型：正实数

表示格式：

数据元允许值：0～+3

单位：cm

获取方法：见第三章

内部标识符：

中文名称：粒宽

英文名称：Kernel width

定义：玉米籽粒顶视图像上籽粒两侧面间的最大长度

分类模式：玉米器官常见表型指标

表示形式：数值

数据元值的数据类型：正实数

表示格式：

数据元允许值：0～+2

单位：cm

获取方法：见第三章

内部标识符：

中文名称：粒投影面积

英文名称：Kernel projected area

定义：玉米籽粒顶视图像上籽粒区域内面积

分类模式：玉米器官常见表型指标

表示形式：数值

数据元值的数据类型：正实数

表示格式：

数据元允许值：0～+6

单位：cm×cm

获取方法：见第三章

内部标识符：

中文名称：粒矩形填充率

英文名称：Kernel filling rate of rectangle

定义：玉米籽粒顶视图像上籽粒面积与最小外包矩形区域面积比值

分类模式：玉米器官常见表型指标

表示形式：数值

数据元值的数据类型：正实数

表示格式：

数据元允许值：0～+1

单位：无

获取方法：见第三章

内部标识符：

中文名称：叶长

英文名称：Leaf length

定义：叶片基部到叶片尖部叶脉曲线长度

分类模式：玉米器官常见表型指标

表示形式：数值

数据元值的数据类型：实数

表示格式：

数据元允许值：0～200.00

单位：cm

获取方法：长度测量

内部标识符：

中文名称：叶宽

英文名称：Leaf width

定义：叶片最宽处长度

分类模式：玉米器官常见表型指标

表示形式：数值

数据元值的数据类型：实数

表示格式：

数据元允许值：0～30.00

单位：cm

获取方法：长度测量

内部标识符：

中文名称：叶倾角

英文名称：Leaf inclination angle

定义：叶片腹面的法线（L）与天顶轴（Z轴）的夹角（θ）。它以Z轴为0°；实际上它也是叶面与地平面的夹角。

分类模式：玉米器官常见表型指标

表示形式：数值

数据元值的数据类型：实数

表示格式：

数据元允许值：0～90.00

单位：度（°）

获取方法：角度测量，数值计算，利用距叶基 1/8 叶长和 3/8 叶长两个点构成线段的中点（不在叶脉曲线上）与叶基连线，计算该直线与其在水平面投影直线的夹角

内部标识符：

中文名称：叶片方位角

英文名称：Leaf azimuth

定义：俯视角度，从叶基部开始的指北方向线起，依顺时针方向与叶基和叶片最高点连线之间的夹角。

分类模式：玉米器官常见表型指标

表示形式：数值

数据元值的数据类型：实数

表示格式：

数据元允许值：0～360.00

单位：度（°）

获取方法：角度测量

内部标识符：

中文名称：叶基方位角

英文名称：Leaf bottom azimuth

定义：俯视角度，从叶基部开始的指北方向线起，依顺时针方向与叶基切线在水平面投影之间的夹角

分类模式：玉米器官常见表型指标

表示形式：数值

数据元值的数据类型：实数

表示格式：

数据元允许值：0～360.00

单位：度（°）

获取方法：角度测量

内部标识符：

中文名称：叶尖方位角

英文名称：Leaf apex azimuth

定义：俯视角度，从叶尖所在水平面开始的指北方向线起，依顺时针方向与叶尖和茎秆水平连线之间的夹角

分类模式：玉米器官常见表型指标

表示形式：数值

数据元值的数据类型：实数

表示格式：

数据元允许值：0～360.00

单位：度（°）

获取方法：角度测量

内部标识符：

中文名称：叶基与叶尖连线方位角

英文名称：Azimuth between leaf bottom and apex

定义：俯视角度，从叶基部开始的指北方向线起，依顺时针方向与叶基和叶尖连线之间的夹角

分类模式：玉米器官常见表型指标

表示形式：数值

数据元值的数据类型：实数

表示格式：

数据元允许值：0～360.00

单位：度（°）

获取方法：角度测量

内部标识符：

中文名称：叶面积

英文名称：Leaf area

定义：叶片基部开始到叶尖部分曲面面积

分类模式：玉米器官常见表型指标

表示形式：数值

数据元值的数据类型：实数

表示格式：

数据元允许值：0～6 000.00

单位：cm^2

获取方法：面积测量，叶长×叶宽×0.75，叶片三维模型计算

内部标识符：

中文名称：叶鞘长

英文名称：Leaf sheath length

定义：叶鞘基部到鞘叶连接处长度

分类模式：玉米器官常见表型指标

表示形式：数值

数据元值的数据类型：实数

表示格式：

数据元允许值：0～50.00

单位：cm

获取方法：长度测量

内部标识符：

中文名称：叶鞘长直径

英文名称：Leaf sheath long diameter

定义：叶鞘自然状态下最长直径

分类模式：玉米器官常见表型指标

表示形式：数值

数据元值的数据类型：实数

表示格式：

数据元允许值：0～100.00

单位：mm

获取方法：游标卡尺测量

内部标识符：

中文名称：叶鞘短直径

英文名称：Leaf sheath short diameter

定义：叶鞘自然状态下最短直径

分类模式：玉米器官常见表型指标

表示形式：数值

数据元值的数据类型：实数

表示格式：

数据元允许值：0～100.00

单位：mm

获取方法：游标卡尺测量

内部标识符：

中文名称：叶片投影面积

英文名称：Leaf projection area

定义：叶片自然状态投影到水平地面的投影面积

分类模式：玉米器官常见表型指标

表示形式：数值

数据元值的数据类型：实数

表示格式：

数据元允许值：0～6 000.00

单位：cm^2

获取方法：投影测量及面积计算

内部标识符：

中文名称：叶顶到叶基长度

英文名称：Curve length from leaf top to bottom

定义：叶片最高点到叶片基部曲线长度

分类模式：玉米器官常见表型指标

表示形式：数值

数据元值的数据类型：实数

表示格式：

数据元允许值：0～200.00

单位：cm

获取方法：长度测量

内部标识符：

中文名称：叶顶到叶尖长度

英文名称：Curve length from leaf top to apex

定义：叶片最高点到叶尖曲线长度

分类模式：玉米器官常见表型指标

表示形式：数值

数据元值的数据类型：实数

表示格式：

数据元允许值：0～200.00

单位：cm

获取方法：长度测量

内部标识符：

中文名称：叶顶到叶尖投影长度

英文名称：Projection length from leaf top to apex

定义：叶片最高点到叶尖叶脉曲线在水平地面投影长度

分类模式：玉米器官常见表型指标

表示形式：数值

数据元值的数据类型：实数

表示格式：

数据元允许值：0～200.00

单位：cm

获取方法：长度测量及投影计算

内部标识符：

中文名称：叶顶到叶基投影长度

英文名称：Projection length from leaf top to bottom

定义：叶片最高点到叶片基部叶脉曲线在水平地面投影长度

分类模式：玉米器官常见表型指标

表示形式：数值

数据元值的数据类型：实数

表示格式：

数据元允许值：0～200.00

单位：cm

获取方法：长度测量及投影计算

内部标识符：

中文名称：叶顶到叶尖投影面积

英文名称：Projection area from leaf top to apex

定义：叶片最高点到叶尖之间叶面在水平地面的投影面积

分类模式：玉米器官常见表型指标

表示形式：数值

数据元值的数据类型：实数

表示格式：

数据元允许值：0～6 000.00

单位：cm²

获取方法：长度测量及投影计算

内部标识符：

中文名称：叶尖高度

英文名称：Leaf apex height

定义：叶尖到地面垂直高度

分类模式：玉米器官常见表型指标

表示形式：数值

数据元值的数据类型：实数

表示格式：

数据元允许值：0～500.00

单位：cm

获取方法：高度测量

内部标识符：

中文名称：叶顶高度

英文名称：Leaf top height

定义：叶片最高点到地面垂直高度

分类模式：玉米器官常见表型指标

表示形式：数值

数据元值的数据类型：实数

表示格式：

数据元允许值：0～500.00

单位：cm

获取方法：高度测量

内部标识符：

中文名称： 叶基高度

英文名称： Leaf bottom height

定义： 叶片基部到地面垂直距离

分类模式： 玉米器官常见表型指标

表示形式： 数值

数据元值的数据类型： 实数

表示格式：

数据元允许值： 0～500.00

单位： cm

获取方法： 高度测量

内部标识符：

中文名称： 鞘基高度

英文名称： Sheath bottom height

定义： 叶鞘基部到地面垂直距离

分类模式： 玉米器官常见表型指标

表示形式： 数值

数据元值的数据类型： 实数

表示格式：

数据元允许值： 0～500.00

单位： cm

获取方法： 高度测量

内部标识符：

中文名称： 叶片弯折角

英文名称： Leaf bending angel

定义： 叶片上部自然弯曲角度，弯折处两侧叶脉切线相交所得角度

分类模式： 玉米器官常见表型指标

表示形式： 数值

数据元值的数据类型： 实数

表示格式：

数据元允许值： 0～180.00

单位： 度（°）

获取方法： 角度测量

内部标识符：

中文名称： 叶片褶皱曲线

英文名称： Fold curve

定义： 叶基到叶尖的边缘褶皱曲线

分类模式： 玉米器官常见表型指标

表示形式： 公式、离散点集

数据元值的数据类型： 曲线

表示格式：

数据元允许值：

单位： 无

获取方法： 三维数字化测量、曲线拟合

内部标识符：

中文名称： 叶片褶皱曲线长度

英文名称： Leaf fold curve length

定义： 叶基到叶尖的边缘褶皱曲线长度

分类模式： 玉米器官常见表型指标

表示形式： 数值

数据元值的数据类型： 实数

表示格式：

数据元允许值： 0～200.00

单位： cm

获取方法： 曲线长度测量

内部标识符：

中文名称： 叶向值

英文名称： Leaf orientation angle

定义： 表示叶片挺拔、上冲和在空间下垂程度的综合指标。叶向值越大，表明叶片挺拔、上冲性越强，株型越紧凑。

分类模式： 玉米器官常见表型指标

表示形式： 数值

数据元值的数据类型： 实数

表示格式：

数据元允许值： 0～90.00

单位： 度（°）

获取方法： 叶向值＝叶倾角×（叶基到叶顶距离/叶长）

内部标识符：

中文名称： 叶基倾角

英文名称： Leaf bottom inclination angel

定义： 叶基部切线与水平面夹角

分类模式： 玉米器官常见表型指标

表示形式： 数值

数据元值的数据类型： 实数

表示格式：

数据元允许值： 0～90.00

单位： 度（°）

获取方法： 角度测量

内部标识符：

中文名称：叶基与叶尖连线倾角

英文名称：Angel between leaf bottom and apex

定义：叶基与叶尖连线与水平面夹角

分类模式：玉米器官常见表型指标

表示形式：数值

数据元值的数据类型：实数

表示格式：

数据元允许值：0～90.00

单位：度（°）

获取方法：角度测量

内部标识符：

中文名称：节间长

英文名称：Internode length

定义：节间基部到节间顶部长度

分类模式：玉米器官常见表型指标

表示形式：数值

数据元值的数据类型：实数

表示格式：

数据元允许值：0～50.00

单位：cm

获取方法：长度测量

内部标识符：

中文名称：节间长直径

英文名称：Internode long diameter

定义：节间中部最大直径

分类模式：玉米器官常见表型指标

表示形式：数值

数据元值的数据类型：实数

表示格式：

数据元允许值：0～100.00

单位：mm

获取方法：游标卡尺测量

内部标识符：

中文名称：节间短直径

英文名称：Internode short diameter

定义：节间中部最小直径

分类模式：玉米器官常见表型指标

表示形式：数值

数据元值的数据类型：实数

表示格式：

数据元允许值：0～100.00

单位：mm

内部标识符：

中文名称：雄穗分支角度

英文名称：Tassel branch angel

定义：雄穗分支与垂直方向夹角

分类模式：玉米器官常见表型指标

表示形式：数值

数据元值的数据类型：实数

表示格式：

数据元允许值：0～90.00

单位：度（°）

获取方法：角度测量

内部标识符：

中文名称：雄穗分支方位角

英文名称：Tassel branch azimuth

定义：俯视角度，雄穗分支水平面投影与正北方向沿顺时针方向夹角

分类模式：玉米器官常见表型指标

表示形式：数值

数据元值的数据类型：实数

表示格式：

数据元允许值：0～360.00

单位：度（°）

获取方法：角度测量

内部标识符：

中文名称：雄穗分支投影面积

英文名称：Tassel branch projection area

定义：雄穗分支在水平面投影面积

分类模式：玉米器官常见表型指标

表示形式：数值

数据元值的数据类型：实数

表示格式：

数据元允许值：0～100.00

单位：cm^2

获取方法：投影测量及面积计算

内部标识符：

中文名称：雄穗分支个数

英文名称：Tassel branch number

定义：雄穗一级分支的数量

分类模式：玉米器官常见表型指标

表示形式：数值

数据元值的数据类型：实数

表示格式：

数据元允许值：0～50

单位：个

获取方法：数量计算

内部标识符：

中文名称：雄穗主轴长

英文名称：Tassel axis length

定义：雄穗开始分支处到中心穗轴顶端长度

分类模式：玉米器官常见表型指标

表示形式：数值

数据元值的数据类型：实数

表示格式：

数据元允许值：0～50.00

单位：cm

获取方法：长度测量

内部标识符：

中文名称：雌穗长

英文名称：Ear length

定义：雌穗基部到顶部长度

分类模式：玉米器官常见表型指标

表示形式：数值

数据元值的数据类型：实数

表示格式：

数据元允许值：0～50.00

单位：cm

获取方法：长度测量

内部标识符：

中文名称：雌穗直径

英文名称：Ear diameter

定义：雌穗最大直径

分类模式：玉米器官常见表型指标

表示形式：数值

数据元值的数据类型：实数

表示格式：

数据元允许值：0～200.00

单位：mm

获取方法：游标卡尺测量

内部标识符：

中文名称：雌穗体积

英文名称：Ear volume

定义：雌穗基部到顶部所占体积

分类模式：玉米器官常见表型指标

表示形式：数值

数据元值的数据类型：实数

表示格式：

数据元允许值：0～5 000.00

单位：cm³

获取方法：体积测量

内部标识符：

中文名称：穗位高

英文名称：Ear height

定义：雌穗基部到水平地面高度

分类模式：玉米器官常见表型指标

表示形式：数值

数据元值的数据类型：实数

表示格式：

数据元允许值：0～300.00

单位：cm

获取方法：高度测量

内部标识符：

中文名称：果穗柄长

英文名称：Ear stalk length

定义：雌穗基部到果穗基部长度

分类模式：玉米器官常见表型指标

表示形式：数值

数据元值的数据类型：实数

表示格式：

数据元允许值：0～30.00

单位：cm

获取方法：长度测量

内部标识符：

中文名称：节根层数

英文名称：Nodal roots layer number

定义：着生节根的节个数

分类模式：玉米器官常见表型指标

表示形式：数值

数据元值的数据类型：实数

表示格式：

数据元允许值：0～10

单位：个

获取方法：计数

内部标识符：

中文名称：节根基部直径

英文名称：Nodal root bottom diameter

定义：节根近轴基部位置直径

分类模式：玉米器官常见表型指标

表示形式：数值

数据元值的数据类型：实数

表示格式：

数据元允许值：0～30.00

单位：mm

获取方法：游标卡尺测量

内部标识符：

中文名称：各层节根数

英文名称：Nodal root number in each layer

定义：各层节根着生节根数量

（三）玉米植株常见表型指标标准数据元

内部标识符：

中文名称：节单位数量

英文名称：Phytomer number

定义：从第一层节根到雄穗之间的节单位个数

分类模式：玉米植株常见表型指标

表示形式：数值

数据元值的数据类型：实数

表示格式：

数据元允许值：0～30

单位：个

获取方法：计数

内部标识符：

中文名称：植株方位平面

英文名称：Azimuthal plane

定义：距离各叶方位角角度差绝对值之和最小平面所对应的角度

分类模式：玉米植株常见表型指标

表示形式：数值

数据元值的数据类型：实数

表示格式：

分类模式：玉米器官常见表型指标

表示形式：数值

数据元值的数据类型：实数

表示格式：

数据元允许值：0～30

单位：个

获取方法：计数

内部标识符：

中文名称：根长密度

英文名称：Root length density

定义：单位体积内的根系长度

分类模式：玉米器官常见表型指标

表示形式：数值

数据元值的数据类型：实数

表示格式：

数据元允许值：0～100.00

单位：1/cm

获取方法：根长密度＝各级根系总长度/根系所占体积

数据元允许值：0～180.00

单位：度（°）

获取方法：公式计算，$\alpha = \underset{0 \leqslant \alpha < \pi}{\arg\min} \sum\limits_{j=1}^{n} |\alpha_j - \alpha|$，式中，$\alpha$ 为植株方位平面，α_j 为第 j 叶的方位角，n 为叶片数

内部标识符：

中文名称：离散度

英文名称：Azimuthal deviation

定义：植株各叶方位角距离植株方位平面的角度差绝对值之和的平均值

分类模式：玉米植株常见表型指标

表示形式：数值

数据元值的数据类型：实数

表示格式：

数据元允许值：0～180.00

单位：度（°）

获取方法：公式计算，离散度 $= \dfrac{1}{n} \sum\limits_{j=1}^{n} |\alpha_j - \alpha|$，$\alpha$ 为植株方位平面，α_j 为第 j 叶的方位角，n 为叶片数

内部标识符：

中文名称：叶片数量

英文名称：Leaf number

定义：植株存在具有正常形态的叶片数量

分类模式：玉米植株常见表型指标

表示形式：数值

数据元值的数据类型：实数

表示格式：

数据元允许值：0~30

单位：个

获取方法：计数统计

内部标识符：

中文名称：株高

英文名称：Plant height

定义：植株从水平地面到顶端垂直高度

分类模式：玉米植株常见表型指标

表示形式：数值

数据元值的数据类型：实数

表示格式：

数据元允许值：0~500.00

单位：cm

获取方法：高度测量

内部标识符：

中文名称：单株叶面积

英文名称：Plant leaf area

定义：植株所有叶片叶面积总和

分类模式：玉米植株常见表型指标

表示形式：数值

数据元值的数据类型：实数

表示格式：

数据元允许值：0~60 000.00

单位：cm^2

获取方法：求和计算

内部标识符：

中文名称：植株侧视投影面积

英文名称：Side projected area

定义：玉米植株侧视图像上植株投影区域面积

分类模式：玉米植株图像形态特征

表示形式：数值

数据元值的数据类型：正实数

表示格式：

数据元允许值：0~+150 000

单位：cm×cm

获取方法：见第四章

内部标识符：

中文名称：植株侧视填充率

英文名称：Side rectangle filling rate

定义：玉米植株侧视图像上植株投影面积与植株外包矩形区域面积之比

分类模式：玉米植株图像形态特征

表示形式：数值

数据元值的数据类型：正实数

表示格式：

数据元允许值：0~+1

单位：无

获取方法：见第四章

内部标识符：

中文名称：冠层投影面积

英文名称：Canopy projected area

定义：玉米植株顶视图像上植株投影区域面积

分类模式：玉米植株图像形态特征

表示形式：数值

数据元值的数据类型：正实数

表示格式：

数据元允许值：0~+80 000

单位：cm×cm

获取方法：见第四章

内部标识符：

中文名称：叶片着生高度

英文名称：Leaf height

定义：玉米植株侧视图像上叶片基部距植株基部的距离

分类模式：玉米植株图像形态特征

表示形式：数值

数据元值的数据类型：正实数

表示格式：

数据元允许值：0~+500

单位：cm

获取方法：见第四章

内部标识符：

中文名称：茎粗

英文名称：Stem diameter

定义：玉米植株侧视图像上茎秆的直径

分类模式：玉米植株图像形态特征

表示形式：数值

数据元值的数据类型：正实数

表示格式：

数据元允许值：0～＋10

单位：cm

获取方法：见第四章

内部标识符：

中文名称：茎长

英文名称：Stem length

定义：玉米植株侧视图像上茎秆的长度

分类模式：玉米植株图像形态特征

表示形式：数值

数据元值的数据类型：正实数

表示格式：

数据元允许值：0～＋500

单位：cm

获取方法：见第四章

内部标识符：

中文名称：玉米叶片生长速率

英文名称：Growth rate of maize leaves

定义：单位时间内玉米叶片生长量

分类模式：玉米植株生长发育特征

表示形式：数值

数据元值的数据类型：正实数

表示格式：

数据元允许值：0～＋10

单位：mm/h

获取方法：见第四章

内部标识符：

中文名称：玉米植株干旱胁迫形态变化值

英文名称：Dynamic morphological value of maize plants drought stress

定义：由干旱引起的玉米植株叶片角度变化值

分类模式：玉米植株环境胁迫形态特征

表示形式：数值

数据元值的数据类型：正实数

表示格式：

数据元允许值：0～＋1

单位：无

获取方法：见第四章

（四）玉米群体冠层常见表型指标标准数据元

内部标识符：

中文名称：叶面积指数

英文名称：Leaf area index

定义：单位土地面积上植物叶片总面积占土地面积的倍数

分类模式：玉米群体冠层常见表型指标

表示形式：数值

数据元值的数据类型：实数

表示格式：

数据元允许值：0～20.00

单位：无

获取方法：叶面积指数＝玉米群体中所有植株叶片总面积/（植株占单位土地面积×群体中植株个数）

内部标识符：

中文名称：覆盖度

英文名称：Coverage fraction

定义：植株（包括叶、茎、枝）在地面的垂直投影面积占统计区总面积的百分比

分类模式：玉米群体冠层常见表型指标

表示形式：数值

数据元值的数据类型：实数

表示格式：

数据元允许值：0～100.00

单位：%

获取方法：覆盖度＝植株在地面垂直投影面积/统计区地面面积

内部标识符：

中文名称：冠隙分数

英文名称：Canopy gap fraction

定义：冠层内某位置向正上方未被周边玉米遮挡、可看见天空半球面积的比例

分类模式：玉米群体冠层常见表型指标

表示形式：数值

数据元值的数据类型：实数

表示格式：

数据元允许值：0～100.00

单位：%

获取方法：冠隙分数＝某位置半球未被遮挡的面积/半球总面积×100%

内部标识符：

中文名称：冠层顶部图像叶面积指数

英文名称：Leaf area index at the top view canopy image

定义：由冠层顶部图像计算的叶面积指数

分类模式：玉米群体冠层常见表型指标

表示形式：数值

数据元值的数据类型：正实数

表示格式：

数据元允许值：0～＋100

单位：无

获取方法：见第四章

内部标识符：

中文名称：冠层半球图像叶面积指数

英文名称：Leaf area index of canopy hemispherical photography

定义：由冠层内部半球图像计算得到的叶面积指数

分类模式：玉米群体冠层常见表型指标

表示形式：数值

数据元值的数据类型：正实数

表示格式：

数据元允许值：0～＋100

单位：无

获取方法：见第四章

内部标识符：

中文名称：冠层温度

英文名称：Canopy temperature

定义：玉米冠层茎、叶表面温度的平均值

分类模式：玉米群体冠层常见表型指标

表示形式：数值

数据元值的数据类型：实数

表示格式：

数据元允许值：0～50.00

单位：℃

获取方法：温度测量

内部标识符：

中文名称：植株密度

英文名称：Plant density

定义：单位面积上的玉米植株（茎秆）数量

分类模式：玉米群体冠层常见表型指标

表示形式：数值

数据元值的数据类型：实数

表示格式：

数据元允许值：0～30.00

单位：株/m²

获取方法：人工测量

内部标识符：

中文名称：叶片数

英文名称：Leaves number

定义：单位面积上玉米植株的所有叶片数

分类模式：玉米群体冠层常见表型指标

表示形式：数值

数据元值的数据类型：实数

表示格式：

数据元允许值：0～100.00

单位：片/m²

获取方法：人工测量

内部标识符：

中文名称：地上干生物量

英文名称：Above ground dry biomass

定义：单位面积上的玉米地上部分所生长的全部干物质的重量

分类模式：玉米群体冠层常见表型指标

表示形式：数值

数据元值的数据类型：实数

表示格式：

数据元允许值：0～3 000.00

单位：g/m²

获取方法：人工测量或遥感测量

内部标识符：

中文名称：植株氮浓度

英文名称：Plant nitrogen concentration

定义：地上部分玉米植株单位干物质的含氮量

分类模式：玉米群体冠层常见表型指标

表示形式：数值

数据元值的数据类型：实数

表示格式：

数据元允许值：0～100.00

单位：mg/g

获取方法：实验室化学测量或遥感测量

内部标识符：

中文名称：植株株型

英文名称：Crop geometry

定义：反映植株形态并影响作物冠层结构的参数

分类模式：玉米群体冠层常见表型指标

表示形式：紧凑型、披散型等

数据元值的数据类型：文本

表示格式：文本

数据元允许值：紧凑型、披散型等

单位：无

获取方法：人工测量或遥感测量

内部标识符：

中文名称：平均叶倾角

英文名称：Average leaves angle

定义：叶片腹面的法线与天顶轴的夹角，进而计算植株所有叶片夹角的平均值

分类模式：玉米群体冠层常见表型指标

表示形式：数值

数据元值的数据类型：实数

表示格式：

数据元允许值：0～180.00

单位：度（°）

获取方法：人工测量或遥感测量

内部标识符：

中文名称：植株含水量

英文名称：Plant water content

定义：玉米植株的水分含量

分类模式：玉米群体冠层常见表型指标

表示形式：数值

数据元值的数据类型：实数

表示格式：

数据元允许值：0～100.00

单位：%

获取方法：烘干法测量

内部标识符：

中文名称：物候期

英文名称：Phenological phase

定义：根据玉米一生中外部形态所表现出来的特征，人为地按一定的标准划分的一个生长发育进程的时间点

分类模式：玉米群体冠层常见表型指标

表示形式：苗期、拔节、喇叭口、抽雄、吐丝、成熟等

数据元值的数据类型：文本

表示格式：文本

数据元允许值：文本

单位：无

获取方法：人工测量

内部标识符：

中文名称：出苗率

英文名称：Rate of emergence

定义：玉米种子破土出苗数和种子总数的百分比

分类模式：玉米群体冠层常见表型指标

表示形式：数值

数据元值的数据类型：实数

表示格式：

数据元允许值：0～100

单位：%

获取方法：人工测量

（五）玉米常见生理表型指标标准数据元

内部标识符：

中文名称：生育期

英文名称：Growth and development period

定义：一般指玉米自播种到籽粒成熟的总天数

分类模式：玉米生理指标参数

表示形式：数值

数据元值的数据类型：正整数

表示格式：

数据元允许值：70～150

单位：d

获取方法：田间观测

内部标识符：

中文名称：叶龄

英文名称：Leaf age

定义：用某一时期玉米植株茎秆上可见的叶片数目（未展开者用小数表示）来表示的植株年龄

分类模式：玉米生理指标参数

表示形式：数值

数据元值的数据类型：实数

表示格式：

数据元允许值：1.0～25.0

获取方法：首先记录完全展开叶数，未完全展开的叶片可用其伸出长度占全叶展开长度的百分数（小数）表示

内部标识符：

中文名称：叶龄指数

英文名称：Foliar age index，leaf age index

定义：已出叶片数占总叶数的百分数

分类模式：玉米生理指标参数

表示形式：数值

数据元值的数据类型：实数

表示格式：

数据元允许值：0～100.0

单位：%

获取方法：田间观测计算

内部标识符：

中文名称：（植株或器官）干物重

英文名称：(plant or organ) Dry matter weight

定义：将植株（或器官）置于100～105 ℃的烘箱杀青0.5 h，然后75 ℃烘至恒重时所称得的重量

分类模式：玉米生理指标参数

表示形式：数值

数据元值的数据类型：实数

表示格式：

数据元允许值：0～1 000.00

单位：g

获取方法：获取植株或器官样品后置于实验室内烘箱中105 ℃杀青0.5 h后，75 ℃烘干至恒重后称量

内部标识符：

中文名称：绝对生长速率

英文名称：Absolute growth rate

定义：单位时间内玉米生长量增加的速率

分类模式：玉米生理指标参数

表示形式：数值

数据元值的数据类型：实数

表示格式：

数据元允许值：0～50.0

单位：g/（m² · d）

获取方法：根据公式计算，$G=\dfrac{dw}{dt}$，式中，G—绝对生长速率；dw—重量的增加；dt—时间的变化

内部标识符：

中文名称：灌浆速率

英文名称：Grain filling rate

定义：单位时间内籽粒（库）中积累的营养物质量，可用单位籽粒体积最大干重积累量除以灌浆持续日数计算

分类模式：玉米生理指标参数

表示形式：数值

数据元值的数据类型：实数

表示格式：

数据元允许值：0.50～30.00

单位：g/（百粒 · d）

获取方法：首先定穗，在欲测地段上，选择数百植株（其数量一般大于整个测定期间总取样量的一倍以上）同一天吐丝的植株，挂牌定穗，注明日期；然后取样（籽粒），从开花授粉后7～10 d起，每5 d取样测定一次，直至成熟，取样时间应在午后大致同一时间进行；最后进行籽粒称重，取每穗中部的50粒籽粒，装入纸袋，先在105 ℃烘箱内杀青0.5 h，然后75 ℃烘至恒重称量。计算公式：籽粒灌浆速率 ＝（后一次取样百粒干重－前一次取样百粒干重)/取样间隔

内部标识符：

中文名称：最大灌浆速率

英文名称：Maximum point of grain filling rate

定义：灌浆高峰期内的灌浆速率，可用S形曲线拐点处的灌浆速率表示

分类模式：玉米生理指标参数

表示形式：数值

数据元值的数据类型：实数

表示格式：

数据元允许值：0.50～30.00

单位：g/（百粒·d）

获取方法：选择灌浆速率测定过程中的最大值作为最大灌浆速率

内部标识符：

中文名称：灌浆持续期

英文名称：Durative days of grain filling

定义：玉米从开花至达到最大粒重的日数

分类模式：玉米生理指标参数

表示形式：数值

数据元值的数据类型：实数

表示格式：

数据元允许值：30～80

单位：d

获取方法：通过记录玉米开花日期及籽粒干重最大的日期确定

内部标识符：

中文名称：比叶面积

英文名称：Specific leaf area

定义：单位干重叶面积

分类模式：玉米生理指标参数

表示形式：数值

数据元值的数据类型：实数

表示格式：

数据元允许值：0～10.00

单位：cm^2/mg

获取方法：参照叶面积测定法，如叶形纸称重法、鲜样称重法、干样称重法、长宽系数法、叶面积仪法

内部标识符：

中文名称：比叶重

英文名称：Specific leaf weight

定义：单位叶面积干重

分类模式：玉米生理指标参数

表示形式：数值

数据元值的数据类型：实数

表示格式：

数据元允许值：0～80.0

单位：mg/cm^2

获取方法：参照干物重测定法

内部标识符：

中文名称：消光系数

英文名称：Extinction coefficient of foliage

定义：单位叶面积所形成的阴影面积

分类模式：玉米生理指标参数

表示形式：数值

数据元值的数据类型：实数

表示格式：

数据元允许值：0～1.00

获取方法：公式计算，$K=2.3\times(\lg I_0-\lg I_F)/F$，式中，$K$—群体消光系数，$I_0$—冠层顶部的自然光强，$I_F$—群体内的光强，$F$—叶面积指数

内部标识符：

中文名称：净同化率

英文名称：Net assimilation rate

定义：玉米植株个体或群体在一段时间内，单位时间单位叶面积积累的同化物量

分类模式：玉米生理指标参数

表示形式：数值

数据元值的数据类型：实数

表示格式：

数据元允许值：0～100.0

单位：$g/(m^2\cdot d)$

获取方法：测定玉米植株个体或群体在一段时间内的干重增加量和平均叶面积，可算得净同化率

内部标识符：

中文名称：光合势

英文名称：Photosynthetic potential

定义：玉米光合面积在一段时间内的日累计值

分类模式：玉米生理指标参数

表示形式：数值

数据元值的数据类型：实数

表示格式：

数据元允许值：0～1 000 000.0

单位：$m^2/(d\cdot hm^2)$

获取方法：通过测定不同时期单位土地面积上的叶面积，公式计算，光合势=1/2（前次叶面积+后次叶面积）×日数

内部标识符：

中文名称：粒茎比

英文名称：Grain‐straw ratio

定义：玉米籽粒和秸秆重量的比值

分类模式：玉米生理指标参数

表示形式：数值

数据元值的数据类型：实数

表示格式：

数据元允许值：0～10.0

获取方法：测量计算，粒茎比＝籽粒干重÷茎秆干重

内部标识符：

中文名称：空秆率

英文名称：Bareplant percentage

定义：玉米无穗植株或有穗无粒植株占植株总数的百分率

分类模式：玉米生理指标参数

表示形式：数值

数据元值的数据类型：百分数

表示格式：

数据元允许值：0～100.0

单位：%

获取方法：玉米空秆率反映玉米群体中无穗植株的比例，一般用 3～5 点取样法，每点测查 100～200 株，计算其中不结雌穗和虽有雌穗但未结粒的植株数。空秆率＝无穗植株或有穗无粒植株÷植株总数×100%

内部标识符：

中文名称：秃尖率

英文名称：Ratio of the length in seedless part of the investigated ears to the length of total investigated ones

定义：玉米果穗顶部未结实穗轴长度占果穗穗轴总长度的百分率

分类模式：玉米生理指标参数

表示形式：数值

数据元值的数据类型：百分数

表示格式：

数据元允许值：0～20.0

单位：%

获取方法：测量计算，秃尖率＝顶部未结实穗轴长度÷果穗穗轴总长度×100%

内部标识符：

中文名称：百粒重

英文名称：100 - seed weight

定义：100 粒玉米籽粒的重量

分类模式：玉米生理指标参数

表示形式：数值

数据元值的数据类型：实数

表示格式：

数据元允许值：0～50.0

单位：g

获取方法：籽粒样品除去杂质后，用分样器或四分法分样，将试样分至大约 500 粒，挑出完整粒，烘箱内烘干至恒重称量，折算成 100 粒的重量，按照标准含水量折算出百粒重

内部标识符：

中文名称：经济产量

英文名称：Economic yield

定义：单位土地面积收获玉米籽粒的鲜重或风干重

分类模式：玉米生理指标参数

表示形式：数值

数据元值的数据类型：实数

表示格式：

数据元允许值：1.0～20.0

单位：t/hm^2

获取方法：玉米成熟后，收获一定面积的玉米果穗，脱粒后称重，并测定籽粒含水量，最终换算成标准含水量值作为经济产量值

内部标识符：

中文名称：生物产量

英文名称：Biological yield

定义：玉米在生育过程中积累的干物质（植株除去水分后留下的固体物质）总量。以单位土地面积上生产的干物重表示

分类模式：玉米生理指标参数

表示形式：数值

数据元值的数据类型：实数

表示格式：

数据元允许值：5.0～40.0

单位：t/hm^2

获取方法：玉米成熟后，收获一定面积的玉米植株（不包括根），烘干称重，计算单位面积干物质质量

内部标识符：

中文名称：收获指数

英文名称：Harvest index

定义：玉米经济产量在生物产量中的占比

分类模式：玉米生理指标参数

表示形式：数值

数据元值的数据类型：实数

表示格式：

数据元允许值：0.2～1.0

获取方法：测量计算，收获指数＝经济产量÷生物产量

内部标识符：

中文名称：分配指数

英文名称：Partitioning index

定义：某一时期，器官累计的干物质重量和这一时期植株累计干物质重量的比值

分类模式：玉米生理指标参数

表示形式：数值

数据元值的数据类型：实数

表示格式：

数据元允许值：0～1.0

获取方法：测量计算，分配指数＝器官累计的干物质重量÷植株累计干物质重量

内部标识符：

中文名称：植株（器官）含水量

英文名称：Plant（organ）water content

定义：指玉米植株材料取样时的含水量，常用水分含量占干重的百分比来表示

分类模式：玉米生理指标参数

表示形式：数值

数据元值的数据类型：百分数

表示格式：

数据元允许值：0～100.0

单位：%

获取方法：公式计算，组织含水量（占干重百分率）＝$(FW-DW)/DW\times100\%$

内部标识符：

中文名称：植株（或器官）相对含水量

英文名称：Plant（organ）relative water content

定义：指玉米植株材料取样时的含水量占同一材料水分饱和即完全膨胀时含水量的百分率

分类模式：玉米生理指标参数

表示形式：数值

数据元值的数据类型：百分数

表示格式：

数据元允许值：30.0～100.0

单位：%

获取方法：公式计算，组织相对含水量＝（组织鲜重－干重）÷（饱和水后的组织－干重）×100%

内部标识符：

中文名称：叶水势

英文名称：Leaf water potential

定义：物系中每偏摩尔体积的水与同温度下纯水的化学势差，或同温度下物系中单位体积的水与纯水的自由能差。用希腊字母"ψ"表示。具有压力的量纲和单位

分类模式：玉米生理参数指标

表示形式：数值

数据元值的数据类型：实数

表示格式：

数据元允许值：－15.0～－2.0

单位：MPa

获取方法：组织水势的测定方法——小液流法、压力室法、热电偶或露点湿度法。

计算公式，$\psi_s = -iCRT$，式中，ψ_s—溶液的溶质势，以 MPa 为单位；R—气体常数 0.008 314，Mpa/(mol·K)；T—绝对温度，即（$273\pm t$）℃；C—溶液的质量摩尔浓度，1 kg 水溶解 1 mol 的溶质为单位；i—溶液电解质的等渗系数，$CaCl_2$ 的 i 值可用 2.6

内部标识符：

中文名称：蒸腾速率

英文名称：Transpiration intensity

定义：玉米在一定时间内，单位叶面积所蒸腾的水量

分类模式：玉米生理指标参数

表示形式：数值

数据元值的数据类型：实数

表示格式：

数据元允许值：1.0～250.0

单位：g/(m²·h)

获取方法：钴纸法、容积法、快速称重法

内部标识符：

中文名称：蒸腾系数

英文名称：Transpiration coefficient

定义：植物合成 1 g 干物质所蒸腾消耗的水分克数

分类模式：玉米生理指标参数

表示形式：数值

数据元值的数据类型：实数

表示格式：

数据元允许值：100.0～1 000.0

单位：g

获取方法：蒸腾系数＝蒸腾散失的水分的量÷光合作用固定的 CO_2 的量

内部标识符：

中文名称：植株（或器官）叶绿素含量

英文名称：Plant（organ）chlorophyll content

定义：单位鲜重或单位面积植物组织或器官中叶绿体各色素的总含量

分类模式：玉米生理指标参数

表示形式：数值

数据元值的数据类型：实数

表示格式：

数据元允许值：0～60.0

单位：mg/g 或 mg/cm²

获取方法：植物叶绿体色素的测定方法，由于叶绿素 a、叶绿素 b 在 652 nm 的吸收峰相交，两者有相同的比吸收系数（均为 34.5），可以在此波长下测定一次光密度（D_{652}）而求出叶绿素 a、b 总量，$C_T = D_{652}/34.5 \times 1\,000$

内部标识符：

中文名称：光合速率

英文名称：Photosynthetic rate

定义：单位时间、单位叶面积上植株所吸收的 CO_2 或释放的 O_2 的量

分类模式：玉米生理指标参数

表示形式：数值

数据元值的数据类型：实数

表示格式：

数据元允许值：0～100.0

单位：$\mu mol/(m^2 \cdot s)$ 或 $g/(m^2 \cdot h)$

获取方法：仪器测定，LI－6400 便携式光合作用测定系统

内部标识符：

中文名称：表观光合速率

英文名称：Apparent photosynthetic rate

定义：扣除呼吸消耗后的光合速率

分类模式：玉米生理指标参数

表示形式：数值

数据元值的数据类型：实数

表示格式：

数据元允许值：0～100.0

单位：$\mu mol/(m^2 \cdot s)$

获取方法：参考光合速率测定方法

内部标识符：

中文名称：光能利用率

英文名称：Efficiency for solar energy utilization

定义：植物在光合作用中所积累的有机化合物中的化学能占光能投入量的百分比。或植物光合产物中贮存的能量占所得到的能量的百分率。一般是用单位时间内在单位土地面积上植物增加的干重换算成热量，去除以同一时间该面积上所得到的太阳辐射能总量来表示。

分类模式：玉米生长指标参数

表示形式：数值

数据元值的数据类型：百分数

表示格式：

数据元允许值：0～10.0

单位：%

获取方法：参考作物生产力的估算方法，

$$E_u = \frac{\Delta W \times H}{\sum S} \times 100\%$$

式中，E_u—光能利用率；ΔW—测定期间的干物质的增加量，g/m^2；H—每克干物质所含能量，J/g；$\sum S$—为测定期间的太阳能累计值，kJ/m^2

内部标识符：

中文名称：呼吸效率

英文名称：Respiratory efficiency

定义：植物通过呼吸作用，每消耗 1 g 葡萄糖所合成的生物质的量

分类模式：玉米生理指标参数

表示形式：数值

数据元值的数据类型：百分数

表示格式：

数据元允许值：0～100.0

单位：%

获取方法：测量计算，呼吸效率＝合成生物大分子的量（g）/氧化 1 g 葡萄糖×100%

内部标识符：

中文名称： 呼吸强度

英文名称： Respiratory intensity

定义： 通常用单位时间内单位植物鲜重材料所吸收氧或释放 CO_2 的量表示

分类模式： 玉米生理指标参数

表示形式： 数值

数据元值的数据类型： 实数

表示格式：

数据元允许值： 0～3 000.0

单位： mg/(g·h)

获取方法： 公式计算。

以消耗 O_2 来表示： O_2 耗氧 $=\dfrac{V_1-V_2}{m\times t}$ 。式中， V_1—对照室的 O_2 含量，μL ； V_2—呼吸室的 O_2 含量，μL ； m—植物材料的体积，mL ； t—呼吸时间，h 。

以产生 CO_2 表示： CO_2 产生 $=\dfrac{V_2'-V_1'}{m\times t}$ 。式中， V_1'—对照室的 CO_2 含量，μL ； V_2'—呼吸室的 CO_2 含量，μL ； m—植物材料的体积，mL ； t—呼吸时间，h

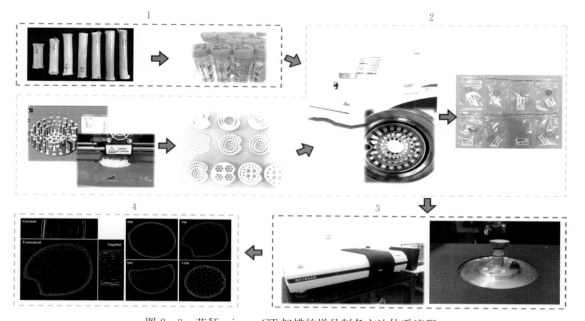

图 2-3 茎秆 micro-CT 扫描的样品制备方法体系流程

1. 样品固定；2. 样本梯度脱水与 CO_2 临界点干燥；3. micro-CT 扫描；4. CT 图像重构

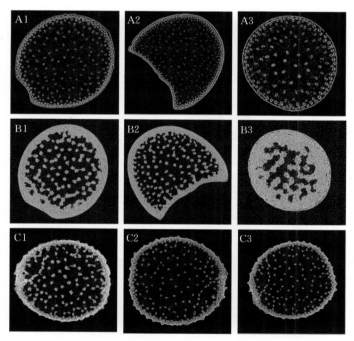

图 2-4 不同前处理方法进行 micro-CT 扫描所获得的图像

A1～A3. "玉米茎秆 micro-CT 扫描技术体系"制备的不同玉米茎秆节位样本 micro-CT 扫描图像，A1. 玉米茎秆第 6 节节间 CT 扫描图，A2. 玉米茎秆穗位节节间 CT 扫描图，A3. 玉米茎秆顶位节节间 CT 扫描图。B1～B3. 玉米茎秆材料直接进行 micro-CT 扫描所获得的图像，B1. 玉米茎秆第 6 节节间 CT 扫描图，B2. 玉米茎秆穗位节节间 CT 扫描图，B3. 玉米茎秆顶位节节间 CT 扫描图。C1～C3：玉米茎秆材料经过自然干燥不同时间后，进行 micro-CT 扫描所获得的图像，C1. 玉米茎秆顶位节节间取样后自然干燥 10 h，C2. 玉米茎秆顶位节节间取样后自然干燥 24 h，C3. 玉米茎秆顶位节节间取样后自然干燥 5 d

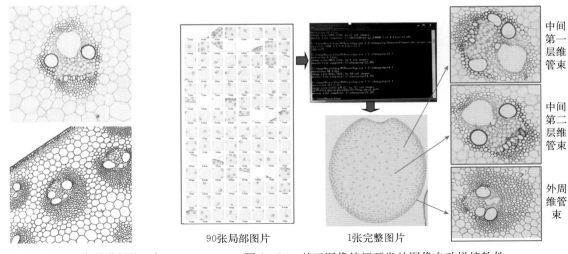

图 2-19 SCN400 扫描获得的玉米
茎秆维管束显微图像

图 2-20 基于图像特征开发的图像自动拼接软件

90张局部图片

1张完整图片

中间第一层维管束

中间第二层维管束

外周维管束

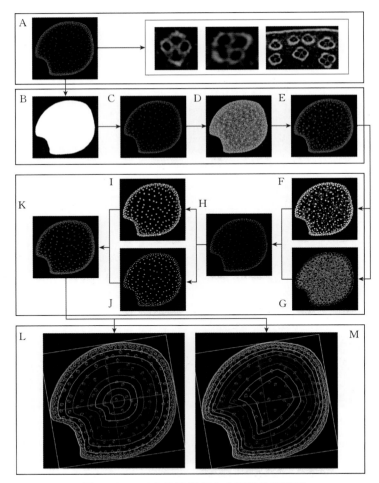

图 2-25 玉米茎维管束自动图像处理管道

A. 原始 CT 图像及维管束局部放大图像；B. 表皮包围的二值图；C. 删除表皮及外部噪声；D. 初步阈值结果；E. 提取分层轮廓；F. 维管束初步结果；G. 内部空腔初步结果；H. 图像运算删除玉米茎中薄壁组织等噪声后的灰度图像；I. 再次提取的维管束；J. 再次提取后内部空腔；K. 进行轮廓分析后得到的维管束；L. 等距离分析结果；M. 等面积分析结果

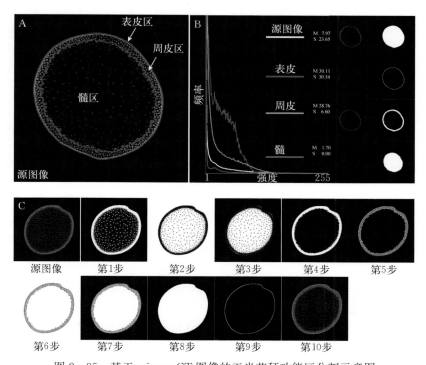

图 2 - 35　基于 micro - CT 图像的玉米茎秆功能区分割示意图

A. 表皮、周皮和髓部区域的边界分割；B. 每个区域的源图像、mask 图像及强度直方图结果；C. 功能区检测管道

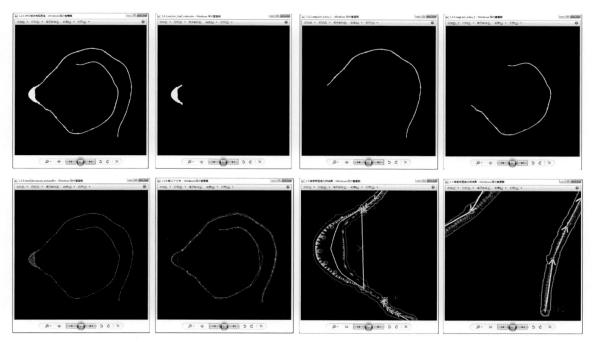

图 2 - 45　软件输出图像分析算法管道的过程图像

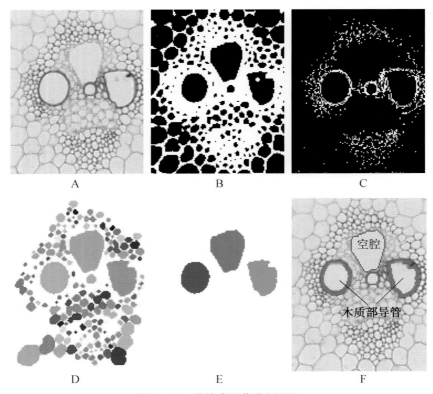

图 2-52　维管束图像分割过程

A. 维管束原始图像；B. 基于 OTSIU 分割结果；C. 基于颜色特征的维管束鞘细胞分割结果；D. 维管束
内部组织结构的分类标记；E. 基于面积特征的木质部和空腔区域的检测结果；F. 木质部和空腔的识别结果

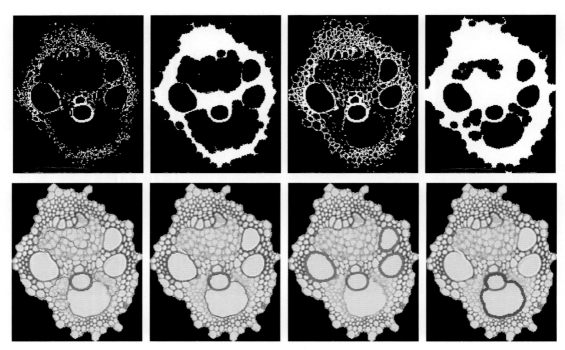

图 2-54　维管束空腔、木质部的独立空洞区域分割结果

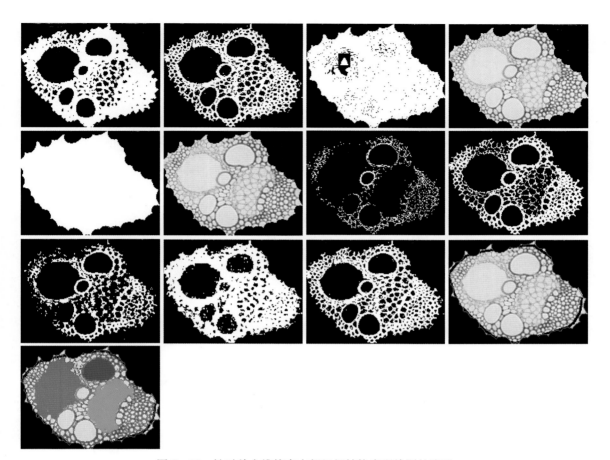

图 2-59　针对单个维管束内部组织结构表型检测的流程

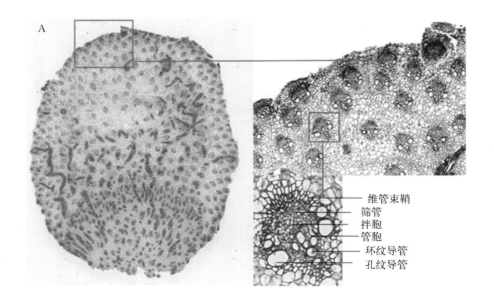

维管束鞘
筛管
拌胞
管胞
环纹导管
孔纹导管

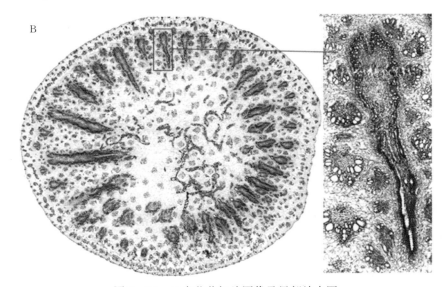

图 2 - 61　玉米茎节切片图像及局部放大图

A. 京科 968 玉米茎节处维管束分布及其显微结构；B. 先玉 335 玉米茎节处维管束分布及其显微结构

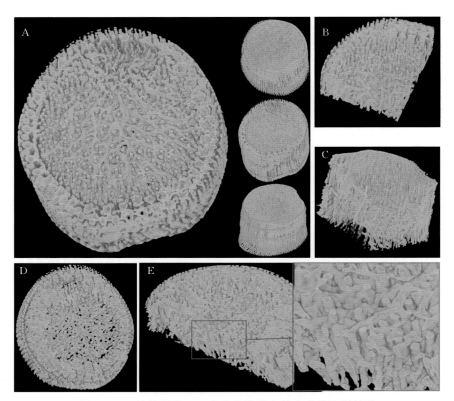

图 2 - 65　抽雄期先玉玉米茎节维管束的合成体绘制结果

A. 完整体数据范围为［0，556，0，695，0，745］；B. 体数据范围为［0，434，0，442，642，720］；
C. 体数据范围为［367，556，472，695，90，237］；D. 体数据范围为［0，556，0，695，468，585］；E. 体数据范围为［0，556，0，340，402，527］

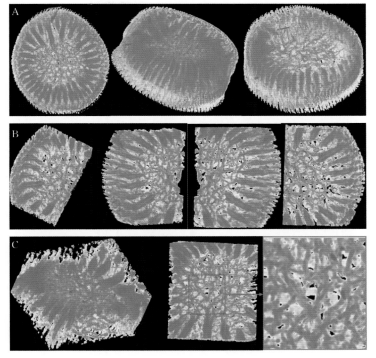

图 2-66 抽雄期先玉玉米茎节维管束 MIP 体绘制结果

A. 完整体数据范围为 [0, 556, 0, 695, 0, 745]；B. 体数据范围为 [0, 167, 148, 526, 92, 264] 的多个视角观察；C. 体数据范围为 [148, 388, 65, 526, 195, 334]

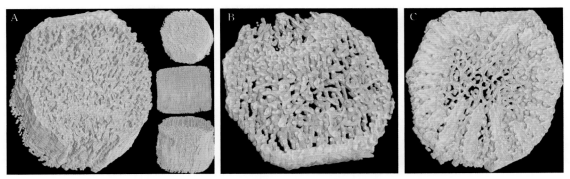

图 2-67 成熟期京科玉米茎节维管束合成体绘制结果

A. 数据范围为 [0, 790, 0, 780, 0, 675]；B. 数据范围为 [0, 790, 0, 780, 66, 140]；C. 数据范围为 [0, 790, 0, 780, 207, 281]

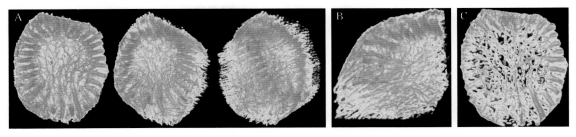

图 2-68 成熟期京科玉米茎节维管束 MIP 体绘制结果

A. 体数据范围 [0, 790, 0, 780, 0, 675]；B. 体数据范围 [0, 359, 0, 439, 0, 378]；C. 体数据范围 [0, 790, 0, 780, 188, 258]

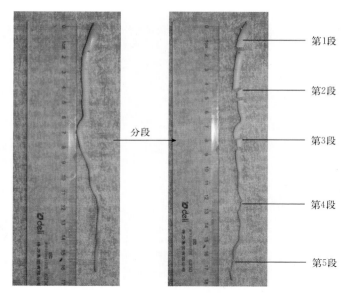

图 2-69　玉米根——试验中所用侧根图

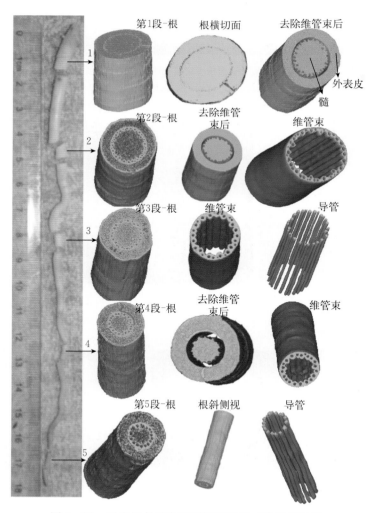

图 2-73　玉米根各段序列图像配准后三维重建结果

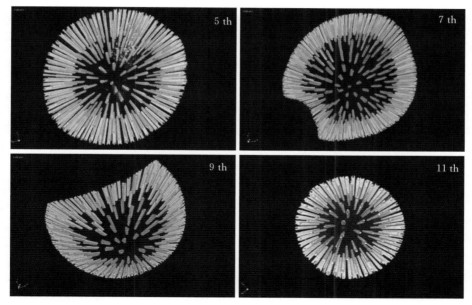

图 2-75　玉米茎秆不同节位节间维管束三维体素信息

注：5 th、7 th、9 th、11 th 分别为从茎秆基部起第 5、7、9、11 节节间。

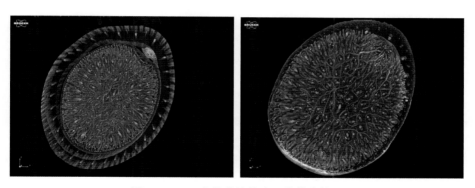

图 2-76　玉米茎节维管束三维体素信息

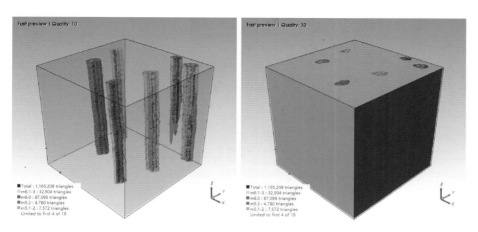

图 2-84　茎秆维管束三维分割图像

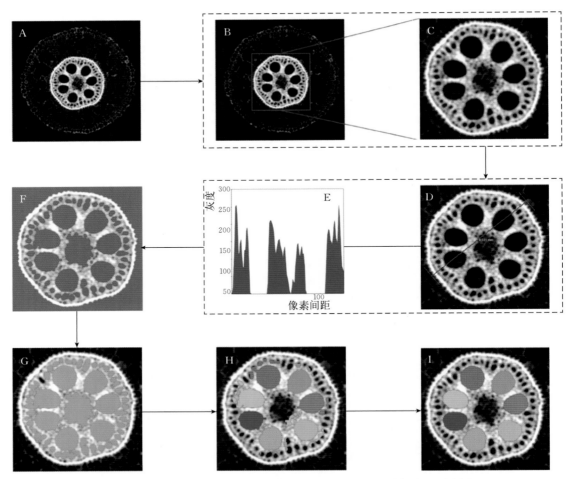

图 2 - 87　玉米根 CT 图像处理和后生木质部导管三维分割流程示意图

A. micro - CT 获取的原始重构图像；B. 使用递归高斯平滑后得到图像；C. B 中根的中柱区域局部放大后的图像；D～E. 针对待分割区域进行灰度值测量和测量结果示意图；F. 利用阈值分割处理后的图像；G. 使用 Flood fill 填充对导管区域进行提取；H. 利用形态学等操作对导管进行一一分割；I. 通过修剪后最终分割得到的后生木质部导管图像。图中分割样品取自 Xu - 178 玉米自交系灌浆期第二轮节根

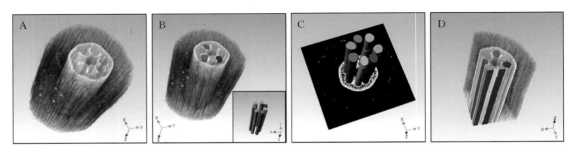

图 2 - 88　后生木质部导管三维分割可视化图像

A. 利用 CT 扫描重构得到的原始图像导入 ScanIP 软件后，利用三维视图窗口展示的一段根的三维立体结构；B. A 中段根后生木质部导管三维分割图像，右下角插图展示的是分离到的后生木质部导管；C. 分离的后生木质部导管贯穿某一横截面上的示意图，示意分离的导管在根内部的相对位置；D. 从两个方向进行切割得到的根中柱内部结构展示图像。图中根段样品取自 Xu - 178 玉米自交系灌浆期第二轮节根

图 2-89　三维分割图像与二维截面对照图

左侧三幅图分别为在 Y-X、Y-Z 和 X-Z 3 个方向上截取的二维截面图像，右侧 3 幅图像示意对应二维截面在三维图像中的位置。图中根段样品取自 Xu-178 玉米自交系成熟期第三轮节根

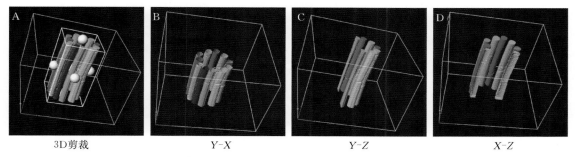

图 2-90　结构单元的三维剪切

A. 利用三维剪切工具对分割提取到的三维结构单元进行剪切操作示意图；B. 从 Y-X 截面上沿 Z 轴进行剪切后的根后生木质部导管结构单元三维图像；C. 从 Y-Z 截面上沿 X 轴进行剪切后的根后生木质部导管结构单元三维图像；D. 从 X-Z 截面上沿 Y 轴进行剪切后的根后生木质部导管结构单元三维图像。图中根段样品取自 Xu-178 玉米自交系成熟期第三轮节根

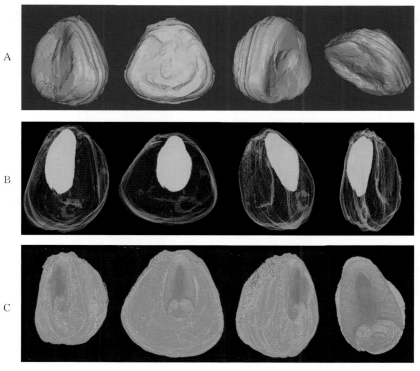

图 2-100　玉米籽粒三维可视化结果

A. 玉米籽粒 MC 算法三维重建结果；B. 玉米籽粒合成体绘制算法可视化结果；C. 玉米籽粒 MIP 算法可视化结果

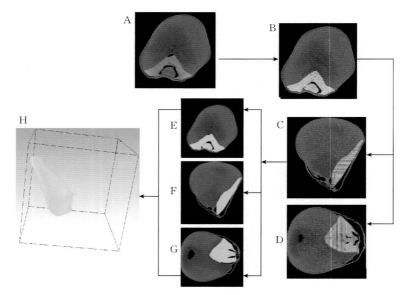

图 2-115　填充法分割胚部结构

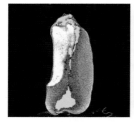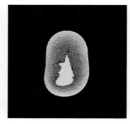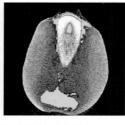

图 2-116　区域生长法分割空腔结构

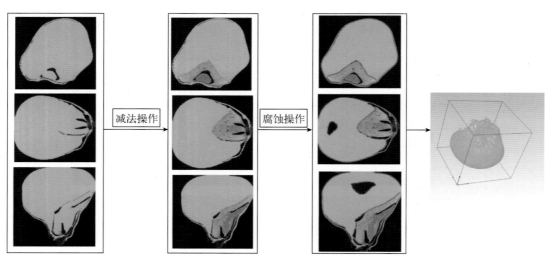

图 2-117　胚乳和种皮三维分割

图 3-1　玉米果穗籽粒人工考种流程

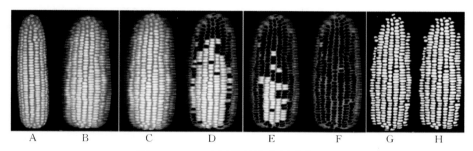

图 3-11　玉米果穗穗粒分割动态过程

　　A. 果穗图像；B. 径向畸变校正；C. 灰度转换；D. 分割过程图像（阈值为 100）；E. 分割过程图像（阈值为 150）；F. 分割过程图像（阈值为 200）；G. 分级阈值分割结果；H. 有效穗粒的分布图像

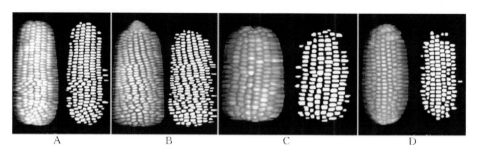

图 3-12　不同类型果穗中穗粒分割结果

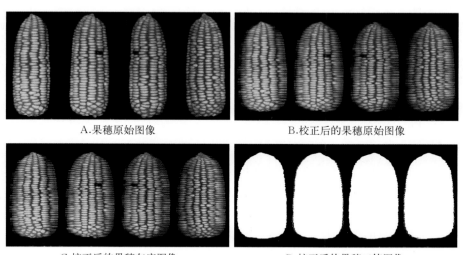

A.果穗原始图像　　　　　　　　　B.校正后的果穗原始图像

C.校正后的果穗灰度图像　　　　　　D.校正后的果穗二值图像

E.分割后的穗粒二值图像

图 3-14　玉米果穗图像畸变校正与穗粒分割过程图

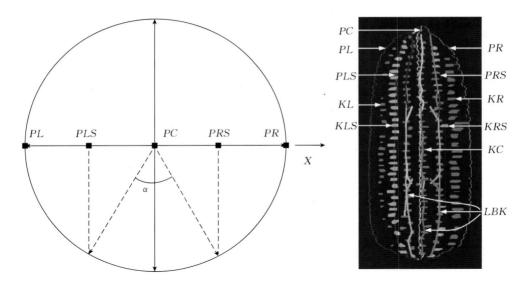

A.果穗各轮廓像素集合与果穗横剖面的对应关系　　　B.果穗各轮廓像素集合与果穗纵剖面的对应关系

图 3-15　玉米果穗轮廓分析

PC 为果穗轮廓中心点集；PL 和 PR 为轮廓左右边界点集；PLS 和 PRS 为轮廓左右分裂点集；α 为拍摄角度；KL 为 PL 和 PLS 之间的穗粒；KLS 为 PLS 所经过的穗粒；KC 为 PLS 和 PRS 之间的穗粒；KRS 为 PRS 所经过的穗粒；KR 为 PRS 和 PR 之间的穗粒；LBK 为穗粒 KC 之间连接线

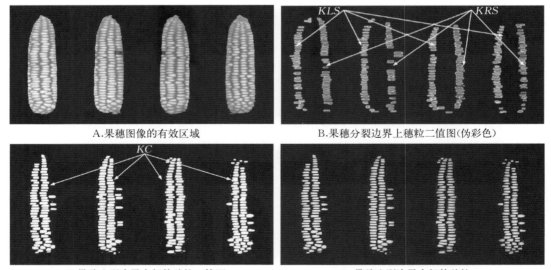

A.果穗图像的有效区域　　　　　　　　　B.果穗分裂边界上穗粒二值图(伪彩色)

C.果穗分裂边界内部的穗粒二值图　　　　　D.果穗分裂边界内部的穗粒

图 3-16　基于果穗分裂边界的穗粒分析示意图

注：B 图中的每张果穗图像上左侧穗粒为果穗左分裂边界 PLS 所经过的 KLS，右侧穗粒为右分裂边界 PRS 所经过的 KRS。

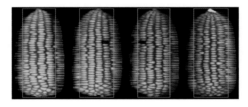

图 3-18　果穗几何性状计算

注：绿色矩形框为轴向畸变校正后果穗包围盒；黄色区域为检测到的果穗秃尖区域。

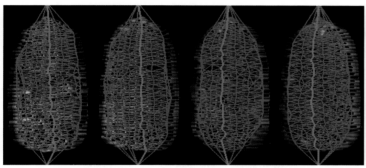

A.基于分割后穗粒图像计算果穗行粒数和穗粒厚度   B.基于穗粒分布图计算穗行数

图 3 - 19　果穗数量性状计算方法

注：图中蓝色线段为 Delaunay 方法生成的三角网格的边；红色和绿色线段为 Bellman - Ford 方法生成的最短路径，其中 A 和 B 图中红色线段分别表示行粒数和穗行数的计算策略。

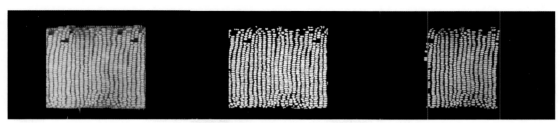

A.果穗表面全景图　　　　　　B.果穗穗粒分布图像　　　　　C.果穗完整表面上有效穗粒分布图

图 3 - 26　果穗表面全景图及图像分析结果

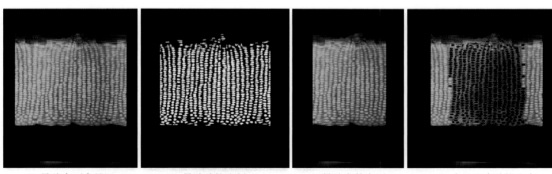

A.果穗表面全景图　　　B.果穗穗粒分割　　　C.果穗完整表面　　　D.全景图中穗粒分布

图 3 - 27　基于果穗全景图的图像处理

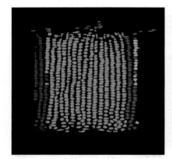 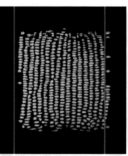 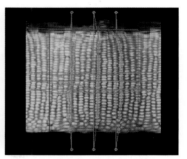

A.穗粒二次筛选　　　　　　　B.有效穗粒　　　　　　C.穗行数和行粒数计算

图 3 - 28　果穗穗粒有效检测与性状计算

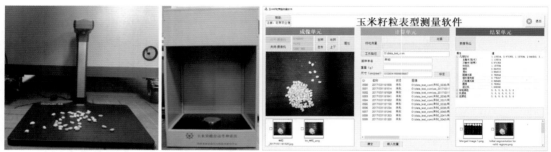

A.便携式考种设备　　B.箱体式考种设备　　C.玉米籽粒表型测量软件

图 3-34　玉米籽粒表型测量系统

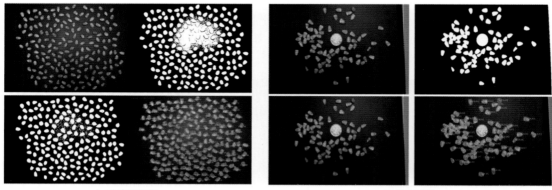

A.无粘连籽粒　　　　　　　　　　　　B.粘连籽粒

图 3-35　玉米籽粒考种结果

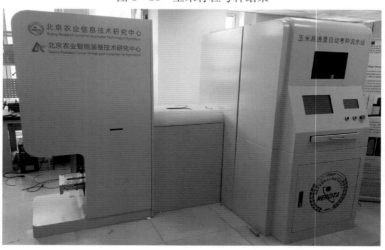

图 3-38　玉米高通量考种装置实物图

摄像机1　　　　　　摄像机2　　　　　　摄像机3　　　　　　摄像机4

图 3-43　原始果穗图像

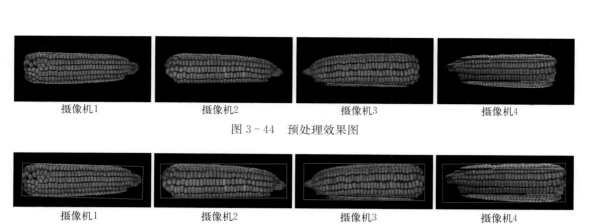

摄像机1　　　　摄像机2　　　　摄像机3　　　　摄像机4

图 3-44　预处理效果图

摄像机1　　　　摄像机2　　　　摄像机3　　　　摄像机4

图 3-45　玉米果穗最小外接矩形

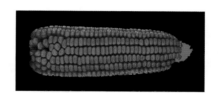

图 3-46　果穗秃尖区域

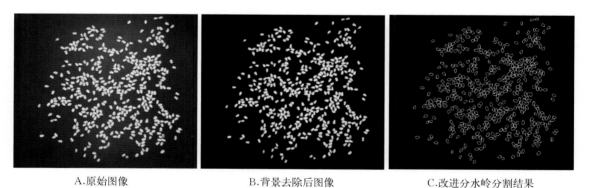

A.原始图像　　　　　　B.背景去除后图像　　　　　C.改进分水岭分割结果

图 3-47　籽粒分割效果

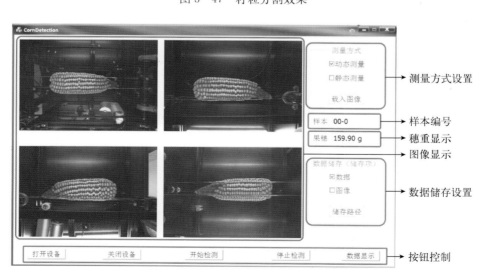

图 3-48　果穗考种软件界面

图 4 - 4 利用 MVS - Pheno 平台的数据获取流程

A. 准备的玉米植株标签，包括条形码、品种名（AD268）、生育时期（V5）、生态点（北京）、种植密度（6 株/m²）；B. 田间植株移栽；C. 标签贴到对应植株盆上；D. 花盆与植株运至平台；E. 扫描条形码启动装置开始数据采集；F. 利用数据获取控制端进行自动化图像获取

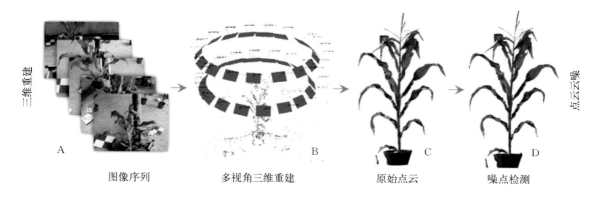

三维重建

A 图像序列　　　多视角三维重建　　　B 原始点云　　　C 噪点检测　　　D

点云去噪

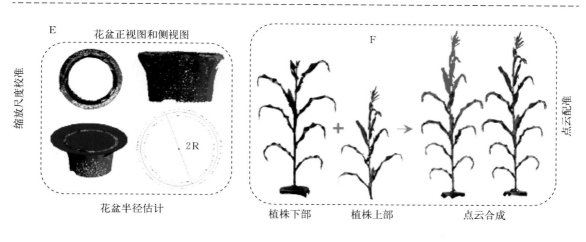

缩放尺度校准

E 花盆正视图和侧视图

2R

花盆半径估计

F

植株下部　　　植株上部　　　点云合成

点云配准

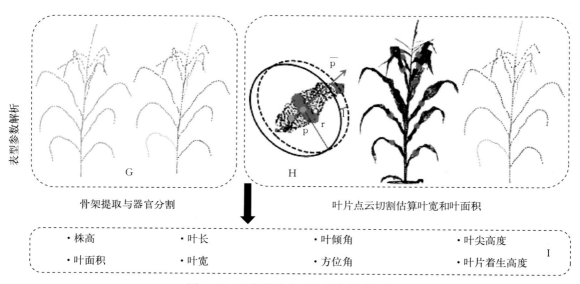

表型参数解析

G 骨架提取与器官分割

H 叶片点云切割估算叶宽和叶面积

| ·株高 | ·叶长 | ·叶倾角 | ·叶尖高度 |
| ·叶面积 | ·叶宽 | ·方位角 | ·叶片着生高度 |

I

图 4-5　玉米植株点云处理流程示意图

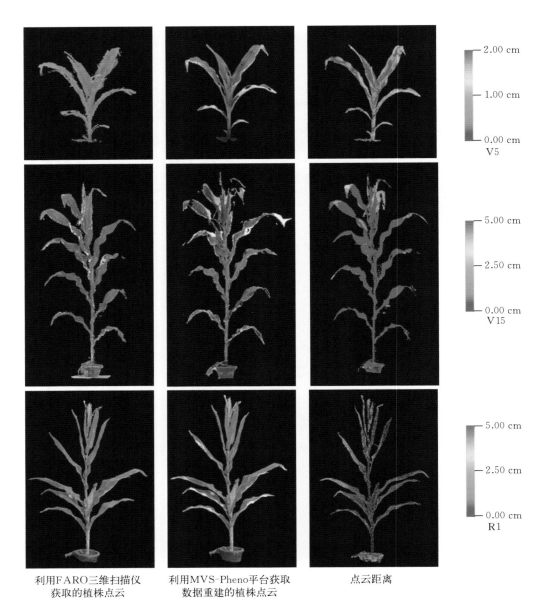

| 利用FARO三维扫描仪
获取的植株点云 | 利用MVS-Pheno平台获取
数据重建的植株点云 | 点云距离 |

图 4-7　利用三维扫描仪和 MVS-Pheno 平台重建的不同生育时期玉米植株三维点云结果对比

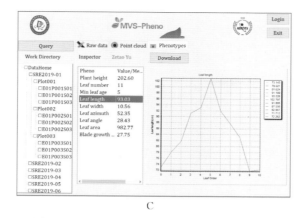

图 4-9　MVS-Pheno 平台数据管理系统界面

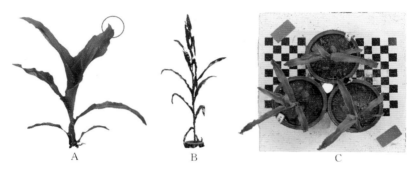

图 4-10　环境因素对 MVS-Pheno 装置的影响效果

A. 风速为 2 m/s 时获取的数据导致重建的点云叶尖点丢失；B. 利用弱光环境下获取的数据重建的植株三维点云，存在着大量缺失；C. 采用辨识性高的黑白格板作为地面标识物，可得到高质量的重建结果

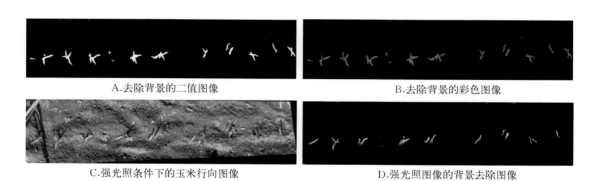

A.去除背景的二值图像　　　　　　　　　　　　B.去除背景的彩色图像

C.强光照条件下的玉米行向图像　　　　　　　　D.强光照图像的背景去除图像

图 4-14　玉米行向图像背景分割

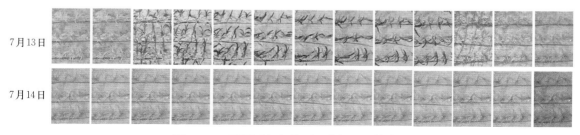

7月13日

7月14日

图 4-40　不同天气条件下玉米冠层图像序列

图 4 - 60 光照辐射强度融合图

注：从蓝色到红色，取值逐渐增大。P1 和 P2 的光照辐照度分别为 475 216 和 658。

图 5 - 1 自主研发的无人机作物高通量表型平台

	微型成像光谱仪	芬兰Specim	美国Headwall	德国UHD185
波长范围：	450~985 nm	330~985 nm	330~985 nm	454~980 nm
量化位阶数：	16 bit	12 bit	8 bit	8 bit
光谱分辨率：	2 nm	3 nm	3 nm	8 nm

图 5 - 2 自主研发的微型成像光谱仪与国际商用光谱仪对比

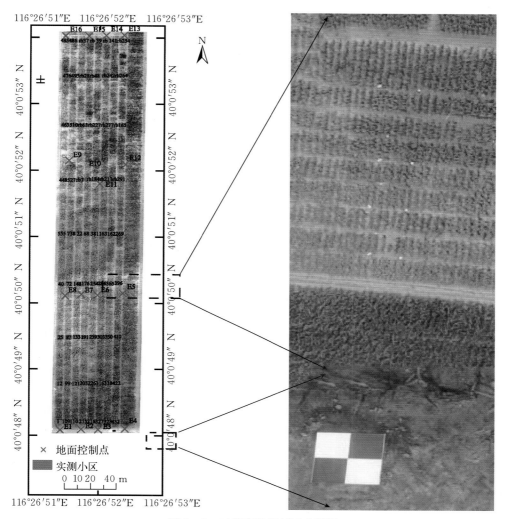

图 5-5　玉米育种材料试验设计

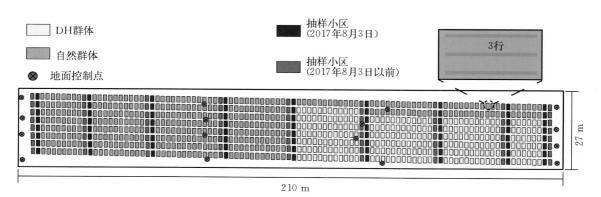

图 5-6　试验取样点分布

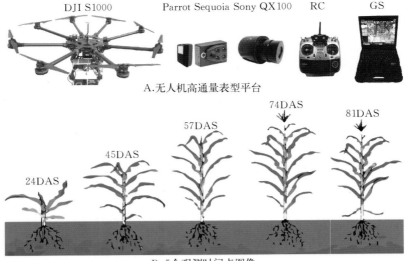

DJI S1000　　Parrot Sequoia Sony QX100　　RC　　GS

A.无人机高通量表型平台

B.5个观测时间点图像

图5-7　无人机遥感图像获取

注：DAS指播种后天数。

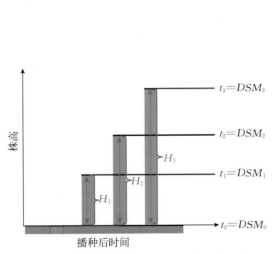

图5-8　基于数字表面模型的株高提取原理

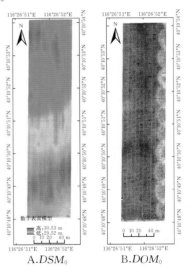

A.DSM_0　　B.DOM_0

图5-9　玉米育种材料苗期的
DSM_0 和 DOM_0

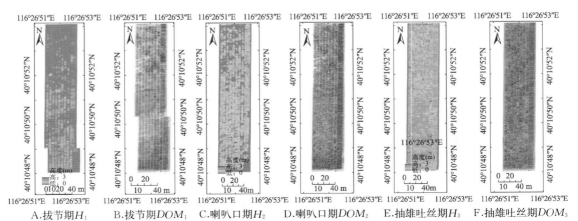

A.拔节期H_1　　B.拔节期DOM_1　　C.喇叭口期H_2　　D.喇叭口期DOM_2　　E.抽雄吐丝期H_3　　F.抽雄吐丝期DOM_3

图5-10　基于 DSM 提取的玉米育种材料的 H 和 DOM

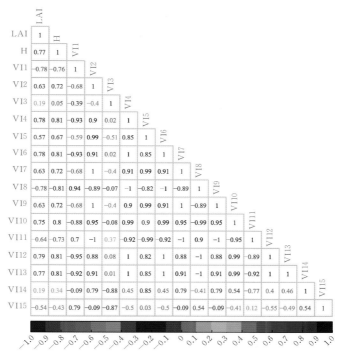

图 5-14 数码影像变量（VI1～VI15）及株高（H）与 LAI 的皮尔森（Pearson）相关系数分析结果

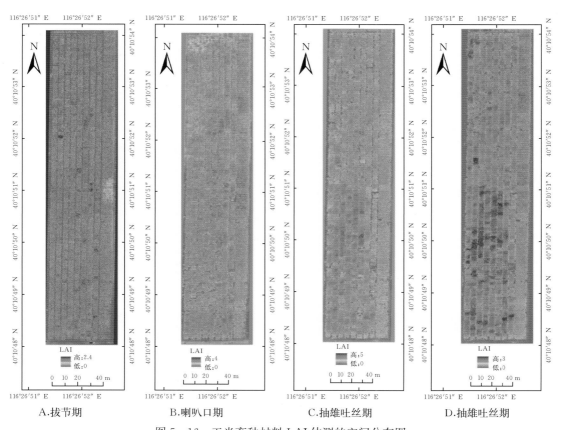

A.拔节期　　　　　B.喇叭口期　　　　　C.抽雄吐丝期　　　　　D.抽雄吐丝期

图 5-16 玉米育种材料 LAI 估测的空间分布图

注：A、B、C 表示仅用数码影像变量进行 LAI 估测的结果；D 表示用株高和数码影像变量进行融合估测 LAI 的结果。

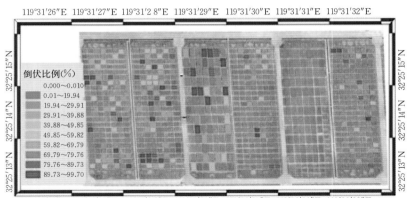

A.倒伏

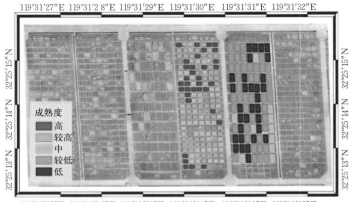

B.成熟度

图5-18 小麦育种材料倒伏分布图与成熟度分布

注：空间分辨率：2 cm；拍摄时间：2014年5月20日；制图单位：北京农业信息技术研究中心。

图6-2 玉米籽粒和种子三维点云可视化

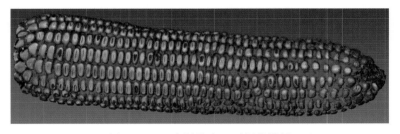

图6-5 玉米果穗点云可视化效果

A.未配准后封装

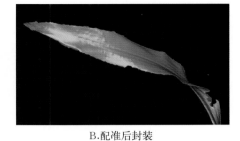

B.配准后封装

图6-6 玉米植株三维点云中叶片边缘、
器官连接处的噪点

图6-14 叶片点云配准结果对后期网格生
成的影响

A.未处理

B.统一采样

C.曲率采样

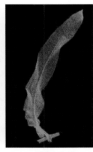

D.等距采样

E.随机采样

图6-15 采用不同点云简化方法得到的玉米叶片简化结果可视化

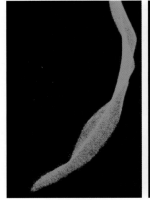

A.未处理

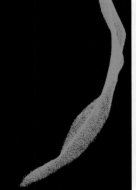

B.自动去噪

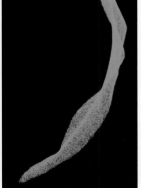

C.手动去噪

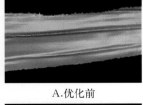

A.优化前

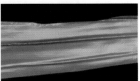

B.优化后

图6-16 采用不同点云去噪方法得到的玉米叶片去噪结果可视化

图6-17 玉米叶片边缘
优化前后模型
局部对比

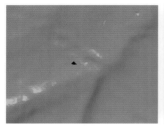
A.内部孔

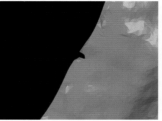
B.边界孔

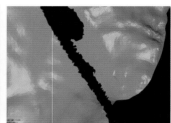
C.复杂孔

图 6-18 孔洞类型

A.优化前

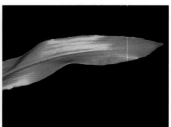
B.优化后

图 6-19 网格优化前后可视化结果对比

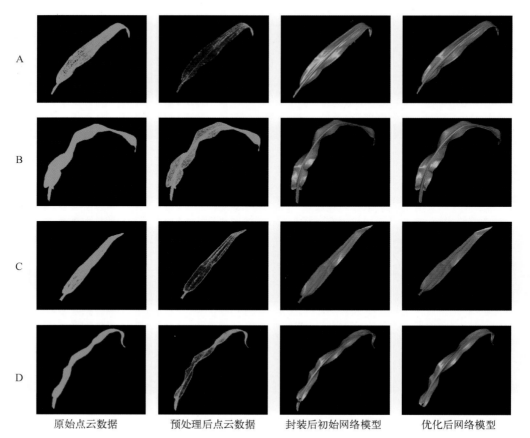

原始点云数据　　　预处理后点云数据　　　封装后初始网络模型　　　优化后网络模型

图 6-20 4 种玉米叶片三维重建结果

A. 京科 968 上部叶；B. 京科 968 中部叶；C. 郑单 958 上部叶；D. 郑单 958 中部叶

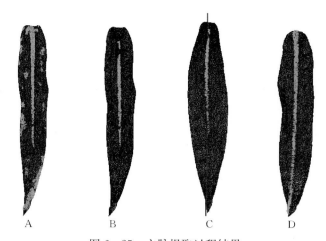

图 6 - 25　主脉提取过程结果

A. 高曲率点集提取；B. 不完整主脉点集提取；C. 平面最小二乘直线拟合；D. 完整主脉点集提取

图 6 - 28　点云重采样前（A）后（B）可视化对比

图 6 - 29　玉米果穗照片与几何模型可视化

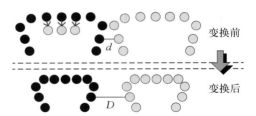

图 6-30 本方法（右）与基于立体视觉（左）
和 Xtion 传感器（中）重建果穗可
视化结果对比

图 6-31 收缩变换示意图

图 6-32 果穗点云分割可视化结果

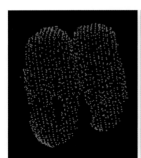
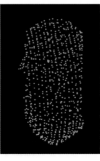

图 6-33 点云分割后包含多个及单个籽粒的聚类

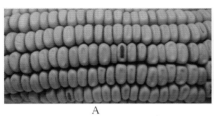

A   B

图 6-34 果穗籽粒平整度差异

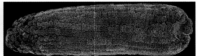

图 6-35 直接采用距离聚类方法的分割率

图 6-72　玉米节间几何模板

图 6-73　玉米叶鞘几何模板

A.京科968　　　　B.农大108　　　　C.先玉335　　　　D.郑单958

图 6-75　不同品种玉米叶片几何模板

图 7-3　基于光线追踪的作物冠层光分布计算可视化结果

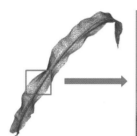　　　　　　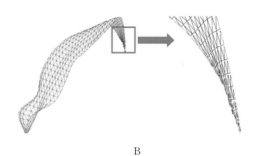

A　　　　　　　　　　　　　　　　　　　　　B

图 7-5　不同方法生成的玉米叶片网格类型

A. 基于三维扫描生成的玉米叶片网格（顶点数：4294，面元数：8164）；B. 基于植物参数化建模生成的玉米叶片网格（顶点数：441，面元数：768）

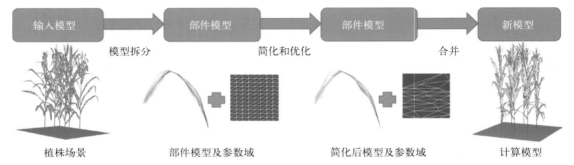

图 7 - 6 玉米群体网格模型的简化与优化流程

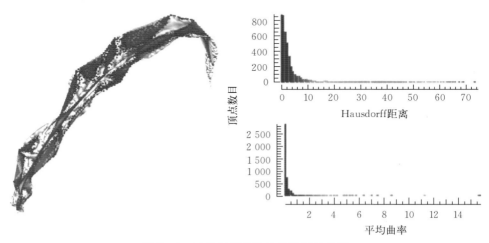

图 7 - 9 叶片网格简化结果及误差分析

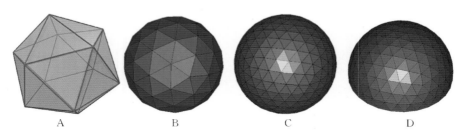

图 7 - 13 由初始网格经细分得到初始半球

A. 正二十面体；B. 两次 $\sqrt{3}$ 细分加细；C. 一次 Butterlfy 加细；D. 初始半球

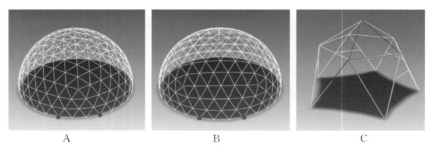

图 7 - 14 第一分辨率半球划分示意图

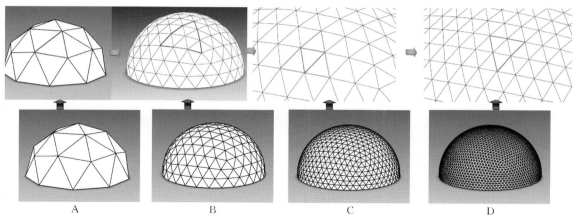

图 7-15　第 2 至第 5 分辨率细分半球及划分示意图

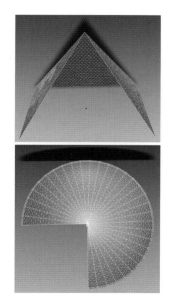

图 7-18　两个冠隙分数已知的
　　　　 几何模型

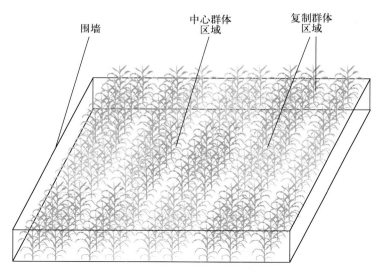

图 7-20　为消除计算边际效应所构建的玉米群体复制域示意图

图 7-27　玉米群体不同截面位置的光合有效辐射可视化效果

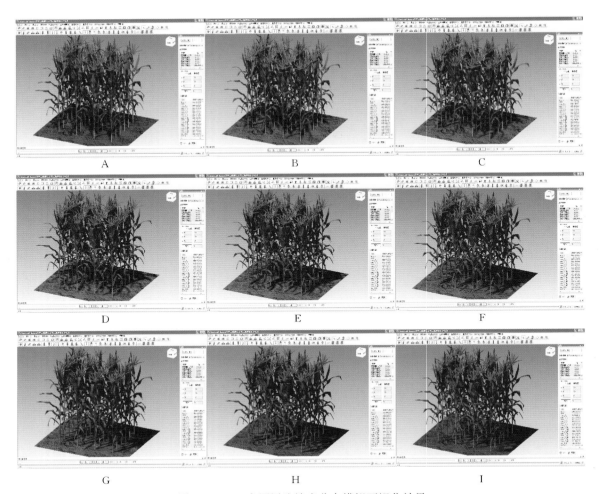

图 7 - 29　玉米冠层连续光分布模拟可视化效果

A. 10:30；B. 11:00；C. 11:30；D. 12:00；E. 12:30；F. 13:00；G. 13:30；H. 14:00；I. 14:30

图 7 - 34　紧凑度典型玉米品种

A. 鹏诚 2；B. 华农 1107；C. 吉农大 212；D. 原玉 10

图 9-9　基于图像的方法提取玉米植株特征

图 9-10　玉米群体的田间数字化及相应的数据

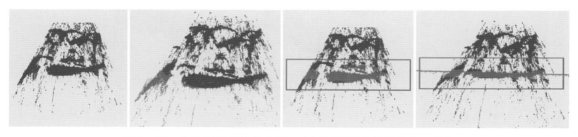

图 9-18　立体视觉系统采集的玉米田间冠层生长状态点云数据

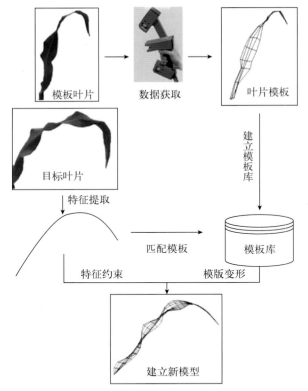

图 9-26　基于模板建模方法的流程示意图

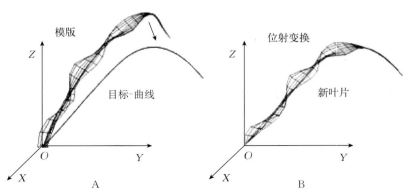

图 9-28　模板变形建模示意图

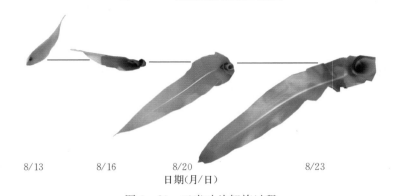

图 9-29　玉米叶片解旋过程

图 9 - 30　玉米植株的叶片角度分布

图 9 - 31　玉米叶片形态特征细节建模

图 9 - 32　玉米植株三维形态
结构设计

图 9 - 33　生成的玉米群体冠层三维模型

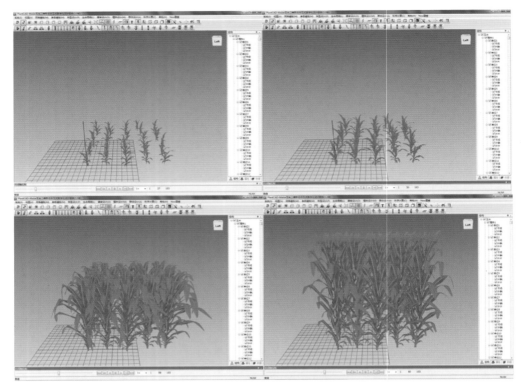

图 9 - 34　玉米群体冠层三维形态结构动态生长模拟

图 9 - 35　基于苗期群体测量数据的玉米群体三维建模

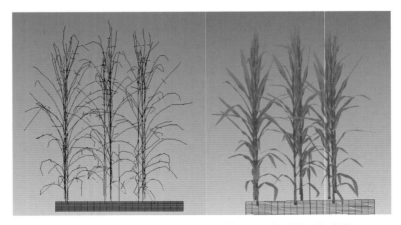

图 9 - 36　基于灌浆期群体测量数据的玉米群体三维建模

图 9-38 根据导入的 Frame 生成的玉米植株三维模型

图 9-39 生成群体三维模型和真实感渲染效果

图 9-42 群体参数计算界面（图形化界面）

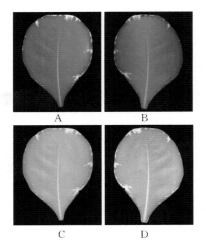

图 11-1 利用多层半透明材质渲染方法
得到的叶片可视化效果

A. 叶片正面反射可视化；B. 叶片背面反射
可视化；C. 叶片正面透射可视化；D. 叶片背面
透射可视化

图 11-2 基于 BRDF 和 BTDF 的叶片表观模型
渲染效果（Wang et al.，2006）

图 11-3 高真实感叶脉构建可视化效果
（Runions，2005）

图 11-4 叶片茸毛真实感建模效果（Fuhrer，2006）
注：上半部分为真实叶片茸毛，下半部分为模拟结果。

图 11-5 基于表观流形的叶片老化模拟

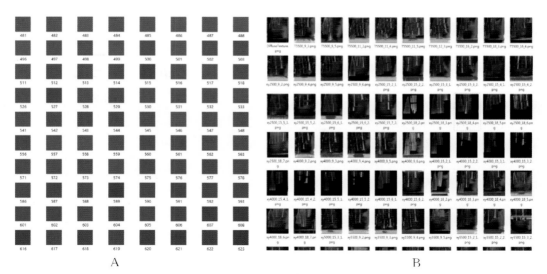

图 11-13 玉米叶色标准图谱样例

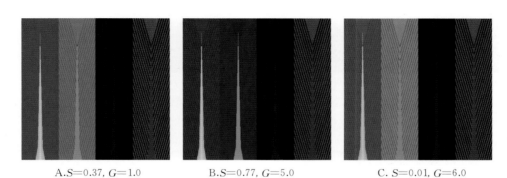

A.$S=0.37, G=1.0$ B.$S=0.77, G=5.0$ C. $S=0.01, G=6.0$

图 11-16 不同 S 及 G 参数下生成的玉米表观纹理

注：图中每组纹理从左至右分别为漫反射、透射、高光强度及粗糙度纹理。

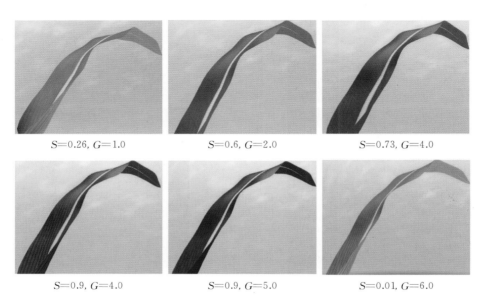

$S=0.26, G=1.0$ $S=0.6, G=2.0$ $S=0.73, G=4.0$

$S=0.9, G=4.0$ $S=0.9, G=5.0$ $S=0.01, G=6.0$

图 11-17 不同 SPAD 和生育期参数下的玉米叶片可视化结果

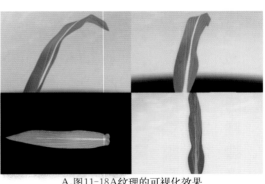

A.图11-18A纹理的可视化效果

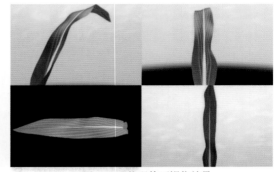

A.黄绿相间表观纹理　　　B.黄绿与深绿相间表观纹理

图 11-18　通过交互编辑生成的复杂纹理表观

注：每组表观纹理从左至右分别为漫反射纹理和透射纹理。

B.图11-18B纹理的可视化效果

图 11-19　不同视角下的复杂纹理玉米叶片可视化结果

注：A、B均给出 4 个视角下的玉米表观可视化结果。

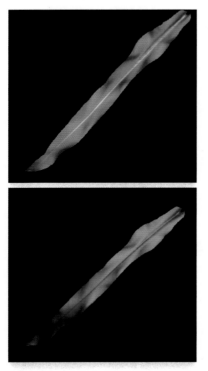

图 11-22　模拟得到的玉米叶片反射和透射可视化效果

图 11-23　玉米白化病模拟效果与实际对比图

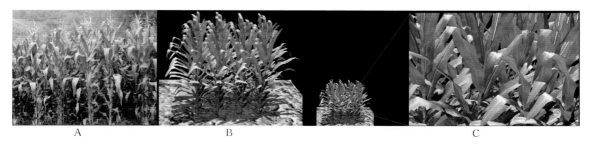

图 11-24　玉米叶片表观真实感模拟效果

A. 真实图像；B、C. 模拟结果

图 11-25　玉米叶片老化模拟可视化效果

A. 色素变化速率纹理；B. 不同色素参数下的玉米表观变化结果；C. 实际的玉米颜色变化图片

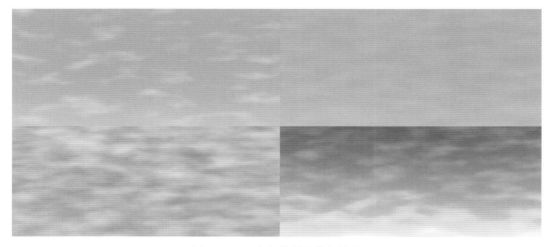

图 11-26　大气散射的模拟效果

图 11-27 玉米表观可视化结果

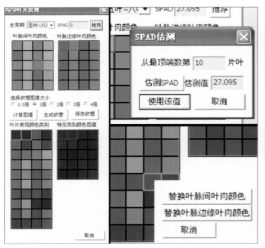

图 11-31 基于农学参数的玉米表观纹理生成模块交互界面

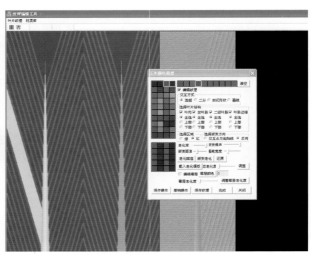

图 11-32 老化玉米纹理交互编辑模块交互界面

图 11-33 利用玉米叶片表观纹理生成软件所生成的叶片纹理可视化效果

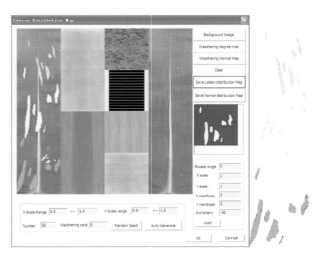

图 11-35 器官尺度病斑分布设计功能示意图和操作界面

图 11-36　植株及群体病害设计功能示意图和操作界面

图 11-37　三维展示模块界面

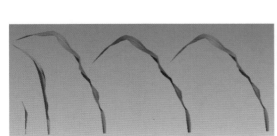

图 12-10　玉米叶片生长过程动画

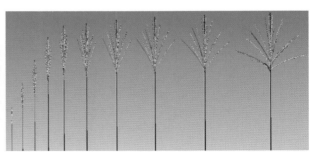

图 12-11　玉米雄穗生长过程动画

图 12-12　玉米根系生长过程动画

图 12-13　整株玉米的生长过程动画

图 12 - 14　玉米群体的生长过程动画

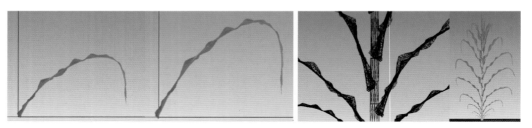

图 12 - 20　基于扫描数据构建的玉米真实感模型

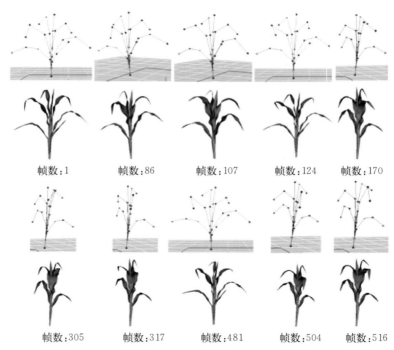

| 帧数:1 | 帧数:86 | 帧数:107 | 帧数:124 | 帧数:170 |

| 帧数:305 | 帧数:317 | 帧数:481 | 帧数:504 | 帧数:516 |

图 12 - 21　玉米动画合成序列帧

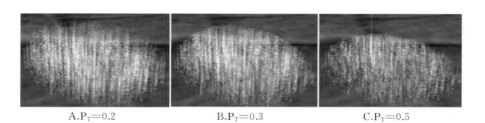

A.P_T＝0.2　　　　　　　　B.P_T＝0.3　　　　　　　　C.P_T＝0.5

图 12 - 32　不同用户控制参数 P_T 下的白粉病斑厚度变化

注：P_T 为用户控制参数，P_T 越大表示病斑区域的厚度差距越大，当 P_T＝0 时，病斑区域的厚度相等，下同。

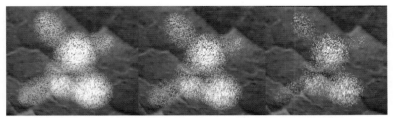

A.$D_N=0.2$ B.$D_N=0.5$ C.$D_N=0.7$

图 12-33　不同用户控制参量 D_N 下的白粉病斑表观变化

注：D_N 为用户控制参量，值越大表示缝隙越大；当 $D_N=1.0$ 时，所有的病斑像素全部删除；

当 $D_N=0$ 时，所有病斑像素全部保留，表示不存在缝隙，下同。

图 12-35　玉米叶锈病与大斑病同时感染的模拟

图 12-51　玉米三维可视化技术在虚拟教学中的应用

图 12-56　玉米生产管理 3D 互动实训系统人机交互界面

生长锥伸长期　　　小穗分化期　　　小花分化期　　性器官发育成熟期
叶龄指数47%　　　叶龄指数55%　　　叶龄指数60%　　叶龄指数80%

图 12-57　虚拟教学实验 3D 互动考试模块界面

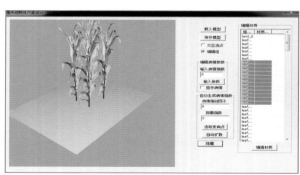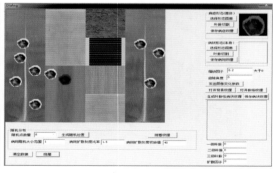

图 12-60　病害在器官表面分布的交互设计软件界面

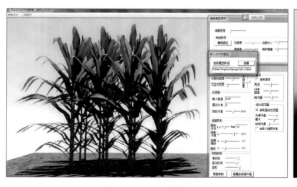

图 12-61　外部环境设计软件界面及特定环境下病害扩散过程三维仿真

图 12-62　玉米生产过程农药安全使用综合虚拟培训模块界面

图 12-64　基于时序驱动的玉米虚拟种植模拟系统运行效果图

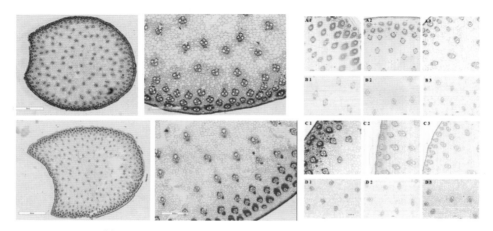

图 13-1　转基因（RGP）和对照（CK）株系穗位节节间石蜡切片显微图像

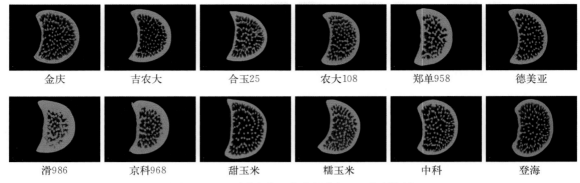

| 金庆 | 吉农大 | 合玉25 | 农大108 | 郑单958 | 德美亚 |

| 滑986 | 京科968 | 甜玉米 | 糯玉米 | 中科 | 登海 |

图 13 - 5　不同品种玉米茎秆节间 CT 扫描图像

图 13 - 8　郑单 958 叶片中部完整断面的 CT 扫描图像、细节图和三维效果图

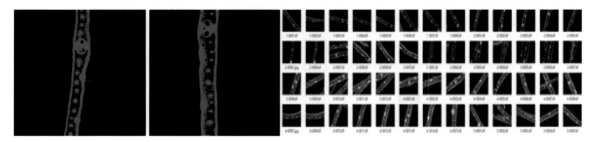

图 13 - 10　叶片维管束横截面积结果统计分析图像

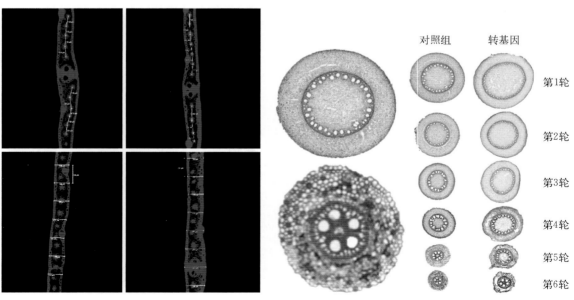

图 13 - 11　叶片维管束间距、叶片厚度
结果统计分析图像

图 13 - 15　转基因（RGP）和对照（CK）株系
成熟期第 1～6 轮节根显微图像

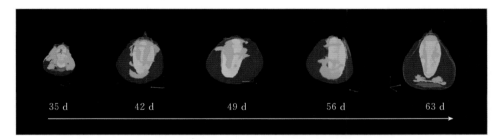

图 13-21　农大 108 授粉后不同天数的籽粒三维效果图

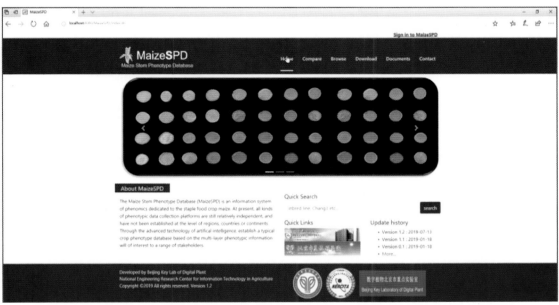

图 13-23　玉米群体维管束表型数据库 MaizeSPD、玉米籽粒表型组数据库 MaizeKPD 界面展示图

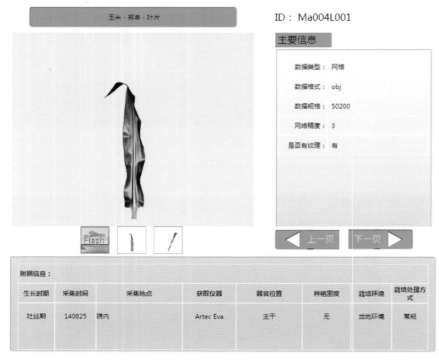

图 13-24　器官水平玉米表型数据库数据界面

先玉335　　京科968　　农大108　　郑单958　　中单2号

图 13-25　不同品种玉米叶片表型数据可视化

图 13-26　带苞叶的玉米雌穗、不带苞叶的玉米雌穗、玉米籽粒表型数据可视化

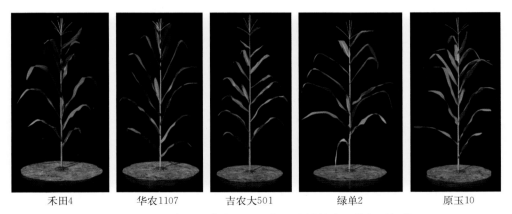

| 禾田4 | 华农1107 | 吉农大501 | 绿单2 | 原玉10 |

图 13-28　黑龙江省依安县吐丝期玉米植株表型数据可视化

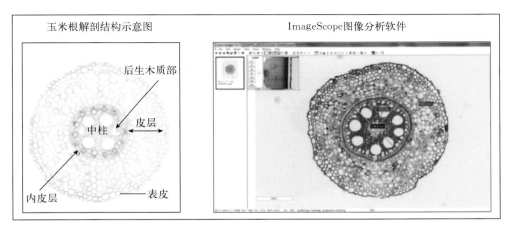

玉米根解剖结构示意图　　　　ImageScope图像分析软件

后生木质部

皮层

中柱

内皮层

表皮

图 13-33　玉米根的解剖结构及 ImageScope 图像分析软件界面

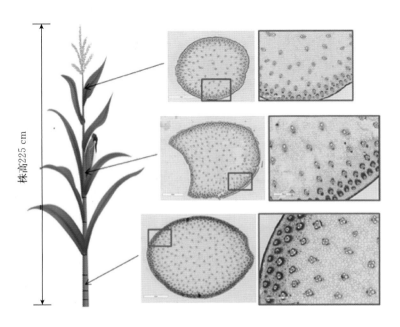

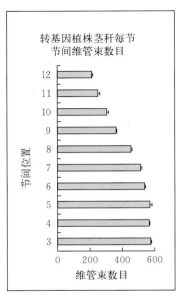

株高225 cm

转基因植株茎秆每节
节间维管束数目

节间位置

维管束数目

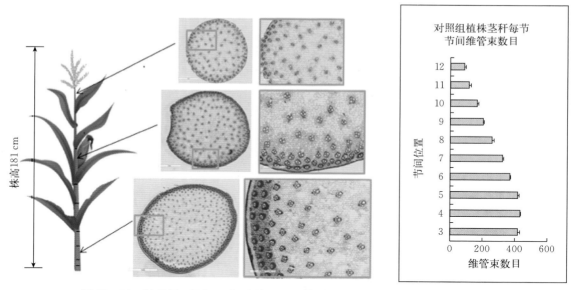

图 13-36 转基因（RGP）和对照（CK）株系茎秆显微结构及维管束数目统计

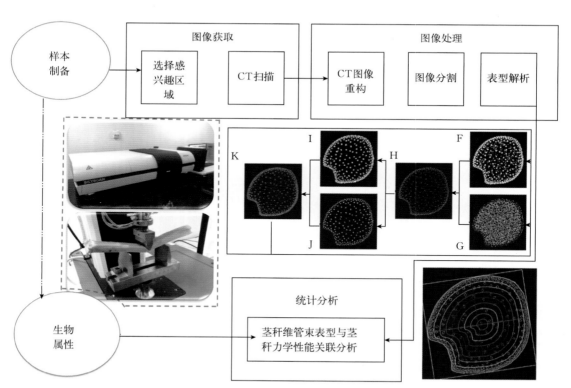

图 13-45 样品 CT 扫描、表型信息高通量获取、茎秆三点弯试验
及表型信息与生理功能的关联分析

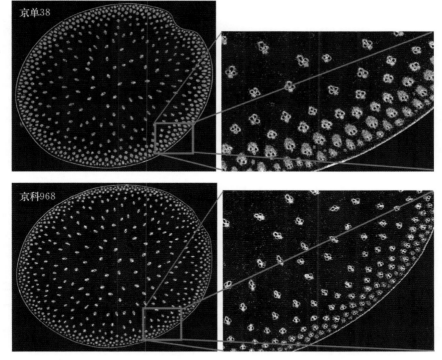

图 13 - 48　京单 38、京科 968 茎秆节间 Micro - CT 扫描图像

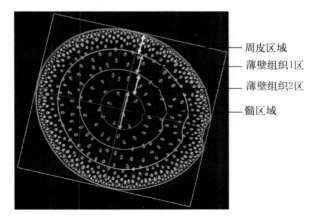

——周皮区域
——薄壁组织1区
——薄壁组织2区
——髓区域

图 13 - 50　玉米茎秆横截面图像

注：将茎秆横切面分成的 4 个等距离同心区域，从外到内依次为周皮区域、薄壁组织 1 区、薄壁组织 2 区、髓区域。

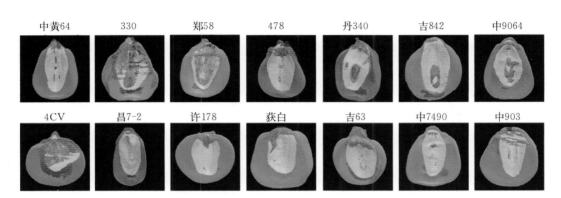

| 中黄64 | 330 | 郑58 | 478 | 丹340 | 吉842 | 中9064 |
| 4CV | 昌7-2 | 许178 | 获白 | 吉63 | 中7490 | 中903 |

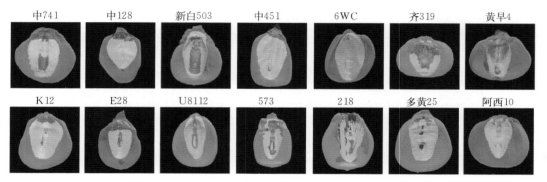

中741　中128　新白503　中451　6WC　齐319　黄旱4

K12　E28　U8112　573　218　多黄25　阿西10

图13-54　28个玉米自交系籽粒三维表面模型（胚面）

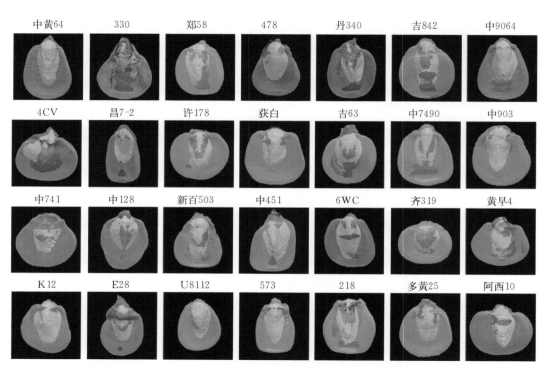

中黄64　330　郑58　478　丹340　吉842　中9064

4CV　昌7-2　许178　获白　吉63　中7490　中903

中741　中128　新百503　中451　6WC　齐319　黄旱4

K12　E28　U8112　573　218　多黄25　阿西10

图13-55　28个玉米自交系籽粒三维表面模型（反面）